AF192823

La Ictiología de Andalucía

La Ictiología de Andalucía

CATÁLOGO CRÍTICO E ILUSTRADO
DE LAS ESPECIES MARINAS ESTUDIADAS
POR ANTONIO CABRERA Y CORRO (1762-1827),
CANÓNIGO MAGISTRAL DE LA CATEDRAL DE CÁDIZ

Alberto Manuel Arias García
Pedro Romero Ochoa de Retana
Mercedes de la Torre García
Rafael Bañón Díaz

Editorial UCA
Universidad de Cádiz

2025

La impresión de este libro ha sido posible gracias a la contribución del Instituto de Ciencias Marinas de Andalucía (ICMAN); y el Centro de Interpretación del Vino y la Sal, y EMSISA Empresa Municipal, S. A. (Ayuntamiento de Chiclana de la Frontera).

Esta obra ha superado un proceso de evaluación ciega y por pares.

Primera edición: 2025

Edita: Editorial UCA
Servicio de Publicaciones de la Universidad de Cádiz
C/ Doctor Marañón, 3
11002 Cádiz (España)
https://publicaciones.uca.es
publicaciones@uca.es

© Servicio de Publicaciones de la Universidad de Cádiz, 2025
© de los textos: Alberto Manuel Arias García, Pedro Romero Ochoa de Retana,
Mercedes de la Torre García, Rafael Bañón Díaz
© de las ilustraciones de las especies: A. M. Arias García. No están reservados los derechos de estas ilustraciones;
pueden reproducirse y transmitirse en cualquier soporte citando al autor.

Diseño de cubierta, contracubierta y guardas: A. M. Arias García y Fran Sánchez Mazo
Diseño editorial y maquetación: Fran Sánchez Mazo | sanchezmazo.com
Confección de los índices: Eloísa Oliva
Impresión: Ulzama Digital
Impreso en España / *Printed in Spain*

ISBN: 978-84-9828-939-8
e-ISBN (PDF): 978-84-9828-940-4
Depósito legal: CA 131-2025

Explicación de cubiertas y colofón. CUBIERTA ANTERIOR: distribuidos por el título, sendos dibujos de diez especies de peces a las que Cabrera fue el primero en mencionar científicamente, aunque no con criterios taxonómicos formales. SOLAPA DE LA CUBIERTA ANTERIOR: rostro de Cabrera procedente de una fotografía del retrato al óleo expuesto en la Casa de la Contaduría de Cádiz, obra de Ricardo Escribano, pintor sevillano y reputado artista diseñador y decorador de cerámicas y vidrieras que trabajó para la fabrica de la Cartuja de Sevilla y también para el episcopado gaditano a finales del siglo XIX (De la Sierra y Maura, 2018: 306-307); debajo, breve perfil biográfico de Cabrera. INTERIOR DE LA CUBIERTA ANTERIOR: composición a partir de las 247 reproducciones facsímiles de los ictiónimos incluidos en la *Lista de nombres vulgares de los Peces del Mar de Andalucía* (AJB I,57,9,4), obra de Cabrera, con su firma y rúbrica. CUBIERTA POSTERIOR: encabezando la sinopsis, título *La Ictiología de Andalucía*, de la edición facsímil de un escrito de Cabrera (AJB I,57,9,4); abajo, en el centro, dibujo de la Catedral Vieja de Cádiz, donde Cabrera ejerció de magistral eclesiástico, realizado a partir de una fotografía actual. SOLAPA DE LA CUBIERTA POSTERIOR: listado de las 207 especies que aparecen en el interior de la cubierta posterior. INTERIOR DE LA CUBIERTA POSTERIOR: dibujos de las 207 especies mencionadas en el libro, ordenadas según el número de la ficha correspondiente. COLOFÓN: detalle de una fotografía actual de la escultura dedicada a Cabrera que hay en el acceso a la iglesia de San Sebastián en Chiclana de la Frontera.

«Cualquier forma de reproducción, distribución, comunicación pública o transformación de esta obra solo puede ser realizada con la autorización de sus titulares, salvo excepción prevista por la ley. Diríjase a CEDRO (Centro Español de Derechos Reprográficos, www.cedro.org) si necesita fotocopiar o escanear algún fragmento de esta obra».

Esta editorial es miembro de la UNE, lo que garantiza la difusión y comercialización de sus publicaciones a nivel nacional e internacional.

ÍNDICE DE CONTENIDOS

CAPÍTULO 1
ESTUDIO PRELIMINAR

CAPÍTULO 2
CATÁLOGO CRÍTICO E ILUSTRADO
DE LAS ESPECIES ESTUDIADAS POR CABRERA

BIBLIOGRAFÍA

ANEXOS

ÍNDICES

LOS AUTORES

Alberto Manuel Arias García (AMA) es doctor en Ciencias Biológicas por la Universidad de Sevilla (1979). Jubilado desde 2016, trabajó como investigador científico en el Instituto de Ciencias Marinas de Andalucía (Consejo Superior de Investigaciones Científicas) en Puerto Real (Cádiz), dedicado al estudio de la ictiofauna de las marismas y estuarios del golfo de Cádiz.

Pedro Romero Ochoa de Retana (PRO) es licenciado en Filosofía y Letras / Psicología por la Universidad Complutense de Madrid (1978). Actualmente jubilado, es un experto conocedor de las lenguas clásicas y versado en varios idiomas.

Mercedes de la Torre García (MTG) es doctora en Lengua Española por la Universidad Pablo de Olavide de Sevilla (2003), donde ejerce como docente e investigadora. Es especialista en la variación lingüística y en el léxico. La ictionimia de los seres marinos ha ocupado un lugar central de sus estudios.

Rafael Bañón Díaz (RBD) es doctor en Ciencias Biológicas por la Universidad de Vigo (2016), especialista en Zoología Marina y experto en taxonomía de peces. Trabaja como biólogo en el Servicio de Planificación de la Consejería del Mar de la Xunta de Galicia en Santiago de Compostela.

Contribuciones

Conceptualización: AMA
Organización, integración y análisis de los datos: AMA
Ilustraciones de las especies y gráficos: AMA
Redacción del manuscrito original: AMA, PRO (búsquedas etimológicas), MTG (ictionimia)
Fuentes: AMA, PRO, MTG, RBD
Revisión del manuscrito original: AMA, PRO, MTG, RBD

Todos los autores han leído y acordado la versión publicada del manuscrito.

AGRADECIMIENTOS

Una de las herramientas fundamentales para la construcción de este libro ha sido la bibliografía. La búsqueda de documentos, artículos, libros y cualquier pista para consultar y contrastar la información relacionada con Cabrera ha requerido de la valiosa ayuda de archiveros y bibliotecarios, así como de colaboradores diversos, a quienes manifestamos nuestro agradecimiento por su enorme amabilidad y competencia.

· Esther García Guillén, Archivo del Real Jardín Botánico de Madrid.
· Carmen Alonso Mateos, directora de la Biblioteca José Celestino Mutis, de Cádiz.
· Gloria Espigado Tocino, catedrática de Historia Contemporánea de la Universidad de Cádiz.
· Oscar Torre González y Ana de Quinto, Real Academia de la Historia, Madrid.
· Ángel Álvarez Vega, Archivo General de la Marina Álvaro de Bazán, Palacio del Marqués de Santa Cruz, Viso del Marqués, Ciudad Real.
· Jerónimo de la Hoz, Centro de Estudios Montañeses de Santander.
· Pilar García Sepúlveda, Departamento de Calcografía Nacional, Madrid.
· Isabel Morón Merchante, Servicio de Documentación del Museo Nacional de Ciencias Naturales de Madrid.
· María Cristina de Crescenzo, responsable del Servicio de Información Bibliográfica de la Universidad de Nápoles.
· Francisco Herrera Rodríguez, catedrático de Historia de la Enfermería, Universidad de Cádiz.
· Juan Antonio Pérez Rubín Feigl, oceanógrafo del Instituto Español de Oceanografía, Málaga.
· Josefa Prieto Vidal, subdirectora del IES Columela de Cádiz.
· José Carlos Rus Fernández, profesor de Biología y Geología del IES Columela de Cádiz.
· Jesús Romero González, profesor de Geografía e Historia del IES Columela de Cádiz.
· Mari Paz Martín Ferrero, doctora en Ciencias Biológicas, referente obligado sobre Cabrera.
· Sergio Benítez Moriana, jefe de la Unidad de Documentación, Secretaría General del Instituto Español de Oceanografía.
· Personal de la biblioteca del Museo Nacional de Ciencias Naturales de Madrid.
· Personal del Área de Información Bibliográfica y Referencia de la Biblioteca Pública Provincial de Sevilla.
· Personal de la Biblioteca Pública Provincial de Cádiz.

Varias personas pusieron su granito de arena para facilitarnos fotografías, material biológico y valiosas opiniones y tareas que enriquecieron y apuntalaron nuestro trabajo, como:

· José María Espigares Buitrago, ayudante de investigación del ICMAN-CSIC.
· Toño Maño, profesor de Enseñanza Secundaria (Xunta de Galicia), revisó una versión inicial de las fichas de peces cartilaginosos.

· María Dolores Montero García, del Servicio de Prevención de Riesgos Laborales de la Administración General y Educación del Gobierno de Aragón, fotografió la estatua de Asso en la Universidad de Zaragoza.
· Antonio Mariscal Villalpando, pescador profesional de Puerto Real, nos facilitó ejemplares de varias especies de peces para comprobar algunos detalles morfológicos mencionados por Cabrera en sus descripciones.
· Carlos Fernández-Delgado, catedrático de Zoología en la Universidad de Córdoba, mostró un gran interés por nuestro trabajo y le dedicó un brillante y generoso Prólogo.

Por las autorizaciones para el uso de imágenes, agradecemos a Ricardo Jiménez Merlo y Ana Abia, deán y secretaria, respectivamente, del Cabildo de la catedral de Cádiz (Antonio Cabrera), al National Museum de Suecia (Carlos Linneo), al Servicio de Suministro de Documentos de los Fondos de la Biblioteca Nacional de España (Fray Martín Sarmiento) y al Instituto José Cornide de Estudios Coruñeses (José Cornide).

Nuestro agradecimiento especial a José María Oliva Martínez y Elena Cuasante Fernández, anterior director y actual directora, respectivamente, de Editorial UCA, Aurora Estévez Ballester, jefa de Sección de Biblioteca, Archivo y Publicaciones de la Universidad de Cádiz, y Lucrecia María Lope Vega, técnica especialista del Servicio de Publicaciones de la Universidad de Cádiz, por la favorable acogida a nuestra propuesta de publicación. Igualmente, al comité científico de evaluación del manuscrito original de este trabajo, por sus valiosas críticas, a Antonio Tovar Sánchez, director del ICMAN-CSIC, por su empeño en la edición de este libro, y a Fran Sánchez Mazo, por su excelente trabajo de maquetación.

Mención aparte merece la encomiable ayuda que nos prestaron varias personas e instituciones de Cádiz, Sevilla y Ceuta para conocer las fechas de nacimiento y defunción de Ricardo Escribano, pintor del retrato al óleo del Magistral Cabrera del que tomamos la imagen que ilustra la solapa de la cubierta anterior y un capítulo de este libro, para saber, solo por mera curiosidad científica, si conoció a Cabrera y pintó el cuadro del natural, o no llegaron a encontrarse y utilizó como modelo otro retrato o dibujo posterior. La búsqueda de estas fechas se convirtió durante febrero y marzo de 2023 en un reto tan estimulante como el de descifrar algunas de las especies de peces que examinó Cabrera. Aunque el resultado fue infructuoso, pudimos averiguar que el cuadro se realizó en 1887, sesenta años después de la muerte de Cabrera. Por todo ello, manifestamos nuestro profundo agradecimiento a los siguientes implicados:

· Ana Abia, secretaria del Cabildo de la catedral de Cádiz.
· Isabel Fernández, secretaria de Estudios y Administración del Seminario Conciliar San Bartolomé de Cádiz.
· Javier Osuna García, productor de Canal Sur Televisión Cádiz y escritor.
· Personal del Archivo Diocesano de Cádiz.
· José Luis Gómez Barceló, Cronista Oficial de Ceuta.
· María Carmen Morillo Fulgueira, Museo de Artes y Costumbres Populares de Sevilla.
· Lourdes Páez Morales, Museo de Bellas Artes de Sevilla.
· José María Sánchez Sánchez, David Arquillo Avilés y Constantino Gañán Medina, profesores de Historia de las Artes Plásticas, Pintura y Escultura, respectivamente, en la Facultad de Bellas Artes de Sevilla.
· Mario Vázquez Iriberri, director de la fábrica de Cerámica La Cartuja de Sevilla.
· José Lora, licenciado en Bellas Artes de Sevilla.
· Personal del Archivo Histórico Provincial de Sevilla.
· Personal de la Biblioteca del Centro Andaluz de Arte Contemporáneo de Sevilla.
· Personal de la Casa Salinas de Sevilla.

PRÓLOGO

Los peces son seres fríos, escurridizos, inexpresivos y a menudo se les imagina más amontonados sobre un frío mostrador que nadando a sus anchas en el agua, exhibiendo su espléndida belleza. Con frecuencia, la palabra *atún* se asocia más a un bocadillo o a una ensalada que al pez maravilloso que es, uno de los más veloces del planeta. Sin embargo, los peces son seres portentosos, que reflejan el milagro de la evolución en todas sus direcciones. Es el taxón más antiguo, que no el más primitivo, de todos los vertebrados y con sus casi 30.000 especies constituyen la mitad de todos los conocidos y ningún otro lo supera en cualquiera de los componentes de biodiversidad que se considere. Los peces son capaces de vivir en fosas marinas a 8.000 m de profundidad y en lagos a más de 5.000 m de altura. Sus tamaños varían en más de 1.000 veces en orden de magnitud, desde los góbidos asiáticos que maduran a los 7-8 mm de longitud hasta el tiburón ballena de más de 12 m de largo y 34 toneladas de peso. Las variedades morfológicas son tan caprichosas como las interrogantes del caballito de mar o las (casi) alienígenas de los peces abisales. Sus estilos de vida son innumerables, los hay que entran en vida latente por años durante severos periodos de sequía hasta los que poseen anticongelante en su sangre y viven a temperaturas por debajo de cero grados. Otros producen luz o electricidad (¡más de 850 voltios!) de forma endógena y algunos pueden vivir hasta ciento cincuenta años (¡se cree que el tiburón boreal, *Somniosus microcephalus*, podría vivir cuatrocientos años!).

En la actualidad son unos de los primeros organismos que nos avisan de la catástrofe ambiental que se avecina. Algo más del 10% de todas las especies de peces se encuentra en alguna de las tres principales categorías de amenaza dadas por la Unión Internacional para la Conservación de la Naturaleza. Por lo tanto, tratar con este grupo de organismos tan variados exige un respeto que no siempre se tiene.

Por otro lado, el estudio de los peces siempre ha sido complejo y esto se traduce en la evidente escasez de ictiólogos frente a la de expertos en otras especialidades, como ornitólogos, herpetólogos o mastozoólogos. Vivir en el mismo medio en el que se desarrollan las especies objeto de estudio supone una ventaja que no tenemos los ictiólogos, que necesitamos redes, palangres, barcos, vestuarios, etc. en cantidades y variedades elevadas y necesarias para sacar los peces del agua, lo que dificulta su estudio sobremanera. Obviamente, esta ausencia de especialistas hace que el conocimiento del grupo sea menor.

Creo que, con estas palabras previas, se comprenderá mejor la importancia del trabajo aquí realizado, donde un equipo científico compuesto por un ictiólogo, un taxónomo, un filólogo y una lingüista desmenuza y analiza las descripciones, los nombres científicos y los nombres comunes recogidos en los documentos que hace más de dos siglos realizó don Antonio Cabrera y Corro, canónigo magistral de la catedral de Cádiz, sobre los peces del golfo de Cádiz. Con el estudio de estos tres elementos claves, el libro ordena la información ictiológica que aportó el religioso y aclara en la casi totalidad de los casos las especies que éste estudió, lo que, en definitiva, resalta la importancia del trabajo ejecutado, tanto por Cabrera como por este equipo científico. Parafraseando a la Real Academia de la Lengua, los autores limpian, fijan y dan esplendor a una obra ya de por sí magnífica, acorde a la época vivida, la Ilustración, y sobre una zona de extraordinaria riqueza biológica cuyos valores naturales eran tan poco conocidos entonces.

Pero con ser Cabrera y su obra el núcleo central del trabajo, los autores se lucen describiendo, más bien estudiando y analizando, otros aspectos del mundo científico e ictiológico que dan un enorme interés a la obra. Además de una exposición del perfil científico de Cabrera, repasan la ictiología de la época en España y profundizan con detalle en la andaluza. Sorprende el número de citas a pie de página, manifestación clara de la labor de búsqueda que se hace en esta investigación histórica, trabajo nada fácil teniendo en cuenta la dispersión de la información que el paso del tiempo ejerce y del tipo de ésta, muchas cartas y legajos, de complicada consulta.

El estudio que se hace sobre los cuatro documentos que Cabrera escribió, recopilados bajo el título genérico de «Ictiología de Andalucía», es abrumador en el detalle, una pesquisa holmesiana encomiable y difícil de repetir por el esfuerzo que supone la espeleología bibliográfica emprendida. Curioso es conocer el rigor científico de Cabrera mezclado con el desorden con el que manejaba la información que recogía de los peces y que probablemente solo él entendería. Hecho que no quita mérito alguno a su obra que sin duda fue de las más importantes de su época, no sólo por el número de especies implicadas (207 en total), sino también por ser el primero en mencionar nada menos que 10 especies que en el año 1817 eran desconocidas para la ciencia. Pero quizás por la cantidad de trabajo que tenía o simplemente porque no le interesaba figurar, la autoría de las nuevas especies se la adjudicaron posteriormente otros ictiólogos europeos.

Las fichas descriptivas de las especies, que es el grueso del trabajo aquí expuesto, incluyen la aportación del propio Cabrera, y un análisis taxonómico, etimológico e ictionímico necesarios para llegar a la especie que se refería el religioso. La obra incluye dibujos fieles de todas las especies estudiadas, lo que constituye una contribución muy útil para divulgar el alcance del trabajo de Cabrera.

Finalmente, no puedo por menos que hacer un ejercicio de imaginación y pensar que si hoy día Cabrera trabajara en la misma zona, se sorprendería de la pobreza de las capturas en cantidad y diversidad, de que algunas de las especies que vio ya no existen, que otras están al borde de la extinción y muchas otras no las reconocería porque son de reciente aparición, exóticas invasoras, peligrosas para las pesquerías y el ecosistema del golfo de Cádiz. Por ello, en mi opinión, esta obra, por cuya ejecución quiero dar la enhorabuena a los autores, no es solo un compendio histórico-científico, es también una llamada de atención sobre la conservación del Golfo y sobre la necesidad y el deber de protegerlo y cuidarlo, y ojalá que otras personas, siglos más allá, puedan volver a ver las especies que vio y describió Cabrera, el magistral.

Carlos FERNÁNDEZ-DELGADO
Catedrático de Zoología, Universidad de Córdoba
Marzo de 2023

INTRODUCCIÓN

> «En cuestiones de cultura y de saber, solo se pierde
> lo que se guarda; solo se gana lo que se da».
>
> Antonio MACHADO RUIZ[1]

«Formar la Ictiología de Andalucía» para conocer y divulgar las especies marinas de las costas de Cádiz y Málaga fue el anhelo que durante muchos años persiguió Antonio Cabrera[2]. Esa fue la intención con la que elaboró sus valiosos documentos científicos, una investigación privada, sin financiación, por propia iniciativa, en la línea de lo que hacían otros naturalistas de la Ilustración, movidos solo por el afán de conocimientos característico de aquella época. En febrero de 1826[3], a petición de su gran amigo Simón de Rojas Clemente[4], que trabajaba en una recopilación de las riquezas naturales de los cuatro Reinos andaluces[5], Cabrera empezó a enviarle sus listas de especies de peces —que tenía elaboradas desde al menos nueve años atrás—, con la intención de verlas publicadas. Sin embargo, la edición de esta gran obra que emprendió Clemente no llegó a terminarse, ya que un año después, a comienzos de 1827, se produjo la muerte casi simultánea de estos dos personajes (9 de enero y 27 de febrero, respectivamente). De aquí que, en homenaje a Cabrera, naturalista inquieto y desprendido, y en recuerdo de aquel objetivo científico nunca logrado, hayamos elegido como título del presente libro su expresión «*La Ictiología de Andalucía*».

Varios trabajos se han publicado acerca de la inteligencia y las cualidades humanas de Cabrera, de su entrega a los demás y de sus aportaciones como científico botánico (Martín Ferrero, 1997), pero nada realmente completo se ha escrito para evaluar con sentido crítico el contenido y la verdadera dimensión de su aportación ictiológica.

Descubrimos los documentos de Cabrera sobre peces en el año 2004, cuando recopilábamos bibliografía al principio de nuestros estudios sobre ictionimia en los puertos pesqueros de Andalucía, que dos años más tarde, en 2006, se ampliaron y desarrollaron en el marco de dos proyectos de investigación del Plan Nacional de I+D+i, finalizados en 2013[6].

Una parte de esta contribución, la denominada *Lista de los Peces del Mar de Andalucía*, de la que hablaremos ampliamente, se publicó en 1817, pero tuvo muy escasa difusión (Fricke *et al.*, 2023). Cuarenta años más tarde, en 1857, Machado[7], uno de los pocos poseedores de esa Lista, la utilizó en la elaboración de su *Catálogo de los Peces que habitan o frecuentan las Costas de Cádiz*

---

1. Discurso de clausura del Congreso de Intelectuales por la Paz. Valencia, agosto de 1937.
2. Nos referiremos a Antonio Cabrera con alguna de estas formas: «Cabrera», «nuestro autor», «nuestro personaje», «el religioso», «el de Chiclana», «el chiclanero», «el religioso chiclanero» o «el Magistral».
3. AJB I,57,9,4. Carta de Cabrera a Clemente - Cádiz, 25 de febrero de 1826.
4. Simón de Rojas Clemente y Rubio (1777-1827) fue un botánico español, natural de Titaguas (Valencia). Fue director y bibliotecario del Jardín Botánico de Madrid y Diputado a Cortes.
5. Los cuatro reinos andaluces, una denominación que se empieza a utilizar a mediados del siglo XVIII, eran Córdoba, Jaén, Sevilla y Granada, que ocupaban la totalidad de la extensión de la actual Andalucía.
6. Proyectos de investigación: «Nombres vernáculos e identificación de especies pesqueras de las costas de Cádiz y Huelva» (ref.: HUM2006-10222FILO), Plan Nacional I+D+i y fondos FEDER, septiembre de 2006 a marzo de 2010, y «Nombres vernáculos e identificación de especies pesqueras de las costas de Málaga, Granada y Almería» (ref.: FFI2009-10194), Plan Nacional I+D+i, enero de 2010 a marzo de 2013.
7. Antonio Machado Núñez (1815-1896), médico, profesor de ciencias naturales, nacido en Cádiz y abuelo de los escritores sevillanos Manuel y Antonio Machado Ruiz.

y Huelva, con inclusión de los del Río Guadalquivir, como «fundamento» de su investigación con el deseo de «enaltecer» al «modesto naturalista» e «ilustre gaditano», Antonio Cabrera, al que no quiso quitar «la gloria que se merecía por su laboriosidad e inteligencia» (p. 5), dedicándole «un humilde y respetuoso recuerdo» (p. 6). En 1887, setenta años después de la primera y supuesta publicación de Cabrera, Graells[8] reprodujo íntegra esta Lista en su artículo *Ictiología ibérica*, como Apéndice de una primera parte escrita por Cabrera y denominada *Memoria de los Peces del Mar de Andalucía* (pp. 175-186). Existe además una tercera parte, que, con el título de *Lista de los nombres vulgares de los Peces del Mar de Andalucía*, es un manuscrito caligrafiado que Cabrera envió a Clemente en 1826, cuyo original se conserva en el Archivo del Real Jardín Botánico de Madrid[9].

En el conjunto de la ictiología española, el esbozo de *La Ictiología de Andalucía* contenido en estos tres documentos de Cabrera constituye una importantísima contribución científica en el periodo de la Ilustración, en una zona de España hasta entonces muy poco explorada, y a la misma altura, e incluso por encima, de los trabajos de sus predecesores: Salvador i Riera (1722), Fernández Navarrete (1739), Osbeck (1751[10]), Löfling (1753), Sarmiento (1756), Puig (1786), Ramis (1788), Cornide (1788), Medina Conde (1789), Sáñez Reguart (1796), Asso (1801) y Orellana (1802), como se explica con detalle más adelante. En este sentido, es de destacar el hecho de que *Eschmeyer's Catalog of Fishes* (Fricke *et al.*, 2023), prestigiosa publicación *en línea* de referencia, cite la *Lista de los Peces del Mar de Andalucía* de Cabrera y tenga catalogados la mayoría de los nombres científicos que utilizó el religioso en este documento.

En el año 2010 hicimos una primera aproximación al estudio de esta aportación ictiológica de Cabrera en el sitio web www.ictioterm.es, mediante el vaciado y publicación de sus listas de nombres científicos y vernáculos de los peces que nuestro personaje examinó. Más tarde, en 2019, para el libro *Ictionimia Andaluza* (Arias y De La Torre, 2019) elaboramos una reseña más amplia de los escritos de Cabrera, dentro de los antecedentes bibliográficos sobre esta especialidad lingüística en nuestra Comunidad Autónoma. Con estos estudios previos llegamos al convencimiento de que la obra ictiológica de Cabrera merecía un acercamiento total, lo más exhaustivo posible como para obtener el máximo conocimiento de sus documentos en un contexto de exclusividad, que permitiera además al lector interesado visualizar las especies que nuestro autor tuvo delante o que solo mencionó. Ese es el origen y la intención del presente libro.

Fieles al espíritu de la frase del poeta sevillano Antonio Machado Ruiz (nieto del anterior, Antonio Machado Núñez), expuesta en el encabezado de este apartado introductorio, consideramos de gran interés dar a conocer esta nueva y profunda revisión taxonómica de los peces examinados por Cabrera para dejar constancia escrita de su gran contribución al devenir histórico de la ictiología española.

El estudio de la información sobre las especies marinas y dulceacuícolas examinadas por Cabrera, compuesta por unos escritos en múltiples formatos, dispersos, repetidos, contradictorios, incompletos y con algunos errores, precisó de una fase previa de vaciado, ordenación y comprensión globales. Para llegar a las especies estudiadas por nuestro autor hubo que desentrañar al detalle una complicada madeja de materiales diversos, lo que requirió un cruce minucioso de todas las entradas de cada documento con las de los demás, y encajar en un único archivo toda la información ya ordenada. Este laborioso proceso de análisis de las descripciones y de los nombres científicos y vulgares utilizados por Cabrera, imprescindible para llegar al fondo de las identificaciones planteadas, se ha basado en una investigación interdisciplinar mediante la cooperación de un ictiólogo, un taxónomo, un filólogo y una lingüista, así como en un profundo rastreo

---

8. Mariano de la Paz Graells y de la Agüera (1809-1898), médico y naturalista español.
9. AJB I,57,9,4, manuscrito de *Lista de nombres vulgares de los peces del mar de Andalucía* (incluido en la carta del 25 de febrero de 1826).
10. Publicado en 1770.

bibliográfico. Todo ello nos facilitó esa visión de conjunto requerida para averiguar con seguridad la mayoría de las especies que examinó el Magistral y comprender en gran medida el contenido y la dimensión de su valiosa, genuina y a la vez compleja, aportación ictiológica[11].

Con 165 especies descritas y determinadas, 32 solo determinadas y 5 solo mencionadas, Cabrera abarcó en sus escritos el más completo repertorio ictiológico de los recogidos hasta entonces en las obras españolas que le precedieron. Prácticamente, al menos entre los peces, no dejó de incluir ninguno de los más importantes o frecuentes. Su contribución podría haber sido aún más abundante si se hubiera conservado una lista de moluscos gasterópodos, o Testáceos —como se decía hace más de dos siglos—, de la que habla en una de sus cartas a Clemente[12], pero este documento se da por desaparecido. Pese a sus limitaciones, Cabrera llegó a determinar correctamente el 72 %[13] de las especies que examinó, lo que representa un gran resultado si se tiene en cuenta su formación autodidacta y su carencia de medios para contrastar sus datos con los de otros científicos y con la bibliografía. Igualmente, pese a sus errores en las determinaciones, llegó a ser el primero en mencionar 10 especies de peces que aún no habían sido descritas formalmente como nuevos taxones.

El objetivo principal de este libro es dar visibilidad a todas estas cuestiones mediante la revisión taxonómica de las especies que aparecen en los documentos de Cabrera, algunas muy escondidas. Para ello, las descripciones científicas, los nombres científicos y los nombres comunes utilizados por el Magistral son las tres herramientas claves que nos permiten validar o no sus identificaciones. Al mismo tiempo, la consecución de este objetivo principal muestra la dimensión de la obra ictiológica del religioso en su época. Con dicha finalidad, el libro está estructurado en dos capítulos: Estudio preliminar y Catálogo de especies. El primero, compuesto de cuatro partes, pretende situar al personaje en el contexto de la ictiología de su época mediante el origen y contenido de los documentos científicos que produjo sobre esta materia. El segundo y más extenso, consiste en un repertorio crítico de las especies a las que nuestro autor se refería, de forma clara en la mayoría de los casos y confusa en unos pocos. Esta segunda parte consta de 207 fichas de especies conocidas, agrupadas en cuatro bloques para una mejor comprensión del conjunto: especies descritas y determinadas (165 fichas); solo determinadas (32); solo mencionadas (5) y solo conservadas (5). Cada una de estas fichas contiene: 1) la aportación escrita de Cabrera sobre la especie que había examinado, 2) el estado taxonómico actual de la especie referida, acompañado de una lámina con una ilustración de la misma, dibujada expresamente para este libro como parte de nuestro estudio, y 3) un análisis etimológico, ictionímico y taxonómico de la información que ha llegado hasta nosotros en el que se discuten los motivos que nos conducen a la especie en cuestión. Finalmente, se incluyen 20 fichas más sobre otras tantas aportaciones de Cabrera de las que, por el momento, no es posible saber a qué especies se referían.

Se completa nuestro estudio con un extenso apartado de Bibliografía citada y otro de Anexos. Este último recoge toda la información original de Cabrera, que consideramos fundamental para que el lector entienda las aportaciones del religioso chiclanero y pueda acometer futuras investigaciones, para, llegado el caso, aclarar las dudas no resueltas y llegar a sus propias conclusiones sobre las especies aquí incluidas. Se ha considerado conveniente incluir este apartado en su totalidad porque facilitará al lector interesado la comprensión de los textos de Cabrera, la percepción de su complejidad, así como el esfuerzo y el conocimiento empírico que este tenía de los peces.

---

11. En los anexos III a IX se encuentra recopilada toda la información ictiológica de los documentos de Cabrera que hemos analizado en este estudio, con la finalidad de que el lector interesado pueda llegar a sus propias conclusiones.

12. AJB I,57,8,19. Carta de Cabrera a Clemente - Cádiz, 16 de diciembre de 1825.

13. 142 especies de las 197 que determinó; v. 1.4.2 Síntesis general de la aportación ictiológica de Cabrera.

Recogemos así en el presente libro toda la información ictiológica que Cabrera dejó en sus documentos, tanto en forma manuscrita como incluida en el trabajo de Graells (1887). Revisamos con evidencias y objetividad la nomenclatura que utilizó y reordenamos sus clasificaciones con criterios actuales. Con esto reivindicamos además los aciertos del Magistral al identificar claramente algunas especies, al contrario de lo que, en nuestra opinión, parecen indicar Fricke *et al.* (2023) al mantener aún varias sinonimias erróneas. Se trata pues de un catálogo abundante en especies, representativo de la fauna gaditana conocida en aquella época y lleno de debate científico.

La ictiología de Cabrera no es perfecta, pero sus imperfecciones encerraban información muy valiosa. Por ello, creemos que la importancia de Antonio Cabrera como científico y sus concienzudas recopilaciones sobre los peces del golfo de Cádiz merecen la reflexión y la ordenación taxonómica definitiva que, en lo posible, hacemos en este trabajo. Sirva también este libro para reconocer sus méritos ictiológicos y, en lenguaje coloquial, como a él le gustaría, «poner cara» a las especies que estudió.

ABREVIATURAS

AJB	Archivo del Jardín Botánico de Madrid
ALEA	*Atlas Lingüístico y Etnográfico de Andalucía* (Alvar López, 1964)
BEMON	*Biographical Etymology of Marine Organism Names*, https://www.bemon.loven.gu.se (Hansson, 1998)
BOE	*Boletín Oficial del Estado* (www.boe.es)
DCECH	*Diccionario crítico etimológico castellano e hispánico* (Corominas y Pascual, 1980)
DLE	*Diccionario de la lengua española*, https://dle.rae.es/
DRAE	*Diccionario de la Real Academia Española*, https://www.rae.es/
IA	*Ictionimia Andaluza* (Arias y De la Torre, 2019)
LMP	*Léxico de los Marineros Peninsulares* (Alvar López, 1989)
NOE	*Nomenclatura oficial española de los animales marinos de interés pesquero* (Lozano Cabo *et al.*, 1965)
NTLLE	*Nuevo tesoro lexicográfico*
PE	*Prima elementa, Dictionaire Latin-français*, www.prima-elementa.fr/Dico.htm (Jeanneau *et al.*, 2021)
RAE	Real Academia Española

al.	alemán
ár.	árabe
ár. hisp.	árabe hispano
cr.	croata
fr.	francés
ga.	gascón
gae.	gaélico
gal.	gallego
gr.	griego
ho.	holandés
in.	inglés
in. med.	inglés medieval
it.	italiano
ja.	japonés
lt.	latín
nor.	noruego antiguo
po.	portugués
saj.	sajón
sc.	siciliano

CAPÍTULO 1

ESTUDIO PRELIMINAR

1. Perfil científico de un ilustrado autodidacta

«Será para mí una gran satisfacción ver impresa la Agrostografia, y crealo en verdad, sin q^e. me resulte satisfacción alguna de q^e. en ella se encuentre mi nombre, porque al verle preguntará la posteridad, y q^e. servicios hizo este hombre â la Ciencia, para haberle nombrado, y respondera, ninguno».

Antonio CABRERA[14]

Antonio Nicolás Cabrera y Corro nació en la localidad gaditana de Chiclana de la Frontera el 30 de diciembre de 1762[15] y subió «á la mansión eterna de los justos» (Pérez y Fernández, 1901: 46) en Cádiz, el 9 de enero de 1827, diez días después de haber cumplido los 64 años de edad. «Su historia y su vida [, que] extasían y conmueven; [y] el relato de sus magnánimos hechos [, que] arranca lágrimas á los ojos» (Pérez y Fernández, 1901: 46), son suficientemente conocidos y están expuestos en numerosos trabajos[16]. No repetiremos aquí, por tanto, los abundantes hitos que jalonan la brillante trayectoria humana y profesional de nuestro personaje, contados al detalle por sus autores. Nos centraremos solo en dar unos breves apuntes de su perfil como científico, basados no solo en los trabajos anteriores sino también en nuestro propio conocimiento del personaje tras la lectura de su correspondencia científica (42 cartas) con sus dos grandes amigos, los botánicos Simón de Rojas Clemente y Mariano Lagasca[17].

De las fuentes anteriores se puede colegir que Cabrera era un hombre ilustrado en el doble sentido de la expresión, tanto porque el movimiento cultural y filosófico europeo de la Ilustración le cogió de lleno durante gran parte de su vida, como por ser, por sí mismo, lo que hoy entendemos una persona culta, instruida, inteligente. Destacaremos dos aspectos principales de su rica personalidad que tienen que ver con su dedicación a las ciencias naturales y en concreto a la ictiología: uno, su gran bagaje de conocimientos, adquirido con su inagotable capacidad para simultanear numerosas actividades (eclesiásticas, docentes, sociales, políticas, científicas...), y dos, su enorme humildad y desapego a la fama, al prestigio, al dinero... Respecto al primer aspecto, si bien esta capacidad para atender a tantas ocupaciones le quitaba tiempo y concentración para la ictiología —que se manifiesta en sus escritos, como veremos más adelante—, al mismo tiempo

---

14. AJB 1,56,3,25. Carta de Cabrera a Lagasca - Cádiz, 1 de diciembre de 1813.
15. En Toscano (1972: 301), se señala como fecha de nacimiento de Cabrera el 30 de diciembre de 1763, tal vez confundido con la fecha de su bautismo, el 4 de enero de 1763. En el pie del retrato anónimo al óleo que en 2023 se encuentra en la Casa de la Contaduría de Cádiz se indica: «... *nació en Chiclana el 30 de Dic.*^{bre} *de 1762*».
16. La trayectoria vital de Cabrera está ampliamente tratada en Colmeiro (1858: 197), León (1897), Pérez Fernández (1901), Pardo (1925: 114), Flores (1927), Laza (1945: 159), Toscano (1972: 301), Antón Solé (1994), Martín Ferrero (1997) y González Bueno (2020).
17. Mariano Lagasca y Segura (1776-1839), botánico español, fue director del Real Jardín Botánico de Madrid. Por cuestiones políticas huyó a Londres y durante dos años (de 1823 a 1825) su esposa y sus cuatro hijos fueron acogidos por Cabrera en su casa de Cádiz.

le permitió adquirir desde muy joven una sólida formación en lenguas clásicas y modernas. Con 15 años dominaba el latín y la oratoria (Martín Ferrero, 1997: 59). Luego aprendió griego, hebreo, árabe, inglés, francés e italiano, faceta políglota que le ayudó conocer e interpretar tratados sobre peces de especialistas de otros países. En cuanto a lo segundo, hay que señalar su entrega sin límites a los demás, sin pedir nada a cambio, lo que en su vertiente científica se tradujo en la inestimable ayuda que dispensó a sus amigos y colegas botánicos, como, además de los ya mencionados Clemente y Lagasca, a Carl Adolph Agardh[18] y Pablo de La Llave[19], para los cuales herborizaba, recogía muestras, enviaba listas de nombres científicos y vulgares de especies animales y vegetales, acogía en su casa, o ponía en contacto con personas que les proporcionaban lo necesario para avanzar en sus estudios. Juan Bautista Chape Guisado (1800-1887), uno de los discípulos predilectos de Cabrera en el Colegio de Seises y Acólitos de Santa Cruz y en el Seminario de San Bartolomé de Cádiz (Matute, 2015: 107), y después eminente farmacéutico y catedrático de Ciencias Naturales en la misma ciudad, le escribió la siguiente dedicatoria en su libro *Nociones elementales de Historia Natural* (Chape, 1843):

> A la grata memoria de mi amigo y maestro el doctor D. Antonio Cabrera, canónigo magistral de la santa iglesia Catedral de Cádiz; modelo de caridad, sábio eminente, anticuario profundo, orador amenísimo, célebre naturalista. En testimonio de amor y respeto.

En su biografía de Lucas de Tornos y Usaque (1803-1883), el segundo de los dicípulos predilectos de Cabrera y médico de la Armada, la escritora Concepción Arenal (1883: 42) dijo sobre nuestro autor:

> El magistral Cabrera, fué uno de los hombres más originales que han existido en el mundo; despreciador de formas y de apariencias, mezclando la franqueza patriarcal y la gracia andaluza, á cierto desprecio del mundo que conocia mucho, á un carácter resuelto y firme, y a una simpatía profunda por la debilidad y la desgracia.

Cabrera también destacaba por su enorme modestia, que con frecuencia desembocaba en una injusta y excesiva autominusvaloración. Así, en su correspondencia científica con Lagasca y Clemente tendía a menospreciarse y criticaba en tono burlón su propio comportamiento o sus carencias en determinados aspectos. Veamos algunos ejemplos, primero con Lagasca. El 20 de enero de 1807[20] le comunica la muerte del marqués de Ureña[21] y le ofrece su ayuda en cuestiones botánicas, pero le hace saber que «el difunto me excedía mucho en talento, aplicación y libertad para dedicarse à estas cosas». Acerca de la publicación de una obra sobre cereales, en una carta del 1 de diciembre de 1813[22] le dice:

> Será para mí una gran satisfacción ver impresa la Agrostografia, y crealo en verdad, sin qᵉ. me resulte satisfacción alguna de qᵉ. en ella se encuentre mi nombre, porque al verle preguntará la posteridad, y qᵉ. Servicios hizo este hombre â la Ciencia, para haberle nombrado, y respondera, ninguno.

---

18. Carl Adolph Agardh (1785-1859), botánico sueco, especialista en algas.
19. Pablo de La Llave (1773-1833), botánico mejicano-español, director del Museo de Ciencias Naturales de Madrid.
20. AJB I,56,3,21. Carta de Cabrera a Lagasca - Cádiz, 20 de enero de 1807.
21. Gaspar de Molina y Zaldívar (1741-1806), III marqués de Ureña, viajero ilustrado gaditano que informaba a Lagasca sobre noticias botánicas.
22. AJB I,56,3,25. Carta de Cabrera a Lagasca - Cádiz, 1 de diciembre de 1813.

Cuando escribe a Clemente, en la carta del 16 de diciembre de 1825[23], tilda de «disparates» los importantes consejos que le da para la redacción de la *Historia Natural del Reino de Granada* que iba a emprender el botánico de Titaguas. En la carta siguiente, la del 27 de diciembre de 1825[24], al principio le dice:

> Muy S.[or] mio desde luego supongo q[e]. muchas de mis ideas no le han de parecer à V bien.

Y después, al despedirse, se contradice, pues primero llama «majaderías» a los apuntes que le adjunta sobre especies de los cuatro Reinos andaluces, pero después le anima a que con ellos escriba «algunos curiosos artículos». El 13 de enero de 1826[25] muestra su desconfianza hacia su propio trabajo y le dice:

> Muy S.[or] mio vaia V. juntando mis cartas, y al fin saldra cualquier cosa sin pies ni cabeza.

No obstante, al contrario, otras veces mostraba una sólida autosuficiencia y criticaba, en tono jocoso, lo que no le gustaba de algunos personajes. Por ejemplo: en la carta a Lagasca del 30 de junio de 1815?[26], le explica que

> ... la marquesa de Villafranca[27] dice por vanidad que gusta de la botánica, puede ser que la tiente el diablo de aburrir algunos pesos para acreditarse de sabidilla.

En otra carta a Lagasca, el 9 de septiembre de 1819[28], posiblemente en relación con la negativa a una solicitud de fondos al Gobierno para sembrar una remesa de plantas, trata de abrir los ojos a Lagasca y le dice:

> Si V espera las resoluciones de la Junta de Protección [...], desde luego doy esto por perdido. Mire Señor, q[e]. no les interesan, ni los entienden, ni los piensan, asuntos de esta especie. Solo proceden por vanidad y ostentación.

A Clemente, el 13 de enero de 1826[29], a cuenta de que «el Bulgo todo lo confunde» y de que

> ... se esparcio entre estas cabezas locas llevadas a lo maravilloso, q[e]. se había descubierto un reptil q[e]. mataba lamiendo a las personas dormidas,

le dice que él estudió ejemplares de esta especie y los donó a los «Mediquitos de la Sociedad» (Sociedad Económica de Amigos del País de Cádiz).

23. AJB I,57,8,19. Carta de Cabrera a Clemente - Cádiz, 16 de diciembre de 1825.
24. AJB I,57,8,20. Carta de Cabrera a Clemente - Cádiz, 27 de diciembre de 1825.
25. AJB I,57,8,22. Carta de Cabrera a Clemente - Cádiz, 13 de enero de 1826.
26. AJB I,56,3,29. Carta de Cabrera a Lagasca - Cádiz, 30 de junio de 1815.
27. Maria Tomasa Palafox y Portocarrero (1780-1835), pintora e ilustrada, interesada por la innovación educativa. No hemos encontrado información sobre su afición a la botánica, pero la caracterización de «sabidilla» o «marisabidilla» era muy corriente en la época para ridiculizar el conocimiento femenino. Un lugar común de la misoginia del periodo en cuestión (comunicación personal de la Dra. Gloria Espigado, catedrática de Historia Contemporánea en la Universidad de Cádiz).
28. AJB I,56,3,36. Carta de Cabrera a Lagasca - Cádiz, 9 de septiembre de 1819.
29. AJB I,57,8,22. Carta de Cabrera a Clemente - Cádiz, 13 de enero de 1826.

En la carta del 25 de febrero de 1826[30], ironiza con las pocas especies que incluye el *Ensayo* de Cornide[31]. Por último, 9 de abril de 1826[32], al enviarle nueva información sobre peces e indicarle que *Chimaera monstrosa* no se halla en el libro de Bloch que le prestó Hänseler, le aclara:

> ... pero las alteraciones q[e]. [Lacépède] verifica en el Sistema de Linneo [...] no me parecen muy felices. Tampoco me gustan las de Bloc [Bloch]».

Pese a todo, o precisamente por ello, sin ningún objetivo aparente, salvo el de la curiosidad científica, sus inagotables ansias de saber y de ayudar y estimular a los demás naturalistas eran su motor, su motivación vital. «Todas las ciencias naturales me han agradado siempre», escribió Cabrera a Lagasca en una de sus cartas[33]. Es decir, hablando con propiedad, le interesaban la biología, la física, la química, la geología y la astronomía, o sea, las ciencias naturales clásicas. Pero, en realidad, en sus comienzos y prácticamente durante el resto de su vida, le interesó especialmente la biología y en concreto la botánica, y dentro de ella la ficología (algas marinas). Fruto de su frecuente contacto con especialistas como Clemente y Lagasca, Cabrera fue un experto botánico (Cano, 2023), y así es reconocido internacionalmente (Martín Ferrero, 1997: 180). Según Dosil, (2007: 28) Clemente, Lagasca, Cabrera y otros botánicos «formaban un interesante grupo de trabajo preocupado por el estudio de la Ficología, al margen de la Botánica oficial española, ocupada durante este periodo en temas agrícolas, de mayor demanda social».

En palabras de González Bueno (2020), después de empezar la carrera eclesiástica en Cádiz, con 14 años, Cabrera tuvo su primer contacto con las ciencias naturales en 1769, con 17 años, cuando «Estudió Fisiología y Botánica en el Real Colegio de San Fernando, durante tres años». Posiblemente este centro sería el que en 1791 pasó a llamarse Real Colegio de Medicina y Cirugía de Cádiz, que contaba con «una prestigiosa biblioteca, jardín botánico, laboratorios, entre otros logros». En dicho jardín botánico Cabrera hizo «profundos estudios y experiencias prácticas» (Pérez Fernández, 1901: 43).

En los siguientes quince años no tenemos constancia escrita de la dedicación de Cabrera a esta o a otras disciplinas naturalistas, tal vez por su plena dedicación a la docencia en Filosofía y Teología en el Seminario de San Bartolomé de Cádiz (después de graduarse como doctor y ser catedrático, respectivamente), a tareas eclesiásticas (fue cura párroco en la catedral de Cádiz desde 1791 y canónigo magistral (predicador del Cabildo catedralicio) desde 1801 y a la Comisaría de Guerra, de la que había sido nombrado comisario en 1792. Es en 1794, cuando, al ser nombrado comisario interventor de la Real Hacienda y tener a su cargo el control de los envíos que llegaban a España de las expediciones científicas de Celestino Mutis[34] o Alejandro Malaspina[35], entre otros, se reaviva su curiosidad de naturalista nacida en el Real Colegio de Medicina y Cirugía (Martín Ferrero, 1997: 117). Pero no es hasta el año 1802, al dejar estos dos pesados cargos administrativos, cuando se dedica casi por completo al estudio de la naturaleza.

No hemos encontrado constancia documental de ello, pero es posible que conociese a Clemente a finales de 1803, cuando este llegó a Cádiz para emprender un viaje a África en el que luego, por cuestiones políticas, no participó (Martín Polo, 2016: 174). Ahí comenzó la que sería una estrecha y duradera amistad hasta el final de sus días y una fructífera colaboración científica en el estudio de las algas marinas, que en gran parte marcaría la pauta de la actividad investiga-

---

30. AJB I,57,9,4. Carta de Cabrera a Clemente - Cádiz, 25 de febrero de 1826.
31. En la transcripción de esta carta (Martín Ferrero,1997: 279) escribió «S[or]. Corrido», en lugar de «S[or]. Cornide».
32. AJB I,57,9,10. Carta de Cabrera a Clemente - Cádiz, 9 de abril de 1826.
33. AJB I,56,3,24. Carta de Cabrera a Lagasca - Cádiz, 19 de marzo de 1813.
34. José Celestino Mutis y Bosio (1732-1808), sacerdote y botánico gaditano.
35. Alejandro Malaspina (1754-1810), marino y explorador científico italiano al servicio de España.

dora de Cabrera. Así, en 1807 Clemente volvió a Sanlúcar —después de estar unos años en Madrid como bibliotecario del Real Jardín Botánico—, y Cabrera impulsó de nuevo la afición de este por la ficología, en la que trabajaron juntos en 1809 y 1810 (González Bueno, 1988: 63). Cabrera sirve de intermediario a Clemente para el envío de muestras de algas gaditanas a los prestigiosos algólogos Dawson Turner[36] y el mencionado Agardh, quien más tarde (1814) intercedería para que Cabrera fuera admitido en la Sociedad Botánica de Lunden (Suecia) en reconocimiento a su contribución en la obra *Species Algarum* del sueco. En agradecimiento a la valiosa colaboración que Cabrera le regaló, Clemente le dedicó el alga *Fucus cabrerae*, que apareció citada en su obra *Ensayo sobre las variedades de la vid y otras producciones* (Clemente, 1807), como consta en la página 313:

> Cabreræ nomine eam insignivi ut constet inter Botanicos hujus et futuri ævisedulitas, ingenium et mira sagacitas, quibus D. D. Anton. Cabrera Ecclesiae gaditanae Canonicus algarum marinarum indagini se dedidit, praeclara in aliis disciplinis paria merita non parum exornans,

que puede traducirse como:

> A ésta la distinguí con el nombre *Cabrerae*, para que permanezca entre los botánicos de hoy y del futuro, la diligencia, el ingenio y asombrosa sagacidad de don Anton. Cabrera, Canónico de la iglesia gaditana, que se dedicó a la investigación de las algas marinas, que no poco brilla, con iguales méritos, en otras disciplinas.

Igualmente, en el prólogo que escribió para su futura pero inacabada obra, *Historia Natural del Reino de Granada (1804-1809)* (Clemente, 1804; ed. de Gil, 2002: 95-96), Clemente elogia a Cabrera con estas palabras en referencia al proyecto:

> Amorós, Terán de Sanlúcar, el Magistral de Cádiz lo fomentaron poderosamente, en particular este último con sus luces y cooperación científica, que no ha cesado hasta hoy de franquearme.

Por cuestiones políticas y de salud, Clemente permaneció en su pueblo natal, Titaguas (Valencia), entre 1812 y 1814 (Martín Polo, 2016: 309). En este tiempo Cabrera se dedicó con intensidad a estudiar los líquenes. En 1814 Clemente volvió a Cádiz para hacer el *Plano topográfico y Estadístico de la provincia de Cádiz* (Martín Polo, 2016: 329) y con Cabrera reemprendió los estudios sobre algas marinas y describieron numerosos taxones nuevos, con Clemente como autor (González Bueno, 1996: 7). En 1816 Clemente regresó definitivamente a Madrid a dirigir el Jardín Botánico y poco después fue nombrado diputado a Cortes por Valencia, con lo que, por la lejanía y la falta de tiempo, los estudios sobre algas quedaron interrumpidos.

Por mediación de Clemente, Cabrera conoció a Mariano Lagasca (fig. 1, p. 34), con quien desde enero de 1809 mantuvo una nutrida correspondencia científica sobre asuntos botánicos hasta marzo de 1821, de la que se conservan 22 cartas. La amistad y estrecha colaboración de Cabrera con estos dos brillantes científicos propició una permanente y dilatada actividad investigadora de los recursos botánicos gaditanos.

No está claro tampoco que él tuviera intención de publicar algo al respecto, pues parece que su principal interés era recopilar toda la información que pudiera sobre los nombres y descripciones de animales y vegetales para luego pasar el material a otros colegas científicos e impulsar sus investigaciones y publicaciones. Así ocurrió con las algas, con los peces, con las aves y con

---

36. Dawson Turner (1775-1858), botánico inglés.

FIGURA 1. De izquierda a derecha: Mariano Lagasca, Antonio Cabrera y Simón de Rojas Clemente. Bustos de las estatuas de Lagasca y Clemente en el Jardín Botánico de Madrid; fotografías de Pedro Romero en 2022. Busto de Cabrera en el óleo de Ricardo Escribano (s. XIX) de la Casa de la Contaduría de Cádiz; fotografía de Alberto M. Arias, publicada aquí con autorización del Cabildo gaditano.

algunos mamíferos. Pero, aunque no participaba directamente en la redacción de las publicaciones (salvo en los peces, como veremos), seguía con bastante celo lo que hacían los colegas a los que pasaba sus informes, colecciones de plantas o listas de especies. Esto se nota con frecuencia en sus cartas a Lagasca, donde mostraba especial interés por el estado de las distintas ediciones en marcha, preguntándole cómo iba la publicación de los trabajos y si él podría ayudar en algo. Por ejemplo: el 16 de julio de 1816[37], le dice que «es nesesario publicar la Agrostografia española». Casi dos años después, el 19 de febrero de 1818[38], aún pregunta por el estado de la Agrostografía:

> Si tubiese V á bien decirme en qᵉ. estado se halla la Agrostografia me alegraría mucho de saberlo.

Pasan tres años más y el 20 de marzo de 1821[39], un poco desesperado por las noticias que recibe, le dice:

> ... sería gran lástima qᵉ. no se publicase la Flora Española, así como tantas otras cosas qᵉ. pudieran haber visto la luz publica y deberían haberlo ya verificado [:] El H. R. M. [*Hortus Regius Matritensis*] de Cavanilles. Algo de la flora mexicana de Mociño. La colección de Mutis debía contener cosas dignas del publico. Sobre todo, la Agrostografía de España, obra cuia utilidad concibo con tanta evidencia y vivo deseo qᵉ. no podré explicar con palabras.

Más adelante, en la misma carta se queja de lo siguiente:

> Hemos perdido y continuamos perdiendo el crédito literario en ciertas materias científicas por la falta de atención y cuidado en dar à luz nuestros trabaxos literarios, qᵉ. al fin no son tan pocos, que no pudieran borrar la nota de incultos con qᵉ. nos tachan nuestros emulos,

pero no duda en animar a Lagasca con una de sus frases de apoyo características:

---

37. AJB I,56,3,33. Carta de Cabrera a Lagasca - Cádiz, 16 de julio de 1816.
38. AJB I,56,3,34. Carta de Cabrera a Lagasca - Cádiz, 19 de febrero de 1818.
39. AJB I,56,3,41. Carta de Cabrera a Lagasca - Alcalá de los Gazules (Cádiz), 20 de marzo de 1821.

Dexo todo esto á la consideración de V para que meditandolo no desmaye, sino busque con nuebo empeño recursos entre los particulares pues del Gobierno nada debe esperarse de este genero, y al fin promueba lo qᵉ. pueda.

Como buen naturalista ilustrado con grandes ansias de conocimientos, gran capacidad de trabajo, hábito de estudio y disciplina, a Cabrera, además de la botánica, le interesaba la zoología. Vivía en Cádiz junto al muelle pesquero, con fácil acceso a una variada gama de productos de la pesca, rodeado de playas, marismas, dehesas y pinares e imbuido del afán recopilatorio del Siglo de la Luces, era lógico que se interesara por los peces, por las aves, por los pequeños mamíferos y por cualquier otro asunto relacionado con los recursos naturales de su entorno, como fue el cultivo de la cochinilla[40] de América. Su dedicación a determinar los peces, describirlos y recopilar sus nombres fue una más de las muchas actividades que conformaron su intensa dedicación autodidacta a las ciencias naturales con el objetivo de contribuir al conocimiento de los recursos naturales de Andalucía, que después otros se encargarían de difundir. Este acercamiento a los peces se basó en observaciones directas, y también, en cierta medida, en la lectura crítica de algunos autores previos.

2. La ictiología en la época de Cabrera

«Vuelbo à insistir en mi antiguo pensamiento, qe. donde nada hay hecho, qualquiera cosa aunqe. imperfecta es digna de aprecio».

Antonio CABRERA[41]

En el siglo XVI los naturalistas franceses Guillaume Rondelet (1507-1566) y Pierre Belon (1517-1564), los italianos Hippolito Salviani (1514-1572) y Ulisse Aldrovandi (1522-1605), y el suizo Conradus Gesnerus (1516-1565) hicieron las primeras publicaciones con observaciones de peces. En el siglo XVII el holandés Albertus Seba (1665-1736) propuso una primera agrupación de las especies marinas, y los naturalistas ingleses John Ray (1627-1705) y Francis Willoughby (1635-1672) abordaron el primer intento de clasificación de los peces, agrupándolos en cartilaginosos y óseos según la naturaleza de su esqueleto.

En estos siglos anteriores al XVIII, en España, y, en concreto, en Andalucía, los conocimientos que nos interesan relacionados con la ictiología se reducían a algunas listas de nombres vulgares de peces recogidas en diversos tipos de documentos administrativos (ordenanzas municipales [Díaz, 1985; Malpica, 1984; Mondéjar, 1977], ordenamientos a Cortes y portuarios [Mondéjar, 1991: 598; Mondéjar, 1977: 607; Palenzuela y Aznar, 2010: 74], listas de precios del pescado [Muñoz, 1972: 78 y 80; Ladero, 2008: 199; Anónimo, 1642: 9]) y tratados no científicos (libros de Historia [Alvar, 1976; Morales, 1996: 108; Morgado, 1587: 54], glosario [Torres, 1995], poema [Beltrán, 1612: 35-37], tratado médico [Aviñón, 1418: 127 y 132]). El anexo I recoge cronológicamente todos estos documentos vaciados para el presente trabajo, con indicación del número de nombres vulgares —o ictiónimos— que contiene cada uno de ellos y el de las posibles especies a las que hacen referencia. En estos documentos se observa a lo largo del tiempo cierta tendencia creciente en el número de ictiónimos y especies asociadas, en relación con el cada vez mayor número de especies de las que se iba teniendo conocimiento, pero, en general, no superan el medio centenar por documento, salvo en el poema *La Charidad Guzmana*, de Beltrán, donde se mencionan más de 100 ictiónimos, de los que 88 pueden asociarse a 80 especies conocidas, princi-

---

40. Insecto hemíptero descrito en Linneo (1758: 457) como *Coccus cacti*, hoy *Dactylopius coccus* Costa, 1835.
41. AJB I,57,9,4. Carta de Cabrera a Clemente - Cádiz, 25 de febrero de 1826.

palmente de peces. Este documento, dedicado a alabar al duque de Medina Sidonia, era un profuso elogio de las riquezas de todo tipo de la ciudad de Sanlúcar de Barrameda, entre ellas los pescados. Su autor, el Padre Beltrán (1570-1633), que no era naturalista, mostró un amplio conocimiento de la gran variedad de especies de esta zona.

En los siglos XVIII y XIX, con la aparición de un numeroso grupo de estudiosos de los peces, la ictiología en Europa experimentó un espectacular desarrollo en el inventariado, clasificación y descripción de las especies. La mayoría de ellos fueron coetáneos de Cabrera y algunas de sus obras estuvieron en las estanterías del religioso chiclanero. Por ello, consideramos de interés enumerarlos a todos, incluyendo a Cabrera para indicar su ubicación cronológica en este elenco. Son los 51 siguientes:

- Francisco Fernández Navarrete (1680-1742), español; médico, científico
- Joan Salvador y Riera (1683-1726), español; botánico, naturalista
- Mark Catesby (1683-1749), inglés; naturalista, ilustrador científico
- Jacob Theodor Klein (1685-1759), ruso; botánico
- Pedro José García Balboa «Fray Martín Sarmiento» (1695-1772), español; religioso
- Henri-Louis Duhamel du Monceau (1700-1782), francés; botánico, químico
- Peter Artedi (1705-1735), sueco; ictiólogo
- Carl Linnaeus (1707-1778), sueco; botánico, zoólogo, taxónomo
- Georges Louis Leclerc, conde de Buffon (1707-1788), francés; botánico, biólogo
- Johan Ernst Gunnerus (1718-1773), noruego; religioso, botánico
- Martinus Willem Houttuyn (1720-1798), holandés; médico, naturalista
- Marcus Elieser Bloch (1723-1799), alemán; médico, naturalista
- Peter Ascanius (1723-1803), noruego; zoólogo
- Pehr Osbeck (1723-1805), sueco; naturalista
- Johann Julius Walbaum (1724-1799), alemán; naturalista, taxónomo, médico
- Francesco Cetti (1726-1778), italiano; zoólogo, matemático, religioso
- Thomas Pennant (1726-1798), galés; naturalista
- Jorge de Puig i Maurell (1727-1789), español; político
- Pehr Löfling (1729-1756), sueco; botánico
- Laurentius Theodorus Gronovius (1730-1777), holandés; naturalista
- Jacques-Christophe *Valmont de Bomare* (1731-1807), francés; naturalista
- Marcos Antonio de Orella Mocholí (1731-1813), español; erudito
- Peter Forsskål (1732-1763), sueco; naturalista
- Antoine Goüan (1733-1821), francés; botánico, ictiólogo
- José Andrés Cornide (1734-1803), español; naturalista, geógrafo
- Antonio Sáñez Reguart (1735? -1796), español; funcionario, erudito de la pesca
- Morten Thrane Brünnich (1737-1827), danés; zoólogo
- Peter Simon Pallas (1741-1811), alemán; zoólogo, botánico
- Ignacio de Asso (1742-1814), español; naturalista
- Jean-Baptiste Lamarck (1744-1829), francés; naturalista
- Johan Christian Fabricius (1745-1808), danés; naturalista
- Juan Ramis y Ramis (1746-1819), español; historiador, abogado
- Johann Friedrich Gmelin (1748-1804), alemán; naturalista, químico
- Johann Gottlob Schneider (1750-1822), alemán; naturalista
- Pierre Joseph Bonnaterre (1752-1804), francés; naturalista
- Bengt Anders Euphrasen (1756-1796), sueco; botánico
- Bernard de Lacépède (1756-1825), francés; zoólogo
- Pierre Marie Auguste Broussonet (1761-1807), francés; naturalista, médico
- **Antonio Cabrera y Corro** (1762-1827), español; religioso, naturalista

- Georges Leopold Cuvier (1769-1832), francés; naturalista
- Etienne Geoffroy Saint-Hilaire (1772-1844), francés; naturalista
- André Marie Constant Duméril (1774-1860), francés; zoólogo
- Joseph Antoine Risso (1777-1845), francés; naturalista
- Henry Marie Ducrotay Blainville (1777-1852), francés; naturalista
- Anastasio Cocco (1779-1854), italiano; médico, farmacéutico, ictiólogo
- Maximilian Spinola (1780-1857), italiano; médico, entomólogo
- François-Etienne De la Roche (1781-1813), suizo; botánico, médico
- Constantine Samuel Rafinesque (1783-1840), francés; zoólogo, botánico
- William Eldford Leach (1790-1836), inglés; biólogo marino
- Achille Valenciennes (1794-1865), francés; zoólogo
- Charles Lucien Bonaparte (1803-1857), francés; naturalista, ornitólogo

Este conjunto de naturalistas e ictiólogos convirtió la época en la que vivió Cabrera, a caballo entre el siglo XVIII y el XIX, en un periodo de gran esplendor de la ictiología europea, que lógicamente favoreció un gran desarrollo del conocimiento y clasificación de los peces. Entre ellos destacaron Peter Artedi y Carl Linnaeus (al que llamaremos Linneo), amigos y compañeros en la Universidad de Upsala. Se juraron amistad eterna y acordaron que el que sobreviviera a la muerte del otro se encargaría de publicarle los resultados de sus investigaciones. Tenían reuniones diarias y se comunicaban sus descubrimientos.

En algunos de sus campos de investigación se repartieron el trabajo: Artedi se especializó en los peces y Linneo en los pájaros (Harnesk, 207: 23). Artedi, que es considerado el padre de la ictiología, organizó su clasificación en órdenes, géneros y especies. Su muerte prematura, a los 30 años de edad, le impidió publicar sus trabajos. Linneo cumplió la promesa que ambos se hicieron en vida y publicó las observaciones de Artedi a título póstumo en 1738, en el libro llamado *Ichthyologia*. Después, Linneo, que se había decantado finalmente por el estudio de las plantas, desarrolló la nomenclatura binomial (o binominal), aceptada universalmente para designar a todas las especies animales y vegetales. En 1758 publicó la décima edición de *Systema Naturae*, obra que, entre otros grupos zoológicos, recogía la clasificación sistemática de los peces conocidos hasta entonces.

En la España del siglo XVIII, sobre todo durante su segunda mitad y los primeros años del XIX, hasta que Cabrera aparece en escena, el afán recopilatorio de la Ilustración propició la aparición de numerosos inventarios y textos especializados, no solo referidos a Andalucía sino también a otras regiones costeras españolas. Esto se tradujo en un número cada vez mayor de especies estudiadas, de su conocimiento ictiológico y del material ictionímico asociado. En una recopilación no exhaustiva, pero, hasta donde ha sido posible, suficientemente profunda, encontramos ya, además de algunos documentos administrativos (aranceles de pescado [Muñoz, 1972: 84; Anónimo, 1775; Anónimo, 1797], actas capitulares [Anónimo, 1778; Anónimo, 1780], acuerdos municipales [Muñoz, 1972]), diccionarios [Medina Conde, 1789] y glosarios [Orellana, 1802] especializados, informes de pesca [Lleonart y Camarasa, 1987; Pensado, 1982; Barba y Pons, 2003; Sarmiento, 1772; Sáñez Reguart, 1796], y algunos tratados de Historia Natural [Fernández Navarrete, 1739: 247; Puig, 1786: 362; Ramis, 1814: 9-13] e ictiología [Osbeck, 1765: 99-104; Löfling, 1753; Cornide, 1788; Asso, 1801; Cabrera, 1817] [anexo I]). El número de especies estudiadas y de nombres vulgares contenidos en estos documentos superó con frecuencia el centenar. Ya se conocía la nomenclatura científica de Linneo y en muchos de ellos se emplearon los nombres científicos propuestos por el sueco. A efectos comparativos, para ver su evolución en el tiempo y valorar la obra de Cabrera en el contexto adecuado, realizamos a continuación un recorrido geográfico (empezando por las costas catalano-baleares y siguiendo por las cantábricas, gallegas y andaluzas) y cronológico (con obligados saltos atrás en el tiempo al empezar cada zona) en el que, con el detalle requerido para tal fin, analizamos el contenido ictiológico y la motivación de las prin-

Joan Salvador i Riera
(1683-1726)

Fray Martín Sarmiento
(1695-1772)

Carlos Linneo
(1707-1778)

Pehr Osbeck
(1723-1805)

Pehr Löfling
(1729-1756)

José Andrés Cornide
(1734-1803)

Ignacio de Asso
(1742-1814)

Juan Ramis y Ramis
(1746-1819)

Mariano de la Paz Graells
(1809-1898)

Antonio Machado Núñez
(1815-1896)

Laureano Pérez Arcas
(1824-1894)

FIGURA 2. Algunos científicos españoles y europeos que hicieron estudios de ictiología antes y después que Antonio Cabrera.

cipales aportaciones que vieron la luz en este periodo, que, además de la de Cabrera, fueron las doce siguientes (fig. 2): Salvador (1722), Fernández Navarrete (1739), Osbeck (1751), Löfling (1753), Sarmiento (1756 y 1772), Puig (1786), Ramis (1786), Cornide (1788), Medina Conde (1789), Sáñez Reguart (1796), Asso (1801) y Orellana (1802). Para ello, hemos vaciado todos los nombres comunes y científicos contenidos en estas obras y, siempre que ha sido posible identificarlos con seguridad, los tradujimos a las denominaciones científicas actuales de las especies. Algunos ictiónimos catalanes y gallegos contenidos en varias de estas obras los utilizamos en su versión castellana siguiendo los trabajos de Veny (1994), Lloris *et al*. (2003) y López y Nobal (1820). El resto de nombres, y de ilustraciones, que no pudimos asegurar a qué especie designaban se descartó. Cuando un ictiónimo podía referirse a más de una especie, se optó por asociarlo a la más frecuentemente denominada con ese nombre. Ninguno de los trabajos anteriores incluía ilustraciones de las especies, salvo el de Sáñez Reguart, en el que los dibujos de Miguel Cros fueron un magnífico apoyo para confirmar las especies examinadas.

Se obtuvo así un listado de ictiónimos y un listado de especies para cada uno de los trece documentos estudiados (incluidos los de Cabrera). Como punto de referencia del análisis confeccionamos dos listados, uno de ictiónimos y otro de especies, con el conjunto de los 16 documentos consultados de los siglos XIII al XVII. A continuación, cada par de listados de los 13 documentos del siglo XVIII se fue cotejando sucesivamente con todos los listados que les precedieron en el tiempo. Con ello, además de evaluar la amplitud de las distintas recopilaciones en cuanto a grupos zoológicos estudiados (peces, moluscos, crustáceos...), número de ictiónimos y de especies, se obtuvo el número de especies nuevas y de ictiónimos nuevos que no estaban registrados hasta entonces y que cada autor aportó al conjunto. A los efectos de este análisis, entendemos aquí por «especie nueva» la primera y simple mención de una especie en uno de los documentos estudiados respecto a los que le precedieron en el tiempo, ya sea mencionada mediante un ictiónimo, o un nombre científico o ambos a la vez. No se trata pues de 'especies nuevas para la ciencia' —de las que hablaremos en el apartado dedicado al estudio de los documentos—, que son las que a efectos taxonómicos un autor describe, denomina y publica formalmente por primera vez como taxón. El anexo II y las figuras 1 y 2 muestran en tablas y gráficos los resultados de este análisis de los documentos anteriores a Cabrera. Lógicamente, estos resultados no son exactos al cien por cien, porque en muchos documentos hay dudas de adscripciones de especies que no es posible resolver y es preciso descartarlas. No obstante, se trata de una aproximación objetiva muy cercana a la realidad que permite apreciar la dimensión de las aportaciones de Cabrera en el conjunto de la ictiología española de la Ilustración.

2.1 Mar catalano-balear

En la costa mediterránea española encontramos importantes contribuciones a la ictiología en el siglo XVIII y comienzos del XIX, entre las que destacamos las siguientes. En Cataluña, en el año 1722, el botánico y naturalista barcelonés, Joan Salvador i Riera (1683-1726), redactó un manuscrito sobre la pesca en la costa catalana[42] en el que respondía a un amplio cuestionario sobre las artes de pesca que se empleaban en la zona y las especies que se capturaban, texto que envió a la Academia Real de Ciencias de París. Lleonart y Camarasa (1987) reproducen, transcriben y estudian el manuscrito, al que consideran «el más antiguo documento monográfico sobre la pesca en Cataluña» (p. 16). Escrito en francés, contiene un apéndice titulado «Catalogue des Poissons qu'on prend dans les mers de Catalogne avec le nom Catalan, et de quelques uns le Latin, et français», en el que recogió 144 nombres comunes catalanes de especies de peces, moluscos, crustáceos, equinodermos, quelonios, cetáceos y pinnípedos, acompañados en una gran parte de las sinonimias latinas de Rondelet, en cuya obra se basó principalmente Salvador. De estos 144 ictiónimos catalanes, 129 (de los que 102 son de peces) pueden asociarse con seguridad a un total de 120 especies y 15 son desconocidos. De estas 120 especies, 50 son nuevas respecto a las 107 citadas en todos los documentos que hemos podido consultar anteriores al siglo XVIII.

---

42. *Réponse aux Mémoires qu'on á envoyé a Barcelone a Iean Salvador, apoticaire et correspondant de l'Académie Royale des Sciences de Paris, sur les Pesches qui se font aux Cotes de Catalogne, aux quels il répond, et envoye les desseins necessaires.*

En este catálogo, que constituyó una buena representación de la fauna marina del mar catalán en aquella época, llama la atención, a juzgar por el dibujo de *Squilla lata* de Rondelet (1558*a*: 392) que se reproduce, la presencia por primera vez en la bibliografía ictiológica española del crustáceo *Scyllarides latus*, o *Sigalla* (cigarra), según Salvador.

En 1786 se publican unas *Memorias de la Isla de Mallorca* en las que se inserta un listado alfabético de «especies de peces que se crían y se pescan en esta Isla y sus cercanías [que] ascienden à 122», del que es autor Jorge de Puig (1727-1789) (Planas, 2017: 133), Regente de la Real Audiencia de Mallorca, con la intención de fomentar la pesca en la Isla. La lista se compone de una relación de 122 nombres castellanos, mallorquines y mallorquines castellanizados (Veny, 1994: 78), que Puig asimila a otras tantas especies. En realidad, se trata de un interesante conjunto de 121 ictiónimos y un nombre genérico: «mariscos». De estos 121 ictiónimos, 87 designan a especies de peces; 7 a moluscos; 7 a crustáceos; 2 a cnidarios; 2 a equinodermos; 1 a quelonios, 3 a cetáceos; y 1 (*talma*) nos es desconocido. Teniendo en cuenta que algunos ictiónimos designan a una misma especie[43] y que, al contrario, un mismo ictiónimo lo utilizó para nombrar a varias especies[44], los 121 ictiónimos del listado se pueden asociar a un total de 109 especies de todos los grupos anteriores[45], en lugar de a 122 como indicaba Puig (p. 366). Este autor aportó 21 especies nuevas respecto a los documentos que le precedieron.

También en las islas Baleares, en 1788, encontramos un completo listado de nombres comunes y científicos de organismos marinos preparado por Juan Ramis y Ramis (1746-1819), historiador y abogado nacido en Menorca (Ramis, 1788: 9-13). En su tratado *Specimen animalium, vegetabilium et mineralium in Insula Minorica frequentiorum ad normam Linneani sistematis exaratum, accedunt nomina vernacula in quantum fieri potui*, encargado por la Real Academia de la Historia para «ir juntando cada dia mas noticias circunstanciadas, y materiales veridicos conducentes a la formacion, y complemento del Diccionario Geografico de España», se ocupó ampliamente de los peces agrupándolos según el sistema de Linneo de 1758, en el que aún muchas especies[46] eran consideradas anfibias. Así, distinguió entre la «Clase III. Amphibia Nantes» y la «Clase IV. Pisces», en la que los agrupó en Apodes, Jugulares, Thoracici y Abdominales. Hay tres especies que no tienen ningún ictiónimo asociado y dos especies que reciben dos ictiónimos cada una. Además, Ramis aportó uno de los más amplios repertorios de invertebrados marinos, sobre todo de moluscos, con 61 especies; y de algunas de crustáceos (8), equinodermos (6) y cnidarios (1). En el conjunto de peces e invertebrados incluyó 141 especies, de las que 74 eran nuevas, no mencionadas hasta entonces, el mayor número de todas las obras estudiadas. Respecto a los ictiónimos, de los que para algunas especies indicaba «sin nombre particular», aportó un total de 98, de los que 43 eran nuevos respecto a los publicados en las obras anteriores a esta.

En 1801, Ignacio Jordán Claudio de Asso (1742-1814), naturalista, historiador y jurista zaragozano, publicó un estudio de los peces observados en la pescadería de Zaragoza, a la que llegaban desde el Mediterráneo («Vinaroz», «Barcelona», «costa de Tarragona», «mar de Cataluña», según cita el propio Asso), del Cantábrico («San Sebastián») y en el «Real Gabinete de Historia Natural de Madrid», que a menudo citó como «Museo de Madrid». Sus resultados se publicaron en el artículo titulado «Introducción a la Ichthyologia oriental de España» (Asso, 1801), trabajo que Cabrera consultó. Asso, a quien Cabrera, con su particular forma de escribir, llamaba

---

43. Anguila, Polla Garau = *Anguilla anguilla*; Corbinas, Magres, Reix = *Argyrosomus regius*; Lobarros, Lobo marino = *Dicentrarchus labrax*; Morrudas, Ojadas = *Diplodus puntazzo*; Pescada, Pescadillas = *Merluccius merluccius*; Gatos, Pinta roca = *Scyliorhinus canicula*; Xuclas, Getlaras = *Spicara maena*; Cántaras, Rudas = *Spondyliosoma cantharus*; Rafel, Rafet, Rubios = *Chelidonichthys lucerna*.

44. «Pampaños 2 especies», «Serranos 2 especies», «Tordos 4 especies», «Camaron de 2 especies» y «Cangrejos 5 especies».

45. 92 especies de peces; 7 de moluscos; 12 de crustáceos; 2 de cnidarios; 2 de equinodermos; 1 de quelonios; 3 de cetáceos.

46. Lampreas, rayas, tiburones, rapes, peces globos, pez ballesta, caballitos de mar, entre otros.

«Aso»[47], mencionó en su trabajo 82 especies de peces marinos y 6 de agua dulce, asociadas a III nombres comunes, la mayoría castellanos y algunos catalanes. El 80 % del total de especies están bien clasificadas; al 20 % restante no les asigna nombre científico ni descripción, solo una breve frase en latín al estilo linneano, con la que no hay seguridad de llegar a una especie concreta, o se refieren a sinónimos que corresponden a especies de latitudes lejanas. En 58 especies no existe descripción; a veces comenta la procedencia de la especie, su abundancia o la calidad de la carne. En los 44 restantes hay alguna mención más o menos amplia a algunas características morfológicas. Entre las especies que describe más extensamente está la *Perca Regia*, la actual *Argyrosomus regius* (135), la corvina, que hoy lleva el nombre de Asso como autor de la descripción, y que, posiblemente fue la especie observada por Osbeck («*curbinos*» y «*curbinetta*») y Cornide («*Sciaena lepisma*»). Del total de especies que estudió el científico zaragozano, 7 se nombraban por primera vez para la ictiología española respecto a lo ya publicado por los autores que le precedieron. Igualmente, 34 ictiónimos eran nuevos.

Finalmente, en esta franja de la costa mediterránea, en 1802, Marcos Antonio de Orellana Mocholi (1731-1813), erudito valenciano, publicó el *Catalogo de els peixos que es crien è peixquen en lo mar de Valencia*. Recopiló 106 nombres valencianos acompañados en casi todos los casos de sus sinónimos en castellano, 94 en total, tomados de los que «en Andalucía o en alguna parte de Castilla suelen darles a cada uno de los peces que aquí se nombran» (traducido del Prólogo, sin paginar). No aportó nombres científicos, pero de nuestro conocimiento de los ictiónimos puede decirse que estos se referían, como mínimo a 83 especies, de las que 71 eran de peces, 5 de moluscos, 5 de crustáceos, 1 de quelonios (tortugas) y 1 de cetáceos. De este conjunto de especies, 3 eran nuevas respecto a las ya citadas en los trabajos que le precedieron.

2.2 Mar Cantábrico

En el Cantábrico no hemos encontrado ninguna obra específica sobre especies marinas en la época que estudiamos. Solo disponemos de una parte de la obra inconclusa de Antonio Sáñez Reguart (1735-1796), que empezó a estudiar los peces de España por el Cantábrico. Por eso, en nuestro orden geográfico lo situamos aquí, a continuación de las obras anteriores referidas al Mediterráneo. Este barcelonés, comisario real de Guerra de Marina e inspector de Matrículas, gran conocedor de la pesca en España y de la preparación y conservación de las especies de interés pesquero, fue «la persona mejor informada de España sobre estos temas» (García y Fernández, 1993: 22, en Sáñez Reguart, 1796). Por encargo del rey Carlos III y bajo el mando de José Moñino, conde de Floridablanca y primer secretario de la Junta de Gobierno del rey, Sáñez, acompañado del dibujante alemán Miguel Cros, recorrió la costa española durante cuatro años para desarrollar el proyecto titulado *Colección de las producciones de los Mares de España*, con el objetivo de «inventariar las especies marinas de España y fomentar su pesca» (Morón, 2021: 39). Según Arbex (2021: 61), entre enero de 1783 y abril de 1787, Cros realizó 557 dibujos, de los que se conservan 497; de ellos, 314 representan organismos del Cantábrico y 183 del Mediterráneo y golfo de Cádiz.

El propósito de este proyecto no era ictiológico (tal vez por eso, en los dibujos realizados no se indicaba el nombre científico de la especie representada), sino que solo (y no es poco) perseguía conocer las especies pesqueras existentes y su aprovechamiento. Para ello Sáñez se volcó en conseguir un conocimiento total, lo más amplio posible, abarcando el mayor número de especies que se pudiera, de las que hizo unas prolijas descripciones, incluyendo su abundancia, lugares, artes y épocas de pesca, e interés gastronómico. Su tratado incluiría además la amplia recopilación bibliográfica que realizó y el imponente catálogo de ilustraciones fieles de las especies. Con

---

47.   AJB I,57,9,10. Carta de Cabrera a Clemente - Cádiz, 9 de abril de 1826.

todo esto, la *Colección de las producciones* hubiera sido una obra de ictiología de primer orden, equiparable a las de reconocidos autores extranjeros, como Duhamel (1769-1781) o Bloch. Sin embargo, la demora en la redacción del trabajo realizado, debida a múltiples causas, como la dedicación de Sáñez a otras tareas que le encargaban, entre ellas la edición de su monumental *Diccionario Histórico de los Artes de la Pesca Nacional*, sus achaques de salud, la desaparición misteriosa del dibujante Cros, y la retirada de la confianza de Carlos III a Floridablanca, mentor de Sáñez, que fue cesado oficialmente del proyecto en julio de 1795 (Vázquez, 2008: 119), dieron al traste con la edición de la obra (Bordes, 2021: 13). No obstante, él siguió trabajando por su cuenta y en 1796 concluyó el manuscrito del primer volumen previsto, pero no llegó a imprimirse. De hecho, en AGMAB[48], «Extracto de los meritos y servicios de D. Antonio Sáñez Reguart», firmado en Madrid el 25 de octubre de 1792, Sáñez estima así su obra: «... la Colección de peces, aves, plantas, è insectos marinos de las Costas de la Península, pintados exactamente del natural con todos sus coloridos por medio de un dibujane extranjero, compuesta de mas de 400 Laminas en Marquilla. Obra única en Europa, pues sobre el completo de producciones, sin mendigar las extrajeras, patentiza la variedad y riqueza de nuestros mares».

Hasta donde sabemos, en los casi doscientos treinta años transcurridos desde que se interrumpió la redacción de la obra, no se ha realizado ningún estudio para identificar las especies por su nombre científico y tratar de averiguar la dimensión completa del censo de especies que Sáñez llegó a examinar. En el presente libro, con la finalidad de comparar sus inventarios de especies con los de Cabrera, hemos realizado un intento preliminar de conocer las especies que Sáñez examinó basándonos en los dibujos que realizó Miguel Cros y en los nombres comunes que acompañan a una parte de las láminas —casi un 40 % de las láminas no llevan ninguna leyenda—, disponibles en varios de los fondos documentales existentes[49].

La colección de láminas se compone en su gran mayoría de dibujos terminados y coloreados (iluminados, según la terminología de la época), pero hay también bocetos sin terminar, láminas con el nombre común de la especie equivocado y láminas sin ningún dato de la especie a la que pertenecen. Por término medio, cada supuesta especie ocupa dos láminas, una con una vista lateral del ejemplar y otra ventral, o con una vista lateral y una vista ampliada de la cabeza, pero hay especies dibujadas en hasta 9 láminas, como intentos y posiciones distintas. En la mayoría de los casos, cada lámina contiene un solo dibujo de la especie representada, pero hay algunas láminas que contienen dibujos de hasta 6 especies diferentes, sobre todo en el caso de los invertebrados. Del conjunto de láminas conservadas en los distintos fondos documentales estudiados se extraen 164 nombres comunes castellanos. En un 85 % de las láminas es posible llegar a identificar las especies y asociarles su nombre científico actual. En el 15 % restante no hemos podido identificar a qué especie representaban, unas veces porque los dibujos son imaginativos, alejados de la realidad que pretendieron plasmar; otras porque están sin terminar, y, finalmente, en algunos casos, pese a las consultas a colegas expertos en distintos grupos zoológicos, por nuestro propio desconocimiento. Con todo, hasta donde es posible llegar por el momento, puede decirse que Sáñez y Cros examinaron y dibujaron un amplísimo repertorio de especies de la fauna marina española, compuesto por, como mínimo, 196 especies, de las que 138 eran de peces, 33 de moluscos, 18 de crustáceos, 2 de equinodermos, 1 de cnidarios, 1 de anélidos, 2 de quelonios y 1 de cetáceos. Carrete (1989: 16) dijo exageradamente que Miguel Cros «se encargó de dibujar del natural más de medio millar de especies», al creer que cada una ocupaba una lámina, cuan-

---

48. Manuscrito de Antonio Sáñez Reguart, digitalizado por Ángel Álvarez Villar (bgda.), AGMAB (Archivo General de la Marina Álvaro de Bazán), Ministerio de Defensa. Asuntos personales 3268-262. Consultado en abril de 2022.

49. 419 láminas de *Dibujos que se creen orijinales de la Colección de los Mares de España* (MNCN), (http://simurg.bibliotecas.csic.es); 28 estampas de *Colección de producciones de los mares de España* (Sáñez Reguart, 1796) y 138 estampas de la Calcografía Nacional (García Sepúlveda y Acebes, 2021: 87-134).

do en realidad ya vemos que no fue así: una misma especie puede estar representada en varias láminas, generalmente dos, y, a la inversa, una lámina puede contener dibujos que representan a varias especies, tanto en los peces como en los invertebrados. El trabajo de Sáñez aportó 42 especies mencionadas por primera vez respecto a obras anteriores, debido principalmente a la gran cantidad de especies de invertebrados que incluyó en su estudio, y 83 ictiónimos nuevos.

2.3 Mar de Galicia

En Galicia, en 1788, encontramos una importante obra sobre la ictiología española. Se trata del *Ensayo de una historia de los peces y otras producciones marinas en las costas de Galicia, arreglado al sistema del caballero Carlos Linneo* (Cornide, 1788), publicado por José Andrés Cornide de Folgueira y Saavedra, geógrafo y naturalista gallego. Basándose en su propia experiencia y en contactos con los pescadores locales, Cornide determinó las especies que observaba siguiendo la clasificación del *Systema Naturae* de Linneo, de 1758. En conjunto recogió 147 nombres comunes y determinó 119 especies, de las que 86 eran de peces, 17 de moluscos, 8 de crustáceos, 2 de cnidarios, 2 de quelonios y 4 de cetáceos.

Una gran parte (58 %) de estas especies estaban bien determinadas. Los fallos pudieron ser debidos no solo a las dificultades para acceder a obras de autores extranjeros —algunas magníficamente ilustradas (como la de Willoughby, 1686)—, y poder contrastar descripciones e imágenes, sino también a la abundante sinonimia de las denominaciones vernáculas e incluso a errores de imprenta y trastoque de textos en la edición del libro. En este sentido cabe citar, que al igual que Linneo, Cornide intenta agrupar a sus especies en seis categorías: Apodes, Jugulares, Thoracici, Abdominales, Branchiostegui y Nantes. Pero, tal vez por fallos en el proceso de impresión, en el *Ensayo* solo figuran Apodes, Jugulares, Thoracicos y Amphibios nadantes, con lo que se observa una numerosa inclusión de especies en grupos que no les corresponden. Con todo, el *Ensayo* de Cornide aportó 19 especies nuevas y 60 ictiónimos nuevos que sumar a las ya citadas en los trabajos anteriores hasta esa fecha.

La obra de Cornide recibió, inmerecidamente, un comentario irónico en una de las cartas que Cabrera enviaba a su amigo Clemente, la del 25 de febrero de 1826[50]. Con ella adjuntaba su Lista manuscrita —con 247 nombres vulgares de peces y algunos de moluscos, crustáceos y mamíferos marinos, a los que se pueden asociar 166 especies— y la comparaba con el trabajo de Cornide, escribiendo: «El Ensaio de la Ictiología de Galicia, qᵉ. publicó el Sᵒʳ. Cornide, veo qᵉ. por necesidad debe ser muy diminuto, pues habiendo oído repetidas veces a personas prácticas, qᵉ. es aquel Mar abundante de peces, el numero de especies qᵉ. describe el dicho erudito, es poco grande». O sea, que, según Cabrera, Cornide había recogido muy pocas especies en su estudio, pese a la fama que tenía el mar gallego de abundancia y variedad de peces. No obstante, en la misma carta lo elogia al definirlo como el «Primer ictiógrafo» español, al valorar el hecho de que para él fue el primero en publicar un trabajo ictiológico sistemático en España[51]. De hecho, en palabras de Bañón y Maño (2021: 11) «José Cornide fue el primer científico en España en utilizar la nomenclatura científica moderna para nombrar los peces, y [su] *Ensayo de una historia de los peces* está con toda justicia considerado como el texto fundacional de la ictiología española». No obstante, por lo que hemos visto antes en el mar catalano-balear, Juan Ramis, en 1788, el mismo año que Cornide, empleó en su listado de peces la nomenclatura científica creada por Linneo.

También en Galicia, aunque es posterior a la obra de Cabrera y por eso no lo hemos tenido en cuenta en la comparación con las aportaciones ictiológicas del religioso chiclanero y de los otros autores considerados, es de interés mencionar el trabajo *Consideraciones generales sobre*

50. AJB I,57,9,4. Carta de Cabrera a Clemente - Cádiz, 25 de febrero de 1826.
51. Se infiere que Cabrera no llegó a conocer los manuscritos de Löfling y Osbeck ni el trabajo de Ramis.

varios puntos históricos, políticos y económicos, á favor de la libertad y fomento de los pueblos, y noticias particulares de esta clase, relativas al Ferrol y á su comarca, publicado en el año 1820, cuyo autor fue el piloto naval gallego, Bernardo José López y Nobal (1756-1824). Este trabajo incluía un listado de 110 ictiónimos, que corresponderían a 79 especies de peces y 3 de cetáceos.

2.4 Golfo de Cádiz y mar de Alborán

En 1739, Francisco Fernández Navarrete (1680-1742), escritor científico granadino y catedrático de la Universidad de Granada (Gil, s.f.) publicó la obra *Character de España, deducido de los principales fundamentos y consideraciones de su Historia natural. Ensayo de la H*. *Natural y médica de España* (Fernández Navarrete, 1739: 247-273), en la que se recogen 161 ictiónimos. Este trabajo, que quedó inconcluso y solo se conserva el manuscrito original en la Academia de la Historia de Madrid, es especialmente llamativo porque fue el primero en Andalucía que utilizó un asomo de nombres científicos latinos, tomados de autores clásicos, como Salviani, Aldrovandi, Ausonio, Plinio o Rondelet. Aunque se trató de un trabajo de gabinete dedicado a las costas españolas en general, el origen granadino de su autor, el empleo de algunos nombres comunes de peces propios de la costa de Granada, como «faja del mar» (*Cepola macrophthalma*), «ahoga gatos» (*Boops boops*), «colias de Motril o Sexitanus» (*Engraulis encrasicolus*), y las frecuentes alusiones a la costa granadina[52] y a otras zonas de la región (Almería, Sevilla), nos permiten incluirlo en el apartado de obras andaluzas. De los 161 ictiónimos mencionados más arriba, 141 corresponderían a 93 especies seguras (83 de peces, 3 de moluscos, 1 de crustáceos, 1 de cnidarios y 5 de cetáceos), de las que 18 se mencionan por primera vez respecto a anteriores trabajos. Los 20 ictiónimos restantes nos son desconocidos o no conducen con seguridad a ninguna especie actual. En conjunto, F. Navarrete aportó casi un centenar (98) de ictiónimos nuevos. Este autor agrupó sus especies en tres secciones: Peces de agua dulce, Peces marinos y Monstruos marinos. Sin embargo, entre los peces de agua dulce incluyó algunos marinos, como acedía, breca, lenguado, morena y pargo. Entre los peces marinos se deslizó un molusco, la sepia. Entre los monstruos marinos incluyó peces de gran tamaño, como el pez espada (*Xiphias gladius*) y el pez sierra (*Pristis pristis*), a los que hay que añadir, a modo de curiosidad, Sirenas, Hombres Amphibios («con algunas propiedades de Peces», p. 272) y Hombres Marinos, «que por inclinación, temperamento, o estupidez se hicieron casi Peces» (p. 273), llamados *urinatores*, reminiscencia de los buceadores militares del Imperio Romano.

En 1751 y 1753, la llegada a Cádiz de Pehr Osbeck y Pehr Löfling, dos destacados discípulos de Linneo que iban de paso hacia sus exploraciones científicas en China y Venezuela, respectivamente, supuso el verdadero comienzo de los estudios ictiológicos en Andalucía. Osbeck y Löfling pasaron allí varios meses a la espera de embarcarse para sus lejanos destinos. En este tiempo anotaron los nombres comunes y científicos de las especies marinas que iban encontrando, junto con sus descripciones. Ellos conocían ya la nomenclatura científica utilizada por su maestro Linneo y la aplicaron a las realidades ictiológicas que observaban. En sus publicaciones y manuscritos, sobre todo en el caso de Löfling, aparece por primera vez para la ictiofauna española la triple relación entre cada pez que examinan (o referente), su nombre vulgar (o ictiónimo) y su nombre científico.

Pehr Osbeck llegó a Cádiz el 9 de enero de 1751 y se embarcó para China el 20 de marzo siguiente (Fernández Pérez, 1990: 54-55). En los casi dos meses y medio que permaneció en Cádiz hizo una primera aproximación al conocimiento de la ictiofauna gaditana, que quedó recogida en el artículo *Fragmenta Ichthyologiae Hispanicae* (Osbeck, 1770: 99-104). Examinó 24 posibles

---

52. Refiriéndose a la caballa, dice: «Sale [se pesca] entre Castel de Ferro y La Rábita, Costa de Granada».

especies, a las que clasificó en 11 géneros (*Esox*, *Muraena*, *Perca*, *Pleuronectes*, *Raia*, *Scomber*, *Scorpaena*, *Sparus*, *Squalus*, *Trachinus* y *Xiphias*, las describió con anotaciones más o menos completas y recogió cinco nombres vulgares: *lengua, mochara, mochuelo, savia* y *vaila*. Con los conocimientos actuales, podemos afirmar con seguridad que examinó ejemplares de, al menos, las 9 especies siguientes: *Dipturus oxyrinchus* (26), *Muraena helena* (34), *Solea solea* (78), *Xiphias gladius* (79), *Dicentrarchus punctatus* (103), *Dentex dentex* (114), *Diplodus annularis* (117), *Diplodus sargus* (121) y *Argyrosomus regius* (135).

Por su parte, Perh Löfling, discípulo predilecto de Linneo y científico relevante a sus 24 años de edad, después de dos años de estancia en Madrid donde realizó estudios botánicos, llegó a Cádiz el 5 de noviembre de 1753 para embarcarse con destino a Venezuela como botánico de la Corona española en la Real Expedición de Límites del Orinoco, viaje que anhelaba (López, 1990: 34; Fernández Pérez, 1990: 62; Pelayo, 1990: 103). No obstante, el embarque se retrasó casi tres meses y medio, hasta el 15 de febrero de 1754. Löfling no perdió el tiempo en esta estancia obligada en tierras gaditanas, en las que se encontraba únicamente de paso. Después de diez días en Cádiz, se trasladó a la vecina localidad de El Puerto de Santa María, donde «... para mejor aprovechar el tiempo para la Botánica, y la Historia Natural, yo me apliqué principalmente en reconocer, y a conocer todos los pezes, que da la fértil mar de este puerto, de los cuales tenía antes poca noticia...», según escribió en su diario de viaje[53]. Y bien que se aplicó a los peces: Su trabajo quedó plasmado en el manuscrito *Pisces Gaditana. Observata Gadibus et ad Portus Sa Maria. 1753. Mens. Nov. et Decemb.* (Löfling, 1753). Sin embargo, dicha información nunca llegó a publicarse como tal, pues Löfling murió a los dos años de llegar a Venezuela. Los legajos con sus anotaciones sobre los peces gaditanos viajaron con él a América y a su muerte, tras el inventario de bienes que se hizo, donde figuran bajo el epígrafe «Un legajo rotulado de Pices Gaditane observata», dentro del apartado «Manuscritos y Herbario» (Lucena *et al.*, 1998: 235), fueron devueltos a España y se conservan en el Real Jardín Botánico de Madrid[54].

En 1986, Pelayo y Fernández hicieron una primera revisión de los manuscritos (Pelayo y Fernández Pérez, 1986: 451-455), y en 1990, Pelayo, con «una nueva lectura de los manuscritos permite hacer ciertas precisiones» (Pelayo, 1990: 114), corrigió y amplió los someros resultados obtenidos en el trabajo anterior. Löfling siguió la clasificación de Artedi (1738) en su *Ichthyologia*, y mencionó 103 especies marinas, de las que 91 eran de peces, 5 de moluscos, 3 de crustáceos, 1 de equinodermos, 1 de cnidarios y 2 de mamíferos marinos. Asociadas a todas estas especies de organismos marinos, recogió de los pescadores locales 204 denominaciones vulgares, de las que 55 se documentan por primera vez en Andalucía con sentido ictionímico en los escritos de Löfling. Centrándonos en los peces, en la parte de su documento denominada *Pisces Gaditanii* agrupó el material examinado en cuatro órdenes taxonómicos, si descartamos a los Plagiuri (Cetáceos), que entonces eran considerados peces: Chondropterigii (cartilaginosos), Branchiostegui (con branquias completas o descubiertas), Acanthopterigii (con radios duros en algunas aletas) y Malacopterigii (radios de las aletas blandos y articulados), 24 géneros (*Raia, Squalus, Petromyzon, Lophius, Sparus, Labrus, Scomber, Mugil, Zeus, Trigla, Gobius, Cottus, Scorpaena, Trachinus, Perca, Gadus, Pleuronectes, Clupea, Esox, Argentina, Muraena, Taenia, Cyprinus* y *Xiphias*) y 71 especies, de las que a 57 designó con sus nombres científicos completos. De las restantes solo recogió el nombre vulgar, en unos casos porque eran especies que la obra de Artedi no recogía, y en otros porque tal vez no llegó a encontrar la correspondencia científica en el libro de Artedi (que sí la contenía). No obstante, con solo esos nombres, los conocimientos actuales permiten llegar con seguridad a saber de qué especies se trataba. En un apartado sin título de sus documentos hay 32 descripciones de especies de peces. Cada descripción está encabezada por uno o varios nombres comunes y un nombre científico, frecuentemente solo el género, y, en ocasiones,

---

53. AJB II,2,5,10. *Diario de viaje de Löfling.*
54. AJB II,1,7,15. *Pisces gaditana* (1.ª División, carpeta 8, número 122, hojas 93 a 122).

la referencia a la obra de Artedi. Con toda esta información se puede afirmar que Löfling aportó la cita de, al menos, 25 especies nuevas a la ictiología española. En el año 2012, se realizó un estudio exhaustivo (De la Torre y Arias, 2012) de los documentos de Löfling, se analizaron las especies que identificó y las voces comunes que recogió en el Cádiz de la época. Sin desmerecer la pionera aportación de Osbeck, que se publicó en 1770, los documentos de Löfling constituyeron en su momento la primera y más completa recopilación ictiológica realizada en España de manera sistemática.

Después de Löfling, en 1756, entre los documentos de la Casa de Medina Sidonia se encuentra uno de los glosarios más importante de la centuria dieciochesca, aunque solo en cuanto a recopilación de ictiónimos. Se trata de *Noticia de todas las especies de pezes que se hallan y pescan en las costas maritimas de la Andalucia occidental, desde Gibraltar a Ayamonte, distinguidos por los respectivos artes con que se acostumbran a pescar, explicando las iniciales G. M. y P. los que son grandes, medianos y pequeños en sus tamaños, y al fin los mariscos de la propia costa*. De autor anónimo, este documento[55] probablemente fuera escrito por un buen conocedor de estas pesquerías andaluzas —por encargo del duque de Medina Sidonia—. Una copia no exacta de este documento se incluye en la *Coleccion Davila [sic]* de la Biblioteca Nacional de Madrid. Pensado (1982) analizó esta copia y creyó que, por error del amanuense encargado de transcribir el original para hacerlo llegar al fraile benedictino Pedro José García Balboa, más conocido como fray Martín Sarmiento, se le adjudicó la autoría a este religioso leonés. Pero, en realidad, como dijeron Pensado y el propio Sarmiento, este nunca estuvo en Andalucía (Reguera, 2006: 161), por lo que no pudo ser el autor. En 1772, Martín Sarmiento —esta vez sí—, en una carta-informe dirigida al duque de Medina Sidonia con el título: *De los atunes y de sus transmigraciones y conjeturas sobre la decadencia de las almadrabas y los medios para restituirlas* (López Capont, 1997), dio cuenta de las producciones anuales de atún, *Thunnus thynnus* (57), en las almadrabas del sur de España. Para los efectos de nuestro análisis, obviamos la no autoría de Sarmiento en el primer documento, fusionamos los datos de estos dos documentos y, descartamos los nombres repetidos. Así, el número total de ictiónimos recopilados en estas dos obras es 198, a los que, a la luz de los conocimientos actuales en ictionimia andaluza, pueden asociarse a un mínimo de 145 especies. De ellas, 108 serían de peces, 22 de moluscos, 10 de crustáceos, 1 de equinodermos, 2 de cnidarios y 2 de mamíferos marinos. Esto da idea de la abundante composición de especies de la fauna marina conocida en aquella época. En conjunto, esta doble aportación menciona 25 especies y 73 ictiónimos que no estaban en los documentos anteriores a ella.

Siguiendo el orden cronológico en Andalucía, el último glosario destacable de la segunda mitad del siglo XVIII es la *Relación Ichythyologica, o de los pescados fluviales y marítimos de todas las especies, mariscos, árboles, plantas, y otras producciones que se sacan y cogen en estas costas de Málaga, con lo demás perteneciente a la Conchiliologia*, publicada en 1789, obra de Cristóbal de Medina Conde (1726-1798), presbítero, que la firmó con el nombre de Cecilio García de la Leña, su sobrino. De este trabajo se extraen 348 ictiónimos, la mayor cantidad de las producidas hasta entonces, que pueden asociarse a un mínimo de 184 especies, de las que 139 eran de peces, 28 de moluscos, 10 de crustáceos, 3 de equinodermos, 3 de cnidarios y 1 de cetáceos. Entre todas ellas hemos registrado 30 especies nuevas respecto a las contenidas en los documentos que le precedieron.

A continuación entró en la escena ictiológica nuestro personaje, Antonio Cabrera, de cuya aportación anticipamos un extracto comparativo de sus resultados. Cabrera, como algunos otros autores del periodo considerado, realizó un trabajo de campo para recabar material biológico e ictionímico para sus descripciones y determinaciones científicas de las especies marinas que estudió. Del vaciado y análisis de sus documentos, que se expone detalladamente en el capítulo 2,

---

55. Se encuentra en la Real Biblioteca de Madrid.

puede resumirse que nuestro autor mencionó un conjunto de 202 especies[56], el más numeroso de los contenidos en las 13 obras del siglo XVIII que hemos comparado. De estas especies, 194 eran de peces, 5 de moluscos y 3 de cetáceos. Por otra parte, pese a ser el último trabajo de la serie cronológica estudiada, Cabrera aún mencionó 19 especies más respecto a los anteriores.

2.5 Resumen

A partir del vaciado de ictiónimos y denominaciones científicas contenidos en las 12 obras del siglo XVIII anteriores a la de Cabrera, de su traducción a especies actuales y de la comparación con los resultados aportados por nuestro autor, extraemos el siguiente resumen sobre la ictiología española en dicho periodo.

El conocimiento de la fauna marina en las costas españolas se acometió con diferente enfoque y medios disponibles según los autores, pero, en general, unos perseguían el conocimiento de las especies y fomento de la pesca y del procesado y conservación de las capturas (Salvador, Fdez. Navarrete, Sarmiento, Puig, Medina Conde, Sáñez Reguart, Orellana), y otros tenían como objetivo principal el conocimiento científico de las especies (Osbeck, Löfling, Ramis, Cornide, Asso y Cabrera).

En función de su motivación y época en la que fueron escritos, unos trabajos contienen solo ictiónimos (Sarmiento, Puig, Medina Conde[57], Sáñez y Orellana), ictiónimos y nombres latinos de autores clásicos (Salvador y Fdez. Navarrete), ictiónimos y nombres latinos de Artedi (Osbeck y Löfling), e ictiónimos y nombres científicos de Linneo (Ramis, Cornide, Asso y Cabrera).

Todos los trabajos estaban dedicados principalmente a los peces (en dos casos —Osbeck y Asso— solo contenían especies de peces), pero abarcaron además especies de varios grupos zoológicos de invertebrados, sobre todo de moluscos y crustáceos, y también de otros de vertebrados, como cetáceos y quelonios. En el caso de Cabrera, además de examinar peces, cefalópodos y cetáceos, recopiló información de Testáceos, o moluscos con concha (bivalvos y gasterópodos), como mencionó a Clemente en la carta del 16 de diciembre de 1825[58], pero no se conservan listados de estas especies.

En cuanto a la recopilación de ictiónimos, el trabajo de Medina Conde superó con diferencia a los del resto de autores (fig. 3, p. 48), pero hay que tener en cuenta que este autor, pese a que tuvo la ayuda de «vários pescadores antiguos muy prácticos en estas mares», no hizo un verdadero trabajo de campo, como el de Löfling o el de Cabrera, sino que, según su propio testimonio, se basó principalmente en los nombres contenidos en las obras de Artedi, Cornide, Puig, Terreros, Sarmiento y Gerónimo de Huerta, traductor del libro 9 de Plinio, en cuya obra halló «quanto se puede desear para estas noticias» (p. 204). Entre los autores que obtuvieron los ictiónimos deícticamente, es decir, preguntando a los pescadores en presencia de las especies, Cabrera logró los mejores resultados, seguido de Löfling, Sarmiento, Sáñez (este último con apoyo de la Administración para recabar información con total libertad en los puertos) y Cornide. Prueba de ello es que Cabrera también examinó más especies que el resto de autores. No obstante, cabe suponer que de haberse terminado y publicado la obra completa de Sáñez Reguart —la *Colección de producciones de los mares de España*—, el número de especies hubiera sido algo más elevado que el de Cabrera, sobre todo por las numerosas especies de invertebrados que habría contenido, aspecto al que ningún autor, salvo Ramis, se dedicó con la intensidad que lo hizo el barcelonés.

---

56. No incluimos cinco especies conservadas en la Colección del Instituto de Cádiz que no mencionó.
57. Tenía algunos nombres latinos de Linneo.
58. AJB I,57,8,19. Carta de Cabrera a Clemente - Cádiz, 16 de diciembre de 1825: «O[t]ra [lista] de los Testaceos, qe. he visto en estas plaias».

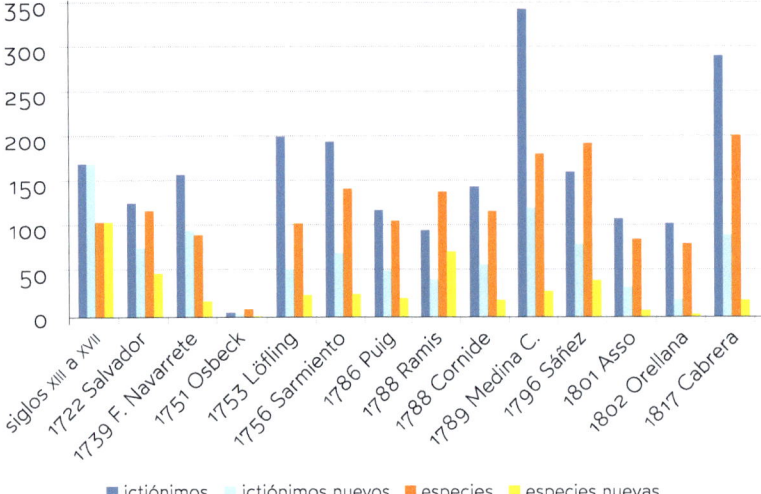

FIGURA 3. Número de ictiónimos, especies, ictiónimos nuevos y especies nuevas en las obras españolas del siglo XVIII y primeros años del XIX anteriores a Cabrera.

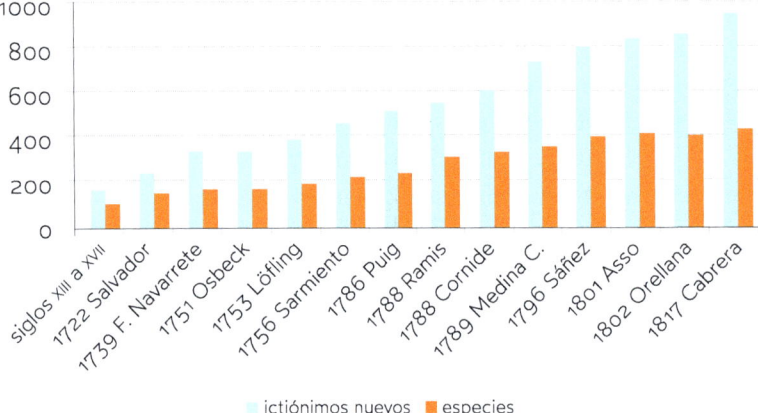

FIGURA 4. Número acumulado de ictiónimos nuevos y especies nuevas en las obras españolas de ictiología del siglo XVIII y primeros años del XIX anteriores a Cabrera.

El número de especies mencionadas por primera vez (especies de cada obra no incluidas las anteriores a ella) que aporta cada trabajo (fig. 3) es muy variable de unos a otros, en relación, sobre todo, con la profundidad de la investigación desarrollada. Si el trabajo abarca muchos grupos zoológicos, como los de Salvador, Ramis o Sáñez, el número de especies que se mencionan por primera vez es muy elevado. No obstante, también influye el que, a medida que se hacen más trabajos, cada vez van quedando menos especies por mencionar por primera vez. Después de Sáñez, los trabajos de Asso y Orellana aportaron pocas especies nuevas, porque a esas alturas del siglo ya estaban mencionadas casi todas las más comunes en las pesquerías españolas. La investigación de Cabrera en el golfo de Cádiz, una zona costera de gran riqueza de especies, volvió a incrementar de forma notable, con 19 especies, la aportación de las no mencionadas hasta entonces al repertorio ictiológico de la Ilustración española. La mayoría de las mencionadas por Cabrera eran especies de difícil determinación, como *Chelon saliens* (201), *Diplodus bellottii* (118), *Hyporamphus picarti* (87) o *Gobius paganellus* (68), que hasta entonces habrían sido confundidas con otras muy parecidas. Pero también tuvo ocasión de observar especies raras, como *Nesiarchus nasutus* (177), *Taractichthys longipinnis* (59) o *Diodon hystrix* (99), poco frecuentes en las pesquerías andaluzas.

El número acumulado de ictiónimos nuevos y de especies nuevas asociadas, extraídos de los 13 documentos producidos durante de la Ilustración llega a formar un corpus total de, como mínimo, 992 ictiónimos y 443 especies (fig. 4).

3. Historia de «La Ictiología de Andalucía»

«Despues de esto remitiré la lista de los determinados y verá
V lo q^e. resta q^e. hacer para formar la Ictiologia de Andalucía».

Antonio CABRERA[59]

3.1 Los documentos

En una carta dirigida a Clemente, el 25 de febrero de 1826[60], Cabrera habla por primera vez de «formar la Ictiología de Andalucía», expresión que consideramos el marco general del conocimiento que hasta 1817 el religioso había recopilado y elaborado sobre especies de peces, moluscos y mamíferos marinos de las costas de Cádiz y Málaga. Este conjunto de saberes ictiológicos quedó recogido en cuatro documentos preparados por el Magistral, que, enumerados en el orden cronológico que creemos los elaboró, fueron los siguientes:

1. «Lista de nombres vulgares de los peces del mar de Andalucía» (fig. 5, p. 50), que llamaremos Lista manuscrita (anexo III), sin fecha, es un documento original del que lo único que sabemos con certeza es que fue enviado por Cabrera a Clemente junto con la carta del 25 de febrero de 1826. Pero creemos que fue elaborado por Cabrera al menos nueve años antes, al principio de sus investigaciones ictiológicas, debido a que faltan en él numerosos ictiónimos que sí recogen los otros documentos. De ahí que en una carta del 16 de diciembre de 1825 le diga a Clemente: «Yo tengo una lista [...] con los nombres [...] de los peces de estos Mares». Se conserva en el Archivo del Real Jardín Botánico de Madrid. Figura transcrita en la obra *El Magistral Cabrera. Un naturalista Ilustrado* (Martín Ferrero, 1997: 311-312), publicada en 1997.

2. «Memoria de los peces del mar de Andalucía», o Memoria descriptiva[61], sin fecha (anexo IV), pero también es de 1817 o antes. Es un documento de gran importancia pues contiene la ordenación taxonómica seguida por Cabrera y las descripciones científicas que redactó de casi todas las especies que cita. Este documento se acompaña de una Addenda con numerosas especies más (anexo V). Ambos permanecieron inéditos hasta 1887, cuando Mariano de la Paz Graells los reprodujo en su artículo «Ciencias Naturales. Ictiología Ibérica», dentro de la *Revista de los Progresos de las Ciencias Físicas, Exactas y Naturales*. La Memoria descriptiva y su Addenda eran el cuaderno de trabajo en el que Cabrera redactaba sus observaciones sobre las especies que examinaba.

3. «Lista de los peces del mar de Andalucía-1817», o Lista impresa, publicada en Cádiz en 1817 (anexo VI). Consiste en una fusión de la mayoría de los ictiónimos y nombres científicos de la Lista manuscrita, de la Memoria descriptiva y de la Addenda, ordenados por géneros taxonómicos numerados, con nuevas incorporaciones obtenidas posteriormente. A modo de apéndice contiene además dos pequeños listados de nombres comunes de peces de Cádiz y Málaga que Cabrera no pudo examinar ni determinar porque estarían pendientes de conseguir los ejemplares correspondientes. Estos dos listados permanecieron inéditos hasta 1857, cuando Machado los añadió a su *Catálogo de los peces que habitan o frecuentan*

---

59. AJB I,57,9,4. Carta de Cabrera a Clemente - Cádiz, 25 de febrero de 1826.
60. AJB I,57,9,4. Carta de Cabrera a Clemente - Cádiz, 25 de febrero de 1826.
61. Así la llamaba Graells (1887: 145), «la Memoria descriptiva de los 'Peces del Mar de Andalucía,' [*sic*] que nos dejó inédita el Magistral Cabrera».

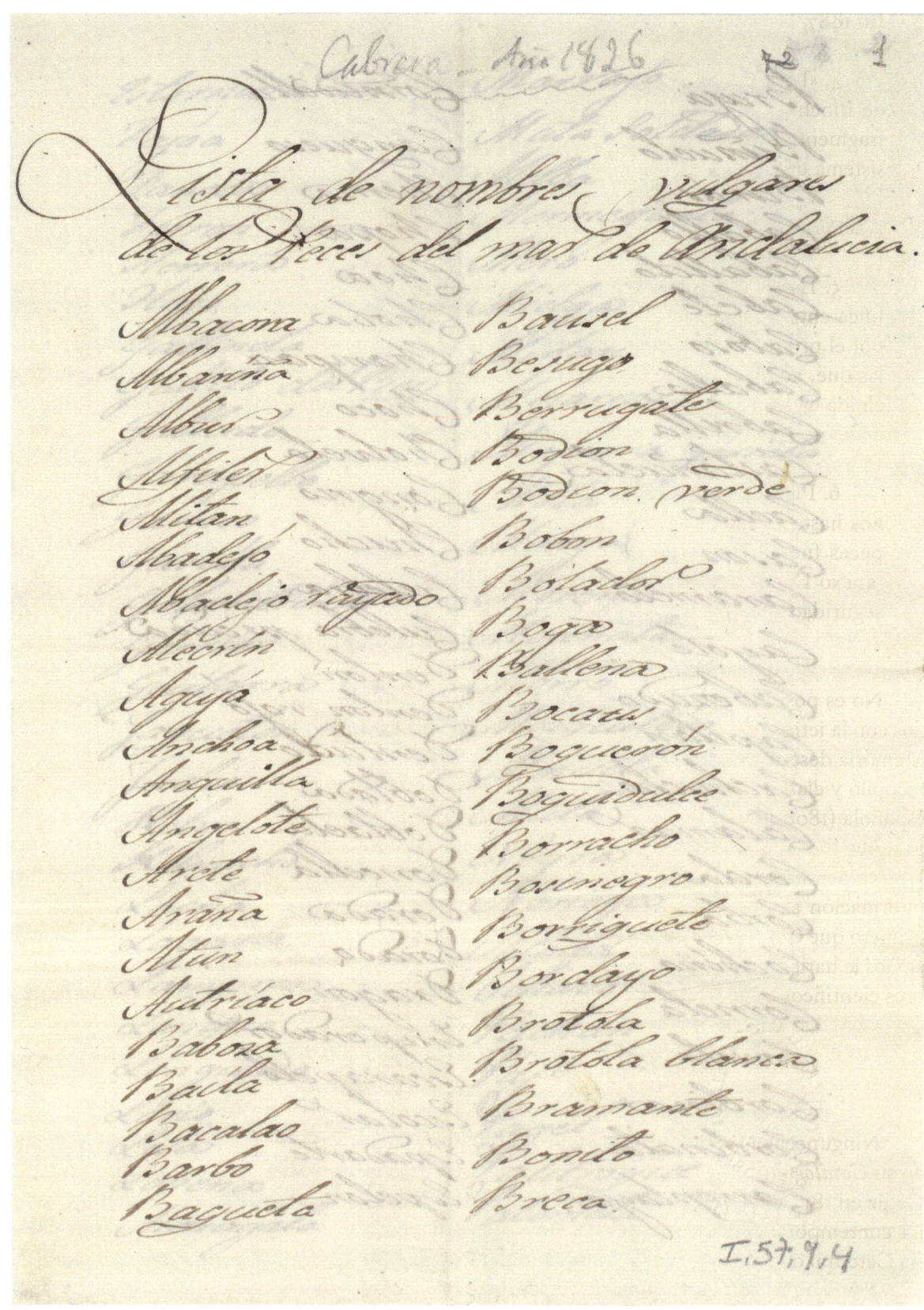

FIGURA 5. Fragmento de la *Lista de nombres vulgares de los peces del mar de Andalucía* enviada por Cabrera a Clemente el 25 de febrero de 1826 (AJB I,57,9,4).

las costas de Cádiz y Huelva, con inclusión de los del Río Guadalquivir (Machado, 1857). En 1887, Graells los reprodujo también en su publicación.

4. «Lista de los mismos peces arreglados según el sistema de Bloch» (en adelante, Lista de Bloch), sin fecha, pero publicado por Graells en 1887 (anexos VII y VIII). Contiene el fragmento que se ha conservado de la adaptación que hizo Cabrera de su Lista impresa al sistema de ordenación de Marcus Elieser Bloch.

Además, consideramos también parte importante de este patrimonio ictiográfico:

5. Los numerosos párrafos dedicados a los peces incluidos en la correspondencia científica entre Antonio Cabrera y Simón de Rojas Clemente, integrada por 15 cartas enviadas por el primero al segundo entre el 16 de diciembre de 1825 y el 21 de noviembre de 1826, en las que, además de mencionar una especie (*Chimaera monstrosa*, 170) que examinó no incluida en los anteriores documentos, da las claves del contexto histórico en el que se fraguó el devenir de los escritos de Cabrera sobre peces.

6. Parte de las muestras biológicas estudiadas por Cabrera, que se conservaron, al menos hasta el año 1919, en la Colección del Instituto de Cádiz. Un total de 52 especies de peces fueron determinadas por De Buen sobre estas muestras (De Buen, 1919: 252-254) (anexo IX). Dichas determinaciones contribuyeron, entre otros aspectos, a identificar con seguridad seis[62] a las que era imposible o dudoso llegar con la escueta aportación de Cabrera.

No es posible saber con exactitud el año en el que Cabrera empezó los estudios relacionados con la ictiología, pero aventuramos que, probablemente, toda esta información reunida en la Memoria descriptiva, la Addenda, la Lista impresa con sus dos apéndices y la Lista de Bloch se recopiló y elaboró entre 1814 y 1817, una vez terminada en Cádiz la guerra de la Independencia española (1808-1814). Tampoco es segura la fecha de elaboración de la Lista manuscrita. Creemos que fue en la misma época, ya que contiene todos los ictiónimos de los listados de Cádiz y Huelva pendientes de averiguar a qué especies correspondían. Cuando en 1826 Clemente pidió información al religioso chiclanero para escribir la *Historia Natural del Reino de Granada*, lo primero que Cabrera le envió fue esta Lista manuscrita y, como veremos, le dijo que en próximos envíos le haría llegar «la lista de los determinados», es decir, la Lista impresa de 1817 con los nombres científicos de las especies correspondientes a los nombres vulgares escritos a mano.

3.2 Autoría

Ninguno de los documentos anteriores tiene nombre de autor, aunque Machado (1857: 4), en su *Catálogo* de 1857, cuarenta años después, afirmara sobre la Lista impresa: «Imprimióse en Cádiz en 1817 una lista anónima de los peces del mar de Andalucía, cuyos autores, según dicen los contemporáneos, fueron el Doctor D. Antonio Cabrera, Canónigo Magistral de la Sta. Iglesia Catedral de Cádiz, D. Leonardo Perez, médico-cirujano de la misma ciudad, y D. Félix Henseler, alemán, recibido de farmacéutico en España y avecindado en Málaga».

No es descartable que esos contemporáneos hubieran sido Juan Bautista Chape y Lucas de Tornos, ambos discípulos aventajados de Cabrera y legatarios de su herbario (Matute, 2015: 106).

---

62. *Sarda sarda* (55), *Lichia amia* (80), *Chelon labrosus* (89), *Serranus cabrilla* (107), *Scorpaena porcus* (149), *Labrus mixtus* (194).

A la muerte de Cabrera, en 1827, estos dos personajes tenían 27 y 24 años de edad, respectivamente. Ambos tuvieron una relación muy estrecha con Cabrera: el primero, desde que era niño, fue acogido por nuestro autor; el segundo llegó a Cádiz con 20 años, huyendo de milicianos, y Cabrera lo amparó en su casa (Arenal, 1883: 43). Sin embargo, no existe constancia escrita de que Chape y Tornos mencionaran dicha triple autoría. Aventuramos que, tal vez, hubiera sido una comunicación oral en alguna ocasión que Machado hubiera entrado en contacto directo con ellos. Pese a que Machado dijo que la lista era anónima, durante los ciento sesenta y cinco años transcurridos desde entonces, diversos autores han mantenido esta suposición de que fueron tres los autores de la misma, unos copiando literalmente el párrafo anterior, y otros introduciendo ligeros matices sin contrastar, pero todos asumieron la frase de Machado de que fueron tres los autores. Así:

- Colmeiro (1858: 197-198), dijo de Cabrera: «De sus conocimientos zoológicos, quedan igualmente buenos comprobantes; sonlo en particular, la *Lista de peces del mar de Andalucía*, folleto anónimo que, de acuerdo con Henseler, boticario establecido en Málaga, publicó en Cádiz, en el año 1817; [...] siendo de advertir que [tiene] al lado de los nombres científicos, los vulgares del país». Es decir, Colmeiro, un año después de Machado, introduce un matiz: «de acuerdo con Henseler», únicamente con Hänseler, descartando a López. Desconocemos cómo sabía eso Colmeiro, cuarenta y un años después de Cabrera y sin haber conocido al Magistral[63]. Tal vez leyó alguna de sus cartas a Clemente.
- Pérez Arcas (1868: 30-31), en su discurso de ingreso en la Real Academia de Ciencias de Madrid, mencionó esta *Lista* y repetió las mismas palabras de Machado, cambiando lo de «anónima» por «sin nombre del autor». Pese a ello, Pérez Arcas sigue la suposición de Machado y, cuando expone las sinonimias de su Catálogo, siempre incluye «C., P. y H.» [Cabrera, Pérez, Hänseler] al citar algunas especies de la Lista impresa.
- Pérez y Fernández (1901: 44), en la misma línea, en su biografía de Cabrera, reproduce íntegramente la entrada del diccionario de Colmeiro, aunque cambia «sonlo» por «lo son», y no cita el trabajo del botánico gallego.
- Pardo (1925: 114), también reproduce íntegro el párrafo de Colmeiro, y tampoco cita su procedencia.
- Laza (1945: 159), inspirado en Pérez y Fernández y en Pardo, dice: «Publicó, en colaboración con Hänseler, un folleto anónimo». Repetimos: en «colaboración con Hänseler», sin mencionar a López.
- González Bueno (1987: 13, nota 29), siguiendo a Laza, introduce una nueva versión sin certeza: «Juntos debieron publicar un folleto titulado "Lista..."» (el subrayado es nuestro).
- Pérez-Rubín (2012: 145), dice de Hänseler: «Sus aportaciones en novedades de peces costeros, permitieron la temprana publicación, en 1817, del folleto anónimo...». Sin embargo, no se conocen esas novedades de peces costeros porque no se indican en ningún documento relacionado con Hänseler, y no está contrastado documentalmente que permitieran la publicación de la Lista de 1817.
- En *Eschmeyer's Catalog of Fishes* (2023) (Fricke *et al.*, 2023) pervive hoy día la conjetura («según dicen...») de Machado, pues la Lista impresa se sigue citando como «Cabrera y Corro, A., L. Pérez and F. Hänseler, 1817. Lista de los peces del mar de Andalucía. Imprenta Gaditana de D. Esteban Picardo, Carrer de la Carne, Cádiz. Reprinted and discussed by Graells 1887: 175, who considered it as unpublished, but it was printed and a few copies were distributed».

---

63. Cuando Cabrera murió, Colmeiro tenía 11 años de edad.

Por otro lado, y al contrario, en el mismo trabajo, el propio Machado se contradice varias veces. Una, cuando al desarrollar las sinonimias solo incluye a Cabrera, con la abreviatura «Cabr.» (por ejemplo: «Raja obtusirostris, Cabr.»), y no hay ninguna mención más a los otros dos supuestos coautores, cuyas abreviaturas debería haber incluido en caso de que fuese cierto que habían colaborado expresamente con Cabrera. Otra, cuando explica que ha «dado mayor amplitud al trabajo de Cabrera...» [de Cabrera, solo de Cabrera] (p. 5), y otra al decir que no ha «creido justo ni conveniente por orgullo nacional, quitar á aquel modesto naturalista [Cabrera] la gloria que se merece por su laboriosidad é inteligencia» (p. 5). Es decir, pese a su «según dicen los contemporáneos», Machado le atribuyó todo el mérito y autoría de la Lista impresa a Cabrera, como así creemos que fue.

Igualmente, otros autores se ciñeron a Cabrera como único autor de la Lista impresa:

· De Buen (1919: 252) menciona «una publicación muy antigua que atribuyen a Cabrera».
· Menéndez Pelayo (1876: 228), atribuye sin más la autoría a Cabrera, con esta frase: «Don Antonio Cabrera, magistral de Cádiz: *Lista de los peces del mar de Andalucía* (1817)».
· Graells (1887:141), reproduce el mismo párrafo de Pérez Arcas en su conferencia. A la *Lista...* la denomina «autógrafo inédito» o «manuscrito autógrafo» (un autógrafo es un documento que «está escrito de mano de su mismo autor», *DLE*); añade que publica la Memoria «para que el ictiológico del laborioso Magistral Cabrera no desaparezca», de modo que (p. 142), «aunque tardíamente, se sabrá que aquel venerable sacerdote fue el autor de uno de los pocos catálogos descriptivos que en español se han hecho de los peces que viven en nuestras aguas» (el subrayado es nuestro).

Para analizar con los datos disponibles la posible intervención de estas dos personas en la Lista impresa veamos qué sabemos de Hänseler y Pérez y qué relación tuvieron con Cabrera.

Félix Hänseler Jeger (1780-1840) fue un soldado alemán que llegó a Málaga en 1803 con el Regimiento Suizo[64], unidad militar al servicio de la Corona española. Pronto dejó la milicia y entró a trabajar como mozo en la farmacia de José Santaella en la Puerta de Esparteros (Devesa *et al.*, 2001: 271-272), lugar que Cabrera llamaría después «Botica de la Espartería» en una de sus cartas a Clemente[65]. Se nacionalizó español en 1820 (Laza, 1945: 160). Hänseler ya conocía a Clemente al menos desde 1808 (Pérez-Rubín, 2012: 142)[66], quien le orientó al principio de sus estudios botánicos, revisaba sus clasificaciones de plantas y «con sus sabias enseñanzas, logró hacerle un aventajado discípulo y colaborador» (Casares, 1932: 54). En 1812, Francisco Antonio Zea[67] y Simón de Rojas Clemente, en un viaje que ambos hicieron a Málaga para tomar posesión de la prefectura de esta ciudad, el primero como prefecto y el segundo como secretario, se hicieron amigos de Hänseler, según cuenta Cabrera a Lagasca en una carta del 1 de diciembre de 1813[68]:

En Málaga en la Botica, qᵉ. llaman de la Espartería cuyo dueño es un tal Santaella, se halla de Oficial un Zuizo, qᵉ. habiendo venido a servir en el exercito le dexó al principio de esta rebuxina[69] y se puso a Boticario, porque en su Pais había tenido algunos principios de esto. Se

---

64. Por eso llama Cabrera *Zuizo* a Hänseler en la carta del 1 de diciembre de 1813 (AJB I,56,3,25).
65. AJB I,57,9,11. Carta de Cabrera a Clemente - Cádiz, 11 de agosto de 1826.
66. No obstante, en Asensi y Díez-Garretas (2004: 44) se dice, sin aportar cita, que Hänseler «en 1810 conoce a Clemente».
67. Juan Francisco Antonio Hilarión Zea Díaz (1776-1822) fue un botánico y diplomático colombiano, director del Real Jardín Botánico de Madrid en 1805.
68. AJB I,56,3,25. Carta de Cabrera a Lagasca - Cádiz, 1 de diciembre de 1813.
69. La *rebuxina* era nada menos que la guerra de la Independencia española, a la que sin embargo, en otro párrafo de la misma carta, denomina «trastorno universal».

llama D. Felíx Henzeler. Cuando estuvieron en aquella ciudad Zea de prefecto y Clemente de sosío ò secretario suyo trabaron con el amistad. No hay duda que es afícíonadisimo a la Botanica. Ellos me le hicieron conocer, o por decir mejor, fueron ocacion de qᵉ. le conociese.

Así pues, Cabrera conoció a Hänseler en 1812, en Málaga, y el alemán le causó buena impresión como botánico. En esa misma carta Cabrera trata de recomendárselo a Lagasca y lo describe como «aplicado y curioso», además de «activo diligente é instruydo», y el chiclanero pensó que de él «puede sacarse bastante partido», pero opinó, a la ligera: «aunqᵉ. no sea mas, qᵉ. para recoger, y remitir las Plantas de aquellas tierras [malagueñas], fecundisimas, y abundantíssimas de begetales»[70]. Evidentemente, Cabrera se precipitaba. Hänseler, un «hombre inquieto y emprendedor» (Laza, 1945: 161), «laborioso e inteligente» (Clemente, en Martín Polo, 2016: 336) y con «un espíritu científico de primera fuerza» (Laza, 1945: 160), resultó ser un aficionado a la ictiología (González Bueno, 1987: 13, nota 28) bien preparado. Manejaba buena bibliografía de la época (Linneo, Bloch, Lacépède...) y orientaba a su amigo Muñoz Capilla, agustino cordobés, con explicaciones sobre lo último en clasificación de peces. En una carta del 25 de junio de 1817 (Muñoz Capilla, 1848: 228), le da una detallada explicación de los seis ordenes en los que «Linneo y todos los autores dividen los peces, [...] según la situación en que se hallan las aletas en el vientre», es decir, «apodes», «jugulares, «pectorales», «abdominales», «branchiostegos» y «chondropterigios». Además, Hänseler era humilde y desprendido, como Cabrera, y ante Muñoz Capilla, el 4 de marzo de 1817 (Laza, 1945: 184), justificaba su afición a la ictiología con las siguientes palabras: «Amigo, esto son cosas que me divierten; además de ser un entretenimiento, al mismo tiempo es útil. No soy maestro ni profesor en nada; mas trabajo para no quedar en el último asiento de la escuela».

Suponemos que por afinidad de carácteres y de aficiones naturalísticas Cabrera y Hänseler congeniarían rápidamente y acordarían colaborar en un estudio conjunto de los peces andaluces. Es posible, además, que Cabrera, según su costumbre de impulsar las investigaciones de otros (Martín Ferrero, 1997: 12 y 119), confiara en que después Hänseler se ocuparía de escribir un tratado de ictiología andaluza refundiendo la información que reunieran ambos, cada uno por su lado, como se deduce de la correspondencia científica sobre peces entre Cabrera y Clemente: «Yo llegué a persuadirme, qᵉ. Henseler algún día llegaría a formar nuestra Ictiología pero Dios no ha querido»[71].

Así, a partir de «diciembre de 1814» (según Pérez-Rubín, 2012: 145), o «desde mediados de 1815» (en versión de González Bueno, 1987: 9), Hänseler empezó a formar con su hermano dibujante una colección de láminas de las especies de peces que observaba en Málaga, y, asimismo, se interesó en ampliar el estudio a especies de agua dulce, actividades de las que años después, en la carta del 4 de marzo de 1817, informa a su amigo Muñoz Capilla[72] cuando le dice: «... y trabajo ahora con especialidad en la ichtiología malacitana, para lo que he formado ya también una especie de tratado elemental por si acaso en tiempos más felices se puede dar a la luz [...]. Tengo ya dibujados al natural una gran porción...» (Muñoz Capilla, 1884: 132) y «desearía me dijera Ud. que casta de peces se hallan en ese río, aunque no sean más que los nombres vulgares, porque al fin puede ser que se forme la ichtiologia bética». Suponemos que ese «ya también» quería decir que él, lo mismo que Cabrera en Cádiz, recopilaba información de las especies de peces de Málaga con la intención de hacer un tratado elemental de la ictiología malacitana. Y no solo de Málaga, sino también del río Guadalquivir, porque a este, a su paso por Córdoba, donde vivía el religioso, se refería con «Ese río». De todo esto podemos suponer que los dos amigos trabajaban cada uno por su lado, Cabrera en la ictiología gaditana y Hänseler en la ictiología malacitana y

---

70. AJB I,56,3,25. Carta de Cabrera a Lagasca - Cádiz, 1 de diciembre de 1813.
71. AJB I,57,9,4. Carta de Cabrera a Clemente - Cádiz, 25 de febrero de 1826.
72. José Jesús Muñoz Capilla (1771-1840), agustino cordobés, con quien compartía afición a la botánica.

cordobesa, y que ese «por si acaso en tiempos más felices se puede dar a la luz» podría referirse al intento de aunar esfuerzos y publicar un trabajo en común sobre la «ichtiología bética», expresión que probablemente se refería a la ictiología de la provincia romana de Bética, como antes era conocida Andalucía, en cuyo caso hablaba de la ictiología de Andalucía conjuntamente con Cabrera.

Como prueba de esa colaboración ictiológica entre ambos, está documentado el préstamo de libros, entre ellos el de Bloch, como Cabrera dice a Clemente en carta de 9 de abril de 1826: «en la Ictiología de Bloc [,] Libro, q^e me remitió Hanseler prestado para leerle»[73]. Naturalmente, «Bloc», en su escritura particular, era Marcus Elieser Bloch, el prestigioso ictiólogo alemán. También tenemos constancia de ella en la frase de Cabrera sobre la Lista manuscrita «hecha por toda la costa desde Cádiz a Málaga», y en el hecho de que esta Lista contiene 17 nombres vulgares que aparecen al final en la publicación de Graells bajo el epígrafe «DE MÁLAGA». No obstante, no es segura esta circunstancia porque es posible que Cabrera recopilara estos ictiónimos malagueños en sus despazamientos a Málaga.

Cabrera reconoce que «él [Hänseler] en esto [peces] había hecho mucho»[74], pero posiblemente se refería solo a lo que el alemán habría hecho por su cuenta con especies de Málaga, ya que, en una carta a Clemente, Hänseler le cuenta: «Actualm^{te} estoy ocupado otra vez con la ichtiografia malacitana». Es decir, insistimos, Hänseler se dedicó a estudiar los peces de las costas de Málaga. Dentro del «mucho» anterior, «según Willkomm»[75], consiguió «describir algunas especies nuevas» (Pérez-Rubín, 2012: 145), pero no existe base documental que permita comprobar esta afirmación y conocer la implicación, si la hubo, de Hänseler en la Lista impresa, listado en el que se habla de especies nuevas. No se ha conservado, si es que la hubo, ninguna carta de Hänseler a Cabrera al respecto. Por otra parte, solo hay constancia documentada de una visita de Hänseler a Cádiz el 11 de febrero 1818, para leer en la Academia de Medicina de la ciudad la disertación titulada «Sobre el Xarave de ipecacuana» (Ramos, 1994: 906).

Nada sabemos, en cambio, de la supuesta colaboración de Leonardo Pérez[76] con Cabrera, pues nada hay documentado al respecto. Pérez centraba su atención investigadora en la Academia de Medicina y Cirugía de Cádiz, de la que había sido miembro fundador, secretario y presidente, y en la que pronunció algunos discursos, uno de ellos sobre el «Reino Atmosférico, un cuarto Reino de la Naturaleza» (Ramos, 1994). Aficionado a la ictiología, en 1820 (tres años después de la Lista impresa) publicó un artículo científico en el *Periódico de la Sociedad Médico-Quirúrgica de Cádiz* (en adelante, P. S. M. Q.) (Pérez Martínez, 1820: 91-98) en el que comunicaba la existencia en aguas andaluzas de un espárido, al que llamó *Sparus Axilaris*, que consideró (equivocadamente) una especie nueva para la ciencia. Este artículo sobre el pretendido descubrimiento formaba parte de lo que parecía ser el primero de una serie para «describir los seres desconocidos de los naturalistas» (p. 94). Sin embargo, no hay en él ninguna mención a Cabrera ni a la Lista de 1817, en la que supuestamente participó, por aquello de «según dicen los contemporáneos» (como dijo Machado). En esta Lista impresa, con la entrada «GÉNERO 20. *El Besugo,* Sparus Axilaris *Sp. N.*», Cabrera ya mencionaba (tres años antes, recordemos) la misma especie que después «descubrió» Pérez. Además, en la Memoria descriptiva (anterior a la Lista impresa, como sabemos), también aparecía esta especie, con la entrada sinónima «ESPECIE 15.— **El Besugo.**—*Sparus Axilo-Maculatus.*—S[P]. N.». Conviene destacar que lo que Cabrera también consideraba una especie nueva, hoy denominada *Pagellus acarne*, no lo era realmente, pues ya había sido citada e ilustrada doscientos sesenta y dos años antes como «Poiſſon Acarne» por Rondelet (Rondelet, 1558a: 134; L. V, c. XX). Asimismo, en 1788, Cornide mencionó a *Sparus pagrus*

---

73. AJB I,57,9,10. Carta de Cabrera a Clemente - Cádiz, 9 de abril de 1826.
74. AJB I,57,9,4. Carta de Cabrera a Clemente - Cádiz, 25 de febrero de 1826.
75. Heinrich Moritz Willkomm (1821-1895), botánico y geógrafo alemán.
76. Leonardo Pérez Martínez (1790-?), médico gaditano.

rubescens, a su vez sinónimo de *Pagellus acarne* (Cornide, 1788: 42). Es decir, esta especie ya había «sido conocida de los naturalistas», contrariamente a lo que pensaba Pérez (e indirectamente Cabrera, por haberla marcado como Sp. N.).

Para validar que se trataba de una especie nueva, Pérez argumentó que podría «presentar [citar] a escritores y sábios que han cultivado aquel ramo [ictiología]», entre los que estarían «algunos de los mismos discípulos de Linneo que estuvieron en España examinando los peces [Osbeck, Löfling]», para asegurar que «muchas especies escaparon de la indagación de aquellos sábios» (p. 95). Entre estas especies estaría la que llamó «*Sparus axilaris Sp. N.*», y en una nota a pie de página comentó que «Con estas iniciales [Sp. N.] demostramos que la especie de que hablamos, no ha sido conocida de los naturalistas».

Con posterioridad varios autores mencionaron el trabajo de Pérez. El primero Cabrera, que en la carta del 9 de abril de 1826[77] enviando datos científicos a Clemente, le informa de que «En las actas de la Sociedad de Cádiz se halla descripto nuestro *Besugo* el cual es diverso[78] del qᵉ describe Aso [Ignacio de Asso] en su lista de Peces inserta en los Anales de Ciencias Naturales». Después, Machado (1857: 14), en un pie de página de su *Catálogo*, se hace eco del artículo de Pérez y reproduce la descripción en latín de la especie, ignorando que treinta años antes, en 1827, Antoine Risso (p. 361), el ictiólogo francés, fue el autor de la descripción válida de la especie ajustada a los criterios taxonómicos, con el nombre de *Pagrus acarne*. Asimismo, en 1994, Ramos (1994: 177), en su tesis doctoral sobre el origen y evolución de la Real Academia de Medicina y Cirugía de Cádiz, recogió la siguiente reseña sin percatarse tampoco de lo anterior: «Pérez se ocupa también de la Ictiología, así describe en el P. S. M. Q. una especie no conocida del género *Sparus*, realizando una excelente y rigurosa descripción a la que acompaña una lámina que representa este pez».

Con todo ello, y a modo de resumen, creemos que aquella opinión de Machado («según dicen los contemporáneos») debería de referirse solo a Hänseler, y, asimismo, la Lista impresa y la Memoria descriptiva fueron obra solo de Cabrera, ya que en ella no figura ningún ictiónimo de los 17 supuestamente aportados por el alemán. Es probable que el hecho de que esta Lista impresa fuera anónima se debió a la total ausencia de vanidad de Cabrera, quien, como le cuenta a Clemente en una carta de 16 de diciembre de 1825[79] carecía en absoluto de «presunsiones de Autor»; además, a la vista del contenido y la estructura de los documentos estudiados, él habría sido el impulsor del trabajo, recopiló y elaboró los datos, y preparó el manuscrito para la impresión, porque tiene el mismo tipo de grafía y contiene las mismas expresiones que la Memoria descriptiva y su Addenda. Donde sí podría haber colaborado Hänseler fue en la Lista manuscrita, que contiene los mencionados 17 ictiónimos malagueños y de la que Cabrera dijo que estaba «hecha por toda la costa desde Cádiz a Málaga».

3.3 «Formar la Ictiología de Andalucía», un proyecto inacabado

En los nueve años siguientes a la publicación de la Lista impresa de 1817 no existe constancia escrita de que Cabrera siguiera con sus trabajos ictiológicos. Sí la hay, en cambio, de su dedicación a otras actividades, como la reincorporación a la docencia en el Colegio de San Bartolomé de Cádiz (1818), la aclimatación de la cochinilla del nopal (1820), la dirección de la Sociedad Económica Gaditana de Amigos del País (1823), la presidencia de la clase de Agricultura en dicha Sociedad (1825), la redacción de la guía botánica *Tratado de árboles* (1825), la numismática (1826), o ayudar sin fisuras a sus amigos, como fue el hecho de acoger en su casa a la familia (esposa y cua-

---

77. AJB I,57,9,10. Carta de Cabrera a Clemente - Cádiz, 9 de abril de 1826.
78. *Pagellus bogaraveo* (127).
79. AJB I,57,8,19. Carta de Cabrera a Clemente - Cádiz, 16 de diciembre de 1825.

tro hijos) de Mariano Lagasca durante los dos años que este permaneció exiliado en Londres por motivos políticos, entre otras muchas ocupaciones[80]. Tampoco hay noticias de que Hänseler continuara interesado por los peces en esos años, pero sí se sabe que sufrió una grave crisis debida a su adicción al alcohol[81]. Respecto a Leonardo Pérez, después de su artículo sobre *Pagellus acarne*[82] de 1820, no hemos encontrado documentación relativa a otros trabajos ictiológicos en ese periodo.

Así llegamos al 27 de septiembre de 1825, día en el que Clemente fue llamado a Madrid por Real Orden para tratar sobre el proyecto de publicación de la *Historia natural del Reino de Granada*, trabajo que se había desarrollado entre los ya lejanos marzo de 1804 y septiembre de 1809 con cargo a la Corona española. La Real Orden decía: «...y enterado S. M. de lo que esa Junta [Real Junta de Fomento de la Riqueza del Reino] expone se ha dignado resolver que venga a Madrid el referido Rojas Clemente para allanar todas las dificultades que hay para poner [al] corriente la obra y tratar de arreglar su impresión».

Clemente debía presentarse en Madrid apenas un mes después, el 1 de noviembre siguiente. Este trabajo pendiente de publicar había arrancado en 1803, cuando Clemente, una vez que terminó un estudio del reino de Sevilla, hizo una propuesta para estudiar el Reino de Granada: «La concebí [la empresa de realizar la Historia natural del Reino de Granada], pues, el año de 1803 hallándome en el Reino de Sevilla, entusiasmado con las bellezas de la ribera del Betis y playas gaditanas y, excitado por la proximidad de las Sierras Granadinas [...]. El Gobierno acogió el pensamiento y lo autorizó plenamente apenas le fue propuesto, presentado»[83]. Sin embargo, la paralización de las actividades científicas y las desdichas de la guerra de la Independencia Española (1808-1814), con los consiguientes inconvenientes burocráticos por su perfil afrancesado, la destrucción de sus manuscritos y herbarios en los disturbios, y la realización de otros trabajos para los que iba siendo comisionado[84], así como graves problemas de salud, le impidieron terminarlo y publicarlo en su momento. Ahora, al cabo de catorce años, el Gobierno le reclamaba para que lo publicara definitivamente, ya que había sido costeado por la Corona. Como Clemente había hecho trabajos de campo en itinerarios geográficos por las provincias de Cádiz y Málaga, pidió ayuda a personas de su confianza que quisieran colaborar para que le pasasen información de materiales de historia natural que tuvieran recopilados de estas provincias con los que completar algunos itinerarios. Entre estos amigos estaban, cómo no, Antonio Cabrera y Félix Hänseler. Cabrera, muy interesado en la petición de Clemente, en seguida se pone en marcha y se vuelca para ofrecerle toda la información de que dispone, y, en la carta fechada el 16 de diciembre de 1825[85], incluso aconseja al de Titaguas sobre cómo estructurar y financiar una obra, que considera útil y necesaria, aunque solo sea por satisfacer su propio interés. Le informa de los materiales que él podía aportar y le cuenta que va a ser difícil que Hänseler colabore porque por su afición a la bebida ha perdido las buenas maneras y supone que ha vuelto a comportarse como el soldado que fue («Suizo»). Reproducimos los párrafos alusivos para que se aprecie el grado de implicación de Cabrera en la propuesta de Clemente:

---

80. De todo ello existe una amplia información en Martín Ferrero (1997).
81. AJB I,57,8,19. Carta de Cabrera a Clemente - Cádiz, 16 de diciembre de 1825.
82. AJB I,57,9,10. Carta de Cabrera a Clemente - Cádiz, 9 de abril de 1826.
83. Clemente, en el «Prólogo» de su *Viaje a Andalucía. Historia Natural del Reino de Granada (1084-1809)* (Gil, 2002: 95-96).
84. Extractado de Gil (2002) y Martín Polo (2016): Aclimatación de un rebaño de vicuñas (1809); secretario de Francisco Antonio Zea durante su prefectura en Málaga (1812); retiro a su pueblo natal, Titaguas (1812); Plano Topográfico de Cádiz (1814); vuelta a Madrid para desempeñar su cargo de Bibliotecario en el Real Jardín Botánico (1815); ganar las matrículas de Farmacia (1815 a 1818); publicar las colecciones de flora americana de Celestino Mutis (1818); oftalmia grave y vómito negro (1818 a 1819); Diputado a Cortes por Valencia (1820 a 1822); vuelta a Titaguas por enfermedad y represión política de los funcionarios tras el Trienio Liberal (1821 a 1823); director del Real Jardín Botánico de Madrid (1825), entre otros.
85. AJB I,57,8,19. Carta de Cabrera a Clemente - Cádiz, 16 de diciembre de 1825.

Emprendase la obra de veras, sin detenerse a limar mucho los párrafos ni a puntualizar demasiado las noticias. El maior enemigo de lo bueno es lo mejor. Hágase algo donde no hay nada hecho. Pongase un título q^e. insinue el intento general de V.G. *Observaciones de historia natural hechas en los cuatro reinos de Andalucía* por D Fulano & Sin ceñirse al solo reino de Granada. Escribase un prólogo sensillo en q^e. se advierta que el objeto es unicamente aiudar a otros o mas instruidos o mas felices en encontrar maior numero de los variados seres de q^e. abundan estas fértiles tierras. Adoptese un plan cualquiera para dar orden a lo que ocurra sin q^e. se embarazen unas cosas con otras. [...]

Yo me ofresco a hacer cuanto V me mande sin presunsiones de Autor ni de hombre erudito, porq^e. en realidad no lo soi. Si fuere menester verificar algún viaje lo emprenderé. Si se puede aclarar algo conq^e. yo gaste algún dinerillo lo gastaré. Si fuese preciso interesar en la empresa algún amigo mío lo interesaré. En fin, hara este amigo de V antiguo todo lo q^e. pueda, y alcanze, porque la obra salga con la posible perfeccion y su autor quede airoso. ¿Quiere V mas?

Yo tengo una lista de Abes con los nombres de esta Provincia reducidos a la última edición de Linneo hecha por Gmelin. Otra en los mismos términos de los peces de estos Mares. O[t]ra de los Testaceos, q^e. he visto en estas plaias. [...] En fin tengo deseo de trabaxar en cuanto mi destino lo permita para el logro de un empeño cuia utilidad, y necesidad me interesan quisá por capricho.

Los sujetos conocidos mios de quien puede sacarse algún partido no son muchos, pero se puede tentar lo posible. Primeramente Hanseler ha dado en vino ya se ve como Suizo y viviendo en Málaga, se ha arruinado, se ha abandonado, y así lo tengo por inútil.

Queda patente una vez más la humildad del religioso chiclanero, sus ganas de ayudar a su gran amigo y su falta de interés por figurar («sin presunsiones de Autor»), ya que las recopilaciones malagueñas de Hänseler las da por imposibles de recuperar. Cabrera insiste en que la obra abarque los cuatro reinos de Andalucía y no solo el de Granada, suponemos que para intentar que sus peces de Cádiz no quedaran excluidos.

Dos meses después, junto con una carta del 25 de febrero de 1826[86], le envía una primera remesa de materiales, consistente en la «Lista de nombres vulgares de los peces del mar de Andalucía», que hemos llamado Lista manuscrita, presentándola con las siguientes palabras:

Ante omnia incluio una lista de los nombres vulgares hecha por toda la costa desde Cadiz a Malaga, acerca de la qual hay que advertir algunas cosas.

1ra. Tengo moral certeza de q^e. es incompleta.

2 Unos mismos peces tienen dos o mas nombres.

3 Con un mismo nombre se denotan peces diversos

4 hay peces q^e. no tienen nombres vulgares.

Despues de esto remitiré la lista de los determinados y vera V q^e. hacer para formar la Ictiología de Andalucía.

Insistimos en lo «desde Cádiz a Málaga»[87] (fig. 6, p. 59) por ser indicativo de que incluía los nombres malagueños de peces recopilados años atrás, posiblemente por Félix Hänseler o posi-

---

86. AJB I,57,9,4. Carta de Cabrera a Clemente - Cádiz, 25 de febrero de 1826.

87. Hacemos notar que Machado (1857), aprovechando los datos de Cabrera, sitúa las especies de su *Catálogo* en las «...Costas de Cádiz y Huelva», lo que excluiría la participación de Hänseler en la Lista impresa e invalidaría la suposición de su frase «según dicen los contemporáneos», ya que el trabajo de Cabrera fue de Cádiz a Málaga, como le dijo a Clemente en la carta del 25 de febrero de 1826, interviniera o no Hänseler.

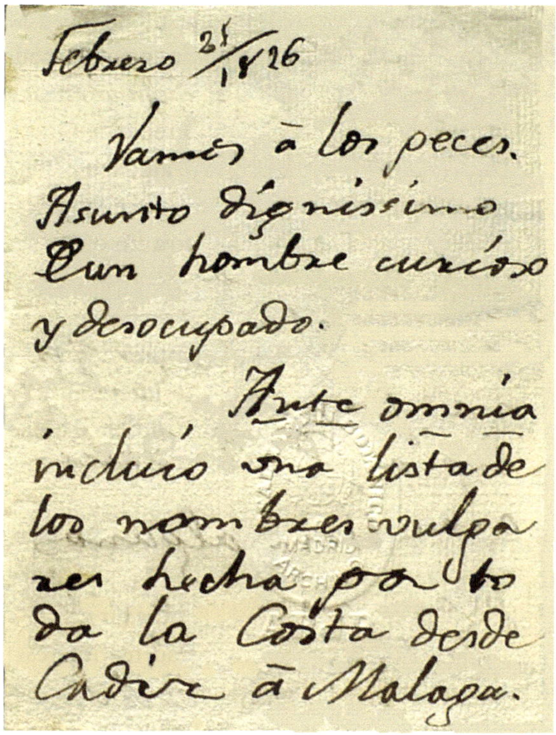
Febrero 25/1826

Vamos â los peces.
Asunto dignissimo
D'un hombre curioso
y desocupado.

Ante omnia
incluio una lista de
los nombres vulga-
res hecha por to-
da la Costa desde
Cadiz â Malaga.

FIGURA 6. Fragmento de la carta de Cabrera a Clemente del 25 de febrero de 1826 con la que le adjuntaba la *Lista de nombres vulgares de peces del mar de Andalucía* (AJB I,57,9,4).

blemente por Cabrera en uno de sus viajes a Málaga, porque todos estos ictiónimos malagueños llevaban delante el artículo *El* o *La*, como era costumbre de nuestro autor. Estaba en lo cierto Cabrera acerca de que la lista era incompleta, pues a las 202 especies que él incluye se pueden añadir fácilmente otras 150 más, como mínimo[88]. Efectivamente, «unos mismos peces tienen dos o más nombres»: no sabía Cabrera hasta que punto era cierta esta afirmación. Por ejemplo, para *Diplodus cervinus* (119) hemos recogido en Andalucía hasta 45 denominaciones comunes. Igualmente, tampoco sabía el alcance de su frase «con un mismo nombre se denotan peces diversos», pues, por ejemplo, sin recurrir a nombres genéricos como *lenguado*, *cazón* o *bodión*, que designan a numerosas especies, un caso llamativo es el del nombre *aguja*, que se emplea para peces tan distintos como *Syngnathus acus* (66), *Sphyraena sphyraena* (69), *Xiphias gladius* (79), *Belone belone* (86)..., entre otros. En cuanto a que hay peces que no tienen nombre vulgar, es posible que no indagara lo suficiente entre sus informantes, porque tres de sus ocho entradas «*Sin nombre*» («*Squalus maximus*, *Scomber Alatunga*, *Raia Mobularis*») probablemente sí lo tenían, como ocurre hoy día. La «lista de los determinados» era la Lista impresa de 1817. Sobre el envío de esta última no existe constancia documental. Sin embargo, en la carta siguiente (20 de marzo de 1826[89]) menciona que «el Genero Muraena, q^{e}. es el primero de la Lista» —como efectivamente ocurre en la Lista impresa y en la Memoria descriptiva—, lo que indicaría asimismo que la incluyó en algún otro envío. Y en unos renglones tachados de la misma carta puede leerse: «En la Lista impresa hay errores de imprenta», lo que se interpreta como un aviso e indicaría con seguridad el envío de la Lista. Igualmente, en la carta siguiente, de 9 de abril de 1826, también le advierte de que «la Chimaera [...] no se halla en la lista», como así ocurría en efecto.

En esta misma carta de 25 de febrero de 1826 lamenta no haber tenido noticias de Hänseler, porque este en cuestiones de ictiología había hecho mucho (pero, como dijimos en el apartado anterior, no se sabe si este mucho fue para sus propios intereses de publicación o para la ictiología de Andalucía) y siente no poder contar con el alemán para colaborar en el proyecto de Cle-

88. 358 especies se estudian en Arias y De la Torre (2019).

89. AJB I,57,9,9. Carta de Cabrera a Clemente - Cádiz, 20 de marzo de 1826.

mente. Añade que estaba convencido de que Hänseler lograría publicar toda la información ictiológica que ambos habían recopilado por separado. Pero, con un «veremos lo qᵉ. se puede hacer», indica que no se desanima porque confía en Clemente y cree que al fin se podrá lograr este objetivo. Así lo expresaba Cabrera:

> Como de Henseler nada he sabido y el en esto había hecho mucho, siento su pérdida, pero veremos lo qᵉ. se puede hacer. [...] Yo llegué a persuadirme, qᵉ. Henseler algún día llegaría a formar nuestra Ictiología pero Dios no ha querido. Paciencia.

Por lo que sabemos hoy, cabe añadir una vez más que sí, que Hänseler habría hecho mucho en ictiología, como dijo Cabrera, pero tal vez lo hizo únicamente por su cuenta y con los peces de Málaga. Quizá esto bastó para que Cabrera creyera que algún día unirían esfuerzos y Hänseler se ocuparía de redactar un libro de Ictiología andaluza, cosa que nunca ocurrió.

El 20 de marzo de 1826[90] le pasa nueva información ictiológica a Clemente, esta vez consistente en comentarios sobre morfología y comportamiento de las especies de la Lista impresa según el orden en que allí aparecían. Así, con su particular grafía y [no] empleo de los signos de puntuación y tildes, escribe:

> Para decir algo de Peces empezaremos por el Genero Muraena qᵉ, es el primero de la lista. La Helena, la Anguilla y el Congrio son comestibles. Entre las primeras hay una variedad toda negruzca, de quien dicen los pescadores, qᵉ. es el macho de las demas sobre fondo oscuro se hallan adornadas de pintas irregulares amarillas. De las segundas se encuentran Marinas, y flubiales entre las cuales es muy corta la variedad. El Safio o congrio crece hasta un tamaño enorme. [...] Al genero Stromateus se halla reducido con el Pampano, qᵉ. es comestible el Pez Emperador. En Linneo y Bonneterre se describe otro Emperador entre los Chetodontes este no es de aquel genero. Carece dᵉ aletas ventrales, y en su lugar posee dos cuerpos callosos. Su color es roxo brillante[91]. De aspecto agradable. La carne sabrosa. Dicen los pescadores qᵉ. nunca se coge en redes ni anzuelos, sino qᵉ. el Mar los arroja vivos a las plaias. Lo qᵉ. yo creo es qᵉ. no teniendo bastantes nadaderas para la mole de cuerpo, pues sobre carecer de las ventrales son pequeñas las demás qᵉ. posee, nada siempre en el fondo, y en caso de tempestades pierde el govierno y las olas lo arrastran a encallar. Añada qᵉ. siempre aparecen en tierra dos lo menos, nunca uno solo, lo qᵉ. puede ser porqᵉ. andan de ordinario pareados el macho, y la hembra. Yo ignoro si los Ictiologistas posteriores lo han descrito[92]. En Linneo no le hallo. En la Lista impresa hay error de imprenta. Este pez (Xiphias Gladius[)] es harto común; tiene cuero y no escamas; todo lo qᵉ. se cuenta de su atrebimiento y valor, en atacar a quanto se le presenta, se halla confirmado por las relaciones contextos de los Pescadores En Cornide puede V ver una anecdota curiosa. Su carne es muy buena y muy sana.

Posteriormente, en una carta a Clemente del 9 de abril de 1826[93] habla de *Chimaera monstrosa*, una especie que hasta esta carta nunca había mencionado y que, por lo tanto, no estaba en ninguna de las Listas enviadas. También se queja de las modificaciones que Bloch y Lacépède hicieron a la ordenación taxonómica de Linneo. Lamenta el no poder estudiar algunas especies de espáridos que cree se hallan sin describir, lo que en su opinión sería un gran servicio para la ciencia, aunque luego los «señores Profesores» las incluyeran en el lugar que les correspondiese dentro de la clasificación vigente. Es decir, que, al menos, él daría noticia de la

---

90. AJB I,57,9,9. Carta de Cabrera a Clemente - Cádiz, 20 de marzo de 1826.
91. Se está refiriendo a *Luvarus imperialis*, que en la Lista impresa aparece como *Stromateus imperator*.
92. Ya había sido descrito por Rafinesque en 1810, con el nombre de *Luvarus imperialis*.
93. AJB I,57,9,10. Carta de Cabrera a Clemente - Cádiz, 9 de abril de 1826.

existencia de estas especies y ya después los taxónomos las determinarían correctamente. Asimismo, le comunica dónde se encuentra publicada la descripción del besugo que hizo Leonardo Pérez. Sigue animando a Clemente a que le pida cuanto se le ocurra sobre Ictiología, pero va haciendo notar que ya no se encuentra en plenas facultades físicas para satisfacer sus peticiones. Faltaban nueve meses justos para su fallecimiento. También se nota que Cabrera no ha trabajado nada en ictiología en los años transcurridos desde la publicación de la Lista impresa en 1817 hasta que en 1826 Clemente retoma el asunto de la publicación de la *Historia Natural del Reino de Granada* y solicita a sus amigos el envío de materiales. Parece que no recuerda algunas cosas al desempolvar ahora sus papeles («...mientras pongo en orden mis apuntes»[94]) para atender la petición de Clemente. Por eso le pregunta qué hacer con el Buráz, el Roncador, el Sapo, peces que años atrás había designado como especies nuevas y parece haberse dado cuenta de que ahora ya no son tales, pero que habría que incluirlas en la proyectada obra y darlas a conocer por su gran utilidad para el consumo. Lo sustancial del contenido ictiológico de esta carta es lo siguiente:

> Muy S[or]. Mío, bolbiendo a nuestros peces, es necesario advertir a V. q[e]. La Chimera Monstrosa de Linneo con el nombre de Zorro, la he visto cogida en estos Mares, y no se halla en la lista[95]. Además en la Ictiología de Bloc[,] Libro, q[e]. me remitió Hanseler prestado para leerle encontré un nuevo genero cuio nombre no me acuerdo encontrado, decía el, en la Mar de Cádiz. Este autor escrivio después de La-Zepede. Las laminas de este escritor Frances son cosa de gran luxo, pero las alteraciones q[e]. verifica en el Sistema de Linneo o sea de Artedius a quien el naturalista Sueco sigue y comenta no me parecen muy felices. Tampoco me gustan las de Bloc. Esto no es a la verdad cosa muy interesante para V ni para su intento [de formar la Ictiología].
>
> Si yo pudiera abrir [dibujar, obtener] una o dos docenas de laminas de las especies del Genero Sparus, y de otros q[e]. no dudo se hallan indescriptas se haría un servicio a la ciencia. Luego los Señores Profesores las colocarían donde gustasen. Henseler tenia hechos buenos dibujos por medio de un hermano, q[e]. tenia consigo un buen dibujante de los cuales bi algunos [Henseler tenía buenos dibujos hechos por su hermano, buen dibujante, de los cuales vi algunos]. ¿Mas como he de poder yo realizar esto? Son tantas las dificultades q[e]. me ocurren, q[e]. desisto luego de pensarlo.
>
> Lo q[e]. a V [se] le ocurra sobre Ictiologia apúntemelo, q[e]. yo procurare satisfacerle como pueda. [...] En las actas de la Sociedad de Cadiz se halla descripto nuestro Besugo [*Pagellus acarne*], el qual es diverso del q[e]. describe Aso [Ignacio de Asso] en su lista de Peces inserta en los Anales de Ciencias Naturales. El de Aso me parece debe ser el mismo q[e]. comen Ustedes ahí y celebran, traido de la costa de Cantabria [*Pagellus bogaraveo*]. Pero y los demas Sparos hermosísimos y sabrocisimos q[e]. hemos de hacer con ellos? Por exemplo el Buráz, el Roncador q[e]. es una Perca, el Sapo, q[e]. es un Lophius, estos y otros son dignos por su utilidad de darse a conocer no solo a toda España, sino a toda Europa sabia.
>
> En fin dexo todo esto a la discreción de V. contando siempre con lo q[e]. yo pueda realizar atendidas mis circunstancias harto adversas para el intento.

Cuatro meses más tarde, en carta del 11 de agosto de 1826[96], Cabrera le dice a Clemente haber conseguido por fin que Hänseler le escriba y le cuenta:

---

94. AJB I,57,9,5. Carta de Cabrera a Clemente - Cádiz, 28 de febrero de 1826.
95. Martín Ferrero (1997: 282) transcribió lo siguiente: «...y no se halla en el Bloc Libro, q[e]. me remitió Hanseler pretado para leerle...», pero en realidad Cabrera escribió «...y no se halla en la lista. Además en la Ictiología de Bloc [,] Libro, q[e]. me remitió Hanseler prestado para leerle...».
96. AJB I,57,9,11. Carta de Cabrera a Clemente - Cádiz, 11 de agosto de 1826.

> Muy S^or. mio ando algo achacoso [faltaban cinco meses para su fallecimiento], en terminos q^e. no tengo gusto para nada, ni gana de escrivir. He conseguido q^e. Heseler me escriva, y dice en su carta q^e. desearía tener correspondencia con V. Escrívale pues, y ponga en el Sobre q^e la Botica de la Espartería darán razón.

Clemente hizo caso a esta petición y escribió a Hänseler preguntándole por diversas cuestiones (Pérez-Rubín, 2012: 146), pero este no le contestó enseguida. Hasta el 22 de ¿septiembre? de 1826[97] no escribe Hänseler a Clemente. Parece que ha superado sus problemas con la bebida y respecto a los peces le dice: «Actualm^te estoy ocupado otra vez con la ichtiografia malacitana». Y pocos días después, el 9 de ¿octubre? de 1826[98] añade sobre este asunto: «En esto [ichtiografia malacitana] estoy en que sirvan las piedras litográficas [hermosas piedras que encontró en Alpandeire, municipio de Málaga, el mes anterior] p^a [para] estampar los peces, mi hermano es el que trabaja en esto, pero por ahora está muy ocupado con sus dibujos, en lo que es ciertam^te gran profesor». De lo que puede deducirse que no estaba trabajando para enviar a Clemente nuevo material ictiológico, y que, por el momento, el alemán no iba a colaborar con él en la ictiología andaluza.

Cuatro meses después de la carta del 11 de agosto de 1826, en una del 21 de noviembre de 1826[99] —que sería la última de su vida que enviaría a Clemente, o al menos la última que se conserva—, vemos ya a Cabrera algo desanimado, planteándose incluso renunciar a la publicación de la *Historia Natural del Reino de Granada*, que ahora cariñosamente llama «Obrilla», si no consiguen dinero por sus propios medios, pues el Gobierno no tiene dinero para actividades científicas (Martín Polo, 2016: 512). Propone a Clemente nuevas formas de financiar la edición, entre ellas, que él (Clemente) ponga algo de dinero, o que pida ayuda económica a sus amigos, e incluso se ofrece para contribuir monetariamente en lo posible, o que busque a algún mecenas que financiara la obra a cambio de dedicarle el libro, sin adularlo, no fuera a ser que se atribuyera todo el mérito. Se lamenta de no poder ayudarle todo lo que quisiera por el hecho de no vivir en Madrid. No obstante, le manda todo su ánimo para hacer el último esfuerzo y terminar el trabajo a pesar de todas las dificultades.

> Muy S^or. mio, ante todas cosas debo decir, como si fuera declaración judicial el contexto de esta carta, q^e. si V aguarda auxilios especialmente pecuniarios, del Gobierno, o de los que andan en el, para que tenga efecto la publicación de la Obrilla, desde luego aseguro q^e. no llegara a ver la luz publica; cosa fuerte es q^e. lo estemos viendo, y tocando, y nuestro interesillo como a los Pretendientes nos entretenga siempre cierta esperanzilla desesperada. Es preciso ver si V. con sus recursos pocos o muchos y los de sus amigos, tales quales se los pueda proporcionar puede verificar la edicion y si no renunciar a ella. Yo, si V. me hace sus propuestas dire, si alcanzo à algo, y à cuanto, y como. Me ocurre, q^e. ese D Jacobo de Parga puede ser quiera hacer algo, y otros q^e. yo ignoro. No seria poca fortuna engatuzar a qualquier S^or q^e. se aiudara, dedicándole el Libro, pero sin adularlo.
> [...] Si yo viviera en Madrid no dude V que le ayudaría en lo posible, pero desde aquí que he de hacer? [...]
> No se acobarde V. ni se detenga. Vamos al fin de todos modos.

Por desgracia, los problemas de salud empezaban a mermar las facultades físicas de los dos amigos. Clemente, desde marzo de 1826, tiene la salud «constantemente quebrantada», como le contó por carta a Lagasca (Martín Polo, 2016: 514). Cabrera, el día 7 de ese mismo mes le dice a

---

97. AJB I,58,1,22. Carta de Hänseler a Clemente - Málaga, 22 de ¿septiembre? de 1826.
98. AJB I,58,1,23. Carta de Hänseler a Clemente - Málaga, 9 de ¿octubre? de 1826.
99. AJB I,57,9,12. Carta de Cabrera a Clemente - Cádiz, 21 de noviembre de 1826.

Clemente por primera vez: «Ando algo achacoso»[100]. Recordemos que el 11 de agosto siguiente se lo repitió y añadió: «... no tengo gusto para nada, ni gana de escrivir». Además de esto, o precisamente por ello, Clemente ya no estaba tan centrado en la publicación de *Historia Natural de Granada*, tal vez porque en el transcurso de los trabajos de campo de aquel proyecto inicial el enfoque había ido derivando de naturalista a geográfico (Capel, 2002: 21). Por ello dejó a un lado la *Historia Natural* y se apresuró en intentar acabar dos nuevas obras que tenía entre manos, el *Nomenclátor ornitológico* (Clemente, 1807) y la *Historia civil, natural y eclesiástica de Titaguas*, que tampoco acabó. Desafortunadamente, apenas mes y medio después de la última carta, la del 21 de noviembre de 1826, murió Antonio Cabrera, el 9 de enero de 1827, con 64 años. Poco más tarde, el 27 de febrero siguiente, murió Simón de Rojas Clemente, a los 49 años. Ahí acabó todo y aquella proyectada *Ictiología de Andalucía* nunca vio la luz.

La *Historia Natural del Reino de Granada* se publicó por fin en el año 2002, con el título de *Viaje a Andalucía*, para no excluir a las otras provincias andaluzas recorridas por Clemente (Gil, 2002: 75). Este magnífico trabajo se refiere solo al periodo 1804-1809, en el que Clemente realizó sus itinerarios científicos por Andalucía. Por eso, en cuanto a ictiología, solo recoge los nombres de algunas especies de peces, moluscos y antozoos observadas por casualidad o por referencias de algunos de sus informantes, como el insigne Abad Navarro[101]. En el itinerario científico I, por la provincia de Cádiz, las especies citadas fueron: De Conil a Tarifa (5 a 19 de marzo de 1804): «sardina, atún» (p. 105); «*Mytilus edulis* (morcillón), *Ostrea edule* (ostiones), *Patella vulgaris* (ojo de buey o lapa), *Cardium edule, Spirula fragilis, Arca glycimeris, Voluta olla*» (p. 110); «*Anatifa laevis* (pie de burro o pesebre), *Solen vagina* (longuerones), *Pecten sanguineus, Cyprea*» (p. 117). Y en el Itinerario científico III, por Almería, Vélez Rubio y Chirivel (mayo de 1805), Navarro cita: «ortiga marina, priapo de mar, mentula marina o *Genitale marinum*, pulpo, jibia, calamar, estrellas marinas, pez espada o emperador, rayas, pez sapo, luna, orbe o botte, perros marinos o *Squalus*» (pp. 545-546), y «requines o marrajos, pez espada, pez sierra, pez martillo o muletas, muela de molino, hipocampo o yegua» (p. 552). Cabe indicar que Navarro (2000: 99) menciona, además, en las costas de Cartagena a Almería, «angelote o escate», «rascacia» y «mula».

No hay, por lo tanto, en esta obra ninguna referencia a las listas de peces[102] que Cabrera envió a Clemente diecisiete años después de aquello, documentos que, junto con las cartas, se conservan en el Archivo del Real Jardín Botánico de Madrid entre los legajos de Clemente (Martín Ferrero, 1997: 270).

Este fue el devenir de los escritos de Cabrera sobre ictiología. Después, como hemos dicho en repetidas ocasiones, Machado, en 1857, los publicó adaptados a las necesidades de su artículo científico; Graells, en 1887, imprimió íntegra la Memoria descriptiva y reimprimió la Lista impresa; y Martín Ferrero, en 1997, transcribió la Lista manuscrita que estaba inédita.

---

100. AJB I,57,9,8. Carta de Cabrera a Clemente - Cádiz, 7 de marzo de 1826.
101. Antonio José Navarro López (1739-1797), eclesiástico ilustrado granadino, cuya obra naturalística por las provincias de Granada, Almería y Murcia se reprodujo en parte por Clemente en su *Viaje a Andalucía (1804-1809)*. Lentisco Puche (s. f.).
102. Ni tampoco a las listas de aves (AJB I,57,9,8), ni de pequeños mamíferos salvajes (gineta, melón, tejón, comadreja, hurón, lirón, musaraña, murciélagos) (AJB I,57,8,20), ni de animales domesticados (gatos, perros, puercos, caballos, burros, carneros, cabras y toros) (AJB I,57,8,23), que Cabrera envió a Clemente para cumplir su requerimiento.

4. Estudio de los documentos

«Ante omnia incluio una lista de los nombres vulgares hecha por toda la costa desde Cadiz a Malaga, acerca de la qual hay que advertir algunas cosas. 1ª. Tengo moral certeza de qᵉ. es incompleta. 2 Unos mismos peces tienen dos o mas nombres. 3 Con un mismo nombre se denotan peces diversos. 4 hay peces qᵉ. no tienen nombres vulgares».

Antonio CABRERA[103]

4.1 Estructura y contenido

4.1.1 Introducción

Tuvieron que transcurrir treinta años más para que se dieran a conocer íntegramente casi todos los escritos de Cabrera. Salvo la Lista manuscrita, el resto de los documentos mencionados en el apartado anterior, es decir, la mayor parte de lo que sabemos sobre la obra ictiológica del religioso de Chiclana, es gracias a que Graells los reprodujo en su publicación de 1887. Por lo tanto, nuestro estudio de estos escritos se basa en gran parte en lo que se dice en ese trabajo, una fuente de información esencial para conocer la aportación de Cabrera en esta materia.

En una primera aproximación de conjunto, los documentos de Cabrera se asemejan a un intrincado rompecabezas de 800 piezas, la mayoría más o menos agrupadas, pero muchas de ellas sueltas, desubicadas, dispersas, camufladas, repetidas, equivocadas... Desentrañar y comprender toda la información ictiológica contenida en los documentos de Cabrera y al fin llegar con seguridad a las especies que realmente identificó ha sido, en no pocos casos, una tarea minuciosa, pero también irresoluble en otros. Con frecuencia los datos para una misma especie cambian de un documento a otro, se repiten, faltan o están enmascarados en un lugar que no les corresponde. Hay errores de identificación atribuibles a Cabrera, descripciones correctas van acompañadas de nombres científicos equivocados y a la inversa; con frecuencia no hay descripciones, solo nombres científicos y comunes, que pueden estar bien o mal asociados; también podemos encontrarnos descripciones apenas detalladas, o solo nombres comunes; lo que está en una lista no aparece en otra u otras, o aparece con un nombre distinto... Pero, igualmente, también encontramos errores de transcripción atribuibles a Graells o a sus ayudantes, y errores de imprenta. Son muy diversas las situaciones que existen en cada documento. Por ello, para tener una perspectiva global de la obra ictiológica de Cabrera ha sido preciso primero, igual que se hace con los puzles, vaciar por completo cada documento por separado, desmenuzarlos pieza a pieza, identificarlas una a una y colocarlas en el lugar que les corresponde, no siempre con total seguridad. Tras esto ha sido preciso comparar cada documento con los demás, cruzar y encajar toda la información ya ordenada. Este laborioso proceso de análisis se ha basado en los conocimientos actuales en ictiología y taxonomía, en etimología e ictionimia de los nombres científicos y vulgares utilizados por Cabrera, así como en un amplio rastreo bibliográfico. Todo ello nos facilitó esa visión de conjunto necesaria para llegar a las especies que examinó nuestro autor y comprender en gran medida el contenido y la dimensión de su valiosa, genuina y a la vez compleja, aportación ictiológica[104].

Para llegar al fondo de la cuestión y poner orden en la información disponible, empezaremos por aproximarnos a cómo identificaba Cabrera las especies que examinaba, qué libros usa-

---

103. AJB I,57,9,4. Carta de Cabrera a Clemente - Cádiz, 25 de febrero de 1826.
104. En los anexos III a IX se encuentra reproducida toda la información ictiológica de los documentos de Cabrera que hemos analizado en este estudio, con la finalidad de que el lector interesado pueda llegar a sus propias conclusiones.

ba y qué criterios seguía. Esto nos permitirá evaluar sus aciertos y sus errores. Así pues, imaginaremos a nuestro autor en su gabinete y trataremos de acercarnos a cómo construyó su aportación ictiológica. Después expondremos los conceptos que hemos aplicado al estudio de los documentos.

4.1.2 Cómo identificaba Cabrera las especies

Cabrera seguía a Linneo, sobre todo en la décimo tercera edición del *Systema Naturae*, en latín, revisada y aumentada por Gmelin (1789). Esto fue así porque Cabrera, como Gmelin, incluyó dos géneros, *Cepola* y *Centrogaster*, que no estaban en la décima edición (la de 1758, en la que aparecieron los peces por primera vez), y otros dos, *Lophius* y *Ophidium*, cambiados de grupo[105]. Y también porque el propio Cabrera se lo dijo a Clemente cuando le comunicó que tenía unas listas de nombres de aves y de peces de la provincia de Cádiz «reducidos a la última edición de Linneo hecha por Gmelin», es decir, adaptados (o asociados) a la nomenclatura científica de Linneo de la edición de Gmelin de 1789. En ocasiones es posible que también consultara la décima edición, de 1758, porque en ella aparecen algunos nombres de peces utilizados por Cabrera que no están en la edición de Gmelin, como *Labrus varius* (p. 288), por ejemplo.

Asimismo, consultaba otras obras de ictiología como complemento en sus determinaciones, pero la disponibilidad de material bibliográfico era manifiestamente escasa en aquella época por las dificultades en las comunicaciones y por las penurias tras los seis años de la guerra de la Independencia española, como puede deducirse de un párrafo de Leonardo Pérez en el artículo publicado en el *Periódico de la Academia Médico-Quirúrgica de Cádiz* (Pérez Martínez, 1820: 93): «Ya no es fácil, como lo era en tiempos del naturalista[106], estudiar la historia [natural] de que hablamos, por un método o sistema completo: además de los conocimientos generales, que se necesitan beber en las fuentes linneanas, es preciso sufrir infinitas molestias para adquirir las obras particulares, donde se han consagrado los adelantamientos de cada una de las partes que componen el sistema general». En su discurso de ingreso en la Academia de Ciencias Exactas, Físicas y Naturales (Pérez Arcas, 1868: 31), Laureano Pérez Arcas habló también del «corto número de libros que pudieron[107] consultar», para explicar a qué se debían las numerosas especies nuevas que describieron. No obstante, por lo que se extrae de las menciones que hizo en la Memoria descriptiva y en algunas de sus cartas, Cabrera tuvo en sus estanterías bastantes obras sobre ictiología, al menos las siguientes (que acompañamos de las referencias en las que se mencionan, a las obras o a su autor):

· *Historia Naturalis Brasiliae,* Georg Marcgrave, 1648 (Graells, 1887: 170)
· *Locupletissimi rerum naturalium thesauri accurata descriptio et iconibus artificiosissimis expressio per universam physices historiam.* Albertus Seba, 1735 (Graells, 1887: 157)
· *Ichthyologia*, Peter Artedi, 1738 (AJB I,57,9,10. Carta de Cabrera a Clemente - Cádiz, 9 de abril de 1826)
· *Systema Naturae*, Carlos Linneo, 1758 (citas «*Lin.*», en moluscos y mamíferos marinos de la Lista impresa, en Graells, 1887: 186)
· *Descriptiones animalium avium, amphibiorum, piscium, insectorum, vermium; quae in itinere orientali observavit*, Petrus Forskål, 1775. Carsten Niehbur (ed.) (deducción propia basada en la cita de *Gasterosteus Lisan* en la ficha 107)

---

105. En la edición de 1758, *Lophius* estaba en la clase Amphibia Nantes; en la de 1789, en Branchiostegii; *Ophidium*, en Jugulares y en Apodes, respectivamente.
106. ¿El naturalista Linneo?
107. Pérez Arcas, que seguía a Machado, se refería a Cabrera, Pérez y Hänseler.

- *Ensayo sobre la historia natural de Chile*. Juan Ignacio Molina, 1782 (Graells, 1887: 167)
- *Naturgeschichte der ausländischen Fische*. Marcus Elieser Bloch, 1785 (AJB I,57,9,10. Carta de Cabrera a Clemente - Cádiz, 9 de abril de 1826)
- *Ichthyologie*. Pierre Joseph Bonneterre, 1788 (Graells, 1887: 166)
- *Suite du mémoire sur les différentes espèces de chiens de mer*. Pierre Broussonet, 1788 (Graells, 1887: 166)
- *Ensayo de una historia de los peces y otras producciones marinas de la costa de Galicia*. José Cornide, 1788 (AJB I,57,9,4. Carta de Cabrera a Clemente - Cádiz, 25 de febrero de 1826)
- *Caroli a Linné. Systema Naturae*. Johan Friedrich Gmelin, 1789 (AJB I,57,9,2. Carta de Cabrera a Clemente - Cádiz, 2 de febrero de 1826)
- *Histoire naturelle des poisons*. Bernard de Lacépède, 1801 (AJB I,57,9,10. Carta de Cabrera a Clemente - Cádiz, 9 de abril de 1826)
- *Introducción á la Ichthyologia oriental de España*, Ignacio de Asso, 1801 (AJB I,57,9,10. Carta de Cabrera a Clemente - Cádiz, 9 de abril de 1826)

Es posible que tuviera alguna más, como las obras clásicas de Hippolito Salviani (*Aquatilium animalium historiae*, 1554), Guillaume Rondelet (*L'Histoire entiere des poissons*, 1558), Pierre Belon (*Les Observations de plusieurs singularitez et choses mémorables, trouvées en Grece, Asie, Judée, Égypte, Arabie*. 1588), Conradus Gesnerus (*Historia animalium*, 1560), Ulisse Aldrovandi (*De piscibus*, 1605), Francis Willoughby (*Historia piscium libri quatour*, 1686), Mark Catesby (*The natural history of Carolina, Florida and Bahama Islands*, 1743), o de Morten Brünnich (*Ichthyologia Massiliensis*, 1768), obras de referencia, citadas en muchos de los libros anteriores, o la de Cristóbal Medina Conde (*Conversaciones Históricas malagueñas*, 1789), que podría haberle prestado Hänseler. Pero no hay ninguna indicación al respecto en sus documentos. También podría haber consultado la obra de Risso (1810), como cree Graells (1887: 152) en una nota a pie de página relativa a otra especie —«La Acedia es el *Microchirus luteus* ò *Pleuronectes luteus* de Risso, publicado en 1810, época en que Cabrera debió haberlo visto ya y dio como Sp. N. con fundamento bastante»—, pero esto podría ser solo una suposición de Graells, pues Cabrera no mencionó a Risso en ninguno de sus documentos.

El *Systema Naturae* de Linneo fue, por tanto, la obra de referencia con la que Cabrera identificaba las especies que examinaba. Si una especie no estaba en esta obra, Cabrera consideraba que no había sido descrita y creaba una especie nueva, que marcaba con la anotación «*Sp. N.*», generalmente escrita en cursiva. Sirvan de ejemplo de esta forma de proceder dos párrafos en sendas cartas a Clemente, cuando le enviaba sus materiales para incluir en el futuro libro *Historia Natural del Reino de Granada*. En la carta del 10 de enero de 1826[108], acerca de una lista de aves que dividió en dos clases dijo: «... la primera [clase] encierra aquellas [especies] qᵉ. me ha[n] parecido conformes a las descripciones de Gmelin (Linneo en Gmelin, 1789), salvo error, la segunda aquellas qᵉ. no hallandoles correspondencia he graduado [considerado] de especies nuebas». Más adelante, el 20 de marzo de 1826[109], al describir algunos peces de la Lista impresa, llega a *Stromateus imperator*, al que marca con Sp. N. porque «en Linneo no le hallo». Sin embargo, como veremos más adelante, en numerosos casos consideró nuevas especies que sí estaban recogidas en el *Systema Naturae*, debido, unas veces, a falta de profundidad o de conocimientos en sus pesquisas, otras a las dificultades que conllevaba interpretar las telegráficas descripciones de Linneo[110], otras a confusiones de jóvenes y adultos de una misma especie por su diferente coloración..., lo cual fue fuente de bastantes errores de identificación. En ocasiones

---

108. AJB I,57,8,13. Carta de Cabrera a Clemente - Cádiz, 10 de enero de 1826.
109. AJB I,57,9,9. Carta de Cabrera a Clemente - Cádiz, 20 de marzo de 1826.
110. Recordemos al «sentencioso Linneo», como decía Pérez Martínez (1820: 92), algunas de cuyas escuetas descripciones eran (y siguen siendo) difíciles de interpretar. Por ejemplo: «*Pleuronectes Flexus*: Linea la-

aisladas, la especie no estaba en Linneo, pero sí en obras de otros autores. Entonces sí hizo caso de las determinaciones de estos, como en «*Squalus Nasus* Boneter y Bruson» (Bonnaterre y Broussonet) y «*Squalus Fernandinus* Molin.» (Molina). En otros casos (*Squalus Licha*, *Squalus Squatina*, *Raya Machuelo*, *Raya Tubercula*, *Raia Mobularis* y *Scomber Albacora*), en un principio (Memoria descriptiva) optó equivocadamente por las determinaciones de Bonnaterre, pero al construir la Lista impresa, rectificó y adoptó las denominaciones de Linneo.

En la Memoria descriptiva, o primera fase de su trabajo, Cabrera incluyó las descripciones de las especies que examinó. Aunque eso no significaba que siempre estuvieran bien determinadas. Este es el caso, por ejemplo, de *Heptranchias perlo*, tiburón al que describió correctamente con siete aberturas branquiales, rasgo inequívoco, pero con el que erró al asociarle el nombre *Squalus galeus*, sinónimo del actual *Galeorhinus galeus*, un tiburón de cinco aberturas branquiales. En algunos casos, como en *Naucrates ductor*, en la Memoria descriptiva incluyó entradas sin descripción, pero que conducen claramente a una especie correcta, porque el nombre científico que le asignó es un sinónimo aceptado del actual, como en *Gasterosteus ductor*.

A partir de la Memoria descriptiva elaboró la Lista impresa, en la que incluyó la mayor parte de las especies que aquella contenía y añadió 46 especies más que observó después. De estas 46 especies no hizo descripciones —o al menos no se han conservado—, tal vez por la precipitación para publicar la Lista impresa. Pero debemos suponer que las determinó de vista, como así indican la mayoría de los casos de asociaciones correctas 'nombre vulgar-nombre científico'. Cabe señalar que algunos fallos que introdujo en la Memoria descriptiva los corrigió al pasar la especie a la Lista impresa, como, por ejemplo, la asociación equivocada «*Tintorera, Caella-Squalus Carcharias*», luego corregida con «*Tintorera, Caella-Squalus Glaucus*».

4.1.3 Elementos analizados

Para resolver el puzle de información de las aportaciones de Cabrera y llegar a conocer a qué especies se refería con sus determinaciones, el estudio de sus documentos se ha basado en la búsqueda, análisis y recuento de los siguientes elementos en cada uno de los escritos: Entradas, Descripciones científicas, Nombres científicos y Nombres comunes (o ictiónimos). En sus descripciones científicas están expuestas, con más o menos claridad y acierto, las características morfológicas del especímen que tenía delante y en la mayoría de los casos podemos saber con seguridad qué especie estaba examinando. No obstante, en ocasiones, describió correctamente una especie y luego le adjudicó un nombre científico equivocado. Al contrario, puede existir falta de claridad en las descripciones pero el nombre científico que utilizó era correcto. También utilizó nombres científicos que siguen siendo válidos hoy día y no hay que buscar más para saber qué especie determinó. Asimismo, hay muchos casos de nombres científicos que son sinónimos aceptados de la especie a la que se refería, con lo que se llega fácilmente a ella. Pero con frecuencia ocurre que el nombre científico está mal asignado; recurrimos entonces al nombre común que le asoció, que generalmente suele ser correcto. A veces, con solo el nombre común llegamos a la especie, por ejemplo, *morena, herrera, sapo, dorada, congrio, angelote, anguila, breca*..., que son denominaciones asociadas siempre unívocamente a una sola especie. Pero también hay casos en los que con solo el nombre común no se llega a ninguna especie, por ejemplo, *rapulto, peralta, lopena*..., ictiónimos desconocidos que no perviven en el léxico de los marineros andaluces ni están en la bibliografía. Estos casos conducen a especies desconocidas.

---

teralis aspera; spinulis ad pinnas» (Gmelin, 1789: 1229). «*Scomber Amia*: Pinnae dorfalis pofterioris radio ultimo longiore» (Gmelin, 1789: 1336).

Entradas

Cualquier referencia a una posible especie es una «entrada». En la Lista manuscrita son solo nombres vulgares, es decir, cada nombre es una entrada («*Aguja*», «*Sargo burdo*»...). En la Memoria descriptiva, Addenda, Lista impresa y Lista de Bloch una entrada consiste, en la mayoría de los casos, en un nombre vulgar asociado a un nombre científico («*Pez espada-Xiphias Gladius*», «*Rata-Uranoscopus scaber*»...). Pero, según el conocimiento que tenía Cabrera de cada especie, hay también casos aislados de entradas que consisten en solo un nombre vulgar («*Kelvas*», «*Palometa*»...), solo un nombre científico («*Blennius galerita*»...), uno o más nombres vulgares asociados a un nombre científico («*Mermejuela o Angelote-Squalus Squatina*», «*Pagel o Dentón rojo-Sparus Erhitrinus*»...), o un nombre vulgar asociado únicamente a parte de un nombre científico («*Cerda-Comber*», «*Rapulto-Squalus*»...). En la correspondencia científica con Clemente las entradas son casi siempre nombres vulgares sueltos («*Roncador*», «*Sapo*»...) o nombres científicos de géneros («*Muraena*», «*Stromateus*»...); solo una vez aparece un nombre científico completo («*Chimaera Monstrosa*»). Por último, en las muestras de peces de Cabrera conservadas en la Colección del Instituto de Cádiz, que estudió De Buen (1919), las entradas son los nombres científicos y vulgares escritos en las etiquetas de los frascos, así como los nombres científicos asignados por De Buen en sus determinaciones.

Ictiónimos

Son cada uno de los nombres comunes o vulgares de las especies, recogidos por Cabrera y escritos en su grafía original («*Berrugate*», «*Pexe Plata*», «*Choa*», «*Espadarte*»...). Muchos ictiónimos se documentan por primera vez en Andalucía en sus escritos. Entre ellos figuran algunos de los que no es posible saber a qué especies se referían, por ejemplo, *Champan, Gasula, Lopena, Peralta, Rapulto, Robine*... Para los efectos del recuento, estos casos los hemos considerado especies desconocidas. En varios casos Cabrera sabía el nombre científico de la especie (bien o mal determinado), pero no el nombre vulgar. Entonces asociaba al nombre científico la expresión *Sin nombre*. Por ejemplo, «*Sin nombre-Squalus maximus*».

Nombres científicos

Cada una de las denominaciones científicas (género y epíteto) en latín utilizadas por Cabrera, con su grafía original («*Accipenser Sturio*», «*Petromison Flubiatile*», «*Mugil Cephalus*»...). La mayoría de esta nomenclatura la tomó de Linneo, pero a veces de los otros autores que consultaba. Cabrera la transcribía a su manera, un tanto descuidada. Generalmente los nombres científicos aparecen asociados a uno o más ictiónimos; en muy pocos casos figuran nombres científicos aislados: «*Sparus pinnilepidus*» «*Blennius Simus*». Dos (a veces tres) nombres científicos de Cabrera pueden referirse a una misma especie («*Sparus Pagrus*» y «*Sparus Nigrirostris*» = *Pagrus pagrus*; «*Trigla minuta*» y «*Trigla Spinosa*» = *Lepidotrigla cavillone*). Igualmente, se da el caso de que dos o más ictiónimos se refieran a una misma especie («*Congrio ò Zafio-Muraena Conger*», «*Baquilla ò Cabrilla serrana-Perca Vitella*», «*Oblada, Doblada ò Doblaeta-Sparus melanurus*»...). Algunos ictiónimos y nombres científicos pueden aparecer más de una vez dentro de un mismo documento porque designan a más de una especie. Por ejemplo, en el caso de los ictiónimos: «*Aguja-Esox Belone*» y «*Aguja-Singnatus Acus*» o «*Capitán-Sparus Cetaceus*» y «*Capitán-Mugil Cephalus*»... Y en el caso de los nombres científicos: «*Chaetodon Umbratus-Xaputa*» y «*Chaetodon Umbratus-Rondanil*» o «*Sparus Orbiculatus-Mojarra*» y «*Sparus Orbiculatus-Mojarra prieta*»... Es decir, un mismo ictiónimo puede tener asociado dos nombres científicos distintos y a la inversa. En numerosas entradas los nombres científicos aparecen acompañados de las siglas Sp. N. (*species nova*), para indicar que según Cabrera se trataba de especies nuevas para la ciencia, por ejemplo, «*Balistes Trispinosus* Sp. N.», «*Trigla Rufescens* Sp. N.». Pero la mayoría no eran tales especies nuevas, pues ya habían sido descritas por otros autores antes de 1817 conforme a los criterios taxonómicos formales. Muchos de estos nombres científicos que utilizaba Cabrera no conducen a ninguna equivalencia científica de especie actual. En taxonomía zoológica y botánica se denominan *nomina nuda* (*nomen nudum*, en singular), del latín, *nombres desnudos*. Según el Código Internacional de Nomencltura Zoológica (CINZ, 1999), un *nomen nudum* es una designación escrita exactamente como un nombre científico de un organismo, pero que no se ha publicado con una descripción adecuada y no puede aceptarse oficialmente tal como está. Cabrera, al menos en el caso de los peces, no estaba muy interesado o desconocía estas cuestiones y se limitaba a determinar las especies con los nombres de Linneo; si no los encontraba ahí creaba los suyos propios y los marcaba, aunque no siempre, como especies nuevas. Luego ya vendrían los «señores profesores» y la denominarían oficialmente como tuviera que ser. Esto parece que no le preocupaba. Hay que decir que con sus *nomina nuda* Cabrera fue el primero en ponerles nombre científico a algunas especies que no estaban descritas.

Descripciones científicas

Breve exposición de las características morfológicas más destacables que definen a la especie examinada. Las descripciones están solo en la Memoria descriptiva y su Addenda, y una (*Stromateus Imperator*) en una de las cartas a Clemente. El lector puede completar la información sobre las descripciones con lo que se dice en el subapartado «Descripciones científicas de géneros y especies» (p. 78) del apartado «4.1.5 La Memoria descriptiva».

4.1.4 La Lista manuscrita

Bajo el título *Lista de nombres vulgares de los peces del mar de Andalucía* Cabrera recogió todos los ictiónimos andaluces que en ese momento conocía. Se trata de un escrito caligrafiado a mano cuyo original[III] se conserva en el Archivo del Real Jardín Botánico de Madrid. Los transcribimos numerados en el anexo III. En las fichas de especies que componen la segunda parte de este libro se incluyen las reproducciones facsímiles restauradas de cada uno de ellos.

Este valioso documento fue enviado por Cabrera a su amigo Clemente junto con la carta del 25 de febrero de 1826, nueve años después de haber publicado la Lista impresa de 1817. Ni Machado ni Graells lo mencionaron, y, probablemente, nunca lo vieron. De hecho, formaba parte del legado de Simón de Rojas Clemente y permaneció inédito hasta 1997, cuando Martín Ferrero lo transcribió e incluyó en el Apéndice documental de su obra *El Magistral Cabrera. Un naturalista ilustrado*. Nuestro estudio se ha realizado sobre una copia digitalizada del original enviada por el Archivo.

Martín Ferrero (2001: 17), refiriéndose a las listas de aves, peces, insectos y testáceos de Cabrera, afirma que «algunas eran elaboradas personalmente y otras transmitidas». Creemos que, en el caso de los peces, Cabrera, un personaje muy popular y querido en Cádiz, no tuvo ninguna dificultad para obtener por sí mismo los nombres directamente de los pescadores. Esto fue así por dos motivos: uno, porque hoy se comprueba que algunos de esos nombres no figuraban por aquel entonces en la bibliografía de la época, como *zorreja*, *peludo en randa*, *garapello*..., nombres típicos gaditanos, en ocasiones localismos de especialidad (como *zorreja*) que solo pueden obtenerse en el ámbito donde se producen, en este caso el de los esteros de las salinas. Y dos, porque en ocasiones obtiene nombres de los que no consigue saber a qué especie se refieren, pero intenta averiguarlo y dice: «Nombres que he oído mas nunca vi lo que significan. Haré la diligencia»[112]. Algunos nombres malagueños, como *judío* y *caramelo*, que también debieron ser obtenidos de los pescadores, pudieron ser recopilados en alguno de sus viajes a Málaga, sin descartar que le fueran transmitidos por Hänseler. No lo sabemos.

III.   AJB I,57,9,4. Carta de Cabrera a Clemente - Cádiz, 25 de febrero de 1826.
112.   AJB I,57,9,3. Carta de Cabrera a Clemente - Cádiz, 17 de febrero de 1826.

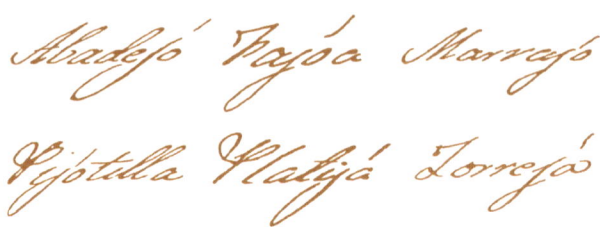

Los nombres de los peces, moluscos y cetáceos de esta Lista recogidos por Cabrera aparecen en orden alfabético, aunque se trata de un orden no del todo riguroso porque con frecuencia se altera. Por ejemplo: *Abadejo* y *Abadejo rayado*, que deberían ser los primeros nombres de la lista, aparecen en sexto lugar detrás de *Albacora*, *Albariña*, *Albur*, *Alfiler* y *Alitan*; *Araña* figura después de *Arete*; *Bacalao* después de *Baila*; *Bramante* después de *Brotola*, entre otros muchos casos.

Entradas e ictiónimos

En este documento el número de entradas coincide con el de nombres vulgares, o ictiónimos, ya que el contenido del documento consiste exclusivamente en un listado de 247 nombres vulgares. No hay nombres científicos ni descripciones. Están escritos con bella letra, que no parece la de Cabrera, incluso cuando este escribía de manera pausada, sino la de un escribiente experto, como se aprecia al cotejarla con la escritura de sus cartas a Clemente y Lagasca.

El empleo de las tildes por el autor de este listado caligrafiado es casi inexistente o aleatorio y no responde a una norma ortográfica fija: *Alitan*, *Atun*, *Bodion*, *Bodion verde*, *Brotola*, *Brotola blanca*, *Cason*, *Champan*, *Espeton*, *Ferron*, *Jaqueton*, *Judio*, *Mirlan*, *Pachan*, *Pez limon*, *Punson*, *Safio* y *Salton*. Otras que no la llevan aparecen con ella: *Baíla*, *Capítan*, *Cochíno*, *Congrío*, *Golondrína*, *Gorríon*, *Guítarra*, *Mosquítero*, *Rescasío* y *Robálo*. Además, se observa un hábito recurrente en la escritura de la jota mayúscula, donde el punto se sustituye por una tilde, como se muestra en los ejemplos de la figura 7, un uso culto muy extendido en la caligrafía del siglo XVIII.

Se aprecia el uso de las grafías *s* por la *c* en los siguientes ejemplos: *Bosinegro*, *Cason*, *Caboso*, *Corseta*, *Punson* y *Rescasio*. Posiblemente, Cabrera fuera seseante en sus producciones orales y dejó su huella escrita en este intercambio de consonantes. A esto hay que añadir el empleo de la *i* por la *y* (*Raia* por *Raya*) y el uso de *x* por *j* (*Xaputa*, *Xivia*, *Xurel*, *Xurela*), típicas vacilaciones ortográficas de la época.

Como intuíamos en una primera y somera aproximación a los documentos (Arias y De la Torre, 2019: 37), creemos ahora también, tras el análisis comparativo más profundo, que esta Lista manuscrita se escribió antes que la Memoria descriptiva y la Lista impresa. Esto habría sido así porque:

· de los 247 ictiónimos de la Lista manuscrita, 245 (99,2 %) están en la Memoria descriptiva y en la Lista impresa; únicamente 2 (0,8 %), *yegua* y *zorra*, aparecen solo en la Lista manuscrita.

· en la Lista manuscrita faltan 31 ictiónimos que sí estaban en la Memoria descriptiva[113], en la Lista impresa[114] o en ambas[115]. No tendría sentido que la Lista manuscrita fuera posterior a estos documentos porque entonces contendría todos estos ictiónimos que faltan.

---

113. *Acedía, Agujeta, Armadillo, Asperillo, Bordador, Cabrilla serrana, Cañabota, Cromis, Cuclillo, Levy-raya, Lixa, Machudo, Negrilla, Ocelar, Pez araña, Pez culebrar, Pigue, Putita, Rapulto, Raya hucha, Tembladera, Tremeriega, Viviparo.*

114. *Armado, Chucla, Loro, Pez perro.*

115. *Sardina, Tintorera, Tollo, Trompetero.*

Como no los contiene, no parece verosímil que Cabrera o su amanuense olvidaran incluir tantos ictiónimos, y, por tanto, su ausencia se debe a que la Lista manuscrita es anterior.

· la Lista manuscrita contiene errores ortográficos y signos usuales en la escritura del siglo XVIII (como el empleo del signo igual para unir palabras, costumbre ortográficamente anterior a las formas de una sola palabra), que luego aparecen corregidos en los otros dos documentos, por ejemplo: *Alitan → Alitán*; *Denton → Dentón*; *Dragon → Dragón*; *Pachan → Pachán*; *Pez Limon → Pez limón*; *Pinta=roja → Pintarroja*; *Pito=real → Pito real*; *Punson → Punzón*; *Robálo → Róbalo*; *Salvage → Salvaje*; *Tapa=culo → Tapaculo*; *Taburon → Taburón*.

· cuando Clemente le pide materiales a Cabrera para terminar la *Historia Natural del Reino de Granada*, lo primero que este le envía es la Lista manuscrita, o *Lista de nombres vulgares de los peces del mar de Andalucía* (AJB I,57,9,4), que ya tenía terminada desde hacía años, y le dice: «...después de esto [de enviarle la Lista manuscrita] remitiré la lista de los determinados», es decir, la Lista impresa de 1817, en la que ya aparecían los nombres científicos más o menos seguros de las especies que tenía identificadas.

La Lista manuscrita contribuye a la historia de la ictionimia andaluza con 72 ictiónimos nuevos, es decir, no recogidos hasta entonces en la bibliografía ictionímica andaluza, lo que da idea de la profundidad del trabajo de Cabrera. Aunque, como veremos (anexo III), no siempre es posible saber a qué especie se referían, los ictiónimos nuevos aportados por Cabrera en este documento fueron, con su grafía original: «*Abadejo, Caramelo, Cayote, Champan, Cholveta, Corseta, Culebra picuda, Denton rojo, Escarapelo, Gallito del rey, Gasúla, Higo, Lirio, Lopena, Maragata, Mata soldados, Mermejuela, Mirlan, Mojarra prieta, Mola, Monga, Morenata, Mosquitero, Mozuela, Noriega, Ochavo, Pachan, Page, Pasador, Pegador, Peludo en randa, Penca, Peto, Pez de Mohoma, Pez de redoma, Pez del diablo, Pez obispo, Pez peine, Pez plata, Pez sable, Picudo, Punson, Quarto, Rapete, Regél, Robiné, Rodador, Romerito, Rondanil, Salmonete rayado, Salpa jurel, Salvage, Sargo burdo, Sargo picudo, Serrana, Solleta, Tambor, Tordillo, Torillo, Vaquilla, Vieja, Xaputa de piedras, Yegua y Zorreja*».

Especies

En su comunicación epistolar con Clemente, Cabrera le muestra su interés por los nombres vulgares y le avisa de las dificultades para interpretarlos porque el «Bulgo todo lo confunde»[116] y, «como suele suceder con las denominaciones vulgares, se designará a otro animal con el mismo nombre»[117]. Lo mismo le ocurre con algunas aves, como explica de «*Ardea Saloniensis*» al decir: «De la que no me han sabido dar nombre vulgar»[118].

A partir de las descripciones y asociaciones de ictiónimos y nombres científicos establecidas por Cabrera en la Memoria descriptiva y en la Lista impresa, y corrigiendo sus errores con los conocimientos actuales en ictionimia, en el anexo III transcribimos numerados los 247 ictiónimos de la Lista manuscrita en el orden que los tenía Cabrera, acompañamos del nombre científico actual de las especies a las que se referían, según hemos concluido en el presente estudio.

Así, vemos que más de la mitad de los ictiónimos (142; 57,5%) designan a una especie cada uno. Entre los restantes hay varios casos en los que un mismo ictiónimo designa a dos[119] (18 ca-

116. AJB I,57,8,22. Carta de Cabrera a Clemente - Cádiz, 13 de enero de 1826.
117. AJB I,57,9,2. Carta de Cabrera a Clemente - Cádiz, 2 de febrero de 1826.
118. AJB I,57,9,9. Carta de Cabrera a Clemente - Cádiz, 20 de marzo de 1826.
119. Aguja = *Belone belone* y *Syngnathus acus*; Bodion = *Symphodus mediterraneus* y *Coris julis*; Bolador = *Dactylopterus volitans* y *Exocoetus volitans*; Caballa = *Scomber colias* y *Scomber scombrus*; Cabrilla = *Chelidonichthys obscurus* y *Serranus scriba*; Capitan = *Dentex gibbosus* y *Mugil cephalus*; Doncella = *Coris julis* y *Thalassoma pavo*; Faneca = *Phycis blennoides* y *Trisopterus luscus*; Gallito del Rey = *Coris julis* y

sos) y a tres[120] (2 casos) especies; y, a la inversa, una misma especie recibía dos[121] (37 casos), tres[122] (12 casos) y hasta cuatro[123] (dos casos) ictiónimos distintos.

Teniendo en cuenta estos hechos, de los 247 ictiónimos de la Lista manuscrita:

- 235 se referían a 196 especies, de las que 189 eran de peces, 4 de cefalópodos y 3 de cetáceos.
- 2 a otras tantas especies dudosas, es decir, son ictiónimos conocidos que designan a más de una especie, pero de los que no existe información para saber a cuál de ellas se refería. Son *Bordayo* y *Pota*. El primero podría referirse tanto al pez de agua dulce del mismo nombre, *Bordallo-Squalius carolitertii*, ya que Cabrera examinó también algunas especies dulceacuícolas (*pez de redoma*, *barbo*), como ser una hipercorrección de *olayo*, *Galeus melastomus*, pequeño tiburón frecuente en las pesquerías gaditanas, extrañamente no mencionado por Cabrera en ninguno de sus documentos. El segundo, *Pota*, designa en Andalucía a tres especies: *Illex coindetti*, *Todarodes sagitatus* y *Todaropsis eblanae*.
- 10 ictiónimos relativos a especies desconocidas, ya que, por el momento, no es posible saber a las que se referían, pues se trata de nombres que no perviven en el léxico de los pescadores andaluces actuales ni se encuentran en los diccionarios históricos de la Academia Española de la Lengua. Son: *Cayote*, *Champan*, *Escarapelo*, *Gasula*, *Higo*, *Lopena*, *Quarto*, *Penca*, *Peralta* y *Robiné*.

Con todo ello vemos que se cumplen las tres primeras «cosas»[124] de las cuatro que advertía nuestro autor a Clemente acerca de esta Lista manuscrita:

Thalassoma pavo; Guitarra = *Rhinobatos rhinobatos* y *Callionymus lyra*; Lamprea = *Petromyzon marinus* y *Lampetra fluviatilis*; Mula = *Balistes capriscus* y *Syngnathus typhle*; Pescada = *Merluccius merluccius* y *Micromesistius poutassou*; Pescadilla = *Merluccius merluccius* y *Micromesistius poutassou*; Rodaballo = *Scophthalmus maximus* y *Scophthalmus rhombus*; Salton = *Ammodytes tobianus* y *Scomberesox saurus*; Soldado = *Microchirus azevia* y *Chromis chromis*; Sollo = *Acipenser sturio* y *Huso huso*.

120. Bramante = *Raja clavata*, *Rostroraja alba* y *Glaucostegus cemiculus*; Borriquete = *Anthias anthias*, *Labrus merula* y *Plectorhinchus mediterraneus*.

121. *Aetomylaeus bovinus* = Pez Obispo, Mirlan; *Alopias vulpinus* = Pez zorro, Palitroque; *Alosa alosa* = Lacha, Sábalo; *Atherina boyeri* = Pez rey, Monga; *Capros aper* = Ochavo, Buñuelo; *Carcharodon carcharias* = Jaqueton, Salvage; *Centrophorus granulosus* = Kelves, Kelvacho; *Chelidonichthys lastoviza* = Golondrina, Paula; *Chelidonichthys lucerna* = Regél, Rubio; *Chromis chromis* = Soldado, Castañuela; *Conger conger* = Congrio, Safio; *Dentex dentex* = Denton, Sabia; *Diplodus vulgaris* = Mojarra prieta, Paje; *Dipturus batis* = Romaguera, Noriega; *Dipturus oxyrinchus* = Pez de Mohoma, Raia; *Engraulis encrasicolus* = Anchoa, Boquerón; *Galeorhinus galeus* = Pez peine, Dentudo; *Gobius niger* = Pez del Diablo, Canqueso; *Heptranchias perlo* = Alecrín, Bocaus; *Hippocampus guttulatus* = Caballito, Yegua; *Labrus bergylta* = Bruja, Maragata; *Lepidotrigla cavillone* = Cabete, Rapete; *Lichia amia* = Caballo, Corseta; *Mola mola* = Mola, Rodador; *Pagellus bogaraveo* = Pachan, Burás; *Pagrus auriga* = Urta, Sama; *Pagrus pagrus* = Pargo, Bosinegro; *Raja clavata* = Bramante, Pez de Mohoma; *Remora remora* = Rémora, Pegador; *Sarpa salpa* = Salpa, Salema; *Serranus cabrilla* = Cabrilla, Gorrion; *Spicara smaris* = Trompero, Caramelo; *Squalus blainville* = Ferron, Galludo; *Squatina squatina* = Angelote, Mermejuela; *Symphodus mediterraneus* = Bobon, Baqueta; *Symphodus tinca* = Tordo, Xaputa de Piedras; *Thalassoma pavo* = Doncella, Gallito del Rey.

122. *Callionymus lyra* = Dragon, Lagarto, Guitarra; *Coris Julis* = Doncella, Gallito del Rey, Bodion; *Merluccius merluccius* = Pescada, Pescadilla, Pijotilla; *Micromesistius poutassou* = Bacalao, Pescada, Pescadilla; *Mugil cephalus* = Capitan, Cabezudo, Morro; *Oblada melanurus* = Oblada, Doblada; Doblaeta; *Pagellus erythrinus* = Pagél, Dentón rojo, Breca; *Pomatomus saltatrix* = Choa, Choba, Cholveta; *Scomber scombrus* = Caballa, Estornino, Cerda; *Serranus scriba* = Tordillo, Serrana, Vaquilla; *Sphyraena sphyraena* = Espeton, Peto, Picudo; *Sphyrna zygaena* = Pez martillo, Cornudilla, Corneta.

123. *Mustelus mustelus* = Albariña, Correplayas, Cason, Mozuela; *Phycis blennoides* = Brotola blanca, Escolar, Faneca, Paneca.

124. AJB I,57,9,4. Carta de Cabrera a Clemente - Cádiz, 25 de febrero de 1826.

«1ʳᵃ. Tengo moral certeza de qᵉ. es incompleta». Con esto le avisaba de sus carencias, de los ictiónimos que no pudo averiguar a qué especies designaban.

«2 Unos mismos peces tienen dos o mas nombres». Ver nota 122.

«3 Con un mismo nombre se denotan peces diversos». Ver nota 120.

«4 hay peces qᵉ. no tienen nombres vulgares». Conviene señalar que esta frase no encaja en el contexto de la Lista manuscrita, que solo contiene, precisamente, nombres vulgares. Tal vez Cabrera adelantaba acontecimientos y se refería a la «lista de los determinados», es decir, la Lista impresa de 1817, en la que algunas entradas de especies van acompañadas de la expresión «Sin nombre».

La transcripción de Martín Ferrero (1997)

Un último aspecto reseñable de la Lista manuscrita fue la transcripción que hizo Martín Ferrero en 1997. Hay en ella algunos errores de imprenta o de interpretación de la escritura caligrafiada que conviene aclarar para futuros investigadores o lectores interesados, ya que pueden inducir a confusión al crearse nuevos supuestos ictiónimos o formas gráficas inexistentes en el original. Por un lado, el manuscrito de Cabrera, como hemos dicho, aporta 247 ictiónimos, pero en la trascripción de Martín Ferrero se recogen 245. Faltan *Dentudo* y *Doncella*. Por otro, donde en la Lista dice *Albur*, en Martín Ferrero se lee -«Albus»; *Alecrín*-«Alecrin»; *Autríaco*-«Autriaco»; *Baila*-«Bacla»; *Ballena*-«Ballenos»; *Berrugate*-«Berruguete»; *Bocaus*-«Bocatis»; *Boquerón*-«Boqueron»; *Borracho*-«Borrecho»; *Buñuelo*-«Buñuela»; *Capítan*-«Capitan»; *Cason*-«Casón»; *Cayote*-«Carjote»; *Cherna*-«Chema»; *Cholveta*-«Cholvela»; *Corba*-«Corva»; *Corseta*-«Corveta»; *Gallineta*-«Gallineira»; *Garneo*-«Garreo»; *Golondrina*-«Golondrino»; *Herrera*-«Herrero»; *Lopena*-«Lopenco»; *Mermejuela*-«Mermeguela»; *Noriega*-«Noriego»; *Pagél*-«Papel»; *Pámpano*-«Pampano»; *Pez de redoma*-«Pez de Pesoma»; *Regél*-«Regel»; *Robálo*-«Robalo»; *Romaguera*-«Romaguero»; *Salema*-«Salerno»; *Salton*-«Salión»; *Sorsal*-«Sobal»; *Tapa=culo*-«Tapasculo»; *Xaputa de piedras*-«Xaputa de piedra».

4.1.5 La Memoria descriptiva

Portadilla e introducción

Graells reprodujo este segundo documento de Cabrera en el año 1887, en un artículo publicado en la *Revista de los Progresos de las Ciencias Físicas, Exactas y Naturales*, con el título «Ciencias Naturales. Ictiología Ibérica». De este trabajo de Graells existen dos ediciones con distinta numeración de páginas. La primera edición, que es la que hemos utilizado para nuestro estudio, ocupa las páginas 141-189 y tiene una portadilla en la que se lee:

REVISTA
DE LOS
PROGRESOS DE LAS CIENCIAS
EXACTAS, FÍSICAS Y NATURALES.

TOMO 22.— N.º 3.º

MADRID.
IMPRENTA DE LA VIUDA E HIJO DE D. E. AGUADO.—PONTEJOS, 8.
1887.

En la primera página del trabajo se indican como encabezado y título los siguientes epígrafes:

Memoria de los «Peces del mar de Andalucía»: autógrafo inédito
del Magistral Cabrera, que da á luz anotado el Vocal naturalista
de la Comisión central de Pesca, Mariano de la Paz Graells.

La segunda edición, en una publicación desconocida, es una separata con encabezados similares, pero la paginación va de la 1 a la 49.

El texto íntegro que sigue a estos encabezados es el mismo en ambas ediciones. En una breve introducción, Graells recuerda que en el discurso que Laureano Pérez Arcas[125] pronunció con motivo de su ingreso en la Academia de Ciencias Exactas, Físicas y Naturales, en el año 1866, titulado *Trabajos zoológicos realizados en España, sobre todo en los siglos más florecientes de su historia* (Pérez Arcas, 1868) nombró la *Lista de los Peces de Andalucía*, de Antonio Cabrera, como el trabajo zoológico más importante publicado en 1817. También menciona Graells que tenía en su poder «el autógrafo del Magistral Cabrera en que se describen los peces de la lista citada en el referido discurso»; es decir, tenía una copia del original de la Memoria descriptiva donde se describen los peces que después integraron la Lista impresa. Asimismo, indica Graells, que desde años antes proyectaba hacer una publicación sobre dicha Memoria y que, de hecho, ya tenía escritas «bastantes cuartillas», pero, finalmente, «otros estudios, de índole más original» lo distrajeron y no terminó el trabajo. Veinte años más tarde, en 1887, retomó el asunto con la intención, como dijimos en el apartado histórico, de conservar y transmitir el legado de ictiología del Magistral Cabrera y para ello, según dijo: «… entrego a la Academia las cuartillas referentes a la 'Memoria de los Peces del Mar de Andalucía', rogándola determine la publicación en su REVISTA» (p. 142).

Termina la introducción con unas breves aclaraciones sobre lo que vamos a encontrar en la Memoria descriptiva y cual es su interpretación de algunos aspectos, que reproducimos a continuación para una mejor comprensión por parte del lector del alcance de la aportación ictiológica de Cabrera y de nuestras interpretaciones:

> La Memoria descriptiva de «Peces del Mar de Andalucía», que nos dejó inédita el Magistral Cabrera, está escrita en español y en términos concisos, queriendo imitar la frase linneana latina, sin conseguir siempre lo que aquel gran maestro, que en doce palabras retrataba el objeto de un modo cabal y reconocible[126]. El orden que sigue es el mismo del *Systema naturae*, pero pospone, á los peces de esqueleto óseo, los condropterigios, que Linneo antepuso. En el manuscrito autógrafo no añade al nombre científico el del autor que le impuso; y como en la Lista impresa, que se insertará también por [como] Apéndice a la Memoria, lo hizo, yo de ésta lo copio, sin salir responsable de si está bien ó mal, ni menos enmendarlo, aunque conozca que no siempre haya sido bien elegido, lo mismo que la ortografía de algunas palabras. Por fin, me he permitido, cuando ha sido necesario, anotar en varias especies algunas observaciones para aclarar los conceptos oscuros. Mariano de la Paz Graells.

---

125. Laureano Pérez Arcas (1824-1894), zoólogo valenciano, socio fundador de la Real Sociedad Española de Historia; fue colaborador y doctorando de Mariano de la Paz Graells.

126. A este respecto, Pérez Martínez (1820: 92) decía que en las descripciones de las especies: «la pluma severa del sentencioso Linneo olvidó la gala y los primores de la elocuencia», pero a cambio «nos presentó con un talento singular y nunca visto hasta entonces, el verdadero camino, por donde podían llegarse á conocer sin tantos desvelos infinidad de seres, nunca examinados ni descritos hasta su siglo».

Lo primero que destaca de estos comentarios de Graells es que habla de un «manuscrito autógrafo», o sea, que lo que él poseía y reproducía serían unos escritos de puño y letra de Cabrera, que necesariamente (él o un ayudante) tuvo que pasar a limpio a las cuartillas que menciona para enviarlo a la imprenta, hecho que, como veremos, es causa de algunos errores. En segundo lugar, efectivamente, Cabrera redacta las descripciones de manera concisa, pero en la mayoría de ellas se aprecia que no pretende ajustarse a la frase linneana casi telegráfica de las «doce palabras», si no que procura ser más explícito que Linneo, como puede comprobarse en los párrafos que reproducimos en el capítulo sobre las fichas de las especies. En tercer lugar, es interesante saber que en la Memoria descriptiva la abreviatura de «el [nombre] del autor que le impuso [el nombre científico]» es obra de Graells, no de Cabrera. Eso explica que, pese a que dice que lo copió de la Lista impresa y que no lo enmienda, esté escrito de otra manera y que a veces no coincida. Así, en la mayoría de las entradas de la Lista impresa, Cabrera escribe «*Lin.*» después de los nombres científicos, mientras que Graells lo pasa a la Memoria descriptiva como «LINN.». En el género *Centrogaster*, al que Cabrera no añade nombre de autor, Graells vuelve a enmendar y le coloca la abreviatura «HOUTT.» (Houttyn). En otros casos Cabrera escribe «*Bonter.*», «*Molin.*», «*Boneter.*», y Graells transcribe «*Bonnete.*» «*Molina*» «*Bonneter. y Bruson.*», respectivamente. Por último, Graells introduce numerosas notas a pie de página en las que señala las diferencias que existen entre el contenido de la Memoria descriptiva y el de la Lista impresa en cuanto a nombres científicos y nombres vulgares de las especies citadas, que veremos más adelante.

A continuación de la introducción, bajo el encabezado «MEMORIA DE LOS PECES DEL MAR DE ANDALUCÍA», empieza la exposición del repertorio de especies estudiadas. Esta Memoria descriptiva era el cuaderno de trabajo de Cabrera. Contenía la información que Graells había pasado a limpio en aquellas cuartillas que mencionaba y reprodujo en su trabajo de 1887. Tiene dos partes bien diferenciadas. En la primera, la información sobre los organismos examinados está ordenada y estructurada en clases, géneros y especies, acompañados en la mayoría de los casos, de un breve texto descriptivo. Se aprecia una organización prácticamente definitiva que bien podría estar pensada para una publicación de amplio contenido. En la segunda, encabezada con el epígrafe «ADDENDA», la información se mezcla sin ningún orden, resultando un cajón de sastre donde se incluyen especies bien clasificadas, especies dudosas, especies de moluscos y mamíferos marinos, y algunos nombres vulgares y científicos sueltos. Son apuntes y anotaciones pendientes de ordenación. Analicemos ambas partes por separado.

Entradas

Las especies incluidas en la primera parte de la Memoria descriptiva las agrupa Cabrera en las seis clases o divisiones de Linneo, establecidas según la presencia o ausencia de las aletas ventrales, su posición más o menos adelantada o atrasada en el abdomen y la naturaleza ósea o cartilaginosa de las branquias, características indicadas en un breve texto que Cabrera tradujo al castellano. Para no inerrumpir los textos originales con aclaraciones, en el anexo X se explican los principales términos y expresiones ictiológicas utilizados por Cabrera en esta Memoria.

APODES.
La primera clase, Apodes, es de los peces que carecen de aletas ventrales,
teniendo agallas huesosas (p. 146)

JUGULARES.
La segunda clase, Jugulares, comprende los peces que poseen las aletas inferiores en el yúgulo,
ó en el cuello, y agallas huesosas (p. 147)

THORACICOS.

A la tercera clase, Thorácicos, corresponden aquellos peces cuyas aletas inferiores se hallan insertas en el thórax, ó en el pecho, con las agallas huesosas (p. 149)

ABDOMINALES.

Pertenecen á la cuarta clase los peces cuyas aletas ventrales se miran colocadas en el abdomen con agallas huesosas (p. 161)

Branquiostegos[127].

La quinta clase se compone de los peces cuyas agallas se observan destituídas [desprovistas] de huesos, y la disposición de las aletas ventrales solo sirve para caracterizar los géneros (p. 164)

CONDROPTERIGIOS.

Corresponden á la sexta y última clase aquellos peces cuyas agallas son cartilaginosas. (p. 165)

Dentro de cada clase y su descripción correspondiente, aparecen primero los epígrafes de los géneros taxonómicos (grupo de especies con características generales comunes) con su descripción debajo. Los elementos de los epígrafes de género son: la palabra género, en versales, seguida de punto y guión largo (.—); a continuación, el nombre latino del género, en cursiva, seguido de otro punto y guión largo, y, por último, el nombre del autor, en versales. Por ejemplo (p. 169):

GÉNERO.—*Petromizon*. LINN.

Igualmente, dentro de los epígrafes de géneros siguen los epígrafes de las especies en el orden en el que figuran en la obra de Linneo. A efectos cuantitativos, estos epígrafes son los que hemos considerado *entradas* en este documento. En la mayoría de los casos, los elementos que conforman estas entradas son: la palabra especie, en versales (ESPECIE), seguida de un número de orden; un punto; voladita del ordinal, en su caso; guión largo (1.ª—); nombre vulgar de la especie con mayúscula inicial, en redonda y negritas y con artículo gramatical (**La Lamprea**); punto y guión largo (.—); nombre latino de la especie, en cursivas y el epíteto con mayúscula inicial (*Petromizon Marinus*; nuevo punto y guión largo, y, por último, nombre del autor, en versales (LINN.). Por ejemplo (p. 169):

ESPECIE 1.ª—**La Lamprea.**—*Petromizon Marinus.*—LINN.

Cuando dentro de cada género taxonómico hay más de una especie, estas van numeradas con indicación del ordinal con letra voladita hasta la novena especie. A partir de la décima especie solo indica el numeral. Pero se detectan algunos errores, que podemos suponer que fueron obra de Cabrera, pero, que, igualmente, podrían atribuirse a errores de imprenta en el artículo de Graells: en las cuatro entradas del género *Muraena* faltan la palabra ESPECIE y el número de orden; en el género *Blennius* hay un error en la numeración de la 3.ª especie, que está marcada como 1.ª (p. 148); y en el género *Sparus* hay un salto en la numeración de las especies, que de la 21 pasa a la 23 (p. 155).

En general, Linneo, LINN., era el autor de las especies examinadas. Si no lo era, Cabrera escribía el nombre en cursiva, a veces con errores y sin punto, p. e. (p. 169):

ESPECIE 6.ª—**El Bramante.**—*Raya Tubercula.*—*Bonneterre.*,

---

127. Escrito así, en minúsculas.

y otras veces abreviado y sin punto ni guión, p. e. (p. 159):

ESPECIE 6.ª—**La Albacora.**—*Scomber Albacora, Bonnete.*

Si no estaba seguro de la clasificación de una especie, añadía la abreviatura «Vs.» (del latín *Varietas*), para indicar que consideraba que, al menos, se trataba de una variedad próxima a alguna especie examinada con anterioridad, p. e. (p. 152):

ESPECIE 2.ª—**El Rondanil.**—*Chætodon Umbratus.*—Vs.

Muchas veces, como veremos, añadía la marca «Sp. N.» para indicar que se trataba de una especie nueva, p. e. (p. 155):

ESPECIE 21.—**El Garapello.**—*Sparus Versicolor.*—SP. N.,

salvo en «*Sparus Axilo-Maculatus*», donde, seguramente por error de imprenta, solo se indica «S. N.» (p. 154).

En ocasiones este formato estándar de entrada varía y adopta diversos modelos con distintas alteraciones por, según creemos, errores de las partes implicadas, tanto Cabrera como Graells, sus escribientes y la imprenta. Veamos algunos casos.

En dos ocasiones el orden estándar de los elementos se altera, p. e. (p. 149):

ESPECIE.—*Cepola.*—*Rubescens.*—LINN.—**La Doncella.**
ESPECIE.—*Echeneis.*—Ræmora.—LINN.—**El Pegador.**

El nombre del autor aparece en versales y abreviado, p. e. (p. 166):

ESPECIE 1.ª—**La Mermejuela ó Angelote.**—*Squalus Squatina.*—BONTER.,

e incluso no aparece, p. e. (p. 149):

ESPECIE 5.ª—**La Putita.**—*Blennius Murenoides.*

En dos casos la entrada solo incluye el nombre vulgar, y en uno el nombre del género:

ESPECIE 7.ª—**La Palometa.** (p. 159) y ESPECIE 10.—**El Kelvas.** (p. 167).

Una última variante es la anotación siguiente, que mezcla el nombre vulgar y partes de nombres científicos, p. e.: (p. 159):

La Tonina es el Delphinus*—*Phocena.*[128]

Del vaciado de la información contenida en la primera parte de la Memoria descriptiva se obtiene un total de 149 entradas de estos distintos tipos descritos. En el anexo IV reconstruimos la ordenación completa de estas entradas de Graells (1887: 146-169) que Cabrera utilizaba en sus apuntes para ubicar taxonómicamente las especies.

---

128. El *, en lugar de punto, está en el original de Graells.

Nombres científicos

Desde los apuntes de la Memoria descriptiva Graells transcribió en cursiva todos los nombres científicos. No es posible averiguar si Cabrera, en el manuscrito original de la misma, los subrayó o marcó de alguna manera para destacarlos. Suponemos que no lo hizo, porque de todos los que están en sus cartas a Clemente solo un caso[129], el de un nombre científico de ave, aparece subrayado con tres trazos discontinuos.

Al igual que Linneo, Cabrera escribía con mayúscula la inicial del epíteto científico, salvo en *Sparus cetaceus* y *Sparus vittatus* (p. 154). No siempre reparaba en los grafemas de ligadura æ y œ y por ello escribia *Murenoides, Sphirena, Scorpena, Exocetus*, en lugar de *Muraenoides, Sphiraena, Scorpaena, Exocoetus*, como se lee claramente en Linneo. Otras veces los incluía erróneamente, como en *Raemora.* (*Remora*) (p. 149).

Los epítetos de género y específico que conforman los nombres científicos casi siempre aparecen correctamente escritos, separados por un espacio, salvo en «*Cepola.—Rubescens*», «*Echeneis.—Ræmora*» y «*Sparus an Chrisops.*» (p. 155), en los que se introduce un guión, un punto y guión largo y la partícula latina *an*, es decir, *o*, respectivamente, y en «*Escorpena*», donde añade una *E* inicial inexistente (p. 150). Además, siempre los escribía completos, salvo en «*Sciena Corvina*», que aparece abreviado: «*Sc. Corvina*» (p. 156).

Tal vez por comodidad y rapidez en la escritura, en varios nombres científicos empleó la *i* latina en lugar de la *y* griega, como fueron los casos de *Petromizon, Phicis, Chrisops, Lira, Ciprinus, Singnathus, Erithrinus, Sphirena...*, que Linneo escribía con *y* (*Petromyzon, Phycis, Chrysops, Lyra, Syngnathus, Erythrinus, Sphyraena...*). Igualmente, el género *Raja* de Linneo, siempre lo escribió *Raya* en la Memoria descriptiva y *Raia* en la Lista impresa.

La Memoria descriptiva contiene 142 nombres científicos completos, de los que 29 aparecen solo en este documento. Son los siguientes: *Balistes Trispinosus, Blennius Alvidus, Blennius Murenoides, Blennius Tripterigius, Esox Lucius, Gadus Minutus, Gadus Pollachius, Labrus Pavo, Perca Grunniens, Perca Pusilla, Perca Saxatilis, Pleuronectes Flexus, Pleuronectes Oblongus, Pleuronectes Terreus, Raya Aptera, Raya Clavata, Raya Tubercula, Sciena Cirrosa, Scomber Albacora, Scomber Auratus, Scorpena Capensis, Sparus Axilo-Maculatus, Sparus Mormyrus, Sparus Vittatus, Squalus Carcharias, Squalus Licha, Squalus Rufescens, Trigla Rubens* y *Trigla Spinosa.* Hay tres nombres científicos que se repiten una vez: *Chaetodon Umbratus, Sparus Orbiculatus* y *Trigla Lucerna*, porque Cabrera los aplicó provisionalmente a otras tantas especies dudosas que consideraba variedades de estas que sí conocía bien.

Descripciones científicas de géneros y especies

Cada epígrafe de género y especie va seguido debajo de una descripción breve de la especie, con lo que la exposición de cada clase queda configurada en el orden que ejemplificamos en el siguiente esquema de la primera de ellas:

APODES.
Descripción.
GÉNERO.—*Muraena.*—LINN.
Descripción.
ESPECIE 1.ª—**La Morena.**—*Muraena Helena.*—LINN.
Descripción.
ESPECIE 2.ª—**La Anguilla.**—*Muraena Anguilla.*—LINN.
Descripción.
Etc.

---

129. AJB I,57,9,3. Carta de Cabrera a Clemente - Cádiz, 17 de febrero de 1826.

Las descripciones científicas de las especies que Cabrera examinó, así como las de los géneros en que estaban incluidas, constituye un aspecto muy importante de la Memoria descriptiva, ya que en la mayoría de los casos permiten asegurar cual fue la especie estudiada por el Magistral. El caso ideal es el de descripciones correctas y nombres científicos y vulgares bien asignados. Pero con frecuencia esto no es así y podemos asistir a una amplia variedad de situaciones en las que descripciones correctas van asociadas con nombres científicos y vulgares equivocados; descripciones confusas asociadas a nombre científico equivocado y nombre vulgar correcto, etc. Si la descripción correcta va asociada a un nombre científico equivocado, consideramos que, para llegar a la especie que realmente examinó el religioso, la descripción correcta tiene más peso que un nombre científico equivocado.

Como queda dicho, Cabrera seguía a Linneo y traducía o adaptaba las descripciones de este. En las descripciones de los géneros, Linneo era claro, preciso, breve y ordenado, siguiendo siempre un mismo esquema según la morfología externa del pez (cabeza, ojos, boca, dientes, cuerpo, piel, aletas...). Cabrera trataba de ajustar sus descripciones a las del sueco, pero a menudo las redactaba con su propio estilo sencillo y, a veces, desordenado, aprovechando solo algunos elementos de lo que decía Linneo. Tal vez esto lo hacía solo para entenderse él mismo, y no necesitaba ser tan escueto como Linneo en sus descripciones. En 28 (70%) de los 40 géneros que Cabrera examinó, las descripciones de ambos autores son similares. En los 12 restantes (30%) las descripciones de Linneo son más detalladas y extensas y mencionan aspectos que Cabrera no cita. A título de ejemplo, exponemos un caso de cada una de estas dos situaciones. El primero es una descripción de Cabrera idéntica a la de Linneo; el segundo es una descripción que el religioso redacta libremente, prescindiendo de muchos elementos.

Género *STROMATEUS*

Linneo: «Caput compreſſum. Dentes in maxillis palato. Corpus ovatum latum lubricum. Cauda bífida» (Gmelin, 1789: 1148). Es decir, «Cabeza comprimida. Dientes en mandíbulas y paladar. Cuerpo ovado, comprimido, resbaladizo. Caudal con dos puntas».

Cabrera: «Cabeza comprimida; dientes en las mandíbulas y en el paladar; el cuerpo aovado, extenso, lúbrico, la cola ahorquillada» (Graells, 1887: 147).

Género *TRIGLA*

Linneo: «Caput magnum, loricatum, lineis ſcabris: Oculi magni rotundi ad verticem; rictus amplus; palatum et mandibulae dentibus acutis armatae; nares duplices. Branchiarum apertura ampla; operculum lamina ſimplici radiata aculeata conſtans; membrana radiis ſeptem. Corpus ſquamis exilibus tectum, cuneatum; dorſum rectum ſulco longitudinali utrinque ſpinoſo exaratum; linea lateralis dorſo propior, recta; abdomen craſſum; pinnae ventrales et pectorales magnae; ad has digiti articulati liberi» (Gmelin, 1789: 1341). Es decir, «Cabeza grande, acorazada, con líneas ásperas: Ojos grandes, redondos, situados muy arriba de la cabeza; abertura de la boca amplia, paladar y mandíbulas provistos de dientes afilados, narinas dobles. Abertura de las branquias amplia; opérculo formado con láminas simples, radiadas, espinosas; la membrana con siete radios. Cuerpo en forma de cuña, cubierto con escamas pequeñas, dorso recto con una ranura longitudinal espinosa a uno y otro lado; línea lateral recta cercana al dorso; abdomen grueso, aletas ventrales y pectoral grandes; éstas, digitadas, articuladas, libres».

Cabrera: «Cuerpo en forma de cuña, adelgazado hacia la cola; la cabeza con hocico y aguijones; la mandíbula superior bífida en algunas especies; junto a las aletas pectorales unos hilos largos, rígidos en mayor o menor número, que Linneo llama dedos» (Graells, 1887: 160).

En cuanto a las descripciones de las especies, Cabrera también se guiaba de Linneo. Las descripciones de este sí se ajustaban a lo que decía Graells de la frase de las doce palabras, es decir, eran breves y precisas, aunque generalmente tenían menos de doce palabras. En un recuento de palabras en las descripciones de un conjunto de 106 especies de peces en las que se pueden comparar las descripciones de Linneo y Cabrera, vemos que Linneo emplea entre 1 y 13 palabras por especie, con una media y una moda[130] de 6 y 4 palabras por descripción, respectivamente. En este conjunto, la descripción más corta que hizo Linneo fue la de *Stromateus fiatola*, con una sola palabra: «fubfafciatus» (p. 1148), referido a las líneas longitudinales en los costados. Las descripciones de muy pocas palabras solían corresponder a especies pertenecientes a géneros con una sola especie (*Stromateus, Uranoscopus, Cepola...*), porque en la descripción del género Linneo ya explicaba los caracteres distintivos. Las descripciones más largas, de 13 palabras, fueron las de *Tetrodon Mola* («Inermis, afper, compreffus, rotundatus, cauda breviffma rotundata, pinna dorfali analique annexa, fpiraculis ovalibus») (p. 1447) y *Acipenser sturio* («Roftro obtufo, oris diámetro transverfo longitudini aequali, cirris roftri apici propioribus, labiis bifidis») (Gmelin, 1789: 1483).

Respecto al contenido y a la precisión de las descripciones, en este conjunto de 106 especies se observa que en 75 (70,7%) de ellas las descripciones de uno y otro autor son similares al expresar con claridad las mismas características morfológicas. En 18 especies (17%) las descripciones de Cabrera dan más detalles morfológicos que las Linneo. A la inversa, en 5 especies (4,7%) la descripción de Linneo es más detallada. Finalmente, en las 8 especies restantes (7,6%) las descripciones de uno y otro son distintas, debido a que, por confusión de Cabrera en la identificación, cada uno describe una especie diferente. Veamos algunos ejemplos (entre paréntesis, nombre actual).

Dos ejemplos de descripciones similares:

«Muraena Anguilla» (*Anguilla anguilla*)
> **Linneo:** «Maxilla inferiore longiore, corpore unicolore» (Mandíbula inferior más larga, cuerpo de un solo color) (Gmelin, 1789: 1133).
> **Cabrera:** «El cuerpo de un solo color oscuro, blanquecino en el vientre, la mandíbula inferior muy larga» (Graells, 1887: 146).

«Zeus Faber» (*Zeus faber*)
> **Linneo:** «Cauda rotundata, laterifeus mediis ocello fufco, pinnis analibus duabus» (Aleta caudal redondeada, un ocelo oscuro en el medio de los lados del cuerpo, dos aletas anales) (Gmelin, 1789: 1223).
> **Cabrera:** «En medio del cuerpo tiene una mancha negra por cada lado; dos aletas anales; el dorso aquillado» (Graells, 1887: 151).

Dos ejemplos de descripciones más detalladas de Cabrera:

«Gadus Luscus» (*Trisopterus luscus*)
> **Linneo:** «Radio ventralium primo setaceo» (Primer radio de las aletas ventrales filamentoso) (Gmelin, 1789: 1163).
> **Cabrera** (*«Blennius tripterigius Sp. N.»*): «Debajo de la boca una barbilla; las aletas ventrales cuadriradiadas, con el radio exterior muy largo; las anales negruzcas y

---

130. Valor con mayor frecuencia en una distribución de datos.

largas; la cabeza prolongada; la boca pequeña; las dorsales son tres distintas» (Graells, 1887: 149).

«*Sciaena Cirrosa*» (*Umbrina cirrosa*)
Linneo: «Maxilla fuperiore longiore, inferiore cirro unico» (Mandídula superior más larga; en la inferior un solo cirro) (Gmelin, 1789: 1299).
Cabrera: «El opérculo de dos láminas; la primera aserrada; la línea lateral encorvada; aletas dorsales, dos; la de la cola entera; la membrana branquiostega de seis radios; la mandíbula inferior más corta, con una barbilla pequeña» (Graells, 1887: 156).

Dos ejemplos de descripciones más detalladas de Linneo:

«*Sparus Annularis*» (*Diplodus annularis*)
Linneo: «Ocello nigro fubcaudali, corpore flavefcente» (Mancha negra. en el pedúnculo caudal, cuerpo amarillento) (Gmelin, 1789: 1270).
Cabrera («*Sparus Mycrocephalus*»): «Se distingue por tener la cabeza muy pequeña, como la boca, que se observa armada de dos órdenes de dientes» (Graells, 1887: 154).

«*Blennius Ocellaris*» (*Blennius ocellaris*)
Linneo: «Radio fimplici fupra oculos, pinna dorfali anteriore ocello ornata» (Radio simple encima de los ojos, aleta dorsal anterior adornada con un ocelo) (Gmelin, 1789: 1176).
Cabrera: «En la aleta dorsal primera posee una mancha orbicular negra» (Graells, 1887: 148).

Dos ejemplos de descripciones distintas para una supuesta misma especie:

«*Pleuronectes Solea*» (*Solea solea*)
Linneo: «*Pleuronectes Solea* (*Solea solea*). Corpore aspero oblongo, maxilla superiore longiore» (Cuerpo áspero oblongo, mandíbula superior más larga) (Gmelin, 1789: 1232).
Cabrera: «*Pleuronectes Solea* (*Solea solea*). Escamas dentadas; la cabeza truncada; los ojos bien distantes» (Graells, 1887: 151).

«*Squalus Galeus*» (*Heptranchias perlo*)
Linneo: «*Squalus Galeus* (*Galeorhinus galeus*). Dentibus fere triangularibus, margine verticali denticulatis» (Dientes más o menos triangulares, con el margen vertical denticulado) (Gmelin, 1789: 1492).
Cabrera: «*Squalus Galeus* (*Galeorhinus galeus*). Sus dientes son triangulares y aserrados en sus bordes; las narices junto á la boca y junto á los otros dos agujeros; respiraderos siete; aleta dorsal, una pequeña» (Graells, 1887: 167). Es decir, esta es la descripción de *Heptranchias perlo*, pero Cabrera le asigna un nombre equivocado, *Squalus Galeus*, que en Linneo designa a una especie distinta.

La Memoria descriptiva contiene 144 descripciones científicas de especies y cuatro alusiones a otras tantas especies, pero sin descripción (**La Albacora.**—*Scomber Albacora*»; «**La Palometa**» y «**La Tonina es el Delphinus.***—*Phocena*», todas en la p. 159 de Graells, y «**El Kelvas**», en la p. 167).

Ictiónimos

Cabrera escribía los nombres vulgares de las especies con mayúscula inicial, casi siempre (87% de los casos) precedidos del artículo «El» o «La» (El Congrio, La Morena, por ejemplo) (pp. 146-147), como se muestra en el anexo IV.

La primera parte de la Memoria descriptiva contiene 161 ictiónimos, de los que:

· 2 (*Kelvas* y *Palometa*) no tienen asociado ningún nombre científico.
· 6 (*Aguja*, *Bodión*, *Cabrilla*, *Capitán*, *Lamprea* y *Soldado*) se repiten, porque se refieren a seis parejas de especies que tienen el mismo nombre, respectivamente: *Esox Belone/Singnatus Acus*; *Labrus Julis/Labrus Fuscus*; *Perca Cabrilla/Trigla Lucerna*; *Mugil Cephalus/Sparus Cetaceus*; *Petromizon Marinus/Petromizon Fluviatilis* y *Pleuronectes Limandoides/Sparus Chromis*.
· 18 son exclusivos de esta lista, es decir, solo aparecen en este documento: *Acedía, Agujeta, Armadillo, Asperillo, Bordador, Cabrilla serrana, Cromis, Cuclillo, Kelvas, Levi-Raya, Lixa, Machudo, Negrilla, Ocelar, Pez Araña, Putita, Tremeriega* y *Vivíparo*.
· 12 se documentan por primera vez en Andalucía en este escrito de Cabrera: *Armadillo, Asperillo, Bordador, Cabrilla serrana, Cromis, Levi-Raya, Machudo, Ocelar, Trompetero* y *Vivíparo*.
· 30 están asociados a 15 nombres científicos, algunos incorrectos, como los marcados con *: *Lacha* y *Negrilla* = *Clupea Alosa*; *Tintorera* y *Caella* = *Squalus Carcharias**; *Cromis* y *Soldado* = *Sparus Chromis*; *Congrio* y *Zafío* = *Muraena Conger*; *Machudo* y *Peje Mahoma* = *Raya Machuelo*; *Anchoa* y *Boquerón* = *Clupea Encrasicolus*; *Mola* y *Bordador* = *Tetrodon Mola*; *Capitán* y *Cabezudo* = *Mugil Cephalus*; *Salema* y *Salpa* = *Sparus Salpa*; *Baquilla* y *Cabrilla serrana* = *Perca Vitella*; *Picudo* y *Espetón* = *Esox Lucius**: *Pexe Martillo* y *Cornudilla* = *Squalus Zygaena*; *Tollo* y *Melga* = *Squalus Fernandinus*; *Mermejuela* y *Angelote* = *Squalus Squatina*; *Doncella* y *Gallito del Rey* = *Labrus Pavo**.
· 6 están asociados a 2 nombres científicos: *Oblada, Doblada* y *Doblaeta* = *Sparus Melanurus*; *Tremielga, Tremeriega* y *Tembladera* = *Raya Torpedo*.

Especies

Del contenido de la primera parte de la Memoria descriptiva, con 142 nombres científicos, 144 descripciones científicas y 159 ictiónimos, se llega a que Cabrera examinó 141 especies actuales, que recogemos en el anexo IV. Esto es así porque, en algunos casos, dos y tres descripciones correspondían a una misma especie, porque las confundía, tal vez por tratarse de adultos y jóvenes de aspecto diferente. De estas 141 especies, 140 eran de peces y 1 de cetáceos (*Phocoena phocoena*). Cabe decir que tres nombres científicos (*Chaetodon Umbratus, Sparus Orbiculatus* y *Trigla Lucerna*) y sus correspondientes descripciones e ictiónimos asociados conducen, respectivamente, a las siguientes seis especies actuales: *Brama brama* y *Taractichthys longipinnis*; *Diplodus bellottii* y *Diplodus vulgaris*; *Chelidonichthys lucerna* y *Chelidonichthys obscurus*.

Especies nuevas

Mención especial merecen las numerosas designaciones de especies nuevas con que Cabrera marcó sus nombres científicos. A principios del siglo XIX, cuando se encontraban ejemplares de una especie que se creía nueva para la ciencia, era complicado comprobar que la supuesta novedad no estaba descrita previamente en la literatura ictiológica, debido, principalmente, a las dificultades de acceso a esta bibliografía y a la observación de los ejemplares tipo[131]. Por eso en aquella época era frecuente hallar nuevas especies. Esta era la situación de Cabrera, quien, por

---

131. En taxonomía, el ejemplar tipo es aquel en el que se basa la descripción científica de una especie nueva.

un lado, por vivir en una ciudad con puerto de mar tenía una gran facilidad para observar una amplia variedad de especies de peces, de las que a poco que se puso a investigar muchas le parecieron nuevas, y, por otro, inmerso en las secuelas de una guerra, estaba muy limitado para conseguir bibliografía especializada e ilustraciones con las que contrastar sus descubrimientos. Pérez Arcas (1968: 30-31) en su discurso de ingreso en la Academia de Ciencias Exactas, Físicas y Naturales reflejó esta situación al comentar la Lista impresa: «Están anotados en esta lista con gran exactitud y precision los nombres vulgares de los peces de la costa andaluza, y se indican y denominan como nuevas gran número de especies que no encontraron[132] en el corto número de libros que pudieron consultar: muchas de ellas lo eran en efecto, algunas no se han publicado hasta época muy reciente, pero por desgracia no dieron á luz las descripciones que de todas las especies habían hecho, teniendo por lo mismo que ser relegados á la sinonimia los nombres nuevos que les habían dado».

Como hemos dicho, el *Systema Naturae* de Linneo era la obra de referencia con la que Cabrera identificaba las especies que examinaba. Si una especie no estaba en esta obra, Cabrera consideraba que no estaba descrita y, por tanto, para él era una especie nueva. Sirvan de ejemplo de esta forma de proceder dos párrafos en sendas cartas a Clemente, cuando le enviaba sus materiales para incluir en el futuro libro *Historia Natural del Reino de Granada*. En la carta del 10 de enero de 1826[133], acerca de una lista de aves que dividió en dos clases dijo: «... la primera [clase] encierra aquellas [especies] q^e. me ha[n] parecido conformes a las descripciones de Gmelin, salvo error, la segunda aquellas q^e. no hallandoles correspondencia he graduado [considerado] de especies nuebas». Más adelante, el 20 de marzo de 1826[134], al describir algunos peces de la Lista impresa, llega a *Stromateus imperator*, al que marca con Sp. N. porque «en Linneo no le hallo». Sin embargo, como veremos más adelante, en numerosos casos considera nuevas a especies que sí estaban recogidas en el *Systema Naturae*, debido, unas veces, a falta de profundidad o de conocimientos en sus pesquisas, otras a las dificultades que conllevaba interpretar las telegráficas descripciones de Linneo[135], otras a confusiones de jóvenes y adultos de una misma especie por su diferente coloración, como ya se ha señalado anteriormente.

De esta manera, con frecuencia Cabrera se precipitaba en su designación de especies nuevas. Un buen ejemplo de ello, aunque no sea referido a los peces, es este párrafo extraído de la carta a Clemente del 13 de enero de 1826[136]:

> Ni a las lagartijas ni a las Salamandras he acertado a reducirlas [identificarlas, determinarlas]. Seran quisas especies nuevas? El Camaleón del Puerto[137] lo es sin duda.

Sin duda se equivocaba, porque el Camaleón común (*Chamaeleo chamaeleon*) ya estaba descrito como *Lacerta Chamaeleon* en Linneo (1758: 204) y en Gmelin (1789: 1069).

A las otras obras de consulta que tenía (expuestas en el apartado anterior), no les daba crédito suficiente, pese a que contenían buenas descripciones e ilustraciones, como en el caso de *Brama brama* en Bonnaterre. Solo algunas veces, ante dificultades que no le resolvía Linneo,

---

132. Se refiere a Cabrera, Pérez y Hänseler, pero insistimos en que no está documentado que la Memoria descriptiva y la Lista impresa fueran obra de los tres autores, cuando todo parece indicar que fueron obra solo de Cabrera.

133. AJB I,57,8,13. Carta de Cabrera a Clemente - Cádiz, 10 de enero de 1826.

134. AJB I,57,9,9. Carta de Cabrera a Clemente - Cádiz, 20 de marzo de 1826.

135. Recordemos al «sentencioso Linneo», como decía Pérez Martínez (1820: 92), algunas de cuyas escuetas descripciones eran (y siguen siendo) difíciles de interpretar. Por ejemplo: «*Pleuronectes Flexus:* Linea lateralis aspera; spinulis ad pinnas» (Gmelin, 1789: 1229). «*Scomber Amia*: Pinnae dorfalis pofterioris radio ultimo longiore» (Gmelin, 1789: 1336).

136. AJB I,57,8,22. Carta de Cabrera a Clemente - Cádiz, 13 de enero de 1826.

137. El Puerto de Santa María, Cádiz.

recurría a ellas. Por ejemplo, en *Gadus Minutus* y *Gadus Pollachius*, no veía con claridad de qué especies podría tratarse y escribió, respectivamente: «No corresponde exactamente con la descripción de los autores, pero parece que debe reducirse á esta especie», o «debe tenerse por el pez que designan los naturalistas» (ambas frases en p. 148). Con «los autores» y «los naturalistas» vino a indicar que no solo consultaba a Linneo.

En el año 1919, Fernando De Buen[138] publicó el repertorio de especies que identificó en sus visitas del 21 al 27 de abril a «los principales puertos de las costas Sur de España»[139], y es posible[140] que llegara a consultar una copia de la Memoria descriptiva de Cabrera pues explicó: «Machado basa su estudio en una publicación muy antigua[141] que atribuyen a Cabrera, repleta de especies que su autor considera como nuevas, y cuyas descripciones, siendo muy incompletas, no permiten la seguridad que es necesaria para un estudio faunístico. Buscar con alguna exactitud y grandes probabilidades de error la realidad de las citas de Cabrera no compensaría a causa del trabajo penoso que habría que emprender». Cabe decir que, De Buen, un siglo después de Cabrera, disponía de unos conocimientos ictiológicos muchísimo más amplios y precisos para discutir aquellas numerosas asignaciones de especies nuevas del Magistral. Igualmente, ahora, un siglo después que De Buen, los avances de la ictiología y las herramientas informáticas de nuestra época permiten en un instante identificar con exactitud las especies, rastrear en su totalidad la sinonimia científica existente y discutir algunas determinaciones taxonómicas del prestigioso ictiólogo y oceanógrafo catalán. En este sentido, De Buen ignoró la ordenación de Cabrera y, sin embargo, dio crédito a las sinonimias de Machado, que a su vez estaban basadas en las de Cabrera, tanto en nombres científicos como en vulgares, lo que le llevó a cometer algunos errores. Por poner solo un ejemplo, vemos que De Buen (p. 267), siguiendo a Machado (p. 7), consideró que el ejemplar examinado por Cabrera bajo el nombre de «*Raya Obtusirostris* Sp. N.» fue la actual *Rhinoptera marginata* (Geoffroy Saint-Hilaire, 1817). Pero la descripción de Cabrera (v. ficha 31) conduce claramente a *Aetomylaeus bovinus* (Geoffroy Saint-Hilaire, 1817), conocido como *pez obispo* en Cádiz. Como De Buen seguía a Machado y este se equivocaba, De Buen también se equivocaba. Incluso hoy día, creemos que *Eschmeyer's Catalog of Fishes* (Fricke *et al.*, 2023) se equivoca asimismo con Cabrera, pues considera su *Raja obtusirostris* como sinónimo actual de *Myliobatis aquila* (Linnaeus, 1758), cuando en realidad el religioso identificó con claridad y por separado las dos especies, como indican en sus escritos las entradas «El Chucho—*Raya Aquila* LINN.» y «El Pez obispo—*Raja Obtusirostris* Sp. N.», acompañadas de las correspondientes descripciones correctas.

Casualmente, al cabo de los años, al releer ahora para el presente estudio los párrafos de De Buen, ya habíamos acometido aquel «trabajo penoso que habría que emprender» para «Buscar con alguna exactitud y grandes probabilidades de error la realidad de las citas de Cabrera». Coincidimos con De Buen en que los escritos de Cabrera están repletos de especies nuevas erróneas, como veremos enseguida, sin embargo, discrepamos de que la búsqueda de «la realidad de las citas de Cabrera no compensaría a causa del trabajo penoso que habría que emprender», ya que ese 'trabajo penoso' sí ha compensado, pues ha permitido llegar al fondo de las especies estudiadas por Cabrera y considerar sus errores en la justa medida. De esta manera, al cotejar ordenadamente la intrincada información extraída de los documentos del chiclanero, se comprueba

---

138. Fernando de Buen Lozano (1895-1962), ictiólogo y oceanógrafo catalán, director del Laboratorio de Málaga del Instituto Español de Oceanografía.

139. Huelva, Isla Cristina, Cádiz, Algeciras, Málaga y Motril.

140. Aunque De Buen menciona las descripciones de Cabrera, que solo están en la Memoria descriptiva, no es seguro que tuviera una copia de esta ni que consultara el trabajo de Graells (1887), ya que este no figura en su apartado bibliográfico de «Obras citadas», pero nos inclinamos porque forzosamente tuvo que consultar a Graells, aunque luego olvidara citarlo; en caso contrario no se entiende cómo pudo leer las descripciones de Cabrera.

141. En 1919 dicha publicación muy antigua tenía 102 años.

que, en efecto, la mayoría de las especies consideradas nuevas no lo eran, pero otras sí y Cabrera fue el primero en mencionarlas científicamente, aunque fuera de manera no convencional. Así, de las 34 especies nuevas que contiene la Memoria descriptiva, 29 ya habían sido citadas, 16 en el *Systema Naturae* de Linneo revisado por Gmelin (1789) y 13 por otros autores, muchas de cuyas obras poseía Cabrera. Pero las 5 especies restantes no estaban en ninguna obra de la época. Las 16 especies nuevas erróneas fueron las siguientes, acompañadas de su equivalencia en Linneo (Gmelín), que Cabrera no encontró o no supo interpretar. De ahí la frase anterior de «en Linneo no le hallo»:

CABRERA (1817)	LINNEO (Gmelin, 1789)	ESTADO ACTUAL
1. *Balistes trispinosus.*—Sp. N.	*Balistes Capriscus* (p. 1471)	*Balistes capriscus* (100)
2. *Blennius Alvidus.*—Sp. N.	*Gadus Albidus* (p. 1165)	*Phycis blennoides* (47)
3. *Blennius Tripterigius.*—Sp. N.	*Gadus Luscus* (p. 1163)	*Trisopterus luscus* (49)
4. *Gasterosteus Lisan.*—Sp. N.	*Scomber Amia* (p. 1336)	*Lichia amia* (80)
5. *Gobius Gracilis.*—Sp. N.	*Gobius Bicolor* (p. 1197)	*Gobius paganellus* (68)
6. *Perca Curvata.*—Sp. N.	*Sciaena Umbra* (p. 1298)	*Sciaena umbra* (136)
7. *Perca Saxatilis.*—Sp. N.	*Perca Punctata* (p. 1311)	*Dicentrarchus punctatus* (103)
8. *Perca Vitella.*—Sp. N.	*Perca Scriba* (p. 1315)	*Serranus scriba* (108)
9. *Pleuronectes Oblongus.*—Sp. N.	*Pleuronectes Linguatula* (p. 1233)	*Citharus linguatula* (70)
10. *Raya Aptera.*—Sp. N.	*Raja Pastinaca* (p. 1509)	*Dasyatis pastinaca* (30)
11. *Sparus Breca.*—Sp. N.	*Sparus Erythrinus* (p. 1272)	*Pagellus erythrinus* (128)
12. *Sparus Mycrocephalus.*—Sp. N.	*Sparus Annularis* (p. 1270)	*Diplodus annularis* (117)
13. *Sparus Nigrirostris.*—Sp. N.	*Sparus Pagrus* (p. 1273)	*Pagrus pagrus* (130)
14. *Sparus Rostratus.*—Sp. N.	*Sparus Smaris* (p. 1271)	*Spicara smaris* (133)
15. *Squalus Rufescens.*—Sp. N.	*Squalus Canicula* (p. 1490)	*Scyliorhinus canicula* (8)
16. *Trigla Rubens.*—Sp. N.	*Trigla Lucerna* (p. 1344)	*Chelidonichthys lucerna* (153)

No es posible saber con seguridad los motivos que decidieron a Cabrera a crear estas especies nuevas, pese a que se encontraban descritas en el *Systema Naturae*, pero entre ellos podrían estar los siguientes:

· No encontró similitudes entre lo que decía Linneo y lo que él observaba en sus ejemplares (*Balistes Capriscus, Perca Punctata, Scomber Amia*).
· La distinta morfología y coloración entre los estados juveniles y adultos de algunas especies pudo hacerle pensar que estaba ante especies nuevas (*Trigla Lucerna, Pagellus erythrinus, Sparus Pagrus, Gadus Luscus*).
· Se confundió al encontrar dos o más nombres vulgares referidos a una misma especie (*Gadus Albidus/Gadus Blennoides; Squalus Canicula/Squalus Stellare; Raya Oxirinchus/Raya Pastinaca*).
· Algunas especies estaban «escondidas» con nombres que Cabrera no supo interpretar (*Labrus hepatus, Sparus smaris, Pleuronectes linguatula*).
· Otras le fueron difíciles de diferenciar de sus congéneres (*Gobius Minutus, Sparus Mycrocephalus*).
· No conocía ningún nombre vulgar concreto de la especie (*Sciaena umbra*).

Las otras 12 especies nuevas no tenían equivalencia en la obra de Linneo, pero sí en otras anteriores a Cabrera que, en su mayoría, pudo consultar y de las que algunas contenían buenas ilustraciones (*Acarne, Brama*), pese a lo cual mantuvo erróneamente como Sp. N. Fueron las siguientes:

Cabrera (1817)	Otros autores (antes de 1817)	Estado actual
17. *Sparus Axilo-Maculatus.*—Sp. N.	*Poisson Acarne* (Rondelet, 1558a: 134)	*Pagellus acarne* (125)
18. *Perca Asellus.*—Sp. N.	Dibujo de 1753 (Fuertes *et al.*, 1998: 189)	*Plectorhinchus mediterraneus* (110)
19. *Sparus Curvatus.*—Sp. N.	*Sparus bogue-raveo* (Brünnich, 1768: 49)	*Pagellus bogaraveo* (127)
20. *Perca Merus.*—Sp. N.	*Perca Gigas* (Brünnich, 1768: 65)	*Mycteroperca rubra* (106)
21. *Sparus Vittatus.*—Sp. N.	*Sparus Variegatus* (Bonnaterre, 1788: 98)	*Diplodus cervinus* (119)
22. *Chaetodon Umbratus.*—Sp. N.	*Sparus Brama* (Bonnaterre, 1788: 104)	*Brama brama* (58)
23. *Pleuronectes Fimbriatus.*—Sp. N.	*Pleuronectes Laterna* (Walbaum, 1792: 121)	*Arnoglossus laterna* (72)
24. *Centrogaster Scutatus.*—Sp. N.	*Scomber thazard* (Lacépède, 1800: 11)	*Auxis thazard* (54)
25. *Sc. [Sciaena] Corvina.*—Sp. N.	*Perca Regia* (Asso, 1801: 42)	*Argyrosomus regius* (135)
26. *Perca Cinerea.*—Sp. N.	*Amphiprion americanus* (Bloch & Schn., 1801: 205)	*Polyprion americanus* (105)
27. *Perca Grunniens.*—Sp. N.	*Anthias Grunniens* (Bloch & Schn., 1801: 308)	*Pomadasys incisus* (111)
28. *Lophius Gadicensis.*—Sp. N.	*Batrachus didactylus* (Bloch & Schn., 1801: 42)	*Halobatrachus didactylus* (51)
29. *Sparus Orbiculatus.*—Sp. N.	*Sargus vulgaris* (Geoffroy Saint-Hilaire, 1817: 312)	*Diplodus vulgaris* (122)

Finalmente, las 5 especies nuevas restantes, que aparecen solo en la Memoria descriptiva, designan a especies actuales que no estaban incluidas en ninguna obra cuando Cabrera las mencionó. Se describieron después de 1817 y, por lo tanto, sí eran nuevas y Cabrera fue el primero en asignarles nombre científico, aunque fuera de manera no convencional:

Cabrera (1817)	Otros autores (después de 1817)	Estado actual
30. *Perca Berrucaria.*—Sp. N.	*Umbrina ronchus* (Valenciennes, 1837-43: 24)	*Umbrina ronchus* (138)
31. *Perca Flavescens.*—Sp. N.	*Plectropoma fasciatus* (Costa, 1844: 2)	*Epinephelus costae* (104)
32. *Pleuronectes Terreus.*—Sp. N.	*Solea cuneata* (Moreau, 1881: 312)	*Dicologlossa cuneata* (76)
33. *Sparus Versicolor.*—Sp. N.	*Pagellus Bellottii* (Steindachner, 1882: 5)	*Pagellus bellottii* (126)
34. *Sparus Orbiculatus.*—Sp. N.	*Sargus Bellottii* (Steindachner, 1882: 6)	*Diplodus bellottii* (118)

Hay que añadir aquí siete especies nuevas más (3 seguras y 4 probables, como se explica en las fichas correspondientes) que estaban incluidas en la Memoria descriptiva, pero de cuya condición Cabrera no se percató. En realidad, los ejemplares que examinó no pertenecían a las especies que él determinó, pero las clasificaciones de Linneo no le daban otra opción que elegir nombres equivocados. Como, por un lado, confiaba en Linneo, y, por otro, carecía de la bibliografía correspondiente para saber que en 1817 las especies que tenía delante aún no estaban descritas en ninguna otra obra, no las marcó con su característico «Sp. N.». Por tanto, debemos considerar que Cabrera fue el primero en, al menos, mencionarlas. Fueron las siguientes:

Cabrera (1817)	Otros autores (después de 1817)	Estado actual
Squalus Acanthias	*Acanthias blainville* (Risso, 1827: 133)	*Squalus blainville* (19)
Perca Diagramma	*Pristipoma octolineatum* (Valenciennes, 1833: 487)	*Parapristipoma octolineatum* (109)
Cyprinus Barbus	*Barbus sclateri* (Günther, 1868: 93)	*Luciobarbus sclateri* (44)
Chaetodon Umbratus Varietas	*Brama longipinnis* (Lowe, 1843: 82)	*Taractichthys longipinnis* (59)
Pleuronectes trichodactylus	*Solea azevia* (Brito Capello, 1867: 166)	*Microchirus azevia* (75)
Pleuronectes limandoides	*Synaptura lusitanica* (Brito Capello, 1868: 62)	*Dagetichthys lusitanicus* (74)
Scomber auratus	*Caranx trachurus mediterraneus* (Steind., 1868: 383)	*Trachurus mediterraneus* (81)

Con ello, en esta primera parte de la Memoria descriptiva, tenemos 12 especies que no habían sido descritas hasta entonces, nuevas para la ciencia, por tanto.

4.1.6 La Addenda

Con el título «ADDENDA», probablemente obra de Graells, este incluyó un apartado (pp. 170-174) tras la Memoria descriptiva que reproducía la valiosa información aún no ordenada que había dejado Cabrera. En él incluyó un conjunto de especies sueltas en los apuntes del religioso, precedido de un párrafo aclaratorio en el que explicaba así su contenido: «Las siguientes especies de peces y moluscos cefalópodos [había también tres de cetáceos] debieron ser vistos por el autor, posteriormente á los nombrados antes, pues de otro modo los hubiera colocado en su lugar correspondiente». Es probable que así ocurriera, pues la enumeración de las especies en la Addenda no sigue ningún orden taxonómico: empieza con una mezcla de 12 entradas de peces óseos y 10 entradas de peces cartilaginosos[142], acompañadas de 19 descripciones, seguidas de cuatro entradas de moluscos cefalópodos y sus descripciones. A continuación se abre un epígrafe titulado «PECES» (obra de Cabrera[143]), que contiene solo dos entradas, una de peces cartilaginosos y otra de peces óseos, que no describe. Tras una línea de separación, Graells aclara: «El autor incluye en su Memoria también los cetáceos que ha observado en las costas del mar de Andalucía y son los siguientes:», párrafo al que siguen cinco entradas de cetáceos con sus descripciones. Tras una nueva línea de separación Graells indica: «Por fin termina señalando cinco peces mas que son:», e introduce 6 entradas de peces óseos con descripciones en cinco de ellas.

Al ordenar y cotejar estos datos con los otros documentos de Cabrera comprobamos que la Addenda (anexo V) contiene:

Entradas

- Un total de 36 entradas especies, de las que 29 son de peces (10 cartilaginosos y 19 óseos), 4 de moluscos cefalópodos y 3 de cetáceos.
- 8 de estas 36 entradas consisten en asociaciones de un[144] nombre vulgar (en negrita) y un nombre científico (en cursiva), unidos generalmente por un punto y un guión largo, por ejemplo, «**Caella**.—*Squalus Glaucus*». Una vez la unión es con el guión solo, sin el punto («**La Culebra ó Pez Culebrar**.—*Muraena Mirus.*»), y otra mediante la conjunción *o*, con tilde («**Vieja ó** *Sparus—Setaceus Varietas.*»).
- De las 28 restantes entradas:
  - 24 van precedidas de la palabra ESPECIE, en versalita, por ejemplo, «ESPECIE.—**El Bramante**.—*Raya Halavi.*», de las que 4 terminan con la abreviatura del nombre del autor («ESPECIE.—**El Pez Araña**.—*Trachinus Draco.*—LINN.»). Solo en los moluscos numera tres de las cuatro especies consideradas, como hizo en la Memoria descriptiva: ESPECIE 1.ª, ESPECIE 2.ª, ESPECIE 3.ª.
  - 2 constan solo del nombre científico («*Sparus Pinnilepidus.*» y «*Blennius Galerita.*»).
  - 2 constan solo del ictiónimo («**El Pez Obispo**.» y «**El Pexe Limon**.»).

Hay que señalar que, inexplicablemente (a menos que fuera un error de imprenta), la primera de las entradas de cefalópodos, «**El Pulpo**.—*Sepia Octopus.*», está antes y fuera del epígrafe «GÉNERO.—*Sepia.*» que agrupa a las tres restantes: «ESPECIE 1.ª—**La Xivia**.—*Sepia Offici-*

---

142. Con la siguiente secuencia: 1 entrada de peces cartilaginosos, 3 de óseos, 2 de cartilaginosos, 8 de óseos, 1 de cartilaginosos y 7 de óseos.

143. Es obra de Cabrera, pues Machado (1857: 4) ya conocía que los mamíferos marinos no eran peces, como indica en el siguiente párrafo: «No satisfaria hoy à los naturalistas la reimpresión del trabajo de Cabrera, porque la ciencia en sus nuevos adelantos ha hecho profundas alteraciones en el estudio de los peces: omito por lo tanto aquellas especies que el autor colocaba entre estos seres, y hoy se hallan con más exactitud clasificadas por mamíferos pisciformes y moluscos cephalopodos».

144. Excepto una vez que incluye dos nombres vulgares («La Culebra ó Pez Culebrar»).

nalis.», «ESPECIE 2.ª—**El Calamar.**—*Sepia Loligo.*» y «ESPECIE 3.ª—**El Choco.**—*Sepia Sepiola.*», lo que puede dar una idea de los errores de transcripción que se introdujeron.

Nombres científicos y especies nuevas

En cuanto a denominaciones científicas, esta amalgama de formatos[145] contiene 30 nombres científicos completos y 2 incompletos. Los primeros son todos nuevos respecto a la Memoria descriptiva, es decir, no aparecen en ella; 5 de los cuales (*Raya Halavi, Sparus Pinnilepidus, Sparus Sinagris, Sparus Setaceus* y *Squalus Stellaris*) figuran solo en la Addenda y los 25 restantes se repiten en la Lista impresa. Entre ellos hay 2 marcados como especies nuevas, «*Sp. N.*» (*Centrogaster Scombrarius* y *Labrus Pertusus*), que no eran tales especies nuevas, pues ya habían sido descritas por otros autores (v. fichas 53 y 144). Pero, a la inversa, hay 3 no marcados con *Sp. N.* y con descripción incluida («**El Taboron.**—*Squalus Tiburo.*», «**Mosquitero.**—*Esox Marginatus*» y «**Vieja** ó *Sparus-Setaceus* Varietas.»), que correspondían a especies no descritas hasta entonces, las actuales *Sphyrna tudes* (14), *Hyporhamphus picarti* (87) y *Dentex canariensis* (113), respectivamente, lo que constituye, al menos, la primera mención de estas especies, a sumar a las 12 antes citadas en la Memoria descriptiva.

Ictiónimos

Respecto a los ictiónimos, la Addenda incluye 32 nombres vulgares, de los que 31 son nuevos respecto a la Memoria descriptiva (*Alitan, Ballena, Bobon, Bruja, Buroz, Calamar, Cañabota, Cerda, Choa, Choco, Culebra, Dragon, Duarto, Erizos, Espadarte, Galludo, Guitarra, Mata-Soldado, Mosquitero, Pez Araña, Pez Culebrar, Pez Diablo, Pez Limon, Pez Obispo, Pigue, Pulpo, Rapulto, Raya Hucha, Taboron, Vieja* y *Xibia*), y 3 se repiten (*Bramante, Caella* y *Volador*), pero en los tres casos se refieren a especies distintas: en la Memoria a *Rostroraja alba, Carcharodon carcharias* y *Exocoetus volitans*, y en la Addenda a *Glaucostegus cemiculus, Prionace glauca* y *Dactylopterus volitans*, respectivamente. Seis de estos 32 nombres son exclusivos de esta segunda parte de la Memoria descriptiva (*Cañabota, Erizos, Pez Culebrar, Pigue, Rapulto, Raya Hucha*), y 13 se documentan por primera en Andalucía en los escritos de Cabrera: *Alitan, Bobon, Duarto, Mata-Soldado, Mosquitero, Pez Araña, Pez Culebrar, Pez Limon, Pez Obispo, Rapulto, Raya Hucha, Taboron* y *Vieja*), de los que 2 (*Duarto* y *Rapulto*) son desconocidos[146].

Especies

Con 27 de los nombres científicos completos, más los 2 nombres vulgares sueltos (**Pez Limon** y **Pez Obispo**) y los 2 géneros acompañados de nombre vulgar (*Squalus*—**Galludo** y [*S*]*comber*—**Cerda**) se llega con seguridad (salvo en *Squalus Ocellaris, Squalus Stellaris* y *Squalus Tiburo*) a que la Addenda se refiere a 31 especies actuales. Con el resto del material de este apartado, es decir, 2 nombres científicos completos (*Sparus pinnilepidus* y *Chaetodon minimus*, pese a ir acompañados de descripciones), y las 2 asociaciones de género y nombre vulgar (*Squalus*—**Rapulto** y *Raya*—**Cañabota**), no es posible llegar a ninguna especie: los dos primeros no tienen equivalencia actual y los otros dos no conducen a nada seguro. *Rapulto* puede ser el nombre de un escualo, pero desconocemos tanto la especie como la motivación del ictiónimo, y *cañabota* no es una raya, como Cabrera indica en la asociación, sino un tiburón.

En la Addenda quedaron tres casos de descripciones que Cabrera pensaba se referían a especies distintas de las ya descritas en la Memoria descriptiva, pero en realidad se referían a la misma especie. Uno de los casos, el más llamativo, es el de *Dasyatis pastinaca*, a la que el religioso ya había dedicado dos entradas en la Memoria descriptiva, como *Raya Baca* y *Raya Aptera*, y

---

145. Probablemente debida tanto a errores de imprenta como de transcripción e interpretación de Graells y sus ayudantes.
146. *Duarto* va asociado a una equivalencia científica que no conduce a ningún sinónimo actual.

en la Addenda la describe bajo el nombre de *Raya Pastinaca*, sin percatarse de que los tres casos se referían a la misma especie. El único rasgo coincidente en las tres descripciones es el color amarillento del dorso; luego cada descripción se centra en aspectos diferentes: aletas, espinas, aguijones, incluso en *Raya Aptera* aventura que «Puede ser la Pastinaca». Tal vez Cabrera examinó ejemplares jóvenes y adultos y por eso creyó estar ante tres especies distintas. Otro caso es el de *Squalus Ocellaris*, descrita también en la Memoria bajo el nombre de *Squalus Catulus*. En cada descripción el autor se refiere a caracteres distintos de la misma especie, tal vez confundido con el gran parecido entre *Scyliorhinus canicula* y *Scyliorhinus stellaris*, la pintarroja y el alitán, respectivamente. Por último, una descripción de *Sparus curvatus* en la Memoria descriptiva y otra de *Sparus Vorax* en la Addenda se refieren, según Cabrera —pese a coincidir en varios caracteres (ojos grandes, aleta dorsal recogida en una vaina, cola bífida)—, a dos especies distintas, cuando en realidad conducen a una sola especie, *Pagellus bogaraveo*. Es posible que los cambios de morfología y coloración de esta especie a distintas edades despistaran a nuestro autor.

Un aspecto notable que merece reseñarse de la Addenda es el hecho de que los cetáceos no están incluidos dentro de los peces. Las tres especies de mamíferos marinos observados aparecen claramente separadas de los peces en un texto contenido entre dos líneas, independiente del resto del texto referido a peces y moluscos. Es posible que esta separación de los cetáceos como grupo aparte fuese obra de Graells, quien, al ordenar sus cuartillas, setenta años después de Cabrera, no albergaría dudas sobre que entonces los cetáceos ya no estaban considerados peces. Suponemos que Cabrera conocía también que los cetáceos, pese a vivir en medio acuático, no eran peces, cosa que ya apuntó Aristóteles en el siglo I a. C. y se confirmó muchos siglos después por otros destacados naturalistas, como Ray y Willoughby en el siglo XVII, y Artedi y Linneo en el siglo XVIII (Romero, 2012), algunas de cuyas obras había consultado nuestro religioso y pudo comprobar la separación. Sin embargo, en la Lista impresa, supuestamente elaborada después de la Addenda y bajo el título de *Lista de los peces del mar de Andalucía*, en la que todas las especies aparecen agrupadas por géneros numerados del 1 al 49, los cetáceos están incluidos dentro de los peces, como dos géneros más («GÉNERO 47. *Delphinus*» y «GÉNERO 48. *Ballena*»), sin separación ni indicación contraria alguna. Machado (1857: 4-5) se da cuenta de este hecho y no incluye en su *Catálogo* a los cetáceos y moluscos de Cabrera, justificándolo con esta frase: «no extrañará hoy á los naturalistas la reimpresión del trabajo de Cabrera, porque la ciencia en sus nuevos adelantos ha hecho profundas alteraciones en el estudio de los peces: omito por lo tanto aquellas especies que el autor [Cabrera] colocaba entre estos seres, y hoy se hallan con más exactitud clasificadas por mamíferos pisciformes y moluscos cephalopodos». A la vista de la estructura general de esta Lista, que Graells reprodujo «copiándola íntegra» (p. 174), en la que los moluscos cefalópodos también se incluyen dentro de los peces («GÉNERO 49. *Sepia*), creemos que esto tal vez pudo deberse por parte de Cabrera a una mera cuestión de uniformidad y comodidad de la edición impresa, tal vez sin pensar en que no se informaba del todo correctamente a los lectores.

4.1.7 La Lista impresa

La Lista impresa, publicada en 1817, es el resultado de la fusión de la Lista manuscrita, la Memoria descriptiva y la Addenda, como así indica el análisis comparativo de los materiales de estos cuatro documentos En este proceso Cabrera mantuvo la gran mayoría de especies, pero eliminó algunas, renombró otras, incorporó unas cuantas más que observó con posterioridad, solo anotadas en esta Lista impresa, y dejó dos pequeños listados aparte con 32 nombres vulgares de Cádiz y Málaga que no llegó a asociar a ninguna especie.

Entradas

La Lista impresa consiste en una relación de 256 entradas, de las que 224 están agrupadas en 49 Géneros numerados y los 32 restantes en los dos listados anteriores de nombres vulgares. Los géneros no llevan ningún nombre (*Sparus*, *Trigla*, *Labrus*, etc.) como sí lo llevaban en la Memoria descriptiva; solo van marcados con un número de orden correlativo que intenta seguir el establecido por Linneo, pero en ocasiones este orden se altera, probablemente por error del mismo Cabrera, aunque también podía ser obra de Graells, quien, pese a que dijo que esta Lista la reprodujo «copiándola íntegra», podría haber copiado mal algunas cosas. Por ejemplo, el Género 4, que sería el Género *Ophidion* de Linneo y pertenece a la clase Jugulares, está colocado dentro de la clase Ápodos; el Género 16 (*Trichiurus* de Linneo, Ápodos), está incluido en la clase Torácicos. El Género 24 (*Cyclopterus* de Linneo, Branquiostegos), está también en Torácicos. Asimismo, Graells dijo (p.145): «El orden que sigue [Cabrera] es el mismo del *Systema Naturae*, pero pospone, á los peces de esqueleto óseo, los condropterigios, que Linneo antepuso». En efecto, Linneo anteponía los peces de esqueleto cartilaginosos (condropterigios) a los de esqueleto óseo, pero esto fue así en la décima edición del *Systema Naturae*, la de 1758 (p.190), donde las lampreas, rayas, tiburones, quimeras, rapes y esturiones no estaban entonces considerados peces sino anfibios nadantes («Amphibia Nantes») y estaban colocados antes que los peces. Sin embargo, en la edición que siguió Cabrera, la décimo tercera, de 1789, revisada por Gmelin, los condropterigios ya eran considerados peces y estaban colocados detrás de los de esqueleto óseo, como consignó fielmente nuestro autor.

Las 256 entradas de la Lista impresa consisten en una variada gama de asociaciones de los ocho elementos siguientes: «Ictiónimo» o nombre vulgar, «Nombre científico», «Varietas», «Sp. N.», «Sin nombre», «Autor», el signo "»" (comilla latina de cierre)[147] y «espacio en blanco», tomados según alguna de las once combinaciones que indicamos a continuación (v. completo en anexo VI).

· *Ictiónimo* + Nombre Científico + *Autor*	(p.e.: *La Morena*, Muraena Helena *Lin.*)
· *Ictiónimo* + Nombre Científico + »	(p.e.: *El Calamar*, Sepia Loligo »)
· *Ictiónimo* + Nombre Científico + *Sp. N.*	(p.e.: *El Sapo*, Lophius Gadicensis *Sp. N.*)
· *Ictiónimo* + Varietas + *Autor*	(p.e.: *La Xurela*, Varietas *Lin.*)
· *Ictiónimo* + Varietas + »	(p.e.: *La Vieja*, Varietas »)
· *Ictiónimo* + Varietas + espacio en blanco	(p.e.: *La Pescadilla*, *La Pijotilla* Varietas)
· *Ictiónimo*	(p.e.: *La Cholveta El Alecrín*)
· *Sin nombre* + Nombre Científico + *Autor*	(p.e.: *Sin nombre* Raia Mobularis (*Bonter.*))
· *Sin nombre* + Nombre Científico + »	(p.e.: *Sin nombre* Ciclopterus lepidogaster »)
· *Sin nombre* + Nombre Científico + *Sp. N.*	(p.e.: *Sin nombre* Chaetodon Sparoides *Sp. N.*)
· *Sin nombre* + Nombre Científico + espacio en blanco	(p.e.: *Sin nombre* Blennius Simus)

Esto parece indicar que la Lista impresa se publicó sin estar del todo acabada pues contenía aún algunas dudas, al menos en una veintena de entradas, como es el caso de las que incluyen los elementos «Varietas» y «*Sin nombre*». Esto apoya nuestra teoría de que la impresión de esta Lista consistió probablemente en una tirada reducida de ejemplares para distribuir entre las personas interesadas. Además se detectan errores en algunas de estas entradas, tal vez debidos a la imprenta, por ejemplo: la ausencia de comillas (») en la entrada *La Pescadilla La Pijotilla* Varietas   , o la inclusión de *Lin.* como autor de *Sparus variegatus*, ya que el autor de este sinónimo fue Bonnaterre.

---

147. Cuando aparece la comilla latina de cierre (»), Cabrera quiere indicar el mismo significado que expresaba en el renglón de la entrada inmediatamente anterior.

Nombres científicos y especies nuevas

La Lista impresa contiene 209 denominaciones científicas (anexo VI), de las que:

· 112 proceden de la Memoria descriptiva
· 25 de la Addenda y
· 72 son nuevas incorporaciones.

Excluyó o renombró 34 denominaciones científicas de estos dos documentos, 29 de la Memoria descriptiva y 5 de la Addenda.

En la Lista impresa Cabrera incluyó 57 nombres científicos marcados con «Sp. N.». Entre ellos 28 procedían de la Memoria descriptiva y 1 de la Addenda. Los 28 restantes, que enumeramos a continuación en cuatro grupos, los incorporaba por primera vez:

GRUPO 1. Especies «nuevas» ya descritas en Linneo

CABRERA (1817)	LINNEO (Gmelin, 1789)	ESTADO ACTUAL
1. *Gadus Pisciota.*—Sp. N.	*Gadus Merluccius* (p. 1169)	*Merluccius merluccius* (50)
2. *Gasterosteus Columbarius.*—Sp. N.	*Gasterosteus Ovatus* (p. 1325)	*Trachinotus ovatus* (186)
3. *Gasterosteus Equus.*—Sp. N.	*Gasterosteus lysan* (p. 1325)	*Lichia amia* (80)
4. *Perca Fimbriata.*—Sp. N.	*Sparus Chromis* (p. 1274)	*Chromis chromis* (140)
5. *Raia Obscura.*—Sp. N.	*Raja Batis* (p. 1505)	*Dipturus batis* (25)
6. *Sciena Curvata.*—Sp. N.	*Sciaena cirrosa* (p. 1299)	*Umbrina cirrosa* (137)
7. *Sparus Sabia.*—Sp. N.	*Sparus Dentex* (p. 1278)	*Dentex dentex* (114)
8. *Coriphena Cornide.*—Sp. N.	*Coryphaena Hippurus* (p. 1189)	*Coryphaena hippurus* (84)
9. *Coriphena Variegata.*—Sp. N.	*Coryphaena Hippurus* (p. 1189)	*Coryphaena hippurus* (84)

En la designación de *Gadus Pisciota* como Sp. N. tal vez las distintas descripciones según la edición del *Systema Naturae* (*cirratus*, en 1758; *imberbis*, en 1789) confundieron a Cabrera. A *Sciena Curvata* no es extraño que la considerara Sp. N., dada la dificultad de identificación inherente a los esciénidos, incluso para Linneo y Artedi, a la existencia de «dos variedades, una oscura y otra blanca», y al empleo cruzado de los nombres vulgares *corvinata* y *verrugato*. En *Gasterosteus Equus* la designación quizá estuvo motivada por la confusa descripción de Linneo, en sentido contrario a lo que indicaba la ilustración fidedigna de Bonnaterre (v. más en la ficha 80). No es posible saber a qué respondió la creación de las cuatro especies nuevas restantes de este grupo (*Gasterosteus Columbarius, Sparus Sabia, Perca Fimbriata* y *Raia Obscura*), pero tal vez *palometa, sabia* y *castañuela* eran nombres que escuchó por primera vez y consideró que correspondían a especies nuevas, y con *noriega* puede que quisiera rectificar el error de asociarlo a *Raya Clavata* y creó el nombre *Raya Obscura*.

GRUPO 2. Especies «nuevas» ya descritas por otros autores

CABRERA (1817)	OTROS AUTORES (antes de 1817)	ESTADO ACTUAL
10. *Esox Pinnulatus.*—Sp. N.	*Esox saurus* (Walbaum, 1792: 33)	*Scomberesox saurus* (187)
11. *Gadus Bacalaus.*—Sp. N.	*Poutassou gros* (Risso, 1810: 115-116)	*Micromesistius poutassou* (172)
12. *Gasterosteus Sinuatus.*—Sp. N.	*Caranx Dumerili* (Risso, 1810: 175)	*Seriola dumerili* (185)
13. *Lepidopus Malacensis.*—Sp. N.	*Lepidopus argenteus* (Bonnaterre, 1788: 58)	*Lepidopus caudatus* (179)
14. *Pleuronectes Obtusus.*—Sp. N.	*Pleuronectes Luteus* (Risso, 1810: 312)	*Platichthys flesus* (73)
15. *Raia Obtusirostris.*—Sp. N.	*Myliobatis bovina* (Geoffroy Saint., 1817: 323)	*Aetomylaeus bovinus* (31)
16. *Scorpena Maculata.*—Sp. N.	*Scorpaena dactyloptera* (Delar., 1809: 337)	*Helicolenus dactylopterus* (197)
17. *Sparus Maculatus.*—Sp. N.	*Sargus vulgaris* (Geoffroy Saint., 1817: 312)	*Diplodus vulgaris* (122)

CABRERA (1817)	OTROS AUTORES (después de 1817)	ESTADO ACTUAL
18. *Sparus Vorax.*—Sp. N.	*Sparus bogue-raveo* (Brünninch, 1768: 49)	*Pagellus bogaraveo* (127)
19. *Squalus Ater.*—Sp. N.	*Squalus Licha* (Bonnaterre, 1788: 12)	*Dalatias licha* (16)
20. *Squalus Kelves.*—Sp. N.	*Squalus granulosus* (Blo. & Schn., 1801: 131)	*Centrophorus granulosus* (167)
21. *Stromateus imperator.*—Sp. N.	*Luvarus imperialis* (Rafinesque, 1810: 22)	*Stromateus imperator* (96)

Estas 12 incorporaciones marcadas como especies nuevas no estaban en Linneo y ese fue ya un primer motivo para marcarlas con Sp. N. Probablemente no pudo consultar las obras de Retzius, Walbaum, Risso, Geoffroy Saint-Hilaire, Delaroche y Rafinesque. Las de Bloch & Schneider, Bonnaterre y Brünnich sí las tuvo a su alcance, pero parece que no le merecieron crédito suficiente, pese a las ilustraciones (Bonnaterre).

GRUPO 3. Especies nuevas, no descritas antes de 1817

CABRERA (1817)	OTROS AUTORES (después de 1817)	ESTADO ACTUAL
22. *Gasterosteus Muricatus.*—Sp. N.	*Ruvettus pretiosus* (Cocco, 1833 8:18)	*Ruvettus pretiosus* (178)
23. *Gasterosteus Malacensis.*—Sp. N.	*Nesiarchus nasutus* (Johnson, 1862: 173-175)	*Nesiarchus nasutus* (177)

Con estas dos entradas Cabrera se refería a dos especies que no estaban en ninguna obra de su época y, por lo tanto, fue el primero en al menos mencionarlas, ya que se describieron por otros autores bastantes años después de 1817.

Pérez Arcas (1868: 31), en su ya mencionado discurso, fue consciente de estos resultados de Cabrera al designar especies nuevas y dijo que «muchas de ellas lo eran en efecto, algunas no se han publicado hasta época muy reciente». En realidad, 17 especies eran nuevas para la ciencia, 10 de manera segura y 7 probablemente (véase en el apartado «4.2 Síntesis general de la aportación ictiológica de Cabrera», p. 104). Con ello, se puede afirmar, en línea con la opinión de Pérez Arcas, pero en contra de la de De Buen (1919: 252), que aunque solo fuera por haber localizado y puesto nombre actual a este puñado de 17 especies y reivindicar este mérito de Cabrera, nos compensó gratamente el 'trabajo penoso' emprendido.

GRUPO 4. Especies desconocidas

24. *Chaetodon Minimus.*—Sp. N.   (208)
25. *Gasterosteus Trachurus.*—Sp. N.   (210)
26. *Chaetodon Truncatum.*—Sp. N.   (211)
27. *Sparus Virescens.*—Sp. N.   (212)
28. *Chaetodon Sparoides.*—Sp. N.   (215)

En estas cinco últimas entradas no es posible determinar por qué las consideró especies nuevas. Los nombres *Chaetodon Minimus*, *Chaetodon truncatum* y *Chaetodon sparoides* no conducen a ninguna equivalencia actual y no es posible saber a qué especies se referirían. *Gasterosteus Trachurus* es un sinónimo del actual *Gasterosteus aculeatus*, un pez de aguas dulces interiores, lo que lo hace poco probable que Cabrera lo examinara. Finalmente, *Sparus Virescens* es considerado una especie *incertae sedis* por Parenti (2019: 90).

Ictiónimos

En cuanto a los ictiónimos, Cabrera no los destacaba con ningún tipo de marca; Graells no sigue ninguna pauta y así en la Memoria descriptiva los escribe en negrita y en la Lista impresa en cursiva. Cuando no conocía el nombre vulgar de una especie, generalmente anteponía la expresión «*Sin nombre*» al nombre científico, como ocurrió en *Blennius Simus*, *Blennius Galerita*, *Coriphena Cornide*, *Chaetodon Sparoides*, *Cyclopterus Lepidogaster*, *Gasterosteus Malacensis*,

Scomber Alatunga, Squalus Maximus y *Raia Mobularis*. Si no conocía el nombre vulgar, pero se trataba de especies similares de la misma familia, utilizaba un nombre genérico precedido del pronombre indefinido *otro* u *otra*: «*Otro sollo*», «*Otro rodaballo*», «*Otro borriquete*», «*Otra lamprea*», «*Otra corvina*», «*Otra doncella*». A la inversa, si conocía el nombre vulgar pero no el científico y la especie era similar a otra ya examinada con anterioridad, añadía la palabra «*Varietas*» [una variedad de], como ocurrió en *La Vieja, La Mojarra prieta, La Xurela, La Cabrilla, El Bausel, El Sábalo, La Mula, El Galludo, La Caella, El Jaquetón, La Pijotilla* y *El Rondanil*, nombres a los que aún no había asociado ninguna denominación científica.

La Lista impresa contiene un total de 248 ictiónimos de los que:

- 84 procedían de la Lista manuscrita.
- 6 de la Memoria descriptiva.
- 127 de la Lista manuscrita y la Memoria descriptiva, es decir, estaban repetidos en ambos documentos.
- 24 de la Lista manuscrita y la Addenda, ídem anterior.
- 3 de Lista manuscrita, Memoria descriptiva y Addenda, repetidos en los tres documentos.
- 4 fueron nuevas incorporaciones al elaborar la Lista impresa.

Algunos de los ictiónimos procedentes de estos tres documentos pasaron a la Lista impresa con ligeras modificaciones ortográficas como la inclusión de tildes (*Alitán, Pachán, Taburón*), pérdida de tildes (*Atun*), inclusión de tilde errónea (*Róbalo*), el paso de ictiónimo pluriverbal a univerbal (*Pez araña → Araña*), y a la inversa (*Erizos → Pez Erizo*), cambios de *b* por *v* (*Baquilla → Vaquilla*), de *z* por *s* (*Corzeta → Corseta*), de *y* por *i* (*Bayla → Baila*), de *pexe* por *pez* (*Pexe martillo → Pez martillo*), entre otras. No incluyó en la Lista impresa 33 ictiónimos contenidos en los tres documentos previos. Entre ellos, sorprende que estén excluidos algunos que designan especies muy conocidas como *Acedía, Agujeta, Ferrón, Herrera* o *Salema*, en lo que podría interpretarse como olvidos de Cabrera o tal vez errores de transcripción de Graells o sus ayudantes. Por otro lado, cabe destacar 4 nuevas incorporaciones de ictiónimos a esta Lista impresa: *Armado, Chucla, Loro* y *Rapel*, de los cuales el último, *Rapel*, es desconocido —también podría tratarse de un error de imprenta por *Rape*— y no es posible saber a qué especie se refería. Asimismo, se documentan por primera vez en Andalucía en los escritos de Cabrera los siguientes ictiónimos de esta Lista: *Chucla, Duarto* [o *Quarto*]*, Loro* y *Xurela*.

Por último, como un añadido final a la Lista impresa pero claramente fuera de ella, Graells (1887: 187) dice: «Restan algunos peces cuyos nombres vulgares se saben pero no se han podido examinar ni determinar» y a continuación incluye dos pequeños listados de 15 ictiónimos recogidos en Cádiz y 17 en Málaga. Estos nombres, que proceden de la Lista manuscrita (anexo III) y que Cabrera no llegó a asociar a ninguna equivalencia científica, son los siguientes. Cádiz: «*Albariña, Alecrín, Bordayo, Champan, Dentudo, Gorrion, Maragata, Monga*[148]*, Palitroque, Pasador, Paula, Penca, Rapel, Robine* y *Zorreja*». Málaga: «*Bocaus, Buñuelo, Caramelo, Cayote, Cholveta, Corneta, Correplayas, Escarapelo, Gasula, Judio, Lopena, Mirlan, Morro, Peralta, Pota, Salvage* y *Tordillo*». Hay que señalar que tanto Graells como Machado (1857: 25), que también se ocupó de reproducir estos nombres en su *Catálogo*, olvidaron incluir dos ictiónimos más que aparecían en la Lista manuscrita: *Yegua* y *Zorra*.

Especies

En el análisis conjunto del contenido de la Lista impresa (256 entradas, 209 nombres científicos, 50 marcados como Sp. N., y 248 ictiónimos), se eliminan 16 entradas que se refieren a

---

148. En Graells figura como *Lamonga*.

unas mismas especies y 6 entradas en las que no es posible saber a qué especie designaban[149]. Todo ello lleva a concluir que la Lista impresa se refería realmente a 194 especies, que se muestran en el anexo VI.

Cómo utilizó Machado (1857) la Lista impresa

Antonio Machado Núñez era catedrático de Ciencias Naturales en la Universidad de Sevilla (Díaz, 1995: 8) en la época en que escribió su *Catálogo de los peces que habitan o frecuentan las costas de Cádiz y Huelva con inclusión de los del Río Guadalquivir* (1857). Según sus palabras, «los antecedentes que me decidieron a publicar este pequeño trabajo» fueron la existencia de «una lista anónima de los peces del mar de Andalucía» que se imprimió en Cádiz en 1817.

Machado poseía una copia de esta Lista y desde «hace muchos años» se ocupaba en hacerle «rectificaciones» para adaptarla a los «grandes progresos de la ictiología» ocurridos en los cuarenta años siguientes a su publicación. Él decía que esta Lista fue «el fundamento» de su *Catálogo*, lo que puede interpretarse de dos maneras: una, que su investigación se basaba en el contenido de la Lista impresa, y dos, que el origen y el objetivo de dicha investigación eran adaptar la información de la Lista de Cabrera a los adelantos de la ictiología. En cualquier caso, dado que Cabrera había determinado las especies por el método de Linneo e incluyó en la Lista de peces a cetáceos y moluscos cefalópodos, Machado en la introducción justifica que va a omitir estos dos grupos zoológicos porque «la ciencia en sus nuevos adelantos ha hecho profundas alteraciones en el estudio de los peces» y que esa circunstancia lo determinó «á seguir el método propuesto por el príncipe Cárlos Luis Bonaparte en su Catálogo dei Pesci Europei» de 1846, que no incluía a cetáceos ni cefalópodos entre los peces. A continuación, explica que ha «dado mayor amplitud al trabajo de Cabrera incluyendo nuevas especies é indicando los puntos de donde proceden» y que no ha «creído justo ni conveniente por orgullo nacional quitar á aquel modesto naturalista la gloria que se merece por su laboriosidad é inteligencia» (p. 5). Sin embargo, en realidad y en gran medida, lo que hizo fue lo contrario, pues, al margen de eliminar las 3 especies de cetáceos y 4 de cefalópodos de las 238 denominaciones científicas de peces que contiene la Lista impresa, Machado:

- Descartó 107 (44,9 %) de las que:
  - 55 no pudo averiguar a qué especies correspondían.
  - 41 las incluyó en una lista aparte, fuera de la ordenación taxonómica general, bajo el nombre «Species denominatae á Cabrera hactenus mihi ignotae» (Especies nombradas por Cabrera de momento desconocidas para mí).
  - 11 las incluyó en otra lista aparte, bajo el nombre «Species denominatae á Linneo hactenus mihi ignotae» (Especies nombradas por Linneo de momento desconocidas para mí).
- Mantuvo 131 (55,1 %) de las que en:
  - 119 el autor era Linneo (Lin.). Al pasarlas al sistema de Bonaparte solo a 41 (34,4 %) las dejó como las tenía Cabrera. A las 78 (65,6 %) restantes les cambió el nombre por los designados por otros autores, entre ellas había dos Sp. N., cuyo autor pasó a ser Cabrera: «Lepidopus malacensis Cabr.» y «Gobius gracilis Cabr.». Cabe decir que en la actualidad solo dos de las denominaciones y autorías del sistema de Bonaparte que utilizó Machado se conservan como oficialmente aceptadas: «*Monochirus hispidus* Raf.» y «*Luvarus imperialis* Raf.». Del resto, a los 66 casos en los que Linneo era el autor se restituyó esta condición y así figuran hoy día.
  - 2 eran de otro autor (Bonnaterre).
  - 10 estaban marcadas como Sp. N.

---

149. *Blennius Simus, Coriphena Variegata, Coriphena Cornide, Chaetodon Minimum, Chaetodon Sparoides, Sparus Sinagris* y *Sparus Virescens*.

· Añadió 19 denominaciones nuevas respecto a la Lista impresa, de las que 8 eran sinónimas de las utilizadas por Cabrera y 1, «Dentex macrocephalus», es un *nomen nudum* que no conduce a ninguna especie.

Volviendo a las denominaciones descartadas y a las especies a que estas se referían, Machado dice (p. 5): «Otras especies que se hallaban consignadas en obras anteriores pero que positivamente fueron ignoradas por nuestro autor las he colocado en el lugar correspondiente, expresando en la sinonimia el nombre de aquel a quien sobre todo deseo enaltecer». Se refiere principalmente a las numerosas denominaciones científicas marcadas con Sp. N. que produjo Cabrera y que Machado mantuvo en el «lugar correspondiente», que no era otro que una de las listas aparte de especies «desconocidas para mí» con las mismas denominaciones que usó Cabrera, pero sustituyéndoles la marca Sp. N. por la abreviatura del autor «Cabr.». Hay que decir que no todas las denominaciones fueron «positivamente ignoradas», pues, como ya vimos en un apartado anterior, en algunos casos Cabrera rectificó y añadió el autor correspondiente, en otros le fue imposible averiguarlas porque no tenía acceso a toda la bibliografía necesaria (como sí lo tuvo Machado cuarenta años después para adquirirla con financiación pública por su condición de catedrático de Universidad), y otros eran en efecto especies nuevas, al menos no habían sido descritas hasta que Cabrera las mencionó en sus documentos. Hay que reconocer a Machado su sinceridad al admitir desconocer tantas especies citadas por Cabrera, muchas de las cuales eliminó directamente y otras las incluyó en las listas de «desconocidas para mí». Pero al mismo tiempo sorprende que no conociera especies como la baila, la brótola, la pescada, la breca, el mero, ¡el sapo!, por poner solo algunos ejemplos llamativos. Se trataba de especies frecuentes y conocidas en las pesquerías gaditanas que a poco que se pasease por algunos puertos pesqueros y hablara con los pescadores, o visitase los mercados podría haber observado ejemplares con toda seguridad. Su *Catálogo* contiene además algunas preguntas que indican que Machado tenía un conocimiento de los peces bastante inferior al de Cabrera: «¿Quid Raja machuelo Bonn? et Cabr.?» (p. 8); «¿Quid squalus acanthias var? Cabr.? Vulgo el galludo» (p. 8); «¿Quid Squalus tiburo variet? Cabr.? Vulgo el Laneton.» (p. 9); «¿Quid Gadus merlangus var Cabr? ¿Vulgo pijotilla ¿Junior?» (p. 12); «¿Quid sparus chrisops? L.? Vulgo el cachucho» (p. 15); «¿Quid sparus synagris? L.? Vulgo el bobon» (p. 15); «¿Quid perca punctata? L.? Vulgo la baila» (p. 16); «¿Quid perca diafragma? L.? vulgo el abadejo real» (p. 16); «¿Quid M. albula? L.? Vulgo la lisa» (p. 16); «¿Quid trigla gurnardus variet? Vulgo la cabrilla» (p. 17). Resulta extraño que no conociera a la baila, la lisa, el busel, pese a mencionar los esteros de La Isla de León donde estos peces son tan abundantes. En nuestra opinión, este desconocimiento pudo deberse a que Machado, afincado en Sevilla y dedicado a su cátedra de Ciencias Naturales en la Universidad de esa ciudad, no tuvo disponibilidad suficiente de tiempo ni de medios para localizar *in situ* todas las especies que citó con la gran cantidad de desplazamientos a tantos y tan distantes puntos de procedencia que ello le conllevaría[150]. De hecho, él lo dijo en su texto (p. 5): «siéndome difícil, por estar lejos de Cádiz, adquirir todos los peces anotados en la lista primitiva, reclamándolos por sus nombres vulgares, desconocidos muchos por los pescadores actuales, ó tan raros y poco frecuentes en nuestras costas, que he debido renunciar á incluirlos en mi catálogo». Es decir, según esto podemos suponer que su trabajo de campo no fue tan intenso como podría deducirse de la gran amplitud de su zona de estudio. Sin embargo, hay

---

150. Según Machado, «los puntos de donde proceden» (p. 5) las especies recogidas en su *Catálogo* fueron los siguientes en orden decreciente de frecuencia de ocurrencia de las citas: Costa S. E. de Cádiz (40,2 %), Costa N. O. de Cádiz (37,4 %), Bahía de Cádiz (5,6 %), Río Guadalquivir y afluentes (5,6 %), Estrecho de Gibraltar (2,3 %), Málaga (1,4 %), Huelva (0,9 %), La Caleta (0,9 %). Los siguientes, 0,46 % cada uno: Costa N. E. de Cádiz (posible errata de imprenta), Costa S. de Cádiz (posible errata de imprenta), Río Guadiana, Acueducto de Sevilla, Charcas y lagunas de Huelva, Toda la costa de Cádiz, Esteros de la Isla de León, Sanlúcar de Barrameda, Tarifa, Portugal, Marruecos y Larache.

que reconocer la suerte que tuvo cuando al encontrarse «accidentalmente» en Cádiz (p. 5) pudo observar a una de las especies menos frecuentes de todas las que menciona en su lista: *Luvarus imperialis*, a la que nosotros, en varias décadas (1970 a 2018) de muestreos científicos en el golfo de Cádiz y en las 25 lonjas pesqueras y 10 núcleos de pescadores profesionales de Andalucía, nunca hemos visto en vivo, solo en fotografías que nos mostraron algunos pescadores.

Se queja de las grandes dificultades que ha hallado para adaptar la información de Cabrera al sistema de Bonaparte, cuando dice: «Bien podría yo indicar cuantos obstáculos he hallado al hacer estas rectificaciones; pero bastará decir que me ha sido preciso comprobar las especies indicadas en cuanto lo permiten los datos tan escasamente suministrados por el autor». En realidad, la Lista impresa de Cabrera solo suministraba datos de nombres vulgares y nombres científicos, no había descripciones de las especies que pudieran ayudar a identificarlas, que, como sabemos, estaban en la Memoria descriptiva, documento que Machado no consultó. Y añadió que su «deseo de contribuir al progreso de la ciencia y á sus adelantos en nuestra patria me alentaron para superar tantos obstáculos» de la «enojosa y difícil tarea» que se propuso cumplir para publicar el *Catálogo*. Es cierto que la información de Cabrera es enrevesada y muy laboriosa de ordenar, pero Machado le añadió más dificultad al no confiar en Linneo y, a su vez, adoptar la clasificación de Bonaparte.

Sin embargo, para los nombres vulgares no manifestó haber tenido dificultades, pues copió casi todos los que tenía Cabrera en la Lista impresa y prescindió de algunos que desconocía a qué especie designaban: *abadejo, abadejo rayado, baila, cachucho, choa, chova, faneca, faxóa, galludo, jaquetón, lisa, melva, mojarra prieta, mozuela, negra, paneca, pez de redoma, pijotilla, pollo, roncador, solleta, taburon, tambor, xurela* y *zorra*. Corrigió la grafía de algunos (Cabrera/Machado): *autriaco/austriaco*[151], *berruguete/berrugate, borriquate/borriquete, canqueso/cangüeso, pez limón / pez simón*[152] y *regel/bejel*. También aportó algunos nuevos: *acedía*[153]*, caballito marino, cabrío, carpa, golleta, jerrón, lota, merluza, paloma, pececillo, pez herrera, tambor real, taxia* y *tenca*.

Por otro lado, en el título del *Catálogo* especificó que comprendía «las costas de Cádiz y Huelva», pero dado que se basaba en los datos de Cabrera, debemos recordar que este en una carta a Clemente el 25 de febrero de 1826 le dijo: «Ante omnia incluio una lista de los nombres vulgares hecha por toda la costa desde Cadiz a Malaga». De Cádiz a Málaga. ¿Por qué este cambio de Machado si solo tenía una cita de Huelva (p. 12) y una de charcas y lagunas de Huelva (p. 11), y, contrariamente al título, tenía tres citas de Málaga (pp. 7-8 y 11)? En cuanto a las especies del río Guadalquivir, ¿por qué la carpa, uno de los peces más abundantes en el cauce principal, solo la citó en los depósitos de agua del acueducto de Sevilla? ¿Por qué al albur, un mugílido abundante y famoso de este río, lo confundió con un ciprínido, igual que le pasó a Cabrera? ¿Por qué la lamprea de río, *Lampetra fluviatilis,* la citó en la Bahía de Cádiz? ¿Por qué el esturión del este de Europa, *Acipenser Huso*, lo citó en el estrecho de Gibraltar? Creemos que la respuesta a estas preguntas es simple y la misma para todos los casos: Machado, que se basaba en Cabrera, lo contradecía cuando quería diferenciarse de él (eliminaba especies o cambiaba los nombres científicos), pero también seguía al pie de la letra las inconsistencias de nuestro autor cuando creía que aportaban erudición a su *Catálogo*.

El *Catálogo* de Machado termina con el epígrafe «Piscium vernácula nomina quos uncuam vidi» (Nombres vernáculos de peces que nunca vi) que incluye tres listas de nombres vulgares de peces (p. 25). Dos de ellas eran las listas de nombres «En Cádiz» y «En Málaga» que ya estaban contenidos en la Lista manuscrita de Cabrera. La tercera es una lista de 12 nombres «En Huel-

---

151. En realidad, lo correcto era *atriaco* (Arias y De la Torre, 2019: 315).

152. *Pez simón* alude a la creencia de que este pez guía a los navíos y evoca la figura de Simón de Cirene, o Simón el Cireneo, que según los Evangelios ayudó (guio) a Jesucristo a transportar la cruz al Gólgota. Pero también es correcto el nombre de pez limón que utilizó Cabrera.

153. *Acedía* y *jerron* (como ferrón) ya estaban en la Memoria descriptiva pero no en la Lista impresa.

va» sacada de Miravent (1850), sin ninguna indicación al respecto por parte de Machado. Los ictiónimos que integran esta lista son *El cachucho, La canabita, El chancaré, La Chema, La esclava, La gallina, El goraz, El lobillo, El pez nicolao, El paire, La picuda* y *La urta* (Miravent, 1850, 32-34). Miravent los escribía en plural (las Picudas, las Esclavas, etc.) y no aportaba nombres científicos asociados ellos, pero por Arias y De la Torre (2019) podemos suponer que lo más seguro sería que *cachucho* se refiriera a *Dentex macrophthalmus*; *canabita (cañabota)* a *Hexanchus griseus*; *chancaré (chancarel)* a *Mustelus mustelus*; *cherna* a *Polyprion americanus*; *gallina* a *Scorpaena scrofa*; *goraz* a *Pagellus bogaraveo*; *paire* a *Lepidopus caudatus* y *urta* a *Pagrus auriga*. De los 4 nombres restantes desconocemos la especie asociada, aunque *picuda* podría referirse a la *breca, Pagellus erythrinus,* y *pez nicolao*[154], por su extraño aspecto, a *Echinorhinus brucus* o a *Ruvettus pretiosus*, cuyas pieles casi negras están cubiertas de púas muy agudas y espesas, pues Miravent dice (p. 33): «Lo es también [sabroso] el *pez Nicolao*; pero su figura [es] horrorosa su longitud de media vara a dos tercias [40-60 cm] casi redondo como el Róbalo, su piel muy negra, dura y cubierta de unas puas muy agudas y más espesas que las del erizo terrestre. Arrancada esta piel aparece debajo una carne muy blanca y delicada».

4.1.8 La Lista de Bloch

Con el título «LISTA DE LOS MISMOS PECES arreglados según el sistema de Bloch», Graells incluyó al final de su trabajo un pequeño fragmento que se había conservado de la ordenación taxonómica que Cabrera hizo con sus especies siguiendo a Bloch, quien, según Graells, en una nota a pie de página, era «el ictiologista más moderno». Tras el fragmento (v. anexos VII y VIII) el trabajo termina con el siguiente comentario final de Graells (1887: 189): «El ejemplar de la lista copiada que yo poseo llega hasta aquí, pero queda incompleta y supongo faltan páginas con bastante fundamento». En efecto, la adaptación a Bloch era una lista incompleta: le faltaba una parte muy importante de la información, tanto como el 80 % de lo correspondiente a los 49 géneros que estudió Cabrera. La numeración de los 10 géneros que se han conservado responde fielmente a la que tenía el alemán (Bloch y Schneider, 1801)[155]. La secuencia numérica de estos géneros no es correlativa: va del género 2 al 19, pero faltan 8 géneros, los 4, 7, 9, 12, 13, 14, 15 y 17. Es como si Cabrera originalmente hubiera escrito cada uno de sus 49 géneros y sus especies en hojas independientes y se hubieran perdido muchas de ellas. En el fragmento que se ha conservado se aprecia que Cabrera mantuvo en cada género las mismas entradas de especies que tenía en la Lista impresa (aunque con distinto orden de presentación).

En esta adaptación al sistema de Bloch, al margen de pequeños cambios ortográficos (*b* por *v*), 22 entradas (56,4 %) de las 39 que contiene el fragmento que se ha conservado aparecen sin modificaciones respecto a lo que Bloch indica en su obra, salvo que Cabrera sustituye por unas comillas (») tanto su habitual abreviatura *Lin.* como la L. que usaba Bloch. En 3 (7,7 %) casos parece no estar conforme con la propuesta de Bloch y se salta este procedimiento: en dos de ellos, cuando Bloch escribe Gadus Blennoides, Pallas y Scomber Colias, Cetti, Cabrera se mantiene fiel a Linneo y pone sus típicas comillas, y en el tercero introduce una entrada («Phicis Tinca»),

---

154. Remite a los *Pesce Colao* u «hombres pez» que ya mencionaba Plinio y los ubicaba en aguas de Cádiz, cuando decía: «Personajes muy sobresalientes del orden ecuestre me garantizan que han visto en el océano de Gades un hombre de mar totalmente semejante a un ser humano en todas las partes de su cuerpo» (Plinio, en Cantó *et al.*, 2007: 171), seres monstruosos mitad hombre mitad pez, con una portentosa capacidad natatoria. En Rondelet (1558a: 361-362), por ejemplo, pueden verse ilustraciones de estos seres fantásticos, característicos de distintas épocas y diferentes lugares del mundo.

155. Genus II. *Gadus*, Genus 3. *Trigla*, Genus 5. *Scomber*, Genus 6. *Callionymus*, Genus 8. *Uranoscopus*, Genus 10. *Trachinus*, Genus 11. *Phycis*, Genus 16. *Gobius*, Genus 18. *Mullus* y Genus 19. *Sciena*.

distinta a la que tenía en la Lista impresa (Blennius Phycis *Lin.*) y a la que estaba en Bloch (Tinca. Blennius Phicys L.). Las restantes 14 (35,9%) entradas no tienen reflejo en la obra original de Bloch y las mantuvo en el fragmento como las tenía en la Lista impresa, aunque sustituyendo sus *Lin.* por comillas, salvo en tres casos en los que cambia por *Gmelin.* Hubiera sido de gran interés estudiar la adaptación completa de los 49 géneros que realizó el Magistral. Ello habría permitido tener una visión exacta del alcance de sus modificaciones siguiendo al ictiólogo alemán.

4.1.9 Las Cartas de Cabrera a Clemente

Como explicamos en el apartado sobre la historia de la ictiología de Andalucía, en diciembre de 1825 Cabrera empieza a enviar por carta a Simón de Rojas Clemente listas de nombres de animales y plantas que tenía recopilados para que este completara la obra *Historia Natural del Reino de Granada*. En cuanto a los peces, además de la Lista manuscrita (247 nombres vulgares) que le envió el 25 de febrero de 1826, en una carta del 20 de marzo de 1826 le habla de la morena, la anguila, el congrio, el pámpano, el pez emperador y el pez espada, y en otra del 9 de abril siguiente nombra por primera y única vez a *Chimaera monstrosa*, a quien llama *Zorro* y cita algunos nombres vulgares que ya tenía en la Lista (*Besugo, Buráz, Roncador* y *Sapo*). Estas son las referencias a peces que contienen las 18 cartas que componen la correspondencia científica de Cabrera con Clemente.

4.1.10 La Colección del Instituto de Cádiz

En 1919, el ictiólogo español Fernando De Buen Lozano publicó el artículo *Las costas sur de España y su fauna ictiológica marina*, que contenía una «Lista de peces» con 280 especies ordenadas taxonómicamente. Buena parte de sus resultados procedían de tres fuentes:

- las especies «comprendidas en las obras» de Machado (1857) —que «basaba su estudio en una publicación muy antigua que atribuyen a Cabrera» (p. 252), recordemos—, y de Steindachner (1868), hecha en Málaga y, a su vez, con abundantes datos de Machado;
- la visita de seis días (21 al 27 de abril de 1919) que De Buen realizó a los puertos pesqueros de Ayamonte, Isla Cristina, Huelva y Cádiz[156] para determinar ejemplares de las especies que observaba, algunos «capturados por los vapores de arrastre» (p. 260); y
- las determinaciones de especies de peces que durante su estancia en la capital gaditana (27 de abril de 1919) tuvo ocasión de examinar en el «Instituto de Cádiz[157]».

Nos detendremos solo en esta última fuente por lo que tiene de interés debido a su relación con Cabrera.

Según palabras de De Buen, estos últimos especímenes pertenecían a «la colección que aquel Instituto posee. Son peces disecados antiquísimos de preparación bastante deficiente pero que

---

156. También visitó Algeciras, pero no consta fecha de la visita.
157. Hoy Instituto de Educación Secundaria Columela, en el que había un gabinete de Historia Natural (Pettenghi, 1988: 76). Según comunicación personal de Jesús Romero, profesor actual de Geografía e Historia en dicho Instituto, es probable que este material de Cabrera llegase allí por medio de Juan José Arbolí Acaso (1795-1863), discípulo de Cabrera, obispo de Cádiz y primer director del Instituto, quien por legación testamentaria se hiciese cargo de estos bienes y los depositara en el gabinete. En el año 2014, al conocer su existencia, nos interesamos por examinar la vieja colección de peces de Cabrera, pero ya no existía, ni tampoco estaba recogida en la bibliografía andaluza (Martín Ferrero, 2003; García del Real *et al.*, 2006).

algunos tienen el interés de su clasificación. Los nombres científicos que en las etiquetas llevan los ejemplares están dados en especies de Cabrera; lo que nos hace suponer sean algunos de ellos de aquel tiempo» (p. 252). Es decir, parece que a pesar de los algo más de cien años transcurridos, De Buen tuvo la suerte de examinar algunas muestras de peces conservadas por Cabrera. Logró determinar 52 especies cuyos nombres (anexo IX) incluyó en un listado aparte al principio de su artículo (pp. 252-254). En doce de los frascos con muestras, De Buen transcribió la leyenda de la etiqueta original de Cabrera. Así, por ejemplo, en la muestra 38 determinada por él como «*Julis julis* (L.)» añadió: «Dice la etiqueta [escrita por Cabrera]: *Labrus julii* n. v. *Gallito del Rey*» donde n. v. es la abreviatura de nombre vulgar. Estas 52 especies formaron parte de la ordenación taxonómica que desarrolló en su artículo, pero, con la excusa de que «por pequeña que sea nuestra duda [sobre la procedencia], nos impide incluirlas en el Catálogo» (p. 254), descartó mencionar la procedencia de 44 de ellas y optó por poner las localizaciones geográficas inconcretas de Machado, pese a haber afirmado antes: «Seguramente todas las especies enumeradas serán de Cádiz» (p. 254). Solo tuvo en cuenta a ocho especies para mencionarlas como procedentes de la Colección de Cádiz, que fueron «Aquellas que por su especial interés mencionemos, irán acompañadas de advertencia, consignando forman parte de la Colección del Instituto de Cádiz» (p. 254). Se infiere que, pese a las etiquetas de Cabrera, a De Buen le merecía escaso crédito el origen de los ejemplares conservados y, en solo ocho especies de las 52 determinadas, hizo referencia a la Colección del Instituto de Cádiz, aunque en ningún caso explicó el «especial interés» de la especie para mencionarla. No obstante, al hablar de *Nesiarchus nasutus* no olvidó afirmar que esta especie era de Cádiz debido a que le interesaba particularmente, ya que tenía publicado un artículo sobre ella (De Buen, 1917: 57-61). En esta ocasión, paradójicamente, no valió aquello de «por pequeña que sea nuestra duda». Así, sobre la procedencia de este pez, dijo: «No se tiene noticia exacta de la localidad, mas puede afirmarse, dada la procedencia de la colección, forma parte de la fauna gaditana o de su proximidad» (p. 284). Además de a *Nesiarchus nasutus*, De Buen mencionó como de especial interés y pertenecientes a la colección a *Oxynotus centrina* (p. 263), *Exocoetus volitans* (p. 270), *Ruvettus pretiosus* (p. 284), *Ranzania truncata* (p. 295), *Echeneis naucrates* (p. 301), *Batrachus didactylus* (p. 310) y *Merluccius merluccius* (p. 213).

Los 62 nombres científicos de este listado designan a 52 especies actuales. Si suponemos que todas las muestras examinadas por De Buen habrían sido examinadas y conservadas por Cabrera, nuestro autor podría haber observado a cinco especies más, que no mencionó en ninguno de sus escritos: *Oxynotus centrina* (203), *Cobitis paludica* (204), *Chauliodus sloani* (205), *Echeneis naucrates* (206) y *Ranzania laevis* (207). Aunque sea difícil verificar que estas cinco especies fueron examinadas por Cabrera, hemos considerado de interés para la «Ictiología de Andalucía» incluirlas en las fichas de especies de la segunda parte del libro.

Por otra parte, este listado de determinaciones de De Buen, como ya quedó dicho en el capítulo anterior, nos ha servido para corroborar que algunas especies dudosas fueron realmente examinadas por Cabrera, como *Isurus oxyrinchus* (7), *Sarda sarda* (55), *Macroramphosus scolopax* (64), *Nesiarchus nasutus* (177) y *Ruvettus pretiosus* (178).

4.2 Síntesis general de la aportación ictiológica de Cabrera

El Magistral Antonio Cabrera estudió algo más de dos centenares de especies marinas del golfo de Cádiz a partir de ejemplares que probablemente observaría en el puerto pesquero de Cádiz, la ciudad donde vivía por motivos de su actividad eclesiástica. Dejó varios documentos con sus anotaciones sobre estas especies (principalmente la Lista manuscrita, la Memoria descriptiva con su Addenda, y la Lista impresa) y una colección de ejemplares conservados. La revisión taxonómica y bibliográfica de los peces estudiados por Cabrera nos ha permitido verificar sus identificaciones y comprobar que él fue el primero en mencionar para la ciencia a algunos de ellos. Igualmente, más de un centenar de nombres comunes utilizados por Cabrera se documentan por primera vez en Andalucía. Del análisis conjunto de sus escritos extraemos el siguiente resumen de los materiales ictiológicos que contenían, que el lector interesado puede encontrar individualizados en los anexos III a IX:

▶ **Entradas**
- **800** referencias a las especies que estudió, muchas de las cuales se repiten en los distintos documentos. De ellas:

  - 779 (97,4%) permiten llegar a la especie a la que se refería Cabrera,
  - 21 (2,6%) son desconocidas y no es posible llegar a la especie referida,

  - 793 (99%) se referían a especies marinas,
  - 7 (1%) a especies dulceacuícolas,

  - 792 (99%) se referían a peces,
  - 5 (0,6%) a moluscos cefalópodos[158],
  - 3 (0,4%) a cetáceos.

▶ **Ictiónimos**
- **295** nombres comunes, de los que:

  - 283 pueden asociarse con seguridad a especies conocidas.
  - 14 no perviven en el léxico marinero andaluz y no es posible determinar con seguridad a qué especies designaban[159].
  - 116 se documentan por primera vez en Andalucía en los escritos de Cabrera[160] (fig. 8, p. 101).
  - 32 los dio por desconocidos, relativos a peces que, según Graells (1887: 187), «no se han podido examinar ni determinar»[161]; sin embargo, 17 de ellos[162] se referían a especies que Cabrera sí había examinado, pero no llegó a saberlo.

---

158. Existió además una lista de Testáceos (moluscos con concha exterior: caracolas, almejas...), que Cabrera mencionó en una carta a Clemente (AJB I,57,8,19), pero no se ha conservado.
159. *Cayote, Champan, Escarapelo, Gasúla, Higo, Lopena, Pasador, Penca, Peralta, Quarto, [o Duarto], Rapel, Rapulto, Robiné, Salpa xurel* y *Trasalte.*
160. *Abadejo rayado, Alfiler, Alitán, Alvariña, Armadillo, Asperillo, Berrugate, Bobón, Bodión verde, Bordador, Borracho, Brotola blanca, Buñuelo, Caballito, Cabete, Caboso, Cabrilla serrana, Cayote, Champán, Choa, Cholveta, Chucla, Corseta, Correplayas, Cromis, Culebra picuda, Dragón, Dentón rojo, Duarto/Quarto, Escarapelo, Gallito del Rey, Garneo, Gasula, Higo, Judío, Lagarto, Levi-raya, Lirio, Lopena, Loro, Machudo, Maragata, Mata soldados, Mermejuela, Mirlan, Mojarra prieta, Mola, Monga, Morenata, Mosquitero, Mozuela, Negrilla, Noriega, Ocelar, Ochavo, Pachan, Page, Pasador, Pegador, Peludo en randa, Penca, Peto, Pez araña, Pez clavo, Pez culebrar, Pez de Mahoma, Pez de redoma, Pez del diablo, Pez diablo, Pez erizo, Pez martillo, Pez limón, Pez Obispo, Pez peine, Pez perro, Pez plata, Pez sable, Peto, Picudo, Pijotilla, Pito real, Punzón, Putita, Rapel, Rapete, Rapulto, Raya baca, Raya hucha, Regel, Remora, Robine, Rodador, Romerito, Rondanil, Salmonete rayado, Salpa Xurel, Saltón, Sargo burdo, Serrana, Solleta, Tambor, Tordillo, Tordo, Torillo, Tremeriega, Tremielga, Trompetero, Vaqueta, Vaquilla, Vieja, Vivíparo, Xaputa de piedras, Xurela, Yegua, Zorra* y *Zorreja.*
161. *Alecrín, Alvariña, Bocaus, Bordayo, Buñuelo, Caramelo, Cayote, Champán, Cholveta. Corneta, Correplayas, Dentudo, Escarapelo, Gasula, Gorrión, Judío, Lopena, Maragata, Mirlán, Monga, Morro, Palitroque, Pasador, Penca, Peralta, Rapel, Robine, Salvage, Tordillo* y *Zorreja.*
162. *Alecrín, Alvariña, Bocaus, Buñuelo, Caramelo, Cholveta, Corneta, Correplayas, Dentudo, Gorrión, Judío, Maragata, Mirlan, Monga, Morro, Paula* y *Salvage.*

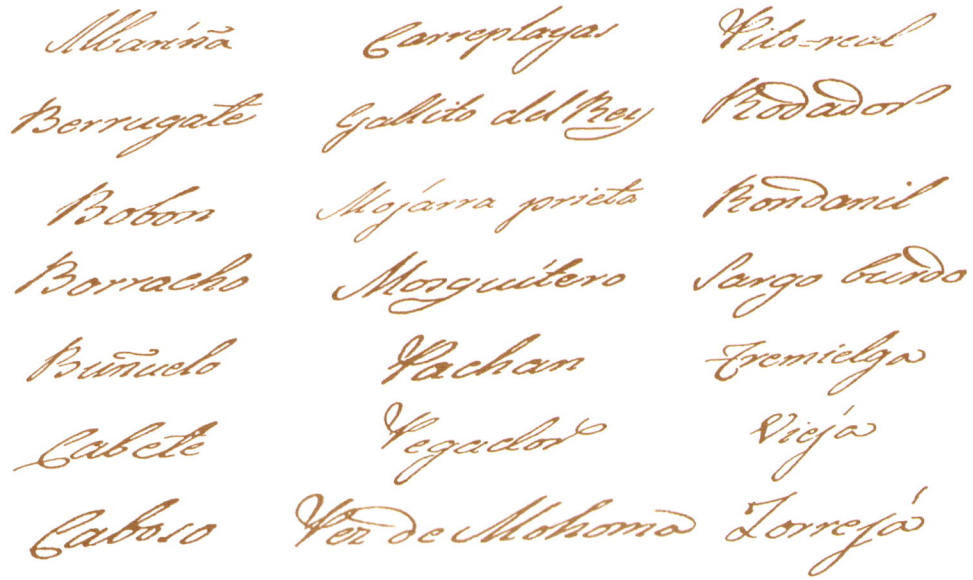

FIGURA 8. Algunos de los 116 ictiónimos que se mencionan por primera vez para la ictionimia española en los escritos de Cabrera.

▶ **Nombres científicos**

· **248** denominaciones científicas, de las que:

- · 160 estaban tomadas de Linneo, 7 de Bonnaterre, 1 de Bonnaterre y Brusson, 10 de Brünnich, Lacépède, Forsskal, Zuiew, Gmelin, Foster, Pallas, Walbaum, Bloch y Molina (una de cada uno), 2 de Mitchill, de 2 no consta el autor y 66 fueron propuestas por Cabrera incorporándoles epítetos científicos de creación propia.
- · 171 (69 %) conducen con seguridad a especies actuales, bien de manera directa porque el nombre original se ha mantenido intacto a lo largo del tiempo (40 especies), o bien a través de sinónimos válidos (131 especies).
- · 70 (28 %) —con la ayuda de: 1) los sinónimos científicos indicados en Fricke *et al.* (2023), 2) las descripciones e ictiónimos que utilizó Cabrera, y 3) los conocimientos actuales sobre la ictiofauna de la bahía de Cádiz—, conducen muy probablemente a las especies a las que se refirió nuestro autor.
- · en las 7 (3 %) denominaciones restantes[163] no hay elementos para saber a qué especie se refería.
- · 71 (29 %) estaban marcados por Cabrera con «Sp. N.», o especie nueva para la ciencia. Según Fricke *et al.* (2023), de estos nombres científicos: 55 son *nomina nuda* (27 no conducen a ninguna especie y 28 son sinónimos de especies actuales; estimamos que 6 de ellos son sinónimos incorrectos[164] de las especies a las que se refería el religioso), 5 no constan como *nomina nuda*, pero sí como sinónimos de otras tantas especies, 1 es un *nomen oblitum*, en desuso: *Sparus axilaris*, y 10 no constan en esta obra de referencia.

---

163. *Blennius Simus, Chaetodon Minimum, Chaetodon Sparoides, Chaetodon truncatum, Gasterosteus Trachurus, Sparus Pinnilepidus* y *Sparus Virescens.*

164. *Raia Obtusirostris* (32), *Gasterosteus Equus* (80), *Esox Pinnulatus* (86), *Balistes Triacantos* (100), *Labrus Pertusus* (142), *Gasterosteus Muricatus* (178).

► **Especies:**

* Descripciones científicas

Cabrera hizo 45 descripciones científicas de géneros y 144 de especies, tratando de ajustarlas a las de Linneo, pero a menudo las redactaba con su propio estilo sencillo y desordenado, aprovechando solo algunos elementos de lo que decía el sueco, tal vez solo como apuntes para entenderse él mismo. En la mayoría de los casos las descripciones de ambos autores son similares y expresan con claridad las características morfológicas que observaron. A veces las descripciones de uno son más detalladas que las del otro, y otras son distintas, debido a que por confusiones en la identificación Cabrera describió una especie diferente.

* Número de especies

· **207** especies conocidas, de ellas:

  - 189 eran de peces marinos
  - 3 de peces de agua dulce[165]
  - 7 de peces anádromos[166]
  - 5 de moluscos cefalópodos[167]
  - 3 de cetáceos marinos[168]

· 20 supuestas especies desconocidas, de las que no es posible atribuir a ninguna denominación científica actual. Se trata de 20 entradas en diversos formatos: 3 *nomina nuda* sueltos (*Sparus pinnilepidus*, *Chaetodon sparoides*, *Blennius simus*); 11 ictiónimos sueltos que no aparecen en ninguna publicación[169]; 4 ictiónimos también desconocidos asociados a otros tantos *nomina nuda* (Quarto-Duarto – *Chaetodon mínimum*; Salpa-Xurel – *Gasterosteus trachurus*; Trasalte – *Chaetodon truncatum*; Higo – *Sparus virescens*); 1 incompleta (Rapulto – *Squalus*) y 1 errónea (Cañabota – Raya).

Según la información que aportó de cada una de las **207** especies, las agrupamos en las cuatro categorías siguientes:

• 165 (79,7 %) fueron descritas y determinadas[170]. En el 93 % de las especies de este grupo se puede llegar de manera segura a las que examinó Cabrera; en el 7 % restantes la información aportada por el religioso conduce a la especie actual solo de manera probable.

· 32 (15,4 %), únicamente fueron determinadas[171]. En una mayoría de casos (19 especies, 59 %) los sinónimos científicos que utilizó (siguiendo a Linneo) conducen con seguridad a especies actuales. En 3 casos no empleó sinónimo científico, pero por los ictiónimos que les aso-

---

165. *Cobitis paludica* (204), *Carassius auratus* (43), *Luciobarbus sclateri* (44).

166. Viven en el mar parte de su vida y remontan las aguas dulces para reproducirse: *Lampetra fluviatilis* (1), *Petromyzon marinus* (2), *Alosa alosa* (39), *Alosa fallax* (40), *Acipenser sturio* (33), *Huso huso* (198), o para crecer: *Anguilla anguilla* (38).

167. *Loligo vulgaris* (162), *Octopus vulgaris* (163), *Sepia officinalis* (164), *Sepiola rondeletii* (165), *Illex coindetii* (203).

168. *Balaena mysticetus* (159), *Phocoena phocoena* (160), *Orcinus orca* (161).

169. *Bordayo, Cayote, Escarapelo, Gasula, Lopena, Pasador, Penca, Peralta, Robine, Rapel.*

170. Son la mayoría de las especies, las que no están en los siguientes tres apartados. No las incluimos aquí porque la lista sería excesiva. El lector las puede encontrar fácilmente en las fichas y en los anexos.

171. *Cetorhinus maximus* (166), *Centrophorus granulosus* (167), *Leucoraja fullonica* (168), *Mobula mobular* (169), *Chimaera monstrosa* (170), *Ophisurus serpens* (171), *Micromesistius poutassou* (172), *Ophidion barbatum* (173), *Scomber colias* (174), *Thunnus alalunga* (175), *Thunnus albacares* (176), *Nesiarchus nasutus* (177), *Ruvettus pretiosus* (178), *Lepidopus caudatus* (179), *Nerophis ophidion* (180), *Syngnathus typhle* (181), *Scophthalmus rhombus* (182), *Caranx rhonchus* (183), *Naucrates ductor* (184), *Seriola dumerili* (185), *Trachinotus ovatus* (186), *Scomberesox saurus* (187), *Chelon auratus* (188), *Chelon ramada* (189), *Lepadogaster lepadogaster* (190), *Anthias anthias* (191), *Spicara maena* (192), *Labrus merula* (193), *Labrus mixtus* (194), *Symphodus tinca* (195), *Ammodytes tobianus* (196), *Helicolenus dactylopterus* (197).

ció se puede llegar con bastante probabilidad a la especie actual correspondiente. En 9 de los 10 casos restantes, el sinónimo científico empleado fue de creación propia porque creyó que se trataba de especies nuevas para la ciencia (solo dos lo eran). Finalmente, el caso que falta de estos 10 sí estuvo mal determinado porque le adjudicó un sinónimo incorrecto.

· 5 (2,4 %), las mencionó, pero creemos que no las examinó[172]. Dos de ellas (*Huso huso* y *Pleuronectes platessa*) consideramos que no las pudo ver porque no son de aguas gaditanas, sino de aguas frías del norte de Europa. Otra (*Coryphaena equiselis*), también de otros mares, creemos que fue una confusión con la especie más frecuente en el golfo de Cádiz, *Coryphaena hippurus*. Los tres casos restantes se trataban de especies de las que Graells dijo que «cuyos nombres vulgares [únicamente] se saben, pero no se han podido examinar ni determinar» [por Cabrera]. En todos los casos, por los sinónimos científicos que utilizó y por los ictiónimos recopilados se puede llegar con seguridad a las especies a las que Cabrera se refería.

· 5 (2,4 %), no las mencionó, pero creemos que había conservado ejemplares[173] en la Colección del Instituto de Cádiz y que De Buen determinó. Estas especies no aparecen en los escritos de Cabrera y no es posible saber si este las conservó o si fueron incorporadas a la colección por otros donantes años después. Pese a esta duda, consideramos de interés científico dejar constancia de su existencia por su posible relación con nuestro personaje.

De las 197 especies a las que se refería nuestro autor con sus determinaciones (excluyendo las 5 que mencionó pero no examinó):

· 21[174] son especies sin valor económico, hecho que puede indicar que la principal motivación de su investigación fue el conocimiento científico, no el interés comercial.
· a 126 (63,9 %) las determinó correctamente con denominaciones científicas que hoy son sinónimos válidos.
· a 68 (34,5 %) las determinó incorrectamente porque no utilizó sinónimos válidos, pero es preciso matizar este resultado:
    · **15** especies estaban en el *Systema Naturae* de Linneo, la obra de referencia de Cabrera, pero le pasaron desapercibidas, o no supo interpretar las descripciones del sueco y deben computarse como errores.
    · **53** especies no estaban en el *Systema Naturae*. De ellas:
        * 36 aparecían en otras obras publicadas antes de 1817, tanto en aquellas que pudo consultar pero parece que no les dio crédito (Bloch, 7 especies; Lacépède, 4; Bonnaterre, 2; Asso y Brünnich, 1 cada uno), como en otras que seguramente no pudo consultar (Risso, 6 especies; Rafinesque y Walbaum, 4 cada uno; Geoffroy Saint-Hilaire, 3; Leach, Ascanius, Löfling y Euphrasen, 1 cada uno), y también deben computarse como errores,
        * 17 no estaban en ninguna obra, es decir, no habían sido descritas antes de 1817 cuando Cabrera hizo su Lista impresa. A estas 17 optó por denominarlas con nombres de Linneo (8 casos), con un nombre de Mitchill (1 caso) y con nombres de creación propia (8 casos) que en su mayoría las marcó como Sp. N. Son las siguientes:

---

172. *Huso huso* (198), *Pleuronectes platessa* (199), *Coryphaena equiselis* (201), *Chelon saliens* (202), *Illex coindetii* (203).

173. *Oxynotus centrina* (204), *Cobitis paludica* (204), *Chauliodus sloani* (206), *Echeneis naucrates* (207), *Ranzania laevis* (208).

174. *Apterichtus caecus* (35), *Echelus myrus* (36), *Carassius auratus* (43), *Callionymus lyra* (63), *Hippocampus guttulatus* (65), *Syngnathus acus* (66), *Gobius paganellus* (68), *Remora remora* (83), *Hyporamphus picarti* (87), *Blennius ocellaris* (91), *Coryphoblennius galerita* (92), *Lipophrys pholis* (93), *Parablennius gattorugine* (94), *Capros aper* (95), *Dyodon hystrix* (99), *Chromis chromis* (140), *Ophisurus serpens* (171), *Nerophis ophidion* (180), *Syngnathus typhle* (181), *Lepadogaster lepadogaster* (190), *Anthias anthias* (191).

1.ª Mención segura de Especies nuevas para la ciencia

CABRERA (1817)	ESTADO ACTUAL
Pleuronectes Terreus Sp. N.	= *Dicologlossa cuneata* (76)
Perca Flavescens Sp. N.	= *Epinephelus costae* (104)
Sparus Versicolor Sp. N.	= *Pagellus bellottii* (126)
Perca Berrucaria Sp. N.	= *Umbrina ronchus* (138)
Gasterosteus Muricatus Sp. N.	= *Ruvettus pretiosus* (178)
Chaetodon Umbratus Varietas	= *Taractichthys longipinnis* (59)
Sparus Setaceus Varietas	= *Dentex canariensis* (113)
Squalus Acanthias Lin.	= *Squalus blainville* (19)
Esox marginatus Lin.	= *Hyporhamphus picarti* (87)
Perca Diagramma Lin.	= *Parapristipoma octolineatum* (109)

1.ª Mención probable de Especies nuevas para la ciencia

Sparus Orbiculatus Sp. N.	= *Diplodus bellottii* (118)
Gasterosteus Malacensis Sp. N.	= *Nesiarchus nasutus* (177)
Squalus Tiburo Lin.	= *Sphyrna tudes* (14)
Cyprinus barbus Lin.	= *Luciobarbus sclateri* (44)
Pleuronectes Trichodactylus Lin.	= *Dagetichthys lusitanicus* (74)
Pleuronectes limandoides Lin.	= *Microchirus azevia* (75)
Scomber chrysops Lin.	= *Trachurus mediterraneus* (81)

Por tanto, aunque en su reducido mundo bibliográfico no pudiera saber que no estaban descritas, cabe decir, para ser rigurosos con su aportación, que 17 especies actuales más de las 126 arriba citadas deberían computar como determinadas por él, ya que fue el primero en, al menos, mencionarlas, tanto con nombres científicos equivocados (no tuvo otra opción) como desnudos. Ahora bien, es preciso matizar que en 10 casos de estos 17 es seguro que Cabrera se refería a ellas (fig. 9, p. 105), mientras que en los 7 restantes no tenemos seguridad completa de esta circunstancia, pero es lo más probable. De los 10 primeros casos, 5 de ellos los marcó como Sp. N. y efectivamente lo eran; mientras que los otros 5, que también eran especies nuevas, no los marcó porque, sin otra opción, a 3 los determinó erróneamente con nombres de Linneo y a 2 los consideró variantes de otras especies. De los 7 casos restantes, si efectivamente estamos en lo cierto y se trataba de estas especies que decimos, 2 de ellos estaban también marcados como especies nuevas y los otros 5 sin marcar, porque, como indicamos antes, siguió a Linneo en sus determinaciones.

· a 3 (1,5 %) las designó únicamente con el nombre vulgar.

Probablemente Cabrera no llegó a percatarse del alcance de su enorme aportación ictiológica e ictionímica. Como científico, Cabrera era principalmente botánico, algólogo, no era un especialista en ictiología, en el sentido de que no estaba dedicado por entero a los peces. En su afán ilustrado, para él los peces eran uno más de los muchos grupos zoológicos y botánicos por los que se interesó. De hecho, Cabrera empezó enviando a Clemente información de anfibios, gatos, aves y algas. No obstante, a los peces dedicó mucha atención y los calificó en una carta de «asunto dignissimo», no fuera aquel a creer que les tenía en poca consideración. En la carta de febrero de 1826 le dijo: «Vamos a los peces. Asunto dignissimo de un hombre curioso y desocupa-

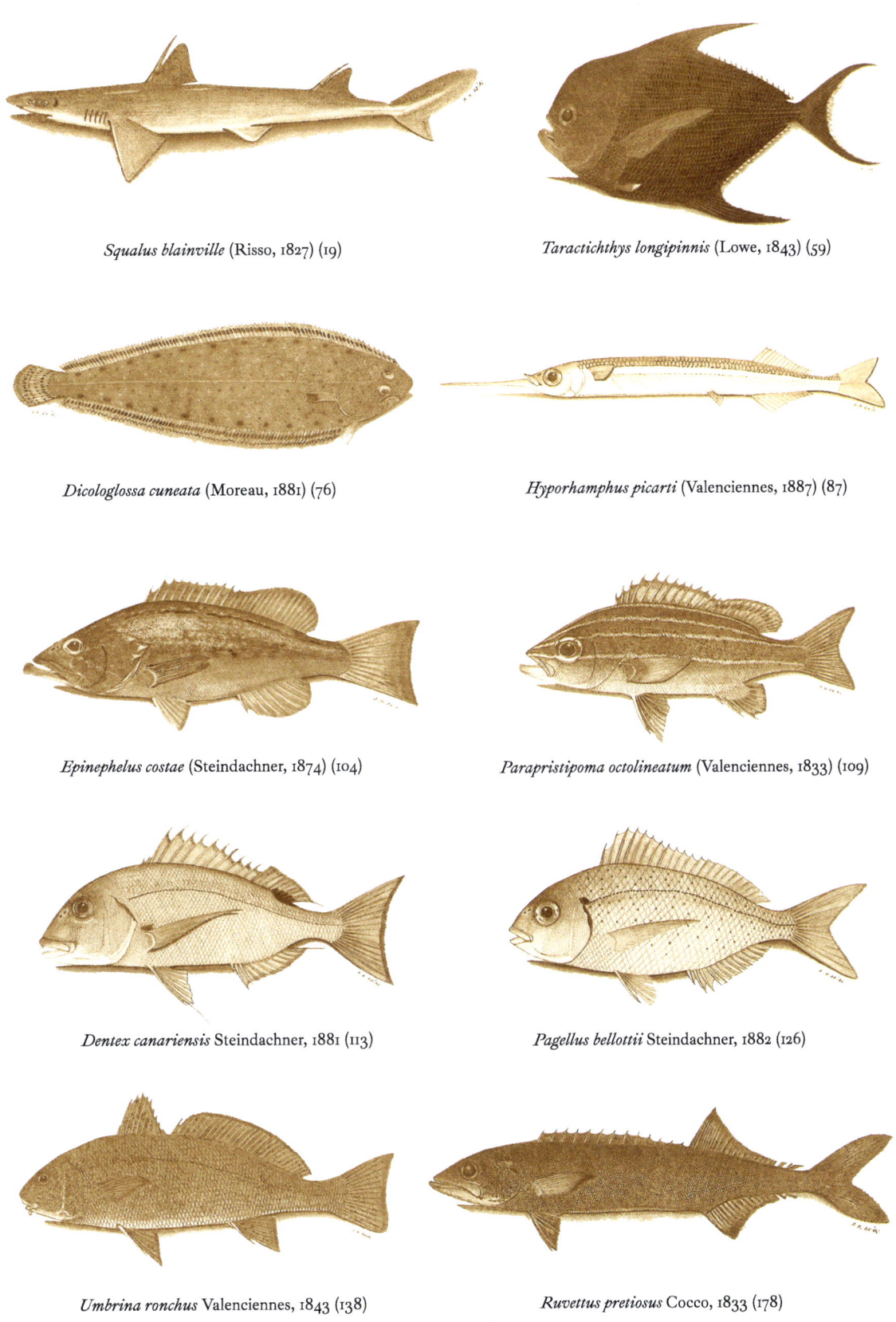

Squalus blainville (Risso, 1827) (19)

Taractichthys longipinnis (Lowe, 1843) (59)

Dicologlossa cuneata (Moreau, 1881) (76)

Hyporhamphus picarti (Valenciennes, 1887) (87)

Epinephelus costae (Steindachner, 1874) (104)

Parapristipoma octolineatum (Valenciennes, 1833) (109)

Dentex canariensis Steindachner, 1881 (113)

Pagellus bellottii Steindachner, 1882 (126)

Umbrina ronchus Valenciennes, 1843 (138)

Ruvettus pretiosus Cocco, 1833 (178)

FIGURA 9. Las diez especies de peces que se mencionan por primera vez para la ciencia en los escritos de Cabrera.

do»[175]. Un hombre curioso y desocupado, quitándose méritos, como si no tuviese otra cosa que hacer y se dedicase a matar el tiempo estudiando los peces... Ese era Cabrera, siempre humilde, siempre ayudando a los demás. Sin embargo, el conjunto de su aportación a la ictiología española, pese a sus errores, fue el más importante de su época. Hasta entonces[176] en España no se habían descrito ni determinado tantas especies marinas como incluyó en sus documentos, 17 de las cuales (10 seguras y 7 probables) fueron citadas por primera vez por él, algunas sin saber que no estaban descritas. Las múltiples ocupaciones a las que atendía, sus dificultades para conseguir bibliografía especializada, la ausencia de criterios taxonómicos formales en sus descripciones y su desapego a la notoriedad, impidieron que su faceta como ictiólogo fuese ampliamente conocida y valorada en su justa dimensión.

175. AJB I,57,9,4. Carta - Cádiz, 25 de febrero de 1826.
176. Osbeck (1751), examinó 24 especie y recogió 5 nombres vulgares; Löfling (1753), 101 y 204; Cornide (1788), 166 y 247; Asso (1801), 96 y 113; Cabrera (1817), 205 y 295, respectivamente en todos los casos.

CAPÍTULO 2

CATÁLOGO CRÍTICO E ILUSTRADO DE LAS ESPECIES ESTUDIADAS POR CABRERA

«Vamos a los peces. Asunto dignissimo de un hombre curioso y desocupado».

Antonio Cabrera[177]

1. Ordenación taxonómica de las especies

La taxonomía de peces está en constante evolución y revisión debido sobre todo al enorme avance que han experimentado las herramientas moleculares (barcoding, filogenias, etc.), lo que implica que haya un constante cambio en las agrupaciones taxonómicas (Orden, Familia, Género) en las que está una especie. En muchos cambios recientes aun no hay consenso, por lo que cada autor u obra tiene su propia y diferente clasificación. En el presente estudio, la ordenación jerárquica de las 207 especies a las que hemos llegado tras el estudio de los documentos de Cabrera se basa en el modelo de *Eschmeyer's Catalog of Fishes* (Fricke *et al.*, 2023) (www.calacademy.org), que se rige por el origen evolutivo y características comunes de los peces. En el caso de los cetáceos y cefalópodos nos basamos en el modelo de *World Register of Marine Species*, 2023 (www.marinespecies.org). Para facilitar la lectura, hemos considerado únicamente las categorías taxonómicas principales de **Filo, Clase, Orden, Familia** y **Especie**, según se expone a continuación. Los taxones están ordenados alfabéticamente. Cada especie va acompañada, además del autor y año de su descripción, del número de orden de su ficha de especie correspondiente, entre paréntesis.

Filo: Chordata
    Clase: Petromyzonti
        Orden: Petromyzontiformes
            Familia: Petromyzontidae
                Lampetra fluviatilis (Linnaeus, 1758) (1)
                Petromyzon marinus Linnaeus, 1758 (2)
    Clase: Elasmobranchii
        Orden: Hexanchiformes
            Familia: Hexanchidae
                Heptranchias perlo (Bonnaterre, 1788) (3)
                Hexanchus griseus (Bonnaterre, 1788) (4)
        Orden: Lamniformes
            Familia: Alopiidae
                Alopias vulpinus (Bonnaterre, 1788) (5)
            Familia: Cetorhinidae
                Cetorhinus maximus (Gunnerus, 1765) (166)

---

177. AJB I,57,9,4. Carta de Cabrera a Clemente - Cádiz, 25 de febrero de 1826.

Familia: Lamnidae
    Carcharodon carcharias (Linnaeus, 1758) (6)
    Isurus oxyrinchus Rafinesque, 1810 (7)
Orden: Carcharhiniformes
  Familia: Scyliorhinidae
    Scyliorhinus canicula (Linnaeus, 1758) (8)
    Scyliorhinus stellaris (Linnaeus, 1758) (9)
  Familia: Triakidae
    Galeorhinus galeus (Linnaeus, 1758) (10)
    Mustelus asterias Cloquet, 1819 (11)
    Mustelus mustelus (Linnaeus, 1758) (12)
  Familia: Carcharhinidae
    Prionace glauca (Linnaeus, 1758) (13)
  Familia: Sphyrnidae
    Sphyrna tudes (Valenciennes, 1822) (14)
    Sphyrna zygaena (Linnaeus, 1758) (15)
Orden: Squaliformes
  Familia: Dalatiidae
    Dalatias licha (Bonnaterre, 1788) (16)
  Familia: Etmopteridae
    Etmopterus spinax (Linnaeus, 1758) (17)
  Familia: Oxynotidae
    Oxynotus centrina (Linnaeus, 1758) (203)
  Familia: Centrophoridae
    Centrophorus granulosus (Bloch & Schneider, 1801) (167)
  Familia: Squalidae
    Squalus acanthias Linnaeus, 1758 (18)
    Squalus blainville (Risso, 1827) (19)
Orden: Echinorhiniformes
  Familia: Echinorhinidae
    Echinorhinus brucus (Bonnaterre, 1788) (20)
Orden: Squatiniformes
  Familia: Squatinidae
    Squatina squatina (Linnaeus, 1758) (21)
Orden: Torpediniformes
  Familia: Torpedinidae
    Torpedo torpedo (Linnaeus, 1758) (22)
Orden: Rhinopristiformes
  Familia: Rhinobatidae
    Rhinobatos rhinobatos (Linnaeus, 1758) (23)
  Familia: Glaucostegidae
    Glaucostegus cemiculus (Geoffroy Saint-Hilaire, 1817) (24)
Orden: Rajiformes
  Familia: Rajidae
    Dipturus batis (Linnaeus, 1758) (25)
    Dipturus oxyrinchus (Linnaeus, 1758) (26)
    Leucoraja fullonica (Linnaeus, 1758) (168)
    Raja clavata Linnaeus, 1758 (27)
    Raja miraletus Linnaeus, 1758 (28)

Rostroraja alba (Lacépède, 1803) (29)

Orden: Myliobatiformes
    Familia: Dasyatidae
        Dasyatis pastinaca (Linnaeus, 1758) (30)
    Familia: Myliobatidae
        Aetomylaeus bovinus (Geoffroy Saint-Hilaire, 1817) (31)
        Myliobatis aquila (Linnaeus, 1758) (32)
    Familia: Mobulidae
        Mobula mobular (Bonnaterre, 1788) (169)

Clase: Holocephali
    Orden: Chimaeriformes
        Familia: Chimaeridae
            Chimaera monstrosa Linnaeus, 1758 (170)

Clase: Actinopteri
    Orden: Acipenseriformes
        Familia: Acipenseridae
            Acipenser sturio Linnaeus, 1758 (33)
            Huso huso (Linnaeus, 1758) (198)
    Orden: Anguiliformes
        Familia: Muraenidae
            Muraena helena Linnaeus, 1758 (34)
        Familia: Ophichthidae
            Apterichtus caecus (Linnaeus, 1758) (35)
            Echelus myrus (Linnaeus, 1758) (36)
            Ophisurus serpens (Linnaeus, 1758) (171)
        Familia: Congridae
            Conger conger (Linnaeus, 1758) (37)
        Familia: Anguillidae
            Anguilla anguilla (Linnaeus, 1758) (38)
    Orden: Clupeiformes
        Familia: Alosidae
            Alosa alosa (Linnaeus, 1758) (39)
            Alosa fallax (Lacépède, 1803) (40)
            Sardina pilchardus (Walbaum, 1792) (41)
        Familia: Engraulidae
            Engraulis encrasicolus (Linnaeus, 1758) (42)
    Orden: Cypriniformes
        Familia: Cobitidae
            Cobitis paludica (De Buen, 1930) (204)
        Familia: Cyprinidae
            Carassius auratus (Linnaeus, 1758) (43)
            Luciobarbus sclateri (Günther, 1868) (44)
    Orden: Argentiniformes
        Familia: Argentinidae
            Argentina sphyraena Linnaeus, 1758 (45)
    Orden: Stomiiformes
        Familia: Stomiidae
            Chauliodus sloani Bloch & Schneider, 1801 (205)

Orden: Zeiformes
    Familia: Zeidae
        Zeus faber Linnaeus, 1758 (46)
Orden: Gadiformes
    Familia: Phycidae
        Phycis blennoides (Brünnich, 1768) (47)
        Phycis phycis (Linnaeus, 1766) (48)
    Familia: Gadidae
        Micromesistius poutassou (Risso, 1827) (172)
        Trisopterus luscus (Linnaeus, 1758) (49)
    Familia: Merlucciidae
        Merluccius merluccius (Linnaeus, 1758) (50)
Orden: Ophidiiformes
    Familia: Ophidiidae
        Ophidion barbatum Linnaeus, 1758 (173)
Orden: Batrachoidiformes
    Familia: Batrachoididae
        Halobatrachus didactylus (Bloch & Schneider, 1801) (51)
Orden: Scombriformes
    Familia: Stromateidae
        Stromateus fiatola Linnaeus, 1758 (52)
    Familia: Pomatomidae
        Pomatomus saltatrix (Linnaeus, 1766) (53)
    Familia: Scombridae
        Auxis thazard (Lacépède, 1800) (54)
        Sarda sarda (Bloch, 1793) (55)
        Scomber colias Gmelin, 1789 (174)
        Scomber scombrus Linnaeus, 1758 (56)
        Thunnus alalunga (Bonnaterre, 1788) (175)
        Thunnus albacares (Bonnaterre, 1788) (176)
        Thunnus thynnus Linnaeus, 1758 (57)
    Familia: Bramidae
        Brama brama (Bonnaterre, 1788) (58)
        Taractichthys longipinnis (Lowe, 1843) (59)
    Familia: Gempylidae
        Nesiarchus nasutus Johnson, 1862 (177)
        Ruvettus pretiosus Cocco, 1833 (178)
    Familia: Trichiuridae
        Lepidopus caudatus (Euphrasen, 1788) (179)
Orden: Syngnathiformes
    Familia: Dactylopteridae
        Dactylopterus volitans (Linnaeus, 1758) (60)
    Familia: Mullidae
        Mullus barbatus Linnaeus, 1758, (61)
        Mullus surmuletus Linnaeus, 1758 (62)
    Familia: Callionymidae
        Callionymus lyra Linnaeus, 1758 (63)
    Familia: Centriscidae
        Macroramphosus scolopax (Linnaeus, 1758) (64)

Familia: Syngnathidae

Hippocampus guttulatus Cuvier 1829 (65)

Nerophis ophidion (Linnaeus, 1758) (180)

Syngnathus acus Linnaeus, 1758 (66)

Syngnathus typhle Linnaeus, 1758 (181)

Orden: Gobiiformes

Familia: Gobiidae

Gobius niger Linnaeus, 1758 (67)

Gobius paganellus Linnaeus, 1758 (68)

Orden: Carangiformes

Familia: Sphyraenidae

Sphyraena sphyraena (Linnaeus, 1758) (69)

Familia: Citharidae

Citharus linguatula (Linnaeus, 1758) (70)

Familia: Scophthalmidae

Scophthalmus maximus (Linnaeus, 1758) (182)

Scophthalmus rhombus (Linnaeus, 1758) (71)

Familia: Bothidae

Arnoglossus laterna (Walbaum, 1792) (72)

Familia: Pleuronectidae

Platichthys flesus (Linnaeus, 1758) (73)

Pleuronectes platessa Linnaeus, 1758 (199)

Familia: Soleidae

Dagetichthys lusitanicus (de Brito Capello, 1868) (74)

Dicologlossa cuneata (Moreau, 1881) (76)

Microchirus azevia (de Brito Capello 1867) (75)

Pegusa lascaris (Risso, 1810) (77)

Solea solea (Linnaeus, 1758) (78)

Familia: Xiphiidae

Xiphias gladius Linnaeus, 1758 (79)

Familia: Carangidae

Caranx rhonchus Geoffroy Saint-Hilaire, 1817 (183)

Lichia amia (Linnaeus, 1758) (80)

Naucrates ductor (Linnaeus, 1758) (184)

Seriola dumerili (Risso, 1810) (185)

Trachinotus ovatus (Linnaeus, 1758) (186)

Trachurus mediterraneus (Steindachner, 1868) (81)

Trachurus trachurus (Linnaeus, 1758) (82)

Familia: Echeneidae

Echeneis naucrates Linnaeus 1758 (206)

Remora remora (Linnaeus, 1758) (83)

Familia: Coryphaenidae

Coryphaena equiselis Linnaeus, 1758 (200)

Coryphaena hippurus Linnaeus, 1758 (84)

Orden: Cichliformes

Familia: Pomacentridae

Chromis chromis (Linnaeus, 1758) (140)

Orden: Atheriniformes

Familia: Atherinidae

Atherina boyeri Risso, 1810 (85)

Orden: Beloniformes
  Familia: Scomberesocidae
    Scomberesox saurus (Walbaum 1792) (187)
  Familia: Belonidae
    Belone belone (Linnaeus, 1760) (86)
  Familia: Hemiramphidae
    Hyporhamphus picarti (Valenciennes, 1847) (87)
  Familia: Exocoetidae
    Exocoetus volitans Linnaeus, 1758 (88)
Orden: Mugiliformes
  Familia: Mugilidae
    Chelon auratus (Risso, 1810) (188)
    Chelon labrosus (Risso, 1827) (89)
    Chelon ramada (Risso, 1827) (189)
    Chelon saliens (Risso, 1810) (201)
    Mugil cephalus Linnaeus, 175 (90)
Orden: Gobiesociformes
  Familia: Gobiesocidae
    Lepadogaster lepadogaster (Bonnaterre, 1788) (190)
Orden: Blenniiformes
  Familia: Blenniidae
    Blennius ocellaris Linnaeus, 1758 (91)
    Coryphoblennius galerita (Linnaeus, 1758) (92)
    Lipophrys pholis (Linnaeus, 1758) (93)
    Parablennius gattorugine (Linnaeus, 1758) (94)
Orden: Perciformes
  Familia: Anthiadidae
    Anthias anthias (Linnaeus, 1758) (191)
  Familia: Epinephelidae
    Epinephelus costae (Steindachner, 1878) (104)
    Epinephelus marginatus (Lowe, 1834) (105)
    Mycteroperca rubra (Bloch, 1793) (106)
  Familia: Serranidae
    Serranus cabrilla (Linnaeus, 1758) (107)
    Serranus scriba (Linnaeus, 1758) (108)
  Familia: Labridae
    Coris julis (Linnaeus, 1758) (141)
    Labrus bergylta Ascanius, 1767 (142)
    Labrus merula Linnaeus, 1758 (193)
    Labrus mixtus Linnaeus, 1758 (194)
    Labrus viridis Linnaeus, 1758 (143)
    Symphodus mediterraneus (Linnaeus, 1758) (144)
    Symphodus rostratus (Bloch, 1791) (145)
    Symphodus tinca (Linnaeus, 1758) (195)
    Thalassoma pavo (Linnaeus, 1758) (146)
  Familia: Ammodytidae
    Ammodytes tobianus Linnaeus, 1758 (196)
  Familia: Trachinidae
    Trachinus draco Linnaeus, 1758 (147)

Familia: Uranoscopidae
    Uranoscopus scaber Linnaeus, 1758 (148)
Familia: Triglidae
    Chelidonichthys cuculus (Linnaeus, 1758) (151)
    Chelidonichthys lastoviza (Bonnaterre, 1788) (152)
    Chelidonichthys lucerna (Linnaeus, 1758) (153)
    Chelidonichthys obscurus (Walbaum, 1792) (154)
    Eutrigla gurnardus (Linnaeus, 1758) (155)
    Lepidotrigla cavillone (Lacépède, 1801) (156)
    Trigla lyra Linnaeus, 1758 (157)
Familia: Peristediidae
    Peristedion cataphractum (Linnaeus, 1758) (158)
Familia: Sebastidae
    Helicolenus dactylopterus (Delaroche, 1809) (197)
Familia: Scorpaenidae
    Scorpaena porcus Linnaeus, 1758 (149)
    Scorpaena scrofa Linnaeus, 1758 (150)
Orden: Acropomatiformes
Familia: Polyprionidae
    Polyprion americanus (Bloch & Schneider, 1801) (101)
Orden: Acanthuriformes
Familia: Moronidae
    Dicentrarchus labrax (Linnaeus, 1758) (102)
    Dicentrarchus punctatus (Bloch, 1792) (103)
Familia: Haemulidae
    Parapristipoma octolineatum (Valenciennes, 1833) (109)
    Plectorhinchus mediterraneus (Guichenot, 1850) (110)
    Pomadasys incisus (Bowdich, 1825) (111)
Familia: Sparidae
    Boops boops (Linnaeus, 1758) (112)
    Dentex canariensis Steindachner, 1881 (113)
    Dentex dentex (Linnaeus, 1758) (114)
    Dentex gibbosus (Rafinesque, 1810) (115)
    Dentex macrophthalmus (Bloch, 1791) (116)
    Diplodus annularis (Linnaeus, 1758) (117)
    Diplodus bellottii (Steindachner, 1882) (118)
    Diplodus cervinus (Lowe, 1838) (119)
    Diplodus puntazzo (Walbaum, 1792) (120)
    Diplodus sargus (Linnaeus, 1758) (121)
    Diplodus vulgaris (Geoffroy Saint-Hilaire, 1817) (122)
    Lithognathus mormyrus (Linnaeus, 1758) (123)
    Oblada melanurus (Linnaeus, 1758) (124)
    Pagellus acarne (Risso, 1827) (125)
    Pagellus bellottii Steindachner, 1882 (126)
    Pagellus bogaraveo (Brünnich, 1768) (127)
    Pagellus erythrinus (Linnaeus, 1758) (128)
    Pagrus auriga Valenciennes, 1843 (129)
    Pagrus pagrus (Linnaeus, 1758) (130)
    Sarpa salpa (Linnaeus, 1758) (131)

Sparus aurata Linnaeus, 1758 (132)
Spicara maena (Linnaeus, 1758) (192)
Spicara smaris (Linnaeus, 1758) (133)
Spondyliosoma cantharus (Linnaeus, 1758) (134)
Familia: Sciaenidae
Argyrosomus regius (Asso, 1810) (135)
Sciaena umbra Linnaeus, 1758 (136)
Umbrina cirrosa (Linnaeus, 1758) (137)
Umbrina ronchus Valenciennes, 1843 (138)
Familia: Cepolidae
Cepola macrophthalma (Linnaeus, 1758) (139)
Familia: Caproidae
Capros aper (Linnaeus, 1758) (95)
Familia: Luvaridae
Luvarus imperialis Rafinesque, 1810 (96)
Orden: Lophiiformes
Familia: Lophiidae
Lophius piscatorius Linnaeus, 1758 (97)
Orden: Tetraodontiformes
Familia: Molidae
Mola mola (Linnaeus, 1758) (98)
Ranzania laevis (Pennant, 1776) (207)
Familia: Diodontidae
Diodon hystrix Linnaeus, 1758 (99)
Familia: Balistidae
Balistes capriscus Gmelin, 1789 (100)

Clase: Mammalia
Orden: Cetartiodactyla
Familia: Balaenidae
Balaena mysticetus Linnaeus, 1758 (159)
Familia: Phocoenidae
Phocoena phocoena (Linnaeus, 1758) (160)
Familia: Delphinidae
Orcinus orca (Linnaeus, 1758) (161)

Filo: Mollusca
Clase: Cephalopoda
Orden: Myopsida
Familia: Loliginidae
Loligo vulgaris Lamarck, 1798 (162)
Orden: Octopoda
Familia: Octopodidae
Octopus vulgaris Cuvier, 1797 (163)
Orden: Oegopsida
Familia: Omastrephidae
Illex coindetii (Vèrany, 1839) (202)
Orden: Sepiida
Familia: Sepiidae
Sepia officinalis Linnaeus, 1758 (164)
Familia: Sepiolidae
Sepiola rondeletii Leach, 1817 (165)

2. Fichas descriptivas de las especies

Todo el material ictiológico extraído de los documentos escritos de Cabrera, así como el de las especies determinadas por De Buen (1919) en las muestras del Magistral conservadas en la Colección del Instituto de Cádiz, se expone aquí clasificado y ordenado en el formato que llamamos **ficha descriptiva de especie**.

Para ayudar al lector con una exposición clarificadora sobre qué nos dice el conjunto de las especies que estudió el Magistral presentamos las fichas agrupadas en las cinco categorías que establecimos en la Síntesis general (Especies) del capítulo I, según la profundidad del estudio que les hizo Cabrera, a saber: Descritas y Determinadas, Únicamente determinadas, Mencionadas pero no observadas, No mencionadas pero conservadas, y Desconocidas. En cada uno de estos grupos, las especies de Cabrera se muestran ordenadas por familias taxonómicas, según las clasificaciones filogenéticas expuestas en el aparatado anterior, y dentro de cada familia aparecen en orden alfabético.

El conjunto lo forman 227 fichas descriptivas de las especies, 207 a las que hemos llegado tras el análisis comparativo y multidisciplinar del material de Cabrera, y 20 fichas de especies desconocidas, a las que no es posible llegar con los conocimientos actuales. Todas las fichas están numeradas correlativamente del 1 al 227, y constan de los elementos que se exponen a continuación en el apartado 2.1.

2.1 Contenido de las fichas descriptivas de las especies

2.1.1 Aportación de Cabrera

El punto de partida de cada ficha es la información recogida dentro de un recuadro con el título APORTACIÓN DE CABRERA, donde se recopilan cronológicamente todas las entradas que se refieren a una misma especie en cuestión vaciadas de los documentos, aspecto que, en algunos casos, ni el propio Cabrera sabía que era así. Este título y los textos de Cabrera van en color sepia, entrecomillados para señalar que se trata de información original del religioso, transcrita por nosotros, sin corregir los errores de escritura, salvo cuando es necesario traducir alguna palabra para que se entienda el significado en el momento de la lectura. Las entradas procedentes de la Lista manuscrita son reproducciones facsímiles del original individualizadas. Cuando en un documento no existe información de una determinada especie no se incluye el epígrafe correspondiente. Siempre indicamos la página del documento de referencia (Graells, De Buen) donde se encuentra la información, salvo en la Lista manuscrita y en la Correspondencia científica, que son manuscritos originales sin paginar. Para más información sobre cada tipo de entrada puede consultarse el análisis del documento correspondiente en el apartado «4.1 Estructura y contenido» del capítulo I. En el anexo X se explica el significado de un gran número de términos y expresiones ictiológicas empleadas por Cabrera en sus descripciones científicas de las especies.

2.1.2 Estado actual

En este apartado se concreta la denominación y posición taxonómica actual (status) de cada especie a la que se refería Cabrera en sus Aportaciones, aunque algunas de sus determinaciones fueran incorrectas. En el conjunto de Aportaciones, en 184 fichas (81%) se llega con seguridad a la especie a la que se refería; en 23 (10%) es muy probable que la especie fuera la que se indica, y en 20 (9%) no es posible saber (por el momento) a qué especie se refería nuestro autor.

Nombre científico

El nombre científico de cada especie se compone de dos palabras, la primera se refiere al *género* taxonómico y la segunda a la *especie*. El nombre científico se escribe siempre en cursiva, con el nombre del género empezando en mayúsculas y el resto en minúsculas. En cada ficha, el nombre científico de la especie referida se acompaña siempre del nombre del autor que la describió por primera vez y del año en que se publicó la descripción, separados por una coma y escritos con letra redonda. Por ejemplo: *Sparus aurata* Linnaeus, 1758. Sin embargo, lo más frecuente es que el nombre del autor y el año aparezcan entre paréntesis, por ejemplo: *Chelon labrosus* (Risso, 1827). Con ello, los taxónomos indican que el nombre científico ha cambiado respecto a la descripción original del autor, porque con el paso del tiempo han demostrado que se ajusta mejor a otro grupo de especies. Es decir, esto significa que Risso fue el primero que describió a esta especie en el año indicado, pero que el nombre científico actualmente aceptado no fue el que él creó junto a su descripción (*Crenimugil labrosus*). De aquí que cuando se escribe el autor y el año de un nombre científico, el empleo correcto de los paréntesis sea una cuestión de gran importancia.

Posición taxonómica

A continuación del nombre científico se incluyen las tres principales categorías taxonómicas a las que pertenece cada especie: Clase, Orden y Familia, suficientes para que el lector interesado las sitúe en la clasificación taxonómica.

Ilustración

El dibujo de las especies estudiadas por Cabrera es una parte importante de nuestro estudio, pues las imágenes refuerzan y complementan las determinaciones científicas. En cada ficha de especie se incluye una lámina con una ilustración que representa la especie correspondiente. Según una convención internacional adoptada universalmente (Lloris, 2015: 45), las especies se han dibujado orientadas siempre hacia la izquierda, salvo en las familias pleuronéctidos y soleidos, que se orientan a la derecha. Cada dibujo de especie va acompañado de una leyenda con el nombre científico actual de la especie y el nombre vulgar que le asignó Cabrera, corregido en los casos en que este lo aplicó mal, y el número de la lámina. En total hay 207 ilustraciones, correspondientes a otras tantas especies identificadas. Estos dibujos (fig. 10, p. 119) han sido realizados a lápiz expresamente para este estudio, desde el 6 de abril al 24 de octubre de 2022, sobre hojas de papel blanco natural de 29 × 21 cm, con minas de 0,5 mm de distintas durezas, difuminos y borradores de precisión. Se ha pretendido evocar el estilo de las imágenes que ilustraban las obras clásicas de ictiología (por ejemplo, Willoughby, 1686 o Bonnaterre, 1788) que pudo observar Cabrera, en un intento de que —parafraseando a Celestino Mutis, insigne botánico gaditano—, tanto cada pez tenga «una suntuosa lámina en el gusto de nuestro siglo» (Rey, 2015: 114), como de satisfacer su anhelo de contar con representaciones de las especies, según le decía a Clemente del 9 de abril de 1826 (AJB I,57,9,10), cuando, con la salud ya bastante mermada y cercano a su fallecimiento, se lamentaba así:

> Si yo pudiera abrir una o dos docenas de laminas de las especies del Genero Sparus, y de otros qᵉ. no dudo se hallan indescriptas se haría un servicio a la ciencia [...]. ¿Mas como he de poder yo realizar esto? Son tantas las dificultades qᵉ. me ocurren, qᵉ. desisto luego de pensarlo.

De esto podría deducirse que le hubiera gustado dibujar los peces que examinaba para mayor claridad en sus determinaciones, sobre todo de las especies que consideraba nuevas para la ciencia. Pero a esas alturas de su vida, al cabo de nueve años sin ocuparse de la ictiología y muy debilitado físicamente, le era imposible dedicarse a esa tarea para mejor satisfacer la petición de Clemente y no quiere ni pensarlo. La mayoría (162; 78 %) de los 207 dibujos realizados se basan

FIGURA 10. Tres instantáneas de la realización de dibujos para ilustrar el trabajo de Cabrera. Arriba: *Dactylopterus volitans* (60). Abajo: a la izquierda, *Halobatrachus didactylus* (51); a la derecha, *Pagrus auriga* (129).

en fotografías y dibujos propios anteriores y en observaciones del natural sobre ejemplares recién capturados en muestreos científicos, en lonjas pesqueras, en mercados municipales y en acuarios públicos. En 8 especies (4%) los dibujos se inspiran además en fotografías de otros autores. En las 46 ilustraciones restantes (22%), los dibujos están inspirados únicamente en fotografías de otros autores. En estos dos últimos casos los créditos de estas fotos se indican adecuadamente bajo la ilustración correspondiente.

Citas en obras anteriores a Cabrera

Exponemos cronológicamente las principales citas de la especie en la bibliografía que pudo utilizar Cabrera, sobre todo en la obra de Linneo. Consideramos de gran interés la presencia o ausencia de la especie en los trabajos de algunos autores que le precedieron porque eso ayuda a explicar los criterios que seguía nuestro autor para determinarlas y marcarlas como especies nuevas, aunque a veces se los saltara. No exponemos toda la bibliografía existente anterior, solo las posibles obras que consultó Cabrera y, en ocasiones, alguna de interés como *Histoire naturelle des poissons*, de Lacépède.

Primera cita posterior a Cabrera

En el mismo sentido que en el párrafo anterior, incluimos la primera cita de una especie en obras posteriores a Cabrera, porque este hecho nos indica aquellas especies que realmente eran nuevas para la ciencia y a las que el religioso de Chiclana fue el primero en, al menos, poner un nombre científico. En algunos casos (*Dicologlossa cuneata*, 77; *Epinephelus costae*, 104; *Dentex canariensis*, 113; *Pagellus acarne*, 125) hemos considerado de interés científico incluir las dos o tres primeras citas posteriores a Cabrera hasta llegar al autor de la descripción válida en la actualidad.

2.1.3 Análisis

En este apartado se recoge el estudio de la aportación ictiológica de Cabrera, basado en un enfoque multidisciplinar: etimológico, ictionímico y taxonómico para llegar a la especie a la que se refería el religioso de Chiclana.

Etimológico

El análisis etimológico de los nombres científicos que utilizó, así como el de sus sinónimos actuales, nos aportó pistas acerca de las características morfológicas de las especies en cuestión y nos confirmó si estaban bien determinadas o no, sobre todo en aquellas que él consideraba nuevas para la ciencia, a las que designaba con nombres de su propia creación. No obstante, encontramos casos en los que la descripción de la especie que hizo el religioso no se correspondía con el nombre científico que le asignó. En muy pocos casos no fue posible llegar a la especie examinada porque la única información aportada eran nombres científicos sin equivalencia actual.

Ictionímico

En el análisis ictionímico, aunque no es raro encontrar que un mismo nombre vulgar designe a varias especies y que una misma especie reciba varios nombres vulgares, en la mayoría de los casos los nombres que recogió el Magistral nos indican con claridad a qué especie se estaba refiriendo. No obstante, encontramos nombres sueltos, sin asociar a ningún otro elemento, en los que no es posible llegar a la especie examinada porque se trata de voces que no perviven en la actualidad en el sector pesquero andaluz. El estudio de los ictiónimos recogidos por Cabrera que aquí se expone se basa fundamentalmente en el trabajo *Ictionimia Andaluza* (Arias y De la Torre, 2019).

Taxonómico

El análisis taxonómico se basó en el rastreo bibliográfico de la posible especie examinada por Cabrera. Esto ha permitido sobre todo descartar la designación errónea de numerosas especies como nuevas para la ciencia, pero también confirmar 17 casos de especies a las que Cabrera fue el primero en mencionar, 10 de ellos seguros y 7 muy probables. Como hemos indicado al principio de este capítulo, la taxonomía ictiológica está en constante revisión y no existe acuerdo unánime entre los distintos autores, por lo que la ordenación taxonómica aquí seguida (Eschmeyer) puede diferir de la de otras obras o tratados.

2.2 Especies que Cabrera describió y determinó

APORTACIÓN DE CABRERA

MEMORIA DESCRIPTIVA

«GÉNERO.—*Petromizon.*—LINN. El cuerpo cilíndrico, largo, siete respiraderos laterales redondos; una cisura ó raja en la nuca; sin aletas ventrales unas especies y otras sin las pectorales.» (p. 169)

«ESPECIE 2.ª—**Otra Lamprea.**—*Petromizon Fluviatilis.*—LINN. La aleta dorsal segunda casi triangular. Es de color negruzco por encima con ciertas líneas ondeadas; blanquizco por debajo. Desciende de los ríos á la bahía, en cuyas playas se coge algunas veces, aunque raras.» (p. 169)

LISTA IMPRESA

«GÉNERO 46. *Otra Lamprea*, Petromison Flubiatile *Lin.*» (p. 186)

ESTADO ACTUAL
Lampetra fluviatilis (Linnaeus, 1758) — Lámina 1
Clase: Petromyzonti, Orden: Petromyzontiformes, Familia: Petromyzontidae

Citas en obras anteriores a Cabrera

Petromyzon (2) (Artedi, 1738: 89); *Lampetra parva & fluviatilis* (Willoughby, 1686: 104; Tab: G.2.1); *Petromyzon fluviatilis* (Bonnaterre, 1788: 1; Pl. 1, fig. 2); *Pétromyzon fluviatilis* (Bloch, 1785: pt. 1, v. 1: 41; Th. 1-3: 78, fig. 1); *Petromyzon fluviatilis* (Cornide, 1788: 120); *Petromyzon fluviatilis* (Linnaeus, en Gmelin, 1789: 1514); *Pétromyzon pricka* (Lacépède, 1801: t. 1, 23); *La Fluviátil* (Asso, 1801: 49)

ANÁLISIS

Etimológico

Petromizon Fluviatilis: {lt. *petra, ae*} 'piedra' + {gr. *myzo*, y las variantes *myzeo, myzao*} 'chupar, lamer' (Agassiz, 1842) + {lt. *fluviatilis, is*} 'que vive en los ríos' (*PE*).

Lampetra fluviatilis: {lt. *lambendis petris*} 'que chupa las piedras', de {lt. *lambero, ere*} + {lt. *petra, ae*} 'piedra' + {lt. *fluviatilis, is*} ídem anterior.

Ictionímico

Cabrera denominó a esta especie «Otra Lamprea», porque tal vez no conocía o no existía aún ningún nombre específico que la diferenciara de *Petromyzon marinus*, la lamprea más frecuente y conocida (ficha 2). Actualmente se le llama *lamprea de río* porque Linneo la describió a partir de ejemplares del lago Ládoga en la cuenca del Volga, pero tiene el mismo ciclo biológico que la especie siguiente, la *lamprea de mar*, *Petromyzon marinus* (2): vive en el mar y los adultos remontan los ríos para reproducirse. Las crías nacen y viven en ellos durante años hasta que vuelven al mar para la vida adulta. V. más en la ficha siguiente.

Taxonómico

Los datos que aporta Cabrera y la comparación con los de la especie siguiente nos llevan sin duda a que se refería a *Lampetra fluviatilis*, que él llamó «Otra Lamprea». Se diferencian principalmente en la coloración y el tamaño: *Petromyzon marinus* tiene un color jaspeado difuso con tonos amarillos y verdosos, y llega a medir un metro de longitud, mientras que *Lampetra fluviatilis* es de color más uniforme, marrón oscuro, con esas «ciertas líneas ondeadas» a las que se refiere Cabrera —que son las numerosas bandas oscuras tranversales siguiendo la piel de los miómeros en el dorso y los flancos de estos peces—, y mide alrededor de 50 cm de longitud total. Actualmente esta especie está extinguida en España por la contaminación de los ríos. En la época de Cabrera, si la bahía a la que se refería en su descripción era la bahía de Cádiz, el río por el que descendían las lampreas era el Guadalete, que debería llevar entonces las aguas limpias y oxigenadas que requiere esta especie.

Lampetra fluviatilis (Linnaeus, 1758) - Lamprea
(Dibujo basado en una fotografía de G. P. Zauke, en www.fishbase.org)

LÁMINA 1

APORTACIÓN DE CABRERA

LISTA MANUSCRITA

MEMORIA DESCRIPTIVA

«GÉNERO.—*Petromizon.*—LINN.» (v. en la ficha 1)

«ESPECIE 1.ª—**La Lamprea.**—*Petromizon Marinus.*—LINN. La boca llena de glándulas; por dentro dos aletas dorsales [La boca llena de glándulas por dentro; dos aletas dorsales]; la segunda separada de la de la cola; el cuerpo entre fusco con visos verduscos ó manchas amarillas.» (p.169)

LISTA IMPRESA

«GÉNERO 46. *La Lamprea*, Petromison Marinum *Lin.*» (p.186)

ESTADO ACTUAL

Petromyzon marinus Linnaeus, 1758 — Lámina 2

Clase: Petromyzonti, Orden: Petromyzontiformes, Familia: Petromyzontidae

Citas en obras anteriores a Cabrera

Lampetra (Rondelet, 1558a: 310; L. XIII, c. III); *Lampetra major* (Willoughby, 1686: 105; Tab: G.2); *Petromyzon* (2.) (Artedi, 1738: 90); *Petromyzon* (Löfling, 1753); *Pétromyzon lamproie* (Bloch, 1786: ptie. 3: 29. Pl. LXXVII); *Petromiſon marinus* (Bonnaterre, 1788: 1); *Petromyzon fluviatilis* (Cornide, 1788: 120); *Petromyzon marinus* (Linnaeus, en Gmelin, 1789: 1513); *Pétromyzon lamproie* (Lacépède, 1801: t. 1, 3; pl. 1); *Petromyzon Marinus* (Asso, 1801: 49).

ANÁLISIS

Etimológico

Petromyzon marinus: {lt. *petra, ae*} 'piedra' + {gr. *myzo*, y las variantes *myzeo, myzao*} 'chupar, lamer' (Agassiz, 1842) + {lt. *marinus, a, um*} 'que vive en el mar' (*PE*). Se considera que esta lamprea es una especie marina, aunque en invierno los adultos remontan los ríos para reproducirse y las crías nacen y viven en ellos durante 3 o 4 años hasta que vuelven al mar para la vida adulta.

Ictionímico

La denominación *lamprea* designa por antonomasia a *Petromyzon marinus*, como acertadamente la asoció Cabrera. El ictiónimo viene «del lat. tardío *naupreda*, alterado posteriormente en *lampreda*» (*DCECH*). Según Barriuso (1986: 251), *lampedra* o *lampetra* 'lamepiedras', por la ventosa bucal, con la que se sujetan a las piedras en espera de posibles víctimas, como indica su nombre científico *Petromyzon*, del griego *petros-myzein* 'piedra-chupar'. El nombre *lamprea* aparece por primera vez en la bibliografía ictionímica andaluza en un *Ordenamiento* a Cortes de Jerez, en 1268 (Mondéjar, 1977: 598).

Taxonómico

En conjunto, la descripción, el nombre científico y el nombre común empleados por Cabrera nos llevan sin duda a que la especie que examinó fue *Petromyzon marinus* —nombre que él escribe de distintas maneras, unas siguiendo a Bonnaterre (*Petromiſon*), otras a Linneo (*marinus*) y otras en su particular estilo (*Petromizon, Marinum*)—, de la que pudo observar ilustraciones en Rondelet, Willoughby, Bonnaterre, Bloch y Lacépède. En tiempos de Cabrera este pez era abundante en el río Guadalquivir, donde se pescaba con fines comerciales. En Duque (1977: 25) se dice que, en el año 1624, para la visita de Felipe IV a Doñana, se le envían desde Sanlúcar «mil cuatrocientos pastelones de lampreas». En el siglo XX, la construcción de la presa de Alcalá del Río y la destrucción de sus zonas de desove lo han eliminado de la zona. La última referencia conocida es un juvenil de 23 cm pescado en el estuario en abril de 1999 (Fernández-Delgado *et al.*, 2000: 87).

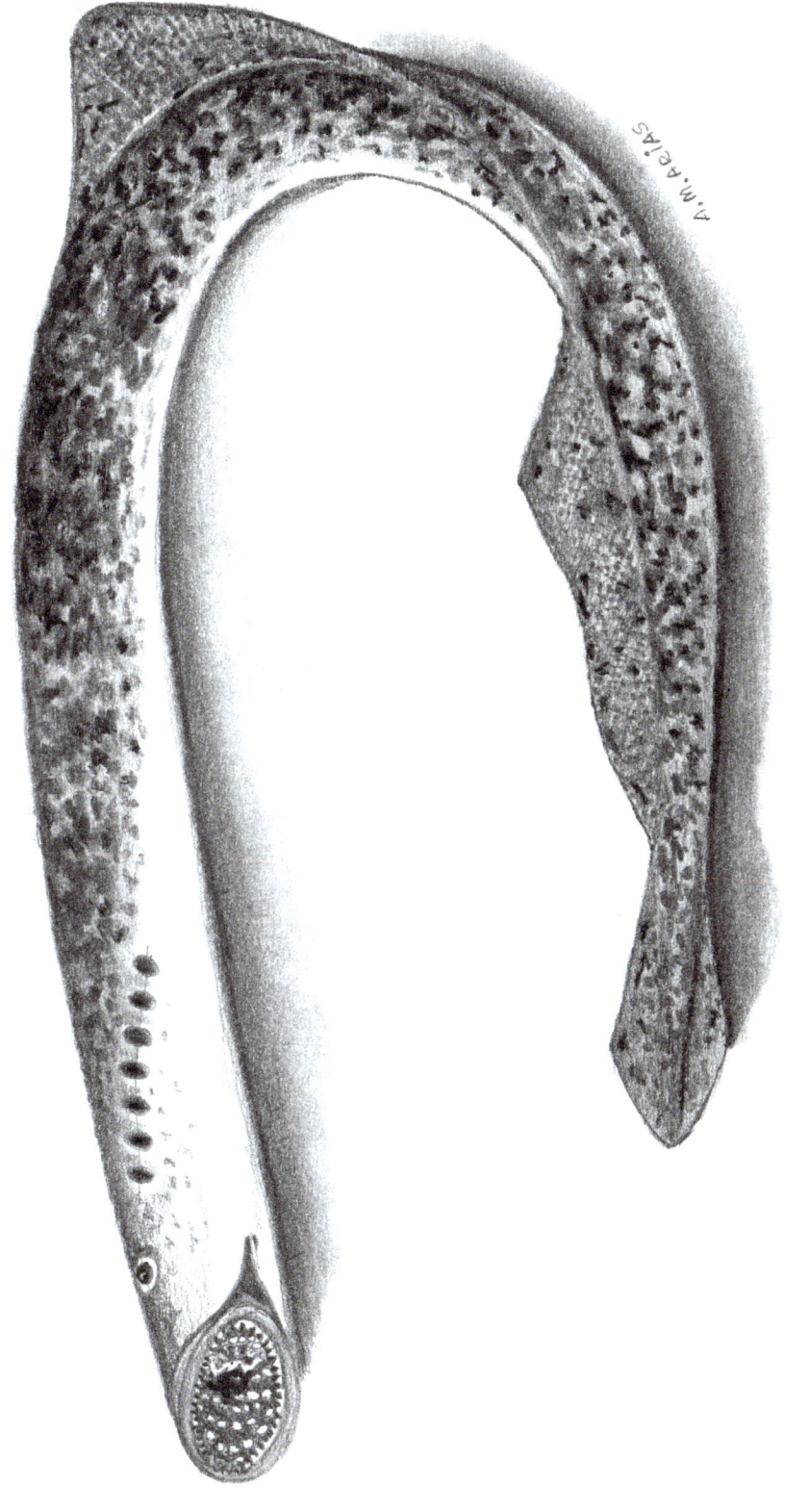

Petromyzon marinus Linnaeus, 1758 - Lamprea
(Dibujo basado en una fotografía de L. Peña, en www.ictioterm.es)

LÁMINA 2

APORTACIÓN DE CABRERA

LISTA MANUSCRITA

Alecrín Bocaus

MEMORIA DESCRIPTIVA

«GÉNERO.—*Squalus.*—LINN. En los lados tiene de cuatro á siete agujeros semilunares, que le sirven de agalla; su cuerpo es prolongado; la cabeza varía en las distintas especies.» (p. 166)

«ESPECIE 14.—**El Pexe Peyne.**—*Squalus Galeus.*—LINN. Sus dientes son triangulares y aserrados en sus bordes; las narices junto á la boca y junto á los otros dos agujeros; respiraderos siete; aleta dorsal, una pequeña.» (p. 167)

LISTA IMPRESA

«*El Alecrín*» y «*El Bocaus*», en los listados de ictiónimos que no llegó a identificar (p. 187)

ESTADO ACTUAL

Heptranchias perlo (Bonnaterre, 1788) — Lámina 3
Clase: Elasmobranchii, Orden: Hexanchiformes, Familia: Hexanchidae

Citas en obras anteriores a Cabrera

Squalus (12.) (Artedi, 1738: 97); *Le Perlon* (Broussonet, 1780: 158); *Squalus Perlo* (Bonnaterre, 1788: 10); *Squalus cinereus* (Linnaeus, en Gmelin, 1789: 1497); *Bocaus* (Medina Conde, 1789: 210); *Squale perlon* (Lacépède, 1801: t. 2, 6).

ANÁLISIS

Etimológico

Squalus Galeus: v. en la ficha 12, ya que la asociación de este nombre científico a la especie que nos ocupa fue un error de Cabrera.

Heptranchias perlo: {gr. *hepta*} 'siete' + {gr. *agkos, eos, ous*} 'cañada, valle', en referencia a 'válvulas', o aberturas branquiales (Agassiz, 1842) + {fr. *perle*} 'perla', relativo a los reflejos nacarados de la piel del pez. *Perlo*, de {perla}, cuya etimología se discute, si bien parece probable que proceda de {lt. *perla, perna, ae*}, un tipo de ostra que desprendía reflejos nacarados (*DCECH*).

Ictionímico

En la Lista manuscrita Cabrera recoge los nombres de *alecrín* y *bocaus*, que luego reproduce en la Lista impresa como nombres de peces de Cádiz y Málaga que no pudo examinar ni determinar. Por los conocimientos actuales, es casi seguro que ambos se referían a *Heptranchias perlo*, que sí examinó, aunque él no lo supiera (como se indica en el apartado siguiente), y le asignara un nombre vulgar (*pexe peyne*) y un nombre científico (*Squalus galeus*) erróneos. Por un lado, *alecrín* (Graells, 1887: 187), *alcerrín* (Sarmiento, en Pensado, 1982: 200; Barba y Pons, 2003: 408), *alequín* (Miravent, 1850: 38; *LMP*, mapa 655), *abrequín* y *abeclín* (*IA*: 83) y *janequín* (*LMP*, mapa 650), son variantes de *arlequín*[178] (*IA*: 83). Por otro lado, *bocaus*[179] es una variante gráfica de *bocadulce*. Ambas son voces que designan a tiburones de peligrosa dentadura o de gran tamaño. Así, en orden cronológico de obras con equivalencias científicas, en el *LMP* *alequín* se asocia a *Cetorhinus maximus* (166) y *janequín* a *Prionace glauca*; en *IA*, *abrequín* se registró asociado a *Heptranchias perlo* y *abeclín* a *Carcharodon carcharias*, el *tiburón blanco*. Miravent (1850: 38) dice que *alequín* «corresponde a los peces de cuero o cazonales, llega a hacerse tanto o más corpulento que el atún; es ferocísimo, y armado con dos órdenes de dientes muy aguzados, espesos y semejantes a los dientes de una sierra». Ya que Cabrera a *Carcharodon carcharias* le llama, equivocadamente, *tintorera* o *caella*; a *Prionace glauca*, *caella*; y a *Cetorhinus maximus* (166) no le da nombre —pero queda descartado porque es un pez que se alimenta de zooplancton por filtración a través de sus agallas y no posee dentadura de depredador, solo impresiona por su gran tamaño—, es prácticamente seguro que, por este nombre común de *alecrín*, la especie que estudió nuestro autor fue *Heptranchias perlo*. En cuanto al ictiónimo *bocaus*, actualmente también se registra asociado a *Hexanchus griseus*, otro tiburón de la misma familia, pero con seis aberturas branquiales. El nombre *arlequín* que recoge Cabrera y la imagen de un bufón o de un payaso diabólico que tenemos asociada a él devienen, según el *DCECH*, del francés *Herlequin, Hellequin*, «en la frase *mesnie Herlequin* 'estantigua procesión de diablos', de origen incierto». No es descabellado relacionar a estos peces feroces de terrible dentadura, que en ocasiones se les denomina *perros*, con los que acompañaban a las comitivas de endemoniados en el mito de la cacería del Harlequín (cacería salvaje) en la que «una mesnada de guerreros muertos o el mal cazador producen un terrible estrépito que atemoriza a los hombres» (Alvar López, 1977: 391). *Bocaus* es recogido por Cabrera y Medina Conde (1789: 210) lo aplica a un «pescado de cuero semejante al Cazón, pero su boca mas grande: es dañino [...], largo y delgado» (v. *Hexanchus griseus*, 4).

Taxonómico

La descripción que hizo Cabrera de este pez concuerda en todos sus detalles —sobre todo en lo de «respiraderos siete» [siete aberturas branquiales] y «aleta dorsal una»—, con *Heptranchias perlo*. No hay ninguna otra especie de tiburón en nuestras aguas que presente siete aberturas branquiales. Esto viene a indicar que Cabrera examinó algún ejemplar. Sin embargo, por error le adjudicó un nombre científico equivocado, *Squalus Galeus*, que, junto al nombre común *pexe peyne* que le aplica, corresponde hoy al *cazón*, *Galeorhinus galeus* (10). Es difícil de entender este error por parte de Cabrera, ya que en Gmelin (1789: 1497) tenía la descripción inequívoca de Linneo: «ſpiraculis utrinque ſeptem», es decir, siete espiráculos a cada lado, rasgo morfológico inconfundible. Tal vez hubo un trastoque de datos en la transcripción de Graells.

---

178 Conviene recordar que Machado (1857: 25), que utilizó las listas de nombres de Cabrera, creó el apartado «Piscium vernacula nomina quos umquam vidi» (Nombres vernáculos de peces que nunca he visto), en el que convirtió *alecrín* de Cabrera en *arlequin* [*sic*].

179 Igualmente, Martín Ferrero (1997: 311) transcribió *Bocaus* por «Bocatis».

A. M. ARIAS

Heptranchias perlo (Bonnaterre, 1788) - Alecrín, Bocacus

LÁMINA 3

APORTACIÓN DE CABRERA

LISTA MANUSCRITA

MEMORIA DESCRIPTIVA

«GÉNERO.—*Squalus.*—LINN.» (v. en la ficha anterior)

«ESPECIE 5.ª—**El Boquidulce.**—*Squalus Griscus.*—LINN. Posee seis respiraderos; una sola aleta dorsal; las pectorales horizontales; la anal pequeña.» (p. 166)

LISTA IMPRESA

«GÉNERO 44. *El Boquidulce,* Squalus Griseus *Lin.*» (p. 185)

ESTADO ACTUAL

Hexanchus griseus (Bonnaterre, 1788) — Lámina 4

Clase: Elasmobranchii, Orden: Hexanchiformes, Familia: Hexanchidae

Citas en obras anteriores a Cabrera

Le Griset (Broussonet, 1780: 154); *Squalus Grifeus* (Bonnaterre, 1788: 9); *Squalus griseus* (Linnaeus, en Gmelin, 1789: 1495); *Squale griset* (Lacépède, 1801: t. 2, 70)

ANÁLISIS

Etimológico

Squalus Griseus: {lt. *squaleo, ere*} v. en la especie anterior + {lt. *griseus, a, um*} 'de color gris', relativo a la piel del pez (*PE*).

Hexanchus griseus: {gr. *ex, exa*} 'seis' + {gr. *agkos, eos, ous*} 'cañada, valle', en referencia a 'válvulas', o aberturas branquiales (Liddell, 1883) + {lt. *griseus, a, um*} ídem anterior.

Ictionímico

Al igual que el *bocaus* de la ficha anterior, el nombre *boquidulce* que recogió Cabrera es una variante de *bocadulce*. No existe en la bibliografía explicación de la motivación de esta voz: el *DCECH* no la incluye; Ríos (1977: 175) dice «desconocemos por qué»; y para Barriuso (1986: 87) pudiera tratarse de un «eufemismo contrastivo», apoyado en una supuesta agresividad del pez. Creemos que *bocadulce* constituye un giro irónico para aludir a su peligrosa dentadura, que precisamente no se puede definir como dulce, suave o inofensiva, sino todo lo contrario. La forma *boqui* —en lugar de *boca*— es la más habitual en los compuestos ortográficos que tienen como primer elemento la palabra *boca* (v. la entrada *boca* en el *DCECH*).

Taxonómico

La descripción que hace Cabrera de este pez concuerda, sobre todo en los «seis respiraderos» y «una sola aleta dorsal», con los rasgos morfológicos de las especies que hoy se llaman *Hexanchus griseus* y *Hexanchus nakamurai* Teng, 1962, ambas con una amplia distribución por todos los mares del Globo. No obstante, el hecho de que *Hexanchus nakamurai* no haya sido citada hasta ahora en aguas españolas, de que fuera descrita por primera vez hace relativamente poco tiempo (1962), de que sea menos abundante, de menor tamaño y valor económico inferior, nos inclina a pensar que con seguridad fue *Hexanchus griseus* la especie que examinó Cabrera. Conviene señalar que, tal vez por error de imprenta, en Graells, en la Memoria descriptiva se escribió *Griscus* y en la Lista impresa se corrigió por *Griseus*.

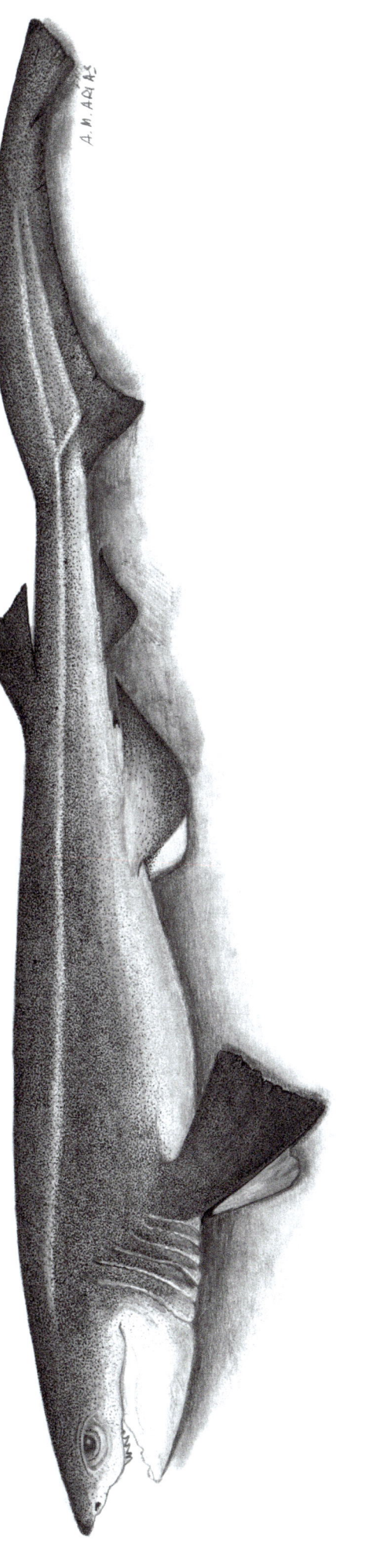

Hexanchus griseus (Bonnaterre, 1788) - Boquidulce

APORTACIÓN DE CABRERA

LISTA MANUSCRITA

Pez Zorro Palitroque

MEMORIA DESCRIPTIVA

«GÉNERO.—*Squalus.*—LINN.» (v. en la ficha 3)

«ESPECIE 15.—**El Pexe Sorro.**—*Squalus Vulpes.*—LINN. Una de las divisiones de su aleta â la cola es de tamaño de todo el cuerpo, cuyo carácter basta para distinguirle.» (p. 167)

LISTA IMPRESA

«GÉNERO 44. *El Pez Zorro, Squalus Vulpes Lin.*» (p. 185)

«*El Palitroque*», en los listados de ictiónimos que no llegó a identificar (p. 187)

COLECCIÓN INSTITUTO

«2. *Alopias vulpes* (Gmelin)» (De Buen, 1919: 252)

ESTADO ACTUAL

Alopias vulpinus (Bonnaterre, 1788) — Lámina 5

Clase: Elasmobranchii, Orden: Lamniformes, Familia: Alopiidae

Citas en obras anteriores a Cabrera

Vulpes, vulpecula (Rondelet, 1558a: 303; L. XIII, c. IX); *Vulpes marina* (Willoughby, 1686: 54; Tab: B.6.2); *Squalus* (8.) (Artedi, 1738: 96); *Le Renard marin* (Broussonet, 1780: 154); *Squalus Vulpes* (Linnaeus, en Gmelin, 1789: 1496); *Squalus Vulpinus* (Bonnaterre, 1788: 9); *Pege zorro, zorro* (Medina Conde, 1789: 245 y 269); *Squale renard* (Lacépède, 1801: t. 2, 67)

ANÁLISIS

Etimológico

Squalus Vulpes: {lt. *squaleo, ere*} v. en la ficha 3 + {lt. *vulpes, is*} 'zorro' (*PE*), relativo al largo lóbulo superior de la aleta caudal.

Alopias vulpinus: {gr. *alopex, ekos*} 'zorro', y nombre de pez en Aristóteles (Sebastián, 1964) + {lt. *vulpinus, a, um*} 'zorruno', relacionado con el zorro y nombre de pez que cita Plinio, que llamó *volpes marina* (*PE*).

Ictionímico

Como es evidente, la denominación *pez zorro* que recogió Cabrera para esta especie tiene su origen en la comparación del largo lóbulo superior de su aleta caudal con la cola del zorro terrestre (*Vulpes vulpes* Linnaeus, 1758). La forma *pexe zorro* no está incluida en la Lista manuscrita. El nombre común *palitroque*, que no llegó a identificar, estaría motivado por la forma de palo tosco y rígido del lóbulo caudal superior, con el que el pez aturde o «apalea» a sus presas al sacudirlo violentamente y golpearlas. Aunque en realidad no podemos asociar con seguridad el ictiónimo *palitroque* a *Alopias vulpinus* por falta de más elementos identificativos, suponemos que sí se refería a esta especie por los siguientes datos documentales. Por un lado, en *Noticia de todas las especies de pezes*, en 1756, se menciona al *pexepalo* (Pensado, 1982: 202) y a los *pexespalo* (Barba y Pons, 2003: 409) en la lista de «Ballenas, ballenatos, bufeos... y otros Pescados de enmensa magnitud desconocidos...», y *Alopias vulpinus* es un pez de gran tamaño. Por otro lado, Lozano Rey (1928: 411) documenta en Andalucía una asociación similar: *Pez palo-Alopias vulpinus*. Al margen de esto, cabe señalar que Graells, en la nota 5 (p. 167), corrige a Cabrera sobre la autoría de esta especie al indicar «Non Linn. sed Gmelin» [No Linneo, es Gmelin]. Pero esto es cierto solo a medias, ya que, efectivamente, la autoría no es atribuible a Linneo, pero tampoco a Gmelin (1789), sino que corresponde a Bonnaterre (1788: 9).

Taxonómico

Como dice Cabrera en la descripción de esta especie, el gran tamaño del lóbulo superior de la aleta caudal «basta para distinguirle», refiriéndose a la comparación de esta especie con cualquier otra de peces. En efecto, pero parece seguro que él ignoraba que en aguas andaluzas podía encontrarse otra especie también llamada *pez zorro* (*Alopias superciliosus* Lowe, 1841) —cuya existencia no fue citada hasta muchos años después de la muerte del religioso—. Sin embargo, las diferencias morfológicas (coloración gris, ojos alargados verticalmente) con la especie que nos ocupa son tan patentes que creemos que, de haber observado algún ejemplar de *Alopias superciliosus*, no le habría pasado inadvertida a Cabrera. Cabe señalar que De Buen determinó un ejemplar de *Alopias vulpinus* entre las muestras de peces de Cabrera conservadas en la Colección del Instituto de Cádiz, lo que vendría a corroborar la designación correcta que hizo nuestro autor.

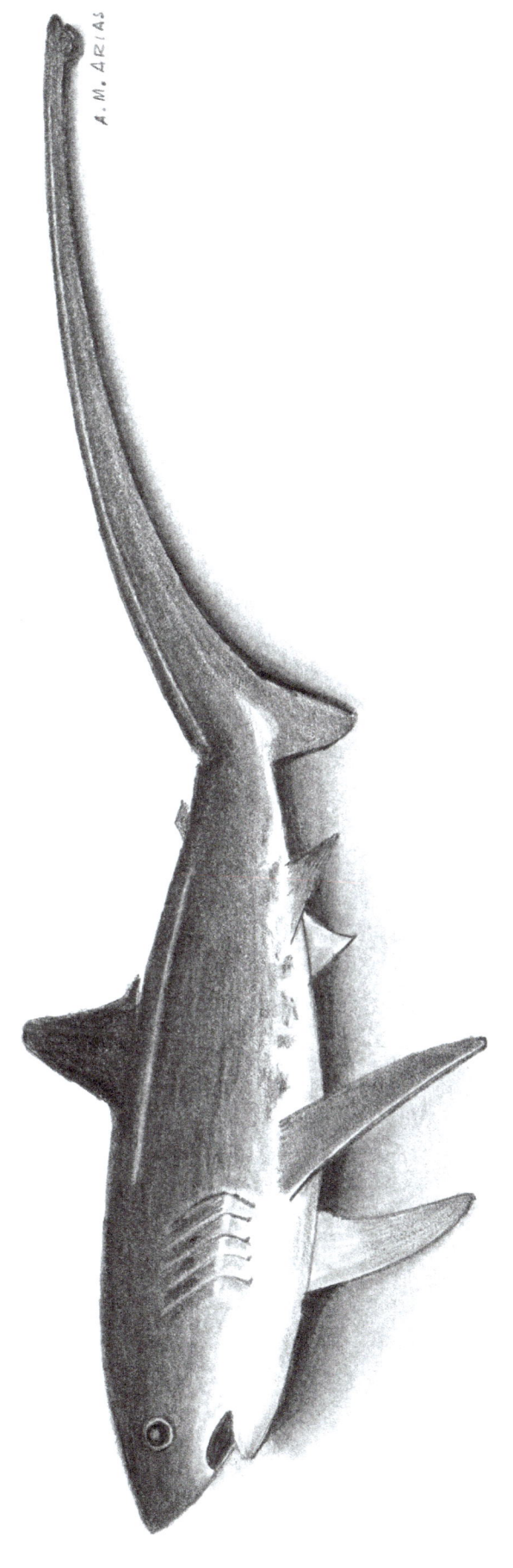

Alopias vulpinus (Bonnaterre, 1788) - Pez Zorro

LÁMINA 5

APORTACIÓN DE CABRERA

LISTA MANUSCRITA

Jaquetón Salvage

MEMORIA DESCRIPTIVA
   «GÉNERO.—*Squalus.*—LINN.» (v. en la ficha 3)
   «ESPECIE II.—**La Tintorera ó Caella.**—*Squalus Carcharias.*—LINN. Los dientes triangulares y aferrados son muchísimos; la boca grande; el hocico terminado en punta. Es pez grandísimo y voracísimo.» (p.167)
LISTA IMPRESA
   «GÉNERO 44. *El Jaquetón*, Varietas» (p.185)
   «*El Salvage*», en los listados de ictiónimos que no llegó a identificar (p.187)

ESTADO ACTUAL
Carcharodon carcharias (Linnaeus, 1758) — Lámina 6
Clase: Elasmobranchii, Orden: Lamniformes, Familia: Lamnidae

Citas en obras anteriores a Cabrera
Le Lamie (Rondelet, 1558a: 305; L.XIII, c.XI); *Canis Carcharias* (Willoughby, 1686: 47, Tab: B.9.1); *Squalus* (14.) (Artedi, 1738: 98); *Squalus Carcharias* (Linnaeus, 1758: 235); *Requin* (Broussonet, 1780: 159); *Requin, Squalus Carcharias* (Bonnaterre, 1788: 10; pl.7, fig.20); *Squalus Carcharias* (Linnaeus, en Gmelin, 1789: 1498); *Salbaja ò salbaje* (Medina Conde, 1789: 255)

ANÁLISIS
Etimológico
Squalus Carcharias: {lt. *squaleo, ere*} v. en la ficha 3 + {gr. *karcharias, ou*} 'un tipo de tiburón conocido por sus dientes afilados'.
   Carcharodon carcharias: {gr. *karcharodon, ontos*} 'de dientes agudos', referido a los tiburones comedores de hombres (Liddell, 1883) + {gr. *karcharias, ou*} idem anterior.

Ictionímico
En la Memoria descriptiva Cabrera recogió *tintorera* y *caella*, dos nombres vulgares equivocados —empleados frecuentemente en Cádiz para designar al escualo *Prionace glauca* (Linnaeus, 1758)—, asociados a una descripción y a un nombre científico correctos. Por otra parte, en la Lista manuscrita y en la Lista impresa incluyó *jaquetón* y *salvage*, este último, según Graells (1887: 187), como nombre vulgar de alguna especie que no pudo examinar ni determinar. Con los conocimientos actuales y a la vista de la información de conjunto de sus aportaciones sobre escualos y de la bibliografía ictionímica andaluza[180], podemos afirmar que Cabrera se refería a *Carcharodon carcharias*. *Jaquetón* es una voz derivada de *jaque* 'amenaza' (*DCECH*), en relación con la fisonomía de este pez de peligrosa dentadura y gran tamaño. De aquí que a la persona corpulenta se le denomine, en muchas partes de Andalucía, *jaquetón* o *jaquetona* (Alvar Ezquerra, 2000). Se documenta por primera vez como ictiónimo en Andalucía en Medina Conde (1789: 255). Asociado a *Carcharodon carcharias* la primera cita en Andalucía es de Rodríguez-Roda (1960: 112). Por su parte, Crespo *et al.* (2001: 198) citan *jaquetona* también asociado a *Carcharodon carcharias*. En cuanto a *salvage*, en Medina Conde encontramos lo siguiente: «*Salbaja ò Salbaje*» asociado a un pez que describe como «semejante al *Cazon*, solo que no tiene la aleta de él: boca ancha y grande, los dientes anchos, al modo de una sierra.» En efecto: si el *Cazon* al que se asemeja el *salvage* de Cabrera es *Galeorhinus galeus* (10) (Linaeus, 1758), *Carcharodon carcharias* no tiene la aleta caudal tan acostada, pero sí coincide con las siguientes características: posee la boca ancha y grande y los dientes anchos, de tal manera que recuerdan al filo de una antigua sierra de carpintero, de las que se manejaban entre dos personas. *Salvage* (*salvaje*), que denota con su nombre la ferocidad de este animal, se documenta por primera vez como ictiónimo en Andalucía en Medina Conde. Este ictiónimo no se utiliza en la actualidad en el sector pesquero andaluz.

Taxonómico
La descripción que hace Cabrera de este pez concuerda en todos sus detalles con los rasgos morfológicos de *Carcharodon carcharias*, uno de cuyos sinónimos aceptados es *Squalus Carcharias*, que correctamente le aplicó. Esto viene a indicar que Cabrera vio algún ejemplar de esta especie, o alguna imagen similar en los libros que consultaba. Sin embargo, equivocadamente le asoció los nombres vulgares de *tintorera* y *caella*, que son propios de *Prionace glauca* (13). Si bien la *caella*, *Prionace glauca*, también alcanza gran tamaño, tiene los dientes con el borde aserrado y es un pez muy voraz, no es un «pez grandísimo», ni tiene la «boca grande», ni sus dientes «son muchisimos», como en el colosal *Carcharodon carcharias*. En la Addenda de la Memoria descriptiva Cabrera rectifica e incluye el nombre *caella* asociado a *Squalus Glaucus* (p.170), un sinónimo, y describe a la especie muy escuetamente, pero de manera acertada: «Las aletas dorsal y anal opuestas. Los dientes agudos». Con todo, sus dudas persisten en la Lista impresa, donde ¿olvidó? incluir a *Squalus Carcharias*, si bien lo menciona por su nombre común andaluz: *jaquetón*, aunque acompañado de un desconocido «Varietas», es decir variedad de otra especie que no concretó.

---

180   Rodríguez-Roda (1960: 112); Abad *et al.* (1988: 201); *LMP* (mapa 651).

Carcharodon carcharias (Linnaeus, 1758) - Jaquetón, Salvage

(Dibujo basado en una fotografía sin autor, en https://pinterest.com)

LÁMINA 6

APORTACIÓN DE CABRERA

LISTA MANUSCRITA

MEMORIA DESCRIPTIVA

«GÉNERO.—*Squalus.*—LINN.» (v. en la ficha 3)

«ESPECIE 3.ª—**El Marrajo**.—*Squalus Nasus, Boneter y Bruson.* A cada lado de la cola se observan ciertas prominencias y pliegues en el cutis; las aletas dorsal segunda y anal opuestas y pequeñas.» (p. 166)

LISTA IMPRESA

«GÉNERO 44. *El Marrajo*, Squalus Nasus *Boneter.*» (p. 185)

COLECCIÓN INSTITUTO

«6. *Isurus Spallanzani* Raf.» (De Buen, 1919: 252)

ESTADO ACTUAL

Isurus oxyrinchus Rafinesque, 1810 — Lámina 7

Clase: Elasmobranchii, Orden: Lamniformes, Familia: Lamnidae

Citas en obras anteriores a Cabrera

Sorrat, Lamiole (Rondelet, 1558a: 307); *Marrajo* (Medina Conde, 1789: 232); *Isurus Oxyrinchus* (Rafinesque, 1810: 12; pl. XIII)

ANÁLISIS

Etimológico

Squalus Nasus: {lt. *squaleo, ere*} v. en la ficha 3 + {lt. *nasus, i*} 'nariz, hocico, morro' (*PE*), por su morro agudo.

Isurus oxyrinchus: {gr. *isos, e, on*} 'igual' + {gr. *oura, as*} 'cola', en alusión a los lóbulos de la aleta caudal, que son casi iguales + {gr. *oxys, eia, y*} 'agudo, afilado' + {gr. *rhynchos, eos, ous*} 'hocico, morro', por su rostro alargado y picudo (Castro, 2011: 267).

Ictionímico

El nombre de *marrajo* es una creación léxica expresiva que tiene su origen en el maullido del gato (Barbier, 1915: 318-319; Barriuso, 1986: 92). En este mismo sentido, la forma *marrajo* estaría emparentada con el *marraix* valenciano y el *marraxo* portugués, formas evolucionadas de la onomatopeya *marramao*, que justifica el *DCECH* como castellanismos del *maraca* vasco, adoptados en el siglo XVI. La voz *marrajo* se documenta por primera vez en Andalucía en 1501, en una *Ordenanza* de Málaga (Malpica, 1984: 111).

Taxonómico

Cuando Cabrera examinó a este *marrajo*, habitual en las pesquerías gaditanas, Rafinesque ya había descrito la especie siete años antes, en 1810. Mucho antes aún, Rondelet (1558: 307) también mencionó e ilustró, aunque no fidedignamente, a un posible *marrajo* al que llamó *sorrat*. Esta especie no se encuentra en Linneo y nuestro autor consultó las obras de Bonnaterre y Broussonet[181], ambas de 1788, en las que se cita, únicamente, a *Squalus nasus*. No tuvo otra opción que denominar así al marrajo que examinaba. *Squalus nasus* es hoy un sinónimo de *Lamna nasus* descrito por Bonnaterre (1788: 10), acompañado de una ilustración poco afortunada (Pl. 85, fig. 350). *Lamna nasus* es una especie de rara presencia en aguas gaditanas. La descripción que hizo Cabrera del marrajo que examinó puede servir igualmente para *Isurus oxyrinchus*, el marrajo frecuente en nuestras costas. Dado que De Buen (1919: 252), entre las muestras de peces de Cabrera conservadas en la Colección del Instituto de Cádiz, determinó un ejemplar de «*Isurus Spallanzani* Raf.», sinónimo de *Isurus oxyrinchus*, frecuente en las pesquerías del golfo de Cádiz, nos inclinamos a pensar que esta fue realmente la especie que examinó Cabrera y no *Lamna nasus*.

---

181 Cuyos nombres abrevió con «*Boneter y Bruson*» y luego solo «*Boneter*» en la Lista impresa.

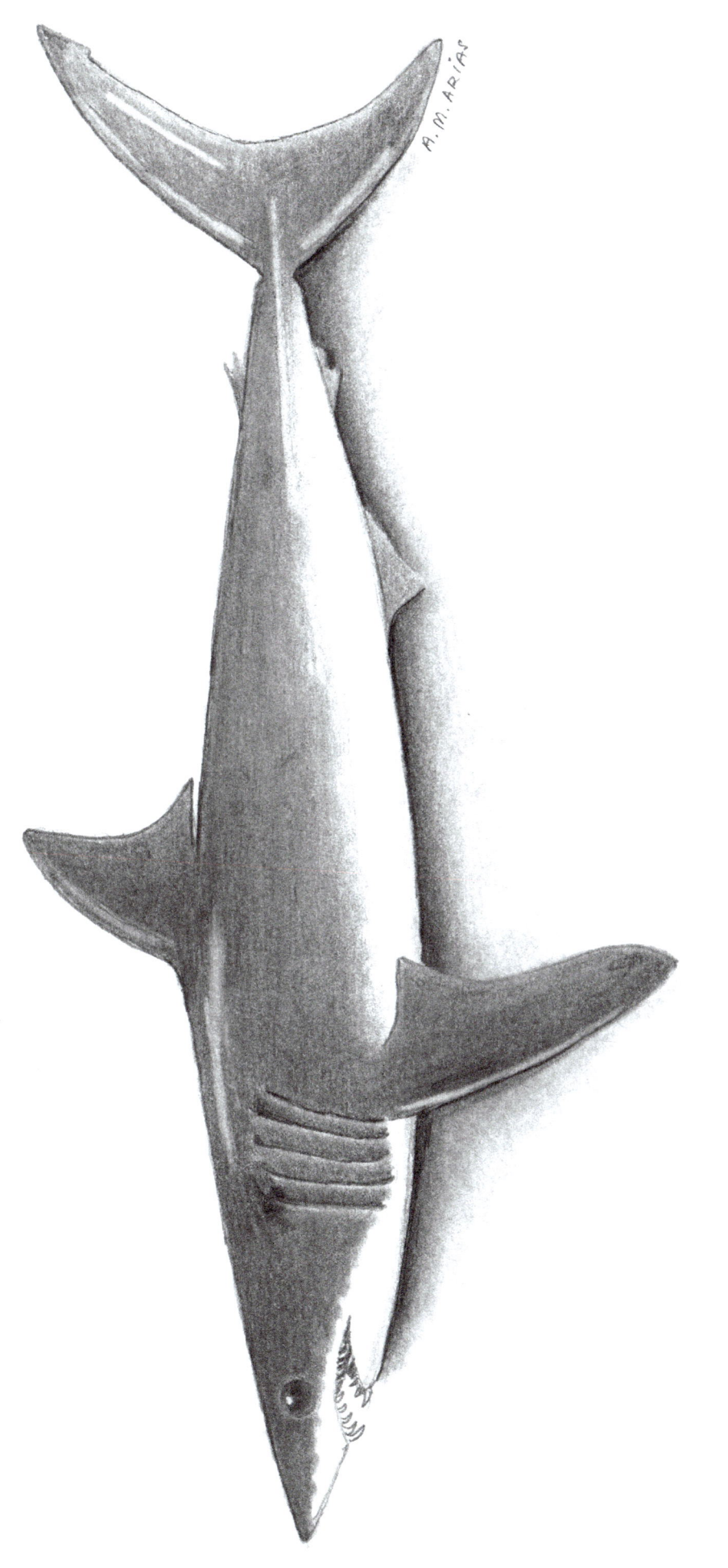

Isurus oxyrinchus Rafinesque, 1810 - Marrajo

APORTACIÓN DE CABRERA

LISTA MANUSCRITA

Pinta=roja

MEMORIA DESCRIPTIVA
  «GÉNERO.—*Squalus.*—LINN.» (v. en la ficha 3)
  «ESPECIE 6.ª—**La Pintarroja.**—*Squalus Rufescens.*—Sp. N. Es afine al *Squalus Canicula*, pero se distingue en ser más pequeño; el cutis poco áspero; la boca chica. Comparece [Compárese] con el *Squalus Stellaris*, vulgo Pique. Parecen variedades.» (p. 166)
LISTA IMPRESA
  «GÉNERO 44. *La Pintarroja*, Squalus Canicula *Lin.*» (p. 185)
  «GÉNERO 44. *El Pez Perro*, Squalus Catulus *Lin.*» (p. 185)

ESTADO ACTUAL
Scyliorhinus canicula (Linnaeus, 1758) — Lámina 8
Clase: Elasmobranchii, Orden: Carcharhiniformes, Familia: Scyliorhinidae

Citas en obras anteriores a Cabrera
Canicula aristotelis (Rondelet, 1558a: 298; L. XIII, c. VI); *Catulus major vulgaris* (Willoughby, 1686: 62, Tab: B.4.1); *Squalus* (10.) (Artedi, 1738: 97); *Pintarroja o lija, Cazon, Squalus Canicula* (Löfling, 1753); *Squalus Canicula* (Linnaeus, 1758: 234); *La Rouſſette* (Broussonet, 1780: 143); *Squalus Catulus* (Bloch, 1786: ptie. 3: 19. Pl. CXIV); *Squalus Canicula* (Bonnaterre, 1788: 6; pl. 6, fig. 17); *Squalus catulus* (Cornide, 1788: 131); *Squalus Canicula* (Linnaeus, en Gmelin, 1789: 1490); *Pintarroja* (Medina Conde, 1789: 246); *Squalus roussette* (Lacépède, 1801: t. 2, p. 8); *Squalus Catulus* (Asso, 1801: 51)

ANÁLISIS
Etimológico
Squalus Rufescens: {lt. *squaleo, ere*} v. en la ficha 3 + {lt. *rufescens, entis*} derivado de {*rufus, a, um*} 'rojizo' (*PE*), por el color de la piel.
Squalus Canicula: {lt. *squaleo, ere*} v. en la ficha 3 + {lt. *canicula, ae*} entre cuyos significados encontramos: 'perrita', por la dentadura, que recuerda a la de los perros; 'constelación de estrellas', relacionado con la multitud de manchitas de la piel, que pueden asemejarse a un cielo estrellado; y también 'perro de mar', un tipo de pez (*PE*).
Squalus Catulus: {lt. *squaleo, ere*} v. en la ficha 3 + {lt. *catulus, i*} 'perro pequeño', v. más en la especie anterior. La raíz *catulus* se deriva de {lt. *catus, i*} 'gato' (Wilbur, 1954: 189).
Scyliorhinus canicula: {gr. *skylax, akos*} 'perrillo, cachorro', por su menor tamaño respecto a otros tiburones + {gr. *rhis, rhinos*} 'nariz, morro', en alusión a los faldones nasales (Liddell, 1883) (también, del {gr. *skylion-rhine*} 'escualo, perro de mar-lima' y {gr. *skylax, akos*} 'cachorro' y piel de lija (Barriuso, 1986: 201) + *canicula* {lt. *canicula, ae*} ídem anterior.

Ictionímico
El nombre *pintarroja* que recogió Cabrera para esta especie se debe al gran número de manchas (pintas) rojizas que se extienden por la piel del animal. Hay que señalar que en el original manuscrito del nombre *pintarroja*, Cabrera (o su calígrafo) escribió *Pinta=roja* con un signo igual en medio de la palabra, que Martín Ferrero (1997: 311) transcribió como *Pintarroja*. En otros casos también escribió el mismo signo, como en *Pito=real* (*Macroramphosus scolopax*, 64) y en *Tapa=culo* (*Citharus linguatula*, 70). Posiblemente, Cabrera quiso marcar una transición entre la unidad pluriverbal analítica hacia la sintética, según su criterio, aún no instaurada. El ictiónimo *pintarroja* se documenta por primera vez en Andalucía en Beltrán (1612: 34). El nombre común *pez perro*, que no figura en la Lista manuscrita, alude a la dentadura de estos peces, similar a la del animal terrestre del mismo nombre.

Taxonómico
De lo que anotó en la Memoria descriptiva y en la Lista impresa se deduce fácilmente que Cabrera tenía algunos problemas de identificación con esta especie, con la siguiente, *Scyliorhinus stellaris*, ambas muy parecidas entre sí, y con *Mustelus asterias* (11), problemas tal vez provocados por los errores o inexactitudes que contenían las obras de algunos de sus predecesores, como Cornide, Asso o Medina Conde, que él consultaba y que tampoco tenían clara la identificación de estas especies. En conjunto, en la confusión están involucrados en intrincada mezcla cinco nombres científicos (*Squalus Rufescens, Squalus Canicula, Squalus Catulus, Squalus Stellaris* y *Squalus Ocellaris*) y cuatro nombres comunes (*pintarroja, alitán, pez perro* y *pique* o *pigue*). Con los conocimientos actuales de la ictiofauna andaluza sabemos que *Squalus rufescens* es un *nomen nudum* (sin equivalencia), y que *Squalus Catulus* es sinónimo de *Squalus canicula*. Así, estos nombres científicos y comunes se refieren solo a tres especies: *Scyliorhinus canicula* (*pintarroja* y *pez perro*), *Scyliorhinus stellaris* (*alitán*) y *Mustelus asterias* (*pique*). En la especie que nos ocupa (*Scyliorhinus canicula*), Cabrera elaboró una descripción confusa de lo que creía una especie nueva, *Squalus Rufescens*, pero no estaba seguro y dijo que era «afine a *Squalus Canicula*» (que no describió) y que se parecía a *Squalus stellaris*, el Pique, porque «parecen variedades». Pero en la descripción del Pique (o **Pigue** en la Addenda, p. 172), vemos que confundía las especies, ya que con el cuerpo «goteado de manchas blancas sobre fondo oscuro», se refiere al actual *Mustelus asterias* (11), como es característico de este tiburón, y no al revés, con el cuerpo goteado de manchas negras sobre fondo claro, que es lo que presenta *Scyliorhinus canicula*. En resumen, en este caso, *Squalus Rufescens, Squalus Canicula* y *Squalus Catulus* se reducen hoy a *Scyliorhinus canicula*, la *pintarroja*, que es la especie que creemos examinó Cabrera en esta ocasión. La designación como especie nueva no es válida, ya que esta especie, documentada desde Rondelet (1558), está descrita en Artedi (1738), Löfling (1753), Linneo (1758) y Bonnaterre (1788), entre otros. En la Lista impresa Cabrera rectificó y la incluyó con el nombre correcto: «*Pintarroja-Squalus Canicula* Lin.», pero mantuvo «*Pez Perro-Squalus Catulus* Lin.» creyendo que se trataba de otra especie.

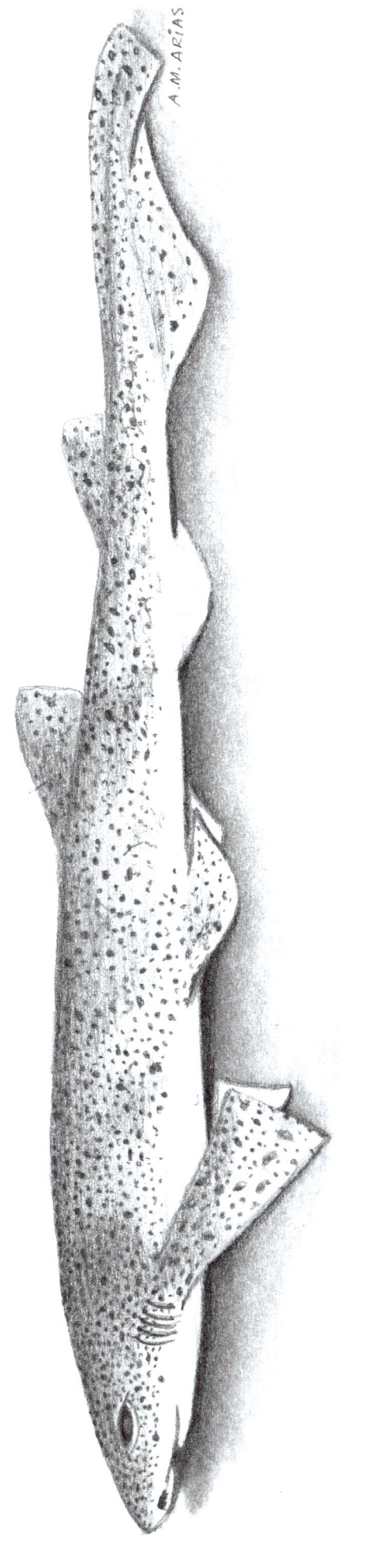

Scyliorhinus canicula (Linnaeus, 1758) - Pintarroja

APORTACIÓN DE CABRERA

LISTA MANUSCRITA

MEMORIA DESCRIPTIVA

«GÉNERO.—*Squalus.*—LINN.» (v. en la ficha 3)

«ADDENDA. ESPECIE.—**Alitan.**—*Squalus Ocellaris*. Tiene el dorso manchado de negro en fondo blanco, nunca rojizo; carece de las manchas junto a los ojos, pero le convienen las demás propiedades.» (p. 172)

LISTA IMPRESA

«GÉNERO 44. *El Alitán,* Squalus Ocellaris *Lin.*» (p. 185)

COLECCIÓN INSTITUTO

«1. Scyllium stellaris (L.)» (De Buen, 1919: 252)

ESTADO ACTUAL

Scyliorhinus stellaris (Linnaeus, 1758) — Lámina 9

Clase: Elasmobranchii, Orden: Carcharhiniformes, Familia: Scyliorhinidae

Citas en obras anteriores a Cabrera

Du Chat rochier (Rondelet, 1558a: 300; L. XIII, c. VII); *Catulus minor* (Willoughby, 1686: 64, Tab: B.4.2); *Squalus* (11.) (Artedi, 1738: 97); *Squalus Stellaris* (Linnaeus, 1758: 235); *Le chat rochier* (Broussonet, 1780: 145); *Squalus Stellaris* (Bonnaterre, 1788: 7; pl. 6, fig. 18); *Squalus ſtellaris* (Linnaeus, en Gmelin, 1789: 1491); *Squalus carcharias* (Cornide, 1788: 132)

ANÁLISIS

Etimológico

Squalus Ocellaris: {lt. *squaleo, ere*} v. en la ficha 3 + {lt. *ocellus, i*} 'ojo, ojo pequeño', relativo a las manchas redondeadas del cuerpo, que podrían interpretarse como ojos.

Scyliorhinus stellaris: {gr. *skylax, akos*} y {gr. *rhis, rhinos*} v. en la especie anterior + {lt. *stellaris, e*}, relacionado con las manchitas del cuerpo, que semejan estrellas, de {lt. *stella, ae*} 'estrella' (*PE*).

Ictionímico

Cabrera recogió para esta especie los nombres de *alitán* (también escrito *alitan*) y *pez perro* (también como *pexe perro*). La denominación *alitán* tiene una etimología incierta. No obstante, creemos que podría tener relación con el portugués *leitào* 'cerdito, lechón o cochinillo', ya que por su aspecto rechoncho y su morro abultado recuerda al cerdo terrestre, y a que otras especies de escualos de mayor porte de las aguas andaluzas, como *Centrophorus granulosus* (167) y *Oxynotus centrina* (204) (*IA*: 117 y 125) reciben también los nombres de *cochino, cochina, guarro, guarro de la mar* y *marrano*, entre otros. En cuanto a las formas *pexe perro* y *pez perro* (que no figuran en la Lista manuscrita), aluden a la dentadura del pez, similar a la del animal terrestre del mismo nombre. Las citas de *alitan, alitán, pexe perro* y *pez perro* en los escritos de Cabrera constituyen las primeras documentaciones en la bibliografía ictionímica andaluza.

Taxonómico

La denominación científica *Squalus Ocellaris Lin.*, utilizada por Cabrera en la descripción (p. 172), la atribuyó por error a Linneo —ya que este, en la página 235 de su *Systema Naturae*, lo que citó expresamente fue *Squalus stellaris*—. Según esto, ante un pez con el nombre de *alitán*, que «carece de las manchas junto a los ojos», que «tiene el dorso manchado de negro en fondo blanco [no del todo blanco]», que «le convienen [se ajusta a] las demás propiedades [del género *Squalus*]», lo más probable es que la especie que examinó Cabrera fuera *Scyliorhinus stellaris*. Hay que señalar que, en el enrevesado cruce de equivalencias científicas, nombres comunes y descripciones que Cabrera produjo, ya hizo referencia a la especie objeto de esta ficha cuando la incluyó como «*Squalus stellaris*», en la descripción de la *pintarroja* (p. 166), cosa que se contradice con lo que escribió en la «ADDENDA—**El Pigue**.—*Squalus Stellaris*» (p. 172) al describir unas características morfológicas que corresponden a *Mustelus asterias* (11), un pez muy distinto. De Buen (1919) determinó un ejemplar de *Scyliorhinus stellaris* en la Colección del Instituto de Cádiz, lo que vendría a confirmar nuestra teoría.

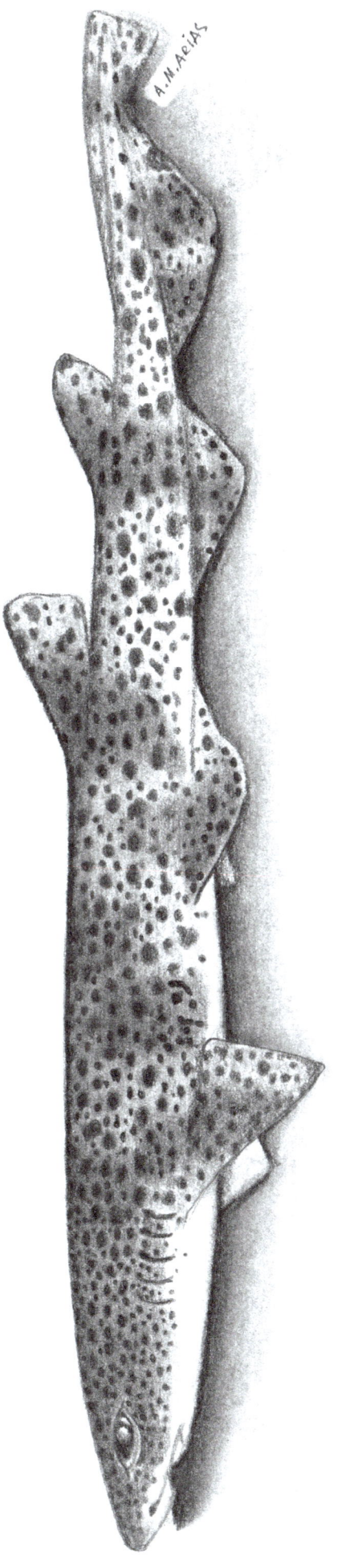

Scyliorhinus stellaris (Linnaeus, 1758) - Alitán

APORTACIÓN DE CABRERA

LISTA MANUSCRITA

MEMORIA DESCRIPTIVA

«GÉNERO.—*Squalus.*—LINN.» (v. en la ficha 3)

«ESPECIE 16.—**El Pexe Perro**.—*Squalus Catulus.*—LINN. La cabeza grande; el color manchado; la aleta dorsal posterior a las ventrales pequeña; la anal opuesta a la dorsal segunda; los lados algo comprimidos.» (p. 168)

LISTA IMPRESA

«GÉNERO 44. *El Pez Peine*, Squalus Galeus *Lin.*» (p. 185)

«*El Dentudo*», en los listados de ictiónimos que no llegó a identificar (p. 187)

ESTADO ACTUAL

Galeorhinus galeus (Linnaeus, 1758) — Lámina 10

Clase: Elasmobranchii, Orden: Carcharhiniformes, Familia: Triakidae

Citas en obras anteriores a Cabrera

Galeus canis (Rondelet, 1558a: 295; L. XIII, c. IIII); *Catulus galeus* (Willoughby, 1686: 51; Tab: B.6.1); *Squalus* (9.) (Artedi, 1738: 97); *Cason, caun, cazón, cazon-Squalus galeus* (Löfling, 1753); *Squalus Galeus* (Linnaeus, 1758: 234); *Le Milandre* (Broussonet, 1780: 146); *Squalus Galeus* (Bonnaterre, 1788: 7; pl. 6, fig. 16); *Squalus galeus* (Cornide, 1788: 130); *Squalus Galeus* (Linnaeus, en Gmelin, 1789: 1492)

ANÁLISIS

Etimológico

Squalus Galeus: {lt. *squaleo, ere*} 'ser áspero, rugoso o erizado'. De ahí derivan las raíces {lt. *squalus, i*} tiburón y {lt. *squalidus a, um*} 'rudo, erizado, mal vestido, repugnante (*PE*) + {gr. *galeos, ou*} un tipo de tiburón asociado al significado de 'gata, comadreja' (Liddell, 1883; Sebastián, 1964).

Galeorhinus galeus: {gr. *galeos, ou*} ídem anterior + {gr. *rhis, rhinos*} 'nariz, morro', por el morro picudo del pez (Liddell, 1883).

Ictionímico

Los nombres comunes que Cabrera recoge, *pez peine* (también *pexe peyne*) y *dentudo*, aluden a la dentadura del pez, provista de varias hileras de dientes afilados como las púas de un peine. El nombre común *pez perro* (o *pexe perro*), que no figura en la Lista manuscrita, también encajaría en la especie objeto de esta ficha, puesto que alude a su dentadura, similar a la de los animales terrestres homónimos, pero Cabrera la asoció a *Squalus catulus*, sinónimo de *Scyliorhinus canicula*, la *pintarroja*. El ictiónimo *pez peine*, que se documenta por primera vez en Andalucía en los listados de Cabrera, pervive hasta 1898 (Navarrete, 1898: 149). Respecto a *dentudo*, lo encontramos ya en 1756 (*bentudo*, Barba y Pons, 2003: 408), y en diversas formas, sigue en uso hasta la actualidad (*dentúo, entúo* y *dientúo, IA*: 101). Cabrera no supo asociar este ictiónimo a la especie en cuestión, y quedó en la lista de los que «no se han podido examinar ni determinar» (Graells, 1887: 187), pero vemos que sí examinó a la especie. Aunque *Galeorhinus galeus* es conocido en Andalucía principalmente con el nombre de *cazón*, e incluso como *cazón auténtico* en algunos puertos andaluces (en relación con la buena calidad de su carne —no así para Medina Conde [1789: 215], que decía: «*Cazón*: pescado conocido, y su comida no es muy apreciable [...] carne dura»—), es frecuente desde antiguo que la voz *cazón* se aplique también a otras especies de escualos de menor calidad gastronómica, especialmente a *Mustelus mustelus* (12), que es la que Cabrera recogió con este nombre.

Taxonómico

Como ya le ocurrió en un caso anterior (ficha 3), aquí Cabrera describió correctamente a la especie, pero le asoció un nombre científico equivocado, *Squalus catulus*, que es sinónimo de *Scyliorhinus canicula* (8). Creemos que este hecho debe interpretarse como un olvido o una pérdida de sus anotaciones o un error de transcripción por parte de Graells. Por tanto, en este caso la descripción y el ictiónimo utilizado correspondían a *Galeorhinus galeus*.

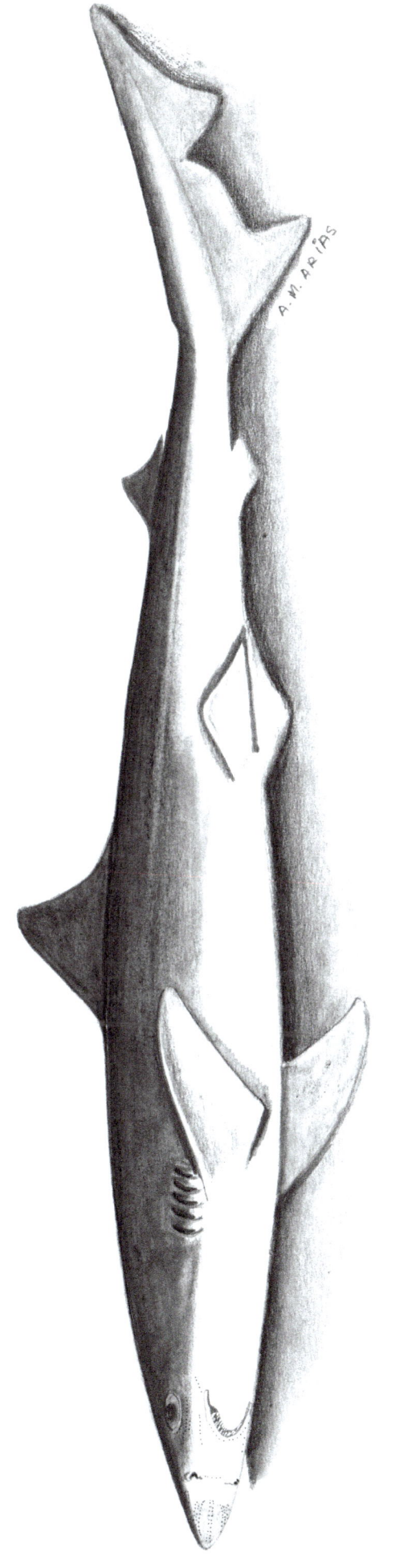

Galeorhinus galeus (Linnaeus, 1758) - Pez peine, Dentudo

APORTACIÓN DE CABRERA

MEMORIA DESCRIPTIVA

«ADDENDA. ESPECIE.—**El Pigue**.—*Squalus Stellaris*. La nariz con dos lóbulos; la última aleta del dorso cercana à la cola; goteado de manchas blancas sobre fondo oscuro; el vientre blanquizco. Compárese con la Pintarroja.» (p. 172)

ESTADO ACTUAL

Mustelus asterias Cloquet, 1819 — Lámina 11

Clase: Elasmobranchii, Orden: Carcharhiniformes, Familia: Triakidae

Citas en obras anteriores a Cabrera

Chien de mer eſtellé (Rondelet, 1558a: 295; L. XIII, c. III); *Mustelus stellaris primus* (Willoughby, 1686: 63); *Pique, Squalus Punctata* (Löfling, 1753); *Le lentillat* (Bonnaterre, 1788: 7)

Primera cita posterior a Cabrera

Mustelus asterias (Cloquet, 1819: 407)

ANÁLISIS

Etimológico

Squalus Stellaris: {lt. *squaleo, ere*} v. en la ficha 3 + {lt. *stellaris, is*} 'estrellado', con manchas.

Mustelus asterias: {lt. *mustela, ae*} 'comadreja' (*PE*), tal vez por la flexibilidad del cuerpo del pez, como la del mustélido (Liddell, 1883) + {gr. *asteraeis, essa, en*} 'estrellado' (*PE*), por los puntitos blancos del dorso sobre el fondo oscuro de la piel (Liddell, 1883).

Ictionímico

El *pigue* que utiliza Cabrera para designar a esta especie es una variante, con la velar sonorizada, del ictiónimo *pique*, de origen desconocido y sin explicación en la bibliografía ictionímica andaluza. Se documenta por primera vez en 1501 (Malpica, 1984: 112). Los pescadores andaluces lo emplean para denominar también a *Mustelus mustelus* (*IA*: 103). En varios puertos gaditanos, *pique* se emplea como denominación del ejemplar pequeño, como dice Cabrera en su descripción de *Mustelus mustelus* (12), aunque en Chipiona designan con él a la hembra.

Taxonómico

A su manera, en esta ocasión Cabrera describió correctamente la especie y le asoció un nombre vulgar correcto, pero la designó con un nombre científico equivocado. A la vista del conjunto de sus aportaciones sobre escualos menores, el «goteado de manchas blancas sobre fondo oscuro» de la descripción y el nombre *pigue* son rasgos suficientes para decantarnos por *Mustelus asterias* como la especie que examinó, ya que no hay ninguna otra con esta característica en nuestras aguas, salvo *Squalus acanthias*, pero esta especie queda descartada porque posee una espina delante de las aletas dorsales, rasgo del que carece *Mustelus asterias*. También es definitivo el hecho de que utilice *pigue* como nombre vulgar, que escribe *pique* en otras ocasiones (p. 166 y 167), ya que así son conocidos hoy estos peces en Andalucía, aunque hay algunas confusiones (v. *IA*: 121 y 123). Sin embargo, su *Squalus Stellaris* es una denominación equivocada, pues se trata de un sinónimo de *Scyliorhinus stellaris* (9), el *alitán*, un tiburón muy distinto. Aunque la primera cita formal de la especie es posterior a Cabrera (Cloquet, 1819), nuestro autor no fue el primero en mencionarla, ya que existen citas de autores anteriores, entre ellos Löfling (1753) en Cádiz.

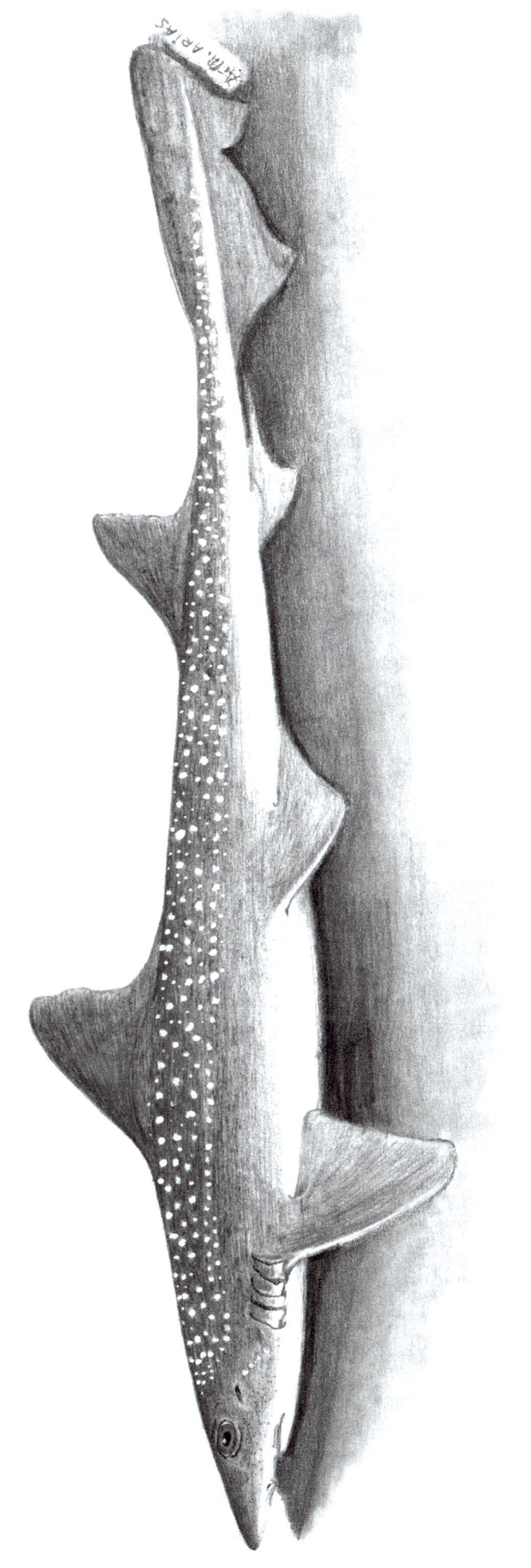

Mustelus asterias Cloquet, 1819 - Pigue

APORTACIÓN DE CABRERA

LISTA MANUSCRITA

Albariña   Cazon   Mozuela   Correplayas

MEMORIA DESCRIPTIVA
«GÉNERO.—*Squalus.*—LINN.» (v. en la ficha 3)
«ESPECIE 8.ª—**El Cazon.**—*Squalus Mustelus.*—LINN. El hocico cónico comprimido; el cuerpo redondeado; las aletas pectorales cortas, en el lomo oscuro. A los pequeños peces de esta especie llaman piques.» (p.167)

LISTA IMPRESA
«GÉNERO 44. *El Cazón, La Mozuela,* Squalus Mustelus *Lin.*» (p.185)
«*La Alvariña*» y «*El Correplayas*», en los listados de ictiónimos que no llegó a identificar (p.187)

ESTADO ACTUAL
Mustelus mustelus (Linnaeus, 1758) — Lámina 12
Clase: Elasmobranchii, Orden: Carcharhiniformes, Familia: Triakidae

Citas en obras anteriores a Cabrera

Galeus laevis (Rondelet, 1558a: 293; L.XIII, c.II); *Mustelus laevis primus* (Willoughby, 1686: 60, Tab: B.5.2); *Squalus* (2.) (Artedi, 1738: 93); *Squalus mustelus* (Linnaeus, 1758: 235); *L'émissole* (Broussonet, 1780: 148); *Muſtelus muſtelus* (Bonnaterre, 1788: 7; pl.7, fig.21); *Squalus mustelus* (Cornide, 1788: 133); *Squalus Muſtelus* (Linnaeus, en Gmelin, 1789: 1492)

ANÁLISIS

Etimológico

Squalus Mustelus: {lt. *squaleo, ere*} v. en la ficha 3 + {lt. *mustela, ae*} v. en la especie anterior.
Mustelus mustelus: {lt. *mustela, ae*} v. en la ficha anterior.

Ictionímico

Cabrera recogió cinco ictiónimos para esta especie: *cazón, mozuela, pique, albariña* y *correplayas. Cazón* aparece en la Lista manuscrita, en la Memoria descriptiva y en la Lista impresa. *Pique* en la Memoria descriptiva. Los otros tres en la Lista manuscrita y en la Lista impresa. *Cazón, mozuela* y *pique* están asociados a una equivalencia científica correcta, *Squalus mustelus; albariña* y *correplayas* figuran en los listados finales de la Lista impresa dedicados a los ictiónimos que, según Graells, Cabrera no llegó a examinar ni determinar, pero que, por lo que explicamos en esta ficha, sí llegó a examinar, pero no a saber que se referían a ella. *Cazón* es un hiperónimo que se aplica a varias especies de escualos que, junto con *peces de cuero* o *bastina*, aparece con este valor semántico desde las primeras listas de ictiónimos conocidas en Andalucía. Actualmente puede que la razón de su utilización sea más de tipo mercantil ya que de esta manera se trata de revalorizar las especies de menor consideración comercial al asimilarlas al «cazón auténtico», que es *Galeorhinus galeus* (10). Para el *DCECH*, *cazón* tiene un origen incierto, quizás de la forma del latín vulgar *cattione*, derivado de *cattus* 'gato', en relación con su temible dentadura. Para Barriuso (1986: 91), *cazon* derivaría de cazar, en alusión a los hábitos depredadores de estos peces de gran voracidad. Este ictiónimo se documenta por primera vez en Andalucía en *Sevillana Medicina* (Aviñón, 1418: 135). *Mozuela* deviene del catalán *musola*, relacionado con el catalán *mussol* 'mozo' o 'muchacho' (*DCECH*), tal vez por el aspecto juvenil y saludable de estos peces. Para *pique*, v. en la ficha anterior. *Albariña* es la denominación que en Chipiona, Sancti Petri y Conil reciben los ejemplares de *Mustelus mustelus* de tamaño mediano, como indica el diminutivo *-iña*, y que, como apunta el *DCECH*, puede aludir al color claro de esta especie frente a otras de escualos similares. *Correplayas* se refiere a los ejemplares jóvenes que frecuentan la orilla de las playas en busca de peces pequeños y buena temperatura. *Mozuela, albariña* y *correplayas* se documentan por primera vez en Andalucía en los escritos de Cabrera. Además de estos nombres que utiliza Cabrera, esta especie es también conocida desde antiguo como *chancarel* (Palenzuela y Aznar, 2010: 74); *correcostas* (*Noticia* 1756, en Pensado, 1982: 200, Barba y Pons, 2003: 408); *cañejos* (Medina Conde, 1789: 213); y *cañabota* (Palenzuela y Aznar, 2010: 74).

Taxonómico

El hecho de que Cabrera recoja tantos nombres vulgares para una misma especie, tres de ellos (*cazón, mozuela, pique*) asociados al nombre científico que utiliza (*Squalus Mustelus*), y dos más (*albariña* y *correplayas*) que no concluye a qué especie corresponden (hoy sabemos que son nombres de *Mustelus mustelus* y que perviven en el sector pesquero andaluz), quiere decir que se trataba, como se trata actualmente, de una especie muy conocida y de fácil identificación. Aunque la primera parte de su descripción vale también para otras especies de escualos, la clave para estar seguros de que esta fue la especie que determinó Cabrera es el nombre científico bien asignado y el empleo del ictiónimo *pique* para los pequeños ejemplares, nombre que se utiliza hoy para jóvenes y adultos indistintamente.

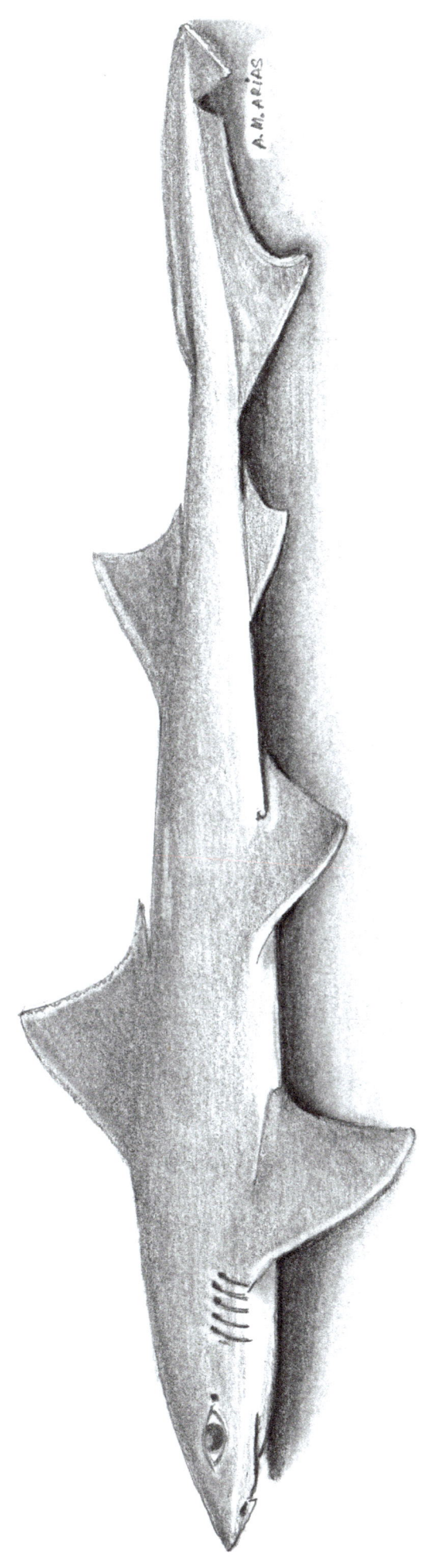

Mustelus mustelus (Linnaeus, 1758) - Albariña, Cazón, Mozuela, Correplayas

---

APORTACIÓN DE CABRERA

LISTA MANUSCRITA

MEMORIA DESCRIPTIVA

«ADDENDA.—**Caella.**—*Squalus glaucus*. Las aletas dorsal segunda y anal opuestas. Los dientes agudos.» (p. 170)

LISTA IMPRESA

«GÉNERO 44. *La Tintorera*, Squalus Glaucus *Lin*.» (p. 185)

«GÉNERO 44. *La Caella*, Varietas   » » (p. 185)

ESTADO ACTUAL

Prionace glauca (Linnaeus, 1758) — Lámina 13

Clase: Elasmobranchii, Orden: Carcharhiniformes, Familia: Carcharhinidae

Citas en obras anteriores a Cabrera

Galeus glaucus (Rondelet, 1558a: 296; L. XIII, c. V); *Galeus glaucus* (Willoughby, 1686: 49, Tab: B.8); *Squalus* (13.) (Artedi, 1738: 98); *Cadella, Squalus Galeus Glaucus* (Löfling, 1753); *Squalus glaucus* (Linnaeus, 1758: 235); *Le glauque* (Broussonet, 1780: 156); *Squalus glaucus* (Bonnaterre, 1788: 9; pl. 7, fig. 22); *Squalus glaucus* (Linnaeus, en Gmelin, 1789: 1496); *Tintorera* (Medina Conde, 1789: 265)

ANÁLISIS

Etimológico

Squalus Glaucus: {lt. *squaleo, ere*} v. en la ficha 3 + {lt. *glaucus, a, um*} 'azul', el color del dorso y los flancos del pez (*PE*).

Prionace glauca: {gr. *prion, onos*} 'sierra', relativo al borde aserrado de sus dientes. (Liddell, 1883) + {lt. *glaucus, a, um*} v. anterior.

Ictionímico

Si a *Carcharodon carcharias* (6) Cabrera le asignó por error los nombres vulgares de *caella y tintorera*, ahora, en la especie que nos ocupa, asoció correctamente ambas denominaciones. El origen de la voz *caella* está en el latín *catĕllus* 'perrito' o *catĕlla* 'perrita', en su forma femenina. En ambos casos tenemos la identificación de un escualo con un animal terrestre, el perro, y la característica que los une es su amenazante dentadura. Asociado a *Squalus glaucus*, sinónimo del actual *Prionace glauca*, los escritos de nuestro autor constituyen la primera documentación del ictiónimo *caella* en Andalucía. Por su parte, *tintorera* viene del latín *tinctura* y este del latín *tingĕre* 'teñir' (Ríos, 1977: 179 y Barriuso, 1986: 90), que alude al color azul intenso del dorso y los flancos del animal. Se documenta por primera vez en Andalucía en Medina Conde (1789: 265) y, asociado a *Prionace glauca*, en la obra de Cabrera.

Taxonómico

Cabrera incluye esta especie en la Addenda de la Memoria descriptiva, después de haber asociado erróneamente los nombres de *caella* y *tintorera* a *Squalus Carcharias*, hoy denominado *Carcharodon carcharias* (6). Con una descripción muy escueta pero acertada, no hay duda de que observó algún ejemplar de *Prionace glauca* abundante en las pesquerías andaluzas. No obstante, resulta llamativo en su descripción que no mencione tres caracteres evidentes y definitivos que identifican a esta especie sin discusión: su color azul intenso, el morro muy largo y apuntado y las largas aletas pectorales. También llaman la atención sus dudas en la Lista impresa, donde en una de las entradas aún considera a la *caella* una variedad de alguna especie de tiburón menor que no menciona.

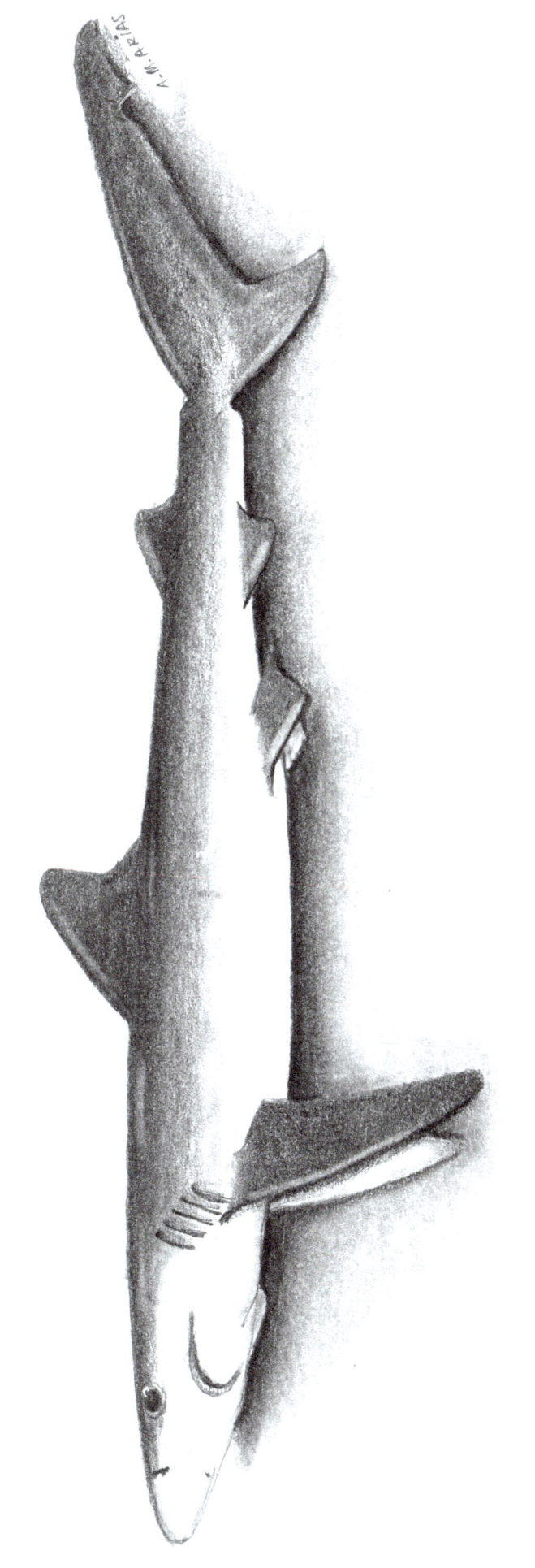

Prionace glauca (Linnaeus, 1758) - Caella

APORTACIÓN DE CABRERA

LISTA MANUSCRITA

Taburon

MEMORIA DESCRIPTIVA

«ADDENDA. **El Taboron**.—*Squalus Tïburo*. Tiene la cabeza plana, casi triangular; los ojos laterales. Parece el Tiburonis *Species minor* de Margrave.» (p. 170)

LISTA IMPRESA

«GÉNERO 44. *El Taburón*, Squalus Tiburo *Lin.*» (p. 185)

ESTADO ACTUAL

Sphyrna tudes (Valenciennes, 1822) — Lámina 14

Clase: Elasmobranchii, Orden: Carcharhiniformes, Familia: Sphyrnidae

Citas en obras anteriores a Cabrera

Ninguna

Primera cita posterior a Cabrera

Zygaena tudes (Valenciennes, 1822: 225)

ANÁLISIS

Etimológico

Squalus Tiburo: {lt. *squaleo, ere*} v. en la ficha 3 + *Tiburo*: 'tiburón', del {po. *tubarão*}, tal vez relacionado con el {tupí, *yperu*} (Lemos, 1951).

Sphyrna tudes: {gr. *sphyrna, sphyra, sphyraina, as*} 'martillo' (Liddell, 1883), relativo a la forma de la cabeza + {lt. *tudes, tuditis*} 'martillo, mazo', por la forma de la cabeza (Castro, 2011: 525).

Ictionímico

Taburon (Lista manuscrita), *taboron* (Addenda de la Memoria descriptiva) y *taburón* (Lista impresa) son tres formas de escribir *tiburón* recogidas por Cabrera. *Taburon* es un nombre de origen incierto, que es posible venga del tupí (idioma indígena americano) por conducto del portugués *tubarao*. Para Machado (1858: 9), Pérez Arcas (1865: 397), De Buen (1919: 262) y Lozano Rey (1928: 370) *taburón* equivale a *pez martillo*. En Medina Conde (1789: 267), donde se documenta por primera vez para Andalucía, «*tyburon* ò *taburon*» se asocia a los tiburones en general, pues este autor ya alude claramente a los peces martillo en las entradas *cornuda* y *corneta* (p. 216).

Taxonómico

Cabrera, siguiendo a Linneo (Gmelin, 1788: 1495), determinó al *taboron* como *Squalus tiburo*, un pez martillo, por su «cabeza plana [...] ojos laterales», y dijo que se parecía al «Tiburonis *Species minor* de Margrave», un pez martillo de aguas brasileñas dibujado por Marcgrave[182] (1648: 181), porque el ejemplar que examinaba tenía la «cabeza plana, casi triangular», lo que podría encajar con la descripción de Linneo: «capite latiſſimo cordato», es decir, 'cabeza plana con forma de corazón'. Sin embargo, actualmente (Fricke *et al.*, 2023), *Squalus tiburo* de Linneo es un sinónimo aceptado de *Sphyrna tiburo* (Linnaeus, 1758), un pez martillo con la cabeza de forma triangular debido a que tiene las expansiones laterales muy cortas, que se distribuye por las costas americanas del Atlántico y del Pacífico (como así dijo el sueco: «Habitat in America»). Esto descartaría que *Squalus tiburo* (=*Sphyrna tiburo*) fuera la especie que examinó Cabrera. Machado (1857: 9), que revisó la obra de Cabrera, se preguntaba «¿Quid *Squalus tiburo*, variet? Cabr.? Vulgo el Laneton», y supuso que lo que Cabrera estudió con el nombre de *taburon* fue *Sphyrna tudes*, descrito por Valenciennes en 1822 (p. 225), un pez martillo de captura esporádica en nuestras aguas, con la cabeza con cierta forma triangular, aunque con la expansiones laterales no tan cortas como las de *Sphyrna tiburo*. Después, Pérez Arcas (1865: 397) y De Buen (1919: 262) se hicieron eco de lo que decía Machado y mantuvieron la asociación *taburon-Sphyrna tudes*. En 1928, Lozano Rey (p. 370), siguiendo a estos autores, citó para aguas españolas a *Sphyrna tudes* y a *Sphyrna tiburo*, a las dos las denominó *taburón* y a las dos las consideró «Especie rara en nuestros mares» (p. 364). Para la primera dijo: «Cabrera la cita en las costas de Cádiz», aunque añadió: «Debe considerarse una especie accidental en nuestras costas». De hecho, reconoció que no pudo observar ningún ejemplar y que para describirla recurrió a las descripciones de otros autores. En realidad, lo que Cabrera citaba era *Sphyrna tiburo*, si bien lo más probable es que se estuviera refiriendo a *Sphyrna tudes*. A la segunda la incluyó equivocadamente en la fauna ibérica, pese a que él mismo aclaró: «vive en los mares tropicales y templados y ha sido muy dudosamente citada en el Mediterráneo» (p. 372). Con ello, como creemos que no es descartable que la especie a la que se refería el Magistral Cabrera fuera *Sphyrna tudes*, que no fue formalmente descrita hasta 1822, por Valenciennes, podría decirse que en 1817 nuestro autor habría sido el primero en mencionar la existencia de dicha especie como nueva para la ciencia, aunque bajo un nombre científico equivocado *Squalus tiburo* (=*Sphyrna tiburo*), circunstancia de la que no pudo percatarse por falta de medios bibliográficos.

---

182 Georg Marcgrave (1610-1644), naturalista alemán y explorador de Brasil.

Sphyrna tudes (Valenciennes, 1822) - Taburon

APORTACIÓN DE CABRERA

LISTA MANUSCRITA

Vez Martillo Cornudilla Corneta

MEMORIA DESCRIPTIVA

«GÉNERO.—*Squalus.*—LINN.» (v. en la ficha 3)

«ESPECIE 13.—**El Pexe Martillo ó Cornudilla**.—*Squalus Zigaena*.—LINN. La cabeza transversal, de modo que el cuerpo forma la figura de un martillo; en la extremidad de cada lado de la cabeza se hallan los ojos; las aletas semilunares en su remate.» (p. 167)

LISTA IMPRESA

«GÉNERO 44. *El Pez Martillo, La Cornudilla,* Squalus Zigaena *Lin.*» (p. 185)

«*La Corneta*», en los listados de ictiónimos que no llegó a identificar (p. 187)

COLECCIÓN INSTITUTO

«3. Sphyrna zygaena (L.)» (De Buen, 1919: 252)

ESTADO ACTUAL

Sphyrna zygaena (Linnaeus, 1758) — Lámina 15

Clase: Elasmobranchii, Orden: Carcharhiniformes, Familia: Sphyrnidae

Citas en obras anteriores a Cabrera

Zygaena (Rondelet, 1558a: 304; L. XIII, c. X); *Zygaena* (Willoughby, 1686: 55, Tab: B.1); *Squalus* (7.) (Artedi, 1738: 96); *Squalus Zygaena* (Linnaeus, 1758: 234); *Le marteau* (Broussonet, 1780: 153); *Squalus Zygena* (Bonnaterre, 1788: 9; pl. 6, fig. 15); *Squalus Zygaena* (Linnaeus, en Gmelin, 1789: 1494); *Corneta, cornuda* (Medina Conde, 1789: 216); *Squalus Zygena* (Asso, 1801: 50)

ANÁLISIS

Etimológico

Squalus Zigaena: {lt. *squaleo, ere*} v. en la ficha 3 + {gr. *zygon, ou, zygaina, es*} 'yugo, cabeza', literalmente, lo que une dos cuerpos (Sebastián, 1964). En Rondelet (1558: 1051) se cita este pez y se indica que su cuerpo tiene forma de balanza o yugo: «his omnibus sui corporis forma zygaena piscis simillimus est».

Sphyrna zygaena: {gr. *sphyrna, sphyra, sphyraina, as*} v. en la ficha anterior + {gr. *zygon, ou, zygaina, es*} v. anterior.

Ictionímico

El nombre de *pez martillo*, que Cabrera documenta por primera vez en Andalucía, se debe a la similitud entre las características expansiones laterales de la cabeza del pez y la cabeza de la herramienta de percusión denominada martillo. La voz *cornudilla*, derivada de *cornuda*, es debida a la comparación que se establece entre las características expansiones laterales de la cabeza del pez y los cuernos de un animal terrestre. Igualmente, el ictiónimo *corneta*, derivado de *cuerno* (latín *cornu*), tiene la misma motivación metafórica. Este ictiónimo estaba incluido por Graells en el listado de especies que no se han podido examinar ni determinar, pero ya vemos que Cabrera sí examinó esta especie; lo que no supo fue relacionarla con *corneta*. En la forma *cornuilla* se documenta por primera vez en Andalucía en 1756 (Pensado, 1982: 200, Barba y Pons, 2003: 408). Asociado a *Sphyrna zygaena*, el trabajo de Cabrera constituye la primera documentación en Andalucía.

Taxonómico

La peculiar morfología de esta especie y los nombres vulgares asociados que recogió Cabrera indican que su correcta identificación no le presentó ninguna dificultad. De Buen (1919) determinó un ejemplar de esta especie en la Colección del Instituto de Cádiz.

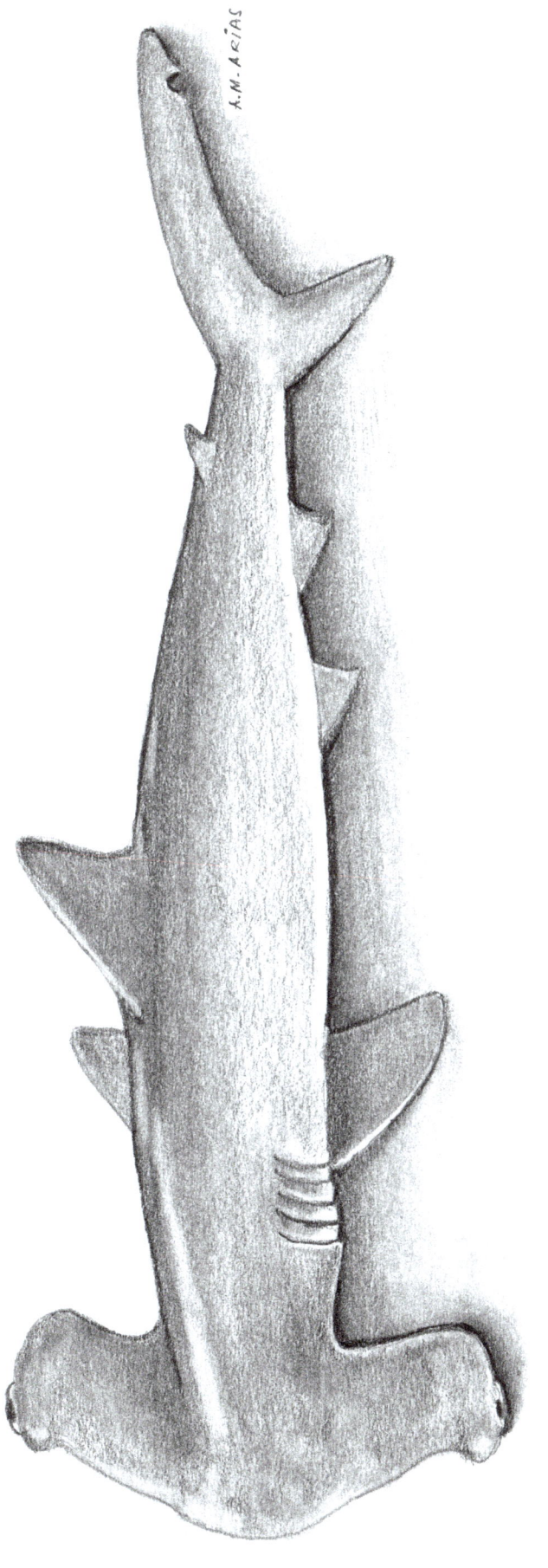

Sphyrna zygaena (Linnaeus, 1758) - Pez martillo, Cornudilla

LÁMINA 15

APORTACIÓN DE CABRERA

LISTA MANUSCRITA

Negra

MEMORIA DESCRIPTIVA

«GÉNERO.—*Squalus.*—LINN.» (v. en la ficha 3)

«ESPECIE 7.ª—**La Lixa.**—*Squalus Licha.*—*Bonneterre*. El cutis asperísimo; la cabeza pequeña; las aletas dorsal y anal opuestas; la de la cola estrecha y escotada.» (p.166)

LISTA IMPRESA

«GÉNERO 44. *La Negra, Sp. N.*» (p.185)

ESTADO ACTUAL

Dalatias licha (Bonnaterre, 1788) — Lámina 16

Clase: Elasmobranchii, Orden: Squaliformes, Familia: Dalatiidae

Citas en obras anteriores a Cabrera

Lixa, Squalus (Löfling, 1753); *La Liche* (Broussonet, 1780: 164); *Squalus Licha* (Bonnaterre, 1788: 12); *Negra* (Medina Conde, 1789: 240)

ANÁLISIS

Etimológico

Squalus Licha: {lt. *squaleo, ere*} v. en la ficha 3 + *Licha*, derivado de *leiche*, *liche*, del provenzal *lecha* 'goloso' (Rondelet, 1554: 254), al ser un pez particularmente voraz. En D'Orbigny (1841) aparece derivado de {gr. *lichos*} 'golosina', por su carne delicada.

Dalatias licha: {gr. *dalos, ou*} 'tizón de madera', relativo al color marrón oscuro de la piel, que recuerda al color de la madera quemada (Sebastián, 1964) + *licha*, v. anterior.

Ictionímico

El nombre de *lixa* (no incluido en la Lista manuscrita) que asigna Cabrera a esta especie, según el *DCECH*, puede derivar de *lijo* 'inmundicia', es decir, se compararía al seláceo «con un ser cubierto de costras y sucio o lijoso». El *squalidus* latino tiene dos acepciones 'áspero, erizado rugoso' y 'sucio, descuidado', de ahí su posible cruce semántico seláceo-escamas rugosas-sucio y el posterior castellano *lijo*. El papel de lija o lija (papel con polvo y arenilla), que se usa para alisar superficies, adopta el nombre del uso que se le daba a la piel seca de los tiburones, denominados mediante la voz *lija*. Se trata pues de una creación léxica por sinécdoque, donde se nombra a un animal por una de sus partes: la piel tan áspera que da aspecto de sucio, descuidado y lijoso (*IA*: 127). El ictiónimo *lija* aparece en Andalucía en 1505, como *lixa pescado*, en el *Vocabulista* de Pedro de Alcalá (Torres, 1990: 46). La voz *negra* hace referencia al color marrón oscuro casi negro de la piel del animal. Se documenta por primera vez como ictiónimo en Andalucía en Medina Conde (1789: 240).

Taxonómico

Todos los caracteres descritos por Cabrera encajan con la especie llamada *Squalus Licha* por Bonneterre en 1788, hoy denominada *Dalatias licha*. Llama la atención que Cabrera no mencione en la descripción la característica coloración marrón oscura, casi negra, de los ejemplares, ni la ausencia de espinas en las aletas dorsales (caracteres que hubieran dado mayor seguridad a su correcta asignación), aunque en la Lista impresa incluye una especie nueva a la que llama *La Negra*, que sin duda se refería a ella porque está en el género 44, en el que engloba a los peces cartilaginosos. Medina Conde (1789: 240), que tenía menos conocimientos taxonómicos que Cabrera, tampoco indica el color de la piel del pez, pero en la entrada *Negra* se refiere a un pez «sin púas [en las aletas dorsales], morro redondo, con el que hace daño á bocados», rasgos que ayudan a la identificación.

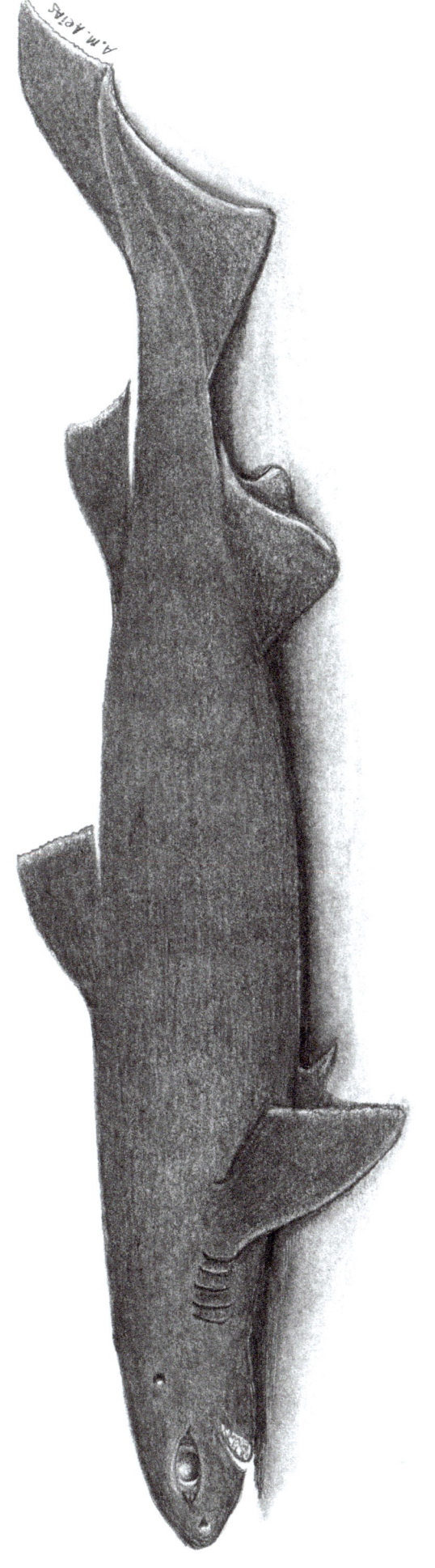

Dalatias licha (Bonnaterre, 1788) - Negra

APORTACIÓN DE CABRERA

LISTA MANUSCRITA

MEMORIA DESCRIPTIVA

«GÉNERO.—*Squalus.*—LINN.» (v. en la ficha 3)

«ESPECIE 12.ª—**El Cochino.**—*Squalus Spinax.*—LINN. Todo negro; las aletas dorsales espinosas; las narices en la punta del hocico.» (p. 167)

LISTA IMPRESA

«GÉNERO 44. *El Cochino*, Squalus Spinax *Lin.*» (p. 185)

ESTADO ACTUAL

Etmopterus spinax (Linnaeus, 1758) — Lámina 17

Clase: Elasmobranchii, Orden: Squaliformes, Familia: Etmopteridae

Citas en obras anteriores a Cabrera

Squalus (4.) (Artedi, 1738: 95); *Squalus Spinax* (Linnaeus, 1758: 233); *Le sagre* (Broussonet, 1780: 162); *Squalus Spinax* (Bonnaterre, 1788: 12); *Squalus Spinax* (Linnaeus, en Gmelin, 1789: 1501); *Negrilla* (Medina Conde, 1789: 240)

ANÁLISIS

Etimológico

Squalus Spinax: {lt. *squaleo, ere*} v. en la ficha 3 + {lt. *spinax*} 'espinoso' (Agassiz, 1842), modificación de {lt. *spina, ae*}, en referencia a los aguijones que posee delante de las aletas dorsales.

Etmopterus spinax: {gr. *ethmos, ou*} 'criba, cedazo' + {gr. *pteron, ou*} 'ala, aleta' (Agassiz, 1842); la misma raíz se deriva en Jordan and Evermann (1896, I: 55) de {gr. *etmagon, tmego*} 'cortar, hender', porque el ejemplar tipo tenía las aletas desgastadas + {lt. *spinax*} 'espinoso', v. anterior.

Ictionímico

Cochino es un ictiónimo recurrente en el pescado con aspecto rechoncho, boca amplia y piel áspera, como *Hexanchus griseus* (4), *Centrophorus granulosus* (167) u *Oxynotus centrina* (204), y, asimismo, de *Etmopterus spinax*, cuyo aspecto regordete recuerda al cerdo terrestre. La primera documentación de este ictiónimo en Andalucía asociado a una equivalencia científica (*Squalus spinax*) la constituyen los manuscritos de Cabrera. Tal vez, la primera referencia a esta especie la aportó Medina Conde (1789: 240), quien bajo el nombre de *negrilla* describió un «pescado negro: tiene dos púas venenosas en el lomo: es como de una quarta de largo, y tira á pescado de cuero», que podría tratarse de *Etmopterus spinax*.

Taxonómico

La escueta descripción de Cabrera y el empleo del sinónimo *Squalus Spinax* conducen sin duda a *Etmopterus spinax*, un pequeño tiburón de profundidad, efectivamente de color negro, sobre todo en el vientre, y una larga espina delante de cada aleta dorsal.

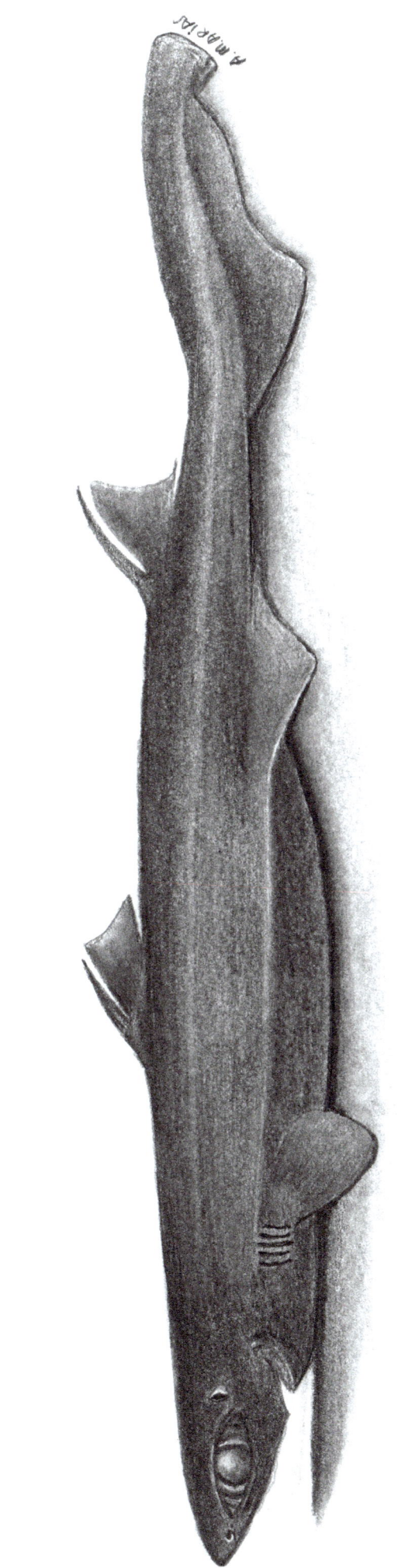

Etmopterus spinax (Linnaeus, 1758) - Cochino

(Dibujo basado en una fotografía de P. Angioi, en https://es.wikipedia.org)

APORTACIÓN DE CABRERA

LISTA MANUSCRITA

MEMORIA DESCRIPTIVA
«GÉNERO.—*Squalus.*—LINN.» (v. en la ficha 3)
«ESPECIE 9.ª—**El Tollo ò Melga.**—*Squalus Fernandinus, Molina.* Sin aleta anal; las dorsales espinosas; el cuerpo redondeado y con manchas blanquizcas en fondo oscuro de violeta.» (p.167)

LISTA IMPRESA
«GÉNERO 44. *El Tollo, La Mielga,* Squalus Fernandinus *Molín.*» (p.185)

COLECCIÓN INSTITUTO
«4. Embriones de *Acanthias.*» (De Buen, 1919: 252)

ESTADO ACTUAL

Squalus acanthias Linnaeus, 1758 — Lámina 18
Clase: Elasmobranchii, Orden: Squaliformes, Familia: Squalidae

Citas en obras anteriores a Cabrera

Galeus Acanthias (Rondelet, 1558a: 293; L. XIII, c. I); *Galeus acanthias five fpinax* (Willoughby, 1686: 56); *Squalus* (3.) (Artedi, 1738, 94); *Pique, Squalus* (punctata), *ferron, Squalus Galeus acanthias* (Löfling, 1753); *Squalus Acanthias* (Linnaeus, 1758: 233); *L'aiguillat* (Broussonet, 1780: 161); *Squalus Fernandinus* (Molina, 1782: 229); *Squalus centrina* (Cornide, 1788: 128); *Squalus Acanthias* (Bonnaterre, 1788: 11; pl. 5, fig. 11); *Squalus Acanthias* (Gmelin, 1789: 1500); *Squalus Acanthias* (Asso, 1801: 50)

ANÁLISIS

Etimológico

Squalus Fernandinus: {lt. *squaleo, ere*} v. en la ficha 3 + *Fernandinus*, relativo a las aguas del archipiélago Juan Fernández, en Chile, donde Molina (1782: 227) localizó el ejemplar que describió, al que llamaba «tollo de Gio: Fernandes».
Squalus acanthias: {lt. *squaleo, ere*} v. en la ficha 3 + {gr. *akanta, es*} 'espina', por las que presenta delante de las aletas dorsales (Liddell, 1883).

Ictionímico

Tollo, uno de los nombres comunes que aplica Cabrera a esta especie, no incluido en la Lista manuscrita, se documenta ya como ictiónimo en el *Libro de Buen Amor* (Ruiz, 1330: 182). En Andalucía, Malpica (1984:112) lo recoge por primera vez en las *Ordenanzas* de Málaga del año 1501. Alvar (1974: 21-2) localiza su origen en las vascongadas y afirma que no documentó la voz en ninguna de las encuestas que hizo «desde Ayamonte [Huelva] a Santiago de Ribera [Murcia]». Sin embargo, mucho antes, Medina Conde (1789: 265) citó *tollo* en Málaga, para un pez «semejante al cazón» que «tiene dos púas triangulares en el lomo», que podría tratarse de *Squalus acanthias* o *Squalus blainville*. Tal vez esto explique que Cabrera utilice *tollo* para designar a *Squalus acanthias*, contrariamente a lo que sucede hoy en Andalucía, donde en muchos de sus puertos pesqueros del litoral atlántico *tollo* designa a *Galeus melastomus* Rafinesque, 1810, una especie de escualo menor bastante diferente, sobre todo por los dibujos de la piel, con amplios aros blancos que delimitan las grandes manchas circulares más oscuras. En el *DCECH*, la segunda acepción de *tollo* remite al céltico *tullon* 'hueco, hoyo, agujero', que en el caso del seláceo *Galeus melastomus* podría referirse a estos círculos blancos o «huecos». Por otra parte, en Huelva y Punta Umbría la denominación *tollo* corresponde al animal sin piel y secado al sol, mientras que en El Puerto de Santa María, *tollo* es el nombre que se da a los ejemplares pequeños. En cuanto a *mielga* o *melga*, el otro nombre que utiliza Cabrera, viene del latín *mĕrga* 'bieldo, horca para levantar las mieses', que origina en español *mielga* (*DCECH*), 'instrumento con dos puntas afiladas que se utiliza para aventar la paja', puntas similares a las dos fuertes espinas situadas delante de las aletas dorsales del pez que dan lugar a esta comparación. *Mielga* se documenta por primera vez como ictiónimo en Ruiz (1330: 180) y en Andalucía la encontramos por primera vez en 1501, en las *Ordenanzas* de Málaga (Malpica, 1984: 111). El *DCECH* lo asocia a *Oxynotus centrina*, que también tiene grandes aguijones en las aletas dorsales, pero casi completamente cubiertos por la piel. Las especies que presentan unos aguijones más parecidos a la horca del labrador, largos, afilados y curvados, son *Squalus blainville* y *Squalus acanthias*, que en la bibliografía andaluza suelen llevar asociado el ictiónimo *mielga*. En este sentido, en 1756, ya decía Sarmiento (Pensado, 1973: 191) que «La verdadera [mielga] ha de tener dos ganchos o espolones, y esta es la famosa», pero al no aportar equivalencia científica no es posible saber a cuál de las dos especies se estaba refiriendo. En la forma *merga* aparece por primera vez en Löfling (1753), también sin equivalencia asociada.

Taxonómico

Las «manchas blanquizcas» en el lomo oscuro y el nombre científico *Squalus Fernandinus* (Molina, 1782: 229), sinónimo aceptado de *Squalus acanthias*, indican que esta fue la especie que examinó Cabrera, aunque se confundió al asociarle el nombre vulgar de «tollo ò melga». Cabe señalar que Asso (1801: 50) también sufrió la misma confusión que Cabrera en la identificación de esta especie, cuando dijo que a *Squalus acanthias* se le llama *pinta roxa* en Andalucía, afirmación incorrecta, ya que en Andalucía *pintarroja* designa siempre a *Scyliorhinus canicula* (8) y a *Scyliorhinus stellaris* (9), peces con manchas negras sobre fondo claro, al contrario que *Squalus acanthias*. Por otra parte, De Buen (1919) identificó embriones de esta especie conservados en la Colección del Instituto de Cádiz.

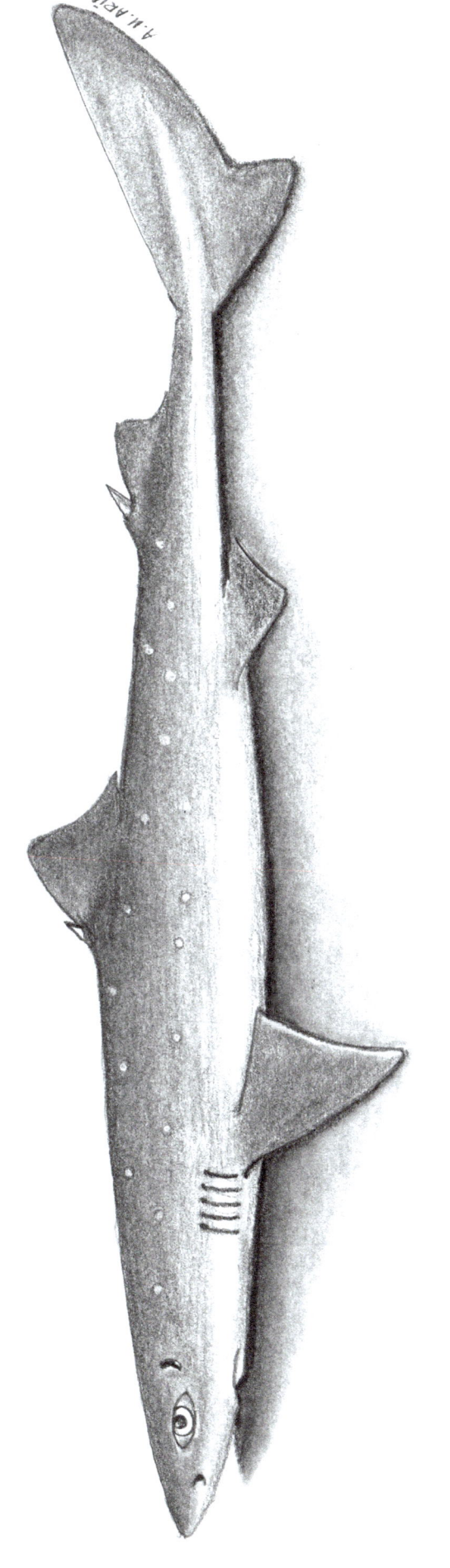

A.M. ARIAS

Squalus acanthias Linnaeus, 1758 - Mielga

APORTACIÓN DE CABRERA

LISTA MANUSCRITA

Ferron Galludo

MEMORIA DESCRIPTIVA

«GÉNERO.—*Squalus.*—LINN.» (v. en la ficha 3)

«ESPECIE 2.ª—**El Ferron**.—*Squalus Acanthias.*—LINN. Las aletas dorsales espinosas; el cuerpo redondo; la cabeza comprimida y en forma de cuña; negruzco por el lomo y blanquecino por el vientre.» (p. 166)

«ADDENDA. ESPECIE.—**Galludo**.—*Squalus.*» (p. 172)

LISTA IMPRESA

«GÉNERO 44. *El Galludo*, Varietas» (p. 185)

ESTADO ACTUAL

Squalus blainville (Risso, 1827) — Lámina 19

Clase: Elasmobranchii, Orden: Squaliformes, Familia: Squalidae

Citas en obras anteriores a Cabrera

Ferron, Squalus (Löfling, 1753)

Primera cita posterior a Cabrera

Acanthias Blainville (Risso, 1827: 133)

ANÁLISIS

Etimológico

Squalus Acanthias: {lt. *squaleo, ere*} v. en la ficha 3 + {gr. *akanthas, es*} v. en la especie anterior.

Squalus blainville: {lt. *squaleo, ere*} v. en la ficha 3 + epíteto dedicado a Henry Marie Ducrotay Blainville (1777-1852), naturalista francés (*BEMON*).

Ictionímico

Cabrera recogió dos nombres correctos asociados a esta especie: *ferrón* y *galludo*. La voz *ferrón*, derivada de la forma latina *ferrum* 'hierro', comparte contenido semántico con el gallego *ferron* 'aguijada o el aguijón de un insecto' y el asturiano *ferrón* 'púa de hierro que se pone al peón' (*DCECH*), ya que aluden a los semas 'dureza' y 'capacidad hiriente y punzante' del objeto al que hacen referencia, que en el caso de la especie que nos ocupa, expresan lo aguzado de las espinas que el pez posee delante de las aletas dorsales y el consiguiente peligro que entrañan. Se data por primera vez en Andalucía en los documentos de Löfling (1753). Igualmente, *galludo*, ictiónimo creado por motivación metafórica, alude a las fuertes espinas delante de las aletas dorsales, equivalentes a los espolones que algunas aves gallináceas poseen en los tarsos. Como *galludos* y *galludillos* lo encontramos por primera vez en Andalucía en Aviñón (1418: 134) y en Ladero (2008: 199), respectivamente.

Taxonómico

Cabrera hizo una descripción escueta y concisa, pero suficientemente clara como para indicarnos que la especie que tenía delante no era *Squalus acanthias* —como equivocadamente la designó siguiendo a Linneo—, sino al *ferrón* o *galludo*, *Squalus blainville*, que se diferencia con claridad de la anterior por carecer de las manchitas blancas del dorso características (v. ilustración de la ficha anterior). En realidad, en 1817, Cabrera no tuvo otra opción que determinarla incorrectamente al seguir a Linneo y Molina con sus respectivos *Squalus acanthias* y *Squalus fernandinus*, que hoy son sinónimos, porque la especie que examinaba no había sido descrita aún formalmente y no estaba en ninguna otra obra. Fue descrita por Risso, en 1827, como *Acanthias Blainville*, sinónimo del actual *Squalus blainville*. Löfling (1753) mencionó un *Squalus* al que designó con el nombre vulgar de *ferrón*, pero no hay seguridad de que se refiriera a la especie en cuestión (*Squalus blainville*), ya que *Squalus acanthias* también es conocido como *ferrón*. Cabe, por tanto, adjudicarle a nuestro autor la primera mención de *Squalus blainville* como especie nueva, aunque fuera con un nombre equivocado (*Squalus acanthias*).

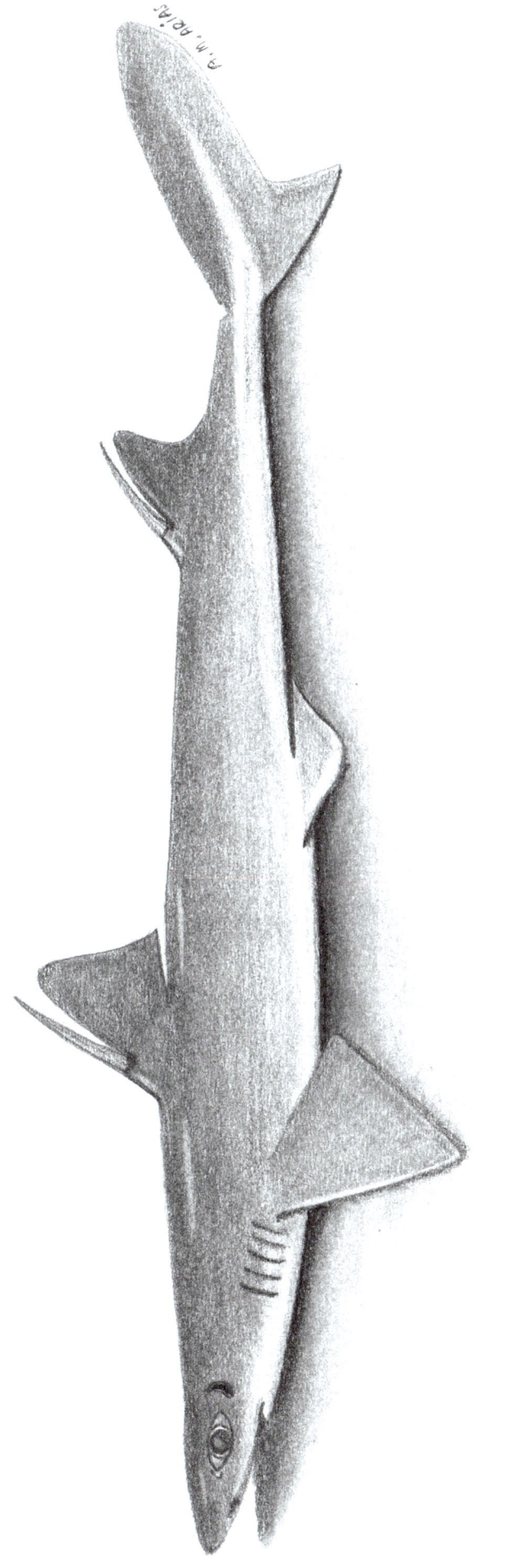

Squalus blainville (Risso, 1827) - Ferrón, Galludo

APORTACIÓN DE CABRERA

LISTA MANUSCRITA

MEMORIA DESCRIPTIVA

«GÉNERO.—*Squalus.*—LINN.» (v. en la ficha 3)

«ESPECIE 4.ª—**El Pexe clavo**.—*Squalus Spinosus.*—LINN. Todo él claveteado de tubérculos desiguales, anchos y redondos por la base, y que de su centro se eleva una ó dos espinas corvas; el hocico cónico; los dientes cuadrados; respiraderos cinco.» (p. 166)

LISTA IMPRESA

«GÉNERO 44. *El Pez-Clabo*, Squalus Spinosus *Lin.*» (p. 185)

ESTADO ACTUAL

Echinorhinus brucus (Bonnaterre, 1788) — Lámina 20

Clase: Elasmobranchii, Orden: Echinorhiniformes, Familia: Echinorhinidae

Citas en obras anteriores a Cabrera

Le Bouclé (Broussonet, 1780: 161); *Squalus Brucus* (Bonnaterre, 1788: 11); *Crabudo, Galeo Acanthia* y *Squalus spinax* (Cornide, 1788: 129); *Squalus spinosus* (Linnaeus, en Gmelin, 1789: 1500)

ANÁLISIS

Etimológico

Squalus Spinosus: {lt. *squaleo, ere*} v. en la ficha 3 + {lt. *spinosus, a, um*} 'cubierto de espinas, espinoso' (*PE*).

Echinorhinus brucus: {gr. *echinos, ou*} 'erizo de mar' + {gr. *rhis, rhinos*} 'nariz, morro' (Agassiz, 1842); en Jordan and Evermann (1896, I: 57) se deriva de {gr. *rhine, es*}, un tipo de «tiburón, lija, pez marino cuya piel desecada sirve para pulimentar la madera, el mármol etc.» + {gr. *bryx, ychos*} 'abismo, sima, profundidad del mar' (Bonnaterre, 1788: 11), indicativo del hábitat de la especie.

Ictionímico

Pez clavo, también recogido en las formas *Peclavo* y *Pez-clabo*, es un ictiónimo pluriverbal gaditano de origen metonímico, donde *clavo* alude a los fuertes y agudos dentículos dérmicos que cubren el cuerpo de este pez. El trabajo de Cabrera constituye la primera documentación en Andalucía de la asociación *Pez clavo-Squalus Spinosus*.

Taxonómico

La desripción de Cabrera y el nombre científico y vulgar utilizados validan la especie a la que se refería, hoy denominada *Echinorhinus brucus*. Sin embargo, la autoría del nombre científico aceptado hoy es Bonnaterre (1788), no Linneo, como erróneamente señala Cabrera al añadir «Linn.» y «*Lin.*», que tal vez se basó en la revisión que hizo Gmelin de la obra de Linneo. Algo similar vemos en Cornide, cuya descripción del *crabudo* se refiere claramente a *Echinorhinus brucus*, pero le atribuye equivocadamente el nombre de *Squalus spinax* (18), hoy denominado *Etmopterus spinax* (17).

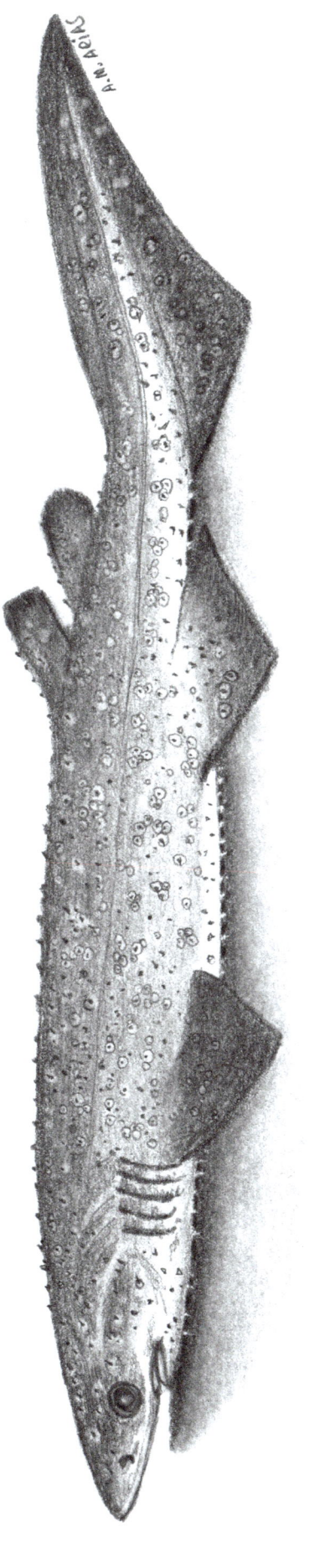

Echinorhinus brucus (Bonnaterre, 1788) - Pez clavo

(Dibujo basado en una fotografía sin autor, en www.fao.org)

LÁMINA 20

FICHA 21

APORTACIÓN DE CABRERA

LISTA MANUSCRITA

Angelote Mermeguela

MEMORIA DESCRIPTIVA

«GÉNERO.—*Squalus.*—LINN.» (v. en la ficha 3)

«ESPECIE 1.ª—**La Mermejuela ó Angelote**.—*Squalus Squatina.*—Bonter. Las aletas pectorales son grandes y carnosas; la boca terminal; la cabeza chata. Su forma es bien extraña.» (p. 166)

LISTA IMPRESA

«GÉNERO 44. *La Mermejuela, El Angelote,* Squalus Squatina *Lin.*» (p. 184)

ESTADO ACTUAL

Squatina squatina (Linnaeus, 1758) — Lámina 21

Clase: Elasmobranchii, Orden: Squatiniformes, Familia: Squatinidae

Citas en obras anteriores a Cabrera

Squatina (Rondelet, 1558*a*: 289; L. XII, c. XX); *Squatina* (Willoughby, 1686: 79, Tab: D.3); *Squalus* (6.) (Artedi, 1738: 95); *Vermehuelas, bermejuela, Squalus Squatina* (Löfling, 1753); *Squalus Squatina* (Linnaeus, 1758: 233); *Ange* (Broussonet, 1780: 164); *Squalus Squatina* (Bonnaterre, 1788: 12; pl. 5, fig. 14); *Squalus squatina* (Cornide, 1788: 129); *Squalus Squatina* (Linnaeus, en Gmelin, 1789: 1503); *Peje Angel, angelote* (Medina Conde, 1789: 208); *Squalus Squatina* (Asso, 1801: 50)

ANÁLISIS

Etimológico

Squalus Squatina: {lt. *squaleo, ere*} v. en la ficha 3 + {lt. *squatina, ae*} 'pez ángel'; también nombre del pez en Plinio, o una clase de tiburón (Agassiz, 1842). En *Etimologías* de Isidoro de Sevilla (Oroz y Marcos, 2004: 931), squatina es el 'pez lija', porque está dotado de agudas escamas y su piel se usa para *lijar* la madera.

Squatina squatina: ídem anterior.

Ictionímico

El nombre de *angelote*, derivado de *ángel*, se debe a las amplias aletas pectorales del pez a modo de alas que hacen que los pescadores lo identifiquen metafóricamente con un *ángel* o espíritu celeste de la tradición cristiana. *Ángel* se documenta en Andalucía en las *Ordenanzas* de Granada de 1501 (Malpica, 1984: 107). El ictiónimo *mermejuela*, una variante gráfica de *bermejuela*, alude a una de las características del animal: el color bermejo o pardo de su piel. En la grafía del escriba que trasladó el nombre a la Lista manuscrita se aprecia una primera escritura con *g* sobre la que luego está escrita una *j*. Martín Ferrero (1997: 311) lo transcribió como «Mermeguela». La voz se documenta en Fernández de Oviedo en 1535 (*DCECH*).

Taxonómico

Esta especie, que ya se nombra como *Squatus* en el año 627, en *Etimologías* de san Isidoro (García Cornejo, 2001: 562), es inconfundible y solo con los nombres comunes —*angelote* o variantes (*ángel, angelón*), o *bermejuela* (*mermejuela*)—, no hay duda de que quien los usa se está refiriendo a ella, porque no hay otra especie que reciba estas denominaciones. Por ello, con seguridad, esta fue la que describió y determinó Cabrera. No obstante, conviene aclarar que el autor del nombre científico de la primera descripción válida no es «Bonter.», es decir, Bonnaterre, como indica Cabrera con su estilo particular de escribir las abreviaturas, ya que la primera descripción de la especie es de Linneo, según figura en la página 233 de su *Systema Naturae*.

162

Squatina squatina (Linnaeus, 1758) - Angelote, Mermejuela

APORTACIÓN DE CABRERA

LISTA MANUSCRITA

MEMORIA DESCRIPTIVA

«GÉNERO.—*Raya.*—LINN. Su cuerpo es comprimido, romboidal ó redondeado; la boca y los respiraderos por debajo; estos son diez, cinco de un lado y cinco de otro; los ojos encima al lado opuesto, verticales más o menos.» (p. 168)

«ESPECIE 1.ª—**La Tremielga, Tremeriega ó Tembladera**.—*Raya Torpedo.*—LINN. Varía considerablemente su color, ya oscuro, ya amarillo; á veces con dos manchas ó cuatro redondas á los lados del dorso, el cuerpo redondeado; la cabeza obstusa; los ojos pequeños; carece de toda espina.» (p. 168)

LISTA IMPRESA

«GÉNERO 45. *La Tembladera, La Tremielga,* Raia Torpedo *Lin.*» (p. 185)

COLECCIÓN INSTITUTO

«8. *Narcobates narke* (Risso)» (De Buen, 1919: 252)

ESTADO ACTUAL

Torpedo torpedo (Linnaeus, 1758) — Lámina 22

Clase: Elasmobranchii, Orden: Torpediniformes, Familia: Torpedinidae

Citas en obras anteriores a Cabrera

Torpedo (Rondelet, 1558a: 285; L. XII, c. XVIII); *Torpedo* (Willoughby, 1686: 81, Tab: D.4); *Raja* (10.) (Artedi, 1738: 102); *Tembladera, tenblaera, Raia torpedo* (Löfling, 1753); *Raja Torpedo* (Linnaeus, 1758: 231); *Raia Torpedo* (Bonnaterre, 1788: 2; pl. 2, fig. 5); *Raya Torpedo* (Cornide, 1788: 123); *Raja Torpedo* (Linnaeus, en Gmelin, 1789: 1504); *Tembladera, Raya Torpedo* (Medina Conde, 1789: 263); *Raya Torpedo* (Asso, 1801: 50)

ANÁLISIS

Etimológico

Raia Torpedo: {lt. *raia, ae*} 'raya', pez (Jordan and Evermann, 1896, I: 67) + {lt. *torpedo, inis*} 'inacción, apatía'; también {gr. *narke, es*} 'entumecimiento', por las descargas eléctricas del pez (*PE*) y nombre de un pez (Sebastián, 1964).

Torpedo torpedo: v. anterior.

Ictionímico

Cabrera recogió tres ictiónimos para esta especie: *tembladera, tremielga* y *tremeriega*, de los que solo el segundo figura en la Lista manuscrita. Existe en aguas gaditanas otra especie del mismo género, *Torpedo marmorata*, que recibe los mismos nombres, pero no fue la que examinó Cabrera. *Tembladera* es una voz que alude a las descargas eléctricas o calambres que produce el animal cuando se le toca. Barriuso (1986: 301) indica que *tembladera* viene de «la costumbre que tiene el animal de mantenerse tembloroso en el agua». Se documenta por primera vez como ictiónimo en 1739, en el *Diccionario de Autoridades*, pero en Andalucía el manuscrito de Löfling (1753) es la primera referencia. La segunda voz que Cabrera asocia a esta especie es *Tremielga*, o *Tremeriega*, una variante fonética causada por la similitud con *temer* y el «temor» que provocan las descargas de esta especie; así, por etimología popular el pescado recibe el nombre de *temeriega* en lugar del original *tremielga*. La voz original es un nombre compuesto que, según el *DCECH*, se debe al cruce de *trĕmŭlāre*, 'temblar' en latín vulgar, derivado del latín *trĕmĕre* 'temblar', que hace referencia a las descargas eléctricas, y *mielga*, nombre de otro pez seláceo —v. *Squalus blainville* (19), por ejemplo—, «aplicado impropiamente a la tremielga», como dicen sus autores. *Mielga* designa a *Torpedo torpedo* en los puertos asturianos (Barriuso, 1986: 299). *Tremeriega* y *tremielga* se documentan por primera vez en Andalucía en los escritos de Cabrera. De Buen (1919) determinó un ejemplar de esta especie en la Colección del Instituto de Cádiz.

Taxonómico

Aunque en la primera parte de la descripción la frase «á veces con dos manchas ó cuatro redondas á los lados del dorso» es poco precisa —porque las manchas redondas u ocelos siempre son cinco, distribuidas en los ángulos de un pentágono, como muestran Rondelet, Willoughby y Bonnaterre en sus ilustraciones—, y la segunda parte puede ser válida para otras especies de la misma familia —como *Torpedo marmorata*, también presente en aguas gaditanas—, *Torpedo torpedo* fue la especie que examinó Cabrera, pues la mención de los ocelos es clave para la determinación, ya que esta especie es la única que los presenta. De Buen (1919) determinó un ejemplar de esta especie en la Colección del Instituto de Cádiz.

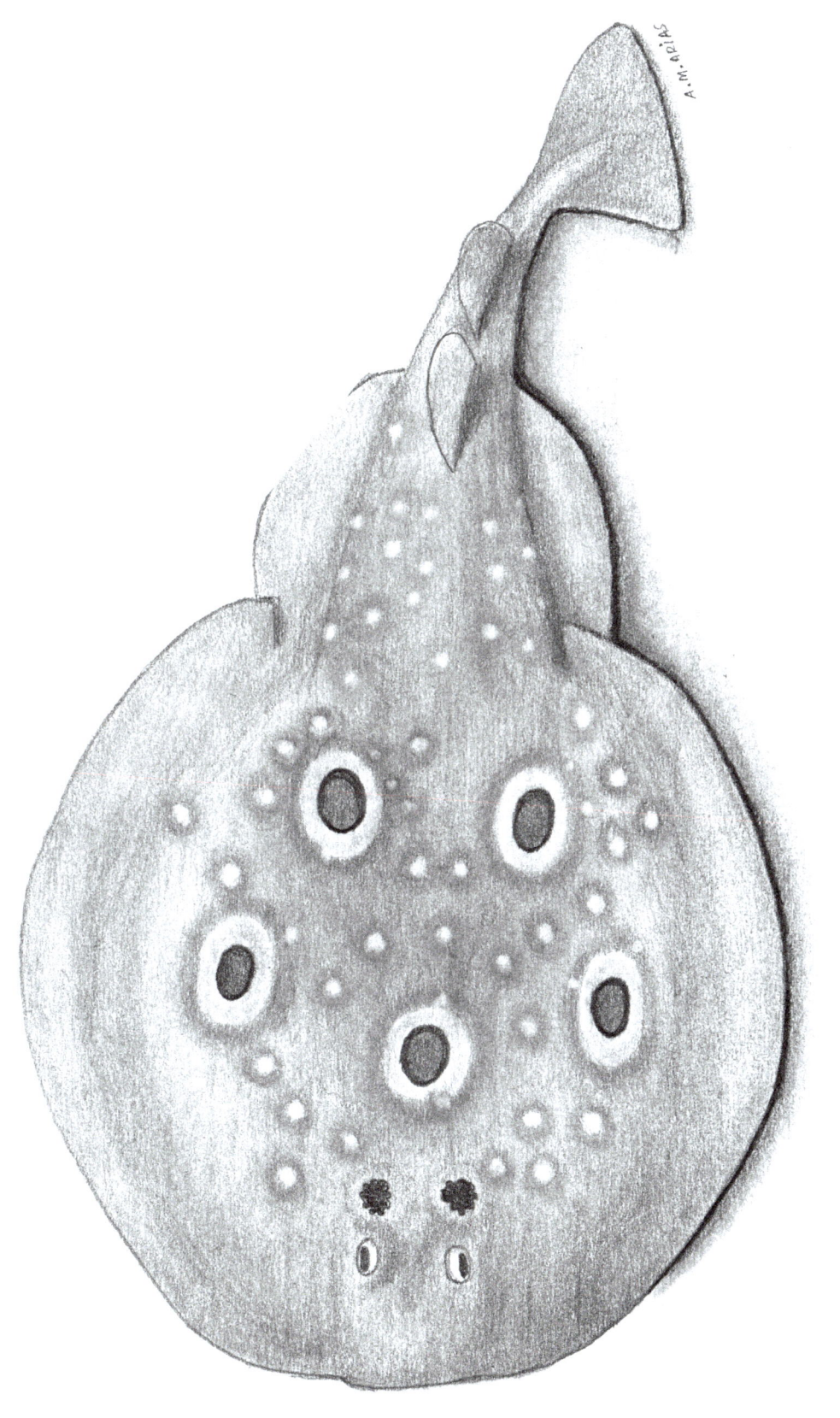

Torpedo torpedo (Linnaeus, 1758) - Tremielga

(Dibujo basado en una fotografía de R. Pillon, en www.fishbase.org, y en fotos propias)

APORTACIÓN DE CABRERA

LISTA MANUSCRITA

MEMORIA DESCRIPTIVA

«ADDENDA. ESPECIE.—**La Guitarra**.—*Raya Rhinobatos*. El cuerpo oblongo; dos aletas dorsales triangulares, la de la cola ciñe su remate; el color oscuro amarillazo, blanca por debajo.» (p.172)

LISTA IMPRESA

«GÉNERO 45. *La Guitarra*, Raia Rhinobatos *Lin.*» (p.185)

COLECCIÓN INSTITUTO

«7. *Rhinobatos columnae* Bp.» (De Buen, 2019: 252)

ESTADO ACTUAL

Rhinobatos rhinobatos (Linnaeus, 1758) — Lámina 23

Clase: Elasmobranchii, Orden: Rhinopristiformes, Familia: Rhinobatidae

Citas en obras anteriores a Cabrera

Raja (1.) (Artedi, 1738: 70); *Rhinobatos* (Willoughby, 1686: 79, Tab: D: 5.1); *Guitarra, Raia rhinobatos* (Löfling, 1753); *Raja Rhinobatos* (Linnaeus, 1758: 232); *Raia Rhinobates* (Bonnaterre, 1788: 5); *Raya Rhinobatos* (Cornide, 1788: 126); *Raja Rhinobatos* (Linnaeus, en Gmelin, 1789: 1510); *Guitarra* (Medina Conde, 1789: 224)

ANÁLISIS

Etimológico

Raia Rhinobatos: {lt. *raia, ae*} 'raya', pez (v. en especie anterior) + {gr. *rhinobatos, ou*} 'especie de raya' (Sebastián, 1964), que puede descomponerse en {gr. *rhine, es*} un tipo de tiburón + {gr. *batis, idos*} 'raya', un pez (Jordan and Evermann, 1896, I: 83). Si aceptamos la raíz {gr. *rhis, rhinos*} 'nariz', se hace referencia al morro alargado y puntiagudo del pez.

Rhinobatos rhinobatos: ídem anterior.

Ictionímico

El nombre de *guitarra* que Cabrera recogió para esta especie es una voz de origen metafórico debida al evidente parecido de la forma del cuerpo del pez con la del instrumento musical homónimo, como ya decía Medina Conde (1789: 224): «cuya figura es muy parecida a la guitarra». La primera documentación del ictiónimo en Andalucía es de Löfling (1753).

Taxonómico

La identificación de esta especie de forma inconfundible, ampliamente tratada en la bibliografía clásica y frecuentemente representada con dibujos, no supuso ninguna dificultad para Cabrera. En la Colección de muestras de peces de Cabrera conservada en el Instituto de Cádiz, De Buen, en 1919, determinó un ejemplar como *Rhinobatos columnae* Bonaparte, sinónimo de *Rhinobatos rhinobatos*.

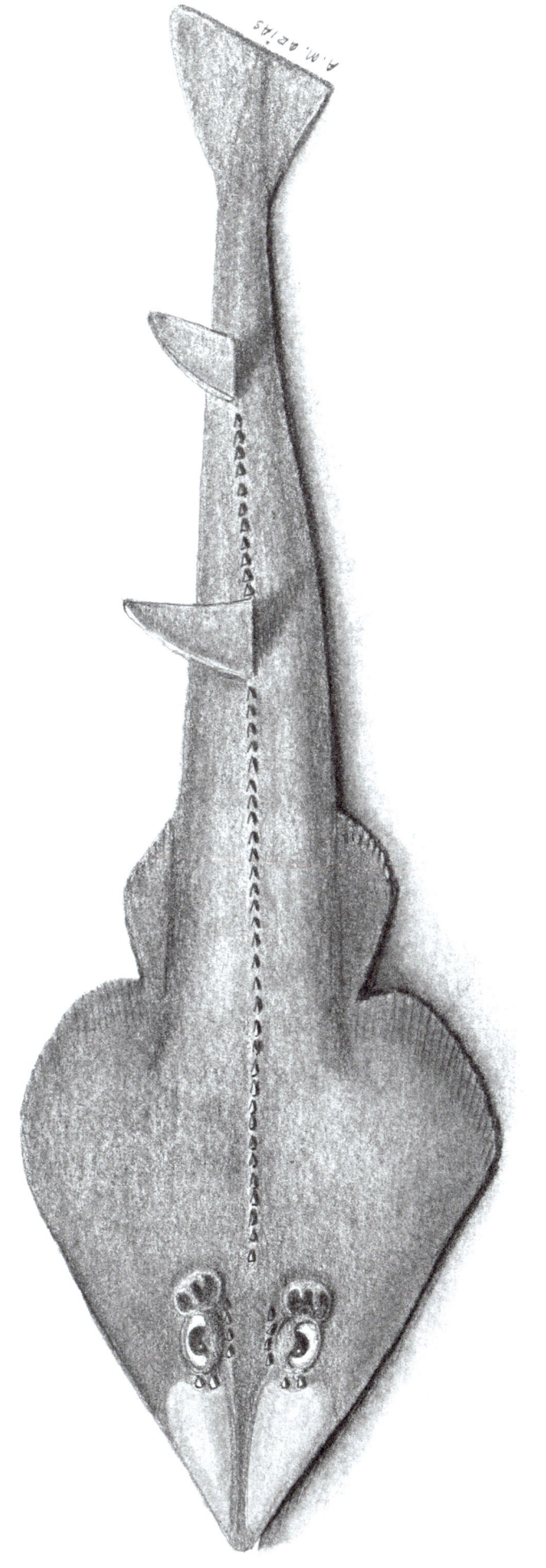

Rhinobatos rhinobatos (Linnaeus, 1758) - Guitarra

LÁMINA 23

APORTACIÓN DE CABRERA

LISTA MANUSCRITA

Bramante

MEMORIA DESCRIPTIVA

«ADDENDA. ESPECIE.—**El Bramante.**—*Raya Halavi*. Puede reducirse a esta especie, aunque con algunas diferencias.» (p. 172)

ESTADO ACTUAL

Glaucostegus cemiculus (Geoffroy Saint-Hilaire, 1817) — Lámina 24

Clase: Elasmobranchii, Orden: Rhinopristiformes, Familia: Glaucostegidae

Citas en obras anteriores a Cabrera

Rhinobatus cemiculus (Geoffroy Saint-Hilaire, 1817: 338); *Bramante*, «especie de raya grande» (Medina Conde, 1789: 211)

ANÁLISIS

Etimológico

Raia Halavi: {lt. *raia, ae*} 'raya', pez + {ár. *halawi*} nombre local de este pez, que significa 'dulce' (Fricke, 2008: 11).

Glaucostegus cemiculus: {gr. *glaukos, e, on*} 'brillante, azulado' + {gr. *stegos, eos,ous*} 'techo, casa' (Agassiz, 1842) + {gr. *kemos, ou*} 'bozal, objeto trenzado', que pasó al latín como {*camus, i*} 'bozal, tapa de urna, nasa' (Laurenti, 1664), etimologías dudosas, aventuramos que tal vez estén relacionadas con la forma de estos peces, que vistos de perfil tienen el cuerpo triangular, de base plana por debajo y algo levantado formando un ángulo por la zona de los ojos, que podrían recordar a una tapadera.

Ictionímico

Bramante, véase en *Rostroraja alba* (29).

Taxonómico

Pese a la escasa información que aporta, podemos afirmar que, en este caso, Cabrera examinó otro pez guitarra, un pez guitarra muy parecido al anterior, *Rhinobatos rhinobatos*, pero bastante más robusto y grande. No sabía exactamente qué especie era, pero en uno de los libros que consultaba encontró *Raja halavi* (Forsskâl[183], 1775: 19), en cuya descripción decía: «Ante todo, coincide con el carácter de Rhinobat. de *Linn.*», y *Raja halavi* fue el nombre que le dio, aunque castellanizándolo: *Raya Halavi*. Como no estaba seguro, su descripción consistió en decir solo que «puede [podría] reducirse [tratarse] a [de] esta especie [*Raya Halavi*]», y añadir precavidamente: «aunque con algunas diferencias». Entre estas diferencias estaba el gran tamaño del ejemplar que examinaba, al que por eso llamó *bramante*, que significa gigante[184]. Sin embargo, el nombre científico que le asignó, *Raja halavi*, es sinónimo de *Glaucostegus halavi*, un batoideo que habita en el mar Rojo, a 4.000 kilómetros del golfo de Cádiz, lo que convierte en muy poco probable que *Raja halavi* fuera la especie que examinó Cabrera. Pensamos que la especie que realmente estudió el Magistral fue *Rhinobatos cemiculus*, hoy denominada *Glaucostegus cemiculus* muy similar a la del mar Rojo, y la única de la familia Glaucosteguidae que habita en nuestras aguas. De hecho, los pescadores aprecian fácilmente las diferencias con *Rhinobatos rhinobatos* y a los ejemplares que ocasionalmente se desembarcan en algunas lonjas de Cádiz los llaman *guitarronas*, *guitarrones* o *guitarras de casta basta*, entre otros nombres (*IA*: 173). Años después de Cabrera, cuando Machado revisó los manuscritos del religioso y, «siguiendo los grandes progresos de la Ictiología», actualizó la nomenclatura científica según «el método propuesto por el príncipe Carlos Luis Bonaparte [...] en 1846», rectificó el *Raya Halavi* de Cabrera y lo cambió por lo que ya entonces se denominaba *Glaucostegus cemiculus* (Machado, 1857: 8).

---

183 Petrus Forsskâl (1732-1763), naturalista sueco, discípulo de Carlos Linneo, hizo estudios de fauna y flora en el mar Rojo. Murió muy joven y su obra póstuma se publicó en 1775 por Carsten Niebuhr.

184 Véase en *Rostroraja alba* (29).

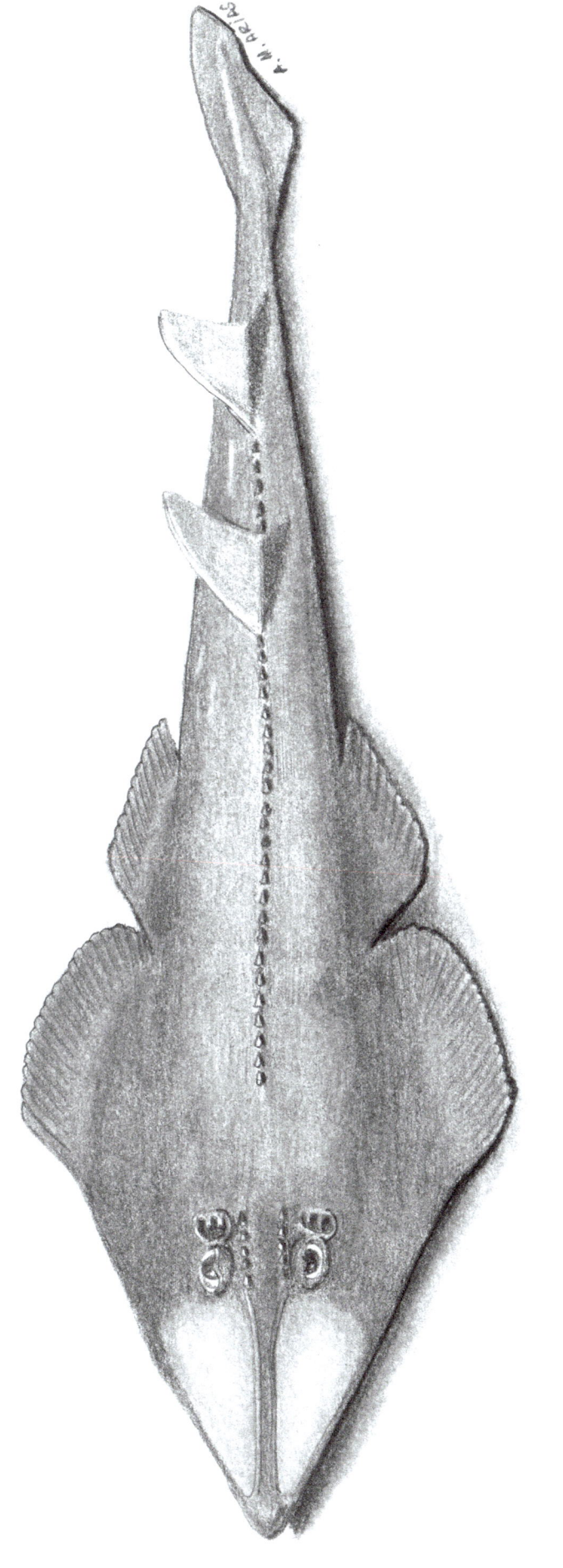

Glaucostegus cemiculus (Geoffroy Saint-Hilaire, 1817) - Bramante

---

APORTACIÓN DE CABRERA

LISTA MANUSCRITA

MEMORIA DESCRIPTIVA

«GÉNERO.—*Raya.*—LINN.» (v. en la ficha 22)

«ESPECIE 2.ª—**Levi-Raya**.—*Raya Batis.*—LINN. Leve; el dorso oscuro; el vientre blanco a lo largo de la cola, y por medio de ella una línea de espinas menudas y corvas al remate de ella, con una aletita.» (p. 168)

LISTA IMPRESA

«GÉNERO 45. *La Romaguera*, Raia Batis *Lin.*» (p. 185)

«GÉNERO 45. *La Noriega*, Raia Obscura *Sp. N.*» (p. 186)

ESTADO ACTUAL

Dipturus batis (Linnaeus, 1758) — Lámina 25

Clase: Elasmobranchii, Orden: Rajiformes, Familia: Rajidae

Citas en obras anteriores a Cabrera

Raia (9.) (Artedi, 1738: 102); *Raja Batis* (Linnaeus, 1758: 231); *Raia Batis* (Bonnaterre, 1788: 2; pl. 2, fig. 6); *Raja Batis* (Linnaeus, en Gmelin, 1789: 1505)

ANÁLISIS

Etimológico

Raia Batis: {lt. *raia, ae*} 'raya', pez + {gr. *batis, idos*} 'raya', pez, v. ficha 22.

Raia Obscura: {lt. *raia, ae*} 'raya', pez + {lt. *oscurus, obscurus, a, um*} 'sombrío, tenebroso, que permanece en la oscuridad' (*PE*), referido al color marrón negruzco del pez.

Dipturus batis: {gr. *di*} 'dos' + {gr. *pteryx, ygos*} 'aleta', v. en la especie anterior + {gr. *batis, idos*} 'raya', pez, v. ficha 22.

Ictionímico

La determinación científica de las rayas, en general tan parecidas unas a otras, causaba algunos problemas de identificación a Cabrera, como explicamos en el apartado siguiente. De los tres nombres comunes que recogió para esta especie, *levi-raya*, *noriega* y *romaguera*, el primero está mal aplicado pues se refiere a *Dipturus oxyrinchus* (26), y el segundo está asociado a un nombre científico erróneo. En cuanto a su motivación semántica, *noriega* (transcrito erróneamente «*Noriego*» en Martín Ferrero, 1997: 312), es una etimología popular de *noruega*, en relación con la zona europea de su distribución geográfica donde las capturas son más frecuentes. *Romaguera*, derivado del latín *rumicaria*, es el nombre catalán (*romeguera*) de una planta espinosa (Alcover y Moll, 2001) que, en este caso, se asocia a la especie marina por la similitud de los aguijones de la cola del pez con las púas de la citada planta. Finalmente, *levi-raya* es posible que esté basado en la denominación científica *Laeuiraiae* (*Laeviraja*) de la obra de Salviani (1554: 149). *Levi-raya* y *noriega* se recogen por primera vez en Andalucía en los documentos de Cabrera, *Romaguera* lo hace en Medina Conde (1789: 254).

Taxonómico

La descripción y el nombre científico, *Raya Batis*, sinónimo del actual *Dipturus batis*, nos acercan con bastante seguridad a que esta fue la especie que examinó el Magistral, mientras que la asociación con el nombre común *levi-raya* debe considerarse una equivocación, ya que, según la descripción y el dibujo de Salviani, se refiere a *Dipturus oxyrinchus*. En la Lista impresa Cabrera rectificó y asoció correctamente *Raia Batis* a *romaguera*, como también recogen trabajos recientes (Crespo y Ponce, 2003: 322; Lloris *et al.*, 2003: 62, para *romeguera-Dipturus batis*). Por otra parte, examinó ejemplares, tal vez jóvenes, para los que recogió el nombre de *noriega* y creyó estar ante una especie nueva, que denominó *Raia Obscura* Sp. N. Pero, por un lado, este es un *nomen nudum* sin equivalencia actual, y, por otro, *noriega* también es un nombre de *Dipturus batis* (Crespo y Ponce, 2003: 242). Por tanto, con esta entrada también se refirió a *Dipturus batis* y no a una especie nueva.

Dipturus batis (Linnaeus, 1758) - Romaguera, Noriega

(Dibujo basado en una fotografía de D. Holt, en www.marlin.ac.uk)

APORTACIÓN DE CABRERA

LISTA MANUSCRITA

MEMORIA DESCRIPTIVA
«Género.—*Raya*—Linn.» (v. en la ficha 22)
«Especie 9.ª—**El Machudo ó peje Mahoma.**—*Raya Machuelo.*—*Bonnete.* Sembrado el cuerpo de manchitas blanquizcas en fondo oscuro; el cuerpo oblongo; la cabeza puntiaguda en demasia.» (p.169)
LISTA IMPRESA
«Género 45. *Raia*, Raia Oxirincus *Lin.*» (p.186)
«Género 45. *Raia*, Raia Machuelo *Bonter.*» (p.186)

ESTADO ACTUAL

Dipturus oxyrinchus (Linnaeus, 1758) — Lámina 26
Clase: Elasmobranchii, Orden: Rajiformes, Familia: Rajidae

Citas en obras anteriores a Cabrera

Raie au long bec (Rondelet, 1558a: 274; L. XII, c. VI); *Raia Oxyrhychos major* (Willoughby, 1686: 71, Tab: C: 4); *Raja* (8.) (Artedi, 1738: 101); *Machuelo, majuelo, mochuelo, Mahoma, macho, Raia Oxyrhynchus* (Löfling, 1753); *Raja Oxyrhinchus* (Linnaeus, 1758: 231); *Raia Oxyrinchus* (Bonnaterre, 1788: 3; pl. 2, fig. 7); *Raja Oxyrhinchus* (Linnaeus, en Gmelin. 1789: 1506); *Mahoma* (Medina Conde, 1789: 232)

ANÁLISIS

Etimológico

Raia Machuelo: {lt. *raia, ae*} 'raya', pez + v. *machuelo* en el comentario ictionímico siguiente.
Raia Oxirinchus: {lt. *raia, ae*} 'raya', pez + {gr. *oxys, eia, y*} 'agudo, afilado' + {gr. *rhynchos, eos, ous*} 'hocico, morro', por su rostro alargado y picudo (Sebastián, 1964).
Dipturus oxyrinchus: {gr. *di*} 'dos' + {gr. *pteryx, ygos*} 'aleta', se refiere a las dos pequeñas aletas dorsales que porta al final de la cola (Rafinesque, 1810: 16) + {gr. *rhynchos, eos, ous*}, v. en el anterior.

Ictionímico

Los nombres comunes que Cabrera recogió para esta raya, *machudo*, *peje Mahoma* y *pez de Mohoma* [*sic*], se utilizaban desde antiguo —como recogen los manuscritos de Löfling (1753) en El Puerto de Santa María, en los que se cita por primera vez algunos de estos nombres comunes asociados a la especie en cuestión: «*machuelo-Raja, macho-Raia majoma-Raia Oxyrhynchus*»—, y perviven en la actualidad para referirse a esta especie (*IA*: 163). El nombre de *machudo*, que aparece únicamente en la Memoria descriptiva, se documenta por primera y única vez en Andalucía en los escritos de Cabrera. Es una voz derivada de *macho* 'mulo' (*DCECH*). Su motivación podría relacionarse con los dos grandes órganos copuladores que presentan los machos de la especie. Por su parte, las formas *peje Mahoma* y *pez de Mahoma*, que Cabrera (o su ayudante) escribió claramente *Mohoma* en la Lista manuscrita —también se documentan por primera vez en Andalucía, aunque recogidas anteriormente por Löfling como *Mahoma*—, tienen un origen incierto. Debido, tal vez al gran tamaño que alcanza esta raya, De Tornos (1839: 75), discípulo de Cabrera, dice que «En Andalucía se llama el *bramante*, ó peje-Mahoma, à la r. *rubus*, que es de las más fuertes y poderosas. Y el sabio naturalista Cabrera, mi maestro, que era además excelente filólogo, y conocía con profundidad el árabe, me hizo notar que esta denominación podía ser objeto de investigaciones curiosas para los arqueólogos; pues el apellido de la familia de Mahoma, Coreis, significa en árabe *un pez notable por su fuerza y valor*». Hay que tener en cuenta que este párrafo se refiere expresamente a *Raja clavata* (r. *rubus*) (27), una raya no tan grande como *Dipturus oxyrinchus*, pero igual de peligrosa por sus numerosas espinas y aguijones por todo el cuerpo y la cola, como indica el epíteto de su nombre científico, *clavata*: de clavos. Hay que señalar que antes de 1753, cuando Löfling llega a El Puerto de Santa María y pasa tres meses allí a la espera de embarcarse en la Expedición Científica de Límites el Orinoco (Pelayo, 1990: 103), ya se usaba el nombre de *machuelo* en Sevilla (Ladero, 1989: 109-110), y en Sanlúcar de Barrameda (Beltrán, 1612: 36), aunque no es seguro que se refiriera a *Dipturus oxyrinchus*, porque Löfling también lo recogió asociado a *Clupea* (probablemente *arenque*). Respecto al origen del hiperónimo *raia*, v. en *Leucoraja fullonica* (168).

Taxonómico

Parece claro que en una primera fase Cabrera examinó a *Dipturus oxyrinchus*, pues los tres caracteres morfológicos que cita en la descripción se ajustan a esta especie, así como los nombres vulgares según hemos visto en el apartado anterior. Sin embargo, como en otras ocasiones, a este conjunto de descripción y nombres comunes Cabrera le adjudicó un nombre científico equivocado: «*Raya Machuelo Bonnete.*», ya que, como se ve con claridad en las descripciones de «*Raia*, Hispanorum *Machuelo*» y «L'Machuèle. *Raia Machuelo*», de Osbeck (1768: 99) y Bonnaterre, (1788: 5), respectivamente, se refieren a un pez ángel y no a una raya propiamente dicha. De hecho, *Raia Machuelo* es actualmente un sinónimo de *Squatina aculeata* Cuvier, 1829, otra especie de pez ángel, que precisamente no tiene «la cabeza puntiaguda en demasía», como decía Cabrera, sino redondeada. Después, para publicar en la Lista impresa, rectificó y le adjudicó el nombre científico correcto de la época, «*Raia oxirincus* Lin.», pero, por error o por olvido, mantuvo, el nombre primero que usó y, con alguna modificación, escribió: «*Raia Machuelo Bonter.*», como si se tratara de una especie distinta. Es decir, Cabrera hizo una cita válida (con nombre científico, descripción y nombres vulgares correctos) y, al mismo tiempo, mantuvo una cita errónea. Por otra parte, en la Lista manuscrita incluyó solo los nombres de «*pez de Mohoma*» [*sic*] y «*Raia*».

A. M. ARIAS

Dipturus oxyrinchus (Linnaeus, 1758) - Pez de Mahoma

APORTACIÓN DE CABRERA

LISTA MANUSCRITA

MEMORIA DESCRIPTIVA

«ESPECIE 3.ª—**La Noriega**.—*Raya Clavata*.—LINN. El hocico es agudo, y posee el largo de la cola una serie de espinas; el color es oscuro; crece a gran magnitud.» (p. 168)

LISTA IMPRESA

«GÉNERO 45. *El Bramante, El Pez de Mahoma*, Raia Rubus *Lin.*» (p. 185)

ESTADO ACTUAL

Raja clavata Linnaeus, 1758 — Lámina 27

Clase: Elasmobranchii, Orden: Rajiformes, Familia: Rajidae

Citas en obras anteriores a Cabrera

Clavata (Rondelet, 1558a: 279; L. XII, c. XII); *Raia clavata* (Willoughby, 1686: 74, Tab: D.2.3); *Raja* (2.) (Artedi, 1738: 99); *Raya, Raia clavata* (Löfling, 1753); *Raja clavata* (Linnaeus, 1758: 232); *Raia clavata* (Bonnaterre, 1788: 4; pl. 3, fig. 9); *Raja clavata* (Linnaeus, en Gmelin, 1789: 1510); *Raya clavata* (Cornide, 1788: 126); *Raya clavata* (Asso, 1801: 49)

ANÁLISIS

Etimológico

Raia Rubus: {lt. *raia, ae*} 'raya', pez + {lt. *rubus, a, um*} 'rojo' (*PE*).

Raja clavata: {lt. *raia, ae*} 'raya', pez + {lt. *clavatus, a, um*} 'provisto de clavos, claveteado' (*PE*), por las grandes y fuertes espinas dérmicas que le cubren el cuerpo y la cola.

Ictionímico

Para el origen de *Bramante* y *Pez de Mahoma*, v. *Rostroraja alba* (29) y *Dipturus oxyrinchus* (26), respectivamente. Para *Raja clavata* Alvar recogió la forma *gramante* (*LMP*, mapa 666). Sobre el origen de *noriega*, v. ficha 25.

Taxonómico

De la información que aporta Cabrera, la entrada «*El Bramante, El Pez de mahoma, Raia Rubus*» nos conduce con seguridad a que la especie que examinó en esta ocasión fue *Raja clavata*, ya que, por un lado, *Raia rubus* (Bloch, 1786: 62) es un sinónimo de *Raja clavata*, y, por otro, esta raya es denominada *bramante* y *pez de mahoma* por los pescadores, como recogen Machado (1857: 7), Navarrete (1898: 151), De Buen (1919: 265), Lozano Cabo (1963: 163) e *IA*: 163. Esta raya es frecuente en aguas gaditanas y muy conocida por los pescadores, debido a la peligrosidad de sus aguijones. Löfling fue el primero que la citó en Andalucía, en 1753. Consideramos que la afirmación «crece a gran magnitud» es algo exagerada, ya que, pese a que esta raya alcanza un tamaño notable (hasta 1 m de longitud total), no es de las especies de batoideos más grandes, como *Dipturus batis* (25), que mide hasta 2,5 m, y *Mobula mobular* (169), hasta 6 m.

Raja clavata Linnaeus, 1758 - Bramante, Noriega

APORTACIÓN DE CABRERA

LISTA MANUSCRITA

Raia vera

MEMORIA DESCRIPTIVA

«GÉNERO.—*Raya.*—LINN.» (v. en la ficha 22)

«ESPECIE 7.ª—**Raya Vera**.—*Raya Miraletus.*—LINN. Lisa por el vientre y por el dorso, con tres órdenes de espinas en la cola; dos aletas dorsales, y una en el fin de la cola, con manchas redondas por encima algunas veces.» (p. 169)

LISTA IMPRESA

«GÉNERO 45. *La Raia vera*, Raia Miralaletus *Lin.*» (p. 186)

ESTADO ACTUAL

Raja miraletus Linnaeus, 1758 — Lámina 28

Clase: Elasmobranchii, Orden: Rajiformes, Familia: Rajidae

Citas en obras anteriores a Cabrera

Oculata (Rondelet, 1558a: 276; L. XII, c. VIII); *Raia laevis oculata* (Willoughby, 1686: 72, Tab: D.1.5); *Raia* (7.) (Artedi, 1738: 101); *Raja Miraletus* (Linnaeus, 1758: 231); *Raia Miraletus* (Bonnaterre, 1788: 3); *Raja Miraletus* (Linnaeus, en Gmelin, 1789: 1507)

ANÁLISIS

Etimológico

Raia Miraletus y *Raja miraletus*: {lt. *raia, ae*} 'raya', pez + {fr. *miralet, miraglet*} 'espejo pequeño'. En Smedley *et al.* (1845: 767) se indica que esta especie tiene «la parte superior del cuerpo de color rojizo-amarillento, con puntos púrpuras, rodeados de amarillo en cada aleta pectoral, simulando un espejo; de ahí el nombre local que se le da en el sur de Francia: petit miroir, miralet, miraglet».

Ictionímico

En la denominación *raya vera* de Cabrera, *vera* tiene el sentido de 'verdadera' (lt. *verus* 'verdadero'), es decir, la raya buena, de calidad. Esta denominación, tanto en la forma *raya vera* como *raya bera*, ya aparece en Andalucía en 1756, pero no es posible asegurar que se refiriera a *Raja miraletus*. Con ello, Cabrera es el primero que documenta en Andalucía la asociación *raya vera-Raja miraletus*.

Taxonómico

Esta fue una raya fácil de identificar para Cabrera por la presencia de los dos llamativos ocelos azules en el dorso, que Medina Conde (1789: 258) describió como «dos manchas en forma de ojos, que parecen dos espejos» y que en la actualidad se sigue denominando *Raja miraletus*. Cabrera, o el escribiente que pasó a limpio sus notas a la Lista impresa, escribió «*Raia Miralaletus*».

Raja miraletus Linnaeus, 1758 - Raya vera

APORTACIÓN DE CABRERA

LISTA MANUSCRITA

MEMORIA DESCRIPTIVA

«GÉNERO.—*Raya.*—LINN.» (v. en la ficha 22)

«ESPECIE 6.ª—**El Bramante**.—*Raya Tubercula.*—*Bonneterre*. Puede reducirse a esta especie, aunque con algunas diferencias: tiene aglomeradas alrededor de los ojos muchas espinitas pequeñas en semicírculo; el pico de la cabeza largo.» (p. 169)

ESTADO ACTUAL

Rostroraja alba (Lacépède, 1803) — Lámina 29

Clase: Elasmobranchii, Orden: Rajiformes, Familia: Rajidae

Citas en obras anteriores a Cabrera

Raja alba (Lacépède, 1803, t. 5: 662)

ANÁLISIS

Etimológico

Raia Tubercula: {lt. *raia, ae*} 'raya', pez + {lt. *tuber, eris*} 'tumor, protuberancia, excrecencia' (*PE*), pero no es el caso, como se explica en el comentario taxonómico, más abajo.

Rostroraja alba: {lt. *rostrum, i*} 'pico, morro, hocico', por lo muy desarrollado que lo tiene + {lt. *albus, a, um*} 'blanco' (Wilbur, 1954), tal vez por el color más claro del dorso que en otras rayas.

Ictionímico

El ictiónimo *bramante*, usado exclusivamente en Andalucía occidental (*IA*: 165), se asigna a algunas especies de batoideos de gran tamaño, como ya recogió Cabrera en las entradas: *Glaucostegus cemiculus* («ADDENDA. ESPECIE.—**El Bramante**.—*Raya Halavi.*», ficha 24) y *Raja clavata* («Género 45. *El Bramante, El Pez de Mahoma, Raia Rubus Lin.*», ficha 27), y como ocurre en la especie objeto de estudio en la presente ficha, también denominada *bramante*. La motivación semántica de esta voz puede deberse a que el animal produzca algún bramido, hecho que, aunque no está contrastado, encontramos en las descripciones científicas de *Myliobatis aquila* (32), una especie próxima. No obstante, como dice Pensado (1973: 204): «Lo más probable es que estemos ante una deformación no de un nombre de pez sino de un adjetivo de origen francés y nombre propio para significar gigante: *braimant* [...]. Este nombre propio ligado a la épica medieval francesa responde al de un héroe bien conocido en el campo sarraceno Braidimant o Braimant y de talla gigantesca [...]». *Bramante* se documenta por primera vez en Andalucía en 1756 (*Noticia*, Pensado, 1982: 200 y Barba y Pons, 2003: 408).

Taxonómico

De nuevo tenemos un elemento de la descripción («el pico de la cabeza largo») y un nombre científico (*Raya tubercula*) que no encajan con lo anterior. A esto se unen las dudas de Cabrera cuando, interpretando sus palabras, dice que podría tratarse de esta especie (*Raya tubercula*) aunque la que tiene delante presenta algunas diferencias. En realidad, «*Raya tubercula Bonneterre*» que escribe Cabrera es *Raja Tuberculata* de Bonneterre (1788: 3), que actualmente es un sinónimo de *Hypanus guttatus* (Bloch & Schneider, 1801), una especie de pastinaca que vive en el golfo de México y Brasil. Basándonos en los conocimientos actuales, creemos que la especie examinada por Cabrera en este caso fue *Rostroraja alba*, una raya de rostro largo (aunque no «puntiaguda en demasía» como *Dipturus oxyrinchus* (26), de gran tamaño —que por eso recibe el nombre de *bramante* en casi todos los puertos del litoral gaditano (*IA*: 165)—, y que no tiene tubérculos o protuberancias en su cuerpo, sino espinas pequeñas. Tal vez Cabrera, que no nombró los tubérculos en su descripción y ante la falta de dibujos en las obras que consultaba, optó como último recurso por *Raia Tuberculata* de Bonneterre.

Rostroraja alba (Lacépède, 1803) - Bramante

APORTACIÓN DE CABRERA

LISTA MANUSCRITA

MEMORIA DESCRIPTIVA

«GÉNERO.—*Raya.*—LINN.» (v. en la ficha 22)

«ESPECIE 4.ª—**La Raya Baca.**—*Raya Oxirincus.*—LINN. Con una serie de espinas en el dorso y en la cola; cuatro sobre los ojos; el color manchado de amarillo bajo sobre oscuro.» (p. 168)

«ESPECIE 8.ª—**La Agujeta.**—*Raya Aptera.*—Sp. N. Leve, sin aletas ni aguijones ni espinas en todo el cuerpo, ni en la cola; blanca, por debajo y oscura ó amarillaza por encima; los dientes...................; la cabeza en punta pequeña; la cola ó rabo largo y delgado puntiagudo. Puede ser la Pastinaca.» (p. 169)

«ADDENDA. ESPECIE.—**Raya Hucha.**—*Raya Pastinaca.* Varía con dos aguijones. La cabeza puntiaguda; todo el cuerpo leve; carece de aletas, pero en la cola trae un aguijón largo, puntiagudo y aferrado, y algunas veces dos espinas; el color del lomo es vario, oscuro amarillo, manchado, etc.» (p. 171)

LISTA IMPRESA

«GÉNERO 45. *La Raia baca*, Raia Pastinaca *Lin.*» (p. 186)

ESTADO ACTUAL

Dasyatis pastinaca (Linnaeus, 1758) — Lámina 30

Clase: Elasmobranchii, Orden: Myliobatiformes, Familia: Dasyatidae

Citas en obras anteriores a Cabrera

Pastinaca (Rondelet, 1558a: 265; L. XII, c. I); *Paſtinaca marina prima* (Willoughby, 1686: 67, Tab: C.3); *Raja* (3.) (Artedi, 1738: 100); *Chuso, chuzo, chucho-raya, chucho-Raia pastinaca* (Löfling, 1753); *Raja Pastinaca* (Linnaeus, 1758: 232); *Raia Paſtinaca* (Bonnaterre, 1788: 3; pl. 2, fig. 8); *Raya Pastinaca* (Cornide, 1788: 126); *Raja Pastinaca* (Linnaeus, en Gmelin, 1789: 1509); *Chucho, frigon, trigon, pastinaca* (Medina Conde, 1789: 215 y 244); *Raya Pastinaca* (Asso, 1801: 49)

ANÁLISIS

Etimológico

Raia Oxirincus: {lt. *raia, ae*} 'raya', pez + {gr. *oxys, eia, y*} 'agudo, afilado' + {gr. *rhynchos, eos, ous*} 'hocico, morro', por su rostro alargado y picudo, pero no es el caso porque la especie que examinó Cabrera con este nombre no era *Dipturus oxyrinchus* (26).

Raia Aptera: {lt. *raia, ae*} 'raya', pez + {gr. *a*} 'sin, no', partícula que indica negación o ausencia + {gr. *pteron, ou*} 'ala, aleta', tal vez porque le falta una cola bien desarrollada y no tiene aleta dorsal (Sebastián, 1964).

Raia Pastinaca: {lt. *raia, ae*} 'raya', pez + {lt. *pastinaca, ae*} 'zanahoria', por el color amarillento del pez (Whitney, 1889).

Dasyatis pastinaca: {gr. *dasys, eia, y*} 'tupido, apretado' + {gr. *batis, idos*} 'raya', un pez = {*dasys-(b)atis*}, por su cuerpo macizo, musculoso (Jordan and Evermann, 1896, I: 83).

Ictionímico

Los tres nombres comunes (*raya baca, agujeta* y *raya hucha*), que encabezan las descripciones aportadas por Cabrera son propios de *Dasyatis pastinaca*, la especie que examinó, pese a que creyera que se referían a especies diferentes. El nombre *raya baca*, que Cabrera documenta por primera vez en Andalucía, alude a la similitud que existe entre el largo aguijón que tiene el pez en la mitad de la cola y la *baqueta*, varilla de metal que servía para cargar las armas de fuego antiguas. Ninguna característica del pez nos hace pensar que su origen pudiera estar en *vaca*, hembra del toro. En *IA*: 135 se recoge *raya baqueta* para esta especie. El mismo origen tiene *agujeta*, relativo también a ese peligroso aguijón. En cuanto al nombre *raya hucha*, se trata de una variante gráfica de *chucha*, femenino de *chucho*. Para su motivación, v. *chucho* en la ficha 32. En Andalucía, este nombre designa, además de a *Dasyatis pastinaca*, a *Aetomylaeus bovinus* (31) y a *Myliobatis Aquila* (32) con similares frecuencias de ocurrencia (95 %, 90 % y 90 %, respectivamente) (*IA*: 135). Sin embargo, Cabrera lo recogió asociado solo a *Myliobatis aquila*. *Raya Hucha* se documenta por primera vez en Andalucía en los escritos de Cabrera.

Taxonómico

Las tres descripciones que se incluyen en páginas distintas de la Memoria descriptiva se refieren a la misma especie, *Dasyatis pastinaca*, aunque la primera lo hace bajo un nombre científico equivocado: *Raya Oxirincus*, especie que Cabrera ya había descrito correctamente (*Dipturus oxyrinchus*, 26). En la segunda descripción hay un espacio con veinte puntos suspensivos seguidos, que posiblemente introdujo Graells porque el texto original era ilegible. Las tres mencionan elementos morfológicos que encajan con *Dasyatis pastinaca*: una serie de espinas en el dorso y en la cola, piel lisa, cabeza en punta pequeña, rabo largo, uno o dos aguijones de borde aserrado en la cola, color blanco por debajo, amarillo claro por arriba... Es posible que Cabrera examinara ejemplares muy diferentes, jóvenes y adultos, que le hicieran dudar de sus determinaciones, e incluso se planteó que estaba ante una especie nueva, que identificó como «*Raia Aptera* Sp. N.». Sin embargo, por las tres descripciones que redactó por separado, sabemos que se refería a *Dasyatis pastinaca*, documentada desde Rondelet (1558) y descrita por Linneo (1758) como *Raja pastinaca*. Cabrera rectificó y en la Lista impresa la designó con el nombre correcto de la época: «*Raia pastinaca Lin.*».

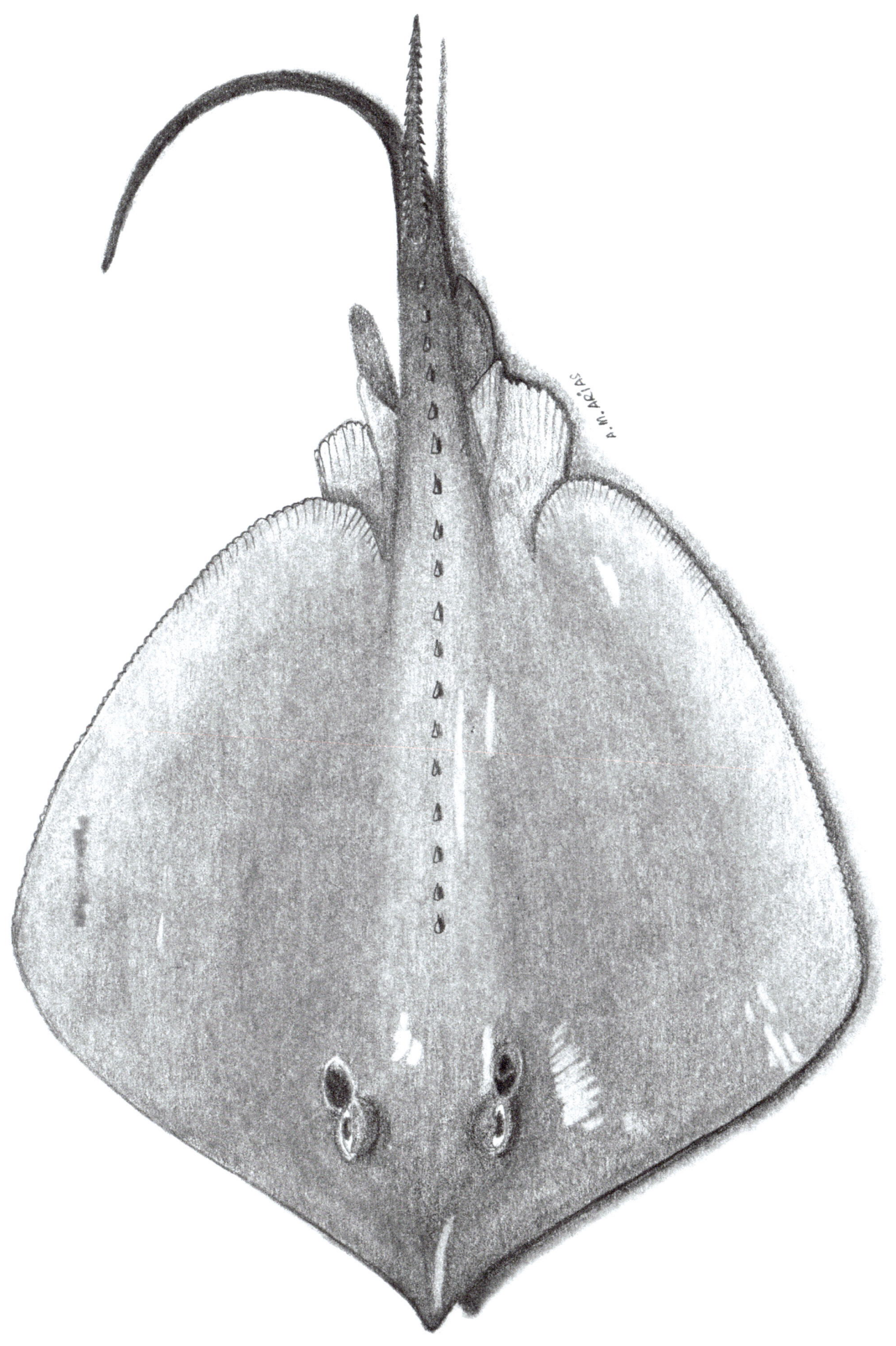

Dasyatis pastinaca (Linnaeus, 1758) - Raya vaca

APORTACIÓN DE CABRERA

LISTA MANUSCRITA

Pez Obispo Mirlan

MEMORIA DESCRIPTIVA

«ADDENDA.—**El Pez Obispo**. Es una Raya, cuyo hocico es plano prolongado; obtuso con cierta grosera semejanza á la mitra de los obispos; la cola muy larga; los ojos prominentes colocados en la cabeza, que se levanta por cima del hocico.» (p. 170)

LISTA IMPRESA

«GÉNERO 45. *El Pez Obispo*, Raia Obtusirostris *Sp. N.*» (p. 186)

«*El Mirlan*», en los listados de ictiónimos que no llegó a identificar (p. 187)

ESTADO ACTUAL

Aetomylaeus bovinus (Geoffroy Saint-Hilaire, 1817) — Lámina 31
Clase: Elasmobranchii, Orden: Myliobatiformes, Familia: Myliobatidae

Citas en obras anteriores a Cabrera

Obispo, Raia (Löfling, 1753); *Obispo* (Medina Conde, 1789: 241); *Myliobatis bovina* (Geoffroy Saint-Hilaire, 1817, t. I: 336)

ANÁLISIS

Etimológico

Aetomylaeus bovinus: {gr. *aetos, ou*} 'águila', para designar al ave y al pez + {gr. *mylias, ou*} 'piedra de molino', relacionado con el tipo de dientes planos que posee + {lt. *bovinus, a, um*} 'como un toro' (Jordan and Evermann, 1896, I: 673), debido a que el aspecto de la voluminosa cabeza de los ejemplares adultos recuerda a la de los bóvidos.

Ictionímico

Cabrera recogió dos nombres vulgares relacionados con esta especie, *pez obispo* y *mirlan*, pero de este último no sabía que se refería a ella, pues figuraba en la Lista manuscrita en los listados de ictiónimos que no llegó a identificar porque, según Graells (1887: 187), no pudo examinar la especie, pero ya vemos que sí la examinó. *Pez obispo* es una creación metafórica basada en la vestimenta del cargo eclesiástico homónimo, ya que el característico rostro saliente («hocico largo», decía Medina Conde, 1789: 241) del pez —sobre todo en los individuos jóvenes—, recuerda a la mitra de un obispo, a saber, el tocado alto y apuntado que visten los arzobispos y obispos en las grandes solemnidades eclesiásticas. Esta voz se documenta por primera vez como ictiónimo en Andalucía en los escritos de Cabrera, aunque ya en 1753, Löfling menciona *obispo* relacionado con un indeterminado «*Raia*». Asociado a la especie en cuestión, la primera referencia es de Vera y Chilier (1895: 42), en Cádiz. En cuanto a *mirlan* (*mirlán*), se trata de una voz originada por la unión de *mirlo* y *milano*, ya que esta especie presenta similitudes morfológicas con ambas aves, su color oscuro se asemeja al del plumaje del mirlo y la amplitud de sus aletas pectorales se asemeja a las alas del ave rapaz. Este ictiónimo aún pervive en el léxico de los marineros andaluces (*IA*: 143).

Taxonómico

Aunque no le asoció ningún sinónimo científico, el Magistral hizo una descripción acertada de esta especie, indicativa de que examinó algún ejemplar de la actual *Aetomylaeus bovinus*. En Fricke *et al.* (2023) se considera *Raia Obtusirostris* como un sinónimo de *Myliobatis aquila*; sin embargo, creemos que debería ser sinónimo de *Aetomylaeus bovinus*, ya que Cabrera diferenció con claridad ambas especies.

Aetomylaeus bovinus (Geoffroy Saint-Hilaire, 1817) - Pez obispo

APORTACIÓN DE CABRERA

LISTA MANUSCRITA

MEMORIA DESCRIPTIVA

«GÉNERO.—*Raya.*—LINN.» (v. en la ficha 22)

«ESPECIE 5.ª—**El Chucho.**—*Raya Aguila.*—LINN. La cabeza obtusa; el cuerpo todo liso; en la cola tiene un aguijón que sale del medio de ella, duro puntiagudo y aserrado, rematando en una aletita pequeña.» (p. 168)

LISTA IMPRESA

«GÉNERO 45. *El Chucho,* Raia Aquila *Lin.*» (p. 186)

ESTADO ACTUAL

Myliobatis aquila (Linnaeus, 1758) — Lámina 32

Clase: Elasmobranchii, Orden: Myliobatiformes, Familia: Myliobatidae

Citas en obras anteriores a Cabrera

Aquila (Rondelet, 1558a: 268; L. XII, c. II); *Aquila* (Willoughby, 1686: 64, Tab: C.2); *Raja* (5.) (Artedi, 1738: 100); *Raja Aquila* (Linnaeus, 1758: 232); *Raia Aquila* (Bonnaterre, 1788: 4; pl. 4, fig. 10); *Raja Aquila* (Linnaeus, en Gmelin, 1789: 1508); *Raya Águila* (Asso, 1801: 49)

ANÁLISIS

Etimológico

Raia Aquila: {lt. *raia, ae*} 'raya', pez + {lt. *aquila, ae*} 'águila' (*PE*), porque sus grandes aletas pectorales le permiten volar por momentos fuera del agua; igualmente, sus desplazamientos submarinos se parecen al vuelo de esta ave.

Raia obtusirostris: {lt. *raia, ae*} 'raya', pez + {lt. *obtusus, a, um*} 'chato, romo' + {lt. *rostrum, i*} 'pico de ave, morro' (*PE*). En Cuvier et Valenciennes (1842, XVI: 168) se indica: «obtusirostris: par la grosseur de son museau tronqué», es decir, por el grosor de su morro truncado, chato, que es como lo tiene esta especie, al contrario que la anterior, *Aetomylaeus bovinus*, que lo tiene saliente.

Myliobatis Aquila: {gr. *mylias, ou*} 'piedra de molino' + {gr. *batis, idos*} 'raya, pez', por el tipo y disposición de la dentadura, al ser plana (Jordan and Evermann, 1896, I: 89) + {lt. *aquila, ae*} 'águila', v. anterior.

Ictionímico

El *DCECH* señala como origen de *chucho*, asociado a *Myliobatis aquila*, la comparación con un *mochuelo* y con un *perro*. En el primer caso, como dice Barbier (1910: 31), se debe a que el pez recuerda a un ave de presa con las alas extendidas, ya que sus pectorales son más largas transversalmente que en otras rayas. Toro y Gisbert (1923: 199) y Barriuso (1986: 313) establecen el vínculo motivacional con *perro*, tanto por el gruñido que estos peces emiten al sacarlos del agua, como por las dolorosas heridas que produce su aguijón de la cola, semejantes a las de la mordedura del cánido. Además, no descartamos que en las motivaciones de la voz *chucho* aplicada a *Myliobatis aquila* haya connotaciones semánticas despectivas, ya que, así como un *chucho* es un perro mestizo, *Myliobatis aquila* no es una *raya* propiamente dicha, sino una mezcla de *raya* y otra especie de batoideo indeterminada (*IA*: 135). El ictiónimo *chucho*, que se utiliza en Cádiz para denominar también a *Dasyatis pastinaca* (30) y a *Aetomylaeus bovinus* (31), se documenta por primera vez como ictiónimo en 1615 (*DCECH*). En Andalucía, el manuscrito de Löfling (1753) es su primer registro ictionímico.

Taxonómico

Cabrera identificó sin dificultades esta especie, al contrario de lo que ocurre hoy día, donde observamos cómo algunos pescadores profesionales consideran equivocadamente que se trata de la misma especie anterior, *Aetomylaeus bovinus* (*IA*: 145), aunque en realidad los nombres de *chucho* y *pez obispo* se utilizan indistintamente para las dos. De ahí que en la Lista impresa asignó a algún ejemplar el nombre común *pez obispo* y lo determinó como *Raia obtusirostris*, pero consideró que era una especie nueva.

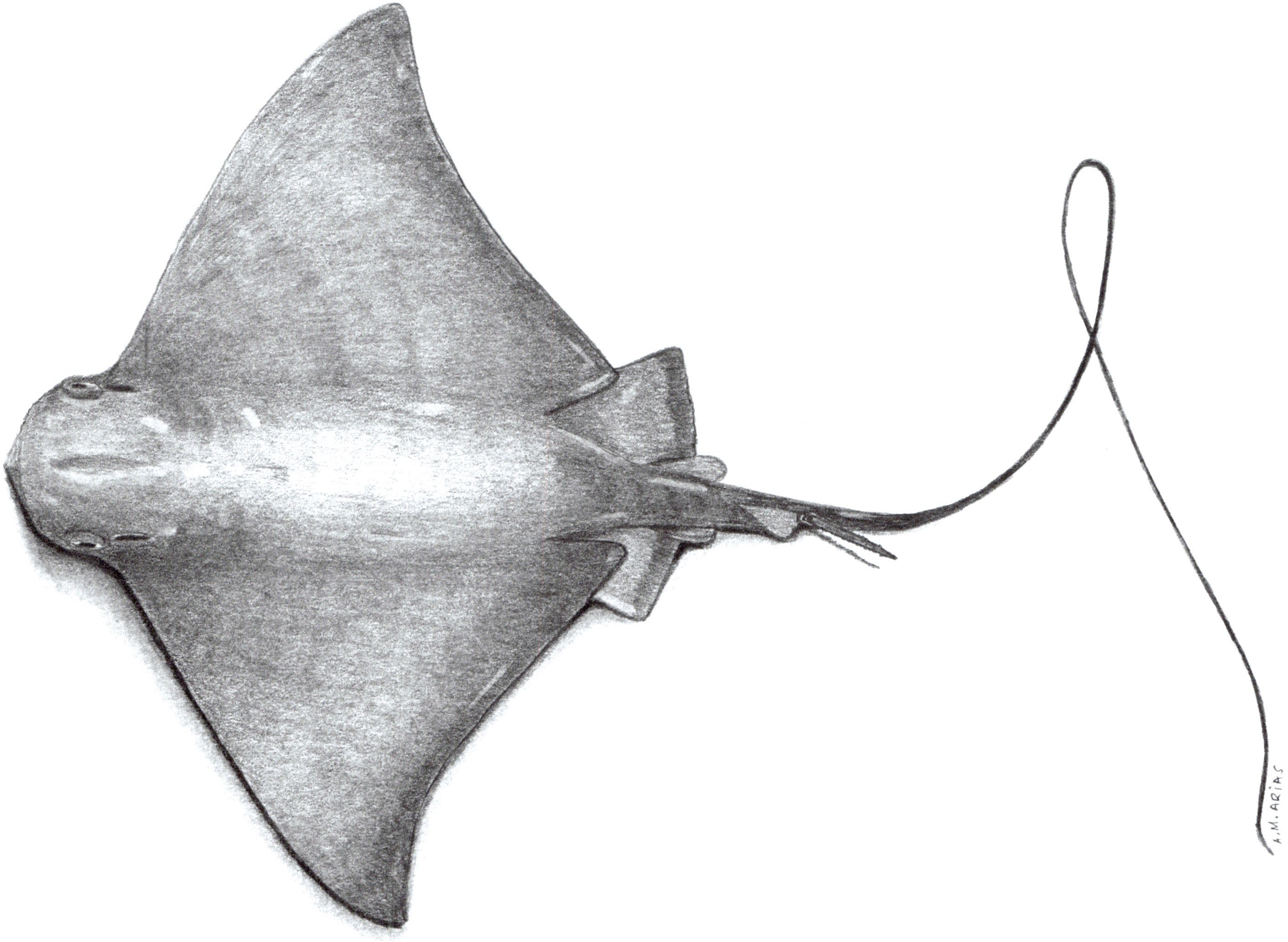

A.M.ARIAS

LÁMINA 32

Myliobatis aquila (Linnaeus, 1758) - Chucho

APORTACIÓN DE CABRERA

LISTA MANUSCRITA

MEMORIA DESCRIPTIVA

«GÉNERO.—*Accipenser*.—LINN. Cabeza obtusa; la boca por debajo sin dientes; la abertura de la agalla lateral; el cuerpo alargado y anguloso con muchas series de escudillos.» (p. 165)

«ESPECIE.—**El Sollo**.—*Accipenser Sturio*.—LINN. Hocico prolongado obtuso con cuatro barbillas antes de la boca; es pez grande de cinco ángulos, robusto y de carne delicada al paladar.» (p. 165)

LISTA IMPRESA

«GÉNERO 43. *El Sollo*, Accipenser Sturio *Lin.*» (p. 184)

ESTADO ACTUAL

Acipenser sturio Linnaeus, 1758 — Lámina 33

Clase: Actinopteri, Orden: Acipenseriformes, Familia: Acipenseridae

Citas en obras anteriores a Cabrera

Acipenser, Sturium (Rondelet, 1558*a*: 318; L. XIII, c. VIII); *Sturio* (Willoughby, 1686: 239, Tab: P.7.3); *Acipenser* (1.) (Artedi, 1738: 91); S*ollo* (Löfling, 1753); *Acipenser Sturio* (Linnaeus, 1758: 237); *L'esturgeon* (Bonnaterre, 1788: 16; pl. 9, fig. 29); *Acipenser Sturio* (Linnaeus, en Gmelin, 1789: 1483); *Sollo, esturiones, lobo de río* (Medina Conde, 1789: 221, 261); *Acipenser Sturio* (Asso, 1801: 51)

ANÁLISIS

Etimológico

Acipenser sturio: {lt. *acipenser, eris*} 'esturión' (*PE*) + {in. med., *sturgeon*} 'esturión' (Whitney, 1889).

Ictionímico

La voz *sollo* que Cabrera recogió para esta especie es de origen incierto, tal vez del latín *sŭcŭlus* 'cerdito', por el parecido de la boca del pez al hocico del cerdo (*DCECH*). Medina Conde (1789: 261) recoge que san Isidoro llamaba a este pez *puerco marino* y Morgado (1587: 54), en su *Historia de Sevilla*, habla de la abundancia de pescados en el Guadalquivir y dice: «Matanfe tambien, algunos Sollos, cuyo pefcado es comparado a la Carne del Carnero. E yo he vifto pefcar en el mifmo Guadalquivir entre Sevilla, y Triana pefcados, que fuben de la Mar, mayores cada vno que dos hombres».

Taxonómico

Cabrera examinó en este caso una de las especies de peces más valoradas del río Guadalquivir y hoy extinguida de su cauce (Fernández-Delgado *et al.*, 2000: 89): el *esturión del Betis*, apreciado en la Roma imperial y representado en monedas halladas en Coria del Río (Pineda, 1968: 13, Duque, 1977: 152). La describió adecuadamente y para clasificarla utilizó un nombre científico y un nombre común correctos. Con ello, fue el primero en Andalucía en documentar la asociación del nombre *sollo* a la equivalencia científica *Acipenser sturio*. Bonnaterre describió varias especies de esturiones, entre ellas *l'ichthyocolle* y *l'esturgeon*, y a ambas, creemos que, por error de imprenta, les asignó el mismo nombre científico, *Acipenser Huso*, pero, por la ilustración de su Pl. 9, fig. 29, *l'esturgeon* es *Acipenser sturio*, y por la Pl. 10, fig. 31, *l'ichthyocolle* es *Acipenser huso* (*Huso huso*).

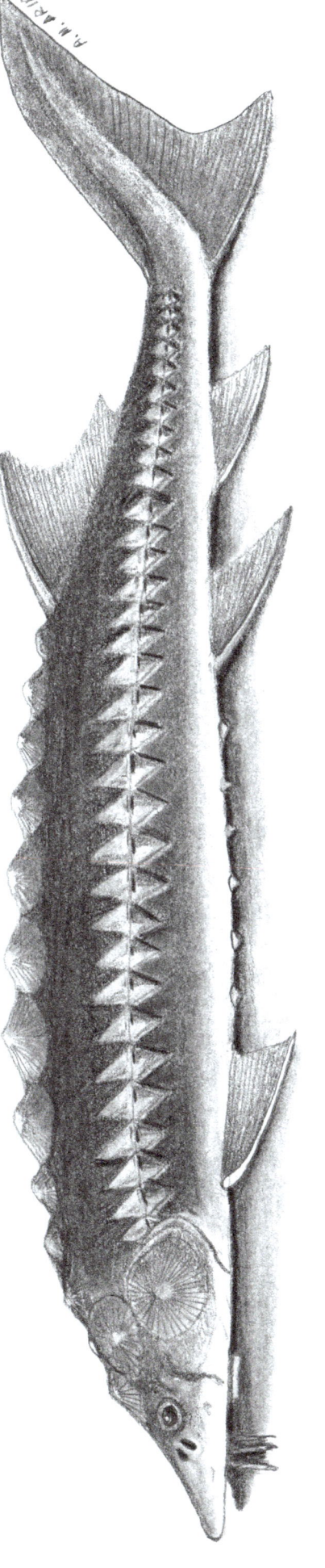

APORTACIÓN DE CABRERA

LISTA MANUSCRITA

MEMORIA DESCRIPTIVA

«Género.—**Muraena**.—Linn. Cabeza leve, narices tubulosas, la membrana branquiostega de diez radios, el cuerpo rollizo y lúbrico, la aleta dorsal continuada con la de la cola y del ano, respiradero junto á la cabeza, ó las aletas pectorales.» (p.146)

«[Especie] 1.ª—**La Morena**.—*Muraena Helena*.—Linn. Sin aletas pectorales y el cuerpo manchado de amarillo sobre fondo oscuro.» (p.146)

LISTA IMPRESA

«Género 1. *La Morena*, Murena Helena *Lin.*» (p.175)

CORRESPONDENCIA CIENTÍFICA

«Muraena, La Helena» (AJB I, 57, 9, 9)

COLECCIÓN INSTITUTO

«14. Muraena helena L.» (De Buen, 1919: 252)

ESTADO ACTUAL

Muraena helena Linnaeus, 1758 — Lámina 34

Clase: Actinopteri, Orden: Anguilliformes, Familia: Muraenidae

Citas en obras anteriores a Cabrera

Muraena (Rondelt, 1558: 314; L. XIIII, c. IIII); *Muraena* (Willoughby, 1686: 103, Tab: G.1); *Morena, Muraena* (Löfling, 1753); *Muraena Helena* (Linnaeus, 1758: 144); *Muraena Helena* (Bonnaterre, 1788: 33; pl.23, fig.79); *Muraena Helena* (Linnaeus, en Gmelin, 1789: 1132); *Murena* (Cornide, 1788: 1); *Morena ó Murena* (Medina Conde, 1789: 233)

ANÁLISIS

Etimológico

Muraena helena: {lt. *muraena, ae*} 'morena', nombre del pez (Agassiz,1842) —Gesner (1560: 87) señala: «uerbo μυρω, fluo dicitur, aliquando cum Σ, σμυραινα», que significa 'del verbo myro, que se dice fluir, a veces con s, smyraina', posiblemente en relación con la gran viscosidad y flexibilidad del cuerpo del pez, que le permite adoptar posturas inverosímiles, nadar deslizándose suavemente o introducirse con gran facilidad en grietas muy estrechas en las rocas— + {lt. *Helena*} 'Helena', nombre mitológico, hija de Júpiter, de gran belleza (Barriuso, 1986: 294), lo que indica que, pese a su temible aspecto, no deja de ser un pez bello por su llamativo colorido.

Ictionímico

La voz *morena* que recogió Cabrera es el nombre del pez desde la Antigüedad, que ya se documenta en *Etimologías* de san Isidoro, en el año 627 (García Cornejo, 2001: 573). La denominación *morena*, del latín *muraena* (de origen griego), no se debe al color marrón o tostado (moreno) de su piel (latín *maurus* 'moro' > español *moreno*, en el *DCECH*), sino que se trata de una etimología popular posterior a su origen motivacional y que se desconoce.

Taxonómico

Especie inconfundible y conocida en Cádiz desde tiempos remotos e identificada correctamente por Cabrera. Además, es el primero que documenta en Andalucía la asociación *morena-Muraena helena*. En una carta a Clemente, le comenta que «La Helena» es comestible. Un ejemplar de esta especie se conservaba en la Colección del Instituto de Cádiz que examinó De Buen.

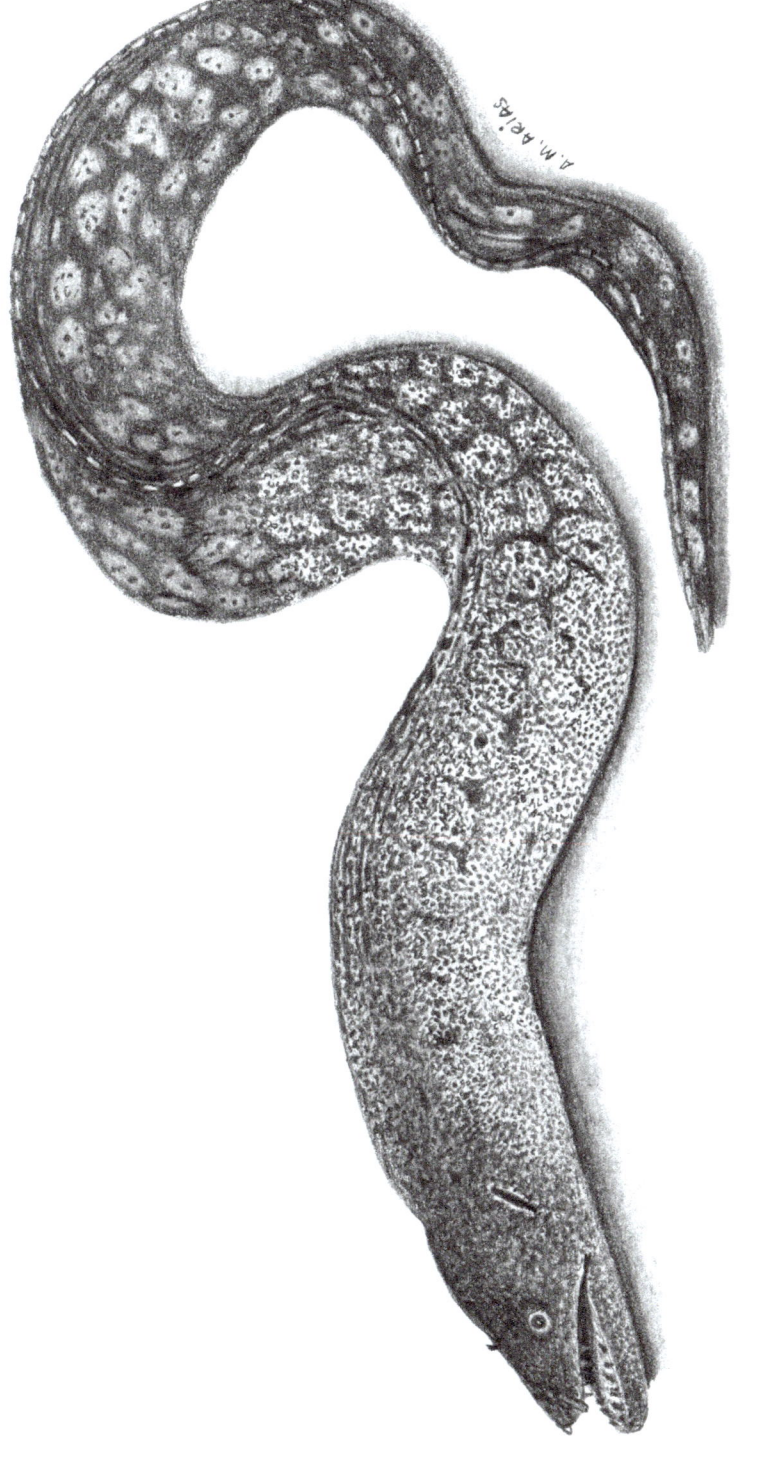

Muraena helena Linnaeus, 1758 - Morena

APORTACIÓN DE CABRERA

LISTA MANUSCRITA

MEMORIA DESCRIPTIVA

«GÉNERO.—**Muraena.**—LINN.» (v. en la ficha anterior)

«[ESPECIE] 4.ª—**La Morenata.**—*Muraena coeca.*—LINN. Carece de toda aleta y de ojos; posee el hocico prolongado y agudo.» (p. 147)

LISTA IMPRESA

«GÉNERO I. *La Morenata*, Murena coeca *Lin.*» (p. 175)

ESTADO ACTUAL

Apterichtus caecus (Linnaeus, 1758) — Lámina 35

Clase: Actinopteri, Orden: Anguilliformes, Familia: Ophichthidae

Citas en obras anteriores a Cabrera

Muraena caeca (Linnaeus, 1758: 245); *Muraena caeca* (Bonnaterre, 1788: 35); *Muraena caeca* (Linnaeus, en Gmelin, 1789: 1135)

ANÁLISIS

Etimológico

Muraena coeca: {lt. *muraena, ae*} 'morena', nombre del pez (Agassiz, 1842) + {lt. *caecus, a, um*} 'ciego, ciega' (*PE*), ya que el pez no ve.

Apterichtus caecus: {gr. *apteros, os, on*} 'que no tiene alas', en este caso que no tiene aletas, en relación a que el pez carece de ellas + {*ichtus*} deformación de {gr. *ichthys, yos*} 'pez' (Sebastián, 1964) + {lt. *caecus, a, um*} como el anterior.

Ictionímico

Morenata es un derivado de *morena*. El sufijo *-ato, -ata* aplicado a animales hace alusión a la cría de diferentes especies (v. *DLE*). En este caso, el menor tamaño respecto a *Muraena helena* (34) hace que se cree una identificación entre tamaño-cría y de ahí la sufijación. *Morenata* también se documenta por primera vez en Andalucía en los escritos de Cabrera.

Taxonómico

Cabrera cita por primera vez en Andalucía a este pez anguiliforme, pero, inexplicablemente, lo describe sin ojos: «Carece [...] de ojos». La realidad es que sí tiene ojos, muy pequeños, pero es ciego, como dice Linneo (1758: 245): «Oculos nullos video». Tal vez, el decir que carece de ojos fue la manera particular de interpretar metafóricamente que el pez era ciego.

Apterichtus caecus (Linnaeus, 1758) - Morenata

(Dibujo basado en una fotografía de C. Suárez, en www.fishbase.org)

APORTACIÓN DE CABRERA

LISTA MANUSCRITA

Culebra   Culebra picuda

MEMORIA DESCRIPTIVA

«ADDENDA.—**La Culebra ó Pez Culebrar.**—*Muraena mirus*. El pico agudo con aletas pectorales y caudal, es [de] color blanco y posee en las aletas algunas manchas negras.» (p. 171)

LISTA IMPRESA

«GÉNERO I. *La Culebra picuda*, Murena mirus *Lin.*» (p. 175)

ESTADO ACTUAL

Echelus myrus (Linnaeus, 1758) — Lámina 36

Clase: Actinopteri, Orden: Anguilliformes, Familia: Ophichthidae

Citas en obras anteriores a Cabrera

Myrus (Rondelet, 1558*a*: 316; L. XIII, c. V); *Myrus* (Willoughby, 1686: 109, Tab: G.7.1); *Muraena Myrus* (Linnaeus, 1758: 245); *Muraena Myrus* (Bonnaterre, 1788: 35); *Muraena Myrus* (Linnaeus, en Gmelin, 1789: 1134).

ANÁLISIS

Etimológico

Muraena mirus: {lt. *muraena, ae*} 'morena', nombre del pez (Agassiz, 1842) + {gr. *myros, ou*} 'macho de la morena', o, como aparece en Gesner (1560: 88), «maritus muraena», es decir, el macho o marido de la morena.

Echelus myrus: {gr. *enchelys, yos*} 'anguila' (Jordan and Evermann, 1896, I: 343), citado en Willoughby (1686: 244) + {gr. *myros, ou*} 'macho de la morena'. V. anterior.

Ictionímico

En la Lista manuscrita Cabrera recogió para esta especie los nombres de *culebra* y *culebra picuda*. En la Memoria descriptiva mantuvo *culebra* e incluyó uno nuevo que habría oído: *pez culebrar*. Después, al pasar la información a la Lista impresa, optó por incluir únicamente *culebra picuda*, que alude al morro alargado y en forma de pico de este pez. El origen del ictiónimo *culebra* está en el latín *cŏlŭbra* 'culebra' (*DCECH*), relacionado con la especie marina por el parecido evidente de su cuerpo cilíndrico y largo, similar al de algunos colúbridos (una de las familias del suborden serpientes u ofidios). Las voces *pez culebrar* y *culebra picuda* se documentan por primera vez en Andalucía en los escritos Cabrera.

Taxonómico

Donde Cabrera dice «color blanco» hay que entender que se refiere al color claro, amarillento o color carne de la piel de este pez, que lo diferencia de *Ophisurus serpens* (171). Por otra parte, el nombre científico y los nombres vulgares asignados permiten asegurar que *Echelus myrus* fue la especie que examinó Cabrera.

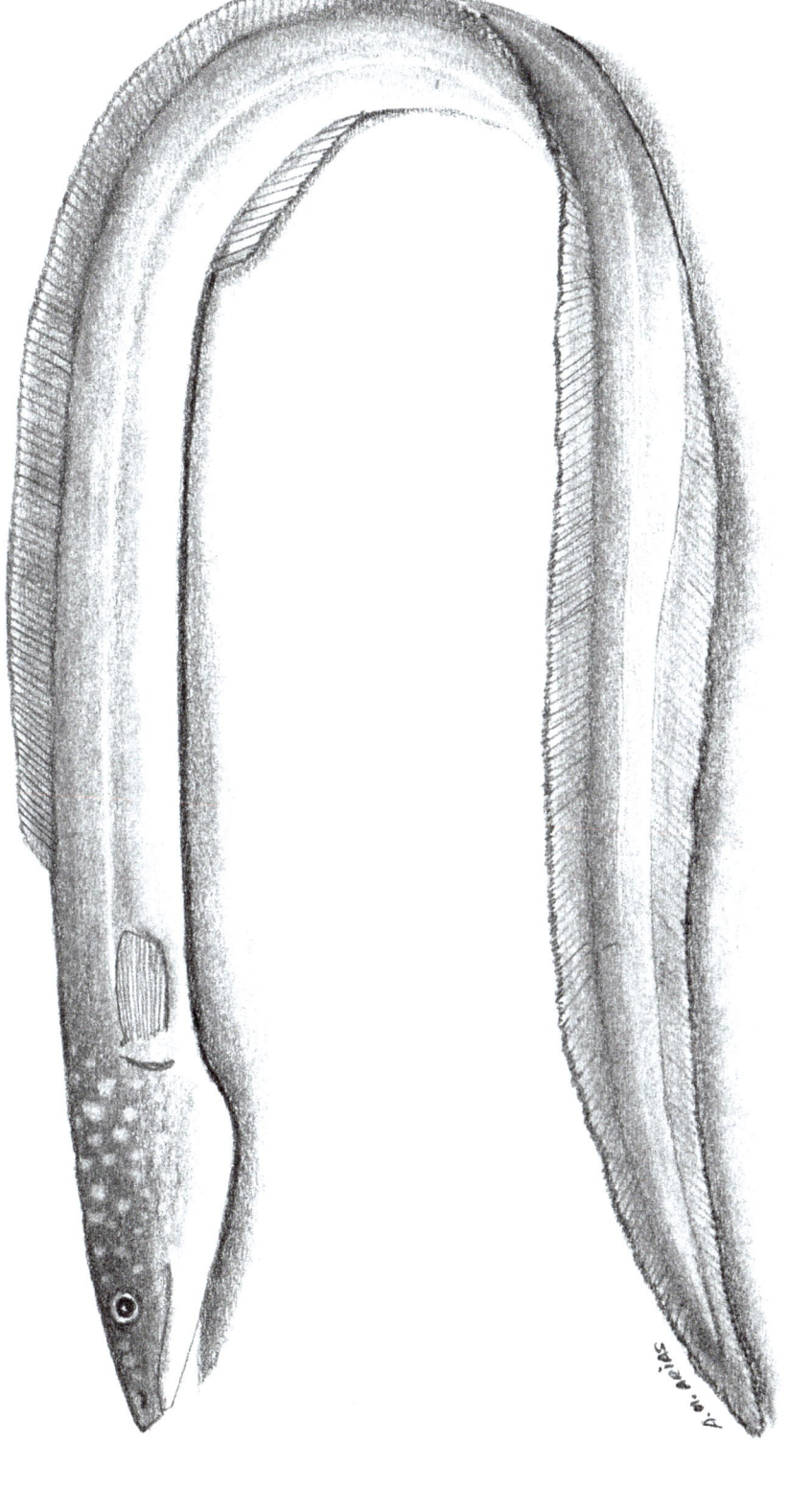

Echelus myrus (Linnaeus, 1758) - Culebra picuda

LÁMINA 36

APORTACIÓN DE CABRERA

LISTA MANUSCRITA

Congrio Safio

MEMORIA DESCRIPTIVA

«GÉNERO.—**Muraena**.—LINN.» (v. en la ficha 41)

«[ESPECIE] 3.ª—**El Congrio ó Zafio**.—*Muraena Conger*.—LINN. La línea lateral compuesta de puntos blanquecinos, dos anteni-llas en la mandíbula superior.» (p. 146)

LISTA IMPRESA

«GÉNERO 1. *El Congrio, El Záfio*, Murena Conger *Lin.*» (p. 175)

CORRESPONDENCIA CIENTÍFICA

«Murena, El Congrio ò Safio» (AJB I,57,9,9)

ESTADO ACTUAL

Conger conger (Linnaeus, 1758) — Lámina 37

Clase: Actinopteri, Orden: Anguilliformes, Familia: Congridae

Citas en obras anteriores a Cabrera

Congre (Rondelet, 1558a: 308; L. XIIII, c. I); *Conger* (Willoughby, 1686: 111, Tab: G.6); *Safio, Muraena* (Löfling, 1753); *Muraena Conger* (Linnaeus, 1758: 245); *MuraenaConger* (Bonnaterre, 1788: 35; pl. 24, fig. 82); *Muraena Conger* (Linnaeus, en Gmelin, 1789: 1135); *Muraena conger* (Cornide, 1788: 4); *Safio, Muraena conger* (Medina Conde, 1789: 218)

ANÁLISIS

Etimológico

Muraena Conger: {lt. *muraena, ae*} 'morena', nombre del pez (Agassiz, 1842) + {gr. *gongros, ou*} 'congrio' (Gesner, 1560: 89); también {lt. *conger, congri*} 'congrio'.

Conger conger: v. anterior.

Ictionímico

Cabrera recogió adecuadamente las denominaciones de esta especie bien conocida en todo el litoral andaluz: *congrio* y *zafío*. *Congrio*, se-gún el DCECH, deriva de la palabra latina *conger*. Se documenta por primera vez como ictiónimo en Andalucía en el año 1268, en un Ordena-miento de las Cortes de Jerez de la Frontera (Mondéjar, 1991: 464). Por su parte, *zafío*, que Cabrera escribe de tres formas (*zafio, záfio y safio*), para Mondéjar (1991: 450) deviene del árabe *safí* 'puro, claro, nítido', que alude a la blancura de la carne del pez. *Zafio* se documenta por pri-mera vez en Andalucía en *Historia de Sevilla*, de Morgado (1587: 54).

Taxonómico

Como la morena, el congrio es fácil de identificar, y es conocido en Cádiz desde la Antigüedad (*Conger*, en *Etimologías* de san Isidoro, año 627, García Cornejo, 2001: 574). Cabrera no tuvo ninguna dificultad para describirlo y determinarlo correctamente. Por otra parte, fue el primero que documentó en Andalucía la asociación *Congrio-Muraena conger* (*Conger conger*). En una carta a Clemente, le comenta que «El Conger» es comestible.

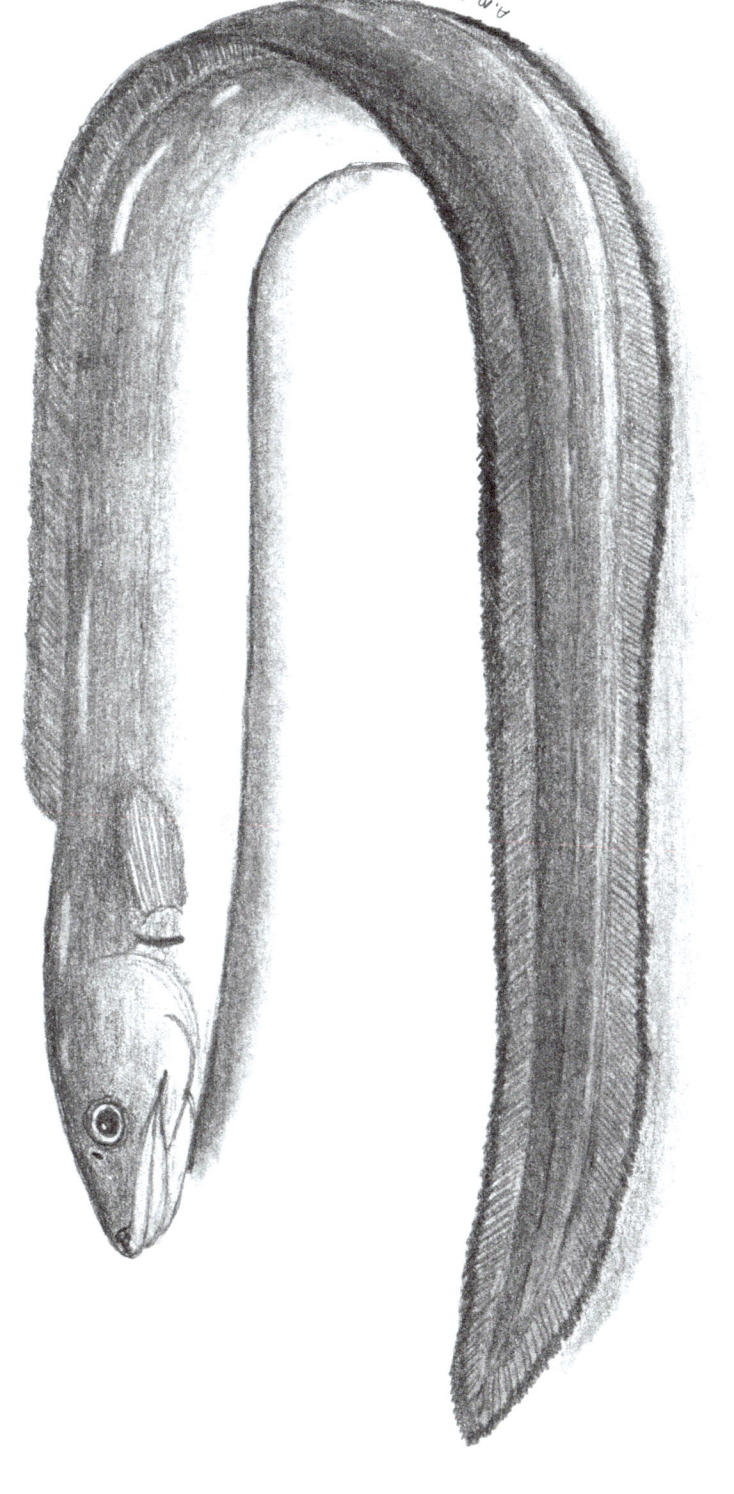

Conger conger (Linnaeus, 1758) - Congrio, Safío

APORTACIÓN DE CABRERA

LISTA MANUSCRITA

MEMORIA DESCRIPTIVA

«GÉNERO.—**Muraena.**—LINN.» (v. en la ficha 41)

«[ESPECIE] 2.ª—**La Anguilla.**—*Muraena Anguilla.*—LINN. El cuerpo de un solo color oscuro, blanquecino en el vientre, la mandíbula inferior muy larga.» (p. 146)

LISTA IMPRESA

«GÉNERO I. *La Anguilla,* Murena Anguilla *Lin.*» (p. 175)

CORRESPONDENCIA CIENTÍFICA

«Murena, La Anguilla» (AJB I, 57, 9, 9)

ESTADO ACTUAL

Anguilla anguilla (Linnaeus, 1758) — Lámina 38

Clase: Actinopteri, Orden: Anguilliformes, Familia: Anguillidae

Citas en obras anteriores a Cabrera

Anguilla (Willoughby, 1686: 109, Tab: G.6); *Anguilla, Muraena anguilla* (Löfling, 1753), *Muraena Anguilla* (Linnaeus, 1758: 245); *Muraena Anguilla* (Bonnaterre, 1788: 34; pl. 24; fig. 81); *Muraena Anguila* (Cornide, 1788: 2); *Muraena Anguilla* (Linnaeus, en Gmelin, 1789: 1133); *Anguilla* (Medina Conde, 1789: 233)

ANÁLISIS

Etimológico

Muraena Anguilla: {lt. **muraena**, *ae*} 'morena', nombre del pez (Agassiz, 1842) + {lt. *anguilla, ae*} 'anguila', relacionado con la voz {lt. *anguis, is*} 'serpiente, culebra' (*PE*), por su cuerpo estrecho y alargado.

Anguilla anguilla: v. anterior.

Ictionímico

En el *DCECH*, el nombre *anguilla* que utiliza Cabrera para designar a esta especie es un diminutivo de la palabra latina *anguis* 'culebra', que alude a la forma alargada y cilíndrica del cuerpo del pez. Mondéjar (1991: 210-215) señala que es la forma castellana de uso general hasta el siglo XVII. En Andalucía, es utilizada por Cabrera en el siglo XIX y aún hoy se documenta en todo el litoral andaluz (*IA*: 197).

Taxonómico

Como la morena y el congrio, la anguila es conocida desde tiempos remotos (*Anguilla*, en *Etimologías* de san Isidoro, año 627, García Cornejo, 2001: 573). Cabrera no tuvo dificultades para identificarla e incluyó en su descripción el rasgo morfológico principal que la diferencia del congrio: «la mandíbula inferior muy larga», aunque, en realidad, sea solo un poco más larga que la superior, y no muy larga, como en *Belone belone*, por ejemplo. En una carta a Clemente, le comenta que «*La Anguilla*» es comestible.

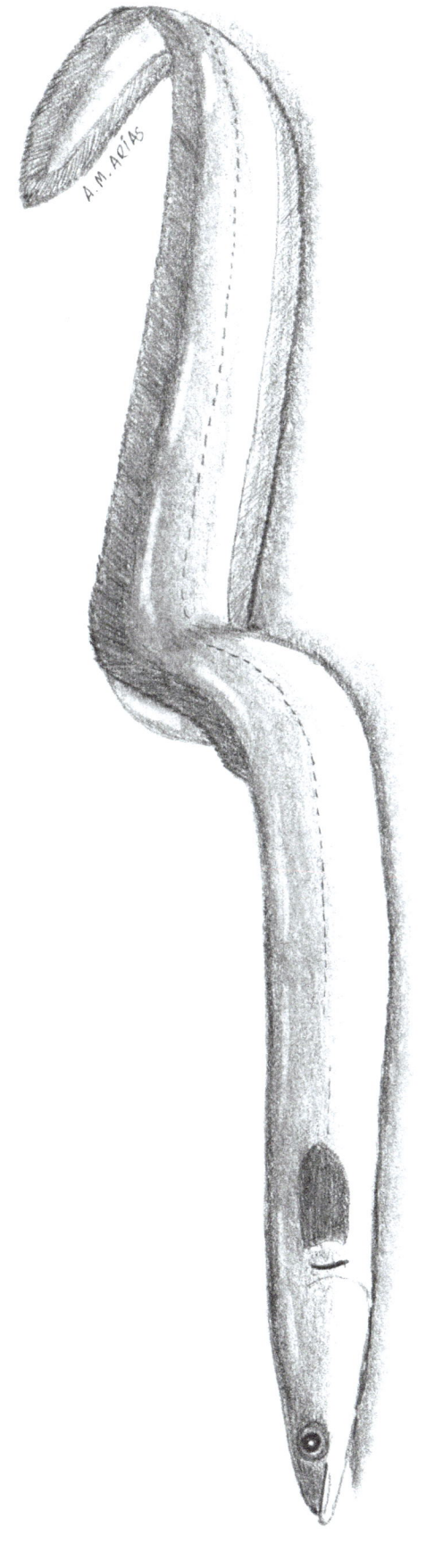

Anguilla anguilla (Linnaeus, 1758) - Anguila

APORTACIÓN DE CABRERA

LISTA MANUSCRITA

MEMORIA DESCRIPTIVA

«GÉNERO.—**Clupea**.—LINN. Cuerpo deprimido, casi lanceado, leve deprimido; el abdomen aquillado; cabeza comprimida; frente deprimida; mandíbulas extensas desiguales; los pérculos de tres piezas escamosos.» (p. 163)

«ESPECIE 3.ª—**La Lacha ó Negrilla.**—*Clupea Alosa.*—LINN. Su mandíbula superior se halla dividida ligeramente en dos porciones; sus escamas son grandes y caedizas.» (p. 163)

LISTA IMPRESA

«GÉNERO 35. *La Lacha*, Clupea Alosa *Lin.*» (p. 183)

«GÉNERO 35. *El Sábalo*, Varietas *Lin.*» (p. 183)

ESTADO ACTUAL

Alosa alosa (Linnaeus, 1758) — Lámina 39

Clase: Actinopteri, Orden: Clupeiformes, Familia: Alosidae

Citas en obras anteriores a Cabrera

Alosa (Rondelet, 1558a: 182; L. VII, c. XII); *Clupea, Alausa, Alosa* (Willoughby, 1686: 227); *Sábalo, machuelo, Clupea* (Löfling, 1753); *Clupea Alosa* (Linnaeus, 1758: 318); *Clupea Alosa* (Bonnaterre, 1788: 185; pl. 75, fig. 312); *Clupea Alosa* (Linnaeus, en Gmelin, 1789: 1404); *Sábalo, Clupea alosa* (Cornide, 1788: 94); *Alacha* (Medina Conde, 1789: 207)

ANÁLISIS

Etimológico

Clupea Alosa: {lt. *clupea, ae*} 'sardina', v. más en la ficha 41 + {sa, *allis*}, 'alosa' y {lt. *alausa, ae*} 'alosa'(Jordan and Evermann, 1896, I: 427), nombre de pez citado por Ausonio[185] en su poema «Mosella: Quis non et virides, vulgi solacia, tincas, norit et alburnos, praedam puerilibus hamis, stridentesque focis opsonia plebis, alausas?», cuya traducción es: Mosela: ¿Quién no conoce las tencas verdes, recurso del vulgar, y los alburnos, presa de los ganchos de los niños, y las alosas, plato favorito de la plebe que se tuestan con ruido penetrante en los hornos? (De la Ville, 1889: 12).

Alosa alosa: v. anterior.

Ictionímico

Lacha, sábalo y *negrilla* son denominaciones vulgares bien asignadas por Cabrera a la especie en cuestión, *Alosa alosa*, si bien *lacha* se asocia también a otros clupéidos, como *Sardinella aurita* y *Alosa fallax* (40), con una frecuencia de ocurrencia muy elevada, cercana al 100 % en la primera especie y al 85 % en la segunda (*IA*: 182 y 184, respectivamente). *Lacha* es un acortamiento de *alacha*, que deriva de la forma latina (*h*)*al*(*l*)*ec*, (*h*)*allĕcis* 'especie de garo o escabeche', 'el pescado que se condimentaba con él', entre los que se encontraba *Alosa alosa*. Según Palanco (2000: 117), esta denominación surge por un proceso metonímico por contigüidad, es decir, inicialmente denomina al nombre de la salsa que se preparaba con los clupeidos y, posteriormente, pasa a designar al pez origen de la citada salsa. Martínez González (1977: 184) señala que esta voz se localiza originariamente en el sur de Italia como *laccia* o *alaccia* y ambas voces se extienden por las costas mediterráneas occidentales, dando lugar a una nomenclatura homogénea usada tanto para designar a *Sardinella aurita*, como a *Alosa fallax*, y por Cabrera para *Alosa alosa*. En Andalucía, *lacha* se documenta por primera vez en Medina Conde (1789: 228), asociada a *Clupea alosa parva*, sinónimo de *Alosa fallax*. El ictiónimo *sábalo* podría ser de origen céltico, según el *DCECH*, derivado de *samos* 'verano', que alude a la época en la que esta especie se introduce en los ríos para reproducirse. Se documenta por primera vez en Andalucía en 1302, en un *Ordenamiento* portuario del puerto de Sevilla (Mondéjar, 1977: 607). *Negrilla* es un ictiónimo utilizado en la bibliografía andaluza para designar a especies de coloración más o menos oscura, *Etmopterus spinax* (17) y *Chelon labrosus* (89) (*IA*: 323). Asociado a *Alosa alosa*, Cabrera lo documenta por primera vez en Andalucía. Para esta especie, Cabrera encontró la motivación de esta voz en la mancha negra de encima del opérculo. La primera datación de *negrilla* en Andalucía se debe a Medina Conde (1789: 240), pero se refiere probablemente *Etmopterus spinax* (17).

Taxonómico

El nombre científico que Cabrera emplea, *Clupea alosa*, y el carácter morfológico que describe de «Su mandíbula superior se halla dividida ligeramente en dos porciones», que se refiere a la característica muesca central que estos peces poseen en la mandíbula superior, nos conducen inequívocamente a que la especie que examinó fue *Alosa alosa*, también llamada *lacha*. En la Lista impresa Cabrera introduce un «Varietas» asociado al nombre común *sábalo*. Esto podría indicar que Cabrera examinó además un ejemplar al que llamó *sábalo* creyendo, erróneamente, que se trataba de una especie distinta, que no llegó a determinar adecuadamente y la dejó en «Varietas». Sin embargo, en la literatura numerosas citas asocian *sábalo* a *Alosa alosa* (Rodríguez-Roda, 1960: 114; Lozano Cabo, 1963: 207; Camiñas *et al.*, 1989: 26; Osuna y Ubera, 1991: 119; Crespo *et al.*, 2001: 296, entre otras). Con lo anterior, y dada la gran dificultad que entraña diferenciar las especies del género *Alos*[186], bastante se aproximó Cabrera llamando *sábalo* a ese «Varietas» que incluyó en la Lista impresa. Una prueba más de la confusión que generan estas especies es el hecho de que el nombre *lacha* que Cabrera asigna a *Alosa alosa*, en la bibliografía andaluza siempre aparece unido a *Alosa fallax* (Machado, 1857: 11; *ALEA*, mapa 1102; *LMP*, mapa 532; Martínez González, 1992: 150) o a *Sardinella aurita* (*ALEA*, mapa 1102; Abad *et al.*, 1988: 201; Camiñas *et al.*, 1989: 26; Martínez González, 1992: 149; J. de A., 2001: 111; Crespo *et al.*, 2001: 201; Arias, 2005: 125), otras especies de la familia alósidos. En Andalucía, los escritos de Cabrera constituyen la primera documentación de la asociación *lacha-Alosa alosa*.

---

185 Décimo Magno Ausonio (310-395), poeta latino.

186 No resuelta hasta cuarenta y cinco años después de Linneo. con la descripción de *Alosa fallax* por Lacépède en 1803; e incluso hoy día es preciso recurrir al recuento de branquispinas del primer arco branquial para diferenciarlas: *Alosa alosa* tiene más de 90 branquispinas, *Alosa fallax* tiene menos de 60.

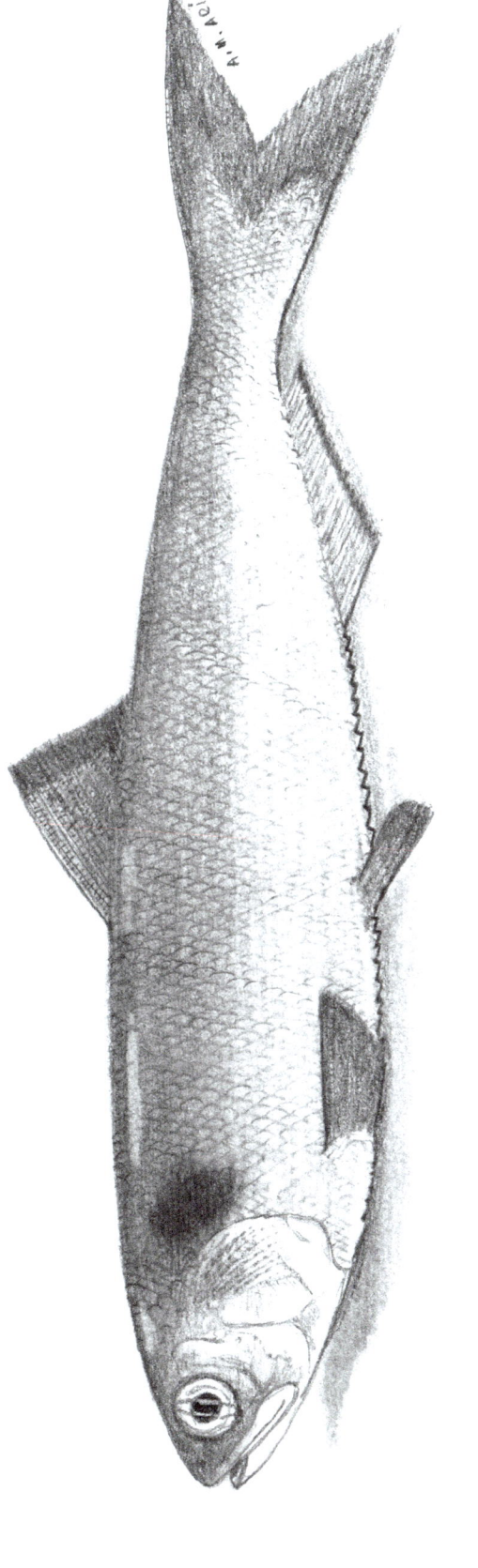

Alosa alosa (Linnaeus, 1758) - Lacha, Sábalo, Negrilla

APORTACIÓN DE CABRERA

LISTA MANUSCRITA

Saboga

MEMORIA DESCRIPTIVA

«GÉNERO.—**Clupea.**—LINN.» (v. en la ficha anterior)

«ESPECIE I.ª—**La Saboga.**—*Clupea Harengus.*—LINN. La mandíbula inferior más larga; la cabeza pequeña; una mancha encima del opérculo que se desvanece con su muerte.» (p. 163)

LISTA IMPRESA

«GÉNERO 35. *La Saboga,* Clupea Arengus *Lin.*» (p. 183)

ESTADO ACTUAL

Alosa fallax (Lacépède, 1803) — Lámina 40

Clase: Actinopteri, Orden: Clupeiformes, Familia: Alosidae

Citas en obras anteriores a Cabrera

Clupea fallax (Lacépède, 1803, t. 5: 424 y 452)

ANÁLISIS

Etimológico

Clupea Harengus: {lt. *clupea, ae*} 'sardina', v. más en la ficha 41 + {lt. *aresco*} 'secarse, desecarse' (D'Orbigny, 1841), en relación con la forma de preparar este pez para el consumo, secado al aire. Gesner (1560: 5) resalta la procedencia germánica de *Harengus* al señalar: «Harengi uocabulum est, Germani plerique Hering scribunt», es decir, «Harengi es palabra alemana, la mayoría de los alemanes escriben Hering».

Alosa fallax: {sajón *allis*} 'alosa' y {lt. *alausa, ae*} 'alosa', v. en la especie anterior + {lt. *fallax, acis*} 'falaz, engañosa', por las dificultades de identificación (Barriuso, 1986: 245).

Ictionímico

Cabrera describió aceptablemente un ejemplar de *Alosa fallax*, para el que recogió el nombre de *saboga*, con lo que no hay dudas de que examinó a esta especie. El origen etimológico de *saboga* es incierto, probablemente céltico aragonés, según el *DCECH*. En Andalucía lo encontramos por primera vez en *Historia de Sevilla*, de Luis de Peraza, en 1535 (Morales, 1996: 108).

Taxonómico

Como en otras ocasiones, a un nombre común correcto y una descripción aceptable Cabrera asoció un nombre científico erróneo, *Clupea harengus*, que es el nombre científico actual del *arenque, Clupea harengus*[187] Linnaeus, 1758, un pez de aguas frías, raro en el golfo de Cádiz. Posiblemente esto se debió al hecho de que, en la obra de Linneo, en la que Cabrera se basaba para sus determinaciones, no encontró más opción que elegir *Clupea harengus*, la especie que más se aproximaba a lo que examinaba, pese a que el sueco la describe sin manchas en el cuerpo. En realidad, Linneo tampoco tenía clara la existencia de la especie que nos ocupa, *Alosa fallax*, que fue descrita cuarenta y cinco años después de que se publicara el *Systema Naturae*, por Lacépède (1803: 225) como *Clupea fallax*, y bajo el nombre común francés de *clupée feinte*, es decir engañosa, fingida, por su gran similitud con *Alosa alosa* que dificulta la distinción entre ambas especies. Aunque Cabrera tuvo acceso a esta obra, se fiaba más de Linneo y la determinó equivocadamente.

---

187 Obsérvese cómo frecuentemente Cabrera (o su transcriptor Graells), escribe los nombres científicos (también algunos nombres comunes) de distinta forma en cada documento. En este caso: *Harengus* en la Memoria descriptiva; *Arengus* en la Lista impresa.

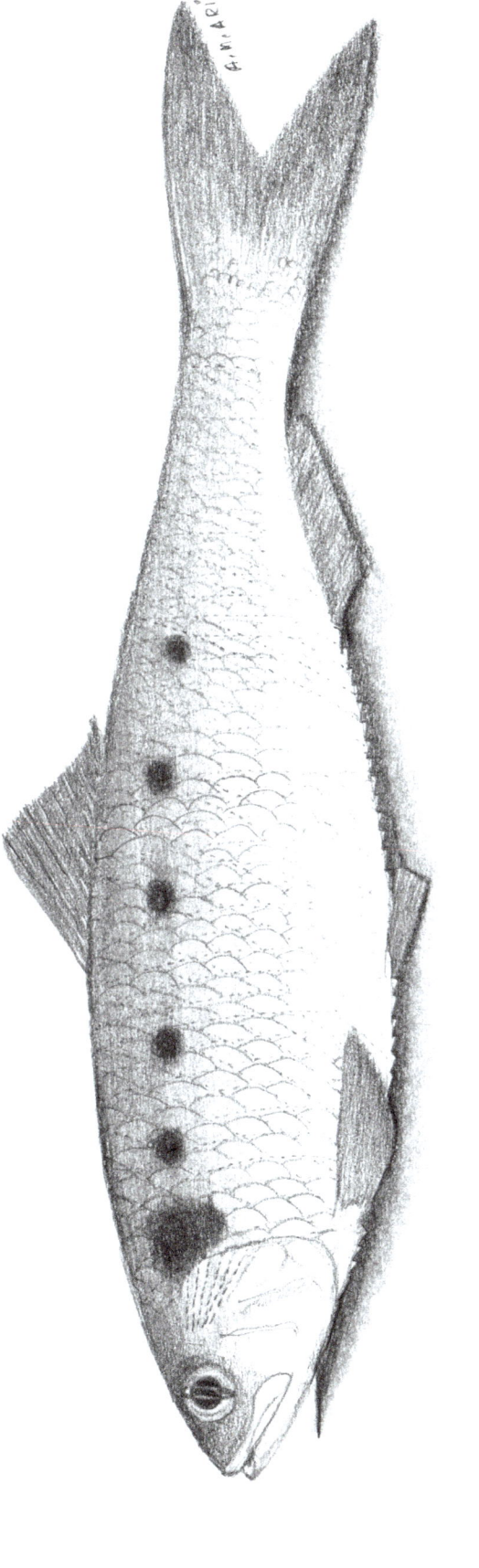

Alosa fallax (Lacépède, 1803) - Saboga

LÁMINA 40

APORTACIÓN DE CABRERA

MEMORIA DESCRIPTIVA

«GÉNERO.—**Clupea**.—LINN.» (v. en la ficha 39)

«ESPECIE 2.ª—**La Sardina**.—*Clupea Spratus*. No debe separarse de esta especie nuestra sardina, aunque ofrece algunas pequeñas diferencias.» (p. 163)

LISTA IMPRESA

«GÉNERO 35. *La Sardina*, Clupea Spratus *Lin.*» (p. 183)

ESTADO ACTUAL

Sardina pilchardus (Walbaum, 1792) — Lámina 41

Clase: Actinopteri, Orden: Clupeiformes, Familia: Alosidae

Citas en obras anteriores a Cabrera

Sardine, sarde (Rondelet, 1558*a*: 181; L.VII, c. X); *Sardina* (Willoughby, 1686: 224); *Sardina, Clupea sardina* (Löfling, 1753); *Sardine, Clupea Sprattus* (Bonnaterre, 1788: 185; pl. 74, fig. 311); *Sardina, Arengus minor* (Cornide, 1788: 91); *Sardina* (Medina Conde, 1789: 259); *Clupea pilchardus* (Walbaum, 1792: 38); *Clupea Sardina* (Asso, 1801: 48)

ANÁLISIS

Etimológico

Clupea Sprattus: {lt. *clupea, ae*} 'sardina', derivado de {lt. *clipeus, ei*} 'escudo redondo', 'protección', referido a las escamas que cubren su cuerpo (*PE*) + {in. med., *sprot, sprat*}, literalmente 'el joven', porque se le consideraba una cría de arenque (Whitney, 1889).

Sardina pilchardus: {gr. *sardine, es*} 'sardina' (Sebastián, 1964), pez capturado en la isla de Sardinia (Cerdeña) + {ir, *pilseir*}, que en inglés pasó como *pilchard*, 'sardina, arenque' (Whitney, 1889).

Ictionímico

Sin duda Cabrera sabía qué era la sardina; la identificaba correctamente a la vista de las capturas y la denominaba *sardina*. Sin embargo, extrañamente, tal vez por olvido del escriba, en la Lista manuscrita no figura *sardina*, el nombre de una especie tan importante. La voz *sardina* proviene del diminutivo del adjetivo latino *sardus* 'perteneciente a Cerdeña', que indicaría que este pez se pescaba abundantemente en aguas de aquella isla italiana, del latín *Sardinia* 'Cerdeña' (Barriuso, 1986: 44). Es interesante señalar, como dicen García Vargas *et al*. (2019: 312), que *sarda* en época romana se aplicaba siempre al bonito de Cerdeña (*Sarda sarda*, 55), pero con el decaimiento de las almadrabas y el desabastecimiento de peces grandes a las fábricas de salazones, surgieron grupos de pescadores que con artes menores (boliche, lavadas, piqueras) las abastecieron con especies de pequeños pescados azules como la sardina, con lo que hubo un desplazamiento semántico y el nombre *sarda* acabó designando a la sardina. *Sardina* se documenta por primera vez en Andalucía en 1302, en un *Ordenamiento* portuario de la ciudad de Sevilla: «E cada baxel que troxere çerda [caballas] e sardina de tres millares arriba» (Mondéjar, 1991: 628).

Taxonómico

Cabrera examinó una sardina («nuestra sardina») y siguiendo a Linneo, que entonces no conocía la sardina (fue descrita treinta y cuatro años más tarde por Walbaum), la determinó equivocadamente como *Clupea Sprattus* (hoy *Sprattus sprattus*, el espadín). En su amago de descripción, con la frase «No debe separarse de esta especie», Cabrera quería decir que, por su gran parecido, la especie del ejemplar que tenía delante no debería estar lejos de ser *Sprattus sprattus*, pero no lo era. Por eso, como en realidad lo que examinaba era una sardina, la llamó *sardina* y la clasificó como *Sprattus sprattus*. Sin embargo, la sardina, *Clupea pilchardus*, ya figuraba en Cornide (1788: 91), como *Arengus minor*. Así, señaló que «ofrece algunas diferencias» con esta (con *Sprattus sprattus*). Esas diferencias podrían ser que su sardina tenía una hilera de manchitas negras en los flancos y los dos últimos radios de la aleta anal más largos que el resto, caracteres que la diferencian de *Sprattus sprattus*.

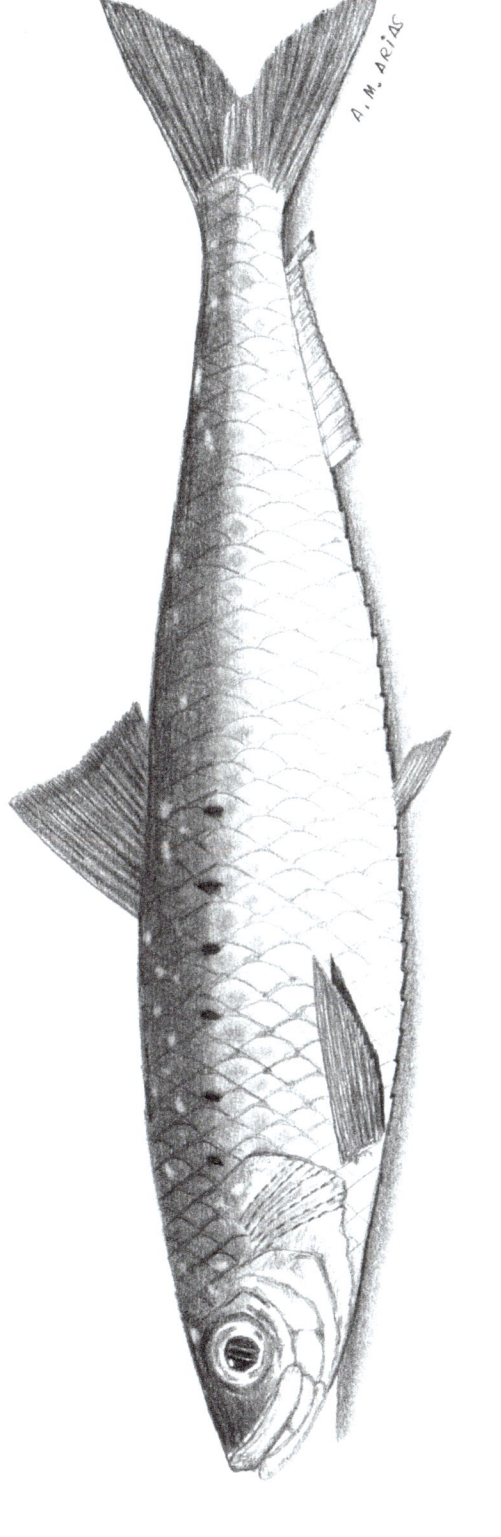

Sardina pilchardus (Walbaum, 1792) - Sardina

APORTACIÓN DE CABRERA

LISTA MANUSCRITA

MEMORIA DESCRIPTIVA

«GÉNERO.—**Clupea**.—LINN.» (v. en la ficha 47)

«ESPECIE 4.ª—**La Anchoa ó Boquerón**.—*Clupea Encrasicolus*.—LINN. Sumamente pequeño y sabrosísimo; la mandíbula inferior más larga.» (p. 163)

LISTA IMPRESA

«GÉNERO 35. *El Boquerón, La Anchoa*, Clupea Encrasicolus *Lin*.» (p. 183)

ESTADO ACTUAL

Engraulis encrasicolus (Linnaeus, 1758) — Lámina 42

Clase: Actinopteri, Orden: Clupeiformes, Familia: Engraulidae

Citas en obras anteriores a Cabrera

Anchoies (Rondelet, 1558a: 176; L. VII, c. III); *Encraficholus* (Willoughby, 1686: 225, Tab: P.2.2); *Anchova, Clupea encrasicolus* (Löfling, 1753); *Clupea Encraficolus* (Linnaeus, 1758: 318); *Clupea Encraficolus* (Bonnaterre, 1788: 185; pl. 75, fig. 313); *Clupea Encraficolus* (Linnaeus, en Gmelin, 1789: 1405); *Boquerón ó anchoa, Clupea Enchrasicolus* (Cornide, 1788: 99); *Anchoa ó Boquerón* (Medina Conde, 1789: 208)

ANÁLISIS

Etimológico

Clupea Encrasicolus: {lt. *clupea, ae*} 'sardina', v. más en la ficha anterior + {gr. *engrasicholos*} 'hiel en la cabeza', que viene a indicar, como dicen Cuvier et Valenciennes (1842: XX, 25) que «pour préparer l'Anchois, on lui arrache la tête en même temps que la foie et les intestins», es decir, que para preparar los boquerones (y evitar que se rompa la vesícula biliar impregnándolos del sabor amargo de la hiel), hay que quitarles la cabeza al mismo tiempo que el hígado y los intestinos.

Engraulis encrasicolus: {gr. *engraulis, eos*} 'boquerón, anchoa' + {gr. e*ngrasicholos*} v. el anterior.

Ictionímico

Cabrera recogió los dos ictiónimos que definen a esta especie inconfundible: *boquerón* y *anchoa*. El primero es una denominación metonímica que se refiere al rasgo más sobresaliente del animal: su gran boca. Se documenta por primera vez en Andalucía en Juan de Ovando Santarén, en 1663 (Mondéjar, 1977: 224). En cuanto a la voz *anchoa*, se refiere a los ejemplares que se conservan en salmuera para su consumo. Mondéjar (1977: 226-230) la documenta en 1302 e indica que procede del genovés *anciöa*, llegado desde Génova y usada por genoveses afincados en Sevilla.

Taxonómico

Especie de gran importancia comercial y conocida desde la antigüedad no presentó ningún problema de identificación para Cabrera. No obstante, resulta llamativo que en su descripción no destacó el gran tamaño de la boca de este pez, limitándose a decir, sin aportar ningún elemento de referencia con el que establecer una comparación, que «la mandíbula inferior es más larga», lo que es un error, ya que la mandíbula superior es claramente la más larga y la boca es ínfera.

A. M. ARIAS

LÁMINA 42

Engraulis encrasicolus (Linnaeus, 1758) - Boquerón, Anchoa

APORTACIÓN DE CABRERA

LISTA MANUSCRITA

MEMORIA DESCRIPTIVA

«Género.—*Ciprinus.*—Linn. Boca sin dientes; la boca con dos surcos; cuerpo leve, blanquisco; las aletas ventrales con nueve radios.» (p. 163)

«Especie 1.ª—**El Pez de Redoma.**—*Ciprinus Auratus.*—Linn. Rojo dorado y plateado son los colores que adornan este gracioso pez, que se cría en los estanques y en las habitaciones se conserva en redomas de cristal.» (p. 163)

LISTA IMPRESA

«Género 36. *El Pez de redoma,* Ciprinus Auratus *Lin.*» (p. 184)

ESTADO ACTUAL

Carassius auratus (Linnaeus, 1758) — Lámina 43

Clase: Actinopteri, Orden: Cypriniformes, Familia: Cyprinidae

Citas en obras anteriores a Cabrera

Cyprinus Carasſius (Linnaeus, 1758: 321); *Cyprinus Caraſſius* (Bonnaterre, 1788: 192; pl. 78, fig. 322); *Cyprinus Caraſſius* (Linnaeus, en Gmelin, 1789: 1416)

ANÁLISIS

Etimológico

Cyprinus Auratus: {gr. *kyprinos, ou*} 'carpa' (Whitney, 1889) + {lt. *auratus, a, um*} 'dorado' (*PE*).

Carassius auratus: {al. *karass, karausche*} tomado por Willoughby y Gesner de 'Charax', nombre que los griegos usaban para referirse a este pez (Hill, 1752: 211).

Ictionímico

La denominación *Pez de redoma* recogida por Cabrera es un hiperónimo que agrupa a aquellos peces de agua dulce que se mantienen vivos en recipientes de cristal llamados *redomas* ('Vasija de vidrio ancha en su fondo que va estrechándose hacia la boca', *DLE*) con fines decorativos. Este ictiónimo se documenta por primera vez en Andalucía en los escritos de Cabrera. Martín Ferrero (1997: 312) lo transcribió equivocadamente como «Pez de pesoma».

Taxonómico

Ciprinus Auratus de Cabrera es un sinónimo aceptado de *Carassius auratus*, que es la especie a la que se refería nuestro autor, un pez de origen asiático que presenta múltiples variedades de color, que hibrida fácilmente con otras especies y que solo tiene valor ornamental como especie de acuario, mantenida en las clásicas peceras de cristal, o redomas, como las llamaba el religioso.

Carassius auratus (Linnaeus, 1758) - **Pez de redoma**

(Dibujo basado en una fotografía sin autor, en https://jurassicpark.famdom.com)

LÁMINA 43

APORTACIÓN DE CABRERA

LISTA MANUSCRITA

MEMORIA DESCRIPTIVA
«GÉNERO.—*Ciprinus.*—LINN.» (v. en la ficha anterior)
«ESPECIE 2.ª—**El Barbo.**—*Ciprinus Barbus.*—LINN. El segundo rayo de la aleta dorsal es aserrado; baja à nuestra bahía de los riachuelos que desaguan en ella.» (p. 163)
LISTA IMPRESA
«GÉNERO 36. *El Barbo*, Ciprinus Barbus *Lin.*» (p. 183)

ESTADO ACTUAL
Luciobarbus sclateri (Günther, 1868) — Lámina 44
Clase: Actinopteri, Orden: Cypriniformes, Familia: Cyprinidae

Citas en obras anteriores a Cabrera
Ninguna

Primera cita posterior a Cabrera
Barbus sclateri (Günther, 1868: VII: 93)

ANÁLISIS

Etimológico

Cyprinus Barbus: {gr. *kyprinos, ou*} 'carpa' (Whitney, 1889) + {lt. *barbus, i*} 'barbo', asociados a su vez a {lt. *barba, ae*} 'barba', relativos a los apéndices carnosos bucales del pez, a modo de barbas.
Luciobarbus sclateri: {lt. *lux, lucis*} 'luz', tal vez referido a los luminosos y resplandecientes colores del pez + {lt. *barbus, i*} 'barba' + latinización de Sclater, en homenaje a Philip Lutley Sclater (1829-1913), zoólogo británico (*BEMON*).

Ictionímico

El ictiónimo *barbo* está motivado metonímicamente por los apéndices bucales o barbillas de este pez. Esta forma se documenta en Andalucía en la Edad Media (Ladero, 1989: 109). En el siglo XVI, Morgado (1587: 54) lo menciona entre los peces del Guadalquivir: «Pues en quanto a la proviſion de Peſcado, ya ſe puede echar de ver por las muchas Caravelas, que de tantas diferencias de Peſcados ſe veen ordinariamente en la Ribera de Guadalquivir, de todo loque ſe come en Eſpaña, ſin lo q´ le viene por tierra de todos los Puertos, que le ſon convezinos, como tambien por la otra mucha abundácia, que provee por su parte el miſmo Guadalquivir. Como ſon Savalos, Lampreas, Sabogas, Barbos, Picones, Machuelos, Corvinatas, Anguillas, Çafios, Albures, que es peſcado regalado, ſin mas eſpina q' la del Lomo, y Robálos, que ſe dan a qualeſquiera enfermos, ſin la chuzma de Pexerreyes, y Camarones, y todos estos peſcados en tanta abundácia, qual parece por los Barcos, que con ellos ſe ve en a la puente de Triana».

Taxonómico

Cabrera tenía como principal fuente de documentación a Linneo y en la obra de este la única opción posible para determinar la especie del ejemplar a examen era decidirse por *Cyprinus barbus*, como así hizo el religioso. Pero *Cyprinus barbus* de Linneo es hoy un sinónimo aceptado de *Barbus barbus* (Linnaeus, 1758), un pez que se encuentra en ríos europeos al norte de los Pirineos, no en las cuencas españolas. Es decir, es poco probable que Cabrera examinara algún ejemplar de esta especie. Por otra parte, Linneo (en Gmelin, 1789: 1410) señaló que *Cyprinus barbus* tenía el radio duro de la aleta dorsal con los dos bordes dentados («utrinque ſerrato»), mientras que Cabrera solo dijo que era aserrado, sin especificar si tenía uno o los dos bordes dentados. El *barbo gitano*, *barbo del sur* o *andalusian barbel* (Froese and Pauly, 2023), *Luciobarbus sclateri*, tiene denticulado el borde posterior del primer radio de la aleta dorsal (no el segundo, como dijo Cabrera por error), es frecuente en la cuenca del Guadalete, próxima a «nuestra bahía», según aclaró Cabrera, y, sobre todo, en la del Guadalquivir (Fernández-Delgado *et al.*, 2001: 109; Doadrio (ed.), 2001: 162; Arias, 2010: 18). Por ello, creemos muy probable que esta fue la especie a la que se refería bajo la denominación de *Ciprinus Barbus*. Si esto fue así, dado que en 1817 *Luciobarbus sclateri* no estaba formalmente descrita —la describió cincuenta y un años después Albert Günther[188], como *Barbus sclateri* (Günther, 1866: 93), sobre ejemplares procedentes del Guadalquivir—, cabría decir que Cabrera habría sido el primero en mencionarla.

---

188 Albert Günther (1830-1914), zoólogo alemán, con nacionalidad británica.

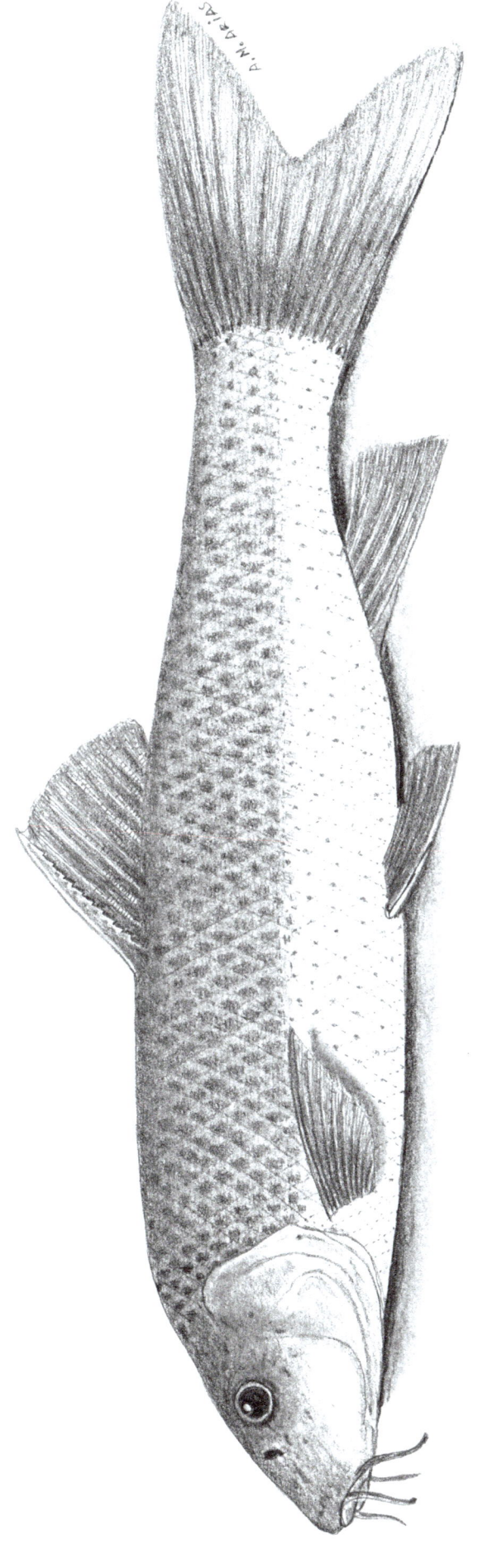

Luciobarbus sclateri (Günther, 1868) - Barbo

LÁMINA 44

APORTACIÓN DE CABRERA

LISTA MANUSCRITA

MEMORIA DESCRIPTIVA

«GÉNERO.—*Argentina.*—LINN. Cuerpo oblongo, redondeado, algo comprimido; la cabeza más ancha que el cuerpo; la frente deprimida; los opérculos orbiculares; una aleta falsa al fin del lomo en algunas especies.» (p. 162)

«ESPECIE.—**El Pexe Plata**.—*Argentina Sphirena.*—LINN. Sin dientes; la cabeza deprimida; la cola hendida.» (p. 162)

LISTA IMPRESA

«GÉNERO 31. *El Pez-plata*, Argentina Sphirena *Lin.*» (p. 183)

ESTADO ACTUAL

Argentina sphyraena Linnaeus, 1758 — Lámina 45

Clase: Actinopteri, Orden: Argentiniformes, Familia: Argentinidae

Citas en obras anteriores a Cabrera

Pexe rey, Argentina (Löfling, 1753); *Argentina Sphyraena* (Linnaeus, 1758: 315); *Argentina Sphyraena* (Bonnaterre, 1788: 177; pl. 73, fig. 301); *Argentina Sphyraena* (Linnaeus, en Gmelin, 1789: 1394)

ANÁLISIS

Etimológico

Argentina sphyraena: {lt. *argentum, i*} 'plata', por la banda longitudinal plateada de los flancos + {gr. *sphyraena, es*} 'espetón o aguja, pez', asociado a la raíz {gr. *sphyra, as*} (Sebastián, 1964), relacionado con la morfología alargada del pez y su cabeza aguzada que recuerda a la pica del asador (v. más en *Sphyraena sphyraena*, 69).

Ictionímico

El ictiónimo *pez plata*, escrito también *pexe plata* y *pez-plata*, según la costumbre de Cabrera de variar de grafía en cada documento, pervive en algunos puertos de la costa atlántica andaluza asociado a *Argentina sphyraena* (*IA*: 193), la especie que examinó nuestro autor. *Pez plata* alude metonímicamente a la banda longitudinal plateada que recorre los flancos del pez desde la cabeza a la cola. Se documenta por primera vez en Andalucía en los escritos de Cabrera.

Taxonómico

Cabrera determinó correctamente esta especie siguiendo a Linneo, aunque en su descripción no mencionó el rasgo característico que la hace inconfundible, la banda plateada. Löfling (1753) fue el primero que mencionó esta especie en Andalucía.

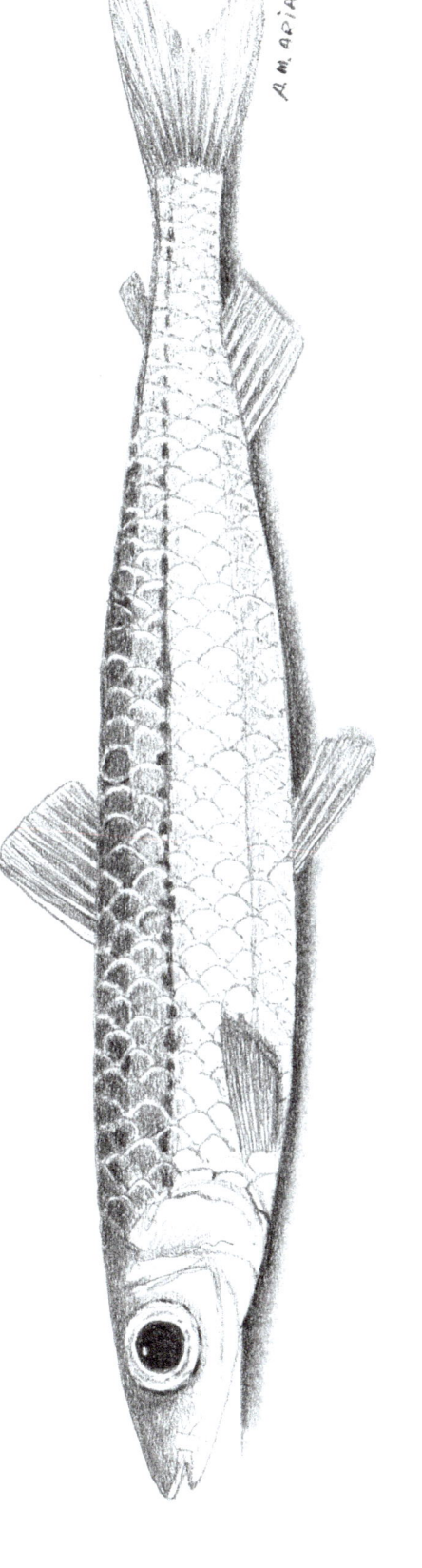

Argentina sphyraena Linnaeus, 1758 - Pez plata

APORTACIÓN DE CABRERA

LISTA MANUSCRITA

Pez de S. Pedro

MEMORIA DESCRIPTIVA

«GÉNERO.—*Zeus*.—LINN. La cabeza comprimida y en declive; el labio superior unido á la mandíbula por una membrana; el último de los radios branquiostegos transversal; el cuerpo comprimido; los radios dorsales filamentosos.» (p. 150)

«ESPECIE.—**El pez de San Pedro**.—*Zeus Faber*. LINN. En medio del cuerpo tiene una mancha negra por cada lado; dos Aletas anales; el dorso aquillado.» (p. 151)

LISTA IMPRESA

«GÉNERO 17. *El Pez de San Pedro*, Zeus Faber *Lin*.» (p. 178)

ESTADO ACTUAL

Zeus faber Linnaeus, 1758 — Lámina 46

Clase: Actinopteri, Orden: Zeiformes, Familia: Zeidae

Citas en obras anteriores a Cabrera

Faber, Zeus (Rondelet, 1758a: 263; L. XI, c. XVIII); *Faber Gallus marinus* (Willoughby, 1686: 294, Tab: S.16); *Pez de sn Pedro, Zeus faber* (Löfling, 1753); *Zeus faber* (Linnaeus, 1758: 167); *Zeus faber* (Bonnaterre, 1788: 73; pl. 39, fig. 154); *Zeus faber* (Linnaeus, en Gmelin, 1789: 1223); *Gallo, Zeus faber* (Cornide, 1788: 28); *Zeus faber* (Asso, 1801: 32)

ANÁLISIS

Etimológico

Zeus faber: {gr. *Zeus*} 'Júpiter', a quien fue consagrado el pez + {lt. *faber, fabri*} 'artesano', porque la forma de los huesos del esqueleto semeja los utensilios del herrero (Barriuso, 1986: 171).

Ictionímico

El nombre de *pez de san Pedro* que utiliza Cabrera aparece en la bibliografía andaluza en Löfling (1753) y se debe a la mancha circular negra que posee en el centro de cada costado. Una de las muchas leyendas asociadas a este pez (v. *il pesce San Pietro*, en Cortelazzo, 1968-1970: 389-390 y Casas, 2021) explica que estas dos manchas se deben a la huella de los dedos índice y pulgar del apóstol san Pedro, quien, por orden de Dios, cogió el pez para sacarle de la boca una pieza de oro con la que pagar el tributo del templo. Sin embargo, este pasaje, recogido en el Evangelio de san Mateo, no menciona que el pez fuera expresamente *Zeus faber*, pues Jesús le dice a Pedro: «Vete al mar, echa el anzuelo, coge el primer pez que pique, ábrele la boca, y en ella hallarás una estatera; tómala y dala por mí y por ti» (Barriuso, 1986: 172). De hecho, en el manuscrito de Fernández Navarrete (1739: 255) se atribuye esta condición a *Spicara maena* (192), pez que: «en ambos lados tiene una mancha redonda grande, que en los del Oceano es negra, y azul en los del Mediterraneo. Dicen los pescadores, que es la señal de los dedos de Christo N.S. por haber sido este Pececillo el que trajo la moneda a S. Pedro para pagar el tributo. También dicen que fue señalado por los dedos de S. Christoval al tiempo de pasar el Niño».

Taxonómico

Cabrera identifica y describe con precisión a *Zeus faber*, un pez conocido desde antiguo en Andalucía con el nombre de *gallo* y documentado ya desde tiempos de Columela[189], quien escribe sobre este pez: «que en nuestro municipio de Cádiz se cuenta entre los mejores pescados, y por una costumbre antigua lo llamamos *zeo*» (Álvarez de Sotomayor, 1824, 8: 16). No es hasta Medina Conde (1789: 223) cuando, siguiendo a Linneo, aparece asociado a *Zeus faber*.

---

189 Lucio Junio Moderato Columella, años 4 a 70, escritor y agrónomo romano.

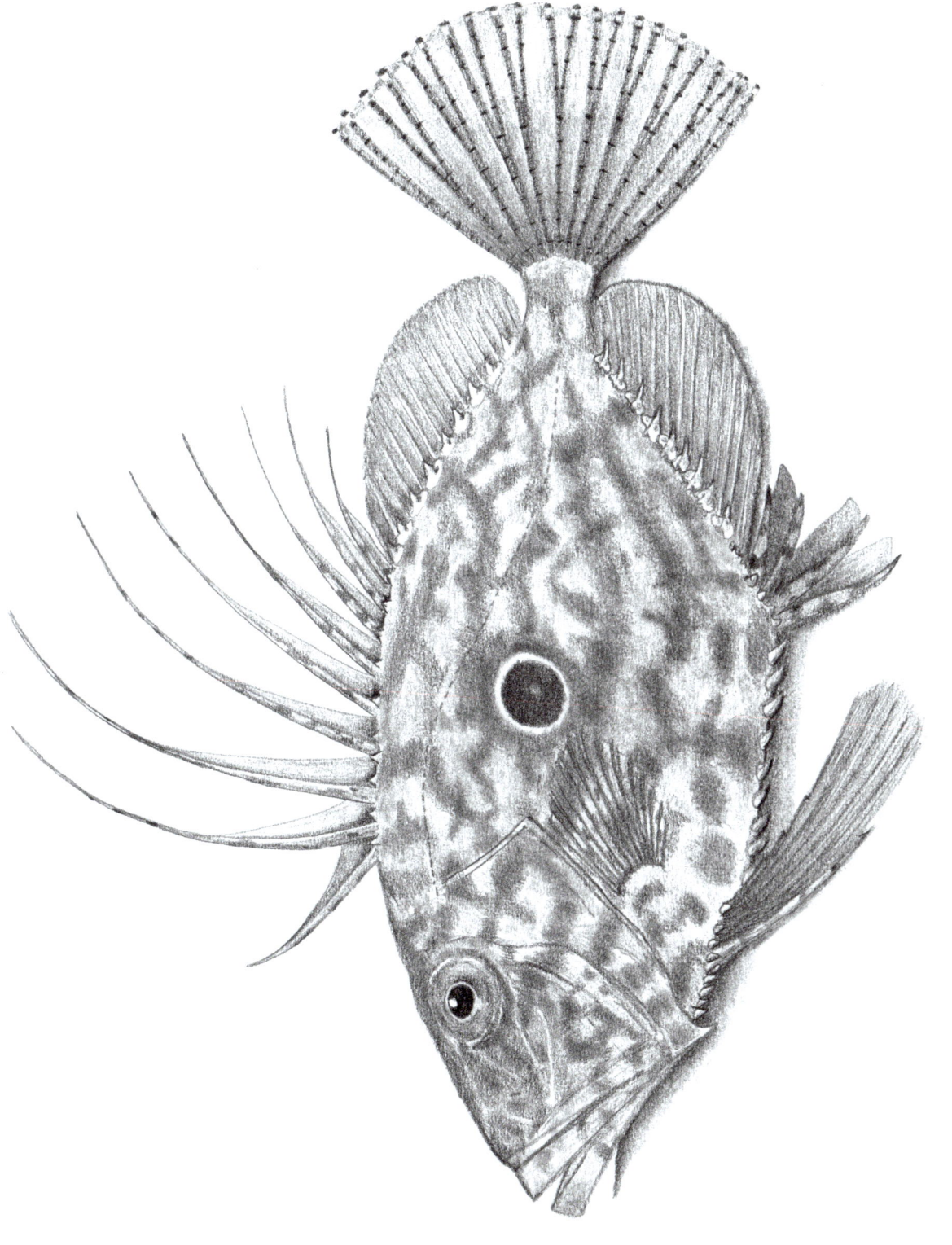

Zeus faber Linnaeus, 1758 - Pez de S. Pedro

APORTACIÓN DE CABRERA

LISTA MANUSCRITA

Brótola blanca   Escolar   Paneca   Faneca   Brótola

MEMORIA DESCRIPTIVA

«GÉNERO.—*Blennius.*—LINN. La cabeza inclinada, cubierta; la membrana branquiostega de seis radios; cuerpo lanceolado; aletas ventrales de dos radios; la anal distinta.» (p. 148)

«ESPECIE 4.ª—**La Brótola blanca.**—*Blennius Alvidus.*—Sp. N. La aleta inferior es de un solo radio que llega hasta los dos tercios de su cuerpo; su color es blanquísimo. Carece de cresta.» (p. 148)

LISTA IMPRESA

«GÉNERO 9. *El Escolar,* Gadus Albidus *Lin.*» (p. 176)

«GÉNERO 9. *La Paneca, La Faneca,* Gadus Blennoides *Lin.*» (p. 176)

LISTA DE BLOCH

«GÉNERO 2. *La Paneca, La Faneca,* Gadus Blennoides» (p. 187)

«GÉNERO 2. *El Escolar,* Gadus Albidus *Gmelin.*» (p. 187)

«GÉNERO 11. *La Brótola,* Phicis Tinca» (p. 189)

ESTADO ACTUAL

Phycis blennoides (Brünnich, 1768) — Lámina 47

Clase: Actinopteri, Orden: Gadiformes, Familia: Phycidae

Citas en obras anteriores a Cabrera

Gadus blennoides (Brünnich, 1768: 24); *Blennius Didactylus* (Bonnaterre, 1788: 50); *Gadus blennioides* (Linnaeus, en Gmelin, 1789: 1165); *Gadus albidus* (Linnaeus, en Gmelin, 1789: 1171); *Blennius gadoides* (Lacépède, 1800: 458 y 484)

ANÁLISIS

Etimológico

Blennius Alvidus: {gr. *blennos, eos, ous*} 'mucus', mucosidad que cubre el cuerpo de este pez + {lt. *albidus, a, um*} 'blanco', color del cuerpo.

Gadus Albidus: {gr. *gados, ou*} 'merluza'+ {lt. *albidus, a, um*} v. anterior.

Gadus Blennoides: {gr. *gados, ou*} 'merluza'+ {gr. *blennos, eos, ous*} v. más arriba.

Phicis Tinca: {gr. *phykos, eos, ous*} 'alga marina', porque nidifica en las algas (Gesner, 1560: 30) + {lt. *tinca, ae*} 'tenca' (*PE*), tal vez para señalar cierto parecido morfológico con la tenca, *Tinca tinca* (Linnaeus, 1758), pez de agua dulce.

Phycis blennoides: {gr. *phykos, eos, ous*} 'alga marina' + {gr. *blennos, eos, ous*} v. más arriba.

Ictionímico

Brótola, brótola blanca, escolar, paneca y *faneca* fueron los nombres vulgares que en varias entradas de sus documentos Cabrera recogió para lo que creyó eran tres especies distintas, pero que, parafraseándolo, debían «reducirse» a una sola: *Phycis blennoides*. Al agrupar y comparar sus aportaciones, vemos que Cabrera, a su manera, distinguía claramente esta especie (la *brótola blanca*) de la siguiente (*Phycis phycis*, 48): la *brótola*. Sin embargo, es posible que con *Phycis blennoides* tuviera algunas dificultades de identificación, no solo por su relativo parecido con otras especies de familias vecinas (Lotidae, Gaidropsaridae) que reciben los mismos nombres vulgares, sino también, como explicamos en el siguiente apartado, por la profusión de denominaciones científicas en la literatura especializada de la época. Respecto al ictiónimo *brótola*, Barriuso (1986: 189) propuso que se remonta al latín *abrotŏnus* 'planta' y este al griego βροτος 'blando', en alusión a la blandura de la carne de estos peces. Para Ríos (1977: 282), los nombres de este pez en Galicia y Portugal (*brota, abrota* y *brotoella; abroito, abrota, brota* y *abrotiga*, respectivamente) devienen del andaluz y levantino *brótola*, y esta voz del francés dialectal *belotte* 'comadreja', ya que estos peces se asemejan a la comadreja terrestre (*Mustela nivalis* Linnaeus, 1766) por su cuerpo alargado, muy flexible, de color marrón por el dorso y blanquecino por el vientre, y sus largas barbas. Medina Conde (1789: 211), que documenta el ictiónimo por primera vez en Andalucía, dice: «*Brótolas*: especie de pescada, y muy parecida à ella: se pesca donde éstas». *Brótola blanca*, que se recoge por primera vez en Andalucía en los documentos de Cabrera, hace referencia al color claro de esta especie, en contraposición al color oscuro de la siguiente, *Phycis phycis*. En cuanto a *escolar*, en la bibliografía ictionímica andaluza aparece frecuentemente asociado a *Phycis blennoides* (Machado, 1857: 12; Pérez Arcas, 1865: 429; De Buen, 1919: 312; Lozano Rey, 1960: 404), a *Molva macrophthalma* (*NOE*, 1965: 151; Crespo *et al.*, 2001: 185) y a *Gaidropsarus granti* (p. e. Peña y Garrido, 2013: 14). Es interesante señalar que *Molva macrophtalma* recibe también los nombres de *escribano* (*LMP*: mapa 628), *escolana, escolapio* y *estudiante* (*IA*: 227). En el caso de *escribano*, Palanco (2000: 438) explica que se debe a una creación léxica de origen metafórico, por la que sus aletas ventrales transformadas en un largo filamento se asocian con la pluma de los escribanos, campo semántico que sería coincidente con el de *escolar, escolana, escolapio* y *estudiante* (*IA*: 227). Respecto a *paneca*, con la bilabial sorda *p-*, Medina Conde (1789: 243) dice: «*Paneca*: lo mismo que *Brotola*»). Por último, *faneca* se asocia principalmente a *Trisopterus luscus* (49) en todos los puertos pesqueros andaluces, pero también, ocasionalmente, a *Phycis blennoides* (Navarrete, 1898: 157). V. más en la ficha 49.

Taxonómico

De la Memoria descriptiva se deduce que Cabrera diferenciaba bien *Phycis blennoides* de *Phycis phycis*, como indican las descripciones y los nombres vulgares y científicos asociados. Por lo tanto, podemos afirmar que *Phycis blennoides* fue la especie a la que se refería bajo tantos nombres científicos como aportó (*Blennius Alvidus, Gadus Albidus, Gadus Blennoides* y *Phicis Tinca*). Esta profusión de denominaciones venía de la dificultad para situar taxonómicamente a la especie, que había sido considerada por Brünnich (1768) como intermedia entre blenios y gádidos. De aquí su primera denominación como *Gadus Blennoides*. Después, Pallas (1770) corrigió este nombre por *Gadus blennioides*, pero aportó una ilustración que representaba claramente a una especie distinta: *Micromesistius poutassou* (172), con tres aletas en el dorso y la aleta caudal bilobulada, lo que se prestaba a confusiones. Más tarde, Bonnaterre (1788) sugirió que para evitarlas se adoptase una denominación nueva y propuso *Blennius didactylus*. Gmelin (1789), en su revisión de la obra de Linneo, introdujo una nueva equivalencia científica: *Gadus albidus* «cirro en el mentón y aletas ventrales largas de dos radios». Finalmente, Lacépède (1800), le da la vuelta al nombre propuesto por Brünnich (*Gadus blennoides*) y la denomina *Blennius gadoides*. Suponemos que Cabrera, ante tantos cambios, no quiso ser menos y creó un nombre científico intermedio que conjugaba los anteriores: *Blennius Alvidus*, y consideró que se trataba de una especie nueva. Sin embargo, ya hemos visto que no lo era, pues había sido descrita por Brünnich. De hecho, *Eschmeyer's Catalog of Fishes* (Fricke *et al.*, 2023) considera a *Blennius alvidus* un sinónimo aceptado de *Clinitrachus argentatus* Risso, 1810, un pez muy distinto, de pequeño tamaño (10 cm) y sin interés comercial. En la Lista impresa Cabrera rectificó: la incluyó como *Gadus Albidus* y eliminó la marca Sp. N.

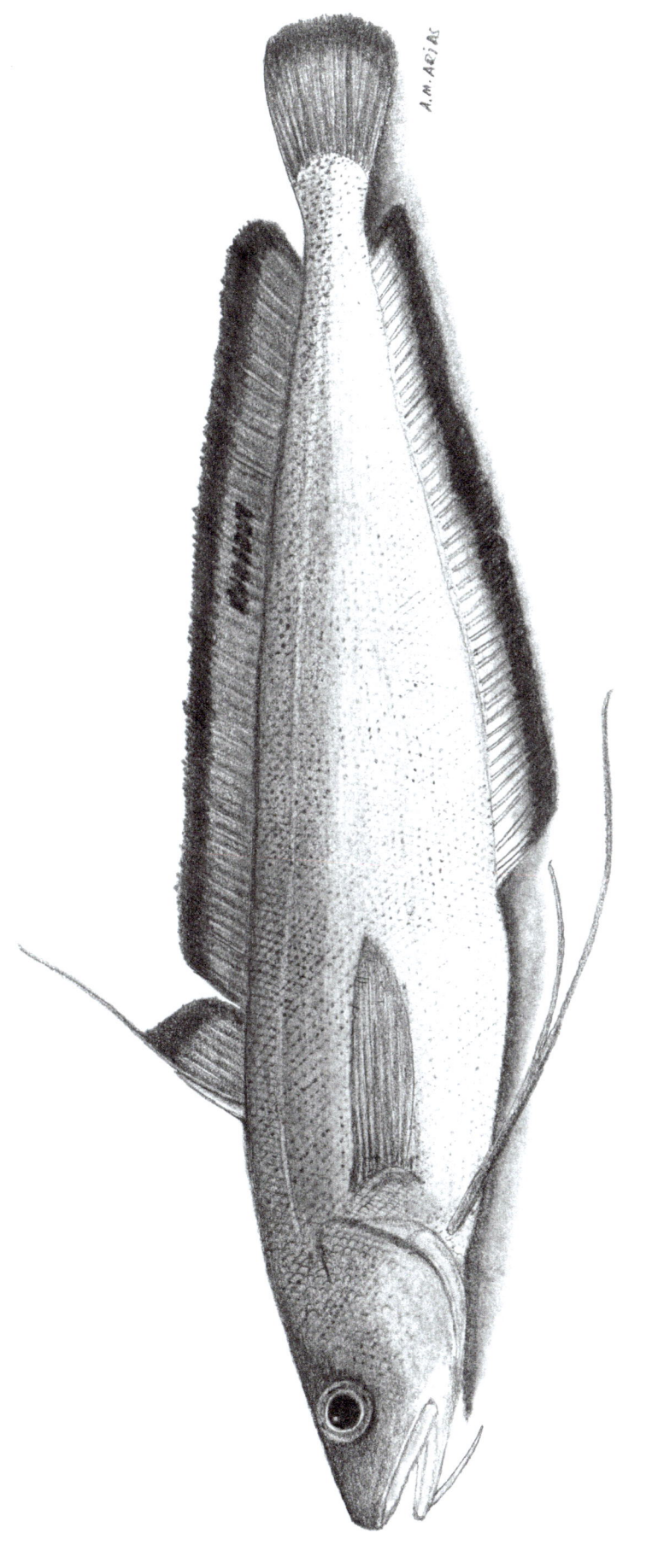

Phycis blennoides (Brünnich, 1768) - Brótola blanca, Escolar, Faneca

LÁMINA 47

APORTACIÓN DE CABRERA

LISTA MANUSCRITA

MEMORIA DESCRIPTIVA

«GÉNERO.—*Blennius.*—LINN.» (v. en la ficha anterior)

«ESPECIE 1.ª—**La Brotola.**—*Blennius Phicis.*—LINN. La cabeza con un tumorcillo como cresta; una barbilla debajo del labio inferior; dos aletas en el dorso; la primera menor.» (p. 148)

LISTA IMPRESA

«GÉNERO 9. *La Brotola*, Blennius Phicis *Lin.*» (p. 176)

LISTA DE BLOCH

«GÉNERO 11. *La Brótola*, Varietas   »   » (p. 189)

ESTADO ACTUAL

Phycis phycis (Linnaeus, 1766) — Lámina 48

Clase: Actinopteri, Orden: Gadiformes, Familia: Phycidae

Citas en obras anteriores a Cabrera

Blennius Phycis (Linnaeus, 1766: 442); *Blennius Phycis* (Bonnaterre, 1788: 54); *Blennius Phycis* (Linnaeus, en Gmelin, 1789: 1179)

ANÁLISIS

Etimológico

Blennius Phicis: {gr. *blennos*, *eos*, *ous*} 'mucus', v. en la ficha anterior + {gr. *phykos*, *eos*, *os*} 'alga marina', v. en la ficha anterior.
Phycis phycis: {gr. *phykos*, *eos*, *ous*} 'alga marina', v. en la ficha anterior.

Ictionímico

En la actualidad, los pescadores consideran en Andalucía que la brótola «auténtica» es *Phycis phycis* (*IA*: 210-211). Para Cabrera también debió serlo y no le planteó dudas en la identificación, pues recogió para ella solo el nombre *brótola*.

Taxonómico

En la anterior especie Cabrera señaló acertadamente los caracteres «color blanquísimo» y «aleta inferior [ventral] llega hasta los dos tercios de su cuerpo», pero no mencionó el cirro submandibular característico. Ahora, en la descripción que nos ocupa, muy diferente en coloración y longitud de las aletas ventrales, lo hizo al revés: mencionó el cirro submandibular y obvió cualquier mención de los otros dos rasgos morfológicos, sobre los que podría haber dicho 'color oscurísimo' y 'aleta inferior no llega a los dos tercios de su cuerpo'. Parece pues que nuestro autor conocía perfectamente la especie y no le planteaba supuestamente problemas de identificación. Asímismo, por el nombre científico asociado, *Blennius Phicis*, sinónimo de *Phycis phycis*, puede afirmarse que esta fue la especie que examinó.

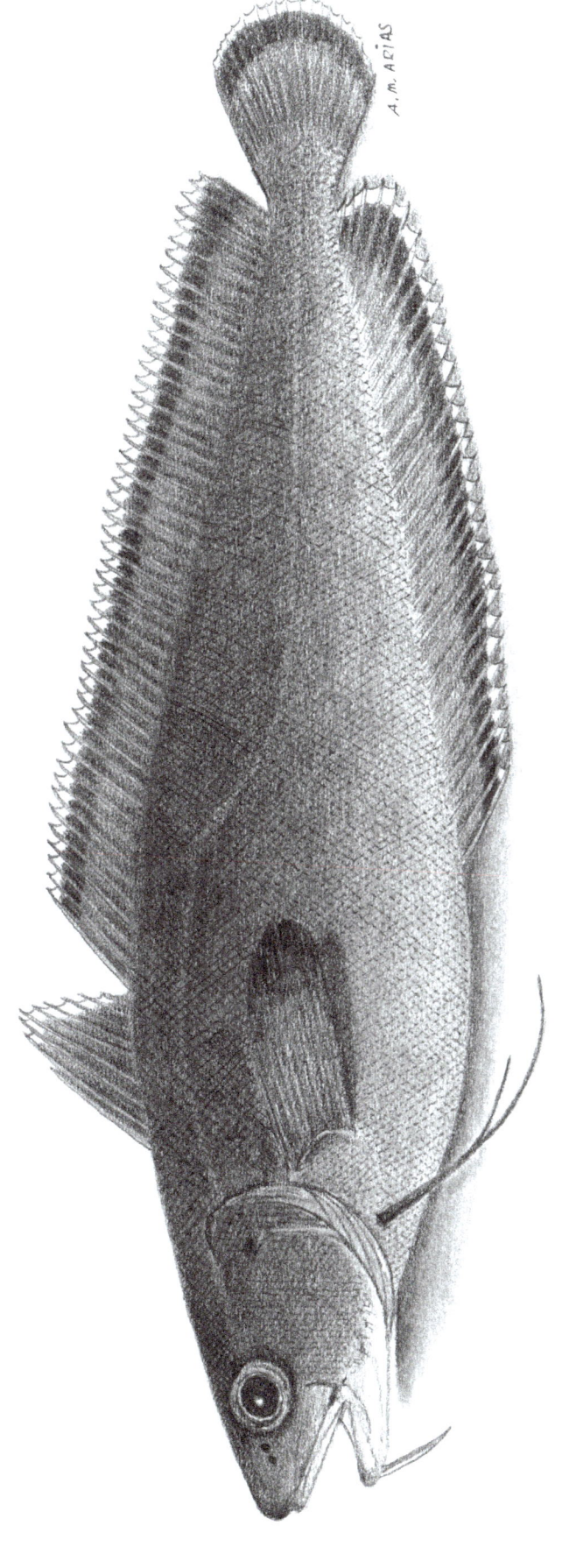

A.M. ACIAS

Phycis phycis (Linnaeus, 1766) - Brótola

APORTACIÓN DE CABRERA

LISTA MANUSCRITA

MEMORIA DESCRIPTIVA

«GÉNERO.—*Blennius.*—LINN.» (v. en la ficha 57)

«ESPECIE 6.ª—**La Faneca.**—*Blennius Tripterigius.*—Sp. N. Debajo de la boca una barbilla; las aletas ventrales cuadriradiadas, con el radio exterior muy largo; las anales negruzcas y largas; la cabeza prolongada; la boca pequeña; las dorsales son tres distintas.» (p.149)

ESTADO ACTUAL

Trisopterus luscus (Linnaeus, 1758) — Lámina 49

Clase: Actinopteri, Orden: Gadiformes, Familia: Gadidae

Citas en obras anteriores a Cabrera

Asellus lufcus (Willoughby, 1686: 169, Tab: L.4); *Faneca, Gadus* (Löfling, 1753); *Gadus luscus* (Linnaeus, 1758: 252); *Gadus luscus* (Linnaeus, en Gmelin, 1789: 1163); *Gadus lufcus* (Bonnaterre, 1788: 47; pl.29, fig.102); *Gadus barbatus* (Cornide, 1788: 13)

ANÁLISIS

Etimológico

Blennius Tripterigius: {gr. *blennos, eos, ous*} 'humor viscoso, mucus', mucosidad que cubre el cuerpo de este pez + {gr. *treis, tria*} 'tres' + {gr. *pterygion, ou*} 'aleta, aleta pequeña' (Sebastián, 1964), relativo a las tres aletas dorsales del pez.

Trisopterus luscus: {gr. *trei*s, *tria*} 'tres' + {gr. *pteron, ou*} 'ala, aleta', con 'tres aletas' (Sebastián, 1964) + {lt. *luscus, a, um*} 'que tiene un solo ojo, tuerto' (*PE*), o también 'tuerto, con los ojos hundidos' (Barriuso, 1986: 178); sin que tengamos seguridad de la relación de este significado con el pez, que precisamente no tiene los ojos hundidos; tal vez este significado venga a señalar el menosprecio atávico que por algún motivo desconocido —ya que, al menos gastronómicamente, su carne es bastante apreciada— sufre este pez, y que en los puertos onubenses y gaditanos da lugar a un amplio repertorio de voces machistas y disfemísticas para designarlo (v. en *IA*: 223).

Ictionímico

Como así recogió Cabrera, en Andalucía el ictiónimo *faneca* se asocia mayoritariamente a *Trisopterus luscus* (*IA*: 222), que vendría a ser la faneca «auténtica» para los pescadores, igual que *Phycis phycis* era la brótola «auténtica». Barriuso (1986: 189) propone, por un lado, que *faneca* se remonta al latín *abrotŏnus* 'planta' y este al griego βροτος 'blando', en alusión a la poca consistencia de la carne del pez. Por otro lado (p.178), citando al *DCECH*, indica que la voz *faneca* «podría derivar» del gallego portugués *faneco* 'mocho', tal vez en relación a la cabeza pequeña y morro corto y chato del pez, teoría injustificada semánticamente para Ríos (1977: 389). Además, el *DCECH* recoge la teoría de Barbier (1914: 296-297), que apunta que *faneca* pueda derivar del árabe *fanak* 'especie de garduña africana', ya que algunos peces del género *Phycis* llevan nombres de comadreja, hurón, etc., «por una analogía de forma y quizá de olor».

Taxonómico

Cabrera no tenía aún bien establecida la determinación de los gádidos y blénidos. Por eso con este pez creó una especie nueva, la describió con exactitud, pero la incluyó en un género equivocado, *Blennius*, pese a que en el *Systema Naturae* de Linneo, obra que consultó, se cita a *Gadus luscus*, especie que encajaba exactamente con lo que Cabrera examinaba: «tripterygius cirratus, radio ventralium primo fetaceo», es decir, tres aletas dorsales, barbilla en el mentón y primer radio de las aletas ventrales filamentoso. Tal vez la creación de una nueva especie surgiera porque para otra especie que ya examinó, *Gadus blennoides*, también había recogido *faneca*. En aquel caso, se trataba de la *brótola* o *brótola de fango*, *Phycis blennoides* (47), que en ocasiones también se designa como *faneca* en algunos puertos andaluces (*IA*: 209). Es posible que sus dudas persistieran a la hora de elaborar la Lista impresa, pues no incluyó en ella a esta especie.

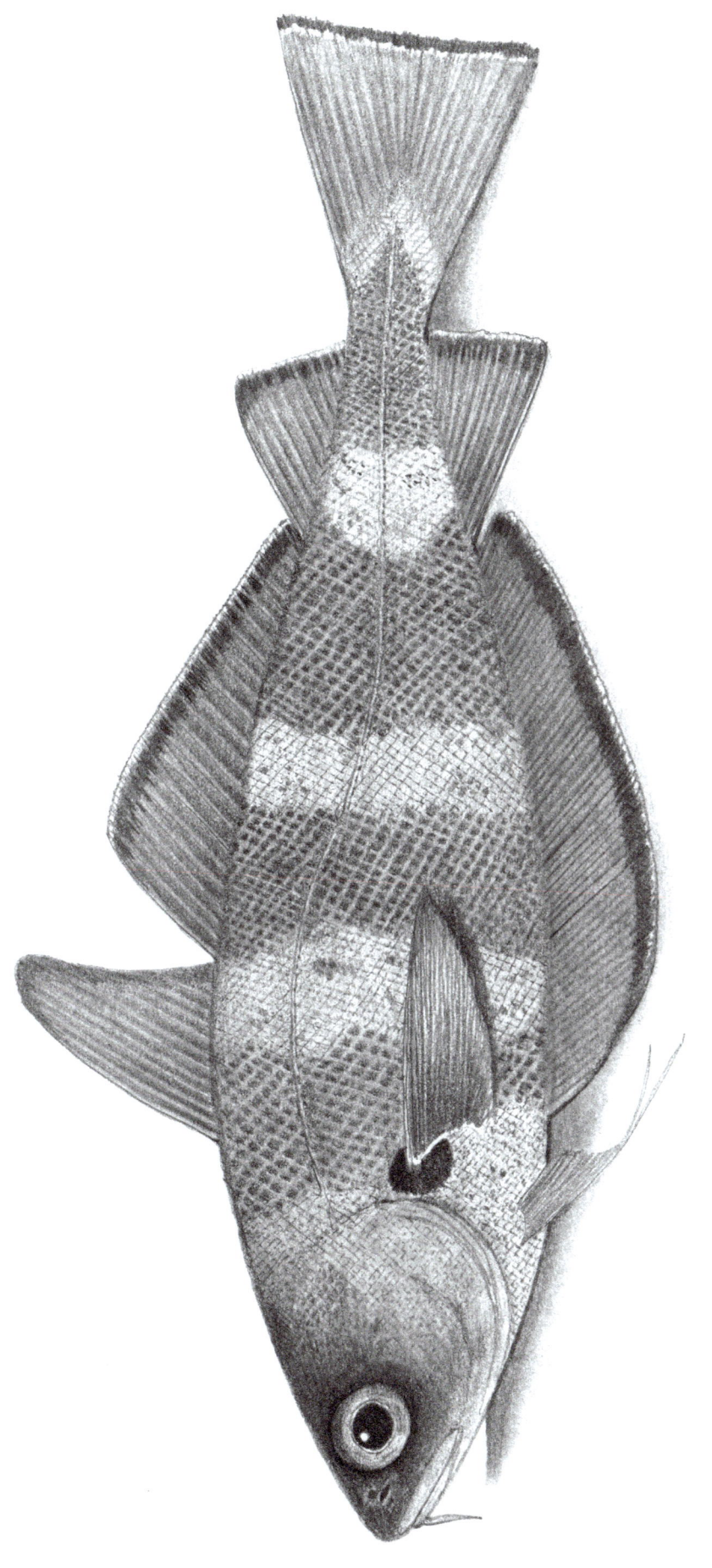

Trisopterus luscus (Linnaeus, 1758) - Faneca

APORTACIÓN DE CABRERA

LISTA MANUSCRITA

Pescada Pescadilla Pijotilla

MEMORIA DESCRIPTIVA

«GÉNERO.—*Gadus.*—LINN. La cabeza leve; la membrana branquiostega de siete radios; el cuerpo oblongo con las escamas caedizas; las aletas cubiertas de la piel común; muchas en el dorso y en el ano.» (p.148)

«ESPECIE 1.ª—**Pescadilla.**—*Gadus Minutus.*—LINN. No corresponde exactamente con la descripción de los autores; pero parece que debe reducirse á esta especie.» (p.148)

«ESPECIE 2.ª—**La Pescada.**—*Gadus Pollachius.*—LINN. Otro tanto digo de la presente especie, que excepto algunas pequeñas diferencias debe tenerse por el pez que designan los naturalistas por aquel nombre.» (p.148)

LISTA IMPRESA

«GÉNERO 9. *La Pescada*, Gadus Pisciota *Sp. N.*» (p.176)

«GÉNERO 9. *La Pescadilla, La Pijotilla*, Varietas [sin »]» (p.176)

LISTA DE BLOCH

«GÉNERO 2. *La Pescada*, Gadus Pisciota *Sp. N.*» (p.187)

«GÉNERO 2. *La Pescadilla, La Pijotilla*, Varietas   »   » (p.187)

COLECCIÓN INSTITUTO

«52. *Merluccius merluccius* (L.)»

«*Gadus merlangus* L., n. v. Pescadilla» (etiqueta) (De Buen, 1919: 254)

ESTADO ACTUAL

Merluccius merluccius (Linnaeus, 1758) — Lámina 50

Clase: Actinopteri, Orden: Gadiformes, Familia: Merlucciidae

Citas en obras anteriores a Cabrera

Merlus (Rondelet, 1558a: 216; L. IX, c. VIII); *Merlucius* (Willoughby, 1686: 174); *Pescada, Gadus* (Löfling, 1753); *Gadus Merluccius* (Linnaeus, 1758: 254); *Gadus Merluccius* (Linnaeus, 1766: 439); *Gadus Merluccius* (Bonnaterre, 1788: 49); *Pescada, merluza, Gadus dypterigius* (Cornide, 1788: 20); *Gadus Merluccius* (Linnaeus, en Gmelin, 1789: 1169); *Merluza, pescada ò pijota* (Medina Conde, 1789: 232)

ANÁLISIS

Etimológico

Gadus Merlangus: {gr. *gados, ou*} 'merluza' + {fr. *merlan*} relacionado con la librea de color negro del pez (Rondelet, 1554: 276). También {*merlangus*}, de {*merle*} + {*anc*} sufijo de origen alemán (Clédat, 1914).

Gadus Minutus: {gr. *gados, ou*} 'merluza'+ {lt. *minutus, a, um*} 'pequeño', tal vez por su pequeño tamaño respecto a *Merluccius merluccius* (PE).

Gadus Pollachius: {gr. *gados, ou*} 'merluza' + {gae. *pollag*} 'pescadilla' (Whitney, 1889).

Gadus Pisciota: {gr. *gados, ou*} 'merluza'+ {gal. *pixota, pisciota*} 'pijota, pez grande' (Sarmiento, 1762-1766: 139), derivado de la raíz {lt. *piscis, is*} 'pez'.

Merluccius merluccius: {lt. *maris lucius*} 'lucio de mar' (Barriuso, 1986: 195). También, en Gesner (1560: 21) aparece la locución «lucius marinus apellatur», es decir, «llamado lucio marino».

Ictionímico

Pescada, pescadilla, pijotilla y *merluza* son algunos de los muchos nombres comunes de *Merluccius merluccius*, un pez de gran importancia comercial. El ejemplar de menos de 25 cm de longitud se denomina *pijota*, de donde deriva *pijotilla*; el de entre 30 y 40 cm de longitud se le llama *pescadilla*, derivado de *pescada*, voz que se refiere a los especímenes grandes, de más de 50 cm de longitud (IA: 215). *Pijota* deviene, por «atracción metafórica sexual» (Barriuso, 1986: 196), del español *pija* 'miembro viril' y este de la onomatopeya *pis* del sonido de la micción (DCECH). En Andalucía, en la forma *pixota*, se documenta por primera vez en 1268, en un *Ordenamiento* de las Cortes de Jerez (Mondéjar, 1991: 598). Como *pijotilla* se documenta en los escritos de Cabrera. En el caso de p*escada*, se trata de una voz derivada del latín *piscis* 'pez', documentada en Andalucía en 1418 en *Sevillana Medicina* (Aviñón, 1418: 134). La forma sufijada *pescadilla* aparece en la bibliografía ictionímica andaluza en las *Ordenanzas* de Málaga de 1501 (Malpica, 1984: 112).

Taxonómico

Pese a que esta especie estaba incluida en las ediciones de 1758, 1766 y 1789 del *Systema Naturae* de Linneo y en la obra de Bonnaterre. (1789), con una descripción algo más detallada, Cabrera tuvo bastantes dificultades para determinarla científicamente y no llegó a ningún resultado acertado. Así, en la Memoria descriptiva, las asociaciones con *Gadus Minutus* y *Gadus Pollachius* eran equivocadas. De hecho, él lo sabía, pues con la primera indicó que lo que examinaba «no corresponde exactamente con la descripción» que hacen otros autores (Linneo, Bonnaterre), y con la segunda que se trataba de esa especie «excepto algunas pequeñas diferencias». Pero las diferencias no eran tan pequeñas, pues ambas especies tienen tres aletas dorsales, en vez de dos como ocurre en *Merluccius merluccius*. Por otra parte, en la Colección de peces del Instituto de Cádiz se conservaba un ejemplar etiquetado por Cabrera como *Gadus merlangus*, también con tres aletas dorsales, lo que fue otro intento fallido de clasificación, porque De Buen —cuyos conocimientos ictiológicos, cien años después, eran muy superiores a los de Cabrera—, lo determinó como *Merluccius merluccius*. Asímismo, la información contradictoria que para *Gadus merluccius* contenían las distintas ediciones del *Systema Naturae* debió influir en sus errores: en 1758 Linneo lo describió como «cirratus» (una barbilla en el mentón), y en 1766 y 1789 como «imberbis» (sin barbilla en el mentón). Con esto, decidió que lo que había examinado era una especie nueva, que incluyó en la Lista impresa como *Gadus Pisciota*. Es posible que Cabrera se inspirara en Cornide (1788: 20) para crear este nombre científico, pues el ictiólogo gallego escribió: «*Pijota*, corrupción del latín *Pisciota*, con que la denominan los instrumentos de la media edad», en la que estos últimos serían los ejemplares de mediana edad. En Fricke *et al.* (2023) se considera a *Gadus pisciota* un sinónimo aceptado de *Merluccius merluccius*, lo que apoya nuestra opinión de que esta fue la especie a la que se refería Cabrera.

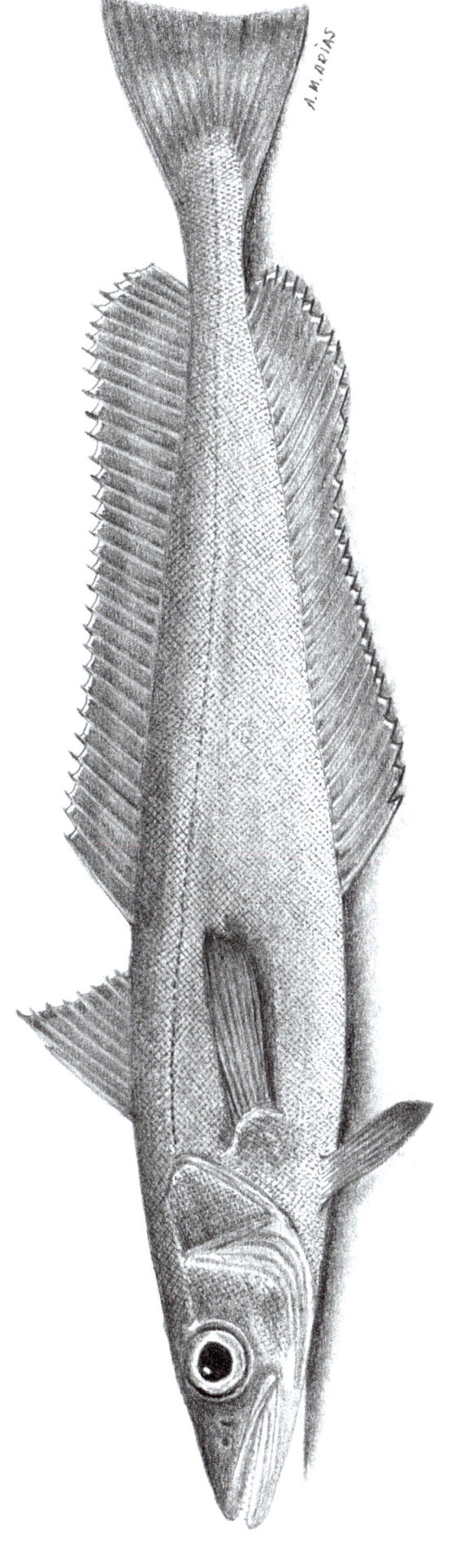

Merluccius merluccius (Linnaeus, 1758) - Pescada, Pescadilla, Pijotilla

APORTACIÓN DE CABRERA

LISTA MANUSCRITA

MEMORIA DESCRIPTIVA

«GÉNERO.—*Lophius.*—LINN. La cabeza deprimida; los ojos verticales [encima de la cabeza]; el cuerpo sin escamas; sin línea lateral; las aletas dorsal y anal opuestas y muy cercanas á la cola.» (p. 165)

«ESPECIE 2.ª—**El Sapo**.—*Lophius Gadicensis.*—Sp. N. Su color es por encima manchado de amarillo sobre fondo rojo oscuro; tiene bien señalada la línea lateral.» (p. 165)

LISTA IMPRESA

«GÉNERO 42. *El Sapo,* Lophius Gadicensis *Sp. N.*» (p. 184)

CORRESPONDENCIA CIENTÍFICA

«Sapo, Lophius» (AJB I, 57, 9, 10)

COLECCIÓN INSTITUTO

«51. *Batrachus didactylus Bloch.*, Schn.» «*Lophius gadicans* (C.)» (etiqueta) (De Buen, 1919: 254)

ESTADO ACTUAL

Halobatrachus didactylus (Bloch & Schneider, 1801) — Lámina 51
Clase: Actinopteri, Orden: Batrachoidiformes, Familia: Batrachoididae

Citas en obras anteriores a Cabrera

Sapo, Rana Jr., Cottus Gobius (Löfling, 1753); *Batrachus didactylus* (Bloch & Schneider, 1801: 42)

ANÁLISIS

Etimológico

Lophius Gadicensis: {gr. *lophos, ou*} 'crin, cresta' (Sebastián, 1964), referido a los pliegues carnosos o crestas y barbillas que cuelgan de la mandíbula inferior como en los rapes (*Lophius piscatorius*), utilizado en este caso por Cabrera porque creía estar ante una especie nueva de rape + {lt. *gadicensis*[190]} 'de Cádiz', relativo a su gran abundancia en la bahía de Cádiz.

Halobatrachus didactylus: {gr. *hals, halis*} 'sal, el mar' + {gr. *batrachos, ou*} 'rana', que vendría a indicar que se trata de una rana de mar + {gr. *di*}, dos + {gr. *daktylos, ou*} 'dedo' (Sebastián, 1964), posiblemente en relación con el aspecto de sus aletas ventrales, cuyo primer radio es grueso, carnoso, y recuerda a un dedo.

Ictionímico

Sapo tiene un origen incierto, quizá es una voz prerromana o una antigua formación onomatopéyica (*DCECH*). La asociación a un pez se debe a la identificación metafórica del sapo marino (pez) con el sapo terrestre (anfibio). La anchura de su boca y las rugosidades de la piel son similares a las del batracio, así como los ronquidos que emite al sacarlo del agua, que son semejantes al croar de las ranas. Con sentido ictionímico, *sapo* se documenta en Andalucía desde Beltrán (1612: 37).

Taxonómico

Löfling (1753) cita a esta especie en la bahía de Cádiz con el nombre *sapo* asociado a las equivalencias *Rana Jr.* y *Cottus Gobio*. La primera no conduce a ninguna especie, pero puede indicar que Löfling, al igual que Cabrera, consideraba al pez *sapo* una variedad de *rape* o un rape joven. La segunda denominación es un sinónimo de *Cottus gobius* Linnaeus, 1758, un pequeño pez de agua dulce que en España se encuentra en los ríos Garona, Bidasoa (Doadrio y Álvarez, 1982: 370) y Nive (Lobón-Cerviá *et al.*, 1984: 82), con cierto parecido a *Halobatrachus didactylus*, lo que llevó a Löfling a determinarla como *Cottus Gobio*. Cabrera, pese a su escueta descripción, examinó sin duda al pez *sapo* de la bahía de Cádiz, tan abundante y popular en este entorno, pero no encontró en las obras que consultaba ningún dato que le condujera a identificar científicamente a este supuesto *rape*. Lo incluyó en el género *Lophius* y creó una especie nueva: *Lophius Gadicensis*. Sin embargo, Bloch y Schneider (1801: 42), con el nombre de *Batrachus didactylus*, ya habían descrito, a partir de ejemplares recogidos en Guinea, lo que hoy conocemos como *Halobatrachus didactylus*. En Fricke *et al.* (2023) se incluye *Lophius gadicensis*, el sapo, como un sinónimo de *Lophius piscatorius*, el rape, pero Cabrera diferenció claramente ambas especies.

---

190 De Buen escribió: «Dice en la etiqueta: *Lophius gadicans* (C.).», donde *gadicans* es un error de escritura por *gadicens*, gaditano. No es posible averiguar si el error ya estaba en la etiqueta escrita por Cabrera o fue un error de imprenta en la publicación de De Buen.

Halobatrachus didactylus (Bloch & Schneider, 1801) - Sapo

APORTACIÓN DE CABRERA

LISTA MANUSCRITA

MEMORIA DESCRIPTIVA

«GÉNERO.—*Stromateus.*—LINN. Cabeza comprimida; dientes en las mandíbulas y en el paladar; el cuerpo aovado, extenso, lúbrico, la cola ahorquillada.» (p. 147)

«ESPECIE.—**El Pámpano.**—*Stromateus Fiatola.*—LINN. Cubierto hermosamente de listas en ángulos de color azul turquí sobre blanco de plata.» (p. 147)

LISTA IMPRESA

«GÉNERO 2. *El Pámpano*, Stromateus Fiatola *Lin.*» (p. 175)

CORRESPONDENCIA CIENTÍFICA

«Stromateus, El Pampano» (AJB I, 57, 9, 9)

ESTADO ACTUAL

Stromateus fiatola Linnaeus, 1758 — Lámina 52

Clase: Actinopteri, Orden: Scombriformes, Familia: Stromateidae

Citas en obras anteriores a Cabrera

Fiatola (Rondelet, 1558a: 138; L. V, c. XXIIII); *Fiatola* (Willoughby, 1686: 156, Tab: I.4.2); *Stromateus* (Artedi, 1738: 33); *Pampano* (Löfling, 1753); *Stromateus Fiatola* (Linnaeus, 1758: 248); *Stromateus Fiatola* (Bonnaterre, 1788: 42); *Stromateus Fiatola* (Linnaeus, en Gmelin, 1789: 1148)

ANÁLISIS

Etimológico

Stromateus fiatola: {gr. *stromataios, ou*} 'un pez de cuerpo aplastado con muchos colores'; los griegos llamaban *stromata* a las mantas de caballo, que eran de varios colores (Gesner, 1560: 59) + {lt. *flato, flatare*} 'apestoso' (*PE*), en relación con el olor característico a hierbas que desprende, que da lugar al nombre *pez de flores* que le asignan pescadores de la Línea de la Concepción, en Cádiz (*IA:* 541). Se alimenta de pequeños peces y de medusas. Tal vez por eso se creía (Gesner, 1560: 61) que «nace de los pulmones del mar», que son medusas grandes (como *Rhizostoma pulmo* Macri, 1778), pero este autor añade: «de los pulmones del mar y del zoophyton marino, no temo creer eso».

Ictionímico

En Andalucía el icitónimo *pámpano* se asocia a otras especies que presentan semejanzas morfológicas con *Stromateus fiatola*: *Naucrates ductor* (184), *Trachinotus ovatus* (186), *Centrolophus niger* (Gmelin, 1789), *Schedophilus ovalis* (Cuvier, 1833) y *Taractichthys longipinnis* (59) (v. *IA*). Pero Cabrera la utilizó en sus escritos solo para *Stromateus fiatola*, ya que a *Naucrates ductor* la llamó *pez limón*; a *Trachinotus ovatus*, *palometa* y a *Taractichthys longipinnis*, *rondanil*. La voz *pámpano* tiene su origen en el latín *pampinus* 'hoja de vid, sarmiento tierno' (*DCECH*). Su relación semántica con *Stromateus fiatola* está vinculada a la similitud entre el perfil que forman las aletas dorsal y anal desplegadas y el cuerpo del pez, que dibujan tres puntas como las hojas de la vid (*Vitis vinifera* Linnaeus, 1758), a esto se le suma su cuerpo ancho y muy comprimido. En Andalucía, el ictiónimo *pámpano* se documenta por primera vez en 1492 en el *Diario de Colón* (Alvar, 1976: I-157) y Cabrera es el primero que lo cita asociado a un nombre científico, *Stromateus fiatola*.

Taxonómico

Especie de fácil identificación, que Cabrera pudo encontrar bien descrita e ilustrada en algunas de las obras que consultaba y que determinó correctamente sin dificultad.

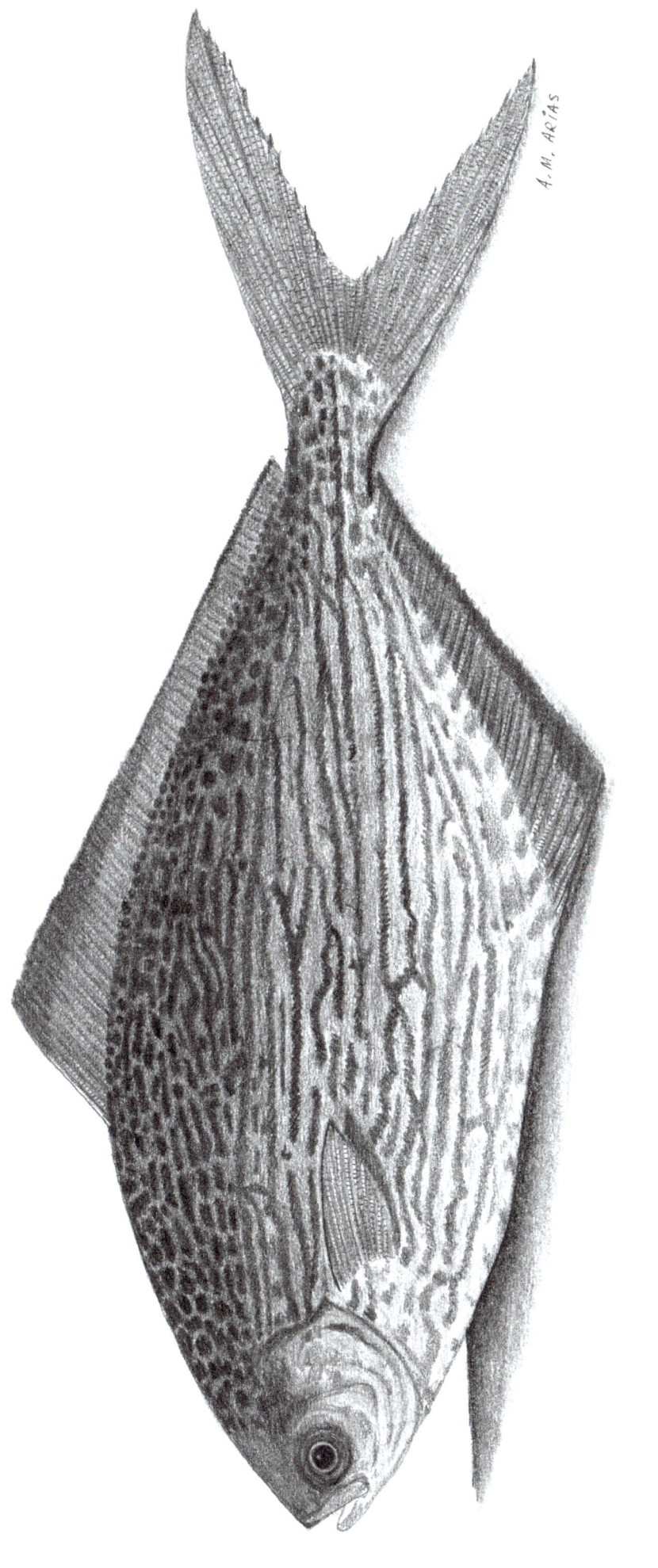

A. M. ARIAS

Stromateus fiatola Linnaeus, 1758 - Pámpano

APORTACIÓN DE CABRERA

LISTA MANUSCRITA

MEMORIA DESCRIPTIVA

«ADDENDA. PECES. GÉNERO.—*Diodon*.» (v. en *Diodon Hystrix*, 99)

«ESPECIE.—**La Choa.**—*Entrogaster Scombrarius*.—Sp. N. Por tener las aletas ventrales unidas con una membrana sensible, parece debe reducirse á este género [*Diodon*]. Tiene semejanza en su traza con las especies del género *Scomber*. Opérculos de dos láminas; la mandíbula inferior más larga; la cola ahorquillada, la línea lateral recta.» (p. 174)

LISTA IMPRESA

«GÉNERO 27. *La Choa, La Chova*, Centrogaster Scombrarius *Sp. N.*» (p. 182)

«*La Cholveta*», en los listados de ictiónimos que no llegó a identificar (p. 187)

ESTADO ACTUAL

Pomatomus saltatrix (Linnaeus, 1766) — Lámina 53

Clase: Actinopteri, Orden: Scombriformes, Familia: Pomatomidae

Citas en obras anteriores a Cabrera

Gasterosteus Saltatrix (Linnaeus, 1766: 491); *Gaſteroſteus Saltatrix* (Bonnaterre, 1788: 137; pl. 57, fig. 224); *Choba, chova* (Medina Conde, 1789: 214 y 244); *Gasterosteus Saltatrix* (Linnaeus, en Gmelin, 1789: 1326)

ANÁLISIS

Etimológico

Centrogaster Scombrarius: {gr. *kentron, ou*} 'aguijón' + {gr. *gaster, eros*} 'estómago' (Sebastián, 1964), por las dos espinas en la zona ventral, delante de la aleta anal + {lt. *scomber, bri*} 'jurel, chicharro' + terminación {*-arius*} de pertenencia (*PE*); todo ello viene a significar: 'pez con dos espinas en el vientre que pertenece al grupo de los jureles'.

Pomatomus saltatrix: {gr. *poma, atos*} 'cubierta, opérculo' + {gr. *tomos, ou*} 'porción, corte' (Sebastián, 1964), por el preopérculo dividido en dos partes o «láminas», como dice Cabrera + {lt. *saltatrix, icis*} 'saltarina' (Jordan and Evermann, 1896, I: 947), por los saltos que da fuera del agua cuando se la pesca.

Ictionímico

Cabrera recogió para esta especie los nombres de *chova, choa* y *cholveta*. Los dos primeros perviven en el litoral andaluz asociados a *Pomatomus saltatrix* (*IA*: 291); no así *cholveta*, que ha desaparecido del léxico marinero. Este último ictiónimo estaba incluido en la lista de los que corresponderían a especies que según Graells, «no se han podido examinar ni determinar». En realidad, Cabrera examinó esta especie, pero no llegó a saber que se designaba así. En *Noticia de todas las especies de pezes*, de 1756 (Pensado, 1982: 200; Barba y Pons, 2003: 407), se recoge *chova*, una variante léxica de *anchova*, voz de uso general para el *boquerón* (*Engraulis encrasicolus*) hasta el siglo XVIII; sin embargo, en este caso está relacionada con *Pomatomus saltatrix*. Se produce una traslación semántica hacia esta especie porque también se conservaba en salmuera para su consumo y se utilizaba en la fabricación de la salsa garum (García Vargas *et al.*, 2019: 298). No es hasta Rodríguez-Roda (1960: 122) cuando *chova* se cita en Andalucía asociado a *Pomatomus saltatrix*. *Choa* es una variante fonética de *chova*, documentada por primera vez por Cabrera. Sin embargo, cabe señalar que la datación más antigua en Andalucía sería en el siglo XVII a través de su forma pluralizada *chobares* (Muñoz, 1972: 80), en este caso con la grafía *b*.

Taxonómico

La *chova*, *Pomatomus saltatrix*, es un pez de amplia distribución geográfica en mares cálidos del planeta. Su presencia en el golfo de Cádiz es frecuente y se trata de un pez bien conocido en el litoral gaditano. En lo que posiblemente fuera una traslocación de párrafos en la transcripción de Graells, lo colocó erróneamente dentro del género *Diodon*, que comprende peces de «cuerpo cubierto de espinas», que no es el caso de *Pomatomus saltatrix*. Más abajo, Cabrera se aproximó a la descripción correcta cuando dijo: «Tiene semejanza con las especies del género *Scomber*», cuya piel es completamente lisa, que es lo que ocurre en *Pomatomus saltatrix*, cuyo cuerpo está cubierto de escamas muy pequeñas. Por otra parte, creó una especie nueva (Sp. N.), que llamó *Entrogaster Scombrarius* en la Memoria descriptiva y *Centrogaster Scombrarius* en la Lista impresa. Este último es sinónimo de *Pomatomus saltatrix* (Fricke *et al.*, 2023), lo que nos confirma que esta fue la especie descrita y determinada por nuestro autor. Tal vez a Cabrera le pasó inadvertida *Gasterosteus Saltatrix* en la duodécima edición (1766) de la obra de Linneo, o no pudo consultarla. Ahí Linneo indicaba un carácter morfológico clave para identificarla: «ſpinis dorſalibus octo membrana connexis», es decir, ocho espinas dorsales unidas por una membrana, en relación a los ocho radios cortos que sostienen la primera aleta dorsal de este pez. Es posible también que, como señalaba Linneo para esta especie, el «Habitat in Carolina» hizo que Cabrera descartara que lo que examinaba en esta ocasión era *Gasterosteus Saltatrix* de Linneo, pues lo más seguro es que el pez que tenía delante procedía de las inmediaciones de Cádiz. De ahí que por error creara una especie nueva.

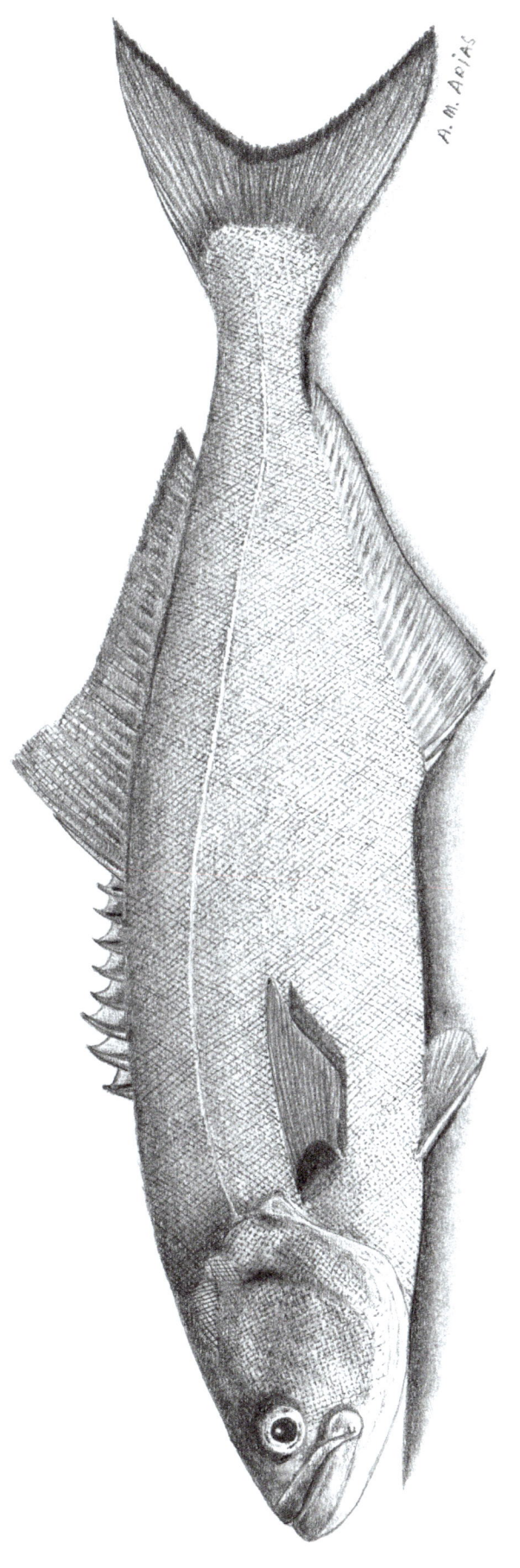

Pomatomus saltatrix (Linnaeus, 1766) - Choa, Choba, Cholveta

LÁMINA 53

APORTACIÓN DE CABRERA

LISTA MANUSCRITA

MEMORIA DESCRIPTIVA

«GÉNERO.—*Centrogaster.*—Houtt. Cabeza comprimida y lisa; cuerpo deprimido, aunque no en todas las especies; las aletas ventrales unidas por una membrana de cuatro espinas y seis radios blandos.» (p.159)

«ESPECIE.—**La Melva.**—*Centrogaster Scutatus.*—Sp. N. En el nacimiento de las pinnas ventrales se observa un hueco de la figura de un triángulo isósceles, donde recoge y esconde las aletas, que se hallan unidas entre sí. Tiene aletas espurias.» (p.160)

LISTA IMPRESA

«GÉNERO 27. *La Melva*, Centrogaster Scutatus *Sp. N.*» (p.182)

ESTADO ACTUAL

Auxis thazard (Lacépède, 1800) — Lámina 54

Clase: Actinopteri, Orden: Scombriformes, Familia: Scombridae

Citas en obras anteriores a Cabrera

Melva (Medina Conde, 1789: 207); *Scomber thazard* (Lacépède, 1800: 11)

ANÁLISIS

Etimológico

Centrogaster Scutatus: {gr. **kentron, ou**} 'aguijón' + {gr. *gaster, eros*} 'estómago', v. en la ficha anterior (las características morfológicas de la especie que Cabrera describía no responden a esta etimología, ya que *Auxis thazard* no presenta espinas en el vientre) + {lt. *scutatus, a, um*} 'provisto de un escudo' (*PE*), en referencia al llamado proceso interpélvico, es decir, un hueso plano situado entre las aletas ventrales con, efectivamente, forma de triángulo isósceles, tras el que se pliegan y esconden dichas aletas, lo que mejora la hidrodinámica del pez para desplazarse a gran velocidad sin apenas ofrecer resistencia al agua.

Auxis thazard: {gr. *auxis, idos*} 'especie o variedad de atún' (Sebastián, 1964); también {*auxis*} es «el nombre que los bizantinos dan a los atunes muy jóvenes» (Cuvier et Valenciennes, 1831: VIII, 139), considerando a este pez como una cría del atún + {fr. *tazo, tazard*}, nombre dado al pez, según se recoge de un comentario de Commerson[191], al verlo en 1768 en Nueva Guinea (Lacépède, 1801: V, 11 a 16).

Ictionímico

El nombre *melva* que recogió Cabrera (y también escribió *melba*) pervive en la actualidad en todos los puertos andaluces, asociado indistintamente a dos especies de escómbridos: *Auxis thazard* y *Auxis rochei*, que no se separan en las capturas (v. más en el análisis *Taxonómico*, más abajo). Según el *DCECH*, *melva*, probablemente, deviene de un latino vulgar *milva*, derivado de *mĭlŭus* 'milano'. Se trata de una metáfora animal en la que el pez se identifica con el ave, posiblemente *Milvus milvus* (Linnaeus, 1758), por el color oscuro de su lomo. *Melva* se documenta en Andalucía en el *Libro de Cabildos* de Granada de 1516 (Mondéjar, 1977: 206).

Taxonómico

La descripción que hizo Cabrera de la *melva* encaja con las dos especies actualmente denominadas *melva* en Andalucía: *Auxis thazard* y *Auxis rochei*[192], descritas por Lacépède (1800: 11) y Risso (1810: 165), respectivamente. Dado que estas especies no estaban en el *Systema Naturae* de Linneo, Cabrera optó por crear una especie nueva, que denominó *Centrogaster scutatus*, un *nomen nudum* que no conduce a ninguna equivalencia aceptada. Por los estudios de Rodríguez-Roda (1960 y 1966) se ha creído que *A. thazard* era la única especie presente en el golfo de Cádiz, y podríamos suponer que esta fue la especie que examinó Cabrera. Sin embargo, el mismo autor, en 1980, detectó la presencia de *A. rochei* en aguas gaditanas (Rodríguez-Roda, 1980). Estas dos especies, muy similares entre sí, coexisten en la misma zona, se pescan juntas y las capturas no se desglosan por especies, de tal manera que en la bibliografía aparecen bajo el epígrafe *melva* o *melvas*. Collette et Nauen (1983: 29 y 31) suponen que casi la totalidad de las capturas «*Auxis*» del Atlántico y del Mediterráneo son de *Auxis rochei*, mientras que las de los océanos Pacífico e Índico son de *Auxis thazard*. Collete y Aadland (1996: 430) señalan que *A. rochei* es la más común de las dos especies en el Atlántico centro-occidental, pero Acero *et al.* (2006: 106) indican lo contrario. En nuestra zona, con datos recientes, las estadísticas pesqueras de la Junta de Andalucía (única información disponible) recogen las capturas desde 2010 a 2017 bajo el epígrafe melva (código fao: blt, que equivale a Bullet Tuna = *A. rochei*), y en 2018 y 2019 aparece además el epígrafe melvas (código fao: frz[193], que equivale a *A. rochei* + *A. thazard*). Con ello persisten las dudas de qué especie examinó Cabrera, porque se infiere que de 2010 a 2017 solo se capturó *Auxis rochei*, cosa improbable, y que en 2018 y 2019 las capturas de *A. rochei* son inferiores a las de *A. rochei* + *A. thazard*, cosa que no conduce a nada. Ante estos datos y a efectos prácticos del presente trabajo, hemos seguido el criterio de elegir como especie que examinó nuestro autor la de autoría científica más antigua, es decir, *Auxis thazard*, descrita en el año 1800 por Lacépède.

---

191 Philibert Commerson (1727-1773), botánico francés, colaborador de Linneo, estudió la fauna ictiológica del Mediterráneo. Viajó en la primera expedición francesa alrededor del mundo dirigida por Louis Antoine de Bougainville (1729-1811), militar y explorador francés.

192 *Rochei*, dedicatoria a Francois-Etienne De La Roche (1781-1813), botánico suizo.

193 En *BOE* (2019: Sección III, pág. 62733) el código fao de *Auxis rochei* es blt (bullet tuna), y el de *Auxis thazard*. fri (frigate tuna).

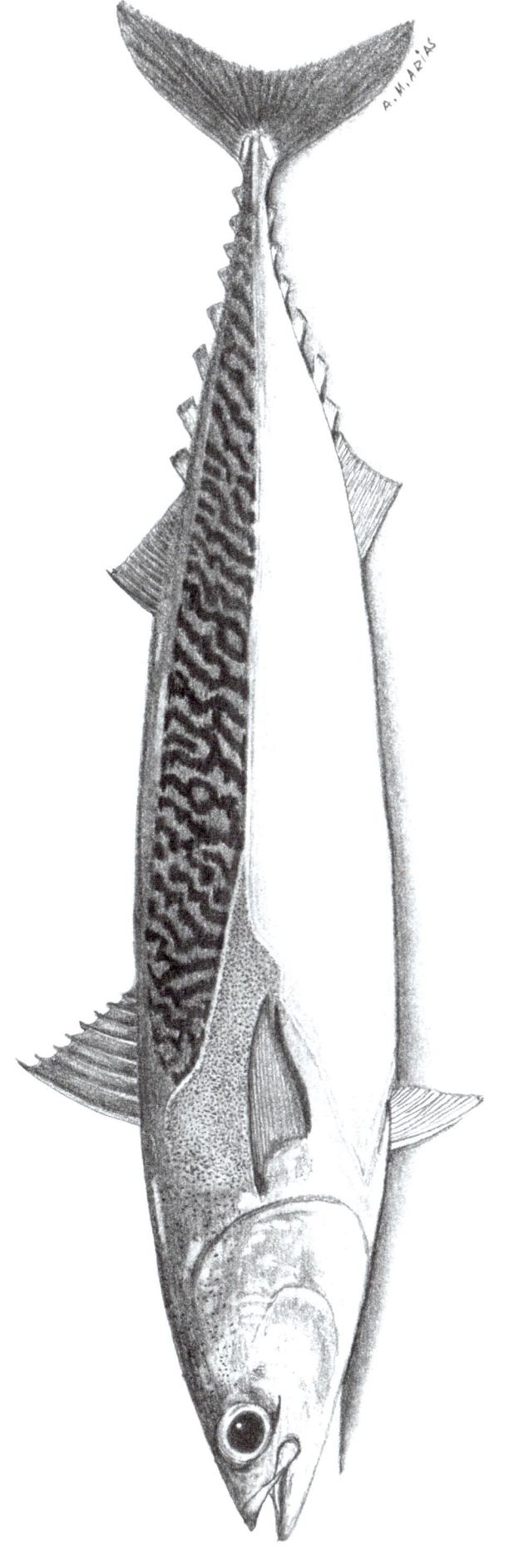

Auxis thazard (Lacépède, 1800) - Melba

APORTACIÓN DE CABRERA

LISTA MANUSCRITA

MEMORIA DESCRIPTIVA

«GÉNERO.—*Scomber.*—LINN. Cabeza comprimida y lisa; la línea lateral aquillada en su remate; aletas falsas hacia la cola; esto en algunas especies.» (p.159)

«ESPECIE 2.ª—**El Bonito**.—*Scomber Pelamis.*—LINN. Aletas falsas siete; el color aplomado con líneas oscuras longitudinales; cuatro al dorso oscuro.» (p.159)

LISTA IMPRESA

«GÉNERO 26. *El Bonito*, Scomber Pelamis *Lin.*» (p.182)

LISTA DE BLOCH

«GÉNERO 5. *El Bonito*, Scomber Pelamis   » » (p.188)

COLECCIÓN INSTITUTO

«24. *Pelamis (Sarda) sarda* (Bloch.)» (De Buen, 1919: 253)

ESTADO ACTUAL

Sarda sarda (Bloch, 1793) — Lámina 55

Clase: Actinopteri, Orden: Scombriformes, Familia: Scombridae

Citas en obras anteriores a Cabrera

Scomber Sarda (Bloch, 1793: VII, 44; Taf. CCCXXXIV)

ANÁLISIS

Etimológico

Scomber pelamis: {gr. *skombros, ou*} 'caballa, escombro' (Sebastián, 1964) + {gr. *pelamis, idos*} 'especie de atún' (Sebastián, 1964); *pelamys* ya era conocido por los autores clásicos para referirse al atún joven (Cuvier et Valenciennes, 1831: VIII, 148).

Sarda sarda: {gr. *sarda, es*} 'sardina', pez de Sardinia (Cerdeña), nombre antiguo dado a este pez porque se pescaba en los alrededores de Cerdeña (Jordan and Evermann, 1896, I: 872). V. también en la ficha 41.

Ictionímico

La voz *bonito* que recogió Cabrera se emplea también en Andalucía para designar a otras especies de escómbridos, como *Katsuwonus pelamis* (Linnaeus, 1758) (*IA*: 371), pero, como explicamos en el siguiente apartado, se refería a *Sarda sarda*. El ictiónimo *bonito* está basado en la belleza del pez (*bonito*, del latín *bŏnus* 'bueno', en el sentido de 'lindo, bello'). Según Medina Conde (1789: 211), este pez es «llamado asi por su agradable vista en las aguas por las líneas amarillas, obscuras y azuladas que tiene». *Bonito* se documenta por primera vez en la bibliografía ictionímica andaluza en 1501 en las *Ordenanzas* de Málaga (Malpica, 1984: 108).

Taxonómico

En su descripción poco precisa, Cabrera mencionó las líneas oscuras longitudinales del dorso características de *Sarda sarda*, pero no son «cuatro» sino 8 o 10. A la especie que examinaba le asignó un nombre científico equivocado, *Scomber pelamis*, sinónimo de *Katsuwonus pelamis*, un escómbrido con líneas oscuras longitudinales en el abdomen, no el dorso. En realidad, con el *Systema Naturae* de Linneo (edición de Gmelin de 1789), al que seguía, no tenía otra opción para elegir, ya que *Sarda sarda* no estaba incluida en esa obra. Sin embargo, sí la tenía en la *Ichthyologie* de Bloch de 1793, que sí consultaba, donde se describía e ilustraba a *Pelamis sarda*, sinónimo de *Sarda sarda*. Pero, como en otros casos, parece que no le mereció crédito. Basándonos en que en su descripción nuestro autor mencionó las líneas longitudinales en el dorso, y en que un ejemplar de Cabrera conservado en la Colección del Instituto de Cádiz fue determinado por De Buen (1919: 253) como «*Pelamis (Sarda) sarda*», también sinónimo de *Sarda sarda*, lo más probable es que esta fuera la especie que examinó el religioso.

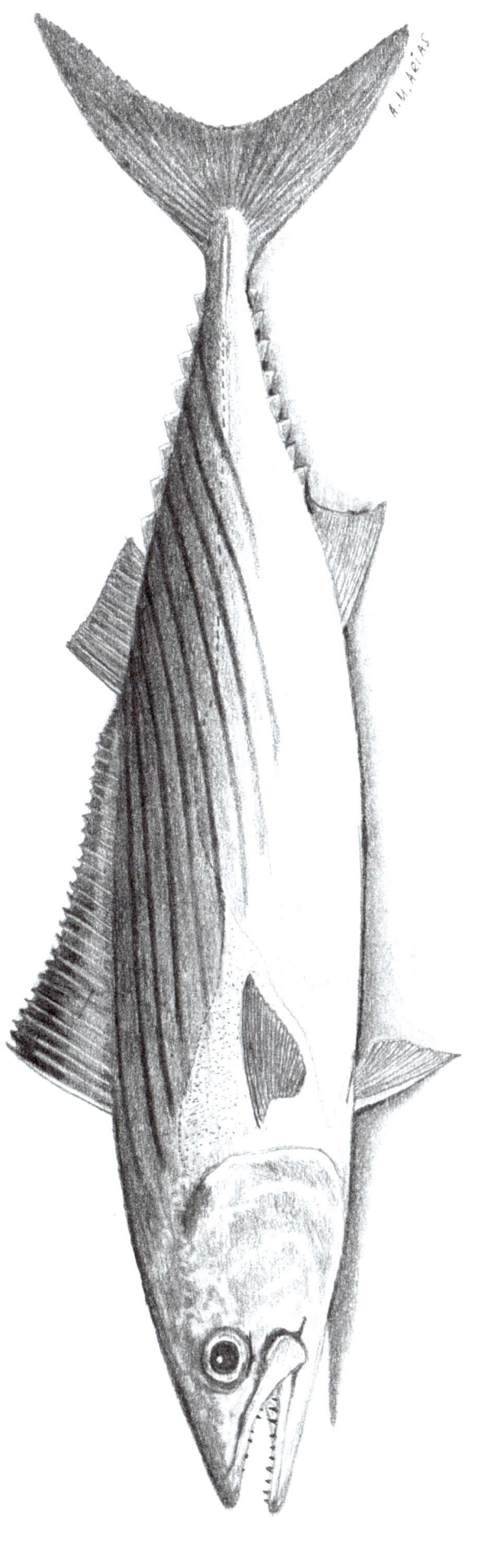

Sarda sarda (Bloch, 1793) - Bonito

APORTACIÓN DE CABRERA

LISTA MANUSCRITA

Estornino Caballa Cerda

MEMORIA DESCRIPTIVA

«GÉNERO.—*Scomber.*—LINN.» (v. en la ficha 55) (p.159)

«ESPECIE 1.ª—**La Caballa.**—*Scomber Scomber.*—LINN. Cinco aletas falsas; una espina antes de la aleta anal, por encima negra ondeada de azul.» (p.159)

«ADDENDA. PECES. ESPECIE.—**La Cerda.**—*Comber*» «No la describe» Graells (p.173)

LISTA IMPRESA

«GÉNERO 26. *El Estornino,* Scomber Scomber *Lin.*» (p.181)

«GÉNERO 26. *La Cerda,* La Albacora, Scomber Scomber   »   » (p.182)

LISTA DE BLOCH

«GÉNERO 5. *El Estornino,* Scomber Scomber   »   » (p.188)

«GÉNERO 5. *La Albacora, La Cerda,* Scomber Scomber   »   » (p.188)

ESTADO ACTUAL

Scomber scombrus Linnaeus, 1758 — Lámina 56

Clase: Actinopteri, Orden: Scombriformes, Familia: Scombridae

Citas en obras anteriores a Cabrera

Scomber ou *Scombrus* (Rondelet, 1558a: 191, L. VIII, c. VII); *Scomber* ou *Scombrus* (Willoughby, 1686: 181, Tab: M.3); *Scomber* (1.) (Artedi, 1738: 48); *Cavalla* (Löfling, 1753); *Scomber Scombrus* (Linnaeus, 1758: 297); *Scomber Scomber* (Bloch, 1785: 82, Taf. LIV); *Scomber Scomber* (Bonnaterre, 1788: 138; pl.58, fig.227); *Scomber Hippos* (Cornide, 1788: 68); *Scomber Scomber* (Linnaeus, en Gmelin, 1789: 1328); *Caballas* (Medina Conde, 1789: 212); *Scomber Scomber* (Asso, 1801: 44)

ANÁLISIS

Etimológico

Scomber scomber: {gr. *skombros, ou*} v. en la ficha 55.

Scomber scombrus: {gr. *skombros, ou*} 'caballa o escombro' (Sebastián, 1964). Es interesante señalar que 'escombro', la caballa, dio nombre a la ciudad murciana de Escombreras, por las pesquerías romanas e industria de salazones allí instaladas.

Ictionímico

De los cuatro nombres vulgares que recogió Cabrera para esta especie, *estornino, caballa, cerda* y *albacora,* los tres primeros están bien asignados, pero el cuarto, *albacora,* podría deberse una confusión de Cabrera o a un error de transcripción de Graells, ya que esta voz más adelante el propio Cabrera la asocia de forma correcta a *Scomber albacora,* sinónimo de *Thunnus albacares* (Bonnaterre, 1788) (ficha 176). Además, en la bibliografía ictionímica andaluza, tradicionalmente, *albacora* se ha asociado sobre todo a *Thunnus alalunga*[194] (175) —también a *Thunnus thynnus*[195] (57)—, y más recientemente a *Euthynnus alletteratus* (Rafinesque, 1810) (*IA*: 369 y 383). La voz *estornino* es un diminutivo del latín *stŭrnus* 'ave paseriforme' (*DCECH*). La asociación metafórica del pez con este ave puede deberse a la similar coloración del dorso de las caballas, con líneas negras y reflejos verdes y morados, y el plumaje del ave estornino pinto (*Sturnus vulgaris* Linnaeus, 1758). Además, el «revoloteo atontado del estornino» (*DCECH*) recuerda a las grandes y apretadas bandadas que forman estos peces, que se expanden y contraen bruscamente y cambian de dirección de manera súbita, igual que hacen los bandos de estos pequeños pájaros. *Estornino* se documenta por primera vez como ictiónimo en Andalucía en 1756, en el manuscrito atribuido a Sarmiento (Pensado, 1982: 201; Barba y Pons, 2003: 407). Cabrera es el primero en citarlo asociado a un nombre científico. V. más sobre *estornino* en la ficha 174. En cuanto a la voz *cerda,* tal vez relacionada con la carne grasa de este pez, se documenta por primera vez en Andalucía en 1302, en un *Ordenamiento* portuario de la ciudad de Sevilla: «E cada baxel que troxere çerda e sardina de tres millares arriba» (Mondéjar, 1991: 628). Sobre la voz *caballa,* v. en *Scomber colias* (174).

Taxonómico

Como consta en la primera entrada de la Memoria descriptiva, siguiendo a Linneo, Cabrera describe y determina correctamente a otra caballa, *Scomber Scomber,* sinónimo de *Scomber scombrus.* En la Addenda de este documento aporta el nombre de *Cerda* asociado a una de sus abreviaturas *sui generis, Comber.* En documentos posteriores mantiene las asociaciones correctas de ictiónimos y nombre científico, salvo *albacora,* como se ha indicado en el apartado anterior.

---

194 Machado (1857: 19), Pérez Arcas (1865: 510), Steindachner (1868a: 7), De Buen (1919: 283), *ALEA* (mapa 1123), el *LMP* (mapa 593), *NOE* (1965: 108), Camiñas *et al.* (1989: 28), Osuna y Ubera (1991: 14) y Martínez González (1992: 176).

195 Rodríguez-Roda (1960: 121) —señala que, en el ámbito de la almadraba de Barbate, *albacora* designa también a los atunes pequeños, de unos 10-12 kg—, Lozano Cabo (1963: 107) y *LMP* (mapa 591).

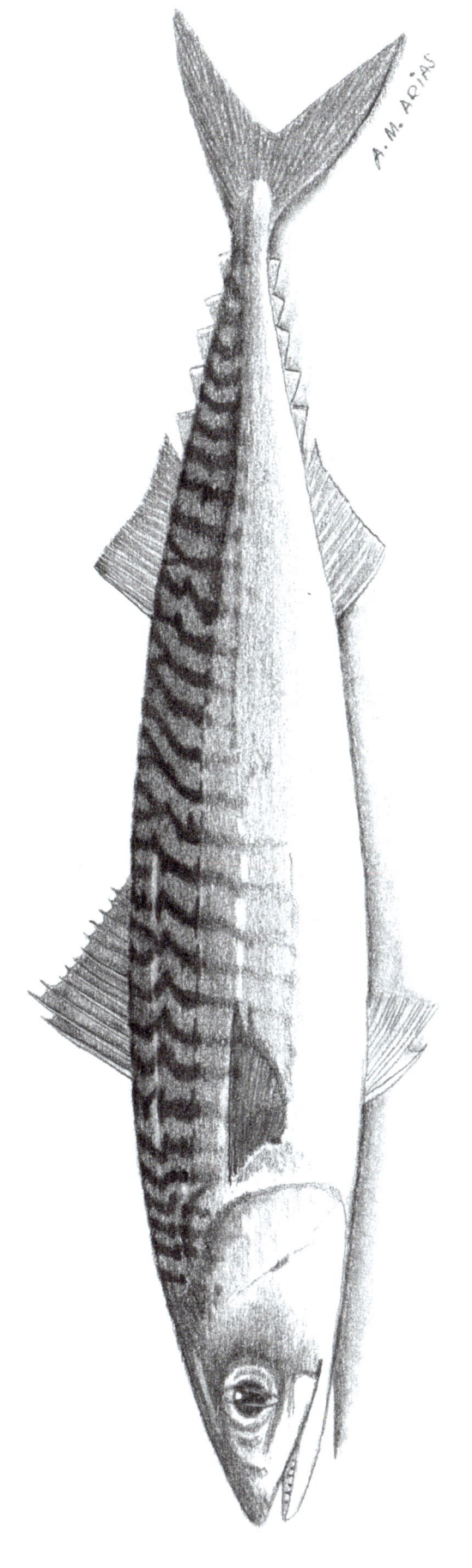

Scomber scombrus Linnaeus, 1758 - Estornino, Caballa, Cerda

APORTACIÓN DE CABRERA

LISTA MANUSCRITA

Atún

MEMORIA DESCRIPTIVA

«GÉNERO.—*Scomber.*—LINN.» (v. en la ficha 55)

«ESPECIE 3.ª—**El Atún.**—*Scomber Thinnus.*—LINN. Ocho aletas espurias; nueve en al [*sic*] algunos individuas [*sic*]; crece hasta algunas varas.» (p. 159)

LISTA IMPRESA

«GÉNERO 26. *El Atun* [*sic*], Scomber Thinnus *Lin.*» (p. 182)

LISTA DE BLOCH

«GÉNERO 5. *El Atún,* Scomber Thinnus » (p. 188)

COLECCIÓN INSTITUTO

«25. *Orcynus thynnus* (L.)» (De Buen, 1919: 253)

ESTADO ACTUAL

Thunnus thynnus Linnaeus, 1758 — Lámina 57

Clase: Actinopteri, Orden: Scombriformes, Familia: Scombridae

Citas en obras anteriores a Cabrera

Thon (Rondelet, 1558*a*: 198, L. VIII, c. XII); *Thynnus* (Willoughby, 1686: 176, Tab: M.I.3); *Scomber* (2.) (Artedi, 1738: 49); *Scomber Thunnus* (Löfling, 1753); *Scomber Thynnus* (Linnaeus, 1758: 297); *Scomber Thynnus* (Bloch, 1785: 87); *Scomber Thynnus* (Bonnaterre, 1788: 139; pl. 58, fig. 228); *Scomber Thynnus* (Cornide, 1788: 65); *Scomber Thynnus* (Linnaeus, en Gmelin, 1789: 1330); *Atun, Scomber Thinnus* (Medina Conde, 1789: 209); *Scomber Thynnus* (Lacépède, 1801: 234); *Scomber Thynnus* (Asso, 1801: 44)

ANÁLISIS

Etimológico

Scomber Thynnus: {gr. *skombros, ou*} v. en la ficha 55 + {gr. *thynnos, ou*} 'atún' (Sebastián, 1964).

Thunnus thynnus: v. anterior.

Ictionímico

En el sector pesquero andaluz, el nombre *atún* está asociado a dos especies: *Thunnus thynnus* y *Thunnus alalunga* (175), con un 100 % y un 80 % de frecuencia de ocurrencia, respectivamente (*IA*: 380 y 382). Sin embargo, la especie que Cabrera examinó bajo el nombre de «*El Atún*» fue sin duda *Thunnus thynnus*, la de mayor tamaño entre los escómbridos que observó, como indica el hecho de señalar que «crece hasta algunas varas». Si una vara son 0,84 m, y consideramos que «algunas varas» podrían ser 3 o 4 varas, es decir, unos 2,5 a 3,4 m, esto entra dentro del tamaño que suelen alcanzar estos atunes, cuya talla máxima documentada es 4,5 m de longitud total (Froese and Pauly, 2023). La voz *atún*, que Cabrera escribe tanto con tilde como sin ella, viene del árabe *tunn*, que a su vez procede del latín *thŭnnus* 'atún' y este del griego *thynnos* 'atún' (*DCECH*). En Andalucía, Mondéjar (1991: 607) documenta *atunes* en un *Ordenamiento* portuario de Sevilla de 1302 y Löfling (1753) es la primera referencia de la voz *atún* asociada a la equivalencia científica correcta.

Taxonómico

Conocido desde la antigüedad, el atún es un pez relativamente fácil de identificar por su gran tamaño, que Cabrera describió y determinó correctamente.

Thunnus thynnus Linnaeus, 1758 - Atún

APORTACIÓN DE CABRERA

LISTA MANUSCRITA

MEMORIA DESCRIPTIVA

«GÉNERO.—*Choetodon.*—LINN. Cabeza pequeña; boca chica; dientes cerdosos y movibles; cuerpo ancho, comprimido; las aletas dorsal y anal rígidas, carnosas y escamosas.» (p.152)

«ESPECIE I.ª—**Le** [*sic*] **Xaputa**.—*Choetodon Umbratus.*—Sp. N. Negro azulado; escamas romboidales; cabeza en declive, la mandíbula inferior más larga; la cola semilunar; la aleta pectoral muy larga.» (p.152)

LISTA IMPRESA

«GÉNERO 19. *La Xaputa*, Choetodon Umbratus *Sp. N.*» (p.178)

COLECCIÓN INSTITUTO

«21. *Brama Raii* (Bloch).» (De Buen, 1919: 253)

ESTADO ACTUAL

Brama brama (Bonnaterre, 1788) — Lámina 58

Clase: Actinopteri, Orden: Scombriformes, Familia: Bramidae

Citas en obras anteriores a Cabrera

Brama marina (Willoughby, 1686: 307; Tab: V.12); *Sparus Brama* (Bonnaterre, 1788: 104; pl. 50, fig. 192); *Sparus chromis* (Cornide, 1788: 43); *Japuta* (Medina Conde, 1789: 227)

ANÁLISIS

Etimológico

Choetodon Umbratus: {gr. *chaite, es*} 'pelo' + {gr. *odous, odontos*} 'diente' (Sebastián, 1964), en relación con la forma de sus dientes, largos como cerdas + {lt. *umbra, ae*} 'sombra' (*PE*), en referencia al color oscuro (negro) del pez.

Brama brama: {fr. e in. antiguos, *breme, bres me, brasme, bresmel*} 'un pez de agua dulce', derivado del {gr. *abrami*s, *idos*} 'sargo o mújol', pez ya citado por Oppiano (Cuvier et Valenciennes, 1828: XVIII, 2).

Ictionímico

En la bibliografía ictionímica andaluza[196], el nombre *xaputa* (obsérvese que Cabrera escribe **Le Xaputa** o *japuta*) está asociado siempre[197] a *Brama brama*. Esta fue la especie que examinó Cabrera. *Xaputa* deriva del arabismo *šabbūta* 'ese pez', referido a una especie indeterminada (*DCECH*). Esto contradice la extendida creencia de que sea un nombre malsonante que se asocia por etimología popular a *hija de puta >japuta*, porque su origen nada tiene que ver con el significado español de *puta*, del latín *pūtida* 'hedionda', ni se trata de ninguna *filia manceris* 'hija de puta'. En la forma «la Iaputa» se documenta por primera vez en Andalucía en la «Egloga tercera» del *Desengaño de amor en rimas*, del poeta granadino Pedro Soto de Rojas (1623: 119-120), donde un fragmento dice: «La blanca Gibia aftuta, / la frefca Liza, y el Pagèl viftofo, / el Levantifco Efparallon fabrofo, / el Congrio, la Iaputa, / y la trifte Morena que fe enluta» (Mondéjar, 2002: 951).

Taxonómico

La descripción que hizo Cabrera de esta especie se ajusta mejor a la especie siguiente, *Taractichthys longipinnis*, que es de color negro y tiene las aletas pectorales muy largas. Tal vez hubo un trastoque de estos elementos al transcribir los apuntes del religioso. No obstante, el nombre científico con el que la determinó, el sinónimo *Choetodon umbratus* (Fricke *et al.*, 2023), nos lleva a que la especie examinada fue *Brama brama*. Asimismo, un ejemplar de esta especie que se conservaba en la Colección del Instituto de Cádiz, fue determinado por De Buen en 1919 como *Brama Raii*, sinónimo de *Brama brama*, confirma que esta fue la especie examinada por el chiclanero. Sin embargo, no se trataba de una especie nueva como él señaló con su marca «Sp. N.», pues ya figuraba descrita por Bonnaterre (1788: 104) como *Sparus Brama*.

---

196 Machado, Pérez Arcas, De Buen, Lozano Rey, Rodríguez-Roda, *ALEA*, *NOE*, Abad *et al.*, *LMP*, Camiñas *et al.*, Osuna y Ubera, Martínez González.

197 Salvo una excepción: *Coryphaena variegata*, producto de un posible error de Cabrera, v. anexo VI.

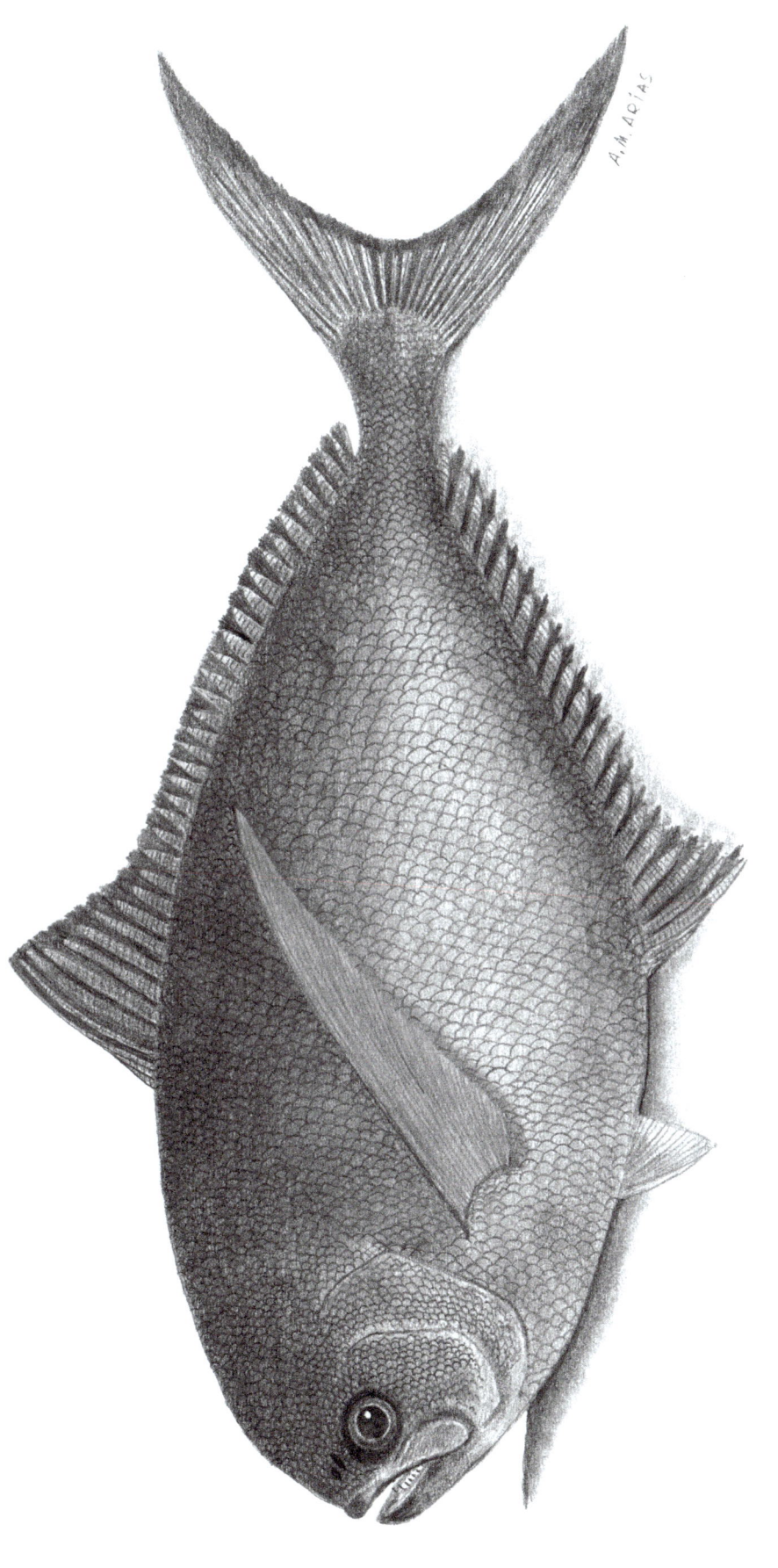

Brama brama (Bonnaterre, 1788) - Xaputa

APORTACIÓN DE CABRERA

LISTA MANUSCRITA

MEMORIA DESCRIPTIVA

«GÉNERO.—*Chaetodon.*—LINN.» (v. en la especie anterior)

«ESPECIE 2.ª—**El Rondanil**.—*Chaetodon Umbratus.*—Vs. Es semejante al anterior, pero las aletas dorsal y anal que en ambos se hallan opuestas son en este más pequeñas y desiguales.» (p. 152)

LISTA IMPRESA

«GÉNERO 19. *El Rondanil*, Varietas   » » (p. 178)

ESTADO ACTUAL

Taractichthys longipinnis (Lowe, 1843) — Lámina 59

Clase: Actinopteri, Orden: Scombriformes, Familia: Bramidae

Citas en obras anteriores a Cabrera

Ninguna

Primera cita posterior a Cabrera

Brama longipinnis (Lowe, 1843: 82)

ANÁLISIS

Etimológico

Chaetodon Umbratus: v. en la especie anterior.

Taractichthys longipinnis: {gr. *taraktes, ou*} 'que turba o espanta' (Jordan and Evermann, 1896, I: 957), relacionado con el raro aspecto del pez + {lt. *longus, a, um*}, 'alargado, extendido' + {lt. *pinna, ae*} 'pluma, aleta' (*PE*), por sus largas aletas pectorales.

Ictionímico

Rondanil es un ictiónimo que se documenta por primera y única vez en los escritos de Cabrera. En la actualidad en el sector pesquero andaluz, donde esta especie recibe mayoritariamente el nombre de *japuta*, por su parecido con la anterior (*IA*: 390-391). En cuanto al ictiónimo, sin duda está relacionado semánticamente con el perfil redondeado de su cuerpo y su forma deviene de *rolde* 'círculo' (latín tardío *rŏtŭlus* 'ruedecita), de donde *roldana* 'polea de navío' (*DCECH*) o su variante andaluza *rondana* (Alvar Ezquerra, 2000).

Taxonómico

Cabrera dice de esta especie que «es semejante a la anterior», *Brama brama*; de hecho, la descripción de la anterior encaja con las características de la que nos ocupa ahora en esta ficha («Negro azulado; escamas romboidales; cabeza en declive, la mandíbula inferior más larga; la cola semilunar; la aleta pectoral muy larga»). Sin embargo, su descripción y el conocimiento actual de las especies de la zona nos permiten asegurar que con su «*Chaetodon Umbratus* Varietas» se refería realmente al actual *Taractichthys longipinnis*, y que pudo ocurrir un trastoque de las descripciones, ya que las aletas dorsal y anal no son en este más pequeñas, como decía Cabrera, sino, al contrario, sus lóbulos anteriores son mucho más largos que en *Brama brama* (58), carácter que identifica a la especie en cuestión. Cabrera no llegó a determinarla porque consideró que era una variedad, tal vez un híbrido, de *Brama brama*, por eso le asignó el mismo nombre, *Chaetodon Umbratus*. En 1817 *Taractichthys longipinnis* no había sido descrita aún (la describió Lowe veintiséis años más tarde, en 1843), con lo que entonces se trataba de una especie nueva, cosa que Cabrera ignoraba, y él fue el primero en mencionarla científicamente y asociarle un ictiónimo.

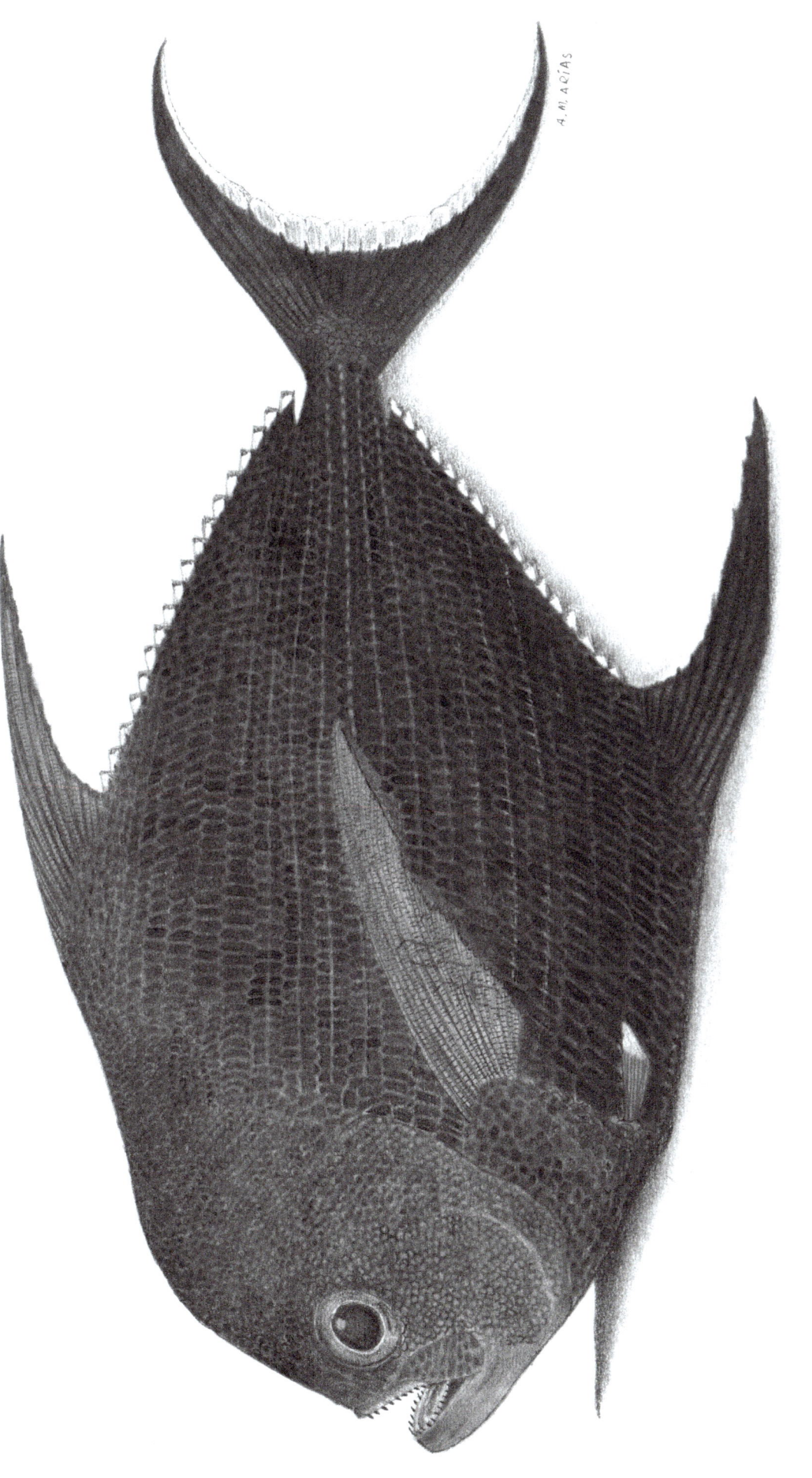

Taractichthys longipinnis (Lowe, 1843) - Rondanil

LÁMINA 59

APORTACIÓN DE CABRERA

LISTA MANUSCRITA

Bolador

MEMORIA DESCRIPTIVA

«ADDENDA. PECES. ESPECIE.—**El Volador.**—*Trigla Volitans.* Sus digitaciones son 18 ó 20 unidas con una membrana; las aletas pectorales son grandísimas, con las cuales vuela largo rato.» (p. 174)

LISTA IMPRESA

«GÉNERO 29. *El Volador*, Trigla Volitans *Lin.*» (p. 182)

LISTA DE BLOCH

«GÉNERO 3. *El Volador*, Trigla Volitans   »   » (p. 187)

ESTADO ACTUAL

Dactylopterus volitans (Linnaeus, 1758) — Lámina 60

Clase: Actinopteri, Orden: Syngnathiformes, Familia: Dactylopteridae

Citas en obras anteriores a Cabrera

Rondola (Rondelet, 1558a: 225, L. X, c. I); *Milvus* (Willoughby, 1686: 283, Tab: S.6); *Trigla* (6.) (Artedi, 1738: 73); *Trigla Volitans* (Linnaeus, 1758: 302); *Trigla Volitans* (Bloch, 1785: t. 4, 115; Taf. CCCLI); *Trigla Volitans* (Bonnaterre, 1788: 147; pl. 61, fig. 239); *Trigla Volitans* (Linnaeus, en Gmelin, 1789: 1346); *Pege diablo* (Medina Conde, 1789: 244); *Trigla volitans* (Lacépède, 1800: 8, t. 6); *Trigla Volitans* (Asso, 1801: 46)

ANÁLISIS

Etimológico

Trigla Volitans: {gr. *trigla, es*} tres dedos en las aletas pectorales (Barriuso, 1986: 156) + {lt. *volitans, antis*} 'que vuela de aquí a allá' (Jordan and Evermann, 1896, I: 734), en la creencia errónea de que vuela fuera del agua, porque, en realidad, solo planea, con las aletas pectorales extendidas, en la columna de agua.

Dactylopterus volitans: {gr. *daktylos, ou*} 'dedo' + {gr. *pteron, ou*} 'ala, aleta' (Sebastián, 1964), que se refiere a la porción pequeña de la aleta pectoral con seis radios + {lt. *volitans, antis*} v. anterior y el comentario taxonómico, más abajo.

Ictionímico

En los documentos de Cabrera, *volador* aparece asociado a dos especies: *Dactylopterus volitans* y *Exocoetus volitans* (88), que por sus descripciones se infiere que diferenciaba claramente. El ictiónimo *volador* o *pez volador*, de uso general en todo el litoral andaluz (v. *IA*), hace referencia a las amplias aletas pectorales de estos peces, que son identificadas metafóricamente por los pescadores como alas, y a la capacidad de dar grandes saltos y volar fuera del agua, aunque esto último no sea exacto en la especie que nos ocupa, como señalamos en el apartado taxonómico. La voz *volador*, que Cabrera escribe también *bolador*, se documenta por primera vez en Andalucía, en la forma *pez volador*, por Löfling (1753).

Taxonómico

En los apuntes de la Memoria descriptiva aparece esta especie dentro de un apartado «Peces» incluido a su vez en la «Addenda». No lo incluye en ningún género ni la especie va numerada. Tampoco indica el autor del nombre científico. Todo ello puede indicar que Cabrera estudió la especie después de la primera ordenación taxonómica que hizo. La descripción, el nombre científico, *Trigla Volitans*, y el nombre común, *volador*, conducen sin duda a que la especie examinada fue *Dactylopterus volitans*. En realidad, las «digitaciones» son más de 20, y el hecho de que «vuela largo rato» debe interpretarse como planeos dentro de la columna de agua, pues no está comprobado que este pez salte fuera del agua y vuele en el exterior como lo hace *Exocoetus volitans*. Resulta curioso por otra parte que un pez tan espectacular como *Dactylopterus volitans* no llame más la atención de Cabrera y que en su descripción no mencione las principales diferencias con aquel otro pez volador, como su cabeza acorazada, dura, provista de largas espinas o su vistosa coloración.

A.M.Aejas

LÁMINA 60

Dactylopterus volitans (Linnaeus, 1758) - Bolador

APORTACIÓN DE CABRERA

LISTA MANUSCRITA

MEMORIA DESCRIPTIVA

«GÉNERO.—*Mullus.*—LINN. Cabeza comprimida; declive, escamosa; los ojos verticales, los opérculos de tres láminas; el cuerpo redondeado; color bermejo; escamas flojas.» (p. 160)

«ESPECIE 1.ª—**Salmonete**.—*Mullus Barbatus.*—LINN. Es de un bellísimo color rojo; se ven debajo de la boca dos barbillas de color blanco.» (p. 160)

LISTA IMPRESA

«GÉNERO 28. *El Salmonete*, Mullus Barbatus *Lin.*» (p. 182)

LISTA DE BLOCH

«GÉNERO 18[28]. *El Salmonete*, Mullus Barbatus   »   » (p. 189)

ESTADO ACTUAL

Mullus barbatus Linnaeus, 1758 — Lámina 61

Clase: Actinopteri, Orden Syngnathiformes, Familia: Mullidae

Citas en obras anteriores a Cabrera

Mullus barbatus (Linnaeus, 1758: 299); *Mullus Barbatus* (Bonnaterre, 1788: 143; pl. 59, fig. 232); *Mullus barbatus* (Linnaeus, en Gmelin, 1789: 1338); *Mullus Barbatus* (Asso, 1801: 45)

ANÁLISIS

Etimológico

Mullus barbatus: {lt. *mullus, a, um*} 'suave, blando' (*PE*), en relación a la gran calidad gastronómica de la carne del pez + {lt. *barbatus, a, um*} 'barbado' (*PE*), relativo a los dos barbillones, o «barbillas de color blanco», como dice Cabrera, bajo el mentón.

Ictionímico

La creencia popular hace derivar la forma *salmonete* de *salmón* (etimología popular). Sin embargo, según el *DCECH*, deviene del francés *surmulet*, francés antiguo *sormulet*, voz compuesta de *mulet* 'especie de salmonete' (diminutivo del latín *mŭllus*), donde el primer término no sería *sur* sino *sor*, del latín *saurus* 'jurel'. La motivación semántica estaría entonces en el *saurus* latino 'lagarto', como el *jurel* (Palanco, 2000: 280). Según Duran (2010: 31), se trata de la composición «*saure*, equivalente al catalán *sor* 'rojizo, bermellón' + *mulet*, nombre de pez», donde la creación léxica estaría basada en el color rojo del pez: 'pez rojo'. Se documenta por primera vez como ictiónimo en Andalucía en 1516 en las *Ordenanzas* de Granada (Malpica, 1984: 112).

Taxonómico

Los salmonetes son peces conocidos desde la antigüedad y fáciles de diferenciar de otras especies, pero no cualquiera, incluso dentro del sector pesquero, es capaz de distinguir a las dos especies que existen en nuestras aguas. Cabrera sí los distinguía, aunque en sus descripciones no destaque el rasgo morfológico definitivo que los separa: el perfil dorsal de la cabeza, casi vertical en *Mullus barbatus*; en ángulo agudo en *Mullus surmuletus*. No obstante, con el conjunto de la información que aporta, no hay duda de que examinó y determinó correctamente las dos especies.

Mullus barbatus Linnaeus, 1758 - Salmonete

APORTACIÓN DE CABRERA

LISTA MANUSCRITA

Salmonete rayado

MEMORIA DESCRIPTIVA

«GÉNERO.—*Mullus.*—LINN.» (v. en la especie anterior)

«ESPECIE 2.ª—**Salmonete rayado**.—*Mullus Surmuletus.*—LINN. Líneas longitudinales amarillas.» (p. 160)

LISTA IMPRESA

«GÉNERO 28. *El Salmonete rayado, Mullus Surmuletus Lin*.» (p. 182)

LISTA DE BLOCH

«GÉNERO 18[28]. *El Salmonete rayado, Mullus Surmuletus* » » (p. 189)

ESTADO ACTUAL

Mullus surmuletus Linnaeus, 1758 — Lámina 62

Clase: Actinopteri, Orden Syngnathiformes, Familia: Mullidae

Citas en obras anteriores a Cabrera

Surmulet (Rondelet, 1558a: 229; L. X, c. III); Trigla (2.) (Artedi, 1738: 43); *Mullus Surmuletus* (Linnaeus, 1758: 299); *Mullus Surmuletus* (Bonnaterre, 1788: 144; pl. 59, fig. 233); *Mullus barbatus* (Cornide, 1788: 69); *Mullus Surmuletus* (Linnaeus, en Gmelin, 1789: 1339); *Salmonete* (Medina Conde, 1789: 255); *Mullus Surmuletus* (Asso, 1801: 45)

ANÁLISIS

Etimológico

Mullus surmuletus: {lt. *mullus, a, um*} v. en la especie anterior + {fr. antiguo, *sor mulet*}, compuesto de {*sor*} 'amarillo-marrón' + {*mulet*} 'salmonete' (Whitney, 1889).

Ictionímico

Salmonete rayado hace alusión al bandeado longitudinal amarillo y rojo que recorre los flancos del pez. Este ictiónimo pluriverbal se documenta por primera vez en Andalucía en los escritos de Cabrera.

Taxonómico

Junto con el morro aguzado, una banda longitudinal rojiza y debajo las tres líneas longitudinales amarillas de los flancos, desde la cabeza a la cola, caracterizan a este pez. Ver también la especie anterior.

A. M. ACÍAS

Mullus surmuletus Linnaeus, 1758 - Salmonete rayado

APORTACIÓN DE CABRERA

LISTA MANUSCRITA

Dragon Lagarto Guitarra

MEMORIA DESCRIPTIVA

«ADDENDA. ESPECIE.—**El Dragon**.—*Callionimus Lira*. El primer rayo de la aleta dorsal anterior remata en un radio setáceo larguísimo; las partes laterales de la cabeza armadas de espinas corvas.» (p. 171)

LISTA IMPRESA

«GÉNERO 7. *El Dragón*, Callionimus Dracunculus *Lin*.» (p. 176)

«GÉNERO 7. *El Lagarto*, *La Guitarra*, Callionimus Lira *Lin*.» (p. 176)

LISTA DE BLOCH

«GÉNERO 6. *El Dragón*, Callionimus Dracunculus   »   » (p. 188)

«GÉNERO 6. *El Lagarto*, *La Guitarra*, Callionimus Lira   »   » (p. 188)

ESTADO ACTUAL

Callionymus lyra Linnaeus, 1758 — Lámina 63

Clase: Actinopteri, Orden: Syngnathiformes, Familia: Callionymidae

Citas en obras anteriores a Cabrera

Lacert, Dracunculus (Rondelet, 1558a: 241; L. X, c. XI); *Dracunculus* (Willoughby, 1686: 136; Tab: H.6.3); *Cottus* (4.) (Artedi, 1738: 77); *Callionymus Lyra, Callionymus Dracunculus* (Linnaeus, 1758: 249); *Callionymus Lyra, Lacert* (Bonnaterre, 1788: 43; pl. 27, fig. 93); *Callionymus dracunculus* (Cornide, 1788: 11); *Callionymus Lyra* (Linnaeus, en Gmelin, 1789: 1151)

ANÁLISIS

Etimológico

Callionimus Dracunculus: {gr. *kallionymus*} procedente del nombre {gr. *kallichthys*} 'pez pulcro', se transformó en {*kallionymus*} 'nombre pulcro' (Aldrovandi, 1638: 85 y 264), o 'de bello nombre' (Cuvier et Valenciennes, 1829: III, 298), y se descompone en {gr. *kallos, eos, ous*} 'bello, bonito' + {gr. *onoma, atos*}, 'nombre' (Sebastián, 1964), si bien Oppiano (1928: Introduction, LVIII) opina que {*kallionymus*} es un eufemismo porque el pez es feo, lo que coincide con la opinión de Aldrovandi que escribió: «verdaderamente no es visible ni la belleza del cuerpo ni del color inferior, más bien con aspecto verdadero desagradable y deforme» + {gr. *drakon, ontos*} 'dragón' (Sebastián, 1964), por su aspecto raro y por la peligrosidad de su espolón opercular de varias puntas muy agudas.

Callionymus lyra: {gr. *kallionymus*} v. más arriba + {gr. *lyra, es*} 'lira' (Sebastián, 1964), como en los tríglidos (v. *Trigla lyra*, 157), podría suponerse que aquí *lyra* se refiere al estridor característico que emiten estos peces, que recuerda al sonido del instrumento musical homónimo, pero no es así porque *Callionymus lyra* no emite ningún sonido; cabría entonces aventurar que *lyra* podría estar refiriéndose a la forma de la cabeza del pez, que con los dos espolones espinosos dirigidos hacia atrás —pero cuya espina basal se recurva hacia adelante—, recuerda a una lira antigua con el extremo de sus brazos retorcido, que es lo que expresan Rondelet (1554: 45) y Gesner (1560: 32) cuando se refieren al rostro de *Trigla lyra*.

Ictionímico

Los tres nombres comunes que Cabrera asocia a esta especie, *dragón, lagarto y guitarra*, son ictiónimos con una motivación metafórica. En primer lugar, la voz *dragón* alude a la semejanza existente entre la gran cabeza con agudos espolones en los opérculos y cuerpo alargado de la especie marina y los seres mitológicos del mismo nombre, caracterizados normalmente por su cuerpo de reptil, gran boca y cuerpo cubierto de espinas. Este ictiónimo se documenta por primera vez en Andalucía en los escritos de Cabrera. En segundo lugar, la cabeza triangular y el color jaspeado de azul de la piel de este pez son los rasgos que motivan la denominación *lagarto*, debido a su semejanza con los de los reptiles homónimos, sobre todo con el más común entre ellos, *Lacerta viridis* Laurentis, 1768. *Lagarto* con sentido ictionímico se documenta por primera vez en Andalucía también en los escritos de Cabrera. Por último, la voz *guitarra* se debe a la forma del pez: el cuerpo deprimido, la cabeza de forma triangular (semejante a la caja de resonancia de algunos modelos de guitarras) y el tronco alargado, a modo de mástil del instrumento homónimo. Compárese con *Rhinobatos rhinobatos* (23), denominado también *guitarra*.

Taxonómico

En *Systema Naturae* Linneo cita dos especies del género *Callionymus*: *Callionymus Lyra* y *Callionymus Dracunculus*. Hoy esos dos nombres son sinónimos y se refieren a una sola especie: *Callionymus lyra*. En la Memoria descriptiva, Cabrera describe y determina correctamente a *Callionymus lyra*, y lo denomina *dragon*. En la Lista impresa parece tener dudas y, siguiendo a Linneo, incluye a las dos especies anteriores y añade dos nombres comunes más, *lagarto* y *guitarra*, que son propios de esta especie en Andalucía y perviven en la actualidad.

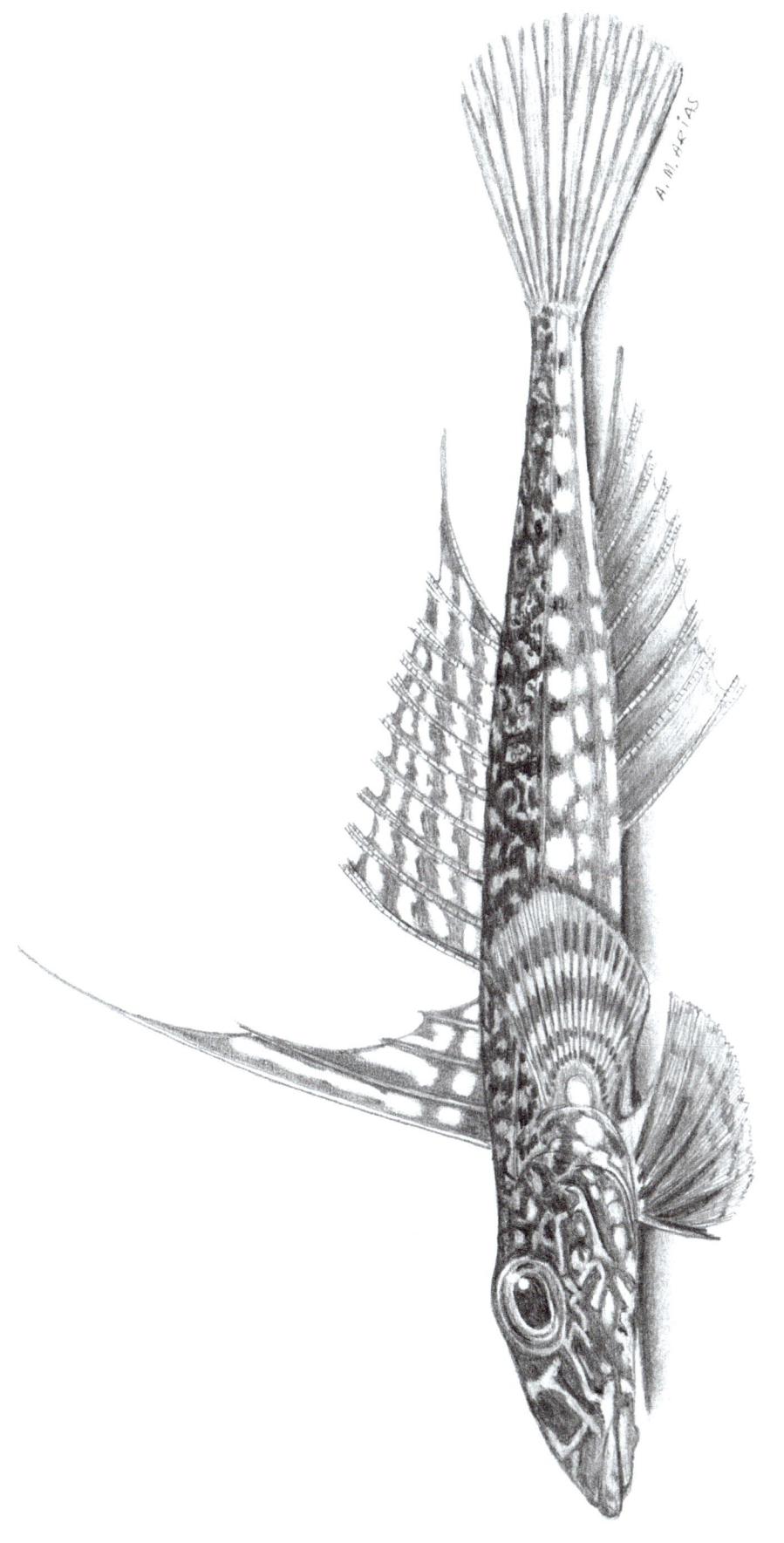

Callionymus lyra Linnaeus, 1758 - Dragón, Lagarto, Guitarra

LÁMINA 63

APORTACIÓN DE CABRERA

LISTA MANUSCRITA

MEMORIA DESCRIPTIVA
> «GÉNERO.—*Centriscus.*—LINN. La cabeza con un pico delgado y agudo, la boca sin dientes; el cuerpo comprimido y plano, con el abdomen aquillado.» (p. 164)
>
> «ESPECIE.—**El Trompetero.**—*Centriscus Velitaris.*—LINN. Se halla cubierta la parte anterior de su cuerpo con una coraza que remata en punta rígida por encima del lomo; es pequeño; su color de rojo bajo.» (p. 164)

LISTA IMPRESA
> «GÉNERO 40. *El Pito real,* Centriscus Scolopax *Lin.*» (p. 184)
>
> «GÉNERO 40. *El Trompetero,* Centriscus Velitaris *Lin.*» (p. 184)

COLECCIÓN INSTITUTO
> «II. *Macroramphosus scolopax* (L.) (Cádiz)» (De Buen, 191: 252)

ESTADO ACTUAL

Macroramphosus scolopax (Linnaeus, 1758) — Lámina 64
Clase: Actinopteri, Orden: Syngnathiformes, Familia: Centriscidae

Citas en obras anteriores a Cabrera

Scolopax (Rondelet, 1558a: 325; Lib. XV, cap. IIII); *Scolopax* (Willoughby, 1686: 160; Tab: I.25.2); *Balistes* (6.) (Artedi, 1758: 54); *Centrici velitaris* (Pallas, 1770: 37; Tab, IV, fig. 8); *Centriscus Scutatus* (Bloch, 1785: t. 3, 66; pl. CXXIII, fig. 2); *Centriscus squamosus* (Bloch, 1785: t. 3, 64; pl. CXXIII, fig. 1); *Centriscus Scolopax* (Linnaeus, en Gmelin, 1789: 1461); *Centriscus valitaris* [*sic*] (Linnaeus, en Gmelin, 1789: 1461); *Centriſcus Velitaris* (Bonnaterre, 1788: 30; pl. 86, fig. 357); *Centriscus Scolopax* (Bonnaterre, 1788: 30; pl. 21, fig. 69); *Centriscus velitaris* (Lacépède, 1800: 121); *Centriscus scolopax* (Lacépède, 1800: 123)

ANÁLISIS

Etimológico

Centriscus Scolopax: {gr. **kentron**, *ou*} 'aguijón, espina' (Sebastián, 1964), referido a la gran espina de borde aserrado de la primera aleta dorsal + {gr. *skolopax*, *akos*} 'especie de ave', 'becada o agachadiza' (Sebastián, 1964), posiblemente por la semejanza entre el pico del ave y la forma de la espina dorsal del pez (Jordan and Evermann, 1896, I: 759).

Centriscus Velitaris: {gr. **kentron**, *ou*} 'aguijón, espina', v. en la entrada anterior + {lt. *velitaris*, *is*}, asociado a la raíz {*veles*, *es*} 'soldado especialista en emboscadas o escaramuzas, que combate en emboscada' (*PE*), relativo a los refuerzos de la piel en la parte anterior del cuerpo (la «coraza» de Cabrera), y a la mencionada espina, que lo protegen como a un soldado fuertemente armado. La estrella de mar *Astropecten velitaris* Martens, 1865 debe su epíteto a la protección de sus brazos con placas dérmicas como una armadura.

Macroramphous scolopax: {gr. **makros**, *a*, *on*} 'grande, largo' + {gr. *rhamphos*, *eos*, *ous*} 'pico, morro' (Sebastián, 1964), relativo al largo morro en que se prolonga la cabeza + {gr. *skolopax*, *akos*} v. más arriba.

Ictionímico

Los ictiónimos *pito real* y *trompetero* que Cabrera emplea para designar a esta especie se documentan por primera vez en Andalucía en los escritos del chiclanero. Ambos son creaciones metafóricas que identifican a este pez con los instrumentos musicales denominados trompeta y pito (o silbato), respectivamente, por su alargado tubo bucal. Como Cabrera creía estar ante dos especies diferentes, es posible que el modificador «real» hiciera referencia al cuerpo más alto y grande de unos de los dos morfotipos que mencionamos más abajo. En Andalucía, los ictiónimos acompañados de «real» aluden a las características llamativas de la especie respecto a otra de la misma familia (véanse numerosos casos en *IA*). *Trompetero* no está incluido en la Lista manuscrita; *pito real* sí, donde aparece con un signo igual entre las dos palabras, *Pito=real*.

Taxonómico

En Linneo (Gmelin, 1789: 1461), en Lopes *et al.* (2006) y actualmente en las bases de datos ictiológicas (Fishbase, Worms y Eschmeyer's Catalog of Fishes) se considera que existen dos especies del género *Macroramphosus*: *Macroramphosus scolopax* (Linnaeus, 1758) y *Macroramphosus gracilis* (Lowe, 1839), la primera con el cuerpo ancho y de color anaranjado y la segunda de cuerpo alargado y de color oscuro, que son simpátricas (viven en la misma área geográfica). Sin embargo, Robalo *et al.* (2009) demuestran que en las poblaciones de aguas del suroeste de Portugal no hay evidencias genéticas de que esto sea así, sino más bien que solo existe una única especie, *Macroramphosus scolopax*, con dos morfotipos, que incluso hibridan y producen un tercer morfotipo con características externas intermedias (Oliveira *et al.*, 1993). Es posible que Cabrera observara estos dos morfotipos y, siguiendo a Linneo, creyó estar ante dos especies: *Centriscus Velitaris*, a la que llamó *trompetero*, y *Centriscus Scolopax*, que denominó *pito real*. Aunque en la Memoria descriptiva solo describió a la primera, *C. Velitaris*, la descripción es tan general que puede servir también para la otra, *C. Scolopax*. De hecho, De Buen determinó como *Macroramphosus scolopax* un ejemplar conservado en la Colección del Instituto. Por otra parte, cabe señalar que en una nota al pie de la página 164, tal vez por error de imprenta, Graells escribió *Centriscus Svolopax* en lugar de *Centriscus Scolopax*, que es lo que así consta en la Lista impresa (p. 184).

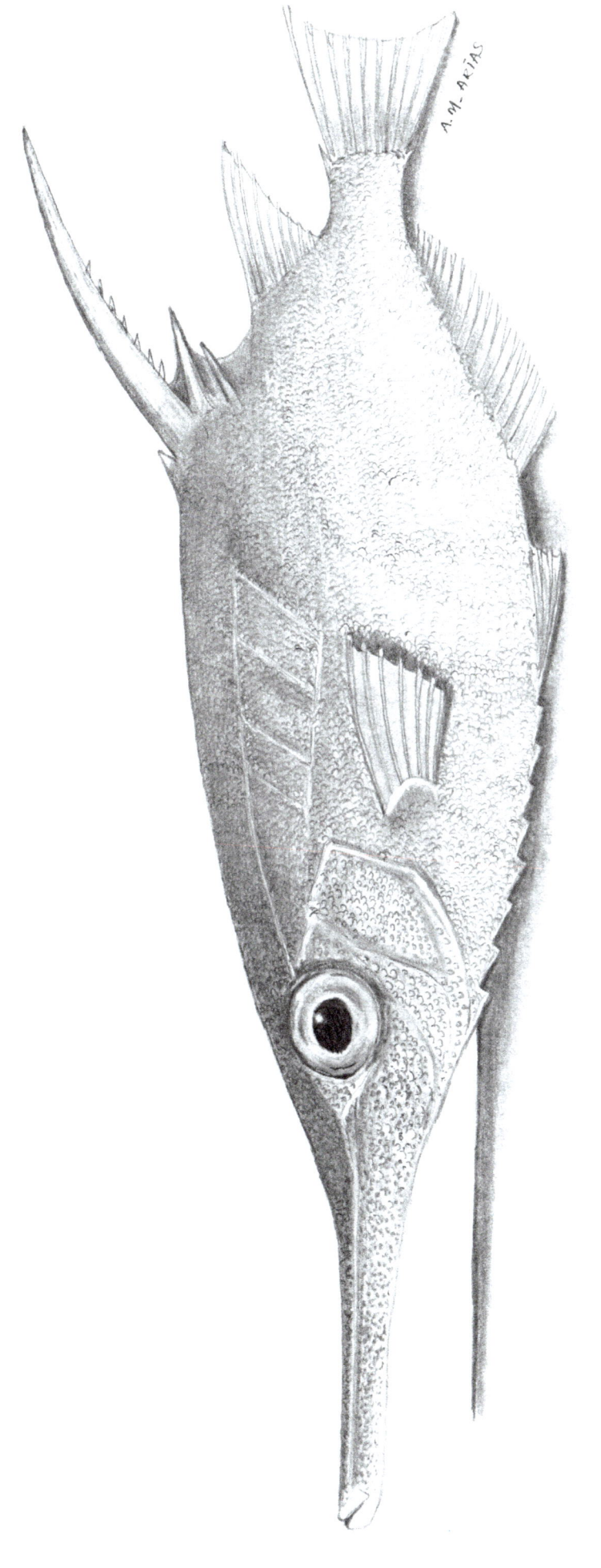

Macroramphosus scolopax (Linnaeus, 1758) - Pito real

APORTACIÓN DE CABRERA

LISTA MANUSCRITA

MEMORIA DESCRIPTIVA

«GÉNERO.—*Singnatus.*—LINN. Cabeza pequeña; pico cilíndrico, largo reflejo en su ápice; boca terminal sin dientes, ni lengua; el cuerpo con escudetes y articulado, sin aletas ventrales.» (p. 164)

«ESPECIE 1.ª—**El Caballito.**—*Singnatus Hippocampus.*—LINN. Su cuerpo se halla marcado con siete ángulos lleno de tubérculos, espinas menudas y prominencias. Su cabeza tiene una grosera representación de la de un caballo.» (p. 164)

LISTA IMPRESA

«GÉNERO 39. *El Caballito*, Singnatus Hippocampus *Lin.*» (p. 184)

COLECCIÓN INSTITUTO

«12. *Hippocampus guttatus Cuv.*» (De Buen, 1919: 252)

ESTADO ACTUAL

Hippocampus guttulatus Cuvier 1829 — Lámina 65

Clase: Actinopteri, Orden: Syngnathiformes, Familia: Syngnathidae

Citas en obras anteriores a Cabrera

Hippocampus (Willoughby, 1686: 157; Tab: I.25.3); *Singnatus hypocampus* (Cornide, 1788: 136); *Hippocampus ramulosus* (Leach, 1814: 105); *Hippocampus guttulatus* (Cuvier, 1829: 363)

ANÁLISIS

Etimológico

Syngnathus Hippocampus: {gr. *syn*} 'en conjunto, unido' + {gr. *gnathos, eos, ous*} 'mandíbula', con la mandíbula soldada + {gr. *hippos, ou*} 'caballo', relativo al parecido de su cabeza a la de un caballo terrestre + {gr. *kampe, es*} 'oruga' 'curvado' (Sebastián, 1964), relacionado con el cuerpo segmentado («articulado») del pez, cuya mitad inferior se enrosca como el de un gusano.

Hippocampus guttulatus: v. anterior + {lt. *guttulatus*} 'salpicado', derivado de {lt. *gutta, guttula, ae*} 'gota pequeña' (Jiménez, 1834), en relación con las numerosas manchitas claras puntiformes que cubren su cuerpo.

Ictionímico

Cabrera recogió para esta especie dos denominaciones vulgares: *caballito* y *yegua*, esta última solo aparece en la Lista manuscrita. *Caballito* es una voz metafórica donde se identifica la forma peculiar de la parte anterior del cuerpo y la cabeza del pez con la del equino terrestre homónimo. Esta voz se documenta por primera vez en Andalucía en los escritos de Cabrera. *Yegua*, o hembra del caballo terrestre, lo encontramos por primera vez en Andalucía con sentido ictionímico en la obra de Simón de Rojas Clemente —*Historia Natural del Reino de Granada* (1804-1809) (Gil, 2002: 117)—, asociado a la voz *hipocampo*, que designa a los caballitos de mar. La motivación semántica de *yegua* creemos que está en el hecho de que los machos de la especie se ocupan de la gestación de las crías en su bolsa incubadora como si fueran hembras. Es decir, *yegua* sería la denominación referida a los machos «preñados». Los huevos son depositados por la hembra en la bolsa incubatriz de los machos, donde se fecundan y se desarrollan las crías durante tres semanas, al cabo de las cuales, con un tamaño de 1,5 cm, se liberan al medio.

Taxonómico

Sin duda, por la descripción y por los nombres vulgar y científico utilizados, Cabrera examinó algún ejemplar de una de las dos especies de *caballito de mar* existentes en aguas gaditanas: *Hippocampus guttulatus* e *Hippocampus hippocampus*. Linneo, siguiendo a Artedi (1738: 1), no distinguía estas especies de caballitos, solo incluía *Hippocampus hippocampus* en su *Systema Naturae* —aunque en Willoughby (1686: Tab. I.25.5) se representaba ya una segunda especie—, y Cabrera se atuvo a lo que decía el sueco, como así ocurrió también con Cornide (1788: 136) y Asso (1801: 52). Sin embargo, su descripción, con la frase «lleno de tubérculos, espinas menudas y prominencias», se acerca más a *Hippocampus guttulatus*, que se caracteriza precisamente por ese hecho. Por ello, y dado que, por un lado, esta especie se describió por primera vez tres años antes (*Hippocampus ramulosus*, Leach, 1814: 105) de que Cabrera sacara su Lista impresa y lo más seguro es que este no tuviera acceso a ella para poder rectificar, y, por otro, De Buen (1919: 252) determinó como *Hippocampus guttatus* un ejemplar conservado en la Colección del Instituto de Cádiz, consideramos que *Hippocampus guttulatus* fue la especie de caballito que examinó Cabrera.

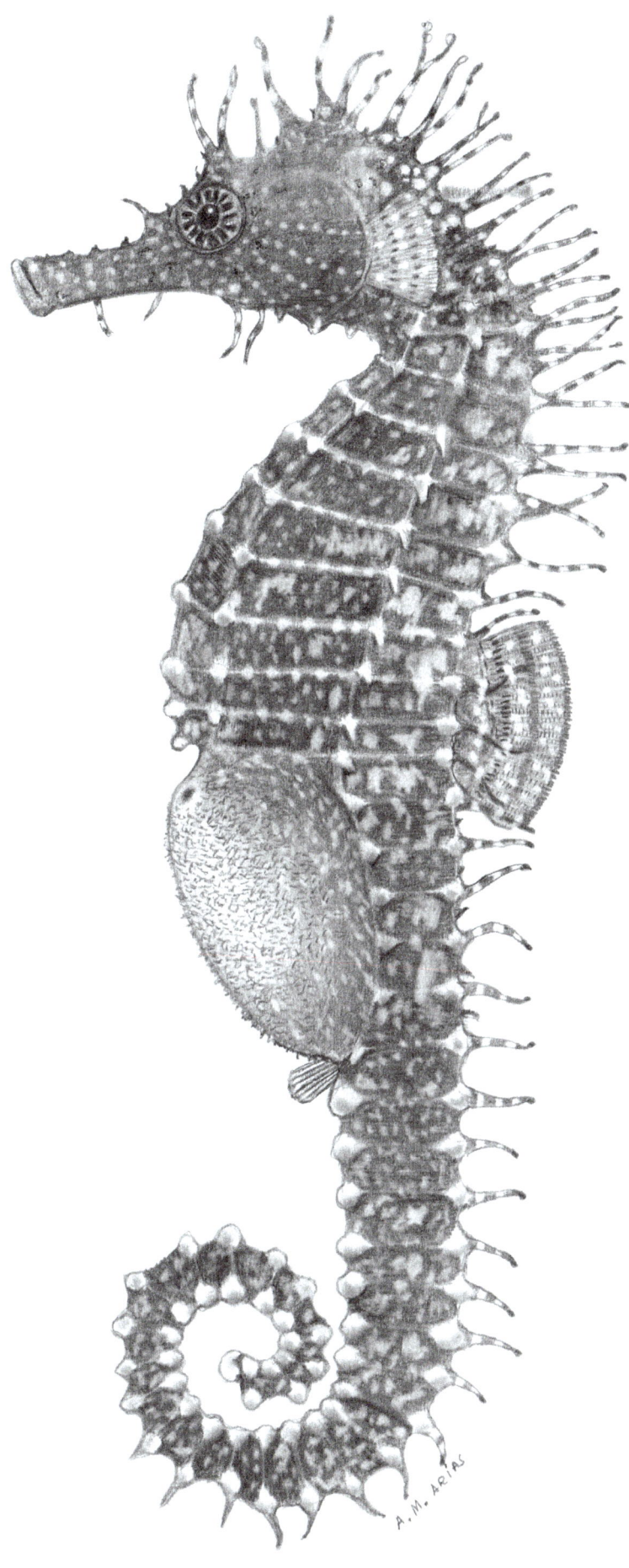

Hippocampus guttulatus Cuvier 1829 - Caballito, Yegua

LÁMINA 65

APORTACIÓN DE CABRERA

LISTA MANUSCRITA

MEMORIA DESCRIPTIVA

«GÉNERO.—*Singnatus.*—LINN.» (v. en la ficha anterior)

«ESPECIE 2.ª—**La Aguja.**—*Singnatus Acus.*—LINN. El cuerpo con siete ángulos, largo y delgado, atenuado hacia la cola; el pico agudo; su aleta dorsal es pequeña y con una manchita.» (p. 164)

LISTA IMPRESA

«GÉNERO 39. *La Aguja*, Singnatus Acus *Lin.*» (p. 184)

ESTADO ACTUAL

Syngnathus acus Linnaeus, 1758 — Lámina 66

Clase: Actinopteri, Orden: Syngnathiformes, Familia: Syngnathidae

Citas en obras anteriores a Cabrera

Syngnathus (2.) (Artedi, 1738: 1); *Aguja, Acus* (Löfling, 1753); *Syngnathus Acus* (Linnaeus, 1758: 337); *Syngnathus Acus* (Bonnaterre, 1788: 31; pl. 21, fig. 71); *Syngnathus Acus* (Linnaeus, en Gmelin, 1789: 1445)

ANÁLISIS

Etimológico

Syngnathus acus: {gr. *syn*} + {gr. *gnathos, eos, ous*} v. en la ficha anterior + {lt. *acus, i*} 'aguja' (*PE*), por la forma alargada y estrecha del pez.

Ictionímico

La voz *aguja* tiene su origen en el latín vulgar *acucŭla* 'aguja', diminutivo del latín clásico *acus* 'aguja'. Se aplica a esta especie basándose en la forma alargada y fina de su cuerpo que recuerda a una aguja.

Taxonómico

Los datos que aporta Cabrera indican con claridad que la especie examinada en este caso fue *Syngnathus acus*. Se trata de un pez conocido desde antiguo y dibujado en algunas de las obras que pudo consultar Cabrera, como Bonnaterre (1788: pl. 21, fig. 71). Carece de valor comercial y era frecuente en las praderas de fanerógamas marinas de la bahía de Cádiz (Arias, 1976: 371).

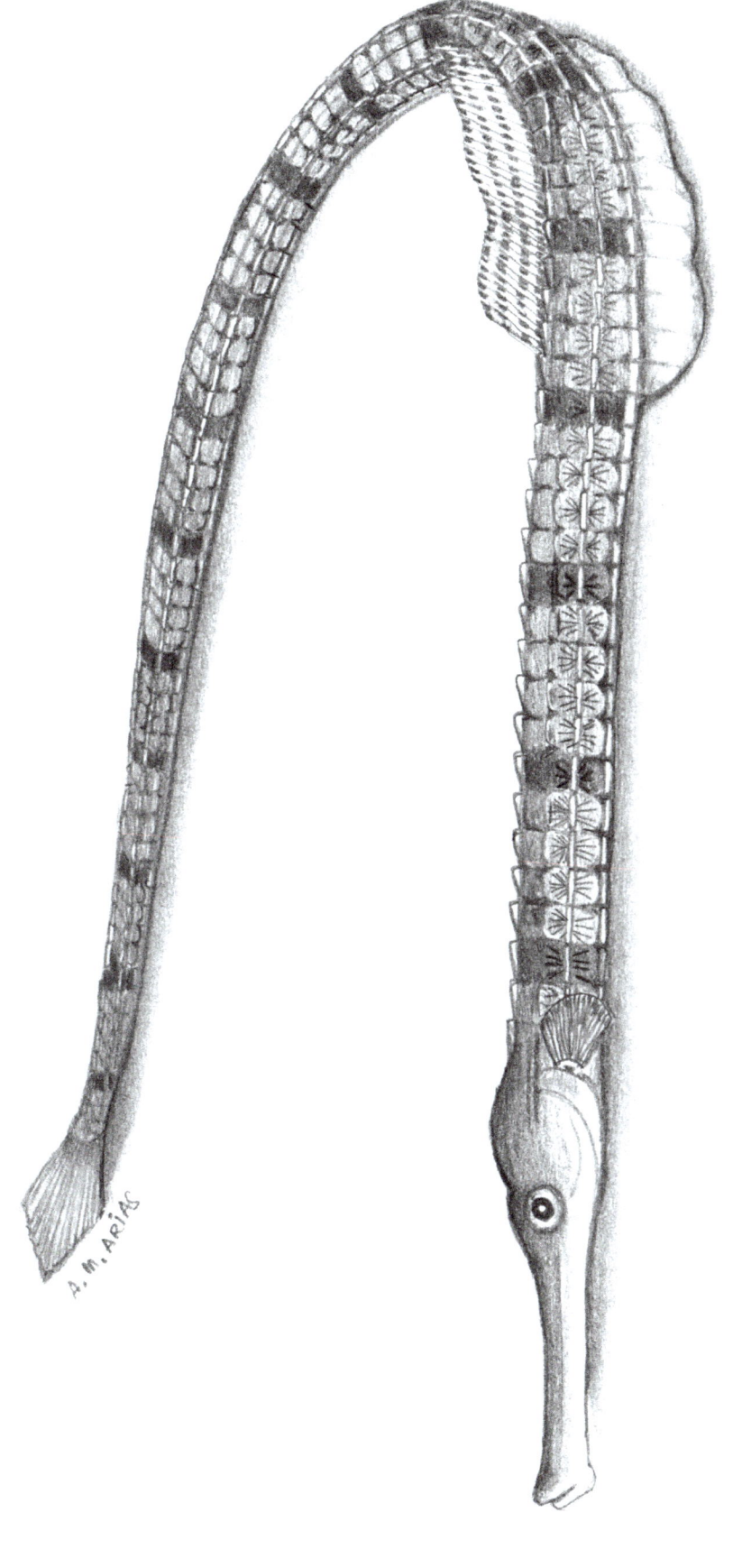

A. M. ARIAS

Syngnathus acus Linnaeus, 1758 - Aguja

APORTACIÓN DE CABRERA

LISTA MANUSCRITA

MEMORIA DESCRIPTIVA

«ADDENDA. **El Pez Diablo.**—*Gobius Jozo.* Los rayos de la primera aleta son todos terminados en cerdas largas; sus ojos casi verticales y oblongos; la cola entera aovada.» (p. 171)

LISTA IMPRESA

«GÉNERO 14. *El Pez del Diablo,* Gobius Jozzo *Lin.*» (p. 177)

«GÉNERO 14. *El Canqueso,* Gobius Niger *Lin.*» (p. 177)

LISTA DE BLOCH

«GÉNERO 18. *El Canqueso,* Gobius Niger   » (p. 189)

«GÉNERO 18. *El Pez del diablo,* Gobius Jozzo   » (p. 189)

ESTADO ACTUAL

Gobius niger Linnaeus, 1758 — Lámina 67

Clase: Actinopteri, Orden: Gobiiformes, Familia: Gobiidae

Citas en obras anteriores a Cabrera

Gobio niger (Rondelet, 1558a: 167; L. VI, c. XVII); *Gobius niger* (Willoughby, 1686: 206); *Gobius* (1.) (Artedi, 1738: 46); *Perrillo, Gobius Niger* (Löfling, 1753); *Gobius niger* (Linnaeus, 1758: 262); *Gobius Niger* (Bonnaterre, 1788: 62; pl. 35, fig. 134); *Gobius niger* (Linnaeus, en Gmelin, 1789: 1196); *Cangüeso* (Medina Conde, 1789: 214)

ANÁLISIS

Etimológico

Gobius Jozzo: {gr. *kobios, ou*} 'gobio' (Klein, 1740: 26) + {it. *jozzo, ghiòzzo*} 'gobio', se aplica a las personas de entendimiento bajo o lento (Panigiani, 1907: 607) y tal vez evoque alguna característica de los movimientos del pez.

Gobius niger: {gr. *kobios, ou*} 'gobio', v. anterior + {lt. *niger, gra, grum*} 'negro' (*PE*).

Ictionímico

De los tres nombres que Cabrera recoge asociados a *Gobius niger, pez diablo, pez del diablo* y *canqueso*, solo el primero pervive en el léxico marinero actual, aunque asociado a una especie distinta: *Dactylopterus volitans* (60) (*IA*: 633). *Pez diablo* y *pez del diablo* son ictiónimos metafóricos basados en el color oscuro de este pez, casi negro cuando está dentro del agua, que motiva que sea identificado con el diablo: ser maléfico y sobrenatural, representado en ocasiones con este color. Ambos se documentan por primera vez en Andalucía en los escritos de Cabrera. Respecto a *canqueso*, una variante de *cangüeso*, voz de origen desconocido, según el *DCECH*, que se documenta en Andalucía en Medina Conde (1789: 214), donde dice: «*Cangüeso*: pez pequeño, del tamaño de la sardina ò anchoa, es de color negrillo».

Taxonómico

Gobius Jozo y *Gobius Jozzo* son sinónimos de *Gobius niger*, especie que Cabrera examina y describe acertadamente en la Addenda a la Memoria descriptiva, aunque el carácter de las «cerdas largas» es propio de los machos. Sin embargo, como seguía a Linneo (1758: 262 y 263) y este describía a *Gobius niger* y *Gobius Jozo* como dos especies diferentes, el también creyó que se trataba de dos especies distintas y así las mantuvo cuando confeccionó la Lista impresa.

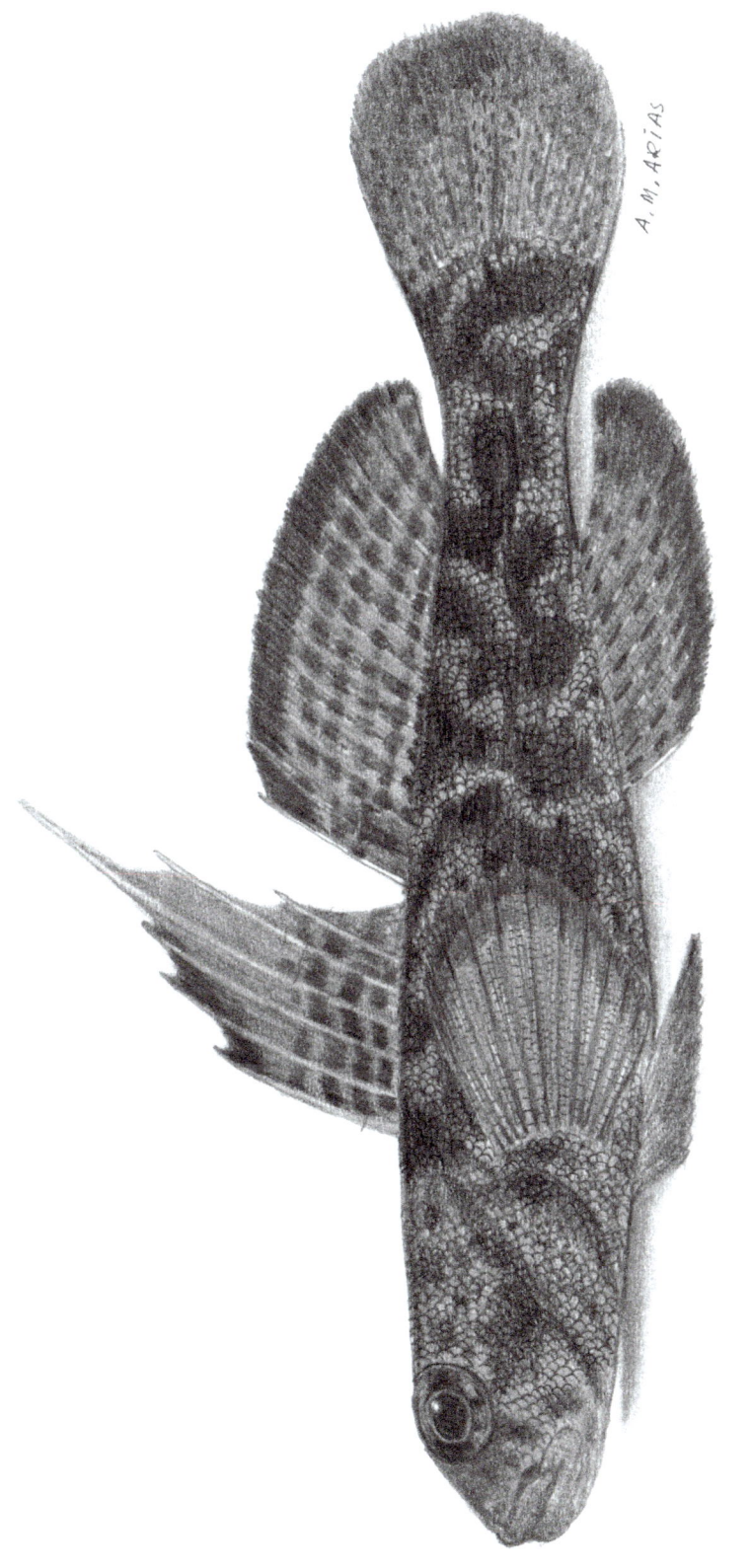

Gobius niger Linnaeus, 1758 - **Pez del diablo, Cangüeso**

APORTACIÓN DE CABRERA

LISTA MANUSCRITA

MEMORIA DESCRIPTIVA

«GÉNERO.—*Gobius.*—LINN. Cabeza pequeña; la membrana branquiostega de cuatro rayos; el cuerpo pequeño, comprimido; una verruga junto al ano; las aletas inferiores unidas en figura oval.» (p. 150)

«ESPECIE.—**El Caboso.**—*Gobius Gracilis.*—Sp. N. Carece de línea lateral; las aletas, pectoral, caudal y ventral redondeadas; la dorsal manchada de amarillo y oscuro; el vientre blanco.» (p. 150)

LISTA IMPRESA

«GÉNERO 14. *El Caboso,* Gobius Gracilis *Sp. N.*» (p. 177)

LISTA DE BLOCH

«GÉNERO 18. *El Caboso,* Gobius Gracilis *Sp. N.*» (p. 189)

ESTADO ACTUAL

Gobius paganellus Linnaeus, 1758 — Lámina 68

Clase: Actinopteri, Orden: Gobiiformes, Familia: Gobiidae

Citas en obras anteriores a Cabrera

Gobius bicolor (Linnaeus, en Gmelin, 1789: 1197)

ANÁLISIS

Etimológico

Gobius Gracilis: {gr. *kobios, ou*} 'gobio' (Sebastián, 1964) + {lt. *gracilis, is*} 'menudo, delicado' (*PE*).

Gobius paganellus: {gr. *kobios, ou*} 'gobio' (Sebastián, 1964) + {it. *paganello*} nombre dado a este pez por los pescadores de Venecia, de donde lo tomó Linneo (Moreau, 1881, II: 226).

Ictionímico

En Andalucía, *caboso*, el nombre vulgar que Cabrera recoge asociado a *Pomatoschistus minutus*, es una denominación propia de *Gobius niger* y *Gobius paganellus* (*IA*: 529; *LMP*, mapa 605; Navarrete, 1898: 159). De aquí que Alvar (1975: 439), citando a Nascentes y su *Diccionario etimologico da lingua portuguesa* (1932), proponga para este lusismo un origen latino *caput* 'cabeza', que haría alusión a la abultada cabeza de estas dos especies de góbidos. En la forma *caboso*, se documenta por primera vez en Andalucía en los escritos de Cabrera.

Taxonómico

Gobius Gracilis es un sinónimo de *Pomatoschistus minutus*, descrito por Pallas en 1770, pero parece poco probable que Cabrera examinara un *Pomatochistus* sin hacer mención a su pequeña talla. En cambio, «la dorsal manchada de amarillo» es un carácter típico de *Gobius paganellus*, de mayor tamaño que *Pomatochistus*. Puede que Cabrera asignara el nombre científico de manera equivocada. No se trataba pues de una especie de nueva descripción (Sp. N.) como él propuso, ya que *Gobius paganellus* había sido descrita por Linneo (Gmelin, 1789: 1197). Por otro lado, el epíteto específico *gracilis*, citado por autores posteriores (Parnell, 1832-33: 245; Jenyns, 1835: 25; Machado, 1857: 17; y Steindachner, 1868: 400-401), podría ser una creación de Cabrera.

Gobius paganellus Linnaeus, 1758 - Caboso

APORTACIÓN DE CABRERA

LISTA MANUSCRITA

Espetón Peto Picudo

MEMORIA DESCRIPTIVA

«GÉNERO.—*Esox*.» (v. en la ficha 86).

«ESPECIE 2.ª—**El Picudo ó Espeton**.—*Esox Lucius*. Su cuerpo es casi cuadrangular; tiene pico aunque no muy largo; la mandíbula inferior más delgada.» (p. 162)

LISTA IMPRESA

«GÉNERO 30. *El Peto, El Espetón, El Picudo*, Esox Sphirena *Lin*.» (p. 183)

COLECCIÓN INSTITUTO

«16. *Sphyraena sphyraena* (L.). Ejemplar notable por su gran tamaño» (De Buen, 1919: 253)

ESTADO ACTUAL

Sphyraena sphyraena (Linnaeus, 1758) — Lámina 69

Clase: Actinopteri, Orden: Carangiformes, Familia: Sphyraenidae

Citas en obras anteriores a Cabrera

Spetto, Sudis (Rondelet, 1558*a*: 185; L. VIII, c. I); *Sphyraena* (Willoughby, 1686: 273; Tab: R.2); *Sphyraena* (1.) (Artedi, 1738: 112); *Esox Sphyraena* (Linnaeus, 1758: 313); *Eſox Sphyraena* (Bonnaterre, 1788: 173); *Esox Sphyraena* (Linnaeus, en Gmelin, 1789: 1389); *Espetones* (Medina Conde, 1789: 221)

ANÁLISIS

Etimológico

Esox Lucius: {lt. *esox, isox, ocis*} 'lucio' (Whitney, 1889), referido a su mandíbula inferior puntiaguda + {gr. *lykos, ou*} 'lobo', porque «es un pez muy voraz» (Rondelet, 1558*b*: 500).

Esox Sphirena: {lt. *esox, isox, ocis*} ídem anterior + {gr. *sphyra, es*} 'objeto puntiagudo', relativo a la forma picuda de la cabeza (Barriuso, 1986: 50).

Sphyraena sphyraena: {gr. *sphyra, es*} v. más arriba.

Ictionímico

Espetón, peto y *picudo* son nombres vulgares de esta especie frecuentemente usados en muchos puertos andaluces para referirse a ella. *Espetón* se define en el *DLE* como 'hierro largo y delgado'. Tiene su origen en *espeto*, procedente del gótico *spitus* 'asador, pica' (*DCECH*), relacionado con la morfología alargada del pez (especie con la cabeza muy aguzada por sus maxilares largos, delgados y puntiagudos) semejante a la pica usada de asador. Se documenta por primera vez como ictiónimo en Andalucía en Medina Conde (1789: 221), quien dice: «*Espetones*: llamados así por su figura larga y aguda como un asador o espeto, muy semejante a la aguja; y también porque tienen la costumbre de introducirse o clavarse en la arena hasta que se ocultan ò espetan». *Peto*, documentada por primera vez en los escritos de Cabrera, es la forma con aféresis de *espeto*, que es una variante morfológica de *espetón*. En cuanto a *picudo*, se trata de una clara referencia a la cabeza tan aguzada de este pez; también se documenta por primera vez en Andalucía por Cabrera.

Taxonómico

Por la descripción, aunque a grandes rasgos, y por el empleo de los nombres vulgares del párrafo anterior se deduce que en la Memoria descriptiva Cabrera se está refiriendo a *Sphyraena sphyraena*, si bien la determina erróneamente al asignarle la equivalencia *Esox Lucius*, que es el nombre científico del *lucio*, pez de agua dulce con las mandíbulas aplastadas, semejantes al pico de un pato, y no picudas como indican los ictiónimos asociados. Después, en la Lista impresa rectificó y lo determinó de manera correcta como *Esox sphirena* (*Esox Sphyraena*, escribió Linneo). En la Colección de peces de Cabrera que se conservaba en el Instituto de Cádiz había un ejemplar de esta especie. De Buen, que dejó constancia de su gran tamaño, lo determinó como *Sphyraena sphyraena*, lo que confirma que esta fue la especie que examinó el Magistral.

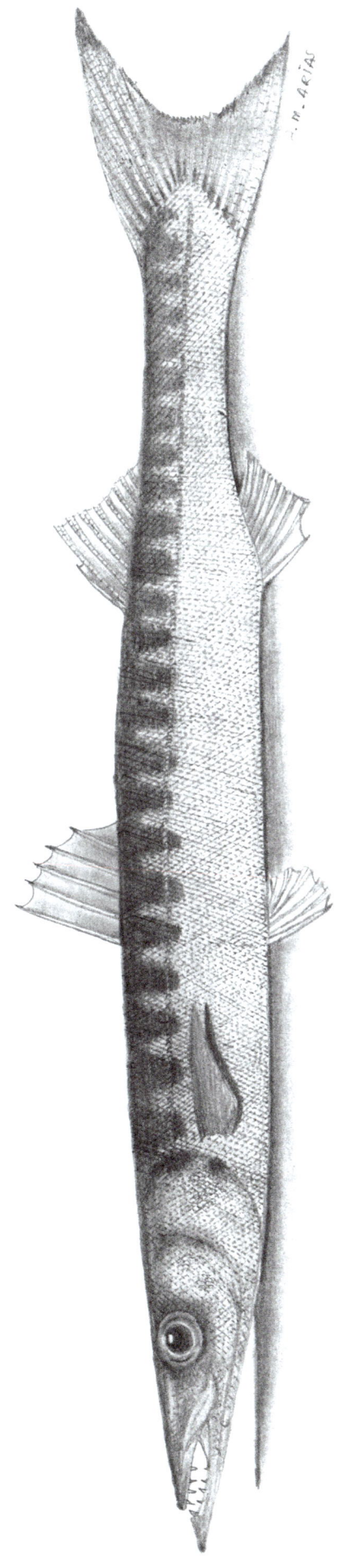

Sphyraena sphyraena (Linnaeus, 1758) - Espetón, Peto, Picudo

APORTACIÓN DE CABRERA

LISTA MANUSCRITA

MEMORIA DESCRIPTIVA

«Género.—*Pleuronectes*.—Linn. Los ojos ambos en un lado del cuerpo; la boca arqueada, que es comprimido y chato, plano por un lado y algo convexo por el otro.» (p. 151) [Los ojos ambos en un lado del cuerpo, que es comprimido y chato, plano por un lado y algo convexo por el otro; la boca arqueada.]

«Especie 8.ª—El Tapaculo.—*Pleuronectes Oblongus*.—Sp. N. Los ojos al lado izquierdo; la cabeza con tubérculos; las aletas pectorales desiguales; la caudal entera; las escamas blancas ribeteadas de una línea oscura.» (p. 152)

LISTA IMPRESA

«Género 18. *El Tapaculo*, Pleuronectes Cuspidatus *Sp. N.*» (p. 178)

ESTADO ACTUAL

Citharus linguatula (Linnaeus, 1758) — Lámina 70

Clase: Actinopteri, Orden: Carangiformes, Familia: Citharidae

Citas en obras anteriores a Cabrera

Citharus (Rondelet, 1558a: 250); *Pleuronectes* (4.) (Artedi, 1738: 31); *Linguatula* (Willoughby, 1686: 101); *Tapaculo, Tapa-culo, Pleuronectes* (Löfling, 1753); *Pleuronectes Linguatula* (Linnaeus, 1758: 270); *Pleuronectes Linguatula* (Bonnaterre, 1788: 76); *Pleuronectes linguatula* (Cornide, 1788: 31); *Pleuronectes Linguatula* (Linnaeus, en Gmelin, 1789: 1233); *Tapaculos* (Medina Conde, 1789: 262)

ANÁLISIS

Etimológico

Pleuronectes Oblongus: {gr. *pleura, as*} 'lado, costado' + {gr. *nekton, ou*} 'que nada, nadador' (Lacépède, 1798: VIII, 293), que viene a significar 'pez que nada de lado, debido a la posición de sus ojos solo en un lado del cuerpo' + {lt. *oblongus, a, um*} 'alargado' (Cuvier, 1828: XVI, 357), por la forma de su cuerpo, más largo que ancho.

Pleuronectes Cuspidatus: {gr. *pleura, as*} + {gr. *nekton, ou*} v. anterior + {lt. *cuspidatus, a, um*} 'terminado en punta', referido a su cabeza picuda (*PE*).

Citharus linguatula: {gr. *kitharos, ou*} 'especie de lenguado' (Sebastián, 1964) + {lt. *linguatula, lingua, ae*} 'lengua' (D'Orbigny, 1841).

Ictionímico

El ictiónimo *tapaculo* designa en Andalucía a varias especies de peces planos, como se recoge en la bibliografía ictionímica[198], pero la mayor frecuencia de ocurrencia se da con *Citharus linguatula*, que fue la especie examinada por nuestro autor. Escrito en la Lista manuscrita como «*tapa=culo*» (que Martín Ferrero transcribió *tapasculo*). En cuanto a su motivación semántica, existen diferentes teorías. San Nicolás Romera (2000: 270) apunta a que «La ingesta de este tipo de pescado [peces planos], literalmente, 'obstruye el recto' (tapa el culo en «román paladino»), esto es, provoca estreñimiento», aunque no hay pruebas al respecto. Otros autores defienden otros orígenes para este ictiónimo. Ríos (1977: 418) sugiere que los gallegos *tapacus* 'tapaculo' y *tapacona* 'tapacoños' pueden ser denominaciones humorísticas debidas al pequeño tamaño del pez y a su forma plana y ovalada, como la de una toallita higiénica. Barriuso (1986: 284) explica el sentido de las voces asturianas de *tapacon* o *tapacona* 'tapacoños' y *tapaculo* por la capacidad de este pez de adherirse a la roca como si fuera una tapadera hermética. Asimismo, Ríos (1977: 419), en *mendo* 'remiendo' para *Glyptocephalus cynoglossus*, lo relaciona con la utilidad de estos peces para taponar el fondo (*culo*) de una cesta en mal estado y evitar así que se salgan otras piezas.

Taxonómico

La determinación científica de los peces planos planteó a Cabrera numerosos problemas de identificación, como se deduce de la intrincada madeja de denominaciones y descripciones que produjo, en cuya interpretación es inevitable que existan incertidumbres, salvo la de que hemos llegado hasta donde permite la información disponible. Así, para la especie en cuestión, en la Memoria descriptiva mencionó rasgos morfológicos que coinciden con *Citharus linguatula*, especialmente el de «escamas ribeteadas de una línea oscura», característico de esta especie y los asoció al ictiónimo *tapaculo*, también correcto. Sin embargo, extrañamente no la determinó con el nombre correcto, *Pleuronectes linguatula*, que sí estaba en Linneo (1758: 270), que asignó a otra especie, como se explica en la ficha 77, sino que los asoció (descripción e ictiónimo) a un nombre científico equivocado, *Pleuronectes Oblongus*, marcándolo como especie nueva. *Pleuronectes Oblongus* es un sinónimo de *Hippoglossina oblonga* (Fricke *et al.*, 2023), un pez plano del Atlántico occidental, difícilmente accesible para Cabrera, descrito por Mitchill (1815), dos años antes de la Lista impresa. Por esto y porque *Pleuronectes Linguatula* (sinónimo aceptado) ya estaba descrita por Linneo, su *Pleuronectes Oblongus* no era una especie nueva. En la Lista impresa rectificó, pero volvió a asociar *tapaculo* a un *nomen nudum*, *Pleuronectes Cuspidatus*, también propuesto erróneamente como especie nueva. En resumen, con la descripción y el ictiónimo *tapaculo* correctos que utilizó, la especie a la que se refería fue *Citharus linguatula*.

---

198 *Arnoglossus laterna* (Pérez Arcas, 1865: 436); *Bothus podas* (Steindachner, 1868b: 52); *Arnoglossus thori* (Lozano Cabo, 1963: 141); *Arnoglossus grohmanni* (*ALEA*, mapa 1135); *Pegusa lascaris* (Camiñas *et al.*, 1989: 27); *Arnoglossus imperialis, Bothus podas, Lepidorhombus whiffiagonis* y *Lepidorhombus boscii* (*IA*: 563, 565, 567 y 569, respectivamente).

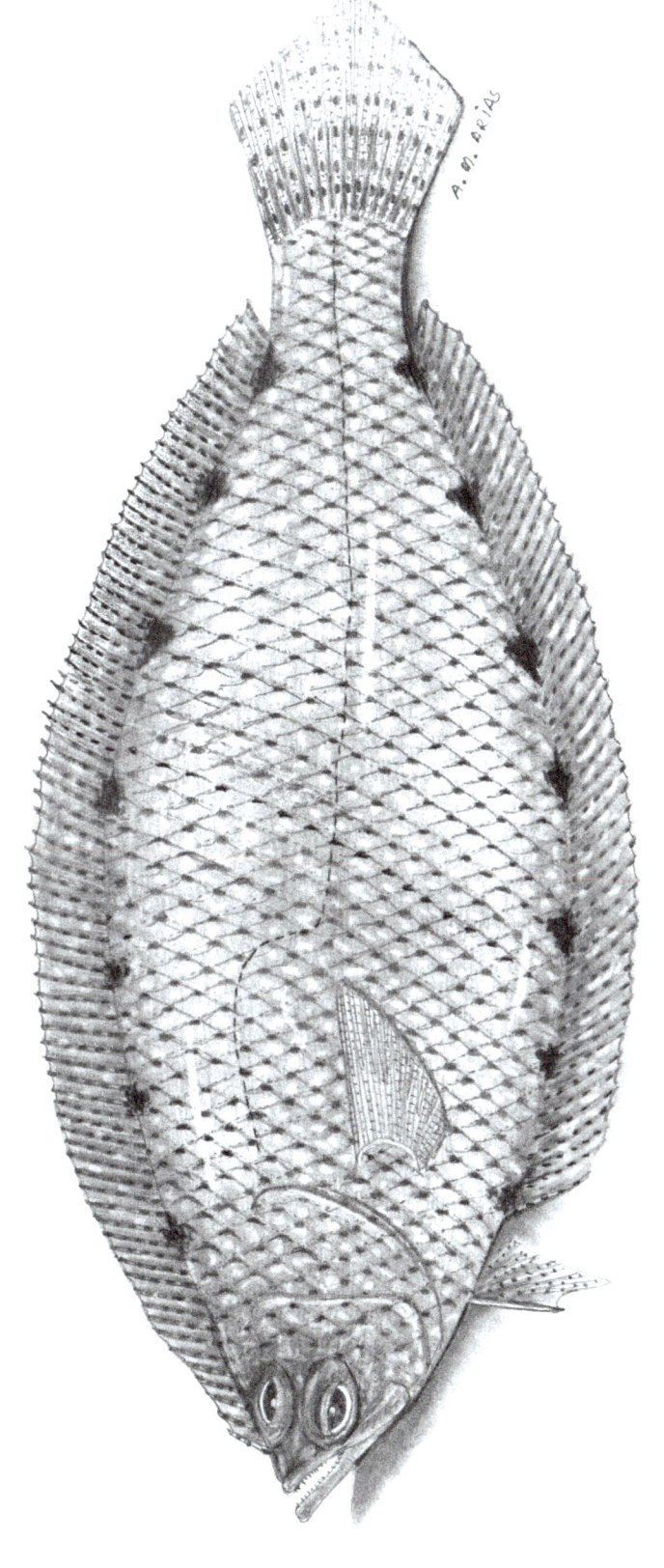

Citharus linguatula (Linnaeus, 1758) - Tapaculo

APORTACIÓN DE CABRERA

LISTA MANUSCRITA

MEMORIA DESCRIPTIVA

«GÉNERO.—*Pleuronectes.*—LINN.» (v. en la ficha 70)

«ESPECIE 6.ª—**El Rodaballo.**—*Pleuronectes Rombus.*—LINN. Su opérculo termina en ángulo obtuso; las aletas rodean todo el cuerpo, que es de figura romboide.» (p.151)

LISTA IMPRESA

«GÉNERO 18. *Otro Rodaballo, Pleuronectes Rhombus Lin.*» (p.178)

ESTADO ACTUAL

Scophthalmus rhombus (Linnaeus, 1758) — Lámina 71

Clase: Actinopteri, Orden: Carangiformes, Familia: Scophthalmidae

Citas en obras anteriores a Cabrera

Rhombus (Rondelet, 1558a: 247; L. XI, c. II); *Rhombus* (Willoughby, 1686: 95, Tab: F.8.2); *Pleuronectes* (5.) (Artedi, 1738: 31); *Pleuronectes Rhombus* (Linnaeus, 1758: 271); *Pleuronectes Rhombus* (Bonnaterre, 1788: 77; pl. 41, fig. 162); *Pleuronectes dentatus* (Cornide, 1788: 32); *Pleuronectes Rhombus* (Linnaeus, en Gmelin, 1789: 1235)

ANÁLISIS

Etimológico

Pleuronectes Rhombus: {gr. *pleura, as*} + {gr. *nekton, ou*} v. en la ficha 70 + {lt. *rhombus, i*} 'rombo' (D'Orbigny, 1841), por la forma romboidal del cuerpo.

Scophthalmus rhombus: {gr. *skopos, ou*} 'observador' (Sebastián, 1964) + {gr. *ophthalmos, ou*} 'ojo', tal vez relacionado con que se entierra en el fondo marino para camuflarse y deja los ojos fuera para acechar a su presas + {lt. *rhombus, i*} v. más arriba.

Ictionímico

La voz *rodaballo* significa 'el de cuerpo redondo', por la forma casi circular de los adultos, derivado, posiblemente, de las raíces celtas rota 'rueda' + ballos 'miembro' (*DCECH*). *Rodaballo* se documenta por primera vez en Andalucía en las *Ordenanzas* de Granada de 1516 (Mondéjar, 1977: 422). Cabrera es el primero que recoge la voz *rodaballo* asociada a *Scophthalmus rhombus*.

Taxonómico

Cabrera llamó *rodaballo* a dos especies de peces planos: *Scophthalmus maximus* (182) y *Scophthalmus rhombus*. A la primera, la más conocida y cotizada por su mayor calidad gastronómica no la describió, solo la mencionó en la Lista impresa; a la inversa, a la segunda, de menor valoración, la describió, pero al incluirla en la Lista impresa la llamó «Otro rodaballo», como dando a entender esta menor importancia económica. Por otra parte, la descripción que hizo de *Scophthalmus rhombus* puede valer también para *Scophthalmus maximus*, ya que el rasgo de «opérculo termina en angulo obtuso» no es definitivo, pues en ambas especies tiene un perfil obtuso, redondeado; además, en las dos se cumple que las aletas rodean todo el cuerpo, pero este es de forma romboidal en *Scophthalmus maximus* y ovalado en *Scophthalmus rhombus*. Llama la atención que, guiándose de Linneo, no incluyera en la descripción una mención al principal carácter que las diferencia: la piel de la cara ocular, lisa («corpore glabro», escribió el sueco) en *Scophthalmus rhombus*, y rugosa («corpore aſpero»), en *Scophthalmus maximus*. A la vista de estos datos, y teniendo en cuenta que Cabrera usó en sus determinaciones dos sinónimos válidos, cabe colegir que pudo haber un trastoque de información en la Memoria descriptiva al asociar la descripción a *Scophthalmus rhombus* y no a *Scophthalmus maximus*.

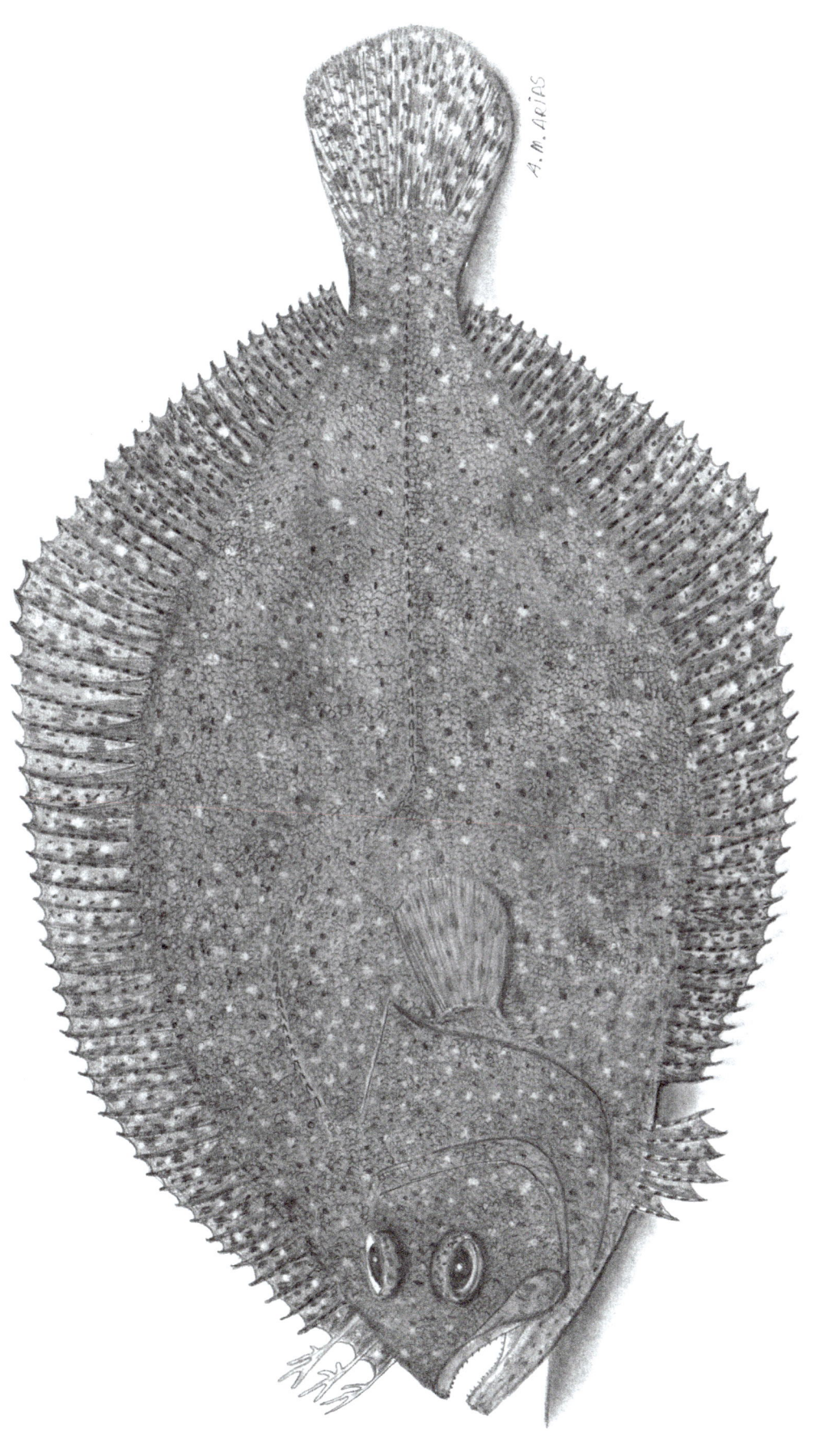

Scophthalmus rhombus (Linnaeus, 1758) - Rodaballo

APORTACIÓN DE CABRERA

LISTA MANUSCRITA

Peludo en randa

MEMORIA DESCRIPTIVA

«GÉNERO.—*Pleuronectes.*—LINN.» (v. en la ficha 70)

«ESPECIE 9.ª—**El Peludo en randa**.—*Pleuronectes Fimbriatus.*—Sp. N. Sus ojos se hallan al lado izquierdo; línea lateral recta; las aletas pectorales desiguales; todo el cuerpo se observa rodeado de ellas; aletas anal y dorsal, [todo el cuerpo se observa rodeado de las aletas anal y dorsal,] cuyos radios sobresalen de la mitad á la membrana que las [los] une.» (p. 152)

LISTA IMPRESA

«GÉNERO 18. *El Peludo en randa*, Pleuronectes Fimbriatus *Sp. N.*» (p. 178)

ESTADO ACTUAL
Arnoglossus laterna (Walbaum, 1792) — Lámina 72
Clase: Actinopteri, Orden: Carangiformes, Familia: Bothidae

Citas en obras anteriores a Cabrera
Arnoglossus laevis (Rondelet, 1558*a*: 259; L. XI, c. XIII); *Pleuronectes Laterna* (Walbaum, 1792: 121)

ANÁLISIS
Etimológico

Pleuronectes Fimbriatus: {gr. *pleura, as*} + {gr. *nekton, ou*} v. en la ficha 70 + {lt. *fimbriatus, a, um*} 'con dientes o flecos' (*PE*), relativo a los largos radios de las aletas dorsal y anal, v. más en el comentario ictionímico.

Arnoglossus laterna: {gr. *arnos, ou*} 'cordero' + {gr. *glossa, es*} 'lengua' (Sebastián, 1964), relacionado con la forma del pez parecida a la lengua de un cordero + {lt. *laterna, lanterna, ae*} 'linterna, lámpara' (*PE*), que podría estar motivada en la transparencia de su cuerpo (Borlase, 1758: 266), debida a la extrema delicadeza de su piel, que suele perder fácilmente las escamas con el trasiego de la pesca y aparece desgarrada, hecha jirones.

Ictionímico

El ictiónimo *peludo en randa*, que Cabrera documentó por primera vez en Andalucía, no pervive en el léxico marinero andaluz, por lo que, al no estar asociado a ninguna especie en la actualidad, no podemos saber la especie que examinó el autor. *Randa*, según el *DCECH*, es una voz castellana y catalana emparentada con el occitano *randar* 'adornar', 'hacer una orla'. Con sentido ictionímico, hace referencia a las aletas dorsal y anal de esta especie «cuyos radios sobresalen de la mitad á la membrana que las [los] une» y se asemejan a cierta guarnición de encaje llamada *randa*, 'blonda u orla, con la que se adornan ciertos vestidos' (*DLE*), de notoria semejanza con el contorno del pez. Los autores del *DCECH* citan a Nebrija como primera documentación de *randa* en España, definido como 'encajes'. Para Alcover y Moll (2021), *randa* tiene un origen germánico: *randa* 'borde, orla', aunque para el *DCECH* sería céltico. Duran (2010: 301) cita a Pérez Arcas (1865: 436), que lo documenta por primera vez en valenciano al designar a *Arnoglossus laterna* como *pelut en randa* (*peludo en randa*). Si al dato anterior le sumamos los proporcionados por el *LMP* para la provincia de Alicante (*pelua de randa*, Santa Pola, mapa 621) para *Arnoglossus laterna*, es muy probable que esta fuera la especie examinada por Cabrera.

Taxonómico

Los datos de su aportación científica no dan seguridad completa de que *Arnoglossus laterna* fuera la especie que examinó Cabrera. En la descripción incluye: 1) rasgos morfológicos coincidentes con la realidad (ojos en el lado izquierdo, cuerpo rodeado de las aletas dorsal y anal); 2) rasgos no exactamente coincidentes (la línea lateral no es recta en su totalidad, ya que en el tramo inicial cerca de la cabeza describe una pronunciada curvatura); 3) los radios de las aletas dorsal y anal no sobresalen de la membrana con el animal recién capturado, pero la manipulación y el trasiego de la pesca rompen fácilmente estas delicadas membranas y entonces sí sobresalen; y 4) rasgos equivocados tal vez debidos a erratas de imprenta (las aletas pectorales no son desiguales, sí lo son las ventrales, como es característico de la familia Bothidae; solo algunas especies de la familia Soleidae presentan las pectorales desiguales). Con esta información Cabrera propuso la creación de una especie nueva, *Pleuronectes Fimbriatus*, cuyo epíteto (*fimbriatus*) alude a los ya mencionados radios «salientes» de las aletas dorsal y anal, como si fueran fimbrias, o largas y delgadas prolongaciones que presentan algunos organismos microscópicos. Sin embargo, esta especie ya había sido descrita veinticinco años antes por Walbaum (1792: 121) como *Pleuronectes Laterna*, hoy *Arnoglossus laterna*.

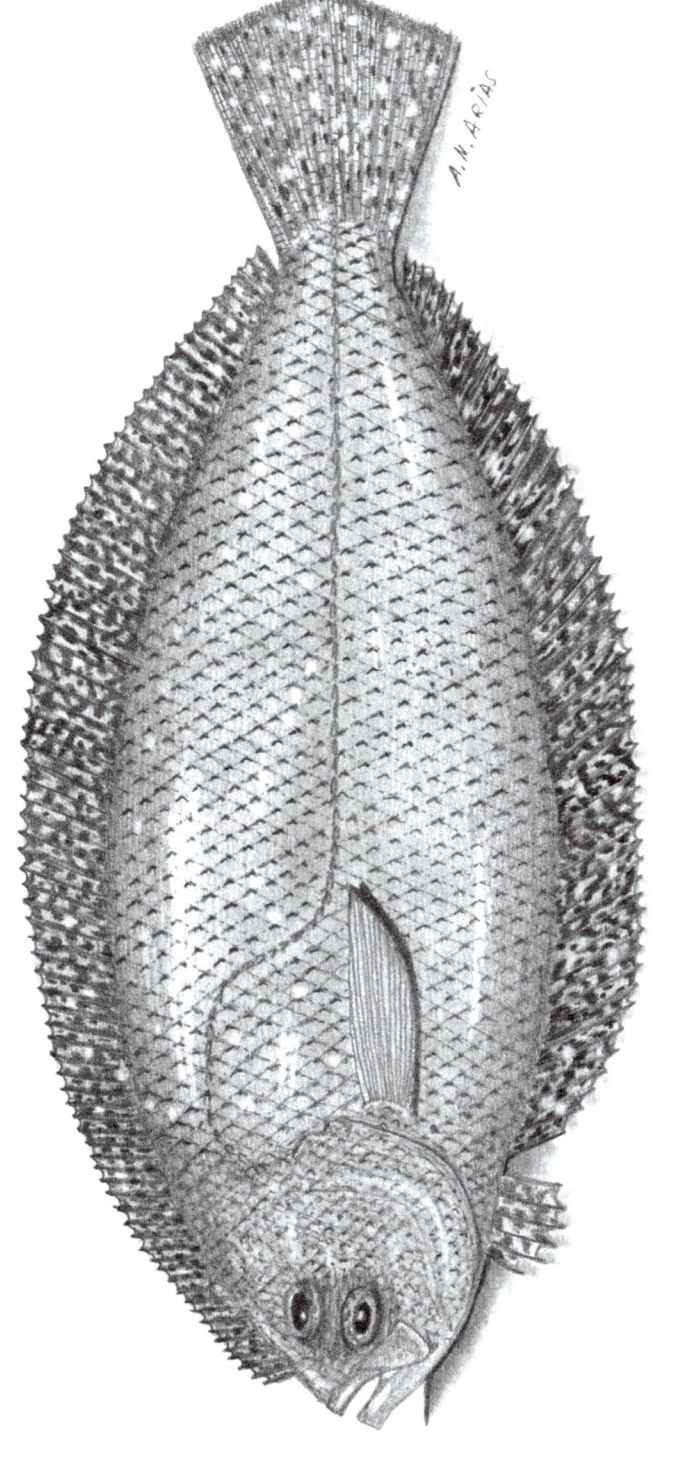

Arnoglossus laterna (Walbaum, 1792) - Peludo en randa

APORTACIÓN DE CABRERA

LISTA MANUSCRITA

MEMORIA DESCRIPTIVA

«GÉNERO.—*Pleuronectes*.—LINN.» (v. en la ficha 70)

«ESPECIE 2.ª—**El Tambor**.—*Pleuronectes Flexus*.—LINN. Su línea lateral es áspera; manchas oscuras esparcidas por los radios de las aletas; carece de las espinas que se expresan en la descripción de *Pleuronectes Flexus*, á quien se asemeja en lo demás.» (p.151)

LISTA IMPRESA

«GÉNERO 18. *El Tambor*, Pleuronectes Obtusus *Sp. N.*» (p.178)

ESTADO ACTUAL

Platichthys flesus (Linnaeus, 1758) — Lámina 73

Clase: Actinopteri, Orden: Carangiformes, Familia: Pleuronectidae

Citas en obras anteriores a Cabrera

Pleuronectes Flesus (Linnaeus, 1758: 270); *Pleuronectes Flesus* (Bloch, 1785: 411; pl. XLIV); *Pleuronectes Flesus* (Bonnaterre, 1788: 75; pl. 40, fig. 159); *Pleuronectes platesa* (Cornide, 1788: 30); *Pleuronectes Flesus* (Linnaeus, en Gmelin, 1789: 1229)

ANÁLISIS

Etimológico

Pleuronectes Flexus: {gr. *pleura, as*} + {gr. *nekton, ou*} v. en la ficha 70 + quizá derivado del {ho. *vlelet*}, relacionado con {in. *flounder, flet*} lenguado (Hichem Kara, 2009: 60).

Pleuronectes Obtusus: {gr. *pleura, as*} + {gr. *nekton, ou*} v. en la ficha 70 + {lt. *obtusus, a, um*} 'chato, romo' (*PE*), tal vez porque Cabrera apreció que esta especie tiene la cabeza más redondeada que otras similares.

Platichthys flesus: {gr. *platys, eia, y*} 'plano' + {gr. *ichthys, yos*} 'pez' (Sebastián, 1964) + v. más arriba.

Ictionímico

Tambor es una denominación usada en Andalucía para peces de contorno corporal casi redondeado y la piel tersa, como en el instrumento musical homónimo, por ejemplo, *Mola mola* (98) o *Balistes capriscus* (100). Asociado a *Platichthys flesus*, se documenta por primera vez en Andalucía en los escritos del religioso. En la actualidad, esta especie es conocida como *platija* en varios puertos de Huelva, Cádiz y Málaga (*IA*: 579).

Taxonómico

Pleuronectes Flexus es un sinónimo aceptado de *Platichthys flesus*. Esto, unido a una descripción aceptable, nos lleva a que esta fue la especie que examinó Cabrera. Este indicó que «carece de las espinas que se expresan en la descripción de *Pleuronectes Flexus*», es decir, las «spinuli ad pinnas» de la frase lineana, tal vez porque no consideraba espinas los tubérculos óseos de la base de las aletas dorsal y anal. Es posible que no estuviera del todo seguro de lo anterior y por ello rectificó el nombre científico y creó una especie nueva: *Pleuronectes Obtusus* Sp. N. Actualmente *Pleuronectes obtusus* se considera un sinónimo de *Buglossidium luteum* (Fricke *et al.*, 2023), un pez plano de pequeño porte y aspecto diferente, aunque también hoy se le denomina *tambor* (*BOE*, 202).

266

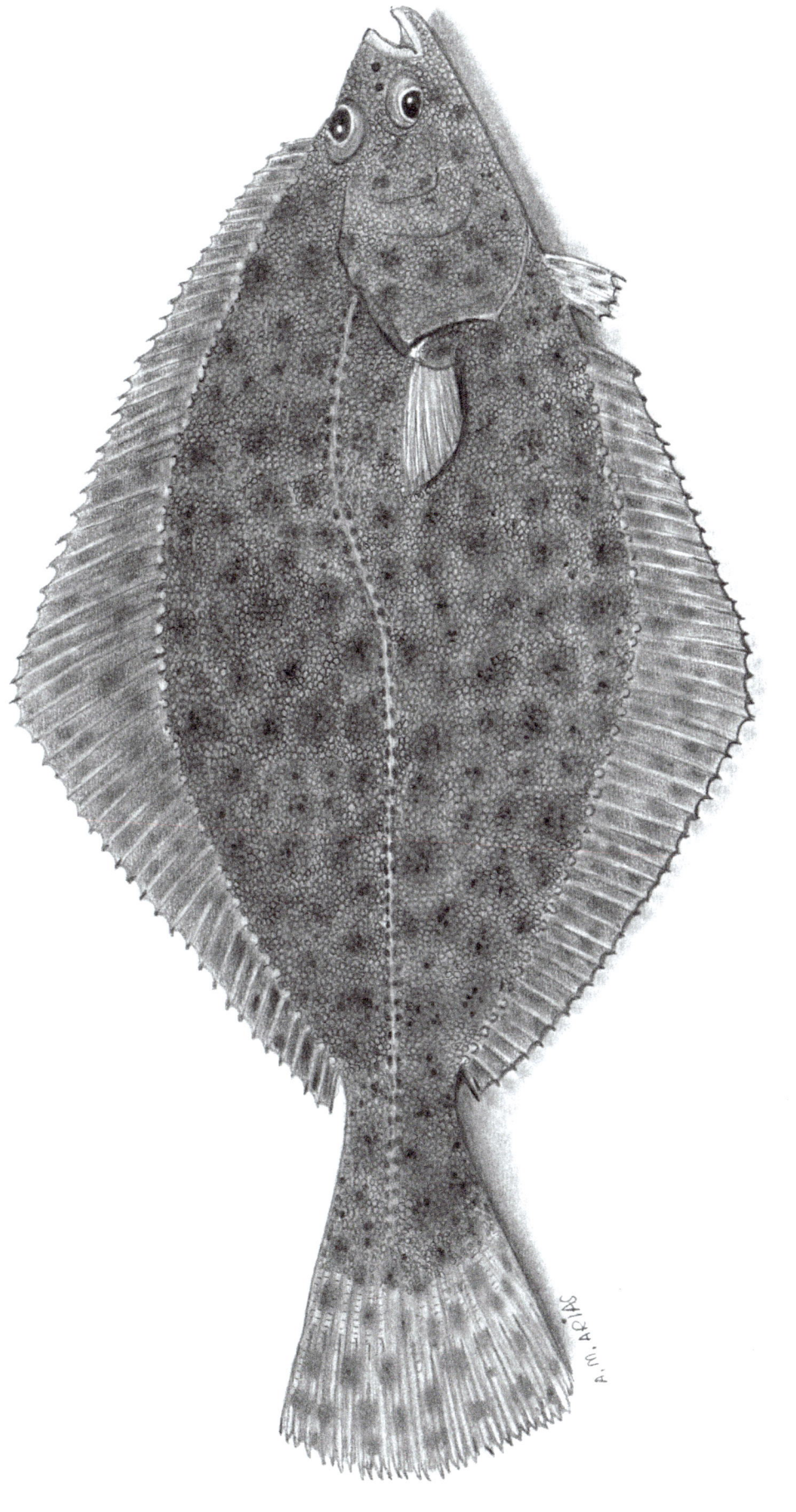

Platichthys flesus (Linnaeus, 1758) - Tambor

APORTACIÓN DE CABRERA

LISTA MANUSCRITA

Lengua

MEMORIA DESCRIPTIVA

«GÉNERO.—*Pleuronectes.*—LINN.» (v. en la ficha 70)

«ESPECIE 1.ª—**La Lengua**.—*Pleuronectes Trichodactilus.*—LINN. Cuerpo áspero con manchas negras sobre fondo oscuro; los ojos al lado derecho.» (p. 151)

LISTA IMPRESA

«GÉNERO 18. *La Lengua*, Pleuronectes Limandoides *Lin.*» (p. 178)

ESTADO ACTUAL

Dagetichthys lusitanicus (de Brito Capello, 1868) — Lámina 74
Clase: Actinopteri, Orden: Carangiformes, Familia: Soleidae

Citas en obras anteriores a Cabrera
Lengua, Pleuronectes (Löfling, 1753)

Primera cita posterior a Cabrera
Synaptura lusitanica (De Brito Capello, 1868: 235)

ANÁLISIS

Etimológico

Pleuronectes Limandoides: {gr. *pleura, as*} + {gr. *nekton, ou*} v. en la ficha 70 + {fr. *lumande*}, derivado de {lt. *lima, ae*} (*PE*), relativo a la rugosidad y aspereza de la piel del pez, como una lima o lija, como dice Linnaeus (1758: 270): «ſquamis aſperis».

Pleuronectes Trichodactylus: {gr. *pleura, as*} + {gr. *nekton, ou*} v. en la ficha 70 + {gr. *thrix, ichos*} 'pelo' + {gr. *daktylos, ou*} 'dedo', en este caso, 'aleta' (Sebastián: 1964), podría referirse Linneo con este epíteto a la aleta pectoral del lado ciego que es filiforme («pectoralibus filiformibus», p. 268).

Dagetichthys lusitanicus: {fr. *Daget*}, dedicado a Jacques Daget (1919-2009), ictiólogo francés (*BEMON*) + {gr. *ichthys, yos*} 'pez' (Sebastián, 1964) + {lt. *lusitanicus, a, um*} 'de Portugal', relacionado con la distribución geográfica de esta especie en aguas de las posesiones portuguesas en el Atlántico oriental durante el siglo XIX.

Ictionímico

El ictiónimo *lengua* alude de manera metafórica al cuerpo muy comprimido y de forma oval del pez, semejante al órgano homónimo de los mamíferos. Löfling (1753) documenta por primera vez esta voz en Andalucía.

Taxonómico

Cabrera determinó esta especie con dos nombres científicos equivocados, *Pleuronectes Limandoides* y *Pleuronectes Trichodactylus*. El primero, una equivalencia científica que tomaría de Bloch (1787: 18), es un sinónimo válido de *Hippoglossoides platessoides* (Fabricius, 1780), un pez plano de gran tamaño, llamado *platija americana*, que se distribuye por el Atlántico norte. El segundo, designa a otro pez plano que habita en Ambon (Ambonia, en tiempos de Linneo), una isla de Indonesia, que le traería alguno de sus discípulos que viajaron por aquella zona, como Olof Torén o Carl Fredrick Adler, por ejemplo, y es sinónimo del actual *Monochirus trichodactylus*. Por tanto, estas distribuciones geográficas por territorios tan alejados descartan que *Hippoglossoides platessoides* y *Monochirus trichodactylus* fueran las especies examinadas por Cabrera bajo el nombre *lengua*. En Cádiz y en todos los puertos del litoral atlántico andaluz (*IA*: 613), *lengua* es la denominación inequívoca de la actual *Dagetichthys lusitanicus*, un pez de «Cuerpo áspero con manchas negras sobre fondo oscuro; los ojos al lado derecho», como dijo el Magistral, que fue, con toda probabilidad, la especie que examinó. *Dagetichthys lusitanicus se* describió formalmente en 1868, por De Brito Capello[199], por lo que en 1817, medio siglo antes, era una especie nueva para la ciencia y Cabrera fue el primero en asignarle nombres científicos, aunque confundidos.

---

199 Felix Antonio de Brito Capello (1828-1879), ictiólogo y oceanógrafo portugués.

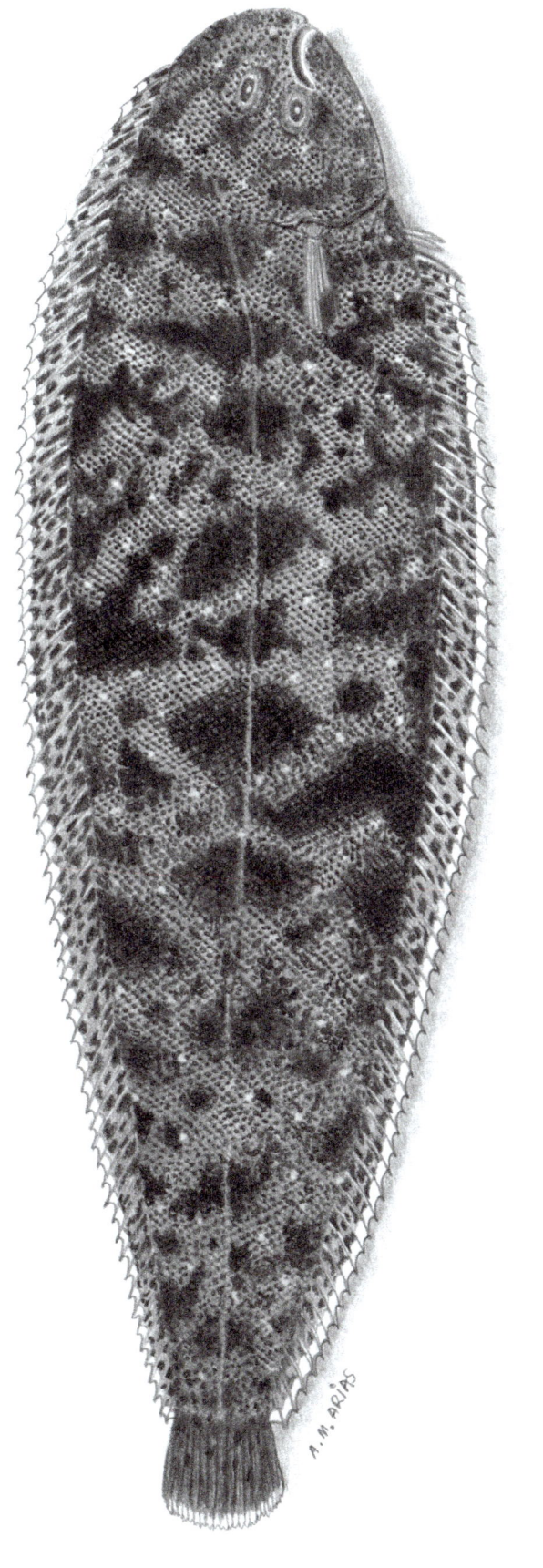

Dagetichthys lusitanicus (de Brito Capello, 1868) - Lengua

LÁMINA 74

APORTACIÓN DE CABRERA

LISTA MANUSCRITA

MEMORIA DESCRIPTIVA

«GÉNERO.—*Pleuronectes.*—LINN.» (v. en la ficha 70)

«ESPECIE 3.ª—**El Soldado**.—*Pleuronectes Limandoides.*—LINN. Cuerpo oblongo; la aleta dorsal empieza desde los ojos; los radios escamosos.» (p. 151)

LISTA IMPRESA

«GÉNERO 18. *El Soldado*, Pleuronectes Tricodactilus *Lin.*» (p. 178)

ESTADO ACTUAL

Microchirus azevia (de Brito Capello, 1867) — Lámina 75

Clase: Actinopteri, Orden: Carangiformes, Familia: Soleidae

Citas en obras anteriores a Cabrera

Soldado (Löfling, 1753)

Primera cita posterior a Cabrera

Solea azevia (De Brito Capello, 1867: 166)

ANÁLISIS

Etimológico

Pleuronectes Limandoides: v. en la ficha 74

Pleuronectes Trichodactylus: v. en la ficha 74

Microchirus azevia: {gr. *mikros, a, on*} 'pequeño' + {gr. *cheir, eiros*} 'mano'. (Sebastián, 1964), relativo a la aleta pectoral del lado ciego, que es muy pequeña comparada con la del lado ocular + término de origen portugués, posiblemente relacionado con la dicción cubana, *acedia* (Jordan and Evermann, 1898, III: 2677); en este sentido, conviene añadir aquí que Chabanaud (1943: 291), entre los nuevos géneros de soléidos que menciona, incluye a Zevaia, del que dice que es un anagrama de Azevia; de aquí que durante un tiempo un sinónimo científico de la especie objeto de esta ficha fuera *Microchirus* (*Zevaia*) *azevia*.

Ictionímico

La voz *soldado* es de uso común en Andalucía para varias especies de peces planos, además de la que nos ocupa en esta ficha, como: *Dicologlossa hexophthalma* (Bennet, 1831), *Bathysolea profundicola* (Vaillant, 1888) y *Microchirus ocellatus* (Linnaeus, 1758) (*IA*), todas con los ojos en el lado derecho del cuerpo. Según Ríos (1977: 425), se trata de una creación léxica relacionada con la coloración marrón de la piel de estos peces que recuerda a algún uniforme militar del Ejército de Tierra español. Löfling (1753) documenta por primera vez esta voz en Andalucía.

Taxonómico

Cabrera determinó esta especie con los mismos nombres equivocados (como se explica en la ficha 74) que utilizó en la especie anterior: *Pleuronectes limandoides* y *Pleuronectes trichodactylus*, pero su descripción «El cuerpo oblongo, la aleta dorsal que empieza desde los ojos y los radios escamosos», encajaría con *Microchirus azevia*, un pez plano frecuente en aguas del golfo de Cádiz y también denominado *soldado* en todos sus puertos pesqueros, desde Ayamonte a La Línea de la Concepción (*IA*: 595). Por tanto, lo más probable es que esta fuera la especie a la que se refería nuestro autor con aquellos dos nombres científicos. De ser así, como en 1817 *Microchirus azevía* no estaba aún descrita, Cabrera habría sido el primero en hacerlo y ponerle nombre científico (equivocado). Cincuenta años después, en 1867, De Brito Capello fue el autor de la descripción aceptada.

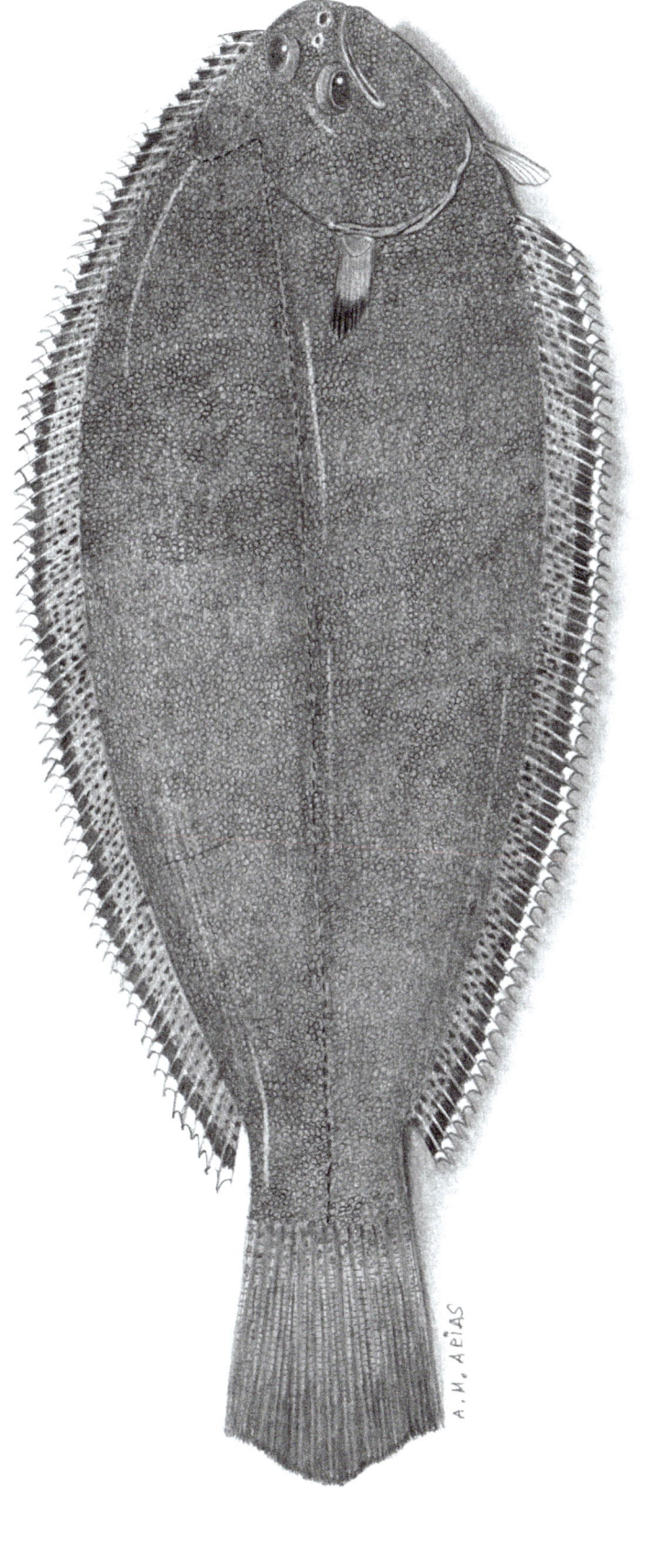

Microchirus azevia (de Brito Capello, 1867) - Soldado

APORTACIÓN DE CABRERA

«Género.—*Pleuronectes*.—Linn.» (v. en la ficha 70)

«Especie 7.ª—**La Acedia**.—*Pleuronectes Terreus*.—Sp. N. Los ojos al lado derecho; del color de la tierra; la cabeza y la boca pequeña.» (p. 152)

ESTADO ACTUAL

Dicologlossa cuneata (Moreau, 1881) — Lámina 76
Clase: Actinopteri, Orden: Carangiformes, Familia: Soleidae

Citas en obras anteriores a Cabrera

Ninguna

Primeras citas posteriores a Cabrera

Solea cuneata (de la Pylaie, 1835: 534, t. 3); *Solea angulosa* (Kaup, 1858: 94); *Solea cuneata* (Moreau, 1881: 312)

ANÁLISIS

Etimológico

Pleuronectes Terreus: {gr. *pleura, as*} + {gr. *nekton, ou*} v. en la ficha 70 + {lt. *terreus, a, um*} 'del color de la tierra' (*PE*), relativo al color marrón claro de la cara ocular del pez.

Dicologlossa cuneata: {gr. *dikoolos, os, on*} 'de dos miembros', pero desconocemos la motivación + {gr. *glossa, es*} 'lengua' (Sebastián, 1964) + {lt. *cuneatus, a, um*} 'cuneiforme', en forma de cuña, por su cuerpo agudo por un extremo y ancho por el otro.

Ictionímico

Según el *DCECH*, *acedia* tiene su origen en la voz latina *acētum* 'vinagre', que dio lugar a la forma del español *acedo* 'ácido, desapacible' de la que deriva *acedia* 'acidez' y 'desabrimiento'. La consideración de este pez como carente de gusto o con mal sabor e, incluso, como pescado de baja calidad, se repite con frecuencia en la bibliografía que alude *Dicologlossa cuneata*. Ya De la Pylaie (1835: 534) la consideraba una «espèce médiocre». En el *DLE* la definen como *platija*, una especie poco apreciada culinariamente. Palanco (2000: 473) considera que *acedía* es «una denominación de carácter despectivo para resaltar la peor calidad de su carne respecto a la del lenguado». Hoy día estas apreciaciones no se sostienen porque la '*acedia-Dicologlossa cuneata*' se tiene en alta estima en las cocinas de las costas occidentales andaluzas. Por otro lado, Martínez González (1977: 228) encuentra el origen del ictiónimo en la raíz indoeuropea *ac-* 'cosa puntiaguda', que deja sus restos en voces como *acus* 'aguja', *aciēs* 'punta', *acētum* 'vinagre', etc., pudiéndose relacionar *acedia* con estas palabras por la forma del pez en 'punta de lanza', cualidad que motivaría metafóricamente su nombre. La voz *acedia* se documenta por primera vez en Andalucía, en 1516, en las *Ordenanzas* de Granada (Mondéjar, 1977: 412).

Taxonómico

Con un texto muy escueto, Cabrera describió la *acedía* y la determinó científicamente como *Pleuronectes Terreus*, señalándola como especie nueva en la Memoria descriptiva. Extrañamente, no la incluyó en la Lista impresa de 1817, con lo cual el hallazgo no tuvo difusión ninguna. Graells (1887: 152), en una nota a pie de página, advirtió que «La Acedia es el *Microchirus luteus* ò *Pleuronectes luteus* de Risso publicado en 1810, época en que Cabrera debió haberlo visto ya y dio como Sp. N. con fundamento bastante». Pero, por un lado, Cabrera no menciona haber consultado la obra de Risso, y, por otro, el «fundamento bastante» consistía realmente en que la acedía, *Pleuronectes luteus* de Risso era distinta a la acedía *Pleuronectes terreus* que él tenía delante. De hecho, *Pleuronectes luteus* es sinónimo de *Buglossidium luteum* (Risso, 1810), también llamado *acedía*, pero muy diferente a *Dicologlossa cuneata*. Por tanto, Cabrera fue el primero que, al menos, mencionó a esta especie con un nombre científico, *Pleuronectes terreus*. En Fricke *et al.* (2023), no consta este nombre, ni como *nomen nudum*, tal vez por el hecho de que Cabrera no lo incluyó en la Lista impresa. Después, en 1881, Moreau la denominó *Solea cuneata* y fue el autor de la descripción con criterios formales.

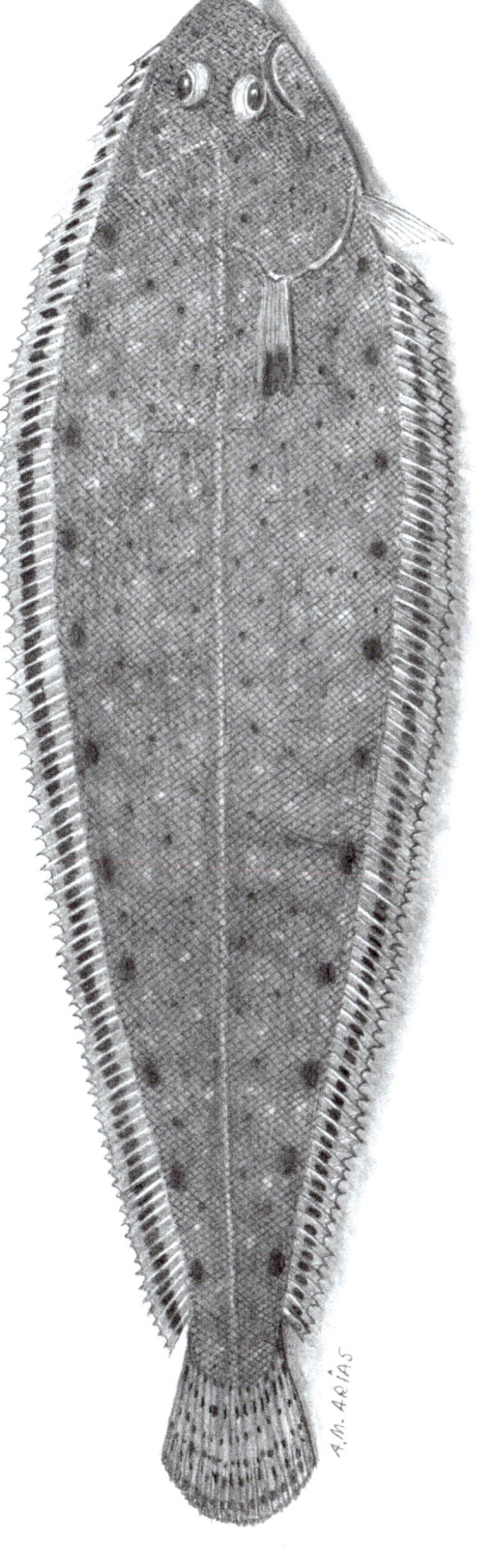

A.M. ARÌAS

Dicologlossa cuneata (Moreau, 1881) - Acedía

APORTACIÓN DE CABRERA

LISTA MANUSCRITA

MEMORIA DESCRIPTIVA

«GÉNERO.—*Pleuronectes.*—LINN.» (v. en la ficha 70)

«ESPECIE 1.ª—**La Solleta.**—*Pleuronectes Linguatula.*—LINN. El ano al lado izquierdo y los ojos al derecho. Todo su cuerpo se observa punteado de manchitas blancas y oscuras.» (p. 151)

LISTA IMPRESA

«GÉNERO 18. *La Solleta*, Pleuronectes Linguatula *Lin.*» (p. 178)

ESTADO ACTUAL

Pegusa lascaris (Risso, 1810) — Lámina 77

Clase: Actinopteri, Orden: Carangiformes, Familia: Soleidae

Citas en obras anteriores a Cabrera

Solea lascaris (Risso, 1810: 311)

ANÁLISIS

Etimológico

Pleuronectes Linguatula: v. todo en la ficha 70.

Pegusa lascaris: {fr. *pégouse*}, nombre provenzal y de Languedoc, de {fr. *pega*} 'la pez', o brea, sustancia negra que se destila de la resina de ciertos árboles, relacionado con sus escamas adheridas tan fuertemente que parecen pegadas con pez (Honnorat, 1847) + dedicatoria a Giovanni Paolo Lascaris (1560-1657), noble italiano, por sus virtudes y conocimientos.

Ictionímico

La voz *solleta* deriva de *solla*, que tiene su origen en la latina *solea* 'sandalia', usada ya por Plauto para denominar «au poissson alongué et plat» (Saint-Denis, 1947: 106), ya que metafóricamente se identifica con el calzado homónimo que llevaban los romanos. El sufijo *-eta* aporta al ictiónimo un valor semántico despectivo, quizás para resaltar la escasa valoración de esta especie en los mercados. *Solleta* se documenta por primera vez en Andalucía en los escritos de Cabrera.

Taxonómico

La descripción y el nombre común *solleta* concuerdan con la especie que hoy conocemos como *Pegusa lascaris*, que fue la que examinó Cabrera. No así el nombre científico *Pleuronectes linguatula* que le asignó, que es sinónimo de *Citharus linguatula*, el *tapaculo*, que ya describió con dos nombres de supuestas especies nuevas: *Pleuronectes Oblongus* y *Pleuronectes Cuspidatus*. V. la ficha 70.

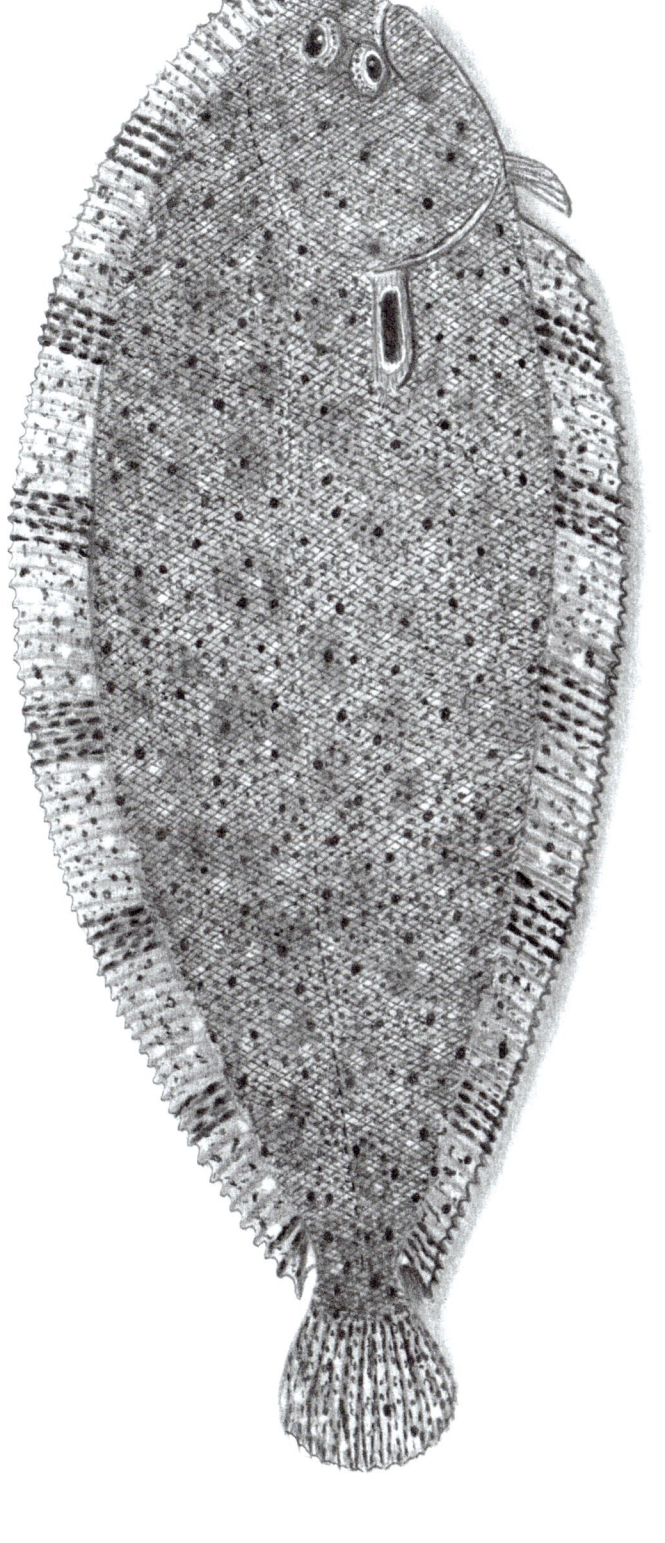

Pegusa lascaris (Risso, 1810) - Solleta

APORTACIÓN DE CABRERA

LISTA MANUSCRITA

MEMORIA DESCRIPTIVA

«Género.—*Pleuronectes.*—Linn.» (v. en la ficha 70)

«Especie 4.ª—**El Lenguado.**—*Pleuronectes Solea.*—Linn. Escamas dentadas; la cabeza truncada; los ojos bien distantes.» (p. 151)

LISTA IMPRESA

«Género 18. *El Lenguado,* Pleuronectes Solea *Lin.*» (p. 178)

ESTADO ACTUAL

Solea solea (Linnaeus, 1758) — Lámina 78

Clase: Actinopteri, Orden: Carangiformes, Familia: Soleidae

Citas en obras anteriores a Cabrera

Sole (Rondelet, 1558a: 256); *Bugloſsus* (Willoughby, 1686: 100; Tab. F7); *Pleuronectes Solea* (Linneus, 1758: 270); *Pleuronectes linguatula* (Cornide, 1788: 31); *Pleuronectes Solea* (Linneus, en Gmelin, 1789: 1232)

ANÁLISIS

Etimológico

Pleuronectes Solea: {gr. *pleura, as*} + {gr. *nekton, ou*} v. en la ficha 70 + {*solea a soli pedis figura priscis*} 'según los antiguos, por la forma de suela del pie' (Klein, 1740: 30).

Solea solea: ver arriba.

Ictionímico

La voz *lenguado* tiene su origen en la forma latina *linguātus* 'en forma de lengua' (Barriuso, 1986: 289), ya que alude de manera metafórica al cuerpo extremadamente comprimido del pez y a su perfil ovalado, semejante al órgano homónimo de los mamíferos. Sin embargo, no hay testimonios de la voz *lenguado* en los textos latinos, ya que los peces planos respondían en esta lengua al nombre *solea* o a la voz más cercana a la castellana: *lingulaca* (Saint-Denis, 1947: 55 y 106). En castellano, la primera aparición en Andalucía se documenta en el *Diario de Colón* (Alvar, 1976: 140).

Taxonómico

En la Memoria descriptiva Cabrera hizo una descripción escueta y poco precisa, que podría conducir claramente a *Bothus podas*, que realmente presenta la cabeza truncada y los ojos muy separados, según indica el religioso interpretando a su manera la descripción complementaria de Gmelin (1789: 1233): «Caput supra truncatum [...], oculi minus vicini, quam congeneribus», es decir, cabeza truncada por arriba y ojos no tan juntos como en la mayoría de sus congéneres. Esto vendría a indicar que la especie en cuestión tendría el perfil cefálico redondeado y los ojos algo más separados que en otros peces planos, no el perfil cefálico vertical ni los ojos tan separados como en *Bothus podas*. Por otro lado, el nombre común *lenguado* que utilizó Cabrera es un hiperónimo que engloba a muchas especies de peces planos con unas determinadas características morfológicas (ojos en el lado derecho, cuerpo ovalado más o menos largo) que claramente no se ajustan a *Bothus podas*, que tiene los ojos en el lado izquierdo y el cuerpo cuadrangular. Finalmente, pese a la descripción confusa, el nombre científico asociado, *Pleuronectes solea*, que es un sinónimo aceptado de la actual *Solea solea*, y su abundancia en aguas gaditanas[200], nos llevan a que esta fue la especie examinada por nuestro autor.

---

200 Junto con *Solea senegalensis* Kaup, 1858, otra especie de lenguado.

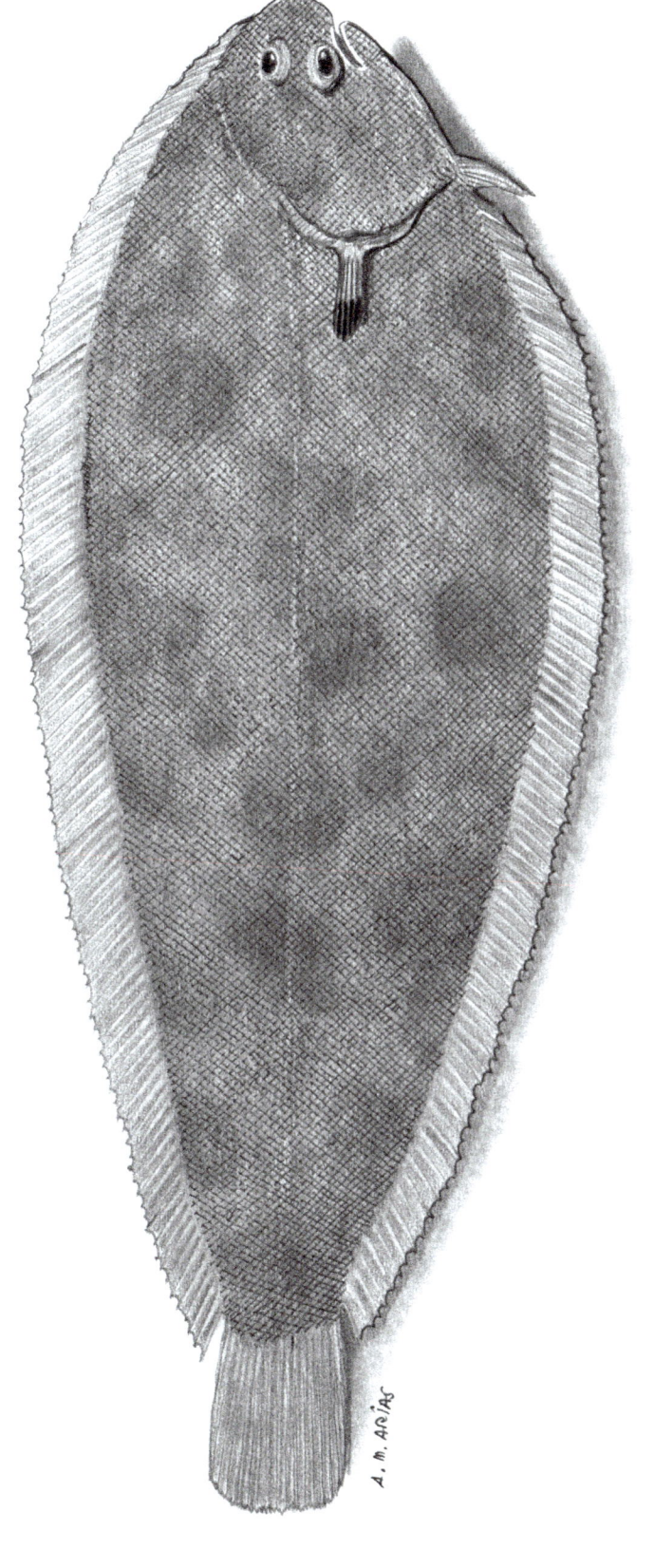

A. M. ARIAS

LÁMINA 78

Solea solea (Linnaeus, 1758) - Lenguado

APORTACIÓN DE CABRERA

LISTA MANUSCRITA

MEMORIA DESCRIPTIVA

«GÉNERO.—*Xiphias.*—LINN. La mandíbula superior termina en una espada; boca sin dientes; la membrana branquiostega de ocho radios; el cuerpo cilíndrico sin escamas.» (p. 147)

«ESPECIE.—**El Pexe espada**.—*Xiphias Gladius.*—LINN. La boca grande; la frente en declive; la mandíbula inferior aguda; la superior terminada en una espada huesosa de dos filos; poco menos que todo el cuerpo.» (p. 147)

LISTA IMPRESA

«GÉNERO 5. *El Pez-Espada*, Xiphias Glaudius *Lin.*» (p. 176)

CORRESPONDENCIA CIENTÍFICA

«Xiphias Glaudius Lin.» (AJB I,57,9,9)

COLECCIÓN INSTITUTO

«26. *Xiphias gladius* L.» (De Buen, 1919: 253)

ESTADO ACTUAL

Xiphias gladius Linnaeus, 1758 — Lámina 79

Clase: Actinopteri, Orden: Carangiformes, Familia: Xiphiidae

Citas en obras anteriores a Cabrera

Gladius (Rondelet, 1558*a*: 200; L. VIII, c. XIIII); *Xiphias* (Artedi, 1738: 47); *Xiphias Piſcis* (Willoughby, 1686: 161; Tab. I.27); *Pez despada*, *XiphiasGladius* (Löfling, 1753); *Xiphias Gladius* (Linnaeus, 1758: 248); *Xiphias Gladius* (Bonnaterre, 1788: 42; pl. 26, fig. 92); *Xiphias gladius* (Cornide, 1788: 8); *Xiphias Gladius* (Linnaeus, en Gmelin, 1789: 1149); *Pege espada* (Medina Conde, 1789: 244); *Xiphias imperator* (Bloch & Schneider, 1801: 93; tab. 21); *Xiphias Gladius* (Asso 1801: 30)

ANÁLISIS

Etimológico

Xiphias gladius: {gr. *xiphias, ou*} 'pez espada', por la mandíbula superior prolongada con forma de espada + {lt. *gladius, i*} 'espada' (Cuvier et Valenciennes, 1828: VIII, 255), con el mismo sentido que el anterior.

Ictionímico

Las denominaciones *pez espada* y *pez de espada* recogidas por Cabrera se asocian en Andalucía, casi inequívocamente a *Xiphias gladius*. Ocasionalmente (*IA*: 385), para una especie parecida, *Tetrapturus pfluegeri*, recogieron *pez espada* de boca de algunos pescadores andaluces, que diferenciaban claramente las dos especies. La motivación semántica de *pez espada* se encuentra en la forma del paladar y de la mandíbula superior, prolongados en un largo pico recto, plano, rígido y puntiagudo, semejante a una gran espada de doble filo. Como *pexe espada*, asociado a *Xiphias gladius*, los escritos de Cabrera constituyen la primera documentación en Andalucía.

Taxonómico

La descripción, el nombre científico (escrito de dos formas) y el nombre vulgar (escrito de tres formas), validan la clasificación de *Xiphias gladius* por Cabrera, un pez conocido como *Gladius* desde las *Etimologías* de san Isidoro, en el año 627 (García Cornejo, 2001: 565).

Xiphias gladius Linnaeus, 1758 - **Pez de espada**

APORTACIÓN DE CABRERA

LISTA MANUSCRITA

MEMORIA DESCRIPTIVA

«GÉNERO.—*Gasterosteus.*—LINN. Cabeza oblonga, lisa; él cubierto hacia su cola de escudillos, que forman por ambos lados cierta especie de quillas con espinas solitarias antes de la dorsal.» (p.158)

«ESPECIE 5.ª—*La Corzeta.*—*Gasterosteus Lisan.*—Sp. N. Carece de escudetes; posee siete espinas en el dorso y dos antes de la aleta anal. Bonneterre, que trae de él una buena estampa, lo reduce al *Scomber amia* de Linneo, mas no es posible.» (p.158)

LISTA IMPRESA

«GÉNERO 25. *La Corseta*, Gasterosteus Lisan *Sp. N.*» (p.181)

«GÉNERO 25. *El Caballo*, Gasterosteus Equus *Sp. N.*» (p.181)

COLECCIÓN INSTITUTO

«23. *Lichia vadigo Risso*» (De Buen, 1919: 253)

ESTADO ACTUAL

Lichia amia (Linnaeus, 1758) — Lámina 80

Clase: Actinopteri, Orden: Carangiformes, Familia: Carangidae

Citas en obras anteriores a Cabrera

Liche (Rondelet, 1558a: 203; L.VIII, c.XVI); *Amia* (Willoughby, 1686: 296; Tab: S.17); *Scomber* (4.) (Artedi, 1738: 51); *Cavallo de mar* (Löfling, 1753); *Scomber Amia* (Linnaeus, 1758: 299); *Scomber Amia* (Bonnaterre, 1788: 143; pl.59, fig.231); *Gasterosteus lysan* (Linnaeus, en Gmelin, 1789: 1325); *Scomber Amia* (Asso, 1801: 45)

ANÁLISIS

Etimológico

Gasterosteus Lisan: {gr. *gaster, eros*} 'estómago' + {gr. *osteon, ou*} 'hueso, osamenta' (Sebastián, 1964), relativo a las dos espinas que presenta en el vientre delante de la aleta anal + sin datos sobre *Lisan*.

Gasterosteus Equus: {gr. *gaster, eros*} + {gr. *osteon, ou*} v. en el anterior + {lt. *equus, i*} 'caballo', por el nombre común, *caballo*, que Cabrera le asigna.

Lichia amia: tal vez derivado del provenzal *lecha* 'goloso' (Rondelet, 1554: 254), por su gran voracidad + *amia* posiblemente un sinónimo de gregario, referido al menos a los ejemplares jóvenes, pues «Amia [la especie en cuestión, ilustrada fielmente] es un pez que no nada solo sino en bandadas» (Salviani, 1554: 121).

Ictionímico

Desconocemos el origen de la denominación *corseta* o *corzeta*, que aparece por primera vez en Andalucía en los escritos de Cabrera. Puede ser un derivado de la forma *corza* 'hembra del corzo', con seseo, que se asemeja al pez por lo estilizado de su cuerpo y rápidos movimientos. En cuanto a *caballo*, un nombre que recogimos principalmente en los puertos de Málaga (*IA*: 307), la identificación metafórica de este pez con el caballo terrestre podría deberse a su porte elegante, a la fuerza y elevada velocidad natatoria que lo caracterizan, así como a su gran tamaño. En plural, *caballos*, encontramos este ictiónimo por primera vez en Andalucía en *Historia del Almirante* (Colón, 1984: 127), pero hasta 1952 no aparece en la bibliografía andaluza asociado a *Lichia amia* (Lozano Rey, 1952: II-631; Málaga).

Taxonómico

El género *Gasterosteus* aparece en la Memoria descriptiva con una sola especie, *Gasterosteus Lisan*, mientras que en la Lista impresa vemos que Cabrera incluyó hasta siete especies más además de la anterior (*Gasterosteus Ductor, G. Columbarius, G. Equus, G. Sinuatus, G. Trachurus, G. Muricatus* y *G. Malacensis*). Salvo a *Gasterosteus Ductor*, que ya estaba descrita en Linneo, a las otras siete especies Cabrera las considera nuevas («Sp. N.») para la ciencia, pero otras dos (*G. Lisan* y *G. Columbarius*) también estaban en el *Systema Naturae* de Linneo, y *G. Sinuatus* había sido descrita por Risso en 1810. En el caso de *G. Trachurus*, sin descripción y con un «Sin nombre», no es posible llegar a la especie examinada. Solo en *G. Muricatus* y *G. Malacensis* Cabrera acertó en, al menos, ser el primero en mencionarlas, pues fueron descritas por otros autores bastantes años después de 1817. Lo explicamos por separado en las fichas correspondientes. En *Gasterosteus Lisan*, la descripción correcta, junto con la «buena estampa» que trae la obra de Bonnaterre (pl.59, fig.231), el nombre de *caballo* que incluye en la Lista impresa, y el hecho de que en la Colección del Instituto de Cádiz hubiera un ejemplar determinado por De Buen como *Lichia vadigo*, sinónimo aceptado de *Lichia amia*, conducen sin duda a que la especie a la que se refería el religioso era esta: *Lichia amia*, frecuente en las pesquerías de las costas de Cádiz, que recibe los nombres de *palometa, palometón* y *caballo* (en Estepona, Marbella, Fuengirola, Málaga, Caleta de Vélez, Carboneras, como se indica en *IA*: 307), entre otros. Sin embargo, Cabrera pensaba que no era posible que lo que examinaba fuera *Scomber amia* de Linneo, tal vez por la confusa descripción de este: «último radio de la segunda aleta dorsal más largo», cuando en realidad el más largo es el primero, y optase por crear una especie nueva. La denominó *Gasterosteus Lisan*, tal vez inspirándose en el nombre *Gasterosteus Lysan* que utilizaba Gmelin (1789: 1325), sinónimo que hoy no conduce a ninguna equivalencia aceptada, cuya descripción sí coincide con la de *Lichia amia*: «cuerpo azulado oscuro por arriba, siete espinas dorsales y dos espinas anales». Pero no se entiende por qué creó una especie nueva si ya estaba en Gmelin. Este nombre es sinónimo de *Scomberoides lysan*, un carángido con cierto parecido a *Lichia amia* pero que habita en el Indo Pacífico. Por otra parte, en la Lista impresa asocia el nombre *caballo* a una equivalencia científica que cree corresponde a otra especie nueva, *Gasterosteus Equus*. En Fricke *et al.* (2023) se indica equivocadamente que *Gasterosteus Equus* es sinónimo de *Hippocampus hippocampus*, el *caballito de mar*, tal vez por afinidad entre los nombres *caballo* y *caballito*, pero creemos que no se tiene en cuenta que Cabrera colocó a *Gasterosteus Equus* en su género 25, que incluye a peces grandes (*jurel, jurela, palometas, pez piloto, lirio*), que es muy distinto a su género 39, donde agrupó especies del género *Syngnathus*, que son peces pequeños (*caballito de mar, aguja, alfiler* y *mula*) y que, por lo tanto, no se equivocó en la asociación *caballo-Gasterosteus equus=Lichia amia*.

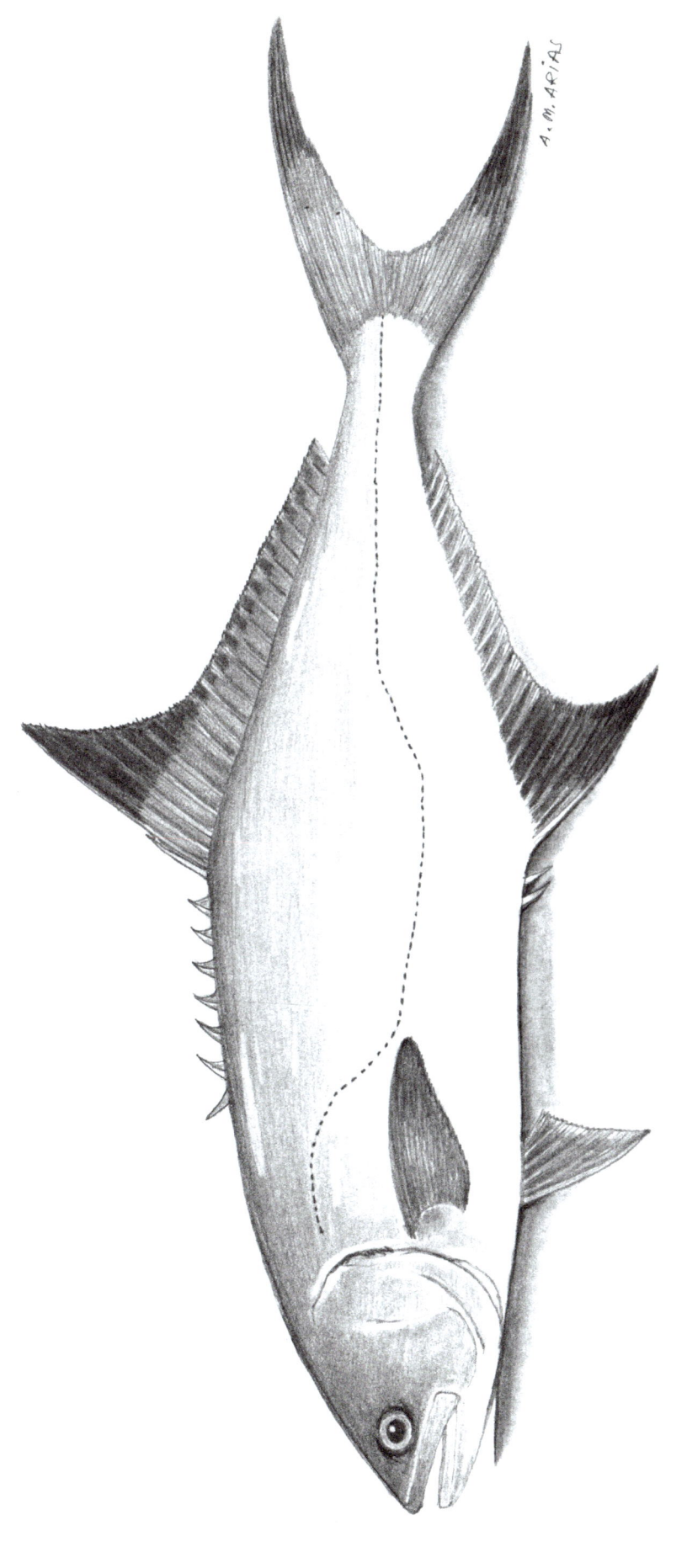

Lichia amia (Linnaeus, 1758) - Corseta, Caballo

APORTACIÓN DE CABRERA

LISTA MANUSCRITA

Xurel Dorado

MEMORIA DESCRIPTIVA
«GÉNERO.—*Scomber.*—LINN.» (v. en la ficha 55)
«ESPECIE 5.ª—**El Xurel dorado.**—*Scomber Auratus.* Es de color dorado. El nuestro carece de aletas falsas.» (p.159)
LISTA IMPRESA
«GÉNERO 5. *El Xurel dorado*, Scomber Chrisops *Lin.*» (p.182)
LISTA DE BLOCH
«GÉNERO 5. *El Xurel dorado*, Scomber Chrisurus » » (p.188)

ESTADO ACTUAL
Trachurus mediterraneus (Steindachner, 1868) — Lámina 81
Clase: Actinopteri, Orden: Carangiformes, Familia: Carangidae

Citas en obras anteriores a Cabrera
Ninguna

Primera cita posterior a Cabrera
Caranx trachurus mediterraneus (Steindachner, 1868: 384)

ANÁLISIS
Etimológico
Scomber Auratus: {gr. *skombros, ou*} v. en la ficha 55 + {lt. *auratus, a, um*} 'de oro, dorado' (*PE*), referido a los brillos dorados de su coloración general.
Scomber Chrisops: {gr. *skombros, ou*} v. en la ficha 55 + {gr. *chrisos, ou*} 'oro' + {gr. *ops*} 'aspecto', con el mismo significado que el anterior.
Scomber Chrisurus: {gr. *skombros, ou*} v. en la ficha 55 + {gr. *chrisos, ou*} 'oro' + {gr. *oura, as*} 'cola', con el mismo significado que en el primer caso.

Trachurus mediterraneus: {gr. *trachys, eia, y*} 'rudo, áspero' + {gr. *oura, as*} 'cola' (Cuvier et Valenciennes, 1833: IX, 7), relativo a los aguijones de los escudetes de la línea lateral principal, que llegan hasta la cola y tienen un tacto áspero + {lt. *mediterraneus, a, um*}, propio del Mediterráneo, aunque su distribución geográfica es más amplia, extendiéndose por el Atlántico oriental, desde la Bahía de Vizcaya hasta Mauritania.

Ictionímico
El nombre *xurel dorado* describe el color general amarillo del pez (para *xurel*, v. la ficha 82). En la forma *jurel dorado* se documenta en Andalucía en Medina Conde (1789: 228). En Estepona se recogió *jurel dorado* asociado a *Trachurus mediterraneus* (*IA*: 301). Esta especie también se denomina *jurel amarillo* en varios puertos andaluces, y para algunos pescadores almerienses es el jurel «de la colilla amarilla», en referencia a uno de sus rasgos más característicos: la aleta caudal amarilla.

Taxonómico
De los tres nombres científicos que utilizó Cabrera para determinar la especie que examinaba, *Scomber auratus*, *Scomber Chrisurus* y *Scomber chrisops*, el primero lo citó Linneo (en Gmelin, 1789: 1330) para una especie que era «aureus, pinnulis fpuriis», es decir, de color dorado y con pínulas, o aletas falsas, en el pedúnculo caudal, como otras que describe del género *Scomber* (*colias, thynnus*, etc.), pero Cabrera aclara que lo que él examinaba no tenía aletas falsas: «El nuestro carece de aletas falsas», escribió; o sea, que no tenía delante a un escómbrido. Por otra parte, *Scomber auratus* fue utilizado por Houttuyn (1782) para denominar a una especie nueva (Boeseman and W. de Ligny, 1995: 72), desaparecida en la bibliografía y no es posible saber su equivalencia actual. Es posible que a Cabrera no le convenciera aquella primera determinación que hizo y, al elaborar la Lista impresa y la Lista de Bloch, utilizó otras denominaciones: *Scomber Chrisops* y *Scomber chrisurus*, respectivamente, formas *sui generis* de escribir el *Scomber chrysurus* de Linneo (1766: 494) y de Gmelin (1789: 1277). Ambas denominaciones son sinónimos del actual *Chloroscombrus chrysurus* (Linneo, 1766), una especie de carángido de la que Linneo escribió «*Habitat in Carolina*». Tradicionalmente se ha considerado que dicha especie se distribuye desde Massachuset a Uruguay, en la costa oeste del Atlántico, y desde Mauritania a Namibia, en la costa este (Bauchot, 1992: 676)[201]. Esto podría descartar que fuera esta la especie que examinó Cabrera. Con ello, y por lo indicado en el apartado ictionímico anterior, creemos que lo más probable es que Cabrera se refiriera a *Trachurus mediterraneus*, de color dorado y sin pínulas. Esta especie no estaba descrita en 1817, con lo que Cabrera, aun con un nombre científico equivocado, habría sido el primero en mencionarla para la ciencia, cincuenta años antes que Steindachner, que es el autor formal de la autoría, en 1867.

201 Es interesante señalar que trabajos más recientes citan la presencia de *Chloroscombrus chrysurus* por primera vez en el golfo de Cádiz, en la costa de Chipiona (Acosta *et al.*, 2009), y en el Mediterráneo, en la costa de Granada (Peña *et al.*, 2013), en desplazamientos hacia el norte posiblemente debidos al calentamiento de las aguas por el cambio climático, como está ocurriendo con otras especies de carángidos, así como con otras familias de peces marinos tropicales (Bañón, 2002).

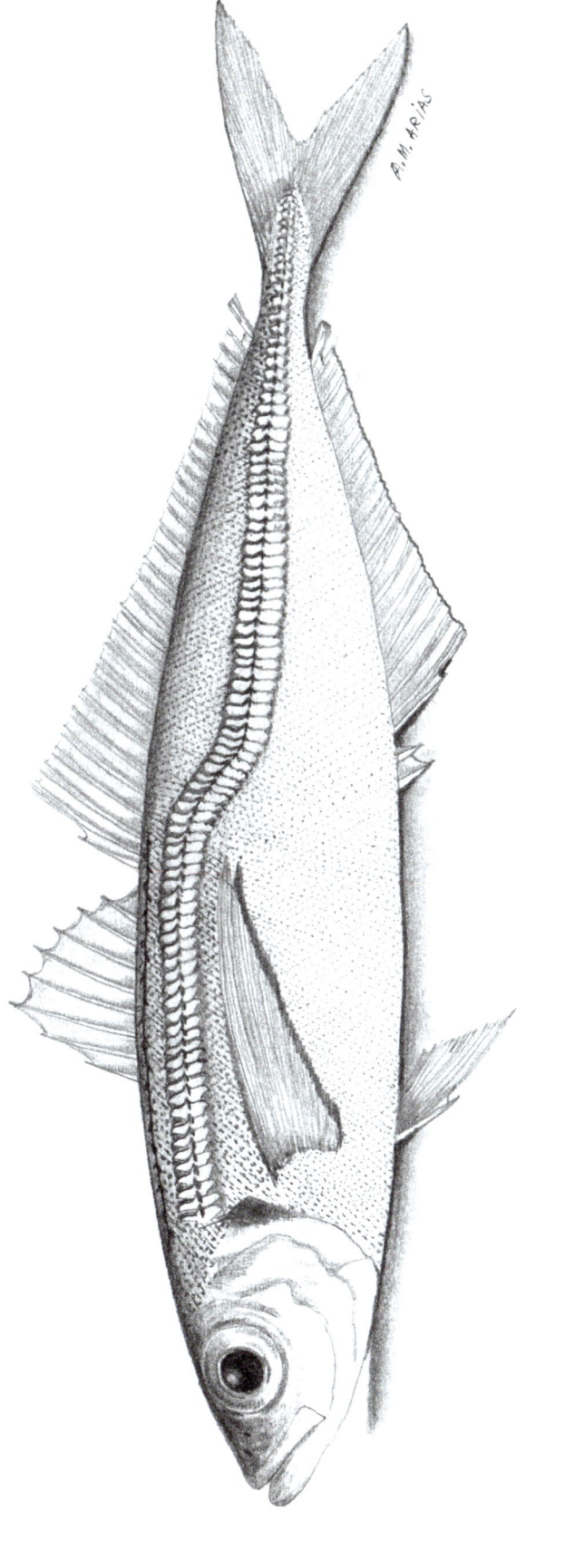

Trachurus mediterraneus (Steindachner, 1868) - Xurel dorado

APORTACIÓN DE CABRERA

LISTA MANUSCRITA

Xurel

MEMORIA DESCRIPTIVA

«GÉNERO.—*Scomber.*—LINN.» (v. en la ficha 55)

«ESPECIE 4.ª—**El Xurel**.—*Scomber Trachurus.*—LINN. La línea lateral compuesta de escudetes espinosos. Carece de aletas espurias.» (p. 159)

LISTA IMPRESA

«GÉNERO 26. *El Xurel*, Scomber Trachurus *Lin.*» (p. 182)

LISTA DE BLOCH

«GÉNERO 5. *El Xurel*, Scomber Trachurus » » (p. 188)

ESTADO ACTUAL

Trachurus trachurus (Linnaeus, 1758) — Lámina 82

Clase: Actinopteri, Orden: Carangiformes, Familia: Carangidae

Citas en obras anteriores a Cabrera

Sieurel (Rondelet, 1558a: 190; L. VIII, c. VI); *Scomber* (3.) (Artedi, 1738: 50); *Trachurus* (Willoughby, 1686: 290; Tab: S.22); *Orel, burel, ureles, Scomber Trachurus* (Löfling, 1753); *Scomber Trachurus* (Linnaeus, 1758: 298); *Scomber Trachurus* (Bonnaterre, 1788: 140; pl. 58, fig. 230); *Scomber Trachurus* (Cornide, 1788: 67); *Scomber Trachurus* (Linnaeus, en Gmelin, 1789: 1335); *Jureles* (Medina Conde, 1789: 228); *Scomber Trachurus* (Asso, 1801: 45)

ANÁLISIS

Etimológico

Scomber Trachurus: {gr. *skombros, ou*} 'caballa, escombro' + {gr. *trachys, eia, y*} 'rudo, áspero' + {gr. *oura, as*} 'cola' (Cuvier et Valenciennes, 1833: IX, 7), relativo a los aguijones de los escudetes de la línea lateral principal, que llegan hasta la cola y tienen un tacto áspero.

Trachurus trachurus: ídem anterior.

Ictionímico

La voz *xurel*, o *jurel*, que Cabrera recogió para designar a *Trachus trachurus* es un nombre genérico que se emplea también para otras especies, como se indica más abajo. *Jurel* se toma del mozárabe *šūrel* o catalán *sorel*, que viene del diminutivo latino *saurus*, que a su vez se toma del griego *sauros* 'lagarto' y 'jurel' (*DCECH*). Para Corominas (1980) se trata de una asociación metafórica con *lagarto* debido a «lo escabroso o tosco de la piel del jurel, especialmente en su cola [...] y aun podría suponerse que se tomara 'lagarto' en el sentido de 'dragón', pensando en las dos aletas de grandes espinas que cubren el jurel»; sin embargo, Barbier (1910: 51) atribuye la asociación con *lagarto* a una analogía de forma, esto es, su cuerpo alargado como el de un lagarto y trae a colación un caso similar: la voz italiana *lacerto* 'lagarto', que denomina a la *caballa*.

Taxonómico

Tres especies de jureles pueden encontrarse en aguas del golfo de Cádiz: *Trachurus trachurus*, *Trachurus picturatus* (Bowdich, 1825) y *Trachurus mediterraneus* (81). Las tres responden a la descripción general de Cabrera, con escudetes espinosos y sin aletas espurias, pero en su época, siguiendo a Linneo, las tres estarían incluidas en la denominación «*Scomber trachurus*», que era la única opción que el sueco incluía en su *Systema Naturae*, pues *Trachurus picturatus* se describió en 1825 por Bowdich, y *Trachurus mediterraneus* en 1868 por Steindachner. Actualmente, *Scomber Trachurus* es sinónimo del aceptado *Trachurus trachurus*, que es la especie más abundante y la que examinó Cabrera.

Trachurus trachurus (Linnaeus, 1758) - Xurel

APORTACIÓN DE CABRERA

LISTA MANUSCRITA

Rémora Pegador

MEMORIA DESCRIPTIVA

«GÉNERO.—*Echeneis.*—LINN. La cabeza deprimida, desnuda, con un plano marginado, lleno de surcos y rayas transversales y que forman ángulos; el cuerpo desnudo.» (p.149)

«ESPECIE.—*Echeneis.*—*Remora.*—LINN.—**El Pegador**. La cola bifurcada; las estrías de la cabeza, con las cuales se pega á los cuerpos que encuentra, son diez y ocho.» (p.149).

LISTA IMPRESA

«GÉNERO 12. *Remora, Pegador,* Echeneis Remora *Lin.*» (p.177).

COLECCIÓN INSTITUTO

«48. *Echeneis remora* L. Cádiz» (De Buen, 1919: 253)

ESTADO ACTUAL

Remora remora (Linnaeus, 1758) — Lámina 83

Clase: Actinopteri, Orden: Carangiformes, Familia: Echeneidae

Citas en obras anteriores a Cabrera

Echeneis, Etimologías, año 627 (García Cornejo, 2001: 570); *Remora* (Rondelet, 1558a: 334; L. XV, c. XVII); *Echeneis* (Artedi, 1738: 28); *Echeneis Remora* (Linnaeus, 1758: 260); *Echeneis Remora* (Bonnaterre, 1788: 57; pl. 33, fig. 123); *Echeneis Remora* (Linnaeus, en Gmelin, 1789: 1187)

ANÁLISIS

Etimológico

Echeneis Remora: {gr. *echeneis, eidos*} 'que retiene los barcos, como el ancla, la calma chicha, etc.', compuesta a su vez de las raíces {gr. *echo*} 'yo tengo, mantengo' + {gr. *naus, neos*} 'nave' (Sebastián, 1964) + {lt. *remora, ae*} 'rémora', pez (Barriuso, 1986: 80), v. más en el comentario ictionímico, más abajo.

Remora remora: {lt. *remora, ae*} ídem anterior.

Ictionímico

El origen de la voz *rémora* está en el latín *rĕmŏra* 'retraso', 'pez rémora', sacado de *remorari* 'retrasar' (*DCECH*). Se aplica a este pez por la creencia antigua de que al pegarse al casco de los barcos con su ventosa cefálica conseguía detener su marcha, como decía Plinio (siglo I) (Cantó *et al.*, 2007: 200): «Hay un pez muy pequeño que vive entre las rocas, llamado rémora; se cree que retrasa la marcha de las naves pegándose a su casco, de ahí el nombre». La misma motivación tiene el ictiónimo *pegador*, que se documenta por primera vez en Andalucía en los escritos de Cabrera.

Taxonómico

La descripción, el nombre científico y los nombres comunes recogidos indican que la especie que examinó Cabrera fue *Remora remora*. El plano marginado, lleno de surcos, estrías y rayas transversales, es el disco adhesivo cefálico provisto de laminillas característico de estos peces. Llama la atención que en el epígrafe «Especie» de la Memoria descriptiva Cabrera alteró el orden seguido hasta ahora: nombre común-nombre científico-autor, y colocó el nombre común al final y el nombre científico separando género y epíteto con un punto y guión largo. En la Lista impresa reordena estos elementos y los muestra como siempre había hecho. Igualmente, según su costumbre, algunas palabras las escribe de una forma en la Lista impresa (*Remora*) y de otra en la Lista manuscrita (*Rémora*).

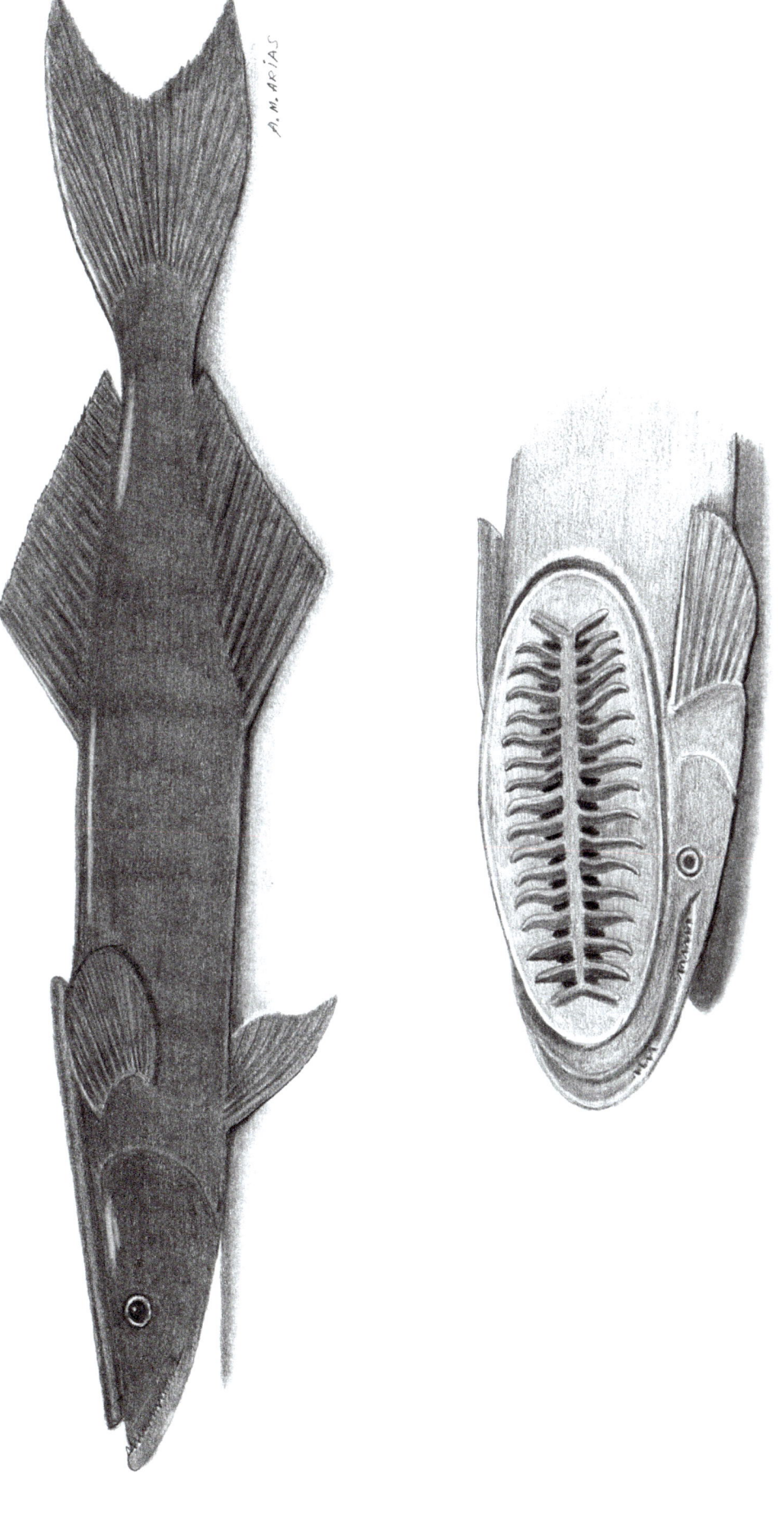

Remora remora (Linnaeus, 1758) - Rémora, Pegador

APORTACIÓN DE CABRERA

LISTA MANUSCRITA

Autríaco

MEMORIA DESCRIPTIVA
«GÉNERO.—*Coryphena.*—LINN. La Cabeza [en] declive y truncada; la membrana branquiostega de cinco radios; la aleta dorsal del largo del mismo dorso.» (p. 150). V. más en la ficha 200.

LISTA IMPRESA
«GÉNERO 13. *El Autriaco*, Coriphena Hippuris *Lin.*» (p. 177)
«GÉNERO 13. *Sin nombre*, Coriphena Cornide *Sp. N.*» (p. 177)
«GÉNERO 13. *La Xaputa*, Coriphena Variegata *Sp. N.*» (p. 177)

ESTADO ACTUAL
Coryphaena hippurus Linnaeus, 1758 — Lámina 84
Clase: Actinopteri, Orden: Carangiformes, Familia: Coryphaenidae

Citas en obras anteriores a Cabrera
Hippurus (Rondelet, 1558a: 204; L. VIII, c. XVIII); *Hippurus* (Willoughby, 1686: 213; Tab: O:2); *Coryphaena Hippurus* (Artedi, 1738: 28); *Coryphaena Hippurus* (Linnaeus, 1758: 261); *Coryphaena Hippurus* (Bonnaterre, 1788: 59; pl. 33, fig. 125); *Coryphaena Hippurus* (Linnaeus, en Gmelin, 1789: 1189); *Coryphaena Hippurus* (Asso, 1801: 32)

ANÁLISIS
Etimológico
Coryphaena hippurus: {gr. *korys, ythos*} 'casco' + {gr. *phaino*} 'brillar' (Jordan and Evermann, 1896, I: 953), en referencia al perfil cefálico redondeado, que en los machos adultos produce un gran abombamiento de la cabeza, y al brillo metálico de la piel, que asemejan la cabeza del pez a un casco militar + nombre de pez en Plinio, compuesto por {gr. *hippos*, ou} 'caballo' + {gr. *oura*, as} 'cola' (Sebastián, 1964), tal vez en referencia a los largos radios de la aleta dorsal que recuerdan a las crines de un caballo.

Coriphena Cornide: {gr. *korys, ythos*} + {gr. *phaino*} v. anterior + dedicatoria a José Andrés Cornide (1734-1803), naturalista y geógrafo español.

Coriphena Variegata: {gr. *korys, ythos*} + {gr. *phaino*} v. anterior + {lt. *variegatus, a, um*; *variego, are*} 'variado, punteado de varios colores' (*PE*), en relación con la coloración variable de estos peces.

Ictionímico
Cabrera recogió la voz *autríaco* asociada a esta especie. Autores posteriores (Pérez Arcas, Steindachner, De Buen y *NOE*, entre otros) la registraron como *austriaco* y *triaco*, también para *Coryphaena hippurus*. Las tres formas son variantes de *atriaco*, que viene de *atriaca*, cuyo origen está en la palabra *teriaca*, de gr. *theriake*, o 'remedio para tratar las mordeduras o picaduras de animales peligrosos', muy en boga en la Edad Media (*IA*: 315). La *atriaca* se componía de varios ingredientes, entre ellos la carne de víbora (Guillén, 1724: 8). Igualmente, en la obra *Sevillana Medicina*, de Aviñón (1418: 131), sobre la preparación culinaria de los pescados, la voz *atriaca* aparece con este sentido en el siguiente párrafo: «...bien así como la atriaca, que obra en el veneno y en la pongoña, de qualquier natura que sea, en qualquier cuerpo que sea, y non faze daño á los otros miembros que no la han menester...». La *atriaca* aparece recogida en el diccionario de Nebrija (1495) como «antidotum tyriacum». Sin embargo, con *Coryphaena hippurus* ocurre que comer su carne puede producir ciguatera (García De Losríos, 2017: 156), una intoxicación alimentaria debida a una toxina que acumulan los peces herbívoros de los que se alimenta. Es decir, se da la paradoja de que la carne del pez no es un antídoto ni cura otras enfermedades sino que las provoca. Por tanto, *atriaco* no responde a esta realidad del pez. Pese a ello, en el imaginario popular *atriaco* ha quedado asociado al peligro de su consumo. En cuanto al ictiónimo *xaputa*, que Cabrera ya utilizó correctamente asociado a *Brama brama* (58), no consta en la bibliografía ictionímica andaluza como denominación de ninguna especie de corifénido, por lo que debemos suponer que se trató de una confusión del Magistral. Conviene señalar por otra parte, que el nombre común más frecuente de este pez en la costa atlántica andaluza es *dorado* (v. ficha 220), y en la costa mediterránea andaluza lo es *llampuga* (*IA*: 317).

Taxonómico
Coryphaena hippurus es la especie de presencia habitual en las lonjas y pescaderías gaditanas; sin embargo Cabrera no la describió o, tal vez, hubo un trastoque de datos en la transcripción de Graells. Pese a que no hay descripción, es preciso aclarar que, como excepción al criterio seguido, la colocamos en el grupo «Especies descritas y determinadas», porque consideramos que esta fue a la que se refería Cabrera y no a *Coryphaena equiselis* (especie que no llegó a ver, según se explica en la ficha 200), cuya descripción se le ajusta igualmente: «La cola bifurcada; todo el cuerpo de color dorado resplandeciente.» (p. 150). El nombre científico que le asignó en la Lista impresa, *Coriphena Hippuris*, y el nombre común *autriaco* de la Lista manuscrita nos llevan sin duda a que la especie a la que se refería era *Coryphaena hippurus*. En la Lista impresa Cabrera incluyó dos especies más, para él nuevas (señaladas con «*Sp. N.*»): *Coriphena Variegata* y *Coriphena Cornide*, pero estas equivalencias son *nomina nuda* y no conducen a ninguna especie. Suponemos que Cabrera creó estas especies nuevas confundiendo ejemplares juveniles y adultos de *Coryphaena hippurus* que le parecieron especies distintas.

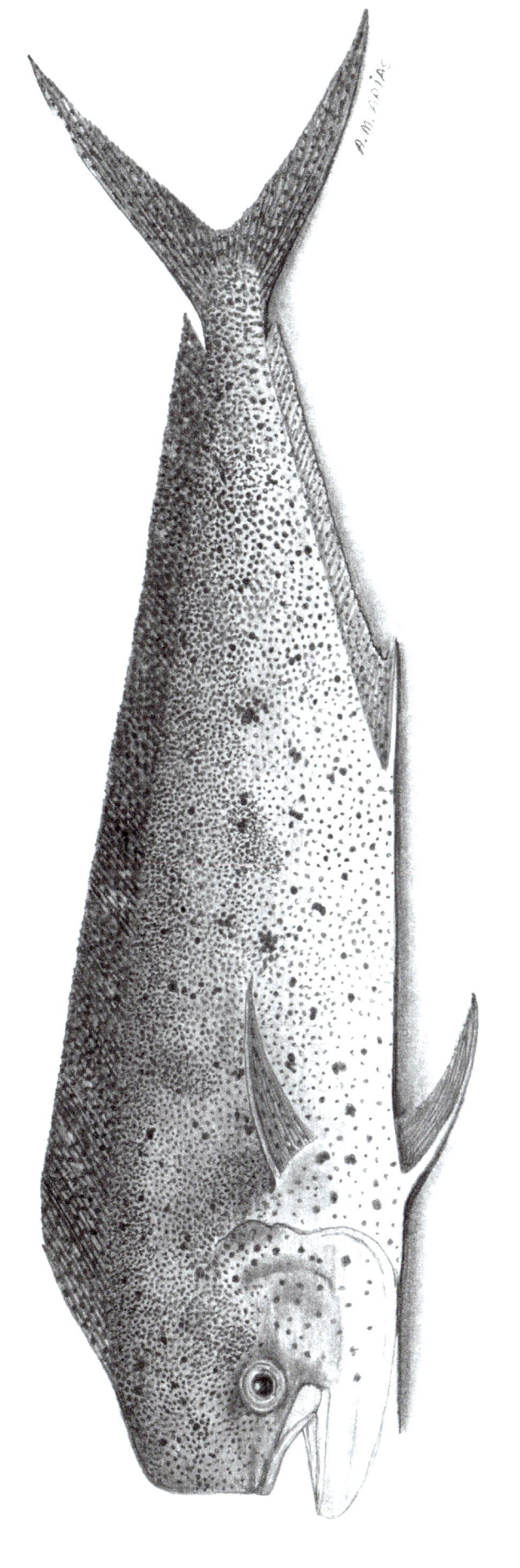

Coryphaena hippurus Linnaeus, 1758 - Autríaco

APORTACIÓN DE CABRERA

LISTA MANUSCRITA

Pez rey Monga

MEMORIA DESCRIPTIVA

«GÉNERO.—*Atherina.*—LINN. Cuerpo oblongo, comprimido, escamoso; cabeza plana por encima con cuatro poros, dos en la nuca y dos ante los ojos; la abertura de la agalla en ángulos, dientes muchos aglomerados.» (p. 162)

«ESPECIE.—**El Pexe Rey.**—*Atherina Hepsetus.*—LINN. Es un pequeño pez de color de plata, con la línea lateral es doble [en realidad, no tiene línea lateral], con una franja blanquecina entre las dos.» (p. 162)

LISTA IMPRESA

«GÉNERO 32. *El Pez Rey*, Atherina Hepsetus *Lin.*» (p. 183)

«*La Lamonga*», en los listados de ictiónimos que no llegó a identificar (p. 187)

ESTADO ACTUAL

Atherina boyeri Risso, 1810 — Lámina 85

Clase: Actinopteri, Orden: Atheriniformes, Familia: Atherinidae

Citas en obras anteriores a Cabrera

Latharina (Rondelet, 1558a: 180; L. 7, c. IX); *Atherina* (Artedi, 1738: 116); *Pexe-Rey, Atherina* (Löfling, 1753); *Pege Reyes* (Medina Conde, 1789: 244); *Atherina Boyeri* (Risso, 1810: 338)

ANÁLISIS

Etimológico

Atherina Hepsetus: {gr. *ather, eros*} 'espina', relativo a la dureza de sus espinas internas (raspa) + derivado de {gr. *hepsetos, e, on*} 'cocido' (Liddell, 1883), de {gr. *hepsein/hepso*} 'cocer', hace referencia a los peces que quedaban en seco cuando el Nilo se retiraba y se extraían y se cocían juntos, sin separarlos (Cuvier, 1828: X, 419).

Atherina boyeri: {gr. *ather, eros*}, v. más arriba + dedicatoria, posiblemente, a Alexis Boyer (1757-1833), cirujano francés experto en enfermedades óseas (*BEMON*).

Ictionímico

Cabrera recogió para esta especie el nombre de *pez rey*, y, posiblemente también, el nombre de *monga*, que no supo relacionar con ella cuando elaboró la Lista impresa y quedó como uno de los nombres de peces que, según Graells (p. 187), «se saben pero no se han podido examinar ni determinar». *Pez rey* se documenta en 1756 (Pensado, 1982: 200; Barba y Pons, 2003: 408), pero la forma dominante en toda Andalucía para designar a este pez es *pejerrey*, citado por primera vez en Andalucía en 1535 (Peraza, 1535: 108). Esta voz, compuesta de *peje* (latín *piscis* 'pez') y *rey* (latín *rege* 'rey'), tal vez señale, como en otras especies (*corvina, chova*), la buena calidad de su carne, aspecto discutible en este caso. Palanco (2000: 163) no observa relación entre los atributos reales y el pez, y se decanta porque sea una motivación eufemística basada en «algún tipo de analogía entre el miembro viril y [la forma de] los peces a los que se aplica. El procedimiento se resuelve, mediante una elipsis de un elemento como carajo, el componente obsceno de la denominación, quedando ennoblecida por la alusión real». En cuanto a *monga*, escrito *La Lamonga*, es posible que se trate de un error de imprenta por *La Monga*. De carácter semántico diminutivo, tal vez el ictiónimo posea el significado de 'pescado pequeño, de poca importancia', del que desconocemos su origen. Se documenta por primera vez en Andalucía en los escritos de Cabrera.

Taxonómico

Cuando Cabrera determinó este pez, Risso (1810: 338) ya había descrito una nueva especie para la familia Atherinidae, *Atherina Boyeri*. No es seguro que Cabrera consultara la obra de Risso —contrariamente a lo que supone Graells (1887: 152)—, pero sí seguía a Linneo en su *Systema Naturae*, obra en la que solo se mencionaba *Atherina Hepsetus* (Gmelin, 1789: 1396) en esta familia. Sin otra opción para elegir, este fue el nombre que asignó a los ejemplares que observaba. Sin embargo, creemos que lo más probable es que lo que Cabrera examinaba fueran ejemplares de *Atherina boyeri*, la única especie de aterínidos observada durante décadas en la bahía de Cádiz (Drake *et al.*, 1984: 9; Arias y Drake, 1990: 138) y el estuario del Guadalquivir (Fernández-Delgado *et al.*, 2000: 125).

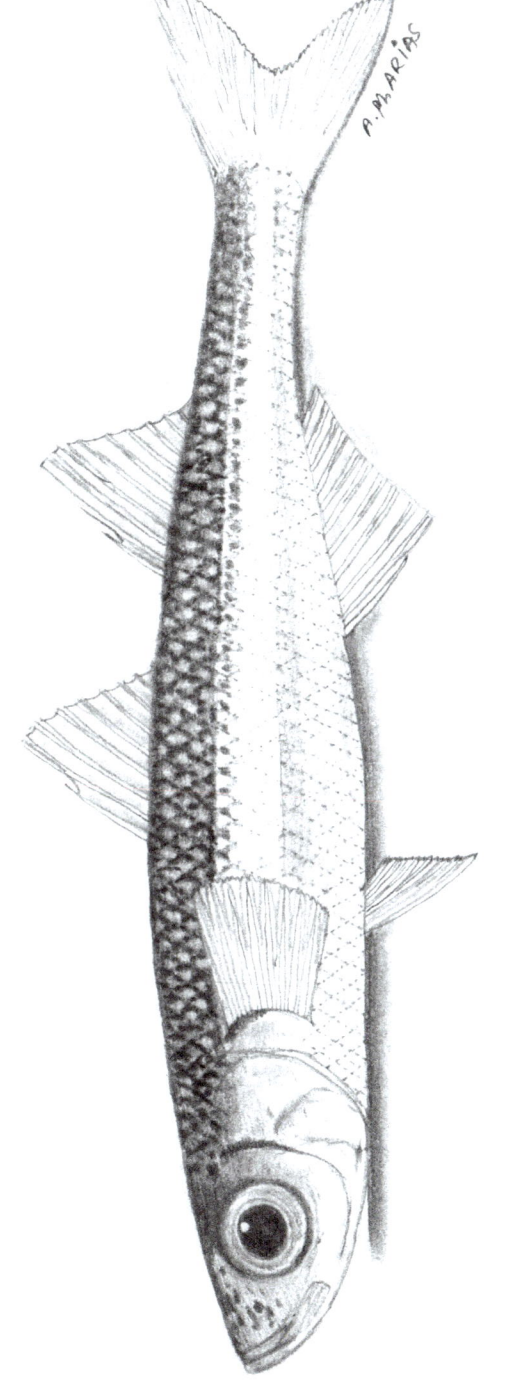

Atherina boyeri Risso, 1810 - Pez rey, Monga

APORTACIÓN DE CABRERA

LISTA MANUSCRITA

MEMORIA DESCRIPTIVA

«GÉNERO.—*Esox.*—Cuerpo largo, redondeado, la cabeza con hocico prolongado, mandíbulas iguales; la abertura de la agalla grande; falcada; la membrana branquiostega de 5 á 14 radios.» (p. 161)

«ESPECIE 1.ª—**La Aguja.**—*Esox Belone.*—LINN. Las dos mandíbulas terminan en unas puntas largas, que son prolongaciones de ellas y forman un pico delgado y agudo.» (p. 161)

LISTA IMPRESA

«GÉNERO 30. *La Aguja*, Esox Belone *Lin.*» (p. 183)

ESTADO ACTUAL

Belone belone (Linnaeus, 1761) — Lámina 86

Clase: Actinopteri, Orden: Beloniformes, Familia: Belonidae

Citas en obras anteriores a Cabrera

Eguille (Rondelet, 1558a: 187; L. VIII, c. III); *Esox* (2.) (Artedi, 1738: 27); *Aguja, Esox Acus* (Löfling, 1753); *Esox Belone* (Linnaeus, 1758: 314); *Esox Belone* (Linnaeus, 1760: 126); *Esox Belone* (Bonnaterre, 1788: 175; pl. 72, fig. 297); *Esox osseus* (Cornide, 1788: 87); *Esox Belone* (Linnaeus, en Gmelin, 1789: 1391); *Agujas* (Medina Conde, 1789: 206); *Esox Belone* (Asso, 1801: 47); *Esox Belone* (Risso, 1810: 330)

ANÁLISIS

Etimológico

Esox Belone: {lt. *esox, isox, ocis*} 'lucio' (Whitney, 1889), referido a su mandíbula inferior puntiaguda + {gr. *belone, es*} 'aguja', por su forma alargada y puntiaguda; también {gr. *belos*} 'dardo', por su forma (Barriuso, 1986: 58) y, asimismo, nombre de un pez que ya aparece en Aristóteles (Cuvier et Valenciennes, 1842: XVIII, 396).

Belone belone: v. más arriba.

Ictionímico

La voz *aguja* se aplica a esta especie basándose en la forma alargada y delgada de sus maxilares, finos como agujas. El ictiónimo *aguja* tiene su origen en el latín vulgar *acucŭla* 'aguja', diminutivo del latín clásico *acus* 'aguja'. Asociado a la especie en cuestión se documenta por primera vez en Andalucía en los listados de Cabrera.

Taxonómico

Cabrera determinó sin dificultad esta especie de Beloniforme, la más fácil de diferenciar (de las tres que se encuentran en aguas gaditanas) por sus mandíbulas superior e inferior largas y finas y de casi igual longitud. De las otras dos, *Scomberesox saurus* (187) tiene la mandíbula superior la mitad de larga que la inferior, e *Hyporhamphus picarti* (87) solo tiene larga la mandíbula inferior. Artedi (1738: 27) se refería a *Belone belone* en su descripción como de tamaño mediano («spithamali» 'de un palmo', unos 25 cm de longitud total), pero en realidad es la más grande de las tres y puede llegar a medir 1 m, mientras que *Scomberesox saurus* mide unos 40 cm, e *Hyporhamphus picarti* es la más pequeña, unos 20 cm de longitud. En Fricke *et al.* (2023) figura *Esox pinnulatus* como sinónimo aceptado de *Belone belone*, pero creemos que se trata de un error, pues Cabrera con esa denominación se refería a *Scomberesox saurus*.

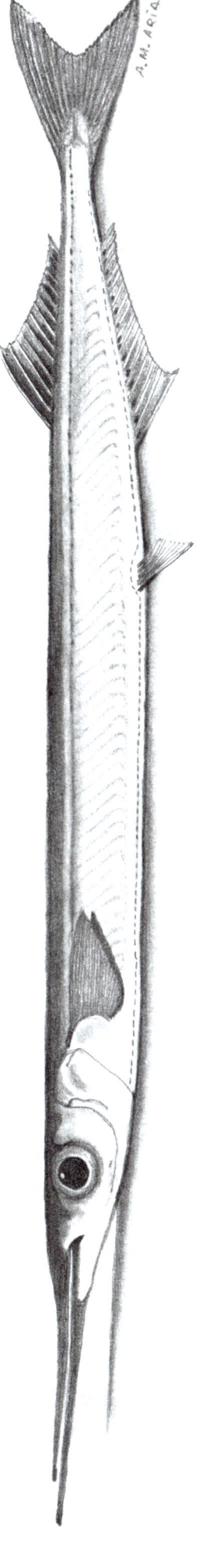

Belone belone (Linnaeus, 1761) - Aguja

APORTACIÓN DE CABRERA

LISTA MANUSCRITA

Mosquitero

MEMORIA DESCRIPTIVA

«ADDENDA. PECES. ESPECIE.—**El Mosquitero.**—*Esox Marginatus.*—La mandíbula inferior larguísima; la superior corta; la línea lateral argentada ancha; las aletas dorsal y anal opuestas.» (p.174)

LISTA IMPRESA

«GÉNERO 30. *El Mosquitero,* Esox Marginatus *Lin.*» (p.183)

ESTADO ACTUAL

Hyporhamphus picarti (Valenciennes, 1847) — Lámina 87

Clase: Actinopteri, Orden: Beloniformes, Familia: Hemirhamphidae

Citas en obras anteriores a Cabrera

Ninguna

Primera cita posterior a Cabrera

Hemiramphus picarti (Valenciennes, 1847: 25)

ANÁLISIS

Etimológico

Esox Marginatus: {lt. *esox, isox, ocis*} 'lucio', v. en la ficha 86 + {lt. *marginatus, a, um*}, derivado de {lt. *margo, inis*} 'borde, margen' (*PE*), referido al borde de la aleta caudal, que es oscuro.

Hyporhamphus picarti: {gr. *hypo*} 'debajo' + {gr. *rhamphos, eos, ous*} 'pico, hocico, morro', en relación con la mandíbula inferior, que es la más larga + dedicatoria a «M[onsieur]. Picart», joven naturalista francés que murió prematuramente en las marismas del estuario del río Gabón (Webb et Berthelot, 1844, 2: 55); recolectó ejemplares de esta especie en la bahía de Cádiz y envió varios moluscos y anélidos curiosos al Gabinete del Rey en Francia (Cuvier et Valenciennes, 1847: 25).

Ictionímico

Cabrera recoge para esta especie el nombre común *mosquitero*, que con sentido ictionímico se documenta en Andalucía en los textos del Magistral y que no pervive hoy en el léxico marinero andaluz. Es posible que la motivación semántica metafórica de este ictiónimo venga de uno de sus comportamientos: se trata de un pez que de noche es atraído por la luz, como los mosquitos. Otras pautas llamativas de sus hábitos, como alimentarse de algas y restos orgánicos del fondo marino, o depositar sus huevos entre las algas sujetos con hebras adhesivas, no encajan con la denominación mosquitero. Los pescadores andaluces la llaman *aguja, agujón, saltarín* y *algarín,* entre otros nombres (*IA*: 207).

Taxonómico

En un apartado titulado peces dentro de la Addenda, Cabrera incluyó una especie que llamó *Esox Marginatus,* sin otra opción porque en el *Systema Naturae* decía, traducido, 'aleta dorsal única, opuesta a la anal, línea lateral plateada, mandíbula inferior seis veces más larga que la superior', caracteres coincidentes con los del especímen que él tenía delante. Sin embargo, *Esox marginatus* es un sinónimo del actual *Hemiramphus marginatus* (Forsskål, 1775), que habita en el océano Índico occidental (Froese and Pauly, 2023), lo que descarta que fuera esta la especie que examinó nuestro autor, que, no obstante, era muy parecida a la que encontró en el *Systema Naturae,* pues su descripción es prácticamente igual. En realidad, se trataba de *Hyporamphus picarti,* otro beloniforme, más pequeño, frecuente en aguas gaditanas y no descrito hasta entonces, 1817. Cabrera fue, por tanto, el primero en documentar esta especie en Andalucía, descrita formalmente treinta años después por Valenciennes, en 1847, como *Hemiramphus picarti,* sinónimo de *Hyporamphus picarti.* Con posterioridad, y extrañamente, no se menciona en la bibliografía ictiológica hasta solo recientemente. Machado (1857: 23), que utilizó la información de Cabrera, la incluyó dentro del apartado «Especies nombradas en Linneo, de momento desconocidas para mí». Después no se nombra hasta Fernández-Delgado *et al.* (2000: 136) y Arias (2005: 201), que la citan en el estuario del Guadalquivir y en los corrales de pesca de Rota, respectivamente, donde no es raro encontrarla. Esta prolongada ausencia en la bibliografía andaluza se debió, seguramente, a confusiones con *Belone belone* y *Scomberesox saurus,* especies relativamente parecidas.

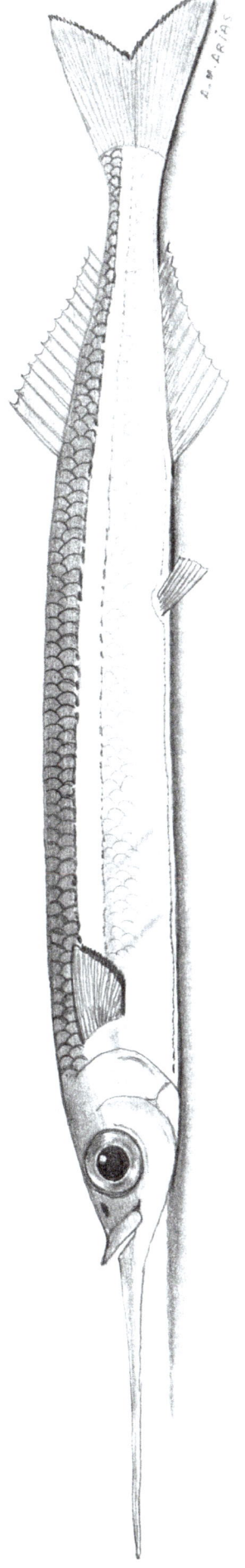

Hyporhamphus picarti (Valenciennes, 1847) - Mosquitero

APORTACIÓN DE CABRERA

LISTA MANUSCRITA

Bolador

MEMORIA DESCRIPTIVA

«GÉNERO.—*Exocetus.*—LINN. Cuerpo oblongo, redondeado por detrás y anguloso por delante, cabeza casi de tres lados; frente deprimida; las aletas pectorales larguísimas, agujadas, voladoras.» (p. 162)

«ESPECIE.—**Volador**.—*Exocetus Evolans.*—LINN. La mandíbula inferior más larga; el abdomen redondo; las aletas ventrales brevísimas.» (p. 163)

LISTA IMPRESA

«GÉNERO 34. *El Volador*, Exocetus Evolans *Lin.*» (p. 183)

ESTADO ACTUAL

Exocoetus volitans Linnaeus, 1758 — Lámina 88

Clase: Actinopteri, Orden: Beloniformes, Familia: Exocoetidae

Citas en obras anteriores a Cabrera

Exocoetus (Artedi, 1738: 18); *Exocoetus volitans* (Linnaeus, 1758: 316); *Exocoetus evolans* (Linnaeus, 1766: 521); *Exocetus volitans* (Bonnaterre, 1788: 181; pl. 73, fig. 306); *Exocoetus evolans* (Linnaeus, en Gmelin, 1789: 1400)

ANÁLISIS

Etimológico

Exocoetus Evolans: {gr. *exo*} 'fuera' + {gr. *oikos, ou*} 'casa lugar' (Sebastián, 1964) + {lt. *evolo, are*} 'salir o alejarse volando' (*PE*), vienen a indicar que sale fuera de su casa, en el sentido de que salta fuera del agua del mar, que es su casa, figuradamente.

Exocoetus volitans: {gr. *exo*} + {gr. *oikos, ou*} v. anterior + {lt. *volitans, antis*} 'que vuela de aquí a allá' (Jordan and Evermann, 1896, I: 734), todo ello relativo a los grandes saltos que da fuera del agua.

Ictionímico

Sobre el ictiónimo *volador*, v. en la ficha 60.

Taxonómico

En aguas del golfo de Cádiz pueden encontrarse varias especies de peces voladores, de las que tres son las más frecuentes y muy parecidas entre sí a simple vista: *Exocetus volitans*, *Hirundichthys rondeletii* (Valenciennes, 1846) y *Cheilopogon heterurus* (Rafinesque, 1810). Cabrera examinó y determinó, siguiendo a Linneo, un ejemplar de *Exocetus evolans*, ya que citó el carácter clave que la diferencia: «las aletas ventrales brevísimas». En las otras dos especies estas aletas son muy largas y casi llegan hasta la aleta caudal. *Exocoetus evolans* es un sinónimo aceptado de *Exocoetus volitans*, que, por tanto, fue la especie que examinó Cabrera.

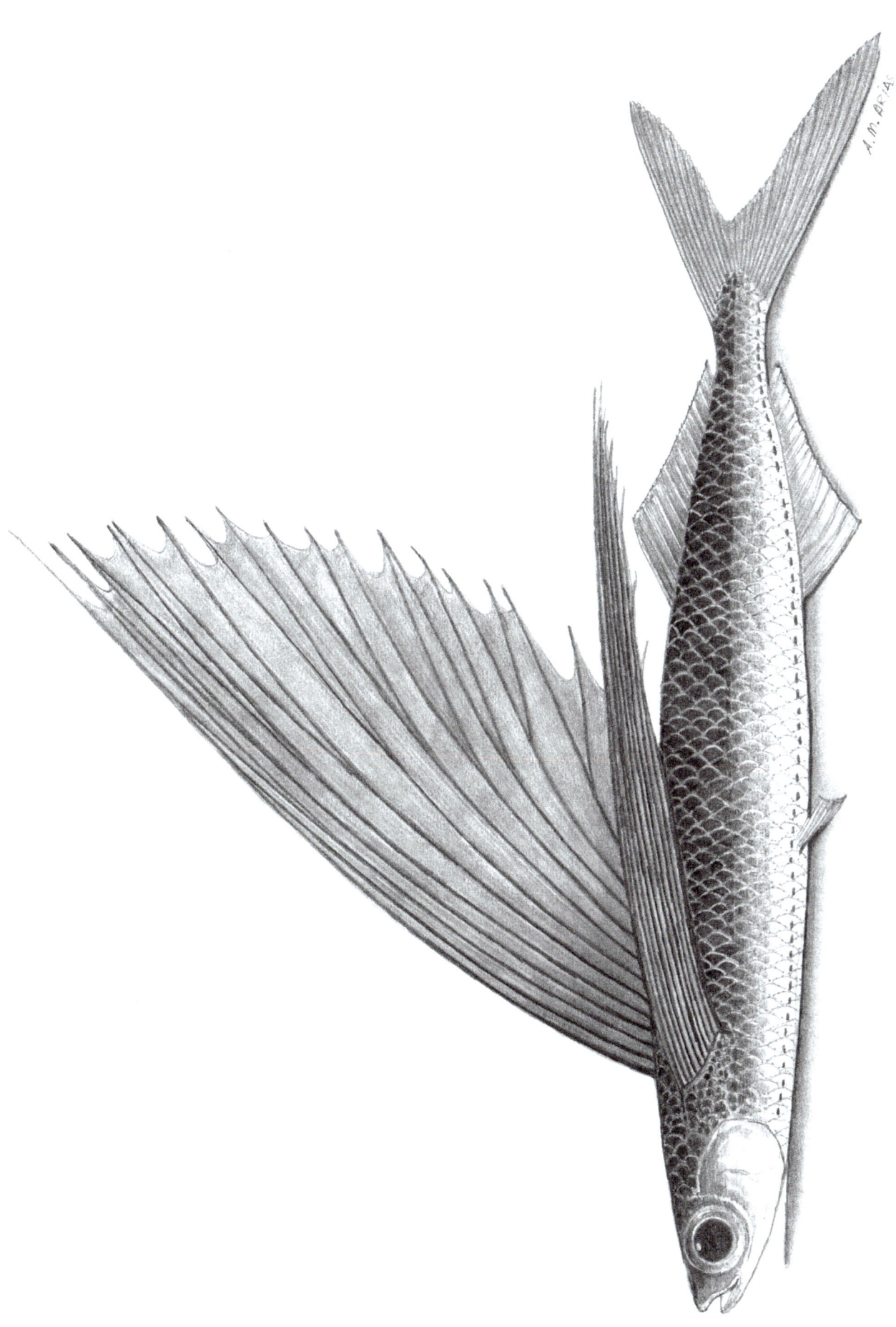

Exocoetus volitans Linnaeus, 1758 - Bolador

LÁMINA 88

APORTACIÓN DE CABRERA

LISTA MANUSCRITA

MEMORIA DESCRIPTIVA

«GÉNERO.—*Mugil.*—LINN. Cuerpo oblongo casi comprimido, blanquecino, cubierto de escamas estriadas y truncadas; cabeza cónica; boca sin dientes.» (p. 162)

«ESPECIE 2.ª—**La Liza.**—*Mugil Albula.*—LINN. Parece que pueden fácilmente reducirse a esta especie nuestras lisas, aunque su cabeza es algo más prolongada de lo que la representa el dibujo de Mr. Bonneterre.» (p. 162)

LISTA IMPRESA

«GÉNERO 33. *La Lisa*, Mugil Albula *Lin.*» (p. 183)

COLECCIÓN INSTITUTO

«15. *Mugil chelo* Cuv. y Val. En pequeña etiqueta decía: *M. albula* (n. v. lisa)» (De Buen, 1919: 252)

ESTADO ACTUAL

Chelon labrosus (Risso, 1827) — Lámina 89

Clase: Actinopteri, Orden: Mugiliformes, Familia: Mugilidae

Citas en obras anteriores a Cabrera

Lisa, Mugil (Löfling, 1753); *Mugil Provensalis* (Risso, 1810: 346)

ANÁLISIS

Etimológico

Mugil Albula: {lt. *mugil, is*} 'mugil, pez' y también 'viscoso', por la mucosidad que cubre el cuerpo de este pez + {lt. *albulus, a, um*} 'blanco', por su coloración clara (*PE*).

Chelon labrosus: {gr. *cheilos, eos, ous*} 'labio' (Barriuso, 1986: 260), por lo abultado que tienen los labios las especies de la familia mugílidos + {lt. *labrosus, a, um*} 'de labios gruesos' (Jordan and Evermann, 1896, I: 319).

Ictionímico

Las cinco especies de mugílidos presentes en nuestras aguas, muy parecidas entre sí y difíciles de identificar, son conocidas con el hiperónimo *lisa*, aunque este nombre se asocia principalmente a *Chelon labrosus*. El ictiónimo *lisa* procede del catalán *llisa* o *llisera* 'mújol' (*DCECH*), su etimología podría ser *licia* o *alicia*, tal vez relacionada con el latín *allec* 'escabeche, boquerón', por haber sido utilizados estos peces en las conservas romanas. La forma castellana *lisa* se documenta por primera vez como ictiónimo en 1326 por el Infante D. Juan Manuel (*DCECH*).

Taxonómico

Reestructuremos la frase de la descripción colocando algunos elementos en otro orden y con aclaraciones: «Parece que nuestras lisas fácilmente [porque se parecen mucho] pueden reducirse [pertenecer] a esta especie [*Mugil Albula*], aunque su cabeza es algo más prolongada [picuda] de lo que la representa el dibujo de Mr. Bonneterre [Bonnaterre]». Es decir, lo que creemos que examinaba Cabrera y designó con el nombre de *Mugil Albula*, tomado de Linneo (Gmelin, 1789: 1398), tenía la cabeza más picuda que el dibujado en la «pl. 73, fig. 305» de Bonnaterre[202], también llamado *Mugil Albula* por el ictiólogo francés (p. 180), en el que se representa un pez con la cabeza redondeada acompañado de la leyenda «L'Albule». Aunque el dibujo es poco afortunado, representaría a *Mugil cephalus* (90), ya que *Mugil Albula* es un sinónimo aceptado de *Mugil cephalus*, que también utilizó Mitchill (1814: 18 y 19) para la misma especie en aguas de Nueva York. En consecuencia, Linneo y Bonnaterre se confundían al considerar a *Mugil Abula* una especie diferente a *Mugil Cephalus*, ya que, en realidad, era la misma especie: *Mugil cephalus*. Por lo tanto, Cabrera tenía razón al decir que lo que él examinaba tenía la cabeza más prolongada, ya que se trataba de un ejemplar de otra especie. Con ello, pese a que utilizó el sinónimo *Mugil Albula* (porque no tenía otra opción, ya que lo que examinaba no se encontraba en Linneo), no estaba estudiando a *Mugil cephalus*, especie que ya había descrito en otra entrada. Pero se da la circunstancia de que en la figura 304 de la misma lámina 73, Bonnaterre reprodujo un dibujo fidedigno de *Chelon labrosus* acompañado de la leyenda «Le Muge», o sea, *Mugil Cephalus* (segunda confusión de Bonnaterre). Suponemos que Cabrera vio claramente representado en esta figura 304 al espécimen que él examinaba (*Chelon labrosus*), pero señalado con un nombre equivocado, y optó, erróneamente —tal vez por falta de bibliografía, porque la especie ya había sido descrita por Risso (1810: 346) siete años antes—, por llamarlo con el nombre que consideró seguro, *Mugil Albula*, avalado por Linneo (Gmelin, 1789: 1398). Por otra parte, como se dijo más arriba, en Andalucía *lisa* es el ictiónimo asociado con mayor frecuencia de ocurrencia a *Chelon labrosus*, lo que apoya nuestra hipótesis de que fue esta la especie que examinó Cabrera bajo los escuetos datos de su aportación. Casualmente, otro hecho que apoya nuestra interpretación es la Colección del Instituto de Cádiz (v. apartado Especies nuevas), en la que De Buen corrigió el ejemplar etiquetado como «M. albula (n. v. lisa)» y lo determinó como *Mugil chelo*, sinónimo de *Chelon labrosus*. En resumen, Cabrera examinó un ejemplar de *Chelon labrosus* y comprobó que no estaba incluido en Linneo. Consultó la obra de Bonnaterre y encontró dos dibujos, uno fiel de *Chelon labrosus*, pero referido a *Mugil cephalus* («Le Muge») y otro deficiente de *Mugil cephalus* con la leyenda «L'Albule». Pese a las similitudes que observó entre su ejemplar y la representación gráfica, y sin la bibliografía adecuada, siguió a Linneo y optó por denominar a la especie de forma equivocada: *Mugil Albula* (= *Mugil cephalus*). Prueba de ello es que el ejemplar conservado en la Colección del Instituto, supuestamente examinado por Cabrera, era *Chelon labrosus* = *Lisa*, como corroboró De Buen.

---

202 Dibujo que Bonnaterre tomó de la lámina 6 de Catesby (1743).

Chelon labrosus (Risso, 1827) - Lisa

APORTACIÓN DE CABRERA

LISTA MANUSCRITA

MEMORIA DESCRIPTIVA

«GÉNERO.—*Mugil.*—LINN.» (v. en la ficha 89)

«ESPECIE I.ª—**El Capitán ó Cabezudo.**—*Mugil Cephalus.*—LINN. Su gran cabeza plana por encima y su carne deliciosa distingue à este pez bastantemente.» (p. 162)

LISTA IMPRESA

«GÉNERO 33. *El Capitán, El Cabezudo,* Mugil Cephalus *Lin.*» (p. 183)

«*El Morro*», en los listados de ictiónimos sueltos que no llegó a identificar (p. 187)

ESTADO ACTUAL

Mugil cephalus Linnaeus, 1758 — Lámina 90

Clase: Actinopteri, Orden: Mugiliformes, Familia: Mugilidae

Citas en obras anteriores a Cabrera

Cephalo (Rondelet, 1558a: 207; L. IX, c. I); *Mugil, Cephalus* (Willoughby, 1686: 274); *Mugil* (1.) (Artedi, 1738: 52); *Capitán* (Löfling, 1753); *Mugil Cephalus* (Linnaeus, 1758: 316); *Mugil Cephalus* (Bonnaterre, 1788: 179; pl. 73, fig. 304); *Mugil, Mugil Cephalus* (Cornide, 1788: 90); *Mugil Cephalus* (Linnaeus, en Gmelin, 1789: 1397); *Mugil, mújol* (Medina Conde, 1789: 114 y 136); *Mugil Cephalus* (Asso, 1801: 47)

ANÁLISIS

Etimológico

Mugil cephalus: {lt. *mugil, is*} v. en la ficha 89 + {gr. *kephale, es*} 'cabeza' (Sebastián, 1964), debido al gran tamaño de su cabeza.

Ictionímico

Capitán y *cabezudo* son denominaciones metonímicas que destacan una de las características más significativas de *Mugil cephalus*: su cabeza grande. La forma semiculta *capitán* deriva del latín *capĭto, capĭtōnis* 'big-headed, having a large head' (Glare, 1982). De ella se llega a la documentada *capitaneus* (*DCECH*) que da lugar a formas como *capito* en italiano o *capità* en catalán, de la que evoluciona hasta la forma castellana *capitán*, cuyo valor semántico inicialmente ligado a la náutica, mantiene el original 'gran cabeza'. Ambos ictiónimos se documentan por primera vez en Andalucía asociados a *Mugil cephalus* en los escritos de Cabrera. La denominación *morro* pervive hoy día en algunos puertos andaluces del Mediterráneo (La Línea, Fuengirola, Málaga, Caleta de Vélez y Almuñécar) asociada a *Mugil cephalus* (*IA*: 319), principalmente, y alude al característico morro abultado de esta especie. Según Graells (1887: 187), *morro* correspondía a una especie que «no se ha podido examinar ni determinar», pero ya vemos que Cabrera sí la examinó, lo que no supo es que dicho ictiónimo designaba a esta especie.

Taxonómico

En 1758, el *Systema naturae* de Linneo describe a *Mugil cephalus*, fácil de distinguir, en principio, por su cabeza redondeada y grande, que es lo que destaca Cabrera en su descripción y que fue la especie que examinó y determinó con seguridad. Completar la información con la expuesta en la ficha 89.

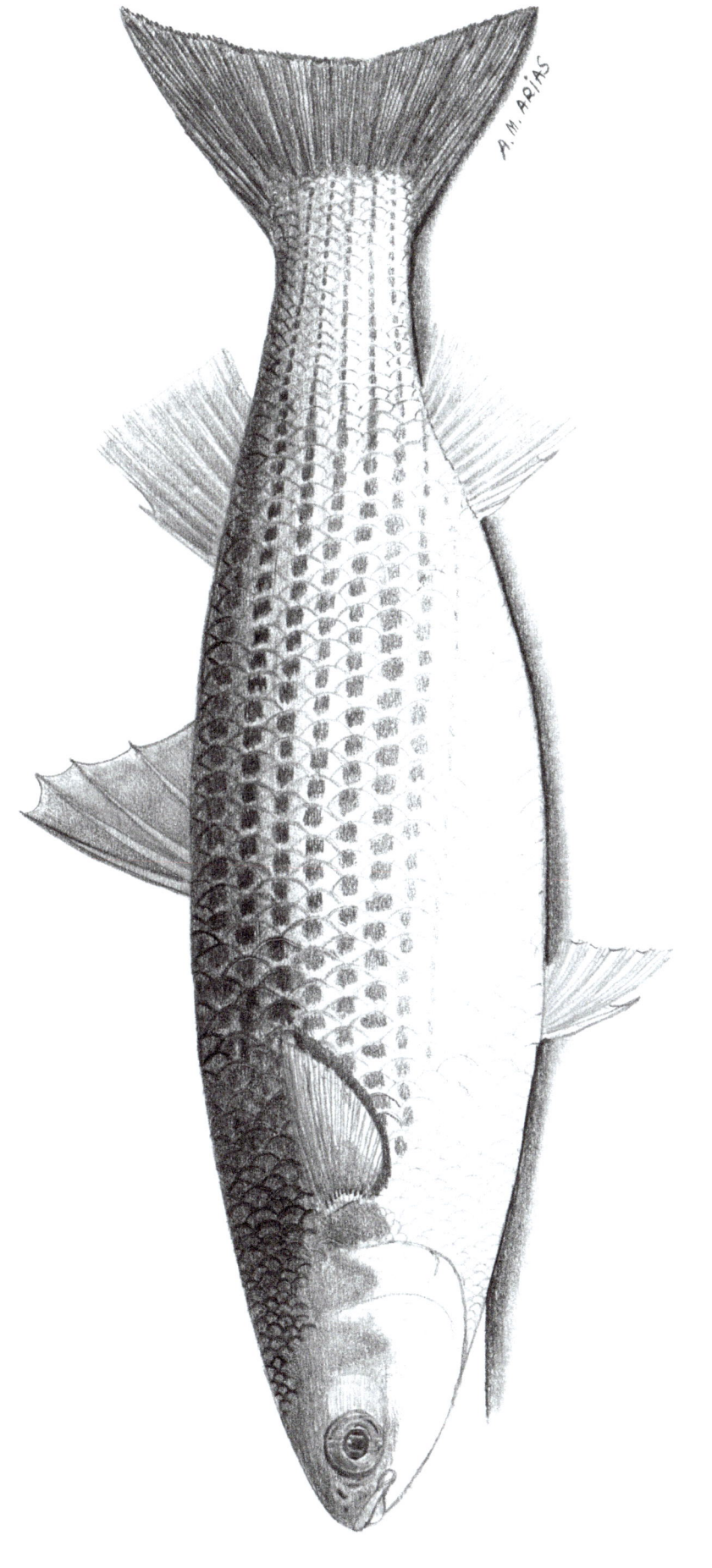

Mugil cephalus Linnaeus, 1758 - Capitán, Cabezudo, Morro

APORTACIÓN DE CABRERA

LISTA MANUSCRITA

MEMORIA DESCRIPTIVA

«GÉNERO.—*Blennius.*—LINN. La cabeza inclinada, cubierta; la membrana branquiostega de seis radios; cuerpo lanceolado; aletas ventrales de dos radios; la anal distinta.» (p.148)

«ESPECIE 2.ª—**El Ocelar.**—*Blennius Ocellaris.*—LINN. En la aleta dorsal primera posee una mancha orbicular negra.» (p.148)

LISTA IMPRESA

«GÉNERO 10. *El Torillo*, Blennius Ocellaris *Lin.*» (p.176)

ESTADO ACTUAL

Blennius ocellaris Linnaeus, 1758 — Lámina 91

Clase: Actinopteri, Orden: Blenniiformes, Familia: Blenniidae

Citas en obras anteriores a Cabrera

Blennius (1.) (Artedi, 1738: 26); *Blennius ocellaris* (Linnaeus, 1758: 256); *Blennius Ocellaris* (Bonnaterre, 1788: 53; pl. 31, fig. 113); *Blennius ocellaris* (Linnaeus, en Gmelin, 1789: 1176)

ANÁLISIS

Etimológico

Blennius ocellaris: {gr. *blennos, ou*} 'moco', por la abundante mucosidad que cubre el cuerpo de estos peces + {lt. *ocellaris*}, diminutivo de {lt. *ocellus, i*} (Jordan and Evermann, 1896, I: 643), relativo a la gran «mancha orbicular negra» en forma de ojo que poseen en la parte anterior de la aleta dorsal.

Ictionímico

Cabrera recogió para esta especie los nombres de *torillo* y *ocelar*. El primero aparece en la Lista manuscrita y en la Lista impresa; el segundo solo en la Memoria descriptiva, sin que podamos encontrar una explicación a este hecho, como no sea un olvido o un descarte de Cabrera ante alguna consideración que no es posible averiguar. El ictiónimo *ocelar*, documentado por Cabrera por primera vez en Andalucía, es una voz metonímica que hace referencia al ocelo o mancha negra presente en la primera mitad de la aleta dorsal del pez. *Torillo* podría estar motivado por los dos «apéndices dérmicos del pez, a modo de cuernecillos» (Barriuso, 1976: 230) que tiene en la cabeza. Este pez es conocido en el litoral de Murcia como *bacón*, voz que el *LMP* (mapa 605) recogió en Santiago de la Ribera y García Martínez (1960: 286) en Cartagena, para quien es posible que *bacón* venga de *vaco* 'buey', por el aspecto robusto del pez; en este sentido, sería una denominación emparentada con la forma *toro* y *torito* documentada también en la costa oriental andaluza (*IA*: 550).

Taxonómico

Las numerosas especies de la familia Blenniidae son muy similares entre sí y difíciles de diferenciar. *Salvo Blennius* ocellaris, que se reconoce con facilidad por su llamativo ocelo negro en la primera mitad de la aleta dorsal. Por ello Cabrera no debió tener ninguna dificultad para identificarla. No le ocurrió lo mismo con las otras cuatro especies de esta familia que mencionó en sus listados, de las que describió tres: *Blennius Murenoides, Blennius Viviparus* y *Blennius Galerita*; puso nombre común a dos, putita (*B. Murenoides*) y vivíparo (*B. Viviparus*); y dejó sin nombre a las otras dos, *B. galerita* y *B. Simus*. En las fichas correspondientes se explica cada caso por separado.

A.M.ARIAS

Blennius ocellaris Linnaeus, 1758 - Torillo
(Dibujo basado en un vídeo subacuático de D.Serrano, en pecesmediterraneo.com)

APORTACIÓN DE CABRERA

MEMORIA DESCRIPTIVA

«ADDENDA. *Blennius Galerita*. Con cresta en la cabeza del mismo cutis formada; pez de cuatro pulgadas, de color oscuro. Carece de nombre vulgar.» (p. 171)

LISTA IMPRESA

«GÉNERO 10. *Sin nombre*, Blennius Galerita *Lin*.» (p. 177)

ESTADO ACTUAL

Coryphoblennius galerita (Linnaeus, 1758) — Lámina 92

Clase: Actinopteri, Orden: Blenniiformes, Familia: Blenniidae

Citas en obras anteriores a Cabrera

Galeritam (Rondelet, 1558a: 171; L. VI, c. XXI); *Alauda cristata five Galerita* (Willoughby, 1686: 134; Tab: H.6.7); *Blennius* (4.) (Artedi, 1738: 27); *Blennius Galerita* (Linnaeus, 1758: 256); *Blennius Galerita* (Bonnaterre, 1788: 52; pl. 32, fig. 116); *Babosa* (Medina Conde, 1789: 209)

ANÁLISIS

Etimológico

Blennius Galerita: {gr. *blennos, ou*} v. en la ficha anterior + {lt. *galeritus, a, um*} 'cubierto con un casco o bonete', relativo al apéndice carnoso sobre la cabeza; en este sentido, conviene indicar que Rondelet, refiriéndose a *Salaria pavo* (Risso, 1819), otro blénnido, dice que en latín se le llama *Galeritam* por la semejanza con una alondra, ave paseriforme de la familia Alaudidae con una cresta de plumas sobre la cabeza, que eleva cuando está alarmada. Por el mismo motivo, Willoughby llama a este pez «*Alauda cristata o Galerita*».

Coryphoblennius galerita: {gr. *koryphe, es*} 'parte más alta de la cabeza' (Sebastián, 1964), relativo a la zona donde lleva la mencionada cresta + {gr. *blennos, ou*} + {lt. *galeritus, a, um*}, v. en los apartados anteriores.

Ictionímico

Cabrera no recogió ningún nombre común asociado a *Blennius Galerita* e insistió en ello dos veces: «Carece de nombre vulgar» y «Sin nombre», cosa que no había hecho en ninguna otra especie. En Málaga, Martínez Montes (1852: 43) llama a esta especie «*cugujada*», relativo al ave paseriforme *cogujada*, *Galerida cristata* (Linnaeus, 1758), también de la familia Alaudidae, de donde se toma el nombre del pez porque tiene una cresta similar a la del ave (De la Torre, 2022: 61).

Taxonómico

Con la frase «cresta en la cabeza del mismo cutis formada» Cabrera podría referirse tanto a *Blennius Galerita* como a *Salaria pavo*, como puede deducirse de lo dicho en los dos apartados anteriores porque las dos especies tienen ese apéndice cefálico. Sin embargo, se refería a la primera, *Coryphoblennius galerita*, tanto porque *Blennius Galerita* es un sinónimo válido, como porque Cabrera indica en su descripción que se trata de un «pez de cuatro pulgadas», unos 9 cm, mientras que *Salaria pavo* es una especie de mayor tamaño que alcanza los 15 cm de longitud total.

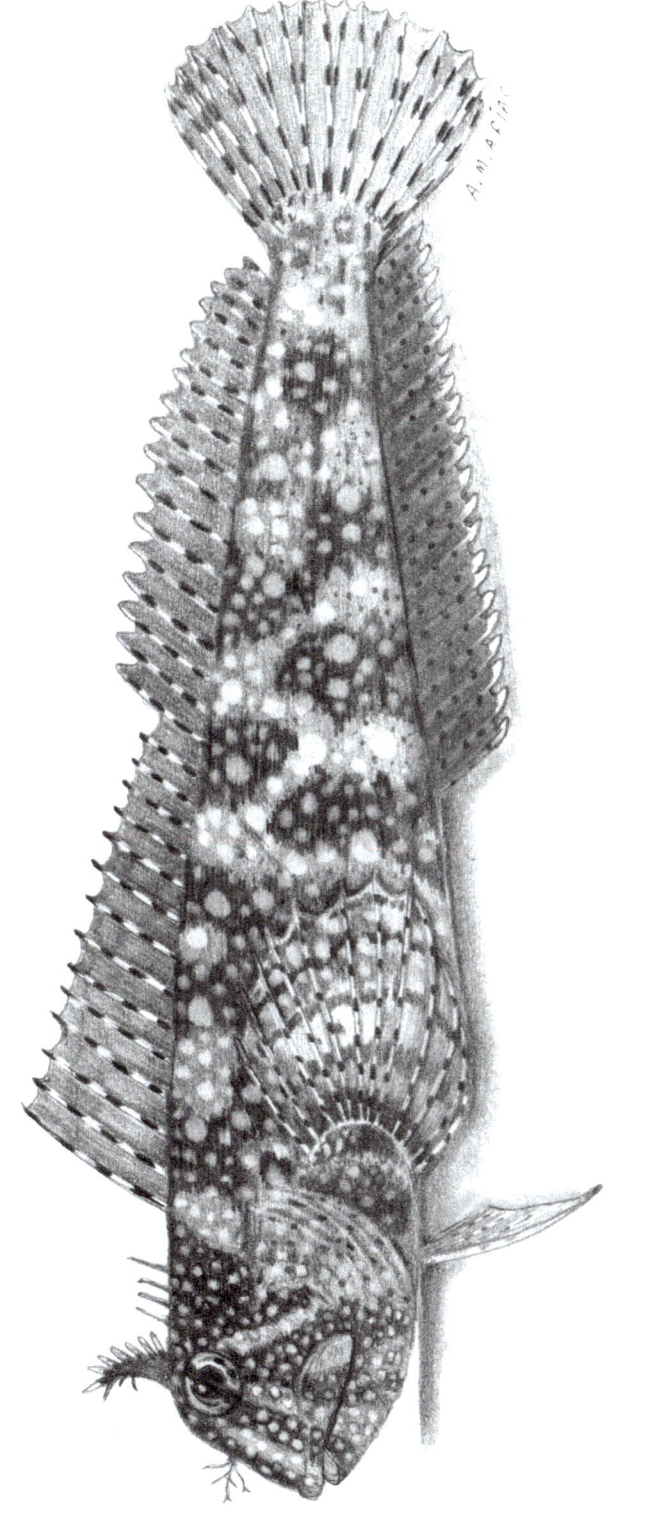

Coryphoblennius galerita (Linnaeus, 1758) - Sin nombre

(Dibujo basado en una fotografía de P. R. Sterry, en www.alamy.com)

APORTACIÓN DE CABRERA

MEMORIA DESCRIPTIVA

«GÉNERO.—*Blennius.*—LINN.» (v. en la ficha 91) (p. 127)

«ESPECIE 5.ª—**La Putita.**—*Blennius Murenoides.* La frente triangular, prominente, el cuerpo estrecho y larguito, de tres o cuatro pulgadas de largo.» (p. 149)

ESTADO ACTUAL

Lipophrys pholis (Linnaeus, 1758) — Lámina 93

Clase: Actinopteri, Orden: Blenniiformes, Familia: Blenniidae

Citas en obras anteriores a Cabrera

Blennius (3.) (Artedi, 1738: 27); *Blennius Pholis* (Linnaeus, 1758: 257); *Blennius Pholis* (Bonnaterre, 1788: 54; pl. 32, fig. 118); *Blennius Pholis* (Linnaeus, en Gmelin, 1789: 1180)

ANÁLISIS

Etimológico

Blennius Murenoides: {gr. *blennos, ou*} v. en la ficha 91 + {lt. *muraena, ae*} v. en la ficha 34 + {gr. *oides, eidos, eos, ous*} 'forma, configuración' (Sebastián, 1964), es decir, de aspecto similar a la morena.

Lipophrys pholis: {gr. *leipos, lipos, eos, ous*} 'carencia o ausencia' + {gr. *ophrys, yos*} 'ceja' (Sebastián, 1964), que se refiere a la falta de cirros o tentáculos encima de los ojos + {gr. *pholis, idos*} 'escama' (Sebastián, 1964), tal vez referido a la piel desnuda.

Ictionímico

La voz disfemística *putita* hace alusión a una de las características físicas de este pez: su piel sin escamas y cubierta de mucus, que le da aspecto de desnudez y suavidad similar a la de la piel de una mujer, en este caso aludida peyorativamente. Este ictiónimo es usado para denominar también a otras especies que comparten esta característica, como la *tembladera*, *Torpedo marmorata* Risso, 1810, la *faneca*, *Trisopterus luscus* (49) y el *platero*, *Argentina sphyraena* (45). Se documenta por primera vez en Andalucía en los escritos de Cabrera.

Taxonómico

De los tres elementos que aporta Cabrera, nombre científico, descripción y nombre común, este último parece conducirnos con cierta seguridad a la especie que examinó el Magistral. El nombre común de *putita* de la Memoria descriptiva corresponde al actual *Lipophrys pholis*, como señala Machado (1857: 18). Este nombre, *putita*, no aparece en la Lista impresa posterior, tal vez por olvido o error del amanuense. La descripción es poco clara, pues la «frente triangular, prominente» y el resto de su texto pueden encajar con varias especies de blénnidos, si bien el «cuerpo estrecho y larguito, de tres o cuatro pulgadas de largo» (unos 7 a 9 cm de longitud) encaja con *Lipophrys pholis*, cuya talla máxima es 15 cm, y es la especie que creemos examinó el religioso. Por otro lado, la equivalencia científica, *Blennius Murenoides* (*Blennius muraenoides*, de Linnaeus, en Gmelin, 1789: 1184), es un sinónimo no aceptado de *Pholis gunnellus* (Linnaeus, 1758), una especie de cuerpo muy alargado, serpentiforme, de unos 30 cm de longitud, que habita en el Atlántico norte (mar del Norte, mar Báltico, Islandia) y Atlántico oeste (Labrador, Canadá), y que por ello descartamos como especie que examinó el Magistral.

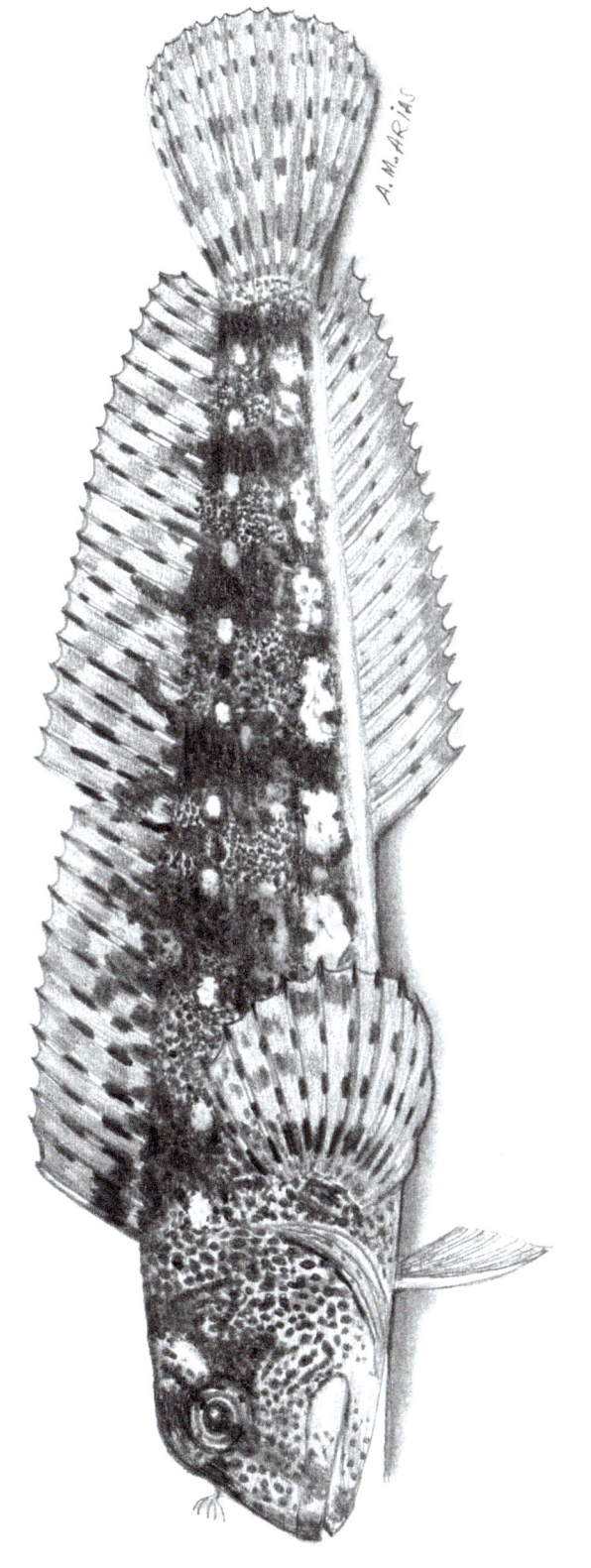

Lipophrys pholis (Linnaeus, 1758) - Putita
(Dibujo basado en una fotografía de R. Borcherding, en www.beachexplorer.org)

LÁMINA 93

APORTACIÓN DE CABRERA

LISTA MANUSCRITA

MEMORIA DESCRIPTIVA

«GÉNERO.—*Blennius*.—LINN.» (v. en la ficha 91)

«ESPECIE 1.ª [Debería ser Especie 3ª. Hay un error en el original]—**El Vivíparo**.—*Blennius Viviparus*.—LINN. Sobre la cabeza tiene dos hilos de media pulgada, boca pequeña, la mandíbula superior más larga.» (p. 148)

LISTA IMPRESA

«GÉNERO 10. *La Babosa*, Blennius Viviparus *Lin*.» (p. 176)

ESTADO ACTUAL
Parablennius gattorugine (Linnaeus, 1758) — Lámina 94
Clase: Actinopteri, Orden: Blenniiformes, Familia: Blenniidae

Citas en obras anteriores a Cabrera

Gattorugine (Willoughby, 1686: 132; Tab: H.2.2); *Blennius* (2.) (Artedi, 1738: 26); *Blennius Gattorugine* (Linnaeus, 1758: 256); *Blennius Gattorugine* (Bonnaterre, 1788: 54; pl. 31, fig. 114); *Blennius Gattorugine* (Linnaeus, en Gmelin, 1789: 1177)

ANÁLISIS

Etimológico

Blennius Viviparus: {gr. *blennos, ou*} v. en la ficha 91 + {lt. *viviparus, a, um*} 'vivíparo' (*PE*), animal que se desarrolla en el útero materno hasta el momento de su nacimiento (v. más en el comentario taxonómico).

Parablennius gattorugine: {gr. *para*} 'al lado de', que puede expresar 'con características similares' a otros géneros de la misma familia Blenniidae + género *Blennius*, v. en la ficha 91 + {*gattoruggine*} es un diminutivo del {it. *gotto roso*} equivalente a {*gutturosus*} o abultamiento de la garganta (Cuvier et Valenciennes, 1836: XI, 209), en clara referencia al repliegue que forman las membranas branquiostegas al unirse por debajo del 'cuello' del pez.

Ictionímico

El ictiónimo metonímico *babosa* es de uso común para designar a especies de peces que tienen el cuerpo cubierto de abundante mucus o babas, como *Coris julis* (141) y *Gobius niger* (67), entre otras.

Taxonómico

Blennius Viviparus es hoy un sinónimo de *Zoarces viviparus*, un pez que habita en el Atlántico norte, desde Irlanda hasta el mar Blanco. Dicha distribución geográfica descarta que esta fuera la especie que examinó Cabrera. Por otra parte, *Zoarces viviparus*, como indica su epíteto científico, pare las crías vivas desde el cuerpo de la madre, hecho que habría mencionado Cabrera de haber examinado a esta especie. Además, *Zoarces viviparus* no tiene sobre la cabeza «dos hilos de media pulgada», como es el caso de *Parablennius gattorugine*, que con sus dos tentáculos supraorbitales muy ramificados creemos que fue la especie estudiada por el religioso en esta ocasión. Tal vez por eso en la Lista impresa no incluyó el nombre de *Vivíparo* y recogió uno nuevo, *Babosa*, que no estaba en la Memoria descriptiva, pero que en la Lista manuscrita escribe con z, *Baboza*, como puede verse en la reproducción del nombre. No se entiende, por tanto, a qué se debió que Cabrera se decidiera por determinar esta especie como *Blennius Viviparus*, ya que Linneo incluía la opción de *Blennius Gattorugine*. Asimismo, en Willoughby, que Cabrera consultaba, se mencionaba ya esta especie setenta y dos años antes que Linneo, y se incluía una buena ilustración de la misma que le hubiera ayudado sin duda a una determinación correcta.

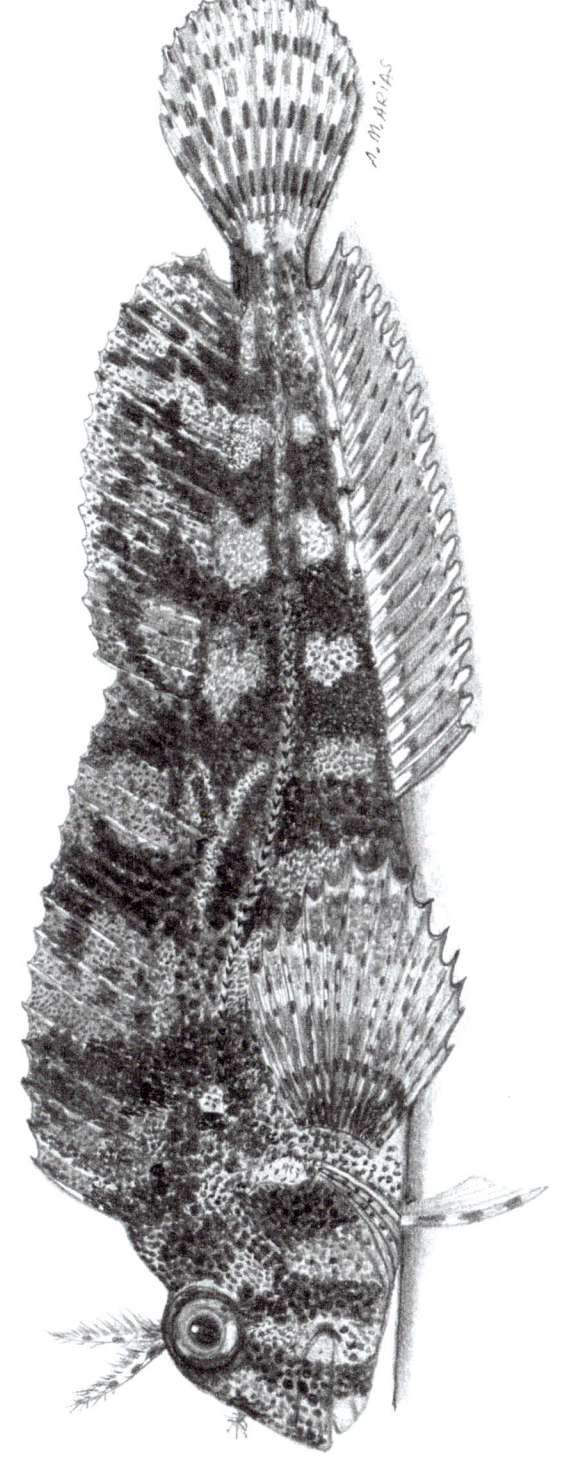

Parablennius gattorugine (Linnaeus, 1758) - **Babosa**

LÁMINA 94

APORTACIÓN DE CABRERA

LISTA MANUSCRITA

Ochavo Buñuelo

MEMORIA DESCRIPTIVA

«GÉNERO.—*Perca*» (v. en la ficha 101)

«ESPECIE 4.ª—**El Asperillo**.—*Perca Pusilla*. Su cuerpo es aovado, comprimido y muy áspero al tacto.» (p. 157)

LISTA IMPRESA

«GÉNERO 17. *El Ochavo, Zeus Asper Lin.*» (p. 178)

«*El Buñuelo*», en los listados de ictiónimos que no llegó a identificar (p. 187)

COLECCIÓN INSTITUTO

«39. *Capros aper* (L.). De Cádiz» (De Buen, 1919: 253)

ESTADO ACTUAL

Capros aper (Linnaeus, 1758) — Lámina 95

Clase: Actinopteri, Orden: Acanthuriformes, Familia: Caproidae

Citas en obras anteriores a Cabrera

Aper (Rondelet, 1558a: 141; L. V, c. XXVII); *Aper* (Willoughby, 1686: 296); *Zeus* (3.) (Artedi, 1738: 78); *Zeus Aper* (Linnaeus, 1758: 267); *Perca Pusilla* (Brünnich, 1768: 62); *Zeus Aper* (Bonnaterre, 1788: 73); *Zeus Aper* (Linnaeus, en Gmelin, 1789: 1225); *Chabillo* (Medina Conde, 1789: 214)

ANÁLISIS

Etimológico

Perca Pusilla: {gr. *perkis, perke, es*} 'perca', de {gr. *perkaino*}, ennegrecer, ser de varios colores (Rondelet, 1558b: 696) + {lt. *pusillus*, a, *um*} 'débil' (Jordan and Everman, 1898, III: 2711), tal vez referido al pequeño tamaño del pez y a su delicado aspecto.

Zeus Asper: {gr. *Zeus*} 'Zeus', a quien fue consagrado el pez (en el caso de la especie *Zeus faber*) + {lt. *asper*, *a, um*} 'áspero, basto, tosco' (Jordan and Everman, 1898, III: 2754), relativo a sus pequeñas escamas ctenoides, que dan un tacto rugoso y áspero a la piel del pez.

Capros aper: {gr. *kapros, ou*} 'jabalí' (Cuvier et Valenciennes, 1835: X, 31), por la piel ruda del pez, como la del mamífero terrestre homónimo (*Sus scrofa* Linnaeus, 1758) + {lt. *aper, apri*} 'jabalí' (*PE*), como el anterior.

Ictionímico

Cabrera recogió tres nombres comunes que se corresponden con esta especie: *asperillo, ochavo* y *buñuelo*. Los dos primeros los asoció con sinónimos correctos, pero el tercero, *buñuelo*, recogido en Málaga, no llegó a identificarlo en su momento como designación de este pez y quedó en uno de los listados al final de la Lista impresa que, según Graells, no llegó a examinar, pero ya vemos que sí examinó; lo que en realidad no supo es que este ictiónimo designaba a esta especie. *Ochavo* procede del ordinal latino *octāvus*, que en el *DRAE* (1992) consta como 'una antigua moneda de cobre con peso de un octavo de onza'. *Ochavo* es forma propia de Andalucía, *la tierra del chavico* (Ariza, 1994: 71), que frecuentemente se emplea con aféresis: *chavo*. El paso a ser denominación de este pez puede estar motivado metafóricamente por la semejanza entre la forma discoidal del cuerpo y dicha moneda española. Sin embargo, Barbier (1913: 219) no ve la necesidad de acudir a la moneda para observar la motivación de este ictiónimo, sino que acude a su valor semántico latino original 'octogonal'. *Buñuelo*[203] es un ictiónimo metafórico que alude al hecho de que se trata de un pez que «solo tiene aire» (Almería), como el buñuelo, 'dulce hecho de harina que se esponja cuando se fríe', porque el pez se hincha cuando eriza las aletas y espinas al sentirse en peligro. Estos tres ictiónimos se documentan por primera vez en Andalucía en los escritos de Cabrera. En el caso de *ochavo*, Medina Conde (1789: 214) ya se había referido a esta especie con un diminutivo, *chabillo*. De los tres nombres comunes que el religioso recoge, dos, *ochavo* y *buñuelo*, perviven en la actualidad en el sector pesquero andaluz.

Taxonómico

Toda la información que aporta Cabrera en sus tres documentos nos conduce fácilmente a que la especie que examinó fue *Capros aper*. Las dos equivalencias científicas que emplea, *Perca Pusilla* (Brünnich, 1768) y *Zeus Asper* [Cabrera, o su amanuense, escribieron *Asper*] (Linnaeus, 1758) son sinónimos en desuso de *Capros aper*. Asimismo, la descripción muestra escuetamente tres caracteres morfológicos descriptivos de este pequeño pez.

---

203 Que Martín Ferrero (1997: 311) transcribió como *Buñuela*.

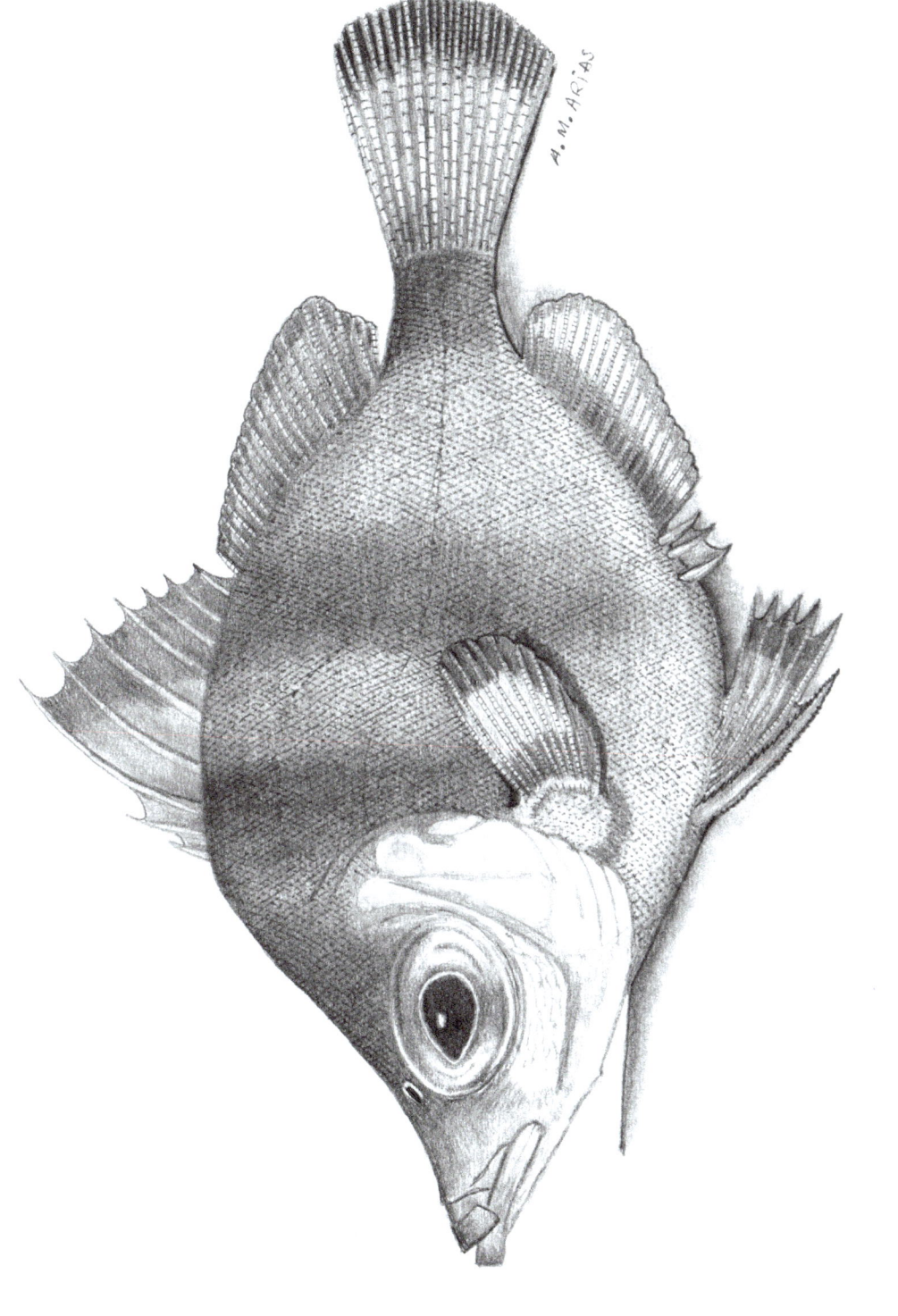

Capros aper (Linnaeus, 1758) - Ochavo, Buñuelo

APORTACIÓN DE CABRERA

LISTA MANUSCRITA

Emperador

LISTA IMPRESA

«Género 2. *El Emperador*, Stromateus Imperator *Sp. N.*» (p. 175)

CORRESPONDENCIA CIENTÍFICA

«Stromateus, Pez Emperador: Carece de aletas ventrales y en su lugar posee dos cuerpos callosos. Su color es roxo brillante. El aspecto agradable. La carne es sabrosa. Dicen los Pescadores qᵉ. nunca se coge en redes ni ansuelos, sino qᵉ. el Mar los arroja vivos à las plaías. Lo qᵉ. yo creo es qᵉ. no teniendo bastantes nadaderas para la mole de su cuerpo, pues sobre carecer de las ventrales, son pequeñas las demás qᵉ. posee, nada siempre en el fondo, y en caso de tempestades pierde siempre el govierno y las olas lo arrastran à encallar. Añadase que siempre aparecen en tierra dos lo menos, nunca uno solo, lo qᵉ. puede ser porqᵉ. anden de ordinario pareados el macho, y la hembra. Yo ignoro si los Ictiologistas posteriores lo han descrip[t]o. En Linneo no le hallo.» (AJB I, 57, 9, 9)

ESTADO ACTUAL

Luvarus imperialis Rafinesque, 1810 — Lámina 96

Clase: Actinopteri, Orden: Acanthuriformes, Familia: Luvaridae

Citas en obras anteriores a Cabrera

Luvarus imperialis (Rafinesque, 1810: 22)

ANÁLISIS

Etimológico

Stromateus Imperator: {gr. *stromataios, ou*} 'un pez de cuerpo aplastado con muchos colores'; los griegos llamaban *stromata* a las mantas de caballo, que eran de varios colores (Gesner, 1560: 59) + {lt. *imperator*} 'emperador' (*PE*) (v. el comentario ictionímico, más abajo).

Luvarus imperialis: {*luvaro*} (Rafinesque, 1810: 22), {*lúvaru*} (Traina, 1868) y {*lúuru*} (Rohlfs, 1977: 65) son denominaciones sicilianas del espárido *Pagellus erythrinus* (128), cuya coloración y forma, según estos autores, tiene cierta semejanza con la de la especie en cuestión, pero Traina (1868) se ajusta más a la realidad al definirlo como «más grueso y ceniciento por el dorso» + {lt. *imperilis, e*} 'imperial, de emperador' (*PE*).

Ictionímico

El ictiónimo *emperador* tiene como motivación metafórica la semejanza del porte majestuoso de este pez con los miembros de la realeza y sus ropajes. Se documenta por primera vez en Andalucía en 1756, en los listados atribuidos a Sarmiento (Pensado, 1982: 200; Barba y Pons, 2003: 407), pero no es posible saber si estos listados se referían a esta especie o a *Lampris guttatus*, también llamada *emperador* en algunos puertos de Andalucía (*IA*: 261).

Taxonómico

Tuvo suerte Cabrera de poder examinar a esta especie de escasísima presencia en aguas andaluzas[204]. No la describió en la Memoria descriptiva, y en la Lista impresa (1817) incluyó el nombre científico, el nombre común y la marcó como especie nueva, Sp. N. Desconocía entonces que siete años antes ya había sido descrita por Rafinesque (1810: 22). Tal vez no tuvo acceso a esta publicación por las dificultades de comunicación durante la Guerra de la Independencia (1808-1814) y sus secuelas. Nueve años después de haber elaborado la Lista impresa, cuando su amigo Simón de Rojas Clemente le pidió materiales para su libro *Historia Natural del Reino de Granada* (v. cap. 4), le incluyó la descripción de la especie (v. recuadro de arriba) en una carta del 20 de marzo de 1826. Llama la atención que al cabo de casi diez años Cabrera recordara con tanto detalle la morfología y el comportamiento de este pez. También le dijo a Clemente en esa carta que la especie no estaba en Linneo y que ignoraba si otros ictiólogos la habían descrito. De aquí se infiere que nueve años después aún desconocía la existencia de la publicación de Rafinesque, lo que podría indicar que ya al final de su vida se había desligado bastante de sus estudios en ictiología. Pese a ello, recopiló con entusiasmo sus materiales para pasárselos a Clemente. Por otra parte, conviene señalar que, debido al pequeñísimo tamaño de las aletas ventrales de este pez, Cabrera incluyó la especie en el grupo ápodos, dentro del género *Stromateus*, junto con *Stromateus fiatola*, que carece de dichas aletas y podría atribuírsele cierto parecido morfológico. Sin embargo, en Fricke *et al.* (2023) se mantiene, creemos que erróneamente, a *Stromateus imperator* como sinónimo de *Xiphias gladius*, el pez espada, como puede leerse en: «*imperator*, *Stromateus* Cabrera y Corro [A.], Pérez [L.] & Hänseler [F.] 1817 [Lista de los peces del mar de Andalucía; ref. 17319] Western Andalusia, near Cádiz, Spain, eastern Atlantic. Possibly unpublished. Name only, not available. Independent from *Xiphias imperator* Bloch & Schneider 1801. See *Stromateus imperator* Cabrera y Corro, Pérez & Hänseler 1887. • In the synonymy of *Xiphias gladius* Linnaeus 1758. Nomen nudum. Current status: Synonym of *Xiphias gladius* Linnaeus 1758. Xiphiidae». Pero Cabrera distinguió claramente entre *Stromateus imperator* y *Xiphias gladius*, por lo que consideramos que la confusión actual puede tener su origen en que ambas especies se han denominado siempre con el nombre común de *emperador*.

---

204 García de Losríos (2017: 159), veterinario de la lonja pesquera de El Tarajal (Ceuta), señala que en quince años de actividad profesional solo observó dos ejemplares de esta especie en dicho recinto.

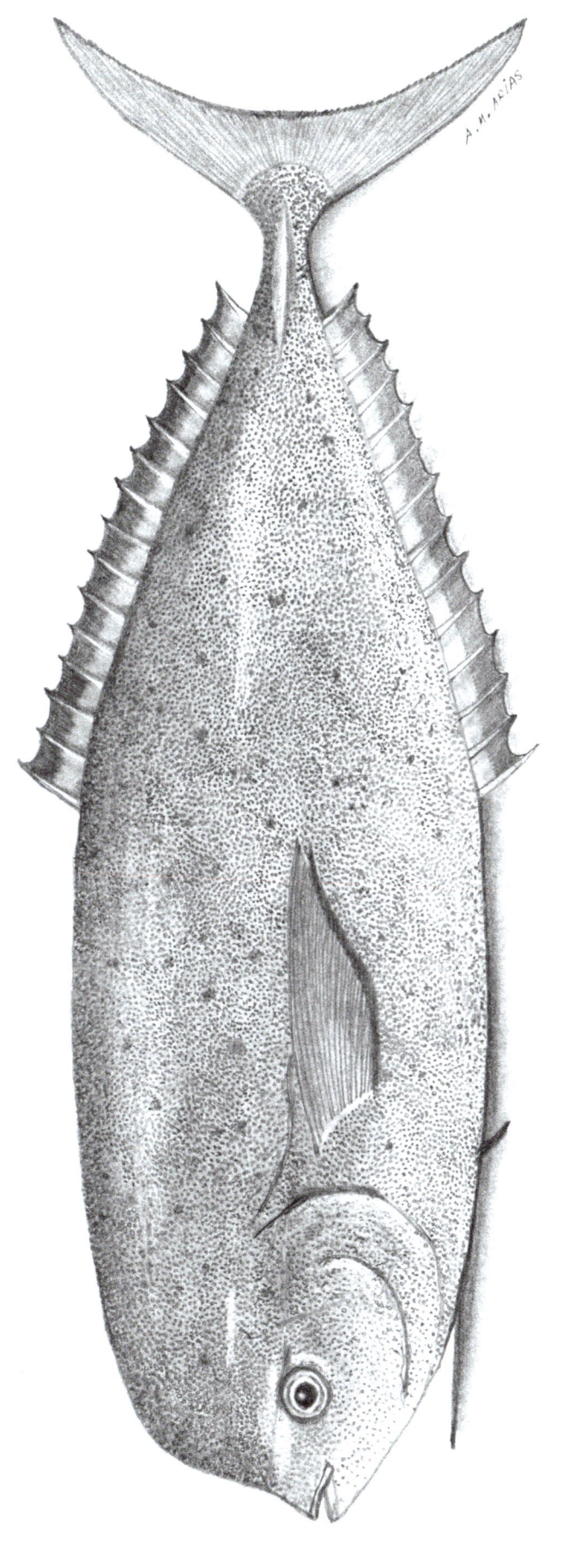

Luvarus imperialis Rafinesque, 1810 - Emperador

(Dibujo basado en una fotografía de C. García de Losríos, 2017: 159)

LÁMINA 96

APORTACIÓN DE CABRERA

LISTA MANUSCRITA

MEMORIA DESCRIPTIVA

«GÉNERO.—*Lophius.*—LINN. La cabeza deprimida; los ojos verticales; el cuerpo sin escamas; sin línea lateral; las aletas dorsal y anal opuestas y muy cercanas á la cola.» (p.165)

«ESPECIE 1.ª—**El Rape**.—*Lophius Piscatorius.*—LINN. La cabeza redondeada y muy grande; lo mismo la boca grandísima, rodeada de ciertas barbillas; las aletas ventrales breves y rígidas.» (p.165)

LISTA IMPRESA

«GÉNERO 42. *El Rape*, Lophius Piscatorius *Lin.*» (p.184)

ESTADO ACTUAL

Lophius piscatorius Linnaeus, 1758 — Lámina 97
Clase: Actinopteri, Orden: Lophiiformes, Familia: Lophiidae

Citas en obras anteriores a Cabrera

Rana piſcatrix (Rondelet, 1558a: 288; L. XII, c. XIX); *Rana piſcatrix* (Willoughby, 1686: 85; Tab: E.1); *Lophius* (1.) (Artedi, 1738: 87); *Lophius Rana Piscatrix, Rape* (Löfling, 1753); *Lophius piſcatorius* (Linnaeus, 1758: 236); *Lophius Piſcatorius* (Bonnaterre, 1788: 14; pl. 8, fig. 26); *Lophius piscatorius, peje sapo, pijotín* (Cornide, 1788: 134); *Lophius piſcatorius* (Linnaeus, en Gmelin, 1789: 1479); *Rape* (Medina Conde, 1789: 258)

ANÁLISIS

Etimológico

Lophius piscatorius: {gr. *lophia, lophos, ou*} 'crin, cresta' (Cuvier et Valenciennes, 1837: XII, 344), referido a los pliegues carnosos o crestas y barbillas que cuelgan de la mandíbula inferior y de los lados del cuerpo + {lt. *piscatorius, a, um*} 'relacionado con la pesca' (*PE*), referido al primer radio libre de la aleta dorsal que termina en un apéndice carnoso a modo de señuelo, empleado así como una caña de pescar.

Ictionímico

Sobre *rape*, el *DCECH* aclara que es un préstamo del catalán *rap* 'rape', que se remonta al latín *rapum* 'nabo redondo', relativo a la forma del cuerpo del pez, sobre todo a su enorme cabeza, similar a la de la raíz de la planta crucífera del mismo nombre. *Rape* se documenta por primera vez como ictiónimo en Andalucía en el manuscrito de Löfling (1753).

Taxonómico

Cabrera diferenciaba correctamente el *rape* del *sapo, Halobatrachus didactylus* (51) y de la *rata, Uranoscopus scaber* (148), especies de fondo relativamente similares entre sí. Ahora bien, en aguas del golfo de Cádiz existen dos especies de rape muy parecidas: *Lophius piscatorius* y *Lophius budegassa* Spinola, 1807, la segunda más abundante que la primera, por lo que cabría pensar que Cabrera examinó a esta segunda y no a *Lophius piscatorius*, pero no podemos saberlo, porque él, siguiendo a Linneo, solo podía llegar a *Lophius piscatorius*, que era la única especie europea que incluía el *Systema Naturae* del sueco. No obstante, Spinola (1807: 376) ya había descrito *Lophius budegassa*, aunque en una revista francesa (*Annales du Muséum d'Histoire Naturelle*), probablemente de difícil acceso para Cabrera. De aquí que, ateniéndonos a los datos que aporta el Magistral, sea obligado aceptar que la especie estudiada fue *Lophius piscatorius*.

Lophius piscatorius Linnaeus, 1758 - **Rape**

(Dibujo basado en las fotografías de S. Le Bris, en inaturalist.cat, J. M. Flamarich, en www.divertysub.com y fotos propias)

APORTACIÓN DE CABRERA

LISTA MANUSCRITA

MEMORIA DESCRIPTIVA

«GÉNERO.—*Tetrodon*.—LINN. Cabeza con las mexillas huesosas, prolongadas, bipartidas; la abertura de las agallas lineal; el cuerpo punteado por debajo; y sin aletas ventrales.» (p. 164)

«ESPECIE.—**La Mola ó Bordador**.—*Tetrodon Mola*—LINN. Comprimido; redondeado; la boca prolongada; las aletas dorsal y anal muy largas, opuestas y unidas con la de la cola, que es continua.» (p. 164)

LISTA IMPRESA

«GÉNERO 37. *La Mola, El Rodador*, Tetraodon Mola *Lin.*» (p. 184)

ESTADO ACTUAL

Mola mola (Linnaeus, 1758) — Lámina 98

Clase: Actinopteri, Orden: Tetraodontiformes, Familia: Molidae

Citas en obras anteriores a Cabrera

Lune, Mole (Rondelet, 1558a: 326; L. XV, c. VI); *Mola* (Willoughby, 1738: 156; Tab: I.26); *Ostracion* (11.) (Artedi, 1738: 58); *Tetraodon Mola* (Linnaeus, 1758: 334); *Tetraodon Mola* (Bonnaterre, 1788: 25; pl. 17, fig. 54); *Tetraodon mola* (Cornide, 1788: 135); *Tetrodon Mola* (Linnaeus, en Gmelin, 1789: 1447); *Mula* (Medina Conde, 1789: 234)

ANÁLISIS

Etimológico

Tetraodon Mola: {gr. *tetra*} 'cuatro' + {gr. *odous, odontos*} 'diente', en relación a su dentadura de cuatro dientes, fusionados dos a dos en cada mandíbula formando un pico + {lt. *mola*} 'piedra de molino', relativo a la forma circular de su cuerpo (Jordan and Evermann, 1898, II: 1753).

Mola mola: v. anterior y también el comentario ictionímico, a continuación.

Ictionímico

Cabrera recogió tres nombres comunes de esta especie: *mola, rodador* y *bordador*, que aluden directa o indirectamente a la forma casi circular del cuerpo del pez. La voz *mola* se origina en el latino *mŏla* y llega a las costas andaluzas desde el catalán, donde pervive con la acepción de 'muela de molino' (Alcover y Moll, 2022). El uso de *mola* como ictiónimo en catalán está motivado semánticamente por el parecido del cuerpo redondo del pez a una piedra o rueda de molino, o *muela*, tanto en su forma como en sus grandes dimensiones. *Rodador*, derivado latino de *rŏta* 'rueda', es una voz metonímica que alude a la costumbre del pez de nadar con el cuerpo vertical, batiendo suavemente de lado a lado y al unísono sus aletas dorsal y anal; otras veces se desplaza girando sobre sí mismo, como dando tumbos, *rodando* como una *rueda* (redonda como su contorno), y dejándose llevar por las corrientes marinas. *Bordador*, no incluido en la Lista manuscrita, ictiónimo que no pervive en el léxico marinero andaluz y que puede ser una variante gráfica de *rodador*. Si no fuera así, podemos encontrar un origen metafórico en la denominación, ya que el cuerpo circular del pez y su piel tersa recuerdan a los clásicos bastidores de madera para bordar. Estos tres ictiónimos (*mola, rodador* y *bordador*) se documentan por primera vez en Andalucía en los escritos de Cabrera.

Taxonómico

Cabrera describe y determina correctamente este pez tan peculiar e inconfundible, conocido como *Orbis* en las *Etimologías* de Isidoro de Sevilla, año 627 (García Cornejo, 2001: 562). Hoy día *Tetraodon Mola* de Linnaeus es sinónimo de *Mola mola*. Obsérvese que Cabrera escribió el nombre científico de dos formas, como Linneo: *Tetraodon*, en la edición del *Systema Naturae* de 1758, y *Tetrodon*, en la edición de Gmelin (1789).

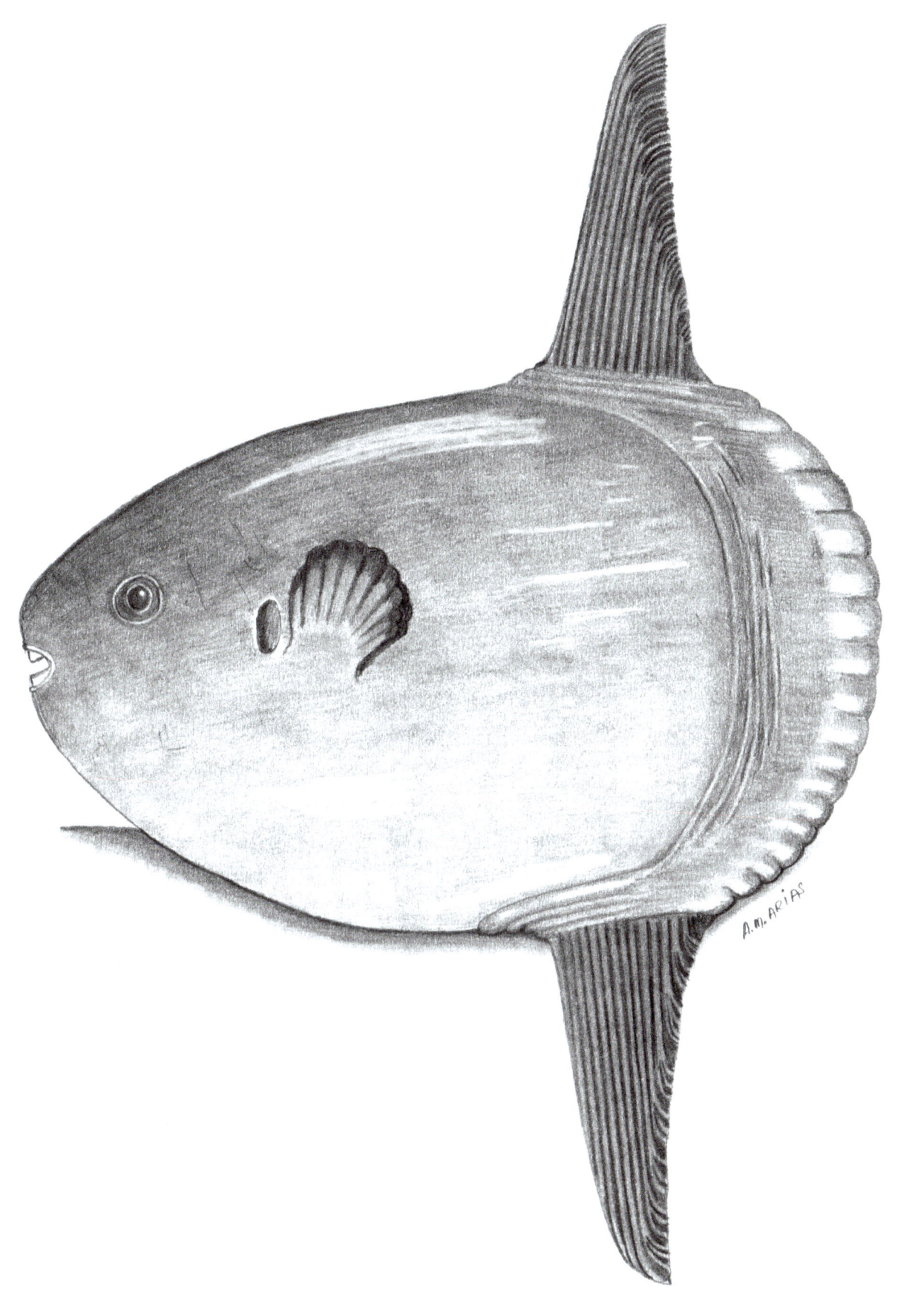

Mola mola (Linnaeus, 1758) - Mola, Rodador   LÁMINA 98

APORTACIÓN DE CABRERA

LISTA MANUSCRITA

MEMORIA DESCRIPTIVA

«GÉNERO.—*Diodon*. Mexillas huesosas; la abertura de la agalla lineal; el cuerpo cubierto de espinas interiormente huecas; triangulares en su base; largas, movibles y sin aletas ventrales; en su boca, que es pequeña, dos dientes.» (p. 174)

«ADDENDA. PECES. ESPECIE.—**Los Erizos**.—*Diodon Histrix*.—El cuerpo casi esférico, algo prolongado hacia la cola, que es enterísima; la boca pequeña; las aletas dorsal y anal opuestas.» (p. 174)

LISTA IMPRESA

«GÉNERO 38. *El Pez Erizo*, Diodon Hixtris *Lin*.» (p. 184)

ESTADO ACTUAL

Diodon hystrix Linnaeus, 1758 — Lámina 99

Clase: Actinopteri, Orden: Tetraodontiformes, Familia: Diodontidae

Citas en obras anteriores a Cabrera

Histrix piscis (Willoughby, 1686: 155; Tab: J.6); *Ostracion* (19.) (Artedi, 1738: 60); *Diodon Hyſtrix* (Linnaeus, 1758: 335); *Porc-Epic de mer* (Seba, 1759: Tab: III, pl. XXIII); *Diodon Hyſtrix* (Bonnaterre, 1788: 26; pl. 19, fig. 60); *Diodon Hystrix* (Bloch & Schneider, 1801: 512); *Diodon Flystrix* [*sic*] (Asso, 1801: 51)

ANÁLISIS

Etimológico

Diodon hystrix: {gr. *di*} 'dos' + {gr. *odous, odontos*} 'diente' (Jordan and Evermann, 1898, II: 1745), se refiere a la composición particular de la dentadura de este pez, formada por solo dos dientes, uno en cada mandíbula, ocupando cada uno todo el arco del maxilar + {gr. *hystrix, ichos*} 'puerco espín', relativo al parecido de su cuerpo cubierto de espinas que se erizan al de los animales terrestres del mismo nombre, puercoespines.

Ictionímico

Erizo deviene del latín *erῐcius* (*herῐcius*) 'erizo' y este deriva del latín arcaico *er, eris* (*DCECH*). Esta voz se asocia metafóricamente a este pez porque tiene el cuerpo cubierto de espinas largas y afiladas, plegadas hacia atrás cuando el cuerpo no está inflado, a modo del erizo terrestre. Como ictiónimo, *pez erizo* se documenta por primera vez en Andalucía en los escritos de Cabrera.

Taxonómico

Tanto en la descripción del género como en la de la especie, Cabrera aportó rasgos morfológicos que llevan a que la especie que examinó fue *Diodon hystrix*, nombre que cada vez escribe con una grafía distinta (*Histrix, Hixtris*), una característica de su particular escritura, poco cuidadosa con el detalle ortográfico. Linneo (1758: 335) señala de esta especie *«Habitat in India»*, pero hoy día se sabe que su distribución geográfica es circumtropical, llegando en el Atlántico Norte hasta aguas del sur de Europa. En cuanto al nombre común que Cabrera recoge, en la Memoria descriptiva se refiere a «Los Erizos», dando a entender que habría más especies, pero luego en la Lista impresa y en la Lista manuscrita solo indica una especie, el *Pez Erizo*.

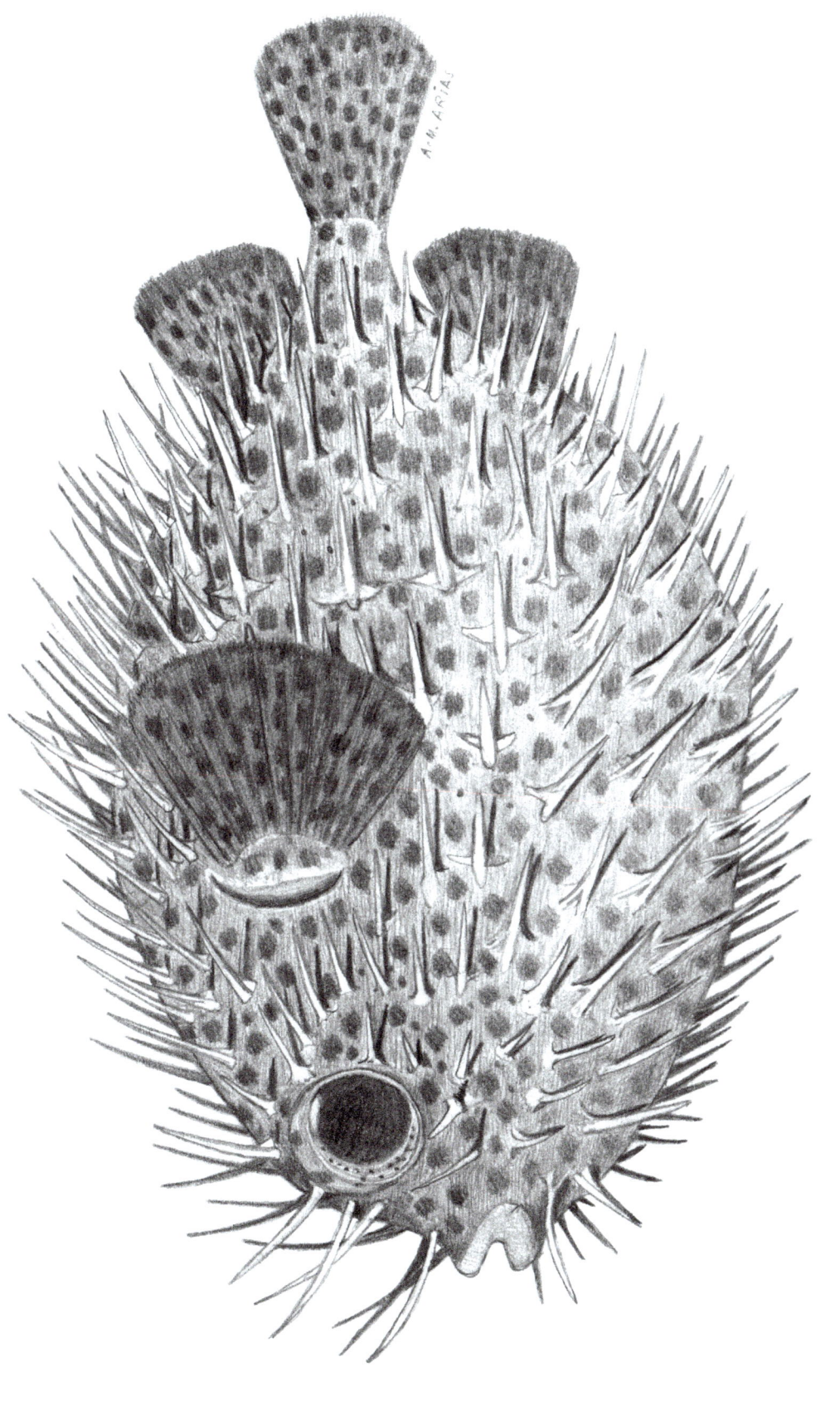

Diodon hystrix Linnaeus, 1758 - Pez Erizo

(Dibujo basado en una fotografía sin autor, en www.alamy.org, y en fotos propias)

APORTACIÓN DE CABRERA

LISTA MANUSCRITA

MEMORIA DESCRIPTIVA

«GÉNERO.—*Balistes.*—LINN. La cabeza y el cuerpo comprimido; boca pequeña; escamas pegadas y reunidas á la piel; sobre los ojos una espina recia en muchas especies. La abertura de la agalla angosta, colocada sobre las aletas pectorales.» (p.165)

«ESPECIE.—**La Mula.**—*Balistes Trispinosus.*—Sp. N. Se halla con tres espinas antes de la aleta dorsal; la primera larga con un resorte en su nacimiento; la boca chica; los dientes largos y con filo, la cola semilunar.» (p.165)

LISTA IMPRESA

«GÉNERO 41. *La Mula,* Balistes Triacantos *Sp. N.*» (p.184)

ESTADO ACTUAL

Balistes capriscus Gmelin, 1789 — Lámina 100

Clase: Actinopteri, Orden: Tetraodontiformes, Familia: Balistidae

Citas en obras anteriores a Cabrera

Porc (Rondelet, 1558*a*: 140; L. V, c. XXVI); *Caprifcus* (Willoughby, 1686: 152; Tab: I.19); *Balistes Caprifcus* (Gmelin, 1789: 1471)

ANÁLISIS

Etimológico

Balistes Trispinosus: {gr. *ballo, ballein*} 'lanzar' (Sebastián, 1964), referido, en sentido figurado, al proceso de erizar súbitamente los radios espinosos de la primera aleta dorsal, como si fueran lanzados o disparados por un resorte, acción que es un mecanismo de defensa para impedir que los depredadores se traguen al pez o que lo saquen de sus cuevas en las rocas + {gr. *tria, treis*} 'tres' + {lt. *spinosus, a, um*} 'con espinas' (*PE*), con tres espinas en la primera aleta dorsal.

Balistes Triacantos: {gr. *ballo, ballein*} v. anterior + {gr. *tria, treis*} v. anterior + {gr. *akantha, es*} 'espina' (Sebastián, 1964), referido a las tres espinas de la primera aleta dorsal.

Balistes capriscus: {gr. *ballo, ballein*} v. en *Balistes Trispinosus* + {gr. *kapros, ou*} 'jabalí' (Sebastián, 1964), por su piel dura como una coraza, al estar formada por escamas gruesas y muy juntas.

Ictionímico

Cabrera recogió la voz *mula* para designar a dos especies muy distintas: *Balistes capriscus* y *Syngnathus typhle* (181), con una motivación semántica diferente en cada caso. En *Balistes capriscus*, *mula* alude al cuerpo redondeado del pez, como el *Mola mola* que recibe el mismo nombre (homonimia remota, Alvar, 1970: 194), aunque *Balistes capriscus* es de tamaño considerablemente menor que *Mola mola*. En *Syngnathus typhle* equipara la «condición híbrida» de los machos por su capacidad de criar a la prole en su abdomen, con la mula terrestre, que es un animal híbrido del cruce de una yegua con un asno.

Taxonómico

Los datos que aporta Cabrera conducen claramente a que la especie que examinó fue *Balistes capriscus*. El «resorte en su nacimiento» que menciona en la descripción se refiere a la articulación ósea del primer radio de la primera aleta dorsal con el segundo, que actúa como un seguro y no se desbloquea hasta que se presiona el tercer radio, rasgo morfológico exclusivo de esta especie entre las que habitan nuestras aguas. Para él era una especie nueva, a la que en la Memoria descriptiva asignó el nombre científico *Balistes Trispinosus* y en la Lista impresa llamó *Balistes Triacantos*, ambos en alusión a los tres fuertes radios espinosos de la primera aleta dorsal. Sin embargo, esta especie estaba ya descrita por Gmelin (1789: 1471) en su revisión de la obra de Linneo como *Balistes capriscus*, que consultaba Cabrera y no se entiende por qué la considera especie nueva cuando su descripción es prácticamente coincidente con la de Linneo. Por otra parte, en *Eschmeyer's Catalog of Fishes* (Fricke *et al.*, 2023), *Balistes triacantos* y *Balistes triacanthos* se mantienen erróneamente como sinónimos de *Syngnathus acus* Linnaeus, 1758.

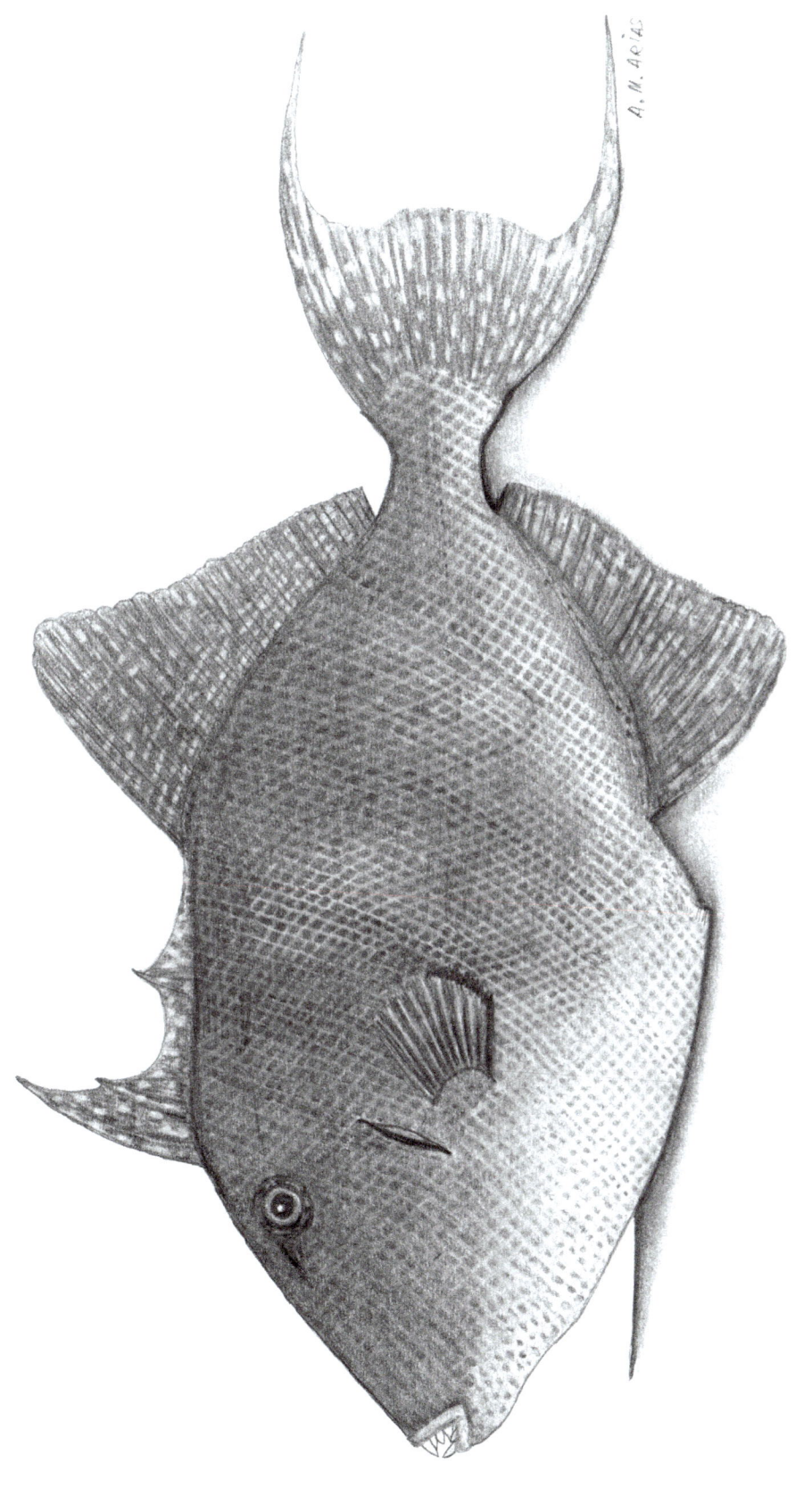

A. M. ARIAS

Balistes capriscus Gmelin, 1789 - Mula

APORTACIÓN DE CABRERA

LISTA MANUSCRITA

MEMORIA DESCRIPTIVA

«GÉNERO.—*Perca*. Las mandíbulas desiguales; los dientes corvos; la lámina de los opérculos aserrada; la membrana [branquiostega] de siete radios; aletas espinosas; el ano más inmediato a la cola que a la cabeza.» (p. 156)

«ESPECIE.—**El Romerito**.—*Perca Cinerea*.—Sp. N. Su color es ceniciento; el cuerpo muy ancho hacia la cabeza; esta es grande; la cola entera; la aleta dorsal más ancha hácia su fin. En la lámina inferior del opérculo una prominencia angulosa horizontal.» (p. 157)

LISTA IMPRESA

«GÉNERO 23. *El Romerito*, Perca Cinerea *Sp. N.*» (p. 181)

ESTADO ACTUAL

Polyprion americanus (Bloch & Schneider, 1801) — Lámina 101

Clase: Actinopteri, Orden: Acropomatiformes, Familia: Polyprionidae

Citas en obras anteriores a Cabrera

Perca scriba (Cornide, 1788: 57); *Cherna* (Medina Conde, 1789: 214); *Amphiprion americanus* (Bloch & Schneider, 1801: 205; tab. 47)

ANÁLISIS

Etimológico

Perca Cinerea: {gr. *perkis, perke, es*} 'perca', v. en la ficha 95 + {lt. *cinereus, a, um*} 'del color de la ceniza, grisáceo' (*PE*), relativo al color de la piel de los adultos.

Polyprion americanus: {gr. *polys, e, y*} 'numeroso, mucho' + {gr. *prion, onos*} 'sierra' {Sebastián, 1964), por los muchos bordes y filos aserrados que tiene en la cabeza y las aletas, entre ellos la gruesa cresta ósea longitudinal en la parte superior del opérculo + latinización de América, al haber sido descrito por Bloch y Schneider sobre ejemplares procedentes de América.

Ictionímico

Cabrera recogió para esta especie el nombre de *romerito*. Este ictiónimo, junto con *romerete*, son voces frecuentes en todo el litoral andaluz para designar a los ejemplares jóvenes de esta especie (lingüísticamente marcado por el diminutivo *-ito* y *-ete*). Son variantes morfológicas de *romero*, voz que en este caso adopta el valor semántico de 'peregrino' (*DLE*) y que se aplica metafóricamente a estos peces por su costumbre de andar de un lugar a otro guarecidos bajo objetos flotantes a la búsqueda de sombra dejándose llevar por las corrientes. *Romerito* se documenta por primera vez en Andalucía en los escritos de Cabrera. No obstante, el nombre común de esta especie en todos los puertos pesqueros andaluces actualmente es *cherna*, utilizado por los pescadores profesionales con una frecuencia de ocurrencia próxima al cien por cien (*IA*: 266), que se refiere principalmente a los ejemplares adultos y que Cabrera recogió asociado a *Perca Gigas* (v. *Mycteroperca rubra*, 106).

Taxonómico

Perca cinerea es un *nomen nudum*, que no conduce a ninguna especie. Sin embargo, los datos que aporta Cabrera llevan claramente a que la especie que examinó bajo esa denominación fue *Polyprion americanus*. El color «ceniciento» y la «prominencia angulosa horizontal», o cresta ósea en el opérculo que menciona en la descripción son los rasgos clave que nos lo aseguran. Para él, tal vez influido por la imagen de la «perca marina gibbosa cinerea» de Catesby (1743: 2. pl. 2, fig. 1), era una especie nueva, sin embargo, estaba ya descrita por Bloch y Schneider (1801: 205), con el nombre de *Amphiprion americanus*. Estos autores señalan en su descripción «Habitat in America», pero ya que la distribución geográfica de esta especie comprende ambas orillas del Atlántico, es probable que la aportación de Cabrera constituyera la primera cita de la especie en aguas europeas.

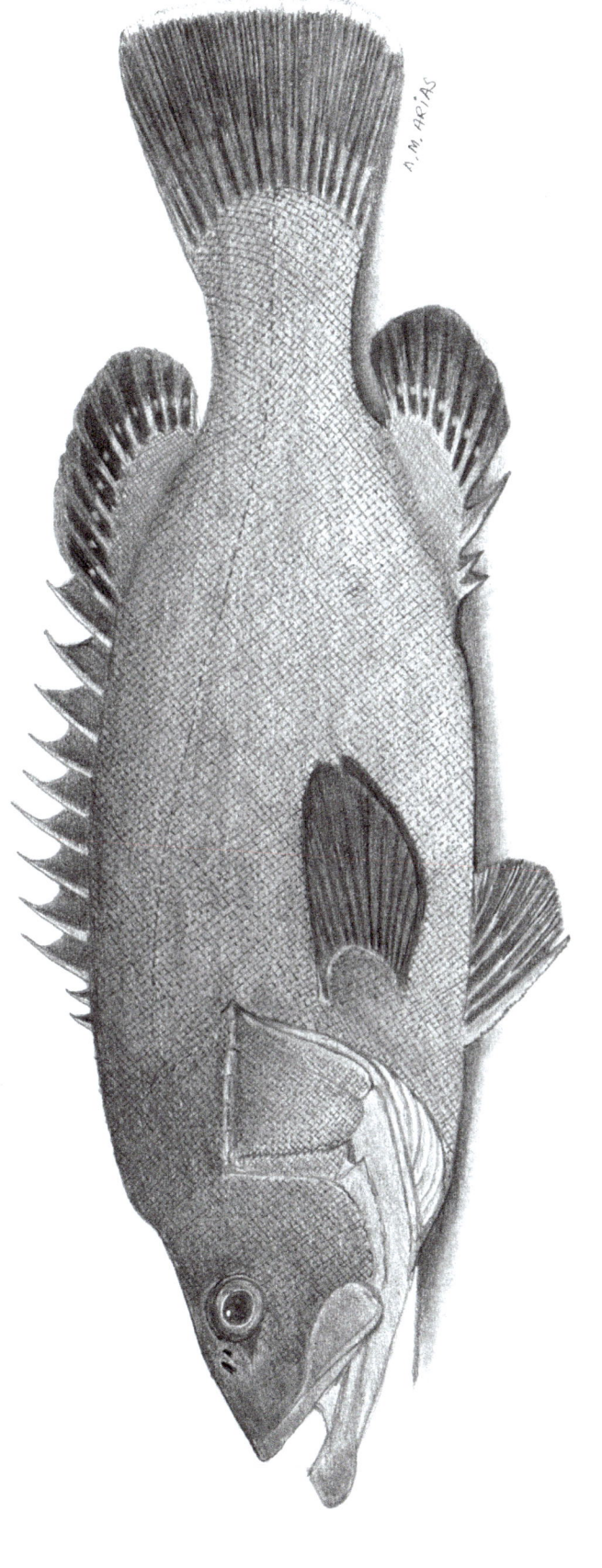

Polyprion americanus (Bloch & Schneider, 1801) - Romerito

APORTACIÓN DE CABRERA

LISTA MANUSCRITA

MEMORIA DESCRIPTIVA
«GÉNERO.—*Perca.*» (v. en la ficha anterior)
«ESPECIE 5.ª—**El Robalo**.—*Perca Saxatilis.*—Sp. N. Dos aletas dorsales; la caudal entera; el dorso oscuro; el vientre blanco; el cuerpo oblongo.» (p. 157)
LISTA IMPRESA
«GÉNERO 23. *El Róbalo,* Perca Labrax *Bonterre.*» (p. 180)
COLECCIÓN INSTITUTO
«17. *Dicentrarchus labrax* (L.)» (De Buen, 1919: 253)

ESTADO ACTUAL
Dicentrarchus labrax (Linnaeus, 1758) — Lámina 102
Clase: Actinopteri, Orden: Acanthuriformes, Familia: Moronidae

Citas en obras anteriores a Cabrera

Lupus (Rondelet, 1558a: 213; L. IX, c. VI); *Lupus, baffe* (Willoughby, 1686: 271; Tab: R.1); *Perca* (7.) (Artedi, 1738: 49); *Perca Labrax, robalo, robálo* (Löfling, 1753); *Perca Labrax* (Linnaeus, 1758: 290); *Perca Labrax* (Bonnaterre, 1788: 127; pl. 54, fig. 208); *Perca Labrax* (Cornide, 1788: 54); *Perca punctulata* (Gmelin, 1789: 1315); *Robalo* (Medina Conde, 1789: 254); *Sciaena labrax* (Bloch, 1790: 52, Taf. CCCI); *Perca Labrax* (Asso, 1801: 42)

ANÁLISIS
Etimológico

Perca Saxatilis: {gr. *perkis, perke, es*} 'perca', v. en la ficha 95 + {lt. *saxatilis, is*} 'relacionado con las piedras', originado a partir de {lt. *saxum, i*} 'piedra' y relativo al hábitat costero de estos peces, que se mueven entre rocas y escollos.
Perca Labrax: {gr. *perkis, perke, es*} 'perca', v. en la ficha 95 + {gr. *labros, ou*} 'voracidad', relacionado con el comportamiento de esta especie de apetito insaciable (v. más en Cuvier et Valenciennes, 1828: II, 57-61).
Dicentrarchus labrax: {gr. *di*} 'dos' + {gr. *kentron, ou*} 'espina, aguijón' + {gr. *archos, ou*} 'ano' (Liddell, 1883), es decir, con dos espinas en la aleta anal, aunque en realidad son tres las que existen al comienzo de esta aleta, pero puede que en la descripción original contaran solo dos, o que la descripción se hiciera sobre un ejemplar anómalo con dos espinas + {gr. *labros, ou*} v. en el anterior.

Ictionímico

El ictiónimo *robalo* es la denominación de una única especie en Andalucía: *Dicentrarchus labrax*, con lo que no hay duda de que esta fue la aportación de Cabrera. *Robalo* es producto de la metátesis de un supuesto *lobarro*, derivado de *lobo* (del latín *lŭpus*) (*DCECH*), que ya aparece así, *Lupus*, en las *Etimologías* de Isidoro de Sevilla el año 627 (García Cornejo, 2001: 566). El ictiónimo alude metafóricamente al animal terrestre por una de las cualidades que comparte con el pez: su voracidad. En Andalucía, se documenta en *Sevillana Medicina* (Aviñón, 1418: 127). La Real Academia Española lo recoge como esdrújula (*róbalo*) en su diccionario desde 1803 hasta ahora, aunque desde 1899 también aparece *robalo*. Hoy día, en ningún puerto pesquero de la costa andaluza se registra *róbalo*, siempre *robalo* (*IA*: 263), hecho que también recoge el *ALEA* (mapa 1109): «su nombre, sin la menor excepción léxica y fonética, es robalo». Cabrera es un caso especial, pues lo escribe de tres formas: *robalo*, *róbalo* y *robálo*, esta última manuscrita, con una gran tilde, que Martín Ferrero (1997: 312) transcribió sin ella, *robalo*.

Taxonómico

No hay duda de que Cabrera examinó al *robalo*, hoy *Dicentrarchus labrax*. El ictiónimo y la descripción se ajustaban a la especie, aunque esta última era general, amplia, y también podría servir para otros peces, como los mugílidos. En un principio, en la Memoria descriptiva, la identificó como *Perca Saxatilis*, quizá siguiendo a Walbaum (1792: 330), y, a la vez, extrañamente, consideró que se trataba de una especie nueva. Sin embargo, por un lado, *Perca Saxatilis* es un sinónimo de *Morone saxatilis* (Fricke *et al.*, 2023), un robalo americano, y, por otro, tampoco era una especie nueva, porque *Dicentrarchus labrax* estaba ya documentada e ilustrada desde Rondelet (1558), y citada después por otros autores (Willoughby, Artedi) hasta llegar a Löfling en 1753 y Linneo en 1758, en cuyas obras figuraba como *Perca Labrax*. En la Lista impresa rectificó y utilizó esta denominación, *Perca Labrax*, lo que quiere decir que consultó además la edición de 1758 del *Systema Naturae* de Linneo, porque la de Gmelin (1789) no incluía a *Perca Labrax*. Cabrera también consultó a Bonnaterre, como indica el hecho de que escribió *«Perca Labrax Bonterre»*, si bien la autoría no era de Bonnaterre sino de Linneo, como el autor francés indicaba al final de su descripción (p. 127) con un *«Linn.»*, hecho que pasó desapercibido al religioso.

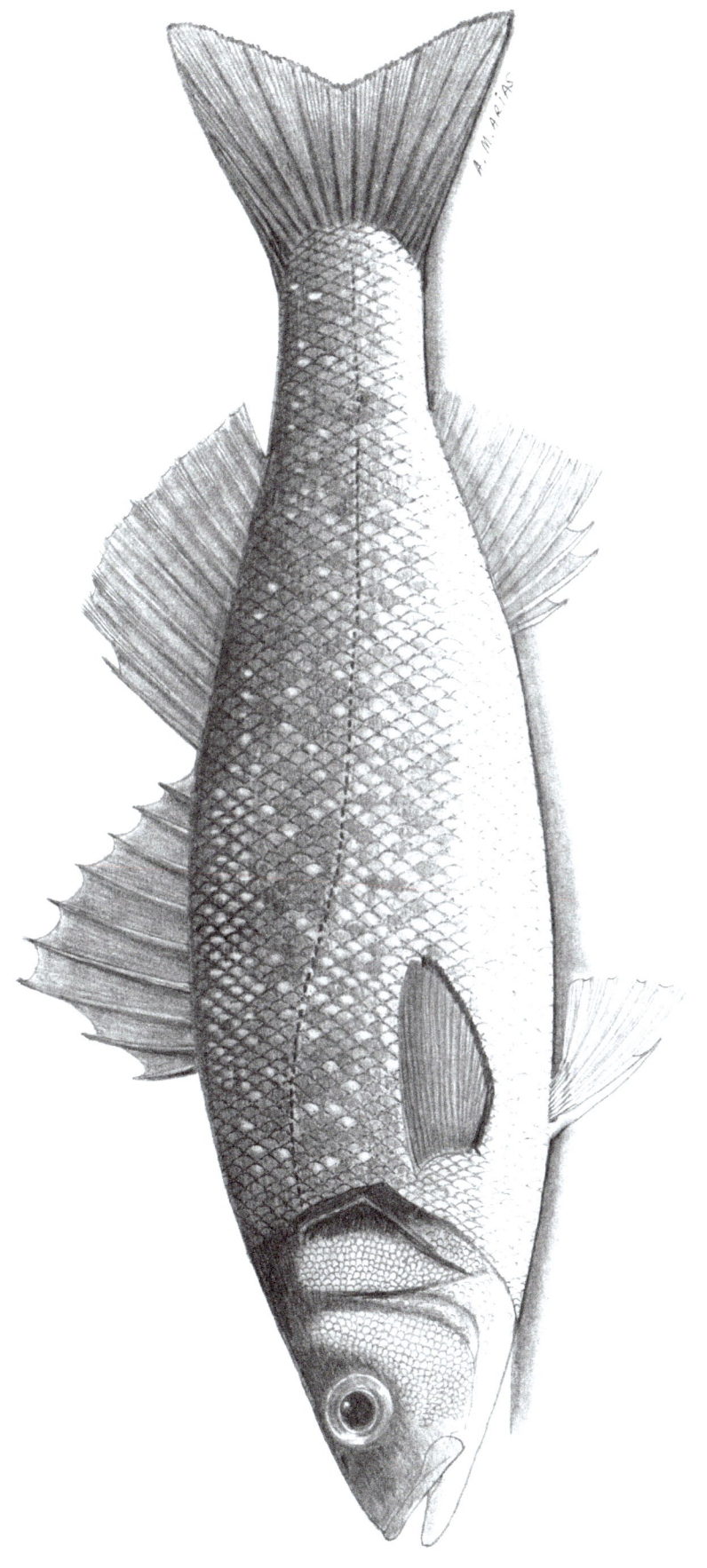

Dicentrarchus labrax (Linnaeus, 1758) - Robalo

APORTACIÓN DE CABRERA

LISTA MANUSCRITA

MEMORIA DESCRIPTIVA

«GÉNERO.—*Perca.*» (v. en la ficha 101)

«ESPECIE 1.ª—**La Bayla.**—*Perca Punctata.*—LINN. Es de color plata y tiene salpicado el dorso de manchas negras desiguales y redondas.» (p. 156)

LISTA IMPRESA

«GÉNERO 23. *La Baila,* Perca Punctata *Lin.*» (p. 180)

COLECCIÓN INSTITUTO

«18. *Dicentrarchus punctatus* (Bloch.). Dice en su etiqueta: *Perca punctata,* n. v. *Baila*» (De Buen, 1919: 253)

ESTADO ACTUAL

Dicentrarchus punctatus (Bloch, 1792) — Lámina 103

Clase: Actinopteri, Orden: Acanthuriformes, Familia: Moronidae

Citas en obras anteriores a Cabrera

Lupus (Rondelet, 1558a: 213; L. IX, c. VI); *Perca, baila, bayla, vaila* (Löfling, 1753); *Perca Vaila* (Osbeck, 1770: 102); *Perca punctata* (Gmelin, 1789: 1311); *Bailas* (Medina Conde, 1789: 210); *Sciaena punctata* (Bloch, 1790: 55; Taf. CCCV); *Perca punctulata* (Lacépède, 1801: 155)

ANÁLISIS

Etimológico

Perca Punctata: {gr. *perkis, perke, es*} 'perca', v. en la ficha 95 + {lt. *punctatus, a, um*}, de {*punctum, i*}, 'punto, señal' (*PE*), referido a las manchas negras puntiformes del dorso y los flancos.

Dicentrarchus punctatus: {gr. *di*} + {gr. *kentron, ou*} + {gr. *archos, ou*}, v. en la ficha anterior + {lt. *punctatus, a, um*}, ver *punctata*, más arriba.

Ictionímico

La voz *baila* designa a una única especie en Andalucía: *Dicentrarchus punctatus*, que fue la especie que examinó Cabrera. Según el *DCECH*, *baila* deriva del mozárabe *lobaira*, que a su vez procede del latín *lupus* 'lobo', cánido conocido por su gran voracidad, cualidad que la *baila* también comparte. Para Mondéjar (2007: 538), el portugués (*a*)*varia, varia* y el español *baila* «pueden explicarse sin dificultad a partir del árabe marroquí *al-lubaria*». Sin embargo, Barbier (1907: 400) dice que las voces italianas *vaiuolo, vaiolo, varolo* y *variolo* designan a los ejemplares jóvenes de *Dicentrarchus labrax* (102) moteados en marrón, de modo que *vaiuolo* deviene del latín *variolus*, sustantivo que significa 'mancha', por lo tanto «les noms italiens du *lupus labrax*, des dérivés du latin *varius*». Lo mismo sostiene Veny (1993:761-774) para el catalán *vaira*; los portugueses *vaira, varia* y *avaria*; y el castellano *baila*, del latín *varia*, femenino de *varius* 'manchado, lleno de manchas'. *Baila* se documenta por primera vez como ictiónimo en Andalucía en las *Ordenanzas* de Málaga de 1501 (Malpica, 1984: 108).

Taxonómico

Cabrera examinó la *baila, Dicentrarchus punctatus*, en su denominación actual, como nos indican su descripción e ictiónimos correctos. Rondelet (1558) recogió un dibujo de esta especie. La *baila* ya había sido señalada en Cádiz por dos discípulos de Linneo, Pehr Osbeck en 1751 («Perca, Vaila, Hiſpanorum», publicado en 1770) y Pehr Löfling en 1753, durante su estancia en esta ciudad camino de sus viajes científicos a China y Venezuela, respectivamente. En 1790, Bloch la describió científicamente por primera vez, con el nombre de *Sciaena punctata* y aportó una ilustración fidedigna. No sabemos si Cabrera consultó toda esta información sobre la especie que tenía delante, pero optó por seguir a Linneo en Gmelin (1789: 1311), de quien tomó la equivalencia científica *Perca punctata*, cuya escueta descripción corresponde a *Dicentrarchus punctatus*. Actualmente, en Fricke *et al.* (2023) se considera que: 1) *Perca punctata* es sinónimo de *Cephalopholis fulva* (Linnaeus, 1758), un pez americano muy distinto al que Cabrera examinaba, y 2) *Perca punctulata* (Lacépède, 1801) es sinónimo de *Dicentrarchus punctatus*, apreciación que creemos no se ajusta a lo que decía Lacépède, quien se refería a un pez americano observado por Catesby en 1743. Cabrera no tenía medios para llegar a esta información, es decir, para saber qué era exactamente lo que Linneo denominaba *Perca punctata*, por lo que consideramos que su determinación de la especie fue correcta.

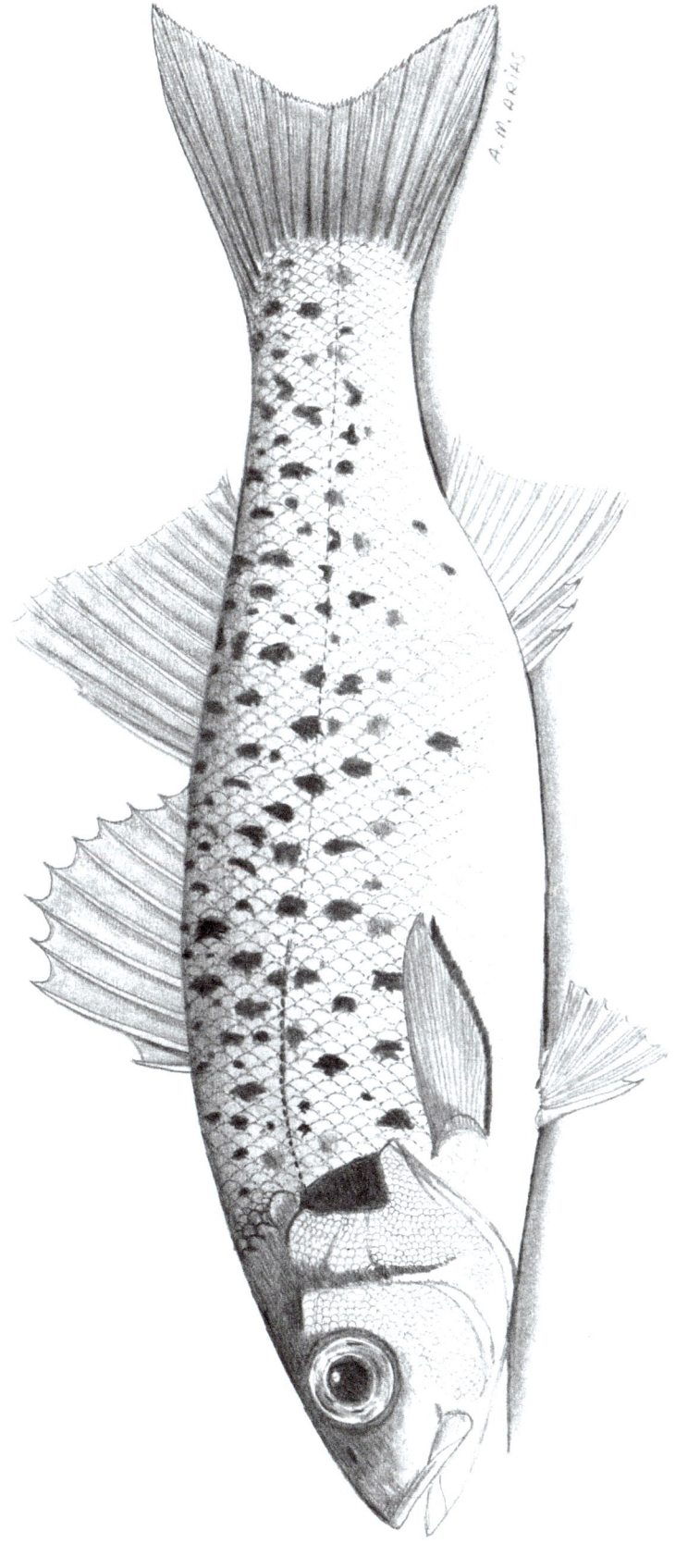

Dicentrarchus punctatus (Bloch, 1792) - Baila

APORTACIÓN DE CABRERA

LISTA MANUSCRITA

MEMORIA DESCRIPTIVA
 «Género.—*Perca.*» (v. en la ficha 101)
 «Especie 7.ª—**El Abadejo.**—*Perca Flavescens.*—Sp. N. Es grande y toda de color amarillazo; la cabeza prolongada; la cola un poco levantada; la lámina última del opérculo remata en punta aguda.» (p.157)
LISTA IMPRESA
 «Género 23. *El Abadejo*, Perca Flavescens *Sp. N.*» (p.181)

ESTADO ACTUAL
Epinephelus costae (Steindachner, 1878) — Lámina 104
Clase: Actinopteri, Orden: Perciformes, Familia: Epinephelidae

Citas en obras anteriores a Cabrera
Ninguna

Primeras citas posteriores a Cabrera
Plectropoma fasciatus (Costa, 1844: 1-4); *Serranus costae* (Steindachner, 1878: 391)

ANÁLISIS
Etimológico

Perca Flavescens: {gr. *perkis, perke, es*} 'perca', v. en la ficha 95 + {lt. *flaveo*, ere} 'volverse amarillo' (*PE*), tanto por la capacidad que tiene de cambiar de color rápidamente, destacando manchas y líneas amarillas, como por la gran mancha amarilla difusa en los flancos característica de los machos adultos.

Epinephelus costae: {gr. *epi*} 'sobre' + {gr. *nephele, es*} 'nube, niebla' (Whitney, 1889), relativo a los cambios miméticos bruscos de coloración en su librea + dedicatoria a Oronzio Gabriele Costa (1787-1867), malacólogo y profesor de Zoología de la Universidad de Nápoles (*BEMON*).

Ictionímico

La voz *abadejo* designa en Andalucía a varias especies de la familia epinefélidos, relativamente parecidas entre sí, que muchos pescadores confunden: *Epinephelus costae*, *Epinephelus aeneus* (Geoffroy Saint-Hilaire, 1817) y *Mycteroperca rubra* (*IA*: 269, 273 y 275, respectivamente). Sin embargo, podemos decir que, por la mayor frecuencia de ocurrencia en las encuestas, el genuino *abadejo* es *Epinephelus costae*, que fue la especie que examinó el autor bajo ese nombre, como se explica en el apartado siguiente. *Abadejo*, en sentido ictionímico, proviene posiblemente de una evolución semiculta del bajo latino *abbadagium* 'contribución en especies que se pagaba a los abades o religiosos'. Barbier (1911: 151) recoge un testimonio de 1891 del *Vocabulario de las palabras y frases bables* que apoya esta teoría: «pez que recala a la costa hacia la primavera. Era el que servía para pagar los tributos del abad, y de comida frecuente en las abadías, de donde toma el nombre».

Taxonómico

Por las características morfológicas que describió y el nombre común que utilizó, *abadejo*, la especie que Cabrera determinó y consideró una especie nueva fue *Epinephelus costae*, también llamado hoy día *abadejo*, un pez que puede llegar a medir 70 cm de longitud y presenta amplias bandas amarillas longitudinales en los costados, a las que él hacía referencia con el epíteto específico *flavescens* (latín 'flavo', amarillo). Pero el nombre científico de la determinación, *Perca Flavescens*, estaba mal asignado porque no es sinónimo de *Epinephelus costae*, sino que es el nombre actual de la *perca americana amarilla*, un pez de agua dulce de aspecto diferente: amarillo, sí, pero más pequeño, unos 20 cm de longitud, con seis o siete franjas transversales oscuras en los costados, que vive en América del Norte (Froese and Pauly, 2023) y que había sido descrito por Mitchill (1814: 421) como *Bodianus flavescens*. Esta especie no se citaba en Linneo y no hay constancia de que Cabrera consultara la obra de Mitchill. Con ello, en 1817, Cabrera tenía delante una especie que no estaba descrita y, aunque la determinó con un nombre erróneo porque no tuvo otra opción, sin saberlo fue el primero en referirse a ella. Después, en 1844, O. G. Costa describió a *Plectropoma fasciatus*, un sinónimo del que sesenta y un años más tarde que Cabrera, en 1878, Steindachner describió como *Serranus costae* (dedicado a O. G. Costa), sinónimo aceptado del actual *Epinephelus costae*.

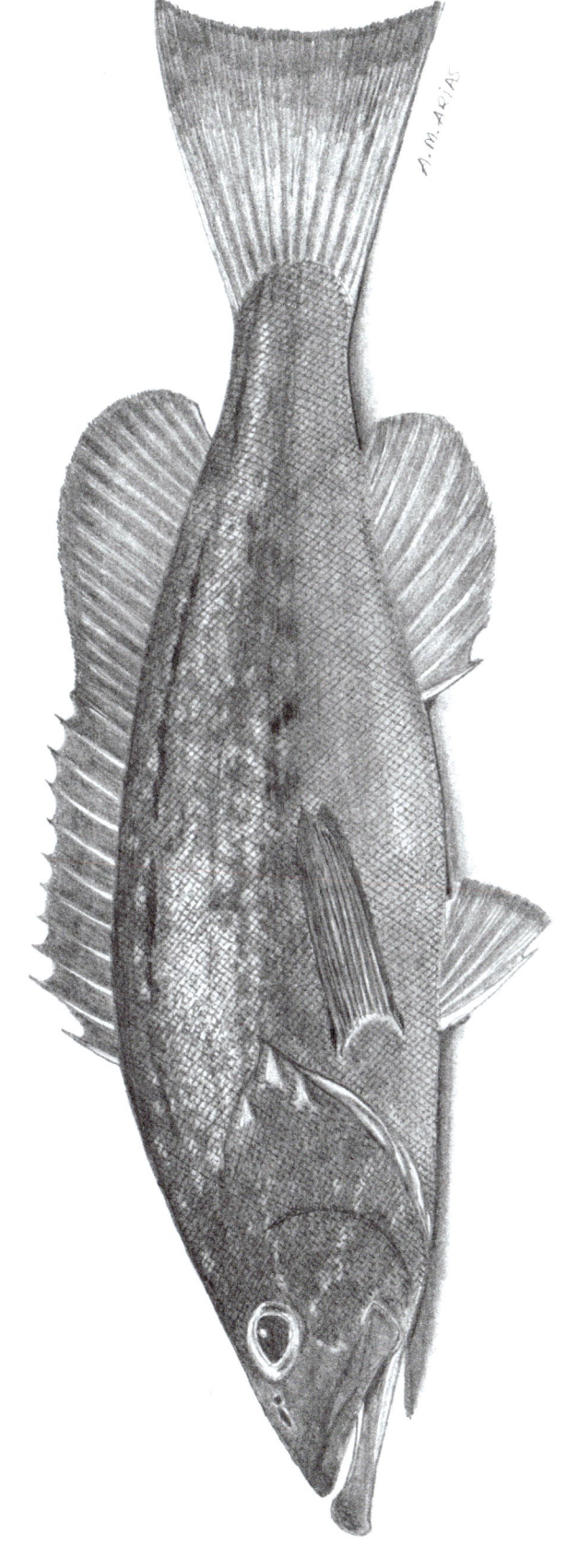

Epinephelus costae (Steindachner, 1878) - Abadejo

APORTACIÓN DE CABRERA

LISTA MANUSCRITA

MEMORIA DESCRIPTIVA

«GÉNERO.—*Perca*.» (v. en la ficha 101)

«ESPECIE 6.ª—**El Mero**.—*Perca Merus*.—Sp. N. Los once primeros radios de la aleta dorsal son espinosos; los demás progresivamente mayores hasta el remate; dientes muchos, amontonados; el color oscuro amarillazo. Es pez grande, mayor de á vara [0,84 m].» (p. 157)

LISTA IMPRESA

«GÉNERO 23. *El Mero*, Perca Merus Sp. N.» (p. 181)

COLECCIÓN INSTITUTO

«19. *Epinephelus gigas* (Brünn.)» (De Buen, 1919: 253)

ESTADO ACTUAL

Epinephelus marginatus (Lowe, 1834) — Lámina 105

Clase: Actinopteri, Orden: Perciformes, Familia: Epinephelidae

Citas en obras anteriores a Cabrera

Mero (Löfling, 1753); *Perca Gigas* (Brünnich, 1768: 65); *Perca Gigas* (Bonnaterre, 1788: 132); *Perca Gigas* (Gmelin, 1789: 1315); *Mero* (Medina Conde, 1789: 233)

ANÁLISIS

Etimológico

Perca Merus: {gr. *perkis*, *perke*, *es*} 'perca', v. en la 95 + etimología imprecisa de origen español (Cuvier et Valenciennes, 1828: II, 271), v. más en el comentario ictionímico.

Epinephelus marginatus: {gr. *epi*} + {gr. *nephele*, *es*}, v. en la especie anterior + {lt. *marginatus, a, um*}, derivado de {lt. *margo, inis*} 'borde, margen' (*PE*), referido al borde de la aleta caudal, que es claro.

Ictionímico

Los pescadores andaluces suelen utilizar *mero* como hiperónimo de varias especies de serránidos: *Epinephelus marginatus*, *Epinephelus costae* (104), *Epinephelus aeneus* y *Mycteroperca rubra* (106); y polipriónidos: *Polyprion americanus* (101). Sin embargo, estos informantes de las costas andaluzas consideran que *Epinephelus marginatus* es el verdadero *mero*, con el cien por cien de frecuencia de ocurrencia en las encuestas dialectales (*IA*: 270-271). Por esto y por lo que decimos en el apartado siguiente, esta fue la especie que examinó Cabrera. No existe certeza en cuanto a la procedencia de la voz *mero*. El *DCECH* esgrime dos teorías. En primer lugar, que el origen esté en el catalán *nero* 'mero', con la interferencia de *merluza* y su cesión de la *m*. Además, tras ese *nero* estaría Nerón, emperador romano famoso por su crueldad, equiparable a la gran voracidad del mero. En segundo lugar, esta obra defiende que *mero* sería un derivado regresivo de *merino*, que a su vez procediera del latín *majornius* 'de mayor tamaño', en alusión a las grandes dimensiones que alcanza este pez. En Andalucía encontramos *mero* por primera vez en un *Ordenamiento* portuario de la ciudad de Sevilla en el año 1302 (Mondéjar, 1991: 441), en el que se menciona como una de las mercancías que entran y salen de esta ciudad por el Guadalquivir.

Taxonómico

Los caracteres morfológicos que mencionaba Cabrera en su descripción son suficientes para saber con seguridad que había examinado a *Epinephelus marginatus*, que se sigue llamando *mero*. Sin embargo, su determinación como especie nueva bajo el nombre de *Perca Merus* no era correcta, pues esta especie ya había sido descrita por Brünnich en 1768 y estaba como *Perca gigas* en las obras de Gmelin (Linneo) y Bonnaterre, que él consultaba.

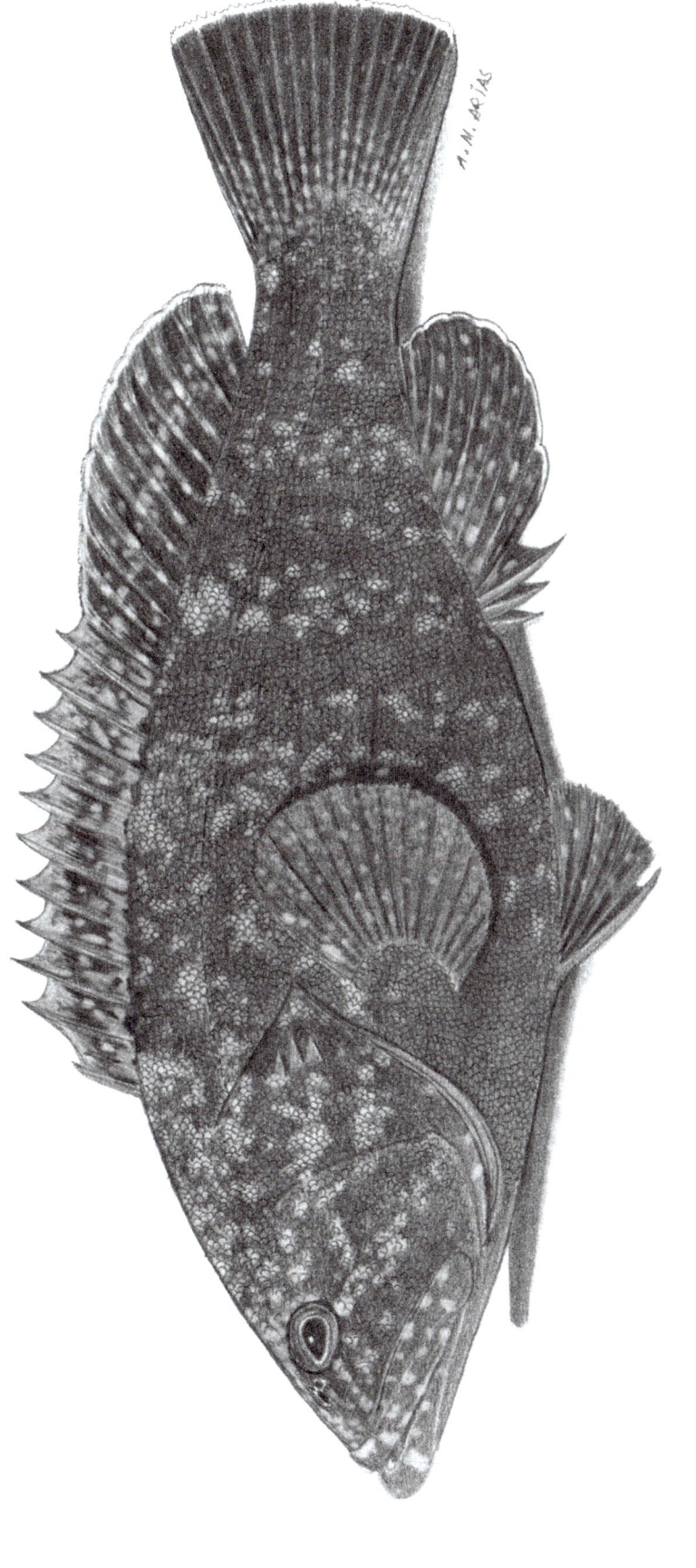

Epinephelus marginatus (Lowe, 1834) - Mero

APORTACIÓN DE CABRERA

LISTA MANUSCRITA

MEMORIA DESCRIPTIVA

«GÉNERO.—*Perca*.» (v. en la ficha 101)

«ESPECIE 3.ª—**La Cherna**.—*Perca Gigas*.—LINN. Los opérculos rematan en tres puntas, la de en medio mayor, la séptima espina de la aleta dorsal es la más chica de todos sus radios.» (p. 157)

LISTA IMPRESA

«GÉNERO 23. *La Cherna*, Perca Gigas *Lin.*» (p. 181)

ESTADO ACTUAL

Mycteroperca rubra (Bloch, 1793) — Lámina 106

Clase: Actinopteri, Orden: Perciformes, Familia: Epinephelidae

Citas en obras anteriores a Cabrera

Epinephelus ruber (Bloch, 1793: 22; Taf. CCCXXXI); *Sparus scirenga* (Risso, 1810: 50)

ANÁLISIS

Etimológico

Perca Gigas: {gr. *perkis, perke, es*} 'perca', v. en la ficha 95 + {gr. *gigas, antos*} 'gigante', también 'grande, fuerte, violento' (Sebastián, 1964), referido al gran tamaño que alcanza este pez (pero, como se explica más abajo en el comentario taxonómico, *Perca Gigas* es un sinónimo de *Epinephelus marginatus*).

Mycteroperca rubra: {gr. *mykter, eros*} 'nariz, ventanilla de la nariz' (Sebastián, 1964), relativo al gran tamaño del orificio nasal posterior + {gr. *perke, es*} v. anterior + {lt. *ruber, bra, brum*} 'rojo', en relación a la coloración general del pez (*PE*).

Ictionímico

El nombre *cherna* que recogió Cabrera para esta especie es propio de *Polyprion americanus*, que es la verdadera cherna en Andalucía, como ya dijimos en la ficha 101. Para el *DCECH*, la voz *cherna* procede del latín tardío *acernia* 'mero', forma con la que se documenta desde los autores latinos. En las lenguas iberorromances deviene del mozárabe *chirnia* (*DCECH* y Alvar, 1970: 168). Esta identificación entre la *cherna* y el *mero* se mantiene hasta hoy en el *DLE* y en la vida real del ictiónimo en la sociedad, pues en muchos puertos andaluces se comprueba que *cherna* y *mero* son voces prácticamente sinónimas. De hecho, algunos pescadores dicen que la cherna es «una especie de mero» (El Puerto de Santa María), o «de la familia del mero» (Puerto Real), o «un híbrido del mero» (Cádiz) (*IA*: 266). Esto explica que Cabrera expresase también este cruce de denominaciones en las especies de serránidos que examinó. *Cherna* se documenta por primera vez como ictiónimo en 1729, en el *Diccionario de Autoridades* (RAE). En Andalucía lo encontramos por primera vez en Medina Conde (1789: 214). Cabrera es el primero en asociarlo a una equivalencia científica.

Taxonómico

Con los datos expuestos, creemos que la especie que examinó Cabrera en su denominación actual fue *Mycteroperca rubra*, pese a que la equivalencia científica que empleó para determinarla, *Perca Gigas*, corresponde al *mero*, *Epinephelus marginatus* (105), y a que no es correcto que «la séptima espina de la aleta dorsal es la más chica de todos sus radios». Sí es cierto que sus opérculos «rematan en tres puntas», es decir, que tienen tres espinas dirigidas hacia atrás, y que los pescadores la denominan frecuentemente *cherna*, aunque para ellos la *cherna* verdadera es *Polyprion americanus* (101).

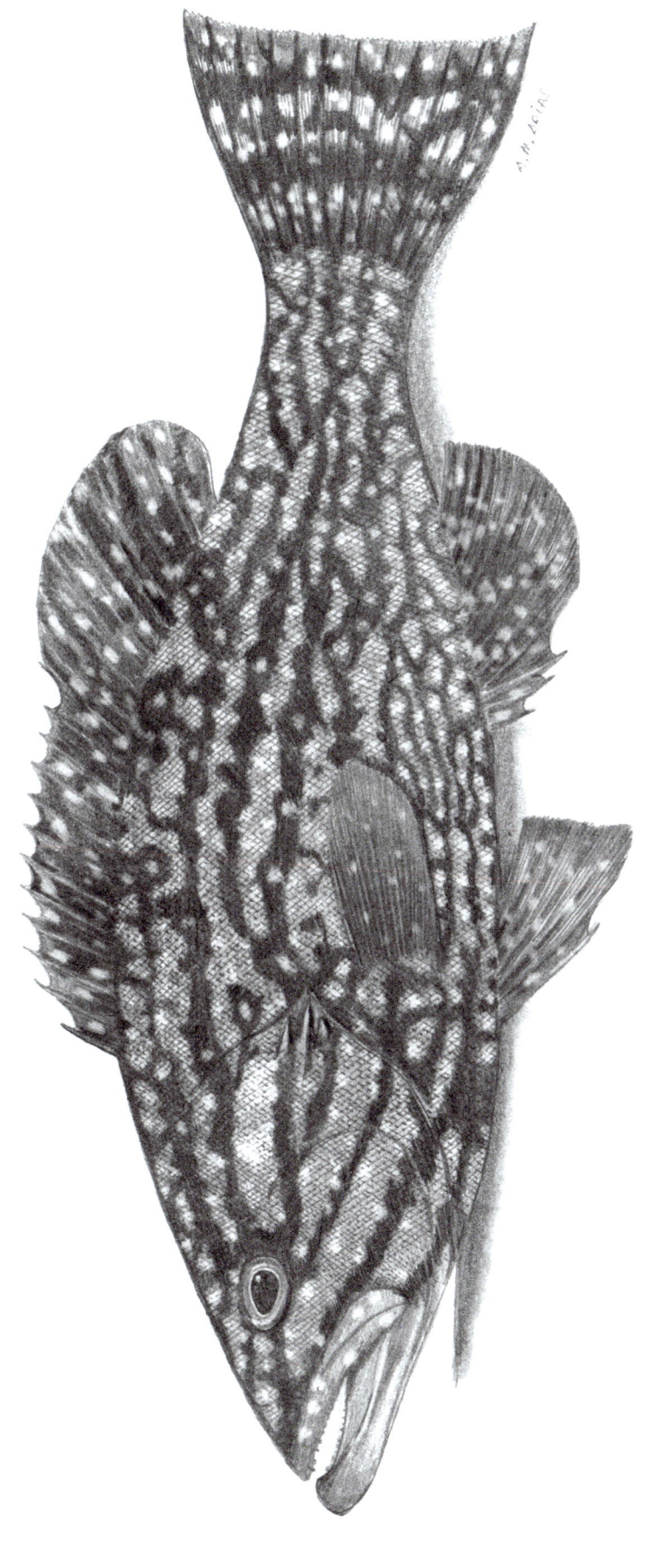

Mycteroperca rubra (Bloch, 1793) - Cherna

(Dibujo basado en una fotografía de L. Sánchez Tocino, en www.ictiotem.es y fotos propias)

APORTACIÓN DE CABRERA

LISTA MANUSCRITA

Cabrilla   Gorrión

MEMORIA DESCRIPTIVA

«GÉNERO.—*Perca.*» (v. en la ficha 101)

«ESPECIE 2.ª—**Cabrilla.**—*Perca Cabrilla.*—LINN. Con fajas longitudinales de un color de sangre. Es pez de un geme [un palmo].»
(p. 156)

LISTA IMPRESA

«GÉNERO 23. *La Cabrilla,* Perca Cabrilla *Lin.*» (p. 181)

«*El Gorrion*», en los listados de ictiónimos que no llegó a identificar (p. 187)

COLECCIÓN INSTITUTO

«20. *Serranus cabrilla* (L.). Dice en su etiqueta (Cabrera): *Perca vitela* vulgo *vaquilla*» (De Buen, 1919: 253)

ESTADO ACTUAL

Serranus cabrilla (Linnaeus, 1758) — Lámina 107
Clase: Actinopteri, Orden: Perciformes, Familia: Serranidae

Citas en obras anteriores a Cabrera

Cabrilla (Löfling, 1753); *Perca Cabrilla* (Linnaeus, 1758: 294); *Perca Cabrilla* (Bonnaterre, 1788: 135); *Perca Cabrilla* (Cornide, 1788: 60); *Perca Cabrilla* (Linnaeus, en Gmelin, 1789: 1322); *Cabrilla* (Medina Conde, 1789: 212); *Craba* (Asso, 1801: 44)

ANÁLISIS

Etimológico

Perca Cabrilla: {gr. *perkis, perke, es*} 'perca', v. en la ficha 95 + {it. *cabrilla*] 'nombre del pez' (Barriuso, 1986: 112). V. también el comentario ictionímico.

Serranus cabrilla: {lt. *serra, ae*} 'sierra', por el borde aserrado del preopérculo (Cuvier et Valenciennes, 1828: II, 240) + {it. *cabrilla*} v. anterior.

Ictionímico

Cabrilla y *gorrión* son dos ictiónimos válidos para designar a *Serranus cabrilla*. El primero de ellos se emplea también en el litoral gaditano asociado a especies de otras familias, como el tríglido *Chelidonichthys obscurus* (154); el segundo designa a lábridos y serránidos de pequeño porte, circunscrito a los puertos de Huelva. Por lo tanto, Cabrera debió escuchar estas denominaciones en alguna visita a la provincia de Huelva o en Cádiz de boca de algún marinero onubense. *Cabrilla* es un derivado de *cabra*, que para Palanco (2000: 197) podría tratarse de una castellanización del epíteto del nombre científico, *cabrilla*; idea que apoya Ríos (1977: 287). El ictiónimo tiene su motivación en la costumbre de esta especie de desplazarse dando saltos bruscos por el fondo marino. Así se describe ya en 1729 en el *Diccionario de Autoridades* (RAE): «Cierta especie de pescado, que tiene alguna semejanza con la trucha, aunque es más larga y angosta. Parece haverse dicho assí, por ser muy ligera y saltar á menudo [...]». En cuanto a *gorrión*, se trata de un nombre metafórico cuya vinculación semántica con el ave homónima está basada en el color pardusco de la piel del pez y el plumaje del ave, además del pequeño tamaño que ambos comparten. *Gorrión* se documenta en Andalucía en Löfling (1753). Aparece en la Lista manuscrita y Graells lo incluye en un pequeño apartado de peces de Cádiz «que no se han podido examinar ni determinar» (p. 187), pero Cabrera sí llegó a examinarlo, aunque no supo que también se denominaba así, *gorrión*.

Taxonómico

La información que aporta Cabrera conduce con claridad a que la especie examinada fue *Serranus cabrilla*. Hay dos especies más de serránidos menores en aguas gaditanas que reciben la denominación de *cabrilla*: *Serranus scriba* (108) y *Serranus hepatus* (Linnaeus, 1758), pero no tienen «fajas longitudinales de un color de sangre», sino franjas transversales. Hay que señalar, sin embargo, que, en realidad, la coloración de *Serranus cabrilla* se caracteriza por diez franjas transversales de color marrón rojizo, cruzadas por varias franjas longitudinales claras, que en un estado de visión media pueden conformar una imagen reversible o ambigua en la que las franjas transversales se ven como franjas longitudinales y al contrario. Al margen de esto, De Buen (1919: 253) determinó como *Serranus cabrilla* un ejemplar de Cabrera conservado en la Colección del Instituto de Cádiz, lo que vendría a confirmar que esa fue la especie que examinó en esta ocasión, pese a que en el etiquetado original de la muestra se indicaba [¿erróneamente?]: «*Perca vitela*, vulgo *vaquilla*», que se referiría a *Serranus scriba*, la especie de la ficha siguiente.

Serranus cabrilla (Linnaeus, 1758) - Cabrilla, Gorrión

APORTACIÓN DE CABRERA

LISTA MANUSCRITA

Serrana   Vaquilla

MEMORIA DESCRIPTIVA

«Género.—*Perca*.» (v. en la ficha 101)

«Especie 14.—**La Baquilla ó Cabrilla serrana**.—*Perca Vitella*.—Sp. N. Es pez de un geme [un palmo] con cuatro fajas rojas transversales; vestido de escamas menudas, ásperas; el hocico prolongado y la boca pequeña.» (p.158)

LISTA IMPRESA

«Género 23. *La Vaquilla, La Serrana, Perca Vitella Sp. N.*» (p.181)

ESTADO ACTUAL

Serranus scriba (Linnaeus, 1758) — Lámina 108

Clase: Actinopteri, Orden: Perciformes, Familia: Serranidae

Citas en obras anteriores a Cabrera

Perca Scriba (Linnaeus, 1758: 292); *Perca Scriba* (Bonnaterre, 1788: 131); *Perca Scriba* (Linnaeus, en Gmelin, 1789: 1315); *Holocentrus maroccanus* (Bloch & Scheneider, 1801: 320)

ANÁLISIS

Etimológico

Perca Vitella: {gr. *perkis, perke, es*} 'perca', v. en la ficha 95 + {lt. *vitellus, i*} 'vaca pequeña, ternera' (*PE*), v. el comentario ictionímico, más abajo.

Serranus scriba: {lt. *serra, ae*} v. en la ficha anterior + {lt. *scriba, ae*} 'copista, secretario', relativo a las líneas de la cabeza, que, como dicen Cuvier et Valenciennes (1828: II, 214), recuerdan algún tipo de escritura desconocida.

Ictionímico

Cabrera recogió tres ictiónimos que conducen a que *Serranus scriba* fue la especie descrita y determinada: *vaquilla*, o *baquilla, serrana* y *cabrilla serrana*. *Vaquilla* pervive en la actualidad asociado a ella, principalmente en puertos almerienses (*IA*: 281). *Serrana* continúa utilizándose, pero asociado a *Serranus cabrilla*, y *cabrilla serrana* ha desaparecido del léxico marinero. No obstante, se han creado algunas variantes: *vaca serrana* (Estepona), *vaquilla serrana* (Almería) y *vaquita serrana* (Adra) asociadas a *Serranus scriba* (*IA*: 280-281). Desconocemos la motivación semántica del ictiónimo *vaquilla* en esta especie. Palanco (2000: 201) apunta, sin convicción, a «las manchas en la cabeza y en los opérculos». En cuanto a *Cabrilla serrana* (no incluido en la Lista manuscrita) y *serrana*, se trata de creaciones metafóricas que devienen del latín *sĕrra* 'cadena montañosa' donde se produce una identificación entre el borde dentado del preopérculo, característico de las especies de esta familia (los serránidos) y los picos de las montañas (Ríos, 1977: 327); en el mismo sentido de la deducción, Barriuso (1986: 109) parte de *sierra* como 'instrumento para serrar' y la identificación del citado borde dentado con los dientes de la herramienta. *Cabrilla serrana* y *Serrana* se documentan por primera vez en Andalucía en los escritos de Cabrera.

Taxonómico

Con la descripción y los tres nombres comunes que aporta Cabrera creemos que la especie que examinó fue *Serranus scriba*, un pez de pequeño tamaño, con cuatro o cinco bandas oscuras transversales, cubierto de pequeñas escamas ctenoides (de ahí la aspereza que señala nuestro autor), con la mandíbula inferior más larga que la superior y la boca relativamente pequeña. Sin embargo, no se trataba de una especie nueva, como señaló marcando con «Sp. N.» su *Perca Vitella*, pues ya había sido descrita por Linneo como *Perca Scriba*. Tal vez Cabrera no la encontró en el *Systema Naturae* del sueco porque no supo interpretar el «capite scripto» (p.1315) de este, en referencia a la principal característica morfológica que distingue claramente a este pez: los intrincados dibujos de líneas curvas en la cabeza que recuerdan a algún tipo de escritura, como dijimos más arriba. Volviendo al ejemplar de la especie anterior conservado en la Colección del Instituto de Cádiz, vemos que, por sus descripciones, Cabrera diferenciaba bien *Serranus scriba* de *Serranus cabrilla*, pero, posiblemente por error, se etiquetó como *Perca Vitella* un ejemplar que un siglo después De Buen determinó como *Serranus cabrilla*.

Serranus scriba (Linnaeus, 1758) - Serrana, Vaquilla

APORTACIÓN DE CABRERA

LISTA MANUSCRITA

MEMORIA DESCRIPTIVA

«GÉNERO.—*Perca.*—LINN.» (v. en la ficha 101)

«ESPECIE 8.ª—**El Abadejo Rayado**.—*Perca Diagramma*.—LINN. Sobre fondo rojizo lo adornan ciertas líneas longitudinales amarillas. Nuestro pez tiene la cabeza más prolongada que la estampa que trae Seba de la Perca Diagramma.» (pág. 157)

LISTA IMPRESA

«GÉNERO 23. *El Abadejo rayado*, Perca Diagramma *Lin*.» (p. 180)

ESTADO ACTUAL

Parapristipoma octolineatum (Valenciennes, 1833) — Lámina 109

Clase: Actinopteri, Orden: Acanthuriformes, Familia: Haemulidae

Citas en obras anteriores a Cabrera

Ninguna

Primera cita posterior a Cabrera

Pristipoma octolineatum (Cuvier y Valenciennes, 1833: 487)

ANÁLISIS

Etimológico

Perca Diagramma: {gr. *perkis, perke, es*} 'perca', v. en la ficha 95 + {gr. *diagramma, atos*} 'figura, figura geométrica' (Sebastián, 1964), relativo a las líneas longitudinales de los costados.

Parapristipoma octolineatum: {gr. *para*} 'al lado de', que puede expresar características similares a otros géneros de la misma familia Haemulidae + {gr. *pristos, e, on*} 'aserrado' + {gr. *poma, atos*} 'tapa, opérculo', en referencia al borde aserrado del preopérculo + {gr. *okto*} 'ocho' + {lt. *lineatus, a, um*} 'con líneas' (*PE*), en relación con las ocho líneas longitudinales claras de los flancos, cuatro en cada lado.

Ictionímico

Abadejo rayado fue una denominación recogida por Cabrera, que se documenta por primera vez sus escritos y que no pervive en la actualidad. Pérez Arcas (1865: 466), en un intento de corregir a Cabrera, lo utilizó erróneamente para dos especies próximas, pero sin líneas longitudinales en los costados: *Plectorhinchus mediterraneus* (110) y *Parapristipoma humile*. Sobre la voz *abadejo*, v. la ficha 106; *rayado* se refiere a dichas líneas longitudinales.

Taxonómico

Con los conocimientos actuales, la descripción de Cabrera (fondo rojizo, líneas longitudinales amarillas, que, en realidad, son claras, y cabeza picuda) y el nombre común asociado, *abadejo rayado*, son elementos suficientes para saber que la especie que examinó fue *Parapristipoma octolineatum*. La designó con el nombre de *Perca diagramma* (Linnaeus, 1758: 293) por el parecido que observó en las líneas longitudinales de los costados con el dibujo («estampa») de una lámina de «Seba» —Albertus Seba (1665-1736), zoólogo holandés—, en el que se representa a *Perca diagrama*. Pero, en realidad, el pez representado tiene la coloración al revés de lo que describe Cabrera: líneas rojizas sobre fondo claro. En Bonnaterre (1788: pl. 57, fig. 210) puede verse una reproducción de la misma imagen. Por otro lado, *Perca diagramma* es un sinónimo de *Plectorhinchus diagrammus* Linnaeus, 1758, un pez marino de la familia Haemulidae que vive en el Pacífico occidental (Malasia) (Froese and Pauly, 2023), procedencia que descarta que esta fuera la especie examinada. Por lo tanto, lo que Cabrera estaba examinando y nombrando equivocadamente como *Perca diagramma* no era tal, sino *Parapristipoma octolineatum*, una especie que en 1817 no estaba aún descrita. No se percató de esta circunstancia, pese a que en su descripción observó ciertas diferencias respecto a lo que veía en Linneo, y no la marcó con su «Sp. N.», pero, en realidad él fue el primero en mencionarla científicamente, ya que hasta 1833 no se describió, por Cuvier y Valenciennes, conforme a los criterios taxonómicos aceptados.

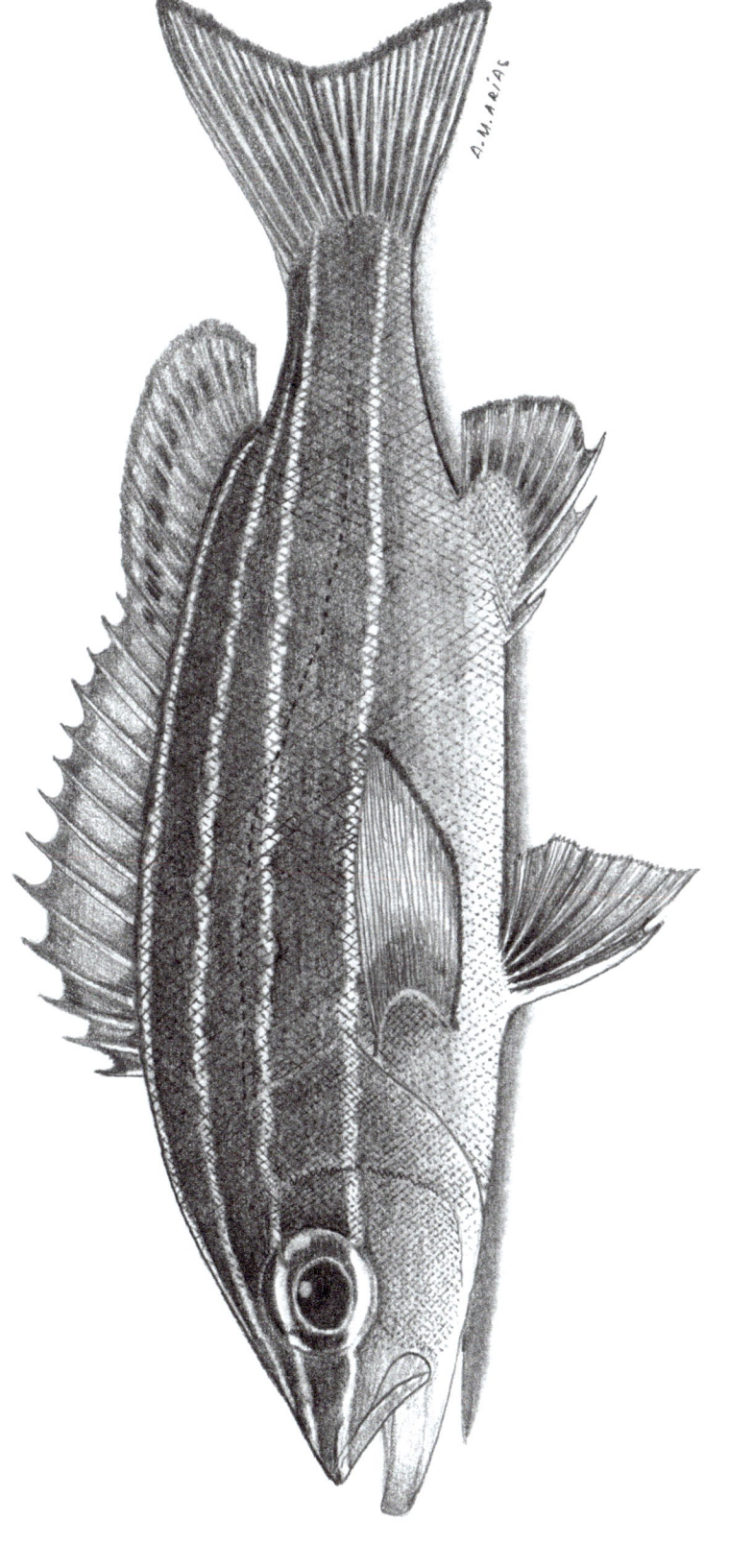

Parapristipoma octolineatum (Valenciennes, 1833) - Abadejo rayado

---

LISTA MANUSCRITA

MEMORIA DESCRIPTIVA
 «Género.—*Perca.*—Linn.» (v. en la ficha 101)
 «Especie 8.ª—**El Borriguete.**—*Perca Asellus.*—Sp. N. Su frente en declive; su boca pequeña; su cola enterísima. Oscura por el lomo y blanca por el vientre.» (pág. 158)
LISTA IMPRESA
 «Género 23. *El Borriquate,* Perca Asellus *Sp. N.*» (p. 181)

ESTADO ACTUAL
Plectorhinchus mediterraneus (Guichenot, 1850) — Lámina 110
Clase: Actinopteri, Orden: Acanthuriformes, Familia: Haemulidae

Citas en obras anteriores a Cabrera
Borigete, boriguete, borriquete, Perca (Löfling, 1753)

Primera cita posterior a Cabrera
Diagramma Mediterraneum (Guichenot, 1850: 45)

ANÁLISIS
Etimológico

Perca Asellus: {gr. *perkis, perke, es*} 'perca', v. en la ficha 95 + {lt. *asellus, i*} 'asno, borrico' (*PE*), por su coloración gris, que recuerda a la del equino homónimo.

Plectorhinchus mediterraneus: {gr. *plektos, e, on*} 'entrelazado, trenzado', referido según Lacépède (1801, V: 176), a los pliegues que presenta el morro de este pez, que está como adelantado y escondido en los pliegues, si bien, en realidad, lo característico de su boca son sus gruesos labios + {lt. *mediterraneus, a, um*} propio del Mediterráneo, aunque su distribución geográfica es más amplia, extendiéndose por el Atlántico oriental, desde Francia hasta Angola.

Ictionímico

Según advirtió Cabrera a Clemente en la carta del 25 de febrero de 1826[205], «Con un mismo nombre se denotan peces diversos», hablaba del fenómeno lingüístico de la homonimia. Este es el caso del ictiónimo *borriquete*, que nuestro autor recogió para tres especies: *Anthias anthias* (191), *Labrus merula* (193) y *Plectorhinchus mediterraneus* y que en el léxico marinero andaluz se asocia también a varias más[206]. Como hacía con frecuencia, escribió el mismo nombre con distinta grafía: en la Memoria descriptiva empleó *borriguete* y en la Lista impresa *borriquate*, dos variantes gráficas de *borriquete*, que es lo que figura en la Lista manuscrita. Con estas tres formas se estaba refiriendo a *Plectorhinchus mediterraneus*, especie frecuente en las pesquerías andaluzas y bien conocida en al menos todos los puertos de las provincias de Huelva, Cádiz y Málaga (*IA*: 394-395). *Borriquete* es un derivado de *burro*, del latín tardío *bŭrrīcus* 'caballo pequeño' (*DCECH*). Su identificación metafórica con el équido homónimo se debe a la coloración marrón-grisácea de la piel, sus ojos grandes, el morro abultado y su aspecto algo bobalicón. Se documenta en Andalucía en Löfling (1753).

Taxonómico

La descripción, aunque general, encaja con las características de este pez, que con toda seguridad fue el que examinó Cabrera. Lo designó con el nombre *Perca Asellus* y lo marcó como especie nueva (*Sp. N.*). El epíteto *asellus* 'asnillo' hace referencia a alguna característica de la especie que recuerda al burro, equino terrestre, de donde viene el nombre de *borriquete*, como el color pardusco de su coloración. Löfling (1753), durante su estancia en Cádiz y El Puerto de Santa María, recogió la voz *borriquete* asociada a *Perca*, y ya que en Fuertes *et al.* (1998: 189) aparece un dibujo de la época realizado por Juan de Dios Castel[207] con la leyenda «Vulgo = Perca y en Cádiz Borriquete. J.C.», que representa claramente a *Plectorhinchus mediterraneus*, consideramos este hecho como la primera mención de la especie. En 1850 el zoólogo francés Antoine-Alphonse Guichenot (1809-1876), fue el autor de la descripción aceptada de *Diagramma Mediterraneum*, sinónimo de *Plectorhinchus mediterraneus*.

---

205 AJB, I,57,9,4.
206 *Blennius ocellaris* (91) (J. de A., 2001: 223); *Balistes capriscus* (100) (*IA*: 361); *Symphodus tinca* (195) (Navarrete, 1898: 165); *Gobius cobitis* Pallas, 1814, *Gobius niger* (67) y *Gobius paganellus* (68) (*LMP*, mapas 640, 605 y 606, respectivamente).
207 Juan de Dios Castel (1737-?), dibujante profesional que acompañaba a Löfling en la Expedición de Límites del Orinoco (Lucena, 1990: 135).

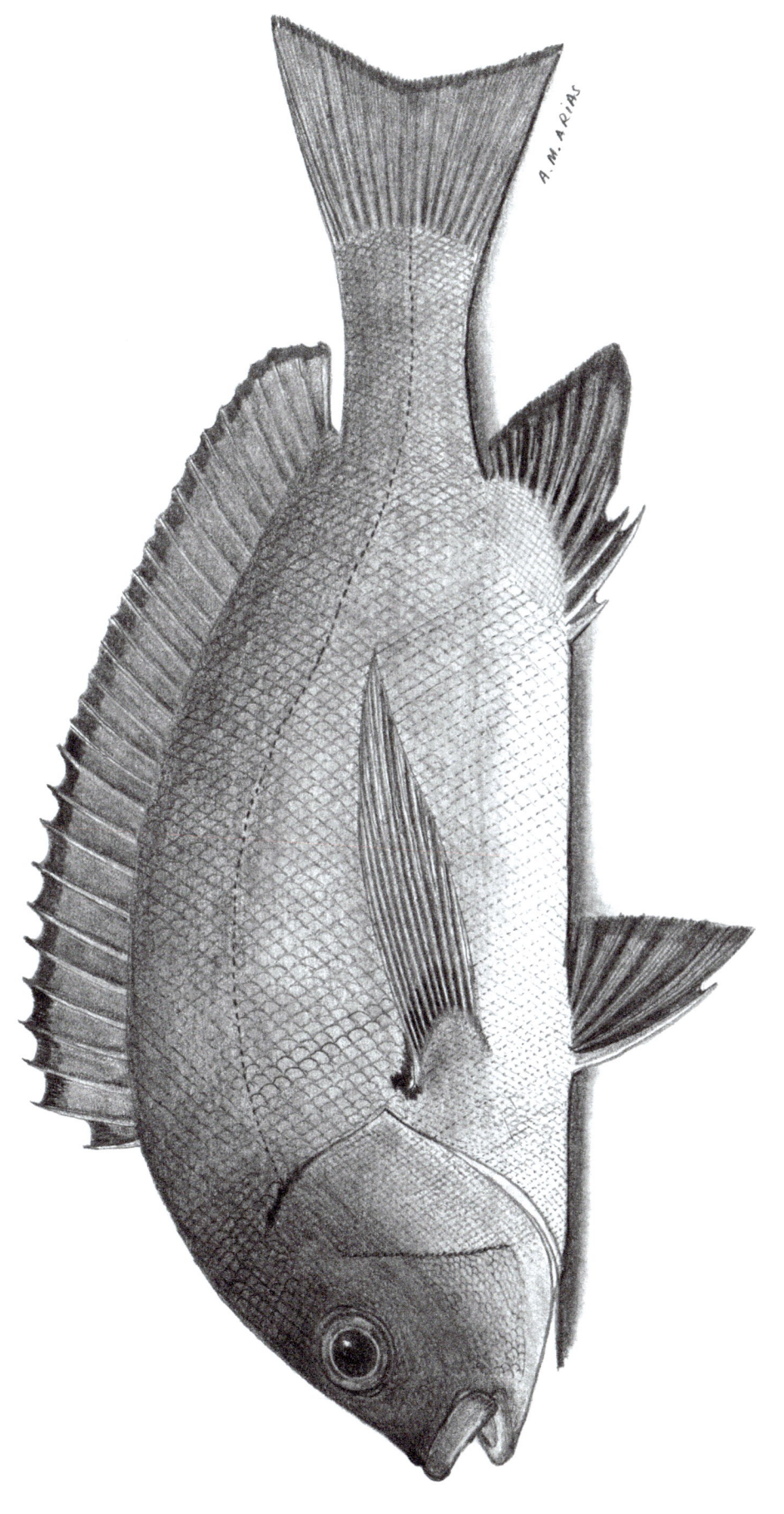

Plectorhinchus mediterraneus (Guichenot, 1850) - Borriquete

APORTACION DE CABRERA

LISTA MANUSCRITA

MEMORIA DESCRIPTIVA

«GÉNERO.—*Perca.*—LINN.» (v. en la ficha 101)

«ESPECIE 13.—**El Roncador.**—*Perca Grunniens.*—Sp.N. Este pez, cuando nada, suele hacer cierto ruido a modo de ronquidos, de donde le ha venido el nombre: los primeros diez radios de la aleta dorsal son puntiagudos; el recto [resto] forma la aleta más elevada; su cuerpo es oblongo; su color oscuro en el dorso y blanco en el vientre.» (p. 158)

LISTA IMPRESA

«GÉNERO 23. *El Roncador,* Perca Stridens *Sp.N.*» (p. 181)

CORRESPONDENCIA CIENTÍFICA

«Roncador, Perca» (AJB I,57,9,10)

ESTADO ACTUAL

Pomadasys incisus (Bowdich, 1825) — Lámina III

Clase: Actinopteri, Orden: Acanthuriformes, Familia: Haemulidae

Citas en obras anteriores a Cabrera

Anthias Grunniens (Bloch & Schneider, 1801: 308)

ANÁLISIS

Etimológico

Perca Grunniens: {gr. *perkis, perke, es*} 'perca', v. en la ficha 95 + {lt. *grunniens, entis*} 'que gruñe como el cerdo' (*PE*), en relación a los ronquidos que emite.

Perca Stridens: {gr. *perkis, perke, es*} 'perca', v. en la ficha 95 + {lt. *stridens, entis*}, de {lt. *strideo*} 'chirriar, hacer ruido estridente' (*PE*), igualmente relacionado con sus ronquidos.

Pomadasys incisus: {gr. *poma, atos*} 'tapa, opérculo' + {gr. *dasys, eia, y*} 'peludo, áspero' (Lacépède, 1836, III: 66), relativo al borde aserrado del preopérculo + {lt. *incido, incisus, a, um*} 'cortado, excavado, tallado' (*PE*), que hace referencia al borde ligeramente cóncavo del preopérculo.

Ictionímico

Pomadasys incisus, Sciaena umbra (136), *Umbrina canariensis* Valenciennes, 1843, *Halobatrachus didactylus* (51) y *Spondyliosoma cantharus* (134) son peces marinos que emiten ronquidos y por eso en Andalucía se les conoce como *roncadores*, entre otras denominaciones, pero el *roncador* por antonomasia en todos los puertos andaluces es el primero, *Pomadasys incisus* (*IA*: 396-397). El ictiónimo *roncador* es una voz metonímica y alude a la capacidad que tiene el pez de emitir sonidos, que metafóricamente se identifican con ronquidos, esto es, 'ruido o sonido que se hace roncando' o 'ruido o sonido bronco' (*DLE*). Ya lo refería Medina Conde (1789: 254) cuando decía: «al modo del besugo, [...] sacándolos fuera del agua echan a roncar». *Roncador* se documenta por primera vez en Andalucía en los manuscritos de Löfling (1753).

Taxonómico

Cabrera detalla en su descripción que este pez tiene diez radios espinosos en la aleta dorsal (en realidad tiene 12 o 13), el cuerpo oblongo y el color oscuro en el dorso y blanco en el vientre (aunque la tonalidad general del pez es amarilla dorada), con lo que es casi seguro que fue esa la especie que examinó. En la Memoria descriptiva la clasificó como *Perca Grunniens* y en la Lista impresa cambió este nombre científico por el de *Perca stridens*. Según Fricke *et al.* (2023), *Perca Gruniens* es sinónimo de *Pomadasys gruniens*, un pez de aspecto similar pero que se distribuye por aguas de Madagascar y Filipinas, y *Perca Stridens* lo es de *Pomadasys incisus*, con lo que la determinación de Cabrera fue acertada. No obstante, ninguno de los dos sinónimos es válido como especie nueva, pues ya había sido citada como *Anthias Grunniens* en Bloch & Schneider (1801: 308), un sinónimo de *Pomadasys grunniens* (Bloch & Schneider, 1801), sinónimo a su vez de *Pomadasys incisus* (Bowdich, 1825), descrito como *Anomalodon incisus* por Bowdich (1825: 237).

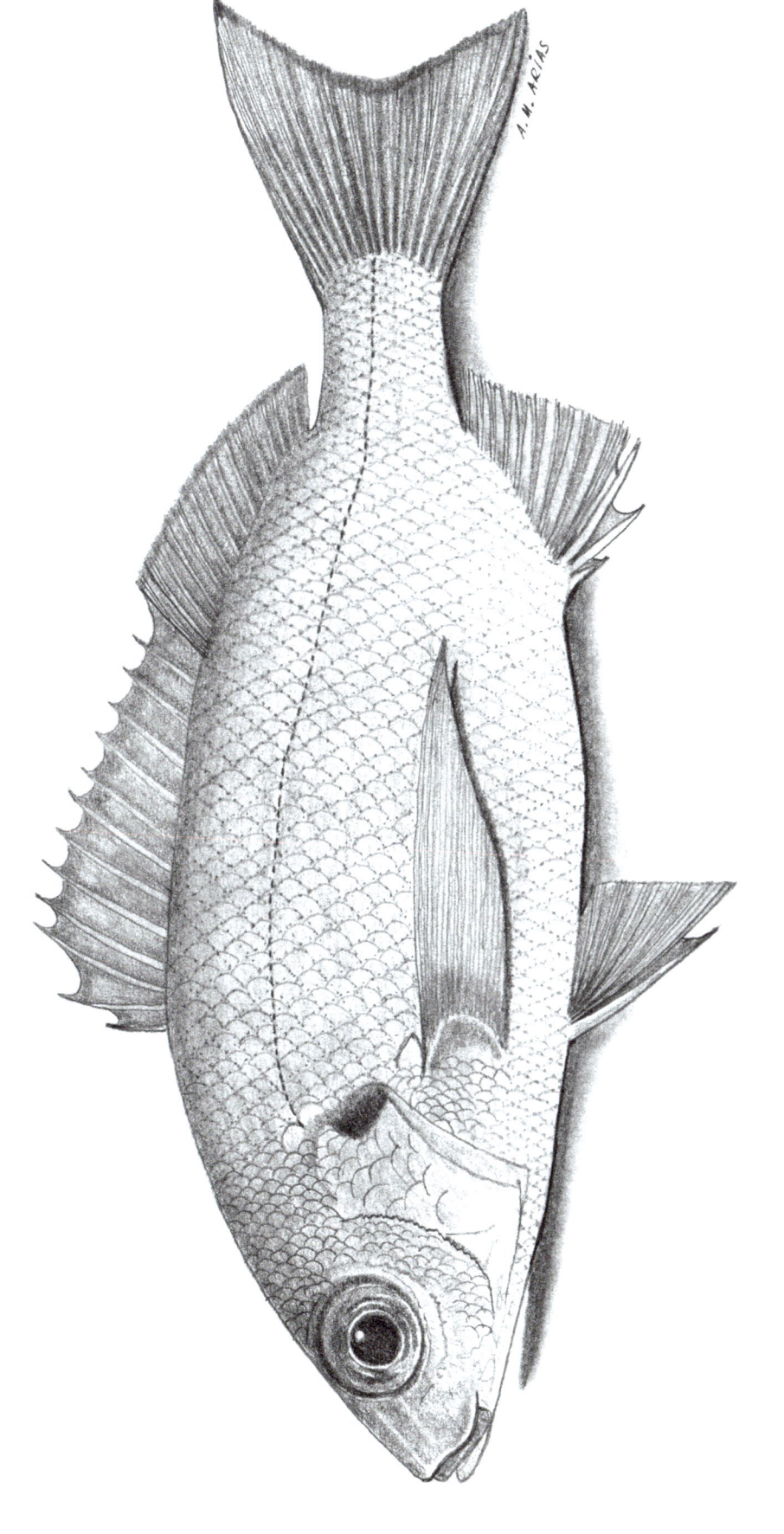

Pomadasys incisus (Bowdich, 1825) - Roncador

APORTACIÓN DE CABRERA

LISTA MANUSCRITA

MEMORIA DESCRIPTIVA

«GÉNERO.—*Sparus.*—LINN. Dientes robustos; labios dobles; opérculos escamosos; la membrana branquiostega de cinco radios; cuerpo comprimido; la línea lateral encorvada en su remate, las aletas pectorales redondeadas.» (p. 152)

«ESPECIE 7.ª—**La Boga**.—*Sparus Boops.*—LINN. El cuerpo es casi cilíndrico, con líneas longitudinales poco marcadas; los ojos grandes.» (p. 153)

LISTA IMPRESA

«GÉNERO 20. *La Boga*, Sparus Boops *Lin*.» (p. 179)

ESTADO ACTUAL

Boops boops (Linnaeus, 1758) — Lámina 112

Clase: Actinopteri, Orden: Acanthuriformes, Familia: Sparidae

Citas en obras anteriores a Cabrera

Box, *bogue*, *boopa* (Rondelet, 1558*a*: 123; L. V, c. XI); *Boops* (Willoughby, 1686: 317; Tab: V.3.2); *Sparus* (8.) (Artedi, 1738: 61); *Sparus Boops* (Linnaeus, 1758: 280); *Sparus Boops* (Bonnaterre, 1788: 100); *Sparus Boops* (Cornide, 1788: 43); *Sparus Boops* (Linnaeus, en Gmelin, 1789: 1274); *Boga* (Medina Conde, 1789: 210); *Sparus Boops* (Asso, 1801: 37)

ANÁLISIS

Etimológico

Sparus Boops: {gr. *sparos*, *ou*} 'boga, esparo' (Sebastián, 1964); también, para el resto de especies de esta familia, {lt. *sparus*} 'venablo, lanza' (*PE*), por la forma del cuerpo, ovoide y comprimido lateralmente, como la punta de una lanza + {gr. *box*, *bokos* / *boos*, *boos*} 'buey, vaca' (Sebastián, 1964) + {gr. *ops*, *opos*} 'ojo' (Sebatián, 1964), en relación con sus grandes ojos, como los de bueyes o las vacas, comparativamente.

Boops boops: v. anterior.

Ictionímico

En Cádiz y Andalucía el ictiónimo *boga* designa inequívocamente a *Boops boops*, que fue la especie que examinó Cabrera bajo ese nombre. *Boga*, según el *DCECH*, viene del latín *bōca* 'pez boga'. En este sentido, la motivación semántica para este pez está en su característica boca, a la que se alude metonímicamente como aquel pez que come todo lo que cae en su boca. Sin embargo, Saint-Denis (1947: 14) recoge las palabras del gramático latino Festo (s. II) que dice que *boga* viene de «a boando, id est, vocem emittendo», esto es, se basa en la creencia popular de que este pez chilla. Para Medina Conde (1789: 210), *boga* significa «la de ojos grandes, que así los tiene como el buey». El nombre *boga* se documenta por primera vez en Andalucía como *boga pescado* en 1505 (Torres, 1990: 45).

Taxonómico

Es fácil de reconocer la *boga* entre los espáridos de las aguas andaluzas porque es la única especie que tiene el cuerpo cilíndrico y no comprimido lateralmente. Cabrera la describió y determinó correctamente. El nombre científico con el que la denominó, siguiendo a Linneo, es un sinónimo de *Boops boops*.

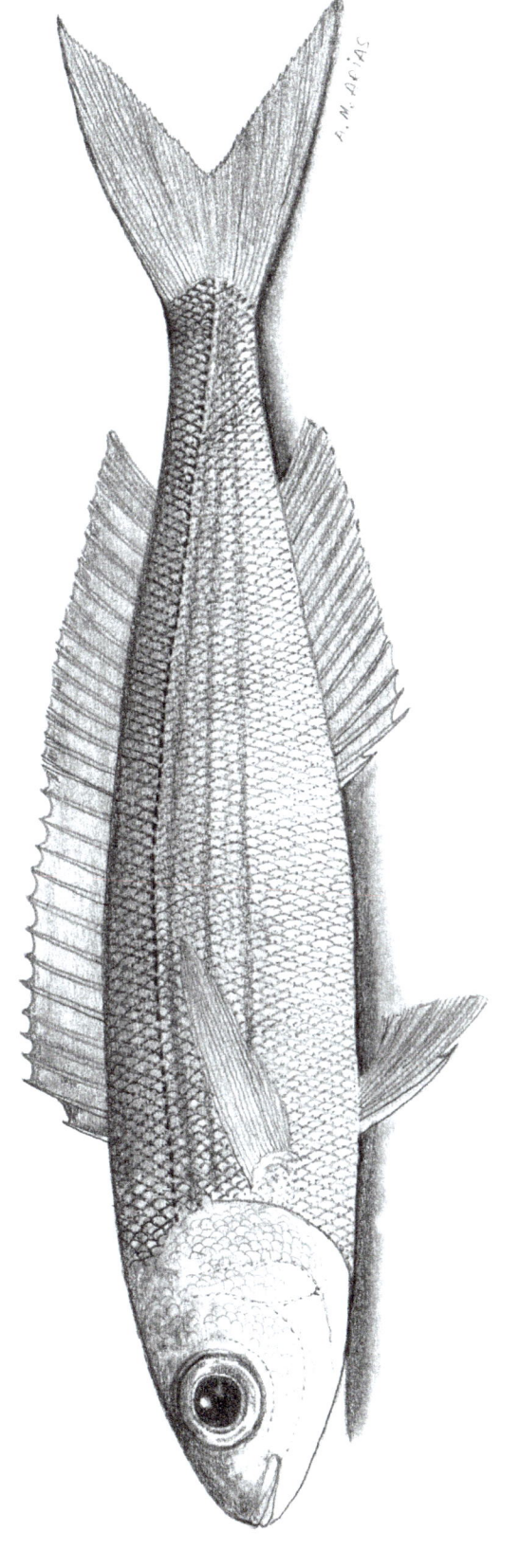

Boops boops (Linnaeus, 1758) - Boga

APORTACIÓN DE CABRERA

LISTA MANUSCRITA

MEMORIA DESCRIPTIVA
«GÉNERO.—*Sparus*.—LINN.» (v. en la ficha anterior)
«ADDENDA. **Vieja ó** *Sparus-Setaceus Varietas*. Tiene el cuerpo más ancho que el Capitán [*Sparus Cetaceus*]; una mancha roja en el remate de la aleta dorsal, y el radio segundo de la ventral algo más largo que los demás.» (p. 170)
LISTA IMPRESA
«GÉNERO 20. *La Vieja*, Varietas   »   » (p. 179)

ESTADO ACTUAL
Dentex canariensis Steindachner, 1881 — Lámina 113
Clase: Actinopteri, Orden: Acanthuriformes, Familia: Sparidae

Citas en obras anteriores a Cabrera
Ninguna

Primeras citas posteriores a Cabrera
Dentex nufar (Cuvier et Valenciennes, 1830: 240); *Dentex canariensis* n. sp. (Steindachner, 1881: 393)

ANÁLISIS
Etimológico

Sparus Setaceus: {lt. *sparus*} v. en la ficha anterior + {lt. *saeta, ae*} 'seta, cerda del jabalí, filamento' (*PE*), en relación con el primer radio blando de las aletas ventrales que es muy largo y filamentoso.

Dentex canariensis: {lt. *dens, dentis*} 'diente' (*PE*), en referencia a su potente dentadura, formada solo por dientes caninos + latinización de {Canarias}, porque Steindachner, el autor de la descripción científica, estudió ejemplares recolectados en las islas Canarias.

Ictionímico

Para la especie que nos ocupa, el ictiónimo *vieja* esta motivado por una de sus características morfológicas: la presencia de dientes caninos anteriores muy desarrollados y algo separados. Es posible que los pescadores andaluces asocien esta fisonomía particular con la de una bruja. Asimismo, la imagen de una bruja se asocia a la de una mujer muy anciana y descuidada con una dentadura horrible, fea, desdentada: una vieja. De hecho, otros espáridos, que también se llaman *brujas* en la bibliografía (*Diplodus sargus*, 121 o *Spondyliosoma cantharus*, 134), poseen dentaduras del aspecto descrito anteriormente. En este mismo sentido de la deducción, para Palanco (2000: 398), cuando habla de *vieja* asociado a *Gobius niger* (67), la razón semántica del ictiónimo se encuentra en la similitud entre la cara de una anciana y «la característica cara del pez». *Vieja* se documenta en Andalucía en Medina Conde (1789: 212), que recogió *cana vieja* como uno de los nombres vulgares de *Serranus cabrilla* (107), un pez bastante diferente.

Taxonómico

Cabrera describe escuetamente esta especie, pero cita con precisión los caracteres distintivos que la hacen inconfundible: «una mancha roja en el remate [extremo posterior] de la aleta dorsal, y el radio segundo [primer radio blando] de la ventral algo más largo que los demás». Estos caracteres, junto con el ictiónimo *vieja* asociado, corresponden sin confusión al actual *Dentex canariensis*. También menciona con acierto que su «cuerpo es más ancho que el del Capitán». La denomina *vieja* y la considera una «Varietas» (variedad) del *capitán, Sparus Cetaceus* (con *C*) *Sp. N.*, y para diferenciarla de esta la clasifica como *Sparus Setaceus* (con *S*). *Dentex canariensis* no estaba descrita en 1817, por lo que Cabrera fue el primero en ponerle nombre científico, aunque no la marcó con su Sp. N. Luego Steindachner (1881: 393) sería el autor de la descripción aceptada. No hay que confundir este *capitán*, que hoy es *Dentex gibbosus* (115) (él no lo confundía), con su otro «**Capitán ó Cabezudo**—*Mugil cephalus*» (90). Sin embargo, en Fricke *et al.* (2023) se cita a *Sparus Cetaceus* como un sinónimo de *Mugil cephalus*, pero vemos que para Cabrera eran claramente especies distintas, como así ocurre en realidad. Además, las colocó en géneros distintos, tanto en la Memoria descriptiva como en la Lista impresa: *Sparus* y *Mugil*, por un lado, y Géneros 33 y 20, por otro, respectivamente.

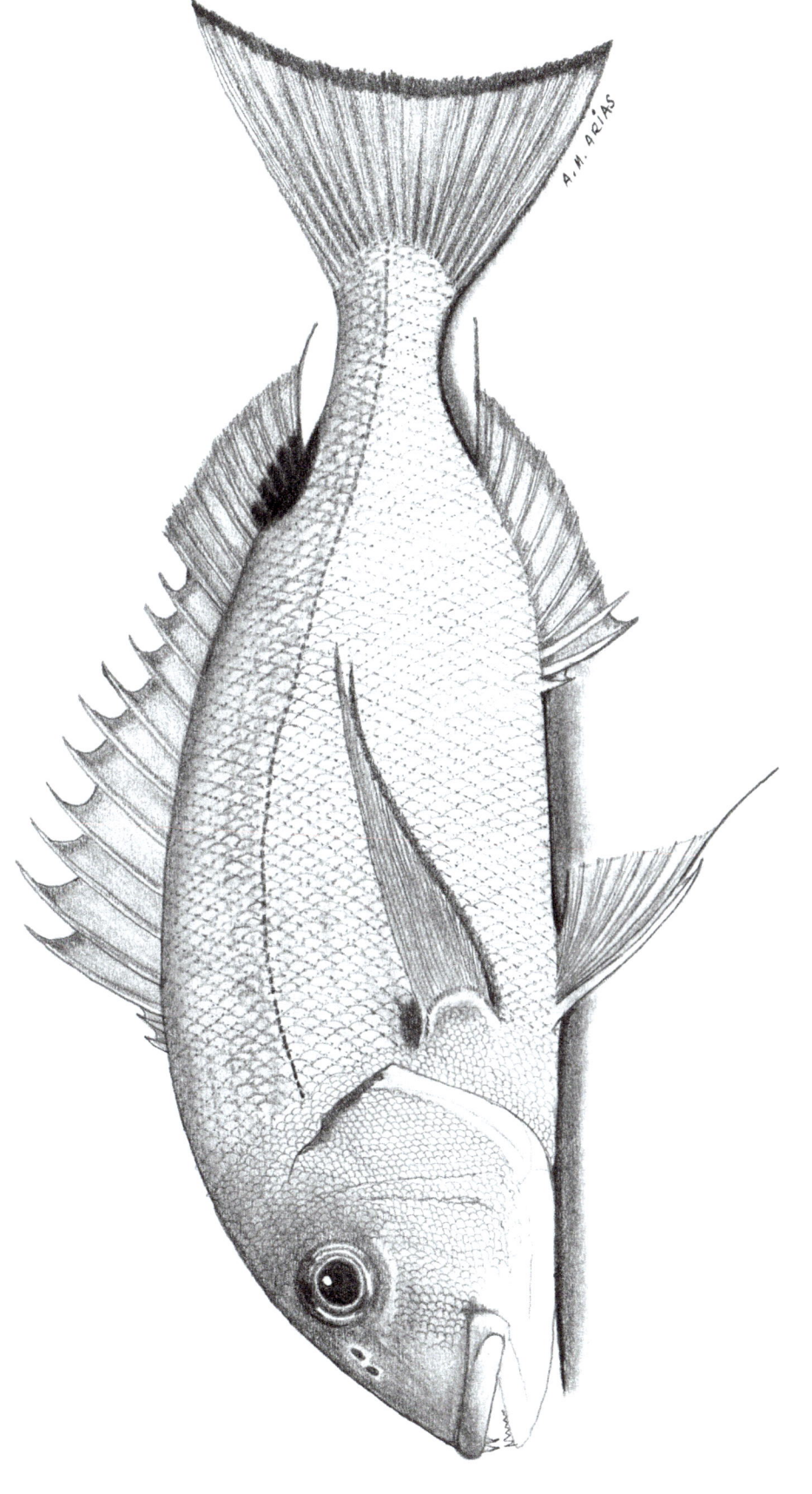

Dentex canariensis Steindachner, 1881 - Vieja

APORTACIÓN DE CABRERA

LISTA MANUSCRITA

MEMORIA DESCRIPTIVA
«Género.—*Sparus.*—Linn.» (v. en la ficha 112)
«Especie 10.—**El Dentón**.—*Sparus Dentex.*—Linn. La cola vífida con los cuatro dientes delanteros de su boca mayores y más fuertes.» (p. 153)

LISTA IMPRESA
«Género 20. *El Dentón*, Sparus Dentex *Lin.*» (p. 179)
«Género 20. *La Sabia*, Sparus Sabia *Sp. N.*» (p. 180)

COLECCIÓN INSTITUTO
«29. *Dentex dentex* (L.)» (De Buen, 1919: 253)

ESTADO ACTUAL

Dentex dentex (Linnaeus, 1758) — Lámina 114
Clase: Actinopteri, Orden: Acanthuriformes, Familia: Sparidae

Citas en obras anteriores a Cabrera

Dentex (Rondelet, 1558a: 133; L. V, c. XIX); *Dentex* (Willoughby, 1686: 312; Tab: V.3); *Sparus* (6.) (Artedi, 1738: 59); *Dentones, Sparus* (Löfling, 1753); *Sparus Dentex* (Linnaeus, 1758: 281); *Sparus Dentex* (Bonnaterre, 1788: 102; pl. 50, fig. 102); *Sparus dentes* (Cornide, 1788: 45); *Sparus Dentex* (Linnaeus, en Gmelin, 1789: 1278); *Dentón* o *sinodonte* (Medina Conde, 1789: 218); *Sparus Dentex* (Asso, 1801: 38)

ANÁLISIS

Etimológico

Sparus Dentex: {lt. *sparus*} v. en la ficha 112 + {lt. *dens, dentis*} v. en la especie anterior.
Sparus Sabia: {lt. *sparus*} v. en la ficha 112 + utilización del ictiónimo *sabia* como epíteto científico, v. a continuación.
Dentex dentex: {lt. *dens, dentis*} v. en la especie anterior.

Ictionímico

Dentón y *sabia* son dos nombres que en numerosos puertos pesqueros andaluces conducen casi con toda seguridad a *Dentex dentex* (*IA*: 430-431). *Dentón* tiene su origen en el latino *dens, dentis* 'diente', más el sufijo aumentativo *-on*, en referencia a la llamativa dentadura del pez formada por grandes dientes caniniformes. Se documenta por primera vez en las *Ordenanzas* de Granada de 1501 (Malpica, 1984: 110). En cuanto al ictiónimo *sabia*, se trata de una voz de la que los pescadores desconocen el porqué de su denominación. Creemos que podría ser un derivado del verbo latino *sapĕre*, en la forma *sapidus* 'que tiene sabor', 'buen sabor' (*DCECH*), en relación a la excelente calidad de su carne. Medina Conde (1789: 255) recogió *sablas* como «pez colorado y escamoso, el lomo algo azul: es parecido al *Pargo*, y a la *Zama*», en lo que podría ser la primera referencia a la especie en Andalucía, aunque no es posible determinar si se trataba de una errata de imprenta: *sablas* por *sabias*.

Taxonómico

El nombre científico (*Sparus Dentex*) que empleó Cabrera, junto con los dos nombres comunes anteriores, nos conduce con seguridad a que la especie que examinó fue *Dentex dentex*, nombre que alude a la potente dentadura del pez compuesta por cuatro dientes caninos muy desarrollados, seguidos de dientes puntiagudos, no molariformes, más pequeños. La descripción que hizo el religioso es general y podría servir para otras especies de *Dentex*. En la Lista impresa aparece otra referencia a esta especie: «*La Sabia, Sparus Sabia*», que Cabrera creía que se trataba de una especie de espárido nueva, no conocida, y la marcó como «Sp. N.». En realidad, *sabia* es una denominación común de *Dentex dentex*, utilizada en muchos puertos pesqueros de Huelva, Cádiz y Málaga (*IA*: 431). Tal vez, la pérdida de coloración de los ejemplares una vez muertos hizo pensar a Cabrera que se trataba de una especie nueva. *Sparus Sabia* equivale a *Dentex dentex*, ya descrita por Linneo, lo que invalidaba su marca «Sp. N.».

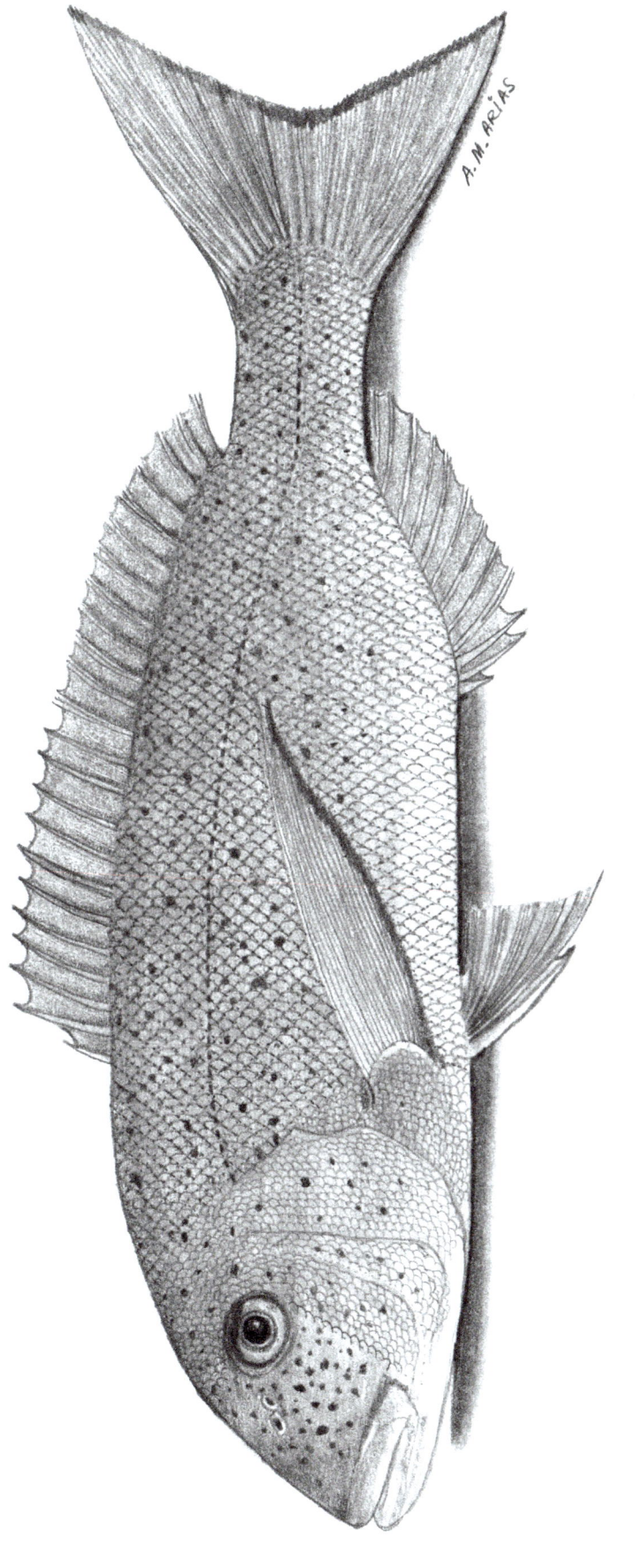

Dentex dentex (Linnaeus, 1758) - Dentón, Sabia

APORTACIÓN DE CABRERA

LISTA MANUSCRITA

Capitán

MEMORIA DESCRIPTIVA

«GÉNERO.—*Sparus.*—LINN.» (v. en la ficha 112)

«ESPECIE 18.—**El Capitán.**—*Sparus cetaceus.*—Sp. N. El segundo rayo de la aleta dorsal remata en tres pulgadas de una cerda rígida.» (p. 154)

LISTA IMPRESA

«GÉNERO 20. *El Capitán,* Sparus Cetaceus *Sp. N.*» (p. 179)

ESTADO ACTUAL

Dentex gibbosus (Rafinesque, 1810) — Lámina 115

Clase: Actinopteri, Orden: Acanthuriformes, Familia: Sparidae

Citas en obras anteriores a Cabrera

Sparus Gibbosus (Rafinesque, 1810: 25)

ANÁLISIS

Etimológico

Sparus Cetaceus: {lt. *sparus*} + {lt. *saeta, ae*} v. ambos en la ficha 113.

Dentex gibbosus: {lt. *dens, dentis*} v. en la ficha 113 + {lt. *gibbosus, a, um*}, 'jorobado, convexo' (*PE*), en referencia al enorme abultamiento frontal que desarrollan los machos adultos.

Ictionímico

Capitán lo utilizó Cabrera para designar a dos especies: *Mugil cephalus* (90) y *Dentex gibbosus*, objeto de esta ficha. En ambos casos la motivación metonímica del nombre se basa en sus cabezas grandes. En *Mugil cephalus*, la citada cabeza es grande en sí misma (v. más en la ficha 92) y, en *Dentex gibbosus*, los machos adultos desarrollan un gran bulto en la frente, una enorme giba o joroba, que la hacen muy prominente. En relación con esta espectacular prominencia, esta especie recibe en Andalucía numerosas denominaciones: *cornúa, morrúa, napoleón, pargo testuz, pargo de morro, pargo bollúo, pargo del bulto*, entre otras (*IA*: 434-436). *Capitan* (sin tilde) se documenta por primera vez en Andalucía en Löfling (1753), sin asociar a ninguna especie. Con tilde, *capitán*, aparece documentado en los escritos de Cabrera.

Taxonómico

Cabrera se refiere al segundo radio de la aleta dorsal, que se prolonga en un largo filamento más o menos rígido. En realidad, no es el segundo radio, sino el 3° y el 4° los que se prolongan en sendos filamentos de unos 8 cm de longitud. Esta característica la presentan los ejemplares jóvenes, que se llaman *viejas*, por su parecido con *Dentex canariensis* (113) y por eso son generalmente confundidos. Los adultos no presentan este carácter. Con todo lo anterior disponemos de elementos suficientes para saber que la especie que examinó Cabrera fue la que hoy se denomina *Dentex gibbosus*. La determinó como *Sparus Cetaceus*, con *C*, y podría especularse que fue debido al gran tamaño que adquieren los adultos, sobre todo estos machos viejos, que llegan a ser muy grandes y Cabrera los comparó con algún cetáceo. Consideró, equivocadamente, que se trataba de una especie nueva, pero ya había sido descrita por Rafinesque (1810: 25).

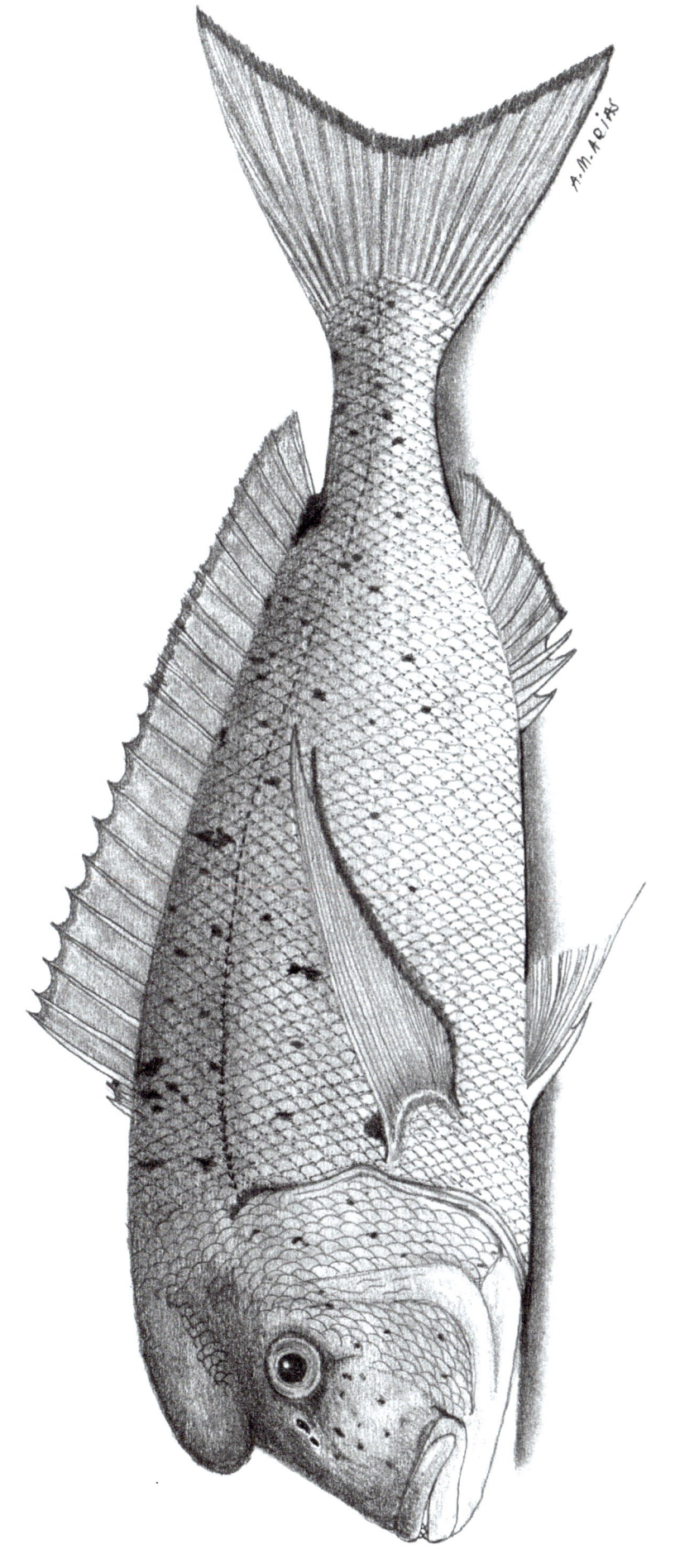

Dentex gibbosus (Rafinesque, 1810) - Capitán

APORTACIÓN DE CABRERA

LISTA MANUSCRITA

MEMORIA DESCRIPTIVA

«GÉNERO.—*Sparus*.—LINN.» (v. en la ficha 112)

«ESPECIE 24.—**El Cachucho**.—*Sparus an Chrisops*.—LINN. Ojos grandes; cabeza ancha; la cola vífida; todo el cuerpo con cierto color cerúleo. Puede convenirle la descripción del Crisops.» (p. 155)

LISTA IMPRESA

«GÉNERO 20. *El Cachucho*, Sparus Chrisops *Lin*.» (p. 179)

ESTADO ACTUAL

Dentex macrophthalmus (Bloch, 1791) — Lámina 116

Clase: Actinopteri, Orden: Acanthuriformes, Familia: Sparidae

Citas en obras anteriores a Cabrera

Sparus macrophthalmus (Bloch, 1791: 73)

ANÁLISIS

Etimológico

Sparus Chrisops: {lt. *sparus*} v. en la ficha 112 + {gr. *chrisos, ou*} 'oro' + {gr. *ops*} 'aspecto' (Sebastián, 1964), referido a los brillos dorados sobre la coloración general rojiza del pez en los ejemplares frescos.

Dentex macrophthalmus: {lt. *dens, dentis*} v. en la ficha 113 + {gr. *makros, a, on*} 'grande' + {gr. *ophthalmos, ou*} 'ojo' (Sebastián, 1964), relativo al gran tamaño de los ojos del pez.

Ictionímico

Cabrera era un buen conocedor y recopilador de los nombres comunes gaditanos de las especies de peces que examinaba. Uno de estos nombres fue *cachucho*, que en Cádiz, y en toda Andalucía, hace referencia a una sola especie: *Dentex macrophthalmus* (*IA*: 438-439). No obstante, muchos pescadores confunden las especies y llaman *cachucho* a un buen número de ellas, todas de color rojo más o menos intenso: *Beryx decadactylus* Cuvier, 1829, *Beryx splendens* Lowe, 1834, *Capros aper* (95), *Dentex canariensis* (113), *Dentex dentex* (114), *Erythrocles monodi*, Poll & Cadenat, 1954, *Gephyroberyx darwinii* (Johnson, 1866), *Hoplostetus mediterraneus* Cuvier, 1829, *Pagellus bellottii* (126) y *Pagrus caeruleostictus* (*IA*: 472). Incluso Machado (1857: 15) en su *Catálogo* se preguntaba: «¿qué es [...] el Cachucho?». Cabrera no se confundía e identificaba perfectamente el *cachucho* por sus ojos grandes. El color cerúleo que menciona podría referirse a ejemplares no frescos, porque los recién capturados son rojizos con brillos dorados. El ictiónimo *cachucho* es una voz metonímica relacionada con la llamativa dentadura de dientes caninos de este pez, como los de un perro. El *DCECH* lo recoge en la entrada *cachorro* y lo muestra como derivado de *cacho* 'perro' y este del latín vulgar *cattŭlus* 'perrito'.

Taxonómico

Lo que a Cabrera le resultó imposible (y a quién no, sin descripciones más exactas, sin láminas con las que comparar...) fue determinar esta especie, porque no estaba entre las 25 del género *Sparus* que incluía la 12.ª edición de Linneo (1766), o entre las 38 de Linneo en Gmelin (1789), ni tampoco en Bonnaterre (1788), otro de los autores que consultaba. Lo más parecido (?) a lo que examinaba que encontró en estas obras fue *Sparus Chrysops*, la especie cuya descripción cree que «puede convenirle», es decir, coincidir, con su *cachucho*. Por eso escribe «*Sparus an Chrisops*», es decir, *Sparus* o *Chrisops*. Pero el *Sparus Chrysops* de esta descripción, hoy denominado *Stenotomus chrysops* (Linnaeus, 1766), es un pez de «Habitat in Carolina», según Linneo, que poco se parece a nuestro *cachucho*, pues no tiene los ojos grandes ni la coloración rojiza. En resumen, con toda seguridad, la especie que examinó Cabrera asociada a los elementos de su aportación escrita, expuestos arriba, fue *Dentex macrophthalmus*, que Bloch describió en 1791 (p. 73), destacando sus ojos grandes y llamándola por eso el «ojos de buey» (traducido).

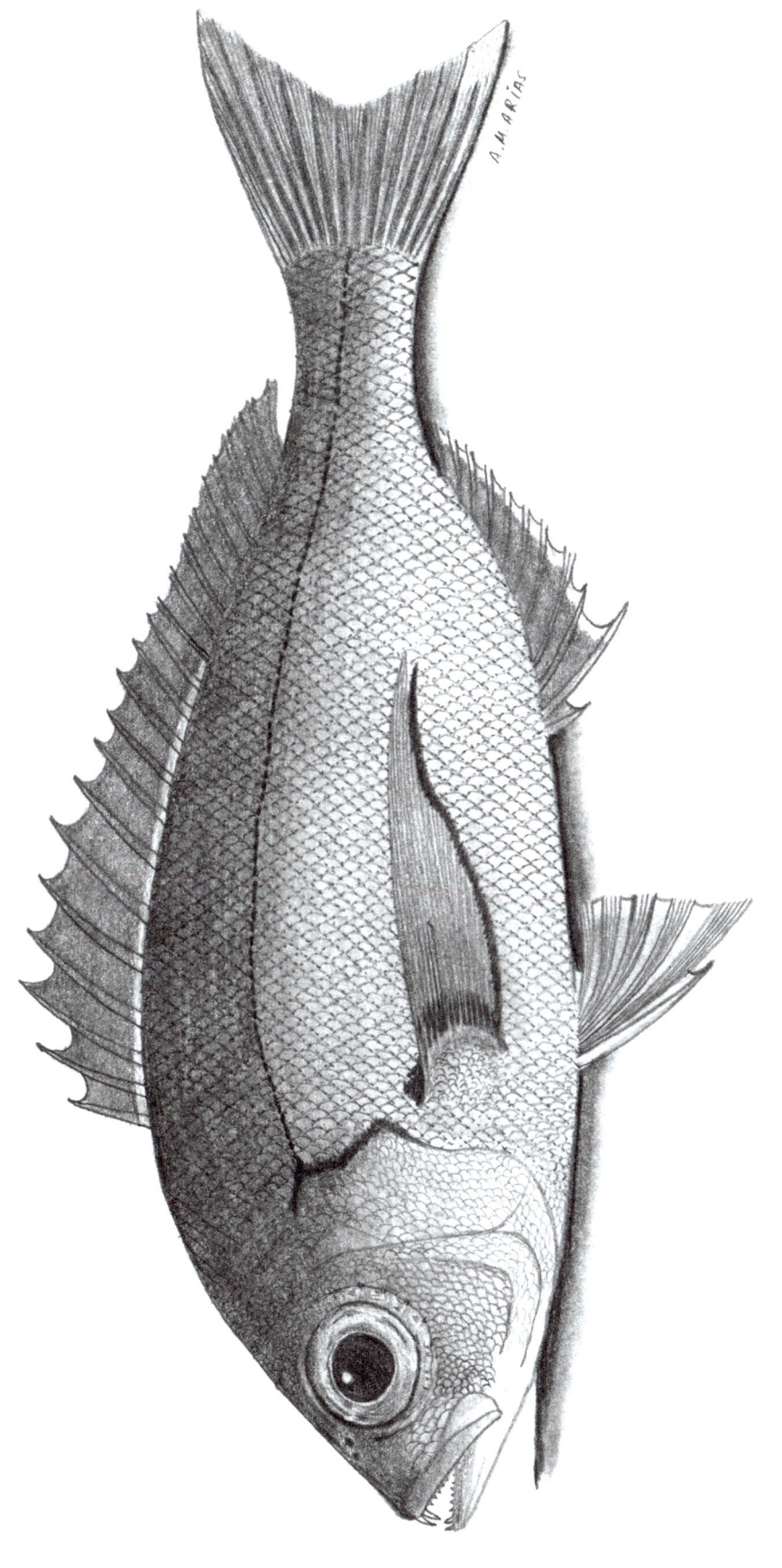

Dentex macrophthalmus (Bloch, 1791) - Cachucho

APORTACIÓN DE CABRERA

LISTA MANUSCRITA

MEMORIA DESCRIPTIVA

«Género.—*Sparus.*—Linn.» (v. en la ficha 112)

«Especie 17.—**La Faxóa.**—*Sparus Mycrocephalus.*—Sp. N. Se distingue por tener la cabeza muy pequeña, como la boca, que se observa armada de dos órdenes de dientes.» (p. 154)

LISTA IMPRESA

«Género 20. *La Faxóa*, Sparus Mycrocephalus *Sp. N.*» (p. 179)

ESTADO ACTUAL

Diplodus annularis (Linnaeus, 1758) — Lámina 117

Clase: Actinopteri, Orden: Acanthuriformes, Familia: Sparidae

Citas en obras anteriores a Cabrera

Sparaillon (Rondelet, 1558a: 111; L. V, c. III); *Sparus* (Willoughby, 1686: 308); *Sparus* (1.) (Artedi, 1738: 57); *Alfaxoa, Sparus* (Löfling, 1753); *Sparus annularis* (Linnaeus, 1758: 278); *Sparus Annularis* (Bonnaterre, 1788: 97); *Sparus annularis* (Cornide, 1788: 37); *Sparus annularis* (Linnaeus, en Gmelin, 1789: 1270); *Sparus Annularis* (Asso, 1788: 34)

ANÁLISIS

Etimológico

Sparus Mycrocephalus: {lt. *sparus*} v. en la ficha 112 + {gr. *mikros, a, on*}, 'pequeño' + {gr. *kephale, es*} 'cabeza' (Sebastián, 1964), relativo a lo que Cabrera consideraba una cabeza pequeña.

Diplodus annularis: {gr. *diploos*} 'doble' + {gr. *odous, odontos*} 'diente' (Jordan and Evermann, 1898, II: 856), por los dos tipos dientes que posee, incisivos cortantes y molares + {lt. *annularis, e*} 'relacionado con el anillo' (Cuvier et Valenciennes, 1830, VI: 35), se refiere a la mancha negra del pedúnculo caudal, que lo rodea casi por completo como si fuera un anillo.

Ictionímico

La forma *faxóa*, o *fajoa*, es una variante gráfica de *alfajoa*, ictiónimo que deriva del andalusí *faššuna*, que a su vez viene del romandalusí *fašona* 'fajita, fajada' (Corriente, 1999). Este hace referencia a la característica banda, faja o anillo de color negro que este pez posee en el pedúnculo caudal, que da nombre a su epíteto científico *annularis*. Se trata de una voz documentada en la bahía de Cádiz (*IA*: 441) y que, según Corriente, parece haberse extendido desde Portugal hasta Andalucía. En la forma *alfaxoa*, aparece por primera vez como ictiónimo en Andalucía en el manuscrito de Löfling (1753), asociado al género *Sparus*.

Taxonómico

Es llamativo que Cabrera fuera capaz de distinguir la *faxóa* de la *mojarra*, dos especies prácticamente idénticas, que para los pescadores son lo mismo, utilizando estos dos nombres como sinónimos, y que en la bibliografía aparecen frecuentemente confundidas. Sin embargo, él las diferenciaba con claridad señalando en la segunda la manchita negra en el opérculo («otros en el opérculo»), como se indica en la ficha siguiente. Incluso las denomina con nombres científicos distintos, *Sparus Mycrocephalus* y *Sparus Orbiculatus*, y las determina como especies nuevas. No obstante, estos dos nombres científicos son *nomina nuda* y no conducen hoy a ninguna equivalencia aceptada y tampoco se considera que designen a dos especies nuevas, aunque la segunda sí es Cabrera el primero en mencionarla. Con los conocimientos actuales sobre ictionimia y comparando sus dos descripciones, podemos afirmar que la primera especie, la que nos ocupa en esta ficha, era *Diplodus annularis* y la segunda *Diplodus bellottii*. Los «dos órdenes de dientes» que menciona en la descripción se refieren a los dos tipos de dientes, incisivos y molares, que caracterizan a las especies del género *Diplodus*. En el caso de *Diplodus annularis*, ya había sido descrita por Linneo (1758: 278), y citada e ilustrada desde mucho antes. Sobre *Diplodus bellottii*, v. en la ficha siguiente.

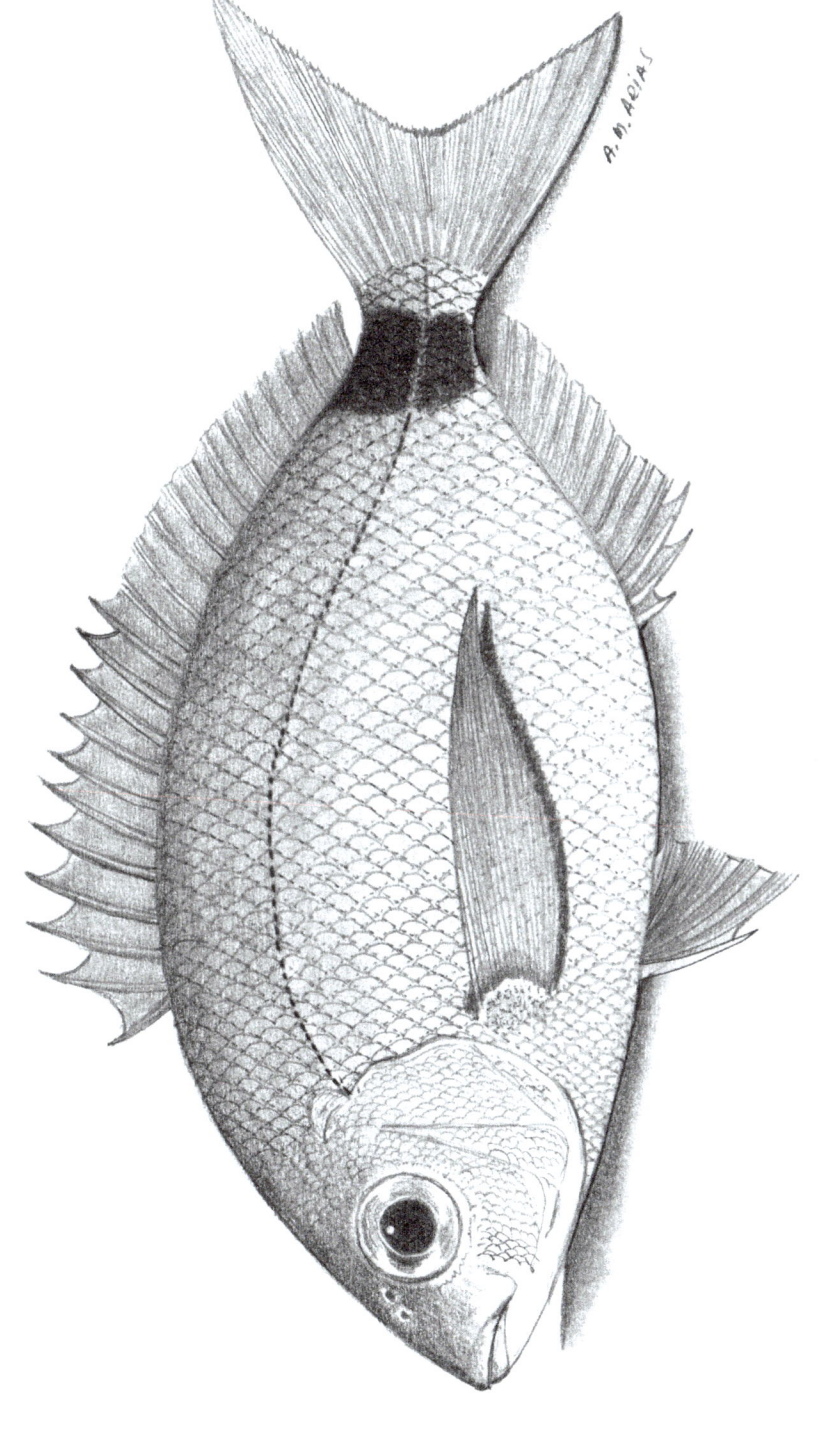

Diplodus annularis (Linnaeus, 1758) - Fajoa

APORTACIÓN DE CABRERA

LISTA MANUSCRITA

MEMORIA DESCRIPTIVA

«GÉNERO.—*Sparus.*—LINN.» (v. en la ficha 112)

«ESPECIE 17.—**La Mojarra**.—*Sparus Orbiculatus.*—Sp. N. Su cuerpo es perfectamente aovado; tiene junto á la cola una mancha negra y otros en el opérculo.» (p. 155)

LISTA IMPRESA

«GÉNERO 20. *La Mojara*, Sparus Orbiculatus *Sp. N.*» (p. 179)

ESTADO ACTUAL

Diplodus bellottii (Steindachner, 1882) — Lámina 118

Clase: Actinopteri, Orden: Acanthuriformes, Familia: Sparidae

Citas en obras anteriores a Cabrera

Ninguna

Primera cita posterior a Cabrera

Sargus Bellottii n. sp. (Steindachner, 1881: 6; Tab. 3, fig. 2)

ANÁLISIS

Etimológico

Sparus Orbiculatus: {lt. *sparus*} v. en la ficha 112 + {lt. *orbiculatu*s, *a*, *um*}, 'redondeado' (*PE*), referido probablemente a los ojos, que tienen un diámetro igual en todos sus puntos, ya que Cabrera no se refiere al cuerpo del pez, al que define como «perfectamente aovado».

Diplodus bellottii: {gr. *diploos*} + {gr. *odous, odontos*} v. en la ficha anterior + dedicatoria a Cristoforo Bellotti (1823-1919), ictiólogo y paleontólogo italiano.

Ictionímico

El nombre *mojarra*, con el que es conocida popularmente esta especie, se emplea también para la anterior (*Diplodus annularis*) y el de esta (*alfajoa* o *fajoa*) designa igualmente a *Diplodus bellottii*, debido a la gran similitud morfológica que existe entre ambas. Según el *DCECH*, *mojarra* es una voz de origen incierto, probablemente del árabe *muharrab* 'afilado', participio pasivo de *harrab* 'aguzar, afilar'. En este diccionario, en el mismo artículo lexicográfico, aparecen las entradas *moharra* 'punta de hierro de una lanza' y *mojarra* 'pez de cuerpo comprimido'. Precisamente, el ictiónimo surge de la relación metonímica entre la estrechez del pez, de dorso muy fino, y la punta de una lanza. *Mojarra* se documenta por primera vez en Andalucía hacia 1531 (*DCECH*).

Taxonómico

Es posible que el «otros en el opérculo» se refiera a la manchita negra característica que esta especie posee en el extremo superior del opérculo, en el comienzo de la línea lateral. Con ello, es muy probable que la especie examinada por Cabrera fuera *Diplodus bellottii*, que en 1817 aún no estaba descrita. Cabrera habría sido así el primero en documentarla y ponerle nombre científico, aunque no bajo los criterios formales para que su *Sparus Orbiculatus* fuese considerado un taxón válido. Muchos años después, en 1882, Steindachner fue el autor de la descripción válida, a la que, curiosamente, acompañaba un dibujo de la misma sin incluir la mencionada manchita negra (tabla 3, fig. 2).

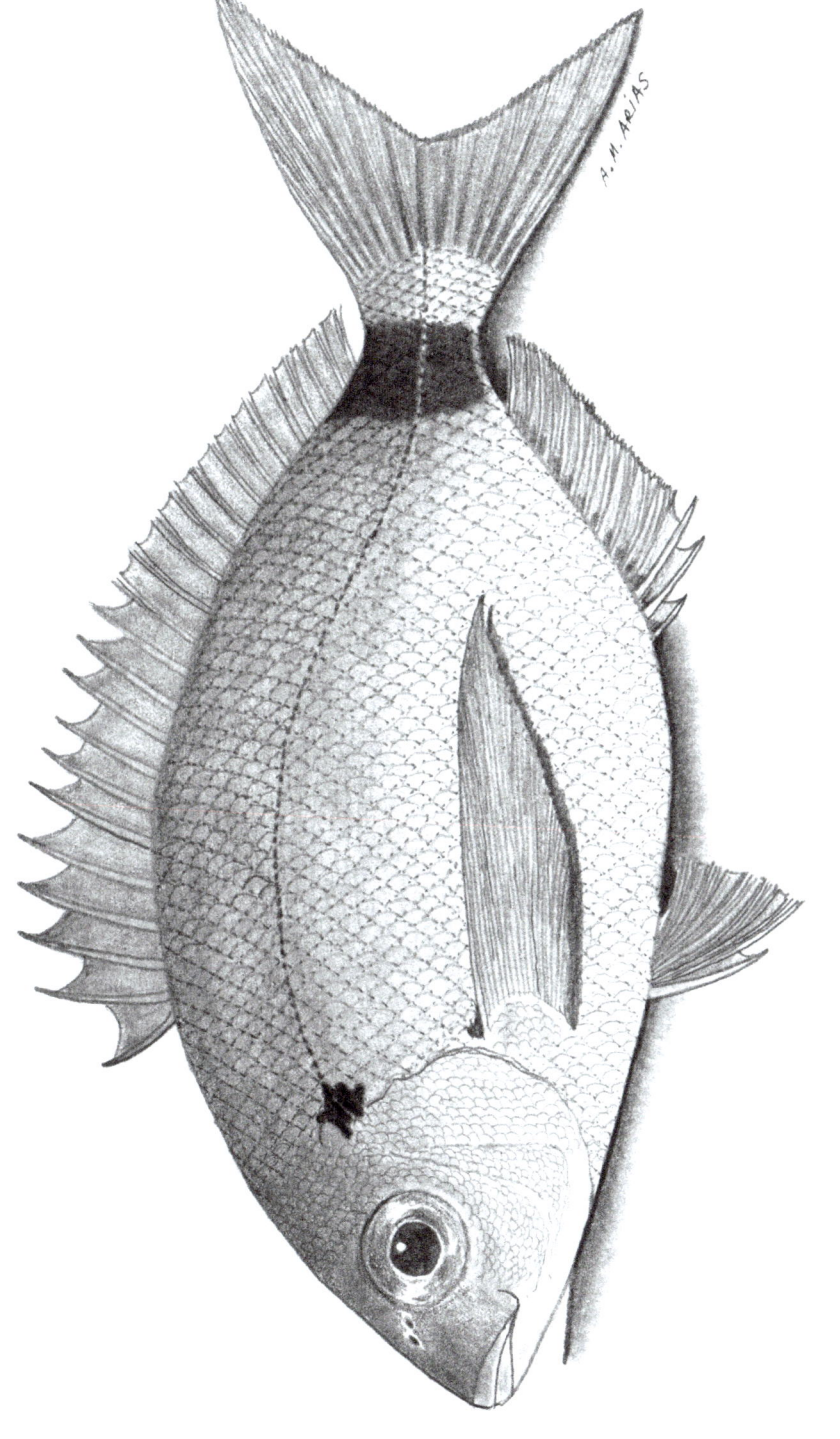

Diplodus bellottii (Steindachner, 1882) - Mojarra

APORTACIÓN DE CABRERA

LISTA MANUSCRITA

Sargo burdo

MEMORIA DESCRIPTIVA
«GÉNERO.—*Sparus.*—LINN.» (v. en la ficha 112)
«ESPECIE 20.—**El Sargo burdo**.—*Sparus Vittatus.*—Sp. N., [*Sparus*] *Variegatus, Bonneterrae*. Su cuerpo se distingue por cuatro fajas negras transversales y anchas y una mancha del mismo color que le ocupa el nacimiento de la cola.» (p. 154)
LISTA IMPRESA
«GÉNERO 20. *El Sargo burdo*, Sparus Variegatus *Lin.*» (p. 178)

ESTADO ACTUAL
Diplodus cervinus (Lowe, 1838) — Lámina 119
Clase: Actinopteri, Orden: Acanthuriformes, Familia: Sparidae

Citas en obras anteriores a Cabrera
Sparus Trifasciatus (Rafinesque, 1810: 50)

ANÁLISIS
Etimológico
Sparus Vittatus: {lt. *sparus*} v. en la ficha 112 + {lt. *vittatus, a, um*} 'adornado con tiras o bandas' (*PE*), que se refiere a las cinco bandas transversales marrones en los costados.

[*Sparus*] *Variegatus*: {lt. *sparus*} v. en la ficha 112 + {lt. *variegatus, a, um*} 'variado, diversificado', en el sentido de tener muchas marcas o colores (*PE*), lo que, como antes, también está relacionado con su vistosa librea de bandas marrones.

Diplodus cervinus: {gr. *diploos*} + {gr. *odous, odontos*} v. en la especie 117 + {lt. *cervinus, a, um*} 'relativo al ciervo', que se refiere, siguiendo a Jordan and Evermann (1898, III: 2485) cuando mencionan a *Lepidophidium cervinum*, a que es «del color del ciervo».

Ictionímico
En Cádiz, *sargo burdo* es un sinónimo antiguo de *sargo burgo* que se emplea hoy día para referirse, inequívocamente, a *Diplodus cervinus* que es una especie frecuente en la bahía de Cádiz y que fue la especie que Cabrera examinó. *Sargo burdo* se documenta por primera vez en Andalucía en los escritos de Cabrera. El modificador *burdo* 'tosco, basto, grosero' alude a la peor calidad de la carne de esta especie respecto a la de otros sargos, como *Diplodus sargus* (121). *Sargo burdo* ha llegado a nuestros días como *sargo burgo*, forma propia de los puertos de la costa gaditana y emparentada motivacionalmente con *sargo basto*. Es interesante señalar que esta especie también es conocida en Barbate como *sargo bedao* (*IA*: 446-447), una variante evolucionada en castellano del nombre común portugués *sargo veado* que incluye Lowe (1838: 177) en la descripción de la especie. *Bedao*, de *beado* 'listado', derivado del latín *vĕna* 'vena', 'filón', alude a las bandas transversales achocolatadas de la especie.

Taxonómico
Por lo anterior y por la mención precisa de las bandas transversales en la descripción, podemos afirmar que esta fue la especie que Cabrera examinó. Sin embargo, por dos veces, le asignó mal la denominación científica. En la Memoria descriptiva escribió: «**Sargo burdo**.—*Sparus vitattus* Sp.N., *Variegatus, Bonneterrae*.», lo que indica sus dudas en la identificación de la especie, pues no tenía claro si se trataba de *Sparus vittatus*, una especie nueva, o de *Sparus variegatus* de Bonnaterre. Hay que decir que no se trataba de una especie nueva, pues *Sparus vittatus* ya existía en Bloch (1791: 33), que hoy es sinónimo de *Anisotremus virginicus* (Linnaeus, 1758), una especie americana de aspecto muy diferente a *Diplodus cervinus*, como puede apreciarse en la ilustración del alemán, que ya también había dibujado Marcgrave (1648:152); y tampoco se trataba de *Sparus variegatus*, un pez que Bonnaterre (1788: 98) no ilustra pero que, según su descripción, basada en la de Brünnich (1748: 39), se estaban refiriendo a *Spicara melanurus*, muy parecido a *Oblada melanurus* (124). Sin embargo, hoy se admite que *Sparus variegatus* es un sinónimo de *Diplodus sargus* (Parenti, 2019: 82). En la Lista impresa rectificó: mantuvo el nombre de *Sparus Variegatus* y no la marcó como especie nueva, pero le atribuyó la autoría a «*Lin.*» Esto último podría atribuirse a un error de transcripción, pues *Sparus variegatus* no aparece en *Systema Naturae*. Más tarde, Rafinesque (1810: 50) es el primero en mencionar claramente a esta especie, a la que denomina *Sparus trifasciatus*, pero luego la autoría se le adjudicó a Lowe en 1838, que hizo la descripción conforme a los criterios taxonómicos internacionales.

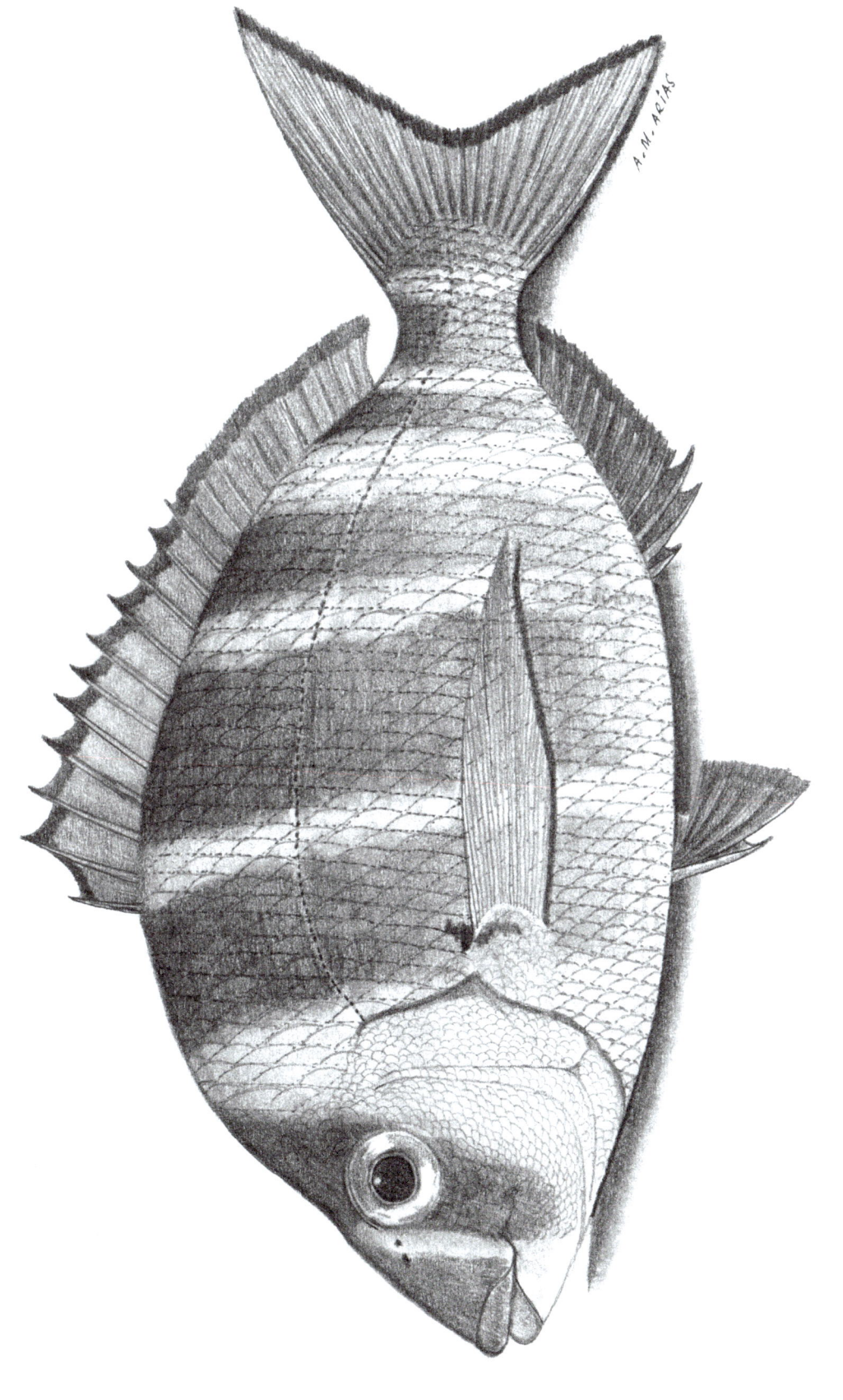

Diplodus cervinus (Lowe, 1838) - Sargo burdo

APORTACIÓN DE CABRERA

LISTA MANUSCRITA

Sargo picudo

MEMORIA DESCRIPTIVA

«GÉNERO.—*Sparus.*—LINN.» (v. en la ficha 112)

«ESPECIE 3.ª—**El Sargo picudo**.—*Sparus Puntazzo.*—LINN. El hocico algo prolongado y agudo; el cuerpo con fajas negras, la cola semilunar.» (p. 153)

LISTA IMPRESA

«GÉNERO 20. *El Sargo picudo*, Sparus Puntazzo *Lin*.» (p. 179)

COLECCIÓN INSTITUTO

«33. *Charax puntazo* (Gmelin). Dice en la etiqueta: *Sargo*.» (De Buen, 1919: 253)

ESTADO ACTUAL

Diplodus puntazzo (Walbaum, 1792) — Lámina 120

Clase: Actinopteri, Orden: Acanthuriformes, Familia: Sparidae

Citas en obras anteriores a Cabrera

Puntazzo (Cetti, 1777: 115); *Sparus Puntazzo* (Linnaeus, en Gmelin, 1789: 1272); *Sparus Puntazzo* (Walbaum, 1792: 282); *Sparus acutirostris* N. (Delaroche, 1809: 317)

ANÁLISIS

Etimológico

Sparus Puntazzo: {lt. *sparus*} v. en la ficha 112 + {it. *punta*} por su morro picudo (Hichem Kara *et al.*, 2009: 149).

Diplodus puntazzo: {gr. *diploos*} + {gr. *odous, odontos*} v. en la ficha 117 + {it. *punta*} v. en el anterior.

Ictionímico

La única especie que en Cádiz y en todos los puertos andaluces se denomina *sargo picudo* es *Diplodus puntazzo* (*IA*: 453). El modificador *picudo* hace referencia al característico morro alargado de la especie, que se identifica metafóricamente con un pico o 'parte puntiaguda que sobresale [...] en el borde [...] de alguna cosa' (*DLE*). Para *sargo*, v. la ficha 121.

Taxonómico

Lo anterior, unido a la descripción precisa de Cabrera y al sinónimo científico con que la clasificó, *Sparus puntazzo*, tomado de la revisión de Gmelin (1789: 1272) de la obra de Linneo, nos permite afirmar que la especie que examinó Cabrera fue *Diplodus puntazzo*.

Diplodus puntazzo (Walbaum, 1792) - Sargo picudo

APORTACIÓN DE CABRERA

LISTA MANUSCRITA

MEMORIA DESCRIPTIVA

«GÉNERO.—*Sparus.*—LINN.» (v. en la ficha 112)

«ESPECIE 3.ª—**El Sargo.**—*Sparus Sargus.*—LINN. Una mandíbula [mancha] negra hacia la cola y varias fajas transversales del mismo color.» (p. 153)

LISTA IMPRESA

«GÉNERO 20. *El Sargo*, Sparus Sargus *Lin*.» (p. 178)

ESTADO ACTUAL

Diplodus sargus (Linnaeus, 1758) — Lámina 121

Clase: Actinopteri, Orden: Acanthuriformes, Familia: Sparidae

Citas en obras anteriores a Cabrera

Sargo, Sargus (Rondelet, 1558*a*: 114; L. V, c. V); *Sargus* (Willoughby, 1686: 309); *Sparus* (2.) (Artedi, 1738: 58); *Sargo, Sparus* (Löfling, 1753); *Sparus Sargus* (Linnaeus, 1758: 278); *Sparus Sargus* (Bonnaterre, 1788: 97); *Sparus sargus* (Cornide, 1788: 37); *Sparus Sargus* (Linnaeus, en Gmelin, 1789: 1272); *Sargo* (Medina Conde, 1789: 261); *Sparus sargus* (Asso, 1801: 35)

ANÁLISIS

Etimológico

Sparus Sargus: {lt. *sparus*} v. en la ficha 112 + {gr. *sarx, sarkos*} 'carne de hombre o de animal' (Rondelet, 1558*b*: 825 y Aldrovandi, 1638: 173), que se refiere a que estos peces son carnosos, que tienen mucha carne.

Diplodus sargus: {gr. *diploos*} + {gr. *odous, odontos*} v. en la ficha 117 + v. párrafo anterior.

Ictionímico

En Cádiz y en Andalucía la voz *sargo* actúa en como un hiperónimo de las especies de espáridos del género *Diplodus* (*Diplodus sargus, Diplodus puntazzo, Diplodus vulgaris, Diplodus cervinus, Diplodus annularis* y *Diplodus bellottii*), pero a la que está asociada con casi el cien por cien de frecuencia de ocurrencia es *Diplodus sargus* (*IA*: 450-451). A este hecho se le une que Cabrera había recogido las otras cinco especies asociadas a otros nombres (*sargo picudo, mojarra prieta, sargo burdo, alfajoa* y *mojarra*, respectivamente). Por eso, sin duda, *Diplodus sargus* fue la especie examinada por el autor. Desde época latina *sargus* es 'nombre de pez' (*DCECH*). En este mismo sentido, Schneider (1811: 539) apunta que Aristóteles daba a este pez los nombres de «sarginos, sargos, saros». *Sargo* se documenta por primera vez 1495, en la obra lexicográfica de Nebrija: «sargo, pescado marino: sargus» (*DCECH*). En Andalucía lo encontramos por primera vez en 1505, aunque escrito en 1501, en el *Vocabulista* de Pedro de Alcalá (Torres, 1990: 236), que basa parte de su obra en Nebrija. En 1753, Löfling lo cita asociado a «*Sparus*». Asimismo, Cabrera es el primero en recoger *sargo* asociado a *Sparus sargus*.

Taxonómico

«Una mandíbula negra hacia la cola» debe interpretarse como un error de transcripción por «una mancha negra hacia la cola», por ejemplo, porque esta especie no tiene ninguna mandíbula negra pero sí una llamativa mancha negra en el pedúnculo caudal. El nombre científico *Sparus Sargus* es sinónimo de *Diplodus sargus*, que designa a la especie que examinó Cabrera.

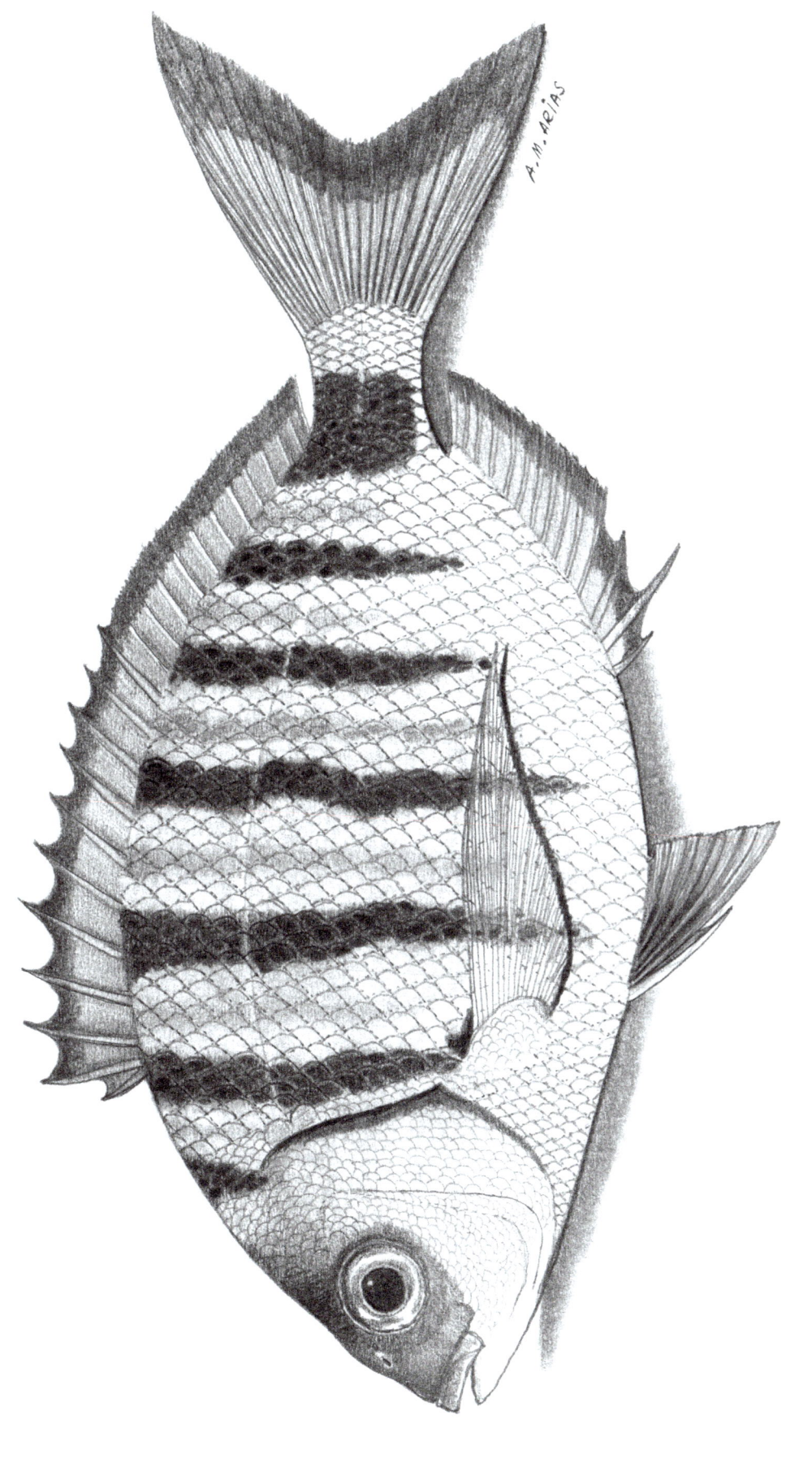

Diplodus sargus (Linnaeus, 1758) - Sargo

APORTACIÓN DE CABRERA

LISTA MANUSCRITA

Mojarra prieta   Paje

MEMORIA DESCRIPTIVA
«GÉNERO.—*Sparus*.—LINN.» (v. en la ficha 112)
«ESPECIE 25.—**La Mojarra prieta**.—*Sparus Orbiculatus*.—Sp. N. Parece una variedad de la Mojarra, de un color negro esparcido por todo el cuerpo, y las demás notas idénticas.» (p. 155)

LISTA IMPRESA
«GÉNERO 20. *La Mojarra prieta*, Varietas   » » (p. 179)
«GÉNERO 20. *El Page*, Sparus Maculatus *Sp. N.*» (p. 179)

ESTADO ACTUAL

Diplodus vulgaris (Geoffroy Saint-Hilare, 1817) — Lámina 122
Clase: Actinopteri, Orden: Acanthuriformes, Familia: Sparidae

Citas en obras anteriores a Cabrera
Sargus (Willoughby, 1686: 309; Tab: V.4); *Sargus vulgaris* (Geoffroy Saint-Hilaire, 1817: 312)

ANÁLISIS

Etimológico

Sparus Orbiculatus: {lt. *sparus*} v. en la ficha 112 + {lt. *orbiculatus, a, um*} v. en la especie 118.

Sparus Maculatus: {lt. *sparus*} v. en la ficha 112 + {lt. *maculatus, a, um*}, derivado de {lt. *macula, ae*} 'mancha, manchado' (*PE*), que se refiere a las grandes manchas de color negro que tiene detrás de la cabeza y delante del pedúnculo caudal.

Diplodus vulgaris: {gr. *diploos*} + {gr. *odous, odontos*} v. en la ficha 117 + {lt. *vulgaris, is*} 'general, común, habitual, abundante' (*PE*), que expresa la presencia frecuente de esta especie.

Ictionímico

Cabrera recogió para esta especie dos nombres vulgares: *mojarra prieta* y *page*. El primero es un ictiónimo que pervive hoy día en algunos puertos del litoral gaditano: Chipiona, El Puerto de Santa María y Puerto Real (*IA*: 455), asociado inequívocamente a *Diplodus vulgaris*. *Prieto* (*prieta*) se utiliza en su acepción de 'oscuro', 'negro' (cuarta acepción de *prieto, -ta* en *DLE*), forma de uso común en portugués (*preto* 'negro'), pero poco utilizada en el habla coloquial con este matiz en castellano. Su aparición en esta estructura pluriverbal *mojarra prieta* describe el color oscuro de la especie. Se documenta por primera vez en Andalucía en los escritos de Cabrera. Respecto a *page* (*pagel*) o *paje*, como figura en la Lista manuscrita, este ictiónimo está asociado principalmente a *Pagellus erythrinus* en la bibliografía andaluza y así lo recoge el propio Cabrera. Sin embargo, en los puertos pesqueros de Cádiz y Málaga, ocurre al revés: *page* y en plural (*pageces*) están asociados, principalmente, a *Diplodus vulgaris*. V. más sobre *page* o *paje* en *Pagellus erythrinus* (128).

Taxonómico

Al contrario que los nombres comunes anteriores, que nos llevan a que la especie examinada fue *Diplodus vulgaris*, el resto de su aportación no conduce a ninguna conclusión segura. Así, los nombres científicos que Cabrera les asoció y marcó como especies nuevas, *Sparus Orbiculatus* (que ya utilizó también para *Diplodus bellottii*) y *Sparus Maculatus*, son *nomina nuda* y no llevan a ninguna equivalencia actual aceptada. Tampoco se trataba de una especie nueva, puesto que la autoría de *Sargus vulgaris* como taxón válido se atribuyó a Geoffroy Saint-Hilaire en 1817, el mismo año en el que Cabrera publicó su Lista impresa, aunque la obra del naturalista francés data de 1809. Por otro lado, «Varietas», o variedad de mojarra, no es, asimismo, un elemento clarificador, porque su **Faxóa** (*Diplodus annularis*) también podría considerarse una variedad de *mojarra*. Igualmente, la descripción no se ajusta a la realidad: por un lado, el color negro no está esparcido por todo el cuerpo, sino que se concentra en una banda transversal detrás de la cabeza, otra delante del pedúnculo caudal, y en los bordes de las aletas; y, por otro, «las demás notas idénticas» no son idénticas, sino bien diferentes. Las notas idénticas de lo que él llama *mojarra*, *Diplodus bellotti*, es decir, «tiene junto á la cola una mancha negra y otros en el opérculo», no coinciden, pues *Diplodus vulgaris* no tiene manchita en el opérculo sino una gran mancha negra detrás de la cabeza y presenta líneas longitudinales doradas siguiendo las líneas de escamas. De esta manera, solo los nombres comunes asociados, *mojarra prieta* y *page*, nos aseguran que *Diplodus vulgaris* fue la especie examinada por el religioso.

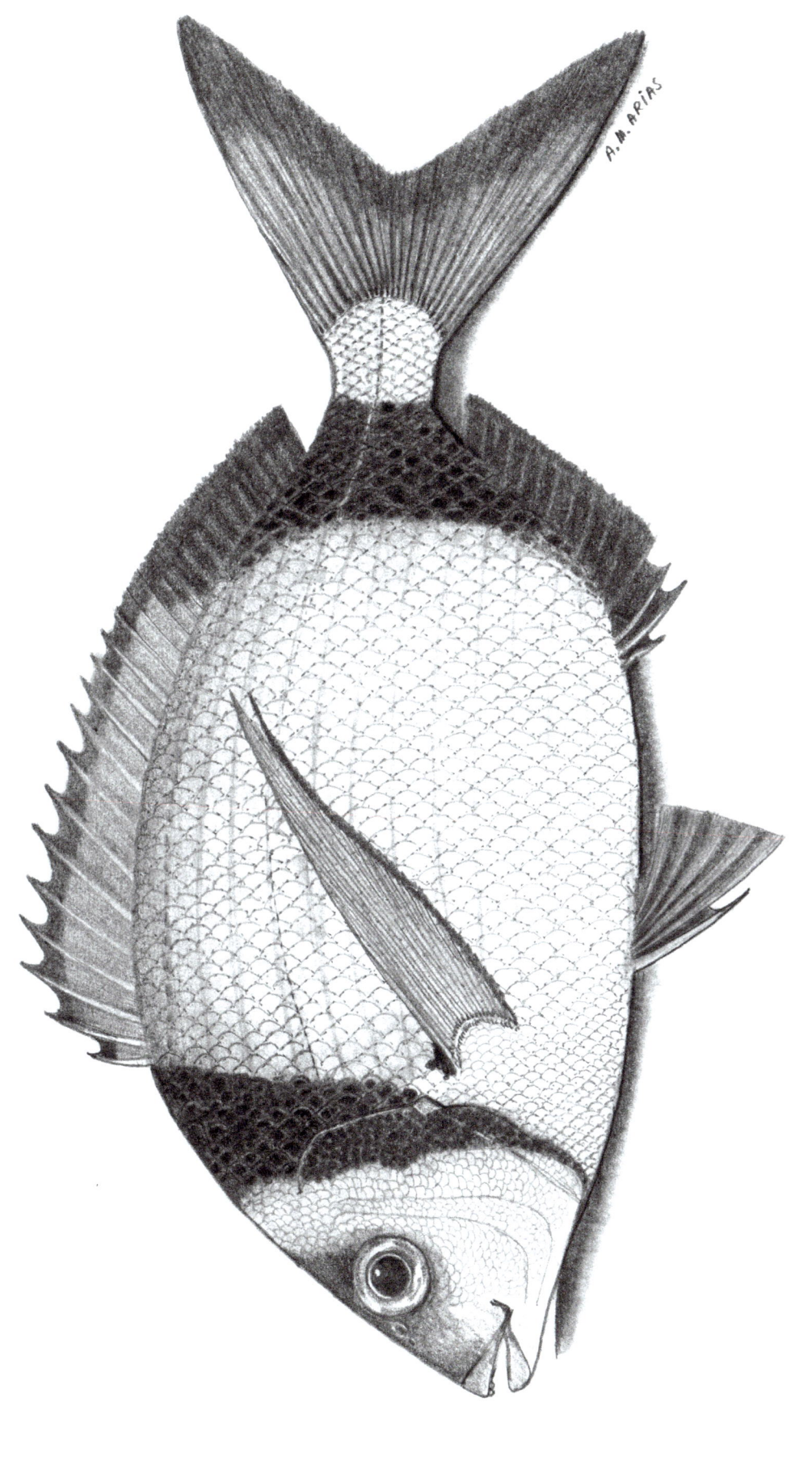

Diplodus vulgaris (Geoffroy Saint-Hilare, 1817) - Mojarra prieta, Paje

APORTACIÓN DE CABRERA

LISTA MANUSCRITA

MEMORIA DESCRIPTIVA

«GÉNERO.—*Sparus.*—LINN.» (v. en la ficha 112)

«ESPECIE II.—**La Herrera.**—*Sparus Mormyrus.*—LINN. La cola vífida y once líneas transversales de color negro; la mandíbula inferior más larga.» (p. 154)

ESTADO ACTUAL

Lithognathus mormyrus (Linnaeus, 1758) — Lámina 123

Clase: Actinopteri, Orden: Acanthuriformes, Familia: Sparidae

Citas en obras anteriores a Cabrera

Morme (Rondelet, 1558a: 135; L. V, c. XXII); *Mormyrus* (Willoughby, 1686: 329; Tab. X.6.2); *Sparus* (II.) (Artedi, 1738: 62); *Herrera, Sparus Mormyrus* (Löfling, 1753); *Sparus Mormyrus* (Linnaeus, 1758: 281); *Sparus Mormyrus* (Bonnaterre, 1788: 103; pl. 50, fig. 191); *Sparus Mormyrus* (Cornide, 1788: 281); *Sparus Mormyrus* (Linnaeus, en Gmelin, 1789: 1279); *Sparus Mormyrus* (Asso, 1801: 36)

ANÁLISIS

Etimológico

Sparus Mormyrus: {lt. *sparus*} v. en la ficha 112 + {gr. *mormyrein*, o *mormyro*} 'agua que borbota' y 'producir un murmullo como el mar' (Willoughby, 1686: 317), también 'borbollar, rugir (Barriuso, 1986: 130), relativos a los ruidos característicos que emite este pez.

Lithognathus mormyrus: {gr. *lithos, ou*} 'piedra' + {gr. *gnathos, ou*} 'mandíbula', o sea mandíbulas de piedra, por su fortaleza, que le permiten escarbar (hocicar) en la arena en busca de presas y triturar los caparazones y conchas de los crustáceos y moluscos que le sirven de alimento + v. en el anterior.

Ictionímico

La voz *herrera* está unida inequívocamente a *Lithognathus mormyrus*, por lo que no hay duda de que esta fue la especie que examinó Cabrera. *Herrera*[208] es un derivado del latín *ferrum* 'hierro', del adjetivo latino *ferrarius*. La motivación semántica del ictiónimo está en el color ferruginoso de las características líneas verticales de los flancos del pez. Se documenta por primera vez como ictiónimo en Andalucía en 1552 en las *Ordenanzas* municipales del pescado de Granada (Mondéjar, 1977: 201). En 1753, en el manuscrito de Löfling, aparece asociada al sinónimo *Sparus mormyrus*.

Taxonómico

La *herrera* es pez inconfundible que Cabrera determinó correctamente como *Sparus Mormyrus*, siguiendo a Linneo, y que actualmente se denomina *Lithognathus mormyrus*. En su descripción, Linneo dice que la especie tiene muchísimas líneas transversales; para Cabrera son once líneas, posiblemente influido por el dibujo de Bonnaterre (1788: 103); Asso (1801: 36) cuenta nueve. La realidad es que son 14 o 15, alternativamente oscuras y claras. Cabrera dice que tiene la mandíbula inferior más larga, pero es la superior la que es algo más larga, lo que introduce la posibilidad de que haya existido un error de transcripción en el trabajo de Graells. Igualmente, el olvido pudo ser la causa de la llamativa ausencia de esta especie en la Lista impresa, ya que se trataba de una especie que no le presentó dudas en la clasificación.

---

208 Transcrito como *Herrero* en Martín Ferrero (1997: 311).

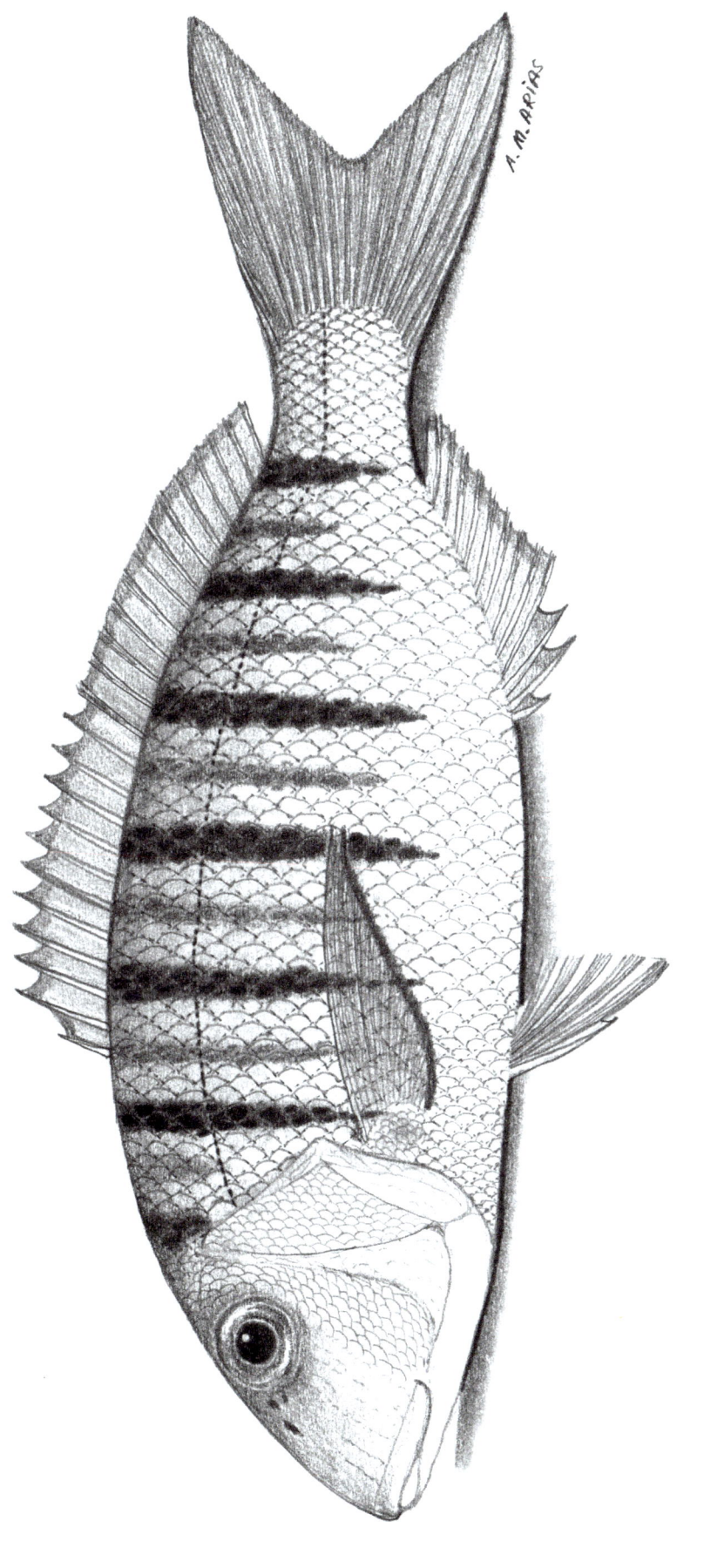

Lithognathus mormyrus (Linnaeus, 1758) - Herrera

APORTACIÓN DE CABRERA

LISTA MANUSCRITA

Oblada Doblada Doblaeta

MEMORIA DESCRIPTIVA
  «GÉNERO.—*Sparus.*—LINN.» (v. en la ficha 112)
  «ESPECIE 12.—**La Oblada ó Doblada ó Doblaeta**, etc.—*Sparus Melanurus.*—LINN. Su mancha negra en la cola [,] á lo largo lleno de líneas negras de que carece á veces ó se conocen [ven] poco.» (p. 154)
LISTA IMPRESA
  «GÉNERO 20. *La Oblada, La Doblada, La Doblaeta,* Sparus Melanurus *Lin.*» (p. 179)
COLECCIÓN INSTITUTO
  «34. *Oblata melanura* (L.) Dice en la etiqueta: *Sparus melanurus,* n. v. *Oblata*» (De Buen, 1919: 253)

ESTADO ACTUAL
Oblada melanurus (Linnaeus, 1758) — Lámina 124
Clase: Actinopteri, Orden: Acanthuriformes, Familia: Sparidae

Citas en obras anteriores a Cabrera
Melanurus, Ophthalmia, Oculata (Rondelet, 1558a: 115); *Melanurus* (Willoughby, 1686: 310; Tab: V.2.1); *Sparus* (4.) (Artedi, 1738: 58); *Oblea, obleda, Sparus* (Löfling, 1753); *Sparus Melanurus* (Linnaeus, 1758: 278); *Sparus Melanurus* (Bonnaterre, 1788: 97; pl. 48, fig. 181); *Melanurus* (Cornide, 1788: 38); *Sparus Melanurus* (Linnaeus, en Gmelin, 1789: 1271); *Doblaeta* (Medina Conde, 1789: 218); *Sparus Melanurus* (Asso, 1801: 35)

ANÁLISIS
Etimológico
Sparus Melanurus: {lt. *sparus*} v. en la ficha 112 + {gr. *melas, melaina, melan*} 'negro' + {gr. *oura, as*} 'cola' (Sebastián, 1964), que hacen referencia a la mancha negra que presenta en el pedúnculo caudal.
  Oblada melanurus: {lt. *oblatus, a, um*} 'ofrecido, ofrendado', que puede interpretarse como 'pez ofrecido, fácil de pescar', pero también {lt. *oblatus, a, um*} 'que está achatado por los polos' (*PE*), en relación con la forma ovalada del pez (v. más en el comentario ictionímico) + v. en *melanurus*, más arriba.

Ictionímico
Cabrera recoge para esta especie tres nombres comunes (*oblada, doblada, doblaeta*) seguidos de un «etc.». En la etiqueta del ejemplar conservado en la Colección del Instituto de Cádiz decía «*Oblata*». Todos estos nombres designan siempre a *Oblada melanurus*, la especie que examinó, e indican el interés de nuestro autor por los nombres vulgares y también la buena relación que mantenía con las fuentes directas de sus ictiónimos: los pescadores, que le suministraban mucha información. La voz *oblada* es usada en el dominio catalán (*LMP*, mapa 585), testimoniado en esta zona desde 1313 (Duran, 2010: 40). Alcover y Moll (2022) establecen su origen en el provenzal *ublada* y este deriva de la forma latina *ocŭlāta*, hipótesis apoyada por Barriuso (1986: 134). Por lo tanto, se trataría de una creación léxica por sinécdoque en la que son los llamativos ojos los que motivan semánticamente el ictiónimo. Löfling (1753) la recoge en El Puerto de Santa María y Cádiz como *oblea* y *obleda*, del mismo origen que *oblada*. Posiblemente, detrás de esta forma hay una etimología popular sustentada, por un lado, en la identificación fonética con *oblea* 'delgada hoja de pan ácimo' y, por otra, en la motivación semántica basada en la forma ovalada del cuerpo del pez semejante a la citada *oblea*. *Oblada* se documenta por primera vez en Andalucía en 1775 en unos *Aranceles* de venta de pescado en El Puerto de Santa María (Anónimo, 1775). *Doblada*, oído generalmente en toda Andalucía como *doblá* (*IA*: 459), es una variante fonética de *oblada* basada en la búsqueda de un origen popular del ictiónimo, por ejemplo, una característica morfológica de la especie que pueda identificar el hablante de a pie. En este caso pudiera estar relacionado con el verbo *doblar* y su acepción 'torcer algo encorvándolo' (sexta acepción de *doblar* en *DLE*), como curvo es el perfil del cuerpo del pez. Finalmente, *doblaeta* es una voz derivada de *doblada* mediante el sufijo -*eta* con valor semántico diminutivo debido al relativamente pequeño tamaño del pez.

Taxonómico
Pese a su gran parecido con otros espáridos (*Diplodus annularis* y *Diplodus bellottii*), Cabrera determina correctamente a la *oblada* como *Sparus melanurus*, hoy denominada *Oblada melanurus*. Señala la presencia de las numerosas líneas longitudinales oscuras en los costados que, como él dice, a veces son poco patentes, sobre todo en los ejemplares que no son frescos.

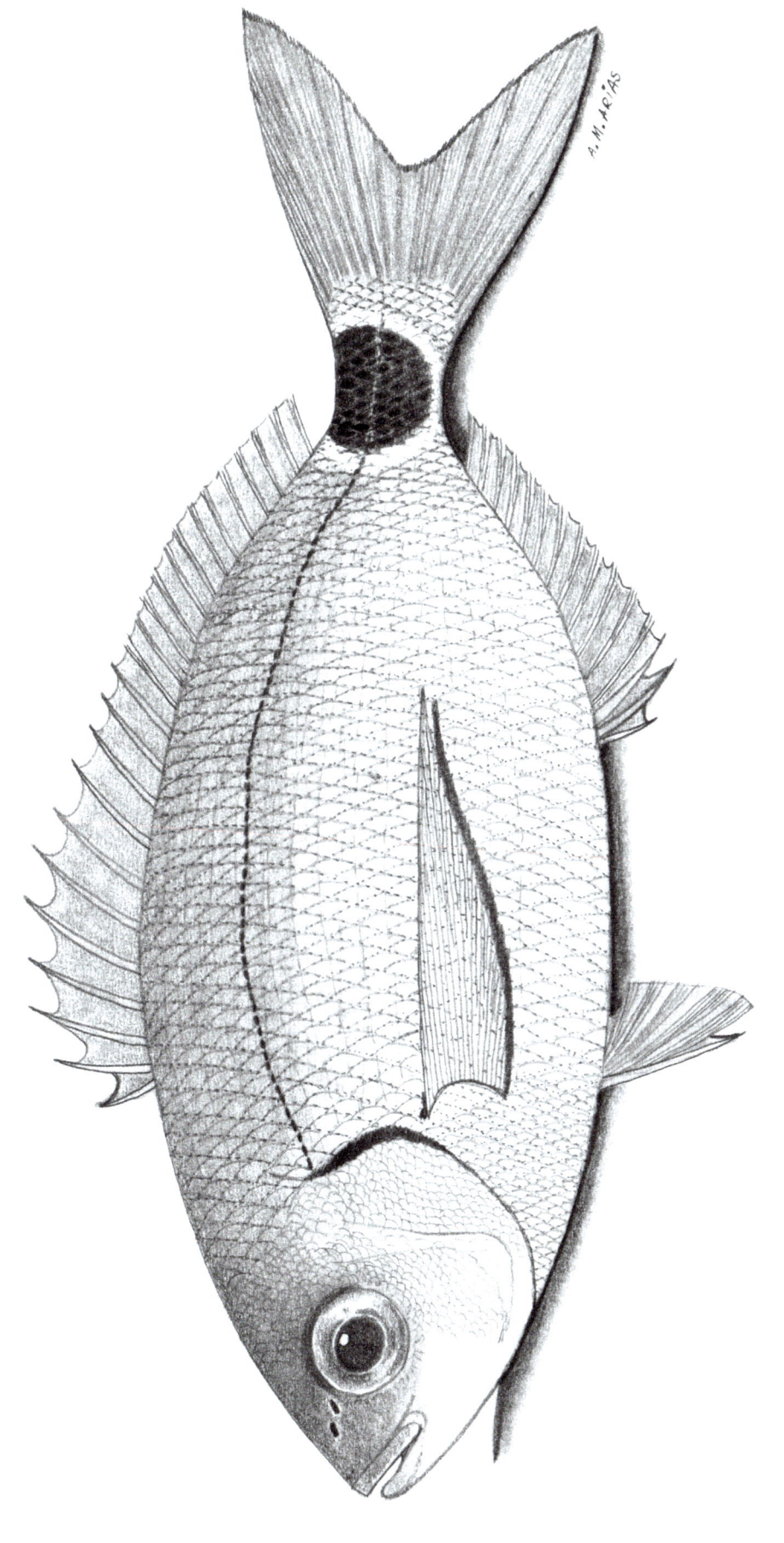

Oblada melanurus (Linnaeus, 1758) - Oblada, Doblada, Doblaeta

APORTACIÓN DE CABRERA

LISTA MANUSCRITA

MEMORIA DESCRIPTIVA
  «GÉNERO.—*Sparus.*—LINN.» (v. en la ficha 112)
  «ESPECIE 15.—**El Besugo**.—*Sparus Axilo-maculatus.*—S. N. Los ojos grandes, una mancha negra en el nacimiento de las aletas pectorales.» (p. 154)
LISTA IMPRESA
  «GÉNERO 20. *El Besugo*, Sparus Axilaris *Sp. N.*» (p. 179)
COLECCIÓN INSTITUTO
  «31. *Pagellus acarne*. Dice en su etiqueta: *Pagellus axilaris?, n. v. Besugo*» (De Buen, 1919: 253)

ESTADO ACTUAL
Pagellus acarne (Risso, 1827) — Lámina 125
Clase: Actinopteri, Orden: Acanthuriformes, Familia: Sparidae

Citas en obras anteriores a Cabrera
Poiſſon Acarne (Rondelet, 1558a: 134; L. V, c. XX); *Sparus pagrus rubescens* (Cornide, 1788: 42)

Primeras citas posteriores a Cabrera
Sparus axilaris (Pérez, 1820: 97-98, con ilustración); *Pagrus acarne* (Risso, 1827: 361)

ANÁLISIS
Etimológico

Sparus Axilo-Maculatus: {lt. *sparus*} v. en la ficha 112 + {lt. *axilla, ae*} 'axila' + {lt. *maculatus, a, um*}, ligado a {lt. *macula, ae*} 'marca, mancha' (*PE*), relativo a la mancha de color rojo oscuro, casi negro, en la inserción de las aletas pectorales.

Sparus Axilaris[209]: {lt. *sparus*} v. en la ficha 112 + {lt. *axillaris*} ídem anterior.

Pagellus acarne: diminutivo de {lt. *phager, pager, pagri*} un tipo de pez muy voraz, palabra a su vez tomada de {gr. *phagros, ou*} 'pargo' + {gr. *acharne, e, es*} 'gentilicio de los habitantes de Acarnas, ciudad griega cercana a Atenas, a los que Aristófanes (444 a. C. - 385 a. C., comediógrafo griego) en su obra *Los Acarnienses* considera de carácter tosco y testarudo (García López, 2000: 60), con lo que tal vez el epíteto *acarne* estaría haciendo referencia a la escasa calidad gastronómica de la carne de este pez.

Ictionímico

El ictiónimo *besugo* se asocia en Andalucía a varias especies de peces espáridos: *Pagellus acarne*, *Dentex macropthalmus* (116), *Pagellus bogaraveo* (127) y *Pagrus pagrus* (130). La primera de ellas recibe ese nombre en todos los puertos pesqueros del litoral andaluz (*IA*: 475). Además, Cabrera la describe con una manchita negra en la axila de las aletas pectorales. Por lo tanto, *Pagellus acarne* fue la especie examinada por el autor. *Besugo* es una voz metonímica que hace referencia a una de las características más llamativas del pez: sus grandes ojos, abultados y salientes. Barbier (1914: 298) señala que se trata de un préstamo del provenzal al español, ya que «il est sûr que le mot *besugo*, nom de posisson, est le même que le prov. *besu(c)*, fem. *besugo* 'bigle, louche'». El significado de 'bizco, bisojo' se repite en el *DCECH* en la entrada *besugo*: «Podemos admitir que bis-ŏcŭlus dió oc. *besu(c)* por cruce con *caluc* 'miope'». Se documenta en Andalucía en *Sevillana Medicina* de Aviñón (1414: 134).

Taxonómico

Cabrera menciona en su descripción la mancha negra en la axila de las aletas pectorales, rasgo clave que ayuda a identificar a esta especie con seguridad. Crea dos epítetos científicos para designarla, *Axilo-Maculatus* y *Axilaris*, que hacen referencia a este carácter. Con ello no hay duda de que la especie que examinó fue la que hoy se denomina *Pagellus acarne*. Su colega gaditano, el médico Leonardo Pérez, que supuestamente, según Machado, colaboró con él en la obtención de algunos ictiónimos, publicó un artículo en 1820 en el que describía a esta especie como uno de «los peces que no han sido descritos por los naturalistas», la señalaba como especie nueva, «*Sparus axilaris Sp. N.*», y comentaba en una nota a pie de página que «Con estas iniciales demostramos que la especie de que hablamos, no ha sido conocida de los naturalistas». Sin embargo, como ya indicamos en el apartado 4. Historia de la ictiología de Andalucía, esta especie ya figuraba como «*Sparus Axilo-Maculatum* Sp. N.» en la Memoria descriptiva de Cabrera, y, antes que eso, ya había sido citada e ilustrada hacía doscientos sesenta y dos años como «Poiſſon Acarne» por Rondelet (1558a: 134; L. V, cap. XX), y luego mencionada por Cornide (1788: 42) como *Sparus pagrus rubescens*. Es decir, esta especie era ya «conocida de los naturalistas», contrariamente a lo que pensaba Pérez. Conviene comentar, por otra parte, dos detalles de la etiqueta del frasco con el ejemplar conservado en la Colección del Instituto de Cádiz. Uno, que probablemente se produjo un error de De Buen en la transcripción de la etiqueta de Cabrera y escribió *Pagellus axilaris*, puesto que Cabrera escribió siempre *Sparus axilaris*, ya que no conocía el género *Pagellus*, que se creó bastantes años después de que él mencionara la especie, en 1830, por Cuvier y Valenciennes; y dos, es posible que la interrogación que acompañaba al nombre científico («*Pagellus axilaris?*») indicara las dudas de nuestro autor al asignar unas veces el epíteto «*Axilaris*» y otras «*Axilo-Maculatus*».

---

209 En nota al pie de la página 154, Graells dice: «En la lista la llama Sp. *Axillanis* Sp.N.», pero ya vemos que no es así, que Cabrera escribía «Axilaris».

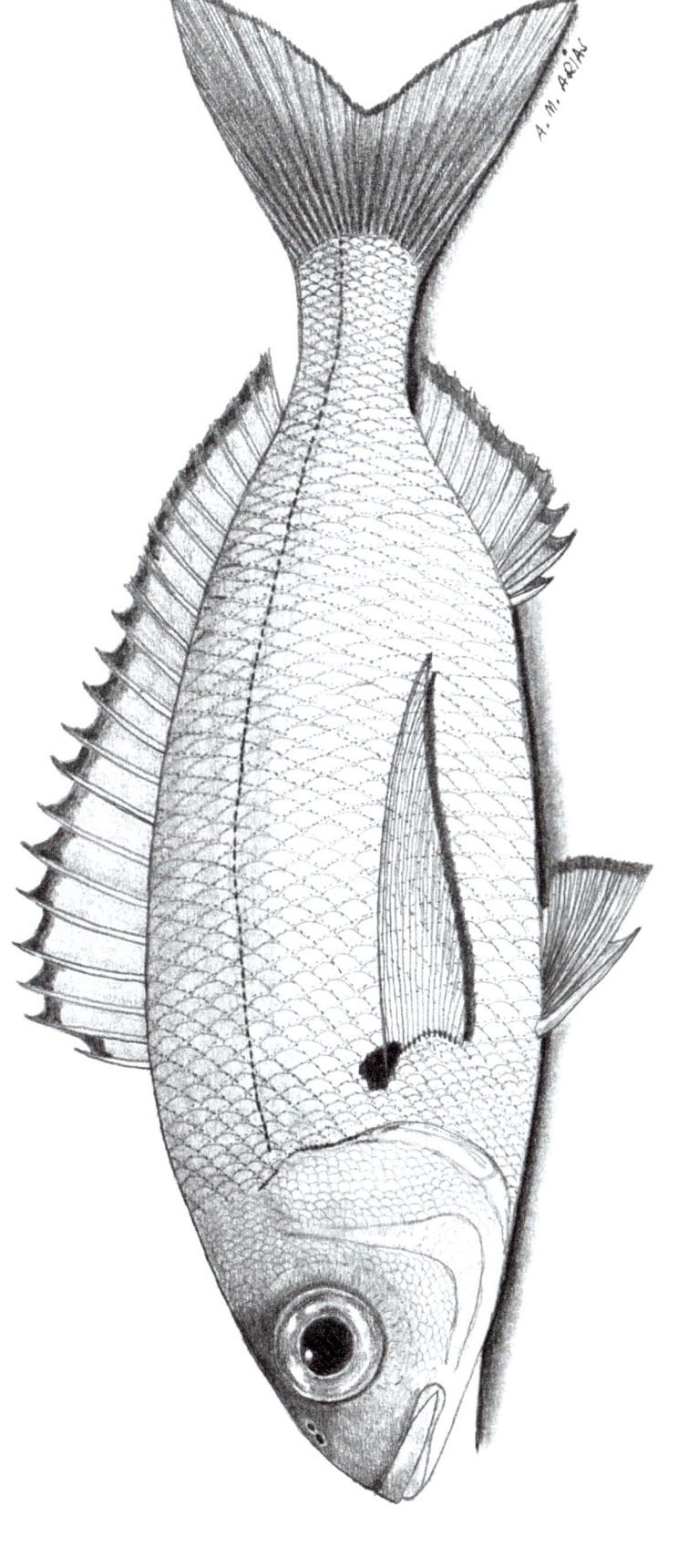

Pagellus acarne (Risso, 1827) - Besugo

APORTACIÓN DE CABRERA

LISTA MANUSCRITA

MEMORIA DESCRIPTIVA

«GÉNERO.—*Sparus.*—LINN.» (v. en la ficha 112)

«ESPECIE 21.—**El Garapello.**—*Sparus Versicolor.*—Sp. N. Con muchas líneas longitudinales alternadamente doradas y plateadas; el tercer radio externo de la aleta pectoral es más largo que los demás. Las aletas todas, con especialidad la de la cola, con cierto viso de rosa.» (p. 155)

LISTA IMPRESA

«GÉNERO 20. *El Garapello*, Sparus Versicolor *Sp. N.*» (p. 179)

ESTADO ACTUAL

Pagellus bellottii Steindachner, 1882 — Lámina 126

Clase: Actinopteri, Orden: Acanthuriformes, Familia: Sparidae

Citas en obras anteriores a Cabrera

Garapello, *Sparus* (Löfling, 1753)

Primera cita posterior a Cabrera

Pagellus Bellottii n. sp. (?) [*sic*] (Steindachner, 1882: 5; Taf. III, fig. 1)

ANÁLISIS

Etimológico

Sparus Versicolor: {lt. *sparus*} v. en la ficha 112 + {lt. *versicolor, oris*} 'que parece de colores diferentes, abigarrado, de color púrpura' (*PE*), en relación a su vistosa coloración rosa brillante con reflejos dorados, salpicado de puntitos azules.

Pagellus bellottii: {lt. *phager*, *pager*, *pagri*} v. en la ficha anterior + dedicatoria a Cristoforo Bellotti (1823-1919), ictiólogo y paleontólogo italiano.

Ictionímico

En los puertos pesqueros de Cádiz y Huelva, la voz *garapello* designa a *Pagellus bellottii*, pero el parecido de esta especie con otras similares, sobre todo con los juveniles de *Pagellus erythrinus* (128), se presta a numerosas confusiones (*IA*: 485). Cabrera no se equivocaba y, a su manera, hizo una descripción aceptable que nos lleva a que esta fue la epecie examinada. El ictiónimo *garapello* lo registra el *LMP* (mapa 584) en el archipiélago canario como *garapellu* o *garapeyo*. Albuquerque (1954-1956: 713) recoge la voz *garapau* en Madeira para *Pagellus bogaraveo* (127), que recuerda al *carapau* peninsular, que designa a *Trachurus trachurus* (82), lo que indica un origen portugués de la voz canaria (Alvar, 1975: 24) y, por extensión, de la andaluza. No obstante, la motivación semántica de *garapello* es desconocida. *Garapello* se documenta por primera vez en Andalucía en 1753, en los manuscritos de Löfling.

Taxonómico

Esta es una especie difícil de identificar, hasta el punto de que muchos pescadores profesionales la confunden. Exteriormente es muy similar a los individuos jóvenes de *Pagellus erythrinus* (128), *Dentex gibbosus* (115), *Dentex canariensis* (113), *Dentex macrophthalmus* (116) y *Pagrus pagrus*, (130), entre otras especies parecidas. Como paso previo para la identificación, hay que examinarle la dentadura para comprobar que tiene dientes de dos tipos, caniniformes y molariformes, y con eso descartar a las especies del género *Dentex*. Desde nuestro punto de vista, el hecho de que Cabrera fuera capaz de identificarla nos da idea de su meticulosidad y perspicacia. Sabía que era una especie diferente, la determinó como *Sparus Versicolor* y la consideró nueva (Sp. N.) para la ciencia. Löfling (otro agudo observador), sesenta y cuatro años antes, había recogido el nombre de *garapello* en El Puerto de Santa María, asociado al género *Sparus*, pero Cabrera, en 1817, fue el primero en nombrarla científicamente y, de hecho, su *Sparus versicolor* es hoy un sinónimo aceptado de *Pagellus bellottii* (Fricke *et al.*, 2023). Posiblemente, la dificultad de identificación de la especie hizo que su descripción como nuevo taxón aceptado se retrasase hasta 1882, sesenta y cinco años después de que Cabera la citara, cuando Steindachner reparó en ella y, con dudas, la consideró una especie nueva: «n. sp. (?)».

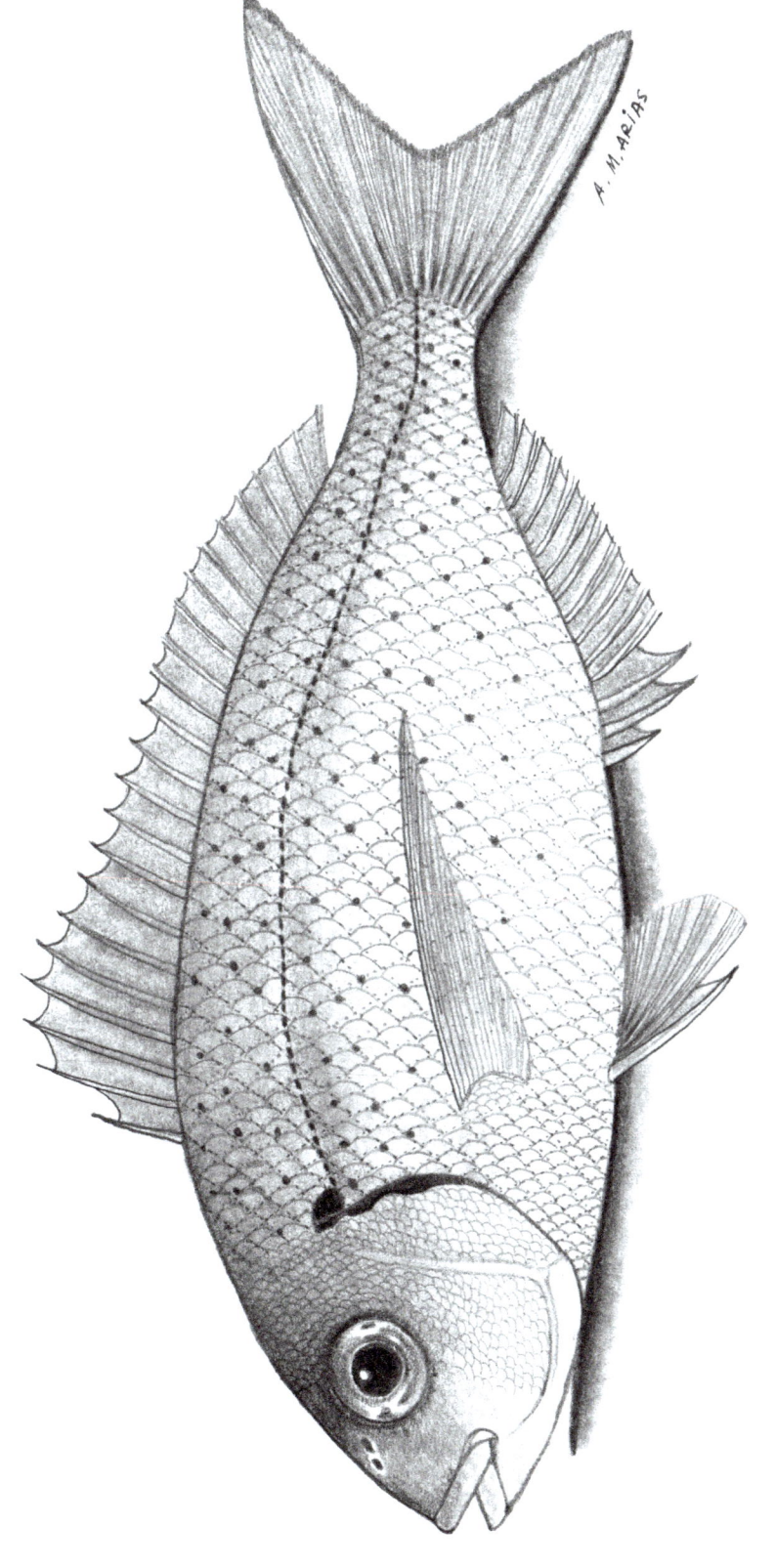

Pagellus bellottii Steindachner, 1882 - Garapello

APORTACIÓN DE CABRERA

LISTA MANUSCRITA

Pachan Burás

MEMORIA DESCRIPTIVA

«GÉNERO.—*Sparus.*—LINN.» (v. en la ficha 112)

«ESPECIE 26.—**El Pachan**.—*Sparus Curvatus.*—Sp. N. Tiene el torso más arqueado que los demás de su género, los ojos grandes; la aleta dorsal un poco recogida dentro del lomo; la cola vífida.» (p. 155)

«ADDENDA.—ESPECIE.—**El Buroz.**—*Sparus Vorax.* (1/3 de largo). Los ojos muy grandes; el hocico algo prolongado; la línea lateral ancha de casi una línea paralela al dorso; el cuerpo aovado oblongo; la cola bífida. La aleta dorsal escondida en una vaina que posee en el lomo, por lo cual se acerca al género Sciena, pero su traza es de Esparo; el color dorado por encima y blanco por debajo junto á los opérculos; al principio de la línea una mancha negra.» (p. 171)

LISTA IMPRESA

«GÉNERO 20. *El Pachán*, Sparus Curvatus *Sp. N.*» (p. 179)

«GÉNERO 20. *El Burás*, Sparus Vorax *Sp. N.*» (p. 179)

CORRESPONDENCIA CIENTÍFICA

«Buraz, Sparo» (p. 179)

ESTADO ACTUAL

Pagellus bogaraveo (Brünnich, 1768) — Lámina 127

Clase: Actinopteri, Orden: Acanthuriformes, Familia: Sparidae

Citas en obras anteriores a Cabrera

Sparus bogue-raveo (Brünnich, 1768: 49); *Sparus erythrinus* (Cornide, 1788: 40); *Sparus cantabricus* (Asso, 1801: 35); *Sparus centrodontus* (Delaroche, 1809: 345).

ANÁLISIS

Etimológico

Sparus Curvatus: {lt. *sparus*} v. en la ficha 112 + {lt. *curvatus, a, um*} 'curvado, plegado' (*PE*), en referencia al «torso [perfil cefálico, en este caso] más arqueado» que describe Cabrera, aunque, en realidad, no lo es más «que los demás de su género [*Sparus*]», porque en otros espáridos, como *Pagrus auriga* o *Pagrus pagrus*, la curvatura es aún mayor.

Sparus Vorax: {lt. *sparus*} v. en la ficha 112 + {lt. *vorax, acis*} 'glotón, insaciable, voraz' (*PE*), v. en el comentario ictionímico, más abajo.

Pagellus bogaraveo: {lt. *phager, pager, pagri*} v. en la especie 125 + {fr. *bogue-raveo*} recogido así por Brünnich (1768: 49) en Marsella, donde hizo sus estudios de ictiología; posteriormente, De Roquefort (1808, II: 438) propuso las raíces {fr. *bogue*} 'boga' + {fr. *ravaille*} 'peces pequeños', relacionado con la *bogue ravel*, un pez pequeño que se vendía mezclado con otros peces de escaso valor (Cuvier et Valenciennes, 1830: VI, 197).

Ictionímico

En cuanto a los ictiónimos que aquí recoge Cabrera (*pachán, buroz* y *burás*) son tres de los muchos nombres que la especie recibe (*IA*: 479). Como ocurre con otras de gran importancia comercial, esta va a recibir diferentes denominaciones en función del tamaño y, en correlación, su cotización en el mercado[210]. *Pachán* alude metonímicamente a la abultada barriga o panza de los individuos jóvenes (del latín *pantex, panticis* 'panza', como sugiere Barriuso, 1986: 126), aunque, en realidad, este aspecto panzudo también se observa en los ejemplares grandes. Como se ha dicho más arriba, en general, la voz *pachán* hace referencia a los ejemplares pequeños. En Barbate, la primera categoría de tamaños para la venta se denomina *pachán*, que equivale a «el chico» 'el pequeño': peso inferior a 300 g. Sin embargo, en Tarifa y Algeciras, la categoría denominada *chico* designa a los ejemplares de peso comprendido entre 300 y 500 g. *Pachán* se documenta por primera vez en Andalucía como *pachanos* en Medina Conde (1789: 282), que ya señalaba entre sus características que son peces voraces. En cuanto a los icitónimos *buroz* y *burás* de Cabrera, son variantes gráficas de *voraz* que posiblemente representen variantes fonéticas de la época, como las recogidas de boca de los informantes actualmente en Andalucía: *goraz* y *doraz* (*IA*: 478-480). Para el *DCECH*, *voraz* viene «probablemente, del nombre del pez gallego *buraz, boraz* = *esganagatos* 'degüella-gatos', que debe aludir al estrago que hará de otros peces». Ríos (1977: 266), sin embargo, propone que *voraz* vendría del vasco *gorhats* 'rojizo', por el color del pez, o también de *gorar* 'emitir ciertos ronquidos el cerdo', por los ronquidos que emite el pez al sacarlo del agua. La forma *voraz* se documenta por primera vez en Andalucía en 1756 (*voraces* en Pensado, 1982: 201 y *borrazes* en Barba y Pons, 2003: 408).

Taxonómico

Aún en la actualidad la identificación de esta especie crea cierta confusión a algunos autores. Así, en Palanco (2000: 227 y 228) se lee: «*Pagellus bogaraveo*, que los pescadores confunden con [*Pagellus*] *cantabricus* [...]», y «*Pachán* [...] nombre de una especie similar al *Pagellus cantabricus*, probablemente el *Pagellus bogaraveo*». No es de extrañar por ello que Cabrera creyera estar ante dos especies distintas y también nuevas para la ciencia: *Sparus Curvatus* y *Sparus Vorax*. En realidad, se trata de una sola especie, *Pagellus bogaraveo*. Tampoco eran nuevas especies para la ciencia, pues ésta última ya había sido descrita en 1768 por Brünnich como *Sparus bogaraveo*. La confusión procede tanto del diferente aspecto de los ejemplares jóvenes y adultos como de las denominaciones populares que reciben. El joven, hasta unos 300 g de peso, se denomina *pachán*, es más alargado y de coloración plateada, más clara; el adulto, llamado *voraz*, es ancho y grueso, con una intensa coloración rojiza, principalmente en las aletas. Las dos descripciones que hace el Magistral son coincidentes en algunos elementos (ojos grandes, aleta dorsal que se recoge en un surco, cola bífida), si bien en *Sparus Curvatus* no repara en la mancha negra al comienzo de la línea lateral, característica de la especie en todas las edades, y en *Sparus Vorax* hace una indicación sobre su longitud en diferente tipografía («(1/3 de largo)»), pero no es posible averiguar respecto a qué habría que considerar esa medida. Pese a ello, puede afirmarse que la especie que Cabrera examinó en este caso fue *Pagellus bogaraveo*.

---

210 Por ejemplo: *Pescada, pescadilla, pijota* (*Merluccius merluccius*, 50); *sardina, panocha, parpuja* (*Sardina pilchardus*, 41); *corvina, corvinata, pardilleja* (*Argyrosomus regius*, 135).

Pagellus bogaraveo (Brünnich, 1768) - Pachán, Burás

APORTACIÓN DE CABRERA

LISTA MANUSCRITA

Breca Dentón rojó Pagél

MEMORIA DESCRIPTIVA

«GÉNERO.—*Sparus*.—LINN.» (v. en la ficha 112)

«ESPECIE 5.ª—**El Pagel ó Dentón Rojo**.—*Sparus Erhitrinus*.-[—]LINN. La cola entera; el color encendido sobre fondo blanco. Es pez hermoso.» (p. 153)

«ESPECIE 19.—**La Breca**.—*Sparus Breca*.—Sp. N. Son sus aletas pectorales las mayores de todos los peces de este género, superan media pulgada al dorso. La aleta dorsal embaina.» (p. 154)

LISTA IMPRESA

«GÉNERO 20. *El Pagel, El Dentón roxo*, Sparus Erhitrinus *Lin*.» (p. 179)

«GÉNERO 20. *La Breca*, Sparus Breca *Sp. N*.» (p. 179)

COLECCIÓN INSTITUTO

«30. *Pagellus eryt[r]hinus* (L.)» (De Buen, 1919: 253)

ESTADO ACTUAL

Pagellus erythrinus (Linnaeus, 1758) — Lámina 128

Clase: Actinopteri, Orden: Acanthuriformes, Familia: Sparidae

Citas en obras anteriores a Cabrera

Erythrinus (Rondelet, 1558*a*: 128; L. V. c. XVI); *Erythrinus* (Willoughby 1686: 311; Tab: V.6.); *Sparus* (5.) (Artedi, 1738: 59); *Breja, reca, Sparus* (Löfling, 1753); *Sparus Erythrinus* (Linnaeus, 1758: 279); *Sparus Erythrinus* (Bonnaterre, 1788: 99; pl. 49, fig. 185); *Sparus erythrinus* (Cornide, 1788: 46); *Sparus Erythrinus* (Linnaeus, en Gmelin, 1789: 1272); *Brecas* (Medina Conde, 1789: 211); *Sparus Erythrinus* (Asso, 1801: 35)

ANÁLISIS

Etimológico

Sparus Erithrinus: {lt. *sparus*} v. en la ficha 112 + {gr. *erythro*s, *a*, *on*} 'rojo, encarnado', relacionado con el llamativo color rojo del pez, al que por ello los griegos llamaban {*erythrinos*}, como recoge Rondelet (1558*b*: 366) cuando escribe «nomem a rubro colore positum est» (se ha dispuesto el nombre por su color rojo).

Sparus Breca: {lt. *sparus*} v. en la ficha 112 + {ár. hisp. *lobráyka*}, tomado de {lt. *rubrer, bra, brum*} 'rojo' (*DRAE*).

Pagellus erythrinus: {lt. *phager, pager, pagri*} v. en la ficha 125 + {gr. *erythros, a, on*} v. más arriba.

Ictionímico

Cabrera recoge tres ictiónimos correctamente asociados a esta especie: *breca, dentón rojo* y *pagel*. La forma *breca* en cualquier puerto pesquero andaluz conduce inequívocamente a *Pagellus erythrinus*, la única especie que recibe esta denominación (*IA*: 482-483). Sobre el origen de *breca*, para el *DCECH* se trata de un mozarabismo procedente del latín *perca* 'perca' que también sirve para designar a otros peces, tanto marinos como de río. Se documenta por primera vez como ictiónimo en Andalucía en 1501 en las *Ordenanzas* municipales de Málaga (Malpica, 1984: 109). En cuanto a *pagel*, transcrito erróneamente como *Papel* en Martín Ferrero (1997: 311), tiene su origen en el catalán *pagell*, que procede del latín vulgar *pagёllus, diminutivo del latín *pager* y *pagrus* 'pargo' (entrada *pargo* en el *DCECH*). *Pagel*, que en la Lista manuscrita aparece con tilde (*pagél*), se documenta por primera vez en castellano en el *Arte Cisoria* (Villena, 1423: 76) y, en Andalucía, en Medina Conde (1789: 242). Finalmente, Cabrera llama *dentón rojo* (y *dentón roxo*) a *Pagellus erythrinus*. Este pez no destaca precisamente por tener dientes de grandes dimensiones merecedores del ictiónimo *dentón*; pero sí es llamativo su color rojo, que puede llegar a ser de un anaranjado rojizo intenso, sobre todo en las aletas. Se documenta por primera vez en Andalucía en los escritos de Cabrera. Este ictiónimo no pervive en la actualidad.

Taxonómico

Como en la especie anterior, Cabrera creyó estar aquí ante dos especies diferentes: *Sparus Erhitrinus* y *Sparus Breca*, y a esta última la consideró erróneamente una especie nueva. Dado que los caracteres que menciona en cada descripción encajan en la misma especie, llama la atención esta confusión en un pez que prácticamente mantiene el mismo aspecto de morfología y coloración durante toda su vida y que además es bien conocido por los pescadores, que lo identifican correctamente en todas las ocasiones (*IA*: 483). Cabe suponer entonces que Cabrera no llegó a ver juntos ejemplares de lo que llamaba *pagel* y *breca* y no pudo compararlos para entender que se trataba de la misma especie. En cualquier caso, es seguro que la especie que examinó fue *Pagellus erythrinus*. En el mismo sentido, sorprende que Cabrera distinguiera claramente a *Pagellus erythrinus* de *Pagellus bellottii* (126), el *garapello* —tan parecidas entre sí, que numerosos pescadores y algunas obras de ictiología los confunden—, mientras confundía entre sí a ejemplares de breca.

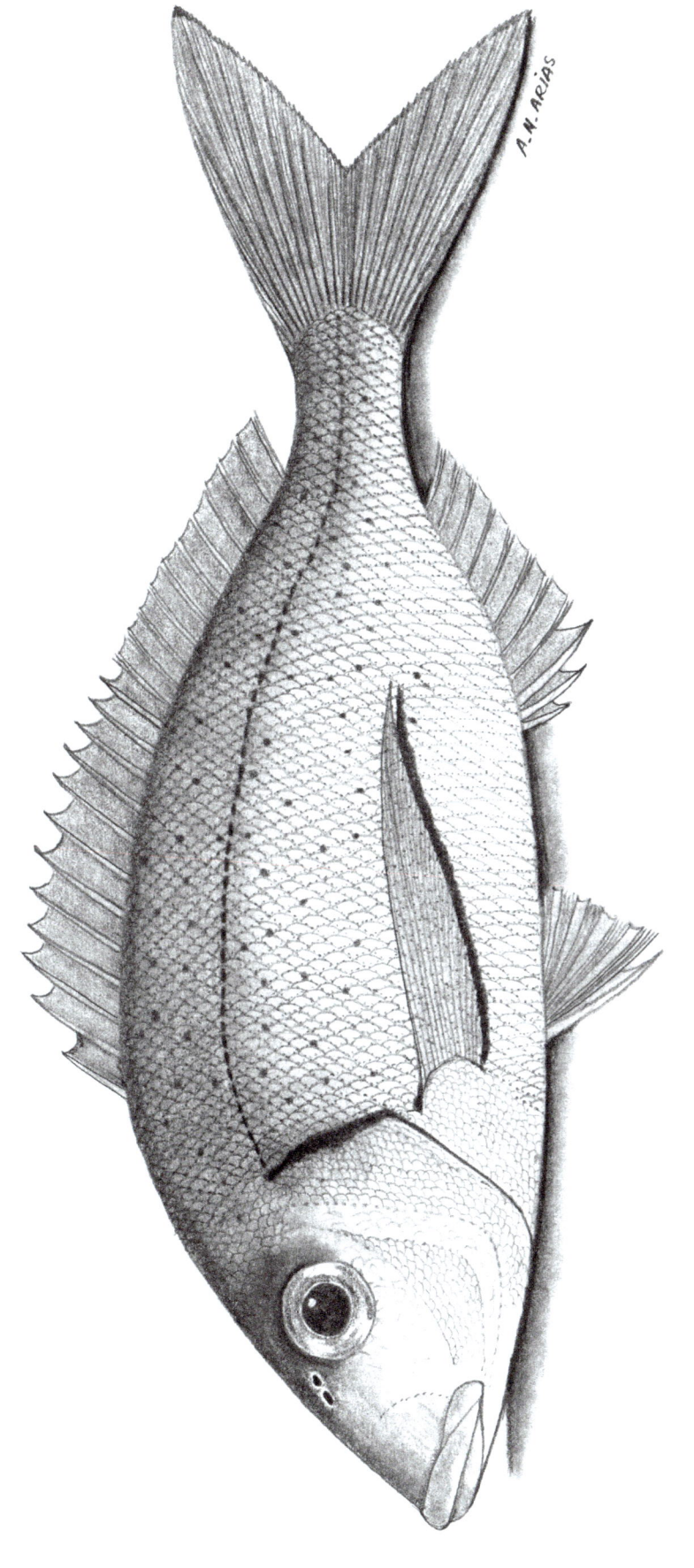

Pagellus erythrinus (Linnaeus, 1758) - Breca, Dentón rojo, Pagel

APORTACIÓN DE CABRERA

LISTA MANUSCRITA

MEMORIA DESCRIPTIVA

«GÉNERO.—*Sparus.*—LINN.» (v. en la ficha 112)

«ESPECIE 4.ª—**La Hurta**.—*Sparus Hurta*.—LINN. La cola vífida; el cuerpo con fajas transversales rojas.» (p. 155)

LISTA IMPRESA

«GÉNERO 20. *La Hurta, La Sama,* Sparus Urta *Lin.*» (p. 179)

ESTADO ACTUAL

Pagrus auriga Valenciennes, 1843 — Lámina 129

Clase: Actinopteri, Orden: Acanthuriformes, Familia: Sparidae

Citas en obras anteriores a Cabrera

Sparus Hurta (Linnaeus, 1758: 279)

ANÁLISIS

Etimológico

Sparus Urta y *Sparus Hurta*: {lt. *sparus*} v. en la ficha 112 + {lt. *lutra, ae*} 'nutria', que pudo alterarse hasta *'urta'* (García Cornejo, 2001: 71-86).

Pagrus auriga: {gr. *phagros, ou*} 'pargo', nombre de un pez voraz (Sebastián, 1964), que a su vez se sustenta en la raíz {gr. *phagos, ou*} 'glotón, voraz' + {lt. *auriga, ae*} 'cochero, el que lleva las riendas', por los radios de la aleta dorsal terminados en largos filamentos que recuerdan el látigo de un auriga (Cuvier et Valenciennes, 1829, III: 112).

Ictionímico

Cabrera recoge los nombres de *urta* y *sama* correctamente asociados a *Sparus Hurta*, que hoy es *Pagrus auriga*, la especie que examinó. La voz *urta*, que Cabrera escribe indistintamente con *h* y sin ella, deviene del latín *lutra* 'nutria', y de *lutra* 'pez' (DCECH). Este ictiónimo se ha aplicado a varias especies de espáridos y tríglidos en diferentes zonas pesqueras de España. En cuanto al ictiónimo *sama*, además de la especie en cuestión, varias especies de espáridos lo reciben en Andalucía: *Dentex dentex* (114), *Dentex canariensis* (113), *Dentex gibbosus* (115), *Dentex macrophthalmus* (116), *Dentex maroccanus* Valenciennes, 1830 y *Pagrus caeruleostictus* (Valenciennes, 1830) (v. IA para más información al respecto). Para el DCECH, el ictiónimo *sama* es de origen dudoso, aunque aboga por el céltico *samos* 'verano', que hace referencia a la época en la que estos peces se acercan a la costa, como apostilla Barriuso (1986: 142). No obstante, Ríos (1977: 294) propone la procedencia del árabe *samak* 'pez'.

Taxonómico

En Cádiz la *urta* es un pez inconfundible con sus seis bandas transversales rojas de distinta anchura, y pocas palabras hacen falta para describirlo. Eso es lo que hace Cabrera al referirse solo a esta característica de su coloración: «el cuerpo con fajas transversales rojas». Siguiendo a Linneo lo determinó correctamente como *Sparus Hurta*, denominación que hoy es sinónimo del aceptado *Pagrus auriga*. En la Lista impresa Cabrera incluyó además el nombre de *sama*, que designa a los ejemplares adultos, en los que ya no se manifiestan las bandas transversales rojas, lo que indica que Cabrera sabía distinguirlos y reconocer que eran de la misma especie, *Sparus Hurta*.

Pagrus auriga Valenciennes, 1843 - Urta, Sama

APORTACIÓN DE CABRERA

LISTA MANUSCRITA

Pargo Bocinegro

MEMORIA DESCRIPTIVA

«GÉNERO.—*Sparus.*—LINN.» (v. en la ficha 112)

«ESPECIE 6.ª—**El Pargo**.—*Sparus Pagrus.*—LINN. Rojizo; las aletas dorsal y anal se esconden en una especie de vaina que forma el cutis. Se halla una variedad con cierta eminencia sobre la frente.» (p.153)

«ESPECIE 14.—**El Bocinegro**.—*Sparus Nigrirostris.*—Sp. N. Se distingue por una mancha negra, que le rodea la boca, que es algo prolongada.» (p.153)

LISTA IMPRESA

«GÉNERO 20. *El Pargo,* Sparus Pagrus *Lin.*» (p.179)

«GÉNERO 20. *El Bocinegro,* Sparus Nigrirostris *Sp. N.*» (p.179)

COLECCIÓN INSTITUTO

«32. *Pagrus pagrus* (L.)» (De Buen, 1919: 253)

ESTADO ACTUAL

Pagrus pagrus (Linnaeus, 1758) — Lámina 130

Clase: Actinopteri, Orden: Acanthuriformes, Familia: Sparidae

Citas en obras anteriores a Cabrera

Pagre (Rondelet, 1558a: 127; L. V, c. XV); *Pagrus* (Willoughby, 1686: 312; Tab: V.5); *Sparus* (15.) (Artedi, 1738: 64); *Hocinero, ocinero, osinero, Sparus* (Löfling, 1753); *Sparus Pagrus* (Linnaeus, 1758: 279); *Sparus Pagrus* (Bonnaterre, 1788: 99; pl. 49, fig. 186); *Sparus Pagrus* (Linnaeus, en Gmelin, 1789: 1273); *Sparus Pagrus* (Asso, 1801: 35)

ANÁLISIS

Etimológico

Sparus Pagrus: {lt. *sparus*} v. en la ficha 112 + {gr. *phagros, ou*} v. en la especie anterior.

Sparus Nigrirostris: {lt. *sparus*} v. en la ficha 112 + {lt. *niger, nigra, nigrum*} 'negro' + {lt. *rostrum, i*} 'morro, hocico' (*PE*), relacionado con la coloración más oscura de la zona frontal de la cabeza, desde detrás de los ojos hasta la comisura de la boca.

Pagrus pagrus: {gr. *phagros, ou*} v. en la especie anterior.

Ictionímico

Pargo y *bocinegro* son dos ictionimos asociados correctamente por Cabrera a *Sparus pagrus*, sinónimo aceptado de *Pagrus pagrus*, que conduce a que esta fue la especie examinada. La voz *pargo*, del latín *pager, pagri* y este del griego *pagros* 'pez', actúa como un hiperónimo, ya que no designa a ninguna especie concreta. La forma *pargo* la encontramos por primera vez en Andalucía en 1523 en un cuadro de precios de la Casa de Contratación de Sevilla (Ladero, 2008: 199). En cambio, *bocinegro* es un ictiónimo que en los puertos de Huelva, Cádiz y Málaga se asocia exclusivamente a esta especie (*IA*: 471) y que está motivado metonímicamente por la coloración gris oscura, casi negra, que el pez presenta en torno a la boca y en la frente. Se documenta por primera vez en Andalucía en *Aranceles* de El Puerto de Santa María de 1775 (Anónimo, 1775).

Taxonómico

Como indica el hecho de describir al *pargo* y al *bocinegro* en dos entradas diferentes, en una de las cuales mencionó además la existencia de una variedad de pargo, Cabrera creyó estar aquí ante tres especies diferentes: el *pargo*, el *bocinegro* y una «variedad [de pargo] con cierta eminencia sobre la frente». En realidad, se trataba de una sola especie: *Pagrus pagrus*, el *pargo*, pues, por un lado, los caracteres descritos en una y otra entrada correspondían a esta especie; por otro, De Buen también determinó como *Pagrus pagrus* el ejemplar conservado en la Colección del Instituto de Cádiz; y, en tercer lugar, la «variedad...» no era tal, pues se trataba de los machos adultos de la misma especie que suelen desarrollar un bulto frontal, como ocurre en *Dentex gibbosus* (115). Por otra parte, a su *Sparus Nigrirostris*, una de las tres supuestas especies, Cabrera consideró equivocadamente que se trataba de una especie nueva (Sp. N.), pero no lo era, ya que se estaba refiriendo, sin saberlo, a *Pagrus pagrus*, que ya había sido mencionada e ilustrada desde Rondelet (1558), y descrita en Linneo (1758) y en la edición de Gmelin (1789), que consultó.

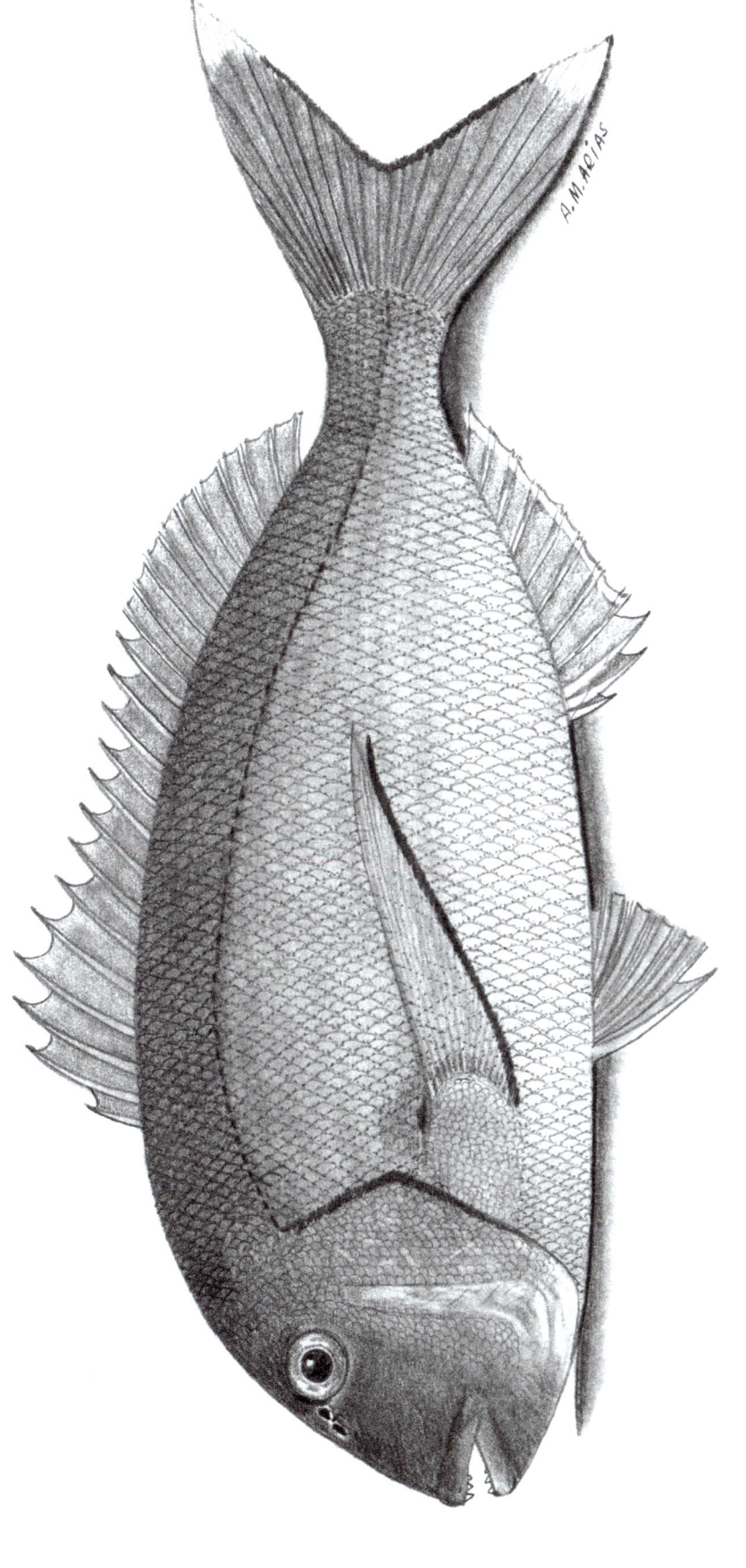

Pagrus pagrus (Linnaeus, 1758) - Pargo, Bocinegro

APORTACIÓN DE CABRERA

LISTA MANUSCRITA

MEMORIA DESCRIPTIVA

«GÉNERO.—*Sparus.*—LINN.» (v. en la ficha 112)

«ESPECIE 9.ª—**La Salema, Salpa.**—*Sparus Salpa.*—LINN. Adornan su cuerpo once rayas longitudinales de color oro por cada lado.» (p.153)

«ADDENDA. **El Bobon.**—*Sparus Sinagris.* Tiene siete y ocho líneas doradas á lo largo del cuerpo; los dientes amontonados, corvos y agudos, y los delanteros mayores.» (p.170)

LISTA IMPRESA

«GÉNERO 20. *La Salpa, La Salema,* Sparus Salpa *Lin.*» (p.179)

«GÉNERO 20. *El Bobón,* Sparus Sinagris *Lin.*» (p.179)

ESTADO ACTUAL

Sarpa salpa (Linnaeus, 1758) — Lámina 131

Clase: Actinopteri, Orden: Acanthuriformes, Familia: Sparidae

Citas en obras anteriores a Cabrera

Salpa (Rondelet, 1558a: 136; L. V, c. XXIII); *Salpa* (Willoughby, 1686: 316; Tab: V.7); *Sparus* (7.) (Artedi, 1738: 60); *Salpa* (Löfling, 1753); *Sparus Salpa* (Linnaeus, 1758: 280); *Sparus Salpa* (Bonnaterre, 1788: 100; pl. 49, fig. 188); *Pámpano ó salpa, Sparus Salpa* (Cornide, 1788: 45); *Sparus Salpa* (Linnaeus, en Gmelin, 1789: 1275); *Salpa, salema* (Medina Conde, 1789: 243, 255)

ANÁLISIS

Etimológico

Sparus Salpa: {lt. *sparus*} v. en la ficha 112 + {gr. *salpe, es*} 'salpa' (Sebastián, 1964), pero Gesner (1550: 67) indica que los griegos llamaban *salpe* a un pez también conocido por ellos como 'buey, vaca', porque como las vacas es herbívoro y tiene el vientre repleto de algas (Rondelet, 1558b: 812).

Sarpa salpa: {sarpa} es una palabra sin referencia (Jordan and Evermann, 1896, I: 175) + {gr. *salpe, es*} v. en el párrafo anterior.

Ictionímico

La voz *salpa* es el nombre común que en Andalucía designa inequívocamente a *Sarpa salpa* (*IA*: 465), la especie que examinó Cabrera. Viene del latín *salpa* 'salpa' y, por su distribución por el levante peninsular (*LMP*, mapa 586), posiblemente se trate de un catalanismo instalado en Andalucía, donde se documenta en *Historia del Almirante* (Colón, 1571: 127). Para el *DCECH, salema* deriva del árabe *hallama*, que tiene el significado de 'aficionado a soñar', 'soñador', hecho que enlazaría con la creencia popular marroquí de que la carne de este pez provoca sueños, ya que «se tratará seguramente de un pescado indigesto» (*DCECH*). Realmente se trata de alucinaciones en lugar de sueños, debido a que este pez puede ingerir algas tóxicas, como *Caulerpa taxifolia* (C. Agardh, 1817), que provoca ensoñaciones a aquel que lo consume. Corominas documenta por primera vez el ictiónimo en Medina Conde (1789: 255); sin embargo, ya aparece recogido en el año 1642 en un documento anónimo de la localidad gaditana de Chipiona en el que se fijan los precios de venta de «*lisas, salemas, cacon, raya* y *sargos*» (Anónimo, 1642: 9). El ictiónimo *bobon* únicamente aparece en los escritos de Cabrera, no pervive en la actualidad en el léxico marinero andaluz y no consta en la bibliografía ictionímica andaluza. *Bobón* es una voz recogida en los diccionarios académicos desde 1726 a 1986 (*NTLLE*) para designar a una persona muy boba; por lo tanto, en un sentido ictionímico, la voz podría referirse a la sensación que la especie transmite de pez bobalicón.

Taxonómico

La *salpa* o *salema, Sarpa salpa,* es una especie inconfundible, muy conocida entre los pescadores andaluces, que, como consta en una primera entrada de la Memoria descriptiva —**La Salema, Salpa.** *Sparus Salpa* Linn.»—, Cabrera describió con sus «once rayas longitudinales de color oro por cada lado» y determinó correctamente. Sin embargo, después, según indicó en una segunda entrada en la Addenda —«**El Bobon.** *Sparus Sinagris*»—, es posible también que examinara ejemplares jóvenes de la misma especie (*Sarpa salpa*) que solo tenían «siete y ocho líneas doradas á lo largo del cuerpo» debido a que las tres o cuatro líneas inferiores sobre el abdomen estuvieran más difuminadas, como suele ocurrir en los ejemplares poco frescos. Siguiendo a Linneo —«lineis utrinque 7 aureis» (7 lineas doradas a cada lado)—, creyó que pertenecían a otra especie y los determinó como *Sparus Sinagris* (*Sparus Synagris* en *Systema Naturae*). Este nombre científico es sinónimo de *Lutjanus synagris* (Linnaeus 1758), un pez que habita en el Atlántico occidental, desde Bermuda hasta Santa Catarina en Brasil, como escribió Linneo («*Habitat in* America *feptentrionali*»), lo que descarta que nuestro autor llegara a examinar algún ejemplar de esta especie (*Lutjanus synagris*). Tal vez Cabrera no tuvo ocasión de consultar la obra de Catesby[211] (1743, II: pág 17 y fig. 17), citada por Linneo, y comprobar que la coloración dorada de sus ejemplares de *Sarpa salpa* era muy distinta a la violácea —«Salpa purpurafcens variegata»— del ejemplar representado en la ilustración del naturalista inglés.

---

211 Mark Catesby (1683-1749), naturalista e ilustrador científico inglés, cuyas descripciones de peces americanos fueron referenciadas por Linneo en la décima edición de *Systema Naturae.*

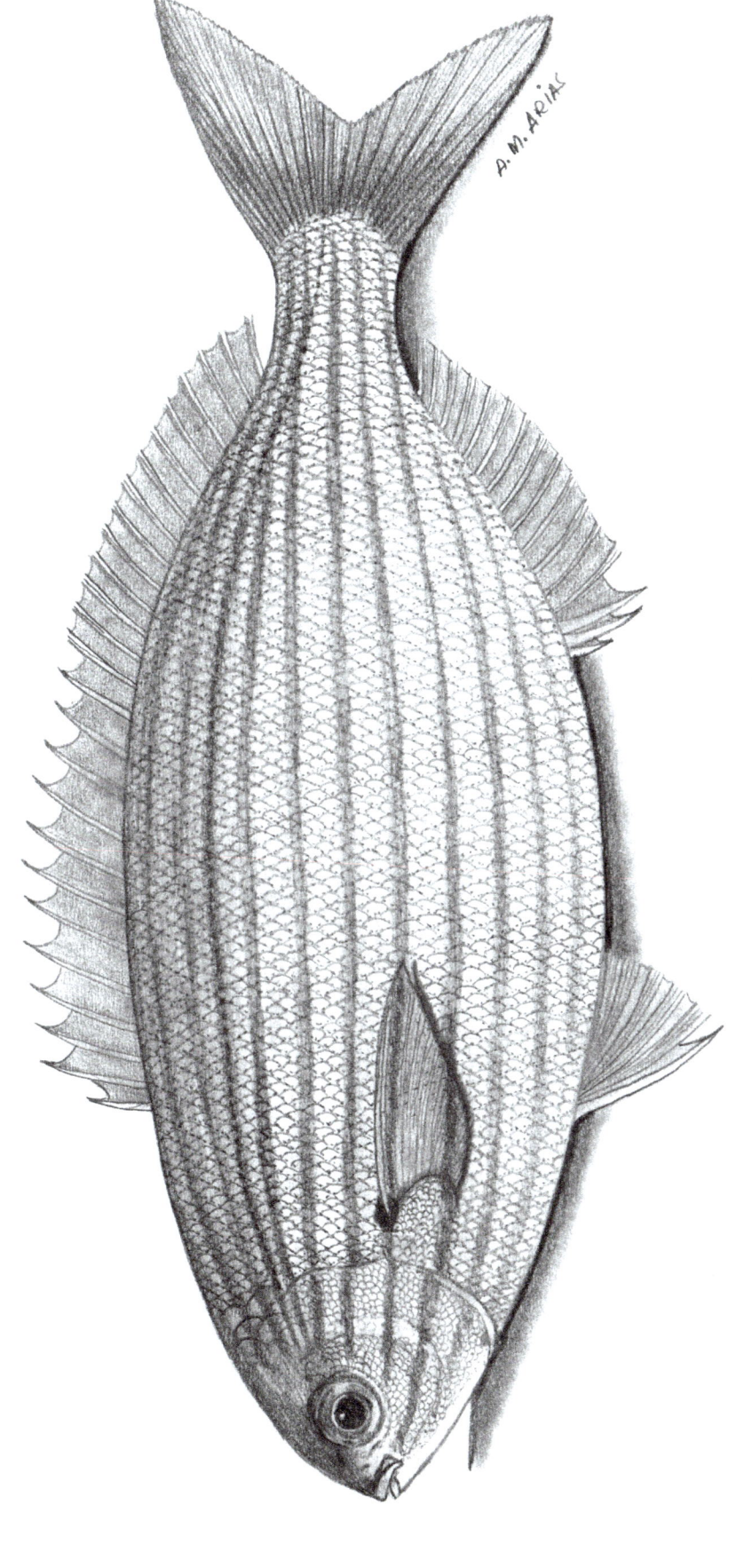

Sarpa salpa (Linnaeus, 1758) - Salpa, Salema, Bobon

APORTACIÓN DE CABRERA

LISTA MANUSCRITA

Dorada

MEMORIA DESCRIPTIVA

«GÉNERO.—*Sparus.*—LINN.» (v. en la ficha 112)

«ESPECIE 1.ª—**La Dorada.**—*Sparus Auratas.*—LINN. Una faja de color oro entre los ojos; una mancha negra al nacimiento de la cola.» (p. 153)

LISTA IMPRESA

«GÉNERO 20. *La Dorada*, Sparus Auratus *Lin.*» (p. 178)

ESTADO ACTUAL

Sparus aurata Linnaeus, 1758 — Lámina 132

Clase: Actinopteri, Orden: Acanthuriformes, Familia: Sparidae

Citas en obras anteriores a Cabrera

Aurata, orata (Rondelet, 1558*a*: 108; L. V, c. II); *Aurata* (Willoughby, 1686: 307; Tab: V.5); *Sparus* (14.) (Artedi, 1738: 63); *Dorado, dorada, Sparus aurata* (Löfling, 1753); *Sparus Aurata* (Linnaeus, 1758: 277); *Sparus Aurata* (Bonnaterre, 1788: 97; pl. 48, fig. 180); *Sparus Aurata* (Cornide, 1788: 35); *Sparus Aurata* (Linnaeus, en Gmelin, 1758: 1270); *Dorada, dorado ó doradilla* (Medina Conde, 1789: 219); *Sparus Aurata* (Asso, 1801: 34)

ANÁLISIS

Etimológico

Sparus aurata: {lt. *sparus*} v. en la ficha 112 + {lt. *auratus, a, um*} 'dorado', en referencia a la banda dorada frontal de ojo a ojo, llamada *ceja dorada* en Rondelet, (1558*b*: 112): «Aurata dicta est quod aureu superciliu gerat», es decir, 'se dice dorada porque lleva la ceja dorada', y se señala que Opiano de Anazarba (s. II), que escribió un libro sobre pesca, denominaba a este pez *chrysophrys* 'de ceja dorada'.

Ictionímico

El ictiónimo *dorada* se refiere siempre a *Sparus aurata*, con lo que no hay duda de que esta fue la especie que examinó Cabrera. *Dorada* tiene su origen en el término latino *aurata*, participio del verbo *aurare* 'dorar'. Se trata de una creación léxica por sinécdoque (la parte por el todo) en la que se alude a la banda de color amarillo que el pez posee entre los ojos, como ya describiera san Isidoro: «auratae, quia in capite auri colorem habent» (García Cornejo, 2001: 563, n. 57). En Andalucía se documenta por primera vez en *Sevillana Medicina* (Aviñón, 1418: 134). Löfling (1753) recoge *dorado* y es el primero que utiliza la equivalencia *Sparus aurata*. Medina Conde (1789: 219) recoge *dorada* y *dorado* para la misma especie.

Taxonómico

La *dorada* es un pez inconfundible, conocido desde la antigüedad y muy popular en Cádiz y en toda Andalucía. Cabrera lo clasificó correctamente según el sistema de Linneo y, como este, lo denominó *Sparus Aurata*, nombre que escribió con variantes (*Auratas, Auratus*) en sus Listas, aunque no hay que descartar que fueran debidas a errores tipográficos o de transcripción de Graells. Siguiendo a Linneo, Cabrera habla en su descripción de «una mancha negra al nacimiento de la cola», que es prácticamente lo mismo que escribe el sueco: «In meo exemplari macula nigra ad caudam» (Linneo, 1758: 277), y «Ad caudan macula nigra» (Linneo, en Gmelin, 1789: 1270). Sin embargo, a menos que estuvieran refiriéndose al borde negro de la aleta caudal que presentan muchos ejemplares frescos, este carácter no existe en la *dorada*, que donde realmente tiene una mancha negra es en el opérculo, «al nacimiento» de la línea lateral.

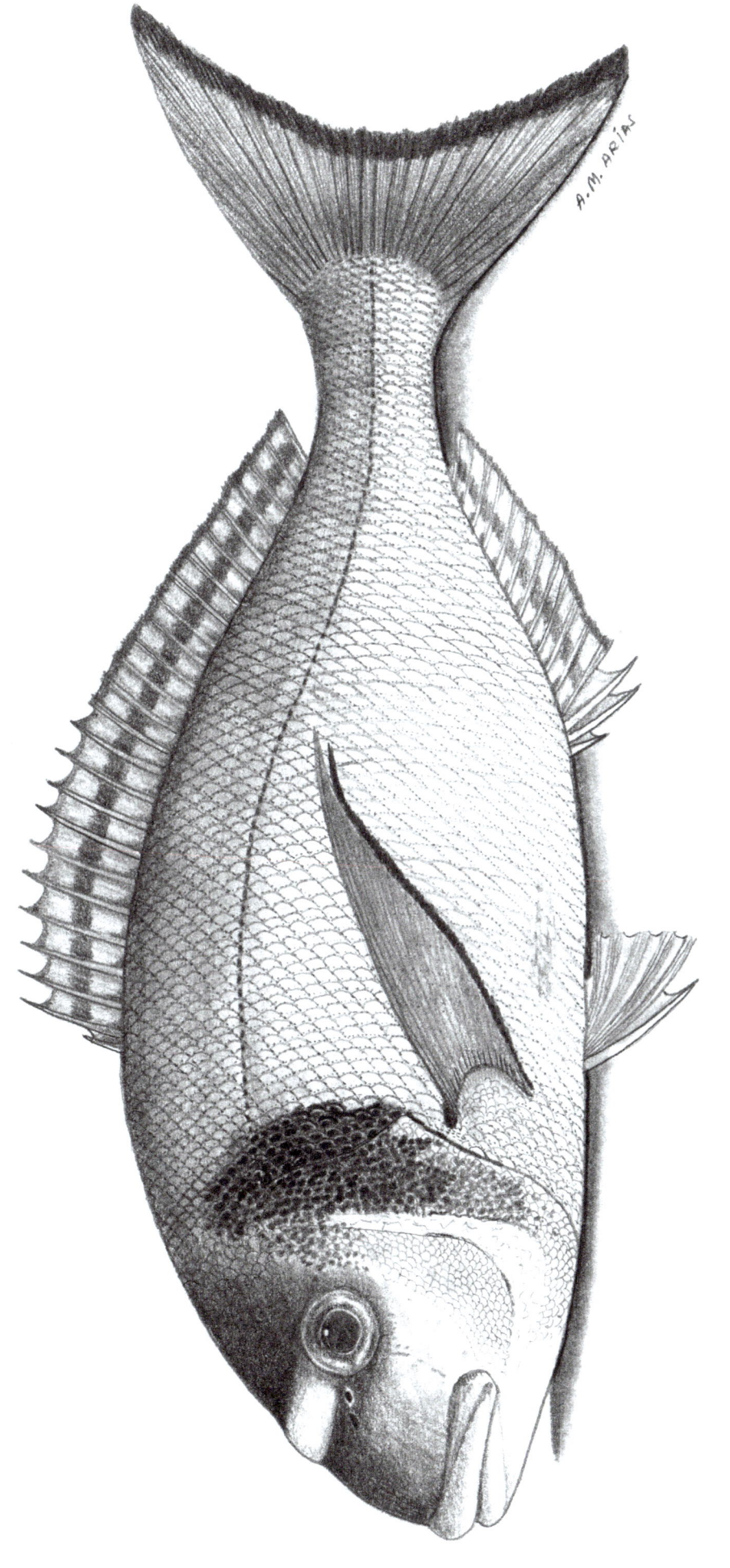

Sparus aurata Linnaeus, 1758 - Dorada

APORTACIÓN DE CABRERA

LISTA MANUSCRITA

Trompero Caramelo

MEMORIA DESCRIPTIVA

«GÉNERO.—*Sparus.*—LINN.» (v. en la ficha 112)

«ESPECIE 13.—**El Trompero.**—*Sparus Rostratus.*—Sp. N. El hocico prolongado; el color plateado, con algunos humillos negros a lo largo de la línea lateral.» (p. 154)

LISTA IMPRESA

«GÉNERO 20. *El Trompero*, Sparus Rostratus *Sp. N.*» (p. 178)

«*El Caramelo*», en los listados de ictiónimos que no llegó a identificar (p. 187)

ESTADO ACTUAL

Spicara smaris (Linnaeus, 1758) — Lámina 133

Clase: Actinopteri, Orden: Acanthuriformes, Familia: Sparidae

Citas en obras anteriores a Cabrera

Picarel (Rondelet, 1558*a*: 126; L. V, c. XIIII); *Smaris* (Willoughby, 1686: 319; Tab: V.3.5); *Sparus* (10.) (Artedi, 1738: 62); *Sparus Smaris* (Linnaeus, 1758: 278); *Sparus Smaris* (Bonnaterre, 1788: 98; pl. 48, fig. 182); *Sparus Smaris* (Linnaeus, en Gmelin, 1789: 1271)

ANÁLISIS

Etimológico

Sparus Rostratus: {lt. *sparus*} v. en la ficha 112 + {lt. *rostratus, a, um*} 'recurvado en forma de pico, nariz, morro largo', deducido de {lt. *rostrum, i*} 'morro, hocico' (*PE*), relativos al morro picudo y al maxilar superior muy protráctil (v. más en el comentario ictionímico, a continuación).

Spicara smaris: {*spicara*} v. «nombre local» del Mediterráneo (Jordan and Fesler, 1893: 527), relacionado con {in. *spike*} 'pincho, púa', relativo al morro aguzado del pez + {gr. *smaris, idos*} 'nombre de un pez pequeño de mar', porque, según Rondelet (1558*b*: 522), es del tamaño de un dedo («estenim digiti tantum magnitudine»), aunque, en realidad, puede llegar a medir 20 cm de longitud total.

Ictionímico

Trompero y *caramelo* designan en Andalucía occidental a *Spicara smaris* (*IA*: 490-491). El primer nombre Cabrera lo asoció acertadamente a esta especie; el segundo, recogido en Málaga, no llegó a identificarlo como denominación de ninguna y quedó en un listado aparte al final de la Lista impresa. El ictiónimo *trompero* es una creación léxica por sinécdoque (la parte por el todo) motivada en el premaxilar superior, que extendido forma un pequeño tubo es denominado metafóricamente trompa o trompeta. El citado tubo es usado por el pez para succionar del fondo los invertebrados de los que se alimenta. Esta voz se documenta por primera vez en Andalucía en Löfling (1753). En cuanto a *caramelo*, deriva del latín *calamellus*, un diminutivo de *calămus* 'caña' (*DCECH*). Así pues, su significado originario es 'cañita' o 'carámbano', este último valor semántico es propio del portugués y el catalán. En ambos casos es plausible una motivación semántica para el sentido ictionímico de *caramelo*: por un lado, la forma cilíndrica, alargada y estrecha del pez, que lo asemeja a una caña y, por otro, «las tonalidades cristalinas o plateadas» (Palanco, 2000: 266), a modo de carámbano. En cualquier caso, actualmente, los pescadores lo han resemantizado y lo emplean en relación con la buena calidad de la carne del pez. En definitiva, *caramelo* es la forma castellanizada del *caramel* catalán de uso frecuente en los puertos andaluces del Mediterráneo, donde se emplea para designar a dos especies de espáridos: *Spicara smaris* y *Centracanthus cirrus* Rafinesque, 1810 (*IA*: 491 y 495, respectivamente).

Taxonómico

Con los tres rasgos morfológicos aportados en la descripción, morro prolongado, color plateado, y humillos negros [tal vez las bandas transversales en los costados, que se difuminan tras la muerte], junto con los nombres vulgares de *trompero* y *caramelo*, podemos tener la seguridad de que la especie examinada por Cabrera fue *Sparus smaris* de Linneo, que hoy se denomina *Spicara smaris*. Pese a que Linneo ya la citaba en 1758, y que mucho antes Rondelet (1558) y Willoughby (1686) la ilustraban y que en Bonnaterre (1788) hay también un dibujo, Cabrera la creyó una nueva especie, que denominó *Sparus rostratus* por su morro prolongado, un *nomen nudum* que no conduce a ninguna especie. No parece que la viera en estas obras, pues además de incluirla en la Memoria descriptiva, la mantuvo también en la Lista impresa. O tal vez pudiera haber ocurrido que, pese a haberla visto en la bibliografía, estuviera convencido de que se trataba de una especie nueva.

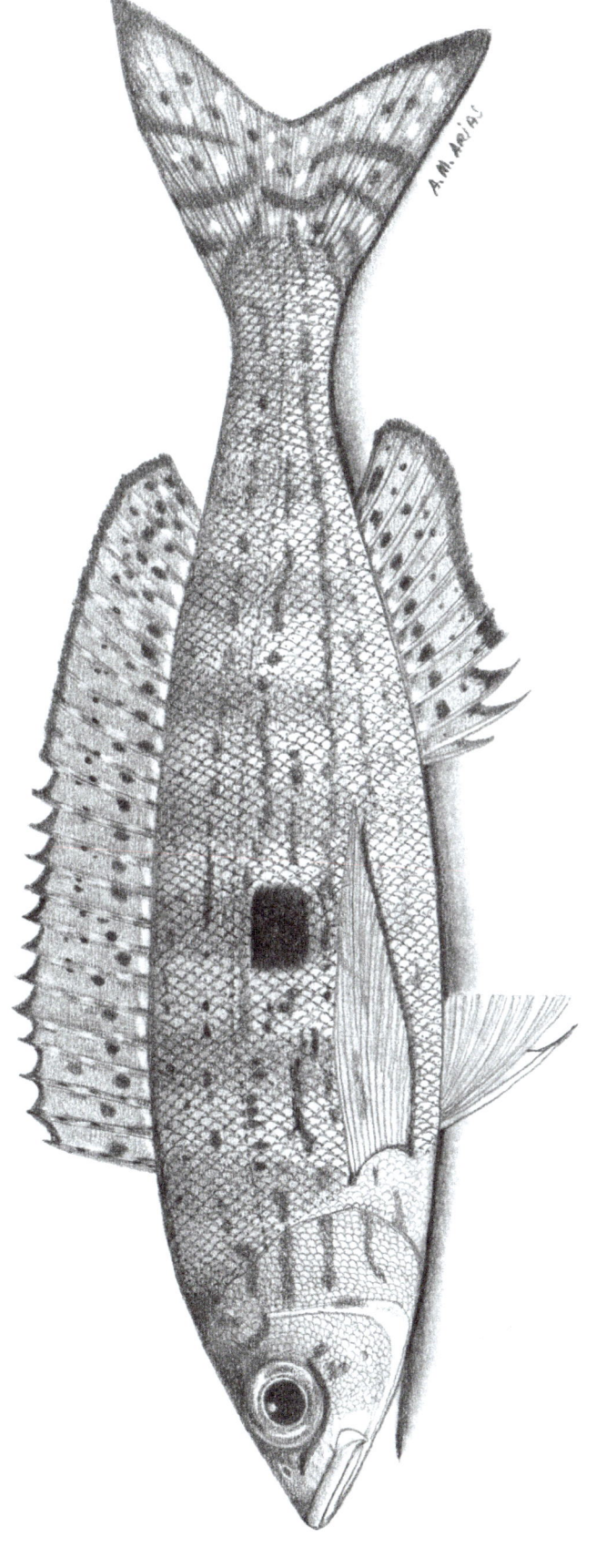

Spicara smaris (Linnaeus, 1758) - Trompero, Caramelo

APORTACIÓN DE CABRERA

LISTA MANUSCRITA

MEMORIA DESCRIPTIVA

«GÉNERO.—*Sparus.*—LINN.» (v. en la ficha 112)

«ESPECIE 16. **La Chopa.**—*Sparus Cantharus.*—LINN. La adornan unas líneas longitudinales de color amarillo bajo; el lomo y la mayor parte de su cuerpo tiene una ligera tinta de azul oscuro, el vientre blanco.» (p.154)

LISTA IMPRESA

«GÉNERO 20. *La Chopa,* Sparus Cantharus *Lin.*» (p.179)

ESTADO ACTUAL

Spondyliosoma cantharus (Linnaeus, 1758) — Lámina 134

Clase: Actinopteri, Orden: Acanthuriformes, Familia: Sparidae

Citas en obras anteriores a Cabrera

Cantheno (Rondelet, 1558a: 113; L. V, c. IIII); *Cantharus* (Willoughby, 1686: 309; Tab: V.1.2); *Sparus* (3.) (Artedi, 1738: 58); *Chopa* (Löfling, 1753); *Sparus Cantharus* (Linnaeus, 1758: 280); *Sparus Cantharus* (Bonnaterre, 1788: 100); *Sparus Cantharus* (Linnaeus, en Gmelin, 1789: 1274); *Sparus Cantharus* (Asso, 1801: 37)

ANÁLISIS

Etimológico

Sparus Cantharus: {lt. *sparus*} v. en la ficha 112 + {gr. *kantharos, ou*} 'especie de pez', según Aristóteles (Lacépède, 1802: VII, 33), pero otros autores, como Aldrovandi (1638: 185), o Gesner (en Willoughby, 1686: 310), lo asimilan a un escarabajo negro [*canthari pillularii*, también llamado {*kantharos, kantharis*}], aunque no justifican su motivación. En nuestra opinión, que coincide con la de algunos pescadores, *cantharus* (del latín *canthărus*, y este del griego κάνθαρος kántharos) se debe a la forma redondeada y abultada que adquieren los machos adultos, que recuerda a un cántaro o vasija de barro.

Spondyliosoma cantharus: {gr. *spondylion*} 'huso' + {gr. *soma, atos*} 'cuerpo' (Cantor, 1849: 1032), pero también {gr. *spondylos*} 'piedra redonda' (Barriuso, 1986: 140), por la forma aovada y redondeada que va adoptando el cuerpo de estos peces en el transcurso de su vida, sobre todo de los machos adultos que adquieren otras proporciones y se transforman en ejemplares con el cuerpo más alto y redondeado, hasta el punto de que algunos pescadores creen que se trata de una especie distinta + {gr. *kantharos, ou*} v. en el párrafo anterior.

Ictionímico

En Andalucía, la voz *chopa* siempre está asociada a *Spondyliosoma cantharus*, como acertadamente recogió Cabrera. Para el *DCECH*, *chopa* vendría del latín *clŭpĕa* 'sábalo'. Su evolución fonética no ofrece dificultades en portugués: *choipa* > *choupa*, por lo que se trata de un préstamo luso. Alvar (1975: 432) lo considera «un lusismo en el castellano marinero».

Taxonómico

Aunque cambia mucho de aspecto en el transcurso de su vida —los jóvenes son bastante distintos de los adultos y los machos de las hembras—, la *chopa* es, en general, una especie bien conocida de los pescadores andaluces. Si enseñamos un ejemplar de *Spondyliosoma cantharus* de cualquier edad y sexo a los pescadores y les preguntamos cómo se llama ese pez, casi siempre obtendremos la misma respuesta: *chopa* (*IA*: 461). Sin embargo, también obtendremos *chopa* de algunos pescadores que se confunden al denominar a especies relativamente parecidas, como *Diplodus sargus* (121), *Diplodus vulgaris* (122), *Oblada melanurus* (124), *Spicara maena* (192), *Spicara smaris* (133), o *Kyphosus incisor* (Cuvier, 1831) (no incluido en el presente trabajo). Algo similar se detecta en la bibliografía andaluza, donde *chopa* aparece también asociado a *Oblada melanurus* (Medina Conde, 1789: 214), *Diplodus vulgaris* (De Buen, 1919: 141), *Pagrus pagrus* (130) (De la Torre, 2004: 147) y *Sarpa salpa* (131) (*LMP*, mapa 658). Es posible que esto responda al acusado dimorfismo sexual que mencionamos al principio, hecho que despista a los informantes menos avezados en la identificación de las especies. A Cabrera no le ocurrió esto: la determinó correctamente con el nombre de *Sparus Cantharus* (sinónimo aceptado del actual *Spondylosoma cantharus*) al nombre de *chopa* que él conocía por los pescadores.

Spondyliosoma cantharus (Linnaeus, 1758) - Chopa

APORTACIÓN DE CABRERA

LISTA MANUSCRITA

MEMORIA DESCRIPTIVA
«GÉNERO.—*Sciena.*—LINN. La cabeza escamosa, la membrana branquiostega de seis radios; su aleta dorsal se esconde en una fósula que posee en el dorso.» (p.156)
«ESPECIE 1.ª—**La Corvina.**—*Sc. Corvina.*—Sp. N. Crece hasta vara y media [1,25 m]; la branquiostega de siete radios; la cola entera un poco levantada; la aleta anal pequeña y triangular; el opérculo aserrado.» (p.156)
LISTA IMPRESA
«GÉNERO 22. *La Corvina*, Sciena Corbina *Sp. N.*» (p.180)
LISTA DE BLOCH
«GÉNERO 19. *La Corvina*, Sciena Corbina *Sp. N.*» (p.189)
COLECCIÓN INSTITUTO
«36. *Chelodipterus aquila Lacep.*» (De Buen, 1919: 253)

ESTADO ACTUAL
Argyrosomus regius (Asso, 1810) — Lámina 135
Clase: Actinopteri, Orden: Acanthuriformes, Familia: Sciaenidae
Citas en obras anteriores a Cabrera
Peis rei (Rondelet, 1558a: 122; L. V, c. X); *Umbra* (Willoughby, 1686: 300; Tab: S.19); *Corbina, corvina* (Löfling, 1753); *Sciaena umbra* (Brünnich, 1768: 99); *Corvina, Scioena lepisma* (Cornide, 1788: 53); *Perca luth* (Walbaum, 1792: 334); *Perca Regia* (Asso, 1801: 42; pl. 45, fig. 3); *Cheilodipterus aquila* (Lacépède, 1803: t. 9, 330); *Trachurus aguilus* (Rafinesque, 1810: 20)

ANÁLISIS
Etimológico
Sciena Corbina: {gr. *skia, as*} 'sombra' (Sebastián, 1964), relativo al color oscuro y aletas negras de algunas especies de la familia Sciaenidae + {lt. *corvus, i*} 'cuervo' (*PE*), también por su color oscuro, como el ave (*Corvus corax*), v. más en el comentario ictionímico, a continuación.
Argyrosomus regius: {gr. *argyros, ou*} 'plata' + {gr. *soma, atos*} 'cuerpo', relativo a su coloración plateada brillante (Jordan and Evermann, 1896, I: 467) + {lt. *regius, a, um*} 'real, digno de un rey, magnífico' (*PE*), que viene a recalcar la majestuosidad y belleza de este pez.

Ictionímico
En los puertos andaluces, el ictiónimo *corvina* se asocia casi siempre a *Argyrosomus regius* (*IA*: 402-404), como recogió Cabrera. Ocasionalmente, otras tres especies de la misma familia (*Sciaena umbra*, *Umbrina cirrosa* y *Umbrina ronchus*) también reciben el nombre de *corvina*, pero nuestro autor recogió los nombres específicos con los que las conocen los pescadores expertos: *corva, corvinata* y *berrugate*. Según el *DCECH*, el origen del ictiónimo *corvina* está en el latín *cŏrvus* 'cuervo', que derivado en *corvina* se aplica a un pez caracterizado por su color «pardo manchado de negro». Es decir, como aparece en el *DLE*, en la entrada *corvino, -na*, definida en la primera acepción como adjetivo: 'Perteneciente o relativo al cuervo o parecido a él', es decir, pez parecido al *cuervo*. Según Ríos (1977: 271), el parecido que motivaría semánticamente este ictiónimo sería su coloración, ya que «vista desde arriba es negra». Sin embargo, en fresco, la corvina (*Argyrosomus regius*) es de color claro, plateado brillante y con vistosos destellos dorados. Algo parecido a lo que dice Pierre Belón (1517-1564), naturalista francés, citado por Leclerc (1855: 155): «...ofrecen el brillo del oro y la plata, y al agitarse resplandecen con los colores del arco iris». El origen de esta posible contradicción está en la confusión taxonómica y léxica que ha existido desde antiguo con los esciénidos y especialmente entre *Argyrosomus regius* y *Sciaena umbra* que mencionamos más abajo: esta última especie sí es de color oscuro casi negro y también es denominada *corvina*. Por otra parte, muchos pescadores andaluces relacionan el ictiónimo *corvina* con el perfil dorsal curvado de estos peces, en una clara etimología popular motivada por la similitud fonética de *curva* y *corva*. Este origen ya fue recogido por Covarrubias (1611) en su definición a *corvina*: «Cierto peſcado de mar, que por tener el lomo encorbado ſe le dio este nombre». *Corvina* se documenta por primera vez como ictiónimo en Andalucía (y en España) en el año 1302 en un *Ordenamiento* portuario de Sevilla (Mondéjar, 1991: 607).

Taxonómico
Esta especie está ampliamente citada desde Rondelet (1558) en varias obras que Cabrera tenía en su poder, excepto en Linneo. Suponemos que esto motivó que creara una especie nueva al no encontrar en el *Systema Naturae* una descripción que encajase con el ejemplar que examinaba, lo que, por otra parte, resulta llamativo para un pez tan abundante, conocido y valorado como la *corvina*. El origen de este hecho puede estar en lo que leemos en Leclerc (1855: 156) acerca de que Artedi y Linneo tenían dudas para distinguir claramente a *Argyrosumus regius* de *Sciaena umbra* (136) (cosa que hoy puede extrañar, dadas las grandes diferencias morfológicas entre ambas especies, como el color pardo y las aletas negras de la última especie), y que a ambas las llamaban *corvina*, pero asociándolas a *Sciaena umbra*. Como no aportaron figuras, la asociación (especie-ictiónimo) se perpetuó en el tiempo y *Argyrosomus regius* «quedó como borrada de los catálogos de los naturalistas» (p.156). También pudo influir en Cabrera el hecho de que no tuviera acceso a las obras de otros autores que ya la mencionaban, aunque sí lo tenía a la de Lacépède, si bien la descripción que hace este autor no es concluyente. En cualquier caso, creemos que Cabrera aportó datos —«crece hasta vara y media» (1,25 m, pero puede llegar a 2 m); «la cola entera un poco levantada» (como refleja nuestra ilustración); «la aleta anal pequeña y triangular»— que indican con seguridad que examinó algún ejemplar de lo que hoy se denomina *Argyrosomus regius* en toda Andalucía. Además, De Buen (1919: 253) determinó un ejemplar de esta especie en los restos de la Colección de ejemplares de Cabrera que se conservaba en el Instituto de Cádiz. Le asignó el nombre de *Chelodipterus Aquila*, sinónimo de *Argyrosomus regius*.

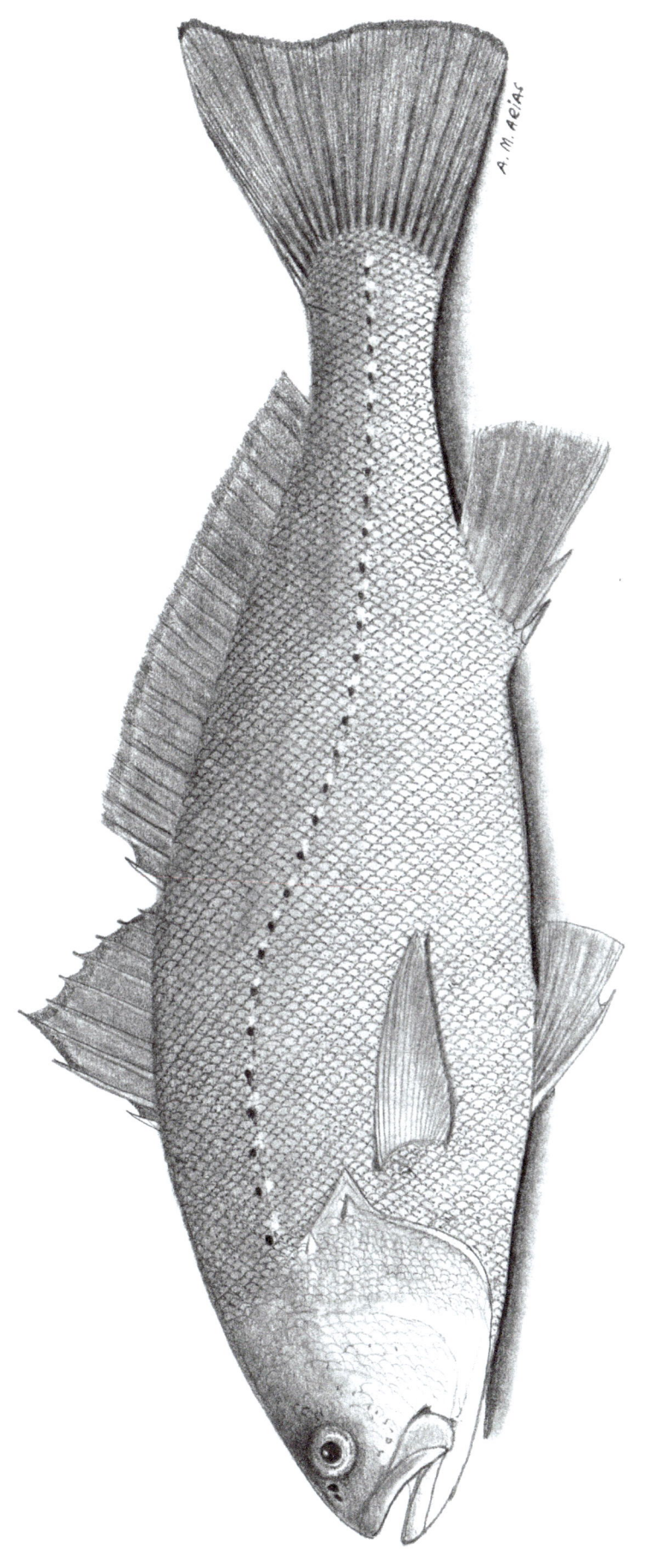

Argyrosomus regius (Asso, 1810) - Corbina

APORTACIÓN DE CABRERA

LISTA MANUSCRITA

MEMORIA DESCRIPTIVA

«GÉNERO.—*Perca.*—LINN.» (v. en la ficha 101)

«ESPECIE 11.—**La Corva.**—*Perca Curvata.*—Sp. N. La cabeza en declive; la boca pequeña; aletas dos; la de la cola entera. La anal con una esquina [espina] robusta de color negruzco; las pectorales del mismo color. El vientre y el pecho sobre una línea recta y arqueada desde la frente a la cabeza.» (p. 158)

LISTA IMPRESA

«GÉNERO 23. *La Corva,* Perca Curvata *Sp. N.*» (p. 181)

«GÉNERO 22. *Otra Corbina,* Sciena Umbra *Lin.*» (p. 180)

LISTA DE BLOCH

«GÉNERO 19. *Otra Corvina,* Sciena Umbra *Gmeli*[*i*]n.» (p. 189)

COLECCIÓN INSTITUTO

«35. *Sciaena umbra* L. Dice en la etiqueta: *Sciena* sp?, n. v. *Corvina*» (De Buen, 1919: 253)

ESTADO ACTUAL

Sciaena umbra Linnaeus, 1758 —— Lámina 136

Clase: Actinopteri, Orden: Acanthuriformes, Familia: Sciaenidae

Citas en obras anteriores a Cabrera

Coruo (Rondelet, 1558a: 111; L. V, c. VIII); *Umbra* (Willoughby, 1686: 300; *Corvo di Fortiera,* Tab: S.20.); *Sciaena* (2.) (Artedi, 1738: 65); *Sciaena Umbra* (Linnaeus, 1758: 289); *Sciaena Umbra* (Bonnaterre, 1788: 119); *Sciaena Umbra* (Linnaeus, en Gmelin, 1789: 1298)

ANÁLISIS

Etimológico

Perca Curvata: {gr. *perkis, perke, es*} 'perca', v. en la ficha 101 + {lt. *curvatus, a, um*} 'curvo, curvado' (*PE*), en relación al perfil dorsal arqueado característico de este pez.

Sciaena umbra: {gr. *skia, as*} 'sombra', v. en la ficha anterior + {lt. *umbra, ae*} 'sombra, tonalidad oscura', referido al color oscuro del pez (Barriuso, 1986: 118). Isidoro de Sevilla se refería a este pez como *umbrae* 'por su color como las sombras' (García Cornejo, 2001: 564).

Ictionímico

La denominación *corva* para esta especie es propia de los puertos occidentales andaluces y se asigna casi siempre a *Sciaena umbra* (*IA:* 408-410) y esto nos lleva a que esta fue la especie que examinó Cabrera. Su origen está en el latín *cŭrvus* 'curvo', por el pronunciado arqueamiento dorsal del animal, que Cabrera señala en su descripción con la frase «la cabeza en declive». *Corva* se documenta en 1756, en los escritos atribuidos a Sarmiento (Barba y Pons, 2003: 408).

Taxonómico

El conocimiento de los peces por sus nombres comunes era uno de los puntos fuertes de Cabrera, donde mostraba más seguridad. Tal es el caso de la especie que nos ocupa, cuya precisa descripción y el nombre común (*corva*) asignado concuerdan a la perfección. Con ello, sin duda, la especie que examinó en este caso fue *Sciaena umbra.* Sin embargo, tal vez dudó ante la escueta frase descriptiva de Linneo («S. nigro varia, pinnis ventralibus integerrimis»), como indica la interrogación que incluyó en la etiqueta del ejemplar conservado en la Colección del Instituto de Cádiz, que De Buen determinó, efectivamente, como *Sciaena umbra.* Así, por un lado, en la Memoria descriptiva Cabrera optó por crear una especie nueva, *Perca Curvata* —sin validez actualmente—, que mantuvo en la Lista impresa, donde además se decantó por seguir a Linneo incluyendo a *Sciaena umbra* del sueco, pero no conocía ningún nombre común concreto para esta especie y la llamó «*Otra Corbina*»; con ello no se equivocaba, pues en Cádiz el nombre genérico de los esciénidos es *corvina.* Dicho de otra manera, Cabrera sabía que se trataba de una *corva* y la describió correctamente, pero se equivocó al marcarla como Sp. N.; por otro, le asignó el nombre correcto, *Sciaena umbra,* pero parecía no conocer con exactitud el pez que examinaba y le dio un nombre común genérico, *Otra Corbina.*

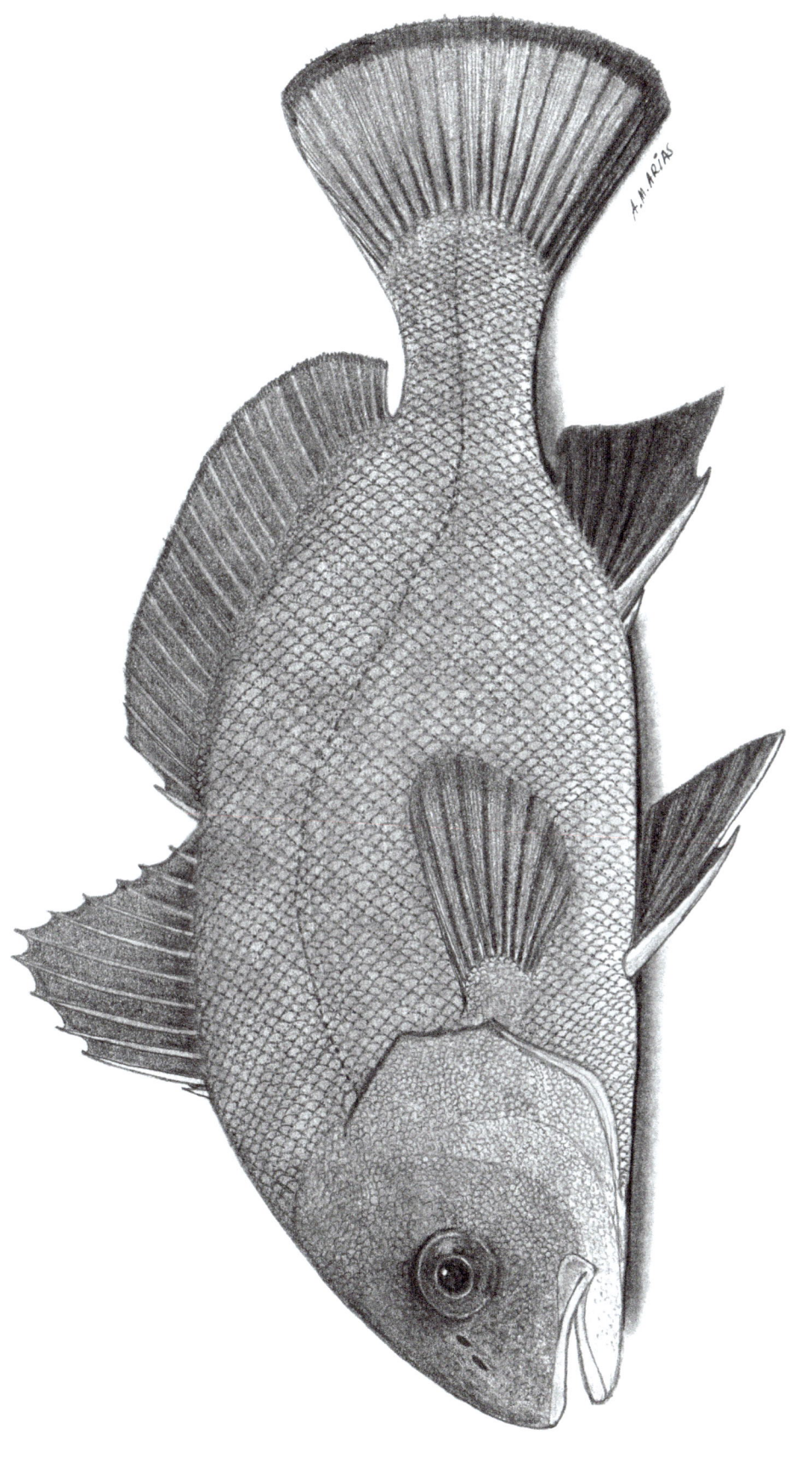

Sciaena umbra Linnaeus, 1758 - Corba

FICHA 137

APORTACIÓN DE CABRERA

LISTA MANUSCRITA

MEMORIA DESCRIPTIVA

«GÉNERO.—*Sciena.*—LINN.» (v. en la ficha 135)

«ESPECIE 2.ª—**La Corvinata.**—*Sciena Cirrosa.*—LINN. El opérculo de dos láminas; la primera aserrada; la línea lateral encorvada; aletas dorsales, dos; la de la cola entera; la membrana branquiostega de seis radios; la mandíbula inferior más corta, con una barbilla pequeña.» (p. 156) [Aclaración: «**La Corvinata**—*Sciena Cirrosa*» es el «*Berrugate blanco*» o «variedad» «blanca» de la especie siguiente, «**El Berrugate**—*Perca Berrucaria*» (p. 157)]

LISTA IMPRESA

«GÉNERO 22. *La Corbinata,* Sciena Curvata *Sp. N.*» (p. 180)

LISTA DE BLOCH

«GÉNERO 19. *La Corbinata,* Sciena Curvata *Sp. N.*» (p. 189)

ESTADO ACTUAL

Umbrina cirrosa (Linnaeus, 1758) — Lámina 137

Clase: Actinopteri, Orden Acanthuriformes, Familia: Sciaenidae

Citas en obras anteriores a Cabrera

Umbra, umbrino (Rondelet, 1558a: 120; L. V, c. IX); *Umbra* (Willoughby, 1686: 299, *Umbra, Corbo* Tab: S.21); *Sciaena* (1.) (Artedi, 1738: 65); *Corbinata, corvinata* (Löfling, 1753); *Sciaena cirrofa* (Linnaeus, 1758: 289); *Sciaena Cirrofa* (Bonnaterre, 1788: 121; pl. 53, fig 203); *Sciaena cirrofa* (Linnaeus, en Gmelin, 1789: 1299); *Perca Umbra* (Asso, 1801: 42)

ANÁLISIS

Etimológico

Sciena Curvata: {gr. *skia, as*} 'sombra', v. en la ficha 135 + {lt. *curvatus, a, um*} 'curvo, curvado', v. en la especie anterior.

Sciena Cirrosa: {gr. *skia, as*} 'sombra', v. en la ficha 135 + {lt. *cirrosus*} 'con un cirro', referido a la verruga que el pez presenta en el mentón (Barriuso, 1986: 119).

Umbrina cirrosa: diminutivo de {lt. *umbra, ae*} 'sombra, tonalidad oscura', relativo a la coloración negra del borde de sus aletas + {lt. *cirrosus*} v. más arriba.

Ictionímico

Cabrera asoció acertadamente el ictiónimo *corvinata* a *Sciena cirrosa*, sinónimo aceptado de *Umbrina cirrosa*, la especie que examinó. La voz *corvinata* deriva de *corvina*, donde *-ata* adopta un valor semántico diminutivo ya que sirve para designar a los ejemplares más pequeños. Así, para *corvina* (*Argyrosomus regius*, ficha 135), en Chipiona se llama *corvinata* a los ejemplares de 2 a 8 kg y en Conil a los de 2 a 3 kg (*IA*: 403). Es decir, se señala con este ictiónimo a los juveniles de esa especie, cuyos adultos pueden llegar a pesar cerca de 100 kg. Sin embargo, en *Umbrina cirrosa*, la denominación *corvinata* viene a indicar el menor tamaño de esta especie respecto a la anterior, pues los adultos solo llegan a un peso de unos 3 kg. *Corvinata* aparece por primera vez en Andalucía en el siglo XV en *Sevillana Medicina* (Aviñón, 1418: 132).

Taxonómico

De nuevo en esta especie la aportación de Cabrera manifiesta las dificultades para identificar a los esciénidos que han existido en el pasado durante mucho tiempo. Llama la atención que, en una primera aproximación, en la Memoria descriptiva, Cabrera determina correctamente al pez que examina (*Sciena Cirrosa*) y recoge uno de sus nombres comunes correctos (*corvinata*), que alude al menor tamaño de la especie respecto a la *corvina* (*Sciena Corbina*). También en la Memoria descriptiva, en la entrada **El Berrugate** recoge *berrugate blanco*, otro nombre correcto de *Sciena Cirrosa*, una denominación de la que considera la «variedad» «blanca» de su «El Berrugate.—*Perca Berrucaria*», sin percatarse de que estaba refiriéndose a la misma especie (*Sciena Cirrosa*). En la Lista impresa vuelven las dudas y se decanta por crear una especie nueva, *Sciena Curvata*, un nombre sin equivalencia actual para una especie que ya había sido descrita por Linneo. Tal vez influyó en la creación de esta Sp. N. el hecho de que Linneo indicaba «mandíbula superior más larga» y Cabrera veía «mandíbula inferior más corta», ambas afirmaciones correctas. Dado que los elementos de su aportación «Corvinata.—*Sciena Cirrosa*» y «con una barbilla pequeña» en el mentón son válidos, la especie que examinó el Magistral fue *Umbrina cirrosa*.

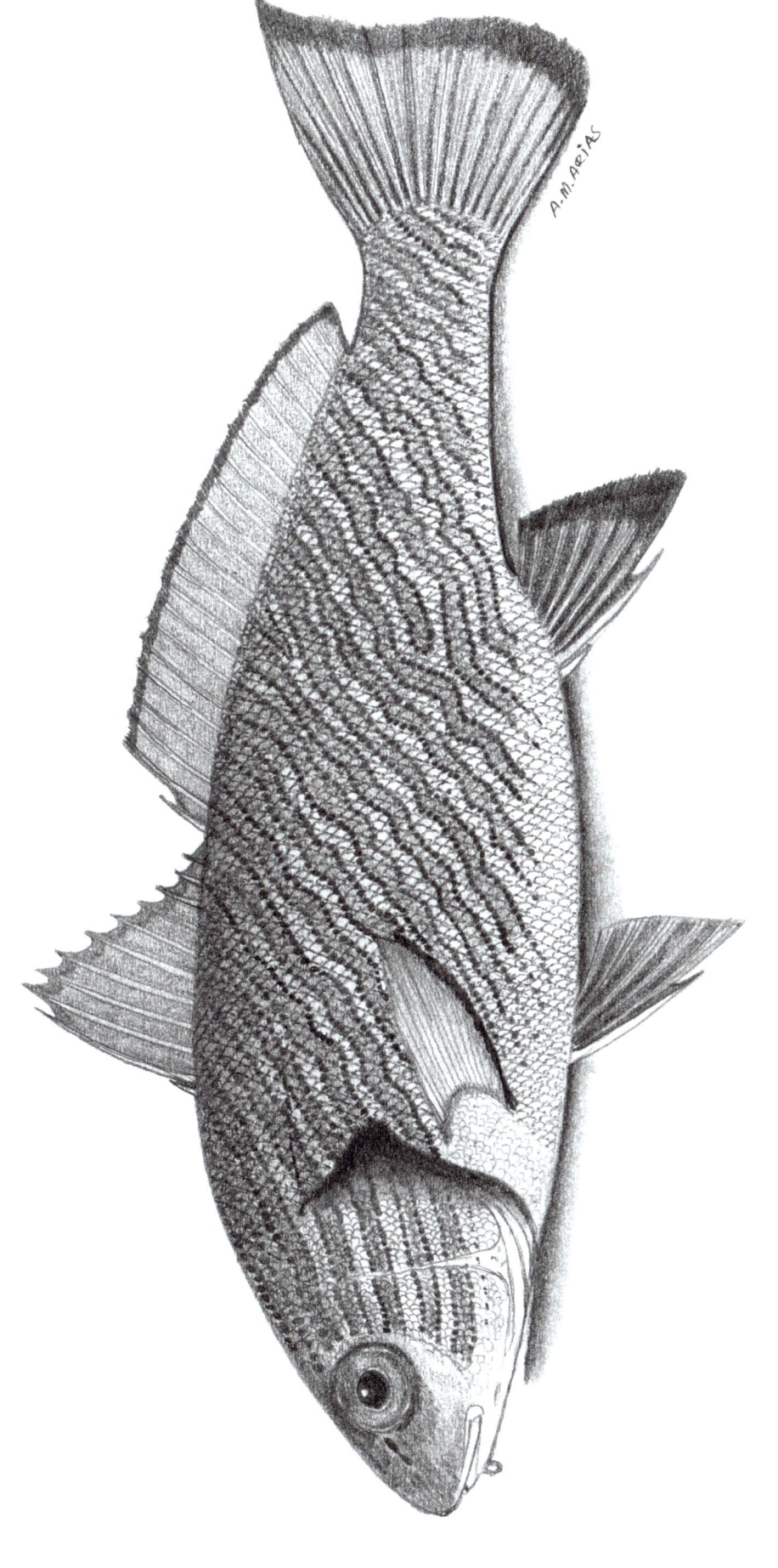

Umbrina cirrosa (Linnaeus, 1758) - Corbinata

APORTACIÓN DE CABRERA

LISTA MANUSCRITA

MEMORIA DESCRIPTIVA

«GÉNERO.—*Perca*.—LINN.» (v. en la ficha 101)

«ESPECIE 10.—**El Berrugate**.—*Perca Berrucaria*.—Sp. N. Debajo de la boca se observa una berruga que le caracteriza. Se hallan dos variedades, una oscura y otra blanca, a quien llaman Berrugate blanco.» (p. 157)

LISTA IMPRESA

«GÉNERO 23. *El Berruguete*, Perca Berrucaria *Sp. N.*» (p. 181)

ESTADO ACTUAL

Umbrina ronchus Valenciennes, 1843 — Lámina 138

Clase: Actinopteri, Orden Acanthuriformes, Familia: Sciaenidae

Citas en obras anteriores a Cabrera

Ninguna

Primera cita posterior a Cabrera

Umbrina ronchus nob. (Valenciennes, 1837-1843: 24)

ANÁLISIS

Etimológico

Perca Berrucaria: {gr. *perkis, perke, es*} 'perca', v. en la ficha 101 + {lt. *verruca, ae*} 'verruga, prominencia' (*PE*), relativo a la verruga submandibular (v. más en el comentario ictionímico, más abajo).

Umbrina ronchus: {lt. *umbra, ae*} 'sombra, tonalidad oscura', v. en la ficha anterior + {gr. *regkos, eos, ous; rogkos*) 'ronquido' (Jordan and Evermann, 1898, II: 1329), por los ruidos que emite el pez.

Ictionímico

Cabrera asoció los nombres *berrugate* y *berruguete* a lo que llamó una «variedad oscura» de *berrugate*. Dado que ya había descrito la variedad blanca o *berrugate blanco* asociada a *Umbrina cirrosa*, la especie anterior, esta variedad oscura, por eliminación, tenía que ser *Umbrina ronchus*. De ahí que creara una especie nueva, *Perca Berrucaria*, un *nomen nudum* que no conduce a ninguna equivalencia aceptada. Hoy esta especie, que tiene «debajo de la boca una berruga que le caracteriza», se llama en Cádiz *verrugato* —también *verruguete*, en otros puertos de Huelva y Cádiz— (*IA*: 414-415). *Berrugate* es una voz derivada de *verruga* (sufijo *-ato*), del latín *vẽrruca*. Según el *DCECH*, este ictiónimo se origina en un dialecto gascón (bearnés) donde se documenta *bourrugat* «poisson de mer (*Umbrina vulgaris* [hoy *Umbrina cirrosa*])» y de ahí el castellano *berrugate*. Se trata de un ictiónimo creado por sinécdoque (la parte por el todo) que denomina a la especie por la característica verruga submandibular. Isidoro de Sevilla, en sus *Etimologías*, nombra ya a los *verrugatos* (García Cornejo, 2001: 564). La forma *berrugate* se documenta por primera vez en los escritos de Cabrera; como *berruguete*, se cita ya en *Noticia* de 1756 (Pensado, 1982: 201; Barba y Pons, 2003: 408).

Taxonómico

La creación de la especie nueva, *Perca Berrucaria*, tal vez fue debida a la secular dificultad de identificación de las especies de la familia esciénidos que mencionamos en la ficha 137. De ahí también que a *Umbrina ronchus* y a *Sciaena umbra* (136) Cabrera las incluyera inicialmente en el género *Perca*, pese a que en la descripción de este (ficha 101) no mencionaba la verruga submandibular, porque no es una característica del género *Perca*. Con todo, en 1817, *Perca Berrucaria* fue la primera mención científica que se hacía de *Umbrina ronchus*, descrita de manera válida por Valenciennes en 1843, veintiséis años después que Cabrera.

Umbrina ronchus Valenciennes, 1843 - Berrugüete

APORTACIÓN DE CABRERA

LISTA MANUSCRITA

MEMORIA DESCRIPTIVA

«GÉNERO.—*Cepola.*—LINN. Cabeza redondeada, comprimida; la boca hacia arriba; dientes corvos; la membrana branquiostega de seis radios; el cuerpo ensiforme [forma de espada], desnudo [sin escamas]; el vientre casi del mismo tamaño que la cabeza.» (p. 149)

«ESPECIE.—*Cepola Rubescens.*—LINN.—**La Doncella.** Todo su cuerpo es de un hermoso color de carne sonrosado; las mandíbulas agudas.» (p. 149)

LISTA IMPRESA

«GÉNERO II. *La Doncella*, Cepola Rubescens *Lin.*» (p. 177)

«GÉNERO II. *Otra Doncella*, Cepola Tenia *Lin.*» (p. 177)

ESTADO ACTUAL

Cepola macrophthalma (Linnaeus, 1758) — Lámina 139

Clase: Actinopteri, Orden Acanthuriformes, Familia: Cepolidae

Citas en obras anteriores a Cabrera

Taenia (Rondelet, 1558a: 261; L. XI, c. XVI); *Ophidion macrophthalmun* (Linnaeus, 1758: 259); *Cepola taenia* y *Cepola rubescens* (Linnaeus, 1766: 445, edición XII); *Cepola Taenia* y *Cepola Rubeſcens* (Bonnaterre, 1788: 57; pl. 33, fig. 121 y 122)

ANÁLISIS

Etimológico

Cepola Rubescens: {lt. *caepula, ae*} 'cebolla', diminutivo de {lt. *caepa, ae*} 'cebolleta' (*PE*), por la forma de la cabeza, parecida al extremo de la planta homónima comestible (*Allium fistulosum* Linnaeus, 1753), que está engrosado, sin llegar a formar un verdadero bulbo + {lt. *rubescens*}, de {lt. *rubeo*} 'rojo, rojizo' (*PE*), que alude a la llamativa coloración rosácea y anaranjada de este pez.

Cepola Tenia: {lt. *caepula, ae*} v. más arriba + {lt. *tainia*} 'tainía, significa cinta en latín' (Artedi, en Schneider, 1789: 175), en relación con la forma muy comprimida, alargada y flexible, del cuerpo del pez, como una tira de tela, de papel o de otro material, larga y estrecha.

Cepola macrophthalma: {lt. *caepula, ae*} v. más arriba + {gr. *makros, a, on*} 'grande' + {gr. *ophthalmos, ou*} 'ojo' (Sebastián, 1964), por los grandes ojos del pez.

Ictionímico

El ictiónimo *doncella* es de uso frecuente en todo el litoral andaluz, asociado casi exclusivamente a *Coris julis* (141) (*IA*: 505). Pero, además de a esta especie, Cabrera lo recogió para otro lábrido, *Thalassoma pavo* (146) y (141) (*IA*: 505), y para *Cepola macrophthalma*, objeto de esta ficha. Estas tres especies tienen en común formas estilizadas y bellos colores que recuerdan metafóricamente a una joven, como señala Barbier (1915: 303). *Doncella* viene del diminutivo del latín *domna* por *domina* 'señora', donde el latino vulgar *domnicilla* (*DCECH*). Se documenta por primera vez en Andalucía en Löfling (1753), que lo cita asociado a *Taenia*, tal vez un precursor de *Cepola Taenia* de Linneo que utilizó Cabrera en uno de sus escritos. Por otra parte, *doncella* es uno de los dos ictiónimos que olvidó incluir Martín Ferrero (1997) en su transcripción de la Lista manuscrita de Cabrera.

Taxonómico

Siguiendo a sus predecesores Linneo y Bonnaterre, Cabrera consideró que *Cepola Taenia* y *Cepola Rubescens* eran dos especies distintas. Por eso incluyó los dos sinónimos en la Lista impresa. En realidad, se trataba de una única especie: *Cepola macrophthalma*, que fue la que examinó nuestro autor.

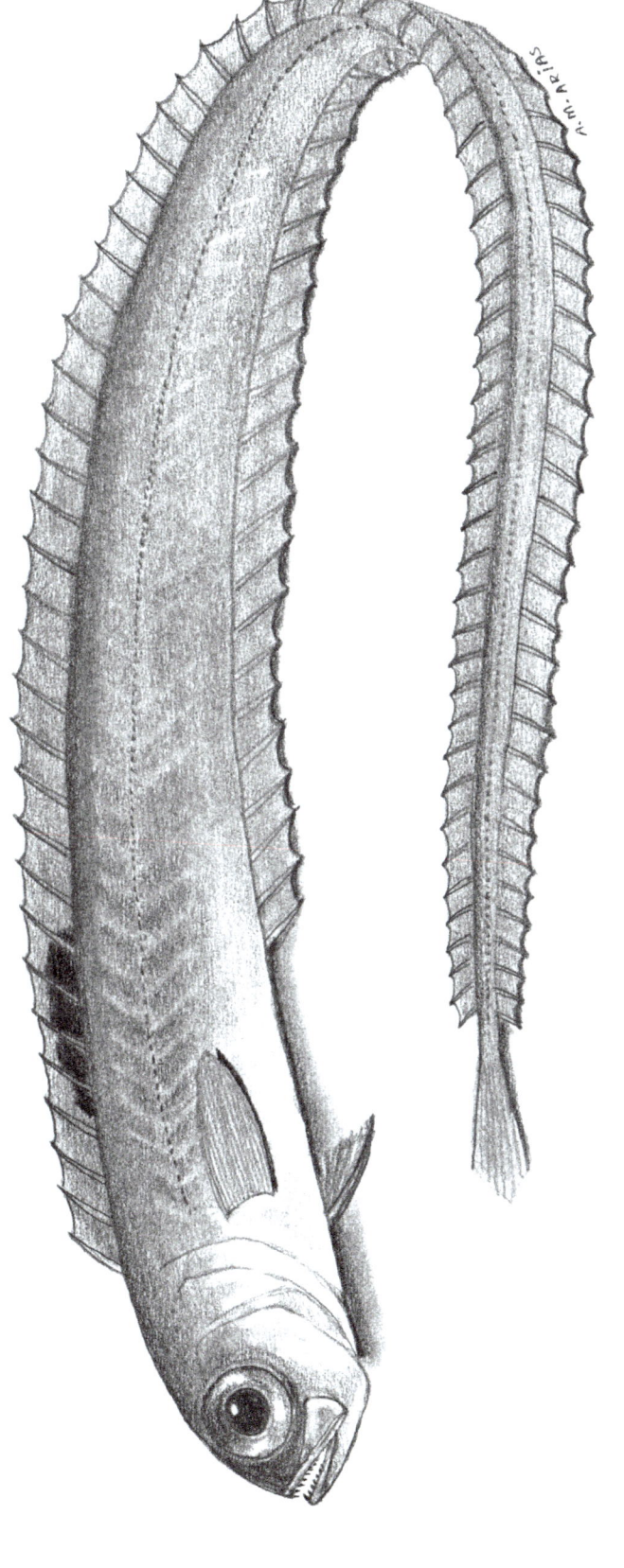

Cepola macrophthalma (Linnaeus, 1758) - Doncella

APORTACIÓN DE CABRERA

LISTA MANUSCRITA

MEMORIA DESCRIPTIVA

«GÉNERO.—*Sparus.*—LINN.» (v. en la ficha 112)

«ESPECIE 8.ª—**El Cromis, el Soldado.**—*Sparus Chromis.*—LINN. Es de color castaño, pequeño y tiene el segundo radio de la aleta ventral terminado en una cerda larga.» (p. 153)

LISTA IMPRESA

«GÉNERO 20. *El Soldado,* Sparus Chromis *Lin.*» (p. 179)

«GÉNERO 23. *La Castañuela,* Perca Fimbriata *Sp. N.*» (p. 181)

ESTADO ACTUAL

Chromis chromis (Linnaeus, 1758) — Lámina 140

Clase: Actinopteri, Orden: Cichliformes, Familia: Pomacentridae

Citas en obras anteriores a Cabrera

Labrus (12.) (Artedi, 1738: 62); *Sparus Chromis* (Linnaeus, 1758: 280); *Sparus Chromis* (Bonnaterre, 1788: 100; pl. 49, fig. 187); *Sparus Chromis* (Linnaeus, en Gmelin, 1789: 1274); *Castañuela* (Medina Conde, 1789: 214)

ANÁLISIS

Etimológico

Sparus Chromis: {gr. *sparos, ou*} y {lt. *sparus*} v. en la ficha 112 + {gr. *kremys*}, nombre de pez en Aristóteles (Gesner, 1560: 50).

Perca Fimbriata: {gr. *perke, es*} 'perca', pez + {lt. *fimbriatus, a, um*} 'con dientes o flecos' (*PE*), relativo, en este caso, a la «cerda larga» con la que termina el «segundo radio de la aleta ventral», como dice Cabrera en su descripción.

Chromis chromis: {gr. *kremys*} v. más arriba.

Ictionímico

En la Memoria descriptiva Cabrera recogió dos nombres para esta especie *soldado y cromis*. Este último está actualmente desaparecido del léxico marinero andaluz —aunque suponemos que podría tratarse de un nombre de uso interno, para entenderse él mismo—. Como en otras especies a las que se denomina *soldado* (*lenguado soldado, Microchirus azevia* (75); *sargo soldado, Diplodus cervinus*...), el origen de este ictiónimo tal vez esté, según apunta Ríos (1977: 425), en que la coloración marrón del pez recuerda a algún uniforme militar. *Soldado* se documenta por primera vez en Andalucía en Löfling (1753). En la Lista impresa incluye además el nombre *castañuela*, uno de los ictiónimos frecuentemente usados en los puertos del Mediterráneo andaluz para la misma especie (*IA*: 631). Se trata de un catalanismo derivado de *castaña* y este del latín *castanĕa* (*DCECH*). Su motivación semántica es metafórica, ya que la silueta del pez y su colorido recuerdan al instrumento musical de percusión llamado *castañuela* (o palillos, en Andalucía). Este ictiónimo lo documenta Medina Conde (1789: 214), asociado a un pez que describe como «pequeño, ancho y de color negro», rasgos que coinciden con los de la especie en cuestión.

Taxonómico

Cabrera determinó y describió escueta pero correctamente *Chromis chromis*, un pez de vistoso colorido marrón oscuro casi negro con reflejos violáceos. En la Lista impresa incluyó una pretendida especie nueva, «Perca Fimbriata *Sp. N.*», pero este nombre científico es un sinónimo aceptado de *Chromis chromis*.

Chromis chromis (Linnaeus, 1758) - Soldado, Castañuela

APORTACIÓN DE CABRERA

LISTA MANUSCRITA

Doncella Gallito del Rey Bodión

MEMORIA DESCRIPTIVA

«GÉNERO.—*Labrus.*—LINN. Dientes agudos; labios sencillos; opérculos escamosos; la branquiostega de seis; la aleta dorsal ramentácea en su extremidad; cuerpo oblongo.» (p. 155)

«ESPECIE 1.ª—**El Bodión.**—*Labrus Julis.*—LINN. Variado de muchas líneas longitudinales de color verde rojo, blanco y amarillo. La cola entera; la cabeza algo prolongada.» (p. 155)

LISTA IMPRESA

«GÉNERO 21. *La Doncella, El Gallito del Rey,* Labrus Julis *Lin.*» (p. 180)

COLECCIÓN INSTITUTO

«38. *Julis julis* (L.). Dice en la etiqueta: *Labrus julii,* n. v. *Gallito del Rey*» (De Buen, 1919: 253)

ESTADO ACTUAL

Coris julis (Linneo, 1758) — Lámina 141

Clase: Actinopteri, Orden: Perciformes, Familia: Labridae

Citas en obras anteriores a Cabrera

Julia (Rondelet, 1558a: 155; L. VI, c. VII); *Julis* (Willoughby, 1686:324; Tab: X.4.1); *Labrus* (1.) (Artedi, 1738: 53); *Labrus Julis* (Linnaeus, 1758: 284); *Labrus Julis* (Bonnaterre, 1788: 108; pl. 52, fig. 199); *Ophidium imberbe* (Cornide, 1788: 7); *Labrus Julis* (Asso, 1801: 39)

ANÁLISIS

Etimológico

Labrus Julis: {lt. *labrum, i*} 'labio', relativo a los labios abultados característicos de las especies de la familia lábridos + {gr. *ioulis, idos*} 'pez de mar de color rojo' (Sebastián, 1964), relativo a las bellas coloraciones de machos y hembras de esta especie, en las que predominan los tonos rojizos y violáceos (Gesner, 1560: 25).

Coris julis: {gr. *kore, es*} 'doncella, virgen, soltera o mujer joven' (Sebastián, 1964), en relación con las formas estilizadas y bellos colores de estos peces, en los que predominan las tonalidades rosáceas, sobre todo en las hembras, colores asociados tradicionalmente a las mujeres y que recuerdan metafóricamente a una mujer joven + {gr. *ioulis, idos*} v. más arriba.

Ictionímico

Cabrera recogió tres de las muchas denominaciones comunes de este pez: *Doncella, Gallito del rey* y *Bodión.* Sobre *doncella,* v. en *Cepola macropthalma* (139). El ictiónimo pluriverbal *gallito del rey* viene a ser un eufemismo de las variantes *carajito de rey, polla del príncipe, pichita de príncipe,* entre otras de las muchas formas empleadas frecuentemente en puertos de Cádiz y Huelva (*IA*: 505-506), que aluden a la forma alargada y colorido rojizo del cuerpo del pez que evocan humorísticamente a cómo sería un falo principesco o regio. Es interesante observar cómo esta metáfora sexual se repite en otras lenguas para esta especie, por ejemplo, *pisa de rei* o *carallete* en gallego (Ríos, 1977: 323); *caraludo* o *pissinha de el rei,* en portugués (Osorio de Castro, 1967: 167), *cazzo di re* en italiano (Cortelazzo, 1968-1970: 383). *Gallito del rey* se documenta por primera vez en Andalucía en los escritos de Cabrera. La voz *bodión* es un hiperónimo de uso común en toda Andalucía para designar a los lábridos, sobre todo cuando el pescador no conoce el nombre específico, hecho que ocurre con cierta frecuencia. Para el *DCECH*, la motivación de *bodión* estaría en *bode* o *bote* 'macho cabrío', porque uno de los hábitos de este pez es estar encaramado sobre las rocas cubiertas de algas, igual que hacen las cabras campestres. *Bodión* se documenta por primera vez en Andalucía en los manuscritos de Löfling (1753).

Taxonómico

Recientemente, mediante análisis morfológico y molecular, Ramírez-Amaro *et al.* (2021) han comprobado que en nuestras aguas existen dos especies del género *Coris*: *Coris melanura* y *Coris julis,* hasta entonces consideradas una sola especie, *Coris julis.* Descrita por Lowe (1839: 85), *Coris melanura* se distribuye por el Atlántico oriental y el Mediterráneo occidental, mientras que *Coris julis* es más propia del Mediterráneo. Cabe, por tanto, la posibilidad de que Cabrera hubiera examinado algún ejemplar de *Coris melanura* en vez de *Coris julis.* Como no es posible comprobarlo, optamos por mantener *Coris julis* como la especie estudiada por el religioso.

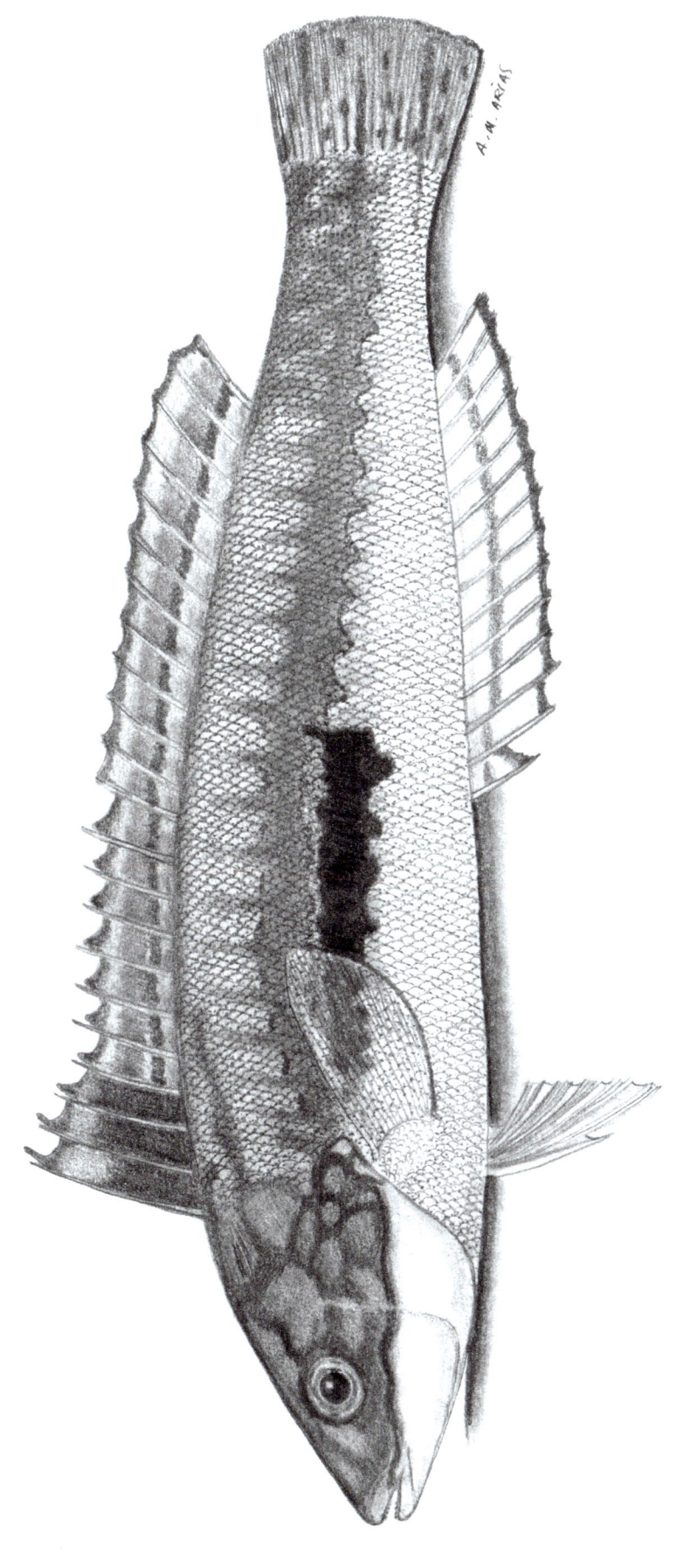

Coris julis (Linneo, 1758) - Doncella, Gallito del Rey, Bodión

APORTACIÓN DE CABRERA

LISTA MANUSCRITA

Bruja Maragata

MEMORIA DESCRIPTIVA
«ADDENDA. **La Bruja.**—*Labrus Pertusus* Sp. N. Es de color oscuro salpicado de manchas longitudinales de color blanquizco; todo el cuerpo se halla taladrado de puntos entre las mismas escamas; el cuerpo más ancho que otros de su género; la cabeza muy prolongada. La cola ahorquillada.» (p. 171)

LISTA IMPRESA
«GÉNERO 21. *La Bruja,* Labrus Pertusus *Lin.*» (p. 180)
«*La Maragata*», en los listados de ictiónimos que no llegó a identificar (p. 187)

ESTADO ACTUAL
Labrus bergylta Ascanius, 1767 — Lámina 142
Clase: Actinopteri, Orden: Perciformes, Familia: Labridae
Citas en obras anteriores a Cabrera
Labrus bergylta (Ascanius, 1775: 3; Tab: I); *Labrus Bergylta* (Bonnaterre, 1788: 115); *Labrus guaza* (Cornide, 1788: 48); *Labrus maculatus* (Bloch, 1792: pt. 2, v. 3: 17; Taf. CCXCIV); *Labrus bergylta* (Lacépède, 1801: v. 6, 254)

ANÁLISIS
Etimológico

Labrus Pertusus: {lt. *labrum, i*} 'labio', v. en la ficha anterior + {lt. *pertusus, a, um*} 'perforado, abierto, calado' (*PE*), en alusión, como dice Cabrera, a «todo el cuerpo [...] taladrado [salpicado, moteado] de puntos entre las mismas escamas», para referirse a uno de los dos patrones de coloración de esta especie, el de los individuos de cuerpo moteado (Villegas-Ríos *et al.*, 2013: 1) conocidos como *pintos*; el otro es el de los individuos de coloración lisa, uniforme, llamados *maragotas*.

Labrus bergylta: {lt. *labrum, i*} 'labio', v. en la ficha anterior + {nor. *berg*} 'roca, acantilado, precipicio' (Whitney, 1889), relativo al hábitat de la especie en sustratos rocosos y acantilados submarinos + {nor. *gylta*} 'cerdita, cerda joven, hembra de jabalí joven' (Whitney, 1889), probablemente en alusión al porte rechoncho de estos peces.

Ictionímico

Cabrera recogió el ictiónimo *bruja* para una supuesta especie nueva que llamó *Labrus Pertusus* (*pertussus*, en Machado, 1857: 24) y el ictiónimo *maragata*, para un pez que no pudo examinar ni determinar. Se puede aventurar que la motivación semántica de *bruja* se deba, en parte y como en otras especies[212], a la dentadura muy desarrollada del pez al que se adscribe, que en este caso podría ser *Labrus bergylta*, según se explica en el análisis taxonómico (v. *vieja*, ficha 113). Por su parte, *maragata* sería una variante de *maragota*, una denominación para los lábridos en el noroeste peninsular[213], desde donde se ha difundido hasta el sur y que en Cádiz designa al lábrido *Labrus bergylta* (*IA*: 495). Este ictiónimo fue escuchado por Cabrera en su momento, pero no supo asociarlo con esta especie y creyó no haberla examinado. Posiblemente, *maragota* sea un lusismo que pasa al castellano desde el gallego. Barriuso (1986: 214) observa la posibilidad de que devenga del portugués *maracotao* 'melocotón', del latín *malum cotonium* 'melocotón', fruto de color amarillo con manchitas encarnadas (*DLE*) como en ocasiones se muestra la piel de *Labrus bergylta*. El *DCECH* apostilla que *maragota* habría llegado al gallego por el alto aragonés *maragaton* y *maracaton*, aventurando una influencia del colorido traje de las maragatas, mujeres de la comarca española de La Magaratería, en la provincia de León; teoría poco probable ya que no se trata de una especie muy conocida tierra adentro. Martins Esteves (2018: 89) apoya la idea de una forma céltica *mārā kottā* 'cabeza grande o picadura' como posible étimo, pero no parece muy convincente, desde nuestro punto de vista. Finalmente, Rubio (2003) propone que *maragato* procede del antiguo comercio de pescado desde Galicia (el *mar*) hasta Madrid (cuyos habitantes nacidos allí son conocidos con el apodo de *gatos*). Queda por saber si *Labrus bergylta* era una de las especies transportadas.

Taxonómico

En la Addenda de la Memoria descriptiva, Cabrera anota como especie nueva a *Labrus Pertusus*, un posible lábrido de cabeza muy prolongada. Pero esta especie ya había sido descrita e ilustrada por Ascanius (1775, 3; tabla I), por lo que no cabía considerarla como nueva. Asimismo, Cabrera ya había mencionado también, con la cabeza aguzada, a *Labrus Scina* (hoy *Symphodus rostratus*), que es de color oscuro con manchas longitudinales blancas, pero no tiene el cuerpo más ancho que otros ni la cola ahorquillada. Por tanto, *Labrus Pertusus* no podría haber sido una duplicidad errónea de Cabrera con *Labrus Scina*. En la Lista impresa, en lo que podría ser un error de transcripción, atribuyó *Labrus Pertusus* a Linneo, pero este no incluyó ninguna especie con esa denominación. Dentro del género *Labrus* el sueco incluyó especies de cola ahorquillada («*Cauda bifurca*»), como *Labrus Scarus* y *Labrus cretenſis*, que hoy pertenecen a la familia Scaridae. La primera no conduce a ninguna equivalencia válida actual. La segunda nos lleva a *Sparisoma cretense*, sin cola ahorquillada. Por otra parte, en Fricke *et al.* (2023) se dice que *Labrus pertusus* es sinónimo de *Scymnodon ringens*, descrito por Barbosa du Bocage & de Brito Capello (1864: 263), un tiburón de aguas profundas llamado *bruja* en Galicia y en *fishbase* y «Tiburón bruja - *Scymnodon* spp.» en el listado de *Denominaciones comerciales de especies pesqueras y de acuicultura admitidas en España* (*BOE*, 2023). Creemos razonable descartar que esta especie fuera la que examinó Cabrera con el nombre de *Labrus Pertusus*, porque el religioso habría señalado de alguna forma que se trataba de un escualo. Sin embargo, dado que *Scymnodon ringens*, en inglés *knifetooth dog fish* (pez perro de dientes de cuchillo), posee unos grandes dientes triangulares muy puntiagudos a los que debe el nombre de *bruja*, pensamos que Cabrera llamó *bruja* a un lábrido con grandes caninos. En la descripción de *Labrus Pertusus*, todos los rasgos aportados por Cabrera, salvo el de la cola ahorquillada, coinciden con *Labrus bergylta*, que además tiene dientes caninos muy desarrollados y podría encajar en la denominación *bruja*, por lo que creemos que muy probablemente esta fue la especie que examinó.

---

212   *Scymnodon ringens, Lepidorhombus whiffiagonis.*
213   Véase *LMP*, mapas 562-563 y mapas 565-567; Ríos (1977: 328-329), para Galicia; y Barriuso (1986: 214), para Asturias.

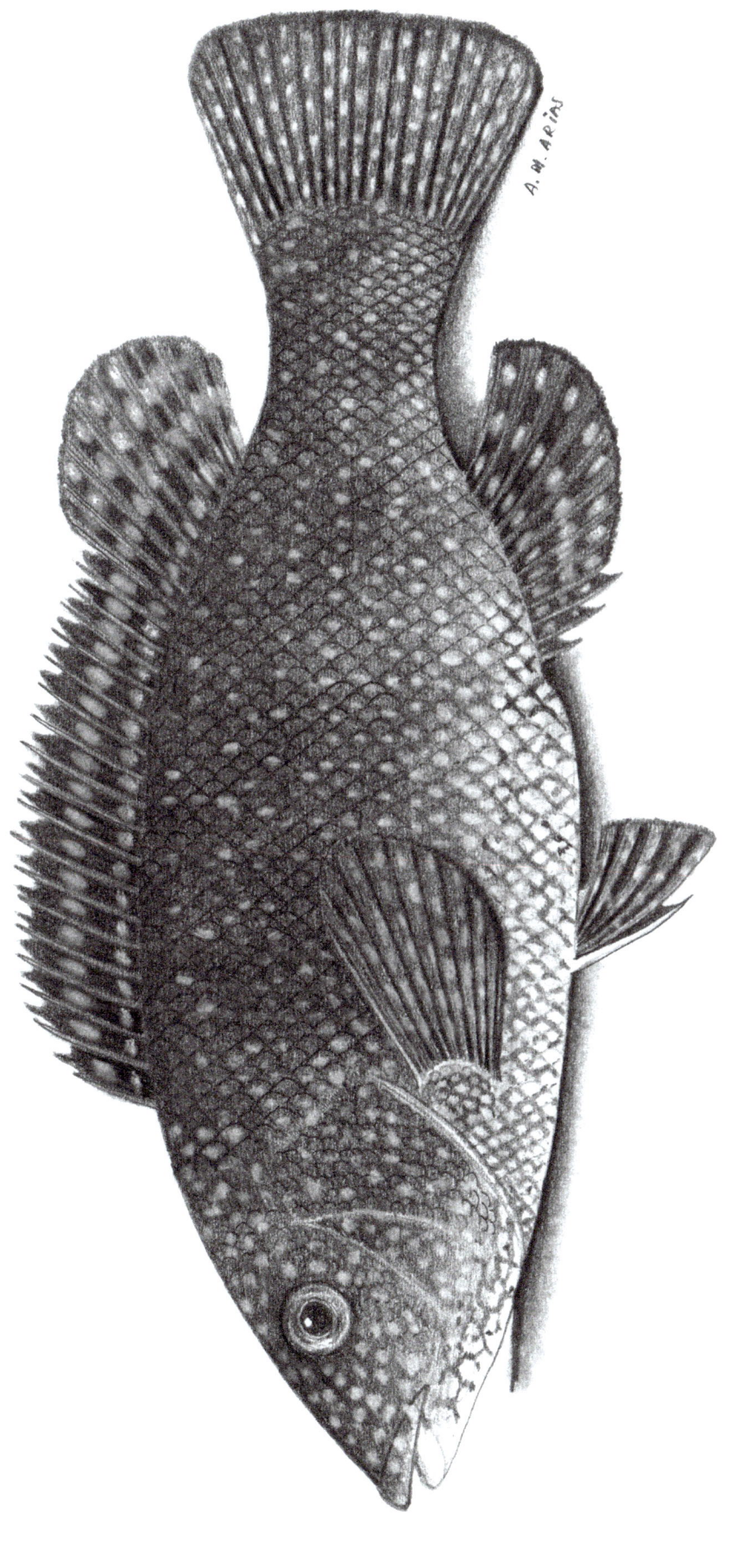

Labrus bergylta Ascanius, 1767 - Bruja, Maragata

APORTACIÓN DE CABRERA

LISTA MANUSCRITA

MEMORIA DESCRIPTIVA

«Género.—*Labrus*.—Linn.» (v. en la ficha 141)

«Especie 3.ª—**Bodion verde**.—*Labrus viridis*.—Linn. Todo es de color verde. Alguna vez varía con una línea longitudinal blanca ó amarilla. La cola entera.» (p. 156)

LISTA IMPRESA

«Género 21. *El Bodion verde*, Labrus Viridis *Lin*.» (p. 180)

«Género 21. *El Loro*, Labrus Psitacus *Lin*.» (p. 180)

ESTADO ACTUAL

Labrus viridis Linnaeus, 1758 — Lámina 143

Clase: Actinopteri, Orden: Perciformes, Familia: Labridae

Citas en obras anteriores a Cabrera

Turdus viridis major (Willoughby, 1686: 322; Tab: X.2); *Labrus* (11.) (Artedi, 1738: 57); *Labrus viridis* (Linnaeus, 1758: 286); *Labrus Viridis* (Bonnaterre, 1788: 114); *Labrus viridis* (Linnaeus, en Gmelin, 1789: 1290); *Labrus psittacus* (Lacépède, 1801: 239, t. 6)

ANÁLISIS

Etimológico

Labrus Psitacus: {lt. *labrum, i*} 'labio', v. en la ficha 141 + {gr. *psittakos, ou*} 'loro, papagayo' (Sebastián, 1964), relativo a la coloración del pez, similar a la que es predominante en el ave homónima típica.

Labrus viridis: {lt. *labrum, i*} 'labio', v. en la ficha 141 + {lt. *viridis, is*} 'verde, verdoso' (*PE*), que señala la coloración del pez.

Ictionímico

Bodión verde alude a mencionada coloración verde de la descripción. *Loro* (no incluido en la Lista manuscrita) se asocia metafóricamente a las aves psitaciformes del mismo nombre. Estas aves se caracterizan por los vivos colores de su plumaje, entre ellos el verde. Estos dos ictiónimos se documentan por primera vez en Andalucía en los escritos de Cabrera.

Taxonómico

Cabrera examinó y clasificó sin duda algún ejemplar de *Labrus viridis*, una especie fácil de reconocer entre los lábridos por su llamativa coloración verde uniforme por todo el cuerpo y con una banda longitudinal clara en medio de los flancos. En la Lista impresa, sin embargo, añadió lo que creía era una especie más del género *Labrus*, «*El Loro, Labrus Psitacus*», que tomó del *Labrus psittacus* de Lacépède (1801: 239), pero hoy sabemos que es un sinónimo del *Labrus viridis* de Linneo.

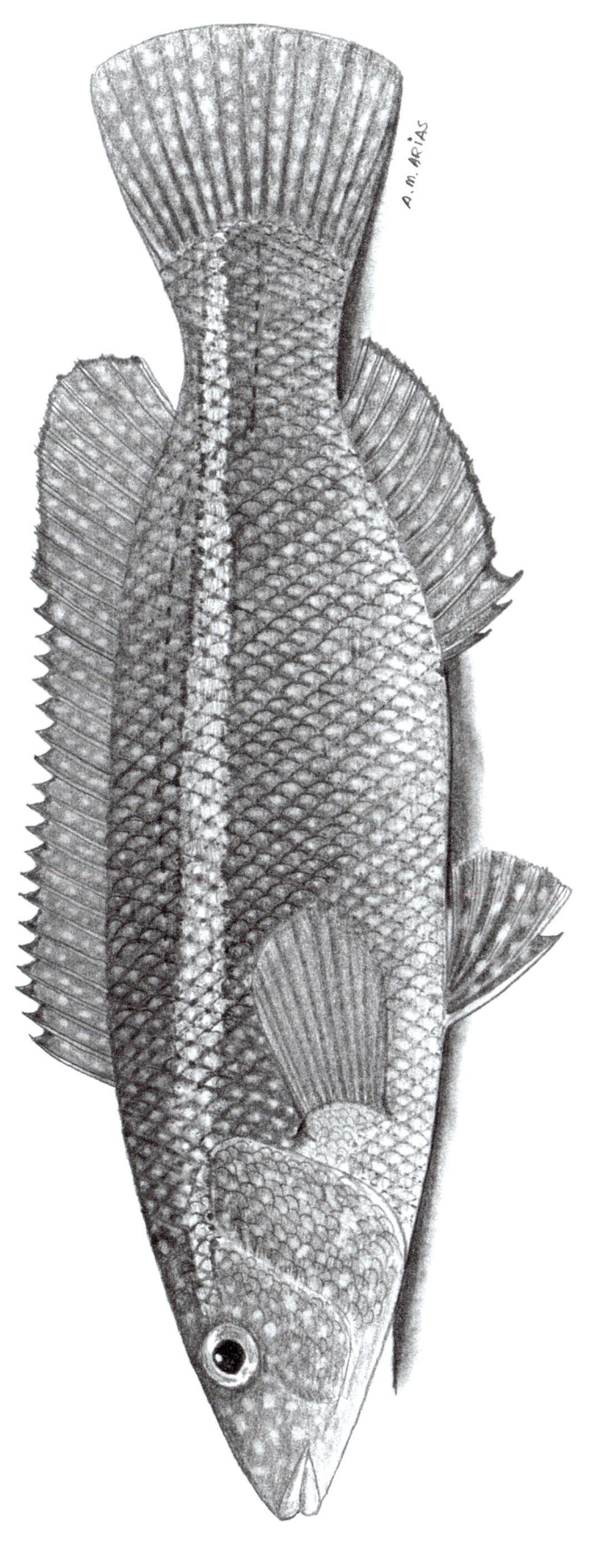

Labrus viridis Linnaeus, 1758 - Bodion verde

(Dibujo basado en una fotografía de A. Kheloufi, en ecuador.inaturalist.org)

APORTACIÓN DE CABRERA

LISTA MANUSCRITA

MEMORIA DESCRIPTIVA
«GÉNERO.—*Labrus.*—LINN.» (v. en la ficha 141)
«ESPECIE 2.ª—**El Bodion**, (otro).—*Labrus Fuscus.*—LINN. De color oscuro; el vientre blanquecino. Se observa alguna vez puntea-do de manchas menudas blanquiscas. La cola entera.» (p. 155)
LISTA IMPRESA
«GÉNERO 21. *El Bodion,* Labrus Fuscus *Lin.*» (p. 180)
«GÉNERO 23. *La Vaqueta,* Perca Mediterranea *Lin.*» (p. 180)

ESTADO ACTUAL
Symphodus mediterraneus (Linnaeus, 1758) — Lámina 144
Clase: Actinopteri, Orden: Perciformes, Familia: Labridae

Citas en obras anteriores a Cabrera
Perca mediterranea (Linnaeus, 1758: 291) (en Parenti & Randal, 2000: 41); *Labrus Serpentinus* (Bonnaterre, 1788: 117) (en Parenti & Ran-dal, 2000: 41); *Labrus Caeruleovittatus* (Bonnaterre, 1788: 117) (en Parenti & Randal, 2000: 41); *Labrus fuſcus* (Linnaeus, en Gmelin, 1789: 1295); *Perca mediterranea* (Linnaeus, en Gmelin, 1789: 1314)

ANÁLISIS
Etimológico
Labrus Fuscus: {lt. *labrum, i*} 'labio', v. en la ficha 141 + {lt. *fuscus, a, um*}, 'negro, negruzco, sombrío' (*PE*), en relación con una de las muchas tonalidades de coloración que pueden adoptar estos peces según el sexo, el ciclo sexual, el tipo de fondo y la profundidad a la que se encuentren.
Perca Mediterranea: {gr. *perke, es*} 'perca', pez + {lt. *mediterraneus, a, um*}, en relación al área de su distribución geográfica donde su pre-sencia es más abundante.
Symphodus mediterraneus: {gr. *syn*} 'agrupamiento, conjunto' + {gr. *phyo*} 'crecer' + {gr. *odous, odontos*} 'diente' (Hichem Kara *et al.*, 2009: 276), que vendría a señalar que los dientes le crecen en filas muy juntas + {lt. *mediterraneus, a, um*} v. más arriba.

Ictionímico
Los lábridos son conocidos con el nombre genérico de *bodiones*. Como ya hizo Cabrera con *Coris julis* (141), aquí también empleó *bodión*, pero con un añadido entre paréntesis: el adjetivo «(otro)» [«El Bodion, (otro)»], es decir, uno distinto al que ya había descrito o uno más de los muchos que había visto (hasta nueve especies de esta familia cita en sus escritos). Sobre la voz *bodión*, v. en la ficha 141. También recogió el ictiónimo *vaqueta* (escrito *Baqueta* en la Lista manuscrita) para una equivalencia científica (*Perca Mediterranea*) que creyó una especie distin-ta, pero, como indicamos más abajo, se trataba de la misma especie. *Vaqueta* tiene en esta ocasión una motivación semántica desconocida. *Baqueta* se documenta en Andalucía en Medina Conde (1789: 210), donde se asocia a un «pez mucho mayor que la sardina, listado y encarna-do y azul: se cría entre las piedras», que podría ser un bodión o un serránido menor. *Vaqueta* lo documenta Cabrera en sus escritos.

Taxonómico
Las dificultades para ubicar esta especie son patentes en la bibliografía histórica desde la época de Linneo, pues este y otros autores pos-teriores han considerado que se trataba de dos especies: *Labrus fuscus* y *Perca Mediterranea* (o *Labrus Serpentinus* y *Labrus Caeruleovittatus*, según Bonnaterre). Cabrera tendría también las mismas dificultades o más, dada la escasez de fuentes bibliográficas con las que contaba. La revisión de los lábridos de Parenti & Randall (2000) concluye que todos estos nombres son sinónimos de *Symphodus mediterraneus*, que es la especie que debió examinar Cabrera, aunque creyera que *Labrus fuscus* era una cosa y *Perca Mediterranea* otra. Así, en sus apuntes de la Me-moria descriptiva, siguiendo a Linneo en Gmelin, que describe a *Labrus fuscus* como «corpore fuſco, lineis maculisque caeruleis» [cuerpo os-curo, jaspeado de líneas de manchitas azuladas], hizo una descripción poco precisa de esta especie, y, como el sueco, no mencionó las llama-tivas manchas negras de la base de las aletas pectorales y del pedúnculo caudal que caracterizan a este pez. Después, sin descripción ni ningún otro dato, en la Lista impresa incluyó a *Perca Mediterranea* como una especie distinta en otro grupo de peces fuera de los lábridos, de la que sí conocía su nombre: *Vaqueta*, o *Baqueta*. Como en otras especies, no sabemos de dónde procede este conocimiento de la existencia de *Per-ca Mediterranea* ni tampoco si fue el propio Cabrera quién lo aportó.

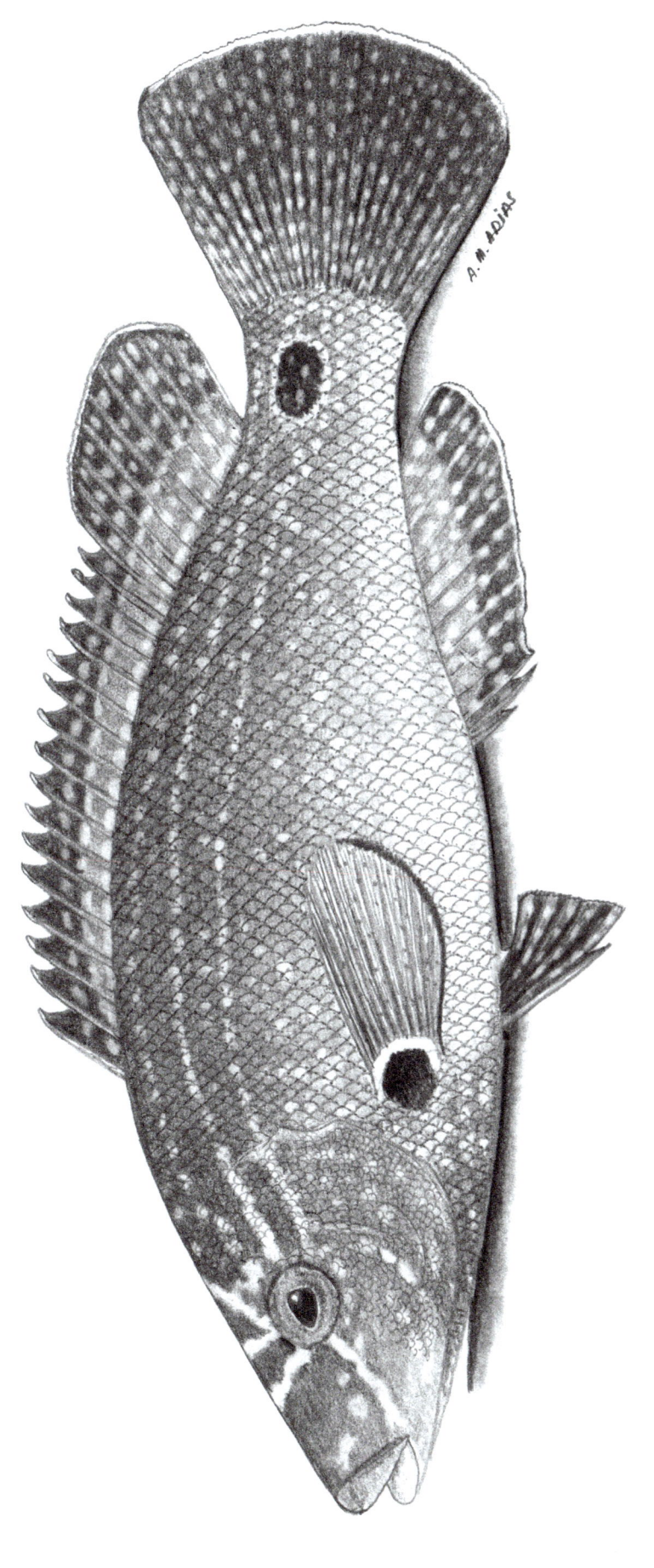

Symphodus mediterraneus (Linnaeus, 1758) - Bodion, Baqueta

(Dibujo basado en una fotografía de J.Atero, en pecesmediterraneo.com)

LÁMINA 144

APORTACIÓN DE CABRERA

LISTA MANUSCRITA

MEMORIA DESCRIPTIVA

«GÉNERO.—*Labrus.*—LINN.» (v. en la ficha 141)

«ADDENDA. **El Mata-Soldado.**—*Labrus Scina.* Es de un color oscuro; la aleta de la cola manchada con pintas negras y lo mismo la anal; la dorsal continuada; negro enteramente, el primer radio de las pectorales es espinoso.» (p. 170)

LISTA IMPRESA

«GÉNERO 21. *El Mata Soldados,* Labrus Scina *Lin.*» (p. 180)

ESTADO ACTUAL

Symphodus rostratus (Bloch, 1791) — Lámina 145

Clase: Actinopteri, Orden: Perciformes, Familia: Labridae

Citas en obras anteriores a Cabrera

Labrus scina (Forsskal, 1775, en Niebuhr, 1775: 36); *Labrus Scina* (Linnaeus, en Gmelin, 1789: 1292); *Labrus Scina* (Bonnaterre, 1788: 114); *Lutjanus rofiratus* (Bloch, 1791: 7; Atlas 3, 1785-1795: Pl. CCXLIV, fig. 2); *Lutjanus lamarckii* N. (Risso, 1810: 281; pl. IX, fig. 29)

ANÁLISIS

Etimológico

Labrus Scina: {lt. *labrum, i*} 'labio', v. en la ficha 141 + {*Scina*} un sinónimo de *Sciaena* (Artedi, en Schneider, 1789: 101), del {gr. *skia, as*} 'sombra', (Sebastián, 1964), relativo al color oscuro que menciona Cabrera.

Symphodus rostratus: {gr. *syn*} + {gr. *phyo*} + {gr. *odous, odontos*} v. en la ficha anterior + {lt. *rostratus*} de {lt. *rostrum, i*} 'pico, hocico, morro' (*PE*), para señalar la cabeza larga y picuda del pez.

Ictionímico

El ictiónimo *mata-soldados*, que Cabrera escribe con guion y sin él, y en plural o en singular, tiene una motivación semántica desconocida para nosotros. Es un nombre común que con sentido ictionímico se documenta por primera vez en Andalucía en los escritos de nuestro autor.

Taxonómico

Como es típico de los lábridos, la coloración de las distintas especies es muy variable, tanto entre ellas como dentro de la misma especie. Es lo que sucede en la que ahora nos ocupa, que no solo es de un color oscuro, sino que puede ser verde, marrón, amarillento, rojizo..., siempre salpicado de pintas claras u oscuras, generalmente muchas agrupadas en dos líneas longitudinales en los costados desde la cabeza a la cola. Llama la atención que ni Cabrera ni Linneo, al que seguía, mencionen en sus descripciones el rasgo más característico de esta especie: su cabeza aguzada, con el perfil dorsal cóncavo. Cabrera la determinó como *Labrus Scina*, un sinónimo válido de *Symphodus rostratus*, que nos lleva a que esta fue la especie que examinó.

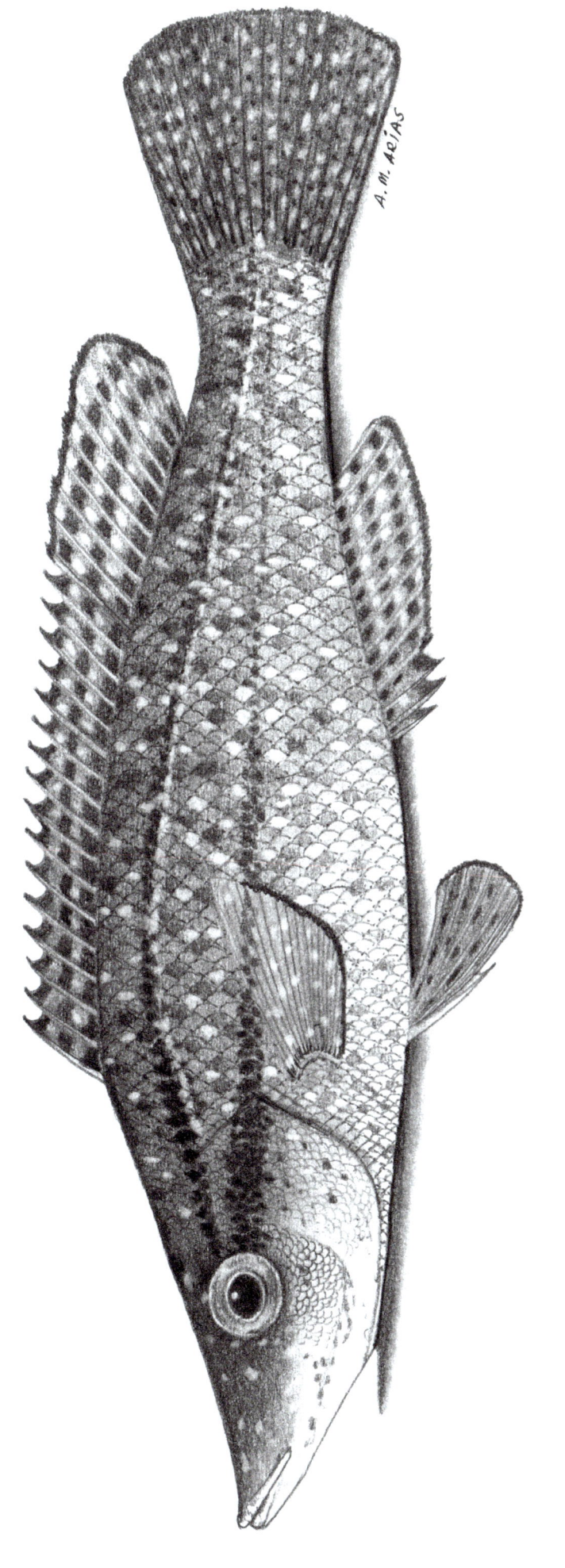

Symphodus rostratus (Bloch, 1791) - Matasoldados

(Dibujo basado en una fotografía de R. Stuart-Smith, en reeflifesurvey.com)

LÁMINA 145

APORTACIÓN DE CABRERA

LISTA MANUSCRITA

Doncella Gallito del Rey

MEMORIA DESCRIPTIVA

«GÉNERO.—*Labrus*.—LINN.» (v. en la ficha 180)

«ESPECIE 4.ª—**La Doncella ó Gallito del Rey.**—*Labrus Pavo*.—LINN. Variado de verde, cerúleo, rojo y amarillo; es hermosísimo; su cola entera; su aleta dorsal ramentácea; su cuerpo largo y oblongo.» (p.156)

ESTADO ACTUAL

Thalassoma pavo (Linnaeus, 1758) — Lámina 146

Clase: Actinopteri, Orden: Perciformes, Familia: Labridae

Citas en obras anteriores a Cabrera

Turdus, *Pavo* (Willoughby, 1686: 322; Tab: X.3); *Labrus* (6.) (Artedi, 1738: 55); *Labrus Pavo* (Linnaeus, 1758: 283); *Labrus Pavo* (Bonnaterre, 1788: 111); *Labrus Pavo* (Linnaeus, en Gmelin, 1789: 1286)

ANÁLISIS

Etimológico

Labrus Pavo: {lt. *labrum, i*} 'labio', v. en la ficha 141 + {*pavo*} epíteto basado en la amplia variedad de colores, brillos y reflejos de las escamas del pez, que abarca todos los colores del arco iris (Lacépède, 1802: VI, 215), como ocurre con la policrómica cola de los machos del pavo real común (*Pavo cristatus* Linnaeus, 1758).

Thalassoma pavo: {gr. *thalassa, es*} 'el mar, agua de mar' + {gr. *soma, atos*} 'cuerpo' (D'Orbigny, 1841), tal vez para aludir a la bella coloración del pez, que recuerda a las variadas tonalidades de azules y verdes del agua del mar, como indica Hasselquists (1757: 345), discípulo de Linneo, en su detallada descripción + v. más arriba.

Ictionímico

Cabrera denominó a esta especie con los mismos nombres que a *Coris julis* (141), *doncella* y *gallito del Rey*, tal vez por el patrón de coloración de su librea con tantas tonalidades similares, o porque no recogió ningún nombre específico o no lo tenía aún en aquella época. En este último sentido, estos dos nombres comunes no los encontramos en la bibliografía andaluza asociados a *Labrus Pavo* y en el *BOE* de 2023 consta que esta especie no tiene ningún nombre comercial en Andalucía. En Cataluña sí se denomina *doncella* (*donzella*), además de *senyoreta* y *fadri* (Veny, 2022: 119), entre otros. La motivación semántica de *doncella* y *gallito del Rey* se explica en la ficha 141.

Taxonómico

Es posible que Cabrera tuviera dudas sobre la determinación de esta especie. Aunque la descripción concuerda en todos sus detalles con las características morfológicas de *Labrus Pavo*, especie a la que llega siguiendo a Linneo, también podrían encajar con las de *Coris julis*, la *doncella*. Es posible asimismo que a esta inseguridad se debiera el hecho de que *Labrus Pavo* no la incluyera en la Lista impresa. Pese a todo, dado que *Labrus Pavo* es un sinónimo válido de *Thalassoma pavo*, consideraremos que esta fue la especie que examinó Cabrera.

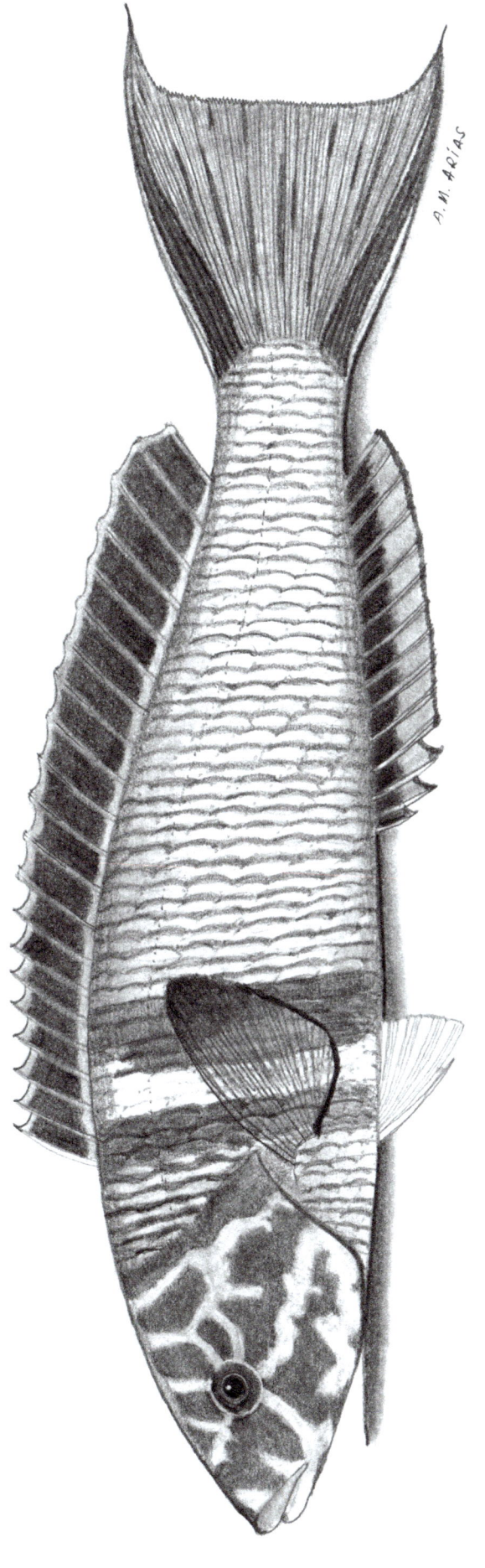

Thalassoma pavo (Linnaeus, 1758) - Doncella, Gallito del Rey

APORTACIÓN DE CABRERA

LISTA MANUSCRITA

MEMORIA DESCRIPTIVA

«ADDENDA. ESPECIE.—**El Pez Araña.**—*Trachinus Draco.*—LINN. La mandíbula inferior más larga; el dorso oscuro; el vientre blanco, con ciertas líneas oscuras y azuladas en la cabeza; los radios de la primera aleta dorsal rígidos espinosos, cuyas picaduras son venenosas.» (p. 170)

LISTA IMPRESA

«GÉNERO 8. *La Araña*, Trachinus Draco *Lin*.» (p. 176)

LISTA DE BLOCH

«GÉNERO 10. *La Araña*, Trachinus Draco   »   » (p. 188)

COLECCIÓN INSTITUTO

«49. *Trachinus draco* L.» (De Buen, 1919: 253)

ESTADO ACTUAL

Trachinus draco Linnaeus, 1758 — Lámina 147

Clase: Actinopteri, Orden: Perciformes, Familia: Trachinidae

Citas en obras anteriores a Cabrera

Draco marinus (Rondelet, 1558*a*: 238; L. X, c. X); *Draco marinus* (Willoughby, 1686: 288; Tab: S.10.1); *Trachinus* (1.) (Artedi, 1738: 70); *Araña, Trachinus Draco* (Löfling, 1753); *Trachinus Draco* (Linnaeus, 1758: 250); *Trachinus Draco* (Bloch, 1782: 132; Taf. LXI); *Trachinus Draco* (Bonnaterre, 1788: 45; pl. 28, fig. 98); *Trachinus Draco* (Linnaeus, en Gmelin, 1789: 1157); *Araña* (Medina Conde, 1789: 208); *Trachinus Draco* (Asso, 1801: 30)

ANÁLISIS

Etimológico

Trachinus draco: {gr. *trachys, eia, y*} 'áspero, duro, rudo' (Cuvier et Valenciennes, 1833: IX, 7), en relación con las espinas venenosas de la primera aleta dorsal del pez + {gr. *drakon, ontos*} 'dragón, serpiente' (Gesner, 1560: 84), en alusión a la belleza, colorido, fuerza y agresividad de este pez, que recuerdan a un dragón.

Ictionímico

Desde la Antigüedad se denomina *arañas* a estos peces por su identificación metafórica con el arácnido del mismo nombre. Esto se debe a las dolorosas heridas, semejantes a las picaduras de las arañas terrestres, que esta especie provoca con los aguijones venenosos de la cabeza y con los radios espinosos de la primera aleta dorsal. El origen etimológico de la voz *araña* es la forma latina *aranĕa*. El ictiónimo *araña* se documenta por primera vez en Andalucía en Löfling (1753).

Taxonómico

En este caso, toda la información aportada por Cabrera es válida y conduce a que la especie examinada fue *Trachinus draco*.

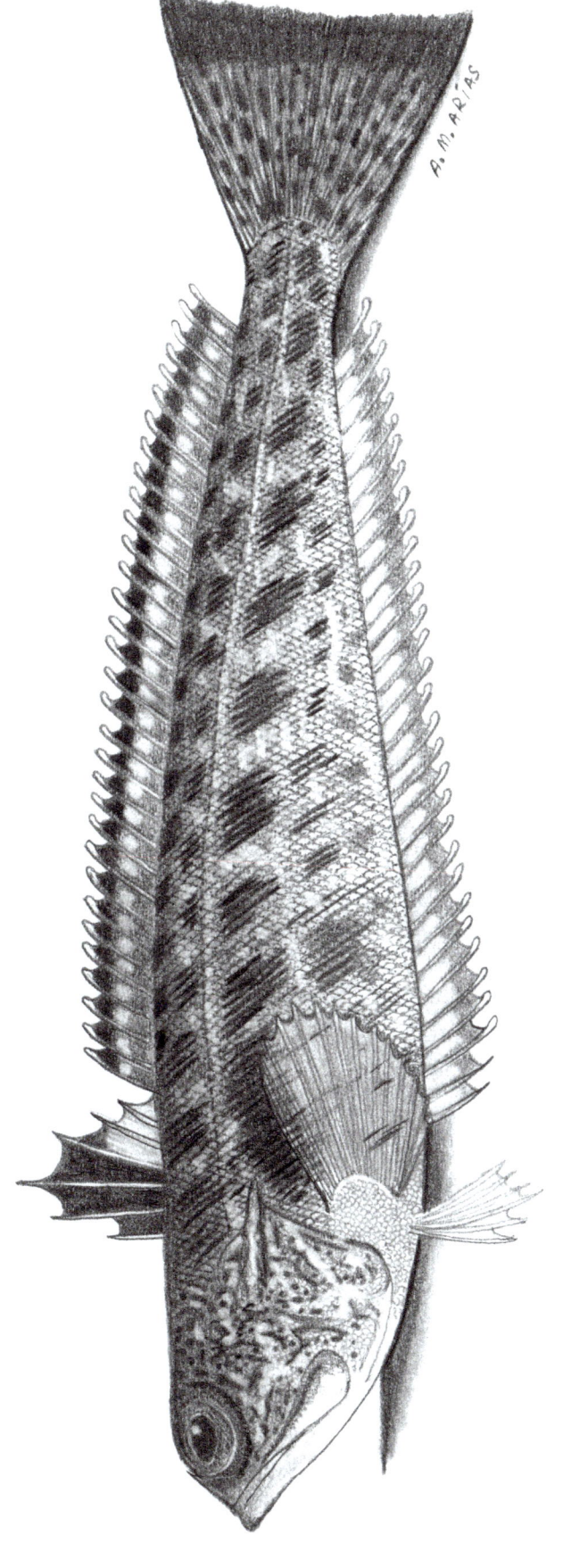

Trachinus draco Linnaeus, 1758 - Araña

APORTACIÓN DE CABRERA

LISTA MANUSCRITA

MEMORIA DESCRIPTIVA

«GÉNERO.—*Uranoscopus.*—LINN. Cabeza grande, áspera, deprimida, con la boca hacia arriba; la membrana branquiostega, de seis radios papiloso-dentada, opérculos ciliados membranáceos; el ano en medio del cuerpo.» (p. 147)

«ESPECIE.—**La Rata.**—*Uranoscopus Scaber.*—LINN. El dorso leve; cabeza grande de cuatro lados, llena de asperezas, espinas y aguijones.» (p. 148)

LISTA IMPRESA

«GÉNERO 6. *La Rata,* Uranoscopus Scaber *Lin.*» (p. 176)

LISTA DE BLOCH

«GÉNERO 8. *La Rata,* Uranoscopus Scaber» (p. 188)

COLECCIÓN INSTITUTO

«50. *Uranoscopus scaber* L.» (De Buen, 1919: 253)

ESTADO ACTUAL

Uranoscopus scaber Linnaeus, 1758 — Lámina 148

Clase: Actinopteri, Orden: Perciformes, Familia: Uranoscopidae

Citas en obras anteriores a Cabrera

Tapecon, rapecon (Rondelet, 1558a: 242; L. X, c. XII); *Callyonimus vel uranoscopus* (Willoughby, 1686: 287; Tab: S.9); *Trachinus* (2.) (Artedi, 1738: 71); *Sopajon, Trachinus uranoscopus* (Löfling, 1753); *Uranoscopus fcaber* (Linnaeus, 1758: 250); *Uranoscopus Scaber* (Bloch, 1782: 120; Taf. CLXIII); *Uranoscopus Scaber* (Bonnaterre, 1788: 45; pl. 27, fig. 97); *Uranoscopus fcaber* (Linnaeus, en Gmelin, 1789: 1156); *Rata* (Medina Conde, 1789: 253); *Uranoscopus Scaber* (Asso, 1801: 30)

ANÁLISIS

Etimológico

Uranoscopus scaber: {gr. *ouranos, ou*} 'el cielo, bóveda celestial' + {gr. *skopein*} 'ver, mirar' (Sebastián, 1864), que viene a indicar que el pez solo mira para arriba porque tiene los ojos encima de la cabeza + {lt. *scaber, bra, brum*} 'áspero, rudo al tacto, erizado' (*PE*), en referencia a las gruesas y peligrosas espinas del opérculo y de la primera aleta dorsal.

Ictionímico

El nombre *rata* que recoge Cabrera pervive en Andalucía asociado a varias especies: *Uranoscopus scaber, Chimaera monstrosa* (170), *Coelorinchus caelorhincus* (Risso, 1810), *Dasyatis pastinaca* (30) y *Milyobatis aquila* (32). En la primera especie, el ictiónimo *rata* está motivado metafóricamente por la similitud del cuerpo de forma globosa con el de los roedores homónimos y la semejanza de sus espinas venenosas con las peligrosas mordeduras del pequeño mamífero. En las otras cuatro especies, la identificación de la especie marina y la terrestre se basa en el parecido entre su aleta caudal transformada en un largo rabo y la cola de las ratas de tierra. Por la descripción del religioso, no hay duda de que se refería a *Uranoscopus scaber*. *Rata* se documenta por primera vez en Medina Conde (1789: 253).

Taxonómico

Toda la información aportada por Cabrera (descripción, nombre vulgar, nombre científico) es válida y conduce a que la especie examinada fue *Uranoscopus scaber*. De Buen (1919: 253) lo confirmó al determinar un ejemplar de esta especie en la Colección del Instituto de Cádiz.

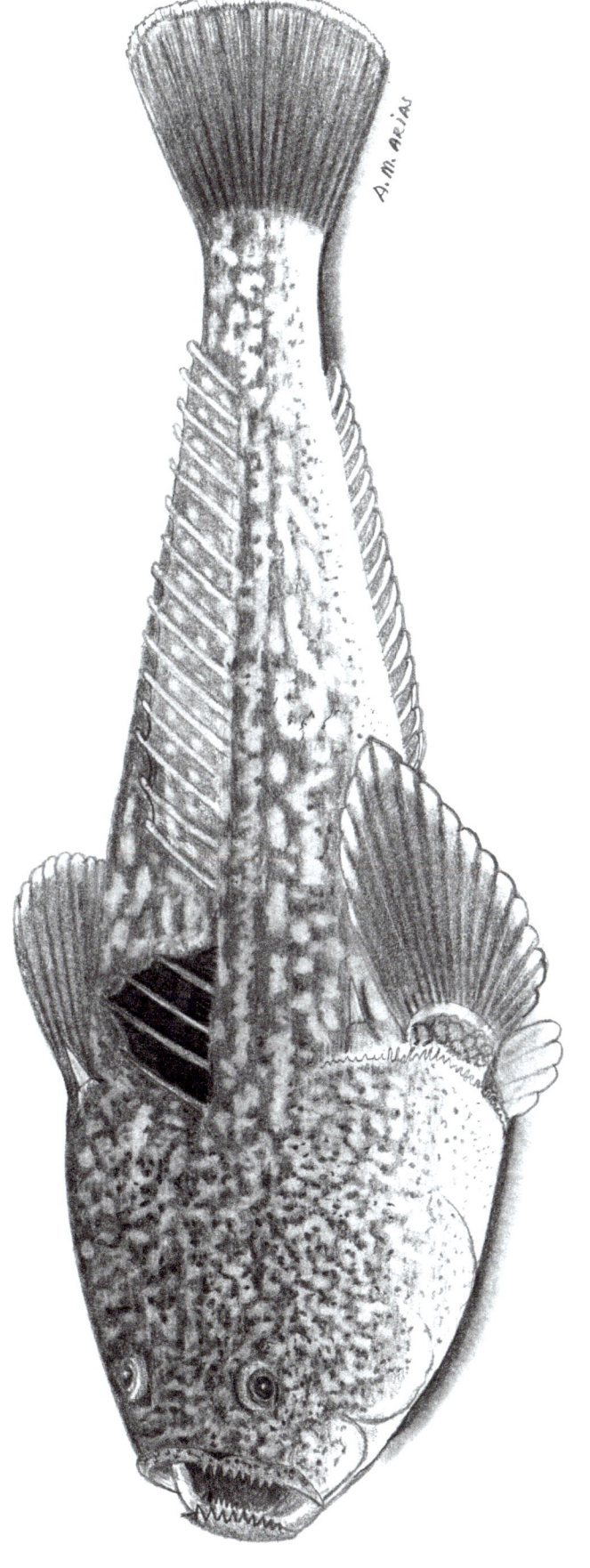

Uranoscopus scaber Linnaeus, 1758 - Rata

LÁMINA 148

APORTACIÓN DE CABRERA

LISTA MANUSCRITA

MEMORIA DESCRIPTIVA

«GÉNERO.—*Scorpena*.—LINN. Cabeza grande, obtusa, desnuda, llena de espinas y aguijones; dientes en las mandíbulas, paladar y fauces, cuerpo toroso; la aleta dorsal, única, larga, con los rayos anteriores espinosos.» (p.150)

«ESPECIE 1.ª—**La Gallineta**.—*Scorpena Porcus*.—LINN. Ojos muy grandes, el opérculo con tres espinas; la aleta dorsal larga, cuyos radios primeros rematan en púas corvas.» (p.150)

LISTA IMPRESA

«GÉNERO 15. *Gallineta*, Scorpena Porcus *Lin*.» (p.177)

COLECCIÓN INSTITUTO

«42. *Scorpaena porcus* L. Da el nombre vulgar de *Rascacio*» (De Buen, 1919: 253)

ESTADO ACTUAL

Scorpaena porcus Linnaeus, 1758 — Lámina 149

Clase: Actinopteri, Orden: Perciformes, Familia: Scorpaenidae

Citas en obras anteriores a Cabrera

Raffcafe, *Scorpeno* (Rondelet, 1558a: 169); *Scorpius minor* (Willoughby, 1686: 331; Tab: X.13); *Scorpaena* (1.) (Artedi, 1738: 75); *Racazio*, *Scorpius minor* (Löfling, 1753); *Scorpaena Porcus* (Linnaeus, 1758: 266); *Scorpaena Porcus* (Bonnaterre, 1788: 69; pl.38, fig.151); *Scorpaena cirris* (Cornide, 1788: 27); *Scorpaena Porcus* (Linnaeus, en Gmelin, 1789: 1214); *Rascasio* (Medina Conde, 1789: 258); *Rascasa*, *Scorpaena Porcus* (Asso, 1801: 32)

ANÁLISIS

Etimológico

Scorpaena porcus: {gr. *skorpaina*, *es*} 'escorpena, escorpina', pez marino (Sebastián, 1964), del {gr. *skorpios*} 'escorpión', por las numerosas y peligrosas espinas venenosas de la cabeza de estos peces, que producen dolorosas heridas como la picadura del escorpión terrestre + {lt. *porcus*, *i*} 'cerdo' (*PE*), relacionado con la aspereza de la piel, debida tanto a la rugosidad de sus escamas ctenoides como a las numerosas espinas y crestas espinosas de la cabeza y de los radios duros de las aletas dorsal y anal.

Ictionímico

Aunque tanto *Scorpaena porcus* como *Scorpaena scrofa* (especie siguiente) reciben en Andalucía los nombres de *gallineta* y *rascacio*, respectivamente, que recogió Cabrera; en realidad, en todos los puertos pesqueros de Andalucía, la primera especie es el *rescacio* (*rascacio*) y la segunda la *gallineta*, en ambos casos con un 100 por 100 de frecuencia de ocurrencia. Por ello creemos que en las aportaciones de nuestro autor estos nombres están asignados al revés de como se emplean habitualmente. No obstante, algunos pescadores denominan *gallineta* al *rascacio* y otros *rascacio* a la *gallineta* (*IA*: 335 y 337). De hecho, en las etiquetas de los frascos que conservaban ejemplares de ambas especies en la Colección del Instituto de Cádiz se leía «Rascacio» (De Buen, 1919: 253). Pese a este trueque de ictiónimos que recogió Cabrera, comentamos aquí el ictiónimo *rascacio* y en la siguiente especie el ictiónimo *gallineta*. En la Lista manuscrita Cabrera escribió *Rescacío* (con una gran tilde en la *i*, como se observa en la aportación de la ficha siguiente) y, tanto en la Memoria descriptiva como en la Lista impresa, *Rescacio*, variantes gráficas de *rascacio*, fundadas posiblemente en las variantes fonéticas documentadas de boca de los informantes. Según el *DCECH*, viene del occitano *rescas* 'tiñoso' y este del verbo *rescar*, que también dio en castellano *rascar*, del mismo significado. 'Tiñoso' alude a las manchas oscuras circulares dispersas por la piel del pez que recuerdan a las de la erupción cutánea denominada tiña. En Asturias esta especie y otras de la misma familia reciben el nombre de *tiñoso* y las variantes locales *tiñuso*, *teñoso* y *tiñosu* (Barriuso, 1986: 167-170). Como *racazio*, se documenta por primera vez en Andalucía en Löfling (1753).

Taxonómico

Cabrera determinó correctamente a *Scorpaena porcus*, si bien los términos en los que la describió fueron muy generales y valdrían también para *Scorpaena scrofa*, el otro escorpénido incluido en sus escritos (especie siguiente). De Buen determinó un ejemplar de esta especie en la Colección del Instituto de Cádiz, que viene a confirmar que fue la que examinó Cabrera.

Scorpaena porcus Linnaeus, 1758 - Gallineta

APORTACIÓN DE CABRERA

LISTA MANUSCRITA

MEMORIA DESCRIPTIVA

«GÉNERO.—*Scorpena.*—LINN.» (v. en la ficha anterior)

«ESPECIE 2.ª—**El Rescacio.**—*Escorpena Capensis.* Alrededor de los ojos posee cuatro espinas, y las láminas de los opérculos terminan igualmente en púas mayores y menores.» (p. 150)

LISTA IMPRESA

«GÉNERO 15. *Rescacio,* Scorpena Scropha *Lin.*» (p. 177)

COLECCIÓN INSTITUTO

«41. *Scorpaena scrofa* L. Dice en la etiqueta: *Scorpaena* sp?, n. v. Rascacio» (De Buen, 1919: 253)

ESTADO ACTUAL

Scorpaena scrofa Linnaeus, 1758 — Lámina 150

Clase: Actinopteri, Orden: Perciformes, Familia: Scorpaenidae

Citas en obras anteriores a Cabrera

Scorpius major (Willoughby, 1686: 331; Tab: X.12); *Scorpaena* (2.) (Artedi, 1738: 76); *Gallineta* (Löfling, 1753); *Scorpaena Scrofa* (Linnaeus, 1758: 266); *Scorpaena Scrofa* (Bonnaterre, 1788: 69; pl. 88, fig. 368); *Cottus scorpio* (Cornide, 1788: 25); *Scorpaena Scrofa* (Linnaeus, en Gmelin, 1789: 1215)

ANÁLISIS

Etimológico

Escorpena Capensis: {gr. *skorpaina, es*} v. en la ficha anterior + latinización de Ciudad del Cabo, Sudáfrica. V. más en el comentario taxonómico, más abajo.

Scorpaena scrofa: {gr. *skorpaina, es*} v. en la ficha anterior + {lt. *scrofa, ae*} 'cerda, marrana' (*PE*), también en relación con lo que se explica en el epíteto *porcus* de la especie anterior.

Ictionímico

Como dijimos en la ficha anterior, *gallineta* es el nombre común más frecuentemente usado en todos los puertos andaluces para *Scorpaena scrofa* (*IA*: 336-337). Esta voz deriva del latín *gallīna* (*DCECH*), a la que se le añade el sufijo de origen catalán *-eta*. Esta denominación metafórica está motivada por el parecido que presenta la aleta dorsal extendida del pez con la cresta de una gallina y por el gran tamaño de sus aletas pectorales, que recuerdan a las alas extendidas de esta ave. El ictiónimo *gallineta* se documenta por primera vez como ictiónimo en Andalucía en los manuscritos de Löfling (1753).

Taxonómico

En la Memoria descriptiva esta especie aparece clasificada por error como *Escorpena Capensis*, nombre que Cabrera fiel a su estilo castellanizó al tomarlo del *Scorpaena capensis* de Gmelin (1789: 1219) en la decimotercera edición del *Systema Naturae* de Linneo, que hoy es un sinónimo de *Sebastes capensis* (Gmelin, 1789). Este pez habita en las costas de Sudáfrica, con lo que, aparte de la equivocación de Cabrera al determinarla, es poco probable que fuera la especie que examinó. De hecho, en la Lista impresa rectificó y en su lugar incluyó a *Scorpena Scropha* —forma particular de escribir el *Scorpaena Scrofa* de Linneo—, propia de aguas gaditanas y a la que examinó con toda seguridad. V. más en *Scorpaena porcus*.

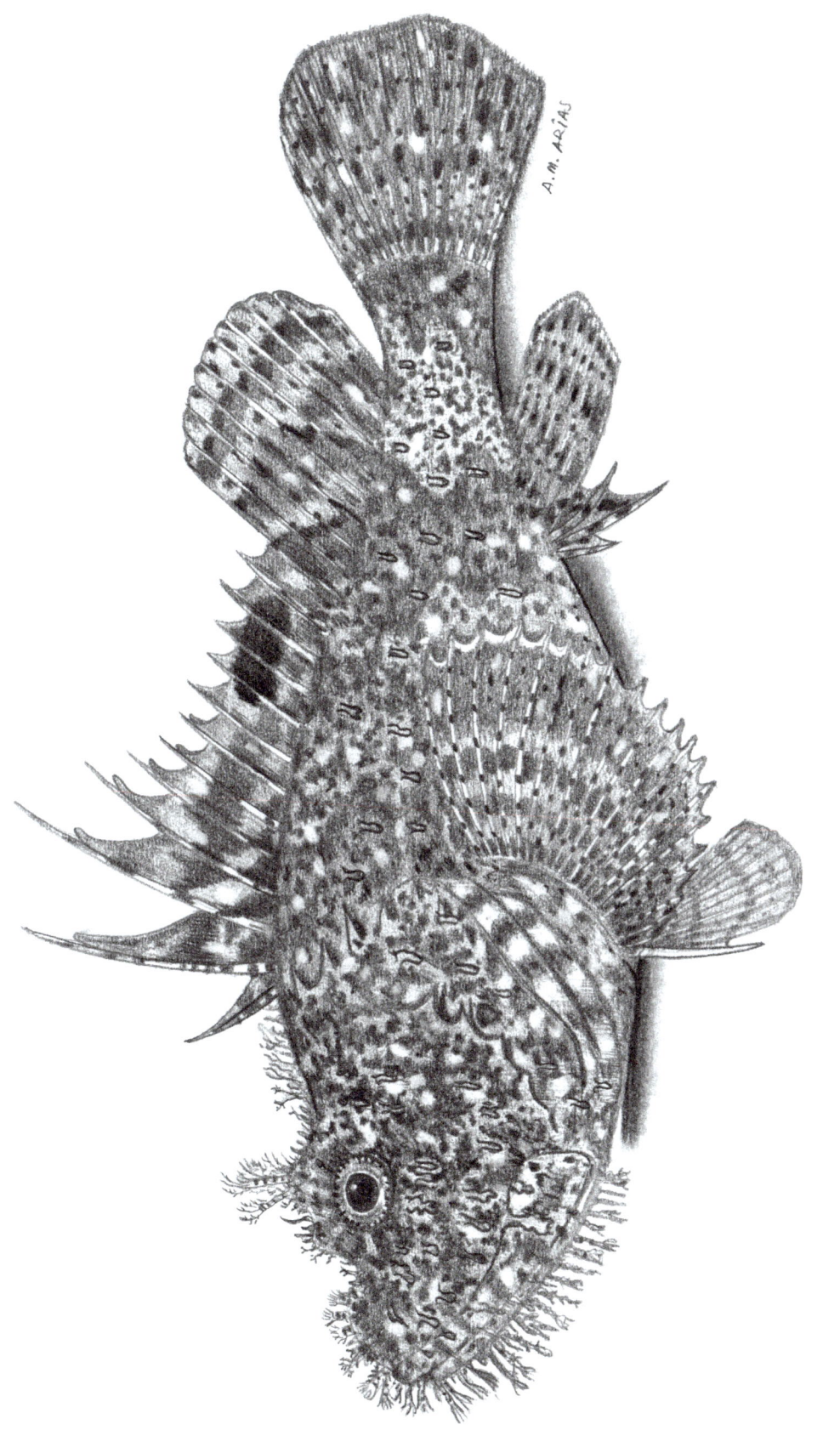

Scorpaena scrofa Linnaeus, 1758 - Rascacio

APORTACIÓN DE CABRERA

LISTA MANUSCRITA

MEMORIA DESCRIPTIVA

«GÉNERO.—*Trigla*.—LINN. Cuerpo en forma de cuña, adelgazado hacia la cola; la cabeza con hocico y aguijones; la mandíbula superior bífida en algunas especies; junto a las aletas pectorales unos hilos largos, rígidos en mayor o menor número, que Linneo llama dedos.» (p. 160)

«ESPECIE 9.ª—**El Cuclillo.**—*Trigla Cuculus.*—LINN. Tres digitaciones; la línea lateral lisa, doble, compuesta de escamas blanquecinas.» (p. 161)

LISTA IMPRESA

«GÉNERO 29. *El Arete*, Trigla Cuculus *Lin.*» (p. 182)

LISTA DE BLOCH

«GÉNERO 3. *El Arete*, Trigla Cuculus   » » (p. 188)

ESTADO ACTUAL

Chelidonichthys cuculus (Linnaeus, 1758) — Lámina 151

Clase: Actinopteri, Orden: Perciformes, Familia: Triglidae

Citas en obras anteriores a Cabrera

Cuculus (Rondelet, 1558a: 227; L. X, c. II); *Rubio, Trigla cuculus* (Löfling, 1753); *Trigla* (7.) (Artedi, 1738: 74); *Trigla Cuculus* (Linnaeus, 1758: 301); *Trigla Cuculus* (Bonnaterre, 1788: 147; pl. 60, fig. 237); *Trigla Cuculus* (Linnaeus, en Gmelin, 1789: 1343); *Cuquillo* ò *cuco* (Medina Conde, 1789: 218)

ANÁLISIS

Etimológico

Trigla Cuculus: {gr. *trigla, es*} tres dedos libres en las aletas pectorales (Barriuso, 1986: 159) + {gr. *kokkyx, ygos*} 'cuco, cuclillo' (Gesner, 1560: 31), porque emite un sonido similar al del pájaro cuco.

Chelidonichthys cuculus: {gr. *chelidon, onos*} 'golondrina' + {gr. *ichthys, yos*} 'pez', por las largas aletas pectorales de los peces de esta familia, que recuerdan a las de las golondrinas (Sebastián, 1964) + {gr. *kokkyx, ygos*} v. más arriba.

Ictionímico

De los dos nombres comunes con los que Cabrera designa a esta especie en sus escritos (*cuclillo* y *arete*), solo el segundo figura en la Lista manuscrita. No sabemos si la omisión de *cuclillo* fue producto de un olvido del posible escribiente encargado de caligrafiar los apuntes de Cabrera. El nombre de *cuclillo* se debe a la identificación metafórica de los gruñidos que producen estos peces al sacarlos del agua con el canto de *Cuculus canorus* (Linnaeus, 1758), ave cuculiforme llamada *cuco común* o *cuclillo* (Ríos, 1977: 310; Barriuso, 1986: 158). Respecto a *arete*, desconocemos la motivación semántica en relación con esta especie de pez. Ambas formas, *arete* y *cuclillo* (*cuquillo*), se documentan por primera vez en Andalucía en Medina Conde (1789: 209 y 218).

Taxonómico

La clasificación de los tríglidos no estaba aún bien establecida a principios del siglo XIX, debido entre otras causas a la semejanza entre las especies de esta familia. Incluso Linneo describía como especies distintas taxones (*hirundo, lucerna*) que luego resultaron ser una misma especie (*lucerna*), o no citaba especies (*obscurus, lastoviza*), que serían descritas más tarde, o incluía dentro de la misma familia especies que luego se adscribieron a otra (*cataphractum*). Cuando Cabrera intenta determinar los tríglidos encuentra bastantes dificultades en la identificación, no solo por estas carencias previas, sino además por, en unos casos, la ausencia de imágenes en las obras que consultaba (Linneo), o, en otros, por la existencia de imágenes poco claras (Rondelet, Willoughby, Bonnaterre). Por otra parte, la aportación ictiológica de Cabrera sobre los tríglidos resulta bastante confusa e imprecisa, debido no solo a los errores comprensibles de Cabrera, sino a lo que parece una continua transposición de los elementos manejados (nombres científicos, nombres vulgares y descripciones), colocados fuera de lugar por los posibles escribas y secretarios o por los impresores. Para resolver este puzle de información dispersa, repetida y contradictoria nos basamos, principalmente, en lo que Cabrera dice en sus descripciones, porque puede darse el caso, entre otros, de que Cabrera describa correctamente una especie y luego le adjudique un nombre científico equivocado. Si existe falta de claridad en las descripciones nos apoyamos en el nombre científico que utilizó; si el nombre científico está mal atribuido, recurrimos al nombre común asignado. Conviene indicar que en la descripción del género *Trigla* mencionó «unos hilos largos, rígidos», que denominó «digitaciones»; primero dice que los hay «en mayor o menor número», pero luego en cada especie rectifica y dice que son tres. En todos los casos se refiere a los tres radios libres de las aletas pectorales, como es característico de esta familia. En la especie que nos ocupa, Cabrera indica «línea lateral [...] doble», tal vez siguiendo la ilustración que presenta Bonnaterre (1788: Pl. 60, fig. 237), que erróneamente dibuja este pez con dos líneas laterales finas y claramente separadas, cuando en realidad *Chelidonichthys cuculus* se caracteriza por una sola línea lateral muy ancha formada por escamas a modo de placas estrechas muy desarrolladas verticalmente a ambos lados de una zona central. Es posible que le parecieran a Cabrera dos líneas laterales en una. Con esta salvedad, el nombre científico y los nombres vulgares que empleó Cabrera nos permiten concluir que la especie que examinó y determinó fue *Chelidonichthys cuculus*.

Chelidonichthys cuculus (Linnaeus, 1758) - Arete

(Dibujo basado en fotografías sin autor, en nightfly/ispotnature.org, y de CR en Fiches FAO.org)

LÁMINA 151

APORTACIÓN DE CABRERA

LISTA MANUSCRITA

Golondrina Paula

MEMORIA DESCRIPTIVA
   «GÉNERO.—*Trigla*.—LINN.» (v. en la ficha anterior)
   «ESPECIE 8.ª—**La Golondrina**.—*Trigla Hirundo*.—LINN. Tres digitaciones; la línea lateral con una larga serie de púas; las aletas pectorales larguísimas.» (p. 161)
LISTA IMPRESA
   «GÉNERO 29. *La Golondrina*, Trigla Hirundo *Lin*.» (p. 182)
   «*El Paula*», en los listados de ictiónimos que no llegó a identificar (p. 187)
LISTA DE BLOCH
   «GÉNERO 3. *La Golondrina*, Trigla Hirundo   » » (p. 188)
COLECCIÓN INSTITUTO
   «44. *Trigla lineata* L.» De Buen (1919: 253)

ESTADO ACTUAL

Chelidonichthys lastoviza (Bonnaterre, 1788) — Lámina 152
Clase: Actinopteri, Orden: Perciformes, Familia: Triglidae

Citas en obras anteriores a Cabrera

Imbriaco (Rondelet, 1558a: 232); *Borracha, Trigla, Paula* (Löfling, 1753); *Trigla* sp.; *lastoviza* (Brünnich, 1768: 99) [*lastovica* 'golondrina', en croata]; *Trigla Laſtoviza* (Bonnaterre, 1788: 147); *Trigla lineata* (Gmelin, 1789: 1345); *Trigla lineata* (Bloch, 1793: v. 4, 126; pl. CCCLIII)

ANÁLISIS

Etimológico

Trigla Hirundo: {gr. *trigla, es*} v. en la ficha anterior + {lt. *hirundo, inis*}, 'golondrina', con el mismo significado que se indica en la especie anterior.

Chelidonichthys lastoviza: {gr. *chelidon, onos*} 'golondrina', v. en la ficha anterior + {cr. *lastavica*} 'golondrina' (Skračić, 2016: 203), v. lo anterior y en el comentario taxonómico, más abajo.

Ictionímico

En algunas especies de peces marinos la denominación *golondrina* está asociada a su color negro —como en *Schedophilus ovalis* (Cuvier, 1863) o *Chromis chromis* (140)— o a la aleta caudal muy ahorquillada y rápidos movimientos de natación zigzagueante —*Trachinotus ovatus* (186)—. En *Chelidonichthys lastoviza* y en otros peces —*Exocoetus volitans* (88) y *Dactylopterus volitans* (60)—, se debe a la gran longitud de sus aletas pectorales que recuerdan a las alas del ave homónima (*Hirundo rustica* Linnaeus, 1758). *Golondrina* se documenta por primera vez como ictiónimo en Andalucía en Medina Conde (1789: 224). Por su parte, *paula* es una voz señalada por Veny (1992: 63) como un geosinónimo catalán para los tríglidos; también documentada por Duran (2010: 267) y Lleonart (2016) para esta zona lingüística. En esta lengua *paula* significa 'corta de entendimiento, tontuela' (Alcover y Moll, 2022). Este significado está relacionado con el sentido despectivo que en catalán se da a los tríglidos, v. *bobo* en *Lepidotrigla cavillone* (156). La motivación de esta connotación peyorativa, según Veny (1992: 81-82), se basa en la creencia de que este pez, pese a su gran cabeza, tiene muy poco cerebro, lo que, metafóricamente y aplicado a una persona, viene a indicar que es un «cabeza hueca», simple o tonto. Según este autor, en la localidad mallorquina de Santanyi se denomina *rafel* (v. *Chelidonichthys lucerna*, 153) a este pez porque «la gente dice que tiene la cabeza vacía, y, mediante un juego de palabras, se dice lo mismo de las personas cuyo nombre de pila es Rafael». Por la misma razón se denomina a los tríglidos *tonto*, *bobo* o *paula*. *Paula* se documenta por primera vez como ictiónimo en Andalucía en Löfling (1753).

Taxonómico

Según la descripción de Cabrera, entre los tríglidos presentes en nuestras aguas, la especie de «línea lateral con una larga serie de púas» y «aletas pectorales larguísimas» es *Chelidonichthys lastoviza*, que tiene las escamas de la línea lateral con una carena central, provistas de pequeñas espinas, y las aletas pectorales sobrepasan claramente al origen de la aleta anal. Otra especie con la línea lateral espinosa es *Eutrigla gurnardus* (Linnaeus, 1758), pero sus aletas pectorales son muy cortas. Al contrario, y dado que *Trigla hirundo* y *Trigla lucerna* son sinónimos de *Chelidonichthys lucerna*, que también hay que descartar, ya que tiene las aletas pectorales muy largas pero su línea lateral es lisa. Llama la atención que Cabrera no mencionó la principal característica de esta especie: el cuerpo cubierto de pliegues cutáneos oblicuos, rasgo que ya mencionaron Bonnaterre (1788: 147), cuando describió a *Trigla lastoviza*: «corpore ſquamis verticillato» (cuerpo con escamas en espiral) y «le corps revetû d'ecailles diſpoſées ſur des rangées circulaires» (cuerpo recubierto de escamas dispuestas en líneas circulares), y Gmelin (1789: 1345), con su «ſtriata rubra». Imágenes de este pez, en las que se aprecian claramente estas crestas dérmicas transversales, estaban ya en Rondelet (1558a: 232) y en Bloch (1793: v. 4, 126; pl. CCCLIII). Tal vez Cabrera no lo mencionó porque se inclinó por seguir a Linneo en su descripción de *Trigla Hirundo*, que indicó escuetamente: «línea laterali aculeata» (línea lateral con espinas). Por eso Cabrera la clasificó como *Trigla Hirundo*. Otro dato que nos conduce a que bajo este nombre de *Trigla Hirundo* Cabrera examinó a *Chelidonichthys lastoviza* es que asociado a él recogió el nombre común *golondrina*. De hecho, *hirundo* significa golondrina. También Brünnich (1768: 99) cita en el Adriático una «Trigla...» que en «Spalatenſibus» (Spalatino, gentilicio de Split, en Croacia) se denomina «lastoviza», nombre que en croata se escribe *lastovica* y significa *golondrina*. Por otra parte, en los escritos de Cabrera encontramos otra referencia a *Chelidonichthys lastoviza*, que el propio Cabrera desconocía. Se trata del nombre «*El Paula*», que escuchó y anotó, pero no llegó a examinar ningún ejemplar ni asociarlo a ninguna especie, como así consta en Graells (1887: 187). También aparece en la Lista manuscrita sin artículo, «Paula». Löfling, en 1753 ya recogía esta voz en Cádiz y en El Puerto de Santa María, sin asociarla a ninguna equivalencia científica. Ya que informantes del puerto almeriense de Adra asignaron con seguridad el nombre de *paula* a las fotos de *Chelidonichthys lastoviza* (IA: 353), es probable que «*El Paula*» de Cabrera también se refiriera a ella. En realidad, Cabrera sí llegó a examinar ejemplares de esta especie, pero no sabía que, además de *golondrina*, algunos pescadores lo llamaban *paula*.

LÁMINA 152

Chelidonichthys lastoviza (Bonnaterre, 1788) - Golondrina, Paula

APORTACIÓN DE CABRERA

LISTA MANUSCRITA

MEMORIA DESCRIPTIVA

«GÉNERO.—*Trigla*.—LINN.» (v. en la ficha 195)

«ESPECIE 3.ª—**La Cabrilla**.—*Trigla Lucerna*. Tres digitaciones; la primera aleta dorsal con los radios puntiagudos; es variedad del Regel ó Trigla Lucerna.» (p. 160)

«ESPECIE 6.ª—**El Rubio**.—*Trigla Rubens*.—Sp. N. El hocico subdividido; la línea lateral lisa; dos series de espinas en el dorso; las aletas pectorales azuladas; las demás rojas; dos espinas en la parte posterior de los ojos.» (p. 161)

LISTA IMPRESA

«GÉNERO 29. *El Rubio*, Trigla Rubescens *Sp. N.*» (p. 182)

LISTA DE BLOCH

«GÉNERO 3. *El Rubio*, Trigla Rubescens *Sp. N.*» (p. 188)

COLECCIÓN INSTITUTO

«45. *Trigla lucerna* L.» (De Buen, 1919: 253)

ESTADO ACTUAL

Chelidonichthys lucerna (Linnaeus, 1758) — Lámina 153

Clase: Actinopteri, Orden: Perciformes, Familia: Triglidae

Citas en obras anteriores a Cabrera

Lucerna (Rondelet, 1558a: 235); *Hirundo, Lucerna* (Willoughby, 1686: 280-281; Tab: S.5); *Trigla* (4. y 5.) (Artedi, 1738: 73); *Trigla, rubio* (Löfling, 1753); *Trigla Lucerna, Trigla Hirundo* (Linnaeus, 1758: 301); *Trigla Lucerna, Trigla Hirundo* (Bonnaterre, 1788: 146; pl. 60, fig. 238); *Trigla Hirundo* (Cornide, 1788: 72); *Trigla Lucerna, Trigla Hirundo* (Linnaeus, en Gmelin, 1789: 1344); *Golondrina, Trigla Hiruendo* [*sic*], *Peralta* (Medina Conde, 1789: 224 y 245); *Trigla Hirundo* (Asso, 1801: 46)

ANÁLISIS

Etimológico

Trigla Lucerna: {gr. *trigla, es*} v. en la ficha 151 + {lt. *lucerna, ae*} 'candil, lámpara' (Barriuso, 1986: 160), en relación con la fosforescencia de sus escamas; en este sentido, Rondelet (1558b: 497) indica que es un pez «cuya lengua roja sobresale por la boca, que brilla en las noches tranquilas».

Trigla Rubens: {gr. *trigla, es*} v. en la ficha 151 + {lt. *rubens, entis*} 'rojo' (*PE*), en referencia al color rojo del cuerpo.

Trigla Rubescens: {gr. *trigla, es*} v. en la ficha 151+ {lt. *rubescens, rubeo*} 'enrojecer' (*PE*), con el mismo sentido que el anterior.

Chelidonichthys lucerna: {gr. *chelidon, onos*} v. en la ficha 151 + v. más arriba.

Ictionímico

Como recogió Cabrera, *rubio* es la denominación más frecuente de *Chelidonichthys lucerna* en todos los puertos de Andalucía (*IA*: 347). Es, además, el hiperónimo que designa a los tríglidos. Deviene del latín *rŭbĕus* 'rojizo' (*DCECH*). En sentido ictionímico, *rubio* es una creación léxica que parte de una sinécdoque (la parte por el todo), ya que se utiliza el color (rojo) del animal como designación (*pez rubio* 'rojizo'>*rubio*). Lo encontramos por primera vez en Andalucía como *pexe rubio* en la *Sevillana Medicina* (Aviñón, 1418: 134) y como *rubio* en las *Ordenanzas* de Málaga de 1501 (Malpica, 1984: 112). Cabrera recogió igualmente el nombre de *cabrilla* para esta especie, con el que también es conocida en algunos puertos andaluces, aunque con una baja frecuencia de ocurrencia, ya que *cabrilla* (entre los tríglidos) es la denominación más frecuente de *Chelidonichthys obscurus* (*IA*: 350), la especie siguiente.

Taxonómico

Trigla lucerna, «radios puntiagudos», *rubio*, «línea lateral lisa» y «aletas pectorales azuladas» son los elementos de esta aportación de Cabrera que nos conducen con seguridad a que la especie examinada fue *Chelidonichthys lucerna*. Aunque todos los tríglidos tienen puntiagudos (espinosos) los radios de la primera aleta dorsal, la especie que nos ocupa no tiene el morro subdividido. La autoría de *Chelidonichthys lucerna* se atribuye a Linneo, quien consideró que *Trigla Lucerna* y *Trigla hirundo* eran dos especies distintas, pero hoy son sinónimos de una única especie (*Chelidonichthys lucerna*). En consecuencia, las denominaciones *Trigla Rubens* y *Trigla Rubescens* no designan a ninguna especie nueva, como creyó Cabrera, y son *nomina nuda*, no válidas. Buena parte de estas confusiones se arrastran en la bibliografía desde más de dos siglos antes de Cabrera, pues, desde Rondelet (1558a) hasta Bonnaterre (1788) y Cornide (1788), *hirundo* y *lucerna* se han tenido por especies distintas. El origen de dichas confusiones está en el gran parecido entre las especies de esta familia, que en el caso que nos ocupa dificulta más la distinción por el aspecto tan diferente de los adultos y los jóvenes.

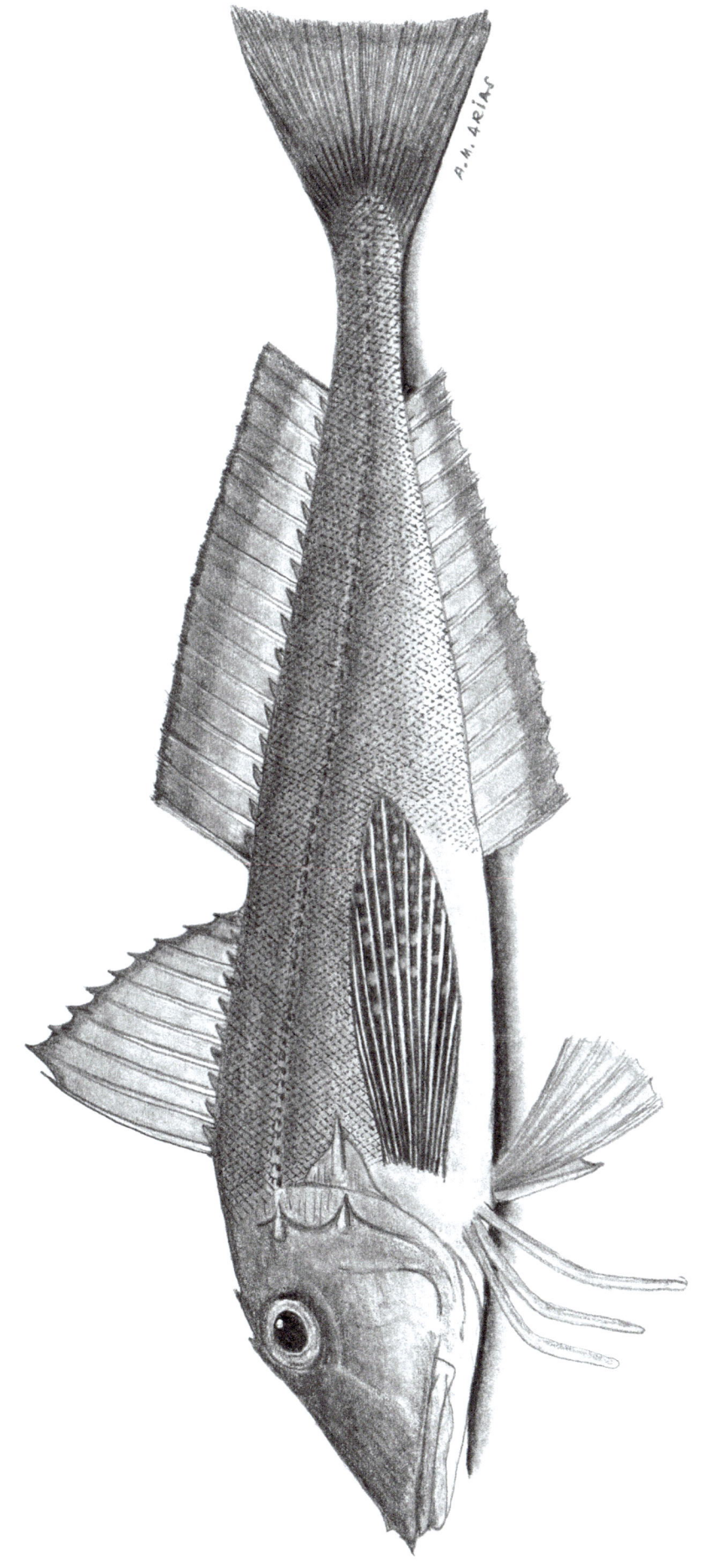

Chelidonichthys lucerna (Linnaeus, 1758) - Rubio, Cabrilla

APORTACIÓN DE CABRERA

LISTA MANUSCRITA

Cabrilla Regél

MEMORIA DESCRIPTIVA
«Género.—*Trigla.*—Linn.» (v. en la ficha 151)
«Especie 7.ª—**El Regel**.—*Trigla Lucerna.*—Linn. El hocico casi subdividido en dos, la línea lateral bífida; los radios de la aleta dorsal primera setáceos alguno de ellos.» (p.161)

LISTA IMPRESA
«Género 29. *El Regel*, Trigla Lucerna *Lin*.» (p.182)
«Género 29. *La Cabrilla*, Varietas   »   » (p.182)

LISTA DE BLOCH
«Género 3. *El Regel*, Trigla Lucerna [»] » (p.188)
«Género 3. *La Cabrilla*, Varietas   »   » (p.188)

ESTADO ACTUAL
Chelidonichthys obscurus (Walbaum, 1792) — Lámina 154
Clase: Actinopteri, Orden: Perciformes, Familia: Triglidae

Citas en obras anteriores a Cabrera
Trigla obſcura (Artedi, en Walbaum, 1792: 373)

ANÁLISIS
Etimológico
Trigla Lucerna: {gr. *trigla, es*} + {lt. *lucerna*} v. en la ficha anterior.
Chelidonichthys obscurus: {gr. *chelidon, onos*} v. en la ficha 151 + {lt. *obscurus*, a, *um*} 'oscuro, sombrío, tenebroso' (*PE*), relativo a su coloración roja más oscura que en otras especies de la misma familia.

Ictionímico
Las confusiones de Cabrera para determinar las especies de tríglidos vuelven a quedar patentes en la que nos ocupa, que denominó *cabrilla* y *regel*. Además, añadió, según indicó en una entrada relativa a la especie anterior, que la *cabrilla* «es variedad del Regel ò Trigla Lucerna» (p.160 de Graells), cuando *cabrilla* y *regel* designan a una especie (*Chelidonichthys obscurus*), igual que *cabrilla* y *rubio* designan a otra (*Chelidonichthys lucerna*), según los datos actuales. Sin embargo, en los puertos andaluces la frecuencia de ocurrencia del ictiónimo *cabrilla* asociado a *C. obscurus* (67%) es mucho más elevada que asociado a *C. lucerna* (17%) (*IA*: 351 y 347, respectivamente). *Cabrilla* es una voz derivada de *cabra* que, en este caso, el proceso metafórico alude a las espinas supraorbitarias de la especie marina que identifica con los cuernos de la especie terrestre. *Cabrilla* se documenta por primera vez como ictiónimo en Andalucía en Beltrán (1612: 37) y asociado a un tríglido en los escritos de Cabrera. Respecto a *regel*, creemos que se trata de una variante gráfica de *begel* o *bejel*, ictiónimo que en la bibliografía se refiere tanto a *C. obscurus*[214] como a *C. lucerna*[215]. En *IA* (p.350) se recogió asociado a *Chelidonichthys obscurus*. *Bejel* es una voz de origen incierto. Ríos (1977: 317) la cree un arabismo por su localización meridional en España y en las costas saharianas y canarias; aunque también cree que podría ser un diminutivo occitano. Barriuso (1986: 164) opta por un origen latino: un derivado del latín *vissire* 'ventosear', que interpreta relacionado con los ruidos o ronquidos que emite este pez al sacarlo del agua, que este autor asocia con otras denominaciones que recibe el pez en Asturias (*pitaneo, roncon*) y que podemos vincular con formas como *chirriola* y *cuco* para *Chelidonichthys lucerna*. La forma *regel* se documenta por primera vez como ictiónimo en Andalucía en los escritos de Cabrera.

Taxonómico
«Los radios de la aleta dorsal primera setáceos alguno de ellos» es el rasgo morfológico de la aportación de Cabrera que conduce sin duda a que la especie que examinó fue *Chelidonichthys obscurus*, pues es el único tríglido de nuestras aguas que lo presenta, aunque solo tiene setáceo (como un filamento) el segundo radio espinoso, que es el doble de largo que los demás. Esta especie fue descrita en 1792 por Walbaum como *Trigla obscura*, en una revisión del trabajo de Artedi (1738). Es posible que Cabrera no tuviera acceso a dicha publicación y se guiara para determinarla en la obra de Linneo, de donde tomó equivocadamente el nombre de *Trigla Lucerna*. Machado (1857: 17) se pregunta «¿Quid trigla gurnardus variet? Vulgo la cabrilla». En realidad, siendo rigurosos con los datos de Cabrera, la pregunta correcta debería haber sido: ¿Qué es *La Cabrilla, Varietas*? La respuesta es: *Trigla obscura*, de Artedi, en Walbaum (1792: 373) o, con la nomenclatura actual, *Chelidonichthys obscurus* (Walbaum, 1792).

---

214 Pérez Arcas (1865: 486) y Steindachner (1867: 87).
215 Machado (1857: 17); Lozano Rey (1952: 305); J. de A. (2001: I-318); *BOE* (2017).

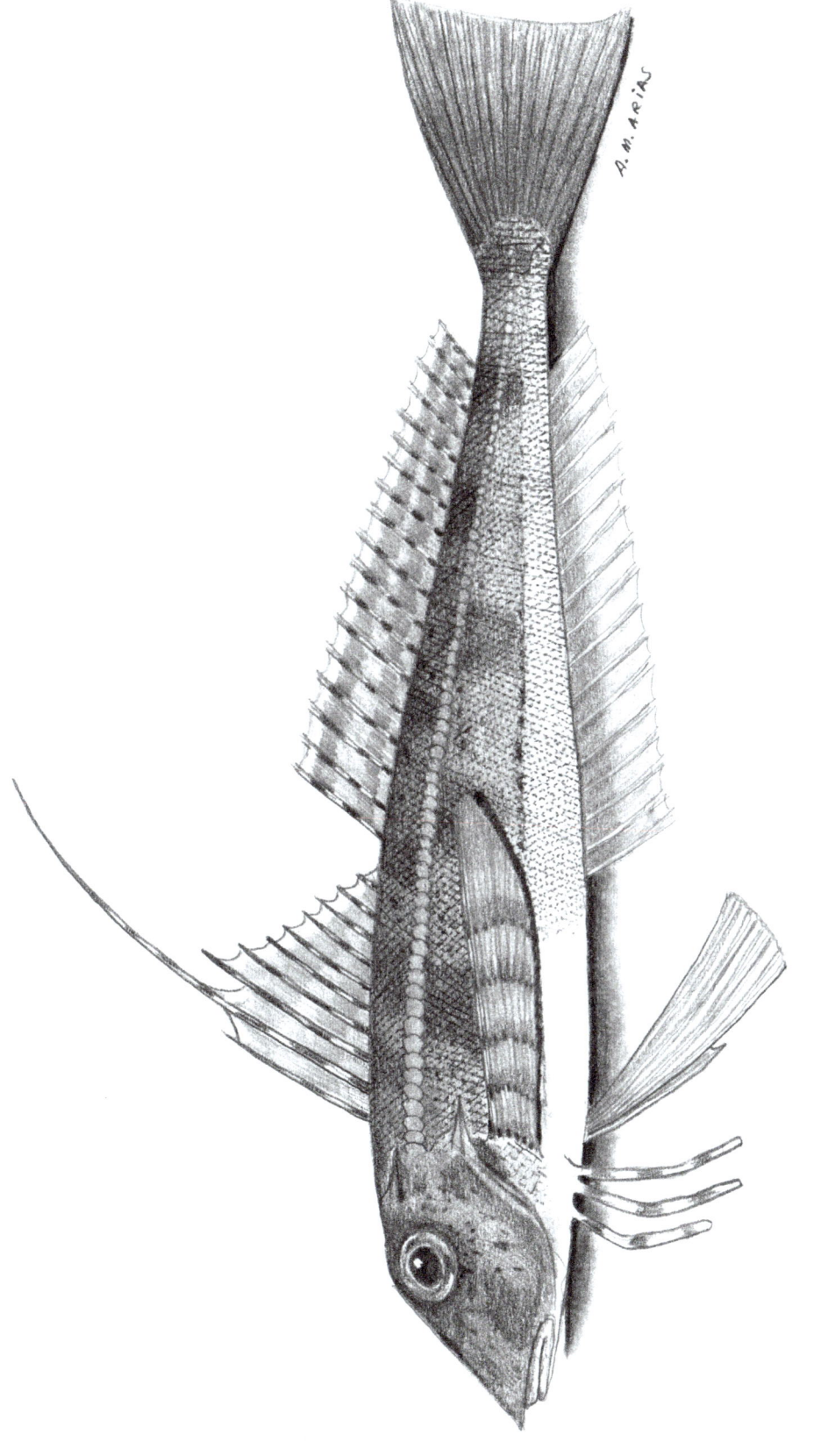

Chelidonichthys obscurus (Walbaum, 1792) - Cabrilla, Regél

LÁMINA 154

APORTACIÓN DE CABRERA

LISTA MANUSCRITA

MEMORIA DESCRIPTIVA

«GÉNERO.—*Trigla.*—LINN.» (v. en la ficha 151)

«ESPECIE 2.ª—**El Borracho.**—*Trigla Gurnardus.*—LINN. Tres digitaciones [,] color rojísimo, con algunas manchas en la aleta dorsal.» (p. 160)

LISTA IMPRESA

«GÉNERO 29. *El Borracho*, Trigla Gurnardus *Lin.*» (p. 182)

LISTA DE BLOCH

«GÉNERO 3. *El Borracho*, Trigla Gurnardus   »   » (p. 187)

ESTADO ACTUAL

Eutrigla gurnardus (Linnaeus, 1758) — Lámina 155
Clase: Actinopteri, Orden: Perciformes, Familia: Triglidae

Citas en obras anteriores a Cabrera

Gornatus feu Gurnardus grifeus (Willoughby, 1686: 279; Tab: S.2, fig. 1); *Trigla* (8.) (Artedi, 1738: 74); *Trigla Gurnardus* (Linnaeus, 1758: 301); *Trigla Gurnardus* (Bonnaterre, 1788: 145; pl. 60, fig. 236); *Trigla Gurnardus* (Linnaeus, en Gmelin, 1789: 1342); *Trigla Gurnardus* (Asso, 1801: 71)

ANÁLISIS

Etimológico

Eutrigla gurnardus: {gr. *eu*} 'bien, como es debido, ajuste o perfección' (Sebastián, 1964), en el sentido de que taxonómicamente este pez encaja o se encuadra perfectamente en el género *Trigla* + {gr. *trigla, es*} v. en la ficha 151 + {lt. *grunnire*} 'gruñir', por los sonidos que emite al contraer los músculos intercostales y comprimir la vejiga natatoria, lo que Lacépède (1802: VI, 47 y 48) expresó así: «el animal hace un ruido muy sensible al frotar los opérculos, y que el gas contenido en su cuerpo sale violentamente cuando comprime sus órganos internos. Por eso se le llama *gurnau* [gruñidor, roncador]».

Ictionímico

En función de su grado de frescura, todas las especies de tríglidos de nuestras aguas tienen un «color rojísimo»; pero *Trigla Gurnardus* llama la atención por lo contrario, pues es un pez de coloración más bien marrón grisáceo. De aquí que choque que Cabrera recogiese el nombre de *borracho* para esta especie, cuando en realidad en todos los puertos pesqueros andaluces el *borracho* es *Chelidonichthys lastoviza* (*IA*: 352-353), que sí es de color rojísimo. Para Ríos (1977: 309), la voz *borracho* está motivada por el característico color rojo de la especie. Esto viene avalado por la misma motivación semántica de las formas *bebo* y *bebedo* en Galicia y Portugal (Ríos, 1977: 309 y *LMP*, mapas 607-611, respectivamente). Esta asociación semántica está muy arraigada en el sentir popular como vemos en los comentarios de los pescadores: «porque es muy rojo» (Roquetas de Mar) y «tiene un color muy colorao» (Chipiona y Rota) (*IA*: 353). No obstante, Martínez González (1992: 173) no cree que *borracho* sea una denominación irónico humorística motivada por el color rojo de las personas ebrias, sino que vendría directamente de un «mozarabismo procedente de *burraceus*, de *burrus* 'rojizo'». Según este autor, esta voz se registra sobre todo en las costas granadinas y malagueñas donde hay más restos de sustrato mozárabe. Sin embargo, en *IA* se documentan datos por igual en todo el litoral andaluz. *Borracho* se data por primera vez como ictiónimo en Andalucía en los escritos de Cabrera.

Taxonómico

La descripción de esta especie es poco precisa. Además de la contradicción anterior sobre el color, Cabrera la describió «con algunas manchas en la aleta dorsal», pero *Trigla Gurnardus* presenta solo una gran mancha negra en la primera aleta dorsal. Esta imprecisión estuvo tal vez basada en la inexactitud de la ilustración de Bonnaterre (1788: pl. 60. fig. 236), que dibujó cinco manchas blancas interradiales en la primera aleta dorsal. *Trigla Gurnardus* es un sinónimo válido de *Eutrigla gurnardus*, la especie examinada por nuestro autor.

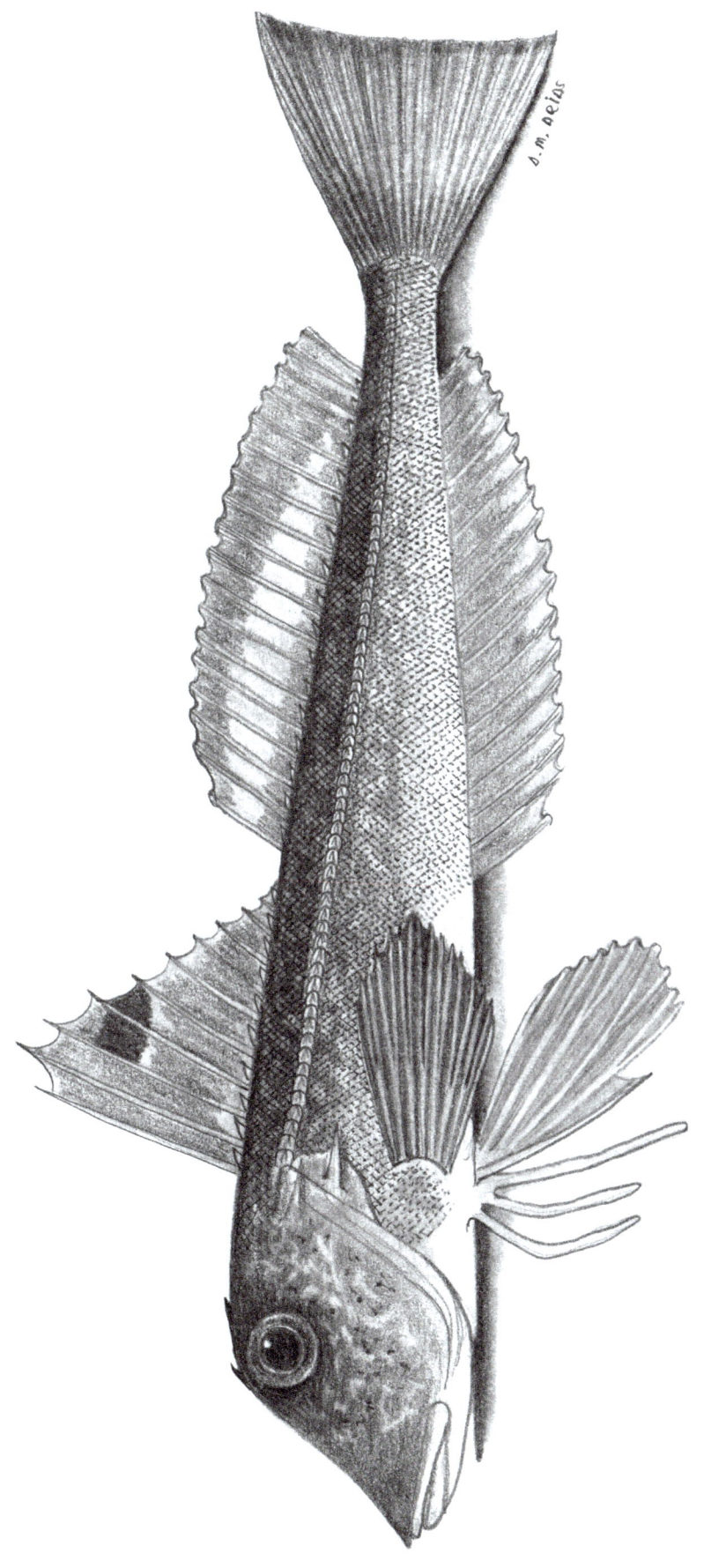

Eutrigla gurnardus (Linnaeus, 1758) - Borracho
(Dibujo basado en una fotografía de O. Utne, en alnakka.net)

APORTACIÓN DE CABRERA

LISTA MANUSCRITA

MEMORIA DESCRIPTIVA

«GÉNERO.—*Trigla.*—LINN.» (v. en la ficha 195)

«ESPECIE 5.ª—**El Cabete.**—*Trigla Minuta.*—LINN. Tres digitaciones; nuestro pez tiene en la cabeza espinas pequeñas y el dorso doblemente aquillado.» (p. 161)

«ESPECIE 10.—**El Rapete.**—*Trigla Spinosa.*—Sp. N. Las espinas de la aleta dorsal primera son más fuertes que en las demás especies de su género, y la primera [espina] ligeramente aferrada [aserrada] en su parte exterior.» (p. 161)

LISTA IMPRESA

«GÉNERO 29. *El Cabete,* Trigla Minuta *Lin.*» (p. 182)

«GÉNERO 29. *El Rapete,* Trigla Serrata *Lin.*» (p. 182)

LISTA DE BLOCH

«GÉNERO 3. *El Cabete,* Trigla Minuta   »   » (p. 188)

«GÉNERO 3. *El Rapete,* Trigla Serrata *Sp. N.*» (p. 188)

ESTADO ACTUAL

Lepidotrigla cavillone (Lacépède, 1801) — Lámina 156

Clase: Actinopteri, Orden: Perciformes, Familia: Triglidae

Citas en obras anteriores a Cabrera

Cauillone (Rondelet, 1558a: 233); *Trigla cavillone* (Lacépède, 1801: v. 6, p. 57)

ANÁLISIS

Etimológico

Trigla Minuta: {gr. *trigla, es*} v. en la ficha 151 + {lt. *minutus, a, um*} 'pequeño, delgado, de poca importancia' (*PE*), relativo al pequeño tamaño del pez.

Trigla Serrata: {gr. *trigla, es*} v. en la ficha 151 + {lt. *serratus, a, um*} en forma de sierra, con dientes' (*PE*), en relación con el borde aserrado del primer radio espinoso de la aleta dorsal.

Trigla Spinosa: {lt. *spinosus, a, um*} 'con espinas' (*PE*), relacionado con los dientes del borde aserrado del primer radio duro de la primera aleta dorsal.

Lepidotrigla cavillone: {gr. *lepis, idos*} 'escama', para señalar sus escamas muy adherentes del cuerpo y de la línea lateral, grandes y con tres puntas dirigidas hacia atrás + {gr. *trigla, es*} v. en la ficha 151 + {fr. *caville, cheville*} 'astilla de madera' (Rondelet, 1558a: 233), en relación, unido a su reducido tamaño, al parecido de la forma picuda de su cuerpo hacia la cola con los pequeños fragmentos homónimos que se producen en la madera al romperla con violencia.

Ictionímico

Cabrera recogió para esta especie los nombres de *cabete* y *rapete*. El primero pervive en el léxico marinero andaluz asociado a *Lepidotrigla cavillone* (*IA*: 356-357), la especie que examinó el religioso; el segundo ha desaparecido. El ictiónimo *cabete* viene del latín *caput* 'cabeza', que con este sufijo adopta el valor semántico de 'pezón, rabillo, pedúnculo' (*DCECH*) y alude metafóricamente al pequeño tamaño de *Lepidotrigla cavillone* (talla media unos 10 cm). En cuanto a *rapete*, sin duda es una variante gráfica de *cabete* y con el mismo contenido semántico. En este caso, podría hacer referencia a una forma diminutiva de *rape*, préstamo del catalán *rap* 'rape', que se remonta al latín *rapum* 'nabo redondo', voz con la que se hace referencia a la forma del cuerpo del pez, sobre todo su cabeza grande, que recuerda a la de la raíz de la planta crucífera con el mismo nombre común, *nabo* (*Brassica rapa* Linnaeus, 1753). Con los nombres de *bolivan* y *polizon* asociados al género *Trigla*, Löfling (1753) se refiere en Cádiz a un tríglido de «magnitude [...] minor», lo que permite pensar que se trataría de la especie en cuestión (De la Torre y Arias, 2012: 58 y 162). *Cabete* y *rapete* se documentan por primera vez como ictiónimos en Andalucía en los escritos de Cabrera.

Taxonómico

El *cabete* en Cádiz es, sin duda, *Lepidotrigla cavillone*, que suponemos fue la especie que examinó Cabrera, quien, siguiendo a Linneo (Gmelin, 1789: 1346) y a Bonnaterre (1788: 147), en la Memoria descriptiva denominó *Trigla minuta*, por su pequeño tamaño («digiti longitudine», de la longitud de un dedo, aclara Gmelin), pero no tuvo en cuenta que el sueco decía «Habita in India» y el francés indicaba asimismo «Les Indes orientales», con lo que la especie que examinaba no podía ser *Trigla minuta*. De hecho, este nombre no conduce hoy a ninguna equivalencia válida. Por otra parte, Cabrera incluyó una especie nueva para la ciencia, el *rapete*, que en la Memoria descriptiva llamó *Trigla Spinosa* y en la Lista impresa cambió por *Trigla Serrata*. El primer nombre es hoy un sinónimo de *Chelidonichthys spinosus* (McClelland, 1844), un tríglido del noroeste del Pacífico [este autor describe la especie como *Trigla spinosa*, y cabría pensar si tomó este nombre de Cabrera o fue solo una casualidad]. Por la descripción que hace Cabrera de *Trigla Spinosa*, probablemente se refería también a *Lepidotrigla cavillone*, ya que el carácter de «la primera [espina] ligeramente aferrada [aserrada] en su parte exterior» es propio de esta especie, con lo que no cabe la inclusión de *Trigla Spinosa* como Sp. N. *Trigla Serrata* de la Lista impresa lo atribuye erróneamente a Linneo. Este nombre se menciona en Fricke *et al.* (2023) como citado por Günther en 1860, pero no está consultado en dicha publicación.

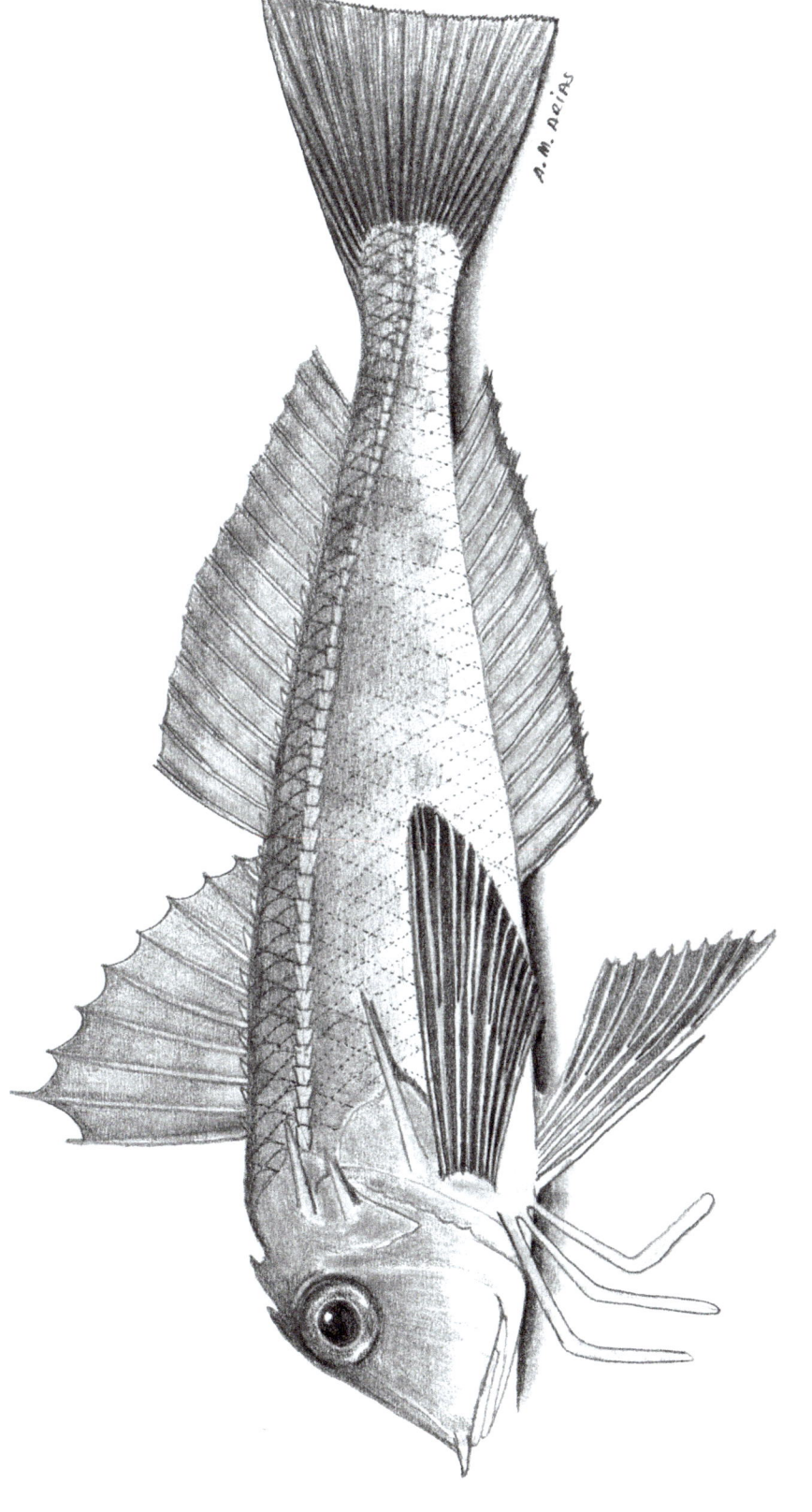

Lepidotrigla cavillone (Lacépède, 1801) - Cabete, Rapete

APORTACIÓN DE CABRERA

LISTA MANUSCRITA

Garneo

MEMORIA DESCRIPTIVA

«GÉNERO.—*Trigla*.—LINN.» (v. en la ficha 195)

«ESPECIE 4.ª—**El Garneo**.—*Trigla Lira*.—LINN. Tres digitaciones; narices tubulosas; sobre cada ojo una espina corva.» (p. 160)

LISTA IMPRESA

«GÉNERO 29. *El Garneo*, Trigla Lira *Lin*.» (p. 182)

LISTA DE BLOCH

«GÉNERO 3. *El Garneo*, Trigla Lira   » » (p. 188)

COLECCIÓN INSTITUTO

«43. *Trigla lyra* L.» (De Buen, 1919: 253)

ESTADO ACTUAL

Trigla lyra Linnaeus, 1758 — Lámina 157

Clase: Actinopteri, Orden: Perciformes, Familia: Triglidae

Citas en obras anteriores a Cabrera

Gronau, *Lyra* (Rondelet, 1558a: 235-236); *Lyra prior* (Willoughby, 1686: 282); *Trigla* (9.) (Artedi, 1738: 74); *Trigla lyra* (Linnaeus, 1758: 300); *Trigla Lyra* (Bonnaterre, 1788: 145; pl. 60, fig. 235); *Trigla lyra* (Linnaeus, en Gmelin, 1789: 1342); *Trigla Lyra* (Bloch, 1793: v. 4, p. III; pl. CCCL)

ANÁLISIS

Etimológico

Trigla lyra: {gr. *trigla*, *es*} v. en la ficha 151 + {lt. *lyra*} 'lira', se refiere a los ruidos característicos que emiten estos peces, que recuerdan al sonido del instrumento musical homónimo, como dice Gesner (1560: 32) al respecto: «En efecto, el sonido que exhala este pez, o estridor, se atribuye a Aristóteles. Por coincidencia con el mismo sonido que la lira exhala se le llamó por onomatopeya, pues la lira es instrumento sonoro; y es tal el sonido que Aristóteles lo llamó *gryllismos*: que tal palabra, bien por omitir las letras unos [autores] o por cambiarlas otros, coincide con lira». Por otro lado, la similitud de los apéndices rostrales del pez con los brazos de una lira antigua está también en el origen del epíteto *lyra*, como indica Rondelet (1554: 45) y (1558b: 518), cuando dice, respectivamente, que: «lleva dos probóscides largas, de la figura de la lira de los antiguos» y «cuyo morro se bifurca como la lira de los antiguos».

Ictionímico

Garneo es una variante castellanizada del catalán *garneu* que, según Veny (1992: 69-76), tiene por origen el occitano *gronard* 'gruñidor', derivado de *gronir*, del latín *grŭnnīre* 'gruñir', ya que la motivación semántica del ictiónimo son los gruñidos que producen estos peces al sacarlos del agua. No en vano, el epíteto del nombre científico del pez, *lyra*, alude a un «sonido característico» (Barriuso, 1986: 159). En Andalucía, *garneo* se documenta por primera vez como ictiónimo en los textos de Cabrera.

Taxonómico

El elemento «*Garneo-Trigla Lira*» de la aportación de Cabrera nos lleva a que la especie que examinó el religioso fue *Trigla lyra*. Esta especie es fácil de distinguir entre los tríglidos de nuestras aguas por algunos de sus llamativos caracteres morfológicos, como las grandes espinas cleitrales, el morro marcadamente dividido en dos 'cuernos' o su color rojo vivo, entre otros. Sin embargo, Cabrera no los considera en su descripción porque se limita a reproducir la frase linneana: «digitis ternis, naribus tubulosis».

Trigla lyra Linnaeus, 1758 - Garneo
(Dibujo basado en una fotografía sin autor, en pecesmediterraneo.com, y en fotos propias)

APORTACIÓN DE CABRERA

MEMORIA DESCRIPTIVA

«GÉNERO.—*Trigla.*—LINN.» (v. en la ficha 151)

«ESPECIE 1.ª—**El Armadillo.**—*Trigla Cataphracta.*—LINN. Dos digitaciones, el cuerpo cubierto de láminas huesosas y anguloso.» (p. 160)

LISTA IMPRESA

«GÉNERO 29. *El Armado*, Trigla Cataphracta *Lin.*» (p. 182)

LISTA DE BLOCH

«GÉNERO 3. *El Armado*, Trigla Catafracta *Lin.*» (p. 188)

COLECCIÓN INSTITUTO

«46. *Peristedion cataphractum* (L.)» (De Buen, 1919: 253)

ESTADO ACTUAL

Peristedion cataphractum (Linnaeus, 1758) — Lámina 158
Clase: Actinopteri, Orden: Perciformes, Familia: Peristedidae

Citas en obras anteriores a Cabrera

Malarmat, Cataphractum (Rondelet, 1558a: 236); *Lyra altera* (Willoughby, 1686: 283; Tab: S.3); *Trigla* (10.) (Artedi, 1738: 75); *Armado, malarmado, Trigla coccyx, Trigla arterie* (Löfling, 1753); *Trigla cataphracta* (Linnaeus, 1758: 300); *Trigla Cataphracta* (Bonnaterre, 1788: 145; pl. 59, fig. 234); *Trigla cataphracta* (Linnaeus, en Gmelin, 1789: 1341); *Trigla Cataphracta* (Asso, 1801: 45)

ANÁLISIS

Etimológico

Trigla Cataphracta: {gr. *trigla, es*} v. en la ficha 151 + {gr. *kataphraktos, os, on*} 'encerrado en una armadura, protegido por una defensa' (D'Orbigny: 1841), en referencia a las placas óseas con crestas y espinas que recubren el cuerpo de estos peces, que forman una especie de coraza.

Peristedion cataphractum: {gr. *peri*} 'alrededor' + {gr. *stethion*} diminutivo de {gr. *stethos, eos, ous*} 'pecho, esternón' (Jordan and Evermann, 1898, II: 2178), que viene a señalar la protección que tienen el pez rodeando el pecho, como si tuviera un escudo o una cota de mallas + {gr. *kataphraktos, os, on*} v. más arriba.

Ictionímico

La voz *armado* en los ámbitos pesqueros de Cádiz (y de Andalucía) remite indefectiblemente a *Peristedion cataphractum* (*IA*: 358-359). Ninguna otra especie de pez de nuestras aguas recibe esta denominación. *Armado* deriva de la palabra latina *arma*, que da lugar al derivado castellano *armadura*, semánticamente relacionado con *armado* porque alude al cuerpo del pez totalmente cubierto de placas duras, osificadas, que lo protegen como si llevara una coraza o armadura. No en vano el epíteto de su nombre científico (*cataphractum*) hace referencia a las antiguas unidades militares romanas de caballería, o *catafractos*, cuyos jinetes y caballos iban protegidos por armaduras. Recordemos al *armadillo* (*Dasypus novemcinctus* Linnaeus, 1758), mamífero terrestre, que comparte esta característica con el pez. Dicha asociación se refuerza con la presencia de numerosas espinas y aguijones por todo el cuerpo, hecho que hace creer a los pescadores que el pez se defiende con estas *armas*, es decir, que está *armado*. En la forma *armado*, se documenta por primera vez como ictiónimo en Andalucía en el manuscrito de Löfling (1753). Tal vez por olvido del escriba, los dos nombres comunes que recoge Cabrera (*armado* y *armadillo*) no aparecen en la Lista manuscrita. Curiosamente, Cabrera no recogió el nombre de *malarmado*, que es también muy frecuente para esta especie en el litoral andaluz (*IA*: 359) y que ya Löfling, más de sesenta años antes, registró durante su estancia de tres meses en esta localidad y en El Puerto de Santa María. El derivado *armadillo* se documenta por primera vez en los escritos de Cabrera.

Taxonómico

Los elementos (sinónimo científico, descripción, ictiónimo) de la aportación de Cabrera son válidos y nos conducen a que la especie que examinó fue *Peristedion cataphractum*, un pez fácilmente reconocible por su cuerpo cubierto de escudetes osificados y por su largo rostro bifurcado en sendas expansiones paralelas.

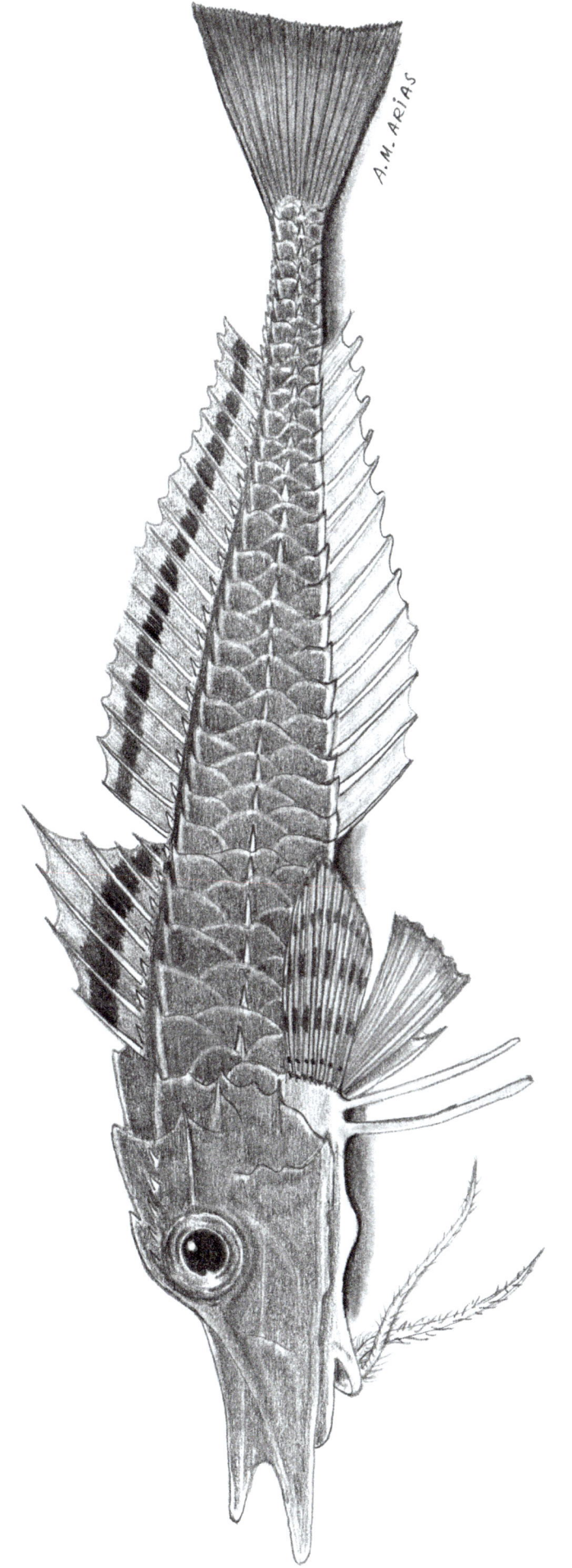

Peristedion cataphractum (Linnaeus, 1758) - Armado, Armadillo

---

APORTACIÓN DE CABRERA

LISTA MANUSCRITA

MEMORIA DESCRIPTIVA

«GÉNERO.—*Balaena*. En lugar de dientes tiene una lámina córnea en la mandíbula superior; sus respiraderos son dos sobre la cabeza; la cola horizontal; el sexo masculino visible.» (p. 173)

«ADDENDA. ESPECIE.—*La Ballena*. No frecuenta estos mares, pero el año de....., arrojó el mar á la playa muerta una que era Balaena Misticetus. Su cabeza enorme, pues ocupaba una tercera parte de su cuerpo que era de 20 varas [unos 17 m]; la boca grandísima; por encima del dorso negra y blanca por debajo.» (p. 173)

LISTA IMPRESA

«GÉNERO 48. *La Ballena*, Ballena Misticerus *Lin*.» (p. 186)

ESTADO ACTUAL

Balaena mysticetus Linnaeus, 1758 — Lámina 159

Clase: Mammalia, Orden: Cetartiodactyla, Familia: Balaenidae

Citas en obras anteriores a Cabrera

Balene vulgaire (Rondelet, 1558a: 351; L. XVI, c. VII); *Balaena* (Willoughby, 1686: 35); *Balaena* (l.) (Artedi, 1738: 106); *Balaena Mysticetus* (Linnaeus, 1758: 75); *Balaena Mysticetus* (Linnaeus, en Gmelin, 1789: 223)

ANÁLISIS

Etimológico

Ballena Misticerus: {gr. *phalainan*} o {gr. *phalaina, as*} 'ballena, animal grande y voraz' (Rondelet, 1558b: 117), también {*ballein*} 'lanzar', «pues lanzan agua y producen remolinos» (Rondelet, 1558b: 121) + v. *mysticetus* a continuación.

Balaena mysticetus: {gr. *phalainan*} v. más arriba + {gr. *mystax, akos*} 'labio superior, bigote' (Sebastián, 1964), en referencia a las barbas o láminas de queratina que cuelgan del labio superior, que, en realidad, es una prolongación del cráneo.

Ictionímico

La voz *Ballena* que utilizó Cabrera es un hiperónimo que se refiere a un conjunto de mamíferos marinos de gran tamaño, lo que puede ocasionar confusiones y denominar *ballenas* a especies que no lo son. Nuestro autor no se confundió y designó con el nombre de ballena a la especie que realmente lo era. El ictiónimo *ballena* procede del latín *ballaena*. Se documenta por primera vez en Andalucía en un *Ordenamiento* del puerto de Sevilla en 1302 (Mondéjar, 1977: 302), al referirse a la carne de cetáceos procedente de los barcos balleneros que arribaban a algún puerto de mar próximo a Sevilla. Cabrera escribió claramente «Ballena», como se ve en la reproducción del ictiónimo extraída de la Lista manuscrita, pero en Martín Ferrero (1997: 311) se transcribió como «Ballenos».

Taxonómico

Cabrera describió correctamente un ejemplar de *Balaena mysticetus* que apareció varado en una playa, suponemos que de Cádiz. Se trataría de la conocida hoy como ballena de Groenlandia o ballena boreal, un cetáceo que vive en el Ártico y no realiza migraciones como otras especies. Cabría pensar entonces que su cuerpo fue arrastrado hacia el sur por las corrientes marinas atlánticas. En la descripción del género, Cabrera menciona «una lámina córnea en la mandíbula superior», pero debe entenderse que se refiere a las múltiples láminas córneas, o barbas, características de los misticetos, de las que esta especie posee más de un centenar, no una sola, de unos 4 m de longitud cada una. Linneo escribe «Balaena Myfticetus», pero Cabrera, en la Addenda de la Memoria descriptiva transcribe «Balaena Misticetus», y en la Lista impresa *«Balaena Misticerus»*. Llama la atención que Cabrera dejase un espacio de cinco puntos suspensivos en el lugar donde quería indicar el año en el que el mar arrojó a la playa a la ballena muerta que observó. Tal vez ocurrió mucho tiempo antes y no lo recordaba, o esperaba preguntar a alguien para recuperarlo.

Balaena mysticetus Linnaeus, 1758 - Ballena

(Dibujo basado en fotografías sin autor, International Wales Commision y www.handbook.iwc.int)

LÁMINA 159

APORTACIÓN DE CABRERA

LISTA MANUSCRITA

MEMORIA DESCRIPTIVA

«GÉNERO.—*Delphinus*.—LINN. Con dientes en ambas mandíbulas; el cuerpo prolongado; con hocico en la parte anterior de la cabeza; por la parte superior posee un respiradero por donde arroja el agua; la cola horizontal; el sexo masculino exteriormente visible.» (p. 173)

«La Tonina es el Delphinus.—*Phocena*.» (p. 159)

«ADDENDA. PECES. ESPECIE.—**La Tonina**.—*Delphinus Phocœna*.—LINN. El cuerpo cónico; el dorso ancho; el hocico casi obtuso, negro cerúleo por encima, por debajo blanco, la cola ahorquillada horizontal.» (p. 173)

LISTA IMPRESA

«GÉNERO 47. *La Tonina*, Delphinus Phocena *Lin*.» (p. 186)

ESTADO ACTUAL

Phocoena phocoena (Linnaeus, 1758) — Lámina 160

Clase: Mammalia, Orden: Cetartiodactyla, Familia: Phocoenidae

Citas en obras anteriores a Cabrera

Marsouin (Rondelet, 1558a: 350; L. XVI, c. VI); *Phocoena* (Willoughby, 1686: 31; Tab: A.1.2); *Delphinus* (1.) (Artedi, 1738: 104); *Delphinus Phocoena* (Linnaeus, 1758: 77); *Delphinus Phocoena* (Linnaeus, en Gmelin, 1789: 229)

ANÁLISIS

Etimológico

Delphinus Phocoena: {gr. *delphis, inos*} 'delfín' (Sebastián, 1964) + {gr. *phokaina, es*} 'marsopa' (Sebastián, 1964).

Phocoena phocoena: v. anterior.

Ictionímico

Aunque etimológicamente *tonina* viene de *thŭnnīna*, latín *Thunnus* 'atún', en Andalucía se recoge con el valor semántico de 'delfín', posiblemente porque los delfines y los atunes son de tamaños y formas similares. Así, aunque en el *Diario de Colón* (Alvar, 1976: I-73 y 224) —donde *tonina* se documenta por primera vez en Andalucía—, cabe la posibilidad de que *tonina* se refiriera a *delfín*, ya que también se nombran varias veces por separado las voces *atún* y *atunes*, y en el *ALEA* (mapa 1156) se cite *tonina* asociado a *Delphinus delphis* (el *delfín común*); Cabrera, que sigue a Linneo, estaba refiriéndose a otra especie distinta al delfín común: «*Delphinus Phocoena*». Con la forma gallega *toñina* se designa a la marsopa común (*Phocoena phocoena*), la especie que examinó Cabrera y que hoy pertenece a la familia Phocoenidae.

Taxonómico

Esta especie, bien descrita por el religioso, habita cerca de la costa y a veces se introduce en los estuarios. De hecho, en Duque (1977: 58) se habla de que, a finales del siglo XIX, un «escuadrón de marsopas» había entrado en el Guadalquivir y remontaba el Brazo de la Torre. En la Memoria descriptiva Cabrera la denomina *Tonina* dos veces, una (p. 159), al final de todas las descripciones de las especies del género *Scomber*, donde recalca en negritas que «**La Tonina es el Delphinus***—*Phocena*.», como queriendo decir que, aunque lo mencione dentro de los escómbridos no lo es; y otra en la Addenda, en un apartado denominado peces (p. 173), donde ya lo asocia a *Delphinus Phocoena*.

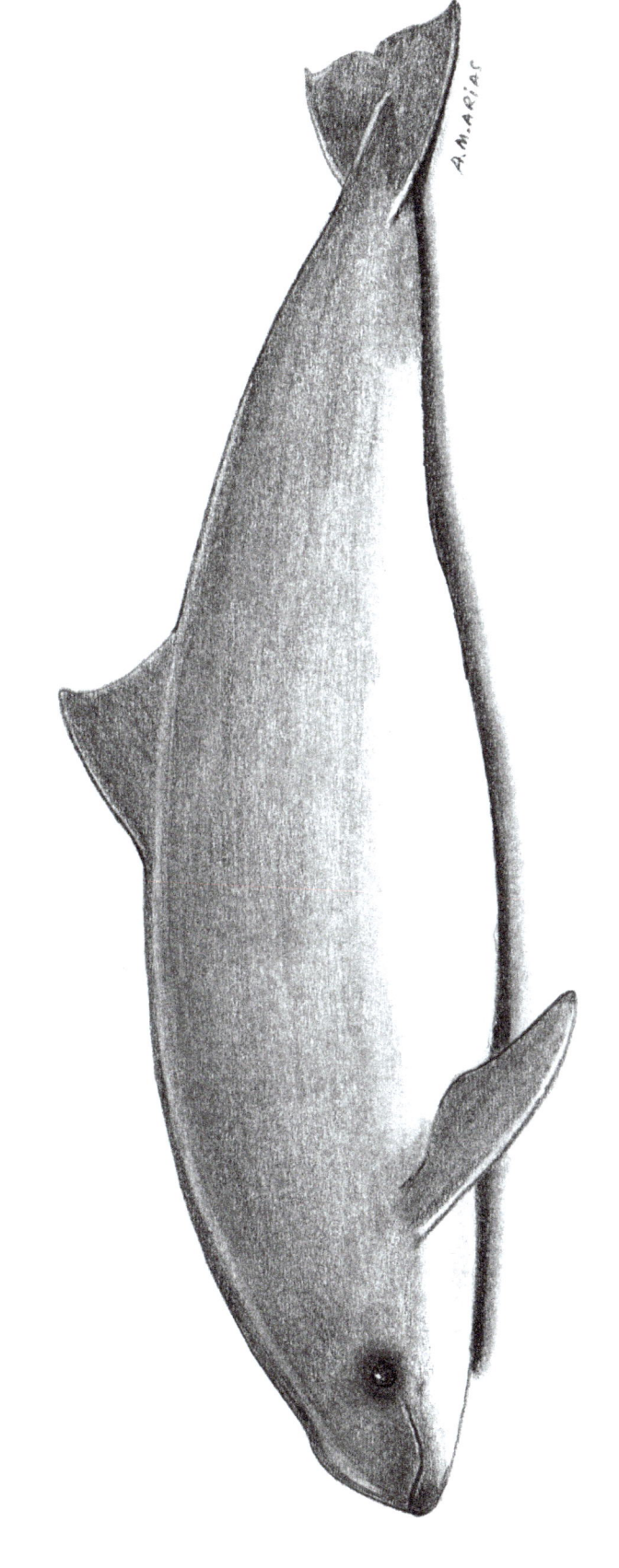

Phocoena phocoena (Linnaeus, 1758) - Tonina

(Dibujo basado en fotografías sin autor, en Universal Images Group North America LLC y Alamy.es)

APORTACIÓN DE CABRERA

LISTA MANUSCRITA

MEMORIA DESCRIPTIVA

«GÉNERO.—*Delphinus.*—LINN.» (v. en la ficha anterior)

«ADDENDA. ESPECIE 2.ª—**El Espadarte**.—*Delphinus Orca.*—LINN. Suele perseguir a los atunes; el hocico elevado para arriba y una aleta dorsal dura, angosta y larga de dos varas [unos 1,7 m], de que se sirve como de arma y de donde le viene el nombre vulgar; llega hasta seis u ocho varas de tamaño [de 5 a 7 m].» (p.173)

LISTA IMPRESA

«GÉNERO 47. *El Espadarte*, Delphinus Orca *Lin.*» (p.186)

ESTADO ACTUAL

Orcinus orca (Linnaeus, 1758) — Lámina 161

Clase: Mammalia, Orden: Cetartiodactyla, Familia: Delphinidae

Citas en obras anteriores a Cabrera

Espaular, Orca (Rondelet, 1558a: 351; L. XVI, c. IX); *Orca* (Willoughby, 1686: 40); *Delphinus* (3.) (Artedi, 1738: 106); *Delphinus Orca* (Linnaeus, 1758: 77); *Delphinus Orca* (Linnaeus, en Gmelin, 1789: 231)

ANÁLISIS

Etimológico

Delphinus Orca: {gr. *delphis, inos*} 'delfín' (Sebastián, 1964) + {lt. *orca, ae*} 'orca', 'un tipo de ballena' (*PE*), pero también 'jarra o tonel' (Tirira, 2004: 78), por la forma redondeada de su tronco.

Orcinus orca: etimología imprecisa: {gr. *orkynos, ou*} 'un tipo de atún, al que gusta el fango o el barro' (Aldrovandi, 1638: 308) y 'especie de grueso túnido' (Barriuso, 1986: 455), en la que el sufijo {*-inus*} indica 'parecido a' + {lt. *orca, ae*} 'orca', v. más arriba.

Ictionímico

Espadarte, voz que se documenta por primera vez como ictiónimo en Andalucía en 1505 (*Vocabulista* de Alcalá, Torres, 1990: 46) y que fue el nombre recogido por Cabrera para designar a su *Delphinus Orca*, viene del latín *spatha* 'espátula, espada' (Barriuso, 1986: 455), en referencia a la larga, estrecha, puntiaguda y rígida aleta dorsal, especialmente desarrollada en los machos adultos, que se identifica metafóricamente con una espada. Nuestro autor lo utiliza porque diferenciaba claramente el *Espadarte* (*Orcinus orca*) del *Pez-Espada* (*Xiphias gladius*, 79). En sus descripciones asociaba el primer nombre a una especie que posee «una aleta dorsal dura, angosta y larga de dos varas de que se sirve como de arma y de donde le viene el nombre vulgar» y el segundo a otra que tiene «la [mandíbula] superior terminada en una espada huesosa de dos filos». Otros autores también las distinguían con facilidad. Así, Medina Conde (1789: 220) define al *esparte* (o *espadarte*) como «pez grande parecido a la *Tollina*: tiene una aleta sobre el lomo muy cortante: es enemigo del *Atun*, al que persigue de muerte, pues lo parte con la cuchilla de la aleta dorsal». Por su parte, Miravent (1850: 15), más moderado, se aproxima a la realidad del comportamiento de la especie cuando dice del *Espadarte* que es un «animal cetáceo, [...]. Su gran volumen será el de doce Atunes, y su principal alimento lo es el mismo Atun. Es obra de pocos momentos el devorar y comerse uno. Estos mónstruos persiguen de muerte à los Atunes: parecen pastores, que cuando el Atun emprende su viage, lo preceden, lo acompañan ó lo siguen: ó digamos mejor, que son feroces piratas que continuamente navegan en su seguimiento, y cual diestros marinos eligen de antemano, para hacer su crucero, los puntos por donde deben pasar, para caer como un rayo sobre el Atun, que se separa ó se descuida [...]. Es tan veloz el *Espadarte* en su carrera, que en pocos instantes caen entre sus gruesas y devorantes muelas. [...] tiene este mónstruo marino la cola, no en la misma linea y direccion de sus aletas, como la tienen todos los peces, sino horizontal [...]. En su cabeza tiene un agujero, por el que arroja à grande altura, un caño de agua cuando respìra». Cabe señalar que la voz *espadarte* se recogió ocasionalmente en Andalucía como sinónimo de *pez espada*, *Xiphias gladius* (Navarrete, 1898: 163; *NOE*, 1965: 121; *LMP*, 1989: mapa 633; Crespo y Ponce, 2003: 137) e incluso para denominar, erróneamente, al *pez martillo* (*Sphyrna zygaena*, *LMP*, mapa 654). Sin embargo, en la actualidad ha desaparecido del léxico marinero andaluz asociado a *Xiphias gladius* (*IA*: 387).

Taxonómico

Las referencias a la morfología y tamaño de este cetáceo son correctas, por lo que cabe pensar que Cabrera examinó algún ejemplar de *Orcinus orca*, tal vez capturado accidentalmente por los pescadores o varado en una playa, como en el caso anterior de la ballena.

Orcinus orca (Linnaeus, 1758) - Espadarte

(Dibujo basado en una ilustración sin autor, en NOAA United States. National Marine Fisheries Service)

LÁMINA 161

APORTACIÓN DE CABRERA

LISTA MANUSCRITA

MEMORIA DESCRIPTIVA

«GÉNERO.—*Sepia*. Cuerpo carnoso, envainado sobre la cabeza, y junto á ella cierto número de hilos gruesos y largos que terminan en verrugas; la boca entre los hilos, terminal córneo.» (p.172)

«ADDENDA. ESPECIE 2.ª—**El Calamar**.—*Sepia Loligo*. Su cuerpo es casi cilíndrico, aguzado en su remate; cubierto en él de una túnica romboidal; su escama interior es cartilaginosa; tiene menos tinta que la Xivia. El color rojizo blanquecino.» (p.172)

LISTA IMPRESA

«GÉNERO 49. *El Calamar*, Sepia Loligo *Lin*.» (p.186)

ESTADO ACTUAL

Loligo vulgaris Lamarck, 1798 — Lámina 162

Clase: Cephalopoda, Orden: Myopsia, Familia: Loliginidae

Citas en obras anteriores a Cabrera

Loligo magna (Rondelet, 1558a: 369; L. XVII, c.III); *Calamar, caramar* (Löfling, 1753); *Sepia Loligo* (Linnaeus, 1758: 659); *Sepia Loligo* (Cornide, 1788: 182); *Sepia Loligo* (Linnaeus, en Gmelin, 1789: 3150); *Calamar* (Medina Conde, 1789: 212); *Loligo vulgaris* (Lamarck, 1798: 130); *Sepia Loligo* (Linnaeus, en Gmelin, 1791: 3150)

ANÁLISIS

Etimológico

Sepia loligo: {gr. *sepia, es*} 'tinta' (Rondelet, 1558b: 852) y {lt. *sepia, ae*} 'tinta' (Belon, 1553: 334), relativo a la secreción negruzca que arroja el animal en su huida para confundir a los depredadores y del que se obtiene un pigmento de color marrón oscuro conocido como color sepia + {lt. *loligo, lolligo, inis*} 'calamar' (*PE*).

Loligo vulgaris: {lt. *loligo, lolligo, inis*} v. anterior + {lt. *vulgaris, is*} 'general, común, habitual, abundante' (*PE*).

Ictionímico

En la época de Cabrera y en aguas andaluzas, lo que este designó con el ictiónimo *calamar* podía referirse a dos especies de cefalópodos muy parecidas (*Loligo vulgaris* y *Loligo forbesi*), ya que ambas encajan perfectamente con su descripción. Sin embargo, entonces solo la primera de ellas era conocida científicamente y estaba descrita en la obra de Linneo desde 1758: «corpore fubcilindrico fubulato, cauda ancipiti-rhombea» (cuerpo subcilíndrico terminado en punta, con una aleta doble en forma de rombo), que coincide con parte de la descripción del religioso. La segunda especie se describió casi un siglo después, en 1856, por Johannes Steenstrup (1813-1897), biólogo danés, y por tanto Cabrera no tenía conocimiento de su existencia. En consecuencia, debemos convenir en que lo que Cabrera examinó bajo el nombre *calamar* era *Loligo vulgaris*, el calamar común. *Calamar* procede del italiano dialectal *calamaro* 'tintero' y 'calamar', que llega hasta el castellano desde el catalán *calamar*. *Calamaro*, a su vez, deriva del latín *calămus* 'pluma', que hace referencia a la «escama interior cartilaginosa» que menciona Cabrera. La asociación semántica entre 'tintero' y 'calamar' se establece por la tinta negra que expulsa el animal por el sifón para camuflarse y huir cuando se siente en peligro. La primera documentación de *calamar* como ictiónimo en Andalucía la encontramos en el año 1505, en el *Vocabulista* de Alcalá (Torres, 1990: 45), donde se registra como *calamar pescado* y *calamar grande*.

Taxonómico

La descripción y la nomenclatura científica asignada, *Sepia Loligo*, sinónimo válido de *Loligo vulgaris*, conducen también a que esta fue la especie que examinó Cabrera. Llama la atención que el chiclanero no mencionó el número exacto de brazos (8) y tentáculos (2) de estos moluscos y se limitó a decir un «cierto número», como si le parecieran muchos y difíciles de contar.

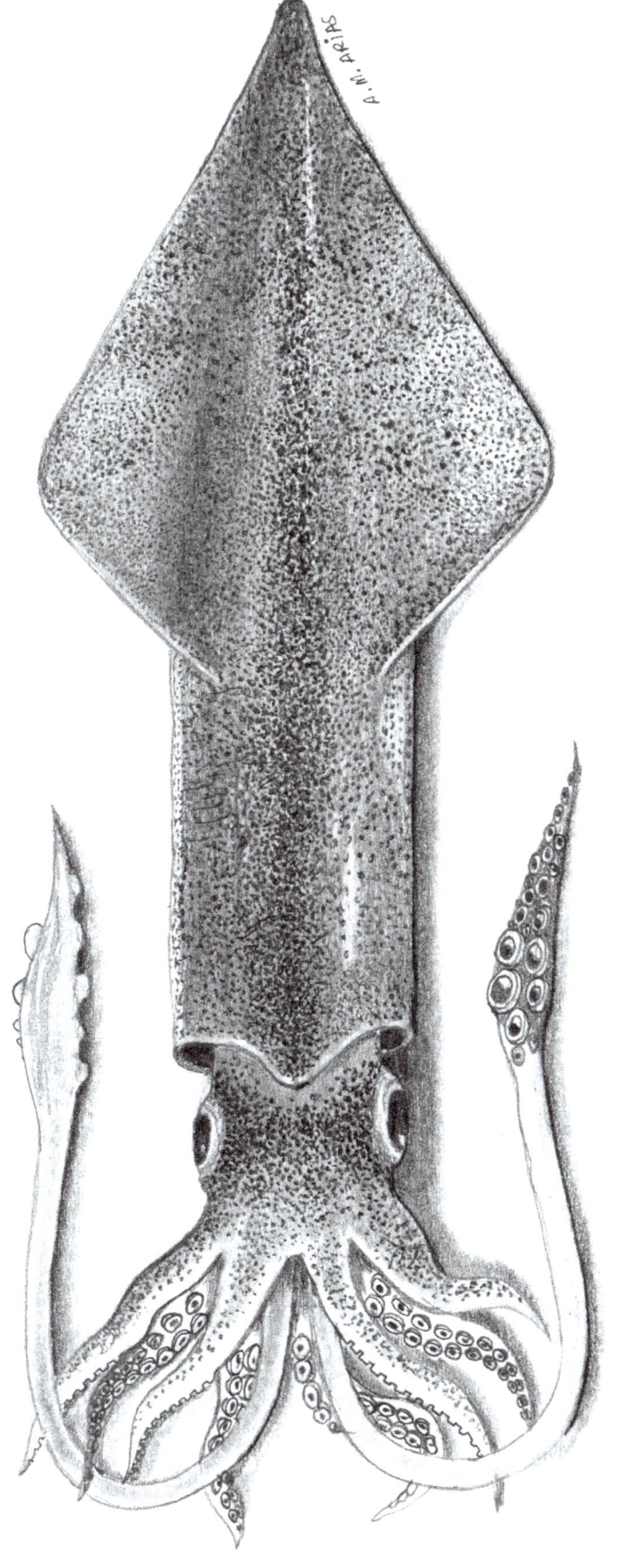

Loligo vulgaris Lamarck, 1798 - Calamar

APORTACIÓN DE CABRERA

LISTA MANUSCRITA

MEMORIA DESCRIPTIVA

«ADDENDA. ESPECIE.—**El Pulpo**.—*Sepia Octopus.* El cuerpo sin túnica; el abdómen aovado, convexo; el color de tierra.» (p.172)

LISTA IMPRESA

«GÉNERO 49. *El Pulpo*, Sepia Octopus *Lin.*» (p.186)

ESPECIE ACTUAL

Octopus vulgaris Cuvier, 1797 — Lámina 163

Clase: Cephalopoda, Orden: Octopoda, Familia: Octopodidae

Citas en obras anteriores a Cabrera

Poulpe, Polypus (Rondelet, 1558a: 371); *Porpo* (Löfling, 1753); *Sepia Octopodia* (Linnaeus, 1758: 658); *Polypus* (Cornide, 1788: 183); *Sepia Octopus* (Linnaeus, en Gmelin, 1789: 3149); *Pulpo* (Medina Conde, 1789: 248); *Sepia octopus* (Linnaeus, en Gmelin, 1791: 3149); *Octopus vulgare* (Cuvier, 1797: 381)

ANÁLISIS

Etimológico

Sepia Octopus: {lt. *sepia*} v. en la ficha anterior + {gr. *okto*} 'ocho' + {gr. *pous, podos*} 'pie' (Sebastián, 1964), en referencia a sus ocho tentáculos.

Octopus vulgaris: {gr. *okto*} + {gr. *pous, podos*} v. más arriba + {lt. *vulgaris, is*} 'general, común, habitual, abundante' (*PE*).

Ictionímico

En nuestras aguas se capturan tres especies de cefalópodos que reciben el nombre común de *pulpo*: *Octopus vulgaris*, *Eledone moschata* y *Eledone cirrosa*. Solo la primera de ellas es denominada así en todos los puertos andaluces y es considerada el pulpo auténtico, verdadero; las otras dos, de tamaño y calidad gastronómica considerablemente inferiores, reciben mayoritariamente nombres relativos a estas características, como *pulpo maricón, pulpo hediondo, pulpo almizqueño, pulpo blanco...*, entre otros muchos (*IA*: 784-789). El origen de la voz *pulpo* está en el latín *polypus*, que a su vez deviene de la palabra griega *polypous*, cuyo significado es 'de muchos (*polloi*) pies (*podes*)' (*DCECH*), por los ocho brazos que poseen estos cefalópodos. Medina Conde (1789: 240) definía a la especie como de «muchos pies, [...] ni tienen escamas ni piel áspera, [...] y careciendo de sangre». En Andalucía el ictiónimo *pulpo* se documenta por primera vez en 1418 en la *Sevillana Medicina* de Aviñón (1418: 135).

Taxonómico

Aunque la descripción de la especie que hace Cabrera es muy general y serviría para las tres especies mencionadas en el apartado anterior, «El cuerpo sin túnica» que menciona Cabrera se refiere a que el manto, o saco que cubre las vísceras, no forma extensiones externas o aletas, como en la sepiola o en el calamar. El «abdómen aovado» hace referencia también a todo cuerpo, al manto. El «color de tierra» es una de las múltiples coloraciones que pueden adoptar estas especies miméticas, cuyo tegumento, como es bien sabido, adapta su aspecto externo al del entorno en el que el animal se encuentra. Pese a ello, no tenemos dudas de que la especie que examinó fue *Octopus vulgaris*, conocida desde la Antigüedad, fácil de identificar y la única que figuraba en la obra de Linneo. Las otras dos se describieron bastantes años después, en 1789, por Jean-Baptiste Lamarck (1744-1829), naturalista francés. Por otra parte, cabe decir que, tal vez por un error de transcripción, en la Memoria descriptiva *Octopus vulgaris* está ubicada fuera del apartado «Género.—*Sepia*.», en el que Cabrera incluye las otras tres especies de cefalópodos que determinó (*Loligo vulgaris, Sepia officinalis* y *Sepiola rondeletii*).

Octopus vulgaris Cuvier, 1797 - Pulpo

APORTACIÓN DE CABRERA

LISTA MANUSCRITA

MEMORIA DESCRIPTIVA

«GÉNERO.—*Sepia.*» (v. en la ficha 162)

«ADDENDA. ESPECIE 1.ª—**La Xivia.**—*Sepia Oficinalis.* El cuerpo sin túnica sobrepuesta, tiene dentro una especie de escama huesosa á lo largo del dorso; posee una vejiguilla de cierto licor negro que arroja de su cuerpo para ocultarse contra sus enemigos. El color blanco.» (p. 172)

LISTA IMPRESA

«GÉNERO 49. *La Xivia*, Sepia Oficinalis *Lin.*» (p. 186)

ESPECIE ACTUAL

Sepia officinalis Linnaeus, 1758 — Lámina 164
Clase: Cephalopoda, Orden: Sepiida, Familia: Sepiidae

Citas en obras anteriores a Cabrera

Sepio (Rondelet, 1558a: 366; L. XVII, c. I); *Choco, sepia* (Löfling, 1753); *Sepia officinalis* (Linnaeus, 1758: 658); *Sepia, Xibias* (Cornide, 1788: 180); *Sepia Officinalis* (Linnaeus, en Gmelin, 1789: 3149); *Xibia* (Medina Conde, 1789: 268); *Sepia officinalis* (Linnaeus, en Gmelin, 1791: 3149)

ANÁLISIS

Etimológico

Sepia officinalis: {lt. *sepia*} v. en la ficha 162 + {lt. *officinalis, is*} en relación con el uso que se hace del animal, ya sea medicinal, económico, alimentario, artificial o preparado (Forster, 1788: 220); en el pasado la concha de la sepia se empleó en medicina (Barriuso, 1986: 388).

Ictionímico

Cabrera recogió *xivia*, que es la forma antigua de la voz *jibia*, forma generalizada en todo el litoral andaluz (*IA*: 754-755). Muchos informantes indican que se llama *jibia* a los ejemplares de gran tamaño o también «de medio kilo para adelante», como especifican en Cádiz. *Jibia* es una voz tomada del mozárabe *xibia*, que procede el latín *sēpia*, y esta deviene del griego *sepia* (*DCECH*). La primera documentación de la voz *jibia* en Andalucía la encontramos como *xibia*, en 1418 en la *Sevillana Medicina* (Aviñón, 1418: 135). Como *jibias frescas* aparece en la *Historia de Sevilla* de 1535, de Luis de Peraza (Morales, 1996: 108). En el siglo XVII, en un documento de precios del pescado en Sanlúcar de Barrameda, Muñoz (1972: 80) la recoge como *gibia*. Citado así también por Miravent (1850: 39) en Isla Cristina, dentro de lo que este autor llama «Peces sin sangre». No obstante, el nombre más frecuente de *Sepia officinalis* en Andalucía es *choco*, nombre que en la aportación de Cabrera aparece extrañamente asociado a *Sepiola rondeletii* (165), un cefalópodo más pequeño y de aspecto diferente, debido tal vez a un trastoque en la transcripción de la información en el trabajo de Graells.

Taxonómico

La *Xivia* o *Sepia officinalis* es un cefalópodo fácil de reconocer, que Cabrera identificó y describió correctamente. Sin embargo, interpretó que su cuerpo no tiene «túnica sobrepuesta», es decir, que no tiene 'aletas' que sobresalen del cuerpo tan claramente como en el calamar o la sepiola, porque consideró que el repliegue cutáneo que rodea el manto no es una aleta propiamente dicha, tal vez basándose en la descripción de Linneo que indicó: «Sepia officinalis. [...] corpore ecaudato marginato», es decir, cuerpo con un margen truncado, o, en otras palabras, cuerpo rodeado de un margen o repliegue truncado o escotado en su extremo posterior. En un texto de la época de Cabrera se describe como: «cuerpo sin cola, con un reborde» (Poiret, 1789: 7).

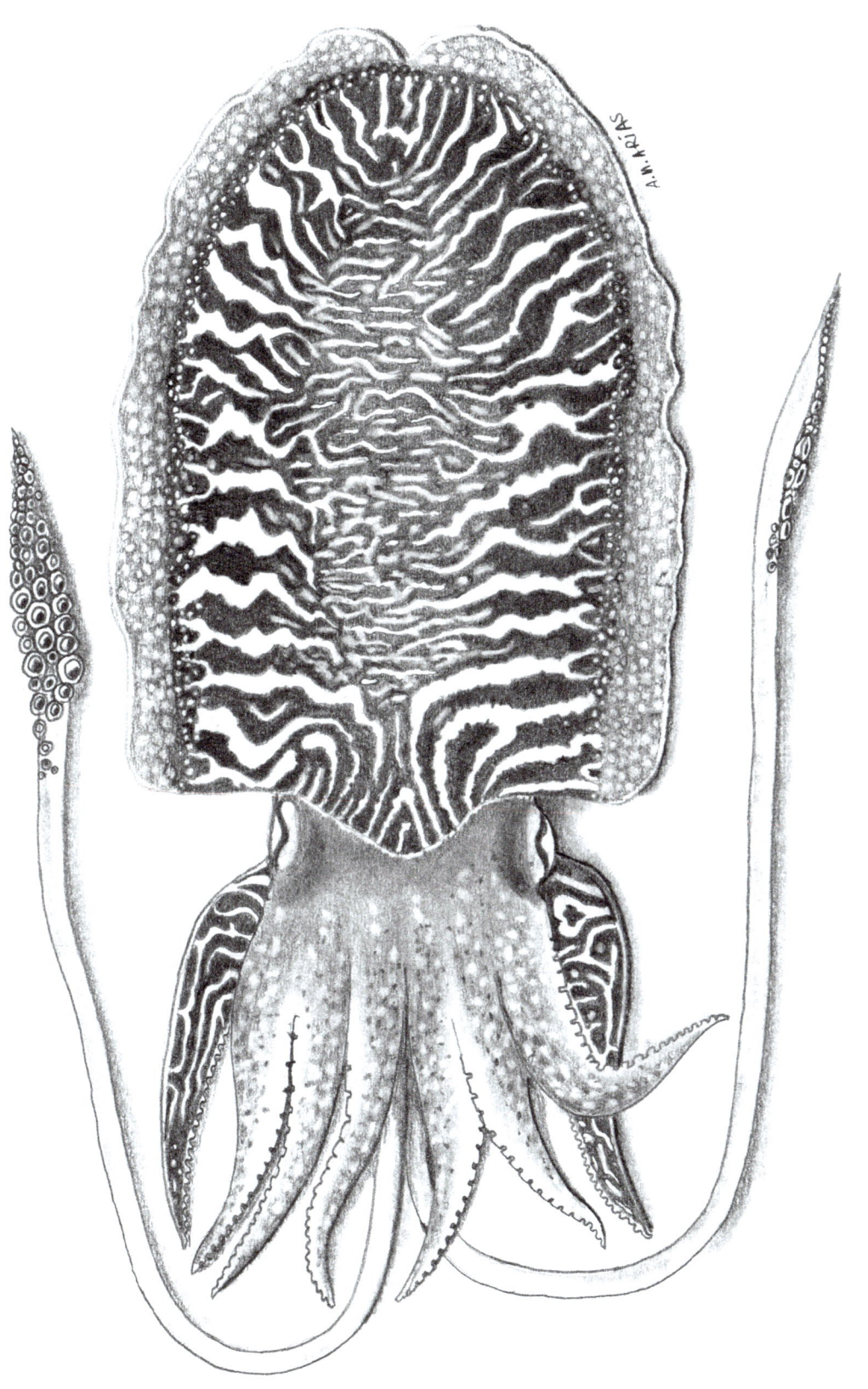

Sepia officinalis Linnaeus, 1758 - Xivia

APORTACIÓN DE CABRERA

LISTA MANUSCRITA

MEMORIA DESCRIPTIVA

«GÉNERO.— *Sepia.*» (v. en la ficha 162)

«ADDENDA. ESPECIE 3.ª—**El Choco.**—*Sepia Sepiola.* Es pequeña; el cuerpo con túnica en su término, redondeada y corta. El color blanco y algo oscuro por encima.» (p. 172)

LISTA IMPRESA

«GÉNERO 49. *El Choco*, Sepia Sepiola *Lin.*» (p. 186)

ESTADO ACTUAL

Sepiola rondeletii Leach, 1817 — Lámina 165

Clase: Cephalopoda, Orden: Sepiida, Familia: Sepiolidae

Citas en obras anteriores a Cabrera

Sepiola (Rondelet, 1558a: 375; L. XVII, c. VIII); *Sepia Sepiola* (Linnaeus, 1758: 659); *Sepia Sepiola* (Linnaeus, en Gmelin, 1791: 3151); *Sepiola Rondeletii* (Leach, 1817: 140)

ANÁLISIS

Etimológico

Sepia Sepiola: {lt. *sepia*} v. en la ficha 162 + diminutivo de *Sepia*.

Sepiola rondeletii: Diminutivo de *Sepia* + latinización de {*Rondelet*}, en memoria de Guillermo Rondelet (1507-1566), naturalista y médico francés.

Ictionímico

En Andalucía, el nombre común *choco* que aportó Cabrera no es propio de esta especie, sino de *Sepia officinalis* (v. la ficha anterior). Sin embargo, Roper *et al.* (1984: 68) lo recogieron como nombre español de *Sepia rondeletii*, sin especificar la región. Alvar (1989), en su *LMP* (mapa 678), cita *choco de culo* asociado a «*Sepiola Rondeltti*», en lo que nos parece una clara confusión con *Rhombosepion orbignyanum* Férussac, 1826, especie conocida con numerosos ictiónimos que aluden a la espina del sepión, o concha, que sobresale del manto (*choco de la puyita, choco de pincho, choco de pincho en el culo, choco picudo*, entre otras, *IA*: 757). Por el contrario, en trabajos más recientes (Crespo *et al.*, 2001; Crespo y Ponce, 2003), no figura la denominación *choco* asociada a *Sepiola rondeletii*. Estos autores dan *globito* como denominación más extendida de *Sepiola rondeletii*. De hecho, *Rossia macrosoma*, una especie muy parecida y frecuentemente confundida con la anterior, se denomina *globito* en algunos puertos andaluces, como Punta Umbría, Rota, Marbella, Fuengirola, Málaga, Caleta de Vélez y Garrucha (*IA*: 763). Para el *DCECH*, *choco* 'jibia pequeña', referido a *Sepia officinalis*, tiene un origen incierto, tal vez del gallego-portugués *choco* 'clueco, huero', por la posible similitud de la tinta que suelta el animal para camuflarse y la yema líquida de un huevo pasado, casi hueco o vacío. Sin embargo, aventuramos que podría atribuirse también al cuerpo o manto del animal eviscerado, una vez preparado para cocinarlo, limpio y desprovisto de sus órganos internos y de la cabeza y tentáculos, por su color blanco y forma oval. El término *choco* se documenta por primera vez en Andalucía en 1753 en el manuscrito de Löfling.

Taxonómico

Cabrera no menciona en su descripción las dos aletas redondeadas características de esta especie, que Linneo, a quien sigue, indica claramente «corpore poſtice alis duabus ſufrotundis», es decir, parte posterior del cuerpo con dos alas parcialmente redondeadas. Pese a que los demás caracteres de su descripción también podrían encajar con *Sepia officinalis*, el hecho de que junto a *Sepia Sepiola* señale que «Es pequeña» nos inclina a pensar que la especie que examinó fue la actual *Sepiola rondeletii*, cuyos ejemplares alcanzan solo unos 4 cm de longitud total del manto.

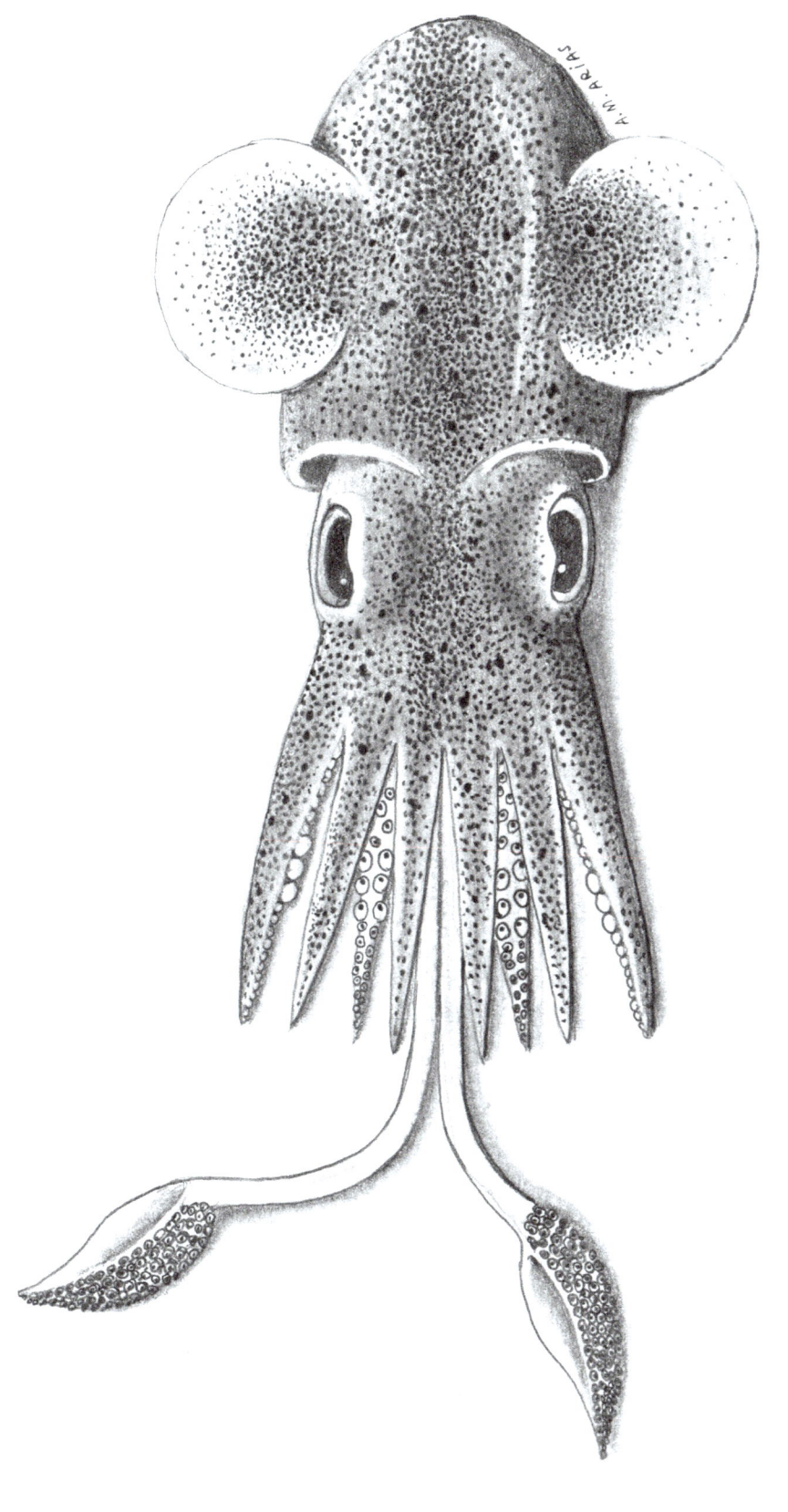

Sepiola rondeletii Leach, 1817 - Choco
(Dibujo basado en una ilustración de FAO, en sealifebase)

2.3 Especies que Cabrera únicamente determinó

APORTACIÓN DE CABRERA

LISTA IMPRESA
  «GÉNERO 44. *Sin nombre*, Squalus maximus *Lin.*» (p. 185)

ESTADO ACTUAL
Cetorhinus maximus (Gunnerus, 1765) — Lámina 166
Clase: Elasmobranchii, Orden: Lamniformes, Familia: Cetorhinidae

Citas en obras anteriores a Cabrera

Squalus maximus (Gunnerus, 1765: 33); *Le Trés-Grand* (Broussonet, 1780: 158); *Squalus Maximus* (Bonnaterre, 1788: 10); *Squalus Maximus* (Linnaeus, en Gmelin, 1789: 1498)

ANÁLISIS

Etimológico

Squalus Maximus: {lt. *squaleo, ere*} v. en la ficha 3 + {lt. *maximus, a, um*} 'el más grande' (*PE*), por el gran tamaño del pez.

Cetorhinus maximus: {gr. *ketos, eos, ous*} 'un monstruo marino o una ballena', relativo a su gran tamaño + {gr. *rhis, rhinos*} 'nariz, morro', en relación a su cabeza picuda (Liddell, 1883) + {lt. *maximus, a, um*} ídem anterior.

Ictionímico

Cabrera no recogió ninguna denominación para esta especie, lo que señaló en la Lista impresa con un «*Sin nombre*». En algunos listados de ictiónimos de los siglos XVII y XVIII (Muñoz, 1972: 80; Pensado, 1982: 200 y Barba y Pons, 2003: 408) se recoge el nombre de *durmiente*, probablemente relacionado con *Cetorhinus maximus*, debido a la lentitud de sus movimientos mientras se desplaza, comportamiento que le hace parecer dormido.

Taxonómico

Cabrera nombró esta especie únicamente en la Lista impresa, con un nombre científico válido en su época, *Squalus maximus*, que hoy nos lleva a *Cetorhinus maximus*, el *tiburón peregrino*, llamado así por los largos desplazamientos que realiza en busca de altas concentraciones de plancton del que se alimenta o de zonas de temperatura idónea para su reproducción. Siguiendo a Gmelin (1789: 1498) adjudicó la autoría a Linneo, pero, en realidad, veinticuatro años antes Johan Ernst Gunnerus (1765: 33), un botánico noruego (1718-1773), describió la especie y hoy es el autor aceptado. Cabrera no hizo descripción. Tal vez observó algún ejemplar varado en la playa, ya que este gigante marino suele acercarse a la costa, e incluso se introduce en las bahías, y no es raro que aparezca varado en la orilla; otras veces se le captura accidentalmente con redes de deriva.

Cetorhinus maximus (Gunnerus, 1765) - **Sin nombre**

(Dibujo basado en una fotografía de A. Murch, en https://tiburonesengalicia.blogspot.com)

APORTACIÓN DE CABRERA

LISTA MANUSCRITA

Kelves Kelvacho

MEMORIA DESCRIPTIVA
   «GÉNERO.—*Squalus.*—LINN.» (v. en la ficha 3)
   «ESPECIE 10.—**El Kelvas.**» (p. 167)
LISTA IMPRESA
   «GÉNERO 44. *El Kelves, El Kelvacho*, Squalus Kelves *Sp. N.*» (p. 185)
   «GÉNERO 44. *La Negra*, Squalus Ater *Sp. N.*» (p. 185)

ESTADO ACTUAL

Centrophorus granulosus (Bloch & Schneider, 1801) — Lámina 167
Clase: Elasmobranchii, Orden: Squaliformes, Familia: Centrophoridae

Citas en obras anteriores a Cabrera

Chelvas (Beltrán, 1612: 36); *Quelbacho, quelves* (Medina Conde, 1789: 258); *Squalus granulosus* (Bloch & Schneider, 1801: 131)

ANÁLISIS

Etimológico

Squalus Kelves: {lt. *squaleo, ere*} v. en la ficha 3 + {ar. *quelb*} 'perro' v. en epígrafe siguiente.

Squalus Ater: {lt. *squaleo, ere*} v. en la ficha 3+ {lt. *ater, atra, atrum*} 'negro', por el color de la piel (*PE*).

Centrophorus granulosus: {gr. *kentron, ou*} 'aguijón' + {gr. *pherein, phero*} 'llevar', por las espinas de las aletas dorsales (Liddell, 1883) + {lt. *granulosus, a, um*} 'granuloso', por la piel rugosa (Barriuso, 1986: 323).

Ictionímico

Los nombres de *kelves* y *kelvacho*, que Cabrera incluye en la Lista manuscrita y en la Lista impresa, y *kelvas* (solo en la Memoria descriptiva) son variantes gráficas de *kelve*, junto con *quelve, gelve, quelvi*, entre otras muchas. El ictiónimo *kelve* procede del árabe *quelb* 'perro' y su relación semántica con el escualo es metafórica ya que, tanto el animal terrestre (perro) como el animal marino (escualo) presentan una peligrosa dentadura (Ríos, 1977: 173). Alvar (1975: § 2.19) ve en esta voz un claro lusismo que aparece en portugués desde el siglo XIII, antes que en español, y que transcribe en las formas *quelve, quelbe* y *quelme*. En Andalucía se documenta como *chelvas* en Beltrán (1612: 36). Cabrera también aportó la voz *negra*, un ictiónimo generalmente asociado a *Dalatias licha* (16), la *negra* por antonomasia, pero que Cabrera recogió para *Squalus Ater* Sp. N., un sinónimo aceptado de *Centrophorus granulosus*, como explicamos más abajo.

Taxonómico

Con la poca información que dio Cabrera apenas se puede llegar a aventurar qué especie examinó bajo esos nombres, una especie que, según él, era nueva (Sp. N.) para la ciencia. Si rastreamos el nombre científico que le adjudica, *Squalus Kelves*, únicamente podemos estar seguros de que se trataba de un tiburón, de un escualo, en términos generales, ya que esa equivalencia es un *nomen nudum*, hoy día en desuso y no conduce a ningún nombre científico aceptado. Si rastreamos los nombres comunes que Cabrera le dio, *Kelvas, Kelves* y *Kelvacho*, Medina Conde menciona muy de pasada el *Quelves*, solo para comparar su aceite con la del pez marino llamado *Cochino*, lo que tampoco nos lleva a nada. Actualmente, tres especies más de tiburones menores reciben en Andalucía el nombre de *quelve*: *Squalus blainville* (19), *Squalus acanthias* (18) y *Centrophorus granulosus*, pero la frecuencia de ocurrencia de este ictiónimo asociado a una de estas tres especies es considerablemente mayor en la última. Igualmente, por lo que puede verse en Froese and Pauly (2023), de las 17 especies más incluidas en la familia Centrophoridae, solo dos, *Centrophorus squamosus* (Bonnaterre, 1788) y *Centrophorus uyato* (Rafinesque, 1810), presentes en aguas españolas, incluyen un nombre aproximado, *quelvacho* y *quelva*, respectivamente, pero en muchos años de visitas a lonjas y mercados andaluces nunca los hemos detectado. En 1801, Bloch y Schneider describen por primera vez a *Centrophorus granulosus*, pero parece que Cabrera no llegó a detectarla en esta obra en los dieciséis años que transcurrieron hasta que sacó su Lista impresa con *Squalus Kelves* como especie nueva, que, por lo anterior, no lo era. Dado que *Centrophorus granulosus* es la especie más frecuentemente asociada por los pescadores andaluces al nombre *quelve*, unido a que *Squalus Ater* de Cabrera es un sinónimo aceptado (Fricke *et al.*, 2023) de *Centrophorus granulosus*, es casi seguro que esta fuera la especie que determinó Cabrera y para la que recogió el nombre de *Kelve*.

Centrophorus granulosus (Bloch & Schneider, 1801) - Kelve, Kelvacho

APORTACIÓN DE CABRERA

LISTA MANUSCRITA

MEMORIA DESCRIPTIVA

«GÉNERO.—*Raya.*—LINN.» (v. en la ficha 22)

LISTA IMPRESA

«GÉNERO 45. *Raia,* Raia Fullonica *Lin.*» (p. 186)

ESTADO ACTUAL

Leucoraja fullonica (Linnaeus, 1758) — Lámina 168

Clase: Elasmobranchii, Orden: Rajiformes, Familia: Rajidae

Citas en obras anteriores a Cabrera

Raia Fullonica (Rondelet, 1558*a*: 283; L. XII, c. XVI); *Raia aſpera noſtras* (Willoughby, 1686: 78, Tab: D.2.1); *Raia* (6.) (Artedi, 1738: 101); *Raja Fullonica* (Linnaeus, 1758: 231); *Raia Fullonica* (Bonnaterre, 1788: 3); *Raja Fullonica* (Linnaeus, en Gmelin, 1789: 1507)

ANÁLISIS

Etimológico

Raia Fullonica: {lt. *raia, ae*} 'raya', pez + {lt. *fullonica, ae*} 'lugar donde se abatanaba la ropa', «lavandería». Klein (1740: 36) incluye la descripción de Rondelet, que traducido, dice: «todas las partes superiores del cuerpo con [mucha] densidad de espinas, como los instrumentos que los *fullones* [empleados de los batanes] usan para lustrar o alisar los harapos».

Leucoraja fullonica: {gr. *leukos, e, on*} 'blanco' + {lt. *raja*} 'un pez', v. en comentario ictionímico, más abajo + {lt. *fullonica, ae*} v. más arriba.

Ictionímico

Cabrera no conoció otro nombre común de esta raya y le asignó el hiperónimo *Raia*, que anotó en la Lista manuscrita e incluyó en la memoria descriptiva y en la Lista impresa. El origen de *raya* (*Raia*) con sentido ictionímico es incierto. Según el *DCECH* podría estar en el latín *raja*, que ya es citado por Plinio como *raia*, y también en el catalán *ratllar*, que tal vez proceda de *rallum* o *rádula* 'rallador', instrumento que deja rasguños o rayas. En este sentido, podríamos aventurar que su origen se deba a los caracteristicos y peligrosos aguijones que cubren el cuerpo y la cola de las especies de la familia Rajidae, pues rasguños, arañazos y heridas dolorosas es lo que ocasionan estos peces si se les manipula de manera inadecuada. *Raya* se documenta por primera vez en Andalucía en el siglo XVI (Muñoz, 1972: 78).

Taxonómico

«Raia Fullonica *Lin.*» es un sinónimo aceptado de *Leucorraja fullonica*, lo que nos lleva a que esta fue la especie determinada por Cabrera.

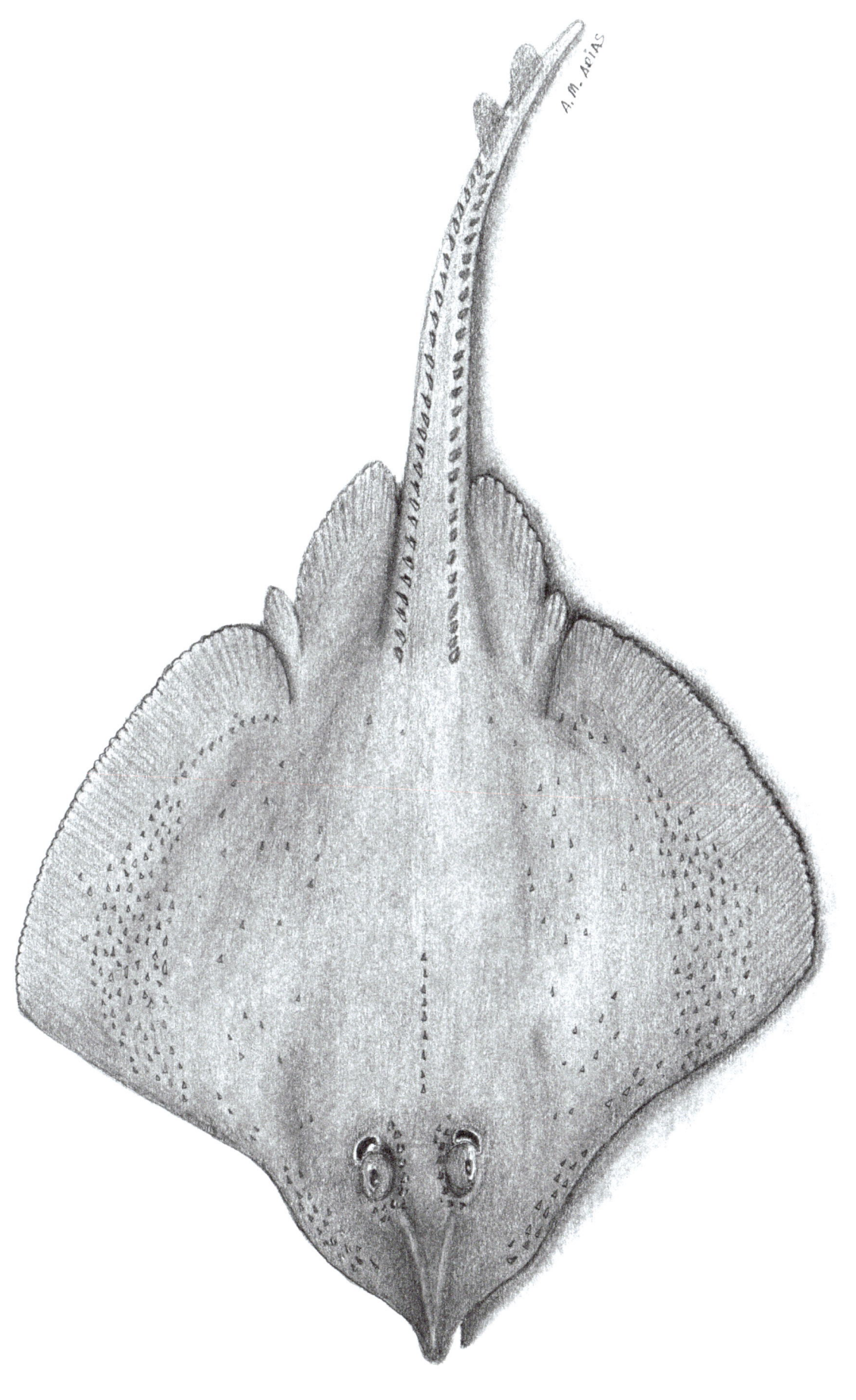

Leucoraja fullonica (Linnaeus, 1758) - Raia
(Dibujo basado en una fotografía de H. Heessen, en www.marbef.org)

APORTACIÓN DE CABRERA

LISTA IMPRESA

«GÉNERO 45. *Sin nombre, Raia Mobularis Bonter.*» (p. 186)

COLECCIÓN INSTITUTO

«9. ¿*Cephaloptera Massena* Risso? (cola)» (De Buen, 1919: 252)

ESTADO ACTUAL

Mobula mobular (Bonnaterre, 1788) — Lámina 169

Clase: Elasmobranchii, Orden: Myliobatiformes, Familia: Mobulidae

Citas en obras anteriores a Cabrera

Vaca, Raya maxima (Löfling, 1753); *Le mobular, Raia Mobular* (Bonnaterre, 1788: 5); *Pege toro* (Medina Conde, 1789: 245)

ANÁLISIS

Etimológico

Raia Mobularis: {lt. *raia, ae*} 'raya', pez + {*mobular*} 'diablo de mar', de una lengua caribe recogida por Duhamel du Monceau[216] en 1777 con la que designan en esa zona al diablo de mar o 'Mobular' (Sobral and Afonso, 2014: 1671).

Mobula mobular: v. anterior.

Ictionímico

Cabrera no recogió ningún nombre para esta especie de captura accidental. Los nombres comunes *vaca* y *pege toro* que recoge la bibliografía andaluza se deben, además de al gran tamaño del animal, a la coloración de la piel (negra por el dorso y blanca en el abdomen) y a los dos apéndices cefálicos que asemejan unos cuernos, como ya decía Medina Conde (1789: 245): «es [un pez] largo, con cuernos encima de los ojos: pescado muy grande de cuero, que no se ha visto hasta ahora mas que una vez, cuyo nombre se lo pusieron los Pescadores por los dos cuernos que tiene». Sin embargo, en la actualidad recibe gran cantidad de denominaciones entre las que destaca por su mayor frecuencia de ocurrencia el ictiónimo *manta*. Este está motivado metafóricamente por el gran tamaño que alcanza su cuerpo plano que lo hace semejante a la pieza de tela que nos da abrigo normalmente en la cama (*IA*: 146).

Taxonómico

Llama la atención que Cabrera no aportara ningún nombre vulgar ni describiera este pez tan llamativo y fácil de reconocer por su gran tamaño y por las «orejas» o cuernos que tiene a ambos lados de la boca. El nombre científico que aportó (*Raia mobularis*) es una variante del *Raia mobular* de Bonnaterre, autor de la descripción de la especie en 1788 (p. 5), quien, también basándose en Duhamel para darle nombre, destaca precisamente este carácter: «grandes oreilles sur la téte». Tal vez Cabrera no tuvo ocasión de ver ningún ejemplar entero ni saber su nombre. De hecho, en las muestras biológicas conservadas en la Colección del Instituto de Cádiz se encontraba la cola de un ejemplar, que De Buen atribuyó entre interrogaciones a *Cephaloptera Massena*, un sinónimo de *Mobula mobular*. Probablemente, Cabrera completó su conocimiento de la especie a través de la obra de Bonnaterre, quien decía que aparecía de tiempo en tiempo en las costas de Marsella, donde se capturó un ejemplar en 1723, y que es un pez desconocido, e impresionado por su aspecto añadió (traducido): «cuya forma extraordinaria parece interrumpir la marcha gradual que la naturaleza ha establecido entre los seres». Tal vez Cabrera no tuvo ocasión de describirlo y solo pudo incluir el nombre científico en la Lista impresa.

---

216 Henri-Louis Duhamel du Monceau (1700-1782), botánico y químico francés.

Mobula mobular (Bonnaterre, 1788) - **Sin nombre**

(Dibujo basado en una fotografía de R. French, en https://collections.museumsvictoria.com.au, y fotos propias)

APORTACIÓN DE CABRERA

LISTA MANUSCRITA

Zorra

CORRESPONDENCIA CIENTÍFICA

«*Chimaera monstrosa*, Zorro» (AJB I,57,9,10)

ESTADO ACTUAL

Chimaera monstrosa Linnaeus, 1758 — Lámina 170

Clase: Holocephali, Orden: Chimaeriformes, Familia: Chimaeridae

Citas en obras anteriores a Cabrera

Chimaera Monstrofa (Linnaeus, 1758: 236); *Chimaera Monstrofa* (Linnaeus, en Gmelin, 1789: 1488); *Chimaera monstrosa* (Lacépède, 1801: t. 2, 233)

ANÁLISIS

Etimológico

Chimaera monstrosa: {gr. *chimaira, as*} 'cabra, cabrita' (Sebastián, 1964); Duméril (1856: 155) cita la misma raíz, referida a un ser fabuloso con aspecto de cabra; para Barriuso (1986: 334) significa 'quimera, monstruo mitológico que vomitaba llamas'; Lacépède (1798, II: 234) indica que era un pez al que la imaginación de los antiguos atribuía cabeza de león y cola de serpiente. Según el *DLE*, *quimera* era un ser de tres cabezas, una de león, otra de macho cabrío y la tercera de dragón o serpiente + {lt. *monstrosa, a, um*} 'monstruoso' (Jordan and Evermann, 1896, I: 94), por su extraño aspecto.

Ictionímico

Con el ictiónimo *zorra* de la Lista manuscrita Cabrera se estaba refiriendo a *Chimaera monstrosa*, pues esta denominación aún pervive en Andalucía para designar a la misma especie (*IA*: 80). En femenino, *zorra*, los pescadores suelen utilizarlo para desacreditar a especies molestas, de difícil captura o de escasa calidad, como es el caso de la que nos ocupa. En cuanto a *zorro*, no hay duda de que se refiere a ella porque en una carta a Clemente del 9 de abril de 1826[217], en la que le notificaba su presencia en aguas andaluzas para que la incluyera en el libro *Historia Natural del Reino de Granada* que este preparaba (v. apartado Historia de *La Ictiología de Andalucía*), le dice: «Muy S^or. Mío, bolbiendo a nuestros peces, es necesario advertir a V. q^e. La *Chimera Monstrosa* de Linneo con el nombre de Zorro, la he visto cogida en estos Mares». Cabrera debió de hacer esta observación con posterioridad a 1817 pues no introdujo esta especie en la Memoria descriptiva ni en la Lista impresa que elaboró ese año, hecho sobre el que advierte a Clemente diciéndole en la misma carta: «no se halla en la lista». Ambas denominaciones, *zorra* y *zorro*, están motivadas metafóricamente por la semejanza entre la larga cola del pez y la del zorro terrestre.

Taxonómico

De lo anterior se infiere que Cabrera determinó algún ejemplar de *Chimaera monstrosa*.

---

217   AJB I,57,9,10. Carta de Cabrera a Clemente - Cádiz, 9 de abril de 1826.

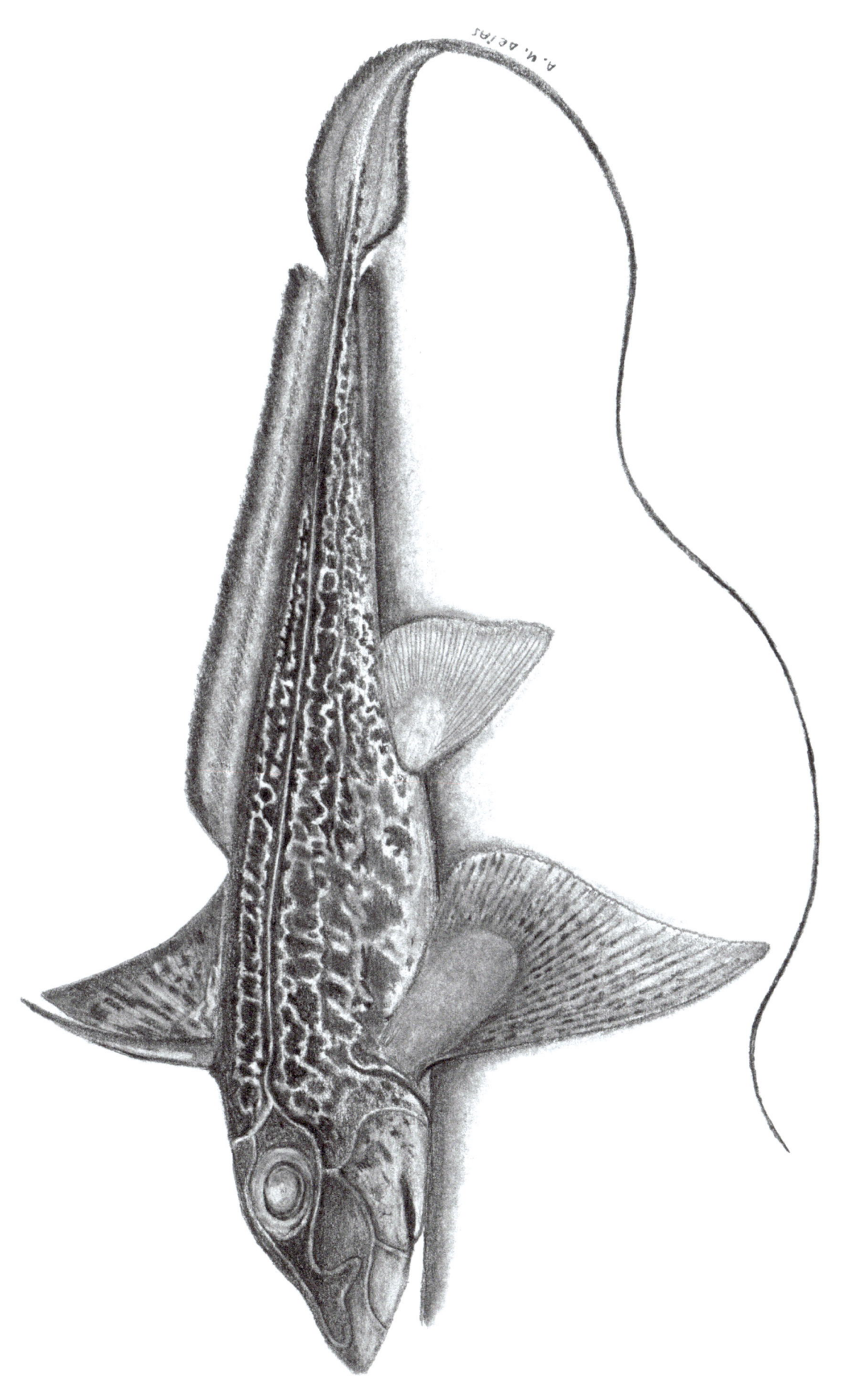

Chimaera monstrosa Linnaeus, 1758 - Zorra

(Dibujo basado en una fotografía sin autor, en http://resistenciarock.wordpress.com, y fotos propias)

LISTA MANUSCRITA

Culebra

LISTA IMPRESA

«GÉNERO 1. *La Culebra,* Murena Serpens *Lin.*» (p. 175)

ESTADO ACTUAL

Ophisurus serpens (Linnaeus, 1758) — Lámina 171

Clase: Actinopteri, Orden: Anguilliformes, Familia: Ophichthidae

Citas en obras anteriores a Cabrera

Serpent marin (Rondelet, 1558*a*: 316; L. XVIIII, c. VI); *Serpens marinus* (Willoughby, 1686: 108, Tab: G.4); *Muraena Serpens* (Linnaeus, 1758: 244); *Muraena Serpens* (Bonnaterre, 1788: 34); *Muraena Serpens* (Linnaeus, en Gmelin, 1789: 1133); *Culebras* (Medina Conde, 1789: 218)

ANÁLISIS

Etimológico

Muraena serpens: {lt. *muraena, ae*} 'morena', nombre del pez (Agassiz, 1842) + {lt. *serpens, entis*} 'serpiente' (*PE*), por la forma del cuerpo como la de un ofidio.

Ophisurus serpens: {gr. *ophis, eos*} 'serpiente' + {gr. *oura, as*} 'cola' (Sebastián, 1964), que tal vez se refiera a la dureza del extremo de la cola + {lt. *serpens, entis*} v. anterior.

Ictionímico

V. *culebra* en la ficha 36.

Taxonómico

No hay descripción de esta culebra marina, la más grande, poderosa y vistosa de las tres especies de culebras que recogió Cabrera en sus listados. El nombre científico que utilizó, *Muraena Serpens*, es sinónimo del actual *Ophisurus serpens*, la especie a la que se refería.

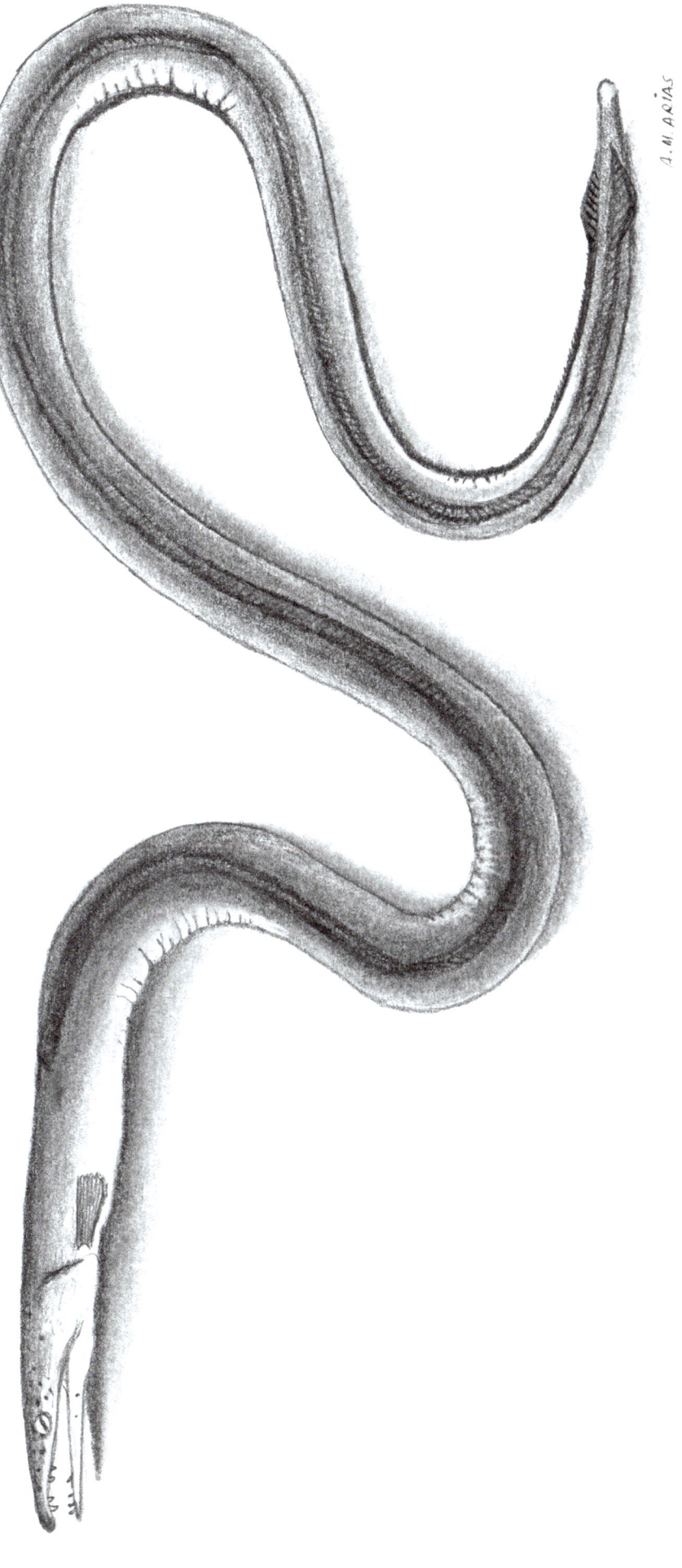

A. M. ARIAS

LÁMINA 171

Ophisurus serpens (Linnaeus, 1758) - Culebra

APORTACIÓN DE CABRERA

LISTA MANUSCRITA

Bacalao

MEMORIA DESCRIPTIVA
«Género.—*Squalus.*—Linn.» (v. en la ficha 50)
LISTA IMPRESA
«Género 9. *El Bacalao*, Gadus Bacalaus *Sp. N.*» (p. 176)
LISTA DE BLOCH
«Género 2. *El Bacalao*, Gadus Bacalaus *Sp. N.*» (p. 187)

ESTADO ACTUAL
Micromesistius poutassou (Risso, 1827) — Lámina 172
Clase: Actinopteri, Orden: Gadiformes, Familia: Gadidae

Citas en obras anteriores a Cabrera

Bacallao (Löfling, 1753); *Afellus mollis minor* (?) (Willoughby, 1686: 171, Tab: L.2); *Gadus blennioides* (Pallas, 1770: 47, fasc. 8, Tab.V, fig. 2); *Gadus Blennoides* (Bonnaterre, 1788: 48; pl. 87, fig. 363); *Poutassou gros* (Risso, 1810: 115-116); *Merlangus poutassou* (Risso, 1827: 227)

ANÁLISIS

Etimológico

Gadus Bacalaus: {gr. *gados, ou*} 'merluza' + etimología imprecisa, tal vez de {*cabelauwus*}, vocablo aparecido en Flandes hacia el siglo XII, quizá derivado de {ga. *cabilhau*}, derivado de {lt. *caput, itis*} 'cabeza' (*DCECH*).

Micromesistius poutassou: {gr. *micros, e, on*} 'pequeño' + {gr. *mesos*} 'en medio' + {gr. *istion, ou*} 'vela, aleta' (Sebastián, 1964), en relación con la aleta dorsal central, que es más pequeña que las otras dos + {fr. *poutassou*} palabra de origen provenzal, nombre dado a un pez en Niza, 'bacaladilla' (Honnorat, 1847).

Ictionímico

El término *bacalao* que recogió Cabrera, y sus variantes *bacalaillo, bacalailla* y *bacalá*, perviven hoy día en numerosos puertos pesqueros de Andalucía asociados al gádido *Micromesistius poutassou* (*IA*: 221)[218]. *Bacalao* proviene, según el *DCECH*, del occitano *cabilhau* 'cabezudo' y 'pez de cabeza grande', y este del latín *caput* 'cabeza'. Se aplica a esta especie por su semejanza morfológica, aunque de menor tamaño, con el *bacalao* convencional (*Gadus morhua*). Se documenta por primera vez como ictiónimo en 1599, por Richard Percivale (*DCECH*). En Andalucía, lo encontramos por primera vez en las *Actas Capitulares* de Cádiz de 1780 (Anónimo, 1780), pero no es posible saber a qué especie se refería, ya que no figuran equivalencias científicas en ese documento.

Taxonómico

En la Lista impresa, basándose en el nombre vulgar *bacalao*, Cabrera incluyó una denominación científica creada por él, *Gadus Bacalaus*, ya que, al no encontrarla en la obra de Linneo, supuso, equivocadamente, que se trataba de una especie nueva. Sin embargo, Pallas (1770) y Bonnaterre (1788) ya habían descrito a este pez y comentaron las diferencias con lo que describió Brünnich (1768: 24) bajo la misma denominación *Gadus blennoides*, que se prestaba a confusiones. Más tarde Risso (1810) describió un gádido que denominó *poutassou gros* del que dijo que le parecía una nueva especie («Ce poisson me paroît une nouvelle espèce»), pero en realidad no lo era porque, como hemos visto, Pallas y Bonnaterre ya la habían mencionado. Años después Risso (1827: 227) la describió por primera vez formalmente como *Merlangus poutassou*, que hoy es *Micromesistius poutassou*, un pez con tres aletas dorsales, dos aletas anales y escamas caedizas en concordancia con algunas características morfológicas que Cabrera mencionó en la descripción del género *Gadus*. En Fricke *et al.* (2023) se indica que *Gadus Bacalaus* es un sinónimo aceptado de *Micromesistius poutassou*, lo que a falta de otros elementos identificativos, nos lleva a concluir que esta fue la especie que determinó el religioso para incluir en la Lista impresa.

---

218 Autores posteriores a Cabrera también recogieron para la misma especie estas denominaciones en puertos andaluces: *bacalao* (De Buen, 1919: 311); *bacaladillo* (Lozano Rey, 1960: 372); *bacalá* y *bacaladilla* (Abad *et al.*, 1988: 199), entre otros muchos trabajos. Con anterioridad a Cabrera, es posible que Beltrán (1612: 37) y Löfling (1753) la observaran, ya que recogieron los nombres *bacalluças* y *bacallao*, respectivamente.

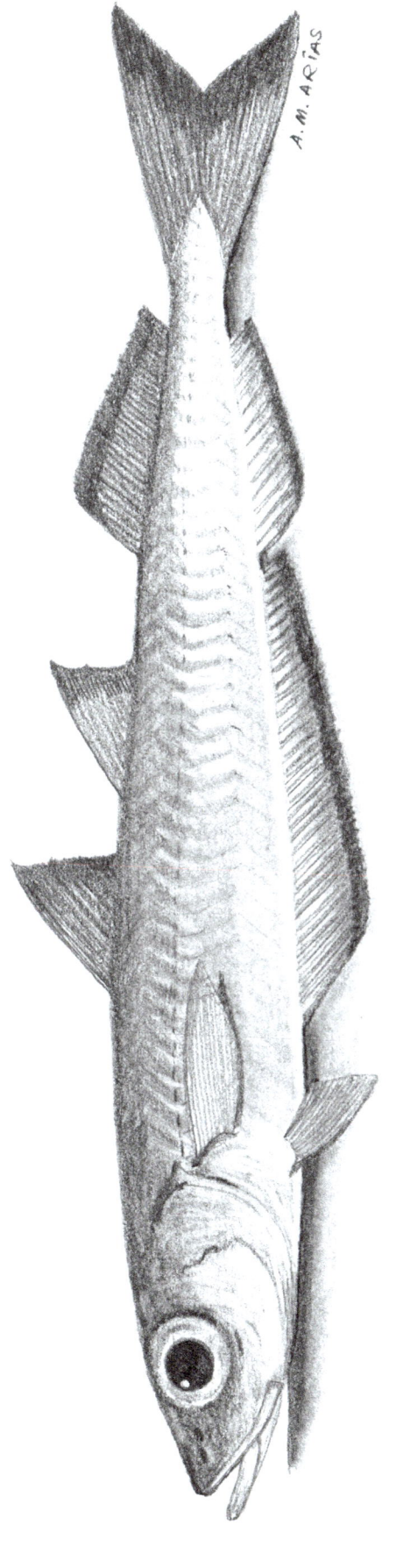

Micromesistius poutassou (Risso, 1827) - Bacalao

APORTACIÓN DE CABRERA

LISTA MANUSCRITA

Pez Sable

LISTA IMPRESA

«GÉNERO 4. *El Pez-Sable*, Ophidium Barbatum *Lin.*» (p. 176)

ESTADO ACTUAL

Ophidion barbatum Linnaeus, 1758 — Lámina 173

Clase: Actinopteri, Orden: Ophidiiformes, Familia: Ophidiidae

Citas en obras anteriores a Cabrera

Ophidion barbatum (Linnaeus, 1758: 259); *Ophidium Barbatum* (Bonnaterre, 1788: 40; pl. 26, fig. 89); *Lorcha, Ophidium barbatum* (Cornide, 1788: 6); *Ophidion barbatum* (Linnaeus, en Gmelin, 1789: 1146)

ANÁLISIS

Etimológico

Ophidion barbatum: diminutivo del {gr. *ophis*, *eos*} 'culebra, serpiente' (Sebastián, 1964) + {lt. *barbatus*, *a*, *um*} 'barbado' (*PE*), relativo a las barbillas [aletas ventrales] que posee en el mentón.

Ictionímico

La voz *pez sable* alude metafóricamente a peces de cuerpo muy comprimido, largo y brillante como la hoja del arma blanca homónima. Por ello, creemos que para la especie objeto de esta ficha no es un ictiónimo muy apropiado, ya que se trata de un pez de pequeño tamaño (unos 25 cm de longitud total), de cuerpo subcilíndrico (similar al de un *congrio*, por ejemplo), sin interés pesquero y conocido en español como *lorcha*. En cambio, Cabrera utilizó correctamente el ictiónimo *pez sable* al recogerlo asociado a su *Lepidopus Malacensis* (*Lepidopus caudatus*, 179). *Pez sable* se documenta por primera vez en Andalucía en los escritos de Cabrera.

Taxonómico

Cabrera determinó esta especie para la Lista impresa asignándole un sinónimo científico correcto, *Ophidium Barbatum*, que es la denominación actual de este pez poco frecuente.

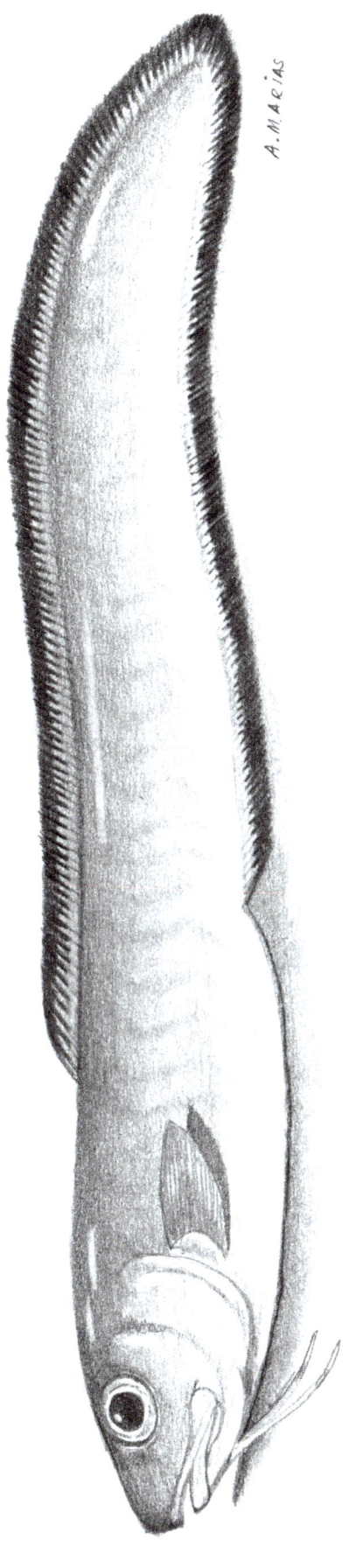

Ophidion barbatum Linnaeus, 1758 - Pez sable
(Dibujo basado en una fotografía de G. Dellavalle, en https://www.coteblue.org)

LÁMINA 173

APORTACIÓN DE CABRERA

LISTA MANUSCRITA

Caballa

MEMORIA DESCRIPTIVA
«Género—*Scomber*—Linn.» (v. en la ficha 55) (p. 159)
LISTA IMPRESA
«Género 26. *La Caballa*, Scomber Colias *Lin.*» (p. 182)
LISTA DE BLOCH
«Género 5. *La Caballa*, Scomber Colias   » » (p. 188)

ESTADO ACTUAL
Scomber colias Gmelin, 1789 — Lámina 174
Clase: Actinopteri, Orden: Scombriformes, Familia: Scombridae

Citas en obras anteriores a Cabrera
Scomber Japonicus (Bonnaterre, 1788: 138); *Scomber pinnulis* (Cornide, 1788: 62); *Scomber Colias* (Linnaeus, en Gmelin, 1789: 1329)

ANÁLISIS

Etimológico
Scomber colias: {gr. *skombros, ou*} v. en la ficha 55 + {gr. *kolias, ou*} 'un tipo de atún'; también {gr. *skolios, a, on*} 'tortuoso, oblicuo' (Sebastián, 1964), tal vez relacionado con las líneas sinuosas que presenta en el dorso.

Ictionímico
La voz *caballa* designa en Andalucía a dos especies de escombridos menores: *Scomber colias* y *Scomber scombrus* (56), relativamente fáciles de distinguir a simple vista. Cabrera las distinguía con claridad, como se aprecia en la descripción de esta última especie. Conviene señalar que hoy día a estas dos especies también se les llama *estornino* en todo el litoral atlántico andaluz, pero existe un desacuerdo general entre los pescadores sobre cuál de las dos es la *caballa* y cuál el *estornino* (*IA*: 375). Este hecho ya lo constató Cabrera en su época: la *caballa* es *Scomber colias* y el *estornino*, *Scomber scombrus*. El ictiónimo *caballa* deriva del latín *caballus* 'caballo'. El paso del nombre de animal terrestre al de animal marino podría tener dos motivaciones: una, cuando las caballas se pescan con cebos suelen acudir en tropel y a la carrera como los caballos; dos, en la pesca con sedal, cuando pican parecen un caballo tratando de desembarazarse de las riendas (*IA*: 375). *Caballa* se documenta en Andalucía en las *Ordenanzas* de Granada del año 1516 (Mondéjar, 1977: 201). Sobre *estornino*, v. en la ficha 55.

Taxonómico
Por los nombres vulgares y científicos que recogió y asoció correctamente siguiendo a Linneo, Cabrera sabía que existían dos especies de caballas. A la que nos ocupa en esta ficha, *Scomber colias*, solo la determinó para incluirla en la Lista impresa.

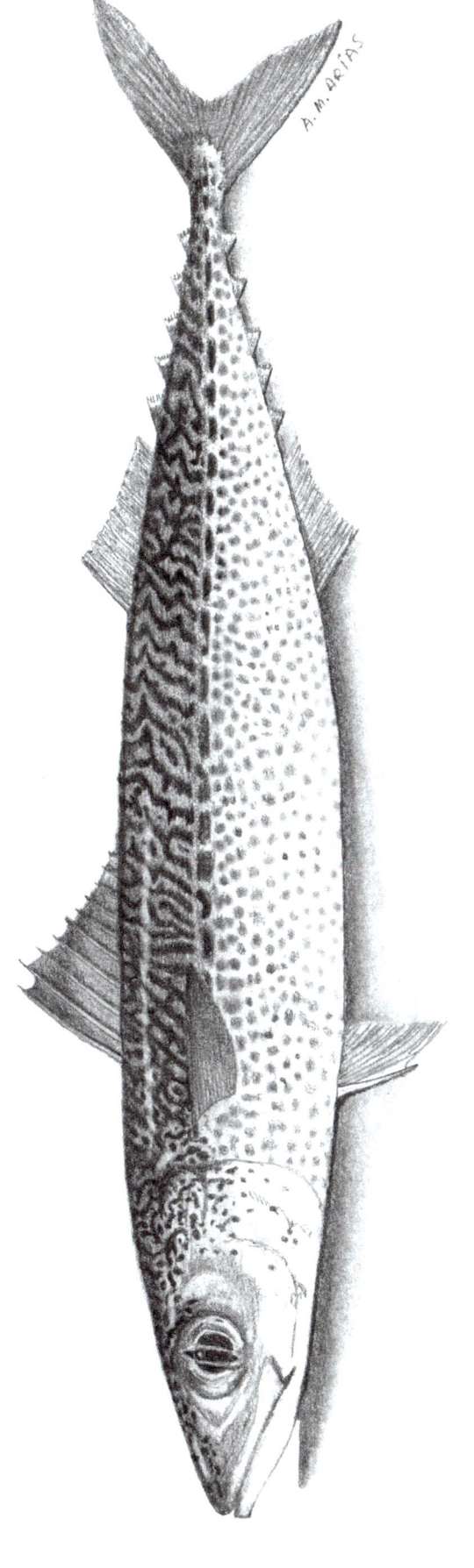

Scomber colias Gmelin, 1789 - Caballa

APORTACIÓN DE CABRERA

LISTA IMPRESA

«GÉNERO 26. Scomber Alatunga *Lin.*» (p.182)

LISTA DE BLOCH

«GÉNERO 5. *Sin nombre*, Scomber Alatunga *Gmelí*[i]*n.*» (p.188)

ESTADO ACTUAL

Thunnus alalunga (Bonnaterre, 1788) — Lámina 175

Clase: Actinopteri, Orden: Scombriformes, Familia: Scombridae

Citas en obras anteriores a Cabrera

Alalunghe, alalunga (Cetti, 1777: 191); *Scomber Alalunga* (Bonnaterre, 1788: 138); *Scomber Alatunga* (Linnaeus, en Gmelin, 1789: 1329); *Ojancos* (Medina Conde, 1789: 241)

ANÁLISIS

Etimológico

Scomber Alatunga [*Alalunga*]: {gr. *skombros, ou*} v. en la ficha 55 + {lt. *ala, ae*} 'ala, aleta' + {lt. *longus, a, um*} 'largo, extendido' (*PE*), relativo a la gran longitud de sus aletas pectorales.

Thunnus alalunga: {gr. *thynnos, ou*} 'atún' (Sebastián, 1964) + {lt. *ala, ae*} + {lt. *longus, a, um*} v. anterior.

Ictionímico

Como vemos en su aportación, Cabrera no recogió ningún nombre común para esta especie: de hecho, apostilló con un «*Sin nombre*». Tal vez en su época fuera confundida con otras especies de atunes, o quizás, como dice Bonnaterre, esta especie no era conocida por los antiguos ictiólogos. Es Cetti[219] (1777: 191) el primero que la menciona como *Alelunghe* y *Alalunga*. Actualmente, recibe numerosas denominaciones en el sector pesquero andaluz, muchas de las cuales hacen alusión a su largas aletas pectorales: *alerona, atún de ala larga, atún orejón, bonito de aleta*, entre otras (*IA*: 382-383).

Taxonómico

Cabrera determinó esta especie con el sinónimo *Scomber Alatunga*, tomado de Gmelin (1789: 1330), la decimotercera edición del *Systema Naturae* de Linneo, que es un sinónimo aceptado del actual *Thunnus alalunga*. En una nota a pie de página (p.182), Graells advierte de que *Alatunga* es un error tipográfico y pretende corregirlo indicando «que debe decir *Alalenga*». Efectivamente, *Alatunga* es una errata por *Alalunga*, pero *Alalenga* vuelve a ser otra errata. La grafía correcta del epíteto aceptado hoy es *alalunga*, que es lo que escribió Bonnaterre (1788: 139) en la primera descripción válida de *Scomber alalunga*. Este epíteto hace referencia a las largas aletas pectorales de la especie, carácter morfológico que a primera vista basta para diferenciarla de las demás especies de la familia Scombridae. La mención de Cabrera, constituye la primera documentación científica de la especie en Andalucía y en España. No obstante, creemos que Medina Conde (1789: 211) ya se había referido a ella al llamarla *ojancos* y describirla como: «especie de atún, tiene los ojos mas [*sic*] grandes, y las aletas mayores que él, de los que tomó el nombre».

---

219 Francesco Cetti (1726-1778), naturalista italiano.

Thunnus alalunga (Bonnaterre, 1788) - **Sin nombre**

LÁMINA 175

APORTACIÓN DE CABRERA

LISTA MANUSCRITA

MEMORIA DESCRIPTIVA

«GÉNERO—*Scomber*—LINN.» (v. en la ficha 55)

«ESPECIE 6.ª—**La Albacora**— *Scomber Albacora, Bonnete.*» (p. 159)

ESTADO ACTUAL

Thunnus albacares (Bonnaterre, 1788) — Lámina 176

Clase: Actinopteri, Orden: Scombriformes, Familia: Scombridae

Citas en obras anteriores a Cabrera

Scomber Albacares (Bonnaterre, 1788: 140)

ANÁLISIS

Etimológico

Scomber Albacora: {gr. *skombros, ou*} v. en la ficha 55 + {ar. *al baqur*} 'precoz', en la creencia de que se trata de un atún joven (*DCECH*). *Thunnus albacares*: {gr. *thynnos, ou*} 'atún' + {ar. *al baqur*} v. anterior.

Ictionímico

Para el *DCECH*, *albacora* procede del árabe *bakura* 'bonito' (pez bonito, bello), probablemente con el mismo origen que el árabe *bakur* 'precoz'. Antiguamente se creía que se trataba de un atún joven, aunque hoy sabemos que no es así; pero sí es cierto que es una especie más pequeña, lo que puede confundir su identificación con juveniles de otras especies de mayor tamaño y de ahí puede venir su relación semántica con el árabe *bakur* 'precoz'. Según Alvar (1970: epígrafe 85: 186 y Ríos, 1977: 340), es un término portugués. El *DCECH* lo documenta como catalán.

Taxonómico

Con el nombre común *albacora*, que Cabrera recogió de los pescadores, y el nombre científico «*Scomber Albacora*, Bonnete.», que tomó de Bonnaterre castellanizando su *Scomber Albacares* (p. 140), sinónimo aceptado de *Thunnus albacares* (Bonnaterre, 1788), esta fue la especie que determinó el religioso. Es un atún de tamaño mediano de amplia distribución por los mares tropicales y subtropicales del mundo, que recibe el nombre de *albacora* en países americanos de habla hispana (Chile, República Dominicana, Argentina), portuguesa (Angola, Cabo Verde, Mozambique, Brasil) (Froese and Pauly, 2023), así como en algunos puertos andaluces (J. de A., 2001: 214). En España recibe igualmente los nombres de *janco* (Rodríguez-Roda, 1960: 121), *rabil* (*BOE*, 2020) y *albacora* (Froese and Pauly, 2023). Como vimos en la ficha 56, con este nombre, *albacora*, son asimismo conocidas otras dos especies de escómbridos en las costas andaluzas: *Euthynnus alletteratus* y *Thunnus alalunga* (*IA*: 369 y 383).

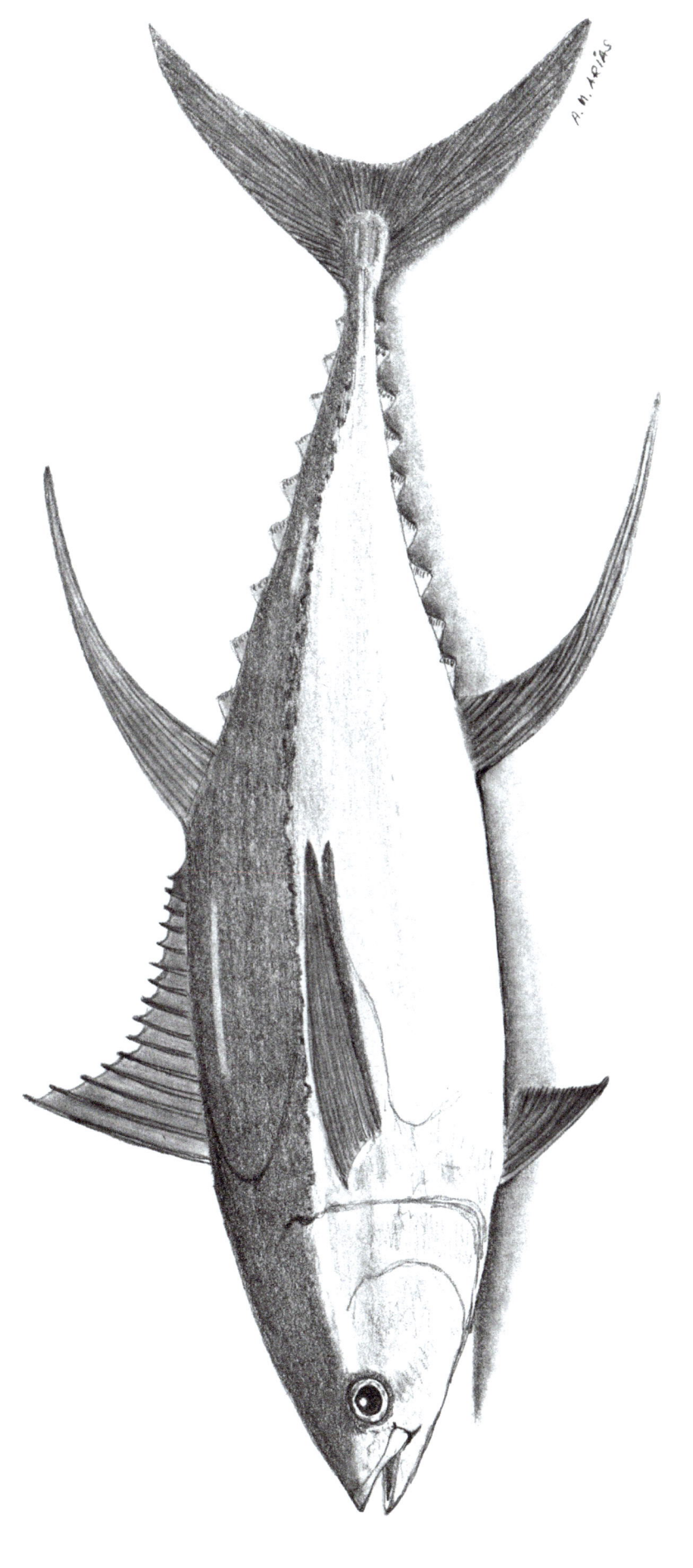

Thunnus albacares (Bonnaterre, 1788) - Albacora
(Dibujo basado en una fotografía de R. J. Goldstein, en NCFishes.com)

LÁMINA 176

APORTACIÓN DE CABRERA

LISTA IMPRESA
«GÉNERO 25. *Sin nombre*, Gasterosteus Malacensis *Sp. N.*» (p. 181)
COLECCIÓN INSTITUTO
«27. *Nesiarchus nasutus* John.» (De Buen, 1919: 253)

ESTADO ACTUAL
Nesiarchus nasutus Johnson, 1862 — Lámina 177
Clase: Actinopteri, Orden: Scombriformes, Familia: Gempylidae

Citas en obras anteriores a Cabrera
Ninguna

Primera cita posterior a Cabrera
Nesiarchus nasutus Johnson (1862: 173)

ANÁLISIS
Etimológico

Gasterosteus Malacensis: {gr. *gaster, eros*} 'estómago' + {gr. *osteon, ou*} 'hueso, osamenta' (Sebastián, 1964), tal vez referido a las dos espinas que presenta delante de la aleta anal + {lt. *malacensis*} 'de Málaga', probablemente porque fue una de las especies que Cabrera y Henseler observaron en aguas malagueñas.

Nesiarchus nasutus: de origen incierto, posiblemente {gr. *nesis, idos*} 'isla, islote' + {gr. *archo, archos, ou*} 'mandar, gobernar, comandante' (Sebastián, 1964), podría referirse al conjunto de islas donde Johnson (1862: 173) recolectó y describió la especie + {lt. *nasutus, a, um*} 'de nariz larga' (*PE*), relativo al morro alargado y picudo del pez.

Ictionímico

Cabrera no recogió ningún nombre vulgar de esta especie y la incluyó en la Lista impresa con la marca «*Sin nombre*». En la actualidad, se denomina en España *escolar narigudo* (Froese and Pauly, 2023).

Taxonómico

El hecho de que Cabrera determinara esta especie y la marcara como especie nueva, «*Gasterosteus Malacensis* Sp. N.», nos indica que, aunque no la describiera, al menos, la examinó. En Fricke *et al.* (2023) se dice que *Gasterosteus malacensis* es un *nomen nudum* (no se ajusta a los criterios científicos establecidos y no conduce a ninguna especie actual). Sin embargo, esta publicación lo considera sinónimo de *Trichiurus lepturus* (Linnaeus, 1758: 246), una especie de *pez sable* también presente en aguas andaluzas, pero poco frecuente. De haber sido esta última especie la examinada por Cabrera, lo más probable es que se hubiera percatado de la ausencia de la aleta caudal, característica principal que la diferencia del *pez sable* genuino, *Lepidopus caudatus* —que ya tenía recogido en sus listados—, y, según su costumbre, la hubiera denominado *Otro sable*. Sin embargo, no conocía ningún nombre vulgar para el ejemplar que examinaba y optó por denominarla con otra de sus etiquetas habituales en estos casos: *Sin nombre*. Por otra parte, al incluirla en su género 25, que hoy pertenecería a la familia Gempylidae, también nos indicaba Cabrera que *Gasterosteus Malacensis* no era un Trichiuridae, o sea, no era *Trichiurus lepturus*. Finalmente, si el ejemplar conservado en la Colección del Instituto de Cádiz determinado por De Buen (1917: 253) como *Nesiarchus nasutus*, fue el examinado y denominado *Gasterosteus Malacensis* por Cabrera, tal vez en referencia a las dos espinas que presenta delante de la aleta anal (ver el comentario etimológico, más arriba), podríamos suponer que *Gasterosteus Malacensis* equivale a *Nesiarchus nasutus*, y, por tanto, no es sinónimo de *Trichiurus lepturus*. Si como creemos muy probablemente esto fue así, habría que reconocer a nuestro autor el mérito de haber sido el primero en poner nombre científico a esta especie, que fue descrita formalmente por Johnson en 1862, bastantes años después de que Cabrera la mencionara en sus documentos, en 1817.

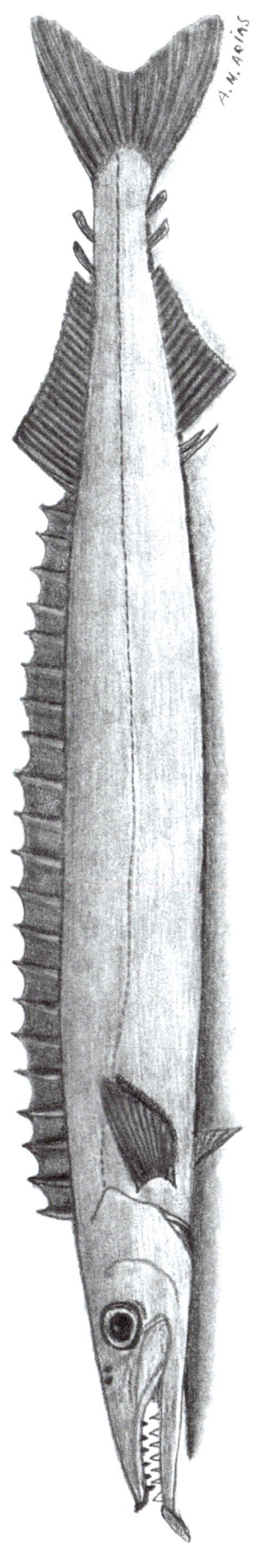

Nesiarchus nasutus Johnson, 1862 - Sin nombre

(Dibujo basado en una fotografía sin autor, en https://fishesofaustralia.net.au/home/species/2531)

LÁMINA 177

APORTACIÓN DE CABRERA

LISTA MANUSCRITA

Punson   Pez clavo

LISTA IMPRESA

«GÉNERO 25. *El Punzón, El Pez-Clavo,* Gasterosteus Muricatus *Sp.N.*» (p. 181)

COLECCIÓN INSTITUTO

«28. *Ruvettus pretiosus* Cocco.» (De Buen, 1919: 253)

ESTADO ACTUAL

Ruvettus pretiosus Cocco, 1833 — Lámina 178

Clase: Actinopteri, Orden: Scombriformes, Familia: Gempylidae

Citas en obras anteriores a Cabrera

Ninguna

Primera cita posterior a Cabrera

Ruvettus pretiosus (Cocco, 1833, 8: 18)

ANÁLISIS

Etimológico

Gasterosteus Muricatus: {gr. *gaster, eros*} 'estómago' + {gr. *osteon, ou*} 'hueso, osamenta' (Sebastián, 1964) + {lt. *muricatus, a, um*} 'erizado como el murex' (*PE*), relativo a los numerosos aguijones que cubren su cuerpo.

Ruvettus pretiosus: {it. *ruveto*} 'maleza, zarza', relacionado con *pruno* = endrino, arbusto espinoso, relativo a los aguijones dérmicos que cubren el cuerpo del animal, derivado a su vez de {lt. *rubus, i*} 'frambueso' (o zarzamora, planta espinosa), y asociado asimismo con {lt. *rubrus, ruber, is*} 'de color rojo', en referencia a los tonos violáceos de la piel + {lt. *pretiosus, a, um*} «precioso, que tiene un precio» (*PE*), tal vez porque es muy apreciado en algunos lugares como Sicilia (Bonaparte, 1832-1841: 369; Duran, 2010: 122), pese a que su carne blanca e insípida, grasienta en exceso, produce diarrea (Menni *et al.*, 1984: 188) y está considerado un pez venenoso (Halstead, 1957: 70).

Ictionímico

Los nombres *pez clavo* y *punzón* (*punson* en el original de la Lista manuscrita), que recogió Cabrera para esta especie, hacen referencia a los fuertes y agudos dentículos dérmicos de los que está cubierto el cuerpo del pez y que se identifican metafóricamente con clavos y punzones. Ambos nombres se documentan por primera vez con sentido ictionímico en Andalucía en los escritos del religioso.

Taxonómico

Entre las especies que De Buen pudo determinar en la antigua colección de Historia Natural del Instituto de Cádiz, donde se conservaban peces colectados por Cabrera, había un ejemplar disecado de *Ruvettus pretiosus* (De Buen, 1919: 253). Nuestro autor la determinó previamente como *Gasterosteus Muricatus* y consideró que era una especie nueva. El hecho de que De Buen, con muchos más conocimientos ictiológicos que Cabrera, lo determinara como *Ruvettus pretiosus*, y que Cabrera, al asignarle el epíteto *muricatus* hiciera referencia a los aguijones dérmicos, nos lleva a que la especie que examinó era efectivamente *Ruvettus pretiosus*. En 1817 esta especie no estaba descrita, con lo que él fue el primero en ponerle nombre científico. Unos años después, en 1833, el científico italiano Anastasio Cocco (1799-1854) la describió para la ciencia con criterios formales. Completar la información con lo que decimos en el análisis taxonómico de la especie anterior, *Nesiarchus nasutus* (177). Conviene señalar que en Fricke *et al.* (2023) se menciona a *Gasterosteus muricatus* como sinónimo de *Echinorhinus brucus*, un escualo, también con la piel cubierta de aguijones dérmicos, pero creemos que se trata de una sinonimia errónea porque Cabrera, al colocarlo en su género 25, hoy Gempylidae, estaba indicando que *Gasterosteus muricatus* no era un condríctio.

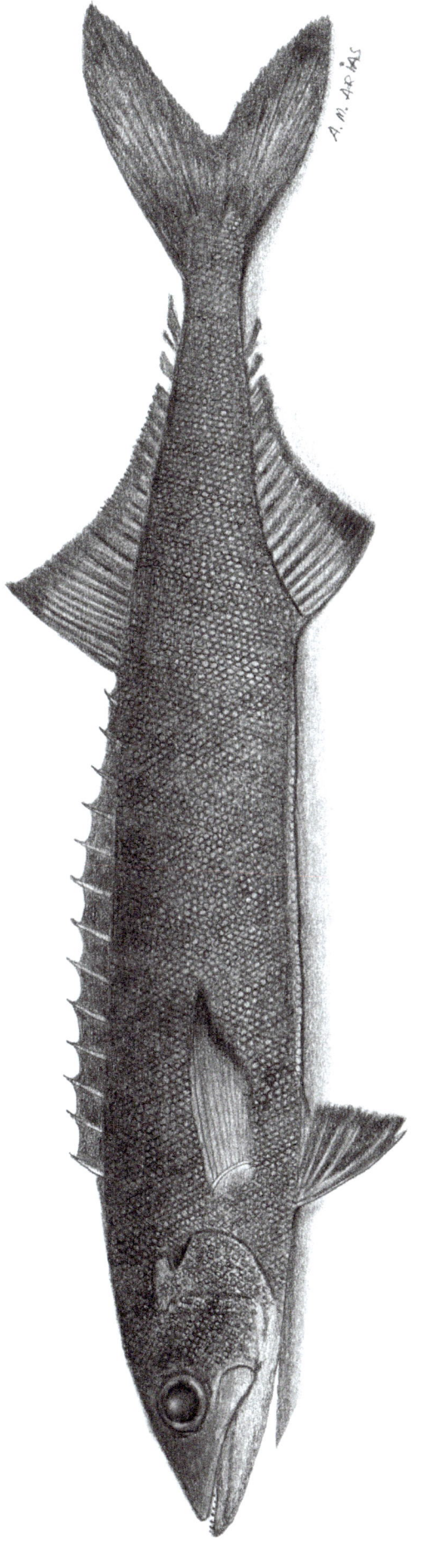

Ruvettus pretiosus Cocco, 1833 - Punson, Pez clavo

APORTACIÓN DE CABRERA

LISTA MANUSCRITA

Pez Sable

LISTA IMPRESA

«GÉNERO 16. *El Pez-Sable*, Lepidopus Malacensis *Sp. N.*» (p. 177)

ESTADO ACTUAL
Lepidopus caudatus (Euphrasen, 1788) — Lámina 179
Clase: Actinopteri, Orden: Scombriformes, Familia: Trichiuridae

Citas en obras anteriores a Cabrera

Trichiurus caudatus (Euphrasen, 1788: 52); *Lepidopus argenteus* (Bonnaterre, 1788: 58; pl. 87, fig. 364); *Lepidopus gouanianus* (Lacépède, 1800: 323)

ANÁLISIS

Etimológico

Lepidopus Malacensis: {gr. *lepis, idos*} 'escama' + {gr. *pous, podos*} 'pie' (Sebastián: 1964), por tener las aletas inferiores escamosas (Lacépède, 1798: VI, 323) + {lt. *malacensis*} 'de Málaga' (v. ficha 177).

Lepidopus caudatus: {gr. *lepis, idos*} + {gr. *pous, podos*}, v. anterior + {lt. *caudatus, a, um*}, procedente de {lt. *cauda, ae*} 'cola' (*PE*), porque tiene una aleta caudal bien diferenciada, para distinguirlo de *Trichiurus lepturus*, una especie muy parecida sin aleta caudal.

Ictionímico

Sobre la voz *sable*, v. en la ficha 173.

Taxonómico

Sin descripción y por lo que sabemos hoy de *pez sable* y *Lepidopus Malacensis*, creemos que Cabrera se refería al actual *Lepidopus caudatus*. Dado que no estaba en Linneo, creemos que entre los posibles autores que Cabrera consultó para determinar esta especie (Goüan, 1770: 110; Bonnaterre, 1788: 58; Lacépède, 1800: 323) no encontró datos que encajaran (pese a que Bonnaterre contenía una ilustración convincente), y consideró que se trataba de una especie nueva, a la que llamó *Lepidopus malacensis*. Este nombre no conduce a ninguna especie actual, pero comprobamos que para Machado (1857: 20) *Lepidopus malacensis* de Cabrera es *Lepidopus ensiformis* de Bonaparte (1845: p. 1, Introduzione), que a su vez es sinónimo de *Trichiurus ensiformis* de Vandelli (1797), igualmente sinónimo de *Trichiurus caudatus* de Euphrasen (1788: 52). Este nos conduce al actual *Lepidopus caudatus*, el *pez sable* más frecuente en aguas andaluzas, y probable especie a la que se refería Cabrera. Con ello se puede afirmar que su *Lepidopus malacensis* no era una especie nueva. Por otra parte, en Fricke *et al*. (2023) se dice que «es sinónimo de *Trichiurus lepturus* (Linnaeus, 1758: 246), otra especie de *pez sable* también presente en aguas andaluzas. Dado que no se exponen argumentos para tal supuesto, como podría ser la presencia o ausencia de aleta caudal, y teniendo en cuenta que *Trichiurus lepturus* aparece solo esporádicamente en las capturas gaditanas (*IA*: 525) y que no consta denominación andaluza en el Listado de denominaciones comerciales de especies pesqueras (*BOE*, 2021), consideramos que lo que Cabrera citó como *Lepidopus malacensis* fue muy probablemente *Lepidopus caudatus* y no *Trichiurus lepturus*.

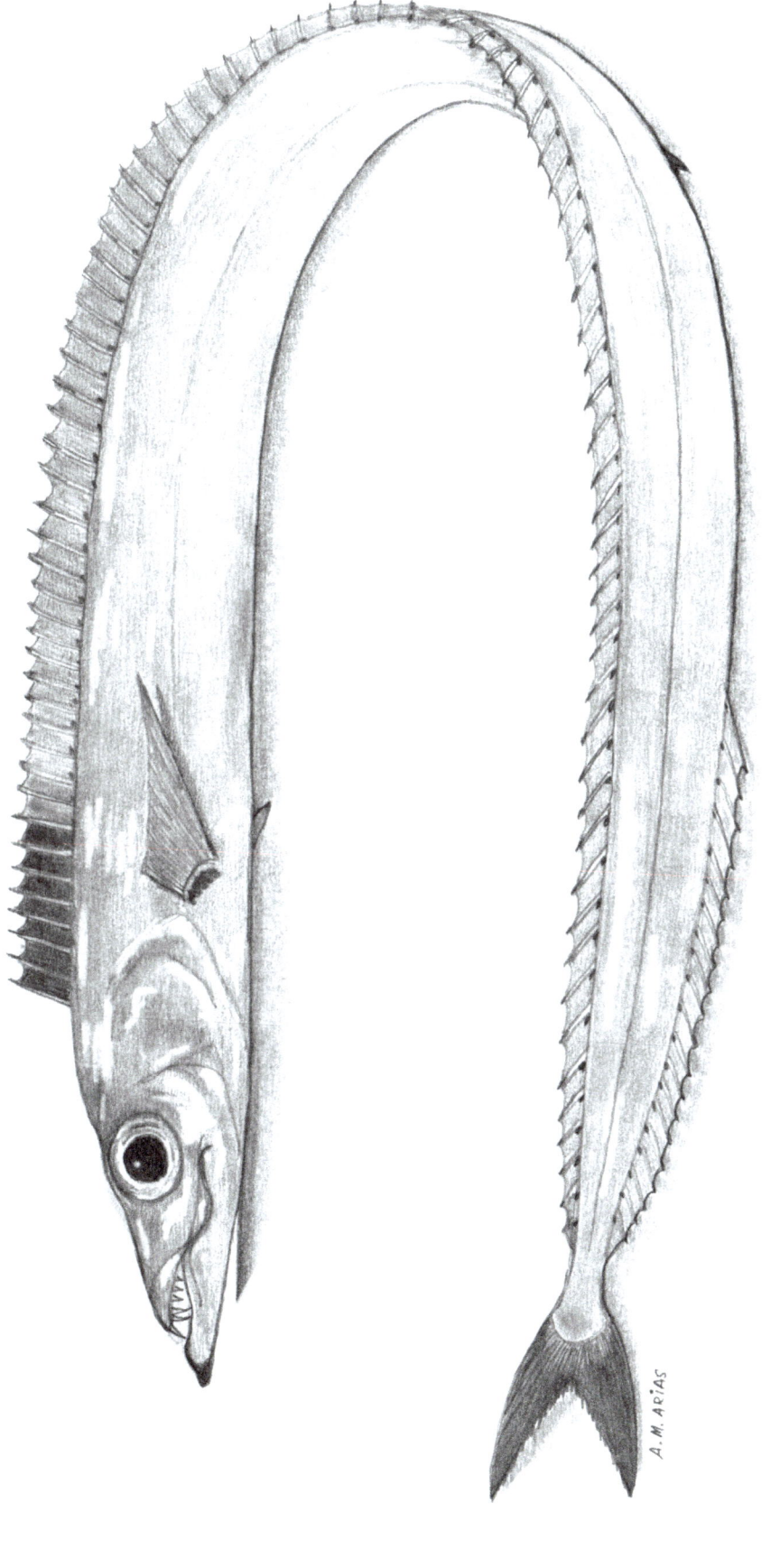

Lepidopus caudatus (Euphrasen, 1788) - Pez sable

LISTA MANUSCRITA

LISTA IMPRESA

«GÉNERO 39. *El Alfiler,* Singnatus Ophidium *Lin.*» (p. 184)

ESTADO ACTUAL

Nerophis ophidion (Linnaeus, 1758) — Lámina 180

Clase: Actinopteri, Orden: Syngnathiformes, Familia: Syngnathidae

Citas en obras anteriores a Cabrera

Syngnathus (4.) (Artedi, 1738: 2); *Syngnathus Ophidion* (Linnaeus, 1758: 337); *Syngnathus Ophidion* (Bonnaterre, 1788: 31; pl. 21, fig. 73); *Syngnathus Ophidion* (Linnaeus, en Gmelin, 1789: 1456)

ANÁLISIS

Etimológico

Syngnathus Ophidium: {gr. *syn*} + {gr. *gnathos, eos, ous*} v. en la ficha 65 + diminutivo de {gr. *ophis, eos*} 'serpiente' (Sebastián, 1964), por la forma alargada y estrecha de su cuerpo, que recuerda a la de un ofidio.

Nerophis ophidion: {gr. *nerophidia*} nombre con el que Aristóteles designaba a una serpiente de agua (Gesner, 1560: 12) + {gr. *ophis, eos*} v. anterior.

Ictionímico

La motivación semántica de la voz *alfiler* se basa en la notable menor longitud y grosor de este pez comparado con la *aguja, Syngnathus acus* (66). *Alfiler* se documenta por primera vez en Andalucía en los escritos de Cabrera.

Taxonómico

Singnatus Ophidium es un sinónimo aceptado de *Nerophis ophidion*, y *alfiler*, un nombre común adecuado al largo, fino y puntiagudo cuerpo del pez, creemos que sin duda Cabrera determinó esta especie.

Nerophis ophidion (Linnaeus, 1758) - Alfiler

APORTACIÓN DE CABRERA

LISTA MANUSCRITA

Mula

LISTA IMPRESA

«GÉNERO 39. *La Mula*, Varietas » » (p. 184)

ESTADO ACTUAL

Syngnathus typhle Linnaeus, 1758 — Lámina 181

Clase: Actinopteri, Orden: Syngnathiformes, Familia: Syngnathidae

Citas en obras anteriores a Cabrera

Eguille (Rondelet, 1558a: 188, L. VIII, c. IIII); *Syngnathus* (3.) (Artedi, 1738: 2): *Syngnathus Typhle* (Linnaeus, 1758: 336); *Syngnathus Typhle* (Bonnaterre, 1788: 30; pl. 21, fig. 70); *Syngnathus Typhle* (Linnaeus, en Gmelin, 1789: 1454)

ANÁLISIS

Etimológico

Syngnathus typhle: {gr. *syn*} + {gr. *gnathos, eos, ous*} v. en la ficha 65 + {gr. *typhle, es*}, tal vez por la similitud entre los peces del Nilo *Typhope* o *Typhlinen* y la lamprea de mar o serpiente terrestre (Gesner, 1560: 92).

Ictionímico

La voz *mula*, que se origina en el latino *mŏla* y llega a las costas andaluzas desde el catalán, donde sigue en uso con la acepción de 'muela de molino' (Alcover y Moll, 2022), designa a peces de contorno circular, como *Mola mola* o *Balistes capriscus*. En *Syngnathus typhle*, aventuramos que *mula* se pueda interpretar en el sentido de animal de carga, dado que el macho se ocupa de llevar la prole en su abdomen. Asimismo, esta condición híbrida de los machos se asimilaría por etimología popular a *mula* 'híbrido de caballo y asno o de asno y yegua' (Martínez González, 1997: 616)[220].

Taxonómico

Cabrera determinó esta especie solo con un ictiónimo, *mula*, al que añadió «Varietas», que viene a indicar que se trataba de una «variedad» de la anterior, *Syngnathus acus*. El hecho de que la incluyera en el mismo género 39, en el que estaban otras especies de la misma familia, y que le asignase el nombre común *mula* (que pervive en la actualidad), nos lleva a que se trataba de *Syngnathus typhle*, otro pez también frecuente en aguas gaditanas. En la bibliografía que pudo utilizar venía recogida con claridad, aunque Bonnaterre (1788: pl. 21, fig. 70) no la ilustró convenientemente, pues el rostro que dibujó es estrecho y no ancho, como es característico de *Syngnathus typhle*.

---

220 Conviene señalar que el hijo de asno y yegua se denomina *mula* y que el hijo de caballo y burra se denomina *burdégano* (*DRAE*).

Syngnathus typhle Linnaeus, 1758 - Mula

APORTACIÓN DE CABRERA

LISTA MANUSCRITA

Rodaballo

LISTA IMPRESA

«GÉNERO 18. *El Rodaballo*, Pleuronectes Maximus *Lin.*» (p. 178)

ESTADO ACTUAL

Scophthalmus maximus (Linnaeus, 1758) — Lámina 182
Clase: Actinopteri, Orden: Carangiformes, Familia: Scophthalmidae

Citas en obras anteriores a Cabrera

Rhombus (Rondelet, 1558a: 245; L. XI, c. I); *Pleuronectes* (7.) (Artedi, 1738: 32); *Rhombus* (Willoughby, 1686: 94; Tab: F.8.3); *Rodaballo* (Löfling, 1753); *Pleuronectes maximus* (Linnaeus, 1758: 271); *Pleuronectes Maximus* (Bonnaterre, 1788: 77; pl. 42, fig. 163); *Pleuronectes maximus* (Cornide, 1788: 33); *Pleuronectes maximus* (Linnaeus, en Gmelin, 1789: 1236); *Rodavallo* (Medina Conde, 1789: 254)

ANÁLISIS

Etimológico

Pleuronectes Maximus: {gr. *pleura, as*} + {gr. *nekton, ou*} v. en la ficha 71 + {lt. *maximus, a, um*} 'el más grande' (*PE*), porque es muy grande y más grande que *Scophthalmus rhombus* (71).

Scophthalmus maximus: {gr. *skopos, ou*} 'observador' + {gr. *ophthalmos, ou*} 'ojo', relacionado con que tiene los ojos en el mismo lado del cuerpo + {lt. *maximus, a, um*} v. más arriba.

Ictionímico

Véase en la ficha 71.

Taxonómico

Pleuronectes Maximus de Cabrera es un sinónimo aceptado de *Scophthalmus maximus*, por lo que esta fue la especie que determinó nuestro autor. Completar la información con lo que se dice en el comentario taxonómico de la ficha 71.

Scophthalmus maximus (Linnaeus, 1758) - Rodaballo

APORTACIÓN DE CABRERA

LISTA MANUSCRITA

Xurela

LISTA IMPRESA
«GÉNERO 26. *La Xurela*, Varietas *Lin.*» (p. 182)
LISTA DE BLOCH
«GÉNERO 5. *La Xurela*, Varietas   »   » (p. 188)

ESTADO ACTUAL

Caranx rhonchus Geoffroy Saint-Hilaire, 1817 — Lámina 183
Clase: Actinopteri, Orden: Carangiformes, Familia: Carangidae

Citas en obras anteriores a Cabrera

Caranx rhonchus (Geoffroy Saint-Hilaire, 1817: t. I, 328)

ANÁLISIS

Etimológico

Caranx rhonchus: {gr. *kara*, *as*} 'cara, cabeza', que es más robusta que en otros jureles + {gr. *regkos*, *eos*, *ous*) 'ronquido' (Jordan and Evermann, 1898, II: 1329), por los ruidos que emite el pez.

Ictionímico

El ictiónimo *xurela*, o *jurela*, recogido por Cabrera sin asociar a ningún nombre científico, sino a una supuesta variedad (varietas) de su *Scomber Trachurus* (sinónimo de *Trachurus trachurus*, 82, el jurel común), se refiere a *Caranx rhonchus*, un carángido de mayor tamaño que el jurel común. Precisamente es el tamaño el que determina el uso del femenino lingüístico, puesto que los pescadores creen que los ejemplares mayores son hembras, como ocurre con otras especies[221]. *Xurela* se documenta por primera vez en Andalucía en los escritos de Cabrera.

Taxonómico

En todos los puertos pesqueros andaluces el ictiónimo *jurela*[222] se refiere casi siempre a *Caranx rhonchus* (*IA*: 303), un carángido que presenta el último radio de las aletas dorsal y anal separados del resto (aunque unido por una membrana), a modo de pínulas, que Cabrera denominaba aletas falsas. Es decir, *Caranx rhonchus* tiene aletas falsas en el pedúnculo caudal, lo que descarta que con su escueta entrada «*La Xurela*, Varietas» se estuviera refiriendo a *Scomber Chrysops* (*Trachurus mediterraneus*, 81), ya que Cabrera escribió: «El nuestro carece de aletas falsas.

---

221 Por ejemplo, Cazona, *Hexanchus griseus* (4); Parga, *Dentex gibbosus* (115).
222 Solo en ocasiones aisladas, algunos pescadores denominan *jurela* a ejemplares grandes de *Trachurus trachurus* y *Trachurus picturatus* (*IA*: 294 y 297, respectivamente).

Caranx rhonchus Geoffroy Saint-Hilaire, 1817 - Xurela

APORTACIÓN DE CABRERA

LISTA MANUSCRITA

Pez Limon

MEMORIA DESCRIPTIVA

«GÉNERO.—*Gasterosteus.*—LINN.» (v. en la ficha anterior)

«ADDENDA. PECES. **El Pexe Limon.**» (p. 174)

LISTA IMPRESA

«GÉNERO 25. *Pez Limón,* Gasterosteus Ductor *Lin.*» (p. 181)

COLECCIÓN INSTITUTO

«22. *Naucrates ductor* L.» (De Buen, 1919: 253)

ESTADO ACTUAL

Naucrates ductor (Linnaeus, 1758) — Lámina 184

Clase: Actinopteri, Orden: Carangiformes, Familia: Carangidae

Citas en obras anteriores a Cabrera

Gasterosteus Ductor (Linnaeus, 1758: 295); *Gasterosteus Ductor* (Bonnaterre, 1788: 136; pl. 57, fig. 223); *Gasterosteus Ductor* (Linnaeus, en Gmelin, 1789: 1324)

ANÁLISIS

Etimológico

Gasterosteus Ductor: {gr. *gaster, eros*} + {gr. *osteon, ou*} v. en la ficha 80 + {lt. *ductor, oris*} 'conductor, guía, jefe de un ejército o flota' (*PE*), 'piloto' (Barriuso, 1986: 78), relativo a la creencia de los pescadores de que este pez guía a los tiburones y a otros grandes peces y tortugas marinas hacia sus presas.

Naucrates ductor: {gr. *naukrator, oros*} 'que domina en el mar, que gobierna un barco', porque se creía que estos peces marcaban la ruta a los marineros, les acompañaban hasta la orilla y luego se alejaban (Cuvier et Valenciennes, 1831: VIII, 313) + {lt. *ductor, oris*} v. anterior.

Ictionímico

En *Seriola dumerili* (185) y en *Coryphaena hippurus* (84), el ictiónimo *pez limón* se debe, respectivamente, al color amarillo de la banda longitudinal que recorre su cuerpo desde la cabeza a la cola y al color amarillento general del pez cuando es sacado del agua. Salvo el trabajo de Machado (1857), que se basaba en Cabrera, en la bibliografía ictionímica andaluza reciente[223] *pez limón* está asociado siempre a estas dos especies, principalmente a la primera de ellas. Sin embargo, *Naucrates ductor* no presenta esta coloración amarilla: siempre tiene un color gris pálido de fondo cruzado de bandas transversales azul oscuro. Por lo tanto, el nombre de *pez limón* que le asoció Cabrera tal vez se debió a una confusión por algunan razón que desconocemos. Quizás se trastocaron los epígrafes al hacer la transcripción de los textos a la publicación de Graells. Con todo, el ictiónimo *pez limón* se documenta por primera vez en Andalucía en los escritos de Cabrera.

Taxonómico

Gasterosteus Ductor es un sinónimo aceptado de *Naucrates ductor*, frecuentemente conocido como *pez piloto*, basado en la costumbre de este pez de alimentarse de los restos de comida, heces y parásitos externos de los tiburones y otros grandes peces y tortugas marinas, por lo que esta fue la especie a la que se refería el religioso.

---

223 Rodríguez-Roda, 1960; Camiñas *et al.*, 1989; Osuna y Ubera, 1991; J. de A., 2001; De la Torre, 2004, entre otros.

LÁMINA 184

Naucrates ductor (Linnaeus, 1758) - Pez limón

APORTACIÓN DE CABRERA

LISTA MANUSCRITA

Lirio

LISTA IMPRESA

«GÉNERO 25. *El Lirio*, Gasterosteus Sinuatus *Sp. N.*» (p. 181)

ESTADO ACTUAL

Seriola dumerili (Risso, 1810) — Lámina 185

Clase: Actinopteri, Orden: Carangiformes, Familia: Carangidae

Citas en obras anteriores a Cabrera

Caranx Dumerili (Risso, 1810: 175)

ANÁLISIS

Etimológico

Gasterosteus Sinuatus: {gr. *gaster, eros*} + {gr. *osteon, ou*} v. en la ficha 80 + {lt. *sinuo, are*} 'curvarse, recurvarse' (*PE*), tal vez referido a la curvatura que describe la línea lateral en la mitad anterior del cuerpo.

Seriola dumerili: {lt. *seriola, ae*} 'recipiente de barro' (Agassiz, 1842), posiblemente relacionado con la forma del cuerpo del pez, que en los voluminosos ejemplares adultos puede recordar a un pequeño barril + dedicatoria a André Marie Constant Duméril (1774-1860), médico, ictiólogo y herpetólogo francés, discípulo de Cuvier (*BEMON*).

Ictionímico

Lirio es una voz polisémica que se emplea en el sector pesquero andaluz para designar al menos a once especies de peces marinos. Entre ellas, *Coryphaena hippurus* (84) y *Seriola dumerili* son las que presentan mayor frecuencia de ocurrencia en la asignación, y, de estas dos, la primera con diferencia es la que se asocia principalmente a esta voz (*IA*: 316 y 308, respectivamente). En unos casos, como *Micromesistius poutassou* (172) y *Argentina sphyraena* (45), el sentido ictionímico de este término está motivado en la poca consistencia de la carne de estos peces y los fondos fangosos en los que habitan. Por tanto, aquí el origen vendría de *liria* 'liga, materia viscosa del muérdago', quizás del céltico *letiga* 'fango' (*DCECH*). En otros, como en *Pomatomus saltatrix* (53) y *Lichia amia* (80), según propone Barriuso (1986: 175), estaría en el latín *glis, gliris* 'lirón', posiblemente en alusión a la gran voracidad de estos peces, similar a la del lirón terrestre *Eliomys quercinus* (*Mus quercinus* en Linnaeus, 1766: 84), las semanas previas a su periodo de hibernación. Finalmente, en *Coryphaena hippurus* y *Seriola dumerili*, la voz *lirio* tiene un origen oscuro que no logramaos descifrar. *Lirio* se documenta por primera vez en Andalucía en los escritos de Cabrera.

Taxonómico

De la escasa información que aporta Cabrera sobre esta supuesta nueva especie, el nombre científico asignado, *Gasterosteus Sinuatus*, figura en Fricke *et al.* (2023) como sinónimo de *Micromesistius poutassou* (172), la *bacaladilla*. Esta asociación creemos se basa en una única referencia para Andalucía (Crespo *et al.*, 2001: 137). Sin embargo, en la actualidad, el nombre *lirio* que empleó Cabrera se asocia principalmente a *Coryphaena hippurus* y a *Seriola dumerili* (v. el comentario ictionímico anterior). De hecho, Cabrera separó claramente *Micromesistius poutassou* de *Coryphaena hippurus*, tanto en la Memoria descriptiva (géneros *Gadus* y *Coryphaena*, respectivamente) como en la Lista impresa (géneros 9 y 13, respectivamente). Por ello nos parece que la sinonimia científica que plantea la mencionada obra de referencia *on line* (*Gasterosteus sinuatus* = *Micromesistius poutassou*) no es correcta. Dado que a *Coryphaena hippurus* Cabrera le dedicó un apartado específico, la probable especie que determinó bajo el nombre *Gasterosteus sinuatus* fue *Seriola dumerili*, que, por otra parte, no sería una especie nueva como Cabrera creyó al marcarla con Sp. N., pues había sido descrita por Risso en 1810, siete años antes de la Lista impresa.

Seriola dumerili (Risso, 1810) - Lirio

APORTACIÓN DE CABRERA

LISTA MANUSCRITA

Palometa

MEMORIA DESCRIPTIVA

«GÉNERO.—*Gasterosteus.*—LINN.» (v. en la ficha 80)

«ESPECIE 7.ª—**La Palometa.**» (p. 169)

LISTA IMPRESA

«GÉNERO 25. *La Palometa*, Gasterosteus Columbarius *Sp. N.*» (p. 181)

ESTADO ACTUAL

Trachinotus ovatus (Linnaeus, 1758) — Lámina 186

Clase: Actinopteri, Orden: Carangiformes, Familia: Carangidae

Citas en obras anteriores a Cabrera

Gasterosteus ovatus (Linnaeus, 1758: 296); *Gasterosteus Ovatus* (Bonnaterre, 1788: 137); *Gasterosteus Ovatus* (Linnaeus, en Gmelin, 1789: 1325)

ANÁLISIS

Etimológico

Gasterosteus Columbarius: {gr. *gaster, eros*} + {gr. *osteon, ou*} v. en la ficha 80 + {lt. *columbarius, ii*} 'parecido a una paloma' (*PE*), relativo a la forma de nadar, como se explica en el comentario ictionímico, más abajo.

Trachinotus ovatus: {gr. *trachys, eia, y*} 'áspero, rugoso' + {gr. *notos, ou*} 'dorso, espalda' (Jordan and Evermann, 1896, I: 939), que se refiere a las seis espinas cortas y duras que preceden a la segunda aleta dorsal + {lt. *ovatus, a, um*} 'que tiene forma de huevo' (*PE*), por su cuerpo de perfil ovalado.

Ictionímico

En Andalucía la voz *palometa* designa a numerosas especies de peces marinos, entre ellas: *Gephyroberix darwinii* (Johnson, 1866), *Beryx decadactylus* Cuvier, 1829, *Lichia amia* (80), *Brama brama* (58), *Taractichthys longipinnis* (59), *Stromateus fiatola* (52) y *Trachinotus ovatus* (v. *IA*, 2019), que tienen en común el cuerpo comprimido y, en general, ovalado. Ya que Cabrera había asociado algunas de ellas a otros ictiónimos distintos a *palometa*[224], creemos que por eliminación, además de los criterios taxonómicos explicados en el apartado siguiente, se trata de *Trachinotus ovatus*. *Palometa* es un catalanismo en castellano y, según el *DCECH*, vendría del griego *pelamis* 'bonito', con una contaminación del español *paloma* y posiblemente del griego *pelame* 'palma de la mano', relativo a la forma ovalada y tan comprimida de su cuerpo, además de a la coloración gris parecida a la del ave homónima, la paloma urbana (*Columba livia* Gmelin, 1789). Mondéjar (2002: 947) opina que la paloma con «las alas extendidas y su final picudo recuerda la aleta caudal, profundamente hendida [...] de los brámidos, de los carángidos y de los berícidos». Para Martínez González (1992: 181), el origen del ictiónimo *paloma* vendría de la similitud de la forma de nadar del pez, con frecuentes cambios bruscos de dirección, y el vuelo de la paloma. El término *palometa* se documenta por primera vez como ictiónimo en Andalucía (y en España) en 1418 en la *Sevillana Medicina* (Aviñón, 1418: 133).

Taxonómico

Cabrera no describió[225] esta especie, para la que recogió el ictiónimo *palometa* y determinó como *Gasterosteus Columbarius*. La consideró nueva para la ciencia porque no la encontró en el *Systema Naturae* de Linneo, pero allí se encontraba como *Gasterosteus ovatus* (Linneo, 1789: 1325), y claramente descrita con la frase linneana: «ſpinis dorsalibus ſeptem, prima recumbente, corpore ovato» —(primera aleta dorsal de siete radios, baja, cuerpo ovalado), que son algunos de los principales caracteres morfológicos que la identifican—. Dado que *Gasterosteus ovatus* y *Gasterosteus Columbarius* son sinónimos aceptados de la actual *Trachinotus ovatus* (Fricke *et al.*, 2023), pez conocido en todos los puertos andaluces como *palometa*, esta fue la especie que determinó el Magistral.

---

224 *B. brama* - xaputa; *T. longipinnis* - rondanil; *Lichia amia* - corzeta; *S. fiatola* - pámpano.

225 En relación con la ausencia de descripción, Graells (p. 159) dijo: «Tampoco describe esta especie que no se encuentra en la lista impresa, ni le da nombre científico». Sin embargo, como el mismo Graells mostró (p. 181), en la Lista impresa sí se encontraba *Palometa* asociado a *Gasterosteus Columbarius*.

Trachinotus ovatus (Linnaeus, 1758) - Palometa

APORTACIÓN DE CABRERA

LISTA MANUSCRITA

Saltón

LISTA IMPRESA

«GÉNERO 30. *El Saltón*, Esox Pinnulatus *Sp N.*» (p.183)

ESTADO ACTUAL

Scomberesox saurus (Walbaum 1792) — Lámina 187

Clase: Actinopteri, Orden: Beloniformes, Familia: Scomberesocidae

Citas en obras anteriores a Cabrera

Lacertus, Becaffe (Rondelet, 1558a: 189; L. VIII, c. V); *Esox saurus* (Walbaum, 1792: 33)

ANÁLISIS

Etimológico

Esox Pinnulatus: {lt. *esox, isox, ocis*} 'lucio' (Whitney, 1889), referido a su mandíbula inferior puntiaguda + {lt. *pinnatus, a, um*}, de {lt. *pinna, ae*} 'pluma, ala' (*PE*), relativo a las pequeñas aletas o pínulas del pedúnculo caudal.

Scomberesox saurus: combinación de los géneros *Scomber* {gr. *skombros, ou*} 'caballa, escombro' y *Esox* (v. más arriba), al presentar caracteres comunes de ambos + {gr. s*auros, ou*} 'lagarto' (Cuvier et Valenciennes, 1842: XXII, 460-463), por su cuerpo alargado y redondeado.

Ictionímico

Saltón es una voz motivada semánticamente por los saltos que da este pez fuera del agua, capacidad que también tiene *Belone belone* (86). El ictiónimo *saltón* se documenta por primera vez en Andalucía en los escritos de Cabrera, aunque asociado a una especie diferente, *Ammodytes tobianus* (196).

Taxonómico

Cabrera determinó esta especie de saltón como *Esox Pinnulatus* y la consideró una especie nueva. Sin embargo, *Esox pinnulatus* es un *nomen nudum* (Fricke *et al.*, 2023), que no conduce a ninguna equivalencia actual. El ictiónimo *saltón* puede referirse a varias especies muy diferentes, como *Ammodytes tobianus* (196), *Mugil cephalus* (90), *Tetrapturus pfluegeri* Robins & de Sylva, 1963, entre otras. Solo el epíteto *pinnulatus* nos da una pista de la especie a la que se refería, ya que *pinnulatus* evoca las pínulas o pequeñas aletas que se encuentran detrás de las aletas dorsal y anal. De las tres especies del orden Beloniformes que se pescan habitualmente en el golfo de Cádiz, *Scomberesox saurus*, *Belone belone* (86) e *Hyporhamphus picarti* (87), solo la primera tiene pínulas detrás de las aletas dorsal y anal. Ya que a las otras dos las describe de forma clara, la especie que denominó «*Saltón*-Esox Pinnulatus» fue *Scomberesox saurus*.

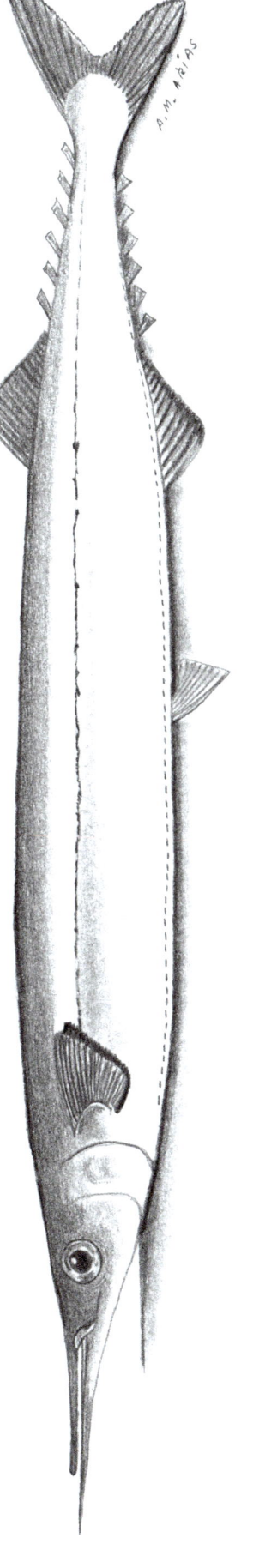

Scomberesox saurus (Walbaum 1792) - Saltón

APORTACIÓN DE CABRERA

LISTA MANUSCRITA

Bausel

LISTA IMPRESA

«GÉNERO 33. *El Bausel*, Varietas   »   » (p.183)

ESTADO ACTUAL
Chelon auratus (Risso, 1810) — Lámina 188
Clase: Actinopteri, Orden: Mugiliformes, Familia: Mugilidae

Citas en obras anteriores a Cabrera
Bauzel, *Noticia*, 1756 (Pensado, 1982: 202, Barba y Pons, 2003: 407); *Mugil auratus* (Risso, 1810: 344)

ANÁLISIS

Etimológico

Chelon auratus: {gr. *cheilos*, *eos*, *ous*} 'labio' (Barriuso, 1986: 260), por lo abultado que tienen los labios las especies de la familia mugílidos + {lt. *auratus*, *a*, *um*} 'dorado', relativo a la mancha amarilla de color del oro que presenta en los opérculos (Barriuso, 1986: 257).

Ictionímico

En la especie que nos ocupa, *bausel* es una variante gráfica de *bucel* o *busel*, registrado algunas veces en Andalucía como *bucelito*. Se trata de un término derivado de *buz* 'labio' (Martínez González, 1973: 76), que alude a los pliegues y engrosamientos de la boca de los mugílidos. *Bucel* es un ictiónimo usado en puertos gaditanos, desde Sanlúcar de Barrameda hasta Barbate, para designar indistintamente a *Chelon auratus* y a *Chelon saliens* (*IA*: 327 y 331), porque es habitual que ambas especies sean confundidas entre sí. Sin embargo, en el ámbito especializado de los esteros de la bahía de Cádiz, donde la abundancia conjunta de las cinco especies de mugílidos constituye el 80% de la producción de peces (Drake *et al.*, 1984*b*) y donde la mayoría de los pescadores las distinguen con claridad, el *busel* es *Chelon auratus* y la *zorreja* es *Chelon saliens*. Se documenta por primera vez en Andalucía en 1756 (Pensado, 1982: 202, Barba y Pons, 2003: 407).

Taxonómico

Cabrera consideraba al *bausel* una variedad («Varietas») de lisa, como, en efecto, así es, pero no aportó en sus notas ningún nombre científico ni descripción que permitiera asegurar totalmente la determinación de la especie. Lo más probable es que se refiriera a *Chelon auratus*, la especie más abundante en aguas gaditanas de las dos que reciben el nombre de *bausel*, ya que a la otra, *Chelon saliens*, la *zorreja*, la nombró por separado (ficha 201).

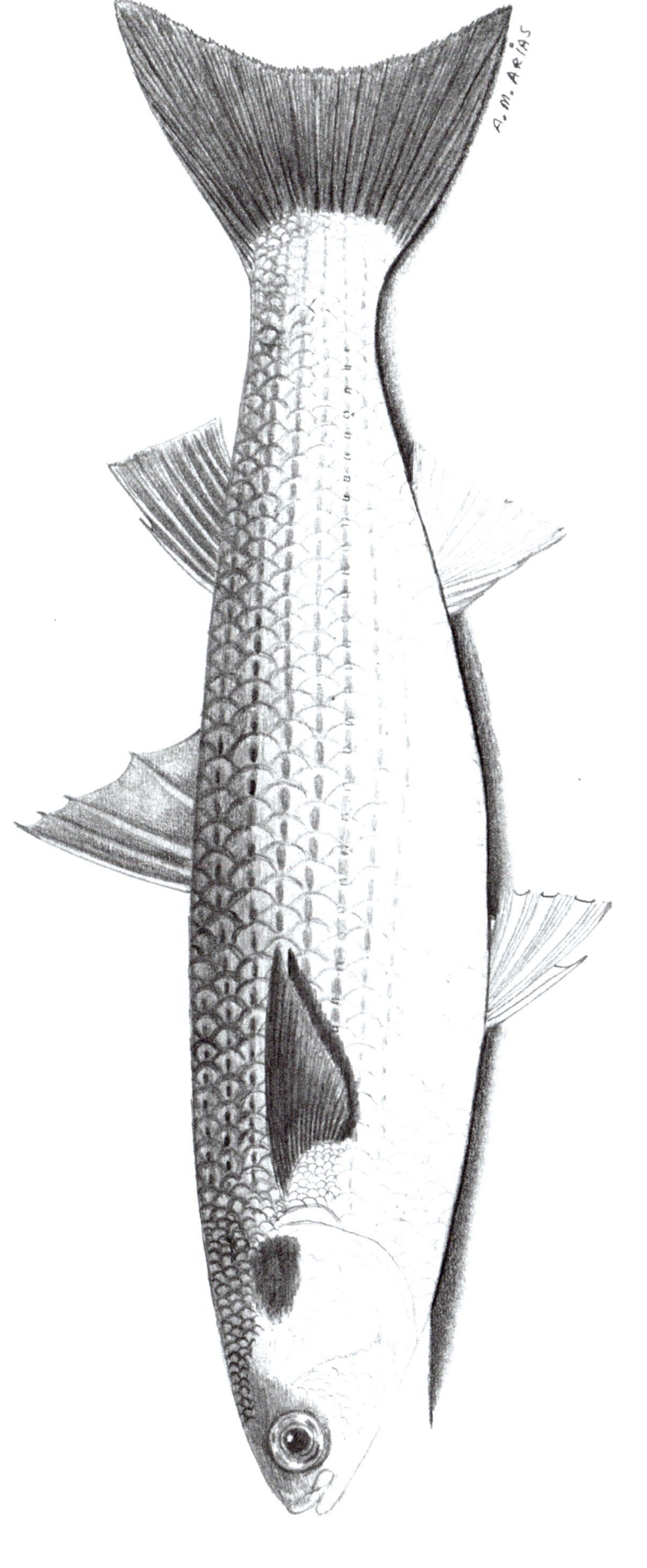

Chelon auratus (Risso, 1810) - Bausel

APORTACIÓN DE CABRERA

LISTA MANUSCRITA

Albur

LISTA IMPRESA

«GÉNERO 36. *El Albur*, Ciprinus Alburnus *Lin*.» (p. 184)

ESTADO ACTUAL

Chelon ramada (Risso, 1827) — Lámina 189

Clase: Actinopteri, Orden: Mugiliformes, Familia: Mugilidae

Citas en obras anteriores a Cabrera

Albur, *Mugil* (Löfling, 1753); *Mugil ramada* (Risso, 1827: 390)

ANÁLISIS

Etimológico

Cyprinus Alburnus: {gr. *kyprinos*, *ou*} 'carpa' (Whitney, 1889) + {lt. *albus*, *a*, *um*} 'blanco' (Salviani, 1554: 88), quien dice: «no significa otra cosa nada más que blanco» («nil nanque aliud significat Alburnus, quam album»).

Chelon ramada: {gr. *cheilos*, *eos*, *ous*} 'labio', v. en la ficha anterior + de {*ramado*}, nombre que dan los pescadores de Niza a esta especie (Cuvier et Valenciennes, 1842: XI, 37).

Ictionímico

Según el DCECH, el ictiónimo *albur* deriva del árabe *buri*, traducido por Alcalá y Nebrija como *mugilis*, hecho que atestigua que se trata del mismo pez. Se documenta primera vez en Andalucía en 1418, en la obra la *Sevillana Medicina* (Aviñón, 1418: 127), publicada en 1545 por Nicolás Monardes donde aparece como *albures*. En la transcripción de la Lista manuscrita que hizo Martín Ferrero (1997: 311) el *Albur* de Cabrera aparece como «Albus».

Taxonómico

Lo que Cabrera determinó como *Ciprinus Alburnus* conduce hoy a *Alburnus alburnus* (Linnaeus, 1758), el *alburno*, un pez de agua dulce. Sin embargo, esta especie, considerada exótica e invasora, procedente de Europa central, fue introducida en España en la década de los años noventa del siglo XX para la pesca deportiva. Así, el *alburno* se cita por primera vez en la península ibérica en junio de 1992 en el río Noguera-Ribagorzana, afluente del río Ebro (Vinyoles *et al.*, 2007: 102). Este hecho descarta que Cabrera hubiera examinado al *alburno*, o sea, a lo que él denominaba erróneamente *Ciprinus Alburnus*. Lo más probable es que lo que Cabrera designó como *albur-Ciprinus Alburnus* fueran ejemplares jóvenes de alguna especie de mugílido, tan frecuentes en Cádiz y de aspecto muy similar, tanto en tamaño como en coloración al alburno. Nos inclinamos a pensar que por proximidad semántica entre el ictiónimo *albur* y el epíteto científico *alburno* Cabrera se refiriera a ejemplares de *Chelon ramada* (Risso, 1827), la especie que con más frecuencia se denomina *albur* en las costas gaditanas y onubenses y que también está presente en aguas dulces, como las del río Guadalquivir, por ejemplo (Fernández-Delgado *et al.*, 2000: 189).

Chelon ramada (Risso, 1827) - Albur

APORTACIÓN DE CABRERA

LISTA IMPRESA

«GÉNERO 24. *Sin nombre*, Ciclopterus Lepidogaster   »   » (p. 181)

ESTADO ACTUAL

Lepadogaster lepadogaster (Bonnaterre, 1788) — Lámina 190

Clase: Actinopteri, Orden: Gobiesociformes, Familia: Gobiesocidae

Citas en obras anteriores a Cabrera

Cyclopterus purpureus (Bonnaterre, 1788: 29; pl. 86, fig. 356)

ANÁLISIS

Etimológico

Cyclopterus Lepidogaster: {gr. *kyklos, ou*} 'círculo' + {gr. *pteron, ou*} 'ala' (Jordan and Evermann, 1896, I: 2096), relativo al disco adhesivo ventral de forma circular, una modificación de las aletas ventrales que le permite adherirse fuertemente a las rocas, a las plantas marinas e incluso a otros peces + {gr. *lepas, ados*} 'plato, escudilla' (Sebastián, 1964), por la forma de cuenco que tiene el disco adhesivo; de hecho, Bonnaterre (1788: 29) llamó a este pez «le porte-écuelle», el porta escudilla + {gr. *gaster, eros*} 'estómago', referido a la posición ventral donde se encuentra el disco.

Lepadogaster lepadogaster: {gr. *lepas, ados*} + {gr. *gaster, eros*}, v. anterior.

Ictionímico

No incluyó ningún nombre vulgar para esta especie. Se trata de un pez de aspecto raro y tamaño pequeño (unos 7 cm de longitud), que vive en las zonas intermareales rocosas. No tiene interés comercial y, tal vez algún pescador pudo llevárselo al Magistral como curiosidad y del que desconocían el nombre común. De aquí el «*Sin nombre*» de Cabrera.

Taxonómico

Ciclopterus lepidogaster es una transcripción de Cabrera de *Cyclopterus Lepodogafter* de Bonnaterre, que a su vez es sinónimo válido de *Lepadogaster lepadogaster*. Actualmente se conocen dos especies muy similares morfológicamente entre sí del género *Lepadogaster* en las costas mediterráneas y atlánticas españolas (Henriques *et al.*, 2002: 327; Wagner *et al.*, 2017: 420): *Lepadogaster lepadogaster* y *Lepadogaster purpurea*. No hay argumentos para saber a ciencia cierta cual era la especie que observó Cabrera, pero siguiendo el criterio de la sinonimia utilizada nos decantamos por *Lepadogaster lepadogaster*.

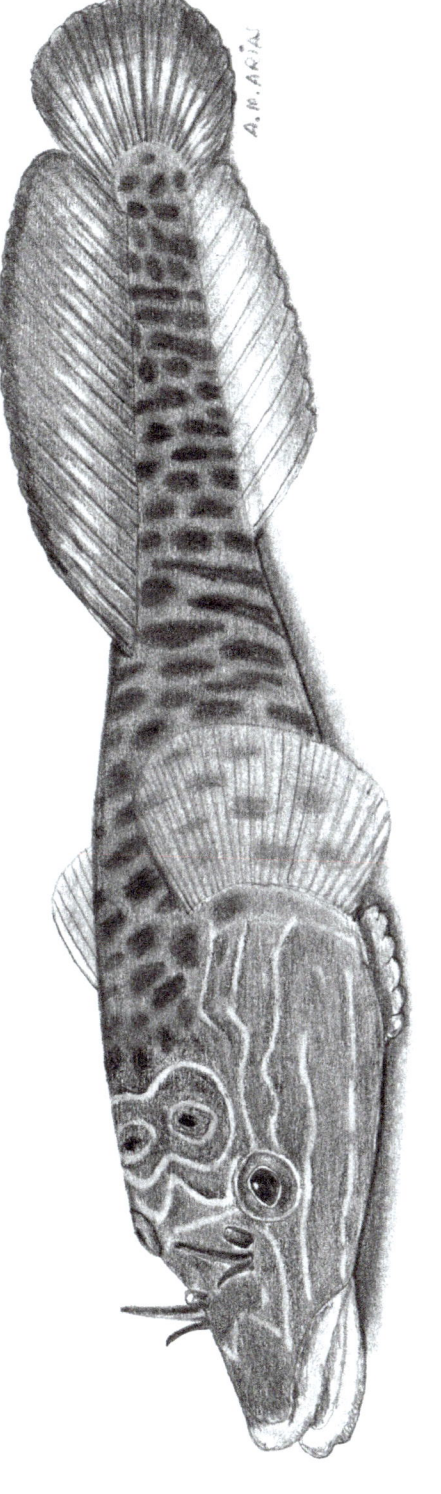

Lepadogaster lepadogaster (Bonnaterre, 1788) - **Sin nombre**

(Dibujo basado en las fotografías de J.L. Alcaide, joseluisalcaide.com; A. Rapson, glaucus.org.ik; S. Gerrini, fishbase.es; sin autor, agefotostock.es; Wagner *et al.*, 2017, y en el dibujo de J.C. Briggs, en Marine Species Identificacion Portal)

APORTACIÓN DE CABRERA

LISTA MANUSCRITA

Borriquete

LISTA IMPRESA
«GÉNERO 21. *El Borriquete*, Labrus Antias *Lin.*» (p. 180)

ESTADO ACTUAL
Anthias anthias (Linnaeus, 1758) — Lámina 191
Clase: Actinopteri, Orden: Perciformes, Familia: Anthiadidae

Citas en obras anteriores a Cabrera
Anthias, premiere eſpece (Rondelet, 1558a: 161; L. VI, c. XI); *Anthias prima* (Willoughby, 1686: 325; Tab: X.5.3); *Labrus* (3.) (Artedi, 1738: 54); *Labrus Anthias* (Linnaeus, 1758: 282); *Labrus Anthias* (Linnaeus, en Gmelin, 1789: 1283)

ANÁLISIS

Etimológico

Labrus Anthias: {lt. *labrum, i*} 'labio' (*PE*), relativo a los labios abultados característicos de las especies de la familia lábridos (v. comentario taxonómico) + {gr. *anthos, ou*} 'flor' (Sebastián, 1964), tal vez por la belleza de su coloración y por los largos lóbulos de sus aletas.
Anthias anthias: {gr. *anthias, ou*} v. anterior.

Ictionímico

El nombre común más frecuente de esta especie es *tres colas*, si bien en algunos puertos andaluces se le llama *borriquete*, sobre todo mediterráneos, de donde es posible que lo recogiera Cabrera en alguno de sus viajes a Málaga. Este ictiónimo es una voz sufijada (*-ete*) de *burro*, que a su vez es un derivado regresivo del latín tardío *bŭrrīcus* 'caballo pequeño' (*DCECH*). Esta voz denomina también a otras especies: *Plectorhinchus mediterraneus* (110) y *Balistes capriscus* (100). En los casos anteriores su identificación metafórica con el équido homónimo se debe principalmente a la coloración marrón-grisácea de la piel, pero en *Anthias anthias* dicha motivación podría estar en su color rojizo, lo que nos llevaría hasta el mozarabismo *burrus* 'rojizo'.

Taxonómico

El Magistral, con su peculiar estilo de escritura y siguiendo a Linneo, determinó a esta especie como *Labrus Antias* (*Labrus Anthias*), un sinónimo aceptado de *Anthias anthias*, un pez, según el sueco, todo rojo y con la cola bifurcada.

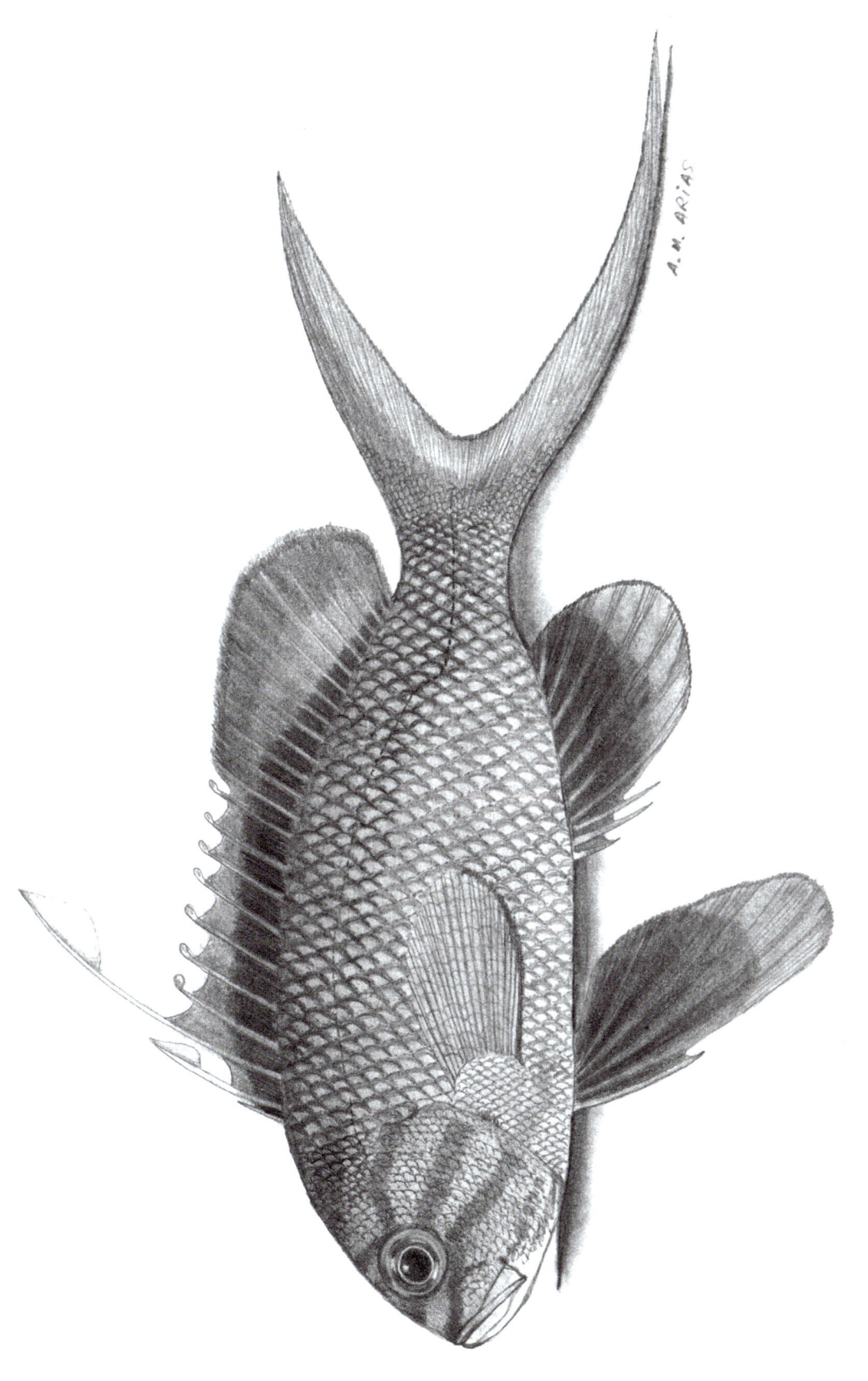

Anthias anthias (Linnaeus, 1758) - Borriquete

(Dibujo basado en las fotografías de H. Zell, en es.wikipedia.org, y sin autor, en animacuatic.com)

LÁMINA 191

APORTACIÓN DE CABRERA

LISTA MANUSCRITA

LISTA IMPRESA

«GÉNERO 20. *La Chucla*, Sparus Mæna *Lin*.» (p. 178)

«*El Judío*», en los listados de ictiónimos que no llegó a identificar (p. 187)

ESTADO ACTUAL

Spicara maena (Linnaeus, 1758) — Lámina 192

Clase: Actinopteri, Orden: Acanthuriformes, Familia: Sparidae

Citas en obras anteriores a Cabrera

Maena (Rondelet, 1558a: 124; L.V, c. XIII); *Maena* (Willoughby, 1686: 318; Tab: V.3.4); *Sparus* (9.) (Artedi, 1738: 61); *Sparus Maena* (Linnaeus, 1758: 278); *Sparus Maena* (Bonnaterre, 1788: 98; pl. 48, fig. 183); *Sparus Maena* (Linnaeus, en Gmelin, 1789: 1271)

ANÁLISIS

Etimológico

Sparus Maena: {lt. *sparus*} v. en la ficha 112 + {gr. *mainis, idos*} 'especie de anchoa', tal vez por sus hábitos gregarios, que gusta de las hierbas litorales y que tiene las crías en invierno (Rondelet, 1558b: 519-520).

Spicara maena: {*spicara*} «nombre local» del Mediterráneo (Jordan and Fesler, 1893: 527), relacionado con {in. *spike*} 'pincho, púa', relativo al morro aguzado del pez + {gr. *mainis, idos*} v. más arriba.

Ictionímico

Chucla y *judío* son dos ictiónimos que en Andalucía designan a *Spicara maena* (*IA*: 486-488). Cabrera asoció el primero acertadamente a esta especie, pero no aparece en la Lista manuscrita; el segundo, recogido en Málaga, no llegó a identificarlo como denominación de ninguna especie y quedó en un listado aparte al final de la Lista impresa como correspondiente a una especie que, según Graells, no llegó a examinar ni determinar. Sin embargo, vemos que no fue así, ya que la examinó, pero no llegó a saber que *judío* era otra designación de esta especie. Sobre el origen de la voz *chucla* existen dos teorías. Alcover y Moll (2022) ven en el ictiónimo *chucla* la forma catalana *xuclar* 'chupar, sorber' y su derivado postverbal *xucla*; por lo tanto sería un catalanismo. Desde un punto de vista semántico, el ictiónimo se basa en el hábito de este pez de succionar o chupar del fondo los invertebrados de los que se alimenta con su premaxilar protuscible. Sin embargo, Veny (1993:165) defiende un origen en la forma *juglar* (latín *joculare*) y no de *xuclar*. En este caso, su motivación no se encuentra en la forma atrompetada de la boca, sino en la colorida y vistosa librea de las especies que llevan este nombre, sobre todo de los machos, a la manera de los clásicos juglares (metáfora cromática). Por lo tanto, «es basen en la metàfora que ha comparat la vistositat d'aquelles viarietats ictiològiques ambs els colors vius, cridaners de la indumentària dels joglars» [se basan en la metáfora que ha comparado la vistosidad de aquellas variedades ictiológicas con los colores vivos, chillones, de la indumentaria de los juglares] (p. 172). En cuanto a la voz *judío*, en sentido ictionímico, su creación metafórica está relacionada con la baja calidad gastronómica de la carne de este pez y la creencia de que lo judío no es tan bueno como lo cristiano (Veny, 2000: 532: «non es tan bo com el cristiá»). *Chucla* y *judío* se documentan por primera vez en Andalucía en los escritos de Cabrera.

Taxonómico

Chucla asociado a *Sparus maen*a, que es un sinónimo aceptado de *Spicara maena*, conducen sin duda a que esta fue la especie que determinó Cabrera.

Spicara maena (Linnaeus, 1758) - Judio

APORTACIÓN DE CABRERA

LISTA MANUSCRITA

LISTA IMPRESA

«GÉNERO 21. *Otro Borriquete*, Labrus Merula *Lin.*» (p. 180)

ESTADO ACTUAL

Labrus merula Linnaeus, 1758 — Lámina 193

Clase: Actinopteri, Orden: Perciformes, Familia: Labridae

Citas en obras anteriores a Cabrera

Merula (Rondelet, 1558a: 148; L. VI, c. V); *Turdus niger, Merula* (Willoughby, 1686:320; Tab: X.1.1); *Labrus* (7.) (Artedi, 1738: 55); *Labrus Merula* (Linnaeus, 1758: 288); *Labrus Merula* (Bonnaterre, 1788: 109; pl. 52, fig. 201); *Labrus merula* (Cornide, 1788: 52); *Labrus Merula* (Linnaeus, en Gmelin, 1789: 1298)

ANÁLISIS

Etimológico

Labrus merula: {lt. *labrum, i*} 'labio', v. en la ficha 141 + etimología imprecisa de origen español (Cuvier et Valenciennes, 1828, II: 271), relacionado a su vez con el término *mero* (v. en la ficha 105).

Ictionímico

Sobre *borriquete*, v. *Plectorhinchus mediterraneus* (110).

Taxonómico

Sin descripción ni ninguna otra referencia en la Memoria descriptiva, únicamente tenemos de esta especie el nombre vulgar, *borriquete*, y, asociado a él, el nombre científico *Labrus Merula*, propuesto por Linneo y aceptado hoy día. Con estos datos, cabe suponer que Cabrera pudo haber visto algún ejemplar de esta especie sin tener ocasión de describirlo, y basándose en su color casi negro, siguió las obras de Linneo («caeruleo-nigricans») y Bonnaterre («couleur eft plus o moins foncée» + una ilustración) y llegó a determinarlo como *Labrus merula*. Suponemos que de algún pescador recogió para ella el nombre *borriquete*, pero, posiblemente, no estaba muy seguro y de ahí la frase «*Otro borriquete*» asociada a *Labrus merula*. De hecho, en algunas obras de ictionimia andaluza[226], el ictiónimo *borriquete* se registró asociado a diversas especies de las familias Balistidae[227], Blennidae[228], Fundulidae[229], Gobiidae[230], Haemulidae[231], Malacanthidae[232], Polyprionidae[233], Sciaenidae[234], Serranidae[235], Sparidae[236]. Nunca a alguna de Labridae. Solo en Navarrete (1898: 165) se cita una especie de esta última familia asociada a *borriquete*: *Symphodus tinca* (195).

---

226 Löfling (1753), Steindachner (1867), De Buen (1919), Lozano Rey (1928), Rodríguez-Roda (1960), *NOE* (1965), García de Quirós (1972), *LMP* (1989), Osuna y Ubera (1990), J. de A. (2001), Crespo y Ponce (2003), *IA* (2019).
227 *Balistes capriscus* (100)
228 *Blennius ocellaris* (91)
229 *Fundulus heteroclitus*
230 *Gobius niger* (67), *Gobius paganellus* (68)
231 *Plectorhinchus mediterraneus* (110), *Parapristipoma octolineatum* (109)
232 *Branchiostegus semifasciatus*
233 *Polyprion americanus* (101)
234 *Sciaena umbra* (136), *Umbrina cirrosa* (137)
235 *Epinephelus costae* (104), *Serranus scriba* (108)
236 *Diplodus cervinus* (119)

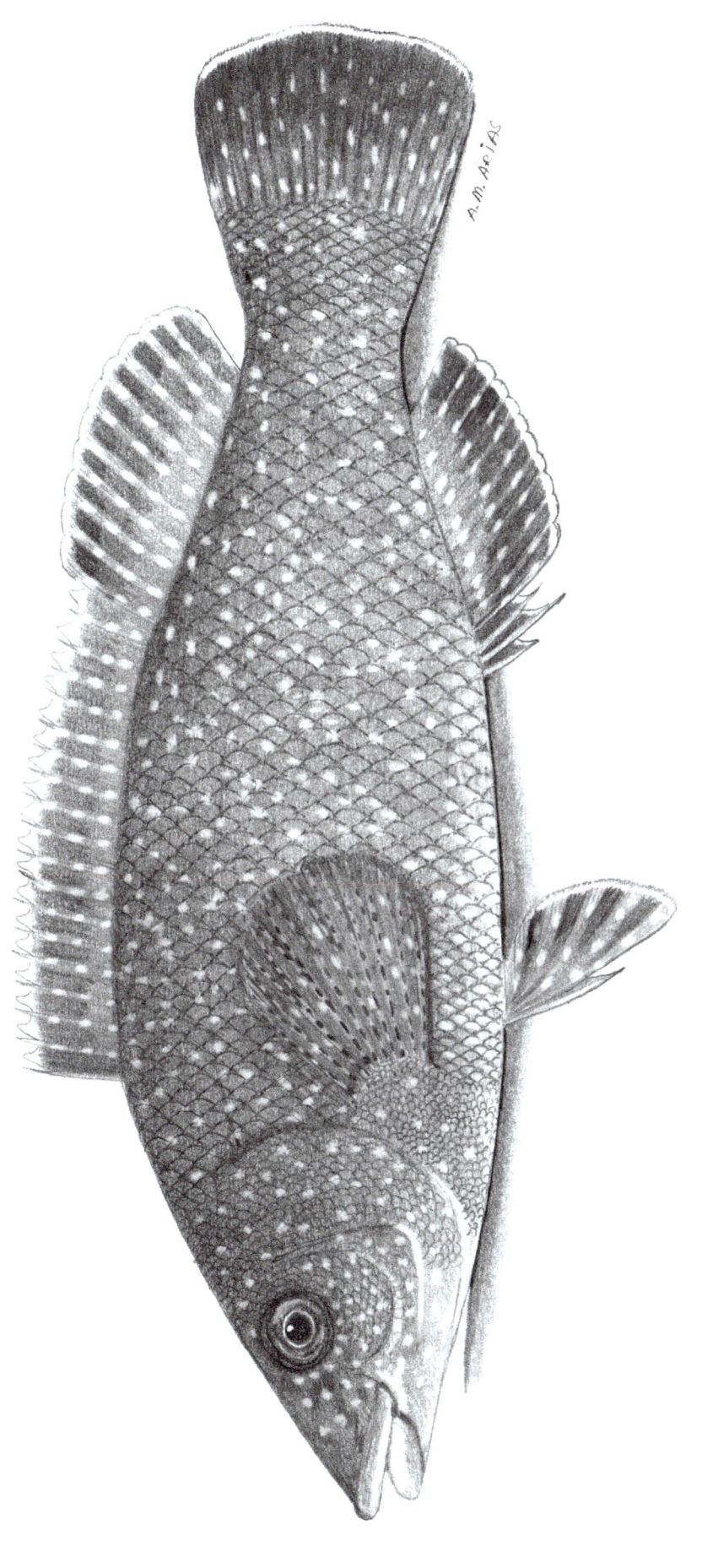

Labrus merula Linnaeus, 1758 - **Borriquete**

(Dibujo basado en las fotografías de X. Salvador Costa, en fishipedia.es; J. L. Alcaide, en joseluisalcaide.com; y sin autor, en fon-fishin.com)

LÁMINA 193

APORTACIÓN DE CABRERA

LISTA MANUSCRITA

Sobal

LISTA IMPRESA
«Género 21. *El Zorzal*, Labrus Varius *Lin.*» (p. 180)
COLECCIÓN INSTITUTO
«37. *Labrus mixtus* L.» (De Buen, 1919: 253)

ESTADO ACTUAL
Labrus mixtus Linnaeus, 1758 — Lámina 194
Clase: Actinopteri, Orden: Perciformes, Familia: Labridae

Citas en obras anteriores a Cabrera

Scarus (feconde efpece) (Rondelet, 1558a: 145; L. VI, c. III); *Scarus varius* (Willoughby, 1686: 306; Tab: V.1.3); *Labrus* (10.) (Artedi, 1738: 57); *Labrus* (5.) (Artedi, 1738: 55); *Labrus varius* (Linnaeus, 1758: 288); *Labrus mixtus* (Linnaeus, 1758: 287); *Labrus Mixtus* (Bonnaterre, 1788: 116); *Labrus libens* (Cornide, 1788: 51); *Labrus mixtus* (Linnaeus, en Gmelin, 1789: 1297); *Zorzal* (Medina Conde, 1789: 265); *Labrus Varius* (Asso, 1801: 41); *Trimaculated wrasse* (Asso, 1801: 40)

ANÁLISIS

Etimológico

Labrus Varius: {lt. *labrum, i*} 'labio', v. en la ficha 141 + {lt. *varius, a, um*} 'de varios colores' (*PE*), relacionado con la mezcla de colores y tonos que cubren el cuerpo de estos peces, que presentan un marcado dimorfismo sexual.

Labrus mixtus: {lt. *labrum, i*} 'labio', v. en la ficha 141 + {lt. *mixtus, a, um*} 'mezclado' (*PE*), en el mismo sentido anterior de diversidad de colores.

Ictionímico

El ictiónimo *zorzal*, que Cabrera asoció a esta especie, es una voz motivada metafóricamente por la identificación entre la coloración del pez (pardo, anaranjado y azul) y el plumaje de las aves denominadas zorzales, pertenecientes al género *Turdus*, que incluye numerosas especies. En la Lista manuscrita está escrito *Sorsal*, aunque no de manera nítida, pues Cabrera (o su escribiente o secretario) utilizó a modo de *r* minúscula lo que parece una *R* mayúscula (a la que falta la pata). Sin embargo, Martín Ferrero (1997: 312), al transcribirlo, interpretó erróneamente esta letra como una *B* mayúscula y creyó que Cabrera escribió *SoBal*, porque consideró que la *s* minúscula (representada por un pequeñísimo trazo) forma parte del bucle inferior de la *B*. Sin embargo, *SoBal* no es ningún nombre de pez, mientras que *zorzal* ya se documenta por primera vez en Andalucía en Medina Conde (1789: 265).

Taxonómico

Labrus varius de Cabrera es hoy sinónimo de *Labrus mixtus*, la especie que determinó el religioso, como así comprobó también De Buen al determinar como tal el ejemplar conservado en la Colección del Instituto de Cádiz. Medina Conde (1789: 265) asoció el nombre de *zorzal* a un pez que «de medio cuerpo abaxo es del color del canario», lo que coincide con la coloración amarillenta o anaranjada del abdomen de los machos de esa especie. Asso (1801: 40) no aportó ningún sinónimo científico, pero asoció el nombre común en inglés, «Trimaculated wrasse», describió a la hembra, fácilmente reconocible por su «color baxo de sangre, con tres pintas pardas, dos en el lomo y otra hacia la cola».

Labrus mixtus Linnaeus, 1758 - Sorsal

APORTACIÓN DE CABRERA

LISTA MANUSCRITA

Tordo   Xaputa de piedras   Tordillo

LISTA IMPRESA

«GÉNERO 21. *El Tordo*, Labrus Tinca *Lin.*» (p. 180)

«GÉNERO 21. *La Xaputa de piedras*, Labrus Niger *Lin.*» (p. 180)

«*El Tordillo*», en los listados de ictiónimos que no llegó a identificar (p. 187)

ESTADO ACTUAL

Symphodus tinca (Linnaeus, 1758) — Lámina 195

Clase: Actinopteri, Orden: Perciformes, Familia: Labridae

Citas en obras anteriores a Cabrera

Turdus (Rondelet, 1558a: 149; L. VI, cap VI); *Tinca marina* (Willoughby, 1686: 319; Tab: X.1.2); *Labrus* (9.) (Artedi, 1738: 56); *Labrus Tinca* (Linnaeus, 1758: 285); *Labrus Tinca* (Bonnaterre, 1788: 111); *Labrus tinca* (Cornide, 1788: 49); *Labrus Tinca* (Linnaeus, en Gmelin, 1789: 1289); *Labrus niger* (Linnaeus, en Gmelin, 1789: 1285)

ANÁLISIS

Etimológico

Labrus Tinca: {lt. *labrum, i*} 'labio', v. en la ficha 141 + {lt. *tinca, ae*} 'tenca' (*PE*), tal vez para señalar cierto parecido morfológico con la tenca, pez de agua dulce denominado científicamente *Tinca tinca*.

Labrus Niger: {lt. *labrum, i*} 'labio', v. en la ficha 141 + {lt. *niger, nigra, nigrum*} 'negro' (*PE*).

Symphodus tinca: {gr. *syn*} + {gr. *phyo*} + {gr. *odous, odontos*} v. en la ficha 185 + v. más arriba.

Ictionímico

Tordo, junto con su derivado *tordillo*, y *xaputa de piedras* son ictiónimos que Cabrera creía equivocadamente que designaban al menos a dos especies, como se indica más abajo. *Tordo* tiene su motivación metonímica en la coloración marrón oscura de algunos individuos, especialmente de las hembras, que hace su identificación metafórica con el plumaje del ave homónima. La primera vez que aparece *tordo* en la bibliografía ictionímica andaluza es en la Lista impresa de Cabrera. *Tordillo* es una voz derivada de *tordo*, con carácter diminutivo. Estaba incluida en el listado de peces que, según Graells (1887: 187), «no se han podido examinar ni determinar», pero creemos que se refería a la especie objeto de esta ficha. Algunas especies de serránidos, como *Serranus scriba* (108) y *Serranus hepatus*, también reciben el nombre de *tordillo* en varios puertos almerienses (*IA*: 280 y 284, respectivamente). En la especie que nos ocupa, hemos supuesto que Cabrera se refería con *tordillo* a ella y no a las dos anteriores, porque recogió el ictiónimo *tordo* asociado a un lábrido. *Xaputa de piedras* es un nombre del que ignoramos su motivación semántica en relación con esta especie y que está documentado por primera vez en Andalucía también en la Lista impresa. El especificativo *de piedras* está claro que se refiere al hábitat de la especie, las rocas del fondo marino; pero no así con *xaputa*, que tal vez tenga un componente disfemístico en relación con la escasa calidad de la carne de este pez.

Taxonómico

Cabrera incluyó esta especie dos veces en la Lista impresa, creyendo que se trataba de dos especies distintas, *Labrus tinca* y *Labrus Niger*, a las que llamó *tordo* y *xaputa de piedras*, respectivamente. En el trabajo de Parenti & Randall (2000: 43) se concluye que se trata de dos sinónimos de *Symphodus tinca*.

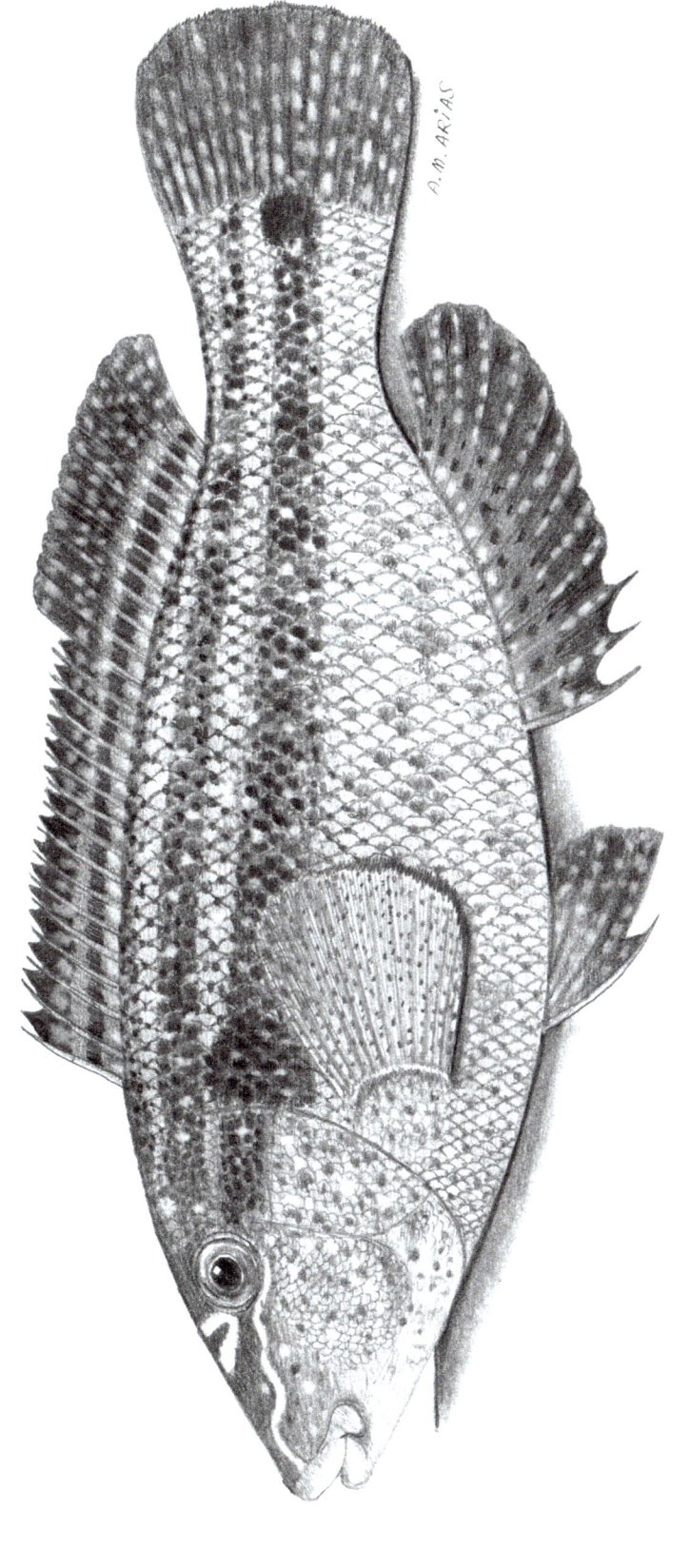

Symphodus tinca (Linnaeus, 1758) - Tordo, Tordillo, Xaputa de piedras

APORTACIÓN DE CABRERA

LISTA MANUSCRITA

Saltón

LISTA IMPRESA

«GÉNERO 3. *El Saltón*, Ammodites Tobianus *Lin.*» (p. 176)

ESTADO ACTUAL

Ammodytes tobianus Linnaeus, 1758 — Lámina 196
Clase: Actinopteri, Orden: Perciformes, Familia: Ammodytidae

Citas en obras anteriores a Cabrera

Ammodytes (Willoughby, 1686: 113; Tab: G.8.1); *Ammodytes* (Artedi, 1738: 29); *Ammodytes Tobianus* (Linnaeus, 1758: 247); *Ammodytes Tobianus* (Bonnaterre, 1788: 39; pl. 26, fig. 88); *Ammodytes Tobianus* (Linnaeus, en Gmelin, 1789: 1144); *Ammodytes alliciens* (Lacépède, 1800: 272)

ANÁLISIS

Etimológico

Ammodytes tobianus: {gr. *ammos, psammos, ou*} 'arena' + {gr. *dytes, ou*} 'que bucea' (Sebastián, 1964), relativo a su capacidad para esconderse enterrándose en la arena, como describen Gesner (1586: 75) y Aldrovandi (1638: 252), respectivamente: «celerrime profunde adeo sub arenam penetrat» ('rápidamente se dirige, penetra bajo la arena') y «seu potius arenam subens» ('o mejor, que va por debajo de la arena') + {lt. *tobianus*} por {lt. *todianus*} 'delgado' (Barriuso, 1986: 200) y {lt. *todillus*} 'cosa delgada' (Jiménez, 1834).

Ictionímico

La voz *saltón* está motivada semánticamente por uno de sus hábitos: la continua agitación y movimiento de estos peces cuando se les saca del agua al pescarlos. Se documenta por primera vez en Andalucía en los escritos de Cabrera. V. más sobre *saltón* en *Scomberesox saurus* (187).

Taxonómico

La denominación *Ammodytes Tobianus* que utilizó Cabrera para determinar a esta especie, acompañada del ictiónimo *saltón*, es actualmente válida, por lo que esta fue la especie a la que se refería Cabrera. No obstante, cabe mencionar que, ya en tiempos de Cabrera, Rafinesque (1810: 21; Tab: IX, fig. 4), en su *Caratteri di alcuni nuovi generi e nuove specie di animali e piante della Sicilia*, había descrito una nueva especie, *Ammodytes cicerelus* (hoy *Gymnammodytes cicerelus*), muy similar a la anterior y que es la especie de la familia Ammodytidae más frecuente en aguas de Cádiz. *Ammodytes tobianus* es más propia de aguas frías, más al norte de Europa. Es posible que Cabrera no pudiera consultar dicha publicación y apreciar las diferencias.

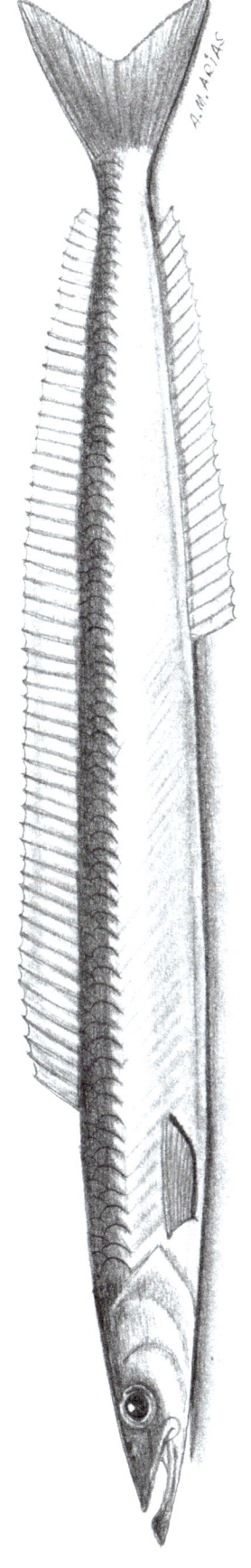

Ammodytes tobianus Linnaeus, 1758 - Saltón

(Dibujo basado en una lámina de Scandinavian Fishing Year Book, en fish-commercial-names.ec.europa.eu)

APORTACIÓN DE CABRERA

LISTA MANUSCRITA

Pollo

LISTA IMPRESA

«GÉNERO 15. *Pollo*, Scorpena Maculata *Sp. N.*» (p. 177)

ESTADO ACTUAL

Helicolenus dactylopterus (Delaroche, 1809) — Lámina 197
Clase: Actinopteri, Orden: Perciformes, Familia: Sebastidae

Citas en obras anteriores a Cabrera

Scorpaena dactyloptera (Delaroche, 1809: 337; pl. 22, fig. 9)

ANÁLISIS

Etimológico

Scorp[a]*ena Maculata*: {gr. *skorpaina, es*} 'escorpena, escorpina', pez marino (Sebastián, 1964), del {gr. *skorpios*} 'escorpión', por las numerosas y peligrosas espinas venenosas de la cabeza de estos peces, que producen dolorosas heridas como la picadura del escorpión terrestre + {lt. *maculatus, a, um*} 'con marcas o manchas' (*PE*), por tener el cuerpo cubierto de ellas con distintas tonalidades.

Helicolenus dactylopterus: {gr. *helikos, e, on*} 'fuerte' + {gr. *olene, es*} 'codo, brazo, mano' (Jordan and Evermann, 1898, II: 1836), relacionado con el gran tamaño de las aletas pectorales + {gr. *daktylos, ou*} 'dedo' + {gr. *pteron, ou*} 'ala, aleta' (Jordan and Evermann, 1898, II: 1836), relativo a los radios libres de las aletas pectorales.

Ictionímico

El ictiónimo *pollo* evoca el pequeño tamaño de esta especie frente a otras de la misma familia o de la familia escorpénidos (*Scorpaena scrofa*, conocida como *gallineta* y *gallina*), ya que *pollo*, del latín *pullus* 'cría de animal', es la gallina joven. *Pollo* se documenta por primera vez en Andalucía con sentido ictionímico en Medina Conde (1789: 247).

Taxonómico

Cabrera recogió «*Pollo-Scorpena Maculata Sp. N.*» en la Lista impresa. Hoy día *Scorpena Maculata* es sinónimo válido de *Helicolenus dactylopterus* (Fricke *et al.*, 2023), que fue la especie que determinó el religioso, habitual en las pesquerías gaditanas y andaluzas, donde *pollo* es una de las denominaciones más frecuente de esta especie. Cabrera la marcó como Sp. N. porque no estaba en la obra de Linneo, sin embargo, no era especie nueva, pues ya había sido descrita en 1809 por Delaroche con el nombre de *Scorpaena dactyloptera* («Esta bella especie, de la que ningún naturalista ha hecho mención», escribió el científico francés). No tenemos constancia documental de que Cabrera consultara la obra de Delaroche. Por otra parte, en una nota al pie de la página 150, Graells señala que en la Lista impresa Cabrera «añade la Polla, *Scorp. maculata*», cuando en realidad, como vemos más arriba, Cabrera escribió *Pollo*, tanto en la Lista impresa como en la Lista manuscrita. Cabe decir que se trata de una errata de Graells, si bien el nombre femenino *polla* se ha recogido para esta misma especie en el puerto de Sancti Petri (*IA*: 343).

Helicolenus dactylopterus (Delaroche, 1809) - Pollo

LÁMINA 197

2.4 Especies que Cabrera mencionó, pero no llegó a observar

APORTACIÓN DE CABRERA

LISTA IMPRESA
«GÉNERO 43. *Otro Sollo*, Accipenser Huso *Lin.*» (p. 184)

ESTADO ACTUAL
Huso huso (Linnaeus, 1758) — Lámina 198
Clase: Actinopteri, Orden: Acipenseriformes, Familia: Acipenseridae

Citas en obras anteriores a Cabrera

Huſo Germanorum (Willoughby, 1686: 243, Tab: P.7.1); *Acipenser* (2) (Artedi, 1738: 92); *Acipenser Huſo* (Linnaeus, 1758: 238); *L'ichthyo-colla, A. Huso* (Bonnaterre, 1788: 16; pl. 10, fig. 31); *Acipenser Huſo* (Linnaeus, en Gmelin, 1789: 1487)

ANÁLISIS

Etimológico

Accipenser Huso: {lt. *acipenser, eris*} 'esturión' (*PE*) + {lt. *fusum, i*} 'huso', por la forma cilíndrica del cuerpo (fusiforme). Según Willoughby (1686: 244), Belon[237] denominaba al pez con el término alemán *Huſone*, que podría guardar relación con el latino *fusum*.
Huso huso: ídem anterior.

Ictionímico

Cabrera denominó a esta especie con la expresión «*Otro Sollo*», porque, como explicamos a continuación, es probable que no llegara a tener ante él ningún ejemplar, ya que *Huso huso* no ha existido en el Guadalquivir.

Taxonómico

Garrido-Ramos *et al.* (1997) exponen evidencias científicas de la existencia en un pasado reciente de dos especies de esturión en el río Guadalquivir: *Acipenser sturio* (33) y *Acipenser naccarii* Bonaparte, 1836. En 1999, Hernando *et al.* (1999) sugieren que *Huso huso* (sinónimo actual de *Acipenser huso*) es también una especie nativa de las aguas continentales españolas. En 2009, nuevos estudios amplían la presencia histórica en el río Guadalquivir a una especie más de esturión: *Acipenser oxyrinchus* (Garrido-Ramos *et al.*, 2009: 25), pero no hay evidencias de que *Acipenser huso* haya existido en el Guadalquivir. De hecho, hoy día la distribución geográfica de esta especie comprende los mares Caspio, Negro y Azov (Froese and Pauly, 2023). Remitiéndonos exclusivamente a la escasa información que aporta Cabrera —un nombre científico (*Acipenser Huso*) y un sucedáneo de nombre común (*Otro sollo*)—, resulta extraño que no se parase a describir una especie tan llamativa y solo la catalogara como «Otro sollo». Sobre la base de todo lo anterior, aventuramos que en esta ocasión nuestro autor no llegó a observar ningún ejemplar y se limitó a incluir la especie en su Lista impresa únicamente porque Linneo y Bonnaterre la mencionaban en el *Systema Naturae* (*Acipenser Huſo*, p. 1487) y en la *Ichthyologia*, respectivamente Este último incluía además una ilustración (la *l'ichthyocolle*, *Acipenser Huso*, Pl. 10, fig. 31). Cuarenta años después de Cabrera, Machado (1857: 10), a partir de los datos del religioso, renombra la especie como *Huso ichthyocolla* y la sitúa «En el estrecho de Gibraltar». Pero, Graells (1887: 165), treinta años más tarde, no tiene en cuenta esta cita y dice que *Acipenser Huso* no ha sido después [de Cabrera] señalado por ningún otro naturalista en nuestras aguas. Olvidó, no obstante, que Pérez Arcas (1865: 403), basándose en Machado, persistió en el error y citó a esta especie en aguas españolas. También De Buen (1919: 268), sesenta y dos años después que Machado, la citó asimismo para las costas de Cádiz. Ya sabemos que Machado se basaba en Cabrera y que Pérez Arcas y De Buen hacían lo propio con lo que escribió Machado. Por lo tanto, creemos que estas tres citas estuvieron basadas en una hipotética aportación inicial de Cabrera y no en observaciones reales de especímenes de *Huso huso* en esos lugares.

---

237 Pierre Belon (1517-1564), médico y naturalista francés.

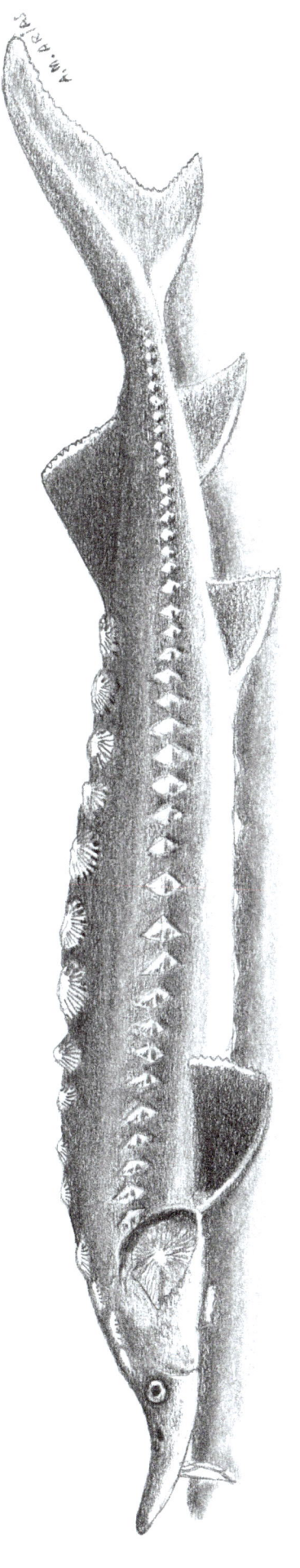

Huso huso (Linnaeus, 1758) - Sollo

(Dibujo basado en una fotografía de A. Hartl, en fishbase.org)

LÁMINA 198

APORTACIÓN DE CABRERA

LISTA MANUSCRITA

Platijá

LISTA IMPRESA

«GÉNERO 18. *La Platixa*, Pleuronectes Platessa *Lin.*» (p. 178)

ESTADO ACTUAL

Pleuronectes platessa Linnaeus, 1758 — Lámina 199

Clase: Actinopteri, Orden: Carangiformes, Familia: Pleuronectidae

Citas en obras anteriores a Cabrera

Pleuronectes Plateſſa (Linnaeus, 1758: 269); *Pleuronectes Plateſſa* (Bloch, 1785: 403; pl. XLII); *Pleuronectes Plateſſa* (Bonnaterre, 1788: 74; pl. 40, fig. 157); *Pleuronectes Plateſſa* (Linnaeus, en Gmelin, 1789: 1228)

ANÁLISIS

Etimológico

Pleuronectes Platessa: {gr. *pleura, as*} + {gr. *nekton, ou*} v. en la ficha 70 + {lt. *platessa, ae*} 'platija' (Jordan and Evermann, 1898, III: 2615), que es de cuerpo plano.

Ictionímico

Cabrera recogió *platija* en la Lista manuscrita y en la forma *platixa* en la Lista impresa, asociado a *Pleuronectes platessa*, la denominación científica actual de la especie. Según el DCECH, *platija* deviene del latín vulgar *plattus* 'chato, plano, aplastado', que alude a su cuerpo extremadamente comprimido, a la manera de un *plato*. *Platija* se documenta por primera vez en Andalucía en Medina Conde (1789: 205).

Taxonómico

La *platija*, *Pleuronectes platessa*, es un pez de aguas frías del norte de Europa, ausente en aguas del golfo de Cádiz y del Mediterráneo (Lleonart and Farrugio, 2012; Froese and Pauly, 2023), por lo que, aventuramos, habría sido muy poco probable que Cabrera examinara algún ejemplar procedente de nuestras aguas. Esto, unido al hecho de que no la describió, nos inclina a pensar que tal vez solo tenía conocimiento de esta especie a través de la bibliografía y que la incluyó en la Lista impresa a efectos comparativos.

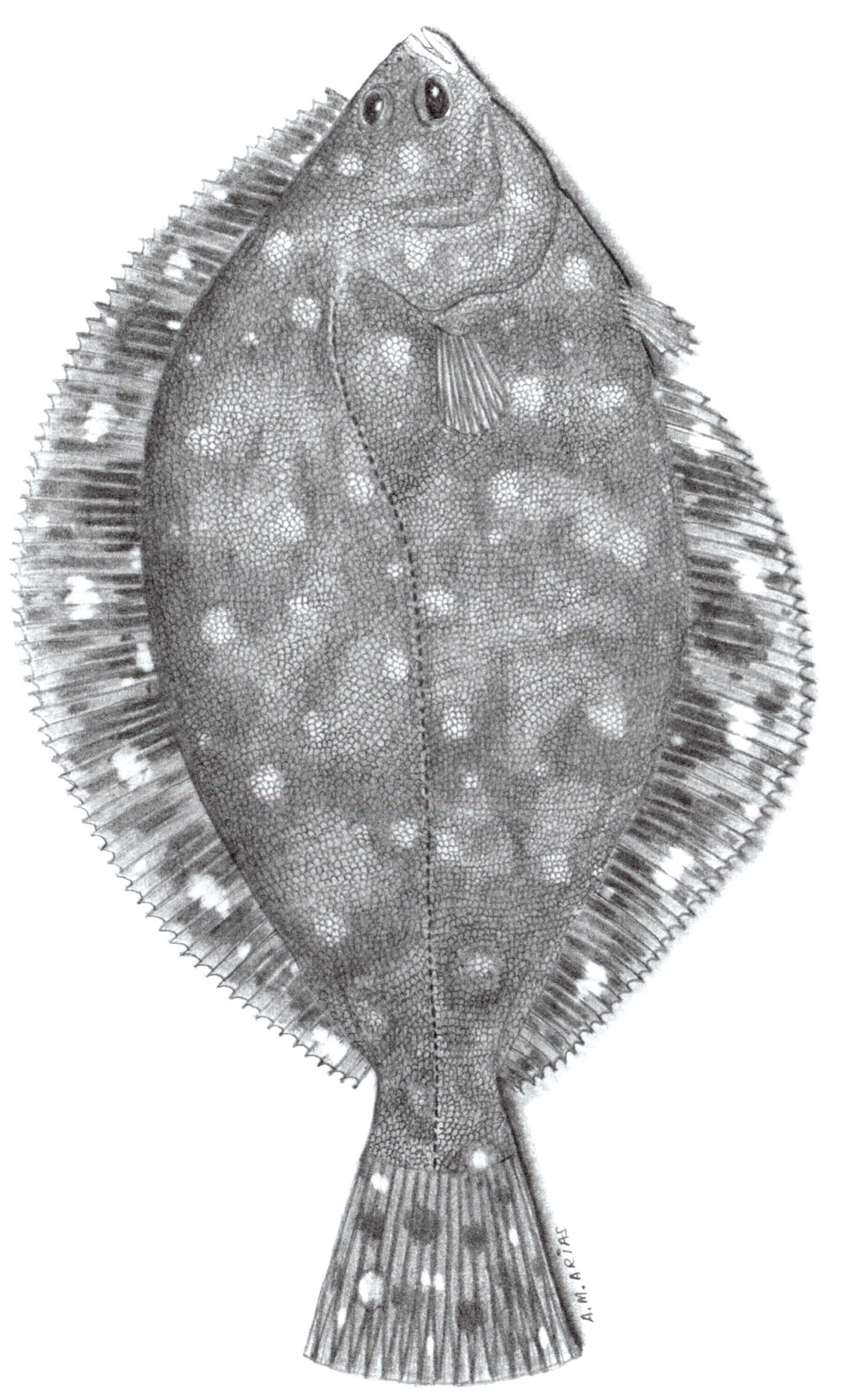

Pleuronectes platessa Linnaeus, 1758 - Platija

(Dibujo basado en fotografías de H.Hillewaert, en Wikipedia.org, y de H.Hesseen, en marinespecies.org)

APORTACIÓN DE CABRERA

LISTA MANUSCRITA

Dorado

MEMORIA DESCRIPTIVA
«GÉNERO.—*Coryphena.*—LINN.» (v. en la ficha 84)
«ESPECIE.—**El Dorado.**—*Coryphena Equiſelis.*—LINN. La cola bifurcada; todo el cuerpo de color dorado resplandeciente.» (p. 150)
LISTA IMPRESA
«GÉNERO 13. *El Dorado*, Coriphena Equiselis *Lin.*» (p. 177)

ESTADO ACTUAL
Coryphaena equiselis Linnaeus, 1758 — Lámina 200
Clase: Actinopteri, Orden: Carangiformes, Familia: Coryphaenidae

Citas en obras anteriores a Cabrera

Guaracapema, Coryphaena Equiſele (Artedi, 1738: 29); *Coryphaena Equiſetis* (Osbeck, 1752: 404; publicado en 1765); *Coryphaena Equiſelis* (Linnaeus, 1758: 261); *Coryphaena Equiſelis* (Bonnaterre, 1788: 59); *Coryphaena Equiſelis* (Linnaeus, en Gmelin, 1789: 1190)

ANÁLISIS

Etimológico

Coryphaena equiselis: {gr. *korys, ythos*} 'casco' + {gr. *phaino*} 'brillar' (Jordan and Evermann, 1896, I: 953), v. en la ficha 84 + alteración de {lt. *equisetis*} 'por similitud con el pelo del caballo', traducción de «a similitude equinae setae», frase empleada por Plinio para nombrar a un pez llamado *Hippurus* (Cuvier et Valenciennes, 1833: IX, 294), relativa a que los largos radios de la aleta dorsal recuerdan las crines de un caballo.

Ictionímico

Durante siglos el ictiónimo *dorado* ha designado a dos especies de corifénidos: *Coryphaena hippurus* (84) y *Coryphaena equiselis*, ambas caracterizadas por su piel de color amarillo brillante. Rondelet (1558a: 204), en la entrada «Du Lampugo», sin mencionar el color del pez, dice que en España lo denominan *lampugo*, que sería la traducción francesa del español *lampuga*, del latín *lampas* 'antorcha', en referencia al color amarillo de la piel. Nieremberg[238] (1635: 255), con el nombre «*De aurato piſce*», tradujo al latín la descripción que hizo su amigo Francisco Hernández de Toledo[239] (entre 1571 y 1577) de un pez observado en el virreinato de Nueva España (Méjico): «bellísimo al contemplarlo [...], iris dorado, como la totalidad de su cuerpo». Marcgrave (1648: 160), que había estudiado los peces de Brasil, describió al macho de «Guaracapema *Braſilienſibus*», al que llamó «Doradae» (Dorada) y «Dolfiju Belgis», e ilustró con un dibujo que recuerda más a *C. hippurus* que a *C. equiselis*. Willoughby (1686: 213 y 214), en dos descripciones confusas, incluyó *dorado* para designar a ambas especies de *Coryphaena*: 1) «*Hippurus* [...], *An* Dorado (O bien, Dorado), *Piscis auratus Luſitanorum?* (Pez dorado de los portugueses?) [...] al que los españoles llaman lampugo», acompañado de una buena ilustración con la leyenda «*Delphinus Belgis*», que tomó de Marcgrave; y 2) «Guaracapema *Braſilienſibus* [...], Dorado, *Auratus piscis*». Osbeck (1752: 404), uno de los discípulos de Linneo, en su trabajo sobre las especies observadas en la expedición científica por China y las Indias Orientales (publicado en 1765), explicó: «[...] conocimos al Dorado [...] que mide un codo de largo [unos 50 cm] y recuerda mucho al delfín, por lo que Artedi lo pone en la misma especie de *Coryphaena*. Pero el que fue capturado se diferencia en lo siguiente: *Coryphaena equiselis*: la dorsal tiene 53 radios[240] [...]. Este Dorado es más escaso que el resto y mucha gente ha estado en la India del este sin haberlo visto». Linneo (1758: 261) separó claramente ambas especies. De *C. hippurus* dijo: «Dorado colore dictus splendidisimo», es decir, «Llamado Dorado por su color brillantísimo»; y de *C. equiselis* dijo: «Pulcherrimus, a priori parvum distinctus», o sea, «Muy bello, un poco distinto del anterior». Por otra parte, *dorado* con sentido ictionímico se documenta por primera vez en Andalucía[241] en el *Diario de Colón* (Alvar, 1976: I-79), donde figura como *dorados* y *peces dorados* capturados en el mar de los Sargazos en septiembre de 1492, aunque no hay constancia de a qué especie de las dos en cuestión se refería o si realmente solo estaba describiendo el color de algunos peces que veía en su travesía, sin aún haberse fosilizado como ictiónimo para esta especie.

Taxonómico

Por lo anterior, estas dos especies han sido frecuentemente confundidas. Incluso hoy día, *C. equiselis*, por su menor tamaño, suele confundirse con juveniles y hembras de *C. hippurus* (Froese and Pauly, 2023). Lo mismo o más tiene que haber sucedido en el pasado con estas especies de marcados cambios morfológicos durante su ciclo vital. De hecho, ya vimos que Cabrera creó dos especies nuevas sobre ejemplares de *C. hippurus*: *C. Cornide* y *C. Variegata*, que hoy son *nomina nuda*. Después, Machado (1857: 20), siguiendo a Rafinesque (1810), citó en su repertorio a *Coryphaena imperialis* como un sinónimo de *C. equiselis*, pero hoy es un sinónimo aceptado de *C. hippurus*. Steindachner (1868: 373) y De Buen (1919: 280) hablan de *Coryphaena pelagica* de Günther (1860: 407), un sinónimo de *Scomber pelagicus* de Linneo (1758: 299), a su vez sinónimo aceptado de *C. hippurus*. Lozano Rey (1952: 635), que consideraba que los adultos de *equiselis* adquieren con la edad los caracteres de *hippurus*, redujo las dos especies a una sola: *hippurus*. Su hijo, Lozano Cabo (1961: 3), afirmó que, en aguas españolas, «*hippurus* es el único representante de la familia Coryphaenidae», pero más recientemente, de Crespo y Ponce (2003: 124) se infiere que *equiselis* es más propia de aguas canarias. En este sentido, ya Linneo señaló que *hippurus* habita en el «Pelago» (océano) y *equiselis* en el «alto Pelago» (alto océano, altamar), lo que vendría a indicar que *hippurus* vive más cerca de la costa y es más fácil de pescar y de ver en los puertos. De hecho, *C. hippurus* es la única especie de la familia que desde 1970 hemos observado en las lonjas pesqueras y en las pescaderías de Andalucía. Por todo ello, creemos que muy probablemente Cabrera no llegó a examinar a *equiselis* y solo observó y describió ejemplares de *hippurus*, y que incluyó a *equiselis* en sus documentos por referencias de los pescadores y porque la mencionaban las obras que consultaba. Creemos que si Cabrera hubiera examinado ejemplares de *C. equiselis*, habría señalado dos de las diferencias más notables que presenta con *hippurus*: su menor tamaño y el distinto número de radios de la aleta dorsal (60 y 53), como pudo ver en Gmelin (1789: 1189-1190).

---

238 Juan Eusebio Nieremberg y Ottin (Madrid, 1595-1658), humanista, físico, teólogo.
239 Francisco Hernández de Toledo (La Puebla de Montalbán, 1517-1587), médico, ornitólogo, botánico.
240 En *Coryphaena hippurus* la aleta dorsal tiene 60 radios.
241 La tripulación de este viaje era mayoritariamente andaluza (Varela, 2000: 10).

Coryphaena equiselis Linnaeus, 1758 - Dorado
(Dibujo basado en una fotografía de R. Freitas, en fishbase.org)

APORTACIÓN DE CABRERA

LISTA MANUSCRITA

Zorrejó

LISTA IMPRESA

«*La Zorreja*», en los listados de ictiónimos que no llegó a identificar (p. 187)

ESTADO ACTUAL
Chelon saliens (Risso, 1810) — Lámina 201
Clase: Actinopteri, Orden: Mugiliformes, Familia: Mugilidae

Citas en obras anteriores a Cabrera
Mugil Saliens (Risso, 1810: 345)

ANÁLISIS
Etimológico

Chelon saliens: {gr. *cheilos*, *eos*, *ous*} 'labio', v. en la ficha 89 + {lt. *saliens*, *entis*} 'que salta', sobre el agua (Barriuso, 1986: 259); en Cuvier et Valenciennes (1842: 49) se le denomina le Mugil sauteur, por su velocidad y presteza para escapar de las redes saltando fuera del agua por encima ellas.

Ictionímico

Al igual que *Mugil cephalus* (90), en los corrales de pesca de Rota, recibe el nombre de *zorrito* (Arias, 2005: 142) porque, según los pescadores, es muy astuto, muy rápido y difícil de coger (*IA*: 320), en alusión a las mismas capacidades del zorro terreste (*Vulpes vulpes* Linnaeus, 1758); *Chelon saliens* se denomina *zorreja* en los esteros por su astucia y rapidez para escabullirse de las redes de cerco con que se despescan estos espacios acuáticos. El nombre de *zorreja* llegó a Cabrera desde el ámbito de los esteros de las salinas de Cádiz, donde se utiliza exclusivamente para denominar a *Chelon saliens* (Arias, 1978: 97). Es un nombre que recogería de algún pescador sin examinar ningún ejemplar, tal vez por estar fuera de la época de pesca de los esteros, que se reduce a unos tres meses en otoño e invierno. Aunque no es descartable que, dada la gran similitud interespecífica de los mugílidos, llegara a examinar algún ejemplar y no supiera que se denominaba *zorreja*. V. para más información la ficha de *Chelon auratus* (188).

Taxonómico

En el ámbito de los esteros de las salinas marítimas de la bahía de Cádiz (Puerto Real, San Fernando y Chiclana de la Frontera), el nombre *zorreja* está asociado inequívocamente a *Chelon saliens*, por lo que de haber examinado ejemplares y, sobre todo, haber seguido a Risso (1810) —porque en Linneo (Gmelin, 1789) no la hubiera encontrado—, Cabrera habría llegado con seguridad a esta especie.

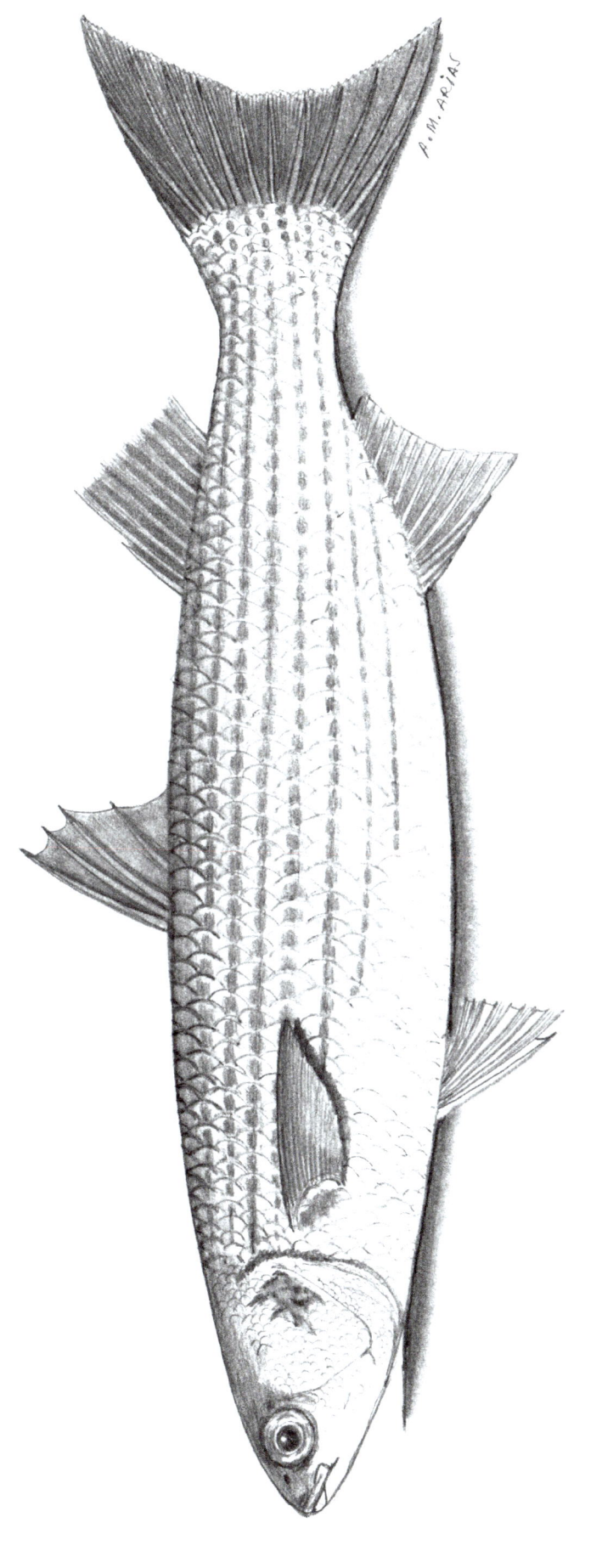

Chelon saliens (Risso, 1810) - Zorreja

APORTACIÓN DE CABRERA

LISTA MANUSCRITA

(firma manuscrita: Pota)

LISTA IMPRESA

«*La Pota*», en los listados de ictiónimos que no llegó a identificar (p. 187)

ESTADO ACTUAL

Illex coindetii (Vèrany, 1839) — Lámina 202
Clase: Cephalopoda, Orden: Oegopsida, Familia: Omastrephidae

Citas en obras anteriores a Cabrera

Pota (Medina Conde, 1789: 247); *Loligo coindetii* (Vérany, 1839, (2) 1: 94, Tav. IV.)

ANÁLISIS

Etimológico

Illex coindetii: {lt. illex} 'seductor', y también 'cebo' (Steenstrup, 1880: 82), tal vez por la textura de su carne, apropiada para ser utilizada como carnada + *coindetii*, dedicatoria a Jean-François Coindet (1774-1834), médico e investigador suizo (Vérany, 1839: 94).

Ictionímico

El ictiónimo *pota*, incluido en un pequeño listado de nombres de Málaga sin identificar, al final de la Lista impresa, designa en Andalucía a tres especies de cefalópodos casi con igual frecuencia de ocurrencia: *Illex coindetti*, *Todarodes sagittatus* y *Todaropsis eblanae*. La primera de ellas es la más frecuente, abundante y conocida de las tres, por lo que consideramos que esta fue la especie a la que probablemente se refería Cabrera con el nombre *pota*. El origen de este ictiónimo está, según Alvar (1970: 170), en el catalán *pota* 'pata', relativo a sus largos tentáculos. En gallego existe la forma *pouta* 'pata', 'garra' (Ríos, 1977: 80). *Pota* se documenta por primera vez en Andalucía en Medina Conde (1789: 247).

Taxonómico

Como se indica en el apartado anterior, la especie más probable a la que se referiría Cabrera con el nombre *pota* sería *Illex coindetii*.

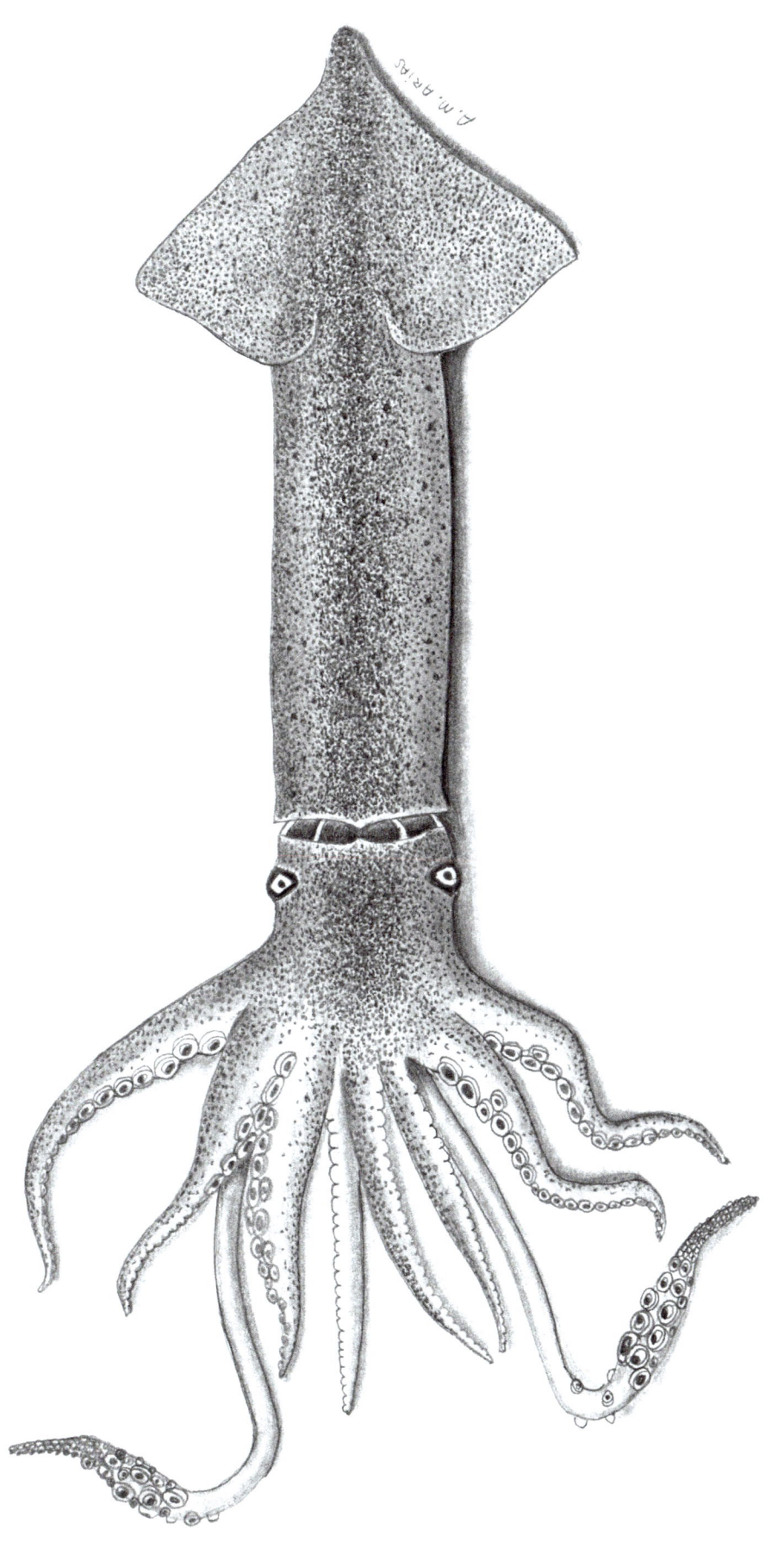

Illex coindetii (Vérany, 1839) - Pota

2.5 Especies que Cabrera no mencionó, pero estaban en la Colección del Instituto de Cádiz

APORTACIÓN DE CABRERA

COLECCIÓN INSTITUTO
«5. *Oxynotus centrina* (L.)» (De Buen, 1919: 252)

ESTADO ACTUAL

Oxynotus centrina (Linnaeus, 1758) — Lámina 203
Clase: Elasmobranchii, Orden: Squaliformes, Familia: Oxynotidae

Citas en obras anteriores a Cabrera

Porc, Centrina (Rondelet, 1558a: 301 y 302; L. XIII, c. VIII); *Centrina* (Willoughby, 1686: 58, Tab: B.2); *Squalus* (5.) (Artedi, 1738: 95); *Squalus Centrina* (Linnaeus, 1758: 233); *Squalus Centrina* (Broussonet, 1780: 163); *Squalus Centrina* (Bonnaterre, 1788: 12; pl. 5, fig. 13); *Squalus Centrina* (Linnaeus, en Gmelin, 1789: 1502); *Cochino* (Medina Conde, 1789: 217)

ANÁLISIS

Etimológico

Oxynotus centrina: {gr. *oxys, eia, y*} 'afilado, agudo' + {gr. *notos, ou*} 'dorso', por las espinas de las dos aletas dorsales, fuertemente agudas, y por la aspereza de los dentículos dérmicos de la piel (Bigelow and Schroeder, 1957: 13-14) + derivado de {gr. *kentron, ou*} 'espina, aguijón', y también nombre dado a una avispa (Duméril, 1856: 122-123).

Ictionímico

Este péz recibe el nombre de *cochino* en muchos puertos andaluces, entre ellos algunos gaditanos (*IA*: 124-125). Este ictiónimo es debido a la identificación metafórica, entre el cerdo doméstico terrestre y esta especie, por su aspecto regordete (v. para una motivación idéntica la ficha 17).

Taxonómico

De Buen, en 1919, determinó esta especie a partir de un ejemplar conservado en la Colección de peces del Instituto de Cádiz, como indicó en la página 263 de su artículo: «Cádiz: existe en la Colección del Instituto un ejemplar disecado». Con esta escueta información, aventuramos que Cabrera tuvo en su colección un ejemplar de esta especie, aunque no lo mencionó en ningún documento, tal vez porque dejó su estudio para mas adelante.

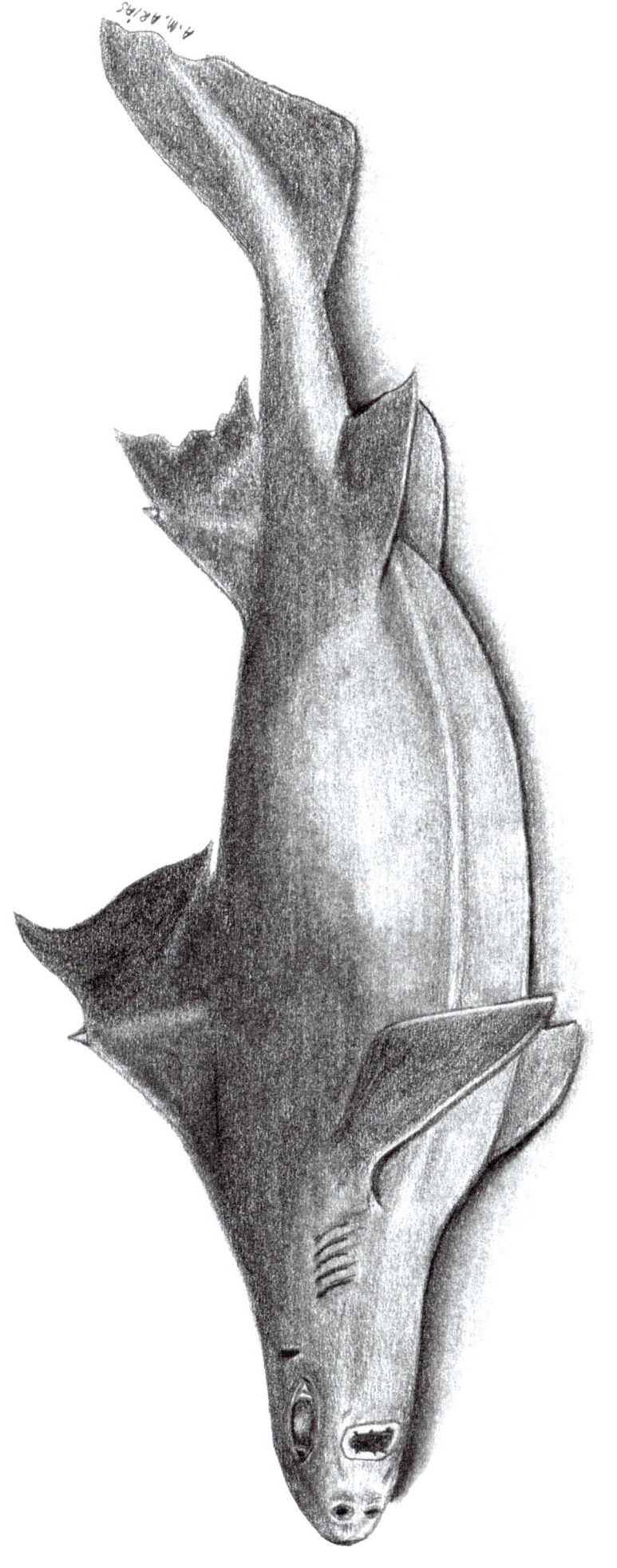

Oxynotus centrina (Linnaeus, 1758)

APORTACIÓN DE CABRERA

COLECCIÓN INSTITUTO

«13. *Cobitis taenia* L.— Guadalete» (De Buen. 1919: 252)

ESTADO ACTUAL

Cobitis paludica (De Buen, 1930) — Lámina 204

Clase: Actinopteri, Orden: Cypriniformes, Familia: Cobitidae

Citas en obras anteriores a Cabrera

Ninguna

Citas en obras posteriores a Cabrera

Acanthopsis taenia (De Buen, 1930: 35)

ANÁLISIS

Etimológico

Cobitis paludica: {gr. *kobios*, *kobitis*} nombre que los griegos daban a un pez que se escondía en la arena de los ríos (Cuvier et Valenciennes, 1846, XVIII: 2) + {lt. *palus*, *paludis*} 'pantano, estanque' (*PE*), por su hábitat en lagunas y zonas de poca profundidad.

Ictionímico

Cabrera no recogió ningún nombre vulgar para esta especie. En Andalucía son conocidos con el nombre de *colmillejas*, ictiónimo formado por sinécdoque (la parte por el todo), ya que son los tres pares de barbillas que le cuelgan del mentón, parecidas a colmillos, a las que debe su nombre.

Taxonómico

No existe constancia en sus documentos de que Cabrera examinara esta especie. Ya que De Buen (1919: 252) determinó un ejemplar en las muestras conservadas en las Colección del Instituto de Cádiz, es presumible que nuestro autor lo recolectara y guardara para estudiarlo en mejor ocasión. Según De Buen, en la etiqueta del frasco que contenía el ejemplar (o ejemplares) se indicaba la zona de procedencia: «Guadalete», es decir, el afluente del Guadalquivir que desemboca en la Bahía de Cádiz por El Puerto de Santa María. En 1919 De Buen lo determinó como *Cobitis taenia*, siguiendo a Linneo (1758: 303), pero once años más tarde, en 1930, lo citó y describió como «*Acanthopsis taenia* Linnaeus 1758 forma *paludica* nov, form?» (De Buen, 1930: 34), una especies nueva, sinónimo de *Cobitis paludica*, especie endémica de la península ibérica (Doadrio y Perdices, 1996: 52).

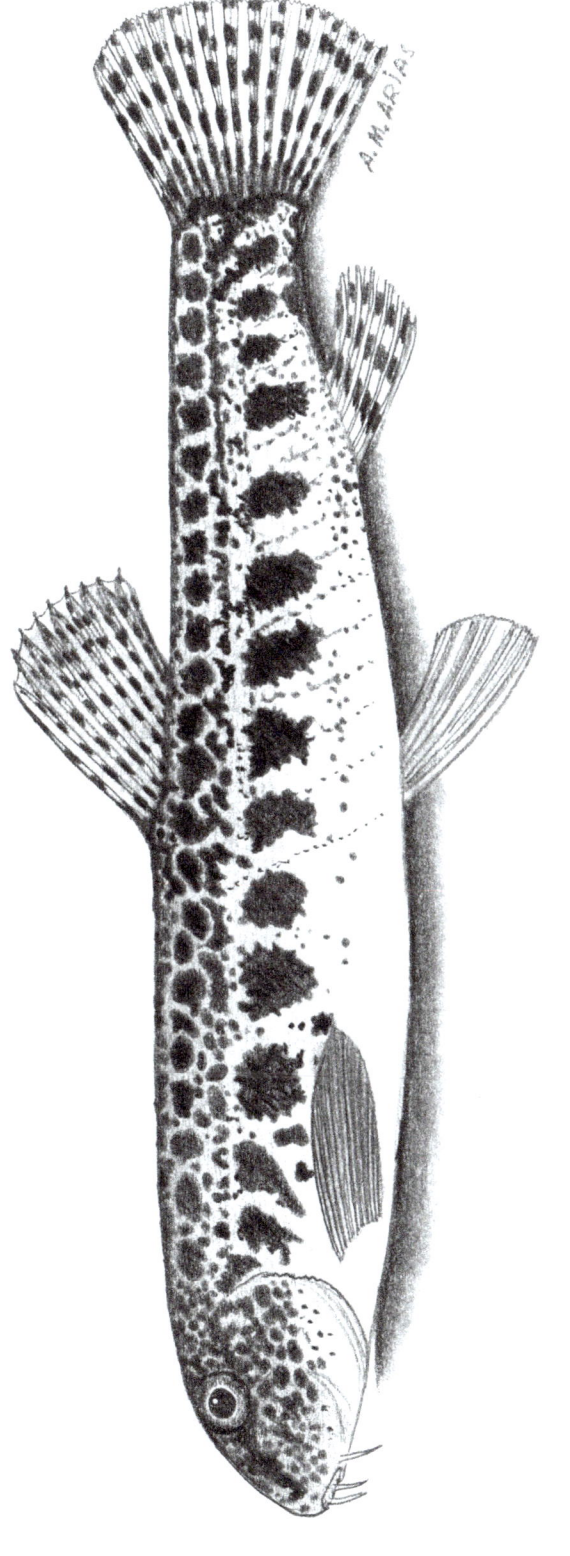

Cobitis paludica (De Buen, 1930)

(Dibujo basado en fotografías de C. Fernández-Delgado)

LÁMINA 204

APORTACIÓN DE CABRERA

COLECCIÓN INSTITUTO
«10. *Chauliodus Sloani* Schn. (Cádiz)» (De Buen, 1919: 253 y 269)

ESTADO ACTUAL
Chauliodus sloani Bloch & Schneider, 1801 — Lámina 205
Clase: Actinopteri, Orden: Stomiiformes, Familia: Stomiidae

Citas en obras anteriores a Cabrera
Esox stomias (Shaw, 1804: 60); *Chauliodus sloanei* (Bloch & Schneider, 1801: 430)

ANÁLISIS

Etimológico

Chauliodus sloani: {gr. *chauliodon*, *ontos*} 'provisto de dientes salientes' (Jordan and Evermann, 1896, I: 585) + dedicatoria a Hans Sloane (1660-1753), naturalista irlandés (Morrow, 1961: 585).

Ictionímico

Cabrera no recogió ninguna información sobre esta especie. No nos consta ningún nombre común de la misma en Andalucía. En catalán se denomina *dimoni de fonera* y *dimoni golut* (Lloris *et al.*, 2003: 91), es decir, se asocia, mediante una metáfora, su aspecto maléfico con un demonio. Por un lado, se modifica con *de fonera* 'de las profundidades', porque vive en las grandes depresiones marinas, y, por otro lado, con *golut* 'glotón', porque, por sus grandes dientes, se le presupone un apetito insaciable.

Taxonómico

No hay constancia escrita de esta especie en los documentos de Cabrera. Pese a que, por tratarse de una especie que vive a grandes profundidades, su captura podría resultar extraña en aquella época, no lo es tanto si pensamos que *Chauliodus sloani* suele realizar migraciones nocturnas hacia la superficie y que en ellas podría haber sido capturada con mayor facilidad durante la pesca de otras especies como la sardina. Suponemos que Cabrera obtuvo algún ejemplar de esta especie, puesto que existía en la Colección del Instituto de Cádiz, o tal vez se lo hicieron llegar después de 1817, cuando ya había abandonado sus estudios ictiológicos. De Buen tuvo acceso a estas muestras biológicas de la Colección y pudo hacer las determinaciones.

Chauliodus sloani Bloch & Schneider, 1801

(Dibujo basado en fotografías de L. Peña, en Peña et al., 2013, y de R. Martin, en https://www.inprnt.com)

APORTACIÓN DE CABRERA

COLECCIÓN INSTITUTO

«47. *Echeneis naucrates* L. Cádiz» (De Buen, 1919: 253)

ESTADO ACTUAL

Echeneis naucrates Linnaeus, 1758 — Lámina 206

Clase: Actinopteri, Orden: Carangiformes, Familia: Echeneidae

Citas en obras anteriores a Cabrera

Echeneis Naucrates (Linnaeus, en Gmelin, 1789: 1188)

ANÁLISIS

Etimológico

Echeneis naucrates: {gr. *echeneis*, *eidos*} 'que retiene los barcos, como el ancla, la calma chicha, etc.', compuesta a su vez de las raíces {gr. *echo*} 'yo tengo, mantengo' + {gr. *naus*, *es*} 'barco, nave' (Sebastián, 1964) + {gr. *naukrator*, *oros*}, v. en *Naucrates ductor* (184).

Ictionímico

No hay ningún nombre vulgar recogido para esta especie en los escritos de Cabrera. No obstante, como se trata de una rémora, v. en la ficha 83.

Taxonómico

Dado que Cabrera había examinado y determinado correctamente a *Remora remora*, la *rémora* o *pegador* (especie siguiente), es posible que el ejemplar de *Echeneis naucrates*, conservado en la Colección del Instituto de Cádiz que determinó De Buen, lo recolectase con posterioridad a la redacción de sus escritos y lo hubiese conservado a la espera de clasificación.

Echeneis naucrates Linnaeus, 1758

(Dibujo basado en una fotografía de G. Edgar, en reeflifesurvey.com)

LÁMINA 206

APORTACIÓN DE CABRERA

COLECCIÓN INSTITUTO

«40. *Ranzania truncata* (Retz). De Sancti Petri, cerca de Cádiz» (De Buen, 1919: 253)

ESTADO ACTUAL

Ranzania laevis (Pennant, 1776) — Lámina 207

Clase: Actinopteri, Orden: Tetraodontiformes, Familia: Molidae

Citas en obras anteriores a Cabrera

Ostracion laevis (Pennant, 1776: 129, pl. XIX); *Tetrodon truncatus* (Retzius, 1785: 121); *Diodon dimidiatus* (Walbaum, 1792: 600); *Orthragoriscus oblongus* (Bloch & Schneider, 1801: LVII Tab. 97); *Cephalus oblongus* (Shaw, 1804: 439, pl. 176); *Orthragus oblongus* (Rafinesque, 1810: 17)

ANÁLISIS

Etimológico

Ranzania laevis: {it. *Ranzani*}, homenaje a Camilo Ranzani[242] + {lt. *laevis, is*} 'liso, sin pelo o barba', relativo a la piel lisa y suave, sin escamas, del pez.

Ictionímico

No hay ningún ictiónimo asociado.

Taxonómico

No se menciona esta especie en los documentos de Cabrera. De Buen determinó un espécimen de *Ranzania truncata* en la colección de peces del religioso en el Instituto de Cádiz. *Ranzania truncata* es sinónimo de *Tetrodon Truncatum* de Retzius, 1785, ambos a su vez sinónimos del actual *Ranzania laevis*.

---

242 Camilo Ranzani (1775-1841), religioso y naturalista italiano, estudioso del género *Mola* (Jordan and Evermann, 1898, II: 1755).

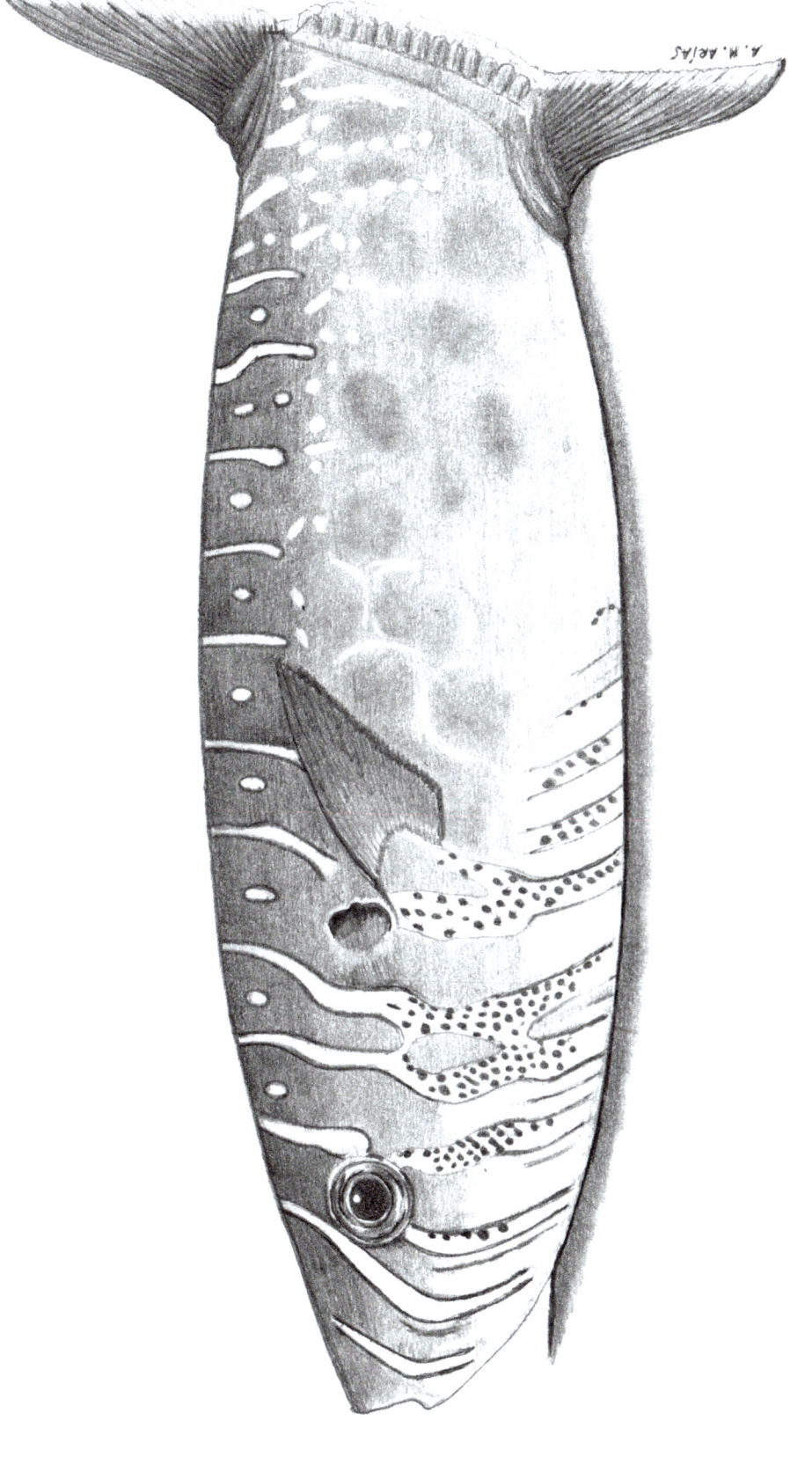

Ranzania laevis (Pennant, 1776)

(Dibujo basado en una fotografía de J.Kemper, en fishbase.org, y en fotos propias)

2.6 Especies desconocidas

APORTACIÓN DE CABRERA

LISTA MANUSCRITA

MEMORIA DESCRIPTIVA.

«ADDENDA. ESPECIE.—**El Duarto.**—*Chetodon minimus.* La mandíbula inferior áspera, con muchas espiritas [espinitas] por debajo; la superior termina en dos espinas; nueve espinas en el dorso. El cuerpo redondo cuadrangular; el color rojizo; pulgada y media [3,81 cm] de largo.» (p. 171)

LISTA IMPRESA

«GÉNERO 19. *El Quarto*, Choetodon Minimum *Sp. N.*» (p. 178)

ESTADO ACTUAL
Desconocida

ANÁLISIS

Etimológico

Choetodon Minimum: {gr. *chaite, es*} 'pelo' + {gr. *odous, odontos*} 'diente' (Sebastián, 1964), en relación con la forma de sus dientes, largos como cerdas, aspecto que desconocemos + {lt. *minimus, a, um*} 'muy pequeño' (*PE*).

Ictionímico

Desconocemos la motivación de *quarto*, un ictiónimo que se documenta por primera vez en Andalucía en los escritos de Cabrera. Si se refiriera a *Capros aper*, como aventuramos en el apartado siguiente, tal vez quisiera señalar el pequeño tamaño del pez: la cuarta parte de algo. De hecho, Machado (1857: 23) corrige el *quarto* de Cabrera por *cuarto*, aunque esto no indica tampoco nada seguro, sino una simple vacilación gráfica o una adaptación a la evolución ortográfica. Por otro lado, creemos que la forma *duarto*, que aparece en la Memoria inédita, podría ser un error de transcripción desde los apuntes de Cabrera.

Taxonómico

Por la segunda parte de la descripción, creemos que un pez tan pequeño, de «pulgada y media de largo» (apenas 4 cm de longitud), con «el cuerpo redondo cuadrangular», de «color rojizo» y «con nueve espinas en el dorso» podría ser el actual *Capros aper*. Sin embargo, ya que Cabrera trata a esta especie en otra entrada más clara, y que la primera parte de su descripción («La mandíbula inferior áspera, con muchas espiritas [espinitas] por debajo; la superior termina en dos espinas») es algo confusa y no conduce claramente a *Capros aper*, no podemos afirmar que con *Choetodon Minimun* —*nomina nudum* que no conduce a ningúna equivalencia actual—, estuviera refiriéndose a esta especie.

APORTACIÓN DE CABRERA

MEMORIA DESCRIPTIVA

«ADDENDA. *Sparus Pinnilepidus.* Tiene la aleta caudal, ventral, y la mitad de la dorsal cubiertas de escamas; el color oscuro negruzco; los dientes reunidos; los interiores más pequeños y los exteriores progresivamente más largos.» (p. 170)

ESTADO ACTUAL
Desconocida

ANÁLISIS

Etimológico

Sparus Pinnilepidus: {gr. *sparos, ou*} 'esparo' + {lt. *pinna, ae*} 'pluma, aleta' (*PE*) + {gr. *lepis, idos*} 'escama' (Sebastián, 1964), referido a las escamas que cubren las aletas, como menciona Cabrera en su descripción.

Ictionímico

No recogió ningún nombre vulgar asociado a esta supuesta especie.

Taxonómico

El nombre científico *Sparus pinnilepidus* no conduce hoy a ninguna especie conocida. Asimismo, con la descripción de Cabrera no es posible llegar a la especie que examinó.

APORTACIÓN DE CABRERA

LISTA MANUSCRITA

Salpa jurel

LISTA IMPRESA

«GÉNERO 25. *El Salpa Xurel*, Gasterosteus Trachurus *Sp. N.*» (p. 181)

ESTADO ACTUAL
Desconocida

ANÁLISIS

Etimológico

Gasterosteus Trachurus: {gr. *gaster, eros*} 'estómago' + {gr. *osteon, ou*} 'hueso, osamenta' (Sebastián, 1964), relativo a la espina que presenta en el vientre delante de la aleta anal + {gr. *trachys, eia, y*} 'rudo, áspero' + {gr. *oura, as*} 'cola' (Cuvier et Valenciennes, 1833: IX, 7), relativo a los escudetes laterales, que llegan hasta la cola y tienen un tacto áspero.

Ictionímico

Desconocemos la motivación semántica del ictiónimo pluriverbal *salpa jurel*, nombre que se documenta por primera vez en Andalucía en los escritos de Cabrera, pero no se recoge en ninguna obra posterior ni pervive en la actualidad en el léxico de los marineros andaluces (v. *IA*). Sobre el origen de *salpa* y *jurel* por separado, v. las fichas 131 y 82, respectivamente.

Taxonómico

En Fricke *et al.* (2023) se indica que *Gasterosteus Trachurus* es un *nomen nudum* y se considera actualmente un sinónimo de *Sarpa salpa*. Creemos que esta consideración es una confusión debida tal vez a la similitud de los nombres comunes, *salpa* y *salpa jurel*, porque, en nuestra opinión, Cabrera distinguió con claridad la *salpa* y el *salpa jurel*; la primera incluida en su género 20, el de los espáridos, y el segundo en su género 25, el de algunos carángidos actuales. Los espáridos son bien diferentes a los carángidos y Cabrera no los confundía. Por tanto, para él la *salpa* era una cosa y el *salpa jurel* otra, pero al no describir a este último no podemos asegurar por este camino cual fue la especie examinada. En la misma publicación anterior se indica que *Gasterosteus trachurus* es sinónimo de *Gasterosteus aculeatus*, el *espinosillo*. Aunque no es posible saberlo con seguridad, parece que Cabrera con su entrada «*El Salpa Xurel*-Gasterosteus trachurus *Sp. N.*» no se refería a *Gasterosteus aculeatus*, un pez de aguas dulces interiores bastante alejadas de la bahía de Cádiz (Fernández López, 2004: 4), y de muy pequeño tamaño (5 cm) como para ser llamado *salpa* y *jurel*, nombres que se refieren a peces considerablemente más grandes.

APORTACIÓN DE CABRERA

LISTA MANUSCRITA

Trasalte

LISTA IMPRESA

«GÉNERO 19. *El Trasalte*, Chaetodon Truncatum *Sp. N.*» (p. 178)

ESTADO ACTUAL
Desconocida

ANÁLISIS

Etimológico

Chaetodon Truncatum: {gr. *chaite, es*} 'pelo' + {gr. *odous, odontos*} 'diente', referido a una dentadura compuesta por dientes finos + {lt. *truncatus, a, um*} 'cortado, amputado' (*PE*), podría referirse al perfil dorsal de la cabeza de un supuesto Coryphaenidae, que se va modificando a medida que el animal crece y llega a ser vertical en los adultos viejos.

Ictionímico

Desconocemos el origen del ictiónimo *trasalte*. Posiblemente, el *Trasalte*-*Chaetodon Truncatum* de Cabrera podría ser un corifénido, porque tal vez *truncatum* se refiriera a un pez de frente truncada como otros que tenía en el género 19 (*Brama brama*, 58 y *Taractichthys longippinnis*, 59). De hecho, en la colección de matrices y estampas de Miguel Cros, recopiladas por García Sepúlveda y Acebes (2021: 125), se recoge un dibujo de la cabeza de *Coryphaena hippurus* (84) con la leyenda «*Transarte*». Por otra parte, también es posible que *trasalte* fuera una variante gráfica de *tasarte*, denominación común del escómbrido *Orcynopsis unicolor* (Geoffroy Saint-Hilaire, 1817), un pez marino propio del Atlántico oriental, desde Noruega hasta Senegal y en el sur del Mediterráneo. El *Diccionario Histórico del Español de Canarias* (Corrales y Corbella, 2023) aporta una abundante documentación histórica desde 1552 de *tasarte* y sus variantes *taçarte, tasalte, tassarte, tazard* y *tazarte*. Esta obra señala también que Corriente, en su *Diccionario de arabismos* (1999), registra *tasart* como el nombre bereber de este pez en Mauritania y, por tanto, en Canarias esta voz sería un berberismo tomado directamente de la Costa Africana (Corriente, 2000: 195).

Taxonómico

Por todo lo anterior, consideramos que la entrada *Trasalte*-*Chaetodon Truncatum* debe permanecer como referencia a una especie desconocida.

APORTACIÓN DE CABRERA

LISTA MANUSCRITA

Higo

LISTA IMPRESA
«GÉNERO 20. *El Higo*, Sparus Virescens *Sp. N.*» (p. 179)

ESTADO ACTUAL
Desconocida

ANÁLISIS
Etimológico

Sparus Virescens: {gr. *sparos, ou*} 'esparo' + {lt. *viresco, virescere*} 'tirar a verde, verdear' (*PE*).

Ictionímico

Desconocemos la motivación semántica de la voz *higo* con sentido ictionímico, aunque es posible que se deba a la identificación metafórica de la coloración verdosa del pez con la infrutescencia homónima de la higuera (*higo*). Teoría respladada por la etimología del epíteto científico: *virescens*. Esta voz se documenta por primera vez en Andalucía en los escritos de Cabrera, pero no se recoge en ninguna obra posterior ni pervive en la actualidad en el léxico de los marineros andaluces (v. *IA*).

Taxonómico

El nombre *Sparus virescens* ya había sido utilizado por Pallas en 1814 (III: 273) en sus estudios de la ictiofauna rusa para describir a un pez «Raramente presente en la costa meridional de Crimea». No tenemos constancia documentada de que Cabrera consultara la obra de Pallas. Sin embargo, de algún modo debió tener conocimiento de la existencia de este nombre científico. Si no, solo la casualidad explicaría que tres años después nuestro autor creara una especie nueva (*Sp. N.*) con el mismo nombre, *Sparus virescens*. Como queda dicho más arriba, por la etimología del epíteto científico se infiere que se trataría de una especie cuya librea tenía tonalidades verdosas. Pallas insiste en este rasgo de la coloración: «Sparus amarillo-verdoso» y «Todo el dorso amarillo-verdoso oscuro, muy bonito». Sin embargo, el resto de su descripción, que reproducimos traducido y adaptado del latín, no se ajusta a ninguna especie de espárido conocida en aguas de Cádiz. Dijo Pallas: «Tamaño, de un dedo, forma de Perca. Boca con la mandíbula inferior, dentada, bien visible, con los dientes anteriores un poco más grandes, la superior apenas más larga, labiada a ambos lados. Opérculos de la boca, angulados. Iris dorados. Sutura inclinada lateral junto al inicio de la cola, saliente desde la región del ano, en medio de la cola. Dos marcas negruzcas a ambos lados de la base de la aleta caudal; aletas pectorales más grandes, de 13 radios. Ventrales con 6 radios, el primero espinoso; dorsales con 14 radios duros y 8 blandos. Con 4 espinas en las aletas anales, fuertes y 9 radios blandos. Caudal con 14 radios blandos, moteados, como en la aleta ventral». De hecho, hoy día *Sparus virescens* es un *nomen nudum* (Fricke *et al.*, 2023), referido a una especie *incertae sedis*, es decir, que por el momento no puede ubicarse con seguridad en la clasificación taxonómica de los peces (Parenti, 2019: 90). En consecuencia, no es posible llegar a qué especie se refería Cabrera.

APORTACIÓN DE CABRERA

MEMORIA DESCRIPTIVA
«ADDENDA. ESPECIE—**Rapulto**.—*Squalus*. Sin descripción» (p. 172)

ESTADO ACTUAL
Desconocida

ANÁLISIS
Etimológico

Squalus: {lt. *squaleo, ere*} 'ser áspero, rugoso o erizado'. De ahí derivan las raíces {lt. *squalus, i*} 'tiburón' y {lt. *squalidus a, um*} 'rudo, erizado, mal vestido, repugnante' (*PE*).

Ictionímico

El ictiónimo *rapulto* se documenta por primera vez en Andalucía en los escritos de Cabrera, pero no se recoge en ninguna obra posterior ni pervive en la actualidad en el léxico de los marineros andaluces. Podría tratarse de un nombre más de alguna de las especies de escualos que ya había descrito.

Taxonómico

Lo único que parece claro en esta escueta entrada es que, por el empleo del nombre genérico *Squalus*, Cabrera se refería a un pez cartilaginoso, un tiburón, del que no podemos saber más. Como nuestro autor examinó 21 especies de escualos de aguas gaditanas, es decir, casi todas, salvo *Galeus melastomus*, tal vez *rapulto* fuera otro nombre de alguna de ellas. Por la etimología descrita más arriba, podría tratarse de una denominación del *pez ángel*, *Squatina squatina*, que tiene la mitad anterior del cuerpo muy desarrollada, seguida de un largo pedúnculo caudal, pero no es posible asegurarlo. La frase «Sin descripción» es un añadido de Graells.

APORTACIÓN DE CABRERA

MEMORIA DESCRIPTIVA

«ADDENDA. PECES. ESPECIE—**La Cañabota.**—*Raya.*» «No la describe» (Graells, p. 173)

ESTADO ACTUAL
Desconocida

ANÁLISIS

Etimológico

Raja y *Raia*: {lt. *raia, ae*} 'raya', pez.

Ictionímico

Cabrera asoció el ictiónimo *cañabota* al nombre científico *Raia* (que él castellanizaba en *Raya*). Ambos se refieren a peces elasmobranquios o cartilaginosos. El primero es el nombre del tiburón *Hexanchus griseus* (4), perteneciente al Orden Hexanchiformes, de cuerpo cilíndrico y seis aberturas branquiales (en Andalucía, *cañabota* designa también a *Mustelus mustelus* (12), un tiburón más pequeño y con cinco aberturas branquiales). El segundo es el nombre científico genérico de varias especies de peces también cartilaginosos pero muy diferentes, del Orden Rajiformes, con el cuerpo plano y cinco aberturas branquiales. En la bibliografía ictionímica andaluza, *cañabota* no consta asociado a ninguna especie del género *Raja*. Por tanto, la asociación **Cañabota**-*Raya* podría deberse a un error de Cabrera, o a un error de transcripción de Graells, y no es posible establecer ninguna aproximación sobre a qué especie se refería nuestro autor con esta entrada.

Taxonómico

V. el apartado anterior.

APORTACIÓN DE CABRERA

LISTA IMPRESA

«GÉNERO 19. *Sin nombre*, Choetodon Sparoides *Sp. N.*» (p. 178)

ESTADO ACTUAL
Desconocida

ANÁLISIS

Etimológico

Choetodon Sparoides: {gr. *chaite, es*} 'pelo' + {gr. *odous, odontos*} 'diente' (Sebastián, 1964) v. en la ficha 208 + del género *Sparus* {gr. *sparos, ou*} 'esparo' + {gr. *oides, eidos, eos, ous*} 'forma, configuración' (Sebastián, 1964).

Ictionímico

Cabrera no recogió ningún nombre común para esta supuesta especie.

Taxonómico

Nada podemos saber acerca de esta supuesta nueva especie que Cabrera denominó *Choetodon Sparoides*, un *nomen nudum* que no conduce a ninguna equivalencia actual. Solo podemos especular con que, por el cuerpo muy comprimido y cuadrangular de tres de las especies que Cabrera incluye en su género *Choetodon* [*Brama brama* (58), *Taracthichthys longipinnis* (59) y *Ranzania laevis* (207), *Chaetodon Sparoides* se refiriera a *Beryx decadactylus* o *Beryx splendens*, llamadas en Andalucía *palometas rojas*, que tienen cierto parecido en «forma y configuración» y coloración con algunas especies de la familia espáridos, por ejemplo, *Dentex macrophthalmus* (116), *Pagellus bogaraveo* (127) y *Pagellus erythrinus* (128).

APORTACIÓN DE CABRERA

LISTA IMPRESA
«GÉNERO 10. *Sin nombre*, Blennius Simus *Lin.*» (p. 177)

ESTADO ACTUAL
Desconocida

ANÁLISIS

Etimológico
Blennius Simus: {gr. *blennos, ou*} 'moco', por la abundante mucosidad que cubre el cuerpo de los blénnidos + {lt. *simus, a, um*} 'con la nariz achatada, chato' (*PE*).

Ictionímico
Cabrera no recogió ningún nombre común para esta supuesta especie y así lo expresó con su frase «*Sin nombre*».

Taxonómico
Nuestro autor identificó y describió correctamente cuatro especies de blénnidos: *Blennius ocellaris, Blennius galerita, Blennius murenoides* y *Blennius viviparus*, una buena representación de esta familia en nuestras aguas. De *Blennius Simus* no conocía el nombre vulgar y se limitó a anotar la equivalencia científica y el autor (Linneo), tomando esta denominación de Gmelin (1789: 1179), quien a su vez la incorporó desde el artículo de Zuiew (1779: 195, Pl. VI, fig. 2). Dado que, por un lado, en Fricke *et al.* (2023) se considera a *Blennius Simus* como un sinónimo incierto o cuestionable de *Salaria fluviatilis*, un pequeño pez de agua dulce en algunos ríos de Europa y África, y, por otro, Cabrera no aportó descripción, no es posible saber qué especie examinó, aunque por similitud podría estar refiriéndose a *Salaria pavo* (Risso, 1810).

APORTACIÓN DE CABRERA

LISTA MANUSCRITA

Bordayo

LISTA IMPRESA
«*El Bordayo*», en los listados de ictiónimos que no llegó a identificar (p. 187)

ESTADO ACTUAL
Desconocida

ANÁLISIS

Etimológico
Cabrera no incluyó ningún nombre científico asociado a esta entrada.

Ictionímico
Sin descripción ni nombre científico asociados no es posible llegar con seguridad a la especie que observó Cabrera bajo el nombre *bordayo*, incluido en un pequeño listado de nombres vulgares de peces de Cádiz, al final de la Lista impresa. Solo cabe hacer suposiciones con la información que conocemos relacionada con este ictiónimo. Así, por una parte, la denominación *bordayo* o *bordallo* designa a dos peces de agua dulce endémicos de la península ibérica: *Squalius carolitertii* (Doadrio, 1988) y *Squalius pyrenaicus* (Günther, 1868). La primera especie (*bordallo*), se encuentra en ríos de la mitad septentrional de España (Duero, Limia, Tajo, Miño y Lérez[243]). La segunda, llamada indistintamente *bordayo* y *bordallo* en Crespo y Ponce (2003: 60) y en Froese and Pauly (2023), y *cacho* y *bordallo* en Fernández-Delgado (2000: 111), está presente en la mitad meridional, concretamente en las cuencas de los ríos Tajo, Mondego, Guadiana, Guadalquivir, Guadalfeo, Vélez, Odiel, Guadalorce y Segura. Es posible que, por proximidad geográfica a Cádiz, Cabrera hubiera tenido acceso a algún ejemplar de *S. pyrenaicus*. Por otra parte, cabe señalar que *bordayo* podría ser una hipercorrección de *olayo, colayo* o *golayo*, nombres de *Galeus melastomus* Rafinesque, 1810, un pequeño tiburón frecuente y conocido en las pesquerías gaditanas, que extrañamente Cabrera no mencionó en ninguno de sus documentos.

Taxonómico
Véase el apartado anterior.

---

243 www.miteco.gob.es. Banco de datos de la Naturaleza. Peces continentales de España.

APORTACIÓN DE CABRERA

LISTA MANUSCRITA

Cayote

LISTA IMPRESA

«*El Cayote*», en los listados de ictiónimos que no llegó a identificar (p. 187)

ESTADO ACTUAL
Desconocida

ANÁLISIS

Etimológico

Cabrera no incluyó ningún nombre científico asociado a esta entrada.

Ictionímico

Desconocemos a qué especie se refería Cabrera con el ictiónimo *cayote*, incluido en un pequeño listado de nombres de Málaga sin identificar, al final de la Lista impresa. *Cayote* no existe en la bibliografía ictionímica andaluza ni pervive en la actualidad en los puertos pesqueros andaluces. No obstante, cabe especular con la posibilidad de que se tratase de una variante grafica atenuadora de *cagote*, una denominación disfemística con la que se designa en Garrucha (Almería) a los ejemplares pequeños de *Cheilopogon heterurus* (Rafinesque, 1810) (*IA*: 635), un pez volador de escasa calidad gastronómica. En el *Estudio sobre el habla de Cartagena* (García Cotorruelo, 1959), figura también como denominación de la 'cría del pez golondrina'. Martín Ferrero (1997: 311), en su transcripción de la Lista manuscrita, interpreta *cayote* como *carjote*, pero Cabrera escribió claramente *cayote*, como se comprueba cotejando la forma de escribir las letras -*y*- o -*j*- en palabras como *bordayo* (ficha 217), *abadejo rayado* (ficha 109), *correplayas* (ficha 12), *aguja* (ficha 86), *marrajo* (ficha 7), entre otras, y Graells (p. 187) transcribió, también con claridad, *cayote*.

Taxonómico

Hay varias especies de peces golondrina que podrían encajar en esta ficha, pero sin más datos que el ictiónimo *cayote* que aporta Cabrera no es posible llegar a ninguna concreta.

APORTACIÓN DE CABRERA

LISTA MANUSCRITA

Champan

LISTA IMPRESA

«*El Champán*», en los listados de ictiónimos que no llegó a identificar (p. 187)

ESTADO ACTUAL
Desconocida

ANÁLISIS

Etimológico

Cabrera no incluyó ningún nombre científico asociado a esta entrada.

Ictionímico

Desconocemos a qué especie se refería Cabrera con el ictiónimo *champán*, incluido con tilde en un pequeño listado de nombres de Cádiz sin identificar, al final de la Lista impresa, y sin ella en la Lista manuscrita. *Champán* no existe en la bibliografía ictionímica andaluza ni pervive en la actualidad en los puertos pesqueros andaluces (v. *IA*). Sin descripción ni nombre científico asociado no es posible llegar a qué especie se refería nuestro autor con este ictiónimo.

Taxonómico

Véase el apartado anterior.

APORTACIÓN DE CABRERA

LISTA MANUSCRITA

Escarapelo

LISTA IMPRESA

«*El Escarapelo*», en los listados de ictiónimos que no llegó a identificar (p. 187)

ESTADO ACTUAL
Desconocida

ANÁLISIS

Etimológico

Cabrera no incluyó ningún nombre científico asociado a esta entrada.

Ictionímico

Desconocemos a qué especie se refería Cabrera con el ictiónimo *escarapelo*, incluido en un pequeño listado de nombres de Málaga sin identificar, al final de la Lista impresa. *Escarapelo* no existe en la bibliografía ictionímica andaluza ni pervive en la actualidad en los puertos pesqueros andaluces (v. *IA*). Medina Conde (1789: 222) recoge *escarapela* para un pez que describe con «hechura de la Breca, hocico redondo, y todo él pintado, con dos ò tres puas sobre el lomo mas largas que las demás», descripción poco precisa que no permite ninguna aproximación.

Taxonómico

Véase el apartado anterior.

APORTACIÓN DE CABRERA

LISTA MANUSCRITA

Gasula

LISTA IMPRESA

«*La Gasula*», en los listados de ictiónimos que no llegó a identificar (p. 187)

ESTADO ACTUAL
Desconocida

ANÁLISIS

Etimológico

Cabrera no incluyó ningún nombre científico asociado a esta entrada.

Ictionímico

Sin descripción ni nombre científico asociado no es posible llegar a qué especie se refería Cabrera con el ictiónimo *gasula*, incluido sin tilde en un pequeño listado de nombres de Málaga sin identificar y al final de la Lista impresa y con ella, bien visible, en la Lista manuscrita. *Gasula* no existe en la bibliografía ictionímica andaluza ni pervive en la actualidad en los puertos pesqueros andaluces.

Taxonómico

Véase el apartado anterior.

APORTACIÓN DE CABRERA

LISTA MANUSCRITA

LISTA IMPRESA

«*La Lopena*», en los listados de ictiónimos que no llegó a identificar (p. 187)

ESTADO ACTUAL
Desconocida

ANÁLISIS

Etimológico

Cabrera no incluyó ningún nombre científico asociado a esta entrada.

Ictionímico

Sin descripción ni nombre científico asociado no es posible llegar a qué especie se refería Cabrera con el ictiónimo *lopena*, que no existe en la bibliografía ictionímica andaluza ni pervive en la actualidad en los puertos pesqueros andaluces (v. *IA*).

Taxonómico

Véase el apartado anterior.

FICHA 223

APORTACIÓN DE CABRERA

LISTA MANUSCRITA

LISTA IMPRESA

«*El Pasador*», en los listados de ictiónimos que no llegó a identificar (p. 187)

ESTADO ACTUAL
Desconocida

ANÁLISIS

Etimológico

Cabrera no incluyó ningún nombre científico asociado a esta entrada.

Ictionímico

En la costa de Murcia (*BOE*, 2019), el ictiónimo *pasador*, del que desconocemos su origen y nunca hemos oído en ningún puerto pesquero de Andalucía, designa a dos especies: *Campogramma glaycos* (Lacépède, 1801) y *Pomatomus saltatrix* (53). Cabrera lo recogió en Cádiz y lo incluyó en su *Lista de nombres vulgares* (Lista manuscrita), pero sin asociar a ninguna especie. También aparece al final de la Lista impresa entre los nombres de peces que sabía pero que no pudo examinar ni determinar.

Taxonómico

Es posible que *pasador* se refiriera a *Pomatomus saltatrix*, la *chova* o *choa*, y que Cabrera no lo supiera, pero sin más información no es posible asegurarlo.

APORTACIÓN DE CABRERA

LISTA MANUSCRITA

Penca

LISTA IMPRESA

«*La Penca*», en los listados de ictiónimos que no llegó a identificar (p. 187)

ESTADO ACTUAL

Desconocida

ANÁLISIS

Etimológico

Cabrera no incluyó ningún nombre científico asociado a esta entrada.

Ictionímico

Sin descripción ni nombre científico asociado no es posible llegar a qué especie se refería Cabrera con el ictiónimo *penca*, incluido en un pequeño listado de nombres de Cádiz sin identificar, al final de la Lista impresa. *Penca* no existe en la bibliografía ictionímica andaluza ni pervive en la actualidad en los puertos pesqueros andaluces (v. *IA*).

Taxonómico

Véase el apartado anterior.

APORTACIÓN DE CABRERA

LISTA MANUSCRITA

Peralta

LISTA IMPRESA

«*El Peralta*», en los listados de ictiónimos que no llegó a identificar (p. 187)

ESTADO ACTUAL

Desconocida

ANÁLISIS

Etimológico

Cabrera no incluyó ningún nombre científico asociado a esta entrada.

Ictionímico

Sin descripción ni nombre científico asociado no es posible llegar a qué especie se refería Cabrera con el ictiónimo *peralta*, incluido en un pequeño listado de nombres de Málaga sin identificar, al final de la Lista impresa. *Peralta* se recoge en Medina Conde (1789: 245) como «especie de rubio, mas no tan grande»: recordemos que *rubio* es el nombre genérico de los tríglidos. Asimismo, en Sáñez Reguart (entre 1786 y 1787, lámina 140 del documento *Noticia de los nombres de que se compone la Coleccion de producciones maritimas de las costas del Mediterraneo y oceano segun el orden de sus numeros*), se regoge *peralta* asociado a un dibujo de un tríglido, probablemente *Eutrigla gurnardus*. Es decir, es seguro que *peralta* designa a una especie la familia tríglidos, pero que no es posible concretar. Este ictiónimo no pervive en la actualidad en el léxico de los marineros andaluces (v. *IA*).

Taxonómico

Véase el apartado anterior.

APORTACIÓN DE CABRERA

LISTA MANUSCRITA

LISTA IMPRESA

«*El Robine*», en los listados de ictiónimos que no llegó a identificar (p. 187)

ESTADO ACTUAL

Desconocida

ANÁLISIS

Etimológico

Cabrera no incluyó ningún nombre científico asociado a esta entrada.

Ictionímico

Sin descripción ni nombre científico asociado no es posible llegar a qué especie se refería Cabrera con el ictiónimo *robine*, incluido sin tilde en un pequeño listado de nombres de Cádiz sin identificar, al final de la Lista impresa, y con una tilde bien visible en la Lista manuscrita. *Robine* no existe en la bibliografía ictionímica andaluza ni pervive en la actualidad en los puertos pesqueros andaluces (v. *IA*).

Taxonómico

Véase el apartado anterior.

APORTACIÓN DE CABRERA

LISTA MANUSCRITA

«*El Rapel*», en los listados de ictiónimos que no llegó a identificar (p. 187)

ESTADO ACTUAL

Desconocida

ANÁLISIS

Etimológico

Cabrera no incluyó ningún nombre científico asociado a esta entrada.

Ictionímico

Sin descripción ni nombre científico asociado no es posible llegar a qué especie se refería Cabrera con el ictiónimo *rapel*, incluido en un pequeño listado de nombres de Cádiz sin identificar, al final de la Lista impresa. *Rapel* no existe en la bibliografía ictionímica andaluza ni pervive en la actualidad en los puertos pesqueros andaluces. (v. *IA*). Sin embargo, no es descartable que la grafía *p* (representativa del sonido bilabial) pueda haberse confundido con la originaria *f* (usada para la producción labidental), en ese caso se trataría de *rafel* y por lo tanto Cabrera hablaría de un tríglido (v. *rafel* en la ficha 152).

Taxonómico

Véase el apartado anterior.

BIBLIOGRAFÍA

Fuentes documentales

AJB II,2,5,10	*Diario de viaje de Löfling.*
AJB II,1,7,15	*Pisces gaditana* (1.ª División, carpeta 8, número 122, hojas 93 a 122).
AJB I,56,3,21	Carta de Cabrera a Lagasca - Cádiz, 20 de enero de 1807.
AJB I,56,3,24	Carta de Cabrera a Lagasca - Cádiz, 19 de marzo de 1813.
AJB I,56,3,25	Carta de Cabrera a Lagasca - Cádiz, 1 de diciembre de 1813.
AJB I,56,3,29	Carta de Cabrera a Lagasca - Cádiz, 30 de junio de 1815.
AJB I,56,3,33	Carta de Cabrera a Lagasca - Cádiz, 16 de julio de 1816.
AJB I,56,3,34	Carta de Cabrera a Lagasca - Cádiz, 19 de febrero de 1818.
AJB I,56,3,36	Carta de Cabrera a Lagasca - Cádiz, 9 de septiembre de 1819.
AJB I,56,3,41	Carta de Cabrera a Lagasca - Alcalá de los Gazules (Cádiz), 20 de marzo de 1821.
AJB I,57,8,19	Carta de Cabrera a Clemente - Cádiz, 16 de diciembre de 1825.
AJB I,57,8,20	Carta de Cabrera a Clemente - Cádiz, 27 de diciembre de 1825.
AJB I,57,8,13	Carta de Cabrera a Clemente - Cádiz, 10 de enero de 1826.
AJB I,57,8,22	Carta de Cabrera a Clemente - Cádiz, 13 de enero de 1826.
AJB I,57,8,23	Carta de Cabrera a Clemente - Cádiz, 17 de enero de 1826.
AJB I,57,9,2	Carta de Cabrera a Clemente - Cádiz, 2 de febrero de 1826.
AJB I,57,9,3	Carta de Cabrera a Clemente - Cádiz, 17 de febrero de 1826.
AJB I,57,9,4	Carta de Cabrera a Clemente - Cádiz, 25 de febrero de 1826 y manuscrito de *Lista de nombres vulgares de los peces del mar de Andalucía.*
AJB I,57,9,5	Carta de Cabrera a Clemente - Cádiz, 28 de febrero de 1826.
AJB I,57,9,8	Carta de Cabrera a Clemente - Cádiz, 7 de marzo de 1826.
AJB I,57,9,9	Carta de Cabrera a Clemente - Cádiz, 20 de marzo de 1826.
AJB I,57,9,10	Carta de Cabrera a Clemente - Cádiz, 9 de abril de 1826.
AJB I,57,9,11	Carta de Cabrera a Clemente - Cádiz, 11 de agosto de 1826.
AJB I,57,9,12	Carta de Cabrera a Clemente - Cádiz, 21 de noviembre de 1826.
AJB I,58,1,22	Carta de Hänseler a Clemente - Málaga, 22 de ¿septiembre? de 1826.
AJB I,58,1,23	Carta de Hänseler a Clemente - Málaga, 9 de ¿octubre? de 1826.

Anónimo. 1642	Actas capitulares. Sanlúcar de Barrameda, en *Caepionis*, 1997: 9.
Anónimo. 1764	Arancel de pesca. Sanlúcar de Barrameda, en Muñoz (1972: 78).
Anónimo. 1775	Arancel de pesca. El Puerto de Santa María.
Anónimo. 1778	Actas capitulares. Sanlúcar de Barrameda.
Anónimo. 1780	Actas capitulares. Archivo Municipal de Cádiz.
Anónimo. 1797	Arancel de pesca. Sanlúcar de Barrameda.
Anónimo. 1801	Acuerdo municipal. Sanlúcar de Barrameda.

SÁÑEZ REGUART, Antonio. Entre 1786 y 1787. *Noticia de los nombres de que se compone la Coleccion de producciones maritimas de las costas del Mediterraneo y oceano segun el orden de sus numeros.* Archivo Histórico Nacional. Madrid. Legajo 3012 Estado. Nombre n.º 140.

Biografías

ANTÓN SOLÉ, Pablo. 1994. *La Iglesia gaditana en el siglo XVIII*. Servicio de Publicaciones de la Universidad de Cádiz.

ARENAL, Concepción. 1883. «Biografía del ìlmo. Sr. D. Lucas de Tornos, Catedrático de número de la Universidad Central, fallecido en Madrid el 4 de Setiembre de 1882». *Anales de la Sociedad Española de Historia Natural*. Tomo XII. Actas de la Sociedad Española de Historia Natural. Sesión del 6 de junio de 1883. Madrid: 41-52. Consultado en: bibdigital.rjb.csic.es

CASARES, Román. 1932. «Datos biográficos de Juan José García, Félix Haenseler y Pablo Prolongo, farmacéuticos malagueños de los siglos XVIII y XIX». *Anales de la Real Academia de Farmacia*, 4: 49-57.

DE LA SIERRA, Lorenzo Alonso; MAURA, Carlos. 2018. «Magistral Cabrera. Ricardo Escribano. Óleo sobre lienzo». En *Traslatio Sedis*. Las Obras. III. El Episcopado gaditano. La Catedral. Exposición Conmemorativa del 750 Aniversario del Traslado de la Sede Episcopal de la Catedral de Cádiz. ARTISPLENDORE EDITORIAL, 306-307.

DÍAZ, Gonzalo. 1995. «Antonio Machado Núñez». En *Hombres y documentos de la Filosofía Española*. Consejo Superior de Investigaciones Científicas. Vol. 5. Madrid, 1995.

ESPIGADO, Gloria. 2009. «La marquesa de Villafranca y la Junta de Damas de Fernando VII». En *Heroínas y patriotas: mujeres de 1808*. Castells Oliván, Irene, Espigado Tocino, Gloria y Romeo Mateo, María Cruz (coords.). Editorial Cátedra, Madrid: 317-342.

FLORES, Francisco. 1827. «A la muerte del doctor don Antonio Cabrera, Canónigo Magistral de la Santa Iglesia Catedral de Cádiz. Elegía». En *El Magistral Cabrera. Un naturalista ilustrado*. Paz Martín Ferrero, 1997: 293-295.

GIL, Antonio. 2002. «Vida y obra de Simón de Rojas Clemente Rubio». En *Viaje a Andalucía. Historia Natural del Reino de Granada (1804-1809)*. Antonio Gil Albarracín (ed.). Griselda Bonet Girabet, Barcelona: 47-90.

___. 2020. «Antonio Nicolás Cabrera y Corro». *Real Academia de la Historia*. Consultado en: http://dbe.rah.es/biografias/27274/antonio-nicolas-cabrera-corro

HARNESK, Helena. 2007. *Linnaeus, genius of Uppsala*. Hallgren & Fallgren Studieförlag AB. Uppsala, Sweden.

LEÓN, José María. 1897. «El Magistral Cabrera». *Recuerdos Gaditanos*. Cádiz: 22-49.

MARTÍN FERRERO, Paz. 1997. *El Magistral Cabrera. Un naturalista ilustrado*. Ayuntamiento de Chiclana de la Frontera y Diputación de Cádiz, Cádiz.

___. 2001. *El Magistral Cabrera. Vida y obra de un sabio nacido junto al Iro*. Excmo. Ayuntamiento de Chiclana de la Frontera. Comisión VII Centenario (folleto divulgativo): 24 pp.

MARTÍN POLO, Fernando. 2016. *Simón de Rojas Clemente*. PUV. Universitat de Valencia.

MATUTE, María. 2015. *Vida y obra de un farmacéutico ilustrado. Juan Bautista Chape Guisado (1800-1887)*. Servicio de Publicaciones de la Diputación de Cádiz.

MENÉNDEZ PELAYO, Marcelino. 1876. «La Ciencia Española», Tomo 3. Edición preparada por Enrique Sánchez Reyes. Consultado en: www.cervantesvirtual.com

MUÑOZ CAPILLA, José de Jesús. 1884. «Correspondencia inédita del P. M. Fr. José de Jesús Muñoz Capilla sobre Botánica». *Revista Agustiniana*, 7: 548-551; 8: 26-31; 8: 129-133; 8: 228-234; 8: 317-323. Consultado en: www.archive.org

PÉREZ Y FERNÁNDEZ, Luis. 1901. *El Magistral Cabrera. Estudio biográfico critico*. Tipografía Cabello y Lozón, Cádiz.

PÉREZ-RUBÍN, Juan. 2012. «El naturalista y farmacéutico germano-español Félix Hänseler Jeger (1780-1841) en la Málaga de su época». *Acta Botánica Malacitana*, 37: 141-162.

PLANAS, Antonio. 2017. «Los regentes de la real Audiencia borbónica de Mallorca (1716-1808)», *Cuadernos de Historia del Derecho*, XXIV: 103-136. Consultado en: http://dx.doi.org/10.5209/CUHD.56782

RAMOS, Antonia. 1994. *Una institución romántica gaditana: la Real Academia de Medicina y Cirugía de Cádiz. Origen y evolución (1815-1900)*. Tesis doctoral dirigida por el Dr. Antonio Orozco Acuaviva, Universidad de Cádiz, Servicio de Publicaciones, Microfichas, Micropublicaciones ETD.

TOSCANO, ¿Francisco? 1972. «Cabrera, Antonio». *Diccionario de la Historia Eclesiástica de España*. Q. Aldea Vaquero, T. Marín Martínez y J. Vives Gatell (dirs.). Consejo Superior de Investigaciones Científicas, Instituto Enrique Flórez. Madrid, vol. I.

Botánica

Área de Biblioteca, Archivo y Publicaciones de la Universidad de Cádiz. (s. f.). Real Colegio de Cirugía (1728-1844). Consultado en: https://archivo.uca.es/fondo-real-colegio/

ASENSI, Alfredo; DÍEZ-GARRETAS, Blanca. 2004. «Estudios sobre la vegetación de Andalucía: una aproximación histórica». *Lazaroa*, 25: 43-49.

CANO, Francisco. 2023. «Tratado de árboles»: una obra inédita del naturalista gaditano Antonio Cabrera y Corro. *El Corzo. Boletín de la Sociedad Gaditana de Historia Natural*, XI: 99-110.

CLEMENTE, Simón de Rojas. 1807. *Ensayo sobre las variedades de la vid común que vegetan en Andalucía, con un índice etimológico y tres listas de plantas en que se caracterizan varias especies nuevas*. De Orden superior. En la imprenta de Villalpando. Madrid. Consultado en: https://bibdigital.rjb.csic.es/records/item/9925-ensayo-sobre-las-variedades-de-la-vidcomun?offset=9

COLMEIRO, Miguel. 1858. *La Botánica y los botánicos de la península hispano-lusitana. Estudios bibliográficos y biográficos*. Imprenta y Esterotipia de M. Rivadeneyra. Madrid.

DEVESA, Juan Antonio; VIERA, María del Carmen; OTERO SCHMITT, Jorge (col.). 2001. *Viajes de un botánico sajón por la península Ibérica. (H. M. Willkomm, 1821-1895)*. Cáceres: Universidad de Extremadura. Servicio de Publicaciones. Consultado en: https://www.eltiocazuela.com/lagunasvivas/wp-content/uploads/2016/07/DEVESA-2001-Willkomm.pdf

DOSIL, Francisco Javier. 2007. *Los albores de la botánica marina española (1814-1939)*. Consejo Superior de Investigaciones Científicas. Madrid. PDF.

GONZÁLEZ BUENO, Antonio. 1987. «Algunas notas retrospectivas sobre el estado de la Botánica en Andalucía». En *El viaje Botánico de Edmon Boissier al Sur de España (1837-1987). Acta Botánica Malacitana*, 12: 3-26.

___. 1988. «Los estudios criptogámicos en España (1800-1820): una aproximación a la escuela botánica de A. J. Cavanilles». *Llull*, 11: 51-75.

___. 1996. «Los trabajos algológicos de S. R. Clemente (1777-1827) y A. Cabrera (1763-1827) en las costas andaluza». *Algas. Boletín Informativo de la Sociedad Española de Ficología*, 16: 5-8.

LAZA, Modesto. 1945. «Estudios sobre la flora española». *Anales de la Real Academia de Farmacia*, 11: 157-199.

LÓPEZ, Ginés. 1990. «La obra botánica de Löfling en España». En *Pehr Löfling y la Expedición al Orinoco (1754-1761)*. Joaquín Fernández Pérez (ed.), Real Jardín Botánico de Madrid (CSIC, Colección Encuentros): 33-50.

LUCENA, Manuel. 1990. «La Expedición de Límites al Orinoco (1754-1761)». En *Pehr Löfling y la Expedición al Orinoco (1754-1761)*. Joaquín Fernández Pérez (ed.), Real Jardín Botánico de Madrid (CSIC, Colección Encuentros): 131-146.

LUCENA, Manuel; GUZMÁN, Cristina; PUIG, Miguel Ángel; PELAYO, Francisco. 1998. «Botas, libros y hierbas secas. La testamentaría de Pehr Löfling». En *La Comisión Naturalista de Löfling en la Expedición de Límites al Orinoco*. María Pilar de San Pío (coord.): 229-237. Real Jardín Botánico. Madrid.

PARDO, Luis. 1925. «Breve noticia histórica del ficólogo español D. Antonio Cabrera». Nuova Notarisia: 109-116.

Diccionarios

AGASSIZ, Louis. 1842-1846. *Nomenclator zoologicus, continens nomina systematica generum animalium*. Soliduri, Sumtibusettypis Jent et Gassman. Consultado en: https://www.biodiversytylibrary.or/bibliography/49761

ALCOVER, Antoni Maria; MOLL, Francesc de Borja. 2022. *Diccionari catala-valencia-balear*, Institut d'Estudis Catalans. Consultado en: http://dcvb.iecat.net/

BEMON. *Biographical Etymology of Marine Organism Names*. Basado en Hansson, H.G. 1998. Sydskandinaviska marina flercelliga evertebrater. utgåva 2. Länsstyrelsen, Västra Götaland, Miljöavdelningen 1998: 4. 294 + ix pp., como tratado de invertebrados marinos del sur de Escandinavia. Consultado en: https://www.bemon.loven.gu.se/

CLÉDAT, León. 1914. *Dictionnaire étymologique de la langue française*. Hachette, Paris. 648 pp.

COROMINAS, Juan; PASCUAL, José Antonio. 1980. *Diccionario crítico etimológico castellano e hispánico (DCECH)*. Gredos, Madrid, 1980.

CORRALES, Cristóbal; CORBELLA, Dolores. 2023. *Diccionario Histórico del Español de Canarias (DHECan)*. Consultado en: http://web.frl.es/DHECan.html

CORRIENTE, Federico. 1999. *Diccionario de arabismos y voces afines en iberorromance*. Gredos. Madrid.

COVARRUBIAS, Sebastián de. 1611. *Tesoro de la lengua castellana o española*. Luis Sánchez impresor del Rey N.S., Madrid.

DE ROQUEFORT, Jean Baptiste Boniface. 1808. *Glossaire de la langue romane*. Chez B. Warréeoncle, librairie de l'imprimerie de Crapelet. Tome II.

DLE, Diccionario de la Lengua Española, www.dle.rae.es

D'ORBIGNY, Charles. 1841. *Dictionnaire d'histoire naturelle*. Au bureau principal de l'éditeur, Paris.

DRAE, Diccionario de la Real Academia Española, www.rae.es

GIL ALBARRACÍN, Antonio. (s.f.). Francisco Fernández Navarrete. *Diccionario Biográfico Electrónico (DB-E) de la Real Academia de la Historia*. Consultado en: https://dbe.rah.es/biografias/23422/francisco-fernandez-navarrete

GLARE, Peter; WILLIAMS, Geoffrey. 1968-1982. *Oxford latin Dictionary*. Oxford University Press, Clarendon.

HASSELQVIST, Fredric. 1757. *Iter Palæstinum eller resa til heliga landet, förrättad ifrån år 1749 til 1752, med beskrifningar, rön, anmärkningar, öfver de märkvärdigaste naturalier, på hennes kongl. maj:ts befallning, utgifven af Carl Linnæus*. [Iter Palæstinum or Jorney to the Holy Land.]. Stockholm. Tryktpa Lars Salvii Kaftnad.

HONNORAT, Simon Jude. 1847. *Dictionnaire provençal-français*. Digne, Repos. Consultado en: gallica.bnf.fr/ark:/12148/bpt6k5821421b/f185.textelmage

JEANNEAU, Gérard; WOITRAIN, Jean-Paul; HASSID, Jean-Claude. 2021. *Dictionnaire Latin-Français, Prima elementa (PE)*. Consultado en: www.prima-elementa.fr/Dico.htm

JIMÉNEZ, Esteban. 1834. *Dictionarium manuale latino-hispanicum, dispuesto para los jóvenes*. Imprenta Ramón Verges.

LAURENTI, Iosephi. 1664. *Amalthea onomástica*. Lvgdvni, sumptibus Lavrenti Anisson.

LEMOS, Antônio. 1951. *Pequeño vocabulario tupi-português*. Livraria São José. Rio de Janeiro.

LENTISCO PUCHE, José Domingo. (s.f.). NAVARRO LÓPEZ, Antonio José. En *Diccionario Biográfico de Almería (DBA-E)*. Consultado en: https://www.iealmerienses.es/Servicios/IEA/edba.nsf/xlecturabiografias.xsp?ref=366

LIDDELL, Henry George. 1883. *Greek English lexicon*. Harper and Brothers, New York.

NASCENTES, Antenor. 1966. *Dicionário etimológico resumido*. Instituto nacional do libro. Ministerio da educação e cultura. Río de Janeiro.

NEBRIJA, Antonio. 1495. *Vocabulario español latino*. Consultado en: https://www.rae.es/sites/default/files/Archivos_de_la_BCRAE_Vocabulario_espnaol-latino_Nebrija.pdf

OSORIO DE CASTRO, Jerónimo de Melo. 1967. *Nomenclatura portuguesa do pescado*. Lisboa (Gabinete de Estudos das Pescas, 39).

PANIGIANI, Ottorino. 1907. *Vocabolario etimologico della lingua italiana*. Roma, Milano, Società editrice Dante Alighieri di Albrighi, Segati. Consultado en: https://archive.org/details/vocabolarioetimoopiangoog/page/n633/mode/2up

ROHLFS, Gerard. 1977. Supplemento ai vocabolari sciliani. Bayerische Akademie der Wisseschaften. Philosophish-Historische Klasse. Abhandlungen. Neue Folge, Heft 78. Munchen 1977.

SEBASTIÁN, Florencio. 1964. *Diccionario griego-español*. Editorial Ramón Sopena, Barcelona.

SMEDLEY, Edward; ROSE, Hugh James; ROSE, Henry John (eds.). 1845. *Encyclopaedia metropolitana*. London, printed by William Clowes and Sons, Stamford Street.

WHITNEY, William Dwight. 1889-1891. *The Century dictionary*. The Century Company, New York.

Ictionimia

ABAD, Rogelio; GARCÍA, Lorenzo; SÁNCHEZ, Francisco Javier. 1988. «Nombres científicos y vulgares de los peces en el puerto de Almería». *Boletín del Instituto de Estudios Almerienses, Homenaje a Antonio Cano Gea*, 6: 197-210.

ALVAR EZQUERRA, Manuel. 2000. *Tesoro léxico de las hablas andaluzas*. Arco/Libros, Madrid.

ALVAR LÓPEZ, Manuel. 1964. *Atlas lingüístico y etnográfico de Andalucía* (*ALEA*), t. IV. Arco/Libros. Granada.

___. 1970. «Ictionimia y geografía lingüística. Consideraciones sobre la Nomenclatura oficial española de los animales de interés pesquero». *Revista de Filología Española*, 53:152-224.

___. 1974. «Datos para las etimologías de tollo 'cazón' y tonina 'delfín'», en *Studia Hispanica in Honorem R. Lapesa*, t. II, Gredos, Madrid: 21-28.

___. 1975. «La terminología canaria de los seres marinos», *Anuario de Estudios Atlánticos*.

___. 1976. *Cristóbal Colón. Diario del Descubrimiento. Estudios, Ediciones y Notas*, t. I y II, Ediciones del Excmo. Cabildo Insular de Gran Canaria, Las Palmas de Gran Canaria, 21: 419-569.

___. 1977. «De la "maisnie Harlequin" a algunas designaciones de escualos», Manuel Alvar López (ed.). *Actas del V Congreso Internacional de estudios lingüísticos del Mediterráneo*. Departamento de Geografía Lingüística del Consejo Superior de Investigaciones Científicas y La Muralla, Madrid, 1977: 379-396.

___. 1989. *Léxico de los marineros peninsulares* (*LMP*), t. III-IV. Arco/Libros, Madrid.

ARIAS, Alberto Manuel; DE LA TORRE, Mercedes. 2019. *Ictionimia andaluza. Nombres vernáculos de especies pesqueras del Mar de Andalucía*. Consejo Superior de Investigaciones Científicas. Madrid.

ARIZA, Manuel. 1994. *Comentario de textos dialectales*. Arco/Libros, Madrid.

AVIÑÓN, Juan de. 1418. *Sevillana medicina. Que trata el modo conservativo y curativo de los que abitan en la muy insigne ciudad de Sevilla: la qual sirve y aprovecha para qualquier otro lugar destos reynos. Obra antigua digna de ser leyda. Sevilla, en casa de Andrés de Burgos, publicado en el año 1545 por Nicolás Monardes*. Prólogo de Javier Lasso de la Vega y Cortezo. Consultado en: http://www.bibliotecavirtualdeandalucia.es/catalogo/es/consulta/registro.do?id=1019078

BARBA, Ana Rosa; PONS, Dolores. 2003. «Contribución a la historia de la ictionimia andaluza a través de un documento del siglo XVIII», *Analecta Malacitana*, XXVI, 2: 399-437.

BARBIER, Paul. 1907. «Noms de poissons. Notes etymologiques et lexicographiques». *RLR*, 51: 385-406.

___. 1910. «Noms de poissons. Notes etymologiques et lexicographiques». *RLR*, 53: 26-57.

___. 1911. «Noms de poissons. Notes étymologiques et lexicographiques». *RLR*, 54: 149-190.

___. 1914. «Noms de poissons. Notes étymologiques et lexicographiques». *RLR*, 57: 295-342.

___. 1915. «Noms de poissons. Notes étymologiques et lexicographiques». *RLR*, 58: 270-329.

BARRIUSO, Emilio. 1986. *El léxico de la fauna marina en los puertos pesqueros de Asturias central.* Instituto de Estudios Asturianos y Consejo Superior de Investigaciones Científicas, Madrid.

BELTRÁN, Pedro. 1612. *La Charidad Guzmana 1612*, Pedro Barbadillo Delgado (ed.), Publicaciones del Ayuntamiento de Sanlúcar de Barrameda, 1948: 34-37.

CAPEL, Horacio. 2002. «El viaje científico andaluz de Simón de Rojas Clemente Rubio: de la historia natural a la geografía». En *Viaje a Andalucía. Historia Natural del Reino de Granada (1804-1809)*. Antonio Gil Albarracín (ed.). Griselda Bonet Girabet, Barcelona: 17-46.

CASAS, Ana Moure. 2021. «Latín y romance: la transmisión culta y popular de los nombres del *Zeus faber* Linnaeus». *Cuadernos de Filología Clásica. Estudios Latinos*, 41(1): 37-56.

CLEMENTE, Simón de Rojas. 1804. *Viaje a Andalucía. Historia Natural del Reino de Granada (1804-1809)*. Edición, transcripción, estudio e índices de Antonio Gil Albarracín. Otros trabajos de Horacio Capel Sáez y M.ª del Pilar de San Pío Aladrén; Barcelona, Griselda Bonet Girabet, editora. 2002.

___. 1807. *Nomenclátor ornitológico, o sea, nombres españoles y latinos sistemáticos de aves.* Edición de Fernando Martín Polo. Publicaciones de la Fundación Simón de Rojas Clemente y Rubio. Ayuntamiento de Titaguas, 2006.

CORRIENTE, Federico. 2000. «Los Arabismos en el español de Canarias». *Estudios Canarios. Anuario del Instituto de Estudios Canarios*, 45: 187-204.

CORTELAZZO, Manlio. 1968-1970. «Notizie popular su animali marini». *Bollettino dell'Atalante linguistico mediterraneo*, 10-12: 377-407.

CRESPO, Jesús; GAJATE, Joaquín; PONCE, Rafael. 2001. *Clasificación científica e identificación de nombres vernáculos existentes en la base de datos de seguimiento informático de recursos naturales oceánicos.* Instituto Español de Oceanografía, Madrid.

CRESPO, Jesús; PONCE, Rafael. 2003. *Nombres vernáculos y científicos de organismos marinos.* Ministerio de Ciencia y Tecnología, Madrid.

DE LA TORRE, Mercedes. 2022. «Los ictiónimos en la *Topografía médica de la ciudad de Málaga* (1852), de Vicente Martínez Montes», en Inés Carrasco Cantos (coord.), *El español del siglo XIX en textos impresos y manuscritos*, Granada: Comares, pp. 49-72.

DE LA TORRE, Mercedes; ARIAS, Alberto Manuel. 2012. *La ictionimia andaluza en el siglo XVIII: el caso de Cádiz y Pehr Löfling (1753).* Peter Lang Editores, Suiza.

FERNÁNDEZ NAVARRETE, Francisco. 1739. «Character de España, deducido de los principales fundamentos y consideraciones de su Historia Natural. Ensayo de la Hª. Natural y médica de España». Manuscrito. Materiales para el Proyecto de la Historia Natural y médica de España que executaria la Academia, papeles remitidos por el Sr. Ortega. Manuscrito 9/5964.

GARCÍA CORNEJO, Rosalía. 2001. «A propósito de los ictiónimos en "De piscibus". Etimologías 12.6 de Isidoro de Sevilla». *Habis*, 32: 553-575.

GARCÍA COTORRUELO, Emilia. 1959. *Estudio del habla de Cartagena y su comarca.* Real Academia Española, Madrid. (Anejos del *BRAE*, 3).

GARCÍA MARTÍNEZ, Ginés. 1960. *El habla de Cartagena. Palabras y cosas. Notas para el estudio del castellano vulgar actual y de la propagación del aragonés y del catalán por el Sur.* Patronato de Cultura de la Excma. Diputación de Murcia, Murcia.

GONZÁLEZ GARCÍA, Elvira. 2008. *Motivación y creación léxica en las hablas populares.* Tesis doctoral. Universidad Complutense de Madrid, Facultad de Filología.

GUILLÉN, Domingo. 1724. *Triaca Magna de los antiguos aprobada de los modernos y en justicia, y conciencia defendida con authoridad, experiencia y razon.* Zaragoza. Pascual Aveno. Consultado en: https://zaguan.unizar.es/record/80026/files/CAJ_26_602ar.pdf

KLEIN, Theodori Iacobi. 1740. *Historiae piscium naturalis.* Gedani, Litteris Schreiberianis.

LADERO, Miguel Ángel. 1989. *Historia de Sevilla II. La ciudad medieval (1248-1492).* Publicaciones de la Universidad de Sevilla. Núm. 49, 3.ª Edición.

___. 2008. *Las Indias de Castilla en sus primeros años. Cuentas de la Casa de Contratación (1503-1521)*. Dykinson, Madrid.

LLEONART, Jordi. 2016. *Noms de peixos*, TERMCAT, Barcelona. Consultado en: http://www. termcat.cat/ca/Diccionaris_En_Linia/173/

LLEONART, Jordi; FARRUGIO, Henri. 2012. «*Pleuronectes platessa*, a ghost fish in the Mediterranean Sea?». *Scientia Marina*, 76(1): 141-147.

LLORIS, Domingo; MESEGUER, Serge; PORTA, Lourdes. 2003b. *Ictionimia. Els noms dels peixos del mar Catala*. Departament d'Agricultura, Ramaderia i Pesca; y Generalitat de Cataluña.

LOZANO CABO, Fernando. 1963. «Nomenclatura ictiológica. Nombres científicos y vulgares de los peces españoles». *Instituto Español de Oceanografía*, 31.

LOZANO CABO, Fernando; ARTÉ, Pedro; RODRÍGUEZ, Olegario. 1965. *Nomenclatura oficial española de los animales marinos de interés pesquero (NOE)*. Subsecretaría de la Marina Mercante y Dirección General de Pesca Marítima, Madrid.

MALPICA, Antonio. 1984. «El pescado en el Reino de Granada a fines de la Edad Media: especies y nivel de Consumo», en *Actes du Colloque de Nice, T. I. Aliments et Societe. Manger et Boire au Moyen Age*. Publications de la Faculté des Lettres et Sciences Humaines de Nice, Niza: 103-117.

MARTÍNEZ GONZÁLEZ, Antonio. 1973. «Estudio onomasiológico de las designaciones de peces en el ALEA», Memoria de Licenciatura inédita, Universidad de Granada.

___. 1977. «Notas de ictionimia andaluza», *Revista de Dialectología y Tradiciones Populares*, 33/1:165-243.

___. 1992. *Terminología marinera granadina*, Universidad de Granada, Granada (col. Estudios léxicos).

___. 1997. «Ictiónimos catalanes en el habla marinera andaluza», en A. Narbona y M. Ropero (eds.), *Actas del Congreso del Habla Andaluza*, Sevilla, 1997: 607-622.

MARTÍNEZ MONTES, Vicente. *Topografía Médica de la Ciudad de Málaga*. Círculo literario, Imprenta de D. Ramón Franquelo y Biblioteca Virtual de Andalucía, 1852. Consultado en: http://www.bibliotecavirtualdeandalucia.es/catalogo/es/consulta/registro.cmd?id=1013436

MARTINS ESTEVES, Higinio. 2018. *Etimologias obscuras ou esconsas*, Academia Galega da Língua Portuguesa, Santiago de Compostela.

MEDINA CONDE, Cristóbal. 1789. *Conversaciones históricas malagueñas, o materiales de noticias seguras para formar la historia civil, natural y eclesiástica de la M. I. ciudad de Málaga, escritas y publicadas de 1789 a 1793 por D. Cecilio García de la Leña* (2 vols.), Málaga: 201-269.

MIRAVENT, José. 1850. *Memoria sobre las pescas que se cultivan en las costas meridionales de España, desde el cabo de S. Vicente hasta el estrecho de Gibraltar*. Imprenta de Don José Reyes Moreno, Huelva.

MONDÉJAR, José. 1977. «Los nombres de los peces en las Ordenanzas municipales (siglo XVI) de Málaga y Granada», en Manuel Alvar López (ed.), *Actas del V Congreso Internacional de Estudios Lingüísticos del Mediterráneo,* Departamento de Geografía lingüística del Consejo Superior de Investigaciones Científicas y La Muralla, Madrid: 195-231.

___. 1991. «Robalo y lubina (*Morone labrax*, L.). Otro capítulo de ictionimia mediterránea y atlántica (ALEA 1109; ALEICan 465; ALM 541W)», en *Dialectología andaluza. Estudios*, Don Quijote, Granada: 493-535.

___. 2002. «Japuta y palometa. Otro capítulo más de ictionimia mediterránea y atlántica (ALEA 1112, ALEICan 1265, ALM 546, ALLP 59, LMP 559)», en C. Saralegui Platero y M. Casado Velarde (coords.), *Pulchre, bene, recte: homenaje al profesor Fernando González Ollé*, EUNSA: 939-953.

___. 2007. «Baila (*Dicentrarchus punctatus* Bloch, 1792), Raño (*Trachinus araneus* Cuv.-Val.1829). Otro capítulo más de ictionimia mediterránea y atlántica (ALEA 1109, ALLP 58)», *Analecta Malacitana*, XXX, 2: 533-552.

MORGADO, Alonso. 1587. *Historia de Sevilla, en la cual se contienen sus antigüedades, grandezas y cosas memorables en ella acontecidas desde su fundación hasta nuestros tiempos* [1587, edición facsímil], Extramuros Edición, Mairena del Aljarafe.

MUÑOZ, José. 1972. *La pesca en la desembocadura del Guadalquivir*, Instituto de Estudios Gaditanos y Diputación Provincial de Cádiz, Cádiz.

OROZ, José; MARCOS, Manuel Antonio. 2004. *San Isidoro de Sevilla, Etimologías*. Biblioteca de Autores Cristianos. Madrid.

OSUNA, José; UBERA, Erasmo. 1991. *El lenguaje de la mar de Cádiz*, Sílex, Madrid.

PALANCO, María Pilar. 2000. *La nomenclatura oficial de los animales marinos de interés pesquero y la formación del léxico ictionímico español*. Tesis doctoral inédita dirigida por Francisco Moreno Fernández, Universidad de Alcalá de Henares, Facultad de Filosofía y Letras, Departamento de Filología.

PALENZUELA, Natalia; AZNAR, Eduardo. 2010. «El comercio en los puertos del Condado en 1502. El testimonio del almojarifazo». En *Huelva en su historia*, 13: 63-134.

PENSADO, José Luis (ed.). 1973. *Catálogo de Voces y Frases de la Lengua Gallega. Fray Martín Sarmiento*. Secretariado de Publicaciones e Intercambio Científico de la Universidad de Salamanca, Salamanca.

____. 1982. «Nombres de Pescados del océano desde Gibraltar hasta Ayamonte en el siglo XVIII», *Revista de Dialectología y Tradiciones Populares Españolas*, XXXVI: 199-212.

PERAZA, Luis de. 1535. *Historia de Sevilla*. Transcripción, estudio y notas de Francisco Morales Padrón, Asociación Amigos del Libro Antiguo, Sevilla, 1996.

RÍOS, María del Carmen. 1977. *Nomenclatura de la flora y la fauna marítimas de Galicia. I. Invertebrados y peces* [anotaciones etimológicas de Antonio Santamarina]. Universidad de Santiago de Compostela, Santiago de Compostela (*Verba, Anuario Gallego de Filología*. Anejo 7).

RODRÍGUEZ-RODA, Julio. 1960. «Nombres vulgares y científicos de las principales especies comerciales de peces de la región suratlántica española». *Investigación Pesquera*, 17: 109-125.

SAINT-DENIS, Eugene de. 1947. *Le vocabulaire des animaux marins en latin classique*. Librairie C. Klincksieck, Paris.

SAN NICOLÁS ROMERA, César. 2000. *El vocabulario de la pesca en el litoral de Cartagena*. Ayuntamiento de Cartagena y Real Academia Alfonso X el Sabio. Murcia.

SARMIENTO, Martín. 1762-1766. *Obra de 660 pliegos de historia natural y de todo género de erudición*. Edición Henrique Monteagudo, Consello da Cultura Galega / CSIC. 2008.

SKRAČIĆ, Vladimir. 2016. *Thalassozoonymes et termes halieutiques dans la toponymie de l'Adriatique croate*. Sveučilište u Zadru, Zadar.

SOTO DE ROJAS, Pedro. 1623. *Desengaño de amor en rimas*. Égloga tercera: 119-120. Edición facsímil en PDF. Consultado en: http://books.google.es

TIRIRA, Diego. 2004. *Nombres de los mamíferos del ecuador*. Ediciones Murciélago Blanco y Museo Ecuatoriano de Ciencias Naturales. Publicación especial sobre los mamíferos del Ecuador 5. Quito.

TORO Y GISBERT, Miguel de. 1923. «Chucherías lexicográficas». *Boletín de la Real Academia Española*, X: 189-213.

TORRES, Mari Paz. 1990. «La ictionimia en el *Vocabulista* de Alcalá», en Expiración García Sánchez (ed.), *Ciencias de la naturaleza en al-Andalus. Textos y estudios*. Universidad de Granada. Granada: 43-56.

____. 1995. «Ictionimia en glosarios andalusíes», en Juan Vernet (ed.), *Al-Andalus y el Mediterráneo*, Lunwerg Editores, Barcelona, 1995, pp. 227-241.

VENY, Joan. 1992. «Del occità *gronau* al català *garneu Trigla lyra*.». *Publicacions de l'Abadia de Montserrat*: 61-88.

____. 1993. «Origine de l'ichtyonyme hispanique *baila, Dicentrarchus punctatus*», en Gerold Hilty (coord.), *Actas du XXe Congres International de Linguistique et Philologie Romanes*, vol. IV, Tübingen, 1993: 761-774.

____. 1994. «Contacte de llengües en la llista de peixos de Jordi de Puig (1786)», *Estudis de Llengua i Literatura Catalanes* [*Miscel·lània Germá Colon/2*], Barcelona, Publicacions de l'Abadia de Montserrat: 77-94.

___. 2000. «Topònims i gentilicis en la ictionímia catalana», Joan F. Mateu, Emili Casanova (eds.), *Estudis de Toponimia Valenciana en honor de Vicenc M. Rossello i Verger*, Denes (València): 529-540.

___. 2022. *Història lingüística dels nostres peixos*. Institut d'Estudis Catalans. Secció Filològica. Barcelona.

VERA Y CHILIER, Francisco de Asís. 1895. *La pesca en Cádiz y su provincia, desde remotos tiempos hasta nuestros días; nombres vulgares y científicos de los peces de estos mares.* Imprenta de la Viuda e Hija de Fuentenebro, Madrid.

Ictiología, taxonomía

ACOSTA, Juan José; MUÑOZ, Isabel; JUÁREZ, Ana. 2009. «First Record of *Chloroscombrus chrysurus* (Osteichthyes, Carangidae) in the Spanish waters of the Gulf of Cadiz (ICES Divission IXa South)». *Marine Biodiversity Records*, 2, e41.

ALBUQUERQUE, Rolanda María. 1954-1956. *Peixes de Portugal e Ilhas adjacentes. Chaves para a sua determinaçâo.* Portugaliae Acta Biologica (B). Universidade de Lisboa, Lisboa.

ALDROVANDI, Ulyssi. 1638. *De piscibus, libri V.* Bononia, apud Nicolaum Thebaldium.

ARBEX, Juan Carlos. 2021. «Miguel Cros, dibujante de peces». En *Peces de los mares de España: un proyecto ecológico del siglo XVIII.* Real Academia de Bellas Artes de San Fernando, Fundación ACS y Ministerio de Ciencia e Innovación. Madrid: 49-65.

ARIAS, Alberto Manuel. 1976. «Contribución al conocimiento de la fauna bentónica de la Bahía de Cádiz». *Investigación Pesquera* (ahora *Scientia Marina*), 40(2): 355-386.

___. 1978. «Estado actual y perspectivas de la producción piscícola en las salinas de Cádiz», en *Cultivos marinos en la provincia de Cádiz*, Banco Urquijo, Sevilla: 55-110.

___. 2005. *El Monumento Natural Corrales de Rota*, Fundación Alcalde Zoilo Ruiz Mateos de Rota. Colección Rabeta Ruta, 10.

___. 2010. «Macrofauna ictiológica del estuario del Guadalquivir», en *Propuesta metodológica para diagnosticar y pronosticar las consecuencias de las actuaciones humanas en el estuario del Guadalquivir.* Informe final. Contrato de la Autoridad Portuaria de Sevilla con el Consejo Superior de Investigaciones Científicas. 36 pp.

ARIAS, Alberto Manuel; DRAKE, Pilar. 1990. *Estados juveniles de la ictiofauna en los caños de las salinas de la bahía de Cádiz*, Instituto de Ciencias Marinas de Andalucía (Consejo Superior de Investigaciones Científicas) y Junta de Andalucía. Cádiz.

ARTEDI, Pehr. 1738. *Ichthyologia. Sive Opera Omnia Piscibus*, Conradum Wishoff, Leyden.

ASCANIUS, Peter. 1767-1805. *Icones rerum naturalium, ou figures enluminées d'histoire naturelle du Nord.* Pt. 1 (1767), pp. 1-8, pls. 1-10; Pt. 2 (1772), pp. 3-8, pls. 11-20; Pt. 3 (1775), pp. 2-6, pls. 21-30; Pt. 4 (1777), pp. 1-6, pls. 31-40; Pt. 5 (1805), pp. 1-8, pls. 41-50. Copenhagen (Cl. Philibert). Consultado en: https://www.biodiversitylibrary.org/bibliography/156942

ASSO, Ignacio de. 1801. «Introducción á la Ichthyologia oriental de España», *Anales de la Sociedad Española de Historia Natural*, 4(10): 28-52.

BÁEZ, José; RODRÍGUEZ-CABELLO, Cristina; BAÑÓN, Rafael; BRITO, Alberto; FALCÓN, Jesús; MAÑO, Toño; BARO, Jorge; MACÍAS, David; MELÉNDEZ, María; CAMIÑAS, Juan; ARIAS, Alberto M.; GIL, Juan; FARIAS, Carlos; ARTECHE, Iñaki; SÁNCHEZ, Francisco. 2019. «Updating the national checklist of marine fishes in Spanish waters: An approach to priority hotspots and lessons for conservation». *Mediterranean Marine Science.* 20(2): 260-270. https://doi.org/10.12681/mms.18626

BAÑÓN, Rafael. 2002. «Actualización del listado faunístico de peces del mar de Galicia». *Nova Acta Científica Compostelana* (Bioloxía), 12: 119-123.

BAÑÓN, Rafael; MAÑO, Toño. 2021. «Historia del conocimiento ictiológico del mar de Galicia». *Boletín de la Real Sociedad Española de Historia Natural*, 115: 5-24.

BARBOSA DU BOCAGE, Jose Vicente; DE BRITO CAPELLO, Francisco Antonio. 1864. «Sur quelques espèces inédites de Squalidae de la tribu Acanthiana, Gray, qui fréquentent les côtes du Portugal». *Proceedings of the Zoological Society of London*, 2: 260-263. Consultado en: https://www.biodiversitylibrary.org/page/28500563#page/322/mode/1up

BAUCHOT, Marie Louise. 1992. «Carangidae». En *Christian Lévêque, Didier Paugy and Guy G. Teugels (eds.) Faune des poissons d'eaux douce et saumâtres de l'Afrique de l'Ouest*, Tome 2: 464-483. Coll. Faune et Flore tropicales 40. Musée Royal de l'Afrique Centrale, Tervuren, Belgique, Museum National d'Histoire Naturalle and Institut de Recherche pour le Développement, Paris, France.

BELON, Pierre. 1553. *De aquatilibvs, libro duo*. Apud Carolum Stephanum, Typographum Regium. Paris.

BIGELOW, Henry Briant; SCHROEDER, William Charles. 1957. *A study of the sharks of the suborder Squaloidea*. Bulletin of the Museum of Comparative Zoology at Harvard College, vol. 117, no. 1. Cambridge, Mass.: The Museum.

BLOCH, Marc Élieser. 1785. *Ichthyologie ou histoire naturelle, générale et particulière des poissons*. Tomos I a XII. Á Berlin, chez l'auteur. Publicados entre 1785 y 1797: 1785 (partes I y II), 1786 (partes III y IV), 1787 (partes V y VI), 1797 (partes VII, VIII, IX, X, XI y XII). Consultado en: https://www.biodiversitylibrary.org/bibliography/95488

BLOCH, Marc Élieser; SCHNEIDER, Johann Gottlob. 1801. *M. E. BLOCHII, Systema Ichthyologiae iconibus CX illustratum*. Post obitum auctoris opus inchoatum absolvit, correxit, interpolavit Jo. Gottlob Schneider, Saxo. Berolini. Sumtibus Austoris Impressum et Bibliopolio Sanderiano Commissum. Pp. i-lx + 1-584, Pls. 1-110. Consultado en: https://www.biodiversitylibrary.org/bibliography/5750

BOESEMAN, Marinus. 1995. «Martinus Houttuyn (1720-1798) and his Japanese fishes». Uo (Japanese Society of Ichthyologists) No. 43: 1-9. Consultado en: https://repository.naturalis.nl/document/43934

BONAPARTE, Charles Lucien. 1832-1841. *Iconografia della fauna italica: per le quattro classi degli animali vertebrati*. Roma: Tip. Salviucci. Tomo III, pesci. 570 pp. Consultado en: www.biodiversitylibrary.org/item/180238

BONNATERRE, Pierre Joseph. 1788. *Tableau encyclopédique et méthodique des trois règnes de la nature. Ichthyologie*. Paris. Consultado en: www.biodiversitylibrary.org/item/44034

BOWDICH, Thomas; LEE, Edward; BOWDICH, Sarah. 1825. *Excursions in Madeira and Porto Santo, during the autumn of 1823, while on his third voyage to Africa*. London, G. B. Whittaker. 278 pp.

BROUSSONET, Pierre Marie Auguste. 1780. «Suite du Mémoire sur les différentes espèces de chiens de mer». En *Observations sur la Physique, sur l'Histoire Naturelle et sur les Arts*, Paris, v. 26: 120-131. Consultado en: https://books.google.es/books?id=CIzOAAAAMAAJ&printsec=frontcover&hl=es&source=gbs_ge_summary_r&cad=0#v=onepage&q&f=false

BRÜNNICH, Morten Thrane. 1768. *Ichthyologia Massiliensis, Sistens piscium descriptiones eorumque apud incolas nomina*. Accedunt Spolia Maris Adriatici. Hafniae et Lipsiae. Consultado en: https://www.biodiversitylibrary.org/item/26741#page/5/mode/1up

CANTOR, Theodore. 1849. *Catalogue of the Malayan fishes. The Journal of the Asiatic Society of Bengal*. Vol. XVIII, part II. J Thomas Baptist Mission Press. Calcutta.

CASTRO, José Ignacio. 2011. *The sharks of North America*. Oxford University Press.

CATESBY, Mark. 1743. *The natural history of Carolina, Florida and Bahama Islands*. London. Vol. 2, California Academy of Sciences. Consultado en: https://www.biodiversitylibrary.org

CETTI, Francesco. 1777. *Anfibi e pesci di Sardegna*. Vol. 3 of Storia naturale di Sardegna. G. Piatoli. Sassari. 1774-1777. Consultado en: https://www.biodiversitylibrary.org/item/26742#page/5/mode/1up

CHABANAUD, Paul. 1943. «Nouveaux genres de la famille des Soleidae». Notules ichthyologiques (sixième série). *Bulletin du Musèum National d'Histoire Naturelle*, vol. 15, Ser. 2: 289-293. Paris. Consultado en: https://www.biodiversitylibrary.org/item/220796#page/313/mode/1up

CHAPE, Juan Bautista. 1843. *Nociones elementales de Historia Natural, que comprehenden la mineralogía, botánica y zoología*. Imprenta, librería y litografía de la Revista Médica Cádiz: 113-137.

CLOQUET, Henri. 1819. *Pisces account. Diccionaire des Sciences Naturelles*, 14. Strasbourg, Paris, F. G. Levrault, Le Normant. Consultado en: https://www.biodiversitylibrary.org/page/23027866#page/413/mode/1up

COCCO, Anastasio. 1834. «Ittiologia. Su di un nuovo pesce del mare di Messina. Lettera di Anastasio Cocco al sig. Carmelo la Farina, Secretario generale della Reale Accademia Peloritana». *Nuovo Giornale de Letterati*. Tomo XXVIII. Litteratura Scienze Morali, e Arti Liberali, 1834: 32-36.

Comisión Internacional de Nomenclatura Zoológica (CINZ). 1999. «Código Internacional de Nomenclatura Zoológica». The International Trust for Zoological Nomenclature (ITZN) 1999. c/o The Natural History Museum - Cromwell Road - London SW7 5BD - UK. Versión PDF hecha disponible con la aprobación del ITZN (2009).

CORNIDE, José. 1788. *Ensayo de una historia de los peces y otras producciones marinas de las costas de Galicia, arreglado al sistema del caballero Carlos Linneo. Con un Tratado de las diversas Pescas, y de las Redes y Aparejos con que se practican*. Publicaciones da Área de Ciencias Mariñas do Seminario de Estudos Galegos, La Coruña, 1983.

COSTA, Oronzio Gabriele. 1844. *Fauna del Regno di Napoli ossi enumerazione di tutti di animali che abitano le diverse regioni di questo regno e le aque che le bagnano. Pesci*. Parte prima. Napoli. 1850. Consultado en: https://www.biodiversitylibrary.org/page/54006636

CUVIER, George Léopold. 1798. *Tableau élementaire de l'Histoire Naturelle des Animaux*. Paris, Baudouin. XVI. Consultado en: http://www.biodiversitylibrary.org/item/42906

___. 1829. *Le Règne Animal, distribué d'après son organisation, pour servir de base à l'histoire naturelle des animaux et d'introduction à l'anatomie comparée*. Edition 2. v. 2. Consultado en: https://www.biodiversitylibrary.org/page/31771348#page/9/mode/1up

CUVIER, George Léopold; VALENCIENNES, Achilles. 1828-1849. *Histoire naturelle des poissons*. Chez P. Bertrand, Paris. (22 volúmenes).

DE ANAZARBA, Oppiano. 1928. *Halieutica*. Edición de William Mair, the Loeb classical library. London, William Heinemann. Consultado en: https://www.biodiversitylibrary.org/item/74092#page/62/mode/1up

DE BRITO CAPELLO, Felix Antonio. 1868. «Catalogo dos peixes de Portugal que existem no Museu de Lisboa». *Jornal do Sciências Mathemáticas, Physicas e Naturaes*. Lisboa, v. 2 (no. 5): 51-63.

DE BUEN, Fernando. 1919. «Las costas sur de España y su fauna ictiológica marina». *Boletin de Pescas*, 4(37-38): 249-257.

___. 1930. «Nota sobre la fauna ictiológica de nuestras aguas dulces». *Publicaciones del Instituto Español de oceanografía*. Ministerio de Fomento. Notas y Resúmenes. Serie II, n.º 46. Madrid.

DE LA PYLAIE, Auguste Jean Marie. 1835. «Recherches, en France, sur les poissons de l'Océan, pendant les années 1832 et 1833». Congrès Scientifique de France. Pontiers, v. 2 (Sept. 1834) (art. 5): 524-534.

DELAROCHE, François-Etienne. 1809. «Suite du mémoire sur les espèces de poissons observées à Iviça. Observations sur quelques-uns des poissons indiqués dans le précédent tableau et descriptions des espèces nouvelles ou peu connues». *Annales du Muséum d'Histoire Naturelle*, Paris, v. 13: 313-361, Pls. 20-25. Consultado en: https://www.biodiversitylibrary.org/item/74092#page/62/mode/1up

DE TORNOS, Lucas. 1839. *Compendio de Historia Natural dividido en los tres ramos de Mineralogía, Botánica y Zoología*. Imprenta de Don Salvador Albert. Madrid.

DOADRIO, Ignacio; ÁLVAREZ, José Javier. 1982. «Nuevos datos sobre la distribución de *Cottus gobius* L. (Pisces, Cottidae) en España». *Doñana, Acta Vertebrata*, 9: 369-372.

DOADRIO, Ignacio; PERDICES, Anabel. 1997. «Taxonomic study of Iberian Cobitis (Osteichthyes, Cobitidae), with description of a new species». *Zoological Journal of the Linnean Society*, 119: 51-67.

____ (ed.). 2001. *Atlas y libro rojo de los peces continentales de España*. Consejo Superior de Investigaciones Científicas. Ministerio de Medio Ambiente. Madrid. Consultado en: https://www.miteco. gob.es/es/biodiversidad/temas/inventarios-nacionales/inventario-especies-terrestres/inventario-nacional-de-biodiversidad/ieet_peces_atlas.aspx

DRAKE, Pilar; ARIAS, Alberto Manuel; GÁLLEGO, Luis. 1984*a*. «Biología de los Mugílidos (Osteichthyes, Mugilidae) en los esteros de las salinas de San Fernando (Cádiz). III. Hábitos alimentarios y su relación con la morfometría del aparato digestivo». *Investigación Pesquera*, *48*(2): 337-367.

DRAKE, Pilar; ARIAS, Alberto Manuel; RODRÍGUEZ, Ramón. 1984*b*. «Cultivo extensivo de peces marinos en los esteros de las salinas de San Fernando (Cádiz). II. Características de la producción de peces». *Informes Técnicos del Instituto de Investigaciones Pesqueras*, n.º 116.

DUHAMEL DU MONCEAU, Henri Louis. 1769-1781. *Traité général des pêches, et histoire des poissons, ou les animaux qui vivent dans l'eau*. Tomos 1 a 3. Saillant et Nyon. Paris.

DUMÉRIL, Auguste. 1856. *Ichthyologie analytique*. Typographi de Firmin Didot et Frères, Paris.

DURÁN, Miquel. 2010. *Noms y descripcions dels peixos de la Mar Catalana. Osteictis* (2.ª part), Editorial Moll, Palma de Mallorca.

EUPHRASEN, Bengt Anders. 1788. Beskrfning pa 3: ne fiskar. Konglinga Vetenskaps-Academiens Handlingar. Stockholm, v. 9: 51-55. Consultado en: https://www.biodiversitylibrary.org/item/ 180072#page/56/mode/1up

FERNÁNDEZ-DELGADO, Carlos; DRAKE, Pilar; ARIAS, Alberto Manuel; GARCÍA-GONZÁLEZ, Diego. 2000. *Peces de Doñana y su entorno*. Organismo Autónomo de Parques Nacionales (Ministerio de Medio Ambiente). Madrid.

FERNÁNDEZ LÓPEZ, José Carlos. 2004. *Selección natural sobre caracteres morfológicos en dos poblaciones de espinoso (Gasterosteus aculeatus L.) de la cuenca del Miño*. Tesis doctoral dirigida por Dra. Rafaela M. Amaro González y Dr. Eduardo San Miguel Salán. Universidad de Lugo (Galicia). Consultado en: https://www.researchgate.net/publication/297738499

FERNÁNDEZ PÉREZ, Joaquín. 1990. «Tres apóstoles de Linné en Cádiz: Pehr Osbeck, Pehr Löfling y Clas Alströmer». En *Pehr Löfling y la Expedición al Orinoco (1754-1761)*: 51-102. Joaquín Fernández Pérez (ed.), Real Jardín Botánico (CSIC, Colección Encuentros).

FORSTER, John Reinhold. 1788. *Enchiridion historiae naturalis*. Halae, apud Hemmerde et Schwetschke.

FRICKE, Ronald. 2008. *Authorship, availability and validity of fish names described by Peter (Pehr) Simon Forskål and Johann Christian Fabricius in the 'Descriptiones animalium' by Carsten Niebuhr in 1775* (Pisces). Stuttgarter Beiträgezur Naturkunde A, Neue Serie 1: 1-76; Stuttgart, 30.IV.2008.

FRICKE, Ronald; ESCHMEYER, William; VAN DER LAAN, Richard (eds.). 2023. *Eschmeyer's Catalog of Fishes: genera, species, references*. Consultado en: http://researcharchive.calacademy. org/research/ichthyology/catalog/fishcatmain.asp

FROESE, Rainer; PAULY, David (eds.). 2023. *FishBase. A global information system on fishes*. Consultado en: www.fishbase.org

FUERTES, Javier; PÉREZ DE RADA, Gloria; SAN PÍO, María Pilar de. 1998. «Catálogo de los dibujos y estudio de las especies representadas en el fondo Löfling del Archivo del Real Jardín Botánico». En *La Comisión Naturalista de Löfling en la Expedición de Límites al Orinoco*. María Pilar de San Pío Aladrén (coord.). Caja Madrid y Lunwerg Editores, Madrid.

GARCÍA DE LOS RÍOS, Carlos. 2017. *Guía del consumidor de pescado en Ceuta*. Instituto de Estudios Ceutíes. Ceuta.

GARCÍA VARGAS, Enrique; ROSELLÓ, Eufrasia; BERNAL, Darío; MORALES, Arturo. 2019. «Salazones y salsas de pescado en la Antigüedad. Un primer acercamiento a las evidencias de paleocontenidos y depósitos primarios en el ámbito euro-mediterráneo». En *Las Cetariae de Ivlia Traducta. Resultados de las excavaciones arqueológicas en la calle San Nicolás de Algeciras*

(2001-2006). Darío Bernal Casasola y Rafael Jiménez-Camino Álvarez (eds.). Monografías Historia y Arte. Editorial UCA y Ayuntamiento de Algeciras, 48: 287-312.

GARRIDO-RAMOS, Manuel Ángel; SORIGUER, Milagrosa; DE LA HERRÁN, Roberto; JAMILENA, Manuel; RUIZ-REJÓN, Carmelo; HERNANDO, José Antonio; RUIZ-REJÓN, Manuel. 1997. «Morphometric and genetic analysis as proof of the existence of two sturgeon species in the Guadalquivir river». *Marine Biology*, 129: 33-39.

GARRIDO-RAMOS, Manuel Ángel; ROBLES, Francisca; DE LA HERRÁN, Roberto; MARTÍNEZ-ESPIN, Esther; LORENTE, José Antonio; RUIZ-REJÓN, Carmelo; RUIZ-REJÓN, Manuel. 2009. «Analysis of mitochondrial and nuclear DNA markers in old museum sturgeons yield insights about the species existing in Western Europe: *A. sturio*, *A. naccarii* and *A. oxyrinchus*». *Fish and Fisheries Series*, 29: 25-49.

GEOFFROY SAINT-HILAIRE, Etienne. 1817. *Description de l'Egypte ou recueil des observations et des recherches qui ont été faites en Égypte pendant l'expedition de l'Armée français, publié par les ordres de sa Majesté-L'Empereur Napoléon le Grand*. Histoire Naturelle. Imprimerie Impériale. Paris.

GESNER, Conrad. 1560. *Nomenclator aqvatilium animantivm*. Tigvri excudebat Christoph. Froschovervs.

GMELIN, Johann Friedrich. 1788-1789. *Caroli a Linné, Systema Naturae per regna tria naturae, secundum classes, ordines, genera, species; cum characteribus, differentiis, synonymis, locis*. Editio decimo tertia, aucta, reformata. Tomo I, Cetáceos; Parte III, peces; Parte VI, moluscos. Lipsiae, 1788-93. Consultado en: www.biodiversitylibrary.org

___. 1791. *Caroli a Linné Systema Naturae per Regna Tria Naturae*. Ed. 13. Tome 1(6). G. E. Beer, Lipsiae. Consultado en: http://www.biodiversitylibrary.org/item/83098#5

GOÜAN, Antoine. 1770. *Histoire des poissons, contenant la defcription Anatomique de leurs parties externs & internes, & le caractere des divers Genres ranges per Claffes par Orders*. Chez Amand Köning Libraire. Strasbourg. Consultado en: https://gallica.bnf.fr/ark:/12148/bpt6k1043255v. image

GRAELLS, Mariano de la Paz. 1857. «Ictiología Ibérica. Memoria de los Peces del Mar de Andalucía: autógrafo inédito del Magistral Cabrera, que da a luz anotado el Vocal naturalista de la Comisión Central de Pesca, Mariano de la Paz Graells». *Revista de los Progresos de las Ciencias Exactas, Fisicas y Naturales*, t. XXII, 3: pp. 141-189.

GUICHENOT, Antoine-Alphonse. 1850. «Exploration scientifique de l'Algérie pendant les années 1840, 1841, 1842». Sc. Phys., Zool., 5. Paris: Imprimerie royale. Tome 5, Histoire Naturelle des Reptiles et Poissons, 144 pp. Consultado en: https://www.biodiversitylibrary.org/item/174147#page/57/mode/1up

GUNNERUS, Johan Ernst. 1765. «Brugden (*Squalus maximus*), Beskrvenen ved J. E. Gunnerus». *Det Trondhiemske Selskabs Skerifter*. 3: 33-49. Pl. 2.

GÜNTHER, Albert. 1860. *Catalogue of Acanthopterygian fishes in the Collection of the British Museum. Volume second. Squamipinnes, Triglidae, Trachinidae, Sciaenidae, Polynemidae, Sphyraenidae, Trichiuridae, Scombridae, Carangidae, Xiphidae*. London. Printed by order to the Trustees. Consultado en: https://www.biodiversitylibrary.org

___. 1866. *Catalogue of fishes in the British Museum. Catalogue of the Physostomi, containing the families Salmonidae, Percopsidae, Galaxidae, Mormyridae, Gymnarchidae, Esocidae, Umbridae, Scombresocidae, Cyprinidontidae*. Lond. Printed by order to the Trustees. Consultado en: https://www.biodiversitylibrary.org/item/36875#page/5/mode/1up

HALSTEAD, Bruce W. 1957. «Poisonous fish-lake vertebrates». En *Conference of Shellfish Toxicology. U. S. Department of Health, Education and Walfare*. Public Health Service: 37-77.

HENRIQUES, Miguel; LOURENÇO, Rita; ALMADA, Frederico; CALADO, Gonçalo; GONÇALVES, David; GUILLEMAUD, Thomas; CANCELA, Leonor; ALMADA, Vítor. 2002. «A revision of the status of *Lepadogaster lepadogaster* (Teleostei: Gobiesocidae): sympatric subspecies or a long misunderstood blend of species?». *Biological Journal of the Linnean Society*, 76: 327-338.

HERNANDO, José Antonio; VASILEVA, E. D.; ARLATI, G.; VASILEV, V. P.; SANTIAGO, J. A.; BELYSCEVA, L.; DOMEZAIN, Alberto; SORIGUER, Milagrosa. 1999. «New proof for the historical presence of two European sturgeons in the Iberian peninsula: *Huso huso* (Linnaeus 1758) and *Acipenser naccarii* (Bonaparte, 1836)». *Journal of Applied Ichthyology*, 15: 280-281.

HICHEM, Kara. 2009. *Fishes in lagoons and estuaries*. ISTE Ltd., London and Hoboken (N. J.), USA.

HILL, John. 1752. *An history of animals*. Printed for Thomas Osborne. London.

JENYNS, Leonard. 1835. *A systematic catalogue of British vertebrate animals*. Deighton, Stevenson, Longman & Co., Cambridge. Consultado en: www.biodiversitylibrary.org/item/83109

JOHNSON, James Yates. 1862. «Descriptions of some new genera and species of fishes obtained at Madeira». *Proceedings of the Zoological Society of London*, London: Academic Press, Zoological Society of London. Consultado en: https://www.biodiversitylibrary.org/part/67356

JORDAN, David Starr; FESLER, Bert. 1893. «A review of the Sparoid fishes of America and Europe». *United States Commission of Fish and Fisheries. Report of the Commissioners for 1889 to 1891*. Part XVII. Washington: Government Printing Office: 421-544. Consultado en: https://library.oarcloud.noaa.gov/docs.lib/htdocs/rescue/cof/COF_1889-1891

JORDAN, David Starr; EVERMANN, Barton Warren. 1896-98. *The fishes of North and Middle America: A descriptive catalogue of the species of fish-like vertebrates found in the waters of North America, north of the Isthmus of Panama*, pt. 1, 2 and 3. Bulletin of the United States National Museum. Consultado en: https://www.biodiversitylibrary.org/bibliography/46755

KAUP, Johann Jakob. 1858. «Uebersicht der Soleinae, der vierten Subfamilie der Pleuronectidae». *Archiv für Naturgeschichte*, v. 24 (pt. 1): 94-104.

LACÉPÈDE, Bernard de. 1798-1803. *Histoire naturelle des poissons*. Chezz Plassan. Imprimeur-Libraire. Paris. Consultado en: https://www.biodiversitylibrary.org/bibliography/11645

LEACH, William Eldford; NODDER, Richard Polydore. 1814. *The zoological miscellany: being description of new, or interesting animals*. Printed by B. McMillan for E. Nodder & Son and sold by all booksellers, 1814-1817. Vol. I. London. Consultado en: https://www.biodiversitylibrary.org/item/91180#page/6/mode/1up

LECLERC, Georges Louis. 1855. *Zoología, Peces*. En *Los tres reinos de la Naturaleza. Museo pintoresco de Historia Natural*, t. V, Imprenta de Gaspar y Roig Editores, Madrid. Consultado en: http://www.pasapues.es/buffon/tresreinosdelanaturaleza/tomo5/index.php

LINNAEUS, Carl. 1758. *Systema Naturae, per Regna Tria Naturae, secundum classes, ordines, genera, species, cum characteribus, differentiis, synonymis, locis*. Tomus I. Editio Decima, Reformata. Holmiae, Impensis Direct. Laurentii Salvii. Consultado en: https://www.biodiversitylibrary.org/item/10277#page/3/mode/1up

____. 1760. *Fauna Svecica, sistens Animalia Sveciae Regni: Mammalia, Aves, Amphibia, Pisces, Insecta, Vermes: Distributa per classes & ordines, genera & species, com differentiis specierum, synonymis auctorum, nominibus incolarim, locis naturalium, descriptionibus insectorum*. Altera editio Auctior. Laurentiae Salvius, Stockholmiae (1761). Consultado en: https://www.biodiversitylibrary.org/item/100333#page/11/mode/1up

____. 1766. *Systema Naturae, per Regna Tria Naturae, secundum classes, ordines, genera, species, cum characteribus, differentiis, synonymis, locis*. Tomus I. Editio Duodecima, Reformata. Holmiae, Impensis Direct. Laurentii Salvii. Consultado en: https://www.biodiversitylibrary.org/item/10277#page/3/mode/1up

LLORIS, Domingo. 2015. *Ictiofauna marina. Manual de identificación de los peces marinos de la Península Ibérica y Baleares*. Ediciones Omega, Barcelona.

LOBÓN-CERVIÁ, Javier; ELVIRA, Benigno; VIDAL, Carlos; DOADRIO, Ignacio. 1984. «Sobre la distribución y sistemática del 'Cavilat' (*Cottus gobio* L.) en España». *Boletín de la Estación Central de Ecología*, 13(26), 81-84.

LÖFLING, Pehr. 1753. *Pisces Gaditana. Observata Gadibus et ad Portus Sa Maria. 1753. Mens. Nov. et Decemb.* Manuscrito en la Biblioteca del Real Jardín Botánico de Madrid (1.ª División, carpeta 8, n.º 122, hojas 93-122).

LOPES, Marta; MURTA, Alberto G.; CABRAL, Henrique N. 2006. Discrimination of snipefish *Macroramphosus* species and boarfish *Capros aper* morphotypes through multivariate analysis of body shape. Helgol Mar. Res. Consultado en: https://www.researchgate.net/publication/226488705

LOZANO CABO, Fernando. 1961. «Biometría, biología y pesca de la Lampuga (*Coryphaena hippurus* L.) de las Islas Baleares». *Memorias de la Real Academia de Ciencias Exactas, Físicas y Naturales de Madrid.* Serie de Ciencias Naturales, Tomo XXI: 93 pp.

LOZANO REY, Luis. 1928. *Fauna Ibérica. Peces.* T.I, Museo Nacional de Ciencias Naturales, Madrid.

___. 1952. *Peces Fisoclistos, subserie torácicos.* Memorias de la Real Academia de Ciencias Exactas, Físicas y Naturales, Madrid. Serie Ciencias Naturales, t.XIV, partes I y II.

___. 1960. *Peces Fisoclistos, subserie torácicos.* Memorias de la Real Academia de Ciencias Exactas, Físicas y Naturales, Madrid. Serie Ciencias Naturales, t.XIV, parte III.

LOWE, R.T. 1838. «A synopsis of the fishes of Madeira; with the principal synonyms, Portuguese names, and characters of the new genera and species». *Transactions of the Zoological Society of London,* v.2 (pt 3, art.14): 173-200. Consultado en: https://www.biodiversitylibrary.org

MACHADO NÚÑEZ, Antonio. 1857. «Catálogo de los Peces que habitan o frecuentan las Costas de Cádiz y Huelva, con inclusión de los del Río Guadalquivir». *Libreria Española y Extranjera,* Sevilla.

MARCGRAVE, George; PISO, Willem. 1648. *Historia Naturalis Brasiliae. In qua non tantum plantae et animalia, sed et indigenarum morbi, ingenia et mores describuntur et iconibus supra quingentas illustrantur.* Lugdun. Batavorum, apud Franciscus Hackium et Amstelodami apud Lud. Elzevirium. [Organizado por Joannes de Laet]. Consultado en: https://www.biodiversitylibrary.org/bibliography/565

M'CLELLAND, John. 1844. «Description of a collection of Fishes made at Chusan and Ningpo in China, by Dr.G.R.Playfair, Surgeon of the Phlegethon, War Steamer, during the late Military operations in that country». *Calcutta Journal of Natural History, and miscellany of the Arts and Sciences in India,* 4. Consultado en: https://www.biodiversitylibrary.org/item/176237#page/437/mode/1up

MENNI, Roberto Carlos; RINGUELET, Raúl Adolfo; ARÁMBURU, Raúl Horacio. 1984. *Peces marinos de la Argentina y Uruguay.* Editorial Hemisferio Sur S.A. Buenos Aires. 359 pp.

MITCHILL, Samuel. 1814. «On the fishes of New-York». Report. Printed by D.Carlisle, n.º 301 Broadway. Consultado en: https://books.googleusercontent.com

___. 1815. «The fishes of New-York, described and arranged». *Transaction of the Literary and Philosophical Society of New-York.* Published for the Society, by Van Winkley and Wiley. Vol.V: 355-491. Consultado en: https://www.biodiversitylibrary.org/page/41884463

MOLINA, Ignazzio Giovanni. 1782. *Saggio sulla historia naturale del Chili.* Nella stamperi di S.Tommaso d'Aquino. Bologna. Consultado en: https://www.biodiversitylibrary.org/bibliography/71036

MOREAU, Émile. 1881. *Histoire naturelle des poissons de la France.* G.Masson, Paris. Consultado en: https://books.google.es/books?id=olU9AAAAYAAJ&printsec=frontcover&hl=es&source=gbs_ge_summary_r&cad=0#v=onepage&q&f=false

MORÓN, Isabel. 2021. «Obras "Orijinales" de Antonio Sáñez Reguart en la Biblioteca del MNCN-CSIC». En *Peces de los mares de España: un proyecto ecológico del siglo XVIII.* Real Academia de Bellas Artes de San Fernando, Fundación ACS y Ministerio de Ciencia e Innovación. Madrid: 39-47.

MORROW, James. 1961. «Taxonomy of the deep sea fishes of the genus *Chauliodus*». *Bulletin of the Museum of Comparative Zoology of Harvard College,* vol.125. Cambridge, Mass. Consultado en: https://www.biodiversitylibrary.org/page/2807933#page/309/mode/1up

NAVARRETE, Adolfo. 1898. *Manual de Ictiología Marina concretado a las especies alimenticias conocidas en las costas de España e Islas Baleares, con descripción de los artes más empleados para su pesca comercial y extracto de su legislación*. Imprenta de la viuda e hija de Gómez Fuentenebro. Madrid, 1898.

NIEBUHR, Carsten. 1775. *Descriptiones animalium avium, amphibiorum, piscium, insectorum, vermium; quae in itinere orientali observavit Petrus Forskål*. Post mortem auctoris edidit Carsten Niebuhr. Hauniæ: ex officina Mölleri, 1775. Consultado en:https://www.biodiversitylibrary.org/item/18564#page/9/mode/1up

OLIVEIRA, Rui; ALMADA, Vitor A. Carvalho; GIL, Maria Fatima. 1993. «The reproductive behavior of the longspine snipefish *Macroramphosus scolopax* (Syngnathiformes, Macroramphosidae)». *Environmental Biology of Fishes*, 36: 337-343.

ORELLANA, Marcos Antonio. 1802. *Catalogo de els peixos que es crien è peixquen en lo mar de Valencia*. En Valencia, por la viuda de Martín Peris, calle del Pozo, junto al huerto de Ensendra. Año 1802: 1-9. Consultado en: https://dadun.unav.edu/bitstream/10171/28980/1/FA.Foll.005.721.pdf

OSBECK, Pehr. 1765. *Reise nach Ostindien und China*. Consultado en: https://www.biodiversitylibrary.org/bibliography/120128

____. 1770. «Fragmenta ichthyologiae hispanicae». *Nova Acta Physico-Medica Academiae Caesareae Leopoldina-Carolinae Naturae Curiosorum*, v. 4: 99-104. Consultado en: https://www.biodiversitylibrary.org/bibliography/65147

PALLAS, Peter Simon. 1770. Spicilegia Zoologica quibus novae imprimis et obscurae animalium species iconibus, descriptionibus atque commentariis illustrantur. Berolini, Gottl. August. Lange, v. 1 (fasc. 8): 1-56, Pls. 1-5. Consultado en: https://www.biodiversitylibrary.org/bibliography/39832

____. 1814. *Zoographia Rosso-Asiatica*. Academia Scientiarum, Petropolis, v. 3. Consultado en: www.biodiversitylibrary.org

PARENTI, Paolo. 2019. «An annotated checklist of the fishes of the family Sparidae». *FishTaxa*, *4*(2): 47-98. Consultado en: http://www.fishtaxa.com

PARENTI, Paolo; RANDALL, John. 2000. «An annotated checklist of the species of the Labroid fish families Labridae and Scaridae». *Ichthyological Bulletin of the J. L. B. Smith Institute of Ichthyology*, 68: 1-97.

PARNELL, Richard. 1831-1837. «Prize essay on the natural and economical history of the fishes, marines, fluviatile, and lacustrine, of the river district of the Firth of Forth». Memoirs of the Wernerian Natural History Society. Edinburgh v. 7: 161-460. Consultado en: www.biodiversity library.org

PELAYO, Francisco. 1990. «Las actividades científicas de Löfling y sus estudios de zoología en España y América». En Joaquín Fernández Pérez (ed.), *Pehr Löfling y la Expedición al Orinoco (1754-1761)*: 103-124. Real Jardín Botánico (CSIC, Colección Encuentros).

PELAYO, Francisco; FERNÁNDEZ PÉREZ, Joaquín. 1986. «Los peces de las costas gaditanas descritos por Pedro Loefling en 1753». En *Actas del Simposium CCL Aniversario Nacimiento de Joseph Celestino Mutis*. Paz Martín Ferrero (coord.): 451-455. Diputación de Cádiz.

PENNANT, Thomas. 1776. *British Zoology*. 4th Edition. London. Vol. 3: Class III. Reptiles. Class IV. Fish. Benjamin White, London, 1769. Consultado en: https://www.biodiversitylibrary.org/bibliography/62481

PEÑA, Luis; AZZURRO, Ernesto; LLORIS, Domingo. 2013. «First record of the Atlantic bumper, *Chloroscombrus chrysurus* (Teleostei: Carangidae) in the Mediterranean Sea». Journal of Fish Biology, *82*(3): 1064-7. Consultado en: https://www.researchgate.net/publication/235878708

PEÑA, Luis; GARRIDO, Ana. 2013. «Peces singulares de la Costa Tropical». *Cuadernos ambientales*, 24.

PÉREZ ARCAS, Laureano. 1865. «Ictiología Ibérica, o sea Catálogo de los peces marinos y de agua dulce que habitan o frecuentan las costas de la Península Ibérica». *Revista de la Real Academia de Ciencias Exactas, Físicas y Naturales de Madrid*, t. XIX, 4.º de la 2.ª Serie (1921), pp. 24-548.

___. 1868. «Trabajos zoológicos realizados en España, sobre todo en los siglos más florecientes de su historia». En *Discursos leídos ante la Real Academia de Ciencias Exactas, Físicas y Naturales en la recepción pública del Sr. D. Laureano Pérez Arcas*. Madrid. Imprenta y Librería de Don Eusebio Aguado. Págs. 1-51. Biblioteca de Derecho. Universidad Complutense de Madrid. Signatura: VIII-2 D-1333.

PÉREZ MARTÍNEZ, Leonardo, 1820. «Historia Natural». *Periódico de la Sociedad Médico-Quirúrgica de Cádiz*. Cádiz. Imprenta de la Casa de la Misericordia, Tomo I: 91-98.

POIRET, Jean Louis Marie. 1789. *Voyage en Barbarie. Recherches sur l'Historie Naturelle de la Numidie*. Chez J.B.F. Née de la Rochelle, Libraire, rue de Hurepoix, près du Pont S. Michel, n.º 13. Paris.

PUIG, Jorge de. 1786. «Lista de Peces de Mallorca». *Memorial literario, instructivo y curioso de la Corte de Madrid*. Mayo de 1786. En la Imprenta Real. N.º XXIX, Tomo VIII: 366-368.

RAFINESQUE, Constantine Samuel. 1810. *Caratteri di alcuni nuovi generi e nuove specie di animali e piante della Sicilia: con varie osservazioni sopra i medesimi*. Per le stampe di San Filippo. Palermo. 105 pp. Consultado en: https://www.biodiversitylibrary.org/item/185076#page/15/mode/1up

RAMÍREZ-AMARO, Sergio; ORDINES, Francesc; FRICKE, Ronald; RUIZ-JARABO, Ignacio; BOLADO, Ignacio; MASSUTÍ, Enric. 2021. «Genetic and Morphological Evidence to Split the *Coris julis* Species Complex (Teleostei: Labridae) Into Two Sibling Species: Resurrection of *Coris melanura* (Lowe, 1839) Redescription of *Coris julis* (Linnaeus, 1758)». Frontiers in Marine Sciences. 8:744639. doi: 10.3389/fmars.2021.744639

RAMIS, Juan. 1788. *Specimen animalium, vegetabilium et mineralium in Insula Minorica frequentiorum ad normam Linneani sistematis exaratum, accedunt nomina vernácula in quantum fieri potuit*. Magone Balearium. 60 pp.

RETZIUS, A.J. 1785. *Tetrodon mola*, beskrifven. Kongliga Vetenskaps Academiens Nya Handlingar, *6*(4-6): 115-121. Stockholm.

REY, Juan Ricardo. 2015. «El dibujo como forma de conocimiento en la Expedición Botánica del Nuevo Reino de Granada». *Dominios de la Imagen*. Londrina, *9*(17): 10-107.

RISSO, Antoine. 1810. *Icthyologie de Nice*, ou, *Histoire naturelle des poissons du dèpartement des Alpes Maritimes*. Chez F. Schoell, rue de Fosses-Saint-Germain-l'Auxerrois, n.º 29. Paris. Consultado en: https://www.biodiversitylibrary.org/item/30472#page/7/mode/1up

___. 1826-1827. *Histoire naturelle des principales productions de l'Europe mèridionel*. Chez F.G. Levrault Librairie. Tomos I-V. Consultado en: www.biodiversitylibrary.org/page/6592016

ROBALO, Joana Isabel; SOUSA SANTOS, C.; CABRAL, Henrique N.; CASTILHO, R.; ALMADA, Vitor Carvalho. 2009. Genetic evidence fails to discrimínate between *Macroramphosus gracilis* Lowe 1839 and *Macroramphosus scolopax* Linnaeus 1758 in Portuguese waters. Mar. Biol. Consultado en: www.researchgate.net

ROMERO, Aldemaro. 2012. «When whales became mammals: The scientific journey of cetaceans from fish to mammals in the History of Science». New Approaches to the Study of Marine Mammals. Chapter 1: 223-232. Rijeka, Croatia: In Tech. Aldemaro Romero and Edward O. Keith (eds.).

RONDELET, Guillaume. 1554. *Libri de piscibvs marinis*. Lugduni, Apud Matthiam Bonhomme.

___. 1558a. *L'Histoire entiere des poisons*. François J. Meunier, Éd. du CTHS, Paris, 2002 (CTHS Sciences; 2).

___. 1558b. *Historiae Animalivm, liber IV*, Francofvrti, Bibliopolio Andreae Cambieri.

SALVIANI, Ippolito. 1554. *Aquatilium animalium historiae, liber primus, cum eorumdem formis, aere excusis*. Roma t. V. Imprenta de Gaspar y Roig Editores, Madrid, 1855. Consultado en: https://www.biodiversitylibrary.org/item/156187#page/5/mode/1up

SCHNEIDER, Johann Gottlob. 1789. *Petri Artedi, sinonimia graece et latina*. Lipsiae, Impensis officinae librariae Weidmannianae. Consultado en: https://www.biodiversitylibrary.org/item/26754 #page/5/mode/1up

___. 1811. *Aristoteles. De animalibus historiae, libri X.* Lipsiae, in Bibliopolieo Hahniano. (Textumrecensuit). Consultado en: https://books.google.com.cu/books?id=EZlRAAAAcAAJ&printsec=frontcover&hl=es&source=gbs_ge_summary_r&cad=o#v=onepage&q&f=false

SEBA, Albertus. 1759. *Locupletissimi rerum naturalium thesauri accurata descriptio et iconibus artificiosissimis expressio per universam physices historiam.* H. K. Arksteus, Amstelaedami. Consultado en: https://www.biodiversitylibrary.org/item/127667#page/9/mode/1up

SHAW, Georges. 1804. *General Zoology, or Systematic Natural History, Pisces.* Vol. V, part. 1. London Printed for G. Kearfley Fleet Street. Consultado en: https://www.biodiversitylibrary.org/bibliography/1593

SOBRAL, Ana Filipa; AFONSO, Pedro. 2014. «Occurrence of mobulids in the Azores, central North Atlantic. *Journal of the Marine Biological Association of the United Kingdom, 94*(8): 1671-1675.

SPINOLA, M. 1807. «Lettre sur quelques poissons peu connus du Golfe de Gênes, adressée à M. Faujas de Saint-Fond». *Annales du Muséum d'Histoire Naturelle*, Paris, 10: 366-380.

STEENSTRUP, Japetus. 1880. «Orientering i de Ommatostrepliagtige Blæksprutters indbyrdes Eorhold. Oversigt over det Kongelige Danske videnskabernes selskabs forhandlinger». *Bulletin de l'Académie royale des sciences et des lettres de Danemark*. København, A. F. Høst. Consultado en: https://www.biodiversitylibrary.org/item/93229#page/818/mode/1up

STEINDACHNER, Franz. 1868*a*. «Ichthyologischer Berichtüber eine nach Spanien und Portugal unternommene Reise. IV Fortsetzung. Ubersicht der Meeresfische an den Kusten Spaniens und Portugals», *Sitzungsberichte der Akademie der Wissenschaften mathematisch-naturwissenschaftliche Klasse, 56*(6-10): 603-707. Consultado en: https://www.biodiversitylibrary.org/page)6477311#page/641/mode/1up

___. 1868*b*. «Ichthyologischer Berichtüber eine nach Spanien und Portugal unternommene Reise. (V. Fortsetzung). Ubersicht der Meeresfische an den Kusten Spaniens und Portugals», *Sitzungsberichte der Akademie der Wissenschaften mathematisch-naturwissenschaftliche Klasse, 57*(1): 351-424. Consultado en: https://www.biodiversitylibrary.org/item/30220#page/407/mode/1up

___. 1881. Beiträge zur Kenntniss der Flussfische Südamerika's, III, und Ichthyologische Beiträge, XI. Anzeiger der Kaiserlichen Akademie der Wissenschaften, Mathematisch-Naturwissenschaftliche Classe, Vol. 18. Wien Der Akademie 1864-1914. Consultado en: https://www.biodiversitylibrary.org/page/5779055*page/137/mode/1up

___. 1882. Beiträge zur Kenntniss der Fische Afrika's (II) und Beschreibung einer neuenParaphoxinusart aus den unterirdischen Gewässern in der Herzegowina. Anzeiger der Kaiserlichen Akademie der Wissenschaften, Mathematisch-Naturwissenschaftliche Classe. Vol. 19; Wien Der Akademie 1864-1914. Consultado en: https://www.biodiversitylibrary.org/page/28224973*page/73/mode/1up

VALENCIENNES, Achile. 1822. «Sur le sous-genre Marteau, Zygaena» *Mémoires dú Museum d'Histoire Naturelle*. Paris. Tomo 9: 222-228. Consultado en: https://www.biodiversitylibrary.org/item/108246#page/252/mode/1up

VÉRANY, Jean Baptiste. 1839. «Mémoire sur six nouvelles espèces de Céphalopodes trouvés dans la Méditerranée à Nice». *Memorie della Reale Accademia delle scienze di Torino*, Torino, Stamperia reale. Consultado en: https://www.biodiversitylibrary.org/item/307214#page/3/mode/1up

VILLEGAS-RÍOS, David; ALONSO-FERNÁNDEZ, Alexandre; FABEIRO, Mariña; BAÑÓN, Rafael; SABORIDO-REY, Juan Francisco. 2013. «Demographic variation between colour patterns in a temperate protogynous hermaphrodite, the Ballan Wrasse *Labrus bergylta*». PLoS ONE, *8*(8): e71591. Consultado en: https://doi.org/10.1371/journal.pone.0071591

VILLEGAS-RÍOS, David; BAÑÓN, Rafael; FABEIRO, Mariña. 2021. «A new maximum length of *Labrus bergylta* (Labriformes: Labridae) with notes on age determination for the species». *Cybium, 45*(3): 239-242. Consultado en: https://doi.org/10.26028/cybium/2021-453-008

VINYOLES, Dolors; ROBALO, Joana; DE SOSTOA, Adolfo; ALMODÓVAR, Ana; ELVIRA, Benigno; NICOLA, G. G., FERNÁNDEZ-DELGADO, Carlos; SANTOS, C. S.; DOADRIO,

Ignacio; SARDÀ-PALOMERA, Francisco; ALMADA, Víctor. 2007. «Spread of the alien bleak *Alburnus alburnus* (Linnaeus, 1758) (Actinopterygii, Cyprinidae) in the Iberian Peninsula: the role of reservoirs». *Graellsia*, 63: 101-110.

WAGNER, Maximilian; BRACUN, Sandra; KOVACIC, Marcelo; IGLÉSIAS, Samuel P.; SELLOS, Daniel Y.; ZOGARIS, Stamatis; KOBLMÜLLER, Stephan. 2017. «*Lepadogaster purpurea* (Actinopterigii: Gobiesociformes: Gobiesocidae) from the eastern Mediterranean Sea: Significantly extended distribution range». *Acta Ichthyologica et Piscatoria*, 47(4):417-421.

WALBAUM, Johanes Julius. 1792. *Petri Artedi sueci genera piscium. In quibus systema totum ichthyologiae proponitur cum classibus, ordinibus, generum characteribus, specierum differentiis, observationibus plurimis. Redactis speciebus 242 ad genera 52*. Ichthyologiae, pars III. Ant. Ferdin. Rose, Grypeswaldiae. Part 3: 1-723. Consultado en: https://archive.org/details/petriartedisuecio3arte

WANG, Junshi; WAINWRIGHT, Dylan; LINDENGREN, Royc; LAUDER, George; DONG, Haibo. 2020. «Tuna locomotion: a computational hydrodynamic analysis of finlet function».*Journal Royal Society Interface*, 17: 20190590. Consultado en: http://dx.doi.org/10.1098/rsif.2019.0590

WEBB, Barker P.; BERTHELOT, Sabin. 1844. *Histoire Naturelle des Illes Canaires*. Tomo 2. Paris. Consultado en: https://www.biodiversitylibrary.org/item/128816#page/7/mode/1up

WILBUR, Roland. 1954. *Composition of scientific words*. Published by the author. Typography by Monotype Composition Co., Baltimore, Md. Consultado en: https://archive.org/details/compositionofscioobrow

WILLOUGHBY, Francis. 1686. *Historia piscium libri quatuor*. Juſſu Sumptibus Societatis Regiae Londinensis Editis. Consultado en: www.biodiversitylibrary.org/item/238189

ZUIEW, Basilio. 1779. «Blenniorum duae species ex museo académico descriptae». *Acta Academiae Scientiarum Imperialis Petropolitanae*, 2: 195-201. Consultado en: https://www.biodiversity library.org/item/38576#page/233/mode/1up

Pesquerías

ACERO, Arturo; POLANCO, Andrea; GARZÓN-FERREIRA, Jaime. 2006. «Coexistencia de las dos especies de cachorreta (Pisces: *Auxis*) en la región de Santa Marta, Colombia». *Boletín de Investigaciones Marinas y Costeras*, 35: 103-109.

ANÓNIMO. 1801. Relación de los géneros de pescados que regularmente se cogen en esta marina de Valencia, por todo el año respectivamente, según los meses. *Anuario de la Pesca*: 422-417.

Boletín Oficial del Estado (BOE). 2021. «Listado de denominaciones comerciales de especies pesqueras y de acuicultura admitidas en España». Consultado en: www.boe.es

BORDES, Juan. 2021. «Introducción a la Exposición». En *Peces de los mares de España: un proyecto ecológico del siglo XVIII*. Real Academia de Bellas Artes de San Fernando, Fundación ACS y Ministerio de Ciencia e Innovación. Madrid.

CAMIÑAS, José Antonio; NÚÑEZ, Juan Carlos; RAMOS, Fernando; BARO, Jorge. 1989. *Las pesquerías locales de la región surmediterránea española (de Punta Europa a cabo de Gata)*. Informe del Proyecto Cooperativo IEO/CEE XIV-B-1-88/2871, Fuengirola.

CARRETE, Juan. 1989. *Difusión de la Ciencia en la España Ilustrada. Estampas de la Real Calcografía*. Consejo Superior de Investigaciones Científicas. Madrid.

COLLETTE, Bruce B.; AADLAND, Christopher, R. 1996. «Revision of the frigate tunas (Scombridae, *Auxis*), with descriptions of two new subspecies from the eastern Pacific». *Fisheries Bulletin, 94*(3): 423-441.

COLLETTE, Bruce B.; NAUEN, Cornelia E. 1983. *FAO Species Catalogue. Vol.2, Scombrids of the World. An Annotated and Illustrated Catalogue of Tunas, Mackerels, Bonitos and Related Species Known to Date*. FAO Fisheries Synopsis No 125. Vol.2 - Mit 81 figs., 137 pp. Rome. Consultado en: www.fao.org/3/ac478e/ac478e00.pdf

GARCÍA SEPÚLVEDA, Pilar; ACEBES, Isabel. 2021. «Catálogo de matrices y estampas realizadas». En *Peces de los Mares de España: un proyecto ecológico del siglo XVIII.* Real Academia de Artes de San Fernando, Fundación ACS, Ministerio de Ciencia e Innovación. Madrid: 87-134.

Junta de Andalucía (J. de A.). 2001. *Especies de interés pesquero en el litoral de Andalucía* [vol. I: *Vertebrados*; vol. II: *Invertebrados*], Consejería de Agricultura y Pesca, Sevilla.

_____. 2021. Estadísticas pesqueras de Andalucía. Consultado en: www.juntadeandalucia.es

LÓPEZ CAPONT, Francisco. 1997. *La faceta pesquera del Padre Sarmiento y su época.* Caixa de Pontevedra.

LÓPEZ Y NOBAL, Bernardo José. 1820. *Consideraciones generales sobre varios puntos históricos, políticos y económicos, á favor de la libertad y fomento de los pueblos, y noticias particulares de esta clase, relativas al Ferrol y á su comarca.* Madrid. Tomo II: 160-163. Consultado en: http://biblioteca.galiciana.gal/es/consulta/registro.do?id=372

LLEONART, Jordi; CAMARASA, Josep María. 1987. *La pesca a Catalunya el 1722, segons un manuscrit de Joan Salvador i Riera.* Museo Maritim. Diputació de Barcelona. 126 pp.

RODRÍGUEZ-RODA, Julio. 1966. «Estudio de la bacoreta, *Euthynnus alletteratus* (Raf.), bonito, *Sarda sarda* (Bloch), y melva, *Auxis thazard* (Lac.), capturados por las almadrabas españolas». *Investigación Pesquera*, 30: 247-292.

_____. 1980. «Presencia de la melva, *Auxis rochei* (Risso, 1810), en las costas suratlánticas de España». *Investigación Pesquera*, 44: 169-176.

ROPER, Clyde F. E.; SWEENEY, Michael J.; NAUEN, Cornelia E. 1984. *FAO Species Catalogue. Vol. 3. Cephalopods of the world. An annotated and illustrated catalogue of species of interest to fisheries.* FAO Fish. Synop. *125*(3): 277 pp. Rome: FAO. Consultado en: https://www.fao.org/publications/card/es/c/dd1408b9-0a8c-5e04-a23f-74f8aae8c1b4/

SÁÑEZ REGUART, Antonio. 1796. *Colección de producciones de los mares de España.* Edición preparada por Isabel García Fajardo y Joaquín Fernández Pérez. Ministerio de Agricultura, Pesca y Alimentación. Secretaría General Técnica. 1993, Madrid.

VÁZQUEZ, José Manuel. 2008. «De letras y de mar. Antonio Sáñez Reguart y su Diccionario histórico de las artes de la pesca nacional. El triunfo de la vocación». En *El libro en perspectiva: una aproximación interdisciplinaria.* III Simposio de Estudos Humanísticos (Ferrol, 5 e 6 de novembro de 2007 / coord. por Paz Romero Portilla, Manuel García Hurtado): 91-120.

General

ÁLVAREZ DE SOTOMAYOR, Juan María. 1824. *Los doce libros de Agricultura que escribió Lucio Junio Moderato Columela.* Imprenta de D. Miguel de Burgos. Madrid.

BORLASE, William. 1758. *The natural history of Cornwall.* Oxford, W. Jackson.

COLÓN, Hernando. 1571. *Historia del Almirante.* Edición, Introducción y Notas de Luis Arranz, Ariel, Barcelona, 1984.

DE LA VILLE DE MIRMONT, Henri. 1889. *La Moselle d'Ausone.* Édition critique et traduction française. Imprimeri G. Gounouilhou, Bordeaux.

DUQUE, Aquilino. 1977. *El mito de Doñana.* Servicio de Publicaciones del Ministerio de Educación. Madrid.

GARCÍA DEL REAL, María José; POZUELO, Modesto; POZUELO, Ignacio. 2006. «Inventario de los instrumentos antiguos de los antiguos gabinetes de Historia Natural de los institutos de la Comunidad Autónoma de Andalucía». *Actas del IX Congreso de la Sociedad Española de Historia de las Ciencias y de las Técnicas.* Cádiz, septiembre de 2005. Vol. 2: 1227-1239.

GARCÍA LÓPEZ, José. 2000. *Los Acarnienses. Los caballeros.* Editorial Gredos, Madrid.

MARTÍN FERRERO, Paz. 2003. Inventario y catálogo de los fondos documentales del Instituto Columela, Cádiz. Universidad Politécnica de Cataluña. Escuela Técnica Superior de Arquitectura.

NIEREMBERG, Juan Eusebio. 1635. *Historia Naturae, Maxime peregrinae*. Anterpiae, ex officina Plantiniana. Balthasaris Mortel. MDCXXXV. Consultado en: https://www.biodiversitylibrary. org/item/134066#page/269/mode/1up

PETTENGHI, José Aquiles. 1988. *El Instituto Columela (1863- 1988): 125 años de enseñanza secundaria en Cádiz*. Caja de Ahorros, Cádiz.

PINEDA, Daniel. 1968. *Historia de la Villa de Coria del Río*. Publicaciones del Ayuntamiento de Coria del Río, 134 pp.

PLINIO, Cayo. 77 (d. C.). *Historia Natural.* Josefa Cantó, Isabel Gómez, Susana González, Eusebia Tarriño (ed. y trad.). Ediciones Cátedra, Madrid, 2007.

REGUERA, Antonio Teodoro. 2006. *La obra geográfica de Martín Sarmiento*. Colección Tradición Clásica y Humanística en España e Hispanoamérica, 3. Universidad de León. Consultado en: buleria.unileon.es

RUBIO, Laureano. 2003. *Los maragatos: origen, mitos y realidades*. León (c/ Virgen del Camino, 1-5, 24007, León)

RUIZ, Juan, Arcipreste de Hita. 1988. *Libro de Buen Amor*, 1343, introducción y notas de Nicasio Salvador Miguel, Espasa Calpe, Madrid, 1988 (col. Austral).

VARELA, Consuelo. 2000. *Cristóbal Colón: Los cuatro viajes. Testamento*. Alianza, Madrid.

VILLENA, Enrique de. 1423. *Arte cisoria*. En *Obras completas, I*, Fundación Antonio de Castro, Turner Libros, Madrid: 164-165.

ANEXOS

Anexo I. Obras españolas anteriores a Cabrera que contienen información ictiológica, con indicación del número de ictiónimos y de especies vaciados.

AÑO	AUTOR	DOCUMENTO	ZONA	N.º ICT.	N.º ESP.	REFERENCIA
1268	Anónimo	Ordenamiento Cortes	Jerez de la Frontera	7	7	Mondéjar (1991: 598)
1302	Anónimo	Ordenamiento portuario	Sevilla	13	9	Mondéjar (1977: 607)
1414	Anónimo	Ordenanza municipal	Granada	12	12	Díaz (1985)
1418	J. Aviñón	Tratado médico	Sevilla	36	35	Aviñón (1418: 127 y 132)
1492	Las Casas	Diario de viaje	Océano Atlántico	28	?	Alvar (1976)
1495	Anónimo	Asiento de Indias	Huelva	4	3	Palenzuela y Aznar (2010: 74)
s. XVI	Anónimo	Lista de precios	Sanlúcar de Barrameda	8	8	Muñoz (1972: 78)
1501	Anónimo	Ordenanza municipal	Granada	31	31	Malpica (1984)
1505	P. Alcalá	Diccionario	Granada	58	51	Torres (1990)
1516	Anónimo	Ordzas. municipales	Granada y Málaga	37	36	Mondéjar (1977)
1523	Anónimo	Lista de precios	Sevilla	16	12	Ladero (2008: 199)
1535	L. Peraza	Historia	Sevilla	47	46	Peraza, en Morales (ed.: 108)
1587	A. Morgado	Historia	Sevilla	14	13	Morgado (1587: 54)
s. XVII	Anónimo	Lista de precios	Sanlúcar de Barrameda	14	14	Muñoz (1972: 80)
1612	P. Beltrán	Poema	Sanlúcar de Barrameda	104	80	Beltrán (1612: 35-37)
1642	Anónimo	Lista de precios	Chipiona	5	5	Anónimo (1642: 9)
1722	Salvador	Informe de pesca	Cataluña	129	120	Lleonart y Camarasa (1987)
1739	F. Navarrete	Historia Natural	España y Granada	161	93	Fernández Navarrete (1739:247)
1751	P. Osbeck	Ictiología	Cádiz	5	9	Osbeck (1765: 99-104)
1753	P. Löfling	Ictiología	Cádiz	204	103	Löfling (1753)
1756	Sarmiento	Informe de pesca	Golfo de Cádiz	178	135	Pensado (1982); Barba y Pons (2003)
1762	Anónimo	Arancel de pescado	Sanlúcar de Barrameda	23	21	Muñoz (1972: 84)
1772	Sarmiento	Informe de pesca atún	Golfo de Cádiz	25	22	Sarmiento (1772)
1775	Anónimo	Arancel de pescado	El Puerto de Santa María	52	44	Anónimo (1775)
1778	Anónimo	Acta capitular	Sanlúcar de Barrameda	22	20	Anónimo (1778)
1780	Anónimo	Acta capitular	Cádiz	50	47	Anónimo (1780)
1786	J. de Puig	Listado de nombres	Mallorca	121	109	Puig (1786: 362)
1788	J. Ramis	Historia Natural	Menorca	98	141	Ramis (1814: 9-13)
1788	J. Cornide	Ictiología	Galicia	147	119	Cornide (1788)
1789	M. Conde	Diccionario	Málaga	348	184	Medina Conde (1789)
1796	Sáñez R.	Informe de pesca	Costas de España	164	196	Sáñez Reguart (1796)
1797	Anónimo	Arancel de pescado	Sanlúcar de Barrameda	25	23	Anónimo (1797)
1801	Anónimo	Acuerdo municipal	Sanlúcar de Barrameda	29	25	Muñoz (1972)
1801	I. Asso	Ictiología	Barcelona	111	88	Asso (1801)
1802	M. Orellana	Glosario	Valencia	106	83	Orellana (1802)
1817	A. Cabrera	Ictiología	Cádiz	295	207	Cabrera (1817)

Anexo II. Número mínimo de especies por grupos zoológicos y número total de ictiónimos referidos a dichas especies, obtenidos del vaciado de las obras españolas de ictiología anteriores a Cabrera. Se indica el número de especies nuevas y de ictiónimos nuevos de cada obra respecto a todas las que le precedieron.

NÚMERO DE ESPECIES	Siglos XIII-XVII	1722 Salvador	1739 F. Navarrete	1751 Osbeck	1751 Löfling	1756 Sarmiento	1786 Puig	1788 Ramis	1788 Cornide	1789 Medina C.	1796 Sáñez	1801 Asso	1802 Orellana	1817 Cabrera
Peces	90	101	83	9	91	108	87	65	83	139	138	88	71	194
Moluscos	8	4	3		5	22	7	61	17	28	33		5	5
Custáceos	5	11	1		3	10	7	8	8	10	18		5	
Equinodermos	1	1			1	1	2	6		3	2			
Cnidarios			1		1	2	2	1	2	3	1			
Anélidos											1			
Quelonios		1					1		2		2		1	
Pinnípedos		1												
Cetáceos	3	1	5		2	2	3		4	1	1		1	3
Total especies	107	120	93	9	103	145	109	141	116	184	196	88	83	202
Especies nuevas	107	50	18		25	25	21	74	19	29	42	7	3	11
Total ictiónimos	173	129	161	5	204	198	121	98	147	348	164	111	106	295
Ictiónimos nuevos	173	79	98	3	55	73	53	43	60	123	83	34	20	93

Anexo III. Lista de nombres vulgares de los peces del mar de Andalucía (Lista manuscrita).

Transcripción de los nombres contenidos en la *Lista de nombres vulgares de los peces del mar de Andalucía*, enviada por Cabrera a Clemente en febrero de 1826, acompañados de las denominaciones científicas actuales de las especies asociadas, según hemos determinado en el presente estudio con la información de Cabrera. Entre paréntesis, el número de la ficha correspondiente. En algunos casos, con un mismo ictiónimo Cabrera designaba a dos o tres especies. A la inversa, una misma especie recibía de dos a cuatro ictiónimos. 'Desconocida' indica que no puede saberse a qué especie se referían los ictiónimos, debido a que no perviven en el léxico de los pescadores andaluces actuales y tampoco se encuentran en los diccionarios históricos de la Academia Española de la Lengua. Respetamos la grafía y el orden alfabético particular de Cabrera.

LISTA DE NOMBRES VULGARES DE LOS PECES DEL MAR DE ANDALUCÍA

	CABRERA	ESPECIE ACTUAL
1.	Albacora	*Scomber scombrus* (56), *Thunnus albacares* (176)
2.	Albaríña	*Mustelus mustelus* (12)
3.	Albur	*Chelon ramada* (189)
4.	Alfiler	*Nerophis ophidion* (180)
5.	Alitan	*Scyliorhinus stellaris* (9)
6.	Abadejo	*Epinephelus costae* (104)
7.	Abadejo rayado	*Parapristipoma octolineatum* (109)
8.	Alecrín	*Heptranchias perlo* (3)
9.	Aguja	*Syngnathus acus* (66), *Belone belone* (86)
10.	Anchoa	*Engraulis encrasicolus* (42)
11.	Anguilla	*Anguilla anguilla* (38)
12.	Angelote	*Squatina squatina* (21)
13.	Arete	*Chelidonichthys cuculus* (151)
14.	Araña	*Trachinus draco* (147)
15.	Atun	*Thunnus thynnus* (57)
16.	Autríaco	*Coryphaena hippurus* (84)
17.	Baboza	*Parablennius gattorugine* (94)
18.	Baíla	*Dicentrarchus punctatus* (103)
19.	Bacalao	*Micromesistius poutassou* (172)
20.	Barbo	*Luciobarbus sclateri* (44)
21.	Baqueta	*Symphodus mediterraneus* (144)
22.	Bausel	*Chelon auratus* (188)
23.	Besugo	*Pagellus acarne* (125)
24.	Berrugate	*Umbrina ronchus* (138)
25.	Bodion	*Symphodus mediterraneus* (144), *Coris julis* (141)
26.	Bodion verde	*Labrus viridis* (143)
27.	Bobon	*Sarpa salpa* (131)
28.	Bolador	*Dactylopterus volitans* (60), *Exocoetus volitans* (88)
29.	Boga	*Boops boops* (112)
30.	Ballena	*Balaena mysticetus* (159)
31.	Bocaus	*Heptranchias perlo* (3)
32.	Boquerón	*Engraulis encrasicholus* (42)
33.	Boquidulce	*Hexanchus griseus* (4)
34.	Borracho	*Eutrigla gurnardus* (155)
35.	Bosinegro	*Pagrus pagrus* (130)
36.	Borriquete	*Anthias anthias* (191), *Labrus merula* (193), *Plectorhinchus mediterraneus* (110)
37.	Bordayo	Desconocida
38.	Brotola	*Phycis phycis* (48)

39.	Brotola blanca	*Phycis blennoides* (47)
40.	Bramante	*Rostroraja alba* (29), *Raja clavata* (27), *Glaucostegus cemiculus* (24)
41.	Bonito	*Sarda sarda* (55)
42.	Breca	*Pagellus erythrinus* (128)
43.	Bruja	*Labrus bergylta* (142)
44.	Buñuelo	*Capros aper* (95)
45.	Burás	*Pagellus bogaraveo* (127)
46.	Caballo	*Lichia amia* (80)
47.	Caballito	*Hippocampus guttulatus* (65)
48.	Cabete	*Lepidotrigla cavillone* (156)
49.	Caboso	*Gobius paganellus* (68)
50.	Caballa	*Scomber colias* (174), *Scomber scombrus* (56)
51.	Cabrilla	*Serranus cabrilla* (107), *Chelidonichthys obscurus* (154)
52.	Castañuela	*Chromis chromis* (140)
53.	Caella	*Prionace glauca* (13)
54.	Cason	*Mustelus mustelus* (12)
55.	Caramelo	*Spicara smaris* (133)
56.	Cayote	Desconocida
57.	Cabezudo	*Mugil cephalus* (90)
58.	Capitan	*Mugil cephalus* (90), *Dentex gibbosus* (115)
59.	Cachucho	*Dentex macrophthalmus* (116)
60.	Calamar	*Loligo vulgaris* (162)
61.	Cerda	*Scomber scombrus* (56)
62.	Corba	*Sciaena umbra* (136)
63.	Cochíno	*Etmopterus spinax* (17)
64.	Corneta	*Sphyrna zygaena* (15)
65.	Corseta	*Lichia amia* (80)
66.	Corbina	*Argyrosomus regius* (135)
67.	Corbinata	*Umbrina cirrosa* (137)
68.	Correplayas	*Mustelus mustelus* (12)
69.	Cornudilla	*Sphyrna zygaena* (15)
70.	Canqueso	*Gobius niger* (67)
71.	Cherna	*Mycteroperca rubra* (106)
72.	Chopa	*Spondyliosoma cantharus* (134)
73.	Choa	*Pomatomus saltatrix* (53)
74.	Choba	*Pomatomus saltatrix* (53)
75.	Champan	Desconocida
76.	Choco	*Sepiola rondeletii* (165)
77.	Cholveta	*Pomatomus saltatrix* (53)
78.	Congrío	*Conger conger* (37)
79.	Chucho	*Myliobatis aquila* (32)
80.	Culebra	*Ophisurus serpens* (171)
81.	Culebra picuda	*Echelus myrus* (36)
82.	Denton	*Dentex dentex* (114)
83.	Denton rojo	*Pagellus erythrinus* (128)
84.	Dentudo	*Galeorhinus galeus* (10)
85.	Doblada	*Oblada melanurus* (124)
86.	Doblaeta	*Oblada melanurus* (124)
87.	Doncella	*Cepola macrophthalma* (139), *Coris julis* (141), *Thalassoma pavo* (146)
88.	Dorada	*Sparus aurata* (132)
89.	Dorado	*Coryphaena equiselis* (200)
90.	Dragon	*Callionymus lyra* (63)
91.	Emperador	*Luvarus imperialis* (96)

92.	Escarapelo	Desconocida
93.	Escolar	*Phycis blennoides* (47)
94.	Espadarte	*Orcinus orca* (161)
95.	Espeton	*Sphyraena sphyraena* (69)
96.	Estornino	*Scomber scombrus* (56)
97.	Fajoa	*Diplodus annularis* (117)
98.	Faneca	*Trisopterus luscus* (49), *Phycis blennoides* (47)
99.	Ferron	*Squalus blainville* (19)
100.	Herrera	*Lithognathus mormyrus* (123)
101.	Higo	Desconocida
102.	Gallineta	*Scorpaena porcus* (149)
103.	Gallito del Rey	*Coris julis* (141), *Thalassoma pavo* (146)
104.	Galludo	*Squalus blainville* (19)
105.	Garapello	*Pagellus bellottii* (126)
106.	Garneo	*Trigla lyra* (157)
107.	Gasúla	Desconocida
108.	Golondrína	*Chelidonichthys lastoviza* (152)
109.	Gorrión	*Serranus cabrilla* (107)
110.	Guítarra	*Rhinobatos rhinobatos* (23), *Callionymus lyra* (63)
111.	Jaqueton	*Carcharodon carcharias* (6)
112.	Judio	*Spicara maena* (192)
113.	Kelves	*Centrophorus granulosus* (167)
114.	Kelvacho	*Centrophorus granulosus* (167)
115.	Lacha	*Alosa alosa* (39)
116.	Lagarto	*Callionymus lyra* (63)
117.	Lamprea	*Petromyzon marinus* (2), *Lampetra fluviatilis* (1)
118.	Lengua	*Dagetichthys lusitanicus* (74)
119.	Lenguado	*Solea solea* (78)
120.	Lirio	*Seriola dumerili* (185)
121.	Lisa	*Chelon labrosus* (89)
122.	Lopena	Desconocida
123.	Maragata	*Labrus bergylta* (142)
124.	Marrajo	*Isurus oxyrinchus* (7)
125.	Mata Soldados	*Symphodus rostratus* (145)
126.	Melba	*Auxis thazard* (54)
127.	Mermejuela	*Squatina squatina* (21)
128.	Mero	*Epinephelus marginatus* (105)
129.	Mielga	*Squalus acanthias* (18)
130.	Mirlan	*Aetomylaeus bovinus* (31)
131.	Mojarra	*Diplodus bellottii* (118)
132.	Mojarra prieta	*Diplodus vulgaris* (122)
133.	Mola	*Mola mola* (98)
134.	Monga	*Atherina boyeri* (85)
135.	Morena	*Muraena helena* (34)
136.	Morenata	*Apterichtus caecus* (35)
137.	Morro	*Mugil cephalus* (90)
138.	Mosquitero	*Hyporhamphus picarti* (87)
139.	Mozuela	*Mustelus mustelus* (12)
140.	Mula	*Syngnathus typhle* (181), *Balistes capriscus* (100)
141.	Negra	*Dalatias licha* (16)
142.	Noriega	*Dipturus batis* (25)
143.	Oblada	*Oblada melanurus* (124)
144.	Ochavo	*Capros aper* (95)

145.	Pachan	*Pagellus bogaraveo* (127)
146.	Paje	*Diplodus vulgaris* (122)
147.	Pagél	*Pagellus erythrinus* (128)
148.	Palitroque	*Alopias vulpinus* (5)
149.	Palometa	*Trachinotus ovatus* (186)
150.	Pámpano	*Stromateus fiatola* (52)
151.	Paneca	*Phycis blennoides* (47)
152.	Pargo	*Pagrus pagrus* (130)
153.	Pasador	Desconocida
154.	Paula	*Chelidonichthys lastoviza* (152)
155.	Pegador	*Remora remora* (83)
156.	Peludo en randa	*Arnoglossus laterna* (72)
157.	Penca	Desconocida
158.	Peralta	Desconocida
159.	Pescada	*Merluccius merluccius* (50), *Micromesistius poutassou* (172)
160.	Pescadilla	*Merluccius merluccius* (50), *Micromesistius poutassou* (172)
161.	Peto	*Sphyraena sphyraena* (69)
162.	Pez clavo	*Echinorhinus brucus* (20)
163.	Pez de espada	*Xiphias gladius* (79)
164.	Pez del Diablo	*Gobius niger* (67)
165.	Pez de Mohoma	*Dipturus oxyrinchus* (26), *Raja clavata* (27)
166.	Pez de redoma	*Carassius auratus* (43)
167.	Pez de S. Pedro	*Zeus faber* (46)
168.	Pez Erizo	*Diodon hystrix* (99)
169.	Pez Limon	*Naucrates ductor* (184)
170.	Pez Martillo	*Sphyrna zygaena* (15)
171.	Pez Obispo	*Aetomylaeus bovinus* (31)
172.	Pez peine	*Galeorhinus galeus* (10)
173.	Pez plata	*Argentina sphyraena* (45)
174.	Pez rey	*Atherina boyeri* (85)
175.	Pez Sable	*Ophidion barbatum* (173), *Lepidopus caudatus* (179)
176.	Pez Zorro	*Alopias vulpinus* (5)
177.	Picudo	*Sphyraena sphyraena* (69)
178.	Pijotilla	*Merluccius merluccius* (50)
179.	Pinta = roja	*Scyliorhinus canicula* (8)
180.	Pito = real	*Macroramphosus scolopax* (64)
181.	Platija	*Pleuronectes platessa* (199)
182.	Pollo	*Helicolenus dactylopterus* (197)
183.	Pota	*Illex coindetii* (202)
184.	Pulpo	*Octopus vulgaris* (163)
185.	Punson	*Ruvettus pretiosus* (178)
186.	Quarto	Desconocida
187.	Raia	*Dipturus oxyrinchus* (26), *Leucoraja fullonica* (168)
188.	Raia baca	*Dasyatis pastinaca* (30)
189.	Raia vera	*Raja miraletus* (28)
190.	Rape	*Lophius piscatorius* (97)
191.	Rapete	*Lepidotrigla cavillone* (156)
192.	Rata	*Uranoscopus scaber* (148)
193.	Regél	*Chelidonichthys lucerna* (153)
194.	Rémora	*Remora remora* (83)
195.	Rescasío	*Scorpaena scrofa* (150)
196.	Rodaballo	*Scophthalmus maximus* (182), *Scophthalmus rhombus* (71)
197.	Robálo	*Dicentrarchus labrax* (102)

198.	Robiné	Desconocida
199.	Rodador	*Mola mola* (98)
200.	Romaguera	*Dipturus batis* (25)
201.	Romerito	*Polyprion americanus* (101)
202.	Roncador	*Pomadasys incisus* (111)
203.	Rondanil	*Taractichthys longipinnis* (59)
204.	Rubio	*Chelidonichthys lucerna* (153)
205.	Sábalo	*Alosa alosa* (39)
206.	Sabia	*Dentex dentex* (114)
207.	Saboga	*Alosa fallax* (40)
208.	Safio	*Conger conger* (37)
209.	Salema	*Sarpa salpa* (131)
210.	Salmonete	*Mullus barbatus* (61)
211.	Salmonete rayado	*Mullus surmuletus* (62)
212.	Salpa	*Sarpa salpa* (131)
213.	Salpa jurel	Desconocida
214.	Salton	*Scomberesox saurus* (187), *Ammodytes tobianus* (196)
215.	Salvage	*Carcharodon carcharias* (6)
216.	Sama	*Pagrus auriga* (129)
217.	Sapo	*Halobatrachus didactylus* (51)
218.	Sargo	*Diplodus sargus* (121)
219.	Sargo burdo	*Diplodus cervinus* (119)
220.	Sargo picudo	*Diplodus puntazzo* (120)
221.	Serrana	*Serranus scriba* (108)
222.	Soldado	*Microchirus azevia* (75), *Chromis chromis* (140)
223.	Solleta	*Pegusa lascaris* (77)
224.	Sollo	*Acipenser sturio* (33), *Huso huso* (198)
225.	Sorsal	*Labrus mixtus* (194)
226.	Tambor	*Platichthys flesus* (73)
227.	Tapa=culo	*Citharus linguatula* (70)
228.	Taburon	*Sphyrna tudes* (14)
229.	Tordo	*Symphodus tinca* (195)
230.	Tordíllo	*Serranus scriba* (108)
231.	Torillo	*Blennius ocellaris* (91)
232.	Tonina	*Phocoena phocoena* (160)
233.	Trasalte	Desconocida
234.	Tremielga	*Torpedo torpedo* (22)
235.	Trompero	*Spicara smaris* (133)
236.	Vaquilla	*Serranus scriba* (108)
237.	Vieja	*Dentex canariensis* (113)
238.	Urta	*Pagrus auriga* (129)
239.	Xaputa	*Brama brama* (58)
240.	Xaputa de piedras	*Symphodus tinca* (195)
241.	Xivia	*Sepia officinalis* (164)
242.	Xurel	*Trachurus trachurus* (82)
243.	Xurel dorado	*Trachurus mediterraneus* (81)
244.	Xurela	*Caranx rhonchus* (183)
245.	Yegua	*Hippocampus guttulatus* (65)
246.	Zorreja	*Chelon saliens* (201)
247.	Zorra	*Chimaera monstrosa* (170)

Anexo IV. Memoria de los Peces del Mar de Andalucía (Memoria descriptiva).

Ordenación taxonómica seguida por Cabrera de las especies que examinó y su equivalencia en la nomenclatura actual. Los textos en color sepia son de Cabrera, transcritos desde Graells (1887:146-169). Las entradas de especies están numeradas correlativamente. Sp. N. indica las especies que Cabrera consideraba nuevas para la ciencia. El * señala la denominación vulgar y científica que Cabrera no incluyó en la Lista impresa elaborada a partir de esta Memoria descriptiva. Los [ ] indican nuestra corrección a diversos errores. La llamada 1.ª M. señala las especies a las que Cabrera fue el primero en mencionar. Los paréntesis incluyen el número de la ficha de especie correspondiente.

MEMORIA DE LOS PECES DEL MAR DE ANDALUCÍA

APODES.

GÉNERO.—**Muraena.**—LINN.

ESTADO ACTUAL

1. [ESPECIE] 1.ª [—]**La Morena.**—*Muræna Helena.*—LINN.   *Muraena helena* (34)
2. [ESPECIE] 2.ª [—]**La Anguilla.**—*Muræna Anguilla.*—LINN.   *Anguilla anguilla* (38)
3. [ESPECIE] 3.ª [—]**El Congrio ó Zafio*.**—*Muræna Conger.*—LINN.   *Conger conger* (37)
4. [ESPECIE] 4.ª [—]**La Morenata.**—*Muræna Cæca.*—LINN.   *Apterichtus caecus* (35)

GÉNERO.—*Stromateus.*—LINN.

5. ESPECIE.—**El Pámpano.**—*Stromateus Fiatola.*—LINN.   *Stromateus fiatola* (52)

GÉNERO.—*Xiphias.*—LINN.

6. ESPECIE.—**El Pexe espada.**—*Xiphias Gladius.*—LINN.   *Xiphias gladius* (79)

JUGULARES.

GÉNERO.—*Uranoscopus.*—LINN.

7. ESPECIE.—**La Rata.**—*Uranoscopus Scaber.*—LINN.   *Uranoscopus scaber* (148)

GÉNERO.—*Gadus.*—LINN.

8. ESPECIE 1.ª—**Pescadilla.**—*Gadus Minutus*.*—LINN.   *Merluccius merluccius* (50)
9. ESPECIE 2.ª—**La Pescada.**—*Gadus Pollachius*.*—LINN.   *Merluccius merluccius* (50)

GÉNERO.—*Blennius.*—LINN.

10. ESPECIE 1.ª—**La Brotola.**—*Blennius Phicis.*—LINN.   *Phycis phycis* (48)
11. ESPECIE 2.ª—**El Ocelar*.**—*Blennius Ocellaris.*—LINN.   *Blennius ocellaris* (91)
12. ESPECIE 1[3].ª—**El Viviparo*.**—*Blennius Viviparus.*—LINN.   *Parablennius gattorugine* (94)
13. ESPECIE 4.ª—**La Brótola blanca*.**—*Blennius Alvidus*.*—SP. N.   *Phycis blennnoides* (48)
14. ESPECIE 5.ª—**La Putita*.**—*Blennius Murenoides*.*—LINN.   *Lipophrys pholis* (93)
15. ESPECIE 6.ª—**La Faneca.**—*Blennius Tripterigius*.*—SP. N.   *Trisopterus luscus* (49)

THORACICOS.

GÉNERO.—*Cepola.*—LINN.

16. ESPECIE.—*Cepola-Rubescens.*—LINN.—**La Doncella.**   *Cepola macrophthalma* (139)

GÉNERO.—*Echeneis.*—LINN.

17. ESPECIE.—*Echeneis.*—*Ræmora.*—LINN.—**El Pegador.**   *Remora remora* (83)

GÉNERO.—*Coryphena.*—LINN.

18. ESPECIE.—**El Dorado.**—*Coryphena Equiselis.*—LINN.   *Coryphaena equiselis* (200)

GÉNERO.—*Gobius.*[—]LINN.

19. ESPECIE.—**El Caboso.**—*Gobius Gracilis.*—SP. N.   *Gobius paganellus* (68)

GÉNERO.—*Scorpena.*—LINN.

20. ESPECIE 1.ª—**La Gallineta.**—*Scorpena Porcus.*—LINN.   *Scorpaena porcus* (149)
21. ESPECIE 2.ª—**El Rescacio.**—*Escorpena Capensis*.*   *Scorpaena scrofa* (150)

GÉNERO.—*Zeus.*—LINN.

22. ESPECIE.—**El pez de San Pedro.**—*Zeus Faber.*—LINN.   *Zeus faber* (46)

GÉNERO.—*Pleuronectes.*—LINN.

23. ESPECIE 1.ª—**La Lengua.**—*Pleuronectes Trichodactilus.*—LINN.   *Dagetichthys lusitanicus* (74)

24. ESPECIE 2.ª—**El Tambor.**—*Pleuronectes Flexus**.—LINN.   *Platichthys flesus* (73)

25. ESPECIE 3.ª—**El Soldado.**—*Pleuronectes Limandoides.*—LINN.   *Microchirus azevia* (75)

26. ESPECIE 4.ª—**El Lenguado.**—*Pleuronectes Solea.*—LINN.   *Solea solea* (78)

27. ESPECIE 5.ª—**La Solleta.**—*Pleuronectes Linguatula.*—LINN.   *Pegusa lascaris* (77)

28. ESPECIE 6.ª—**El Rodaballo.**—*Pleuronectes Rombus.*—LINN.   *Scophthalmus rhombus* (71)

29. ESPECIE 7.ª—**La Acedia***.—*Pleuronectes Terreus**.—SP. N.   *Dicologlossa cuneata* (76) **1.ª M.**

30. ESPECIE 8.ª—**El Tapaculo.**—*Pleuronectes Oblongus**.—SP. N.   *Citharus linguatula* (70)

31. ESPECIE 9.ª—**El Peludo en randa.**—*Pleuronectes Fimbriatus.*—SP. N.   *Arnoglossus laterna* (72)

GÉNERO.—*Choetodon.*—LINN.

32. ESPECIE 1.ª—**La Xaputa.**—*Chætodon Umbratus.*—SP. N.   *Brama brama* (58)

33. ESPECIE 2.ª—**El Rondanil.**—*Chætodon Umbratus.*—Vs.   *Taractichthys longipinnis* (59) **1.ª M.**

GÉNERO.—*Sparus.*—LINN.

34. ESPECIE 1.ª—**La Dorada.**—*Sparus Auratas.*—LINN.   *Sparus aurata* (132)

35. ESPECIE 2.ª—**El Sargo.**—*Sparus Sargus.*—LINN.   *Diplodus sargus* (121)

36. ESPECIE 3.ª—**El Sargo picudo.**—*Sparus Puntazzo.*—LINN.   *Diplodus puntazzo* (120)

37. ESPECIE 4.ª—**La Hurta.**—*Sparus Hurta.*—LINN.   *Pagrus auriga* (129)

38. ESPECIE 5.ª—**El Pagel ó Dentón Rojo***.—*Sparus Erhitrinus.*—LINN.   *Pagellus erythrinus* (128)

39. ESPECIE 6.ª—**El Pargo.**—*Sparus Pagrus.*—LINN.   *Pagrus pagrus* (130)

40. ESPECIE 7.ª—**La Boga.**—*Sparus Boops.*—LINN.   *Boops boops* (112)

41. ESPECIE 8.ª—**El Cromis*****, el Soldado.**—*Sparus Chromis.*—LINN.   *Chromis chromis* (140)

42. ESPECIE 9.ª—**La Salema*****, Salpa.**—*Sparus Salpa.*—LINN.   *Sarpa salpa* (131)

43. ESPECIE 10.—**El Denton.**—*Sparus Dentex.*—LINN.   *Dentex dentex* (114)

44. ESPECIE 11.—**La Herrera***.—*Sparus Mormyrus**.—LINN.   *Lithognathus mormyrus* (123)

45. ESPECIE 12.—**La Oblada ó Doblada ó Doblaeta,** etc.—*Sparus Melanurus.*—LINN.   *Oblada melanurus* (124)

46. ESPECIE 13.—**El Trompero.**—*Sparus Rostratus.*—SP. N.   *Spicara smaris* (133)

47. ESPECIE 14.—**El Bocinegro.**—*Sparus Nigrirostris.*—SP. N.   *Pagrus pagrus* (130)

48. ESPECIE 15.—**El Besugo.**—*Sparus Axilo-Maculatus**.—S[P]. N.   *Pagellus acarne* (125)

49. ESPECIE 16.—**La Chopa.**—*Sparus Cantharus.*—LINN.   *Spondyliosoma cantharus* (134)

50. ESPECIE 17.—**La Faxóa.**—*Sparus Mycrocephalus.*—SP. N.   *Diplodus annularis* (117)

51. ESPECIE 18.—**El Capitán.**—*Sparus cetaceus.*—SP. N.   *Dentex gibbosus* (115)

52. ESPECIE 19.—**La Breca.**—*Sparus Breca.*—SP. N.   *Pagellus erythrinus* (128)

53. ESPECIE 20.—**Sargo burdo.**—*Sparus vittatus**.—SP. N., *Variegatus, Bonneterrae.*   *Diplodus cervinus* (119)

54. ESPECIE 21.—**El Garapello.**—*Sparus Versicolor.*—SP. N.   *Pagellus bellottii* (126) **1.ª M.**

55. ESPECIE 23[22].—**La Mojarra.**—*Sparus Orbiculatus.*—SP. N.   *Diplodus bellottii* (118)

56. ESPECIE 24[23].—**El Cachucho.**—*Sparus an Chrisops.*—LINN.   *Dentex macrophthalmus* (116)

57. ESPECIE 25[24].—**La Mojarra prieta.**—*Sparus Orbiculatus.*—SP. N.   *Diplodus vulgaris* (122)

58. ESPECIE 26[25].—**El Pachan.**—*Sparus Curvatus.*—SP. N.   *Pagellus bogaraveo* (127)

GÉNERO.—*Labrus.*—LINN.

59. ESPECIE 1.ª—**El Bodion.**—*Labrus Julis.*—LINN.   *Coris julis* (141)

60. ESPECIE 2.ª—**El Bodion,** (otro).—*Labrus Fuscus.*—LINN.   *Symphodus mediterraneus* (144)

61. ESPECIE 3.ª—**Bodion verde.**—*Labrus Viridis.*—LINN.   *Labrus viridis* (143)

62. ESPECIE 4.ª—**La Doncella ó Gallito del Rey.**—*Labrus Pavo**.—LINN.   *Thalassoma pavo* (146)

GÉNERO.—*Sciena.*—LINN.

63. ESPECIE 1.ª—**La Corvina.**—*Sc.[Sciena] Corvina.*—SP. N.   *Argyrosomus regius* (135)

64. ESPECIE 2.ª—**La Corvinata.**—*Sciena Cirrosa.*—LINN.   *Umbrina cirrosa* (137)

GÉNERO.—*Perca.*

65. ESPECIE 1.ª—**La Bayla.**—*Perca Punctata.*—LINN.   *Dicentrarchus punctatus* (103)

66. ESPECIE 2.ª—**Cabrilla.**—*Perca Cabrilla.*—LINN.   *Serranus cabrilla* (107)

67. ESPECIE 3.ª—**La Cherna.**—*Perca Gigas.*—LINN.   *Mycteroperca rubra* (106)

68. ESPECIE 4.ª—**El Asperillo***.—*Perca Pusilla**.   *Capros aper* (95)

69. ESPECIE 5.ª—**Robalo.**—*Perca Saxatilis**.—SP. N.   *Dicentrarchus labrax* (102)

70. ESPECIE 6.ª—**El Mero.**—*Perca Merus.*—SP. N.   *Epinephelus marginatus* (105)

71. ESPECIE 7.ª—**El Abadejo.**—*Perca Flavescens.*—SP. N.   *Epinephelus costae* (104) **1.ª M.**

72. ESPECIE 8.ª—**El Abadejo Rayado.**—*Perca Diagramma.*—LINN.   *Parapristipoma octolineatum* (109) **1.ª M.**

73. ESPECIE 9.ª—**El Romerito.**—*Perca Cinerea.*—SP. N.   *Polyprion americanus* (101)

74. ESPECIE 10.—**El Berrugate.**—*Perca Berrucaria.*—SP. N.   *Umbrina ronchus* (138) **1.ª M.**

75. ESPECIE 11.—**La Corva.**—*Perca Curvata.*—SP. N.   *Sciaena umbra* (136)

76. ESPECIE 12.—**El Borriguete.**—*Perca Asellus.*—SP. N.   *Plectorhinchus mediterraneus* (110)

77. ESPECIE 13.—**El Roncador.**—*Perca Grunniens*.*—SP. N.   *Pomadasys incisus (111)*

78. ESPECIE 14.—**La Baquilla ó Cabrilla serrana*.**—*Perca Vitella.*—SP. N.   *Serranus scriba* (108)

GÉNERO.—*Gasterosteus.*—LINN.

79. ESPECIE.—**La Corzeta.**—*Gasterosteus Lisan.*—SP. N.   *Lichia amia* (80)

GÉNERO—*Scomber.*—LINN.

80. ESPECIE 1.ª—**La Caballa.**—*Scomber Scomber.*—LINN.   *Scomber colias* (174)

81. ESPECIE 2.ª—**El Bonito.**—*Scomber Pelamis.*—LINN.   *Sarda sarda* (55)

82. ESPECIE 3.ª—**El Atún.**—*ScomberThinus.*—LINN.   *Thunnus thynnus* (57)

83. ESPECIE 4.ª—**El Xurel.**—*Scomber Trachurus.*—LINN.   *Trachurus trachurus* (82)

84. ESPECIE 5.ª—**El Xurel dorado.**—*Scomber Auratus*.*   *Trachurus mediterraneus* (81)

85. ESPECIE 6.ª—**La Albacora.**—*Scomber Albacora*, Bonnete.*   *Thunnus albacares* (176)

86. ESPECIE 7.ª—**La Palometa.**   *Trachinotus ovatus* (186)

87. [ESPECIE 8.ª—]**La Tonina es el Delphinus*.**—*Phocena.*   *Phocoena phocoena* (160)

GÉNERO.—*Centrogaser.*—HOUTT.

88. ESPECIE.—**La Melva.**—*Centrogaster Scutatus.*—SP. N.   *Auxis thazard* (54)

GÉNERO.—*Mullus.*—LINN.

89. ESPECIE 1.ª—**Salmonete.**—*Mullus Barbatus.*—LINN.   *Mullus barbatus* (61)

90. ESPECIE 2.ª—**Salmonete rayado.**—*Mullus Surmuletus.*—LINN.   *Mullus surmuletus* (62)

GÉNERO.—*Trigla.*—LINN.

91. ESPECIE 1.ª—**El Armadillo*.**—*Trigla Cataphracta.*—LINN.   *Peristedion cataphractum* (158)

92. ESPECIE 2.ª—**El Borracho.**—*Trigla Gurnardus.*—LINN.   *Eutrigla gurnardus* (155)

93. ESPECIE 3.ª—**La Cabrilla.**—*Trigla Lucerna.*   *Chelidonichthys lucerna* (153)

94. ESPECIE 4.ª—**El Garneo.**—*Trigla Lira.*—LINN.   *Trigla lyra* (157)

95. ESPECIE 5.ª—**El Cabete.**—*Trigla Minuta.*—LINN.   *Lepidotrigla cavillone* (156)

96. ESPECIE 6.ª—**El Rubio.**—*Trigla Rubens*.*—SP. N.   *Chelidonichthys lucerna* (153)

97. ESPECIE 7.ª—**El Regel.**—*Trigla Lucerna.*—LINN.   *Chelidonichthys obscurus* (154)

98. ESPECIE 8.ª—**La Golondrina.**—*Trigla Hirundo.*—LINN.   *Chelidonichthys lastoviza* (152)

99. ESPECIE 9.ª—**El Cuclillo*.**—*Trigla Cuculus.*—LINN.   *Chelidonichthys cuculus* (151)

100. ESPECIE 10.—**El Rapete.**—*Trigla Spinosa*.*—LINN.   *Lepidotrigla cavillone* (156)

ABDOMINALES.

GÉNERO.—*Esox.*

101. ESPECIE 1.ª—**La Aguja.**—*Esox Belone.*—LINN.   *Belone belone* (86)

102. ESPECIE 2.ª—**El Picudo ó Espeton.**—*Esox Lucius*.*—LINN.   *Sphyraena sphyraena* (69)

GÉNERO.—*Argentina.*—LINN.

103. ESPECIE.—**El Pexe Plata.**—*Argentina Sphirena.*—LINN.   *Argentina sphyraena* (45)

GÉNERO.—*Atherina.*—LINN.

104. ESPECIE.—**El Pexe Rey.**—*Atherina Hepsetus.*—LINN.   *Atherina boyeri* (85)

GÉNERO.—*Mugil.*—LINN.

105. ESPECIE 1.ª—**El Capitán ó Cabezudo.**—*Mugil Cephalus.*—LINN.   *Mugil cephalus* (90)

106. ESPECIE 2.ª—**La Liza.**—*Mugil Albula.*—LINN.   *Chelon labrosus* (89)

GÉNERO.—*Exocetus.*—LINN.

107. ESPECIE.—**Volador.**—*Exocetus Evolans.*—LINN.   *Exocoetus volitans* (88)

GÉNERO.—*Clupea.*—LINN.

108. ESPECIE 1.ª—**La Saboga.**—*Clupea Harengus.*—LINN.   *Alosa fallax* (40)

109. ESPECIE 2.ª—**La Sardina.**—*Clupea Spratus.*   *Sardina pilchardus* (41)

110. ESPECIE 3.ª—**La Lacha ó Negrilla*.**—*Clupea Alosa.*—LINN.   *Alosa alosa* (39)

111. ESPECIE 4.ª—**La Anchoa ó Boquerón.**—*Clupea Encrasicolus.*—LINN.   *Engraulis encrasicolus* (42)

GÉNERO.—*Ciprinus.*—LINN.

    112. ESPECIE 1.ª—**El Pez de Redoma.**—*Ciprinus Auratus.*—LINN.   *Carassius auratus* (43)

    113. ESPECIE 2.ª—**El Barbo.**—*Ciprinus Barbus.*—LINN.   *Luciobarbus sclateri* (44)

Branquiostegos [BRANQUIOSTEGOS].

GÉNERO.—*Tetrodon.*—LINN.

    114. ESPECIE.—**La Mola ó Bordador*.**—*Tetrodon Mola.*—LINN.   *Mola mola* (98)

GÉNERO.—*Singnatus.*—LINN.

    115. ESPECIE 1.ª—**El Caballito.**—*Singnatus Hippocampus.*—LINN.   *Hippocampus guttulatus* (65)

    116. ESPECIE 2.ª—**La Aguja.**—*Singnatus Acus.*—LINN.   *Syngnathus acus* (66)

GÉNERO.—*Centriscus.*—LINN.

    117. ESPECIE.—**El Trompetero.**—*Centriscus Velitaris.*—LINN.   *Macroramphosus scolopax* (64)

GÉNERO.—*Balistes.*—LINN.

    118. ESPECIE.—**La Mula.**—*Balistes Trispinosus.*—SP. N.   *Balistes capriscus* (100)

GÉNERO.—*Lophius.*—LINN.

    119. ESPECIE 1.ª—**El Rape.**—*Lophius Piscatorius.*—LINN.   *Lophius piscatorius* (97)

    120. ESPECIE 2.ª—**El Sapo.**—*Lophius Gadicensis.*—SP. N.   *Halobatrachus didactylus* (51)

CONDROPTERIGIOS.

GÉNERO.—*Accipenser.*—LINN.

    121. ESPECIE.—**El Sollo.**—*Accipenser Sturio.*—LINN.   *Acipenser sturio* (33)

GÉNERO.—*Squalus.*—LINN.

    122. ESPECIE 1.ª—**La Mermejuela ó Angelote.**—*Squalus Squatina.*—BONTER.   *Squatina squatina* (21)

    123. ESPECIE 2.ª—**El Ferron*.**—*Squalus Acanthias.*—LINN.   *Squalus blainville* (19) **1.ª M.**

    124. ESPECIE 3.ª—**El Marrajo.**—*Squalus Nasus, Bonneter y Bruson.*   *Isurus oxyrinchus* (7)

    125. ESPECIE 4.ª—**El Pexe Clavo.**—*Squalus Spinosus.*—LINN.   *Echinorhinus brucus* (20)

    126. ESPECIE 5.ª—**El Boquidulce.**—*Squalus Griscus* [*Griseus*].—LINN.   *Hexanchias griseus* (4)

    127. ESPECIE 6.ª—**La Pintarroja.**—*Squalus Rufescens*.*—SP. N.   *Scyliorhinus canicula* (8)

    128. ESPECIE 7.ª—**La Lixa*.**—*Squalus Licha*, Bonneterre.*   *Dalatias licha* (16)

    129. ESPECIE 8.ª—**El Cazon.**—*Squalus Mustelus.*—LINN.   *Mustelus mustelus* (12)

    130. ESPECIE 9.ª—**El Tollo ó Melga.**—*Squalus Fernandinus, Molina.*   *Squalus acanthias* (18)

    131. ESPECIE 10.—**El Kelvas*.**   *Centrophorus granulosus* (167)

    132. ESPECIE 11.—**La Tintorera ó Caella.**—*Squalus Carcharias*.*—LINN.   *Carcharodon carcharias* (6)

    133. ESPECIE 12.—**El Cochino.**—*Squalus Spinax.*—LINN.   *Etmopterus spinax* (17)

    134. ESPECIE 13.—**El Pexe Martillo ó Cornudilla.**—*Squalus Zigæna.*—LINN.   *Sphyrna zygaena* (15)

    135. ESPECIE 14.—**El Pexe Peyne.**—*Squalus Galeus.*—LINN.   *Galeorhinus galeus* (10)

    136. ESPECIE 15.—**El Pexe Sorro.**—*Squalus Vulpes.*—LINN.   *Alopias vulpinus* (5)

    137. ESPECIE 16.—**El Pexe Perro.**—*Squalus Catulus.*—LINN.   *Scyliorhinus stellaris* (9)

GÉNERO.—*Raya.*—LINN.

    138. ESPECIE 1.ª—**La Tremielga, Tremeriega* ó Tembladera.**—*Raya Torpedo.*—LINN.   *Torpedo torpedo* (22)

    139. ESPECIE 2.ª—**Levi-Raya*.**—*Raya Batis.*—LINN.   *Dipturus batis* (25)

    140. ESPECIE 3.ª—**La Noriega.**—*Raya Clavata*.*—LINN.   *Raja clavata* (27)

    141. ESPECIE 4.ª—**La Raya Baca.**—*Raya Oxirincus.*—LINN.   *Dasyatis pastinaca* (30)

    142. ESPECIE 5.ª—**El Chucho.**—*Raya Aguila.*—LINN.   *Myliobatis aquila* (32)

    143. ESPECIE 6.ª—**El Bramante.**—*Raya Tubercula*.*—Bonneterre.   *Rostroraja alba* (29)

    144. ESPECIE 7.ª—**Raya Vera.**—*Raya Miraletus.*—LINN.   *Raja miraletus* (28)

    145. ESPECIE 8.ª—**La Agujeta*.**—*Raya Aptera*.*—SP. N.   *Dasyatis pastinaca* (30)

    146. ESPECIE 9.ª—**El Machudo* ó peje Mahoma.**—*Raya Machuelo.*—Bonnete.   *Dipturus oxyrinchus* (26)

GÉNERO.—*Petromizon.*—LINN.

    147. ESPECIE 1.ª—**La Lamprea.**—*Petromizon Marinus.*—LINN.   *Petromyzon marinus* (2)

    148. ESPECIE 2.ª—**Otra Lamprea.**—*Petromizon Fluviatilis.*—LINN.   *Lampetra fluviatilis* (1)

Anexo V. Addenda de la Memoria descriptiva (**Addenda**).

Entradas numeradas de especies con el orden y la grafía de Cabrera, transcritas desde Graells (1887: 170-174), y su denominación actual. Los textos en color sepia son de Cabrera. El * señala los nombres vulgares y científicos que no incluyó en la Lista impresa elaborada a partir de esta Addenda. Los [ ] indican nuestra corrección a diversos errores. La llamada **1.ª M.** señala las especies a las que Cabrera fue el primero en mencionar. Los paréntesis incluyen el número de la ficha de especie correspondiente.

ADDENDA.	ESTADO ACTUAL
1. **Caella.**—*Squalus Glaucus.*	*Prionace glauca* (13)
2. *Sparus pinnilepidus**.	Desconocida
3. **Vieja ó** *Sparus-Setaceus Varietas**.	*Dentex canariensis* (113) **1.ª M.**
4. **El Bobon***.—*Sparus Sinagris**.	*Sarpa salpa* (131)
5. **El Pez Obispo.**	*Aetomylaeus bovinus* (31)
6. **El Taboron.**—*Squalus Tiburo.*	*Sphyrna tudes* (14)
7. **El Mata-Soldado.**—*Labrus Scina.*	*Symphodus rostratus* (145)
8. ESPECIE.—**El Pez Araña.**—*Trachinus Draco.*—LINN.	*Trachinus draco* (147)
9. **La Bruja.**—*Labrus Pertusus.*—SP. N.	*Labrus bergylta* (142)
10. **El pez Diablo.**—*Gobius Jozo.*	*Gobius niger* (67)
11. *Blennius Galerita.*	*Coryphoblennius galerita* (92)
12. **La Culebra ó Pez Culebrar***.—*Muræna Mirus.*	*Echelus myrus* (36)
13. ESPECIE.—**El Duarto.**—*Chetodon Minimus.*	Desconocida
14. ESPECIE.—**El Buroz.**—*Sparus Vorax.* (⅓ de largo).	*Pagellus bogaraveo* (127)
15. ESPECIE.—**Raya Hucha***.—*Raya Pastinaca.*	*Dasyatis pastinaca* (30)
16. ESPECIE.—**El Dragon.**—*Callionimus Lira.*	*Callionymus lyra* (63)
17. ESPECIE.—**Alitan.**—*Squalus Ocellaris.*	*Scyliorhinus stellaris* (9)
18. ESPECIE.—**Rapulto***.—*Squalus.*	Desconocida
19. ESPECIE.—**Galludo.**—*Squalus.*	*Squalus blainville* (19)
20. ESPECIE.—**El Bramante.**—*Raya Halavi**.	*Glaucostegus cemiculus* (24)
21. ESPECIE.—**La Guitarra.**—*Raya Rhinobatos.*	*Rhinobatos rhinobatos* (23)
22. ESPECIE.—**El Pigue***.—*Squalus Stellaris**.	*Mustelus asterias* (11)
23. ESPECIE.—**El Pulpo.**—*Sepia Octopus.*	*Octopus vulgaris* (163)
GÉNERO.—*Sepia.*	
24. ESPECIE 1.ª—**La Xivia.**—*Sepia Officinalis.*	*Sepia officinalis* (164)
25. ESPECIE 2.ª—**El Calamar.**—*Sepia Loligo.*	*Loligo vulgaris* (162)
26. ESPECIE 3.ª—**El Choco.**—*Sepia Sepiola.*	*Sepiola rondeletii* (165)

PECES.

27. ESPECIE.—**La Cañabota***.—*Raya.*	Desconocida
28. ESPECIE.—**La Cerda.**—*Comber.*	*Scomber scombrus* (56)

GÉNERO.—*Balæna.*	
29. ESPECIE.—**La Ballena.** *Balaena Misticetus*	*Balaena mysticetus* (159)
GÉNERO.—*Delphinus.*—LINN.	
30. ESPECIE [1.ª].—**La Tonina.**—*Delphinus Phocæna.*—LINN.	*Phocoena phocoena* (160)
31. ESPECIE 2.ª—**El Espadarte.**—*Delphinus Orca.*—LINN.	*Orcinus orca* (161)

---

32. ESPECIE.—**Mosquitero.**—*Esox Marginatus.*	*Hyporhamphus picarti* (87) **1.ª M.**
33. ESPECIE.—**El Volador.**—*Trigla Volitans.*	*Dactylopterus volitans* (60)
34. [ESPECIE.—]**El Pexe Limon.**	*Naucrates ductor* (184)
GÉNERO.—*Diodon.*	
35. ESPECIE.—**Los Erizos.**—*Diodon Histrix.*	*Diodon hystrix* (99)
36. ESPECIE.—**La Choa.**—[C]*Entrogaster Scombrarius.*—SP. N.	*Pomatomus saltatrix* (53)

En color sepia y en el orden y la grafía de Cabrera, transcripción (desde Graells, 1887; pp. 175-186) de la aportación ictiológica que hizo el religioso chiclanero recopilando la información de los documentos de los anexos anteriores (III, IV y V), y su equivalencia actual. El * y *Sp. N.* en negrita indican las incorporaciones de nombres vulgares, nombres científicos y especies nuevas que hizo Cabrera sobre lo que ya tenía en dichos documentos. **Lin.** y ***Bonterre.*** en negrita indican rectificaciones de Cabrera sobre especies que había marcado como nuevas (Sp. N.). La comilla » que acompaña a casi todos los 'Varietas' y a tres nombres científicos podrían referirse a '*Lin.*'. 'Desconocida' se refiere a ictiónimos que no perviven en el léxico de los pescadores andaluces actuales, no se encuentran en los diccionarios históricos de la Academia Española de la Lengua y no puede saberse de qué especie se trataba. La llamada 1.ª M. señala las especies a las que Cabrera fue el primero en mencionar. Los números entre paréntesis conducen a la ficha de especie correspondiente.

LISTA DE LOS PECES DEL MAR DE ANDALUCÍA. AÑO 1817

		ESTADO ACTUAL
GÉNERO 1.		
1. *La Morena*	Murena Helena *Lin.*	*Muraena helena* (34)
2. *La Anguilla*	Murena Anguilla *Lin.*	*Anguilla anguilla* (38)
3. *El Congrio, El Zafío*	Murena Conger *Lin.*	*Conger conger* (37)
4. *La Culebra*	Murena Serpens* *Lin.*	*Ophisurus serpens* (171)
5. *La Culebra picuda**	Murena Mirus *Lin.*	*Echelus myrus* (36)
6. *La Morenata*	Murena Cœca *Lin.*	*Apterichtus caecus* (35)
GÉNERO 2.		
7. *El Pámpano*	Stromateus Fiatola *Lin.*	*Stromateus fiatola* (52)
8. *El Emperador**	Stromateus Imperator* *Sp. N.*	*Luvarus imperialis* (96)
GÉNERO 3.		
9. *El Saltón*	Ammodites Tobianus* *Lin.*	*Ammodytes tobianus* (196)
GÉNERO 4.		
10. *El Pez-Sable**	Ophidium Barbatum* *Lin.*	*Ophidium barbatum* (173)
GÉNERO 5.		
11. *El Pez-Espada*	Xiphias Gladius *Lin.*	*Xiphias gladius* (79)
GÉNERO 6.		
12. *La Rata*	Uranoscopus Scaber *Lin.*	*Uranoscopus scaber* (148)
GÉNERO 7.		
13. *El Dragón*	Callionimus Dracunculus* *Lin.*	*Callionymus lyra* (63)
14. *El Lagarto**, *La Guitarra*	Callionimus Lira *Lin.*	*Callionymus lyra* (63)
GÉNERO 8.		
15. *La Araña*	Trachinus Draco *Lin.*	*Trachinus draco* (147)
GÉNERO 9.		
16. *El Escolar**	Gadus Albidus* *Lin.*	*Phycis blennoides* (47)
17. *La Paneca**, *La Faneca*	Gadus Blennoides* ***Lin.***	*Trisopterus luscus* (49)
18. *El Bacalao**	Gadus Bacalaus* *Sp. N.*	*Micromesistius poutassou* (172)
19. *La Pescada*	Gadus Pisciota* *Sp. N.*	*Merluccius merluccius* (50)
20. *La Pescadilla, La Pijotilla*	Varietas	*Merluccius merluccius* (50)
GÉNERO 10.		
21. *El Torillo**	Blennius Ocellaris *Lin.*	*Blennius ocellaris* (91)
22. *La Babosa**	Blennius Viviparus *Lin.*	*Parablennius gattorugine* (94)
23. *La Brotola*	Blennius Phicis *Lin.*	*Phycis phycis* (48)
24. *La Brotola blanca*	Blennius Alvidus *Sp. N.*	*Phycis blennoides* (47)
25. *Sin nombre*	Blennius Simus* *Lin.*	Desconocida
26. *Sin nombre*	Blennius Galerita *Lin.*	*Coryphoblennius galerita* (92)
GÉNERO 11.		
27. *La Doncella*	Cepola Rubescens *Lin.*	*Cepola macrophthalma* (139)
28. *Otra Doncella*	Cepola Tenia* *Lin.*	*Cepola macrophthalma* (139)
GÉNERO 12.		
29. *Remora**, *Pegador*	Echeneis Remora *Lin.*	*Remora remora* (83)

GÉNERO 13.

30.	*El Dorado*	Coriphena Equiselis *Lin.*	*Coryphaena equiselis* (200)
31.	*El Autriaco**	Coriphena Hippuris* *Lin.*	*Coryphaena hippurus* (84)
32.	*La Xaputa*	Coriphena Variegata* *Sp. N.*	*Coryphaena hippurus* (84)
33.	*Sin nombre*	Coriphena Cornide* *Sp. N.*	*Coryphaena hippurus* (84)

GÉNERO 14.

34.	*El Pez del diablo*	Gobius Jozzo *Lin.*	*Gobius niger* (67)
35.	*El Caboso*	Gobius Gracilis *Sp. N.*	*Gobius paganellus* (68)
36.	*El Canqueso**	Gobius Niger* *Lin.*	*Gobius niger* (67)

GÉNERO 15.

37.	*Gallineta*	Scorpena Porcus *Lin.*	*Scorpaena porcus* (149)
38.	*Rescacio*	Scorpena Scropha* *Lin.*	*Scorpaena scrofa* (150)
39.	*Pollo**	Scorpena Maculata* *Sp. N.*	*Helicolenus dactylopterus* (197)

GÉNERO 16.

40.	*El Pez-Sable*	Lepidopus Malacensis* *Sp. N.*	*Lepidopus caudatus* (179)

GÉNERO 17.

41.	*El Pez de San Pedro*	Zeus Faber *Lin.*	*Zeus faber* (46)
42.	*El Ochavo**	Zeus Asper* *Lin.*	*Capros aper* (95)

GÉNERO 18.

43.	*El Lenguado*	Pleuronectes Solea *Lin.*	*Solea solea* (78)
44.	*El Soldado*	Pleuronectes Tricodactilus *Lin.*	*Microchirus azevia* (75)
45.	*La Lengua*	Pleuronectes Limandoides *Lin.*	*Dagetichthys lusitanicus* (74)
46.	*La Solleta*	Pleuronectes Linguatula *Lin.*	*Pegusa lascaris* (77)
47.	*El Rodaballo*	Pleuronectes Maximus* *Lin.*	*Scophthalmus maximus* (182)
48.	*Otro Rodaballo*	Pleuronectes Rhombus *Lin.*	*Scophthalmus rhombus* (71)
49.	*El Tambor*	Pleuronectes Obtusus* *Sp. N.*	*Platichthys flesus* (73)
50.	*La Platixa**	Pleuronectes Platessa* *Lin.*	*Pleuronectes platessa* (199)
51.	*El Tapaculo*	Pleuronectes Cuspidatus* *Sp. N.*	*Citharus linguatula* (70)
52.	*El Peludo en randa*	Pleuronectes Fimbriatus *Sp. N.*	*Arnoglossus laterna* (72)

GÉNERO 19.

53.	*La Xaputa*	Chætodon Umbratus *Sp. N.*	*Brama brama* (58)
54.	*El Rondanil*	Varietas »	*Taractichthys longipinnis* (59) **1.ª M.**
55.	*El Quarto*	Chætodon Minimum *Sp. N.*	Desconocida
56.	*El Trasalte**	Chætodon Truncatum* *Sp. N.*	Desconocida
57.	*Sin nombre*	Chætodon Sparoides* *Sp. N.*	Desconocida

GÉNERO 20.

58.	*La Chucla**	Sparus Mæna* *Lin.*	*Spicara maena* (192)
59.	*La Dorada*	Sparus Auratus *Lin.*	*Sparus aurata* (132)
60.	*El Sargo*	Sparus Sargus *Lin.*	*Diplodus sargus* (121)
61.	*El Sargo burdo*	Sparus Variegatus* *Lin.*	*Diplodus cervinus* (119)
62.	*El Sargo picudo*	Sparus Puntazzo *Lin.*	*Diplodus puntazzo* (120)
63.	*La Urta, La Sama*	Sparus Urta *Lin.*	*Pagrus auriga* (129)
64.	*El Pagel*, El Dentón roxo*	Sparus Erhitrinus *Lin.*	*Pagellus erythrinus* (128)
65.	*El Pargo*	Sparus Pagrus *Lin.*	*Pagrus pagrus* (130)
66.	*La Boga*	Sparus Boops *Lin.*	*Boops boops* (112)
67.	*El Soldado*	Sparus Chromis *Lin.*	*Chromis chromis* (140)
68.	*La Salpa, La Salema*	Sparus Salpa *Lin.*	*Sarpa salpa* (131)
69.	*El Dentón*	Sparus Dentex *Lin.*	*Dentex dentex* (114)
70.	*La Oblada, La Doblada, La Doblaeta*	Sparus Melanurus *Lin.*	*Oblada melanurus* (124)
71.	*La Chopa*	Sparus Cantharus *Lin.*	*Spondyliosoma cantharus* (134)
72.	*El Cachucho*	Sparus Chrisops *Lin.*	*Dentex macropththalmus* (116)
73.	*El Bobón*	Sparus Sinagris *Lin.*	*Sarpa salpa* (131)
74.	*La Faxóa*	Sparus Mycrocephalus *Sp. N.*	*Diplodus annularis* (117)
75.	*El Trompero*	Sparus Rostratus *Sp. N.*	*Spicara smaris* (133)
76.	*El Bocinegro*	Sparus Nigrirostris *Sp. N.*	*Pagrus pagrus* (130)
77.	*El Besugo*	Sparus Axilaris* *Sp. N.*	*Pagellus acarne* (125)
78.	*El Capitán*	Sparus Cetaceus *Sp. N.*	*Dentex gibbosus* (115)
79.	*La Vieja*	Varietas »	*Dentex canariensis* (113) **1.ª M.**

80. *La Breca*	Sparus Breca *Sp. N.*	*Pagellus erythrinus* (128)
81. *El Garapello*	Sparus Versicolor *Sp. N.*	*Pagellus bellottii* (126) **1.ª M.**
82. *La Mojara*	Sparus Orbiculatus *Sp. N.*	*Diplodus bellottii* (118)
83. *La Mojarra prieta**	Varietas »	*Diplodus vulgaris* (122)
84. *El Pachan*	Sparus Curvatus *Sp. N.*	*Pagellus bogaraveo* (127)
85. *El Burás*	Sparus Vorax* *Sp. N.*	*Pagellus bogaraveo* (127)
86. *El Higo**	Sparus Virescens* *Sp. N.*	Desconocida
87. *El Page**	Sparus Maculatus* *Sp. N.*	*Diplodus vulgaris* (122)
88. *La Sabia**	Sparus Sabia* *Sp. N.*	*Dentex dentex* (114)

GÉNERO 21.

89. *El Mata Soldados*	Labrus Scina *Lin.*	*Symphodus rostratus* (145)
90. *El Borriquete*	Labrus Antias* *Lin.*	*Anthias anthias* (191)
91. *Otro Borriquete*	Labrus Merula**Lin.*	*Labrus merula* (193)
92. *El Tordo**	Labrus Tinca**Lin.*	*Symphodus tinca* (195)
93. *El Zorzal**	Labrus Varius**Lin.*	*Labrus mixtus* (194)
94. *La Xaputa de piedras**	Labrus Niger* *Lin.*	*Symphodus tinca* (195)
95. *El Loro**	Labrus Psitacus* *Lin.*	*Labrus viridis* (143)
96. *El Bodion*	Labrus Fuscus *Lin.*	*Symphodus mediterraneus* (144)
97. *El Bodion verde*	Labrus Viridis *Lin.*	*Labrus viridis* (143)
98. *La Doncella, El Gallito del Rey*	Labrus Julis *Lin.*	*Coris julis* (141)
99. *La Bruja*	Labrus Pertusus ***Lin.***	*Labrus bergylta* (142)

GÉNERO 22.

100. *La Corbina*	Sciena Corbina *Sp. N.*	*Argyrosomus regius* (135)
101. *Otra Corbina*	Sciena Umbra* *Lin.*	*Sciaena umbra* (136)
102. *La Corbinata*	Sciena Curvata* *Sp. N.*	*Umbrina cirrosa* (137)

GÉNERO 23.

103. *La Baila*	Perca Punctata *Lin.*	*Dicentrarchus punctatus* (103)
104. *La Cabrilla*	Perca Cabrilla *Lin.*	*Serranus cabrilla* (107)
105. *La Cherna*	Perca Gigas *Lin.*	*Mycteroperca rubra* (106)
106. *El Róbalo*	Perca Labrax* *Bonterre.*	*Dicentrarchus labrax* (102)
107. *La Vaqueta**	Perca Mediterranea* *Lin.*	*Symphodus mediterraneus* (144)
108. *El Abadejo rayado*	Perca Diagramma *Lin.*	*Parapristipoma octolineatum* (109) **1.ª M.**
109. *El Roncador*	Perca Stridens* *Sp. N.*	*Pomadasys incisus* (111)
110. *El Abadejo*	Perca Flavescens *Sp. N.*	*Epinephelus costae* (104) **1.ª M.**
111. *El Mero*	Perca Merus *Sp. N.*	*Epinephelus marginatus* (105)
112. *El Romerito*	Perca Cinerea *Sp. N.*	*Polyprion americanus* (101)
113. *El Berruguete*	Perca Berrucaria *Sp. N.*	*Umbrina ronchus* (138) **1.ª M.**
114. *La Corva*	Perca Curvata *Sp. N.*	*Sciaena umbra* (136)
115. *El Borriquate*	Perca Asellus *Sp. N.*	*Plectorhinchus mediterraneus* (110)
116. *La Vaquilla, La Serrana**	Perca Vitella *Sp. N.*	*Serranus scriba* (108)
117. *La Castañuela**	Perca Fimbriata* *Sp. N.*	*Chromis chromis* (140)

GÉNERO 24.

118. *Sin nombre*	Ciclopterus Lepidogaster*»	*Lepadogaster lepadogaster* (190)

GÉNERO 25.

119. *Pez Limón*	Gasterosteus Ductor* *Lin.*	*Naucrates ductor* (184)
120. *La Corseta*	Gasterosteus Lisan *Sp. N.*	*Lichia amia* (80)
121. *La Palometa*	Gasterosteus Columbarius* *Sp. N.*	*Trachinotus ovatus* (186)
122. *El Salpa Xurel**	Gasterosteus Trachurus* *Sp. N.*	Desconocida
123. *El Caballo**	Gasterosteus Equus* *Sp. N.*	*Lichia amia* (80)
124. *El Lirio**	Gasterosteus Sinuatus* *Sp. N.*	*Seriola dumerili* (185)
125. *El Punzón**, *El Pez-Clavo*	Gasterosteus Muricatus* *Sp. N.*	*Ruvettus pretiosus* (178) **1.ª M.**
126. *Sin nombre*	Gasterosteus Malacensis* *Sp. N.*	*Nesiarchus nasutus* (177)

GÉNERO 26.

127. *El Estornino**	Scomber Scomber *Lin.*	*Scomber scombrus* (56)
128. *El Xurel*	Scomber Trachurus *Lin.*	*Trachurus trachurus* (82)
129. *La Xurela**	Varietas *Lin.*	*Caranx rhonchus* (183)
130. *El Bonito*	Scomber Pelamis *Lin.*	*Sarda sarda* (55)
131. *El Atun*	Scomber Thinnus *Lin.*	*Thunnus thynnus* (57)

132. *El Xurel dorado*	Scomber Chrisops* *Lin.*	*Trachurus mediterraneus* (81)
133. *Sin nombre*	Scomber Alatunga* *Lin.*	*Thunnus alalunga* (175)
134. *La Cerda, La Albacora*	Scomber Scomber »	*Scomber scombrus* (56)
135. *La Caballa*	Scomber Colias* *Lin.*	*Scomber colias* (174)

GÉNERO 27.

136. *La Melva*	Centrogaster Scutatus *Sp. N.*	*Auxis thazard* (54)
137. *La Choa, La Chova**	Centrogaster Scombrarius *Sp. N.*	*Pomatomus saltatrix* (53)

GÉNERO 28.

138. *El Salmonete*	Mullus Barbatus *Lin.*	*Mullus barbatus* (61)
139. *El Salmonete rayado*	Mullus Surmuletus *Lin.*	*Mullus surmuletus* (62)

GÉNERO 29.

140. *El Armado**	Trigla Cataphracta *Lin.*	*Peristedion cataphractum* (158)
141. *El Borracho*	Trigla Gurnardus *Lin.*	*Eutrigla gurnardus* (155)
142. *El Regel*	Trigla Lucerna *Lin.*	*Chelidonichthys obscurus* (154)
143. *La Cabrilla*	Varietas »	*Chelidonichthys lucerna* (153)
144. *El Garneo*	Trigla Lira *Lin.*	*Trigla lyra* (157)
145. *El Arete**	Trigla Cuculus *Lin.*	*Chelidonichthys cuculus* (151)
146. *La Golondrina*	Trigla Hirundo *Lin.*	*Chelidonichthys lastoviza* (152)
147. *El Volador*	Trigla Volitans *Lin.*	*Dactylopterus volitans* (60)
148. *El Cabete*	Trigla Minuta *Lin.*	*Lepidotrigla cavillone* (156)
149. *El Rubio*	Trigla Rubescens* *Sp. N.*	*Chelidonichthys lucerna* (153)
150. *El Rapete*	Trigla Serrata* ***Lin.***	*Lepidotrigla cavillone* (156)

GÉNERO 30.

151. *El Peto*, El Espetón, El Picudo*	Esox Sphirena* *Lin.*	*Sphyraena sphyraena* (69)
152. *La Aguja*	Esox Belone *Lin.*	*Belone belone* (86)
153. *El Mosquitero*	Esox Marginatus *Lin.*	*Hyporhamphus picarti* (87) **1.ª M.**
154. *El Saltón**	Esox Pinnulatus* *Sp. N.*	*Scomberesox saurus* (187)

GÉNERO 31.

155. *El Pez-Plata*	Argentina Sphirena *Lin.*	*Argentina sphyraena* (45)

GÉNERO 32.

156. *El Pez Rey*	Atherina Hepsetus *Lin.*	*Atherina boyeri* (85)

GÉNERO 33.

157. *El Capitán, El Cabezudo*	Mugil Cephalus *Lin.*	*Mugil cephalus* (90)
158. *La Lisa*	Mugil Albula *Lin.*	*Chelon labrosus* (89)
159. *El Bausel**	Varietas »	*Chelon auratus* (188)

GÉNERO 34.

160. *El Volador*	Exocetus Evolans *Lin.*	*Exocoetus volitans* (88)

GÉNERO 35.

161. *La Sardina*	Clupea Spratus *Lin.*	*Sardina pilchardus* (41)
162. *El Boquerón, La Anchoa*	Clupea Encrasicolus *Lin.*	*Engraulis encrasicolus* (42)
163. *La Saboga*	Clupea Arengus *Lin.*	*Alosa fallax* (40)
164. *La Lacha*	Clupea Alosa *Lin.*	*Alosa alosa* (39)
165. *El Sábalo**	Varietas »	*Alosa alosa* (39)

GÉNERO 36.

166. *El Barbo*	Ciprinus Barbus *Lin.*	*Luciobarbus sclateri* (44)
167. *El Albur**	Ciprinus Alburnus* *Lin.*	*Chelon ramada* (189)
168. *El Pez de redoma*	Ciprinus Auratus *Lin.*	*Carassius auratus* (43)

GÉNERO 37.

169. *La Mola, El Rodador**	Tetraodon Mola *Lin.*	*Mola mola* (98)

GÉNERO 38.

170. *El Pez Erizo*	Diodon Hixtris *Lin.*	*Diodon hystrix* (99)

GÉNERO 39.

171. *El Caballito*	Singnatus Hippocampus *Lin.*	*Hippocampus guttulatus* (65)
172. *La Aguja*	Singnatus Acus *Lin.*	*Syngnathus acus* (66)
173. *La Mula*	Varietas »	*Syngnathus typhle* (181)
174. *El Alfiler**	Singnatus Ophidium* *Lin.*	*Nerophis ophidion* (180)

GÉNERO 40.

175. *El Trompetero*	Centriscus Velitaris *Lin.*	*Macroramphosus scolopax* (64)
176. *El Pito real*	Centriscus Scolopax* *Lin.*	*Macroramphosus scolopax* (64)

GÉNERO 41.			
177. *La Mula*	Balistes Triacantos* *Sp. N.*	*Balistes capriscus* (100)	
GÉNERO 42.			
178. *El Rape*	Lophius Piscatorius *Lin.*	*Lophius piscatorius* (97)	
179. *El Sapo*	Lophius Gadicensis *Sp. N.*	*Halobatrachus didactylus* (51)	
GÉNERO 43.			
180. *El Sollo*	Accipenser Sturio *Lin.*	*Acipenser sturio* (33)	
181. *Otro Sollo*	Accipenser Huso* *Lin.*	*Huso huso* (198)	
GÉNERO 44.			
182. *La Mermejuela, El Angelote*	Squalus Squatina *Lin.*	*Squatina squatina* (21)	
183. *El Marrajo*	Squalus Nasus *Boneter.*	*Isurus oxyrinchus* (7)	
184. *El Ferron*	Squalus Acanthias *Lin.*	*Squalus blainville* (19) **1.ª M.**	
185. *El Galludo*	Varietas »	*Squalus blainville* (19)	
186. *El Boquidulce*	Squalus Griseus *Lin.*	*Hexanchus griseus* (4)	
187. *El Pez-Clabo*	Squalus Spinosus *Lin.*	*Echinorhinus brucus* (20)	
188. *La Pintarroja*	Squalus Canicula* *Lin.*	*Scyliorhinus canicula* (8)	
189. *El Cazón, La Mozuela**	Squalus Mustelus *Lin.*	*Mustelus mustelus* (12)	
190. *La Caella*	Varietas »	*Prionace glauca* (13)	
191. *El Tollo, La Mielga*	Squalus Fernandinus *Molín.*	*Squalus acanthias* (18)	
192. *La Tintorera*	Squalus Glaucus *Lin.*	*Prionace glauca* (13)	
193. *El Pez Martillo, La Cornudilla*	Squalus Zigæna *Lin.*	*Sphyrna zygaena* (15)	
194. *El Cochino*	Squalus Spinax *Lin.*	*Etmopterus spinax* (17)	
195. *El Pez Peine*	Squalus Galeus *Lin.*	*Galeorhinus galeus* (10)	
196. *El Pez Zorro*	Squalus Vulpes *Lin.*	*Alopias vulpinus* (5)	
197. *El Taburón*	Squalus Tiburo *Lin.*	*Sphyrna tudes* (14)	
198. *El Jaquetón**	Varietas »	*Carcharodon carcharias* (6)	
199. *El Alitán*	Squalus Ocellaris *Lin.*	*Scyliorhinus stellaris* (9)	
200. *Sin nombre*	Squalus Maximus* *Lin.*	*Cetorhinus maximus* (166)	
201. *La Negra**	Squalus Ater* *Sp. N.*	*Dalatias licha* (16)	
202. *El Kelves*, El Kelvacho**	Squalus Kelves* *Sp. N.*	*Centrophorus granulosus* (167)	
GÉNERO 45.			
203. *La Tembladera, La Tremielga*	Raia Torpedo *Lin.*	*Torpedo torpedo* (22)	
204. *La Guitarra*	Raia Rhinobatos *Lin.*	*Rhinobatos rhinobatos* (23)	
205. *La Romaguera**	Raia Batis *Lin.*	*Dipturus batis* (25)	
206. *La Bramante, El Pez de Mahoma*	Raia Rubus* *Lin.*	*Raja clavata* (27)	
207. *El Chucho*	Raia Aquila *Lin.*	*Myliobatis aquila* (32)	
208. *La Raia vera*	Raia Miralaletus *Lin.*	*Raja miraletus* (28)	
209. *La Raia baca*	Raia Pastinaca ***Lin.***	*Dasyatis pastinaca* (30)	
210. *Raia**	Raia Oxirincus *Lin.*	*Dipturus oxyrinchus* (26)	
211. *Raia**	Raia Fullonica* *Lin.*	*Leucoraja fullonica* (168)	
212. *Sin nombre*	Raia Mobularis**Bonter.*	*Mobula mobular* (169)	
213. *Raia*	Raia Machuelo *Bonter.*	*Dipturus oxyrinchus* (26)	
214. *La Noriega*	Raia Obscura* *Sp. N.*	*Dipturus batis* (25)	
215. *El Pez Obispo*	Raia Obtusirostris* *Sp. N.*	*Aetomylaeus bovinus* (31)	
GÉNERO 46.			
216. *La Lamprea*	Petromison Marinum *Lin.*	*Petromyzon marinus* (2)	
217. *Otra Lamprea*	Petromison Flubiatile *Lin.*	*Lampetra fluviatilis* (1)	
GÉNERO 47.			
218. *La Tonina*	Delphinus Phocena *Lin.*	*Phocoena phocoena* (160)	
219. *El Espadarte*	Delphinus Orca *Lin.*	*Orcinus orca* (161)	
GÉNERO 48.			
220. *La Ballena*	Ballena Misticerus *Lin.*	*Balaena mysticetus* (159)	
GÉNERO 49.			
221. *La Xivia*	Sepia Oficinalis *Lin.*	*Sepia officinalis* (164)	
222. *El Calamar*	Sepia Loligo »	*Loligo vulgaris* (162)	
223. *El Pulpo*	Sepia Octopus *Lin.*	*Octopus vulgaris* (163)	
224. *El Choco*	Sepia Sepiola *Lin.*	*Sepiola rondeletii* (165)	

Al final de la Lista impresa estaban estos dos listados de peces «... cuyos nombres vulgares se saben, pero no se han podido examinar ni determinar» (Graells, 1887: 187), que, respetando la grafía de Cabrera, hemos colocado en orden alfabético para facilitar su localización:

CÁDIZ

225.	*La Alvariña*	——	*Mustelus mustelus* (12)
226.	*El Alecrín*	——	*Heptranchias perlo* (3)
227.	*El Bordayo*	——	Desconocida
228.	*El Champán*	——	Desconocida
229.	*El Dentudo*	——	*Galeorhinus galeus* (10)
230.	*El Gorrión*	——	*Serranus cabrilla* (107)
231.	*La Maragata*	——	*Labrus bergylta* (142)
232.	*La Lamonga*[244]	——	*Atherina boyeri* (85)
233.	*El Palitroque*	——	*Alopias vulpinus* (5)
234.	*El Pasador*	——	Desconocida
235.	*El Paula*	——	*Chelidonichthys lastoviza* (152)
236.	*La Penca*	——	Desconocida
237.	*El Rapel*	——	Desconocida
238.	*El Robine*	——	Desconocida
239.	*La Zorreja*	——	*Chelon saliens* (201)

MÁLAGA

240.	*El Bocaus*	——	*Heptranchias perlo* (3)
241.	*El Buñuelo*	——	*Capros aper* (95)
242.	*El Caramelo*	——	*Spicara smaris* (133)
243.	*El Cayote*	——	Desconocida
244.	*La Cholveta*	——	*Pomatomus saltatrix* (53)
245.	*La Corneta*	——	*Sphyrna zygaena* (15)
246.	*El Correplayas*	——	*Mustelus mustelus* (12)
247.	*El Escarapelo*	——	Desconocida
248.	*La Gasula*	——	Desconocida
249.	*El Judío*	——	*Spicara maena* (192)
250.	*La Lopena*	——	Desconocida
251.	*El Mirlán*	——	*Aetomylaeus bovinus* (31)
252.	*El Morro*	——	*Mugil cephalus* (90)
253.	*El Peralta*	——	Desconocida
254.	*La Pota*	——	*Illex coindetti* (202)
255.	*El Salvage*	——	*Carcharodon carcharias* (6)
256.	*El Tordillo*	——	*Serranus scriba* (108)

---

244 En la Lista manuscrita figura como *Monga*.

Anexo VII. Lista de Bloch.

En color sepia, fragmento que se ha conservado de la adaptación que hizo Cabrera de su Lista impresa al sistema de Bloch, transcrita de Graells (1887: 187-189), y su equivalencia actual, a la que se llega tras el análisis de la información aportada por Cabrera. La numeración cuantifica las entradas de especies.

LISTA DE LOS MISMOS PECES arreglados según el sistema de Bloch

			ESTADO ACTUAL
GÉNERO 2.			
1. *La Paneca, La Faneca*	Gadus Blennoides	»	*Phycis blennoides* (47)
2. *El Escolar*	Gadus Albidus	*Gmelin.*	*Phycis blennoides* (47)
3. *El Bacalao*	Gadus Bacalaus	*Sp. N.*	*Micromesistius poutassou* (172)
4. *La Pescada*	Gadus Pisciota	*Sp. N.*	*Merluccius merluccius* (50)
5. *La Pescadilla, La Pijotilla*	Varietas	»	*Merluccius merluccius* (50)
GÉNERO 3.			
6. *El Volador*	Trigla Volitans	»	*Dactylopterus volitans* (60)
7. *El Borracho*	Trigla Gurnardus	»	*Eutrigla gurnardus* (155)
8. *El Regel*	Trigla Lucerna	[*sic*]	*Chelidonichthys lucerna* (153)
9. *La Cabrilla*	Varietas	»	*Chelidonichthys obscurus* (154)
10. *El Garneo*	Trigla Lira	»	*Trigla lyra* (157)
11. *El Arete*	Trigla Cuculus	»	*Chelidonichthys cuculus* (151)
12. *La Golondrina*	Trigla Hirundo	»	*Chelidonichthys lastoviza* (152)
13. *El Armado*	Trigla Catafracta	»	*Peristedion cataphractum* (158)
14. *El Cabete*	Trigla Minuta	»	*Lepidotrigla cavillone* (156)
15. *El Rubio*	Trigla Rubescens	*Sp. N.*	*Chelidonichthys lucerna* (153)
16. *El Rapete*	Trigla Serrata	*Sp. N.*	*Lepidotrigla cavillone* (156)
GÉNERO 5.			
17. *El Atun*	Scomber Thinnus	»	*Thunnus thynnus* (57)
18. *La Caballa*	Scomber Colias	»	*Scomber colias* (174)
19. *El Bonito*	Scomber Pelamis	»	*Sarda sarda* (55)
20. *El Estornino*	Scomber Scomber	»	*Scomber scombrus* (56)
21. *El Xurel*	Scomber Trachurus	»	*Trachurus trachurus* (82)
22. *La Xurela*	Varietas	»	*Caranx rhonchus* (183)
23. *El Xurel dorado*	Scomber Chrisurus	»	*Trachurus mediterraneus* (81)
24. *Sin nombre*	Scomber Alatunga	*Gmelín.*	*Thunnus alalunga* (175)
25. *La Cerda, La Albacora*	Scomber Scomber	»	*Scomber scombrus* (56)
GÉNERO 6.			
26. *El Dragón*	Callionimus Dracunculus	»	*Callionymus lyra* (63)
27. *El Lagarto, La Guitarra*	Callionimus Lira	»	*Callionymus lyra* (63)
GÉNERO 8.			
28. *La Rata*	Uranoscopus Scaber	»	*Uranoscopus scaber* (148)
GÉNERO 10.			
29. *La Araña*	Trachinus Draco	»	*Trachinus draco* (147)
GÉNERO 11.			
30. *La Brótola*	Phicis Tinca	»	*Phycis blennoides* (47)
31. *La Brótola*	Varietas	»	*Phycis phycis* (?) (48)
GÉNERO 18. [16 en Bloch]			
32. *El Canqueso*	Gobius Niger	»	*Gobius niger* (67)
33. *El Pez del diablo*	Gobius Jozzo	»	*Gobius niger* (67)
34. *El Caboso*	Gobius Gracilis	*Sp. N.*	*Gobius paganellus* (68)
GÉNERO 18.			
35. *El Salmonete*	Mullus Barbatus	»	*Mullus barbatus* (61)
36. *El Salmonete rayado*	Mullus Surmuletus	»	*Mullus surmuletus* (62)
GÉNERO 19.			
37. *La Corvina*	Sciena Corvina	*Sp. N.*	*Argyrosomus regius* (135)
38. *La Corvinata*	Sciena Curvata	*Sp. N.*	*Umbrina cirrosa* (137)
39. *Otra Corvina*	Sciena Umbra	*Gmelín*	*Sciaena umbra* (136)

Anexo VIII. Análisis comparativo entre el fragmento de la Lista impresa (v. anexo VI) de Cabrera adaptado al sistema de Bloch y la información real de Bloch (Bloch y Schneider, 1801).

L.: Linneo. La raya (—) indica ausencia de información. Los textos en color sepia señalan la información original de Cabrera. Por problemas de espacio se han suprimido los nombres vulgares de Cabrera, salvo en los casos necesarios al no existir otra información.

BLOCH Y SCHNEIDER (1801)	ENTRADAS DE LA LISTA IMPRESA (1817)	FRAGMENTO ADAPTADO A BLOCH (1817)
Gadus Blennoides Pallas	Gadus Blennoides *Lin.*	Gadus Blennoides »
—	Gadus Albidus *Lin.*	Gadus Albidus *Gmelin.*
—	Gadus Bacalaus *Sp. N.*	Gadus Bacalaus *Sp. N.*
—	Gadus Pisciota *Sp. N.*	Gadus Pisciota *Sp. N.*
—	*La Pescadilla*, Varietas	*La Pescadilla*, Varietas »
Trigla Volitans L.	Trigla Volitans *Lin.*	Trigla Volitans »
Trigla Gurnardus L.	Trigla Gurnardus *Lin.*	Trigla Gurnardus »
Trigla Lucerna L.	Trigla Lucerna *Lin.*	Trigla Lucerna
—	*La Cabrilla*, Varietas»	*La Cabrilla*, Varietas »
Trigla Lyra L.	Trigla Lira *Lin.*	Trigla Lira »
Trigla Cuculus L.	Trigla Cuculus *Lin.*	Trigla Cuculus »
Trigla Hirundo L.	Trigla Hirundo *Lin.*	Trigla Hirundo »
Trigla Cataphracta L.	Trigla Catafracta *Lin.*	Trigla Catafracta »
Trigla Minuta L.	Trigla Minuta *Lin.*	Trigla Minuta »
—	Trigla Rubescens *Sp. N.*	Trigla Rubescens *Sp. N.*
—	Trigla Serrata *Sp. N.*	Trigla Serrata *Sp. N.*
Scomber Thinnus L.	Scomber Thinnus *Lin.*	Scomber Thinnus »
Scomber Colias Cetti	Scomber Colias *Lin.*	Scomber Colias »
Scomber Pelamys L.	Scomber Pelamis *Lin.*	Scomber Pelamis »
Scomber Scomber L.	Scomber Scomber *Lin.*	Scomber Scomber »
Scomber Trachurus L.	Scomber Trachurus *Lin.*	Scomber Trachurus »
—	*La Xurela,* Varietas *Lin.*	*La Xurela*, Varietas »
Scomber Chrysurus L.	Scomber Chrisurus *Lin.*	Scomber Chrisurus »
—	Scomber Alatunga *Lin.*	Scomber Alatunga *Gmelín.*
Scomber Scomber L.	Scomber Scomber *Lin.*	Scomber Scomber »
Callionymus Dracunculus L.	Callionimus Dracunculus *Lin.*	Callionimus Dracunculus »
Callionymus Lyra L.	Callionimus Lira *Lin.*	Callionimus Lira »
Uranoscopus Scaber L.	Uranoscopus Scaber *Lin.*	Uranoscopus Scaber »
Trachinus Draco L.	Trachinus Draco *Lin.*	Trachinus Draco »
Tinca. Blennius Phycis[245] L.	Blennius Phicis *Lin.*	Phicis Tinca »
—		*La Brótola*, Varietas »
Gobius Niger L.	Gobius Niger *Lin.*	Gobius Niger »
Gobius Jozo L.	Gobius Jozzo *Lin.*	Gobius Jozzo »
—	Gobius Gracilis *Sp. N.*	Gobius Gracilis *Sp. N.*
Mullus Barbatus L.	Mullus Barbatus *Lin.*	Mullus Barbatus »
Mullus Surmuletus L.	Mullus Surmuletus Lin.	Mullus Surmuletus »
—	Sciena Corbina *Sp. N.*	Sciena Corvina *Sp. N.*
—	Sciena Curbata *Sp. N.*	Sciena Curvata *Sp. N.*
—[246]	Sciena Umbra *Lin.*	Sciena Umbra *Gmelín*

---

245 Phyois, en Bloch y Schneider (1801: p. XXVII).
246 En Bloch (1792: v. 6, 35; Taf. CCXCVII), se describe e ilustra a *Sciaena nigra*, sinónimo de *Sciaena umbra*. (Froese and Pauly, 2023; worms, 2022; Fricke *et al.*, 2023).

Anexo IX. Colección del Instituto de Cádiz (**Colección Instituto**).

Transcripción del listado (numerado) de especies de peces que determinó De Buen (1919: 252-254) a partir de las muestras de Cabrera conservadas en la Colección del Instituto de Cádiz. Los ¿? en *Cephaloptera Massena* son de De Buen. En color sepia, las denominaciones originales de Cabrera. Entre comillas, leyendas de las etiquetas de algunos frascos, en las que n. v. quiere decir 'nombre vulgar'. El signo + une a dos denominaciones científicas de la misma especie actual. La raya larga indica ausencia de información de esas especies en los documentos de Cabrera. Los números entre paréntesis indican la ficha de especie correspondiente.

De Buen (1919)	Cabrera (1817)	Estado actual
1. *Scyllium stellaris* (L.)	*Squalus Catulus Lin.* + *Squalus Ocellaris Lin.*	*Scyliorhinus stellaris* (9)
2. *Alopias vulpes* (Gmelin)	*Squalus Vulpes Lin.*	*Alopias vulpinus* (5)
3. *Sphyrna zygaena* (L.)	*Squalus Zigaena Lin.*	*Sphyrna zygaena* (15)
4. *Acanthias* (embriones)	*Squalus Fernandinus Molin.*	*Squalus acanthias* (18)
5. *Oxynotus centrina* (L.)	——	*Oxynotus centrina* (203)
6. *Isurus Spallanzani* Raf.	*Squalus Nasus Boneter.*	*Isurus oxyrinchus* (7)
7. *Rhinobatus columne* Bp.	*Raia Rhinobatos Lin.*	*Rhinobatos rhinobatos* (23)
8. *Narcobates narke* (Risso)	*Raia Torpedo Lin.*	*Torpedo torpedo* (22)
9. *¿Cephaloptera Massena* Risso? (cola)	*Raia Mobularis Bonter.*	*Mobula mobular* (169)
10. *Chauliodus Sloani* Schn. (Cádiz)	——	*Chauliodus sloani* (205)
11. *Macrorhamphosus scolopax* (L.) (Cádiz)	*Centriscus Scolopax Lin.*	*Macroramphosus scolopax* (64)
12. *Hippocampus guttatus* Cuv.	*Singnatus Hippocampus Lin.*	*Hippocampus guttulatus* (65)
13. *Cobitis taenia* L.—Guadalete	——	*Cobitis paludica* (207)
14. *Muraena helena* L.	*Murena Helena Lin.*	*Muraena helena* (34)
15. «*M. albula* (n. v. lisa)»	*Mugil Albula Lin.*	*Chelon labrosus* (89)
16. *Mugil chelo* Cuv y Val.	*Mugil Albula Lin.*	*Chelon labrosus* (89)
17. *Sphyraena sphyraena* (L.)	*Esox Sphirena Lin.*	*Sphyraena sphyraena* (69)
18. *Dicentrarchus labrax* (L.)	*Perca Labrax Bonterre.*	*Dicentrarchus labrax* (102)
19. «*Perca punctata,* n. v. *Baila*»	*Perca Punctata Lin.*	*Dicentrarchus punctatus* (103)
20. *Dicentrarchus punctatus* (Bloch.)	*Perca Punctata Lin.*	*Dicentrarchus punctatus* (103)
21. *Epinephelus gigas* (Brünn.)	*Perca Merus* Sp. N.	*Epinephelus marginatus* (105)
22. «*Perca vitela,* vulgo *vaquilla*»	*Perca Cabrilla Lin.*	*Serranus cabrilla* (107)
23. *Serranus cabrilla* (L.)	*Perca Cabrilla Lin.*	*Serranus cabrilla* (107)
24. *Brama Raii* (Bloch.)	*Choetodon Umbratus* Sp.N.	*Brama brama* (58)
25. *Naucrates ductor* L.	*Gasterosteus Ductor Lin.*	*Naucrates ductor* (184)
26. *Lichia vadigo* Risso.	*Gasterosteus Lisan* Sp. N. + *G. Equus* Sp. N.	*Lichia amia* (80)
27. *Pelamis* (*Sarda*) *sarda* (Bloch.)	*Scomber Pelamis Lin.*	*Sarda sarda* (55)
28. *Orcynus thynnus* (L.)	*Scomber Thinnus Lin.*	*Thunnus thynnus* (57)
29. *Xiphias gladius* L.	*Xiphias Glaudius Lin.*	*Xiphias gladius* (79)
30. *Nesiarchus nasutus* John.	*Gasterosteus malacensis* Sp.N.	*Nesiarchus nasutus* (177)
31. *Ruvettus pretiosus* Cocco.	*Gasterosteus Muricatus* Sp.N.	*Ruvettus pretiosus* (178)
32. *Dentex dentex* (L.)	*Sparus Dentex Lin.* + *Sparus Sabia* Sp. N.	*Dentex dentex* (114)
33. *Pagellus erythrinus* (L.)	*Sparus Erhitrinus Lin.* + *Sparus Breca* Sp. N.	*Pagellus erythrinus* (128)
34. «*Pagellus axilaris?,* n. v. *Besugo*»	*Sparus Axilaris* Sp. N.	*Pagellus acarne* (125)
35. *Pagellus acarne*	*Sparus Axilaris* Sp. N.	*Pagellus acarne* (125)
36. *Pagrus pagrus* (L.)	*Sparus Pagrus Lin.*	*Pagrus pagrus* (130)
37. «*Sargo*»	*Sparus Puntazzo Lin.*	*Diplodus puntazzo* (120)
38. *Charax puntazzo* (Gmelin)	*Sparus Puntazzo Lin.*	*Diplodus puntazzo* (120)
39. «*Sparus melanurus,* n.v. *Oblata*»	*Sparus Melanurus Lin.*	*Oblada melanurus* (124)
40. *Oblata melanura* (L.)	*Sparus Melanurus Lin.*	*Oblada melanurus* (124)

41. «*Sciena* sp?, n.v. *Corvina*»	*Sciena Umbra Lin.*	*Sciaena umbra* (136)
42. *Sciaena umbra* L.	*Sciena Umbra Lin.*	*Sciaena umbra* (136)
43. *Chelodipterus aquila* Lacep.	*Sciena Corbina* Sp. N.	*Argyrosomus regius* (135)
44. *Labrus mixtus* L.	*Labrus Varius Lin.*	*Labrus mixtus* (194)
45. «*Labrus julii*, n.v. *Gallito del Rey*»	*Labrus Julis Lin.*	*Coris julis* (141)
46. *Julis julis* (L.)	*Labrus Julis Lin.*	*Coris julis* (141)
47. *Capros aper* (L.). De Cádiz	*Zeus Asper Lin.*	*Capros aper* (95)
48. *Ranzania truncata* (Retz.)	*Chaetodon Truncatum* Sp. N.	*Ranzania laevis* (207)
49. «*Scorpaena* sp?, n.v. Rascacio»	*Scorpena Scropha Lin.*	*Scorpaena scrofa* (150)
50. *Scorpaena scrofa* L.	*Scorpena Scropha Lin.*	*Scorpaena scrofa* (150)
51. «Rascacio»	*Scorpena Porcus Lin.*	*Scorpaena porcus* (149)
52. *Scorpaena porcus* L.	*Scorpena Porcus Lin.*	*Scorpaena porcus* (149)
53. *Trigla lyra* L.	*Trigla Lira Lin.*	*Trigla lyra* (157)
54. *Trigla lineata* L.	*Trigla Hirundo Lin.*	*Chelidonichthys lastoviza* (152)
55. *Trigla lucerna* L.	*Trigla Lucerna Lin.* + *Trigla Rubescens* Sp. N.	*Chelidonichthys lucerna* (153)
56. *Peristedion cataphractum* (L.)	*Trigla Cataphracta Lin.*	*Peristedion cataphractum* (158)
57. *Echeneis naucrates* L. Cádiz	——	*Echeneis naucrates* (206)
58. *Echeneis remora* L.	*Echeneis Remora Lin.*	*Remora remora* (83)
59. *Trachinus draco* L.	*Trachinus Draco Lin.*	*Trachinus draco* (147)
60. *Uranoscopus scaber* L.	*Uranoscopus Scaber Lin.*	*Uranoscopus scaber* (148)
61. «*Lophius gadicans* (C.)»	*Lophius Gadicensis* Sp. N.	*Halobatrachus didactylus* (51)
62. *Batrachus didactylus* Bloch. Schn.	*Lophius Gadicensis* Sp. N.	*Halobatrachus didactylus* (51)
63. «*Gadus merlangus* L., n.v. *Pescadilla*»	*Gadus Pisciota* Sp. N.	*Merluccius merluccius* (50)
64. *Merluccius merluccius* (L.)	*Gadus Pisciota* Sp. N.	*Merluccius merluccius* (50)

Anexo X. Explicación de la terminología ictiológica de Cabrera.

En el apartado dedicado al análisis de la Memoria descriptiva detallamos cómo eran las descripciones científicas que redactó Cabrera de las especies que examinaba, y nos centramos en la exactitud, extensión y especie asociada, entre otros aspectos. Redactadas con un lenguaje sencillo (lomo, rabo, larguito, remate, cinco ángulos, humillos, hilos, cutis...), con pocos tecnicismos ictiológicos, estas descripciones le eran suficientes para entenderse él mismo en su estudio de los peces. En este anexo, como complemento a aquel análisis y, sobre todo, a la exposición de las fichas de especies, para no interrumpir los textos con aclaraciones intercaladas, y para ayudar al lector a interpretar las descripciones, explicamos los términos y expresiones sobre anatomía externa que usó Cabrera con el significado que tenían para él, algunos incorrectos. Las entradas están agrupadas en tres grandes bloques generales: CUERPO, CABEZA y ALETAS. Cada uno de estos bloques está dividido en apartados y, a veces, en subapartados temáticos que agrupan los vocablos por atributos o conceptos, por ejemplo: forma, tamaño, coloración, escamas, espinas, branquias, entre otros. Los términos y expresiones originales van en cursiva y en color sepia, transcritos y enumerados en orden alfabético; a continuación llevan la explicación y, a modo de ejemplo, del nombre científico y número de ficha (entre paréntesis) de una de las especies, géneros o clases tipo en los que los usaba. En varios casos ha sido necesario adquirir y examinar expresamente ejemplares de varias especies para intentar averiguar qué quería decir Cabrera con algunos de sus términos, ya que no existen en la bibliografía especializada ni en las galerías de imágenes de internet. Por ejemplo, «membrana branquiostega papiloso-dentada» (*Uranoscopus scaber*); «opérculo de dos láminas» (*Umbrina cirrosa*). Para no alargar el texto, el nombre del género en las especies de referencia se abrevia con la mayúscula inicial.

1. Términos y expresiones referidos al CUERPO

1.1 Forma

Aguzado (*en su remate*). Terminado en punta: *L. vulgaris* (162).

Ancho. Que tiene altura, medida máxima desde el perfil dorsal al ventral: *T. longipinnis* (59).

Aovado. De contorno con forma de huevo: *S. fiatola* (52).

Atenuado (*hacia la cola*). Más estrecho desde la cabeza a la cola: *S. acus* (66).

Cilíndrico. De forma parecida a un cilindro: *P. marinus* (2).

Comprimido. Aplastado lateralmente: *D. sargus* (121).

Convexo. Abombado, referido al manto de algunos cefalópodos: *O. vulgaris* (163).

Cónico. Con forma de cono: *P. phocoena* (160).

Cuadrangular (*casi*). Que tiene forma de rectángulo: *S. sphyraena* (69).

Cuña (*forma de*). Aguzada en el extremo anterior y plana por arriba: Género *Trigla* (151).

Declive (*en*). La cabeza disminuye en altura hacia el morro: *Z. faber* (46).

Deprimido. Aplastado dorsoventralmente, pero Cabrera lo empleó mal al describir el Género *Clupea* (39), queriendo decir que tiene el cuerpo poco alto, porque, en realidad, los peces de cuerpo deprimido son, principalmente, lenguados y rayas.

Ensiforme. En forma de espada: Género *Cepola* (139).

Esférico (*casi*). Que tiene forma casi de esfera, cuando está inflado de agua y con las espinas erizadas para disuadir a sus depredadores: *D. hystrix* (99).

Estrecho y larguito. De poca anchura y cierta longitud: *L. polis* (93).

Extenso. Que es amplio, ancho: *S. fiatola* (52).

Extraña (*forma bien*). Como la del pez ángel, un tiburón con aspecto de raya: *S. squatina* (21).

Lanceado. De forma parecida a la de la punta de una lanza: Género *Clupea* (39).

Lanceolado. Sinónimo del anterior: Género *Blennius* (91).

Largo y delgado. Con mucha más longitud que anchura: *S. acus* (66).

Leve. Plano: *D. pastinaca* (30).

Oblongo. Más largo que ancho: *P. incisus* (111).

Prolongado. Sinónimo de largo: Género *Squalus* (3).

Redondeado. Casi circular, referido al contorno del pez: *M. mola* (98).

Romboide. Parecido a un rombo: *S. rhombus* (71).

1.2 Sección del tronco

Cinco ángulos (*de*). Pentagonal: *A. sturio* (33).

Redondo. De forma circular: *S. acanthias* (18).

Redondeado. Casi circular: *M. mustelus* (12).

Siete ángulos (*con*). Heptagonal: *S. acus* (66).

1.3 Tamaño y medidas

Gran magnitud. Más grande que el habitual en las rayas: *R. clavata* (27).

Grande. Corpulento: *A. sturio* (33).

Grandísimo. Gigantesco: *C. carcharias* (6).

Pequeño. De menor tamaño que otros peces que estudió: *P. minutus* (68).

Geme (*un*). Un palmo, unos 24 cm de longitud total: *S. cabrilla* (107).

Vara (*mayor de à*). Más de 0,8 m de longitud total: *E. marginatus* (105).

Pulgadas (*de cuatro*). Unos 9 cm de longitud total: *C. galerita* (92).

1.4 Complexión

Articulado. Segmentado en anillos óseos rígidos que limitan su flexibilidad: *S. acus* (66).

Carnoso. Que casi todo es carne: *S. officinalis* (164).

Rollizo. Robusto, grueso: *M. helena* (34).

Toroso. Robusto, fuerte: Género *Scorpaena* (149).

1.5 Dorso

Aquillado (*abdomen*). Por la hilera de escamas modificadas en escudetes del abdomen, de forma estrecha y afilada, como una quilla: Género *Clupea* (39).

Aquillado (*dorso*). Por la hilera de huesos externos espinosos a ambos lados de la base de las aletas dorsales, que dan al borde del dorso un aspecto comprimido y saliente, como la quilla de una embarcación: *Z. faber* (46).

Envainado (*sobre la cabeza*). Se refería principalmente al pulpo, *O. vulgaris* (163), cuyo cuerpo, cabeza incluida, está envuelto, embolsado, por un tegumento llamado manto o túnica: Género *Sepia* (162).

Fósula. Véase *vaina*, más abajo: Género *Sciaena* (135).

Lomo. Parte del cuerpo del pez opuesta al vientre: *P. mediterraneus* (110).

Plano, algo convexo. Liso por debajo y ligeramente abombado por arriba: Género *Pleuronectes* (70).

Túnica (*romboidal*). Manto o tegumento que envuelve el cuerpo de los cefalópodos, en cuyo extremo, en algunas especies, se encuentran dos pliegues triangulares opuestos que le dan una forma romboidal: *L. vulgaris* (162).

Vaina. Surco estrecho y alargado en el borde dorsal de algunos peces en el que se repliega la aleta dorsal: *P. bogaraveo* (127).

1.6 Piel

Asperezas, espinas y aguijones (*cabeza llena de*). Con rugosidades y dentículos dérmicos puntiagudos de distinto tamaño: *U. scaber* (148).

Áspero (*muy*). Cuerpo cubierto de escamas adherentes (ctenoides): *C. aper* (95).

Carece de toda espina. Piel lisa: *T. torpedo* (22).

Claveteado. Cuerpo cubierto de fuertes y agudos dentículos dérmicos: *E. brucus* (20).

Coraza. Parte anterior del dorso con hileras de placas óseas: *M. scolopax* (64).

Cutis asperísimo. Piel con dentículos dérmicos de varias puntas: *D. licha* (16).

Cutis poco áspero. Piel con dentículos dérmicos más pequeños que en el caso anterior: *S. canicula* (8).

Desnuda. Cabeza sin escamas: Género *Scorpaena* (149).

Desnudo. Cuerpo sin escamas: Género *Echeneis* (206).

Láminas huesosas y anguloso (*cubierto de*). Cuerpo cubierto de escudetes osificados con muchas crestas y espinas a modo de armadura: *P. cataphractum* (158).

Lúbrico. Cuerpo resbaladizo, cubierto de mucus: *M. helena* (34).

Lisa. Cabeza sin escamas: Género *Scomber* (55).

Liso. Cuerpo suave, sin escamas ni espinas: *M. aquila* (32).

1.7 Escamas

Blancas, ribeteadas de oscuro. Claras, con el borde externo marrón: *C. linguatula* (70).

Caedizas. Que se desprenden con facilidad: Género *Gadus* (172).

Dentadas. Son escamas ctenoides, con el borde externo dentado: *S. solea* (78).

Escamosa. Cabeza cubierta de escamas: Género *Sciaena* (135).

Escudillos (*muchas series de*). Grandes placas óseas dispuestas en cinco hileras longitudinales, una dorsal, dos laterales y dos ventrales: Género *Acipenser* (33).

Estriadas y truncadas. Con crestas salientes en la superficie y el borde interno recto: Género *Mugil* (90).

Flojas. Caedizas: Género *Mullus* (61).

Pegadas, reunidas à la piel. Juntas unas al lado de las otras, no superpuestas, y pegadas a la piel dándole una consistencia coriácea: *B. capriscus* (100).

Romboidales. El borde externo es más largo que ancho: *B. brama* (58).

1.8 Apéndices

Aguijón duro, puntiagudo, aserrado. De unos 10 cm de longitud, plano, con los bordes dentados y venenoso: *M. aquila* (32).

Barbilla. Barbillón submandibular corto: *P. phycis* (48).

Barbilla pequeña. Verruga submandibular: *U. cirrosa* (137).

Barbillas (*ciertas*). Repliegues dérmicos festoneados y colgantes: *L. piscatorius* (97).

Barbillas blancas. Barbillones submandibulares largos, de color blanco: *M. barbatus* (61).

Berruga. Verruga submandibular: *U. ronchus* (138).

Cresta (*carece de*). Cresta ósea en el cráneo, pero no nos consta este supuesto: *P. blennoides* (47).

Cresta (*del mismo cutis formada*). Apéndice carnoso ramificado encima de la cabeza, como una prolongación de la piel: *C. galerita* (92).

Cubierta. Con apéndices carnosos en la cabeza: Género *Blennius* (91).

Eminencia (sobre la frente). Bulto carnoso frontal que desarrollan los machos viejos: *P. pagrus* (130).

Espinas corvas. Aguijón curvado como un anzuelo, con dos puntas, que sale del preopérculo: *C. lyra* (63).

Estrías (*de la cabeza*). Laminillas del disco adhesivo (v. más abajo): *R. remora* (83).

Hilos (*dos de media pulgada*). Dos tentáculos sobre la cabeza: *P. gattorugine* (94).

Hilos gruesos terminados en verrugas. Brazos y tentáculos con ventosas de los cefalópodos: Género *Sepia* (162).

Plano marginado. Disco adhesivo que tienen en la cabeza las rémoras: Género *Echeneis* (83).

Prominencias y pliegues del cutis de la cola. Quillas carnosas del pedúnculo caudal: *I. oxyrinchus* (7).

Tubérculos y prominencias. Nódulos en las esquinas de unión de las placas óseas y colgajos dérmicos filiformes: *H. guttulatus* (65).

Tubérculos. No nos consta esta estructura en *C. linguatula* (70).

Tumorcillo como cresta. No nos consta esta estructura en: *P. phycis* (48).

1.9 Línea lateral

Aquillada en su remate. Se refiere a las quillas carnosas laterales del pedúnculo caudal, en las que termina la línea lateral en algunas especies (melva, bonito, atún...): Género *Scomber* (55).

Argentada, ancha. Cabrera confundió aquí la banda longitudinal plateada y ancha con la línea lateral, que no transcurre por donde la banda, sino muy próxima al perfil ventral del pez: *H. picarti* (87).

Áspera. Con escamas ctenoides: *P. flesus* (73).

Encorvada en su remate. Cabrera debió de confundirse de género, porque los espáridos no tienen la línea lateral encorvada en su remate o extremo posterior del cuerpo: Género *Sparus* (112).

Escudetes espinosos (*compuesta de*). Escamas transformadas, provistas de una pequeña espina dirigida hacia atrás: *T. trachurus* (82).

Puntos blanquecinos. Poros por donde segrega la mucosidad que le cubre el cuerpo: *C. conger* (37).

Recta. Es recta desde el extremo de la aleta pectoral hasta la aleta caudal, pero en el tramo encima de la aleta pectoral y el opérculo describe una curva pronunciada: *A. laterna* (72).

Sin escudetes. Lisa (v. *escudetes* más arriba): *L. amia* (80).

1.10 Coloración

1.10.1 Dibujos

Faja blanquecina. Banda longitudinal plateada: *A. boyeri* (85).

Faja de color oro. Banda dorada en la frente de ojo a ojo: *S. aurata* (132).

Fajas negras. Bandas transversales en los costados: *D. puntazzo* (120).

Fajas transversales. Bandas transversales en los costados: *D. sargus* (121).

Goteado de manchas blancas. Manchas pequeñas: *M. asterias* (11).

Humillos negros. Posibles restos de las bandas transversales, difuminadas tras la muerte: *S. smaris* (133).

Mancha orbicular negra. Mancha circular negra en la aleta dorsal: *B. ocellaris* (91).

Manchado. Salpicado de numerosas manchas negras puntiformes: *S. canicula* (8).

Manchas blanquizcas. Similar al goteado de más arriba: *S. blainville* (19).

Manchas negras. Dispersas, a veces formando bandas transversales: *D. lusitanicus* (74).

Manchas redondas. Cinco ocelos celestes del dorso: *T. torpedo* (22).

Rayas longitudinales de color oro. Líneas largas y delgadas en los costados: *S. salpa* (131).

1.10.2 Colores

Amarillaza. Amarillo sucio tirando a verdoso: *D. pastinaca* (30).

Amarillo bajo (*manchado de*). Amarillo muy claro: *D. oxyrinchus* (26).

Aplomado. Color gris plomo: *S. sarda* (55)

Azul oscuro (*ligera tinta de*). Cierta tonalidad azul, sobre todo en los machos adultos: *S. cantharus* (134).

Azul turquí (*listas de*). De tonalidad azul oscura: *S. fiatola* (52).

Bermejo. De color rojizo: Género *Mullus* (61).

Blanco de plata. El blanco más blanco: *S. fiatola* (52).

Blanquecino. Muy claro: Género *Mugil* (90).

Blanquiscas (*manchas*). Blanquecinas: *S. mediterraneus* (144).

Blanquísimo. Blanco puro: *P. blennoides* (47).

Blanquizco. Blanco sucio: *L. fluviatilis* (1).

Carne sonrosado (*color*). Rosa muy claro: *C. macrophthalma* (139).

Castaño. Marrón muy oscuro: *C. chromis* (140).

Ceniciento. Gris claro, como la ceniza: *P. americanus* (101).

Cerúleo. Azul cielo, pero la especie asociada es de color rojizo: *D. macrophthalmus* (116).

Dorado (*resplandeciente*). Amarillo brillante: *C. equiselis* (200).

Encendido. Rojo anaranjado intenso: *P. erythrinus* (128).

Fusco. Oscuro casi negro: *P. marinus* (2).

Negro (*todo*). Marrón muy oscuro: *E. spinax* (17).

Negruzcas. Gris muy oscuro: *T. luscus* (49).

Negruzco (*lomo*). Gris: *S. acanthias* (18).

Oscuro (*dorso*). Gris: *D. labrax* (102).

Plateado. Blanco brillante: *S. smaris* (133).

Rojo bajo. Rosáceo: *M. scolopax* (64).

Rojo (*hermosísimo color*). Rojo vivo en algunas zonas: *M. barbatus* (61).

Rojo dorado y plateado. Anaranjado (dorso) y blanco brillante (vientre): *C. auratus* (43).

Sangre (*color de*). Rojo oscuro tirando a marrón: *S. cabrilla* (107).

Tierra (*color*). Marrón suave: *D. cuneata* (76).

Verduscos (*con visos*). Verde oscuro (tonos): *P. marinus* (2).

2. Términos y expresiones referidos a la CABEZA

2.1 Forma

Ancha. Que es alta: *D. macrophthalmus* (116).

Chata. Sin rostro: *S. squatina* (21).

Comprimida. Aplastada por los lados: *S. fiatola* (52).

Cónica. Picuda y de contorno redondeado: Género *Mugil* (90).

Cuña (*forma de*). Plana por arriba y por abajo, en ángulo agudo: *S. acanthias* (18).

Declive (*frente en*). Inclinada: *X. gladius* (79).

De cuatro lados. Casi cuadrangular: *U. scaber* (148).

Deprimida. Aplastada dorsalmente: *U. scaber* (148).

Deprimida (*frente*). Muy inclinada, casi horizontal: Género *Argentina* (45).

Grosera representación de un caballo. En opinión de Cabrera, poco parecida a la cabeza de un caballo, pero es justo lo contrario: *H. guttulatus* (65).

Inclinada. Con la frente echada para atrás: Género *Blennius* (91).

Mitra de los obispos (*semejanza a*). Con el rostro muy saliente y grueso: *A. bovinus* (31).

Oblonga. Con cierta forma de huevo: *L. amia* (80).

Obtusa. Sin punta, roma, chata: *M. aquila* (32).

Prolongada. Con el morro algo saliente: *T. luscus* (49).

Puntiaguda en demasía. Con el rostro muy largo: *D. oxyrinchus* (26).

Redondeada. Sin apenas morro: *C. macrophthalma* (139).

Redondeada. De contorno circular: *L. piscatorius* (97).

Transversal. Expandida hacia los lados: *S. zygaena* (15).

Tres lados (*casi de*). Como una pirámide triangular acostada, con el dorso plano: Género *Exocoetus* (88).

Triangular (*frente*). Espacio entre los ojos y la punta del morro con forma de triángulo: *L. pholis* (93).

Truncada. De perfil frontal casi vertical, aunque no es tan vertical en la especie referida: *Solea solea* (78).

2.2 Tamaño

Enorme. Una tercera parte de la longitud total del cuerpo: *B. mysticetus* (159).

Grande. Una tercera parte de la longitud total del cuerpo: *U. scaber* (148).

Grande (*muy*). La mitad del cuerpo: *L. piscatorius* (97).

Leve. Más bien pequeña: Género *Muraena* (34).

Pequeña. Una quinta parte del cuerpo: Género *Gobius* (68).

2.3 Branquias[247]

Abertura de la agalla lineal. Abertura branquial recta: *M. mola* (98).

Abertura de la agalla [...] *falcada*. En forma de hoz: Género *Esox* (86).

Agallas cartilaginosas. Con esqueleto cartilaginoso: Clase Condropterigios (p. 165, de Graells).

---

247 Cabrera no mencionó la palabra branquia, pese a que pudo verla en Linneo; siempre utilizó agallas como sinónimo de branquias.

Agallas destituidas de huesos. Es la traducción de la frase de Linneo «Branchia offea offibus destituta», que tal vez se refiere a que la abertura branquial no está bajo un opérculo óseo movible sujeto por radios, sino que es una simple lámina carnosa, como en *B. capriscus* (100) y en *L. piscatorius* (97): Clase Branquiostegos (p. 164).

Agallas huesosas. Con radios branquiostegos óseos: Clase Jugulares (p. 147).

Agujeros semilunares. Aberturas branquiales con ligera forma de media luna: Género *Squalus* (3).

Branquiostega (*la*). La membrana branquiostega, v. más abajo: *A. regius* (135).

Láminas de los opérculos. Se refiere al preopérculo y al opérculo: *S. scrofa* (150).

Lámina de los opérculos aserrada. Borde del preopérculo dentado: Género *Perca* (101).

Membrana branquiostega. Membrana que cierra la abertura branquial de la mayoría de las especies de peces óseos; está sujeta por los llamados radios branquiostegos: Clase Branquiostegos (p. 164). Sáñez Reguart (1796, I: 41), definía la membrana branquiostega así: «Una tela pegada a las agallas armada de ciertas espinas que son visibles cuando el pez abre las agallas. Artedi manifiesta (a) quan oportunas son semejantes espinas para distinguir los géneros de los peces».

Membrana branquiostega [...] *papiloso-dentada*. Con apéndices dérmicos en el borde: Género *Uranoscopus* (148).

Opérculo aserrado. Tal vez se refería a las dos o tres espinas dirigidas hacia atrás que se encuentran bajo la piel de la especie en cuya descripción usó el término *opérculo aserrado*, que precisamente no tiene el borde aserrado (dentado) como ocurre en los serránidos: *A. regius* (135).

Opérculo de dos láminas. El opérculo sería una de las láminas; la otra, el reborde membranoso negro que la rodea: *U. cirrosa* (137).

Opérculo escamoso. Cubierto de escamas: Género *Sparus* (112).

Opérculo remata en tres puntas. Tres espinas dirigidas hacia atrás en el ángulo posterior del opérculo: *M. rubra* (106).

Opérculo termina en ángulo obtuso. El borde posterior del opérculo forma un arco muy abierto: *S. rhombus* (71).

Opérculos ciliados membranáceos. El opérculo termina en una membrana cuyo borde está formado por numerosos flecos filiformes: Género *Uranoscopus* (148).

Opérculos de tres láminas. Formado por tres piezas más o menos soldadas: Género *Mullus* (61).

Opérculos de tres piezas. Ídem anterior: Género *Clupea* (39).

Opérculos orbiculares. De borde redondo o circular: Género *Argentina* (45).

Pérculos. Opérculos, tal vez un error de imprenta: *A. alosa* (39).

Prominencia angulosa horizontal. Cresta ósea horizontal en el opérculo, *P. americanus* (101).

Respiraderos. Aberturas branquiales, principalmente las de los peces cartilaginosos, pero también en algunos óseos: *H. perlo* (3) y *M. helena* (34), respectivamente.

Respiraderos (*por donde arroja el agua*). Son los espiráculos situados en la parte superior de la cabeza de los cetáceos, dos en los misticetos (ballenas barbadas): *B. mysticetus* (159), y uno en los odontocetos (cetáceos con dientes): *P. phocoena* (160).

Respiraderos laterales redondos (*siete*). Orificios branquiales circulares a cada lado de la cabeza: Género *Petromyzon* (1).

2.4 Boca

2.4.1 Posición

Hacia arriba. Súpera, en posición dorsal: Género *Uranoscopus* (148).

Por debajo. Ínfera, en posición ventral: Género *Acipenser* (33).

Terminal. En la parte anterior de la cabeza: *S. squatina* (21).

Boca entre los hilos. Entre los brazos y tentáculos de los cefalópodos: Género *Sepia* (162).

2.4.2 Tamaño

Chica. Respecto al buen tamaño que alcanza el pez: Género *Chaetodon* (58).

Grande. Muy grande, adopta forma circular cuando se abre y proyecta los maxilares para atrapar a una presa: *C. carcharias* (6).

Grandísima. Desproporcionada, en relación con el tamaño del pez: *L. piscatorius* (97).

Pequeña. De escasa abertura: *P. gattorugine* (94).

2.4.3 Rostro o morro[248]

Pico largo. Rostro, más largo que en otras especies de raya: *R. alba* (29).

Hocico (*con*). Rostro prolongado y aplastado: Género *Trigla* (151).

Hocico agudo. Se refiere a la prolongación anterior del disco de las rayas: *R. clavata* (27).

Hocico agudo. Morro picudo: *D. puntazzo* (120).

Hocico casi obtuso. Morro chato, sin el pico de los delfines: *P. phocoena* (160).

Hocico cónico comprimido. Más bien es piramidal comprimido: *M. mustelus* (12).

Hocico cónico. Como antes, más bien piramidal comprimido: *E. brucus* (20).

Hocico en punta. Morro picudo, corto y cónico: *C. carcharias* (6).

Hocico prolongado y agudo. Morro picudo y algo prominente: *A. caecus* (35).

Hocico prolongado. Morro picudo: *S. smaris* (133).

Hocico subdividido. Rostro con dos lóbulos, más o menos marcados según la especie: *Ch. lucerna* (153).

Labios dobles. No está claro lo que quiere decir Cabrera con esta expresión en la descripción del género *Sparus*. Por un lado, podría referirse a que los espáridos tienen los labios muy desarrollados; por otro, a que considerara que el premaxilar y el maxilar son dos labios pegados: Género *Sparus* (112).

Labios sencillos. Esta expresión, utilizada en la descripción del género *Labrus*, contribuye a la confusión creada con la anterior, porque, en realidad, los labios de los lábridos no son precisamente sencillos, sino que se caracterizan por estar formados por varios pliegues: Género *Labrus* (141).

Pico agudo. Se refiere al rostro largo y estrecho, pero no agudo: *S. acus* (66).

Pico cilíndrico, largo reflejo en su ápice. El pico, o rostro de estos peces, es más bien cuadrangular; el *largo reflejo en su ápice* se refiere, posiblemente, a su extremo girado un poco hacia arriba: Género *Syngnathus* (65).

2.4.4 Maxilares[249]

Mandíbulas agudas. No es exacto, la especie a la que se refiere no tiene los maxilares agudos; parecen más estrechos porque la cabeza es muy comprimida: *C. macrophthalma* (139).

Espada huesosa de dos filos. Se refiere al paladar, que se prolonga en un largo apéndice estrecho y plano como la hoja de una espada: Género *Xiphias* (79).

Mandíbula inferior muy larga. En realidad, se refiere al maxilar inferior, que es solo un poco más largo que el maxilar superior: *A. anguilla* (38).

Mandíbula inferior más larga. Como en la entrada anterior: *T. draco* (147).

Mandíbula superior bífida. El morro o rostro de los tríglidos adopta la forma de una visera con dos apéndices laterales más o menos desarrollados según las especies: Género *Trigla* (151), v. también *T. lyra* (157) y *P. cataphractum* (158).

Mandíbulas desiguales. Se refiere a los serránidos, que tienen la mandíbula o maxilar inferior más largo que el superior: Género *Perca* (101).

Mandíbulas extensas, desiguales. Quiere decir que los maxilares son anchos y el superior algo más largo que el inferior: Género Clupea (39).

---

248 Parte anterior más o menos saliente de la cabeza. Aunque morro, rostro y hocico son sinónimos, en los peces preferimos utilizar rostro (rayas, tríglidos, agujas...) y morro (tiburones y el resto de los peces...), ya que consideramos que hocico se refiere principalmente a los mamíferos terrestres.

249 Las dos piezas óseas o cartilaginosas que forman la boca.

Mexillas huesosas. Tal vez se refería a los maxilares: *D. hystrix* (99).

Mexillas huesosas, prolongadas, bipartidas. Tal vez quería indicar que los dientes está unidos en una sola pieza: *M. mola* (98).

Pico delgado y agudo. Maxilares muy finos, con el extremo puntiagudo: *B. belone* (86).

Terminal córneo. Estructura bucal córnea denominada «pico de loro» que sirve para despedazar las presas: Género *Sepia* (162).

2.4.5 Dientes

Aferrados. Aserrados, con los bordes dentados: *C. carcharias* (6).

Cuadrados. En realidad son rectangulares, comprimidos, con una gran cúspide en el centro y dos laterales más pequeñas: *E. brucus* (20).

Largos y con filo. Relativo a los incisivos fuertes y picudos, semejantes a dientes caninos de otras especies: *B. capriscus* (100).

Corvos. Curvados hacia atrás: *C. macrophthalma* (139).

Cerdosos y movibles. Largos, finos y que se pueden mover: Género *Chaetodon* (58).

Robustos. Se refiere sobre todo a los fuertes molares de algunas especies: Género *Sparus* (112).

Agudos. Muy puntiagudos: Género *Labrus* (141).

Amontonados. Muchos y muy juntos: *E. marginatus* (105).

Aglomerados. Muy juntos: Género *Atherina* (85).

Sin dientes. Se refiere sin dientes convencionales, porque los mugílidos tienen dientes faríngeos (Drake et al., 1984a: 340): Género *Mugil* (90).

Triangulares, aserrados. Forma de triángulo isósceles, con los bordes dentados: *C. carcharias* (6).

Reunidos. Agrupados, pero no es posible dar más detalles porque la especie a la que se refiere Cabrera es desconocida: *S. pinnilepidus* (209).

Con dientes. Para diferenciarlo del Género *Balaena*, que tiene láminas córneas: Género *Delphinus* (160).

Lámina córnea. Se refiere a las llamadas barbas de ballena, o placas de queratina, largas y estrechas que cuelgan del paladar y forman el sistema de filtración de zooplancton del que se alimentan estos cetáceos: Género *Balaena* (159).

Dos órdenes de dientes. Quiere decir dos tipos de dientes, caninos y molares, como es característicos de algunas especies de espáridos: *D. annularis* (117).

Glándulas (boca llena de). Cabrera llama 'glándulas' a los numerosos dientes córneos dispuestos en hileras concéntricas que conforman la ventosa bucal de las lampreas: *P. marinus* (2).

2.5 Narinas

Antenillas (dos). Se refiere a las dos narinas en forma de tubo: *C. conger* (37).

Narices en la punta del hocico. Orificios nasales en el extremo anterior del morro: *E. spinax* (17).

Respiraderos sobre la cabeza. Espiráculos u orificios respiratorios de las ballenas: *B. mysticetus* (159).

Narices tubulosas. Las narinas tienen forma de tubo: Género *Muraena* (34).

2.6 Ojos

Grandes. En relación con el tamaño de la cabeza: *B. boops* (112).

Grandes (muy). En *S. porcus* (149) y en *P. bogaraveo* (127), Cabrera dice que tienen los ojos muy grandes, pero en la primera especie no destacan precisamente por eso, y en la segunda, en proporción, son igual de grandes que los de *B. boops* de la entrada anterior.

Distantes (bien). Muy separados, pero no tanto como en otras especies de peces planos: *S. solea* (78).

Al lado derecho. El cuerpo de los peces planos no es simétrico y presenta los dos ojos en el mismo lado; según las familias, en unas están en el lado derecho y en otras en el izquierdo: *P. lascaris* (77).

Al lado izquierdo. V. anterior: *C. linguatula* (70).

Verticales. No debe interpretarse que tienen la pupila vertical como la de algunos felinos, las cabras o los cocodrilos, sino que los ojos están encima de la cabeza (Género *Lophius*, 97) o muy próximos al borde cefálico (Género *Mullus*, 61); en el caso de los rapes, puede decirse también que los ojos están en posición vertical respecto a la cabeza.

Verticales más o menos (encima al lado opuesto). El mismo Cabrera lo dice, «encima al lado opuesto», como en la entrada anterior: Género *Raya* (22).

Pequeños. En realidad, son muy pequeños en comparación con el tamaño del cuerpo: *T. torpedo* (22).

Oblongos. Algo ovalados: *G. niger* (67).

3. Términos y expresiones relacionados con las ALETAS

3.1 Posición

Aletas inferiores en el yúgulo. Aletas ventrales situadas en el cuello, delante de las pectorales: Clase Jugulares (p. 147, de Graells).

Aletas inferiores [...] *insertas en el thórax*. Aletas ventrales situadas en el pecho, a la altura de las pectorales: Clase Torácicos (p. 149, de Graells).

Aleta dorsal embaina. Viene a decir que se repliega en el surco dorsal del cuerpo: *P. erythrinus* (128).

Aletas opuestas. Las aletas dorsal y anal están situadas a la misma altura: *I. oxyrinchus* (7).

3.2 Forma

Ahorquillada horizontal. No es precisamente ahorquillada; es ancha, con una pequeña escotadura central, no forma una verdadera horquilla como, por ejemplo, *T. ovatus* (186): *P. phocoena* (160).

Aleta dorsal escondida en una vaina [...] *en el lomo*. Esta aleta se repliega en una hendidura dorsal: *P. bogaraveo* (127).

Aletas espurias. También llamadas pínnulas, son aletas rudimentarias, pequeñas, alineadas detrás de la dorsal y de la anal en la parte posterior del cuerpo; Cabrera las llama espurias o aletas falsas; no tienen verdadera función en la natación, sino en la hidrodinámica del pez al reducir el efecto de las turbulencias del agua producidos por los movimientos de la aleta caudal (Wang *et al.*, 2020:1): *T. thynnus* (57).

Aletas falsas. V. anterior. Género *Scomber* (55). En la descripción del Género *Scomber* (p. 159, de Graells), Cabrera indicó sobre la presencia de aletas falsas: «esto en algunas especies», ya que antes este género incluía también especies de carángidos, que no las presentan, como *Lichia amia* (80) o *Trachinotus ovatus* (186).

Aletas ventrales se miran colocadas en el abdomen. Quiso decir 'se observan colocadas' o 'están colocadas': Clase Abdominales (p. 161 de Graells).

Aletita (*al remate de ella* [de la cola] *con una*). En realidad, como en todas las rayas, la cola tiene dos aletitas dorsales en su extremo posterior: *D. batis* (25).

Anal distinta. Se refiere a que la aleta anal, de forma convencional, es diferente de las ventrales, que tienen solo dos radios: Género *Blennius* (91).

Caudal entera. La aleta caudal no es escotada o ahorquillada, sino de un único lóbulo: *C. linguatula* (70).

Caudal estrecha y escotada. Se refiere a que el lóbulo superior de la aleta caudal es estrecho y presenta una escotadura en su extremo posterior: *D. licha* (16).

Cola ahorquillada. Muy hendida, con dos lóbulos largos: Género *Stromateus* (52).

Cola [*entera*] *aovada*. Aleta caudal con forma ovalada: *G. niger* (67).

Cola bífida. La aleta caudal presenta dos lóbulos más o menos largos, estrechos e iguales, según las especies: *P. bogaraveo* (127). También *cola vífida*, en *P. auriga* (129).

Cola bifurcada. Otra forma de indicar que la aleta caudal tiene dos lóbulos: *C. equiselis* (200).

Cola con tres órdenes de espinas. Tres hileras de espinas en el pedúnculo caudal: *R. miraletus* (28).

Cola continua. Quiere decir que no tiene pedúnculo caudal, con lo que la aleta caudal está unida directamente al cuerpo: *M. mola* (98).

Cola entera. V. *caudal entera*, más arriba: *C. julis* (141).

Cola enterísima. Cabrera empleó este término dos veces para dos especies cuya aleta caudal es entera, sin ningún rasgo especial que justificara utilizar el superlativo, *D. hystrix* (99) y *P. mediterraneus* (110). Tal vez, en el primer caso, lo hizo admirado por el aspecto raro del pez que examinaba, y en el segundo por el buen tamaño de la aleta caudal, que es ligeramente bilobulada, detalle que no mencionó.

Cola hendida. Con escotadura, más o menos profunda: *A. sphyraena* (45).

Cola horizontal. Aleta caudal de los cetáceos, en posición horizontal respecto al cuerpo, no vertical como en los peces: Géneros *Balaena* (159) y *Delphinus* (160).

Cola muy larga. Aleta caudal transformada en un largo filamento, como un látigo: *A. bovinus* (31).

Cola semilunar. Aleta caudal con forma de media luna: *B. brama* (58).

Divisiones de su aleta [caudal]. Cada uno de los dos lóbulos de la aleta caudal son para Cabrera 'divisiones' de dicha aleta; en la especie referida alude al lóbulo superior, que es de gran longitud: *A. vulpinus* (5).

Dorsal continuada. Esta expresión tiene un doble significado para Cabrera, según los peces de que se trate. Por una parte, en el Género *Muraena* (34), indica que la aleta dorsal está unida a la caudal y a la anal, formando una sola aleta; por otra, en los lábridos, como *S. rostratus* (145), quiere decir simplemente que la aleta dorsal es larga.

Dorsal pequeña. Todas las especies de escualos con dos aletas dorsales que examinó Cabrera tienen la segunda más pequeña que la primera, algunas incluso muy pequeña, como *P. glauca* (13); sin embargo, solo le llamó la atención este hecho en *G. galeus* (10).

Dura y larga. Se refiere a la aleta dorsal sin huesos: *O. orca* (161).

Hueco [...] *donde recoge y esconde las aletas*. Se refiere al hueso plano abdominal bajo el que se pliegan las aletas ventrales cuando el pez nada a gran velocidad: *A. thazard* (54).

Inferiores unidas en figura oval. Las aletas ventrales están soldadas y forman una ventosa con la que el pez se adhiere a las rocas: Género *Gobius* (68).

Pectorales agujadas, *voladoras*. Largas y finas cuando están plegadas, amplias cuando están extendidas durante los vuelos del pez fuera del agua: Género *Exocoetus* (88).

Pectorales desiguales. La aleta pectoral de la cara ocular es más grande que la del lado ciego, reducida a dos radios: *C. linguatula* (70).

Pectorales grandes y carnosas. Amplias y gruesas, extendidas a los lados del cuerpo: *S. squatina* (21).

Pectorales horizontales. Los tiburones no tienen las aletas pectorales en posición horizontal. Tal vez Cabrera observó esta posición en un ejemplar fuera del agua apoyado sobre el vientre: *H. griseus* (4).

Pectorales redondeadas. Los espáridos tienen las aletas pectorales alargadas; cuando están desplegadas, su borde posterior es curvado: Género *Sparus* (112).

Rabo (*largo y delgado puntiagudo*). Se refiere al pedúnculo caudal, que hacia su extremo posterior es cada vez más fino y termina en un extremo en punta: *D. pastinaca* (30).

Semilunares en su remate. Se refiere a las aletas dorsal primera, ventrales y caudal, cuyos extremos tienen cierta forma curvada que recuerda a una media luna: *S. zygaena* (15).

Una aleta falsa al final del lomo. No llega a ser una aleta espuria o pínnula, como mencionó en los túnidos (72 o 67); es una aleta dorsal segunda pequeña y adiposa: *A. sphyraena* (45).

Ventrales breves y rígidas. Las aletas ventrales son pequeñas y carnosas: *L. piscatorius* (97).

Ventrales brevísimas. Cabrera compara las ventrales, que son de tamaño normal, no pequeñísimas, con las pectorales, que tienen un gran tamaño debido a su función como alas para mantener el vuelo en los saltos del pez fuera del agua: *E. volitans* (88).

3.3 Textura

Dorsal y anal rígidas, carnosas, escamosas. Quiere decir que las aletas dorsal anal son poco flexibles porque están cubiertas de piel y escamas: Género *Chaetodon* (58).

Ramentacea [Ramentácea]. Se refiere a los pequeños apéndices cutáneos filamentosos que hay en el borde de la membrana interradial de la aleta dorsal, entre los radios espinosos (Goüan, 1770: 532): Género *Labrus* (141).

3.4 Número

Muchas en el dorso y en el ano. Muchas quiere decir tres aletas dorsales: Género *Gadus* (172).

Dorsales tres, distintas. Con el mismo número de aletas dorsales que en el caso anterior, esta vez sí indicó cuántas eran y que no eran las tres iguales: *T. luscus* (49).

3.5 Radios

Cuadrirradiadas (*ventrales*). En realidad, las aletas ventrales de la especie donde se cita esta expresión tienen 6 radios, como Cabrera vería en Linneo, el primero de ellos filamentoso, más largo: *T. luscus* (49).

Cerda larga. El primer radio blando de las aletas ventrales se prolonga en un largo filamento: *C. chromis* (140).

Cerda rígida. El 3.º y 4.º radios de la aleta dorsal de los ejemplares jóvenes se prolongan en sendos largos filamentos que desaparecen con la edad: *D. gibbosus* (115).

Filamentosos (*radios dorsales*). En realidad, los radios de la aleta dorsal de la especie referida no son filamentosos, son solo largos; la membrana interradial es la que se prolonga en largos filamentos cutáneos o ramentos (v. ramentácea, más arriba): Género *Zeus* (46).

Hilos largos, rígidos. Son los radios libres, o «digitaciones», de las aletas pectorales: Género *Trigla* (151).

Digitaciones. V. anterior: *Ch. lucerna* (153).

Púas corvas. Se refiere a los radios espinosos de la aleta dorsal: *S. porcus* (149).

Rayo aserrado. Es el primer (no el segundo, como dice Cabrera) radio espinoso de la aleta dorsal, que tiene el borde posterior fuertemente dentado: *L. sclateri* (44).

Radios puntiagudos. Son los radios espinosos o duros de la primera aleta dorsal: *Ch. lucerna* (153).

Radios [...] *setáceos*. Se refiere al segundo radio de la aleta dorsal, que se prolonga en un largo filamento: *Ch. obscurus* (154).

Radios rígidos espinosos. Son radios duros, rectos, terminados en punta muy aguda: *T. draco* (147).

Radio setáceo larguísimo. Radio que termina en un largo filmento: *C. lyra* (63).

Escudillos y espinas solitarias. Son los escudetes (escamas transformadas) de la línea lateral de, por ejemplo, los jureles (v. *Trachurus*), que llevan una espina dirigida hacia atrás: Género *Gasterosteus* (80).

Tres espinas [...] *con un resorte en su nacimiento*. El resorte es la articulación ósea del primer radio de la primera aleta dorsal con el segundo, que actúa como un seguro y no se desbloquea hasta que no se presiona el tercer radio, que actúa de gatillo: *B. capriscus* (100).

4. Estructuras y órganos internos

Escama huesosa. Es la concha calcificada interna de las sepias o chocos, con pequeñas cavidades que acumulan aire y permiten la flotabilidad del animal: *S. officinalis* (164).

Escama interior cartilaginosa. Estructura quitinosa interna en forma de pluma de los calamares: *L. vulgaris* (162).

Vejiguilla de cierto licor negro. Se refiere a la bolsa de la tinta de los cefalópodos, una vesícula que almacena un pigmento oscuro que contiene melanina. La voz latina *liquor, oris* significa líquido, fluido. *S. officinalis* (164).

ÍNDICES

Chelidonichthys obscurus, 12, 71, 82, 115, 334, 426, 428, 429, 584, 590, 596, 599

Chelidonichthys spinosus, 432

Chelon auratus, 13, 102, 114, 498, 499, 526, 583, 596

Chelon labrosus, 10, 51, 114, 118, 198, 298, 299, 585, 590, 596, 601

Chelon ramada, 13, 102, 114, 500, 501, 583, 596

Chelon saliens, 13, 48, 103, 114, 498, 526, 527, 587, 598

Chetodon minimus, 544, 592

Chimaera monstrosa, 12, 32, 51, 60, 68, 98, 102, 111, 416, 462, 463, 587

Chloroscombrus chrysurus, 282, 565, 572

Choetodon Minimum, 544

Choetodon Sparoides, 13, 547

Choetodon Umbratus, 236, 601

Chromis chromis, 12, 72, 91, 103, 113, 400, 401, 424, 584, 587, 589, 594, 595

Ciclopterus lepidogaster, 90, 502, 595

Ciprinus Alburnus, 500, 596

Ciprinus Auratus, 206, 591, 596

Ciprinus Barbus, 208, 591, 596

Citharus linguatula, 10, 85, 113, 136, 260, 261, 274, 587, 589, 594

Clinitrachus argentatus, 214

Clupea Alosa, 82, 198, 590, 596

Clupea Arengus, 200, 596

Clupea Enchrasicolus, 204

Clupea Encrasicolus, 82, 204, 590, 596

Clupea fallax, 200

Clupea Harengus, 200, 590

Clupea pilchardus, 202

Clupea sardina, 202

Clupea Spratus, 590, 596

Clupea Sprattus, 202

Cobitis paludica, 13, 99, 102, 103, 111, 534, 535, 601

Cobitis taenia, 534, 601

Coelorinchus caelorhichus, 260

Columba livia, 494

Conger conger, 9, 72, 111, 194, 195, 584, 587, 588, 593

Coriphena Cornide, 91, 92, 94, 288, 594

Coriphena Equiselis, 524, 594

Coriphena Hippuris, 288, 594

Coriphena Variegata, 91, 94, 288, 594

Coris julis, 12, 71, 72, 114, 308, 398, 402, 403, 408, 412, 573, 583, 584, 585, 589, 595, 602

Coris melanura, 402, 573

Coryphaena Equisele, 524

Coryphaena equiselis, 13, 103, 113, 288, 524, 525, 584, 588, 594

Coryphaena Equisetis, 260

Coryphaena hippurus, 10, 91, 103, 113, 288, 289, 490, 492, 524, 545, 571, 583, 594

Coryphaena Hippurus, 91, 288

Coryphaena imperialis, 524

Coryphaena pelagica, 524

Coryphena Equiselis, 524, 588

Coryphoblennius galerita, 11, 103, 114, 304, 305, 592, 593

Cottus Gobio, 222

Cottus gobius, 222, 567

Crenimugil labrosus, 118

Cuculus canorus, 422

Cyclopterus Lepidogaster, 92, 502

Cyclopterus purpureus, 502

Cyprinus auratus, 206

Cyprinus barbus, 86, 104, 208

Cyprinus Carasfius, 206

Cyprinus Caraffius, 206

D

Dactylopterus volitans, 10, 71, 88, 112, 119, 240, 241, 254, 424, 583, 592, 596, 599

Dagetichthys lusitanicus, 10, 86, 104, 113, 268, 269, 585, 588, 594

Dalatias licha, 9, 92, 110, 152, 153, 456, 585, 591, 597

Dasyatis pastinaca, 9, 85, 88, 111, 180, 181, 184, 416, 586, 591, 592, 597

Dasypus novemcinctus, 436

Delphinus delphis, 440

Delphinus Orca, 442, 592, 597

Delphinus Phocæna, 592

Dentex canariensis, 11, 88, 104, 105, 115, 120, 346, 347, 350, 352, 372, 378, 587, 592, 594

Dentex dentex, 11, 45, 72, 91, 115, 348, 349, 352, 378, 584, 587, 589, 594, 595, 601

Dentex gibbosus, 11, 71, 115, 346, 350, 351, 372, 378, 380, 488, 584, 589, 594

Dentex macrophthalmus, 11, 97, 115, 352, 353, 372, 378, 547, 584, 589

Dentex maroccanus, 378

Dentex nufar, 346

Diagramma Mediterraneum, 340

Labrus Pavo, 78, 82, 412, 589
Labrus Pertusus, 88, 101, 404, 592, 595
Labrus Psitacus, 406, 595
Labrus psittacus, 406
Labrus Scarus, 404
Labrus Scina, 404, 410, 592, 595
Labrus Serpentinus, 408
Labrus Tinca, 512, 595
Labrus varius, 65, 510
Labrus viridis, 12, 114, 406, 407, 583, 589, 595
Lacerta Chamaeleon, 83
Lacerta viridis, 246
Lamna nasus, 134
Lampetra fluviatilis, 9, 72, 96, 102, 109, 122, 123, 585, 591, 597
Lampetra major, 124
Lampetra parva & fluviatilis, 122
Lampris guttatus, 312
Lepadogaster lepadogaster, 13, 102, 103, 114, 502, 503, 569, 595
Lepadogaster purpurea, 502, 575
Lepidopus argenteus, 91, 480
Lepidopus caudatus, 13, 91, 97, 102, 112, 468, 476, 480, 481, 586, 594
Lepidopus gouanianus, 480
Lepidopus Malacensis, 91, 468, 480, 594
Lepidorhombus boscii, 260
Lepidorhombus whiffiagonis, 260, 404
Lepidotrigla cavillone, 12, 68, 72, 115, 424, 432, 433, 584, 586, 590, 596, 599
Leucoraja fullonica, 12, 102, 110, 172, 458, 459, 586, 597
Lichia amia, 10, 51, 72, 85, 91, 113, 280, 281, 492, 494, 584, 590, 595, 601, 611
Lichia vadigo, 280, 601
Linguatula, *85*, 260, 274, 589, 594
Lipophrys pholis, 11, 103, 114, 306, 307, 588
Lithognathus mormyrus, 11, 115, 366, 367, 585, 589
Loligo coindetii, 528
Loligo forbesi, 444
Loligo magna, 444
Loligo vulgaris, 12, 102, 116, 444, 445, 446, 584, 592, 597
Lophius budegassa, 314
Lophius gadicans, 222, 602
Lophius Gadicensis, 86, 90, 222, 591, 597, 602
Lophius piscatorius, 11, 116, 222, 314, 315, 586, 591, 597
Lophius Rana Piscatrix, 314

Luciobarbus sclateri, 9, 86, 102, 104, 111, 208, 209, 583, 591, 596
Lutjanus lamarckii, 410
Lutjanus rofiratus, 410
Luvarus imperialis, 11, 60, 92, 94, 96, 116, 312, 313, 584, 593
Lyra altera, 436
Lyra prior, 434

M

Macroramphosus scolopax, 10, 99, 112, 136, 248, 249, 572, 573, 586, 591, 596, 601
Macrorhamphosus scolopax, 601
Merlangus poutassou, 466
Merluccius merluccius, 10, 40, 72, 91, 99, 112, 220, 221, 374, 586, 588, 593, 599, 602
Mermejuela, 68, 71, 72, 73, 77, 82, 100, 162, 163, 585, 591, 597
Microchirus azevia, 10, 72, 86, 104, 113, 270, 271, 400, 587, 589, 594
Microchirus luteus, 66, 272
Microchirus ocellatus, 270
Microchirus (Zevaia) azevia, 270
Micromesistius poutassou, 12, 72, 91, 102, 112, 214, 466, 467, 492, 583, 586, 593, 599
Mobula mobular, 12, 102, 111, 174, 460, 461, 597, 601
Mola mola, 11, 72, 116, 266, 316, 317, 320, 484, 585, 587, 591, 596
Molva macrophthalma, 214
Monochirus trichodactylus, 268
Mugil Albula, 298, 590, 596, 601
Mugil auratus, 498
Mugil cephalus, 11, 71, 72, 114, 298, 300, 301, 346, 350, 496, 526, 584, 585, 590, 596, 598
Mugil Cephalus, 68, 82, 298, 300, 590, 596
Mugil chelo, 298, 601
Mugil Provensalis, 298
Mugil ramada, 500
Mugil Saliens, 526
Mullus barbatus, 10, 112, 242, 243, 244, 587, 590, 596, 599
Mullus Barbatus, 242, 590, 596, 599, 600
Mullus surmuletus, 10, 112, 242, 244, 245, 587, 590, 596, 599
Mullus Surmuletus, 590, 596, 599, 600
Muraena Anguilla, 78, 80, 196
Muraena caeca, 190
Muraena coeca, 190

Perca luth, 390

Perca mediterranea, 408

Perca Mediterranea, 408, 595

Perca Merus, 86, 330, 589, 595, 601

Perca punctata, 85, 326, 589, 595, 601

Perca punctulata, 324, 326

Perca Pusilla, 78, 310, 589

Perca Regia, 41, 86, 390

Perca Saxatilis, 78, 85, 324, 589

Perca Scriba, 85, 336

Perca Stridens, 342, 595

Perca Umbra, 394

Perca Vaila, 326

Perca vitela, 334, 601

Perca Vitella, 68, 82, 85, 336, 590, 595

Peristedion cataphractum, 12, 115, 436, 437, 590, 596, 599, 602

Petromison Flubiatile, 68, 122, 597

Petromison Marinum, 124, 597

Petromizon Fluviatilis, 82, 122, 591

Petromizon Marinus, 76, 82, 124, 591

Petromyzon fluviatilis, 122, 124

Pétromyzon lamproie, 124

Petromyzon marinus, 9, 72, 102, 109, 122, 124, 125, 585, 591, 597

Petromyzon Marinus, 124

Pétromyzon pricka, 122

Phicis Tinca, 97, 214, 599, 600

Phocoena phocoena, 12, 82, 102, 116, 440, 441, 587, 590, 592, 597

Pholis gunnellus, 306

Phycis blennoides, 10, 71, 72, 85, 112, 214, 215, 218, 584, 585, 586, 593, 599

Phycis phycis, 10, 112, 214, 216, 217, 218, 583, 588, 593, 599

Platichthys flesus, 10, 91, 113, 266, 267, 587, 589, 594

Plectorhinchus diagrammus, 338

Plectorhinchus mediterraneus, 11, 72, 86, 115, 338, 340, 341, 504, 508, 583, 590, 595

Plectropoma fasciatus, 86, 328

Pleuronectes Cuspidatus, 260, 274, 594

Pleuronectes Fimbriatus, 86, 264, 589, 594

Pleuronectes Flexus, 66, 78, 83, 266, 589

Pleuronectes Laterna, 86, 264

Pleuronectes limandoides, 86, 104, 270

Pleuronectes Limandoides, 82, 268, 270, 589, 594

Pleuronectes Linguatula, 85, 260, 274, 589, 594

Pleuronectes luteus, 66, 272

Pleuronectes maximus, 486

Pleuronectes Maximus, 486, 594

Pleuronectes Oblongus, 78, 85, 260, 274, 589

Pleuronectes Obtusus, 91, 266, 594

Pleuronectes platessa, 13, 103, 113, 522, 523, 563, 586, 594

Pleuronectes Platessa, 522, 594

Pleuronectes Rhombus, 262, 594

Pleuronectes Rombus, 262, 589

Pleuronectes solea, 276

Pleuronectes Solea, 81, 276, 589, 594

Pleuronectes terreus, 272

Pleuronectes Trichodactilus, 268, 588

Pleuronectes Trichodactylus, 104, 268, 270

Pleuronectes Tricodactilus, 270, 594

Polyprion americanus, 11, 82, 86, 97, 115, 322, 323, 330, 332, 508, 587, 590, 595

Pomadasys incisus, 11, 86, 115, 342, 343, 587, 590, 595

Pomatomus saltatrix, 10, 72, 112, 226, 227, 492, 551, 584, 592, 596, 598

Pomatoschistus minutus, 256

Prionace glauca, 9, 88, 110, 126, 132, 146, 147, 584, 592, 597

Pristipoma octolineatum, 86, 338

Pristis pristis, 44

R

Raia Aquila, 184, 597

Raia aspera nostras, 458

Raia baca, 180, 586, 597

Raia Batis, 170, 597

Raia clavata, 174

Raia Fullonica, 458, 597

Raia laevis oculata, 176

Raia Machuelo, 172, 597

Raia Miraletus, 176

Raia Mobular, 460

Raia mobularis, 460

Raia Mobularis, 59, 67, 90, 93, 460, 597

Raia Obscura, 91, 170, 597

Raia Obtusirostris, 91, 101, 182, 184, 597

Raia Oxirinchus, 172

Raia oxirincus, 172

Raia Oxirincus, 172, 180, 597

Raia Oxyrhychos major, 172

Raia Oxyrhynchus, 172

Raia Oxyrinchus, 172

Raia Pastinaca, 180, 597

Raia Rhinobates, 166

Thalassoma pavo, 12, 71, 72, 114, 398, 412, 413, 584, 585, 589

Thunnus alalunga, 12, 102, 112, 232, 234, 472, 473, 474, 596, 599

Thunnus albacares, 12, 102, 112, 232, 474, 475, 583, 590

Thunnus thynnus, 10, 46, 112, 232, 234, 235, 583, 590, 595, 599, 601

Tinca marina, 512

Todarodes sagittatus, 72, 528

Todaropsis eblanae, 72, 528

Torpedo marmorata, 164, 306

Torpedo torpedo, 9, 110, 164, 165, 587, 591, 597, 601

Trachinotus ovatus, 13, 91, 102, 113, 224, 424, 494, 495, 586, 590, 595, 611

Trachinus draco, 12, 114, 414, 415, 583, 592, 593, 599, 602

Trachinus Draco, 87, 414, 592, 593, 599, 600, 602

Trachinus uranoscopus, 416

Trachurus aguilus, 390

Trachurus mediterraneus, 10, 86, 104, 113, 282, 283, 284, 488, 587, 590, 596, 599

Trachurus picturatus, 284, 488

Trachurus trachurus, 10, 113, 284, 285, 372, 488, 587, 590, 595, 599

Trichiurus caudatus, 480

Trichiurus ensiformis, 480

Trichiurus lepturus, 476, 480

Trigla arterie, 436

Trigla Catafracta, 436, 599, 600

Trigla Cataphracta, 436, 590, 596, 600, 602

Trigla cavillone, 432

Trigla coccyx, 436

Trigla Cuculus, 422, 590, 596, 599, 600

Trigla Gurnardus, 430, 590, 596, 599, 600

Trigla Hiruendo, 426

Trigla Hirundo, 424, 426, 590, 596, 599, 600, 602

Trigla lineata, 424, 602

Trigla Lira, 434, 590, 596, 599, 600, 602

Trigla Lucerna, 78, 82, 85, 426, 428, 590, 596, 599, 600, 602

Trigla lyra, 12, 115, 246, 434, 435, 564, 585, 590, 596, 599, 602

Trigla minuta, 68, 432

Trigla obscura, 428

Trigla Rubens, 78, 85, 426, 590

Trigla Rubescens, 426, 596, 599, 600, 602

Trigla Rufescens, 68

Trigla Serrata, 432, 596, 599, 600

Trigla Spinosa, 68, 78, 432, 590

Trigla Volitans, 240, 592, 596, 599, 600

Trisopterus luscus, 10, 71, 80, 85, 112, 214, 218, 219, 306, 585, 588, 593

Turdus niger, 508

Turdus viridis major, 406

U

Umbrina canariensis, 342

Umbrina cirrosa, 12, 81, 91, 116, 390, 394, 395, 396, 508, 584, 589, 595, 599, 603

Umbrina ronchus, 12, 86, 104, 105, 116, 390, 396, 397, 583, 590, 595

Uranoscopus scaber, 12, 68, 115, 314, 416, 417, 586, 588, 593, 599, 602, 603

V

Voluta olla, 63

Vulpes marina, 130

X

Xiphias gladius, 10, 44, 45, 59, 113, 278, 279, 312, 442, 586, 588, 593, 601

Xiphias Gladius, 60, 68, 278, 588, 593

Xiphias imperator, 278, 312

Xiphias Piſcis, 278

Z

Zeus Aper, 310

Zeus Asper, 310, 594, 602

Zeus faber, 10, 80, 112, 212, 213, 310, 562, 586, 588, 594

Zoarces viviparus, 308

Zygaena tudes, 148

Índice de nombres vulgares

A

abadejo, 70, 71, 96, 328, 338, 583, 589, 595
abadejo rayado, 70, 96, 100, 338, 339, 549, 583, 595
abadejo real, 95
abeclín, 126
abrequín, 126
abroito, 214
abrota, 214
abrotiga, 214
acedia, 66, 270, 272, 589
acedía, 44, 70, 82, 93, 96, 272, 273
aguja, 59, 68, 71, 82, 210, 252, 253, 258, 272, 280, 292, 293, 294, 482, 549, 583, 590, 591, 596
agujeta, 70, 82, 93, 180, 591
agujón, 294
ahoga gatos, 44
alacha, 198
albacora, 67, 70, 77, 78, 81, 232, 474, 475, 583, 590, 596, 599
albariña, 70, 72, 93, 144, 145
albaríña, 583
albur, 70, 73, 96, 500, 501, 583, 596
albures, 500
alburnos, 198
alcerrín, 126
alecrín, 72, 73, 90, 93, 100, 126, 127, 583, 598
alequín, 126
alerona, 472
alfajoa, 354, 356, 362
alfiler, 70, 100, 280, 482, 483, 583, 596
algarín, 294
alitan, 70, 71, 88, 138, 583, 592
alitán, 89, 136, 138, 142
alosa, 9, 72, 102, 111, 198, 199, 200, 585, 587, 590, 596, 608
anchoa, 72, 82, 204, 205, 224, 236, 248, 254, 260, 272, 322, 346, 374, 400, 404, 440, 484, 506, 583, 590, 596, 603, 604, 605

anchova, 226
ángel, 162, 172, 546, 603
angelote, 63, 67, 68, 72, 77, 82, 162, 163, 583, 591, 597
anguila, 67, 98, 192, 196
anguilla, 9, 40, 60, 78, 80, 102, 111, 196, 197, 583, 588, 593, 609
araña, 70, 82, 87, 88, 93, 100, 414, 415, 583, 592, 593, 599
arete, 70, 422, 423, 583, 596, 599
arlequín, 126
armadillo, 436
armado, 126, 248, 436
asperillo, 310
atriaco, 96, 288
atun, 70, 93, 234, 442, 583, 595, 599
atún, 17, 46, 63, 126, 228, 230, 234, 440, 442, 470, 472, 474, 581, 590, 605
atún de ala larga, 472
atún orejón, 472
austriaco, 96, 288
autríaco, 73, 288, 289, 583

B

babosa, 304, 308, 309, 593
baboza, 308, 583
bacalá, 466
bacaladilla, 466, 492
bacaladillo, 466
bacalailla, 466
bacalaillo, 466
bacalao, 70, 72, 466, 467, 583, 593, 599
bacallao, 466
bacalluças, 466
bacón, 302
baila, 95, 96, 326, 564
baíla, 70, 583
ballena, 17, 438, 442, 454, 610

baqueta, 72, 180, 408, 409, 583

baquilla, 336

barbo, 72, 208, 583, 591, 596

barbo del sur, 208

barbo gitano, 208

bastina, 144

bausel, 93, 498, 499, 583, 596

bayla, 326

begel, 428

bejel, 96, 428

bentudo, 140

bermejuela, 162

berrugate, 68, 73, 96, 100, 390, 394, 396, 583, 590

berrugate blanco, 394, 396

berruguete, 96, 396

besugo, 55, 56, 61, 98, 342, 370, 371, 583, 589, 594, 601

bobon, 95, 382

bocadulce, 126, 128

bocaus, 126, 128

bocinegro, 380

bodion, 70, 71, 72, 408, 583, 589, 595

bodión, 59, 402, 408

bodion verde, 70, 406, 407, 583, 589, 595

boga, 288, 344, 374

bolivan, 432

bonito, 202, 230, 246, 474, 494, 576, 584, 590, 595, 599, 605

bonito de aleta, 472

boquerón, 204, 226, 298

boquidulce, 128, 129, 583, 591, 597

bordador, 316

bordallo, 548

bordayo, 14, 72, 93, 100, 102, 548, 549, 583, 598

boriguete, 340

borracho, 73, 100, 430, 431, 583, 590, 596, 599

borriguete, 340

borriquate, 96, 340

borriquete, 93, 96, 340, 504, 508

botte, 63

bramante, 168, 172, 174, 178

breca, 44, 67, 95, 97, 376

brota, 214

brotoella, 214

brótola, 95, 214, 216, 218, 599, 600

brótola blanca, 214, 215, 588

brótola de fango, 218

bruja, 72, 88, 346, 404, 405, 584, 592, 595

bucel, 498

bucelito, 498

buñuelo, 310

burás, 374

buraz, 374

burel, 284

buroz, 374

burro, 63, 340, 504

busel, 95, 498

C

caballa, 44, 230, 232, 284, 470, 496

caballito, 72, 100, 250, 280, 584, 591, 596

caballito de mar, 17, 40, 250, 280

caballito marino, 96

caballo, 37, 72, 224, 250, 280, 288, 312, 340, 470, 504, 584, 595, 607

cabete, 72, 100, 432, 433, 584, 590, 596, 599

cabezudo, 300, 466

caboso, 256

cabra, 334, 428, 462

cabrilla, 68, 70, 71, 72, 82, 93, 95, 100, 334, 335, 336, 426, 427, 428, 429, 584, 589, 590, 595, 596, 599, 600

cabrilla serrana, 336

cabrío, 96, 402, 462

cacho, 352, 548

cachucho, 95, 96, 97, 352

caella, 126, 132, 146

calamar, 63, 444, 446, 448

canabita, 97

cangüeso, 96, 254

canqueso, 96, 254

cañabota, 88, 97, 144, 547

cañejos, 144

capitán, 68, 82, 300, 301, 346, 350, 351, 589, 590, 594, 596

carajito de rey, 402

caramar, 444

caramelo, 69, 386

carpa, 96, 206, 208, 500

castañuela, 91, 400

caun, 140

cayote, 549

cazón, 59, 126, 140, 144, 156, 561, 597

cazón auténtico, 140, 144

cerda, 232, 346, 350, 400, 404, 420

cerdo, 138, 154, 186, 342, 374, 418, 532

chabillo, 310

chancaré, 97

chancarel, 97, 144

chelvas, 456

cherna, 97, 322, 332

chico, 374

chirriola, 428

choa, 96, 226, 551

chobares, 226

choco, 88, 448, 450, 584, 592, 597

choco de culo, 450

choco de la puyita, 450

choco de pincho, 450

choco de pincho en el culo, 450

choco picudo, 450

cholveta, 226

chopa, 388

chova, 96, 226, 290, 551

chucha, 180

chucho, 180, 184

chucho-raya, 180

chucla, 70, 93, 100, 506, 594

chuzo, 180

cigarra, 40

cochina, 138

cochino, 138, 532

cogujada, 304

colayo, 548

colmillejas, 534

comadreja, 63, 140, 142, 214, 218

congrio, 60, 67, 98, 194, 196, 468

corbinata, 394, 395, 584, 595

corneta, 148, 150

cornuda, 148, 150

cornudilla, 150

correcostas, 144

correplayas, 72, 93, 100, 144, 145, 549, 584, 598

corseta, 280

corvina, 41, 93, 290, 374, 390, 392, 394

corvinata, 91, 374, 390, 394

corzeta, 280, 494

crabudo, 160

cromis, 400

cuclillo, 422

cuco, 422, 428

cuco común, 422

cugujada, 304

culebra, 87, 88, 192, 196, 464, 468, 584, 592, 593

culebra picuda, 71, 100, 192, 193, 584, 593

D

delfín común, 440

denton, 71, 72, 584, 589

dentón, 71, 348, 376, 594

denton rojo, 71, 584

dentón rojo, 68, 72, 100, 376, 377

dentón roxo, 376, 594

dentudo, 72, 73, 93, 100, 140, 584, 598

dentúo, 140

dientúo, 140

doblá, 368

doblada, 68, 72, 82, 368, 369, 584, 589, 594

doblaeta, 368

doncella, 71, 72, 73, 77, 82, 93, 398, 399, 402, 403, 412, 413, 584, 588, 589, 593, 595

dorada, 67, 342, 382, 384, 385, 524, 584, 589, 594, 606

doradilla, 384

dorado, 206, 282, 283, 288, 374, 384, 498, 524, 525, 584, 587, 588, 594, 606, 607

doraz, 374

dragon, 246

dragón, 246, 284, 414, 462

duarto, 544

durmiente, 454

E

emperador, 60, 63, 98, 312, 584, 593

entúo, 140

erizo, 93, 97, 100, 160, 318, 319, 586, 596

escarapela, 550

escarapelo, 550

escate, 63

esclava, 97

escolana, 214

escolapio, 214

escolar, 72, 214, 585, 593, 599

escolar narigudo, 476

escombro, 230, 232, 284, 496

escribano, 214

espadarte, 442

esparte, 442

espetón, 210, 258

estornino, 232, 470

estrellas marinas, 63

estudiante, 214

esturión, 96, 186, 520

esturión del Betis, 186

M

macho, 60, 172, 192, 312, 402, 462, 484, 524
machudo, 172
machuelo, 172, 198
majuelo, 172
malarmado, 436
manta, 460
maragata, 404
marrajo, 134, 135, 549, 585, 591, 597
marrano, 138
mata-soldado, 88, 410, 592
mata soldados, 71, 100, 410, 585, 595
melba, 228, 229, 585
melga, 156
melva, 96, 228, 576, 590, 596, 605
mentula marina, 63
merga, 156
merluza, 96, 214, 220, 330, 466
mermejuela, 162, 585
mero, 95, 330, 331, 332, 508, 585, 589, 595
mielga, 156, 164
milano, 182, 228
mirlan, 182
mirlán, 182
mirlo, 182
mochara, 45
mochuelo, 45, 172, 184
mojara, 356, 595
mojarra, 68, 354, 356, 362, 364, 585, 589
mojarra prieta, 68, 71, 72, 93, 96, 100, 362, 364,
    365, 585, 589, 595
mola, 11, 72, 116, 266, 316, 317, 320, 484, 573, 585,
    587, 591, 596, 604, 607, 610, 611
monga, 290
morcillón, 63
morena, 44, 67, 78, 82, 90, 98, 188, 189, 190, 192,
    194, 196, 236, 306, 464, 585, 588, 593
morenata, 71, 100, 190, 191, 585, 588, 593
morro, 134, 136, 140, 146, 160, 166, 172, 178, 180,
    184, 192, 244, 248, 294, 300, 340, 350, 360,
    380, 386, 410, 434, 454, 476, 506, 603, 607,
    609, 610
morrúa, 350
mosquitero, 71, 88, 100, 294, 295, 585, 592, 596
mozuela, 71, 72, 96, 100, 144, 145, 585, 597
muela de molino, 63, 316, 484
mugil, 298, 300
mújol, 236, 298, 300
mula, 63, 280, 320, 484
muletas, 63

N

napoleón, 350
negra, 80, 81, 96, 97, 152, 153, 198, 212, 232, 274,
    302, 354, 356, 362, 364, 368, 370, 374, 380,
    384, 390, 394, 430, 438, 444, 456, 460, 585,
    597, 606
negrilla, 154, 198
noriega, 91, 170, 174

O

obispo, 71, 84, 98, 182, 183, 184
oblada, 11, 68, 72, 82, 115, 358, 368, 369, 388,
    584, 585, 589, 594, 601
oblea, 368
obleda, 368
ocelar, 70, 82, 100, 302, 588
ochavo, 71, 72, 100, 310, 311, 585, 594
ocinero, 380
ojancos, 472
ojo de buey, 63
olayo, 72, 548
orbe, 63
orca, 102, 442, 443, 592, 597, 612
ortiga marina, 63
osinero, 380
ostiones, 63

P

pachán, 71, 93, 374, 375
page, 364, 561, 566, 567, 568, 569, 570, 571, 572,
    573, 574, 575, 577
pagel, 364, 376
pagél, 376
paire, 97
paje, 364
palitroque, 130
paloma, 96, 494
palometa, 68, 77, 81, 82, 91, 224, 280, 494, 495,
    563, 586, 590, 595
palometón, 280
pámpano, 98, 224, 494
paneca, 72, 96, 214, 586, 593, 599
panocha, 374
pardilleja, 374
parga, 62, 488
pargo, 44, 72, 348, 370, 376, 378, 380, 586, 589,
    594
pargo bollúo, 350

polla, 516
polla del príncipe, 402
polla garau, 40
pollo, 96, 516
pota, 528
priapo de mar, 63
puerco marino, 186
pulpo, 63, 87, 88, 446, 447, 586, 592, 597, 604
pulpo almizqueño, 446
pulpo blanco, 446
pulpo hediondo, 446
pulpo maricón, 446
punson, 478
punzón, 478
putita, 70, 77, 82, 100, 302, 306, 307, 588

Q

quarto, 544
quelme, 456
quelva, 456
quelvacho, 456
quelve, 456
quelvi, 456

R

rabil, 474
racazio, 418
rafel, 424, 553
raia, 45, 70, 72, 78, 164, 166, 168, 170, 172, 174,
    176, 178, 180, 182, 184, 458, 459
rape, 222, 314, 432
rapel, 553
rapete, 432
rapulto, 67, 546
rascacio, 418
rata, 314, 416
raya, 88, 164, 166, 168, 170, 172, 174, 176, 178, 180,
    184, 382, 458, 460, 547, 603, 609
raya baca, 180
raya baqueta, 180
raya bera, 176
raya hucha, 70, 100, 180
raya vera, 176, 591
regel, 96, 428
remora, 10, 72, 103, 113, 286, 287, 538, 586, 588,
    593, 602, 605
rémora, 286, 538
requines, 63

rescacio, 418, 420, 588, 594
robalo, 73, 248, 324, 325, 563, 573, 574, 589
robálo, 324
róbalo, 324
robine, 553
rodaballo, 72, 93, 262, 263, 486, 487, 586, 589,
    594
rodador, 316
romaguera, 170
romeguera, 170
romerete, 322
romerito, 322
roncador, 96, 342, 430
roncon, 428
rondanil, 224, 494
rubio, 426, 428, 552
ruda, 310

S

sábalo, 198, 388
sabia, 61, 91, 348
saboga, 200, 201, 587, 590, 596
safio, 194
salbaje, 132
salema, 72, 73, 82, 93, 382, 383, 587, 589, 594
salpa, 382, 545, 587, 589, 594
salpa xurel, 100, 102, 545, 595
saltarín, 294
salvage, 132
salvaje, 126, 132
sama, 72, 378, 379, 587, 594
sapo, 63, 67, 95, 222, 314
sardina, 63, 198, 200, 202, 204, 230, 232, 254,
    374, 408, 536
sargo, 236, 360, 362, 363, 587, 589, 594, 601
sargo basto, 358
sargo bedao, 358
sargo burdo, 68, 71, 100, 358, 359, 362, 587, 589,
    594
sargo burgo, 358
sargo picudo, 71, 360, 361, 362, 587, 589, 594
sargo soldado, 400
sargo veado, 358
savia, 45
sepia, 44, 117, 444, 446, 448, 450, 588, 592, 593,
    599, 600, 601, 603
serpiente, 196, 414, 462, 464, 468, 482, 484
serrana, 68, 70, 82, 100, 336, 590
sinodonte, 348

La Ictiología de Andalucía
se empezó a elaborar en marzo de 2020,
durante el confinamiento de la COVID-19,
y se terminó de componer
el viernes 13 de junio de 2025,
onomástica de Antonio Cabrera.